无 | 师 | 自 | 通 | 学 | 电 | 脑 | 系 | 列

无师自通 学电脑

新手学 Word/Excel/PPT 2016 办公应用与技巧

赵爱玲 刘霞 张海峰 编著

北京日报出版社

图书在版编目（CIP）数据

新手学 Word/Excel/PPT 2016 办公应用与技巧 / 赵爱玲，刘霞，张海峰编著. -- 北京 ：北京日报出版社，2019.4

（无师自通学电脑）

ISBN 978-7-5477-3256-4

Ⅰ. ①新… Ⅱ. ①赵… ②刘… ③张… Ⅲ. ①办公自动化－应用软件 Ⅳ. ①TP317.1

中国版本图书馆 CIP 数据核字(2019)第 047275 号

新手学 Word/Excel/PPT 2016 办公应用与技巧

出版发行：北京日报出版社
地　　址：北京市东城区东单三条 8-16 号东方广场东配楼四层
邮　　编：100005
电　　话：发行部：（010）65255876
　　　　　总编室：（010）65252135
印　　刷：北京市燕山印刷厂
经　　销：各地新华书店
版　　次：2019 年 4 月第 1 版
　　　　　2019 年 4 月第 1 次印刷
开　　本：787 毫米×1092 毫米　1/16
印　　张：28
字　　数：717 千字
定　　价：68.00 元（随书赠送光盘一张）

前 言

■ 写作驱动

随着计算机技术的不断发展，电脑在我们日常的工作及生活中的作用日益增大，掌握熟练的电脑操作技能已成为我们每个人的必备本领。我们经过精心策划与编写，面向广大初级用户推出本套“无师自通学电脑”丛书，本套丛书集新颖性、易学性、实用性于一体，帮助读者轻松入门，并通过步步实战，让大家快速成为电脑应用高手。

■ 丛书内容

“无师自通学电脑”是一套面向电脑初级用户的电脑普及读物，本批书目如下表所示：

序号	书 名	配套资源
1	《无师自通学电脑——新手学 Excel 表格制作》	配多媒体光盘
2	《无师自通学电脑——新手学 Word 图文排版》	配多媒体光盘
3	《无师自通学电脑——新手学 Word/Excel/PPT 2016 办公应用与技巧》	配多媒体光盘
4	《无师自通学电脑——新手学拼音输入与五笔打字》	配多媒体光盘
5	《无师自通学电脑——新手学电脑操作入门》	配多媒体光盘

■ 丛书特色

“无师自通学电脑”丛书的主要特色如下：

- ❖ 从零开始，由浅入深
- ❖ 学以致用，全面上手
- ❖ 全程图解，实战精通
- ❖ 精心构思，重点突出
- ❖ 注解教学，通俗易懂
- ❖ 双栏排布，版式新颖
- ❖ 双色印刷，简单直观
- ❖ 视频演示，书盘结合
- ❖ 书中扫码，观看视频

■ 本书内容

本书详细介绍了 Word、Excel、PowerPoint 的使用方法、实用技巧和上机操作实例。全书共分为 14 章，内容包括：第 1 章介绍了 Office 2016 的基本操作；第 2~6 章介绍了 Word 基本操作、文档的排版与美化、图片和文字的混排、表格与图表的使用以及文档高级编辑技术等内容；第 7~10 章介绍了 Excel 基本操作、数据的分析与处理、公式与函数的使用以及图表的使用等内容；第 11~13 章介绍了 PowerPoint 基本操作、丰富美化幻灯片内容以及幻灯片动画的设置与放映发布等内容；第 14 章介绍了 Office 2016 组件的协同办公应用，多个组件之间的相互转换、导入和导出等内容。每章都有独立的两节“实用技巧”和“上机实际操作”，可以快速提高读者的使用技能，每章节中都有在线课程，扫描二维码直接观看教学视频课件。

■ 超值赠送

本书随书赠送一张超值多媒体光盘，光盘中除了本书用到的素材文件之外，还包括与本书配套的主体/核心内容的多媒体视频演示，并附送海量办公素材模板以及《新手学电脑故障诊断与排除完全宝典》的视频教程和 Excel 函数与图表应用技巧案例视频教程，可谓物超所值。

■ 本书服务

本书是一本非常好的教学用书，既适合 Office 的初、中级用户阅读，又可作为大、中、专院校或者各种培训班的培训教材，同时对有一定经验的 Office 使用者也有很高的参考价值。

本书赵爱玲、刘霞为主编，张海峰为副主编，具体参编人员和字数分配：赵爱玲 1-5 章（约 20 万字）、刘霞 6-7 章（约 10 万字）、常凤霞 8 章（约 6 万字）、杨玉玲 9 章（约 5 万字）、魏子钦 10 章（约 5 万字）、张海峰 11-14 章（约 20 万字），由于编者水平有限，加之编写时间仓促，书中难免存在疏漏与不妥之处，欢迎广大读者来信咨询指正。

本书及光盘中所采用的图片、视频和软件等素材，均为所属公司或个人所有，书中引用仅为说明（教学）之用，特此声明。

内容提要

本书全面、细致地讲解了 Office 2016 中三个组件 Word、Excel 和 PowerPoint 的操作方法与使用技巧，内容全面、学练结合、图文对照、实例丰富，可以帮助学习者轻松地掌握软件的所有操作并运用到实际工作中。

本书共分为 14 章，主要内容包括：初识 Office 2016、Word 基本操作、文档的排版与美化、文档的图文混排、表格与图表的使用、文档的高级编辑技术、Excel 基本操作、数据分析与处理、公式与函数的使用、图表的使用、PowerPoint 基本操作、丰富美化幻灯片的内容、幻灯片动画的设置与放映发布以及 Office 2016 组件的协同应用。每章都有独立的两节“实用技巧”和“上机实际操作”，可以快速提高读者的使用技能。用户通过学习 Office 2016 可以融会贯通、举一反三，制作出更多更加精彩、专业的办公文件。

本书还配有超值的多媒体教学光盘，重现了书中的实际操作，读者可以结合书本，也可以独立地观看带有语音讲解的视频演示，让学习变得更加轻松。另外，每章节中都有在线课程，扫描二维码直接观看教学视频课件。

本书结构清晰、语言简洁，这是一本非常好的教学用书，既适合 Office 的初、中级用户阅读，如文员、行政人员、财会人员等，又可作为大中专类院校或者企业的培训教材，同时对有一定经验的 Office 使用者也有很高的参考价值。

目 录

第 9 章　Excel 2016 公式与函数使用 240

第 10 章　Excel 2016 图表的使用 272

第 13 章 动画设置与放映发布 ... 380

第 14 章　Office 2016 组件的协同应用 415

第 1 章 初识 Office 2016

Office 软件是微软公司开发的一套办公软件，以界面友好、操作简单、功能强大等优势得到广大用户的青睐。新版本 Office 2016 更是在以前版本的基础上，新增了许多人性化的功能，并且操作起来更加方便快捷。为了让读者尽快掌握 Office 2016 的操作，本章就先从最基本的 Office 2016 安装、用途、基本操作等方面开始介绍，为接下来的学习做铺垫。

本章知识要点

- Office 2016 的安装、用途及新增功能
- 熟悉 Office 的工作界面
- Office 2016 的基本操作
- 设置 Office 的工作环境

1.1 Office 2016 的安装、用途及新增功能

初次接触 Office 2016，你是否迫不及待地想要了解 Office 2016 的安装、用途及新增功能等，看看它在工作中到底能够帮助自己解决哪些问题呢？一起开始吧！

1.1.1 Office 2016 的安装

要使用 Office 2016 的三大组件，我们首先需要在计算机中安装好 Office 2016 软件。Office 2016 的安装十分简单，只需要事先选择好要安装的组件、安装路径等内容，然后系统就会自动开始安装，具体安装方法如下。

STEP 01：在 Office 2016 安装程序目标文件夹中，双击安装文件 setup.exe，弹出“Microsoft Office 2016 安装”窗口，如图 1-1 所示。

图 1-1　准备就绪

STEP 02：弹出安装界面，如图 1-2 所示。

图 1-2　安装界面

STEP 03：系统自动安装，安装完成后，出现如图 1-3 所示对话框。单击“关闭”安装完成。

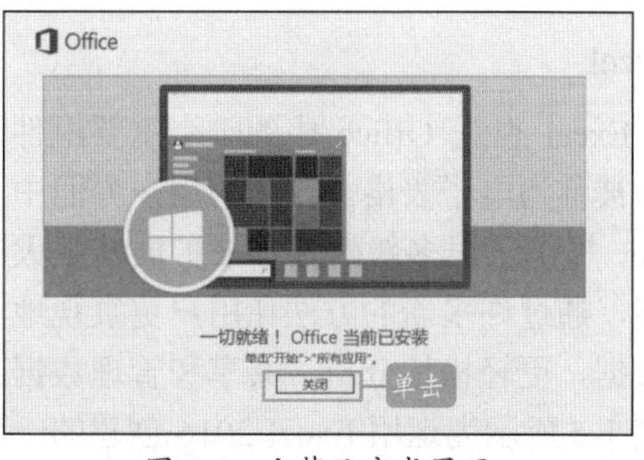

图 1-3　安装已完成界面

提示

在安装中文版 Office 2016 之前，首先要退出正在运行的相关应用程序。

1.1.2 常用 Office 组件的用途和特点

Office 2016 具有一整套的编写工具和易于使用的用户界面，其稳定安全的文件格式、无缝高效的沟通协作能力，受到广大电脑办公人员的追捧。在使用 Office 进行办公的时候，其中使用得最广泛的办公组件当属 Word、Excel 和 PowerPoint 这三种。既然这三大组件是使用最广泛也是最有用的办公组件，就首先来认识一下这三大组件的用途和特点吧。

1.Word

Word 是 Office 系列办公组件之一，是目前流行的文字编辑软件。用户可以使用 Word 编排出精美的文档，方便地编辑和发送电子邮件，编辑和处理网页等。如果进行书信、公文、报告、论文、商业合同、写作排版等一些文字集中的工作室，可以使用 Word 应用程序。如图 1-4 所示为使用 Word 编辑的毕业论文文档。

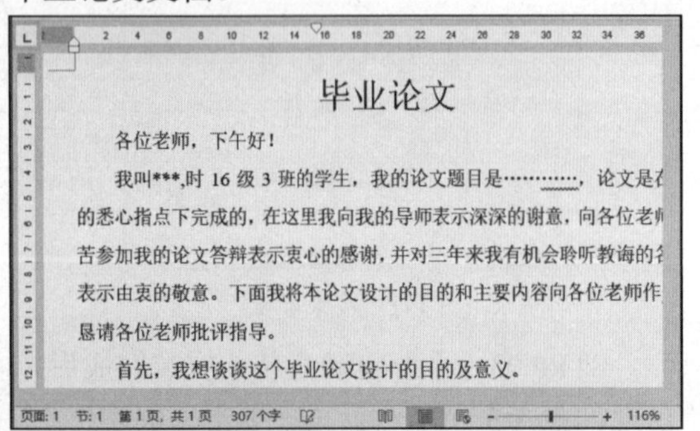

图 1-4　Word 编辑论文文档

2.Excel

Excel 也是 Office 中的一个重要组件，通常被称为电子表格。在新的用户界面中，Excel 提供了很多新的工具来扩展其强大的功能，通过许多新的方法让用户更直观地浏览数据，更轻松地分析、共享和管理数据。如图 1-5 所示为运用 Excel 2016 创建的一份商品销售情况统计表。

商品销售情况统计表

商品分类	1月	2月	3月	4月	5月	6月
食品	225	325	320	301	350	282
文具	112	123	145	142	104	152
烟酒	225	324	423	362	325	350
饮料	135	213	152	182	251	235
日用品	523	562	432	478	520	452
服装	332	442	532	452	380	368
化妆品	456	556	460	545	452	547

Sheet1　Sheet3　Sheet2　Sheet4

图 1-5　创建商品销售情况统计表

3.PowerPoint

PowerPoint 是一款文字、图像、图表、声音、视频于一体的多媒体演示文稿创建应用程序。PowerPoint 采用全新的、直观的用户界面。它提供改进的效果与主题，增强了格式选项，使用它们可以创建外观生动的演示文稿。如图 1-6 所示为使用 PowerPoint 2016 创建的幻灯片效果。

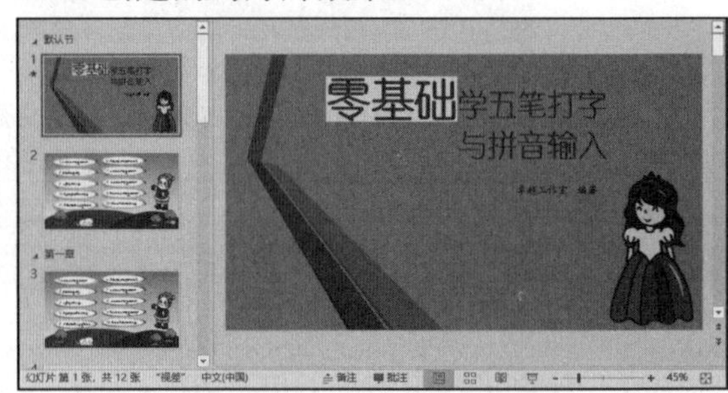

图 1-6　PowerPoint 幻灯片

1.1.3 Office 2016 的新增功能

Office 2016 与 Office 2013 的界面相似，但是 Office 2016 新增了部分功能，使得该软件在使用时更加得心应手了。Office 2016 是一款建立在新功能增加和旧功能优化基础上的软件应用。本节将主要介绍 Office 2016 中的 Word、Excel、PowerPoint 三个大组件的新增功能。

1.Word 2016 新增功能

在 Word 2016 中，新增的功能大多体现在各个选项卡下的部分功能选项组中，如在“审阅”选项卡中取消了“校对”选项组中的“定义”功能，但又新增了“见解”选项组；此外，“页面布局”选项卡名称更改为“布局”。除了在选项卡下新增了部分功能组之外，功能组中某些按钮的下拉列表内容也发生了变化，如“设计”选项卡下的“字体”列表内容就与之前的 Word 2013 不一样。这些细微的改变在其他的办公组件中也有更新，用户在使用时将会有更多的选择。除了这些功能的升级外，在选项卡的右侧还新增了一个功能搜索框，通过该框的“告诉我您想要做什么”功能能够快速查找某些功能按钮。该框中还记录了用户最近使用的操作，方便用户重复使用，如图 1-7 所示。

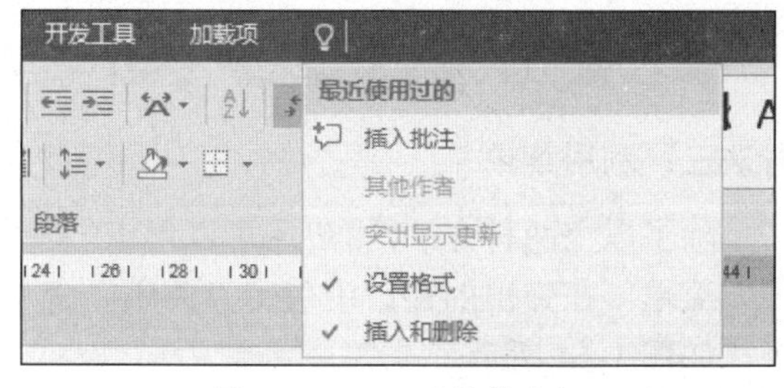

图 1-7　Word 功能搜索框

2.Excel 2016 新增功能

Excel 2016 和 Word 2016 类似，新增的功能也大多体现在各个选项卡下的功能组中，除了在选项卡下新增了部分功能组外，功能组中某些按钮的下拉列表内容也发生了变化。总之，新增的功能越来越贴近用户的工作和生活，如“插入”选项卡中的“演示”选项组。而在函数库中则新增了 5 个预测函数，如图 1-8 所示。

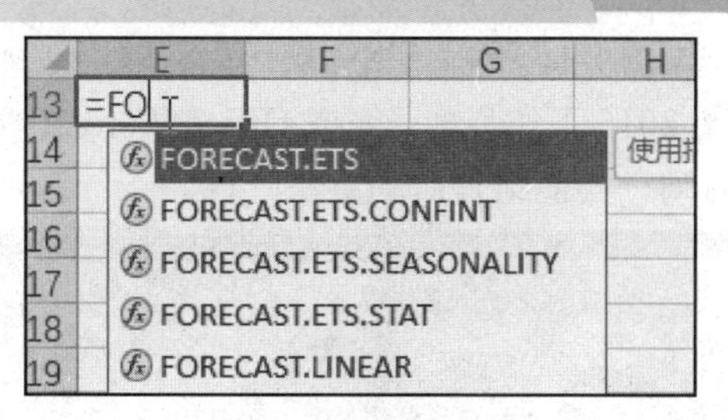

图 1-8　新增函数

此外，在“数据”选项卡中，Excel 2016 还新增了“获取和转换”选项组，在“数据工具”选项组中则新增了“管理数据模型”功能，而在“预测”选项组中新增了“预测工作表”功能，如图 1-9 所示。

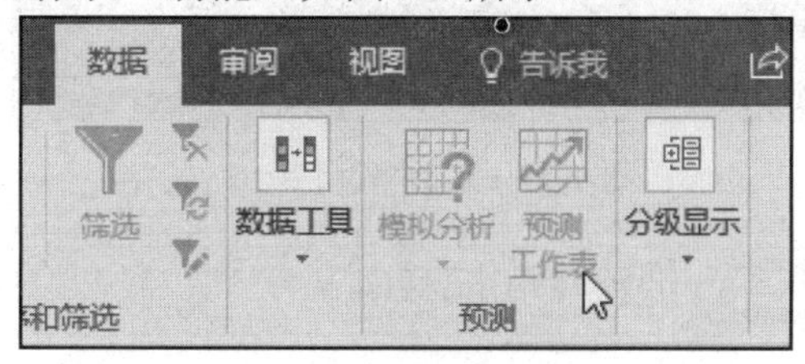

图 1-9　Excel 功能区

3.PowerPoint 2016 新增功能

在 PowerPoint 2016 中，新增的功能同样集中在各个选项卡下功能组中的某些按钮上，如“审阅”选项卡中的“比较”选项组的后面新增了“墨迹”选项组，在“插入”选项卡中的“媒体”选项组中新增了“屏幕录制”选项，如图 1-10 所示。

图 1-10　PowerPoint 功能区

1.2　Office 2016 的启动与退出

扫码观看本节视频

安装并了解了 Office 2016 的新增功能后，本节将介绍 Office 2016 的启动和退出。

1.2.1　启动 Office 2016

在计算机上安装好 Office 2016 软件后，在使用其进行办公前，学会启动 Office 2016 中的相应组件是非常基本的操作。如从“开始”菜单启动、从桌面程序的快捷方式启动，以及从软件的安装目录中启动等。下面以从“开始”菜单启动为例：

单击“开始”按钮，在打开的“开始”菜单“程序”列表中，选择“Word 2016”命令，如图 1-11 所示。执行操作后，即可进入 Word 2016 工作界面，完成 Office Word 2016 的启动，其他组件启动方法一样。

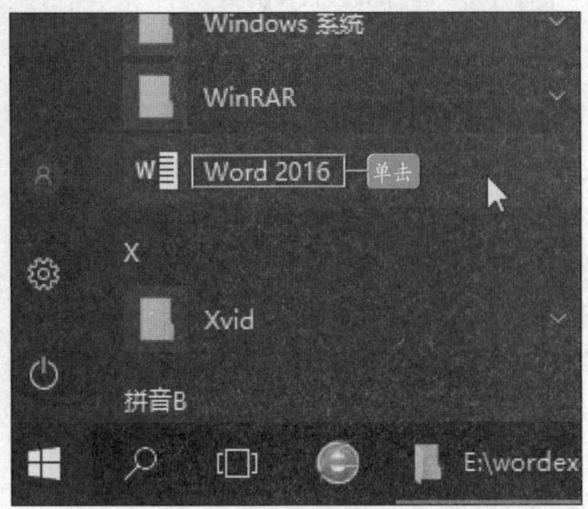

图 1-11　启动 Word 2016

1.2.2　退出 Office 2016

在熟悉了 Office 2016 相应组件的使用后，同样也需要了解这些组件的退出方法。这里以 Excel 2016 程序界面为例进行介绍。

方法一：使用“关闭”按钮

如启动 Office 2016 软件中的 Excel 2016 后，如果需要退出该程序，可以直接单击主界面右上角的“关闭”按钮即可退出，如图 1-12 所示。其他组件的退出方法与 Excel 2016 完全相同。

图 1-12　退出 Excel 2016

方法二：利用标题栏

除了可以使用“方法一”中的方法来实现退出外，还可以右击标题栏，在弹出的菜单中单击 “关闭”命令，如图 1-13 所示。

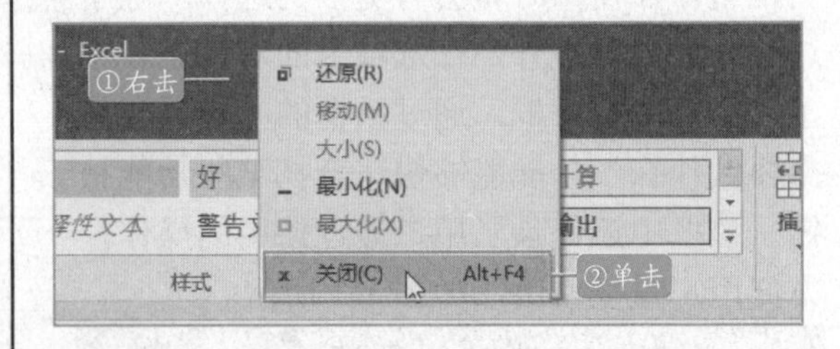

图 1-13　退出 Excel 2016

方法三：利用菜单

除了以上两种方法，用户还可以单击“文件”菜单，在弹出的窗口中单击“关闭”命令，如图 1-14 所示。

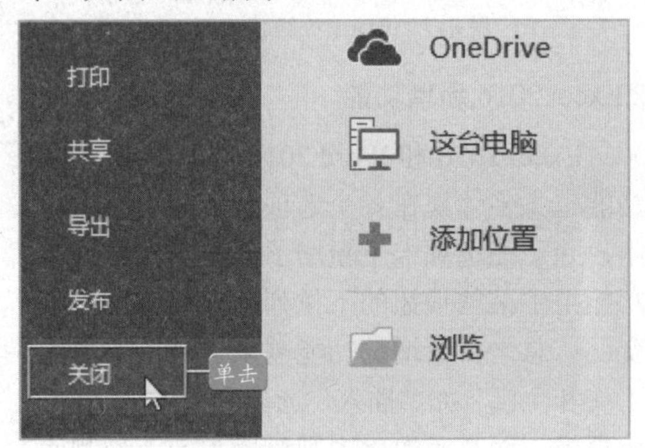

图 1-14　退出 Excel 2016

提示

要退出 Office 2016，还可以直接在电脑的任务栏中右击打开的文档，在弹出的快捷菜单中单击“关闭窗口”命令。

1.3　熟悉 Office 2016 工作界面

Office 2016 是办公用户目前较为推崇的一款办公软件，它包含的三大最常用组件分别是 Word 2016、Excel 2016 和 PowerPoint 2016，这三个组件分别应用于办公的不同方面，诸如文字处理、表格制作、数据统计、幻灯片演示等。虽然三个组件的工作界面大体相同，但是各自又有各自的特点。用户通过认识三大组件的工作界面，自然能粗略地了解它们各自的特点。

1.3.1 Word 2016 工作界面

启动 Word 2016 后，首先显示的是软件启动画面，接下来打开的窗口便是工作界面。该工作界面是由标题栏、功能区、文档编辑区和状态栏等部分组成，如图 1-15 所示。

图 1-15　Word 2016 操作界面

标题栏

标题栏位于窗口的最上方，从左到右依次为快速访问工具工具栏、正在操作的文档的名称、程序的名称、功能区显示选项按钮和窗口控制按钮，如图 1-16 所示。

图 1-16　Word 2016 标题栏

快速访问工具栏：用于显示常用的工具按钮，默认显示的按钮有“保存”、“撤销”、“恢复”和“自定义快速访问工具栏”4 个按钮，单击这些按钮可执行相应的操作。

功能区显示选项按钮：单击该按钮，将会弹出一个下拉菜单，通过该菜单，可对功能区执行隐藏功能区、显示选项卡和命令等操作。

窗口控制按钮：从左到右依次“最小化”按钮、“最大化”按钮、“向下还原”按钮和“关闭”按钮，单击他们可执行相应的操作。

功能区

功能区位于标题栏的下方，默认情况下包含“文件”“开始”“插入”“设计”“布局”“引用”“邮件”“审阅”和“视图”9 个选项卡，单击某个选项卡，可将他展开。此外，当在文档中选中图片、艺术字或文本框等对象时，功能区中会显示与所选对象设置相关的选项卡。例如，在文档中选中图片后，功能区中会显示“图片工具/格式”选项卡。

每个选项卡有多个选项组组成，例如：“布局”选项卡有“页面设置”“稿纸”“段落”和“排列”4 个选项组组成，如图 1-17 所示。

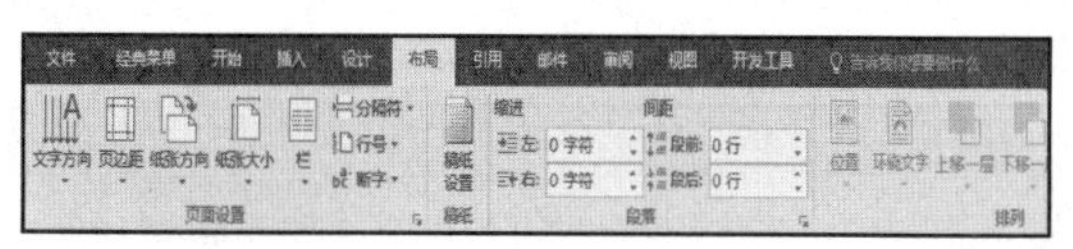

图 1-17　“布局”选项卡

有些组的右下角有一个小图标，我们将其称为“功能扩展”按钮或“设置”按钮，将鼠标指针指向该按钮时，可预览对应的对话框或窗格，单击该按钮，可弹出对应的对话框或窗格，如图 1-18 所示。

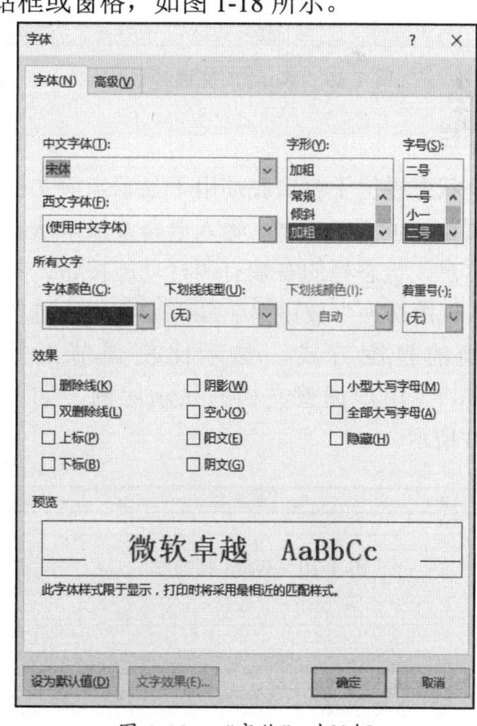

图 1-18　“字体”对话框

此外，在功能区选项卡右侧有一个“告诉我你想要做什么”文本框，在其中输入操作的关键字进行搜索，可以获得 Word 的帮助，快速打开相关工作界面。

文档编辑区

文档编辑区位于窗口中央，以白色为主，是输入文字、编辑文本和处理图片的工作区域，在该区域中向用户显示文档内容。

当文档内容超出窗口的显示范围时，文档编辑区右侧和底端会分别显示垂直和水平滚动条，拖动滚动条中的滚动块，或单击滚动条两端的小三角按钮，文档编辑区中显示的区域会随之滚动，从而可查看其他内容，如图 1-19 所示。

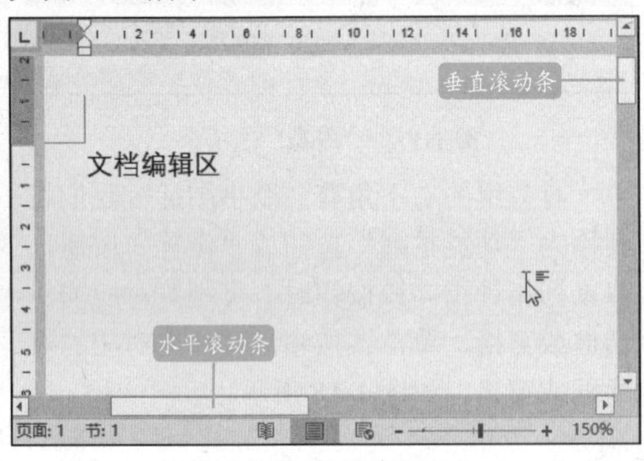

图 1-19　Word 文档编辑区

状态栏

状态栏位于窗口底端用于显示当前文档的页数/总页数、字数、输入语言及输入状态等信息。状态栏的右端有两栏功能按钮，其中“视图切换”按钮用于选择文档的视图方式，显示比例调节工具用户调整文档的显示比例，如图 1-20 所示

图 1-20　Word 状态栏

1.3.2　Excel 2016 工作界面

启动 Excel 2016 后，即可进入工作界面，与 Word 2016 的工作界面拥有相同的标题栏、功能区、快速访问工具栏等，功能与用法相似。此外，Excel 2016 还有自己的特点，Excel 2016 独有元素的名称及功能如图 1-21 所示和如表 1-1 所示。

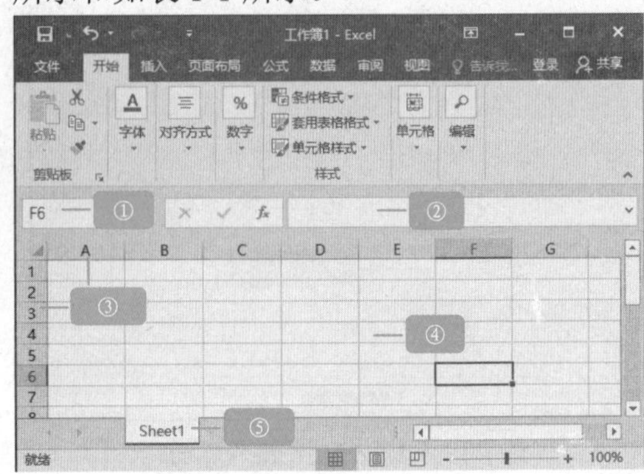

图 1-21　Excel 2016 工作界面

表 1-1　Excel 2016 功能介绍

序号	名称	功能
①	名称框	显示当前单元格或单元格区域名称
②	编辑栏	用于编辑当前单元格中的数据
③	列标和行号	用于表示单元格的地址，即所在行列位置
④	用户编辑区	编辑内容的区域
⑤	工作表标签	用来识别工作表的名称

1.3.3　PowerPoint 2016 工作界面

PowerPoint 是相当好用的幻灯片制作工具，演讲、演示借助幻灯片投影能达到更好的表达效果。而 PowerPoint 2016 比以往版本也增加了更多的动态方式，此外，PowerPoint 2016 还可以使用户和他人共享演示文稿，例如将演示文稿发送到 Web，那么其他人在任何计算机中都可以访问它。

PowerPoint 2016 工作界面相对于其他组件的独有元素是幻灯片浏览窗格，其中显示了演示文稿中每张幻灯片的序号和缩略图，如图 1-22 所示。

图 1-22　PowerPoint 工作界面

◆◆提示

Office 2016 拥有非常多的快捷键，并且这些快捷键还是可视化的。就算是初学者，相信只要使用一段时间后，也可以顺利地熟记它们。步骤很简单，只需要按【Alt】键，即可看到 Office 2016 的可视化快捷键，用【Alt】键配合键盘上的其他按键，就可以很方便地调出 Office 2016 的各项功能，包括文字效果、插入图片、引用内容等。

1.4　Office 2016 的基本操作

扫码观看本节视频

要使用 Office 2016 办公软件创建文档、表格或演示文稿，首先应该了解 Office 的基本操作，包括新建文档、保存文档和在文档的保存路径中找到已保存的文档并打开。Office 所有组件的这些操作都基本相同，这里仅以 Word 为例进行介绍。

1.4.1　新建空白文档

1.使用“开始”菜单

STEP 01：如果 Word 2016 没有启动，单击“开始”按钮，打开“开始”菜单，在“程序”列表中选择“Word 2016”命令，启动 Word 2016，如图 1-23 所示。

图 1-23　启动 Word 2016

STEP 02：在 Word 的启动界面中，单击“空白文档”选项，即可创建一个名为“文档 1”的空白文档。如图 1-24 所示。

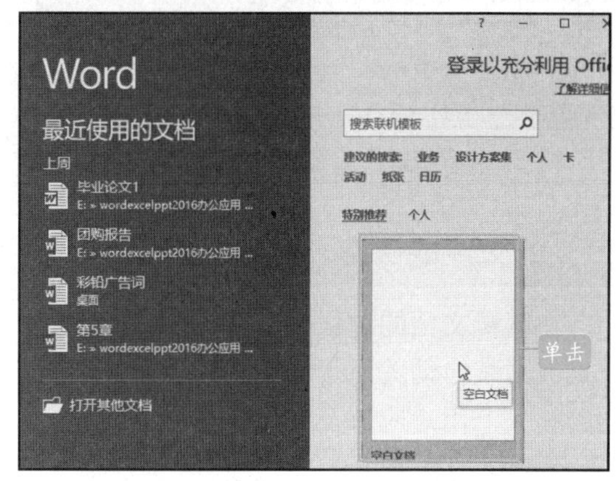

图 1-24　创建空白文档

如果 Word 2016 已经启动，可通过以下方法新建空白文档。

2.使用“文件”选项卡

在 Word 2016 工作界面中单击“文件”选项卡，从弹出的界面中选择“新建”选项，系统会打开“新建”界面，在列表框中选择“空白文档”选项，如图 1-25 所示。

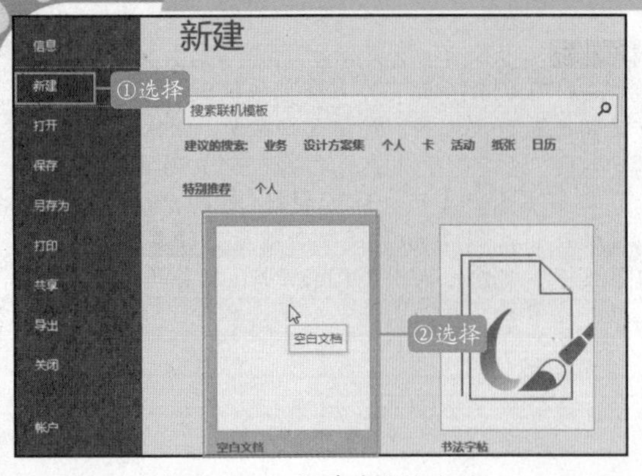

图 1-25　新建空白文档

3.使用组合键

在 Word 2016 中，按【Ctrl+N】组合键即可创建一个新的空白文档。

4.使用“新建”按钮

单击快速访问工具栏中的“新建空白文档”按钮，如图 1-26 所示。

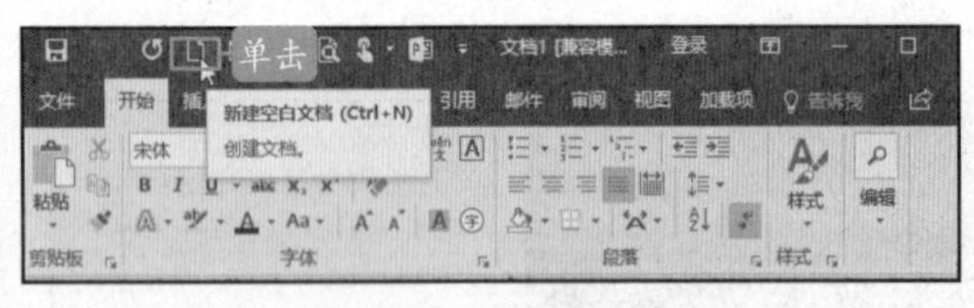

图 1-26　创建空白文档

1.4.2 文件的保存、另存并命名

在编辑文档的过程中，可能会出现断电、死机或系统自动关闭等情况。为了避免不必要的损失，用户应该及时保存文档。

1.保存新建的文档

新建文档以后，用户可以将其保存起来，保存新建文档的具体步骤如下：

STEP 01：单击“文件”选项卡，从弹出的界面中选择“保存”选项，如图 1-27 所示。

图 1-27　选择“保存”选项

STEP 02：此时为第一次保存文档，系统会打开“另存为”界面，在此界面中单击“浏览”选项，如图 1-28 所示。

图 1-28　单击“浏览”选项

STEP 03：弹出“另存为”对话框，在左侧的列表框中选择保存位置，在“文件名”文本框中输入文件名，在“保存类型”下拉列表中选择“Word 文档”选项。单击“保存”按钮，即可保存新建的 Word 文档，如图 1-29 所示。

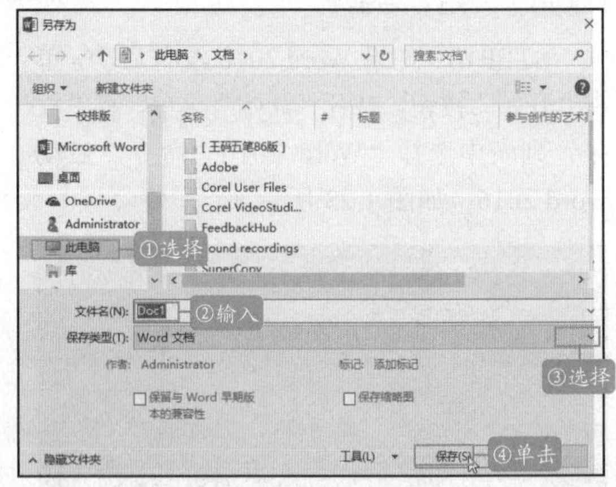

图 1-29　“另存为”对话框

2.保存已有的文档

用户对已经保存过的文档进行编辑之后，可以使用以下几种方法保存。

方法 1：单击“快速访问工具栏”中的“保存”按钮。

方法 2：单击“文件”|“保存”选项。

方法 3：按【Ctrl+S】组合键。

3.将文档另存为

用户对已有文档进行编辑后，可以另存为同类型文档或其他类型的文档。

STEP 01：单击“文件”选项卡，从弹出的界面中单击“另存为”选项，如图 1-30 所示。

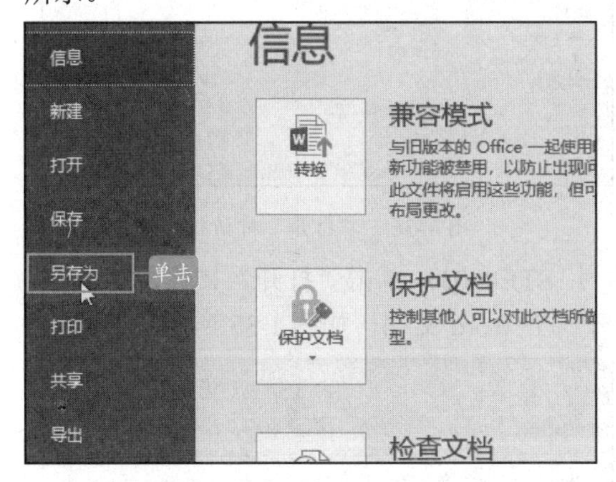

图 1-30　选择“另存为”选项

STEP 02：弹出“另存为”界面，在此界面中单击“浏览”选项，如图 1-31 所示。

图 1-31　单击“浏览”选项

STEP 03：弹出“另存为”对话框，在左侧的列表框中选择保存位置，在“文件名”文本框中输入文件名，在“保存类型”下拉列表中选择“Word 文档”选项，单击保存按钮即可，如图 1-32 所示。

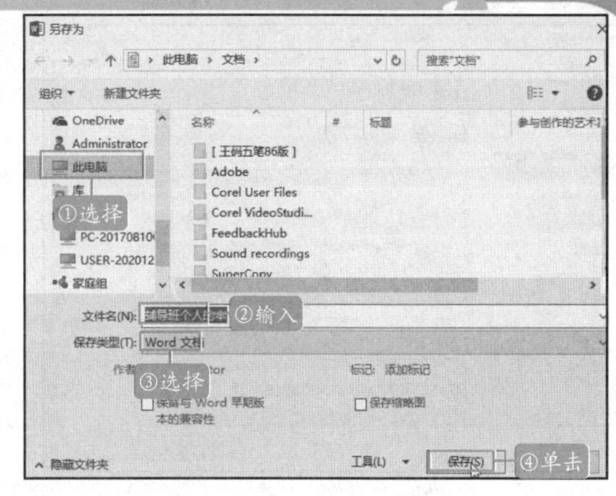

图 1-32　“另存为”对话框

4.设置自动保存

使用 Word 的自动保存功能，可以在断电或死机的情况下最大限度地减少损失，设置自动保存的具体步骤如下：

STEP 01：在 Word 文档窗口中，单击“文件”选项卡，从弹出的界面中单击“选项”选项，如图 1-33 所示。

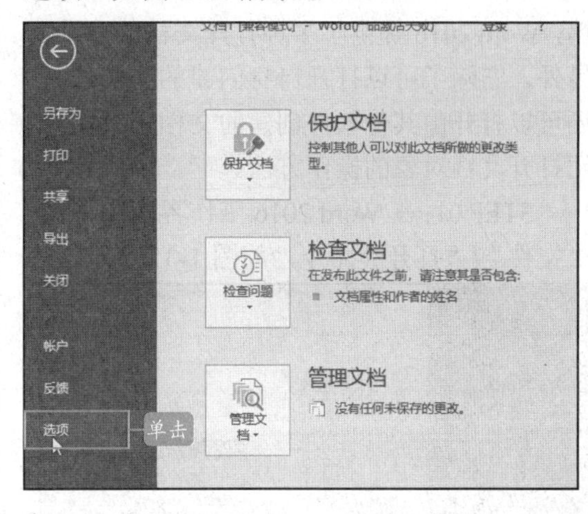

图 1-33　单击“选项”选项

STEP 02：弹出“Word 选项”对话框，切换到“保存”选项卡，在“保存文档”选项区中的“将文档保存为此格式”下拉列表中选择文件的保存类型，这里选择“Word 文档（*.docx）”选项，然后选中“保存自动恢复信息时间间隔”复选框，并在其右侧的微调框中设置文档自动保存的时间间隔，这里将时间间隔值设置为“10 分钟”设置完毕，单击“确定”按钮即可，如图 1-34 所示。

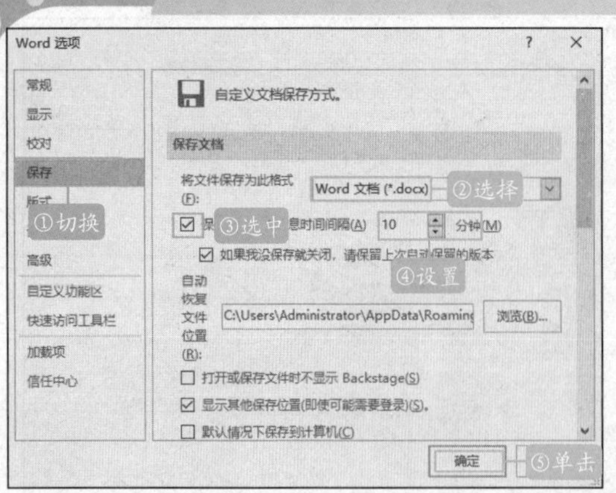

图 1-34　“Word 选项”对话框

◆◆提示

建议设置时间间隔不要太短，如果设置的间隔太短，Word 频繁地执行保存操作，容易死机，影响工作。

1.4.3　文件的打开、关闭

在编辑一个文档之前，首先需要打开文档，Word 2016 提供了多种打开文档的方法。另外，它除了可以打开自身创建的文档外，还可以打开由其他软件创建的文档，下面介绍打开文档对象的操作方法。

STEP 01：在 Word 2016 工作界面中单击“文件”|“打开”命令，如图 1-35 所示。

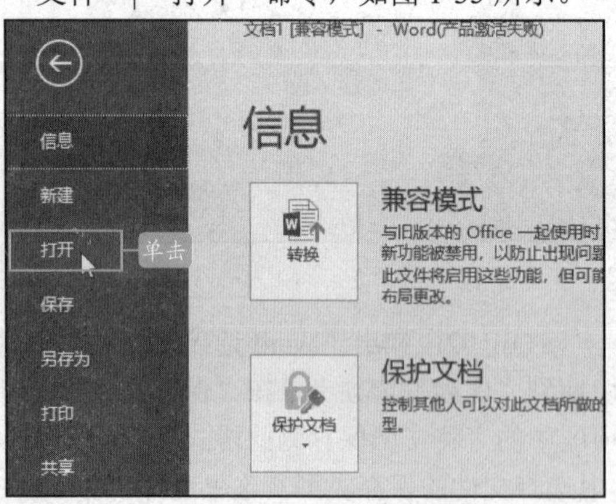

图 1-35　单击“打开”命令

STEP 02：在“打开”选项区中单击“浏览”按钮，弹出“打开”对话框，选择文本文档，如图 1-36 所示。

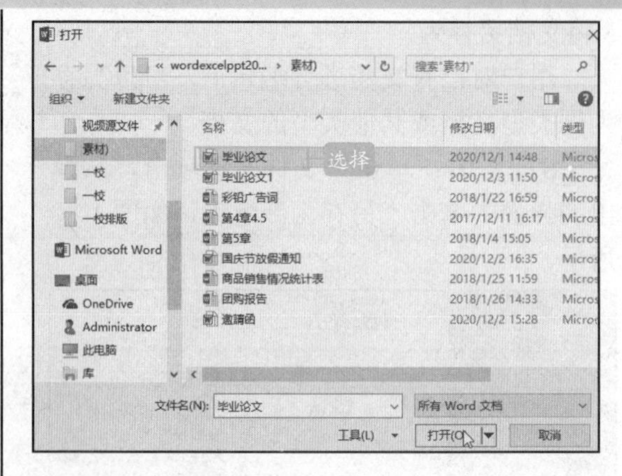

图 1-36　“打开”对话框

STEP 03：单击“打开”按钮，即可打开一个 Word 文档，如图 1-37 所示。

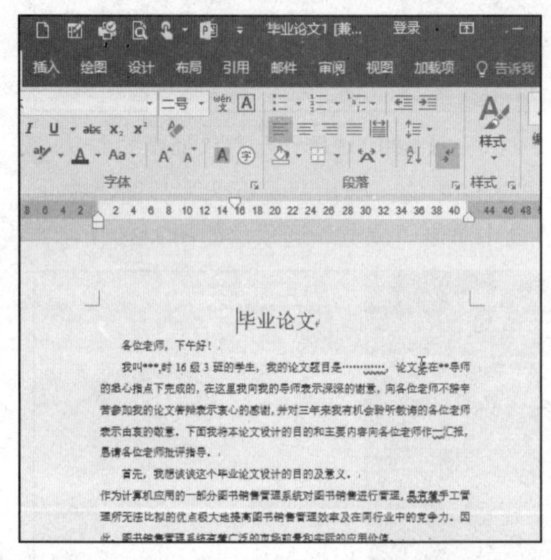

图 1-37　已打开 Word 文档

◆◆提示

除了可以运用上述方法打开 Word 文档外，还有以下两种方法：

快捷键：按【Ctrl+O】组合键。

按钮：单击快速访问工具栏上的“打开”按钮。

在 Word 2016 中，关闭文档和关闭应用程序窗口的操作方法有相同之处，但关闭文档不一定要退出应用程序，可以使用下列任意一种方法来关闭文档。

命令：单击“文件”选项卡，在弹出的界面中单击“关闭”命令，如图 1-38 所示。

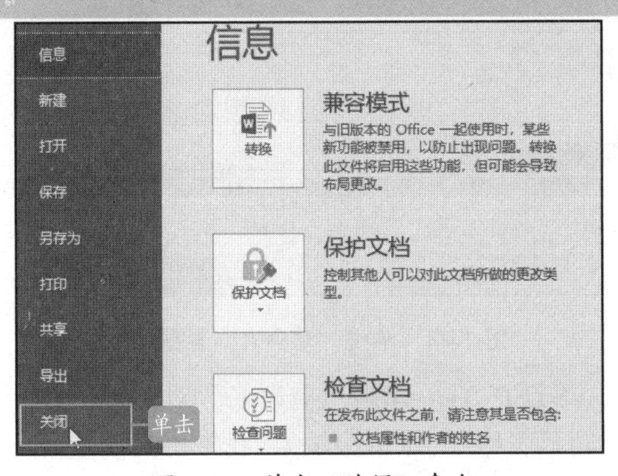

图 1-38 单击"关闭"命令

按钮：单击文档右上角的"关闭窗口"按钮 ×。

快捷键：按【Alt+F4】组合键。

1.5 设置 Office 的工作环境

扫码观看本节视频

设置 Office 2016 的工作环境，就是设置 Office 2016 工作界面的显示，包括设置界面的颜色、功能区中的功能按钮、快速访问工具栏中的快捷按钮等。

1.5.1 自定义工作界面外观

用户界面的显示并不是默认不变的，用户可以根据需要改变界面的颜色或者隐藏界面中每个功能按钮的提示说明。

STEP 01：启动任意 Office 2016 组件后，如 Word 2016，单击"文件"选项卡，在弹出的界面中单击"选项"选项，如图 1-39 所示。

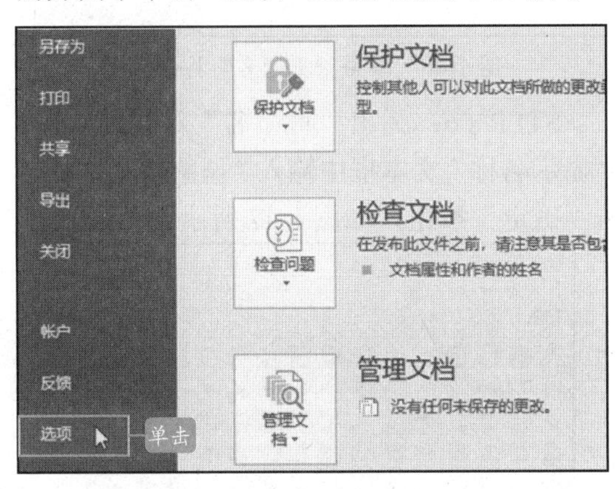

图 1-39 单击"选项"选项

STEP 02：弹出相应的选项界面，在"常规"选项面板中，可以设置主题样式，如设为"彩色"，单击"屏幕提示样式"右侧的下三角按钮，在打开的下拉列表中单击"不在屏幕提示中显示功能说明"命令，如图 1-40 所示。

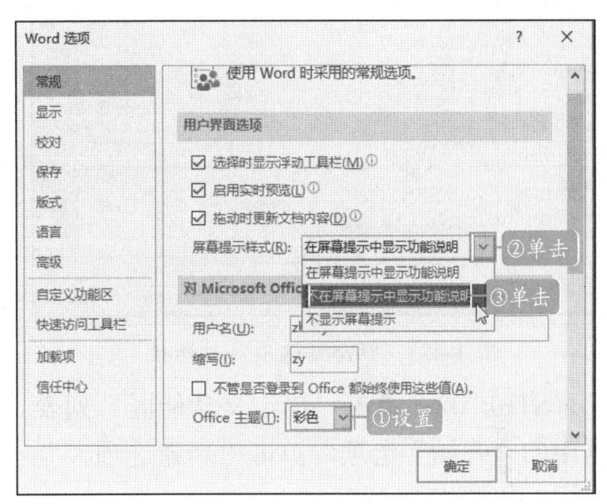

图 1-40 "Word 选项"对话框

STEP 03：单击"确定"按钮后，返回到文档中，可以看见文档的界面颜色发生了改变，将鼠标指针指向任意功能按钮后，可以看见隐藏了功能按钮的说明，只显示了功能按钮的名称，如图 1-41 所示。

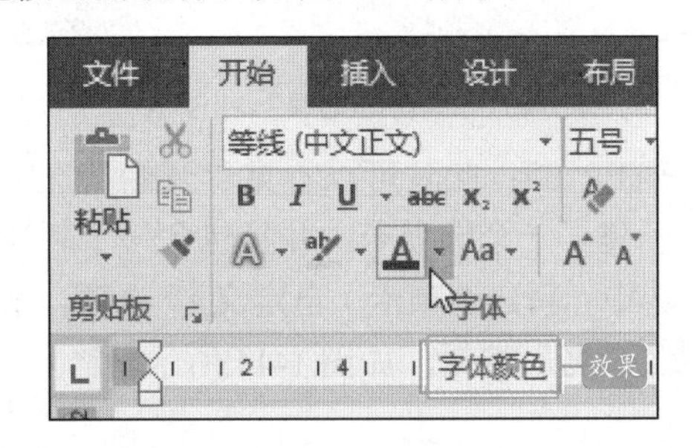

图 1-41 效果图

◆◆提示

单击主界面右上角的“功能区最小化”按钮，可以将功能区隐藏起来。

1.5.2 自定义功能区

用户可以自定义设置 Office 2016 的功能区，例如 Word 2016 默认的功能区中包含有7个选项卡，用户可以自定义添加更多的选项卡，以及添加选项卡中的功能按钮。

STEP 01：启动 Word 2016 打开“Word 选项”对话框，单击“自定义功能区”选项，如图1-42所示。

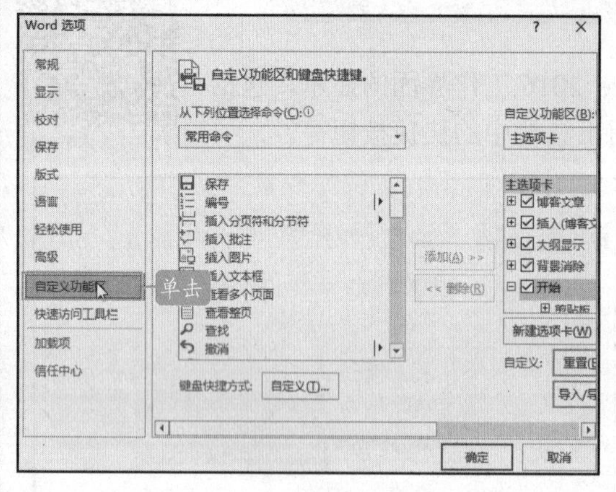

图1-42　“Word 选项”对话框

STEP 02：单击“自定义功能区”列表框中的“开始”选项，单击“新建选项卡”按钮，如图1-43所示。

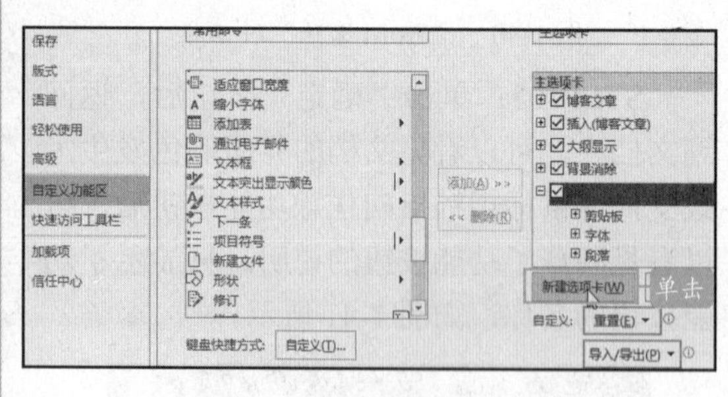

图1-43　“Word 选项”对话框

STEP 03：此时可以看见“开始”选项卡下新建了一个选项卡，并且包含一个新建组，选中“新建选项卡（自定义）”选项，单击“重命名”按钮，如图1-44所示。

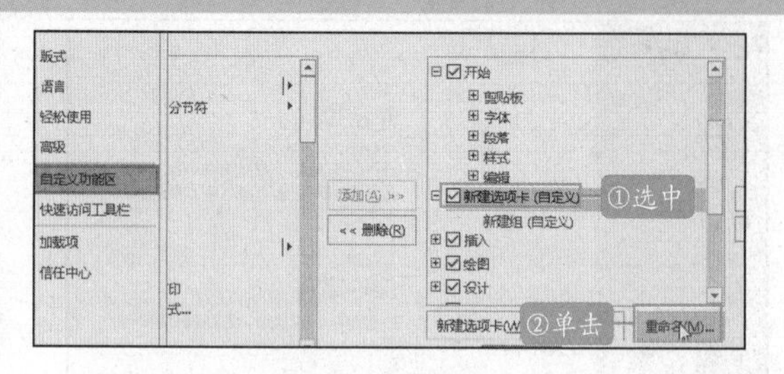

图1-44　单击“重命名”按钮

STEP 04：弹出“重命名”对话框，在“显示名称”文本框中输入“我常用的功能”，单击“确定”按钮，如图1-45所示。

图1-45　“重命名”对话框

STEP 05：此时可以看见为新建的选项卡重新命名了，单击“新建组（自定义）”选项，单击“重命名”按钮，如图1-46所示。

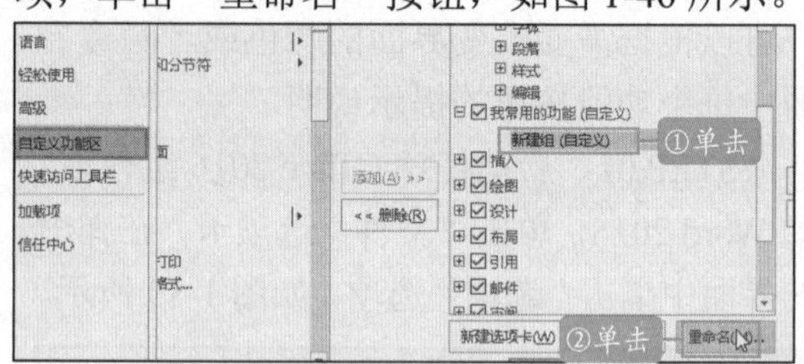

图1-46　单击“重命名”按钮

STEP 06：弹出“重命名”对话框，在“显示名称”文本框中输入“调整格式”，单击“确定”按钮，如图1-47所示。

图1-47　“重命名”对话框

STEP 07：在左侧的列表框中找到要添加的功能，例如选择“格式刷”按钮，单击“添加”按钮，如图 1-48 所示。

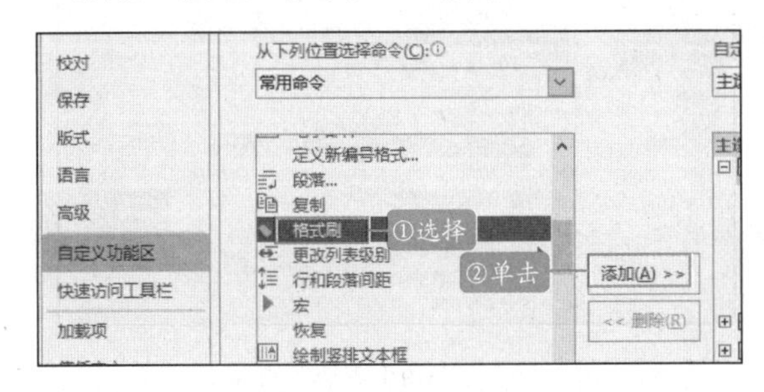

图 1-48 添加功能按钮

STEP 08：此时在右侧的列表框的“调整格式（自定义）”组下，添加了“格式刷”按钮，如图 1-49 所示。

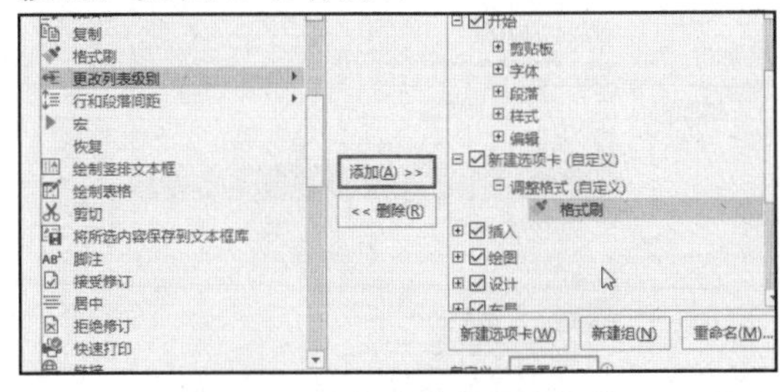

图 1-49 添加功能按钮的效果

STEP 09：重复同样的操作，选择需要的按钮进行添加，添加完毕后单击“确定”按钮，如图 1-50 所示。

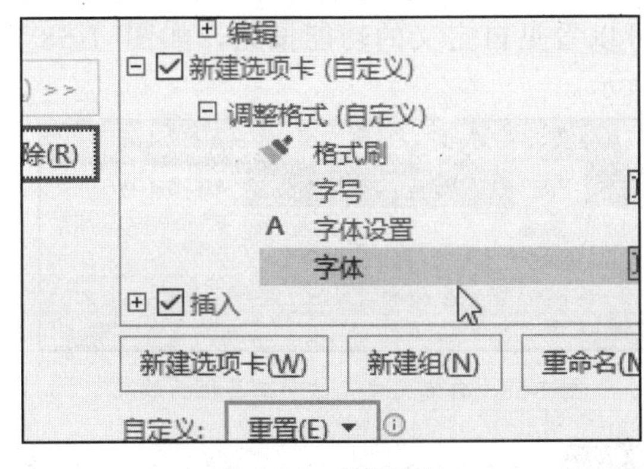

图 1-50 完成添加

STEP 10：返回到主界面，可见增加了一个“我常用的功能”选项卡，在此选项卡下，包含一个“调整格式”选项组，在“调整格式”选项组中包含有自定义添加的功能按钮，如图 1-51 所示。

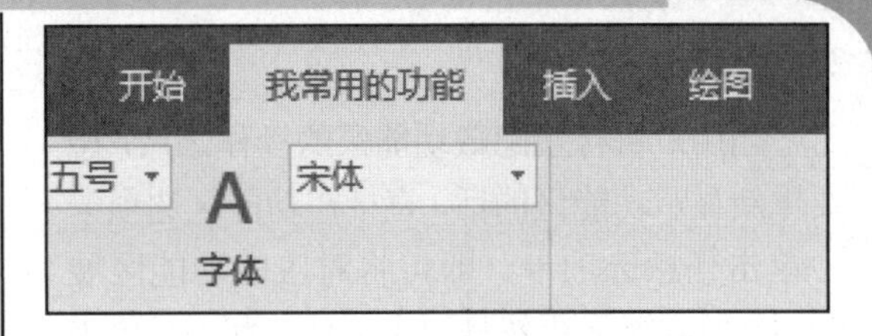

图 1-51 自定义功能区的效果

1.5.3 隐藏/显示功能区

成功启动 Office 2016 后，其主界面中都包含有功能区，并且默认状态下主界面中都会自动显示功能区，但是用户也可以根据需要来决定功能区是处于显示状态还是隐藏状态，隐藏功能区可以使主界面中的编辑区范围在一定程度上扩大。

1.隐藏功能区

STEP 01：启动 Excel 2016 之后，当需要隐藏功能区时，单击主界面右上角的“折叠功能区”按钮，如图 1-52 所示。

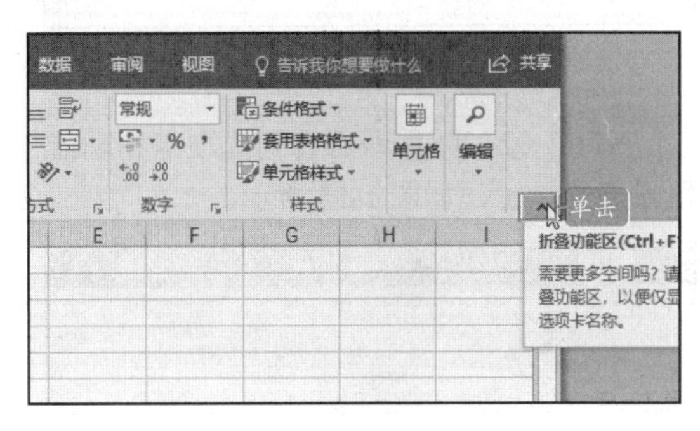

图 1-52 单击“折叠功能区”

STEP 02：完成操作后，界面功能区就被隐藏起来了，此时界面编辑区的面积变大了，如图 1-53 所示。

图 1-53 隐藏功能区的效果

提示

除了单击“折叠功能区”按钮来隐藏功能区以外，还可以直接按【Ctrl+F1】快捷键隐藏功能区。

2.显示功能区

当用户执行了隐藏功能区的操作之后，想要重新显示功能区的话，直接在功能区选项卡中单击任意选项卡，即可将对应的功能区展开。此时功能区仍然是一个活动的状态，单击界面任意位置，功能区重新变为隐藏状态。

STEP 01：单击窗口控制按钮中的“功能区显示选项”按钮，在弹出的菜单中单击“显示选项卡和命令”选项，如图 1-54 所示。

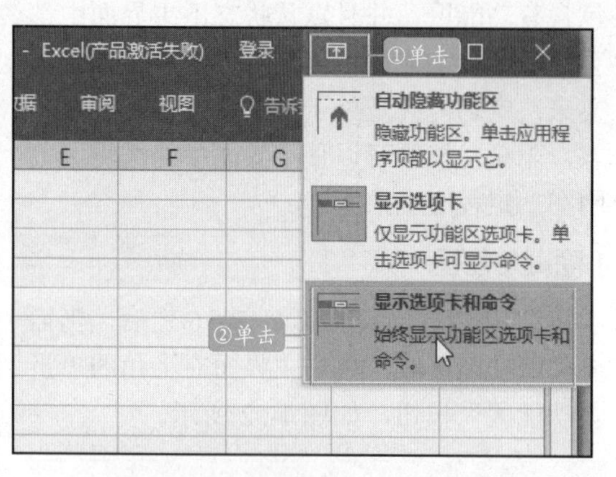

图 1-54　显示选项卡和命令

STEP 02：随后即可看到选项卡和功能区重新显示了，如图 1-55 所示。

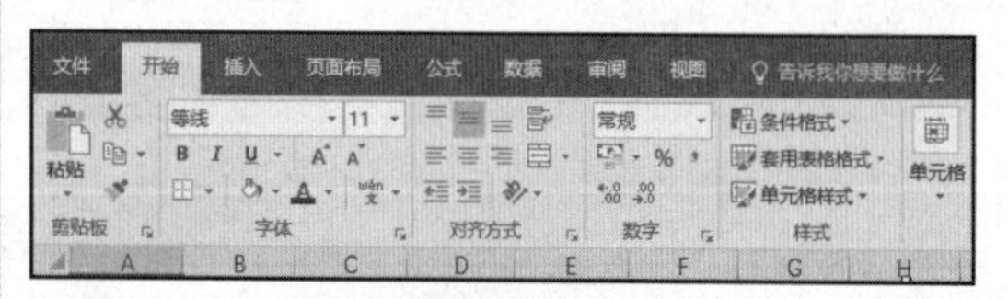

图 1-55　显示功能区

提示

可以按下快捷键【Ctrl+F1】来快速固定功能区。

1.5.4 自定义快速访问工具栏

快速访问工具栏是放置着快捷功能按钮的地方，默认包含的功能有三个，为了方便用户，可以在快速访问工具栏中添加更多的功能按钮，下面以 Word 组件为例向用户介绍。

STEP 01：打开“Word 选项”对话框，单击“快速访问工具栏”选项，在右侧面板中的“从下拉位置选择命令”列表框中单击“查找”选项，单击“添加”按钮，如图 1-56 所示。

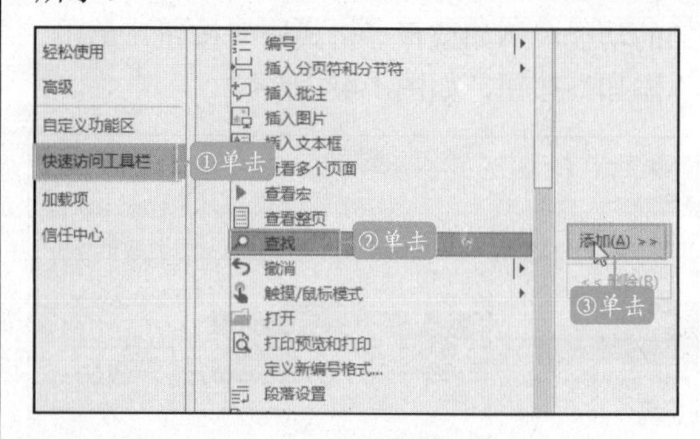

图 1-56　“Word 选项”对话框

STEP 02：此时可以看见“自定义快速访问工具栏”列表框中添加了“查找”选项，单击“确定”按钮，如图 1-57 所示。

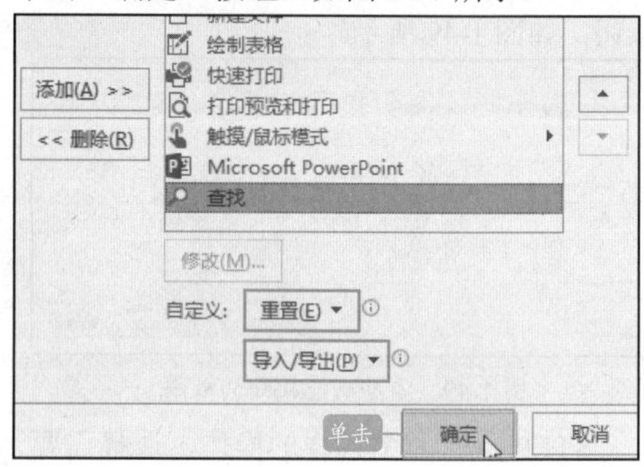

图 1-57　单击“确定”按钮

STEP 03：在自定义快速访问工具栏中可以看见自定义的功能按钮，如图 1-58 所示。

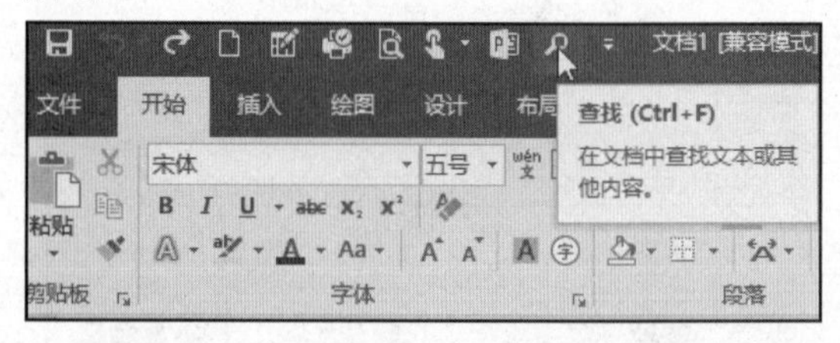

图 1-58　自定义快速访问工具栏的效果

提示

除了可以在“Word 选项”对话框中添加功能按钮到自定义访问工具栏中外，还可以单击自定义快速访问工具栏中的下翻按钮，在展开的下拉列表中，单击需要添加的功能按钮，即可将功能按钮添加到快速访问工具栏中。

1.6　实用技巧

扫码观看本节视频

通过前面部分入门知识的学习，相信初学者已经学会并掌握了相关基础知识。下面介绍一些新手提高的技能知识。

1.6.1　提高Office 2016办公效率的诀窍

为了提高办公效率，用户一定希望知道在使用Word 2016办公时，使用哪些技巧能够快速达到目标效果，下面就为用户介绍三种提高办公效率的诀窍。

1.将编辑好的文档保存为模板

模板是文档类型中的一种，将编辑好的文档保存为模板，在创建文档的时候就可以直接使用模板中的页面布局、字体、样式等，而不需要从头开始创建，下面以保存为“Word模板(*.dotx)”为例来向用户介绍这一功能。

单击“文件”选项卡，在界面中单击“选项”命令，弹出“Word选项”对话框。单击“保存”选项卡，在“保存文档”选项组下单击“将文件保存为此格式”下拉按钮，在下拉列表中单击“Word模板(*.dotx)”选项，如图1-59所示。单击“确定”按钮，此时编辑好的文档就被保存为了模板。

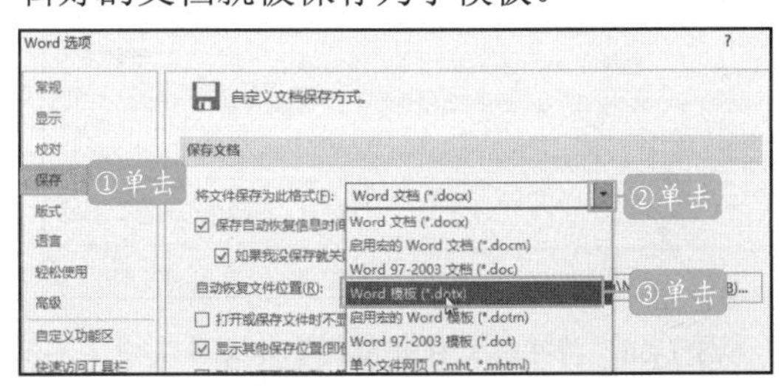

图1-59　“Word选项”对话框

2.快速获取Office帮助

在使用Office办公的时候，有许多操作不一定都是用户熟悉的，此时可以使用Office帮助快速地获取想要知道的信息。

STEP 01：打开Word文档后，在键盘上按下【F1】键，弹出相应组件的帮助对话框，在文本框中输入需要帮助的内容，如“增加行”，然后单击“搜索”按钮，如图1-60所示。

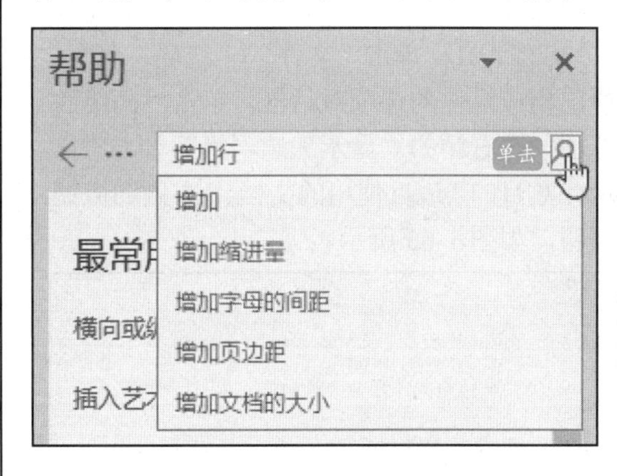

图1-60　“帮助”对话框

STEP 02：随后将显示多个关于输入的帮助信息，单击相关的信息，如图1-61所示。

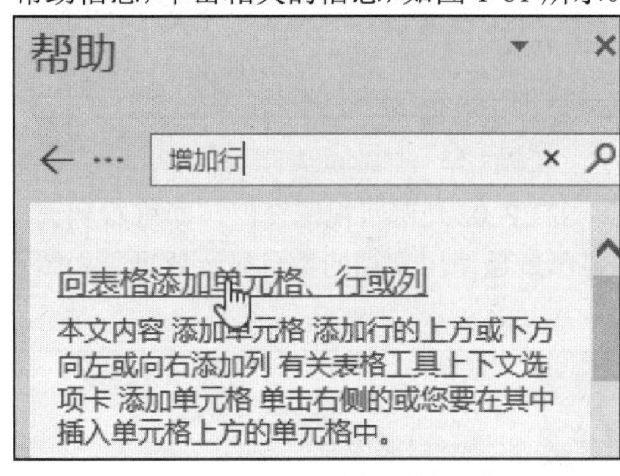

图1-61　帮助信息

STEP 03：即可看到该信息下增加行的详细解释，如图1-62所示。

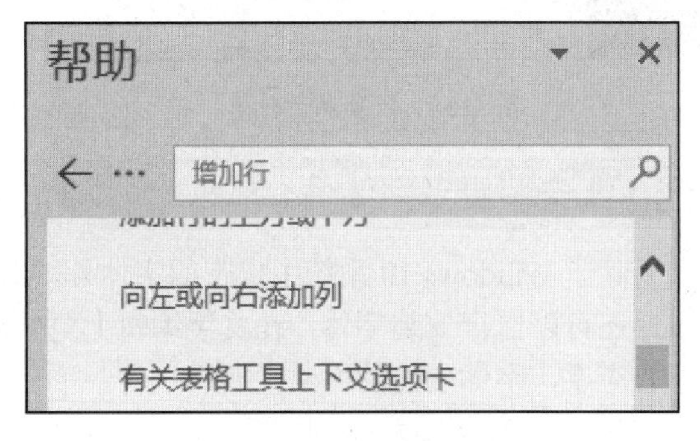

图1-62　详细解释

3.更改显示的最近打开文档数目

如果最近使用的文档数目较多，那么在最近使用文档的面板中将显示很多文档，不利于用户快速查找需要的文档，此时可以通过修改来减少文档的显示数目。

具体方法为：

STEP 01：单击“文件”|“选项”命令，弹出相应组件的选项对话框，单击“高级”选项，在右侧的“显示”选项组下单击“显示此数目的‘最近使用的文档’”右侧的微调按钮，如图 1-63 所示。

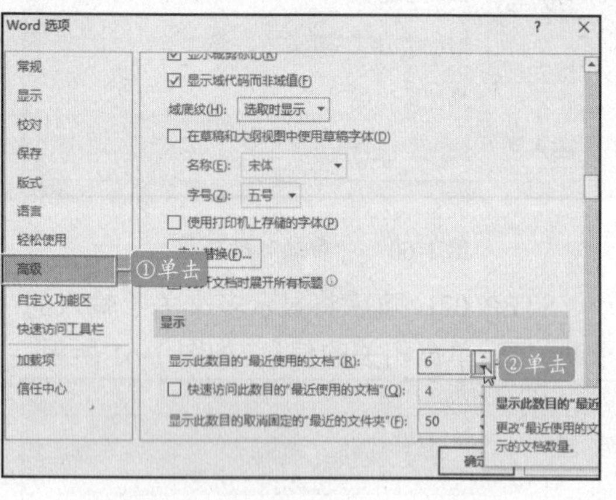

图 1-63　“Word 选项”对话框

STEP 02：返回视图窗口，即可看到调整显示最近使用文档的数目显示效果，如图 1-64 所示。

图 1-64　数目显示效果

1.6.2 安装更多字体

除了 Windows 10 系统中自带的字体外，用户还可以自行安装字体，在文字编辑上更得心应手，字体安装的方法主要有三种。

1.右键安装

选择要安装的字体，单击鼠标右键，在弹出的快捷菜单中，选择“安装”命令，即可进行安装，如图 1-65 所示。

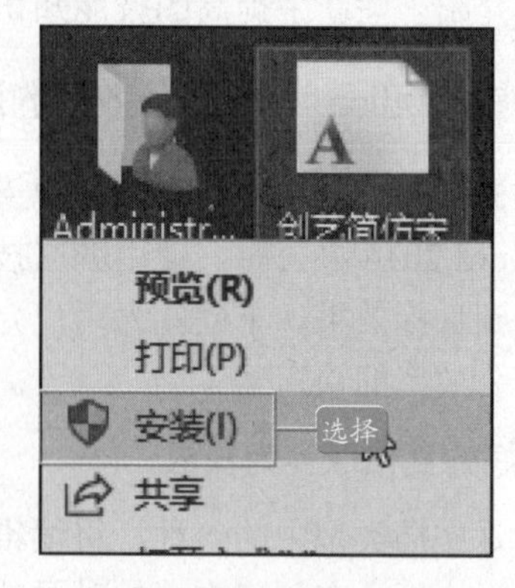

图 1-65　右键安装

2.复制到系统字体文件夹中

复制要安装的字体，打开“此电脑”图标，在地址栏里输入 C:\Windows\Fonts，按【Enter】键，进入 Windows 字体文件夹，将内容粘贴到文件夹里即可，如图 1-66 所示。

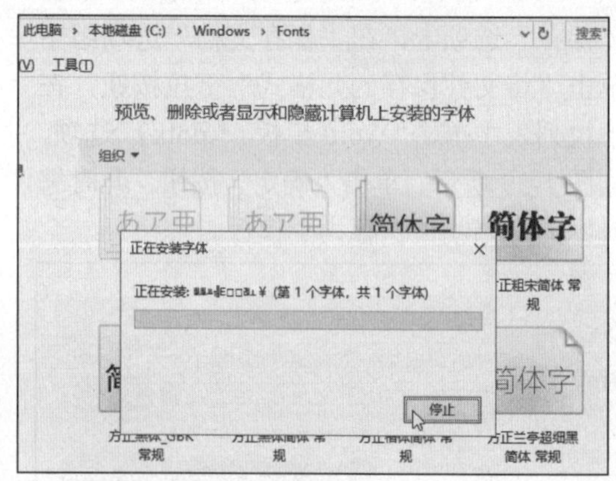

图 1-66　将字体文件复制到字体文件夹中

3.右键作为快捷方式安装

STEP 01：打开“此电脑”图标，在地址栏输入 C:\Windows\Fonts，按【Enter】键，进入 Windows 字体文件夹，然后单击左侧的“字体设置”选项，如图 1-67 所示。

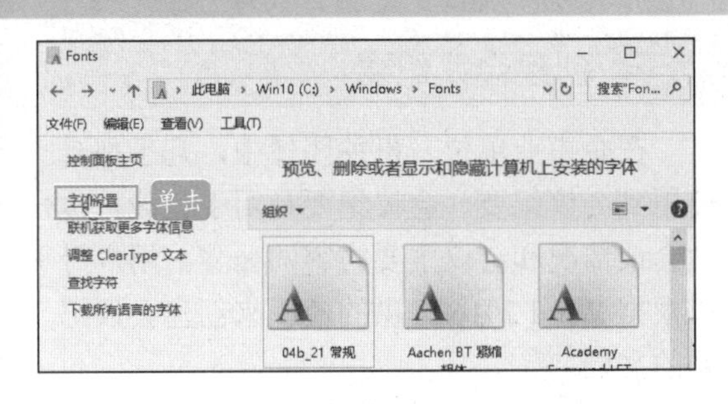

图 1-67　单击“字体设置”选项

STEP 02：在打开的“安装设置”窗口中，勾选“允许使用快捷键方式安装字体（高级）（A）”选项，然后单击“确定”按钮，如图 1-68 所示。

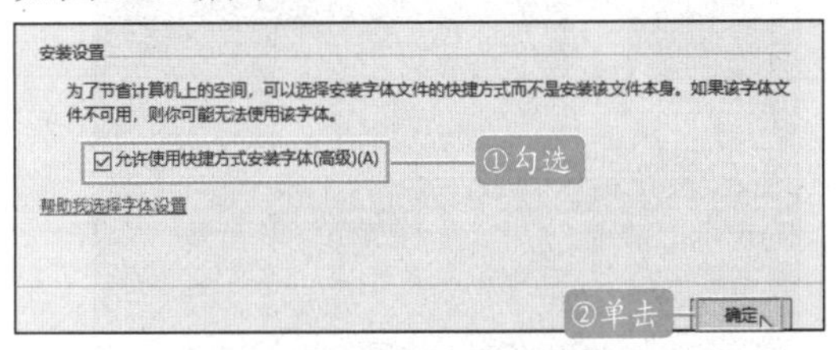

图 1-68　“安装设置”窗口

STEP 03：选择要安装的字体，单击鼠标右键，在弹出的快捷菜单中，选择“作为快捷方式安装”菜单命令，即可进行安装，如图 1-69 所示。

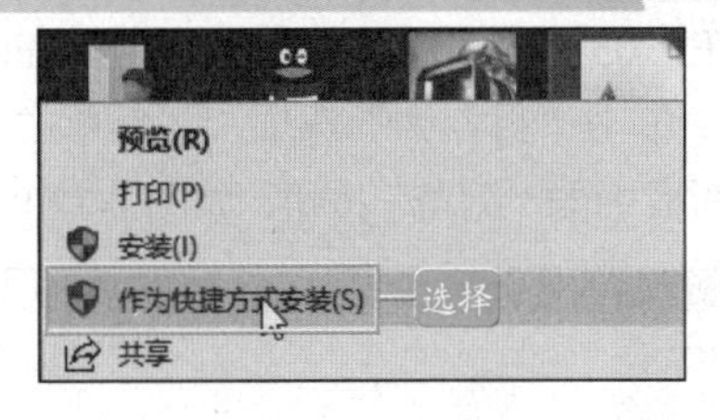

图 1-69　选择“作为快捷方式安装”菜单命令

◆◆提示

第 1 和第 2 种方法将字体程序直接安装到 Windows 字体文件夹里，会占用系统内存，并会影响开机速度，建议如果是少量的字体安装，可使用该方法。而使用快捷方式安装字体，只是将字体的快捷方式保存到 Windows 字体文件夹里，可以达到节省系统空间的目的，但是不能删除安装字体或改变位置，否则无法使用。

1.6.3　解决“扩展属性不一致”问题

解决 Windows 10 系统安装软件时提示“扩展属性不一致”，具体解决方法如下所述：

（1）如果提示“扩展属性不一致”时，说明输入法不是微软的输入法，而是搜狗输入法或是其他第三方输入法，按【win+空格】组合键切换回系统默认的输入法就可以解决。

（2）安装后可以把第三方输入法更新到最新版本，就可以实现兼容了。

1.7　上机实际操作

通过本章的学习，相信用户已经对 Office 2016 的界面和一些基本操作有了初步的认识。为了加深用户对本章知识的理解，下面通过几个实际操作来融会贯通这些知识点。

1.7.1　打开文档并另存为 PDF 文件

STEP 01：启动 Word 2016，在弹出的文档中单击“最近使用的文档”选项下的命名为“毕业论文 1”的文档，如图 1-70 所示。

图 1-70　打开最近所用文件

STEP 02：完成操作之后，自动打开命名为“毕业论文 1”的文件，如图 1-71 所示。

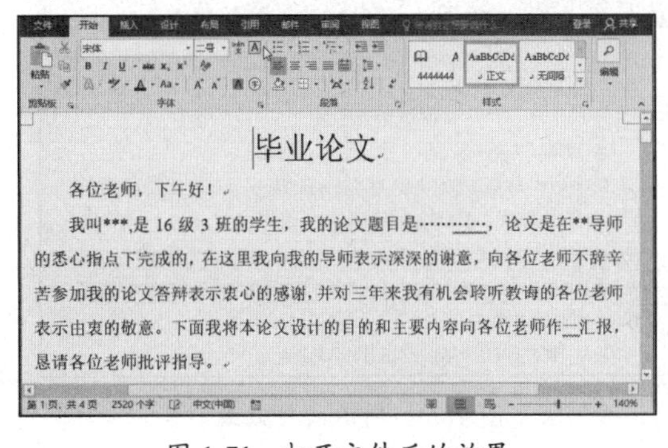

图 1-71　打开文件后的效果

STEP 03：单击“文件”选项卡，在弹出的界面中单击“另存为”选项，之后单击“另存为”面板中的“浏览”按钮，如图 1-72 所示。

图 1-72　另存文档

STEP 04：选择文件保存的路径，在“文件名”文本框中输入“毕业论文”，设置保存类型为“PDF”，单击“保存”按钮，如图 1-73 所示。

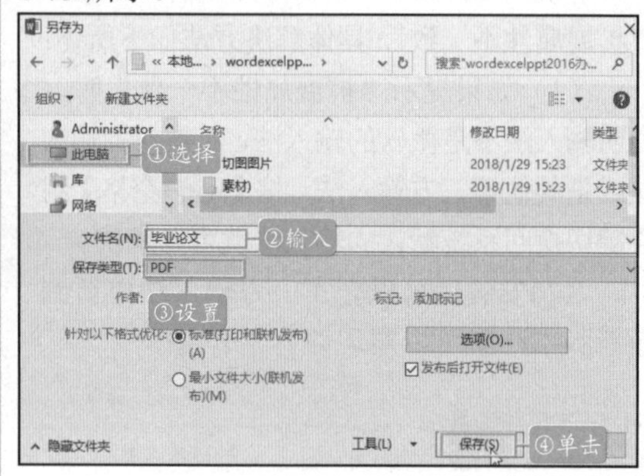

图 1-73　确定保存文件

STEP 05：完成以上操作之后，系统自动将文档保存为 PDF 文件格式，且自动弹出了保存的 PDF 文件，显示效果如图 1-74 所示。

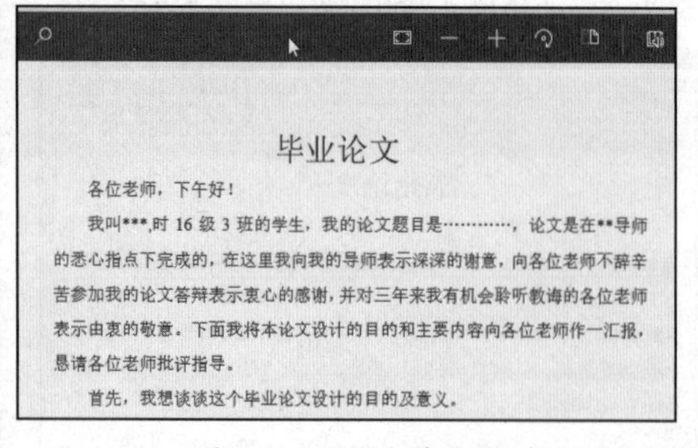

图 1-74　PDF 文件效果

1.7.2　创建会议纪要

在企事业单位、机关团体中，几乎都会使用到会议纪要。会议纪要是用于记载、传达会议情况和会议主要内容的公文。用户可以根据 Word 2016 提供的模板来创建会议纪要的文档。

STEP 01：在桌面上单击“开始”按钮，找到 Word 2016 并单击，即可启动 Word 2016 应用程序，如图 1-75 所示。

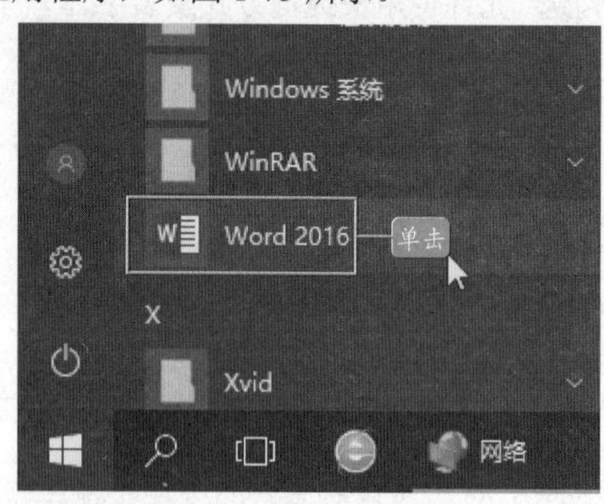

图 1-75　启动 Word 2016

STEP 02：启动 Word 2016 后，单击“文件”选项卡，在弹出的界面中单击“新建”选项，在右侧的“搜索栏”中输入“会议纪要”并搜索，单击“会议纪要”模板，如图 1-76 所示。

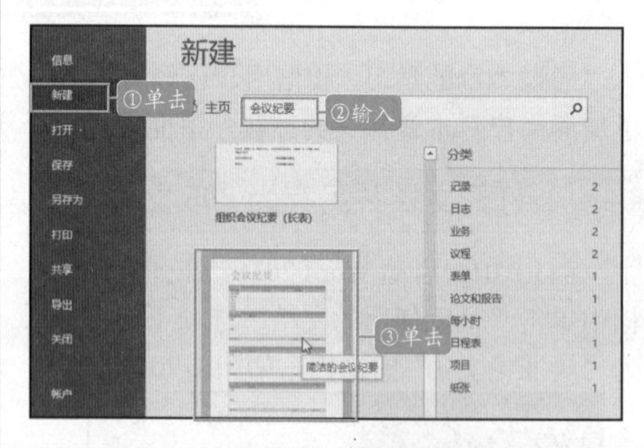

图 1-76　选择模板

STEP 03：弹出模板信息，单击“创建”按钮，如图 1-77 所示。

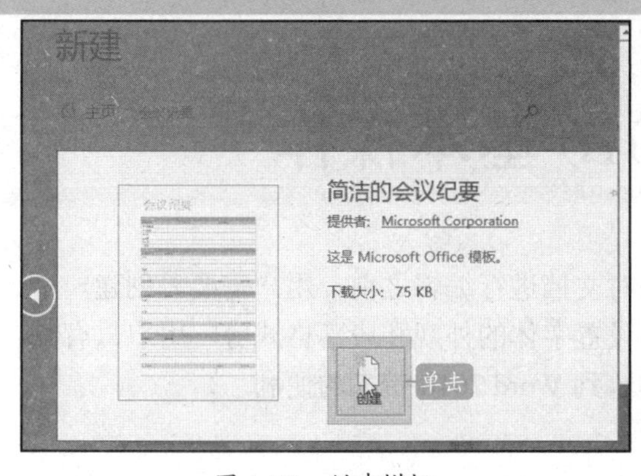

图 1-77　创建模板

STEP 04：此时，根据模板，创建了一个会议纪要文档，如图 1-78 所示。

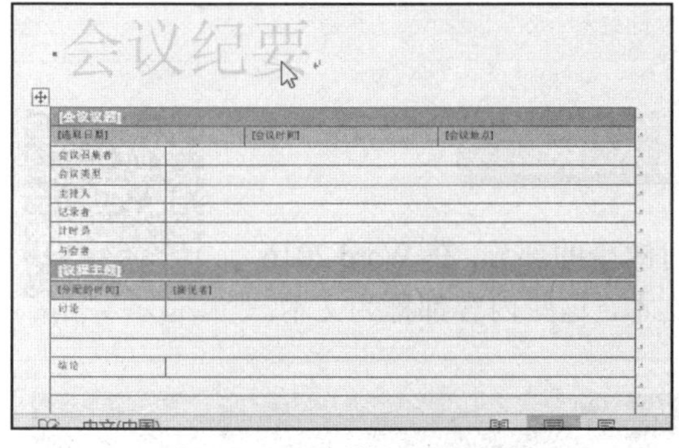

图 1-78　创建模板后的效果

STEP 05：用户可以根据需要在文档中编辑好文字，然后单击“文件”|“保存”命令，第一次保存将自动跳转到“另存为”命令中，在右侧单击“浏览”按钮，如图 1-79 所示。

图 1-79　保存会议纪要

STEP 06：弹出“另存为”对话框，在“文件名”文本框中输入文件的名称后，选择保存的路径，单击“保存”按钮，如图 1-80 所示。

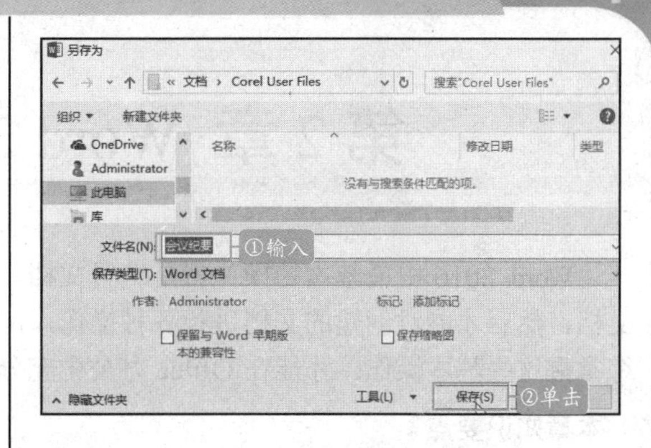

图 1-80　“另存为”对话框

STEP 07：此时便保存了文档，在文档的标题栏可以看见此文档的名称，如图 1-81 所示。

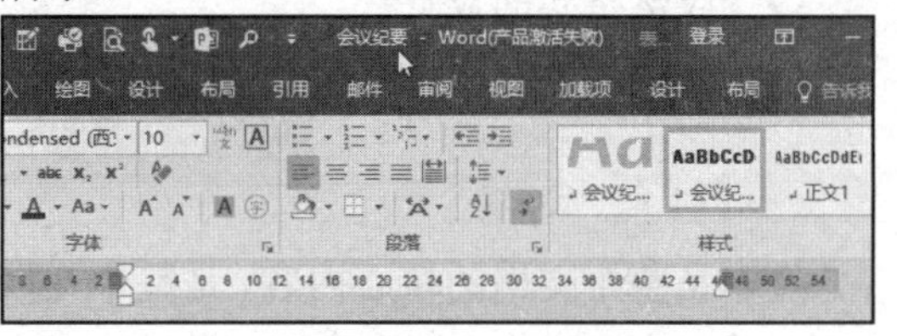

图 1-81　保存后的效果

STEP 08：右击标题栏的空白区域，在弹出的菜单中单击“关闭”命令，即可关闭文档，如图 1-82 所示。

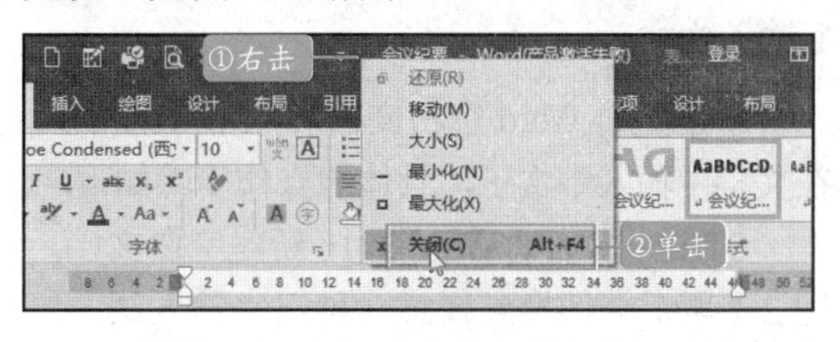

图 1-82　关闭文档

STEP 09：打开文档保存的路径后，可以看见根据模板创建的文档的保存图标，如果用户需要再次查看文档，可以选中图标，右击鼠标，在弹出的快捷菜单中单击“打开”命令，如图 1-83 所示。

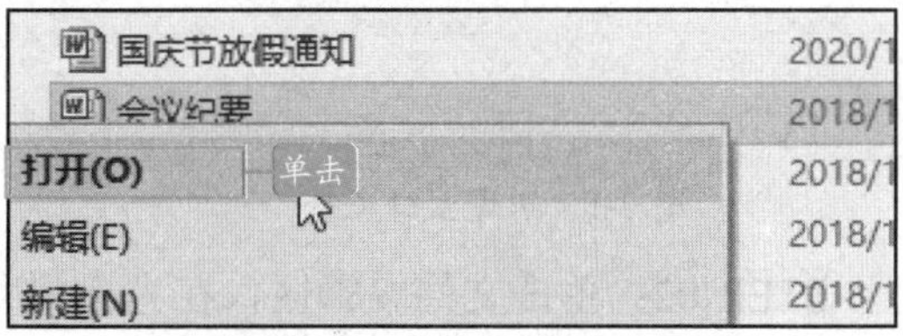

国庆节放假通知　2020/1
会议纪要　2018/1
打开(O)　单击　2018/1
编辑(E)　2018/1
新建(N)　2018/1

图 1-83　查看保存的文档

第 2 章　Word 2016 基本操作

Word 2016 中最基本的操作就是编辑文档。在对文档进行编辑之前，用户需要先创建一个文档，然后才能对创建的文档进行各种操作，例如设置字体的外观和段落格式等。用户只有熟练掌握这些基本操作，才能在 Office 办公中充分体验到 Word 2016 带来的便利。

本章知识要点

- 文本输入操作
- 编辑文档操作
- 字符格式的设置
- 段落格式的设置

2.1　文本输入操作

扫码观看本节视频

文本是整个文档的核心内容，是整个文档中不可缺少的部分。在 Word 2016 中可以输入中文文本、英文文本、数字文本、符号文本，这些内容都称为文本。默认输入中文文本的格式为宋体、五号。

2.1.1　输入中文、数字、英文、标点和文本

1.输入中文

新建一个 Word 空白文档后，用户就可以在文档中输入中文了，具体的操作步骤如下：

STEP 01：启动 Word 2016 新建空白文档，图 2-1 所示。切换到任意一种汉字输入法。

图 2-1　新建空白文档

STEP 02：单击文档编辑区，在光标闪烁处输入文本内容，例如“毕业论文”，然后按【Enter】键，光标移至下一行行首，如图 2-2 所示。

图 2-2　输入文本

STEP 03：输入毕业论文的正文，如图 2-3 所示。

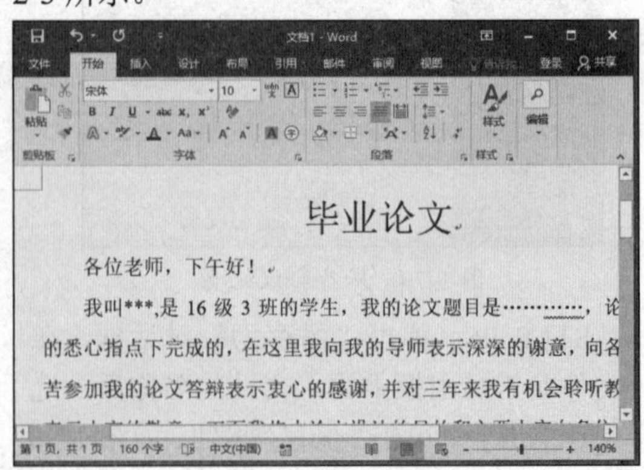

图 2-3　输入文本内容

2.输入数字

在编辑文档的过程中，如果用户需要用到数字内容，只需按键盘上的数字键直接输入即可，输入数字的具体步骤如下：

STEP 01：如将光标定位在文本“是”和“级”之间，按键盘上的数字键“1”和“6”，再将光标定位在“级”和“班”之间，按数字键“3”，即可分别输入数字“16”和“3”，如图 2-4 所示。

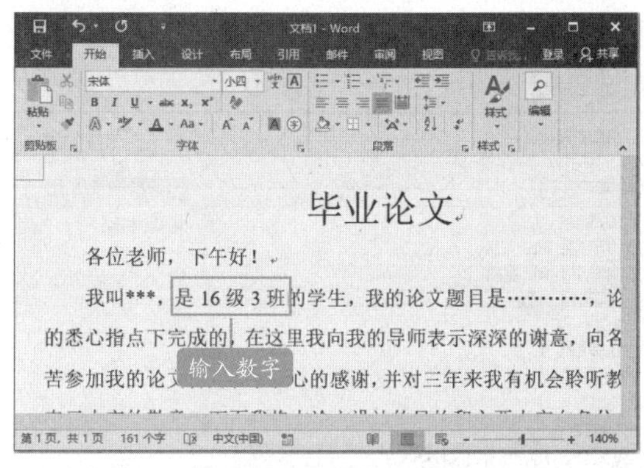

图 2-4　输入数字

STEP 02：使用同样的方法输入其他数字即可。

3.输入英文

在编辑文档的过程中，用户如果想要输入英文文本，首先将输入法切换到英文状态，然后进行输入，输入英文文本的具体操作步骤如下：

STEP 01：按【Shift】键将输入法切换到英文状态下，然后将光标定位在文本“加入”的后面，输入小写英文文本“wto”，如图 2-5 所示。

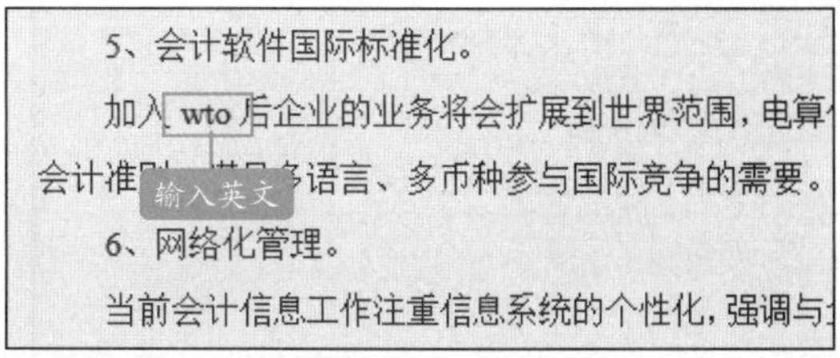

图 2-5　输入英文

STEP 02：如果要更改英文的大小写，要先选择英文文本“wto”，然后切换到“开始”选项卡，在“字体”选项组中单击“更改大小写”按钮 Aa，在展开的下拉列表中选择“全部大写”，如图 2-6 所示。

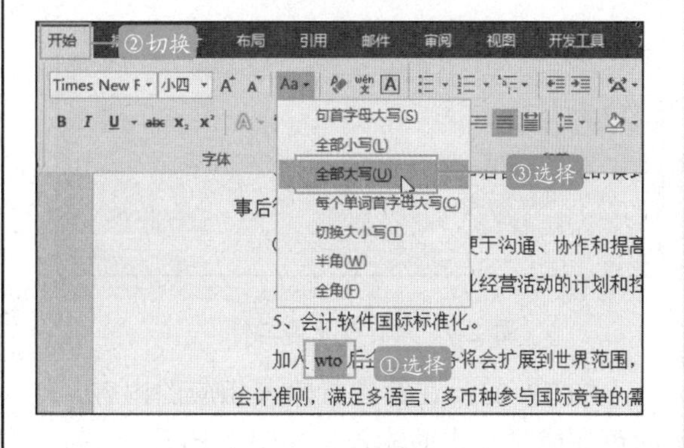

图 2-6　切换大写

4.输入标点

在编辑文档的过程中，如果用户需要用到标点，只需按键盘上的标点键直接输入即可，输入标点的具体步骤如下：

将光标定位在需要输入标点的位置，我们可以看到键盘上都是两个标点占一个键盘格，按一下只能出现其中一个标点，如果想要输入另外一个，比如“问号”，我们只需要按住【Shift+？】即可，其他标点方法也是如此，如图 2-7 所示。

图 2-7　输入标点

5.输入文本

STEP 01：新建一个 Word 文档，将光标定位在文档中输入文本，如图 2-8 所示。

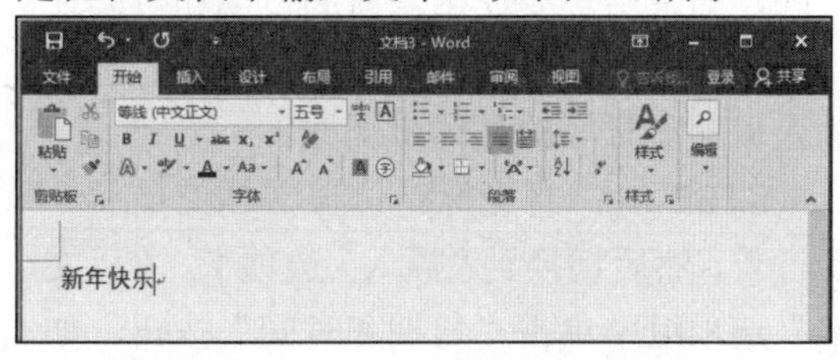

图 2-8　输入文本

STEP 02：按【Enter】键，光标将移至第二行，如图 2-9 所示。

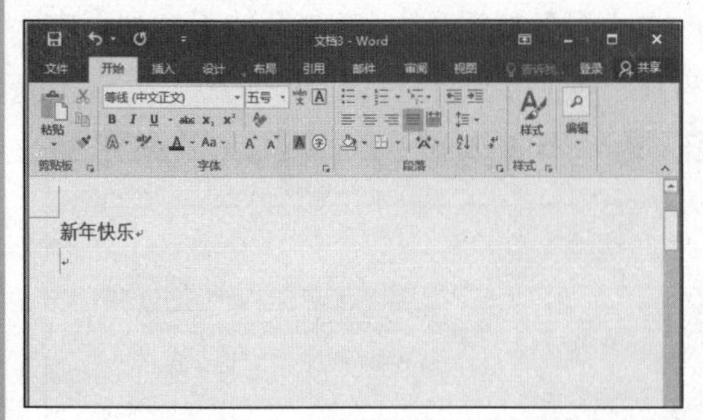

图 2-9　光标移至第二行

STEP 03：在第二行输入相应的内容，即可完成对文本的输入，如图 2-10 所示。

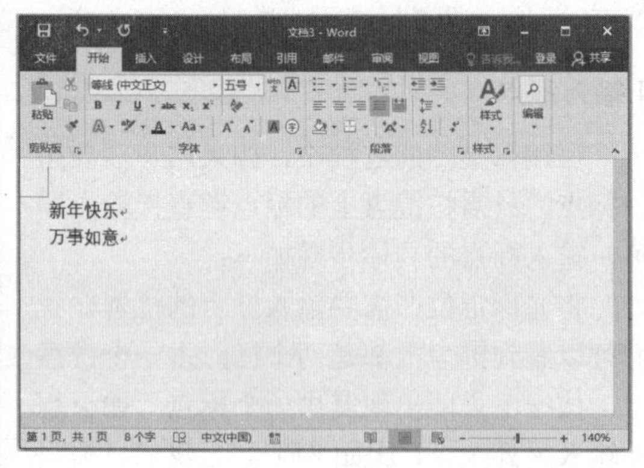

图 2-10　输完文本

提示

在 Word 中可使用多个快捷键组合切换英文大小写。【Shift+F3】【Ctrl+Shift+A】【Ctrl+Shift+K】组合键中任意一个组合键均可实现。

例如选择要转换的英文字母，首次按【Shift+F3】组合键，转为大写，再次按【Shift+F3】组合键，可转换为小写。

2.1.2 输入时间和日期

用户在编辑文档时往往需要输入日期或时间，如果用户要使用当前的日期和时间，则可使用 Word 自带的插入日期和时间功能，输入日期和时间的具体步骤如下：

STEP 01：将光标定位在文档的最后一行行首，然后切换到“插入”选项卡，在“文本”选项组中单击“日期和时间”按钮，如图 2-11 所示。

图 2-11　单击“日期和时间”按钮

STEP 02：弹出“日期和时间”对话框，在“可用格式”列表框中选择一种日期格式，例如选择“二〇一八年五月二十四日”选项，如图 2-12 所示。

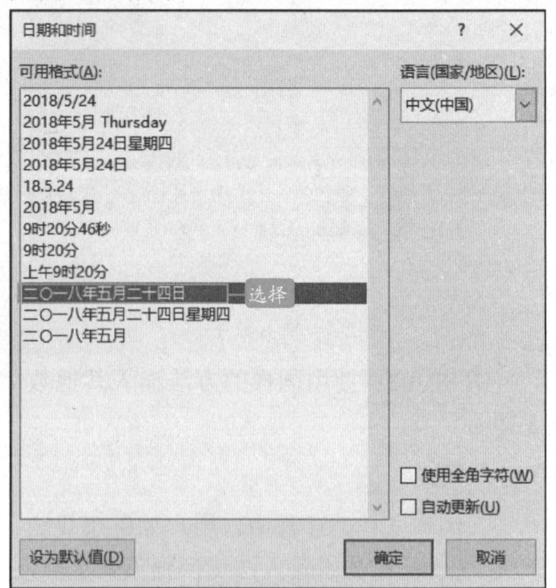

图 2-12　选择日期格式

STEP 03：单击“确定”按钮，此时，当前日期插入到了 Word 文档中，如图 2-13 所示。

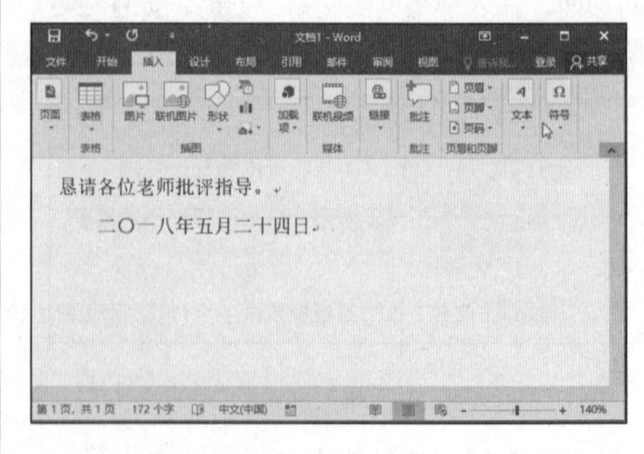

图 2-13　插入日期

STEP 04：用户还可以使用快捷键输入当前日期和时间。按【Alt+Shift+D】组合键，即可输入当前的系统日期；按【Alt+Shift+T】组合键，即可输入当前的系统时间。

◆◆提示

文档录入完成后，如果不希望其中某些日期和时间随系统的改变而改变，那么选中相应的日期和时间，然后按【Ctrl+Shift+F9】组合键切断域的链接即可。

2.1.3 输入符号文本

在 Word 中输入文本是最基本的操作。当打开一个空白文档时，都会看到一个闪烁的光标，位于页面的左上角，它指示用户输入的内容将出现在页面的哪个地方。用户只需将输入法切换至常用的状态，即可开始输入需要的文字。另外，在输入一篇文稿的时候免不了需要输入一些特殊的符号，此时可以通过 Word 中提供的特殊符号进行插入。

STEP 01：启动 Word 2016，此时可以看到屏幕上有一条闪烁的竖线，这就是光标的插入点，如图 2-14 所示。

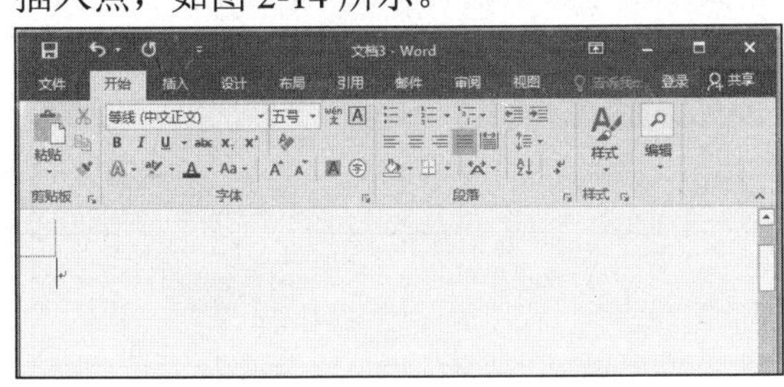

图 2-14　光标插入点

STEP 02：切换输入法为中文简体，然后在光标插入点处输入“毕业论文”，如图 2-15 所示。

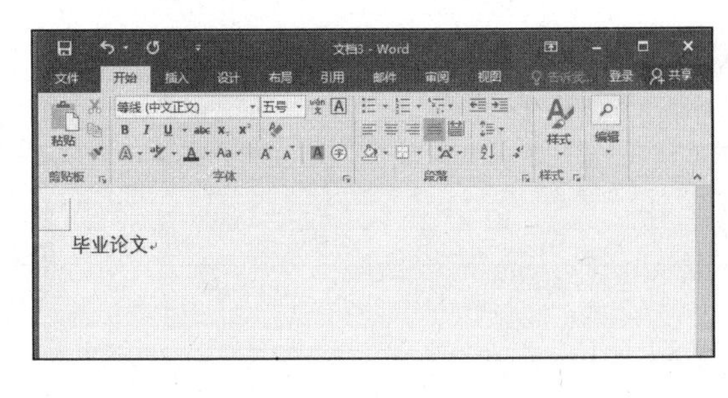

图 2-15　输入“毕业论文”

STEP 03：将光标定位在要插入符号的行首位置处，单击“插入”选项卡下“符号”选项组中的“符号”下拉按钮，在展开的列表中单击“其他符号”选项，如图 2-16 所示。

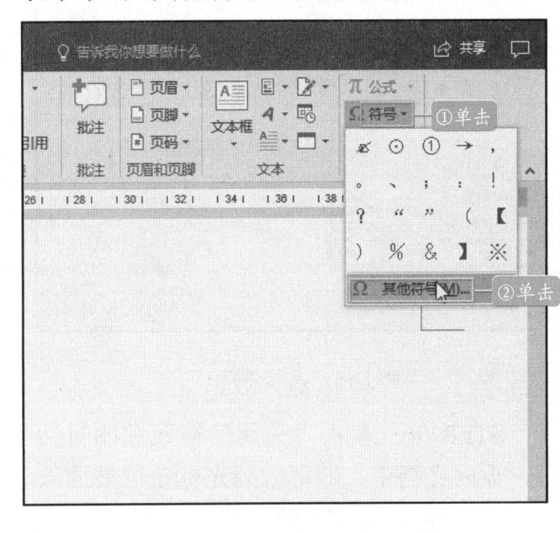

图 2-16　单击“其他符号”选项

STEP 04：弹出“符号”对话框，单击“符号”选项卡下“字体”右侧的下三角按钮，在展开的下拉列表中单击“Wingdings”类型，如图 2-17 所示。

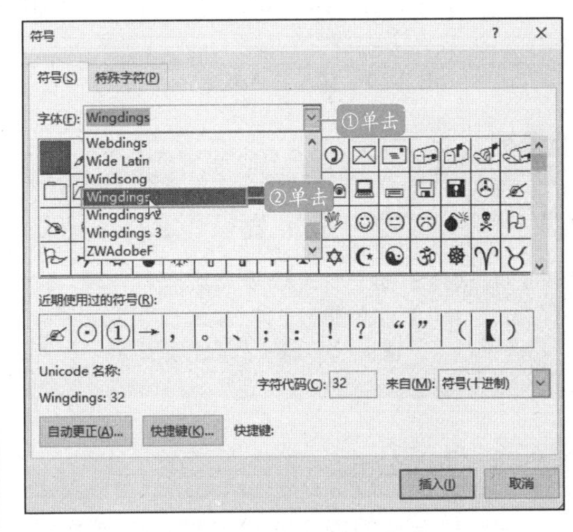

图 2-17　选择字体类型

STEP 05：拖动右侧的滚动条可查看该类型中的全部符号，单击要插入的符号，然后单击“插入”按钮，如图 2-18 所示。

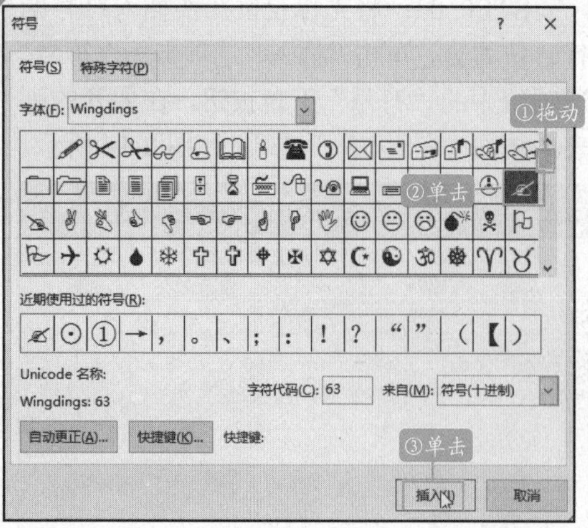

图 2-18　选择符号

STEP 06：单击“关闭”按钮关闭对话框，返回文档中，即可看到光标定位处插入的符号的效果，如图 2-19 所示。

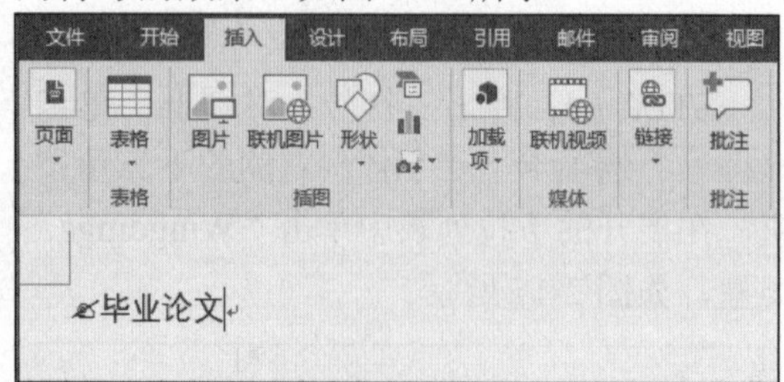

图 2-19　插入符号效果

提示

注册商标和版权符号是在输入时会遇到的一种特殊符号，针对这类特殊符号的输入，在 Word 中是可以通过使用快捷键方式来完成的。按【Alt+Ctrl+C】组合键可以输入版权符号©，按【Alt+Ctrl+R】组合键可以输入注册符号®，按【Alt+Ctrl+T】组合键可以输入商标符号™，用户可以自己尝试一下。

2.1.4　插入公式

在制作专业的论文或报告时，会要求输入各种公式，对于简单的加减乘除公式，可以用输入普通文本的方式来输入。对于许多复杂公式，则可以通过 Word 中的插入公式功能输入。下面在文档中输入公式，具体操作步骤如下：

STEP 01：在 Word 文档“插入”|“符号”选项组中单击“公式”下方的下三角按钮；在打开的列表中选择“插入新公式”选项，如图 2-20 所示。

图 2-20　选择“插入新公式”选项

STEP 02：在文档中插入一个公式编辑区域；在“公式工具-设计”选项卡的“符号”选项组中单击“其他”按钮，如图 2-21 所示。

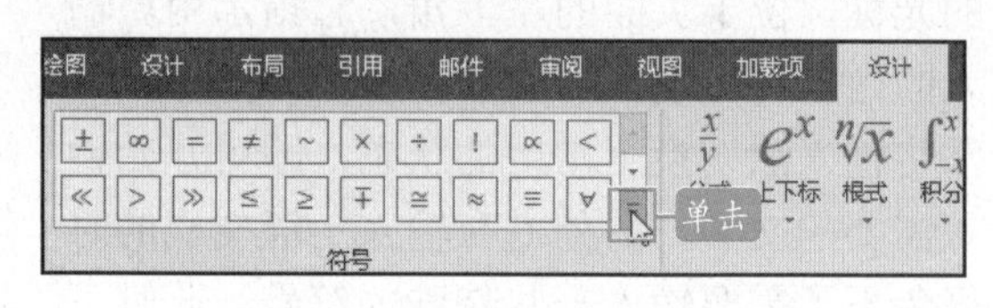

图 2-21　单击“其他”按钮

STEP 03：在展开的“基础数学”列表框中选择“θ”选项即可，如图 2-22 所示在公式编辑区域中输入“θ”，然后用同样的方法输入“=”。

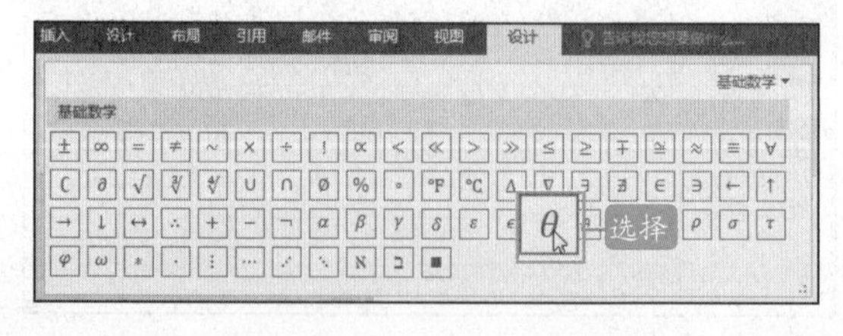

图 2-22　选择“θ”选项

STEP 04：在“结构”选项组中单击“sinθ 函数”按钮；在展开的“三角函数”列表中选择“正切函数”选项；如图 2-23 所示。

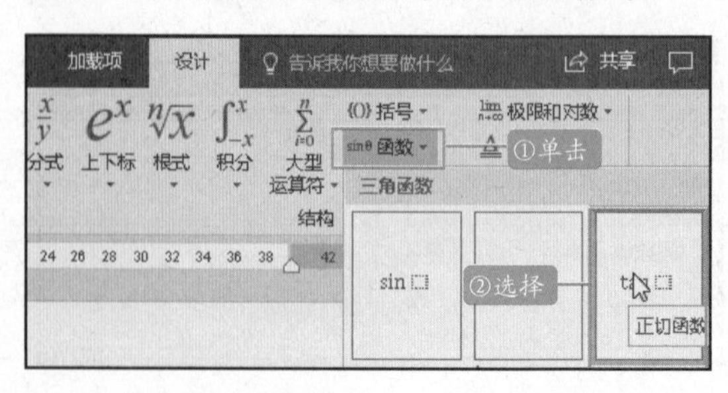

图 2-23　选择“正切函数”选项

STEP 05：在公式编辑区域单击函数右侧的虚线正方形，输入“α”，完成公式的输入，如图 2-24 所示。

$\theta = \tan\alpha$

图 2-24 公式输入完成

2.1.5 插入空白页

STEP 01：将光标置于文档第一页首行的第一个字之前。切换至“插入”选项卡，在“页面”选项组中单击“空白页”按钮，如图 2-25 所示。

图 2-25 单击“空白页”按钮

STEP 02：一个空白页随即被插入到文档中，成为了第一页，如图 2-26 所示。

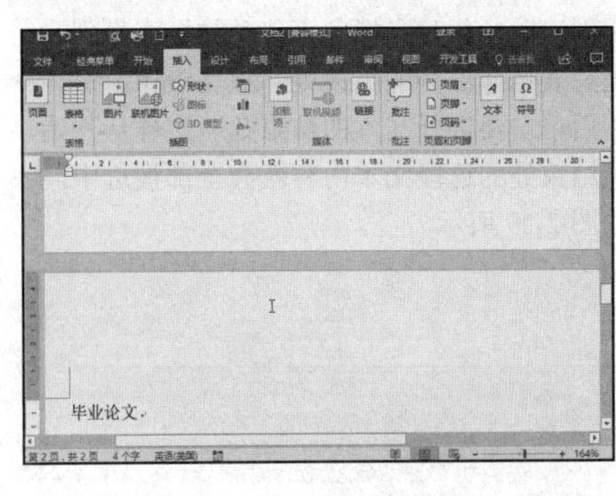

图 2-26 空白页成为第一页

提示

在“符号”对话框中选择好一个符号后，除了单击“插入”按钮以外，还可以双击该符号将其插入到文档中。

2.2 编辑文档操作

扫码观看本节视频

想要熟练地使用 Word 2016 处理文档，除了掌握如何在文档中输入文本外，运用选定、复制、移动、粘贴、删除、查找和替换等功能对文本内容进行编辑也是必须掌握的操作。

2.2.1 选择文本

对 Word 文档中的文本进行编辑之前，首先应选择要编辑的文本，下面介绍几种使用鼠标和键盘选择文本的方法。

1.使用鼠标选择文本

用户可以使用鼠标选取单个单词、连续文本、分散文本、矩形文本、段落文本以及整个文档等。

①选择单个单词

将光标定位在需要选择字词的开始位置，然后单击鼠标左键不放拖拽至需要选择字词的结束位置，释放鼠标左键即可。另外，在词语中的任何位置双击都可以选择该词语，例如选择词语“感谢”，此时被选择的文本会呈深灰色显示，如图 2-27 所示。

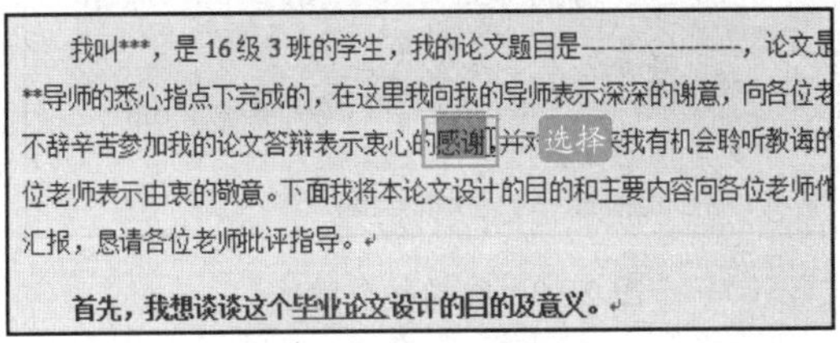

我叫***，是 16 级 3 班的学生，我的论文题目是----------------，论文是**导师的悉心指点下完成的，在这里我向我的导师表示深深的谢意，向各位老不辞辛苦参加我的论文答辩表示衷心的感谢，并对 选择 来我有机会聆听教诲的位老师表示由衷的敬意。下面我将本论文设计的目的和主要内容向各位老师作汇报，恳请各位老师批评指导。

首先，我想谈谈这个毕业论文设计的目的及意义。

图 2-27 选中文本

②选择连续文本

将光标定位在需要选择文本的开始位置，然后按住鼠标左键不放拖拽至需要选择的文本的结束位置释放即可，如图 2-28 所示。

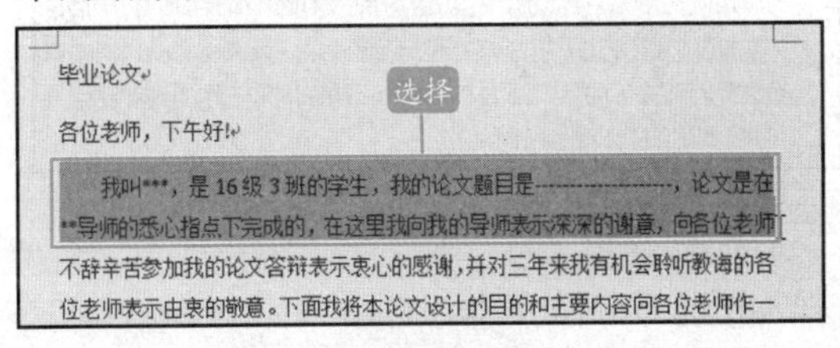

图 2-28 连续选中文本

如果需要选择超长文本，用户只需要将光标定位在需要选择的文本的开始位置，然后用滚动条代替光标向下移动文档，直到看到想要选择部分的结束处，按【Shift】键，然后单击要选择文本的结束处，这样从开始到结束处的这段文本内容就会全部被选中，如图 2-29 所示。

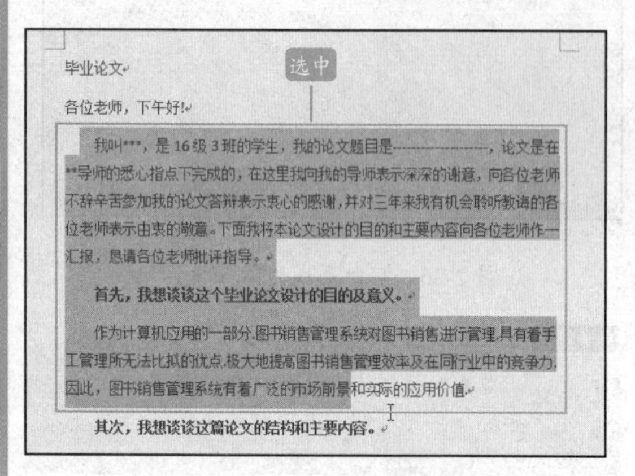

图 2-29　选择超长文本

③选择段落文本

在要选择段落中的任意位置，连续单击鼠标左键三次即可选择整个段落文本，如图 2-30 所示。

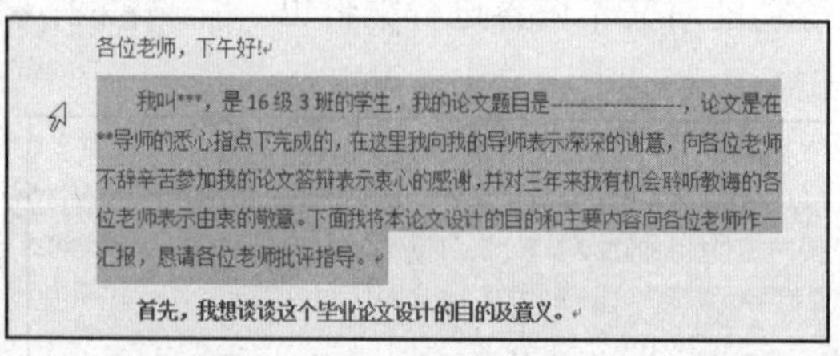

图 2-30　选择整个段落

④选择矩形文本块

按【Alt】键，同时在文本上拖拽鼠标即可选择矩形文本块，如图 2-31 所示。

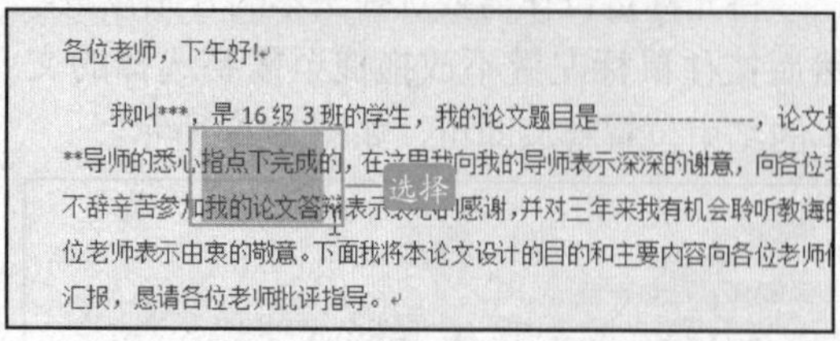

图 2-31　选择矩形文本

⑤选择分散文本

在 Word 文档中，首先使用拖拽鼠标的方法选择一个文本，然后按【Ctrl】键，依次选择其他文本，就可以选择任意数量的分散文本了，如图 2-32 所示。

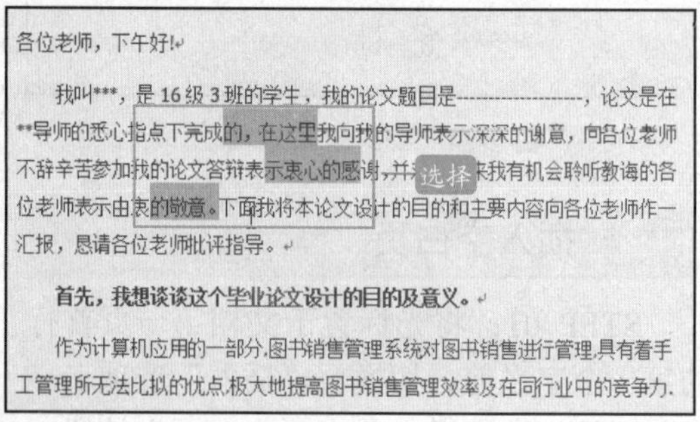

图 2-32　选择分散文本

2.使用组合键选定文本

除了使用鼠标选定文本外，用户还可以使用键盘上的组合键选取文本。在使用组合键选择文本前，用户应该根据需要将光标定位在适当的位置，然后再按下相应的组合键选定文本。

Word 2016 提供了一整套利用键盘选定文本的方法，主要是通过【Shift】、【Ctrl】和方向键来实现的，操作方法如表 2-1 所示。

表 2-1　快捷键选定文本的方法

快捷键	功能
Ctrl+A	选择整篇文档
Ctrl+Shift+Home	选择光标所在处至文档开始处的地方
Ctrl+Shift+End	选择光标所在处至文档结束处的文本
Alt+Ctrl+Shift+Page Up	选择光标所在处至本页开始处的文本
Alt+Ctrl+Shift+Page Down	选择光标所在处至本页结束处的文本
Shift+↑	向上选中一行
Shift+↓	向下选中一行
Shift+←	向左选中一行
Shift+→	向右选中一行
Ctrl+Shift+←	选择光标所在处左侧的词语
Ctrl+Shift+→	选择光标所在处右侧的词语

3.使用选中栏选择文本

所谓选中栏，就是 Word 文档左侧的空白区域，当鼠标指针移至该空白区域时，便会呈箭头形状显示。

①选择行

将鼠标指针移至要选中行左侧的选中栏中，然后单击鼠标左键即可选择该行文本，如图 2-33 所示。

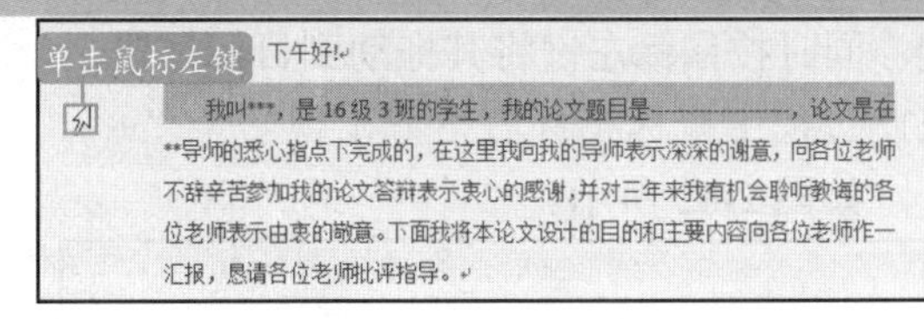

图 2-33 选中该行文本

②选择段落

将鼠标指针移至要选中段落左侧的空白选中栏中，然后双击鼠标左键即可选择整段文本，如图 2-34 所示。

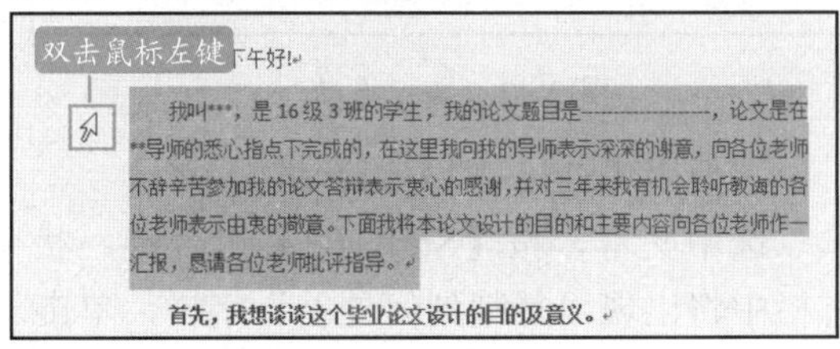

图 2-34 选择整段文本

③选择整篇文档

将鼠标指针移至空白选中栏中，然后连续单击鼠标左键三次，即可选择整篇文档，如图 2-35 所示。

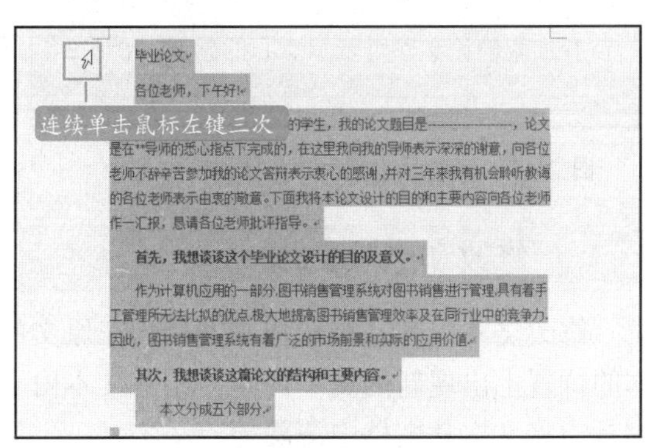

图 2-35 选择整篇文档

2.2.2 移动和复制文本

对文档中内容重复部分的输入，可通过复制/粘贴操作来完成；如果需要将某个词语或段落移动到其他位置，可通过剪切/粘贴操作来完成。

1.移动文本

常用的移动文本方法有以下几种：

①使用鼠标右键菜单

打开原始文件，选中要剪切的文本，然后单击鼠标右键，在弹出的快捷菜单中选择“剪切”菜单项，如图 2-36 所示。定位光标到目标位置后，单击鼠标右键，在弹出的快捷菜单中选择相应的“粘贴选项”即可。

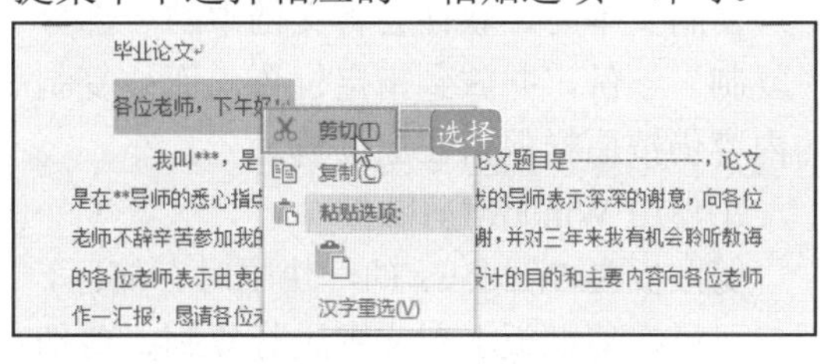

图 2-36 选择“剪切”菜单项

②使用剪贴板

“剪切”是指把用户选中的信息放入到剪切板中，单击“粘贴”后又会出现一份相同的信息，原来的信息会被系统自动删除。

STEP 01：打开需要编辑的文档，选中需要移动的文本内容，然后在“开始”选项卡的“剪贴板”选项组中单击“剪切”按钮，将选中的内容剪切到剪贴板中，如图 2-37 所示。

图 2-37 单击“剪切”按钮

STEP 02：将光标插入点定位到要移动的目标位置，然后单击“剪贴板”选项组中的“粘贴”按钮，如图 2-38 所示。

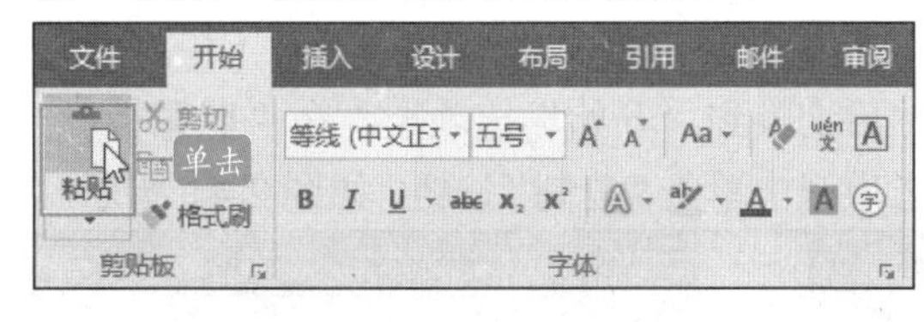

图 2-38 单击“粘贴”按钮

STEP 03：此时，选中的文本已经移动到了新的位置，其效果如图 2-39 所示。

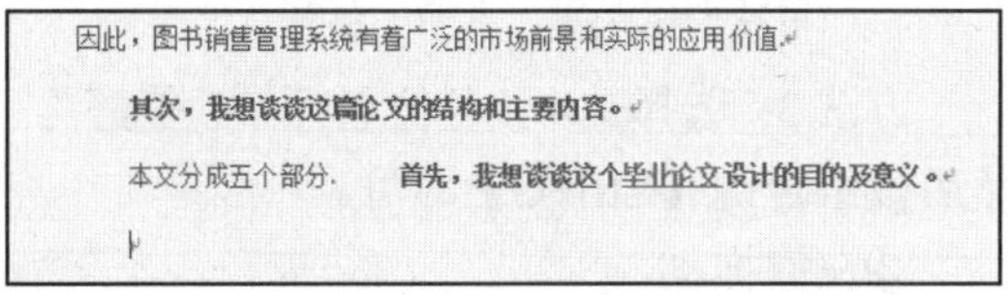

因此，图书销售管理系统有着广泛的市场前景和实际的应用价值。
其次，我想谈谈这篇论文的结构和主要内容。
本文分成五个部分。 首先，我想谈谈这个毕业论文设计的目的及意义。

图 2-39 粘贴完毕

③使用快捷键

使用组合键【Ctrl+X】和【Ctrl+V】，也可以快速地剪切和粘贴文本。

2.复制文本

复制文本时，软件会将文档中的一部分“复制”一份，并放到指定位置，而被复制的内容仍按原样保留在原位置。

①使用 Window 剪贴板

剪贴板是 Windows 的一块临时存储区，用户可以在剪贴板上对文本进行复制、剪切或粘贴等操作。美中不足的是，剪贴板只能保留一次数据，每当新的数据传入，旧的便会被覆盖，复制文本的具体操作方法如下：

方法 1：打开原始文件，选择文本“各位老师，下午好！”，然后单击鼠标右键，在弹出的快捷菜单中选择“复制”菜单项，如图 2-40 所示。定位光标到目标位置后，单击鼠标右键，在弹出的快捷菜单中选择相应的“粘贴选项”即可。

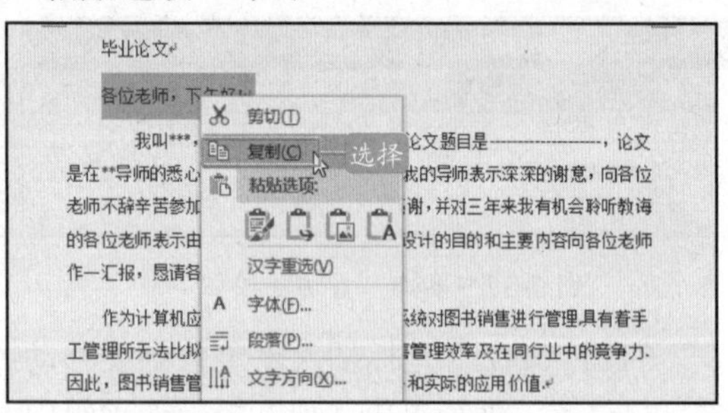

图 2-40　选择“复制”菜单项

方法 2：选择文本“各位老师，下午好！”，然后切换到“开始”选项卡，在“剪贴板”选项组中单击“复制”按钮，如图 2-41 所示。

图 2-41　单击“复制”按钮

方法 3：选择文本“各位老师，下午好”，然后按组合键【Ctrl+C】即可。

②左键拖动

将鼠标指针放在选中的文本上，按【Ctrl】键，同时按鼠标左键将其拖动到目标位置，在此过程中鼠标指针右下方出现一个“+”号，如图 2-42 所示。

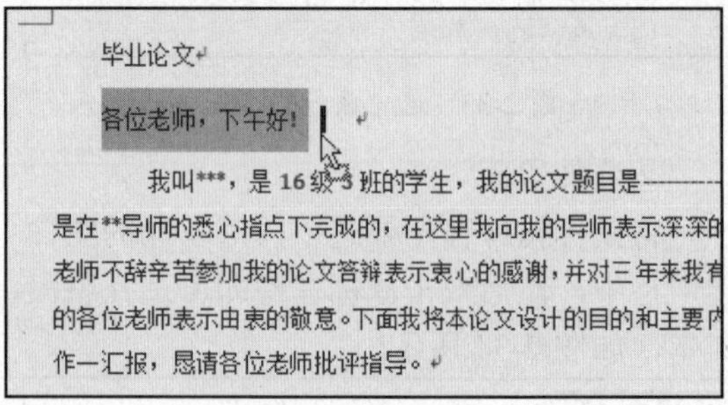

图 2-42　鼠标拖动

③使用【Shift+F2】组合键

选中文本，按【Shift+F2】组合键，状态栏中将出现“复制到何处？”字样，单击放置复制对象的目标位置，然后按【Enter】键即可，如图 2-43 所示。

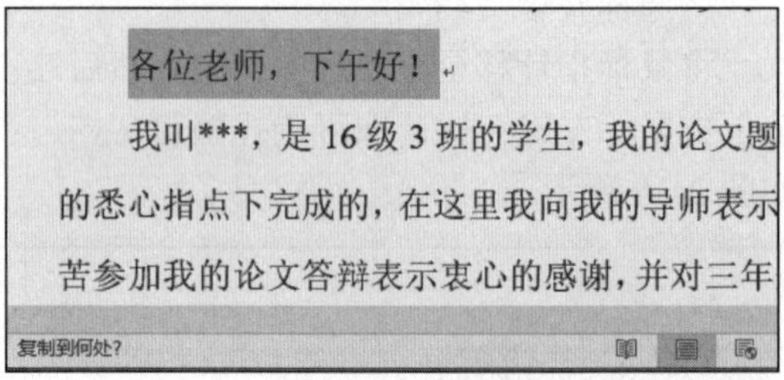

图 2-43　状态栏出现“复制到何处？”

2.2.3　修改和删除文本

修改文本内容是指选择文本后，在原文本的位置上出现新的文本内容，删除文本内容是指将文本从文档中清除掉。

STEP 01：打开原始文件，选择需要删除的文本内容，如图 2-44 所示。

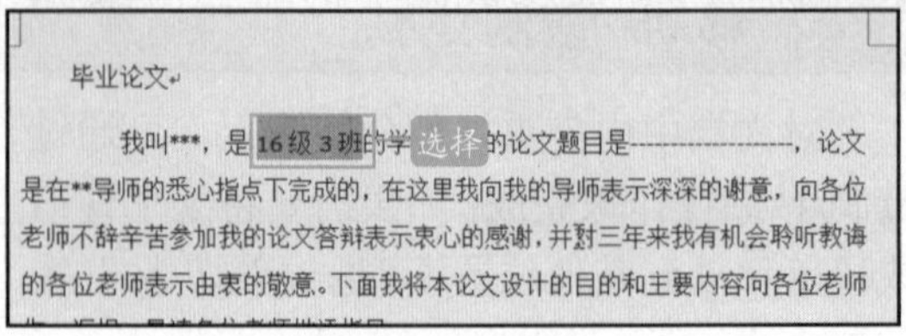

图 2-44　选择文本

STEP 02：按【Delete】键后，可以看到已经删除了文本，如图 2-45 所示。

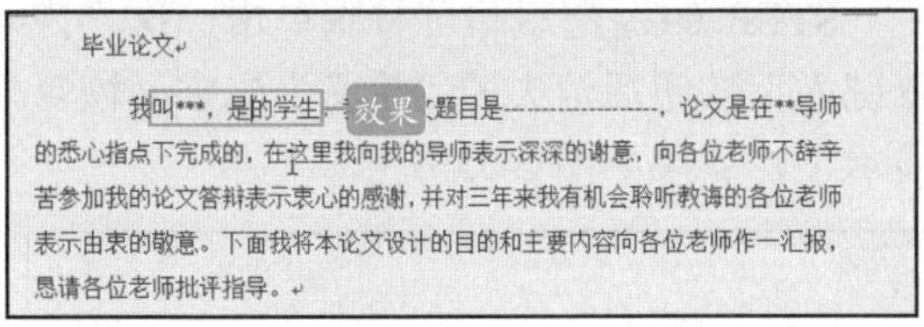

毕业论文
我叫***，是的学生
效果
题目是-------------------，论文是在**导师
的悉心指点下完成的，在这里我向我的导师表示深深的谢意，向各位老师不辞辛
苦参加我的论文答辩表示衷心的感谢，并对三年来我有机会聆听教诲的各位老师
表示由衷的敬意。下面我将本论文设计的目的和主要内容向各位老师作一汇报，
恳请各位老师批评指导。

图 2-45　删除文本后

STEP 03：选择需要修改的文本内容，如图 2-46 所示。

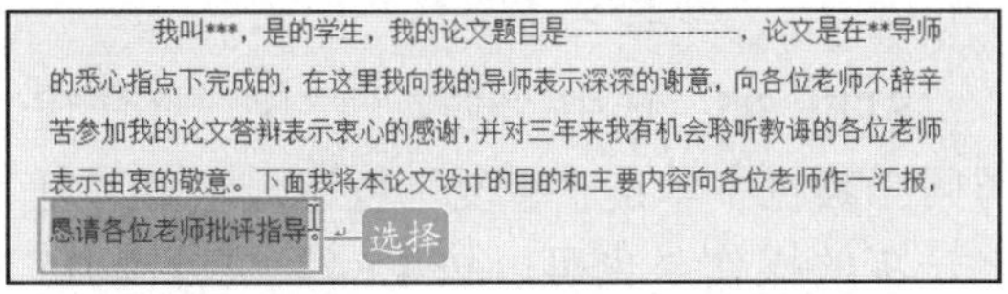

我叫***，是的学生，我的论文题目是-------------------，论文是在**导师
的悉心指点下完成的，在这里我向我的导师表示深深的谢意，向各位老师不辞辛
苦参加我的论文答辩表示衷心的感谢，并对三年来我有机会聆听教诲的各位老师
表示由衷的敬意。下面我将本论文设计的目的和主要内容向各位老师作一汇报，
恳请各位老师批评指导。
选择

图 2-46　选择文本

STEP 04：直接输入正确的文本内容，完成修改，如图 2-47 所示。

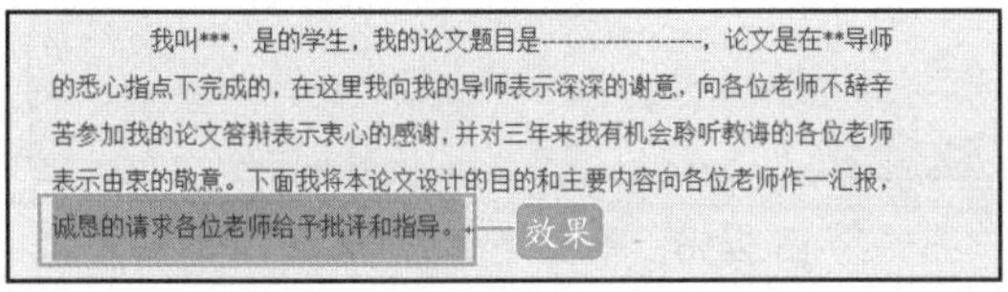

我叫***，是的学生，我的论文题目是-------------------，论文是在**导师
的悉心指点下完成的，在这里我向我的导师表示深深的谢意，向各位老师不辞辛
苦参加我的论文答辩表示衷心的感谢，并对三年来我有机会聆听教诲的各位老师
表示由衷的敬意。下面我将本论文设计的目的和主要内容向各位老师作一汇报，
诚恳的请求各位老师给予批评和指导。
效果

图 2-47　修改完毕

2.2.4　查找和替换文本

在编辑文档的过程中，用户有时要查找并替换某些字词。使用 Word 2016 强大的查找和替换功能，可以节约大量的时间。

查找和替换文本的具体步骤如下：

STEP 01：打开原始文件，按【Ctrl+F】组合键，弹出“导航”窗格，然后在查找文本框中输入“市场前景”，随即自动在导航窗格中查找到了该文本所在的位置，同时文本“市场前景”在 Word 文档中以黄色底纹显示，如图 2-48 所示。

导航
市场前景
①输入内容
1 个结果
标题　页面　结果
②查找到的内容
毕业论文
各位老师，下午好！
首先，我想谈谈这个毕业论文设计的目的及意义

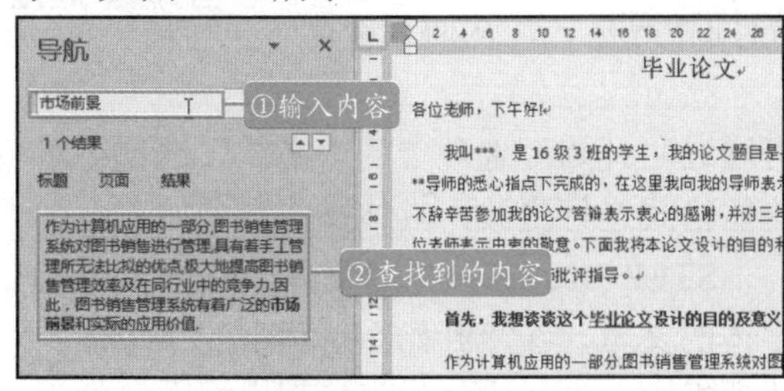

图 2-48　导航页面

STEP 02：如果用户要替换相关的文本，可以按【Ctrl+H】组合键，弹出“查找和替换”对话框，自动切换到“替换”选项卡，然后在“替换为”文本框输入“就业前景”，如图 2-49 所示。

查找和替换
查找(D)　替换(P)　定位(G)
查找内容(N):　市场前景
选项:　区分全/半角
替换为(I):　就业前景
输入
更多(M) >>　替换(R)　全部替换(A)　查找下一处(F)　取消

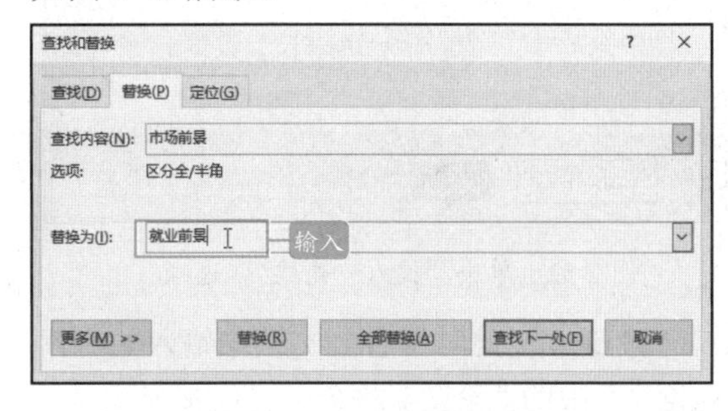

图 2-49　“查找和替换”对话框

STEP 03：单击“全部替换”按钮，弹出提示框，提示用户“全部完成。完成 1 处替换。”，如图 2-50 所示。

Microsoft Word
全部完成。完成 1 处替换。
确定

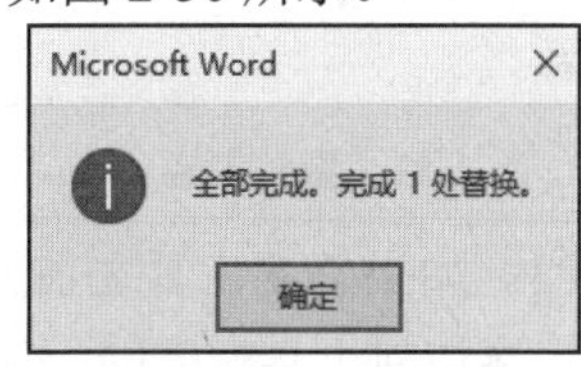

图 2-50　完成替换

STEP 04：单击“确定”按钮，然后关闭“查找和替换”对话框，返回 Word 文档中，替换效果如图 2-51 所示。

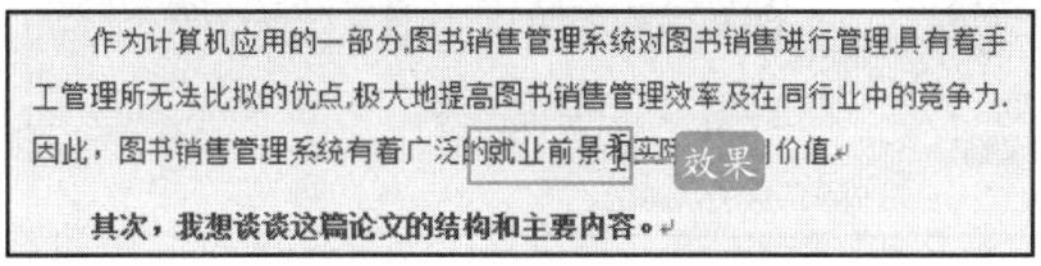

作为计算机应用的一部分,图书销售管理系统对图书销售进行管理,具有着手
工管理所无法比拟的优点,极大地提高图书销售管理效率及在同行业中的竞争力.
因此，图书销售管理系统有着广泛的就业前景和实
效果
价值.
其次，我想谈谈这篇论文的结构和主要内容。

图 2-51　替换后的效果

2.2.5　撤销、恢复和重复操作

撤销操作与恢复操作是相对应的，撤销是取消上一步的操作，而恢复就是把撤销的操作再重新恢复回来，如果要对多个对象应用同一个操作，可以使用重复操作的功能。

STEP 01：打开一个空白文档，在该文档中输入内容，若用户对输入的内容不满意，想要撤销，则可单击快速访问工具栏中“撤销键入”右侧的下三角按钮，在展开的列表中选择需要撤销的操作，如单击“键入‘论

文’”选项，如图 2-52 所示。

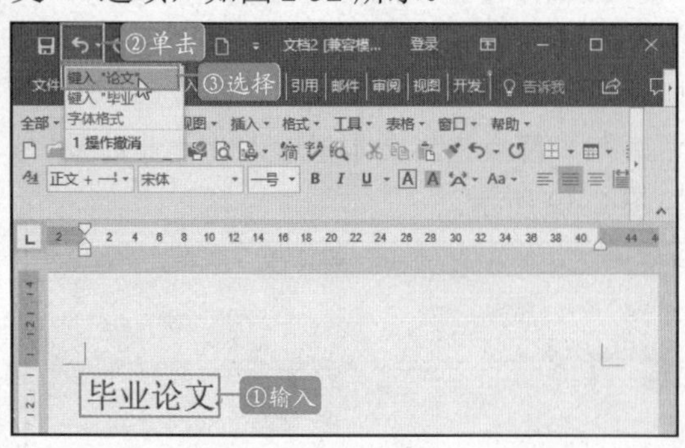

图 2-52　单击“键入‘论文’”选项

STEP 02：此时可看到文档中输入的“毕业论文”中的“论文”两个字已经被撤销了，只留下了“毕业”两个字，如图 2-53 所示。

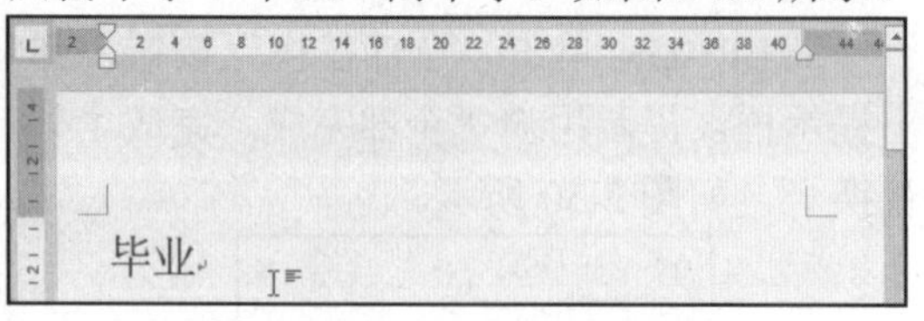

图 2-53　撤销完毕

STEP 03：如果想要恢复之前的文本内容，就单击快速访问工具栏中的“恢复键入”按钮，恢复到上一步操作中，多次单击该按钮可进行多次的恢复操作，如图 2-54 所示。

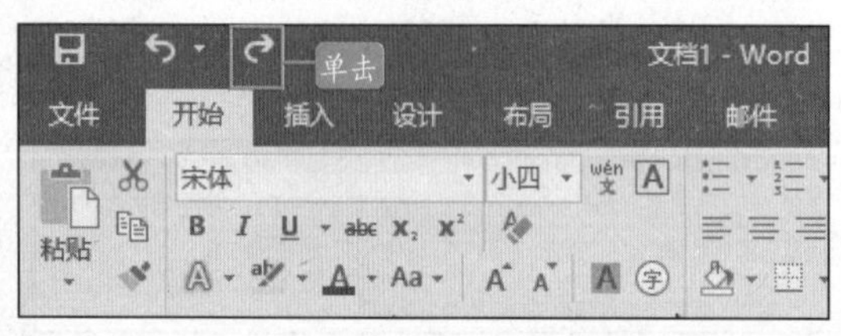

图 2-54　恢复操作

STEP 04：随后即可看到单击一次“恢复键入”按钮后消失的“论文”二字又恢复显示了，效果如图 2-55 所示。

图 2-55　恢复效果

STEP 05：选中“论文”二字，在快速访问工具栏中单击“重复”按钮，即可重复上一步的操作（也可以按【F4】快捷键），如图 2-56 所示。

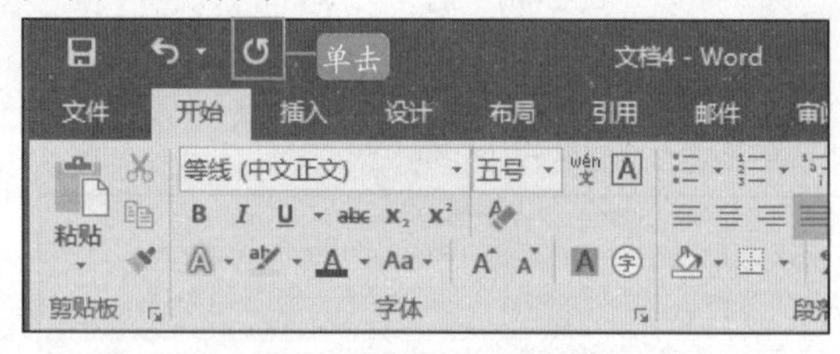

图 2-56　单击“重复”按钮

STEP 06：随后即可看到“论文”二字重复结果，如图 2-57 所示。

毕业论文论文

图 2-57　重复效果

2.3　字符格式的设置

扫码观看本节视频

在 Word 文档中输入文本后，为了能突出重点、美化文档，可以对文本设置字体、字号、字体颜色、加粗、倾斜、下划线和字符间距等格式，从而让千篇一律的文字变得丰富多彩。

2.3.1　设置字体、字号、颜色和字形

在 Word 文档中输入文本后，默认显示的字体为“宋体（中文正文）”，字号为“五号”，字体颜色为“黑色”，根据操作需要，可通过“开始”选项卡的“字体”选项组对这些格式进行更改，具体操作步骤如下：

STEP 01：打开原始文件，选中要设置字体的文本，在“开始”选项卡的“字体”选项组中单击“字体”下拉列表框右侧的下

拉按钮，如图2-58所示。

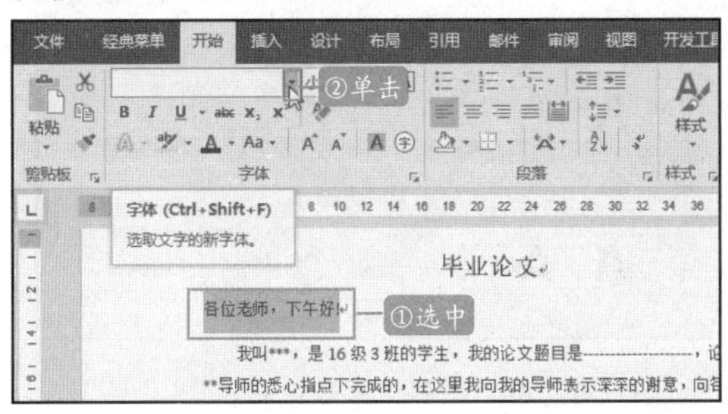

图 2-58　单击“字体”下拉按钮

STEP 02：在弹出的下拉列表中选择需要的字体，如图2-59所示。

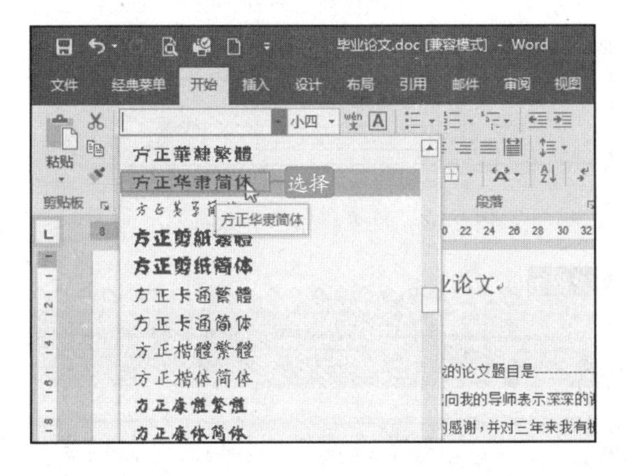

图 2-59　选择字体

STEP 03：保持当前文本的选中状态，单击“字号”下拉列表框右侧的下拉按钮，在弹出的下拉列表中选择需要的字号，如图2-60所示。

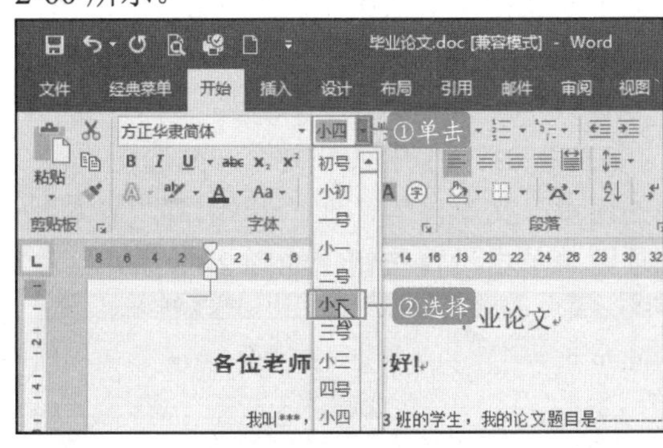

图 2-60　选择字号

STEP 04：保持当前文本的选中状态，单击“字体颜色”按钮右侧的下拉按钮，在弹出的下拉列表中选择需要的颜色即可，如图2-61所示。

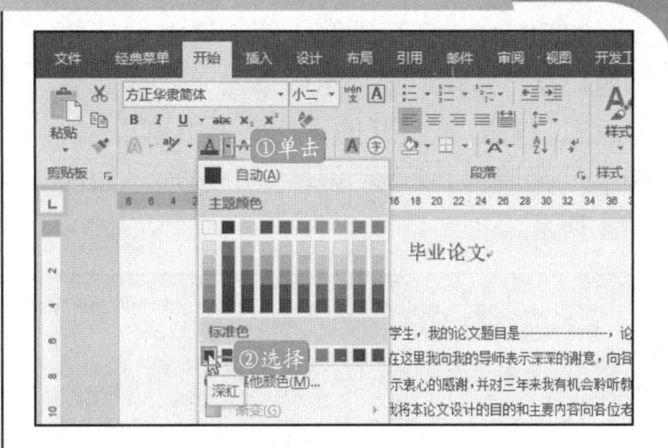

图 2-61　选择颜色

STEP 05：保持当前文本的选中状态，单击“字体”选项组中的“倾斜”按钮，如图2-62所示。

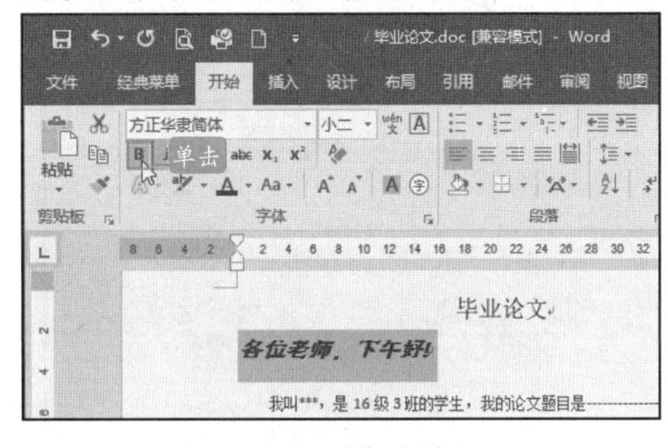

图 2-62　选择字样

STEP 06：将字体倾斜后，在“字体”选项组中单击“加粗”按钮，如图2-63所示。

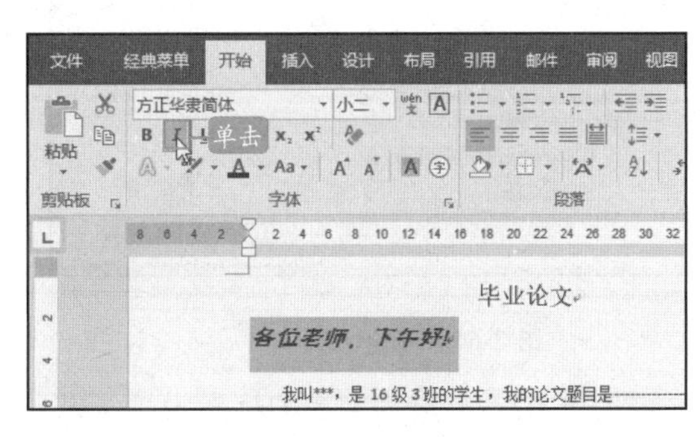

图 2-63　选择字样

2.3.2　设置文本效果

使用“文本效果”功能可以为文本添加映像、阴影等效果，也可以选择现有的文本效果样式，添加了文本效果后，可以美化并突出显示文本。

STEP 01：打开原始文件，选中文档的标题，在“字体”选项组中单击“文本效果和版式”按钮，在展开的下拉列表中单击“映像”|“半映像，8 磅 偏移量”选项，如图 2-64 所示。

①单击
轮廓(O)
阴影(S)
映像(R)
发光(G)
编号样式(N)
连字(L)
样式集(T)
无映像
映像变体
②单击
半映像: 8 磅 偏移量

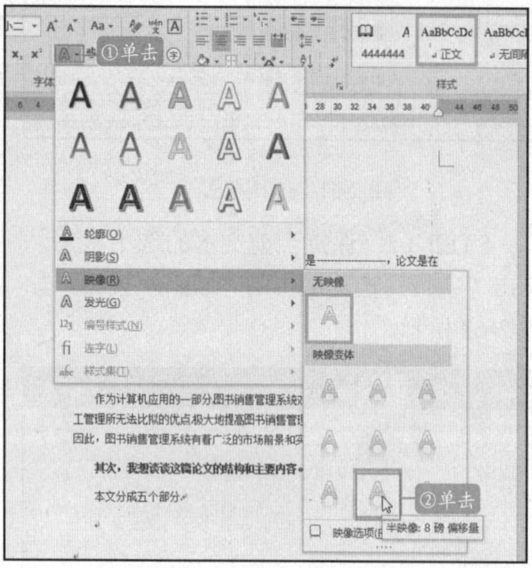

图 2-64　选择映像样式

STEP 02：此时为文档的标题设置了映像文本效果，选中另一个需要设置文本效果的文本内容，如图 2-65 所示。

毕业论文
①效果
各位老师，下午好!
②选中

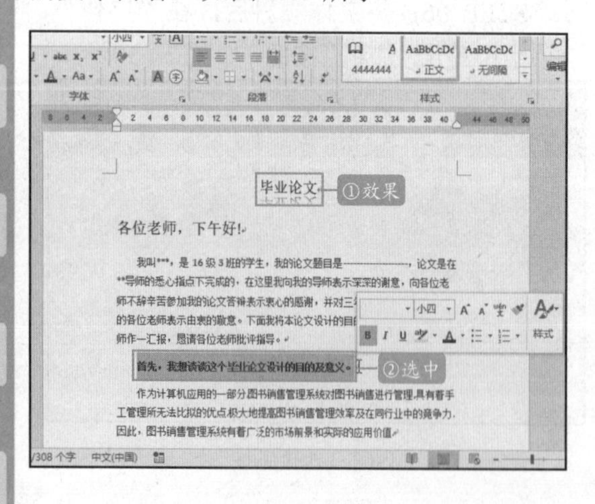

图 2-65　设计映像样式后的效果

STEP 03：在“字体”选项组中，单击“文本效果和版式”按钮，在展开的文本效果样式库中选择“渐变填充，金色”样式，如图 2-66 所示。

①单击
②选择
渐变填充: 金色，主题色 4；边框: 金色，主题色 4
轮廓(O)

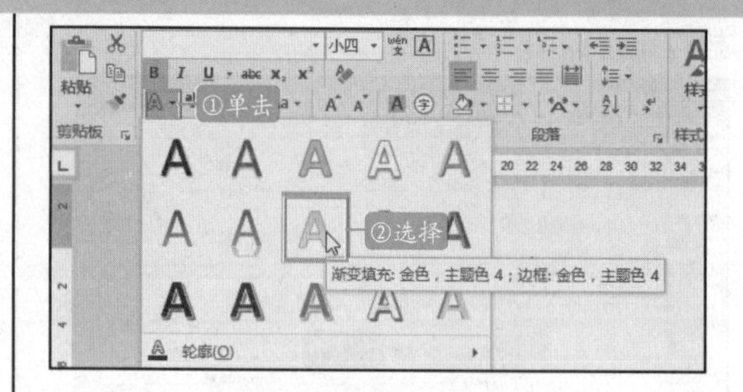

图 2-66　选择文本效果样式

STEP 04：可以看到所选文本应用指定文本效果样式的显示效果，如图 2-67 所示。

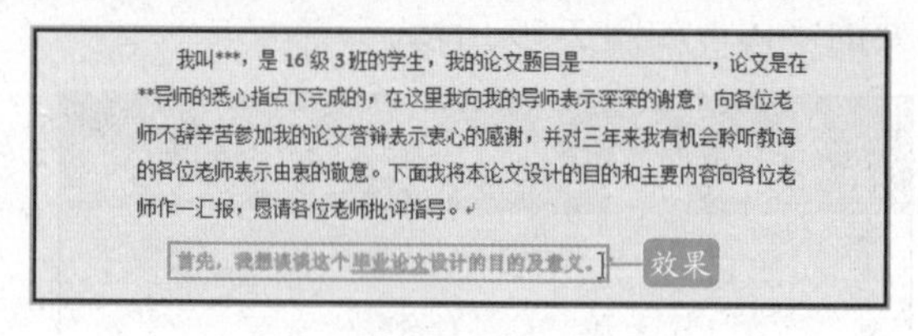

我叫***，是 16 级 3 班的学生，我的论文题目是————————，论文是在**导师的悉心指点下完成的，在这里我向我的导师表示深深的谢意，向各位老师不辞辛苦参加我的论文答辩表示衷心的感谢，并对三年来我有机会聆听教诲的各位老师表示由衷的敬意。下面我将本论文设计的目的和主要内容向各位老师作一汇报，恳请各位老师批评指导。
首先，我想谈谈这个毕业论文设计的目的及意义。
效果

图 2-67　设置样式后的效果

◆◆提示

设置文本效果也可以单击“字体”选项组中的“以不同颜色突出显示文本”按钮，为文本添加颜色。

2.3.3 设置字符间距、文字缩放和位置

为了让文档的版面更加协调，有时还需要设置字符间距等，字符间距是指各个字符间的距离，通过调整字符间距可以使文字排列得更紧凑或者更疏散，文字缩放是指在保持文字高度不变的情况下改变文字的大小；字符的位置是指将文字显示在同行的上方或下方等。

STEP 01：打开原始文件，如选中“深深的谢意”文本内容，在“开始”|“字体”选项组中单击设置按钮，如图 2-68 所示。

②单击
①选中

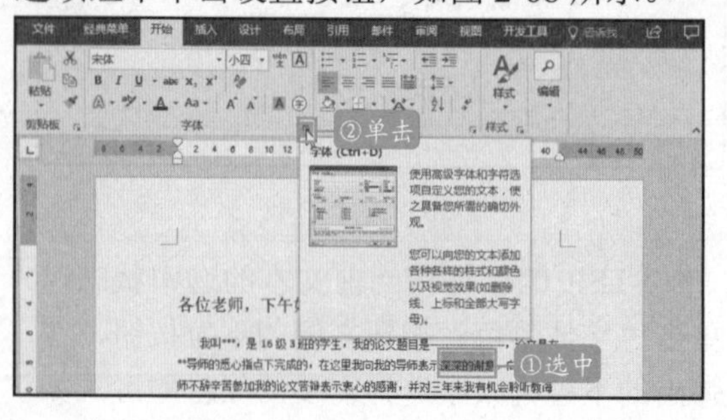

图 2-68　单击设置按钮

STEP 02：弹出“字体”对话框，切换到“高级”选项卡，在“字符间距”选项区中设置字体的缩放为“200%”、间距为“加宽”、磅值为“0.7 磅”单击“位置”右侧的下三角按钮，在展开的下拉列表中单击“降低”选项，如图 2-69 所示。

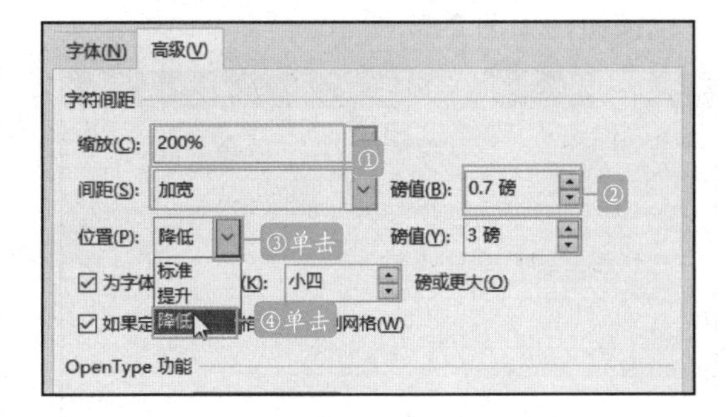

图 2-69　设置选项

STEP 03：单击“确定”按钮后，此时为本文内容设置好了字符缩放、间距和字符放置的位置，使文本内容突出显示了，如图 2-70 所示。

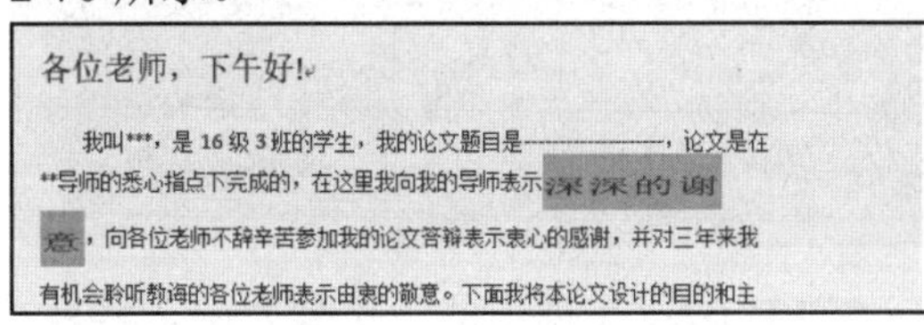

图 2-70　设置效果

◆◆提示

除了可以在“字体”对话框的“高级”选项卡下选择已有的缩放大小以外，还可以直接在“缩放”后的文本框中输入要设置的大小，如“120%”。除此之外，用户也可以直接单击“开始”选项下“段落”选项组中的“中文版式”按钮，然后在展开的列表中单击“字符缩放”，在展开的列表中选择要设置的字符缩放大小即可。

2.3.4 设置字符边框

说起添加边框，一般都会让用户想到为文档页面添加边框或为表格添加边框，其实文档中的字符也是可以添加边框的。

STEP 01：打开原始文件，选中“学生”文本内容，在“字体”选项组中单击“字符边框”按钮，如图 2-71 所示。

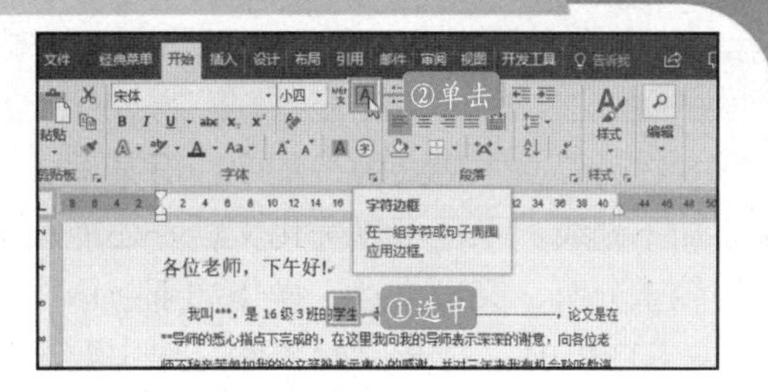

图 2-71　添加字符边框

STEP 02：此时为文本内容添加了字符边框，如图 2-72 所示。

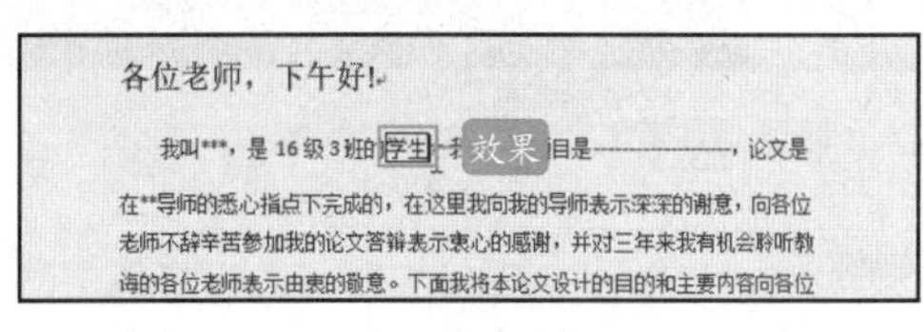

图 2-72　添加边框后的效果

2.3.5 设置字符底纹

给字符添加了底纹后，可以突出显示字符。字符的底纹颜色只有一种，即灰色。用户目前并不能自行定义字符底纹的颜色，这一点是比较遗憾的。

STEP 01：打开原始文件，选中要添加底纹的文本内容，在“字体”选项组中单击“字符底纹”按钮，如图 2-73 所示。

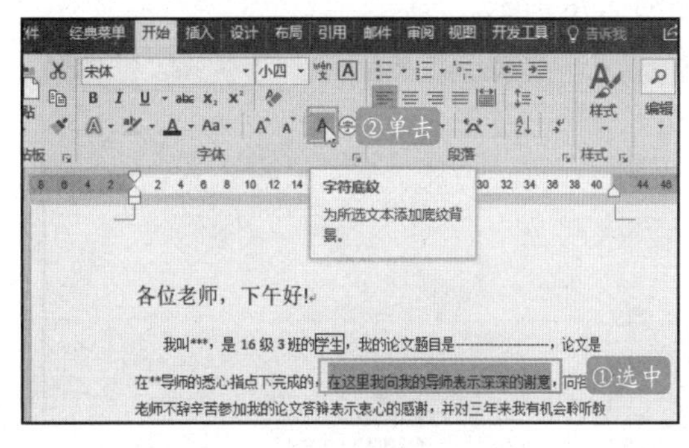

图 2-73　添加字符底纹

STEP 02：此时为文本内容添加了默认的灰色字符底纹，如图 2-74 所示。

各位老师，下午好!

我叫***，是 16 级 3 班的学生，我的论文题目是，论文是

在**导师的悉心指点下完成的，在这里我向我的导师表示深深的谢意，向各位

老师不辞辛苦参加我的论文答辩表示衷心的感谢，并对三年来我有机会聆听教

图 2-74　添加字符底纹的效果

2.3.6 添加下划线

在设置文本格式的过程中，对某词、句添加下划线，不但可以美化文档，还能让文档轻重分明，突出重点，操作如下：

STEP 01：打开原始文件，选中要添加下划线的文本，然后单击“下划线”按钮右侧的下拉按钮，在弹出的下拉列表选择需要的下划线样式，如图2-75所示。

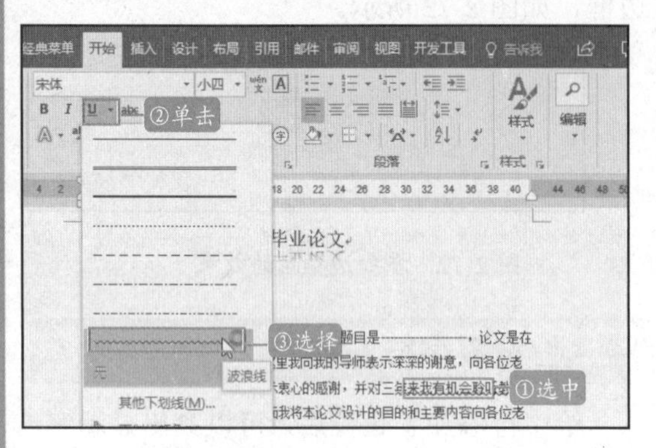

图 2-75　添加下划线

STEP 02：保持该文本的选中状态，单击“下划线”按钮右侧的下拉按钮，在弹出的下拉列表中选择“下划线颜色”命令，在展开的级联菜单中可以选择下划线的颜色，如图2-76所示。

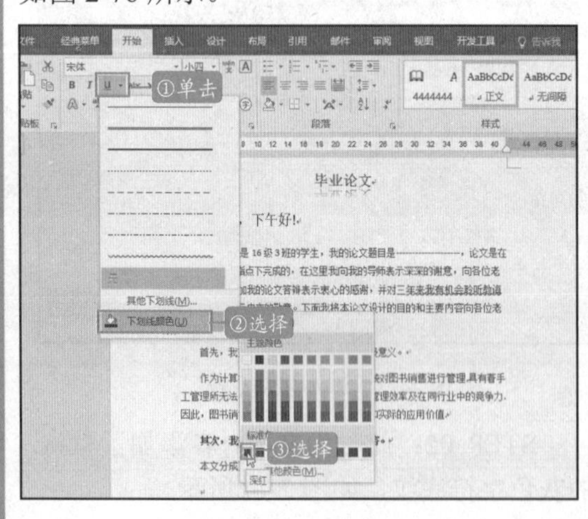

图 2-76　选择下划线颜色

2.3.7 设置文本突出显示

Word 2016提供的“突出显示”功能，通过该功能，可以对文档中的重要文本进行标记，从而使文字看上去具有像用荧光笔做了标记的效果，具体操作如下：

STEP 01：打开原始文件，选中要设置突出显示的文本，在“字体”选项组中单击“以不同颜色突出显示文本”按钮右下侧的下拉按钮，如图2-77所示。

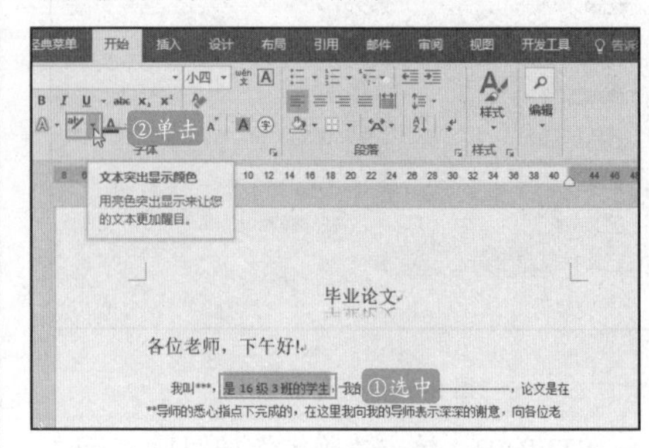

图 2-77　设置突出显示

提示

在没有选中文本的情况下，若直接在“字体”选项组中单击“以不同颜色突出显示文本”按钮右侧的下拉按钮，在弹出的下拉列表中选择某种颜色后，鼠标指针呈现出笔的形状，此时拖动鼠标选择文本，也可以为文本设置突出显示。

STEP 02：在弹出的下拉列表中，将鼠标指针指向某种颜色，即可将其应用到所选文本上，如图2-78所示。

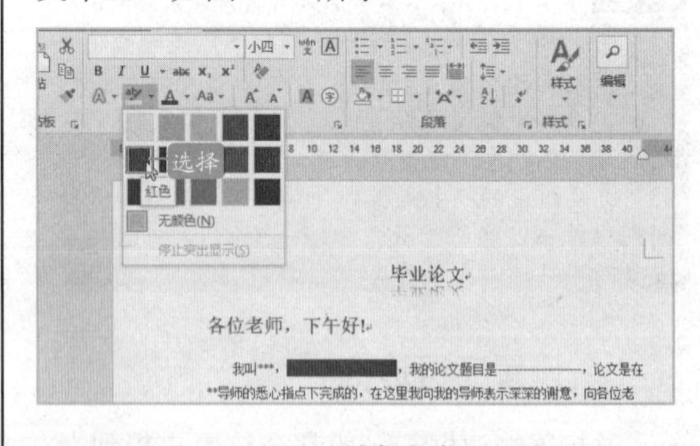

图 2-78　选择颜色

提示

设置突出显示后，若要取消该效果，可选中设置了突出显示的文本，然后在“字体”选项组中单击“以不同颜色突出显示文本”右侧的下拉按钮，在展开的列表中选择“无颜色”命令即可。

2.4 段落格式的设置

扫码观看本节视频

在输入文本内容时，按下【Enter】键进行换行后产生段落标记，凡是以段落标记结束的内容变为一个段落。对文档进行排版时，通常会以段落为基本单位进行操作。段落的格式设置主要包括对齐方式、缩进、间距、行距、边框和底纹等，合理设置这些格式，可使文档结构清晰、层次分明，下面将分别介绍。

2.4.1 设置段落对齐方式

对齐方式是指段落在文档中的相对位置，段落的对齐方式有文本对齐、居中、文本右对齐、两端对齐和分散对齐 5 种，如图 2-79 所示。

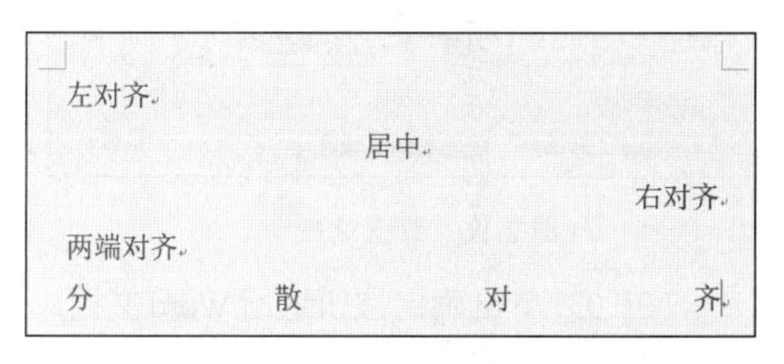

图 2-79　五种对齐方式

默认情况下，段落的对齐方式为两端对齐，若要更改为其他对齐方式，可按下面的操作步骤实现：

STEP 01：打开原始文档，选中要设置对齐方式的段落，然后在“开始”|“段落”选项组中单击需要设置的对齐方式功能按钮，如图 2-80 所示。

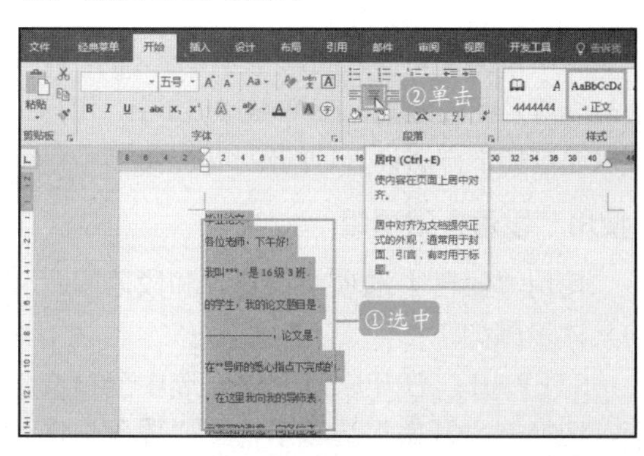

图 2-80　单击“居中”按钮

STEP 02：此时，文档中的所选段落将以选择的对齐方式进行显示，如图 2-81 所示。

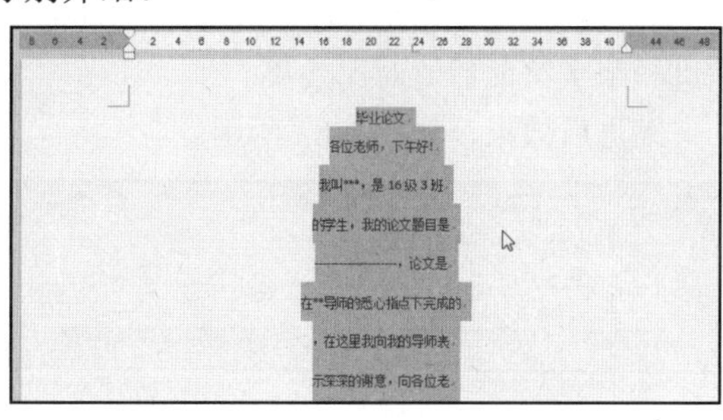

图 2-81　居中后的效果

除了上述方法以外，还可通过以下两种方式设置段落的对齐方式。

选中段落后单击“段落”选项组中的设置按钮，弹出“段落”对话框，在“常规”栏的“对齐方式”下拉列表框中选择需要的对齐方式，然后单击“确定”按钮即可。

选中段落后，按下【Ctrl+L】组合键可设置“文本左对齐”对齐方式，按下【Ctrl+E】组合键可设置“居中”对齐方式，按下【Ctrl+R】组合键可设置“文本右对齐”对齐方式，按下【Ctrl+J】组合键可设置“两端对齐”方式，按下【Ctrl+shift+J】组合键可设置“分散对齐”方式。

2.4.2 设置段落缩进格式

通过设置段落缩进，可以调整文档正文内容与页边距之间的距离。用户可以使用“段落”选项组、“段落”对话框或标尺设置段落缩进。

1.使用“段落”选项组

STEP 01：选中第一段落，切换到“开始”选项卡，在“段落”选项组中单击“增加缩进量”按钮，如图 2-82 所示。

图 2-82　单击“增加缩进量”按钮

STEP 02：返回 Word 文档，选中的文本段落向右侧缩进了一个字符，可以看到向后缩进一个字符前后的对比效果。

缩进后效果，如图 2-83 所示。

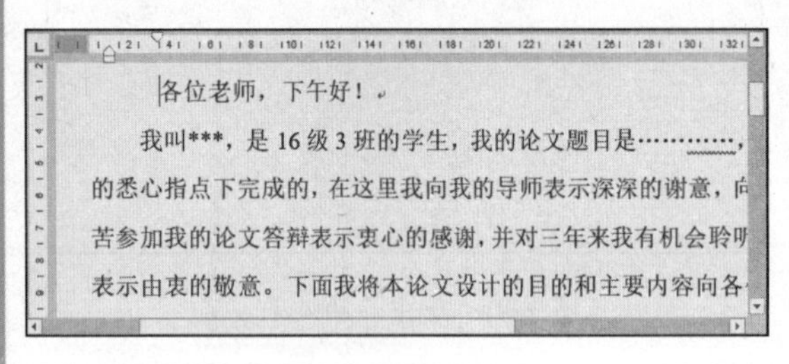

图 2-83　缩进后效果

缩进前效果，如图 2-84 所示。

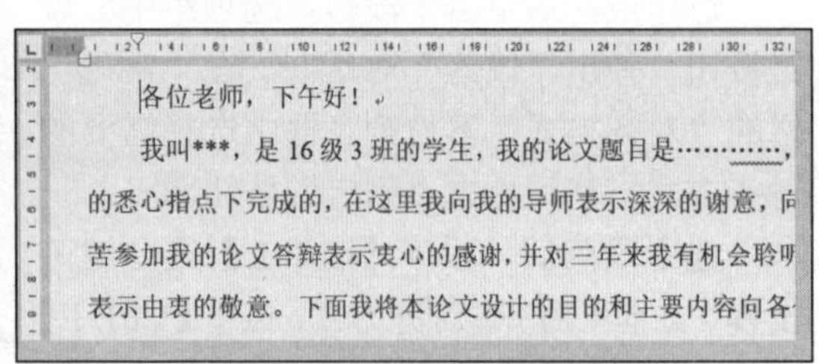

图 2-84　缩进前效果

2.使用“段落”对话框

STEP 01：选中文档中的文本段落，切换到“开始”选项卡，单击“段落”选项组右下角的设置按钮，如图 2-85 所示。

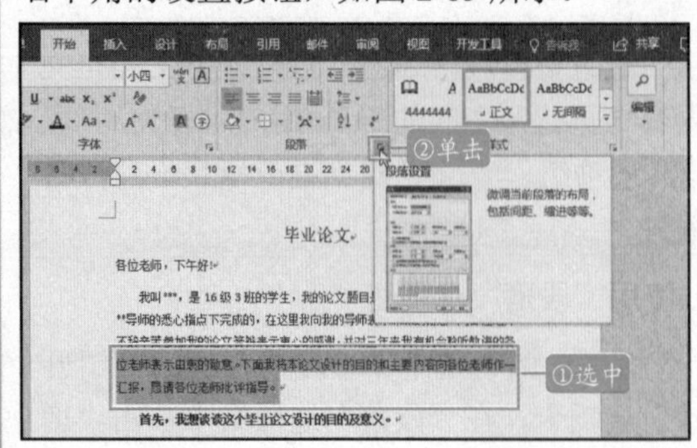

图 2-85　打开“段落”对话框

STEP 02：弹出“段落”对话框，自动切换到“缩进和间距”选项卡，在“缩进”组合框中的“特殊格式”下拉列表中选择“悬挂缩进”选项，在“缩进值”微调框中默认为“2 字符”，将其它设置保持不变，如图 2-86 所示。

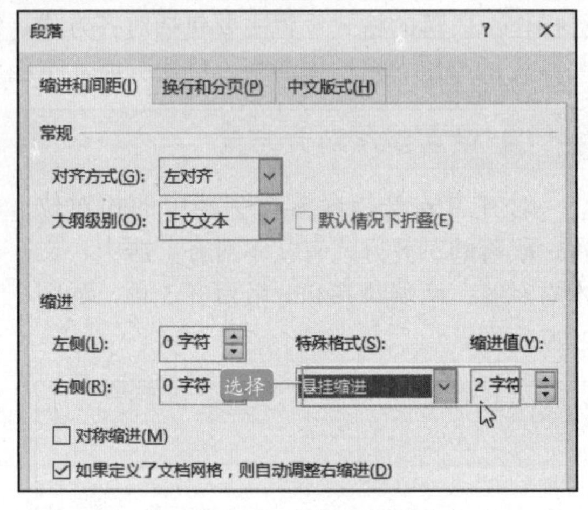

图 2-86　设置选项

STEP 03：单击确定按钮返回 Word 文档，设置效果如图 2-87 所示。

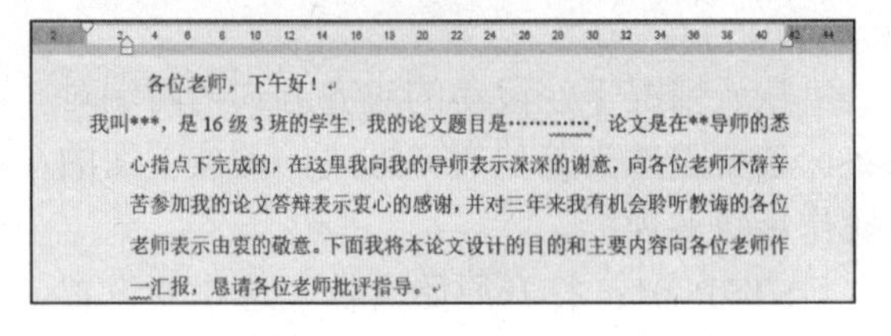

图 2-87　设置后的效果

2.4.3　设置行和段落间距

间距是指行与行之间，段落与行之间，段落与段落之间的距离。在 Word 2016 中，用户可以通过如下方法设置行间距和段落间距。

1.使用“段落”选项组

使用“段落”选项组设置行和段落间距的具体步骤如下：

STEP 01：打开原始文件，选中全篇文档，切换到“开始”选项卡，在“段落”选项组中单击“行和段落间距”下拉按钮，从弹出的下拉列表中选择“1.0”选项。随即行距变成了 1.0 的行距，如图 2-88 所示。

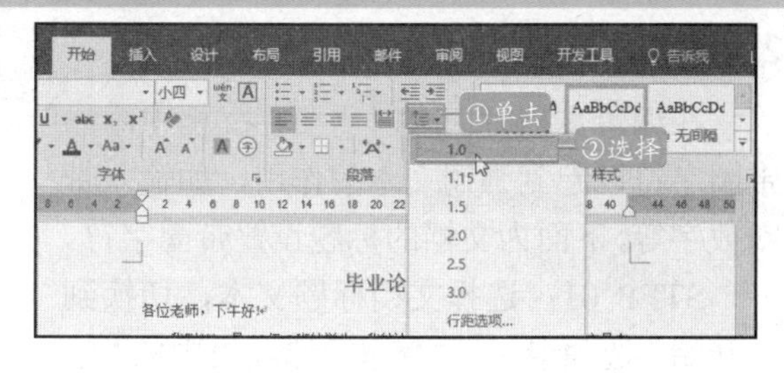

图 2-88 设置行间距

STEP 02：选中标题行，在“段落”选项组中单击“行和段落间距”下拉按钮，从展开的列表中选择“增加段落后的空格”选项，随即标题所在的段落下方增加了一块空白间距，如图 2-89 所示。

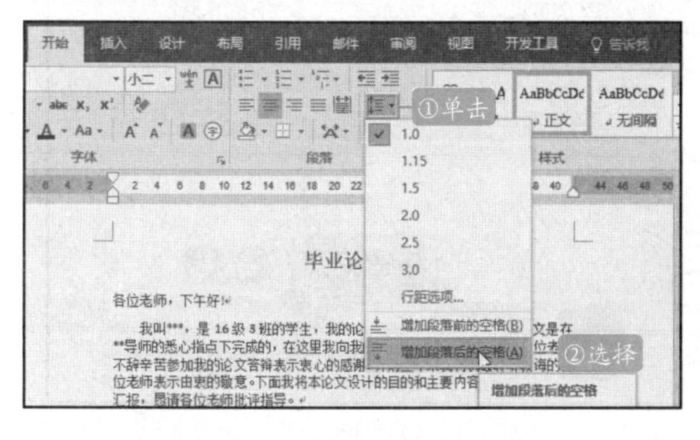

图 2-89 增加段落后的空格

2.使用“段落”对话框

STEP 01：打开原始文件，选中文档的标题行，切换到“开始”选项卡，单击“段落”选项组右下角的设置按钮，弹出“段落”对话框，自动切换到“缩进和间距”选项卡，在“间距”选项区中“段前”微调框调整为“2 行”，将“段后”微调框中将其间距调整为“2 行”，在“行距”下拉列表中选择“最小值”选项，在“设置值”微调框中输入“12 磅”，如图 2-90 所示。

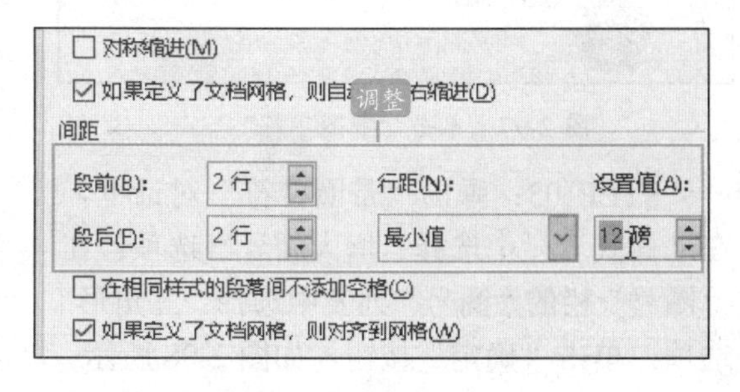

图 2-90 “段落”对话框

STEP 02：单击“确定”按钮，设置效果如图 2-91 所示。

图 2-91 设置效果图

3.使用“页面布局”选项卡

选中文档中需要设置的文本，切换到“布局”选项卡，在“段落”选项组的“段前”和“段后”微调框中同时将间距值调整为“0.5 行”，效果如图 2-92 所示。

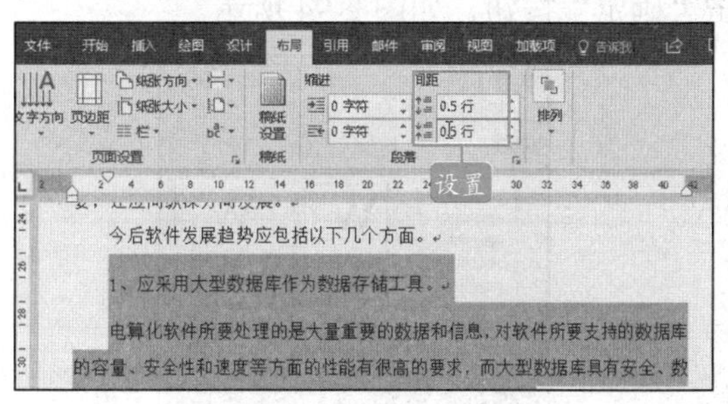

图 2-92 设置效果图

2.4.4 设置文档的中文版式

有些文档需要进行特殊排版，或者自定义中文或混合文字的版式，如带圈字符、合并字符、双行合一、首字下沉、纵横混排和中文注音等排版方式。而这些排版方式并不是只有专业的排版软件才能实现，用户通过 Word 仍然可以实现这些排版效果。

1.设置首字下沉

使用首字下沉的排版方式可使文档中的首字更加醒目，通常适用于一些风格较活泼的文档，以达到吸引读者目光的目的，具体操作步骤如下：

STEP 01：打开文档，选择“各位老师”文本；在“插入”|“文本”选项组中单击“首字下沉”按钮；在打开的下拉列表中选择“首

字下沉选项”选项，如图 2-93 所示。

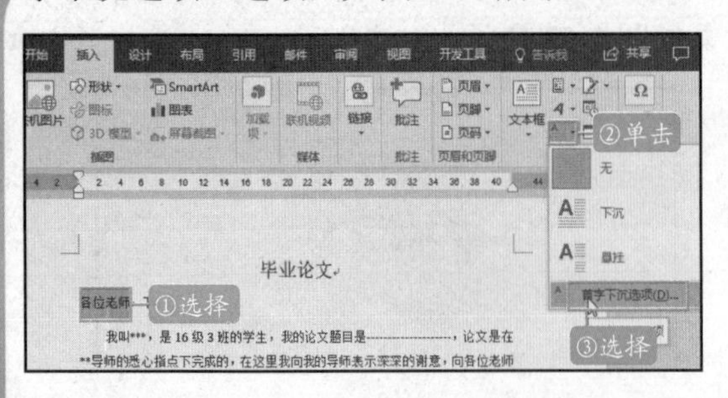

图 2-93　设置首字下沉

STEP 02：弹出“首字下沉”对话框，在“位置”栏中选择“下沉”选项；在“选项”栏的“字体”下拉列表中选择“华文琥珀”选项；在“下沉行数”数值框中输入“3”；在“距正文”数值框中输入“0.3 厘米”；单击“确定”按钮，如图 2-94 所示。

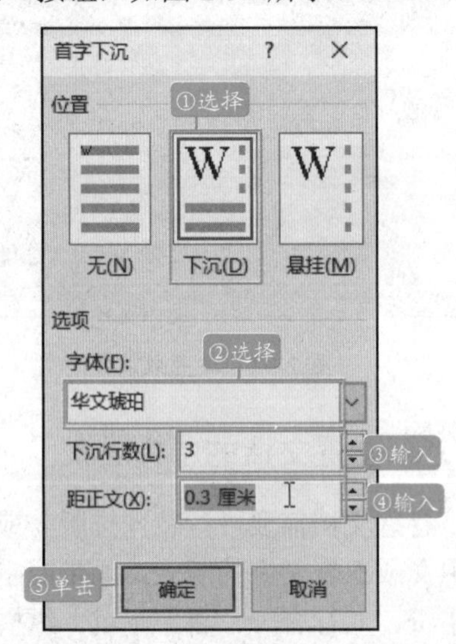

图 2-94　设置选项

STEP 03：将首字的字体设置为“红色”，如图 2-95 所示。

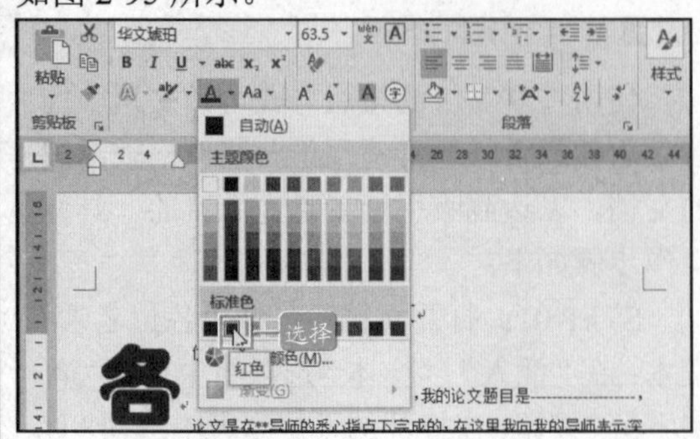

图 2-95　设置字体颜色

2.设置带圈字符

在编辑文档时，有时需要在文档中添加带圈字符以起到强调文本的作用，如输入带圈数字等，下面为文档的标题设置带圈字符。

STEP 01：选择文档标题文本，切换到“开始”选项卡，在“字体”选项组中的“字体”下拉列表中选择“方正粗圆简体”选项；在“字号”下拉列表框中选择“小一”选项；在“段落”选项组中单击“居中”按钮，如图 2-96 所示。

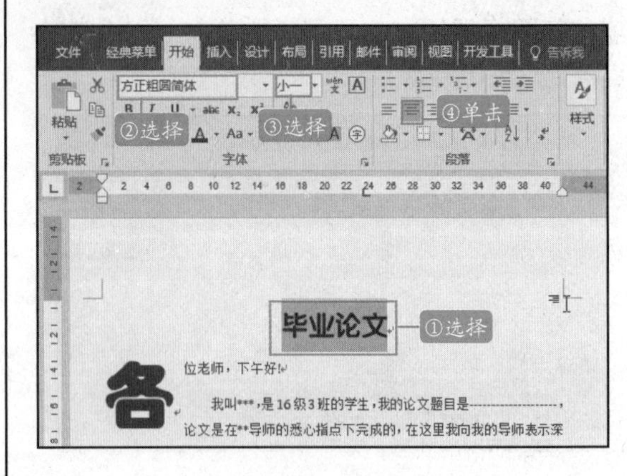

图 2-96　设置字符格式

STEP 02：选择文档标题中的“毕”字；在“开始”|“字体”选项组中单击“带圈字符”按钮，如图 2-97 所示。

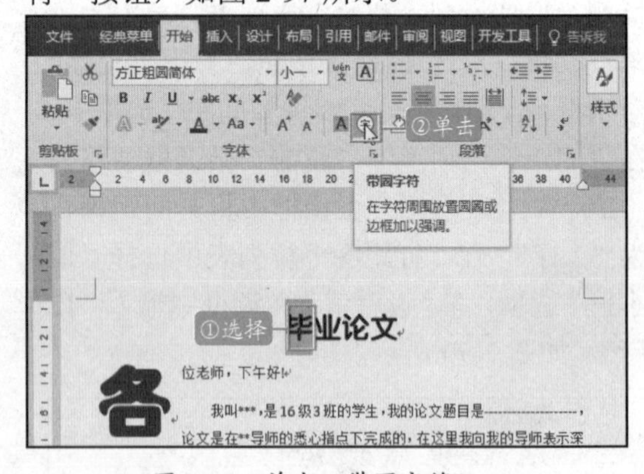

图 2-97　单击“带圈字符”

STEP 03：弹出“带圈字符”对话框，在“样式”栏中选择“增大圈号”选项；在“圈号”栏的“圈号”列表中选择“三角形”选项；单击“确定”按钮，如图 2-98 所示。

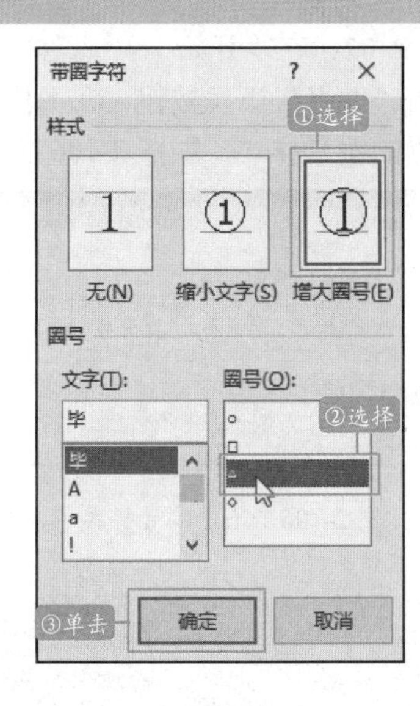

图 2-98　设置选项

STEP 04：用同样的方法为其他三个标题文本设置带圈字符，效果如图 2-99 所示。

图 2-99　带圈字符效果

3.输入双行合一

双行合一的效果能使所选的位于同一文本行内容平均地分为两部分，前一部分排列在后一部分的上方，达到美化文本的作用。下面在文档中设置双行合一，具体操作步骤如下：

STEP 01：选择文档第 2 行文本；在“开始”|“段落”选项组中单击“中文版式”按钮；在展开的列表中选择“双行合一”选项，如图 2-100 所示。

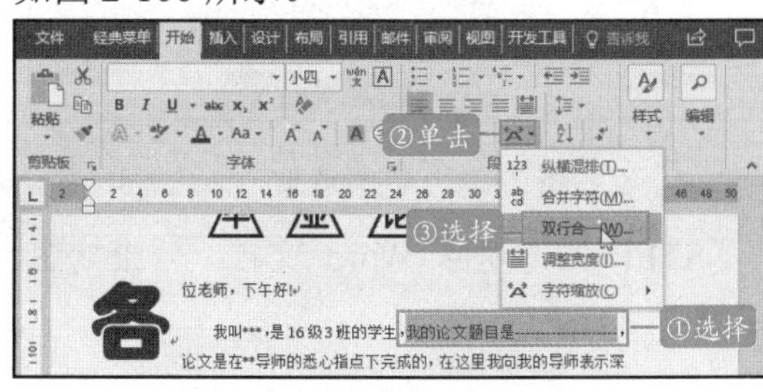

图 2-100　选择“双行合一”

STEP 02：弹出“双行合一”对话框，选中“带括号”复选框；在“括号样式”下拉列表框中选择“〈〉”选项；在“文字”文本框中通过【Space】键调整文本内容的排列情况；单击“确定”按钮，如图 2-101 所示。

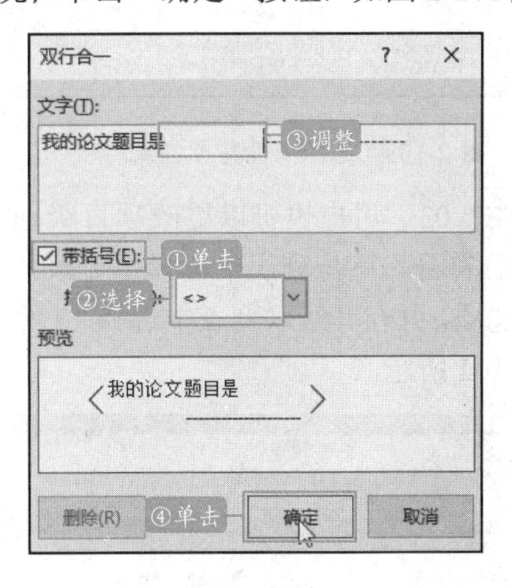

图 2-101　设置“双行合一”选项

提示

设置中文注音

选择需要注音的文本，在“开始”|“字体”选项组中单击“拼音指南”按钮，在其中可对要添加的拼音进行设置，然后单击“确定”按钮即可。

2.4.5　设置项目符号和编号

除了按标准值标题级别，用户也可以使用项目符号及编号功能，快速达到区分项目、突出重点的目的。

1.设置项目符号

如果不需要突出段落的次序性，可以使用项目符号功能。

STEP 01：使用鼠标拖拽，选中需要添加项目符号的文本，如图 2-102 所示。

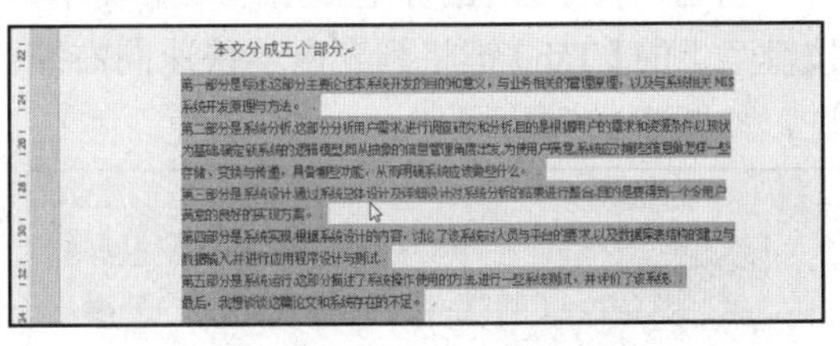

图 2-102　选中文本

STEP 02：在“开始”选项卡的“段落”

选项组中，单击“项目符号”下拉按钮，选择满意的符号样式，如图 2-103 所示。

图 2-103　选择项目符号样式

STEP 03：用户也可以更改项目级别。在“项目符号”下拉列表中选择“更改列表级别”选项，并在其级联列表中选择“3 级”，如图 2-104 所示。

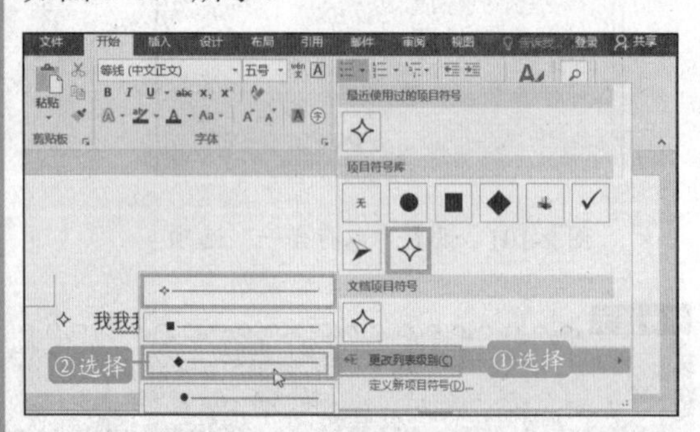

图 2-104　更改项目级别

◆◆提示

如果“更改列表级别”选项为灰色不可用状态，用户需要先选中一款项目符号，再进行级别设置。用户可以再次选择二级符号，当然，用户也可以先将位置设置好，再插入符号。此方法对“编号”功能同样适用。

2.设置编号

当需要突出列表内容的次序性时，就可以使用 Word 中的“编号”功能，为选中的列表添加序号。

STEP 01：使用鼠标拖拽选中内容文本，按键盘上的【Tab】键将列表内容快速向右缩进，如图 2-105 所示。

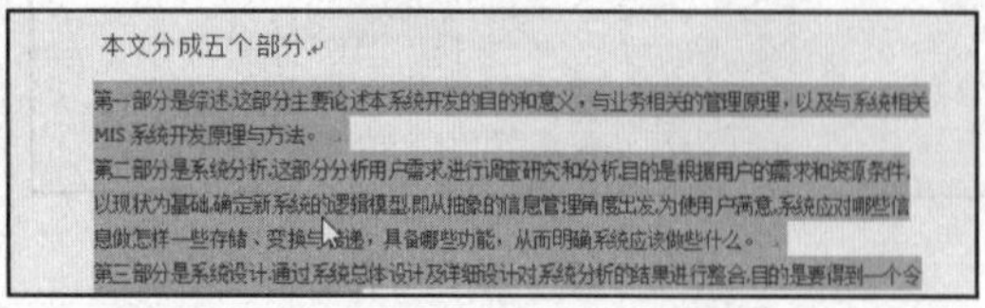

本文分成五个部分。

第一部分是综述这部分主要论述本系统开发的目的和意义，与业务相关的管理原理，以及与系统相关MIS 系统开发原理与方法。

第二部分是系统分析这部分分析用户需求,进行调查研究和分析目的是根据用户的需求和资源条件,以现状为基础,确定新系统的逻辑模型,即从抽象的信息管理角度出发,为使用户满意,系统应对哪些信息做怎样一些存储、变换与传递，具备哪些功能，从而明确系统应该做些什么。

第三部分是系统设计,通过系统总体设计及详细设计对系统分析的结果进行整合,目的是要得到一个令

图 2-105　选中文本

STEP 02：在“开始”|“段落”选项组中，单击“编号”下拉按钮，在下拉列表中选择所需的编号样式，如图 2-106 所示。

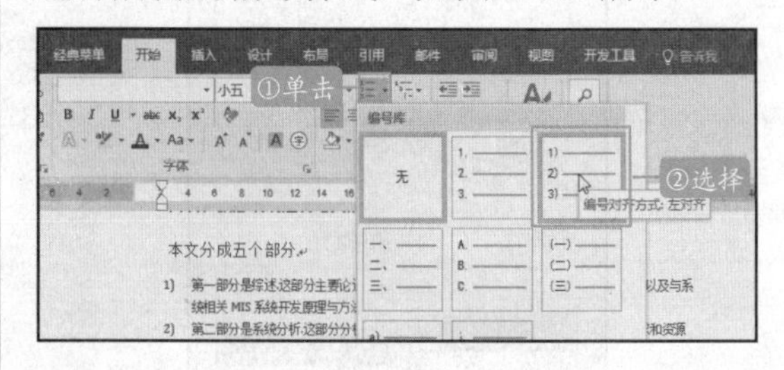

图 2-106　选中编号样式

◆◆提示

编号也可以“自定义新编号样式”用户可以定义成满意的样式。编号功能可以理解为简单的、手动的“多级列表”功能。虽然有些麻烦，但更加灵活。通过编号功能可以快速插入项目编号，通过更改编号级别，插入其他级别的标题。

2.4.6 边框和底纹

边框是指在一组字符或句子周围应用边框；底纹是指为所选文本添加底纹背景。在文档中，为选定的字符、段落、页面以及图形设置各种颜色的边框和底纹，从而达到美化文档的效果，具体操作步骤如下：

1.添加边框

STEP 01：打开原始文件，选中要添加边框的文本，切换到“开始”选项卡，在“段落”选项组中单击“边框”右侧的下拉按钮，在展开的列表中选择“所有框线”选项，如图 2-107 所示。

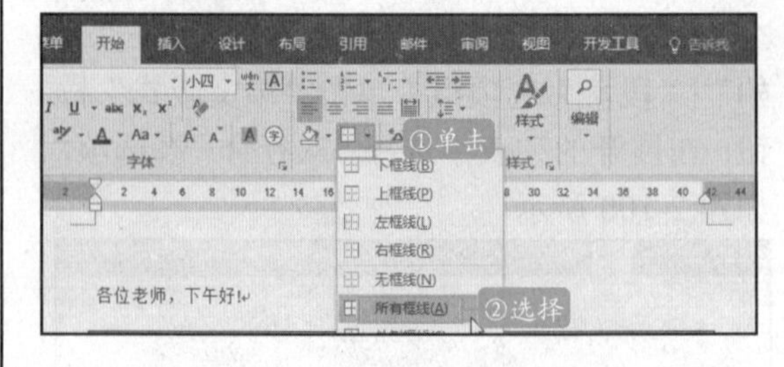

图 2-107　添加边框

STEP 02：返回 Word 文档，效果如图 2-108 所示。

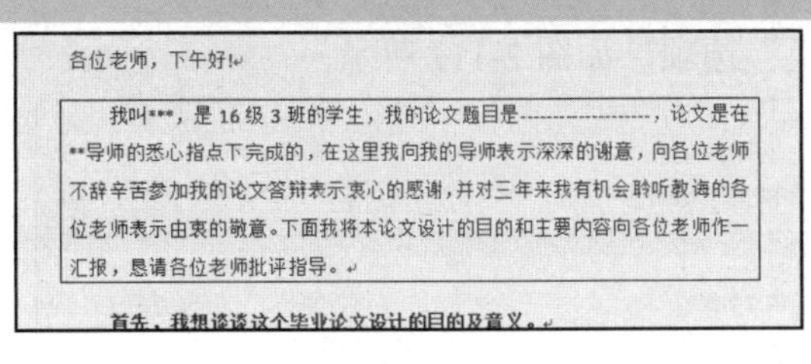
各位老师，下午好!

我叫***，是 16 级 3 班的学生，我的论文题目是------------------，论文是在**导师的悉心指点下完成的，在这里我向我的导师表示深深的谢意，向各位老师不辞辛苦参加我的论文答辩表示衷心的感谢，并对三年来我有机会聆听教诲的各位老师表示由衷的敬意。下面我将本论文设计的目的和主要内容向各位老师作一汇报，恳请各位老师批评指导。

首先，我想谈谈这个毕业论文设计的目的及意义。

图 2-108　添加边框效果

2.添加底纹

STEP 01：选中要添加底纹的文档，切换到“设计”选项卡，在“页面背景”选项组中单击“页面边框”按钮，如图 2-109 所示。

图 2-109　添加底纹

STEP 02：弹出“边框和底纹”对话框，切换到“底纹”选项卡，在“填充”选项区中选择“金色”选项，如图 2-110 所示。

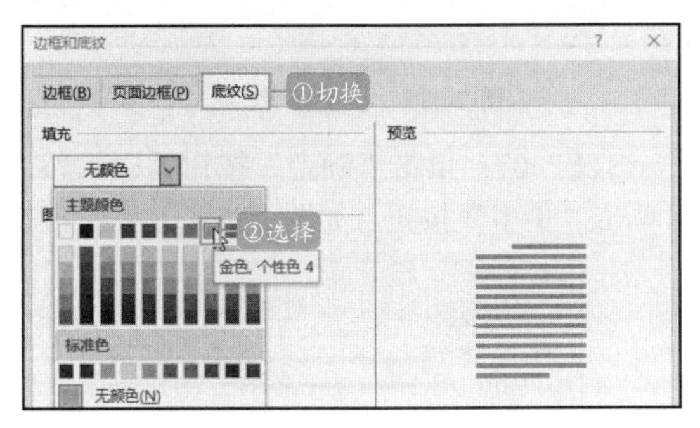

图 2-110　选择底纹颜色

STEP 03：在“图案”中的“样式”下拉列表中选择“10%”选项，如图 2-111 所示。

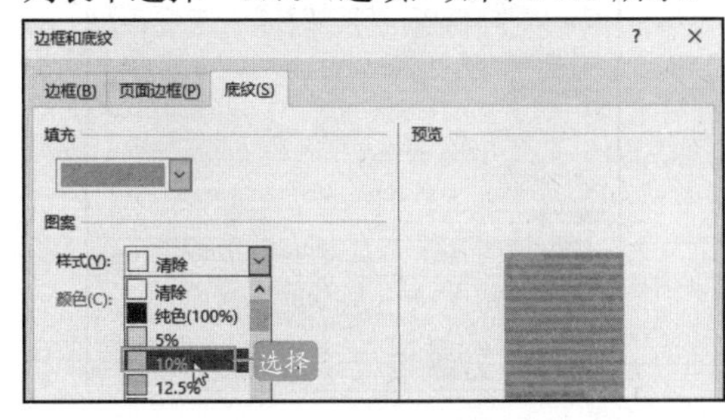

图 2-111　设置样式

STEP 04：单击“确定”按钮，返回 Word 文档，设置效果如图 2-112 所示。

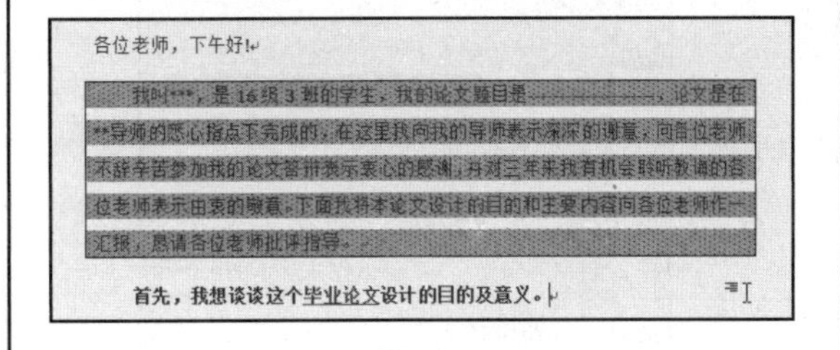
各位老师，下午好!

我叫***，是 16 级 3 班的学生，我的论文题目是------------------，论文是在**导师的悉心指点下完成的，在这里我向我的导师表示深深的谢意，向各位老师不辞辛苦参加我的论文答辩表示衷心的感谢，并对三年来我有机会聆听教诲的各位老师表示由衷的敬意。下面我将本论文设计的目的和主要内容向各位老师作一汇报，恳请各位老师批评指导。

首先，我想谈谈这个毕业论文设计的目的及意义。

图 2-112　设置后效果

2.4.7 应用多级列表功能

多级列表的样式有很多种，需要根据不同的内容选择不同的样式，插入的多级列表样式可以利用减少或增加缩进量的方式来改变列表的级别，下面将介绍应用 Word 的多级别列表功能输入一、二、三级标题的方法。

1.设置多级别列表的格式

STEP 01：在“开始”选项卡的“段落”选项组中，单击“多级列表”下拉按钮，选择“定义新的多级列表”选项，如图 2-113 所示。

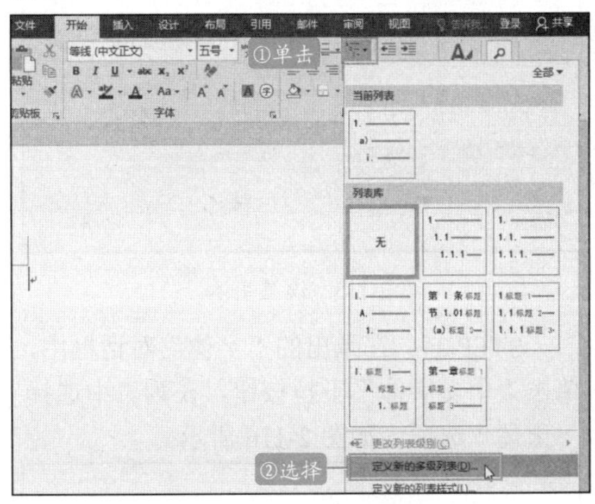

图 2-113　选择“定义新的多级列表”选项

STEP 02：在“定义新多级列表”对话框中，单击“此级别的编号样式”下拉按钮，选择“一、二、三（简）”选项，接着将编号格式设置为“第一条”，此处的“一”为系统生成，不要删除，如图 2-114 所示。

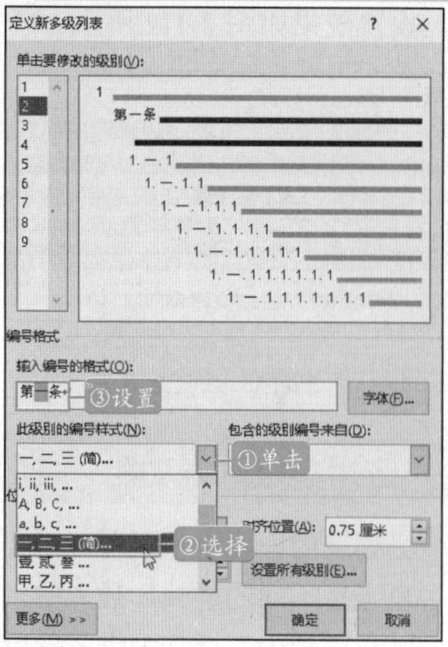

图 2-114　设置多级列表

STEP 03：如：在上图“一”的前面输入“第”，后面输入“条”。单击“字体”按钮，进行字体设置，如图 2-115 所示。

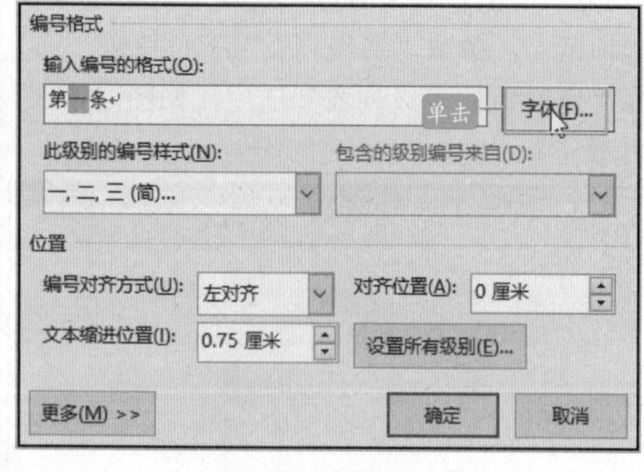

图 2-115　设置字体

STEP 04：在弹出的“字体”对话框中，单击“中文字体”下拉按钮，在列表中选择“黑体”选项，如图 2-116 所示。

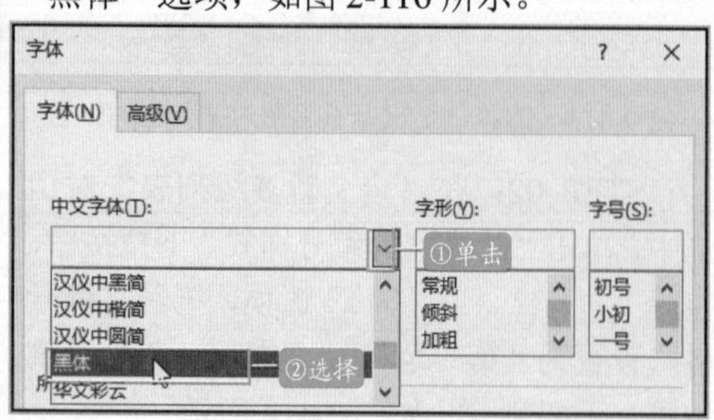

图 2-116　“字体”对话框

STEP 05：在“字形”列表中，选择“加粗”选项，如图 2-117 所示。

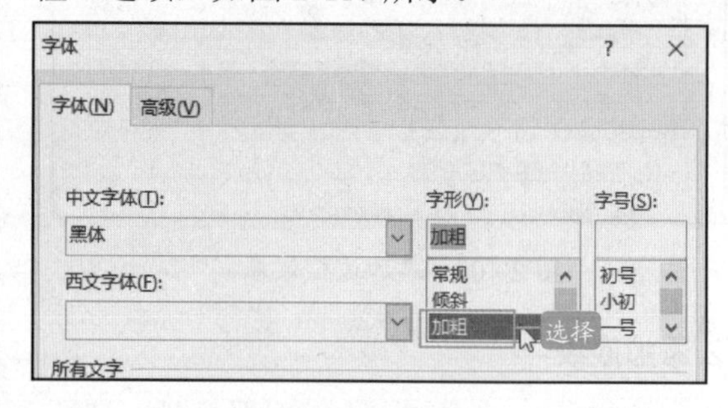

图 2-117　设置字形

STEP 06：在“字号”列表中，选择“小二”选项，如图 2-118 所示。

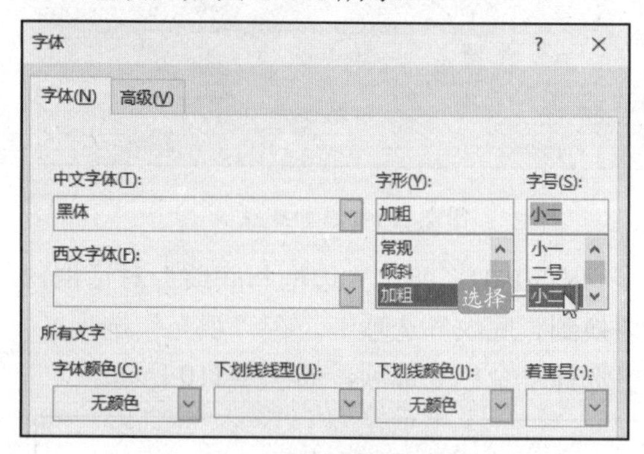

图 2-118　设置字号

STEP 07：单击“确定”按钮返回，然后单击“更多”按钮，如图 2-119 所示。

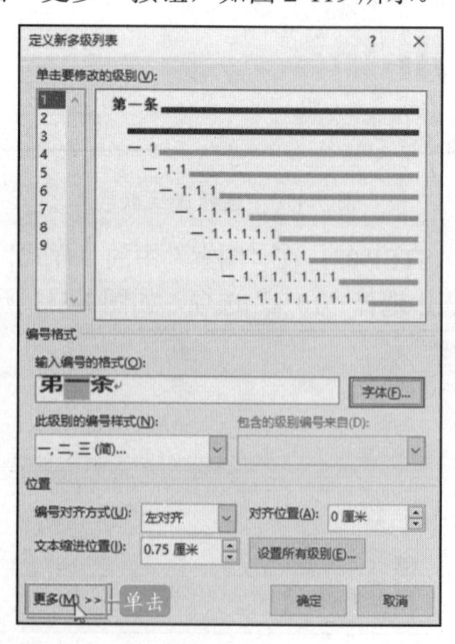

图 2-119　单击“更多”按钮

STEP 08：在“编号之后”下拉列表中，

选择“空格”选项，如图 2-120 所示。

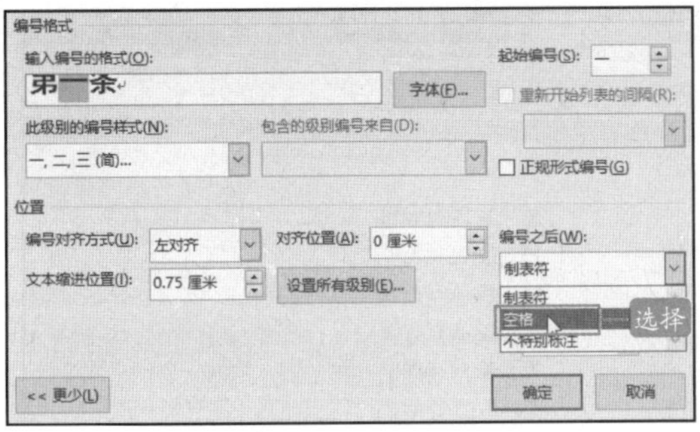

图 2-120　选择空格

STEP 09：在“单击要修改的级别”列表中，选择要修改的级别“2”，如图 2-121 所示。

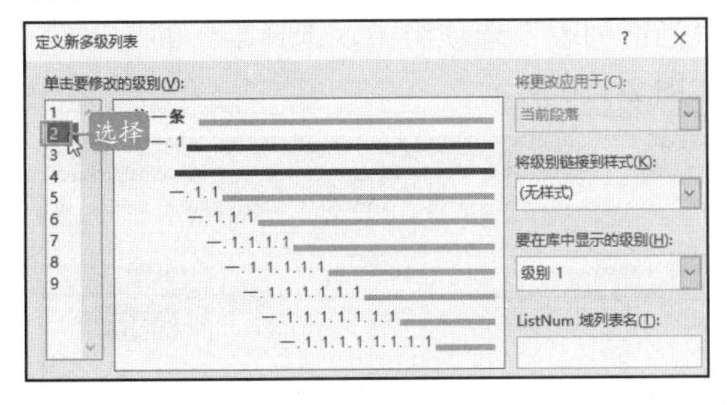

图 2-121　修改级别

STEP 10：删除多余的编号格式，仅保留“1.”，单击“字体”按钮，如图 2-122 所示。

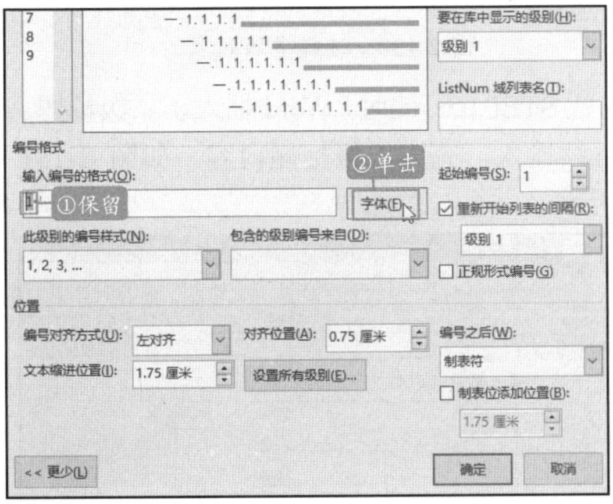

图 2-122　设置选项

STEP 11：在“字体”对话框中，将中文字体设为“宋体”，字形设为“加粗”，字号设为“四号”，完成后，单击“确定”按钮，如图 2-123 所示。

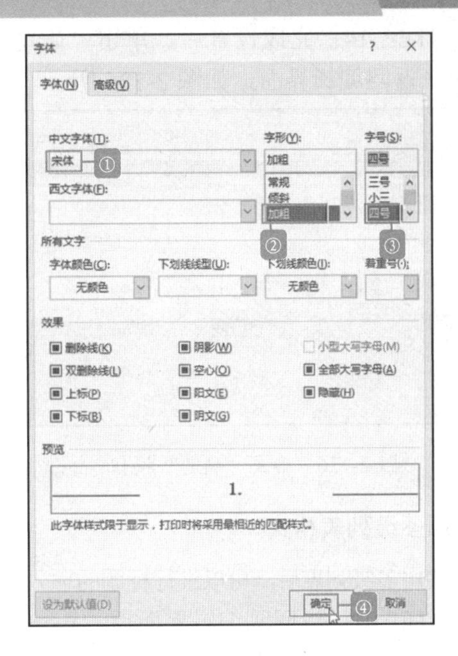

图 2-123　设置字体

STEP 12：选择要修改的级别“3”，并设置编号格式为“1)”。然后单击“字体”按钮，如图 2-124 所示。

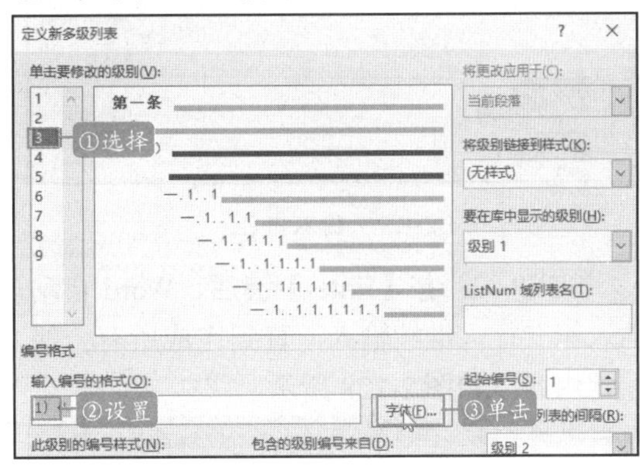

图 2-124　修改级别

STEP 13：在“字体”对话框中，设置字体，如图 2-125 所示。

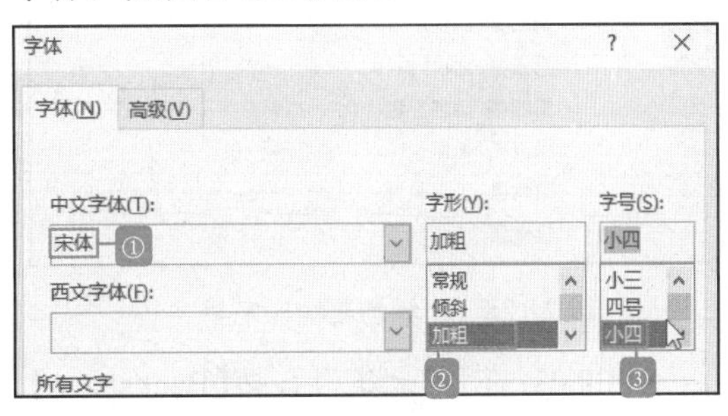

图 2-125　设置字体

STEP 14：完成设置后，单击“确定”按钮，返回编辑界面，如图 2-126 所示。

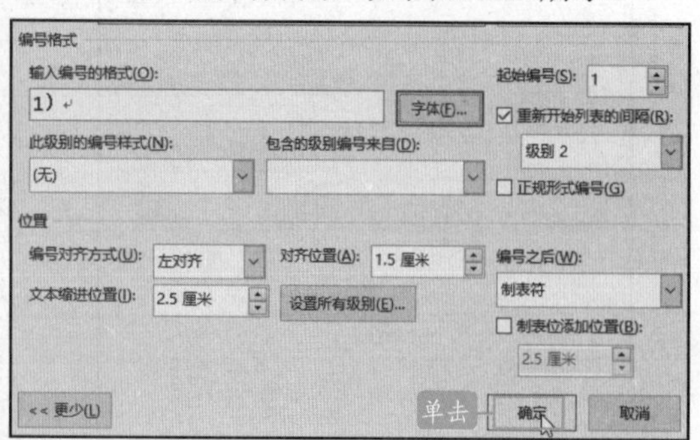

图 2-126 单击“确定”按钮

2.使用多级列表格式

使用多级列表后，可以进行标题的输入了。

STEP 01：返回到编辑界面后，Word 自动添加了“第一条”文本，输入文本内容“面试时间”，如图 2-127 所示。

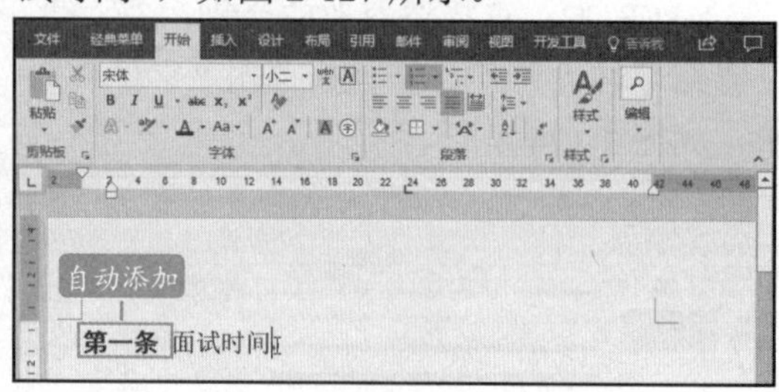

图 2-127 输入内容

STEP 02：按【Enter】键后，Word 自动插入第二行，继续输入，直到完成所有一级标题内容，如图 2-128 所示。

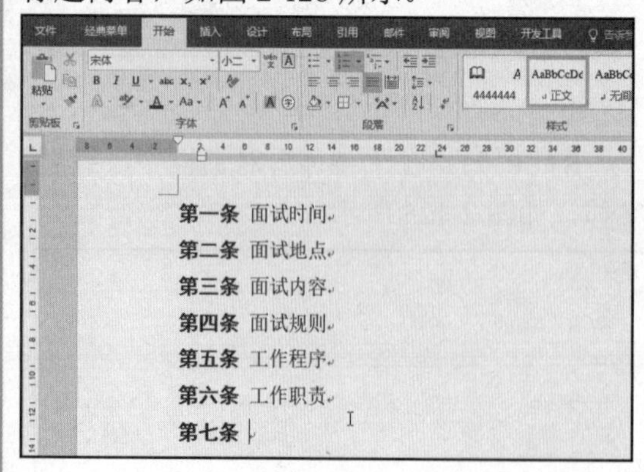

图 2-128 一级标题输入完毕

STEP 03：在“第七条”后，按【Backspace】键，将“第七条”删除，插入点定位在制表符位，如图 2-129 所示。

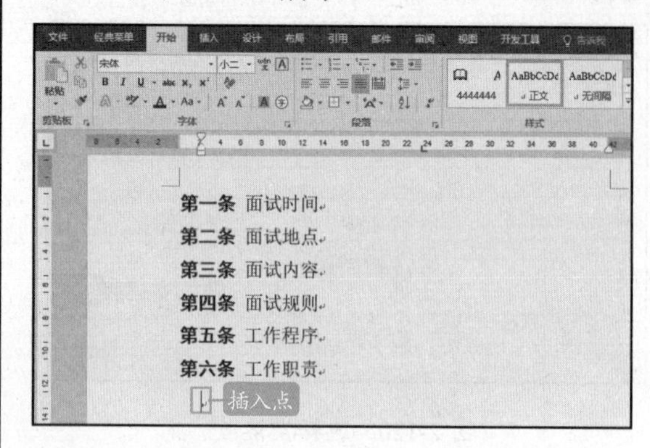

图 2-129 删除第七条

STEP 04：在“开始”选项卡的“段落”选项组中，单击“多级列表”下拉列表，在“当前列表”选项组中，选择唯一的选项，如图 2-130 所示。

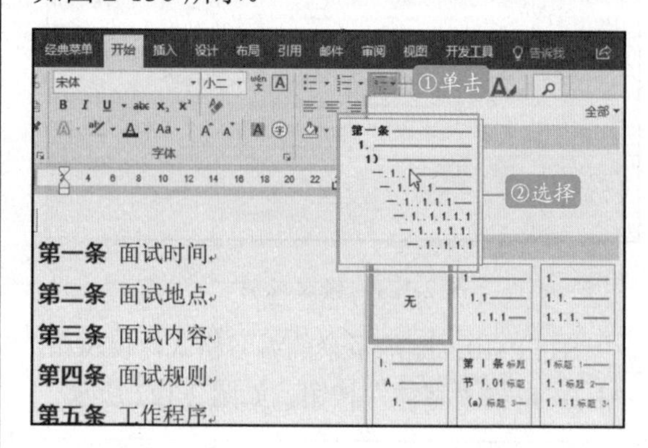

图 2-130 选择多级列表

STEP 05：此时，Word 插入了二级标题。继续输入，完成二级标题内容，如图 2-131 所示。

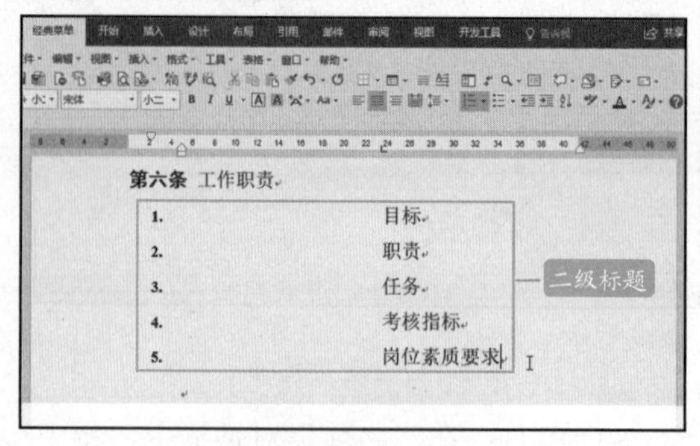

图 2-131 二级标题内容

STEP 06：选中第“3”条至第“5”条文本，如图 2-132 所示。

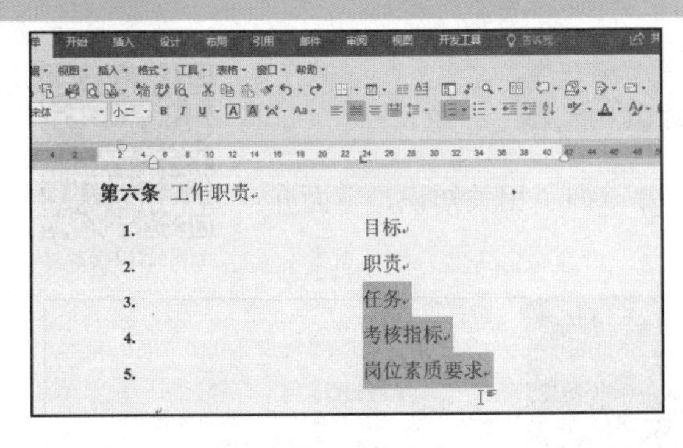

图 2-132　选中内容

STEP 07：在“多级列表”下拉列表的“更改列表级别”级联列表中，选择“3 级”选项，如图 2-133 所示。

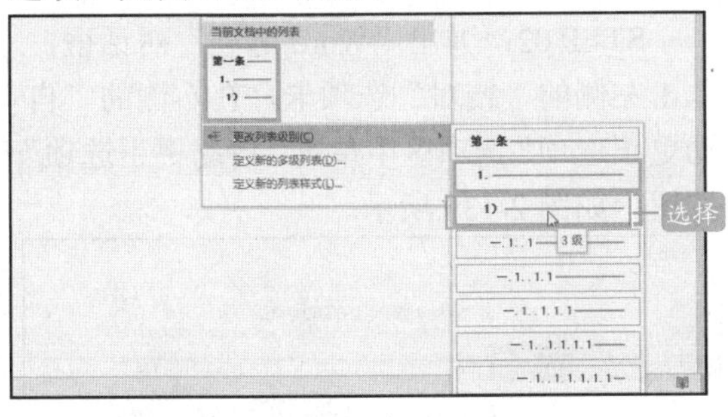

图 2-133　选择“3 级”选项

STEP 08：此时，选中的文本自动变为三级标题，并应用了之前设置的三级标题的格式。二级标题的顺序也自动进行了更改，如图 2-134 所示。

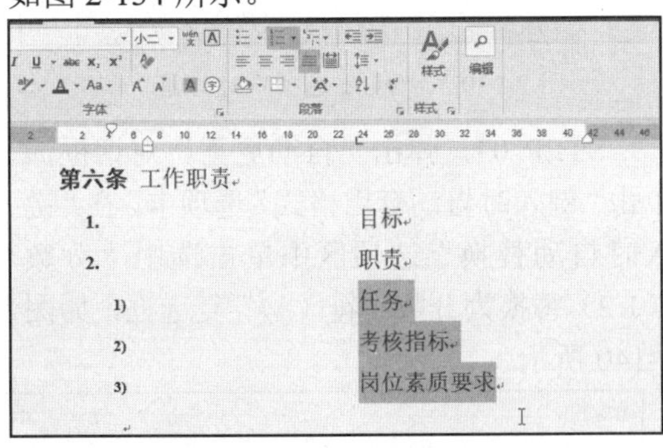

图 2-134　三级标题格式

◆◆提示

Word 根据当前制表符位插入不同标题，如在默认位插入一级标题，在第一个制表符位插入二级标题，以此类推。用户只要定位制表符后，插入标题即可。用户还可以先输入文字，再应用多级别的选项进行标题添加。通过更改标题等级，Word 会将标题及文档格式一并进行更改，十分方便。

2.4.8 使用格式刷

在 Word 中，格式刷具有非常强大的复制格式的功能，无论是字符格式还是段落格式，格式刷都能够将所选文本或段落的所有格式复制到其他文本或段落中，大大减少了文档编辑的重复劳动。

STEP 01：选择第一段文本，在“开始”选项卡下的“剪贴板”选项组中单击“格式刷”按钮；将鼠标光标移动到文档中，发现其变成了“格式刷”样式，如图 2-135 所示。

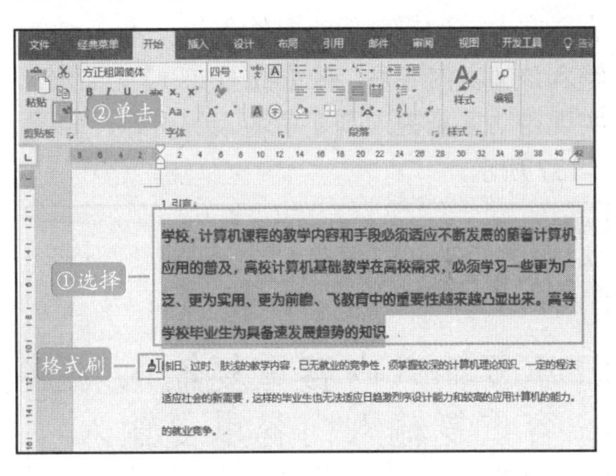

图 2-135　变成格式刷样式

STEP 02：按住鼠标左键选择需要粘贴格式的目标文本，松开左键，目标文本的格式即可与源文本的格式相同，如图 2-136 所示。

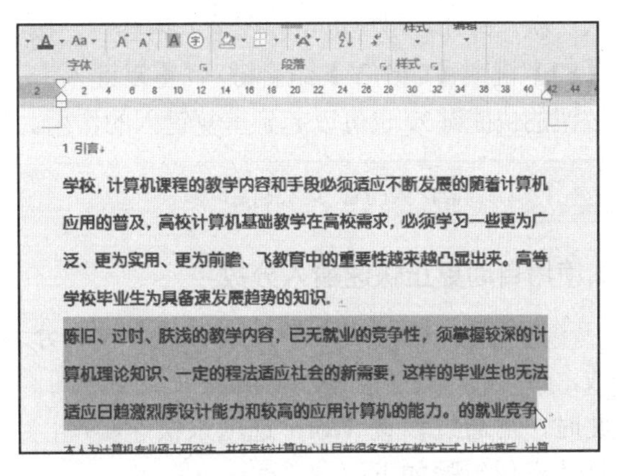

图 2-136　使用格式刷后的效果

◆◆提示

单击一次“格式刷”按钮，仅使用一次该样式，连续两次单击“格式刷”，就可多次使用该样式。

2.5 实用技巧

扫码观看本节视频

通过前面部分知识的学习，相信大家已经学会并掌握了相关知识，下面介绍一些小技巧。

2.5.1 巧用组合键快速重输内容

在使用 Word 编辑文稿时，如果遇到重复内容时，除了复制外，用户还可以借助快捷键完成自动重复输入的操作。

例如，在 Word 文档中，输入“重复内容”文本，如果希望重复输入该文本，可在输入该文本内容后，按【Alt+Enter】组合键，实现自动重复键入刚才所输入的内容，如图 2-137 所示。

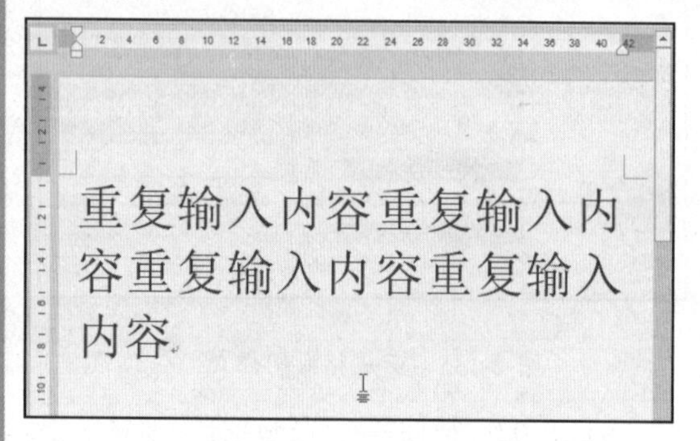

图 2-137　已重复内容

【Alt+Enter】组合键每按一次，则重复键入一次。另外，用户也可以在输入内容后，按【F4】键或【Ctrl+Y】组合键（“重复键入”按钮的快捷键），也可以起到重复键入的作用。

2.5.2 编辑 Word 文档技巧

1.使用自动更正快速输入分数

在编辑文档的过程中，有时需要输入分数，如“½”，但手动输入既麻烦又浪费时间。此时，可通过设置 Word 选项来快速实现，具体操作步骤如下：

STEP 01：打开 Word 文档，单击 Word 工作界面左上角的“文件”选项卡，在打开的界面左侧选择“选项”选项，如图 2-138 所示。

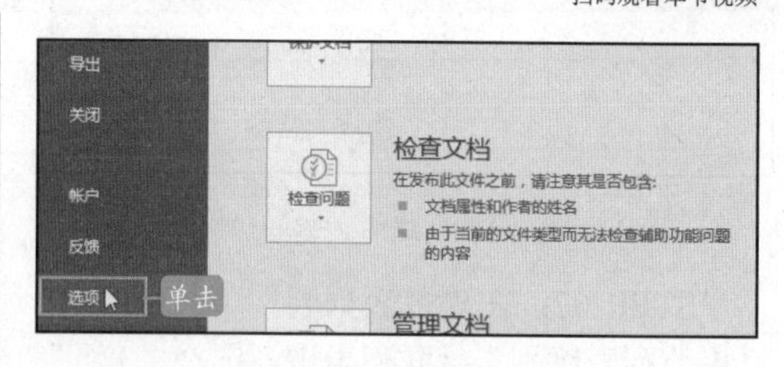

图 2-138　单击“选项”

STEP 02：弹出“Word 选项”对话框，单击左侧的“校对”选项卡，在右侧的“自动更正选项”选项区中单击“自动更正选项”按钮，如图 2-139 所示。

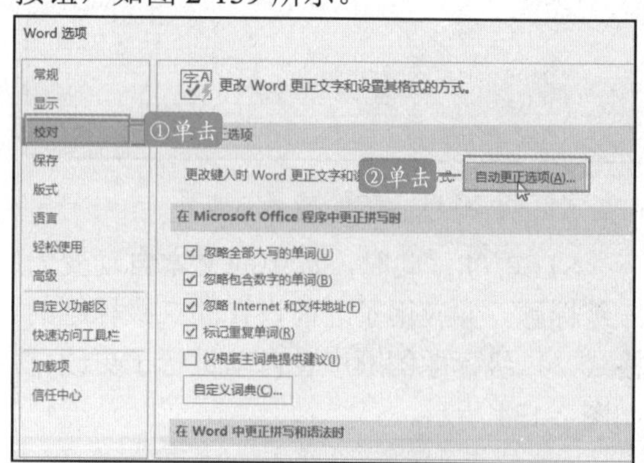

图 2-139　“Word 选项”对话框

STEP 03：弹出“自动更正”对话框，单击“键入时自动套用格式”选项卡，在“键入时自动替换”选项区中单击选中“分数（1/2）替换为分数字符（½）”复选框，如图 2-140 所示。

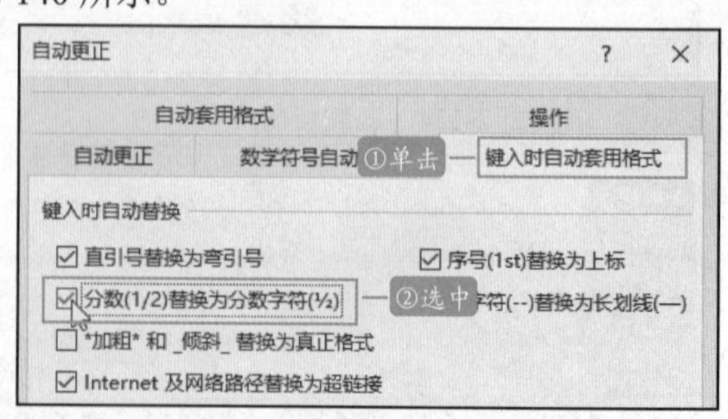

图 2-140　“自动更正”对话框

STEP 04：依次单击“确定”按钮关闭对话框。此后在文档中输入“1/2”后，按【Enter】键则会自动替换为“½”形式，如图 2-141 所示。

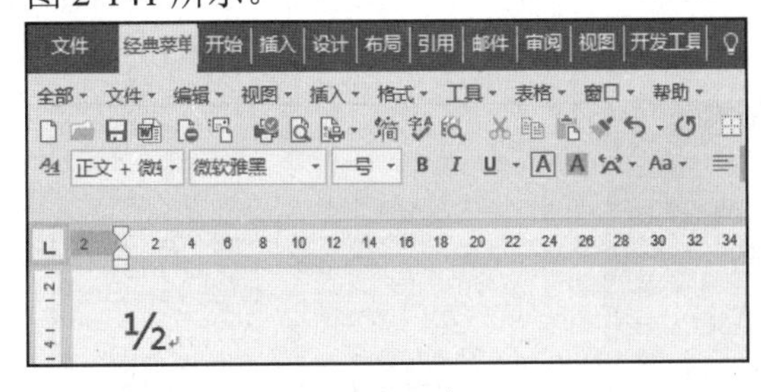

图 2-141 已替换

2.快速输入中文大写金额

使用 Word 编写文档时，可能会遇到需要输入中文大写金额的情况。Word 提供了一种简单快速的方法，可将输入的阿拉伯数字快速转换为中文大写金额，具体操作步骤如下：

STEP 01：选中文档中需要转换的阿拉伯数字，在“插入”选项卡下的“符号”选项组中，单击“编号”按钮，如图 2-142 所示。

图 2-142 单击“编号”按钮

STEP 02：弹出“编号”对话框，在“编号类型”下拉列表框中选择“壹，贰，叁…”选项，单击“确定”按钮即可将所选数字转换为大写金额。如图 2-143 所示。

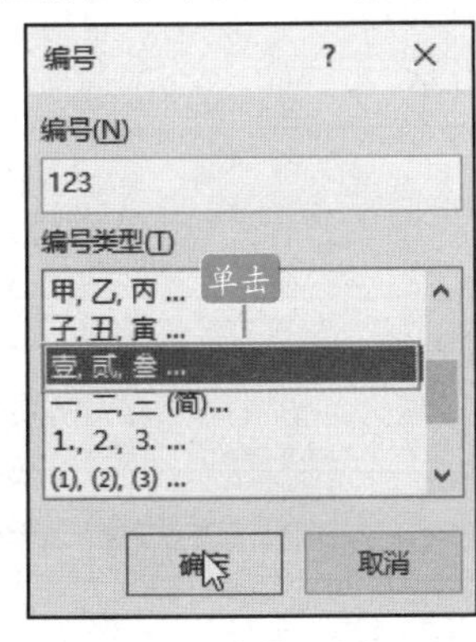

图 2-143 “编号”对话框

3.利用标尺快速对齐文本

在 Word 中有意向标尺功能，单击水平标尺上的滑块，可方便地设置制表位的对齐方式，它以左对齐式、居中式、右对齐式、小数点对齐式、竖线对齐式的方式和首行缩进、悬挂缩进循环设置，具体操作如下。

STEP 01：在“视图”|“显示”选项组中，选中“标尺”复选框，标尺即可在页面的上方（即工具栏的下方）显示出来，如图 2-144 所示。

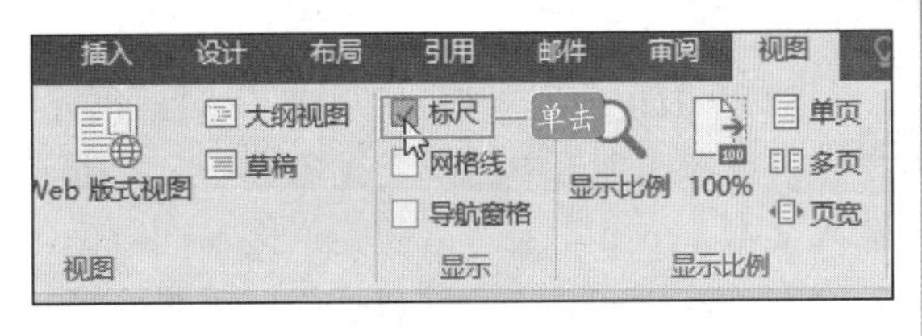

图 2-144 选中“标尺”复选框

STEP 02：选择要对齐的段落或整篇文档内容，如图 2-145 所示。

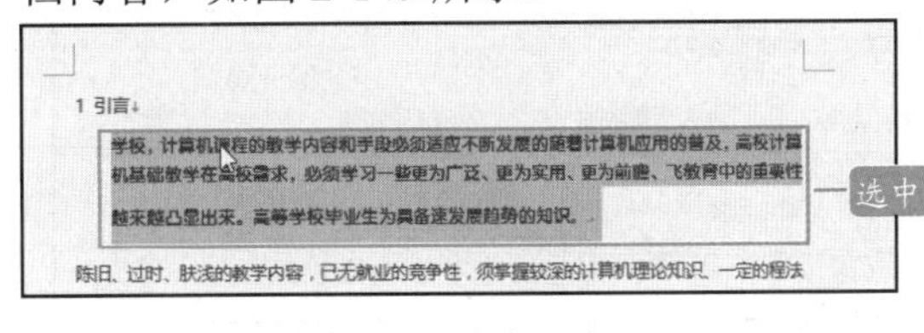

图 2-145 选中文本

STEP 03：单击水平标尺，并按住鼠标左键进行拖动，可将选中的段落或整篇文章的行首移动到水平对齐位置处；如果单击垂直标尺，并按住鼠标左键进行拖动，可将选中的段落或整篇文章内容上下移动到对齐位置处，如图 2-146 所示。

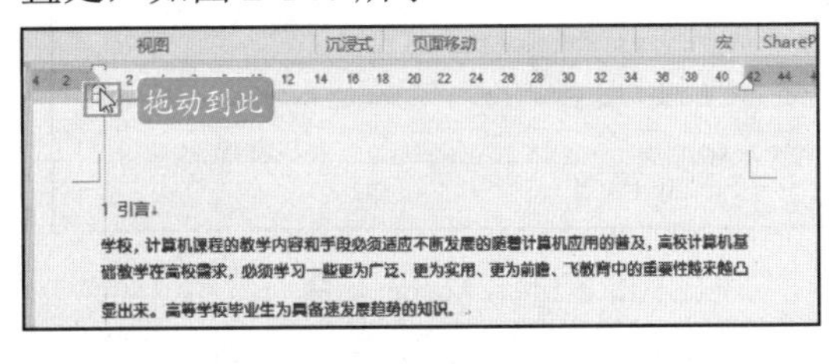

图 2-146 拖动水平标尺

4.清除文档中的多余空行

从网上复制文本到 Word 中，经常会出现文档中有许多空行的情况，逐一删除这些空行无疑会增加工作量。通过“空行替换”的方法可以快速去除文档中多余的空行，具体操作如下：

STEP 01：打开带有多余空行的文档，在“开始”|“编辑”选项组中单击“替换”按钮，如图2-147所示。

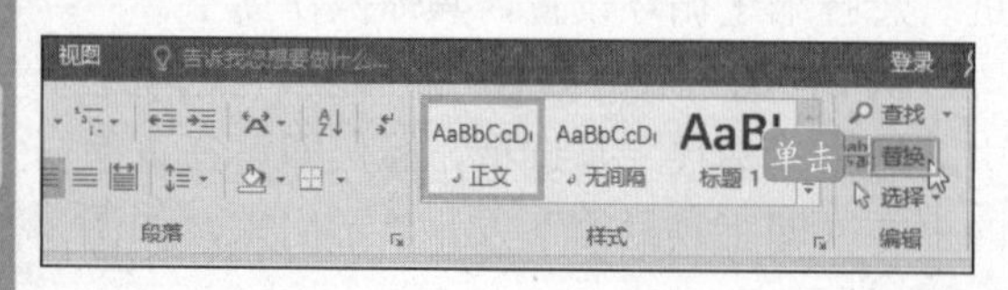

图2-147　单击“替换”按钮

STEP 02：弹出“查找和替换”对话框，在“替换”选项卡中的“查找内容”文本框输入文本“^p^p”，在“替换为”文本框中输入文本“^p”，单击“全部替换”按钮即可将文档中的空行快速删除，如图2-148所示。

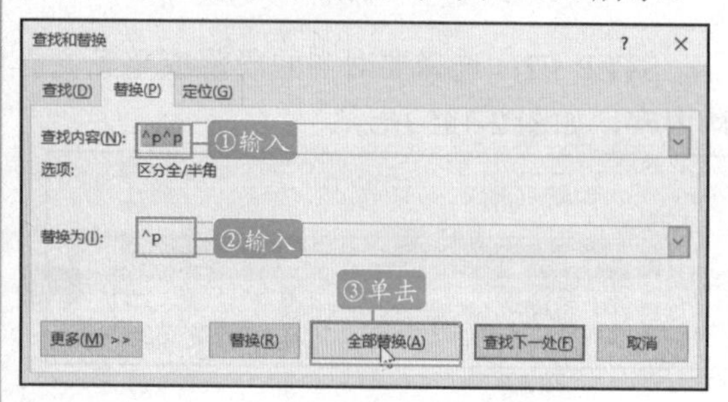

图2-148　“查找和替换”对话框

STEP 03：关闭“查找和替换”对话框后，即可看到空行已删除，如图2-149所示。

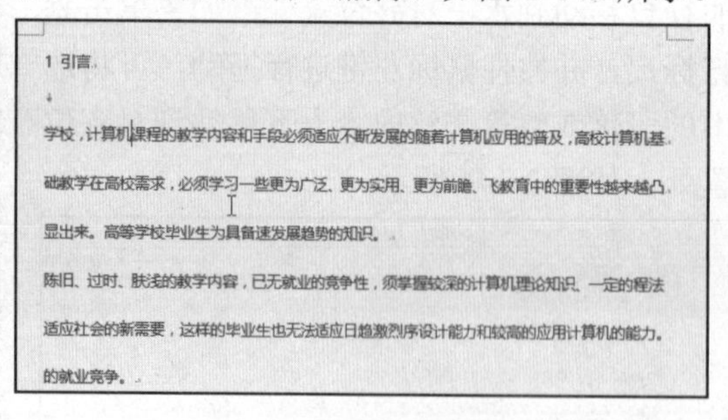

图2-149　空行已删除

5.关闭更正拼写和语法功能

使用Word编排文本，有时在编写文字的下方会出现一条波浪线，这是因为开启的键入时自动检查拼写与语法错误的功能而引起的，关闭该功能即可去除波浪线，具体操作如下：

STEP 01：打开Word文档，单击Word工作界面左上角的“文件”选项卡，在打开的界面左侧单击“选项”，如图2-150所示。

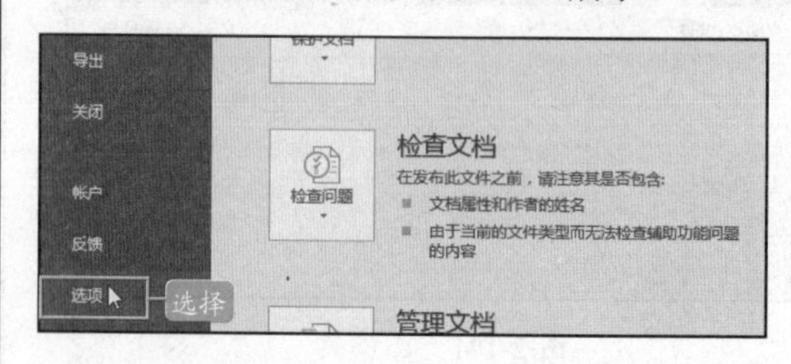

图2-150　单击“选项”

STEP 02：弹出“Word选项”对话框，单击左侧的“校对”选项卡，在右侧的“在Word中更正拼写和语法时”选项区中撤消选中“键入时检查拼写”复选框，如图2-151所示。

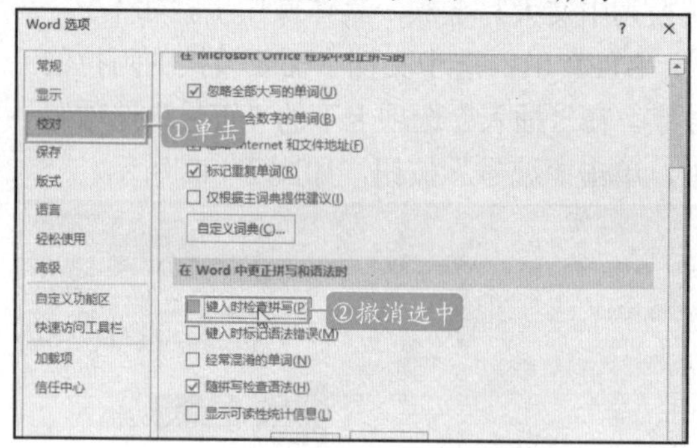

图2-151　“Word选项”对话框

STEP 03：如果只需要取消当前使用文档的检查拼写与语法错误功能，可在“例外项”选项区中单击选中“只隐藏此文档中的拼写错误”和“只隐藏此文档中的语法错误”复选框，设置完成后，单击“确定”按钮，如图2-152所示。

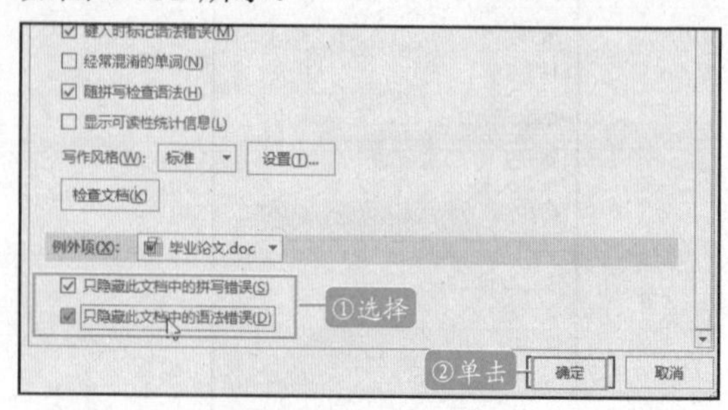

图2-152　设置选项

2.6 上机实际操作

相信大家通过本章的学习，对 Word 2016 的基本操作已经有了一定的了解，就由这次的上机操作来看看大家的学习成果吧！

2.6.1 制作繁体邀请函

邀请函是邀请亲朋好友或知名人士、专家等参加某项活动时所发出的请约性书信。它是现实生活中常用的一种日常应用写作文种。在实际应用中，有时候需要将简体的邀请函制作为繁体文本，在 Word 2016 中可快速转换。

STEP 01：新建空白 Word 文档，单击“语言栏”中的“中文（简体）-美式键盘”按钮，在展开的列表中选择合适的输入法，如图 2-153 所示。

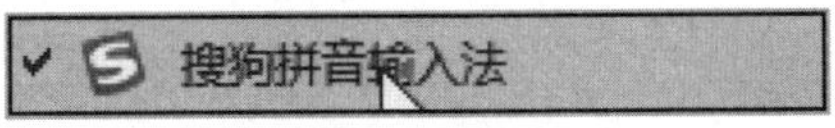

搜狗拼音输入法

图 2-153 选择输入法

STEP 02：此时在文档中输入邀请函的文字内容，完成邀请函的制作，如图 2-154 所示。

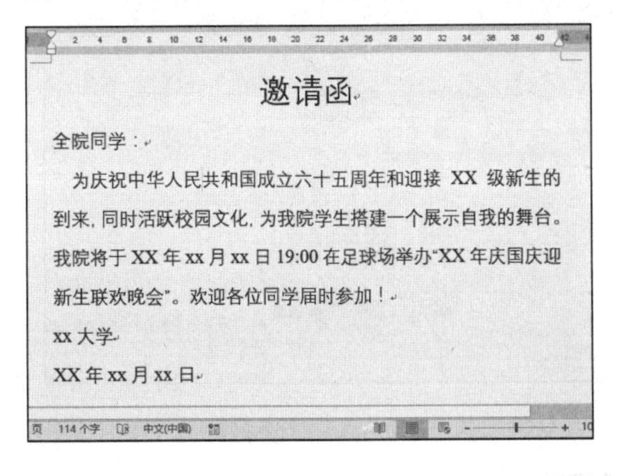

邀请函
全院同学：
为庆祝中华人民共和国成立六十五周年和迎接 XX 级新生的到来，同时活跃校园文化，为我院学生搭建一个展示自我的舞台。我院将于 XX 年 xx 月 xx 日 19:00 在足球场举办“XX 年庆国庆迎新生联欢晚会”。欢迎各位同学届时参加！
xx 大学
XX 年 xx 月 xx 日

图 2-154 输入内容

STEP 03：为了保证邀请函的正确，切换到“审阅”选项卡，单击“校对”选项组中的“拼写和语法”按钮，如图 2-155 所示。

①切换
②单击
拼写和语法

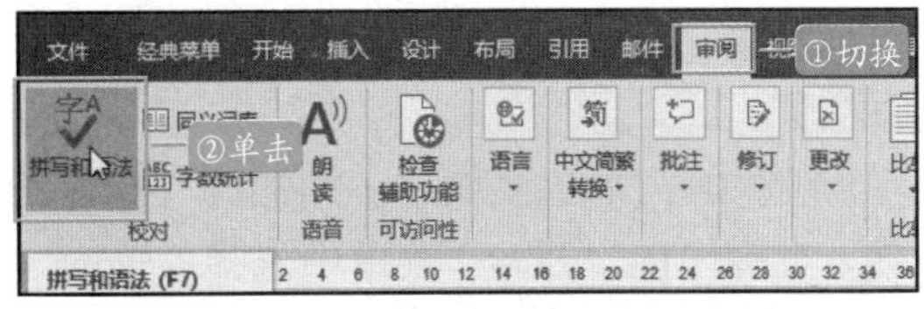

图 2-155 单击“拼写和语法”按钮

STEP 04：弹出提示框，提示拼音和语法检查已完成，表示没有错误，此时单击“确定”按钮，如图 2-156 所示。

Microsoft Word
拼写和语法检查完成。
确定
单击

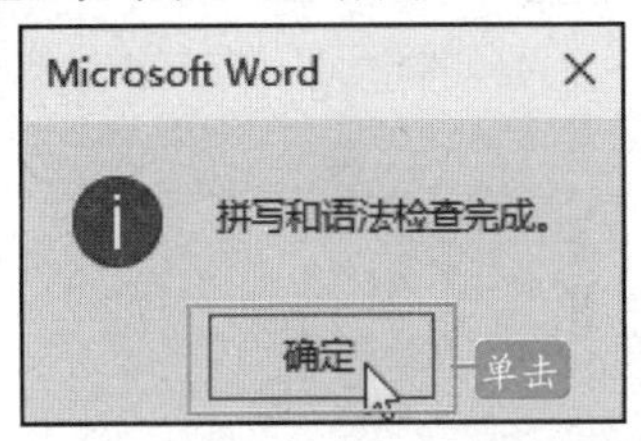

图 2-156 拼音和语法检查完成

STEP 05：按【Ctrl+A】组合键全选文字，切换至“审阅”选项卡下，单击“中文简繁转换”选项组中的“简转繁”按钮，如图 2-157 所示。

繁转简
简转繁
单击
简繁转换
中文简繁转换

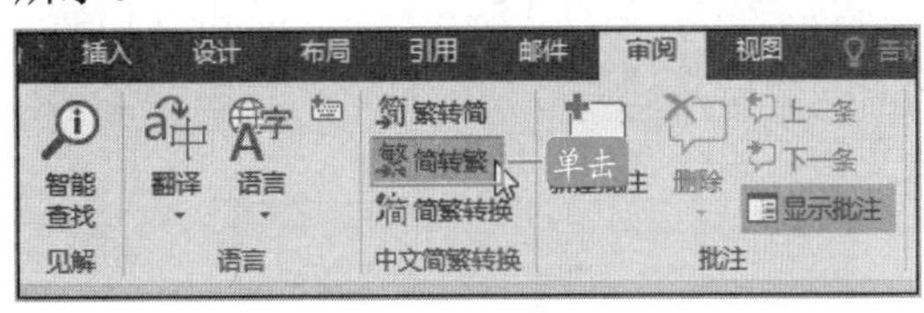

图 2-157 单击“简转繁”按钮

STEP 06：返回文档中，可以看到将文本全部转换为繁体后的效果，完成繁体邀请函的制作，如图 2-158 所示。

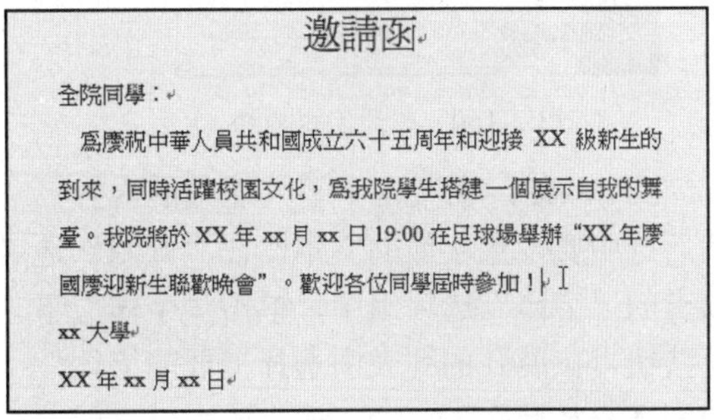

邀請函
全院同學：
爲慶祝中華人民共和國成立六十五周年和迎接 XX 級新生的到來，同時活躍校園文化，爲我院學生搭建一個展示自我的舞臺。我院將於 XX 年 xx 月 xx 日 19:00 在足球場舉辦“XX 年慶國慶迎新生聯歡晚會”。歡迎各位同學屆時參加！
xx 大學
XX 年 xx 月 xx 日

图 2-158 制作完成

2.6.2 创建“国庆放假通知”文档

使用 Word 2016 创建一篇文档并不困难，下面我们使用 Word 2016 制作一份文档，为文档中的文字设置好字体和段落格式后预览打印效果，然后将文档命名为“国庆放假通知”。

STEP 01：单击桌面左下角的“开始”按钮，在弹出的“开始”菜单中选择“Word 2016”命令，如图 2-159 所示，启动 Word 2016。

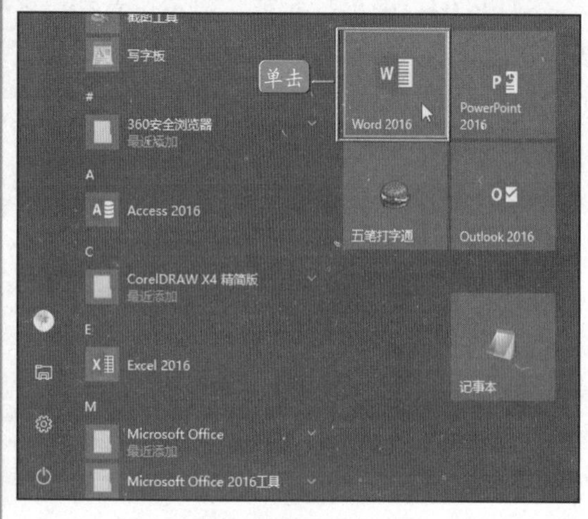

图 2-159 启动 Word 2016

STEP 02：启动 Word 程序，单击窗口右侧的“空白文档”选项，将自动新建一个空白文档，如图 2-160 所示。

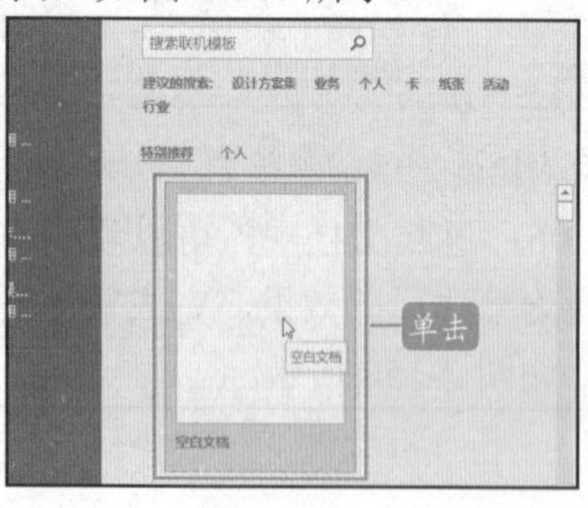

图 2-160 打开空白文档

STEP 03：在文档中输入通知的内容，然后选中要设置字体的文本，在“开始”选项卡的“字体”选项组中，单击“字体”下拉按钮，在展开的列表中选择需要的字体，如图 2-161 所示。

图 2-161 选择字体

STEP 04：保持当前文本的选中状态，单击“字号”下拉按钮，在展开的列表中选择需要的字号，如图 2-162 所示。

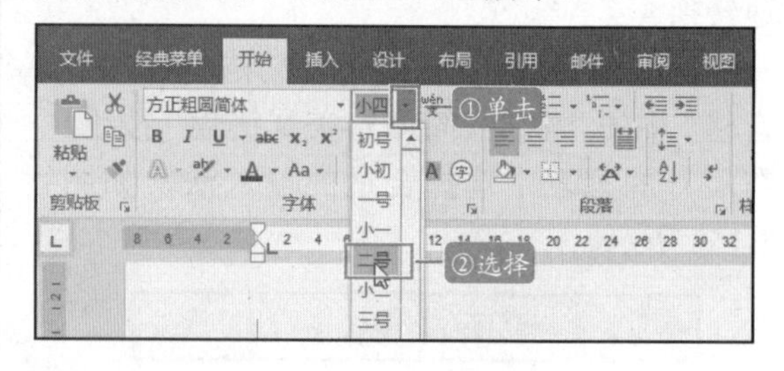

图 2-162 选择字号

STEP 05：保持当前文本的选中状态，单击“字体颜色”下拉按钮，在弹出的下拉菜单中选择需要的颜色，如图 2-163 所示。

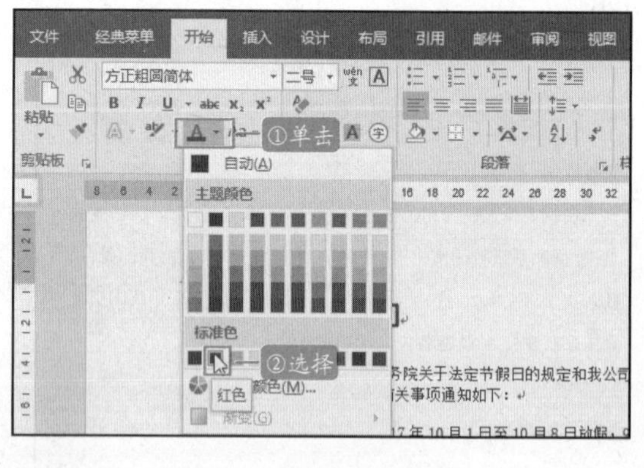

图 2-163 选择字体颜色

> **提示**
> 在“字体颜色”下拉列表中单击“其它颜色”命令，可以打开“颜色”对话框，在其中可以选择更多的颜色。

STEP 06：按照前面的操作步骤，对文档中的其他文本设置字体、字号和字体颜色，然后选中标题文本，在“开始”选项卡的“段落”选项组中设置标题的对齐方式，这里单击“居中”按钮，如图 2-164 所示。

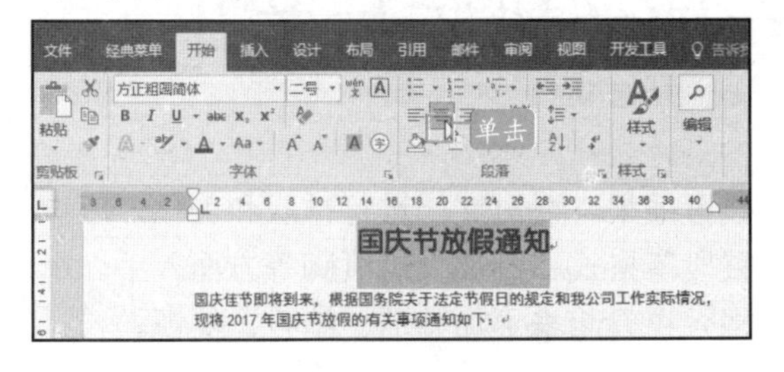

图 2-164 单击“居中”按钮

STEP 07：用同样的方法对其他段落设置相应的对齐方式，然后选中需要设置缩进的段落，在“开始”选项卡的“段落”选项组中单击设置按钮，如图 2-165 所示。

图 2-165 单击设置按钮

STEP 08：弹出“段落”对话框，在“缩进和间距”选项卡的“缩进”选项区中，“左侧”微调框可设置左缩进的缩进量，“右侧”微调框可设置右缩进的缩进量，在“特殊格式”下拉列表框中可选择“首行缩进”或“悬挂缩进”方式，“缩进值”微调框可设置缩进量。本操作中将设置“首行缩进：2 字符”，然后单击“确定”按钮，如图 2-166 所示。

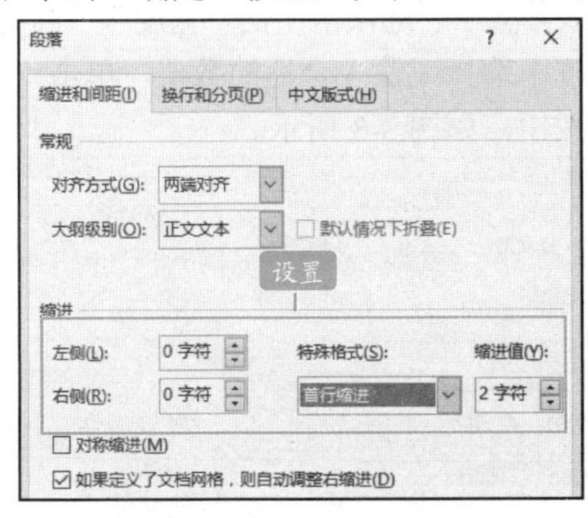

图 2-166 “段落”对话框

STEP 09：返回当前文档，切换到“文件”选项卡，然后选择左侧窗格中的“打印”命令，在右侧窗格中即可预览该文档的打印效果，如图 2-167 所示。

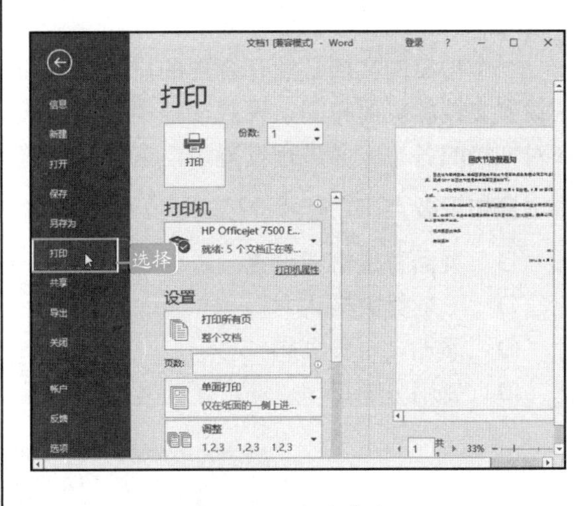

图 2-167 打印命令

STEP 10：在“文件”选项卡中单击“另存为”命令，在右侧的窗格双击“这台电脑”按钮，在弹出的“另存为”对话框中设置好文档的保存路径、文件名和保存类型，然后单击“保存”按钮即可保存文档，如图 2-168 所示。

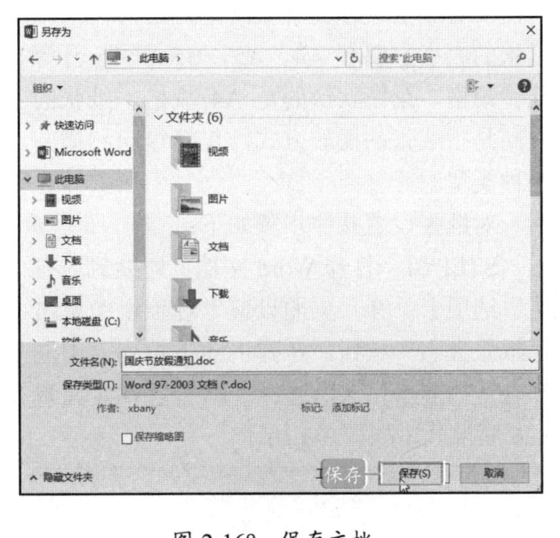

图 2-168 保存文档

第 3 章 Word 2016 文档的排版与美化

一个精美的文档必然有合理的排版方式和美化设置效果。要对文档进行排版和美化，应该从设置文档的页面布局、设置文档中字体格式、设置段落格式、添加页眉页脚等方面入手。用户对文档的各个方面进行设置后，自然会使整个文档效果看起来更加整洁、精致、美观。

本章知识要点

- 页面背景格式设置
- 一般排版格式
- 添加页眉和页脚
- 使用分隔符

3.1 页面背景格式设置

扫码观看本节视频

设置文档的页面背景格式主要是为了美化文档，包括设置纸张的大小和方向、文档的页边距，以及为文档添加页面背景。

3.1.1 设置纸张大小和方向

在实际中，文档的编辑有时会需要不同的纸张类型和纸张方向，用户可以根据自己的需要对纸张进行设置来满足自己的需求。纸张的大小主要有 A4、A5、B5 和 16 开等几种规格，系统默认的是 A4 规格。纸张的方向是指纸张的摆放方式，包括纵向和横向两种类型。

对纸张设置具体步骤如下：

STEP 01：打开 Word 文档，切换到“布局”选项卡，在“页面设置”选项组中单击“纸张大小”按钮，在弹出的下拉列表中选择合适的规格，这里选择“16 开（18.4 厘米×26 厘米）”，如图 3-1 所示。

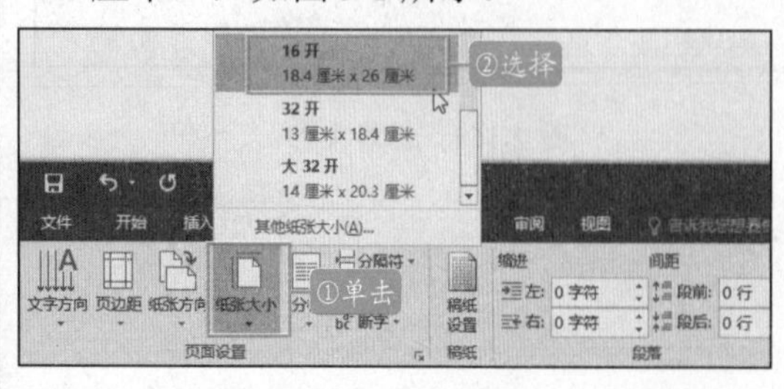

图 3-1　选择纸张大小

STEP 02：若对系统提供的纸张大小不满意可以选择“其他纸张大小”选项，如图 3-2 所示。

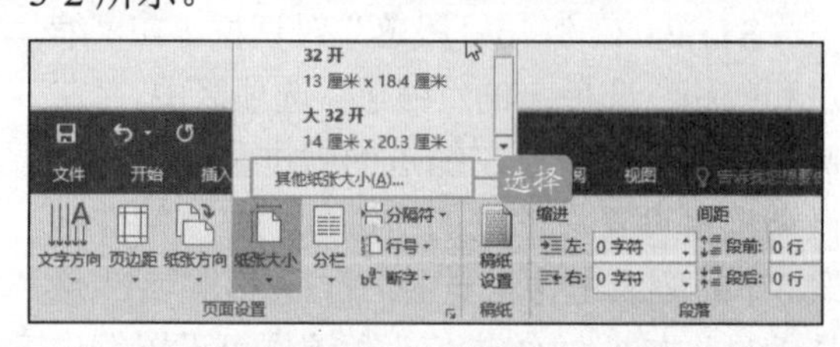

图 3-2　选择“其他纸张大小”选项

STEP 03：弹出“页面设置”对话框，在“纸张大小”选项区中的“宽度”、“高度”微调框中选择或输入合适的数值，单击“确定”按钮，如图 3-3 所示。

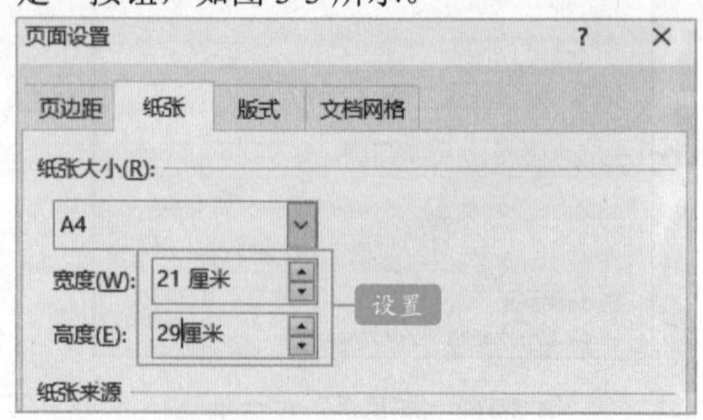

图 3-3　“页面设置”对话框

STEP 04：在“页面设置”选项组中单击“纸张方向”按钮，在展开的列表中选择合适的纸张方向，现代文档的纸张方向一般采取“纵向”，如图 3-4 所示。

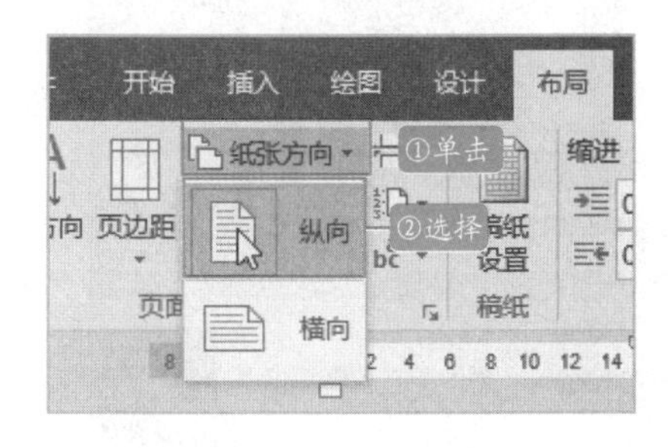

图 3-4　设置纸张方向

STEP 05：返回文档即可看到对纸张的设置效果。

3.1.2 设置页边距

页边距是文档的文本区到纸张边界的距离，通过对页边距的设置可以使文档的布局更加合理，美观。

设置页边距具体步骤如下：

STEP 01：打开 Word 文档，切换到“布局”选项卡，在“页面设置”选项组中单击“页边距”按钮，如图 3-5 所示。

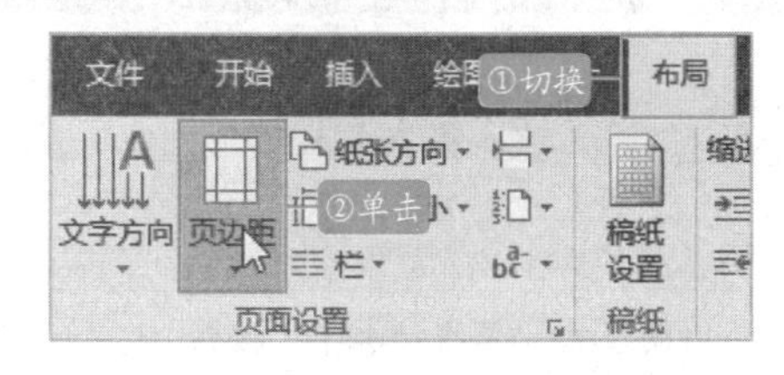

图 3-5　单击“页边距”按钮

STEP 02：在展开的列表中选择合适的页边距即可，如图 3-6 所示。

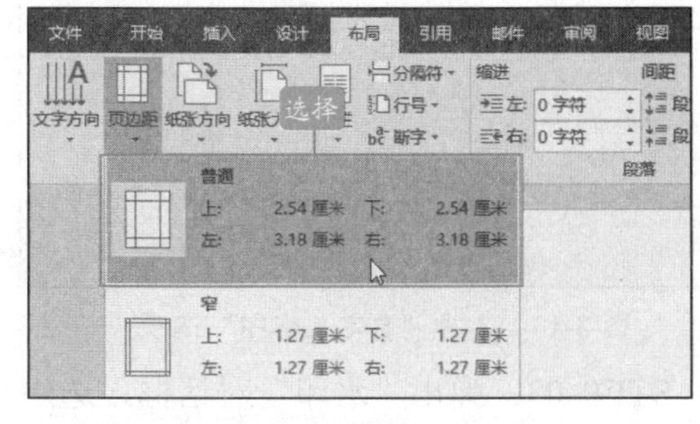

图 3-6　选择页边距

STEP 03：若对列表中的页边距不满意，可以单击“自定义边距”选项或单击“页面设置”选项组中的设置按钮，如图 3-7 所示。

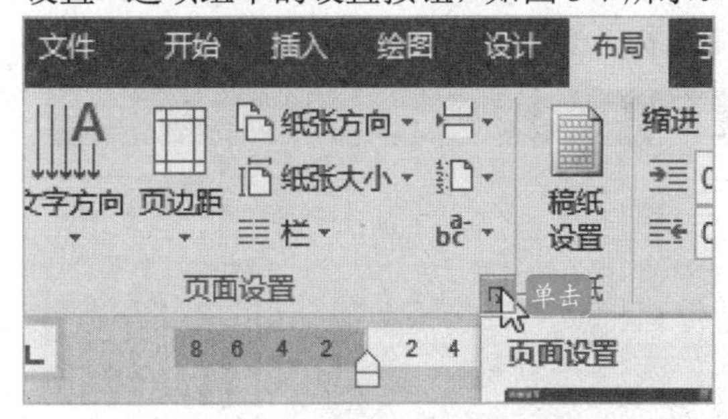

图 3-7　单击设置按钮

STEP 04：弹出“页面设置”对话框，切换到“页边距”选项卡，在“页边距”选项区中的“上”“下”“左”“右”微调框中选择或输入合适的数值，单击“确定”按钮即可，如图 3-8 所示。

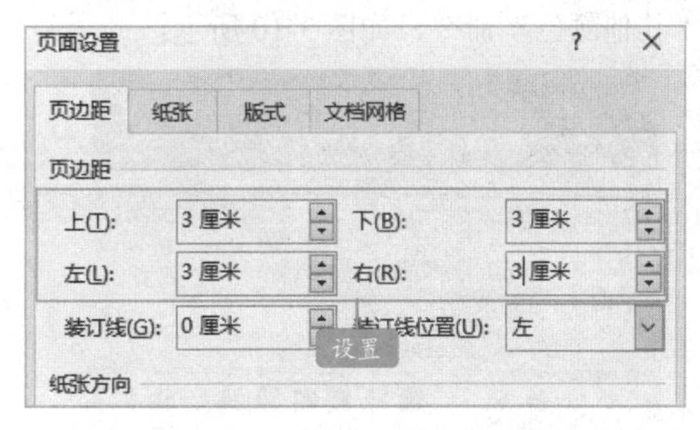

图 3-8　“页面设置”对话框

STEP 05：返回文档即可看到设置的页边距效果。

提示

默认情况下，装订线是在文档的左侧，用户可以在“布局”选项卡单击“页面设置”选项组中右下角的设置按钮，在弹出的“页面设置”对话框中设置“装订线位置”，在“上”，并在“装订线”数值框中调整装订线距离。

3.1.3 设置页面背景颜色

在 Word 文档中，用户可以根据需要设置页面的背景颜色，添加页面背景可以直接应用系统提供的页面颜色，当这些颜色不能满足用户需要时则可以自定义页面颜色，具体操作如下：

STEP 01：打开 Word 文档，切换到“设

计”|“页面背景”选项组中，单击“页面颜色”按钮，在展开列表的“标准色”选项区中选择“橙色”，如图 3-9 所示。

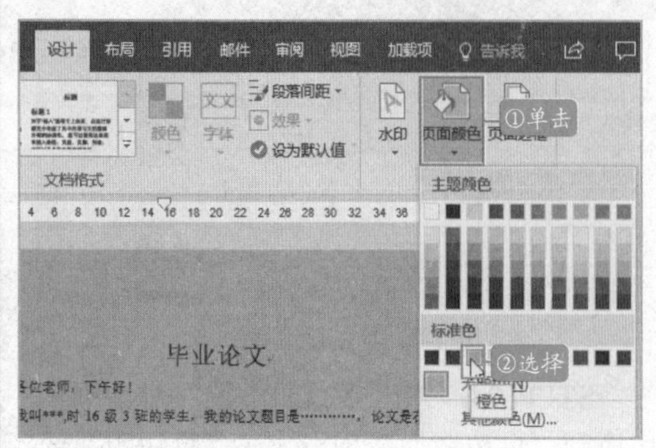

图 3-9　设计页面颜色

STEP 02：在“页面背景”选项组中单击“页面颜色”按钮，在展开的列表中选择“其他颜色”命令，如图 3-10 所示。

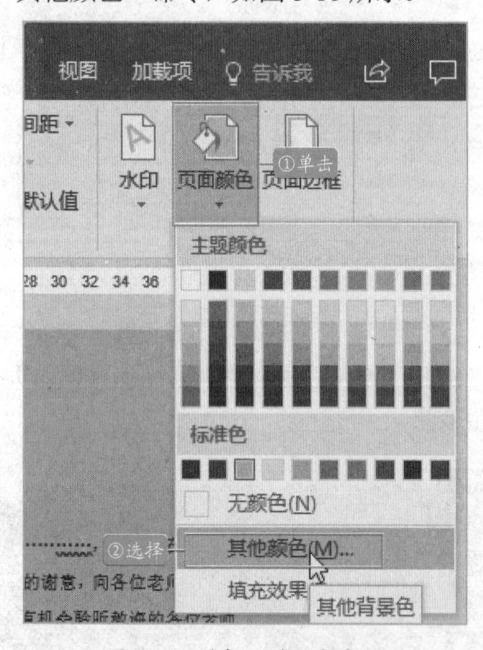

图 3-10　选择“其他颜色”

STEP 03：弹出“颜色”对话框的“自定义”选项卡，在“颜色”区域中单击选择颜色，或者在下面的“颜色模式”下拉列表框中选择颜色模式，然后在下面的数值框中输入颜色对应的数值；单击“确定”按钮即可使用自定义的背景颜色，如图 3-11 所示。

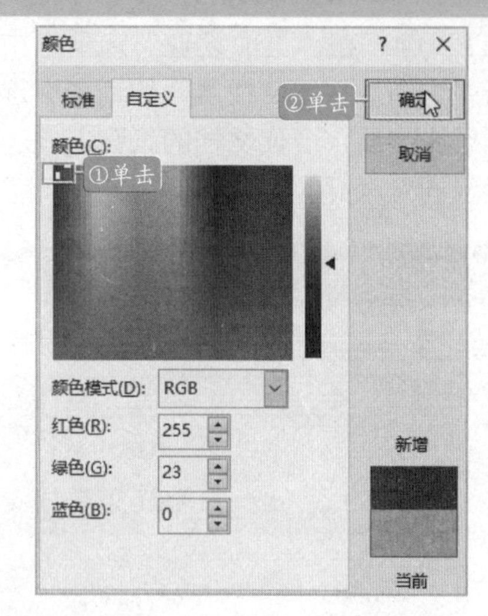

图 3-11　“颜色”对话框

3.1.4　设置页面背景水印

Word 文档中的水印是指作为文档背景图案的文字或图像。Word 2016 提供了多种水印模板和自定义水印功能，为 Word 添加水印的具体步骤如下：

STEP 01：打开 Word 文档，切换到“设计”选项卡，在“页面背景”选项组中单击“水印”按钮，如图 3-12 所示。

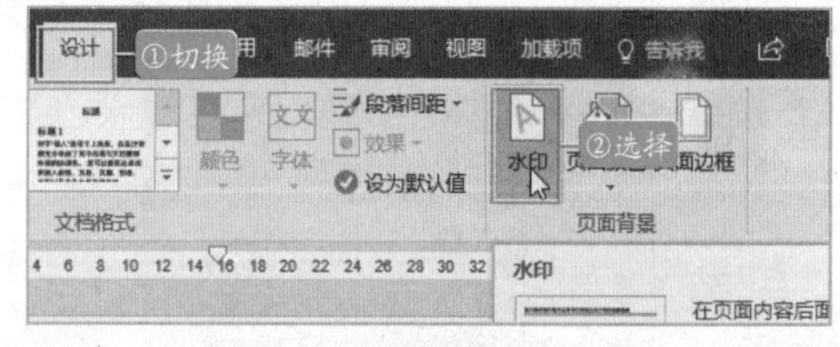

图 3-12　单击“水印”按钮

STEP 02：在展开的列表中选择“自定义水印”选项，如图 3-13 所示。

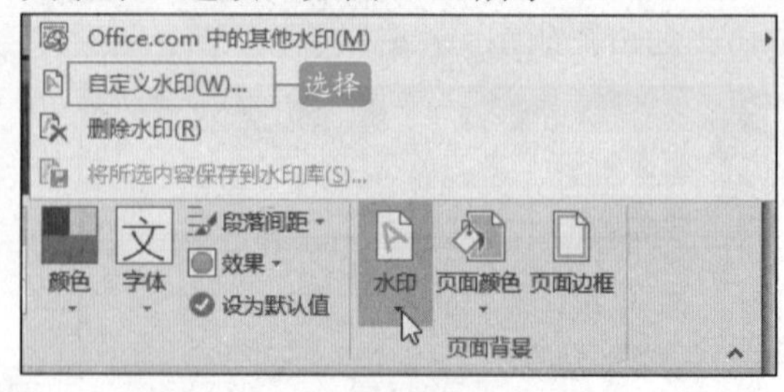

图 3-13　选择“自定义水印”选项

STEP 03：弹出“水印”对话框，选中“文字水印”单选钮，在“文字”下拉列表中选择“禁止复制”选项，在“字体”下拉列表中选择“华文细黑”选项，在“字号”下拉列表中选择“72”选项，其他选项保持默认，如图 3-14 所示。

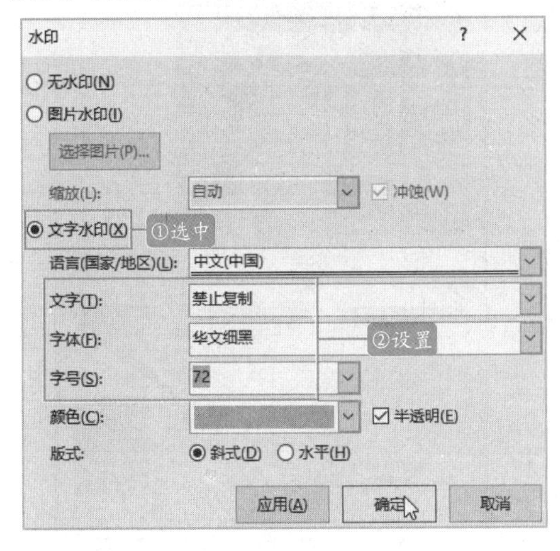

图 3-14 “水印”对话框

STEP 04：单击“确定”按钮，返回 Word 文档，设置效果如图 3-15 所示。

我叫***,时 16 级 3 班的学生，我的论文题目是………，论文是在**导师的悉心指点下完成的，在这里我向我的导师表示深深的谢意，向各位老师不辞辛苦参加我的论文答辩表示衷心的感谢，并对三年来我有机会聆听教诲的各位老师表示由衷的敬意。下面我将本论文设计的目的和主要内容向各位老师作一汇报，恳请各位老师批评指导。

首先，我想谈谈这个毕业论文设计的目的及意义。

作为计算机应用的一部分图书销售管理系统对图书销售进行管理，具有着手工管理所无法比拟的优点极大地提高图书销售管理效率及在同行业中的竞争力。因此，图书销售管理系统有着广泛的市场前景和实际的应用价值。

其次，我想谈谈这篇论文的结构和主要内容。

本文分成五部分。

禁止复制

图 3-15 水印效果图

3.1.5 设置其他页面背景

1.添加渐变效果

STEP 01：切换到“设计”选项卡，在“页面背景”选项组中单击“页面颜色”按钮，在展开的列表中选择“填充效果”选项，如图 3-16 所示，弹出“填充效果”对话框。

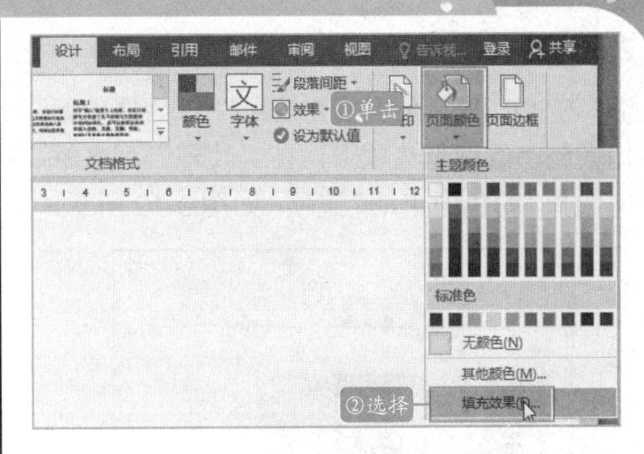

图 3-16 选择“填充效果”选项

STEP 02：切换到“渐变”选项卡，在“颜色”选项区中选中“双色”单选钮，在右侧的“颜色”下拉列表中选择两种颜色，然后选中“底纹样式”选项区中的“斜下”单选钮，如图 3-17 所示。

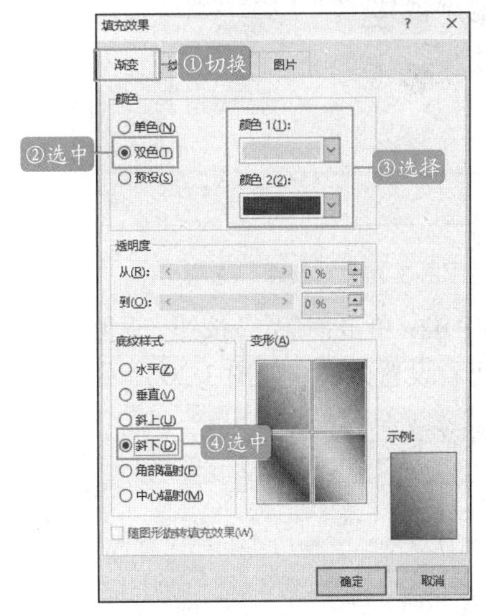

图 3-17 “填充效果”对话框

STEP 03：单击“确定”按钮，返回 Word 文档，设置效果如图 3-18 所示。

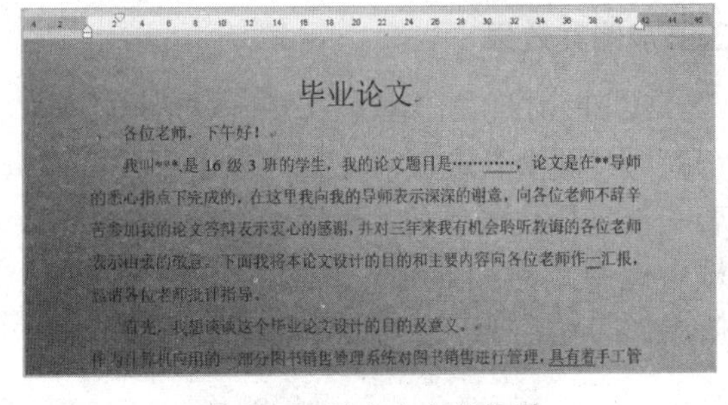

毕业论文

各位老师，下午好！

我叫***,是 16 级 3 班的学生，我的论文题目是………，论文是在**导师的悉心指点下完成的，在这里我向我的导师表示深深的谢意，向各位老师不辞辛苦参加我的论文答辩表示衷心的感谢，并对三年来我有机会聆听教诲的各位老师表示由衷的敬意。下面我将本论文设计的目的和主要内容向各位老师作一汇报，恳请各位老师批评指导。

首先，我想谈谈这个毕业论文设计的目的及意义。

作为计算机应用的一部分图书销售管理系统对图书销售进行管理，具有着手工管

图 3-18 添加渐变效果图

2.添加纹理效果

STEP 01：在“填充效果”对话框中，切换到“纹理”选项卡，在“纹理”列表框中选择“粉色面巾纸”选项，如图 3-19 所示。

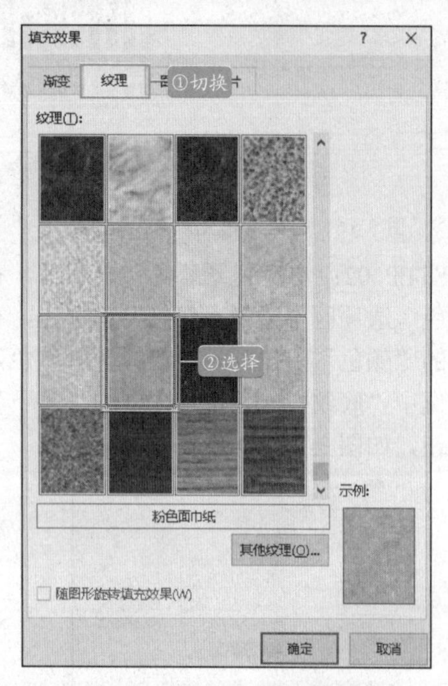

图 3-19　“纹理”选项卡

STEP 02：单击“确定”按钮，返回 Word 文档，查看设置效果，如图 3-20 所示。

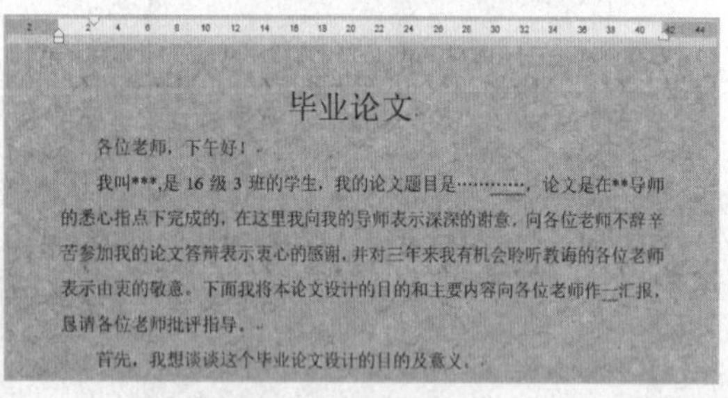

图 3-20　添加纹理效果图

3.添加图案效果

STEP 01：在“填充效果”对话框中，切换到“图案”选项卡，在“背景”下拉列表中选择合适的颜色，然后在“图案”列表框中选择“点线：60%”选项，如图 3-21 所示。

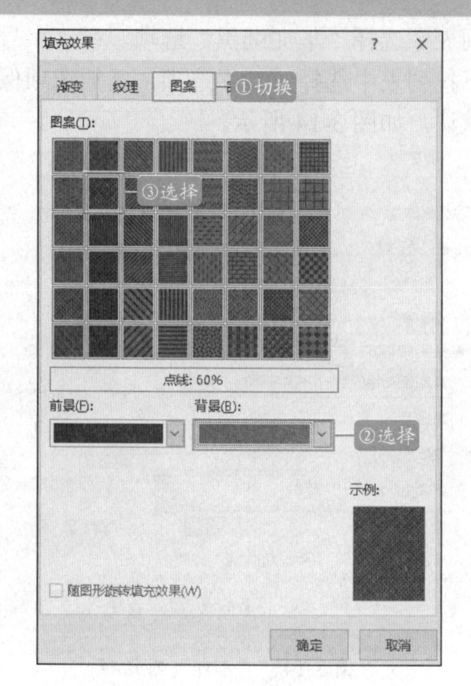

图 3-21　“图案”选项卡

STEP 02：单击“确定”按钮，返回 Word 文档，设置效果如图 3-22 所示。

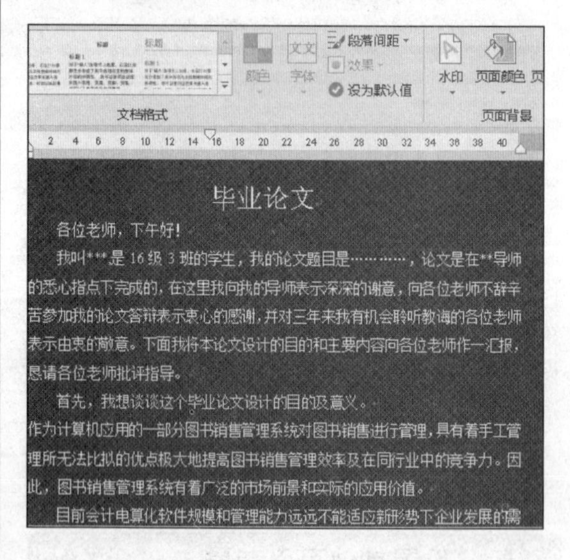

图 3-22　添加图案效果图

4.添加图片效果

STEP 01：在“填充效果”对话框中，切换到“图片”选项卡，单击“选择图片”按钮，如图 3-23 所示。

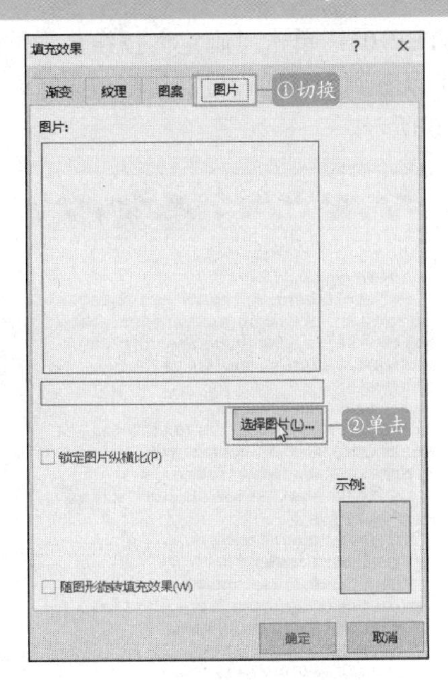

图 3-23 “图片”选项卡

STEP 02：弹出“插入图片”对话框，选择“来自文件/浏览”选项，如图 3-24 所示。

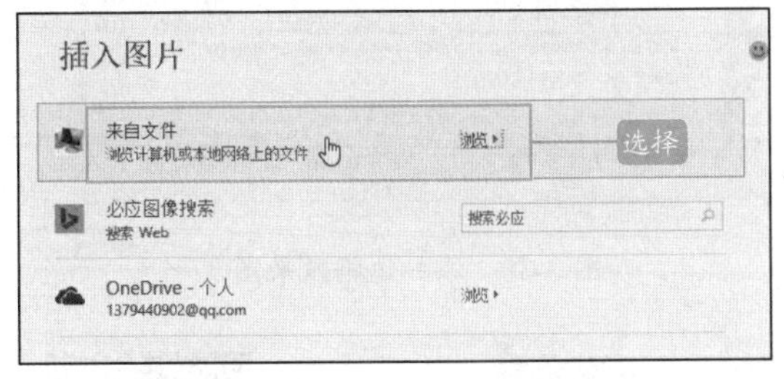

图 3-24 “插入图片”对话框

STEP 03：弹出“选择图片”对话框，选择要添加的图片，单击“插入”按钮，如图 3-25 所示。

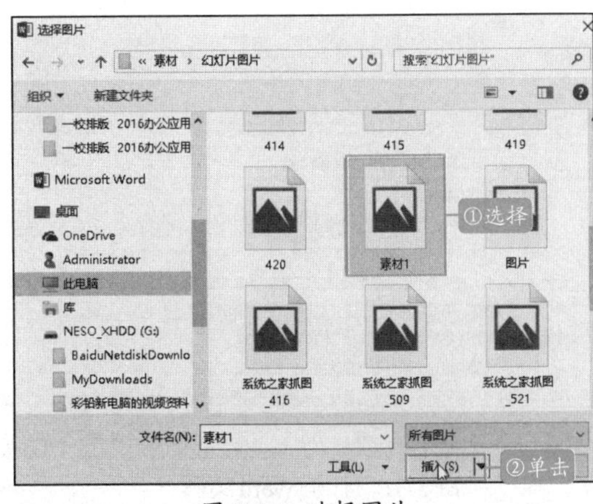

图 3-25 选择图片

STEP 04：返回“填充效果”对话框，单击“确定”按钮，如图 3-26 所示。

图 3-26 单击“确定”按钮

STEP 05：返回 Word 文档，设置效果如图 3-27 所示。

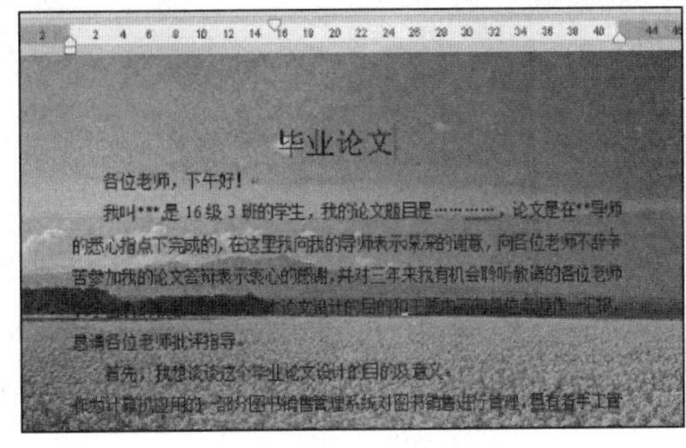

图 3-27 添加图片效果图

3.1.6 添加页面边框和底纹

对文档的美化除了为文档的文字和段落设置边框和底纹外，还可为页面添加边框和底纹，对整个文档页面进行统一的设置。

STEP 01：打开 Word 文档，切换到“设计”选项卡，在“页面背景”选项组中，单击“页面边框”按钮，如图 3-28 所示。

图 3-28 单击“页面边框”按钮

STEP 02：在“页面和底纹”对话框中切换到“页面边框”选项卡，在“设置”选项区中选择一种合适的边框样式，这里选择“方框”，在“样式”列表框中选择一种合适的样式，在“艺术型”下拉列表中选择合适的图形，在“宽度”下拉列表中选择合适的磅值，这里选择“31 磅”，这时可在右侧的“预览”窗格中看到预览的效果，如图 3-29 所示。

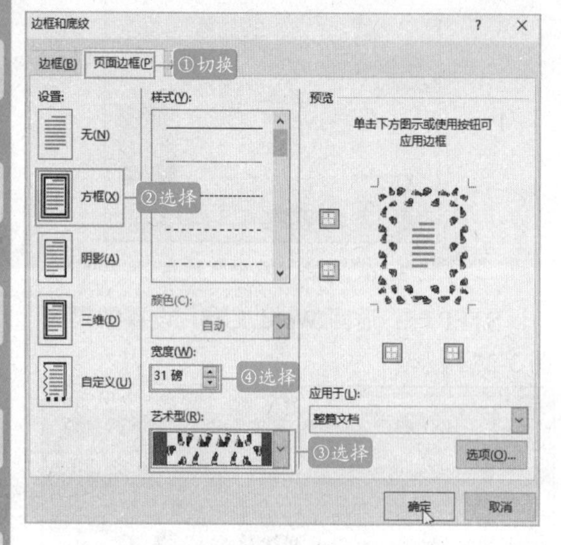

图 3-29　“边框和底纹”对话框

STEP 03：单击“确定”按钮，返回文档就可以看到为页面设置的边框效果了，如图 3-30 所示。

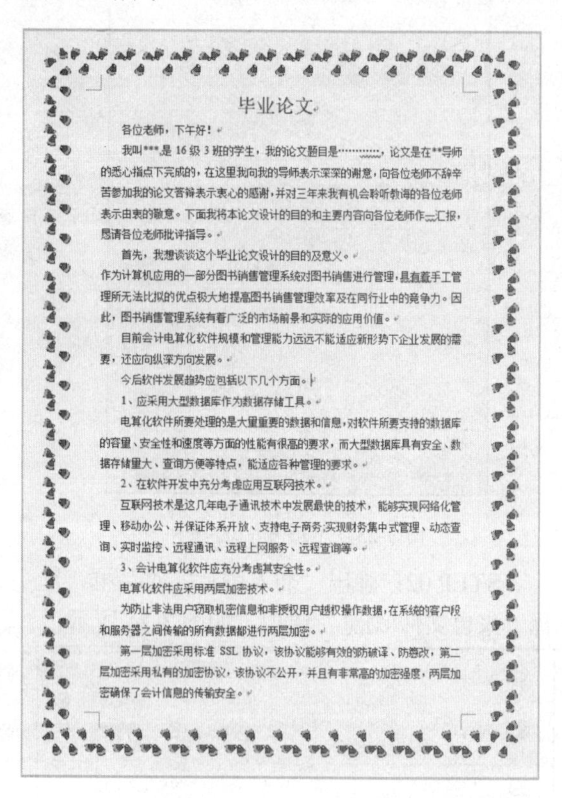
毕业论文

各位老师，下午好！

我叫***,是 16 级 3 班的学生，我的论文题目是…………，论文是在**导师的悉心指点下完成的，在这里我向我的导师表示深深的谢意，向各位老师不辞辛苦参加我的论文答辩表示衷心的感谢，并对三年来我有机会聆听教诲的各位老师表示由衷的敬意。下面我将本论文设计的目的和主要内容向各位老师作一汇报，恳请各位老师批评指导。

首先，我想谈谈这个毕业论文设计的目的及意义。

作为计算机应用的一部分图书销售管理系统对图书销售进行管理，具有着手工管理所无法比拟的优点极大地提高图书销售管理效率及在同行业中的竞争力。因此，图书销售管理系统有着广泛的市场前景和实际的应用价值。

目前会计电算化软件规模和管理能力远远不能适应新形势下企业发展的需要，还应向纵深方向发展。

今后软件发展趋势应包括以下几个方面。

1、应采用大型数据库作为数据存储工具。

电算化软件所要处理的是大量重要的数据和信息，对软件所要支持的数据库的容量、安全性和速度等方面的性能有很高的要求，而大型数据库具有安全、数据存储量大、查询方便等特点，能适应各种管理的要求。

2、在软件开发中充分考虑应用互联网技术。

互联网技术是这几年电子通讯技术中发展最快的技术，能够实现网络化管理、移动办公、并保证体系开放、支持电子商务、实现财务集中式管理、动态查询、实时监控、远程通讯、远程上网服务、远程查询等。

3、会计电算化软件应充分考虑其安全性。

电算化软件应采用两层加密技术。

为防止非法用户窃取机密信息和非授权用户越权操作数据，在系统的客户段和服务器之间传输的所有数据都进行两层加密。

第一层加密采用标准 SSL 协议，该协议能够有效的防破译、防篡改，第二层加密采用私有的加密协议，该协议不公开，并且有非常高的加密强度，两层加密确保了会计信息的传输安全。

图 3-30　添加边框效果图

3.2　一般排版格式

扫码观看本节视频

本节主要讲解的是一般排版格式，包括分栏、首字下沉、文字方向和通栏标题等。

3.2.1　设置分栏

在 Word 文档编排中，有时会把文档内容分成多栏来进行排版，这样的排版方式使得文档的内容更加简洁美观，让人耳目一新。在设置分栏排版的时候，用户不仅可以设置文档的栏数，还可以在每栏中间加入分割线，使每栏的显示效果更加明显。下面介绍应用分栏版式的操作方法。

STEP 01：在 Word 2016 工作界面中单击“文件”|“打开”命令，打开一个 Word 文档，如图 3-31 所示。

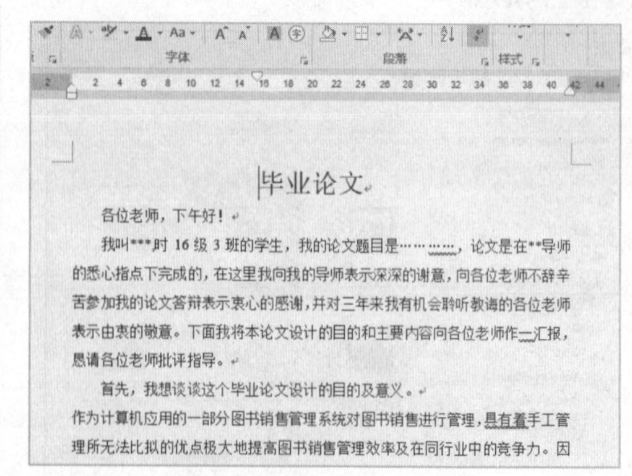

毕业论文

各位老师，下午好！

我叫***,时 16 级 3 班的学生，我的论文题目是…………，论文是在**导师的悉心指点下完成的，在这里我向我的导师表示深深的谢意，向各位老师不辞辛苦参加我的论文答辩表示衷心的感谢，并对三年来我有机会聆听教诲的各位老师表示由衷的敬意。下面我将本论文设计的目的和主要内容向各位老师作一汇报，恳请各位老师批评指导。

首先，我想谈谈这个毕业论文设计的目的及意义。

作为计算机应用的一部分图书销售管理系统对图书销售进行管理，具有着手工管理所无法比拟的优点极大地提高图书销售管理效率及在同行业中的竞争力。因

图 3-31　打开 Word 文档

STEP 02：在打开的 Word 文档中，拖动

鼠标框选所有的文本内容为分栏排版内容，如图 3-32 所示。

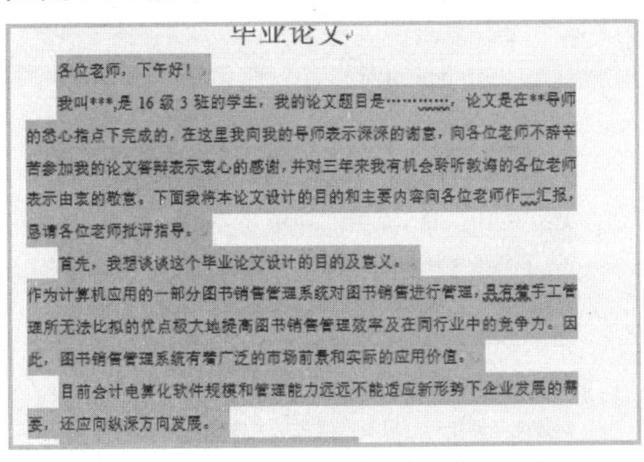
毕业论文

各位老师，下午好！

我叫***,是 16 级 3 班的学生，我的论文题目是…………，论文是在**导师的悉心指点下完成的，在这里我向我的导师表示深深的谢意，向各位老师不辞辛苦参加我的论文答辩表示衷心的感谢，并对三年来我有机会聆听教诲的各位老师表示由衷的敬意。下面我将本论文设计的目的和主要内容向各位老师作一汇报，恳请各位老师批评指导。

首先，我想谈谈这个毕业论文设计的目的及意义。

作为计算机应用的一部分图书销售管理系统对图书销售进行管理，具有着手工管理所无法比拟的优点极大地提高图书销售管理效率及在同行业中的竞争力。因此，图书销售管理系统有着广泛的市场前景和实际的应用价值。

目前会计电算化软件规模和管理能力远远不能适应新形势下企业发展的需要，还应向纵深方向发展。

图 3-32　选中文本

STEP 03：切换至“布局”选项卡，在“页面设置”选项组中单击“分栏”按钮，在弹出的下拉列表中选择“两栏”选项，如图 3-33 所示。

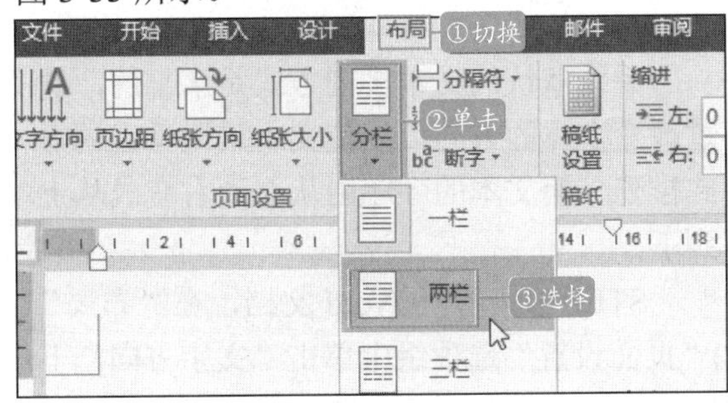

图 3-33　选择“两栏”选项

STEP 04：执行操作后，即可查看文档的分栏效果，如图 3-34 所示。

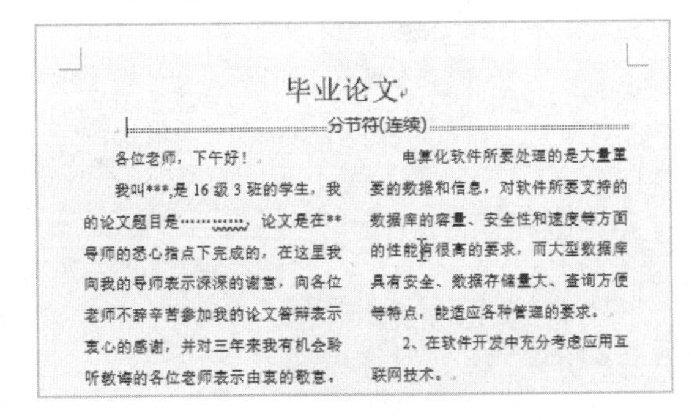
毕业论文

分节符(连续)

各位老师，下午好！

我叫***,是 16 级 3 班的学生，我的论文题目是…………，论文是在**导师的悉心指点下完成的，在这里我向我的导师表示深深的谢意，向各位老师不辞辛苦参加我的论文答辩表示衷心的感谢，并对三年来我有机会聆听教诲的各位老师表示由衷的敬意。

电算化软件所要处理的是大量重要的数据和信息，对软件所要支持的数据库的容量、安全性和速度等方面的性能有很高的要求，而大型数据库具有安全、数据存储量大、查询方便等特点，能适应各种管理的要求。

2、在软件开发中充分考虑应用互联网技术。

图 3-34　文档分栏效果

STEP 05：在分栏版式的应用中，还可以在选中文档内容的前提下单击“分栏”按钮，在弹出的下拉列表中选择“更多分栏”选项，弹出“分栏”对话框，如图 3-35 所示。

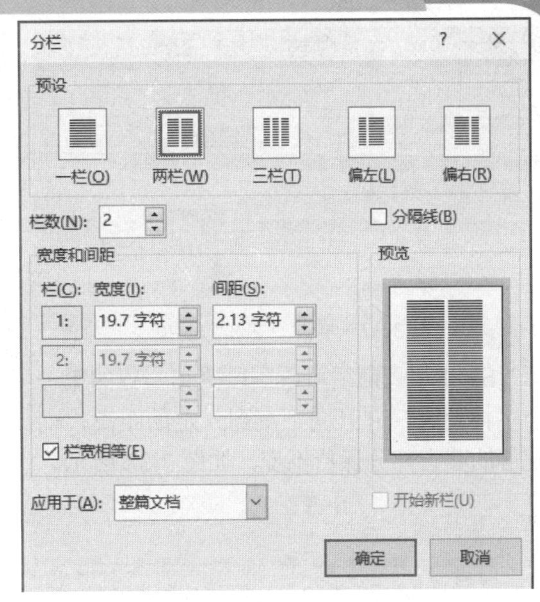

图 3-35　“分栏”对话框

STEP 06：选中“分隔线”复选框，在“宽度和间距”选项区中设置相应的选项，单击“确定”按钮，即可快速调整栏宽和添加分隔线，方便读者更好地阅读。把这一操作应用在上述文档中，其效果如图 3-36 所示。

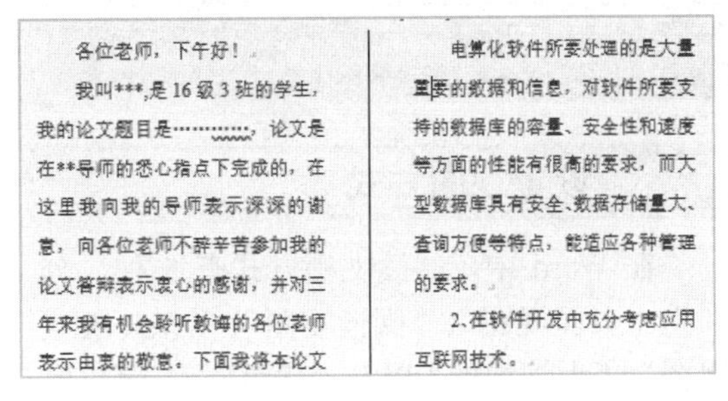
各位老师，下午好！

我叫***,是 16 级 3 班的学生，我的论文题目是…………，论文是在**导师的悉心指点下完成的，在这里我向我的导师表示深深的谢意，向各位老师不辞辛苦参加我的论文答辩表示衷心的感谢，并对三年来我有机会聆听教诲的各位老师表示由衷的敬意。下面我将本论文

电算化软件所要处理的是大量重要的数据和信息，对软件所要支持的数据库的容量、安全性和速度等方面的性能有很高的要求，而大型数据库具有安全、数据存储量大、查询方便等特点，能适应各种管理的要求。

2.在软件开发中充分考虑应用互联网技术。

图 3-36　栏宽和分割线的设置效果

3.2.2 首字下沉

首字下沉是一种比较独特的排版格式，使用首字下沉能够给单调排版带来令人耳目一新的效果。首字下沉分为两种情况：一种是使首字在原来的段落中直接变大，并且下到一定的距离；另一种是使首字脱离原来的段落单独悬空挂在段落之前。

STEP 01：打开 Word 文档，将光标定位在文档的第一个文字前，在“插入”|“文本”选项组中单击“首字下沉”按钮，在下拉列表之中选择“下沉”选项，如图 3-37 所示。

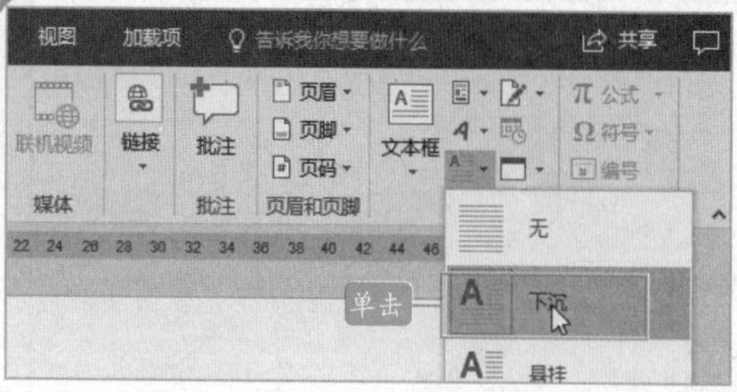

图 3-37　单击“下沉”选项

STEP 02：随后可看到段落第一行的第一个字体变大，并且向下沉到一定的距离，而段落的其它部分保持不变，如图 3-38 所示。

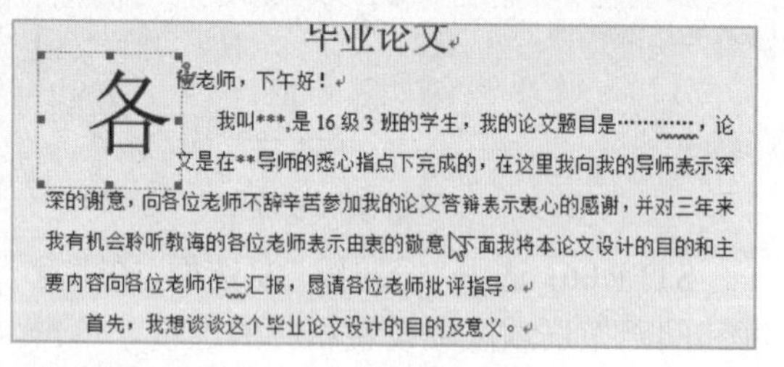

图 3-38　首字下沉效果图

提示

除了可以在“首字下沉”下拉列表中设置首字下沉以外，还可以单击“首字下沉”下拉列表的“悬挂”向下，使首字下沉并悬挂在段落之前。

3.2.3　设置视图方式

在 Word 中，阅读文档方式有 5 种，分别为“页面视图”、“阅读视图”、“Web 版式视图”、“大纲视图”以及“草稿”，下面将以设置“阅读视图”为例。

STEP 01：单击“视图”选项卡，在“视图”选项组中单击“阅读视图”按钮，如图 3-39 所示。

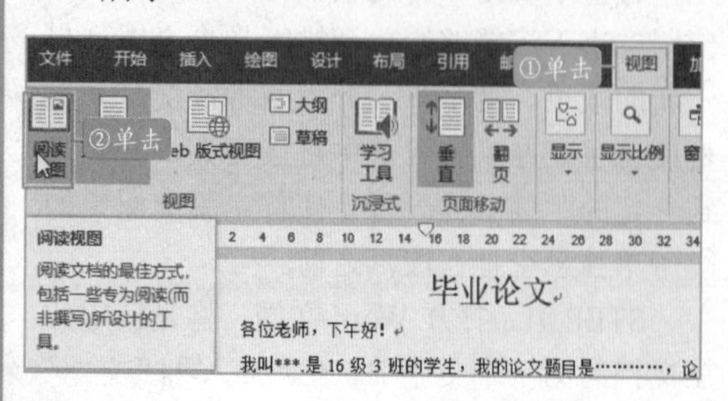

图 3-39　单击“阅读视图”按钮

STEP 02：在打开的视图界面中，该文档以全屏方式来显示，滚动鼠标中键，即可对当前文档进行翻页浏览，如图 3-40 所示。

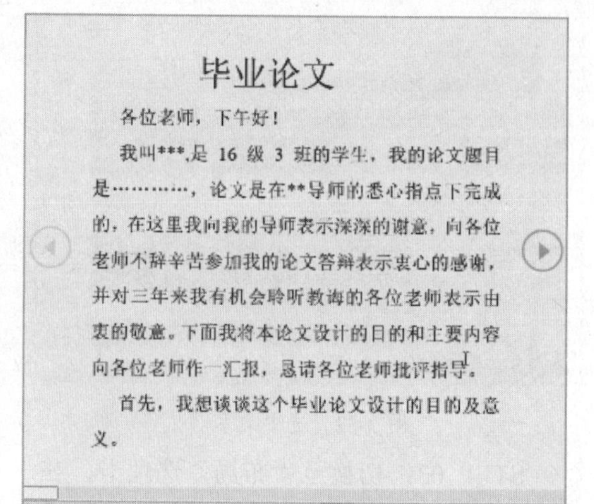

图 3-40　阅读视图效果图

3.2.4　竖排文本

系统默认的文本排列方式是水平的，通过改变字体的方向可以使文本采用垂直的方式排列，使文本的顺序由从左到右变成从上到下。

STEP 01：打开 Word 文档，在“布局”|“页面设置”选项组中单击“文字方向”下拉按钮，在下拉列表中单击“垂直”选项，如图 3-41 所示。

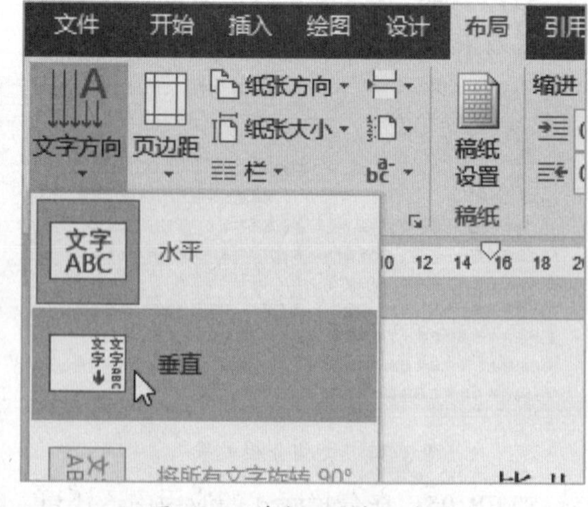

图 3-41　单击“垂直”选项

STEP 02：随后即可看到文档中的文字方向发生了变化，由水平方向变成了垂直方向，如图 3-42 所示。

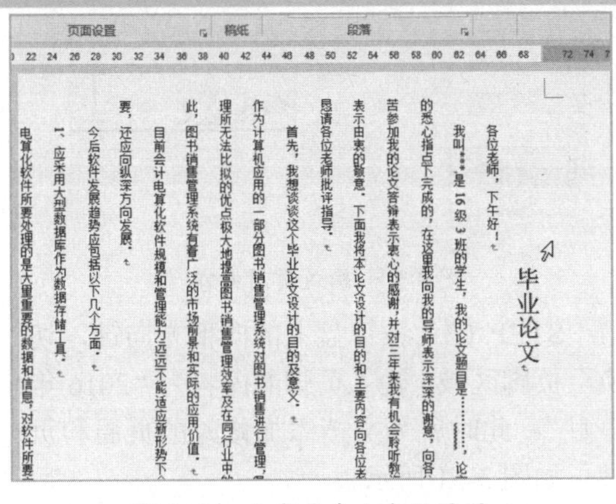
图 3-42 文字垂直方向效果图

3.2.5 设置通栏标题

设置通栏标题就是不管正文的内容以多少显示，标题行总显示在文档的居中位置。

STEP 01：打开 Word 文档，选中文档标题，切换到“布局”选项卡，单击“页面设置”选项组中的“分栏”按钮，在下拉列表中单击“一栏”选项，如图 3-43 所示。

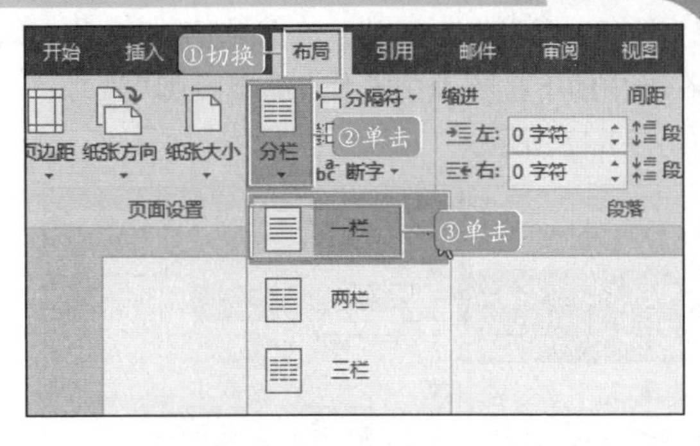

图 3-43 单击“一栏”选项

STEP 02：此时可以看到文档的标题位于两栏的中间，即为通栏标题，如图 3-44 所示。

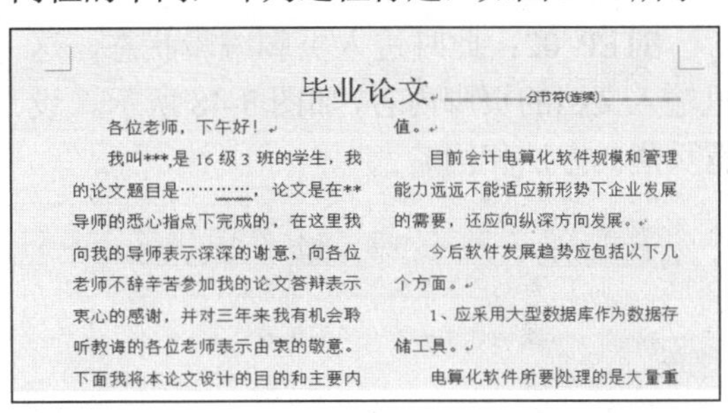
图 3-44 通栏标题效果

3.3 添加页眉、页脚和页码

扫码观看本节视频

在 Word 2016 中，为用户提供了多种样式的页眉和页脚，用户也可以自定义页眉和页脚，并为文档添加页码。

3.3.1 选择要使用的页眉样式

Word 为用户提供了多种页眉的样式，用户可以在“页眉”下拉列表中选择喜欢的样式插入到文档中生成页眉。

STEP 01：打开 Word 文档，切换到“插入”选项卡，单击“页眉和页脚”选项组中的“页眉”按钮，在下拉列表中单击“花丝”选项，如图 3-45 所示。

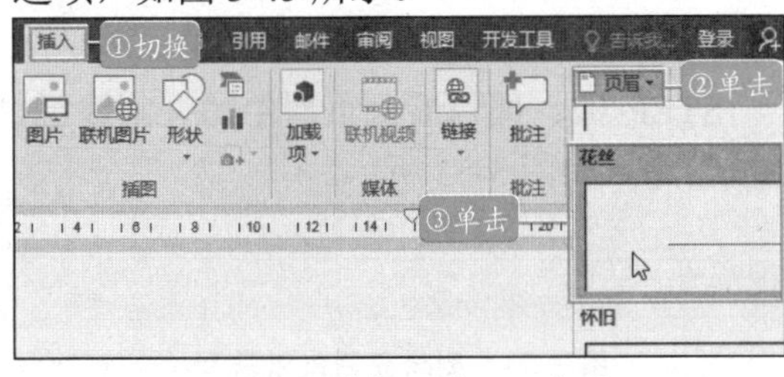

图 3-45 选择“花丝”选项

STEP 02：此时可以看见在文档的顶端添加了页眉，并在页眉区域显示“文档标题”的文本提示框，如图 3-46 所示。

图 3-46 添加页眉效果图

3.3.2 插入自定义页眉和页脚

为了方便用户快速查找自己所需要的内容，在文档中插入页眉和页脚是十分必要的，Word 系统提供了多种页眉和页脚的样式，用户也可以根据自己的需要自定义新的页眉和页脚。具体操作如下：

STEP 01：自定义新的页眉和页脚，在

"页眉和页脚"选项组中单击"页脚"按钮，在弹出的下拉列表中选择"编辑页脚"选项，如图3-47所示。

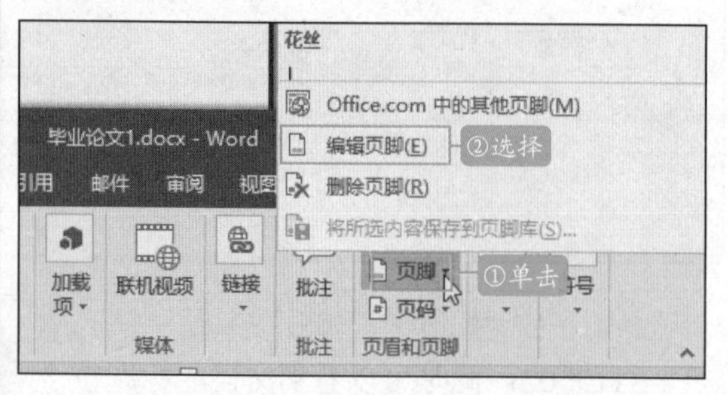

图3-47　选择"编辑页脚"选项

STEP 02：此时进入页脚编辑状态，这里输入文档的页脚内容，如图3-48所示。（设置页眉的方法相同）

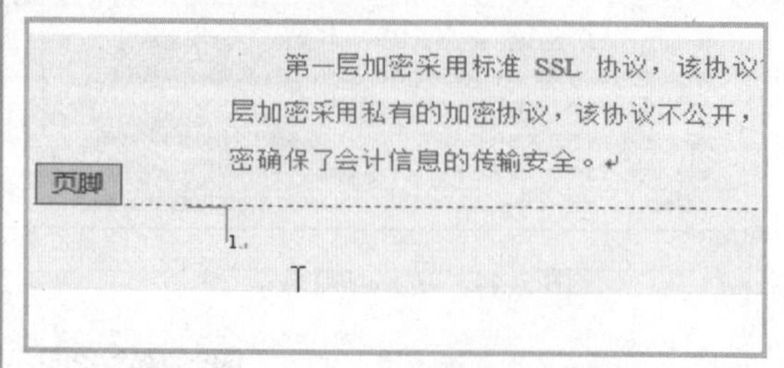

图3-48　编辑页脚效果图

3.3.3　编辑页眉和页脚内容

在一个已经添加了页眉和页脚的文档中，如果要编辑页眉和页脚，需要先将页眉和页脚切换到编辑状态中。

STEP 01：打开Word文档，切换到"插入"选项卡，单击"页眉和页脚"选项组中的"页眉"按钮，在展开的下拉列表中单击"编辑页眉"选项，如图3-49所示。

图3-49　单击"编辑页眉"选项

STEP 02：此时页眉呈现编辑状态，在页眉的提示框中输入页眉的修改内容为"毕业论文"，如图3-50所示。

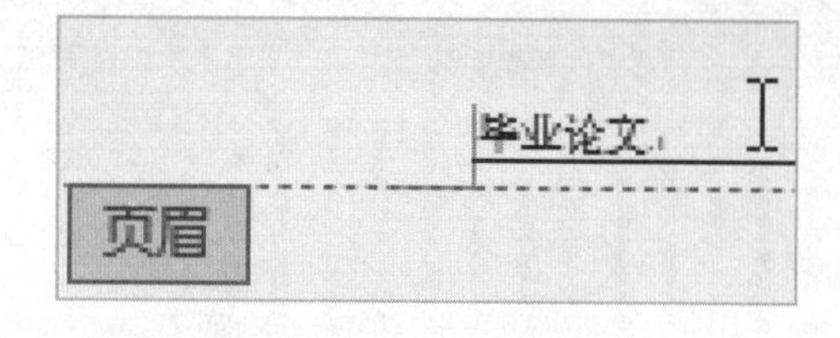

图3-50　输入页眉内容

STEP 03：按键盘上的向下方向键，切换至页脚区域，输入页脚的内容为"2016年6月"，此时就为文档添加修改的页眉和页脚，如图3-51所示。

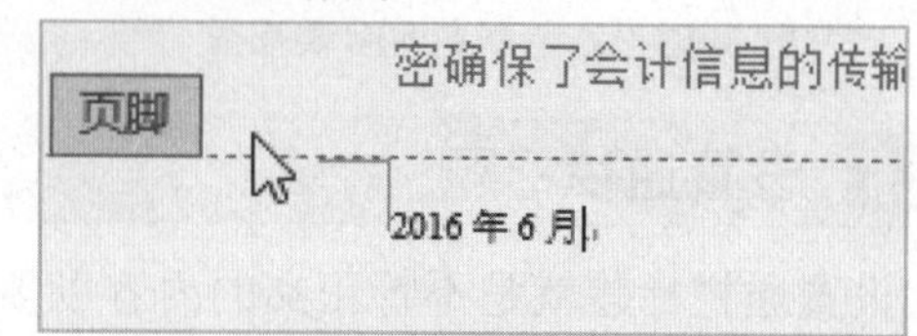

图3-51　输入页脚内容

3.3.4　删除页眉分割线

在添加页眉时，经常会看到自动添加的分割线，在排版时，为了美观，需要将分割线删除。

STEP 01：双击页眉，进入页眉编辑状态。然后单击"开始"选项卡，在"样式"选项组中单击"其他"按钮，在弹出的菜单命令中，选择"清除格式"命令，如图3-52所示。

图3-52　选择"清除格式"命令

STEP 02：即可看到页眉中的分割线已经被删除，如图3-53所示。

图3-53　删除分割线效果

3.3.5 插入页码

页码是每一个页面上用于标明次序的数字，如果用户要查看文档的页数，就可以插入页码。

STEP 01：打开 Word 文档，切换到“插入”选项卡，单击“页眉和页脚”选项组中的“页码”按钮，在展开的下拉列表中单击“页面底端”选项，在下级列表中选择页码的样式为“星型”选项，如图 3-54 所示。

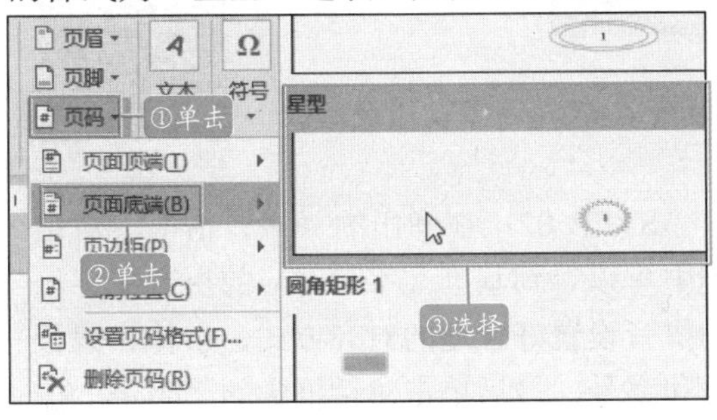

图 3-54 选择页码样式

STEP 02：此时在页面底端添加了样式为星型的页码，输入数字“1”，如图 3-55 所示。

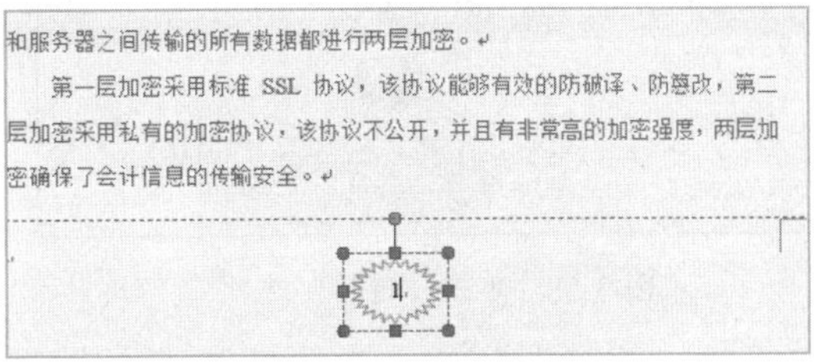

和服务器之间传输的所有数据都进行两层加密。

第一层加密采用标准 SSL 协议，该协议能够有效的防破译、防篡改，第二层加密采用私有的加密协议，该协议不公开，并且有非常高的加密强度，两层加密确保了会计信息的传输安全。

图 3-55 添加页码效果

◆◆提示

在 Word 中，要想在一个文档中应用不同格式的页码，可以使用“分节符”来设置。假使第 1 页与之后的页码格式不同，将光标定位至第 1 页最后一个字符后，在“页面设置”选项组中单击“分隔符”按钮，从列表中选择“下一页”，在“页眉和页脚”组中单击“页码”按钮，在弹出的库中选择合适的页码样式，切换至“页眉和页脚工具-设计”选项卡，单击取消“链接到前一条页眉”按钮，再重新设置其他页的页码即可。

3.4 使用分隔符

扫码观看本节视频

排版文档时，部分内容需要另起一节或另起一页显示，这时就需要在文档中插入分节符或者分页符，分节符用于章节之间的分隔。

3.4.1 使用分页符分页

在指定的位置上插入分页符，表示此位置是当前页的终点，而此时位置后的内容将是下一页的起点。

STEP 01：打开 Word 文档，将光标定位在需要分页的位置处，切换到“布局”选项卡，单击“页面设置”选项组中的“分隔符”按钮，在展开的下拉列表中单击“分页符”选项，如图 3-56 所示。

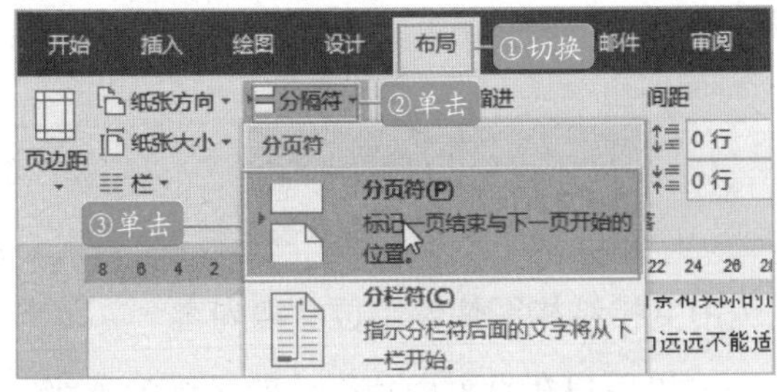

图 3-56 单击“分页符”选项

STEP 02：此时可以将光标后的文本分到下一页中显示，如图 3-57 所示。

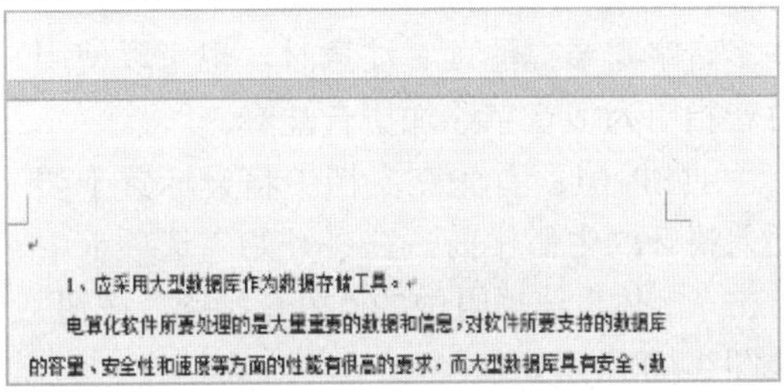

1、应采用大型数据库作为数据存储工具。

电算化软件所要处理的是大量重要的数据和信息，对软件所要支持的数据库的容量、安全性和逐层等方面的性能有很高的要求，而大型数据库具有安全、数

图 3-57 分页后效果图

3.4.2 使用分节符划分小节

所谓分节符，它的作用自然就是把文档分成几个节。可以在同一页中插入节，并开始新节，也可以在当前页插入分节符后在下一页中开始新节。

STEP 01：打开原始文件，将光标定位在第一段末尾，切换到“布局”选项卡，单击“页面设置”选项组中的“分隔符”按钮，在展开的下拉列表中单击“分节符”选项组中的“连续”选项，如图 3-58 所示。

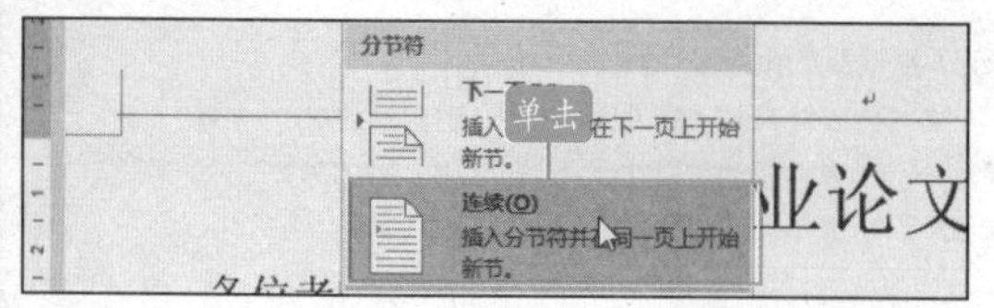

图 3-58 单击“连续”选项

STEP 02：此时可以看见，使用分节符后出现了一个新的空白段落，使段落与段落之间分离开来，将光标定位在“批评指导”文本内容之后，如图 3-59 所示。

图 3-59 使用分节符的效果

3.5 实用技巧

扫码观看本节视频

本节介绍了一些排版的实用技巧，包括提高文档排版的诀窍和版式设置技巧等。

3.5.1 提高文档排版的诀窍

为了提高办公效率，用户一定希望知道在输入与编辑文档时，使用哪些技巧能够快速达到目标效果。下面就为用户介绍在输入与编辑文本时提高办公效率的诀窍。

1.为生僻字添加拼音

在日常工作中，文档中不可避免地会出现一些比较生僻的字，编辑文档的人为了使读者更加方便地浏览文档，可以选择在文档中使用拼音指南的方式，为这些生僻字添加拼音。不仅如此，在实际的编写中，遇到一些多音字需要提醒读者注意时，也可以使用拼音指南为多音字添加拼音注释。

STEP 01：首先在文档中将光标置于要插入拼音的生僻字前，在“开始”选项卡中单击“字体”选项组中的“拼音指南”按钮，如图 3-60 所示。

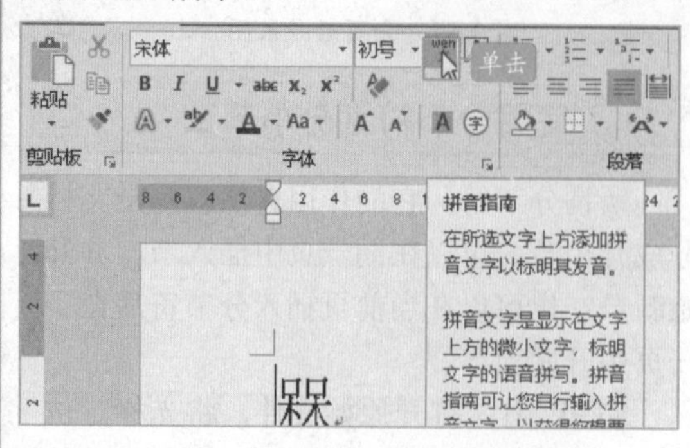

图 3-60 单击“拼音指南”按钮

STEP 02：在弹出的“拼音指南”对话框中可以看到基准文字和对应的拼音文字，为拼音设置好合适的对齐方式、字体、偏移量和字号，最后单击对话框中的“确定”按钮，如图 3-61 所示。

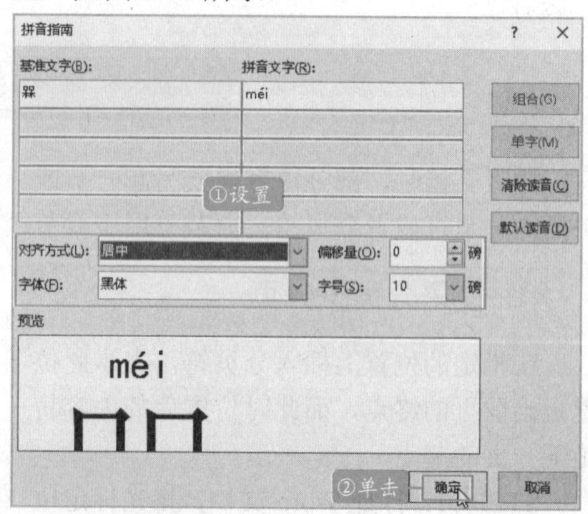

图 3-61 “拼音指南”对话框

STEP 03：返回文档中，可以看到生僻字的上方插入了一个拼音，效果如图 3-62 所示。

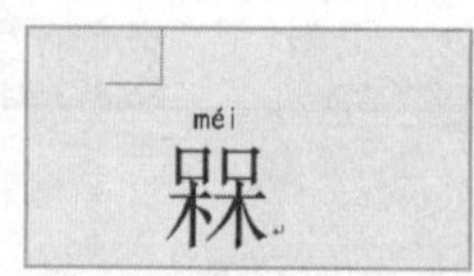

图 3-62 添加拼音效果图

2.运用文档结构图快速定位文档内容

如果用户在设置段落格式的时候为各级

标题都选择了大纲级别，就可以采用文档结构图来快速查看和定位各级标题当前的位置了。

如果要设置大纲级别，可在选中标题的情况下，打开“段落”对话框，在“常规”选项区的“大纲级别”下拉列表中选择标题的级别，如图 3-63 所示。一般一级标题为 1 级，二级标题为 2 级……

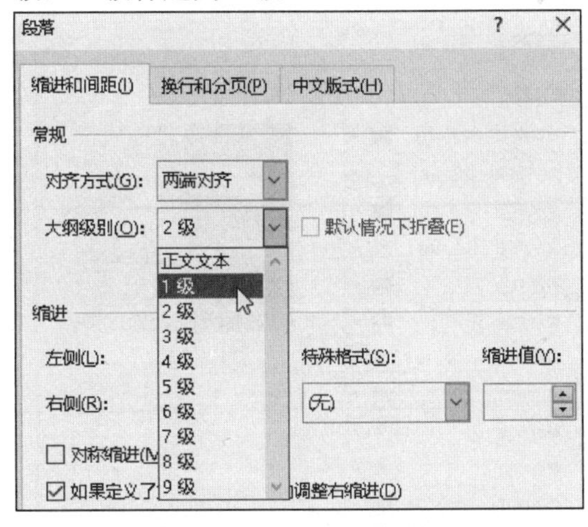

图 3-63 “段落”对话框

在“视图”选项卡下勾选“显示”选项组中的“导航窗格”复选框，此时将出现“导航”窗格，在该窗格中即可查看到整篇文档的各级标题，如图 3-64 所示，单击不同的标题即可快速定位到对应的内容。

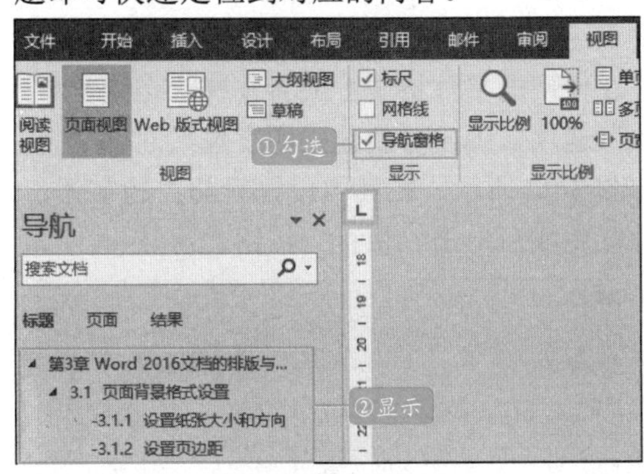

图 3-64 导航窗格

3.5.2 Word 文档版式设置技巧

1.打印 Word 文档的背景

在默认的条件下，文档中设置好的颜色或图片背景是打印不出来的，只有在进行设置后，才能进行打印，具体操作步骤如下：

STEP 01：打开 Word 文档，单击 Word 工作界面左上角的“文件”选项卡，在打开的界面左侧选择“打印”选项，如图 3-65 所示。

图 3-65 选择“打印”选项

STEP 02：在中间的“打印”栏中单击“页面设置”链接按钮，如图 3-66 所示。

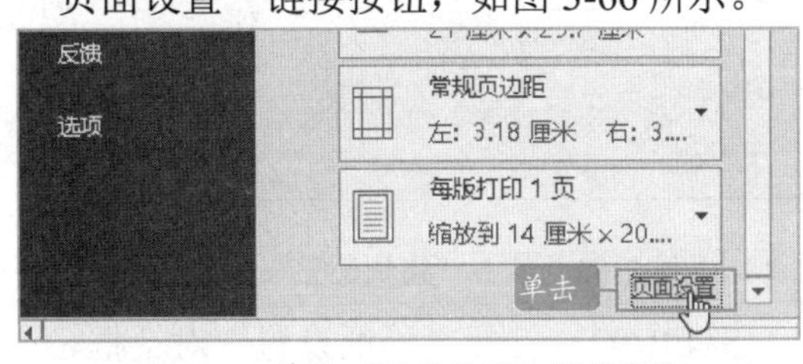

图 3-66 单击“页面设置”链接按钮

STEP 03：打开“页面设置”对话框，单击“纸张”选项卡，单击“打印选项”按钮，如图 3-67 所示。

图 3-67 单击“打印选项”按钮

STEP 04：打开“Word 选项”对话框的“显示”选项卡，在“打印选项”选项区中勾选“打印背景色和图像”复选框，完成设置后即可打印该文档的背景，如图 3-68 所示。

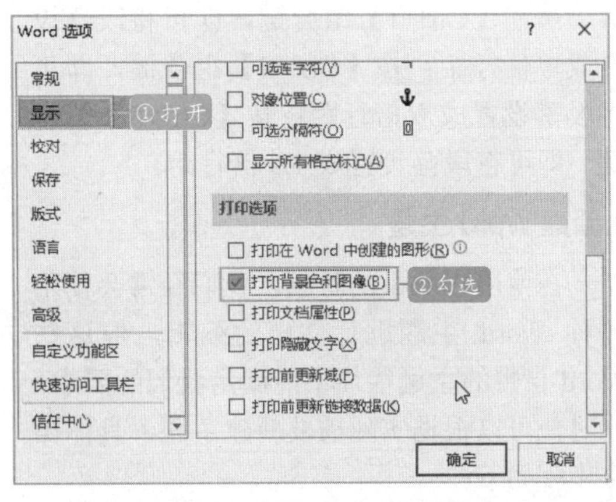

图 3-68 “Word 选项”对话框

2.将文档设置为稿纸

稿纸设置功能用于生成空白的稿纸样式文档，或将稿纸网格应用于Word文档中的现有文档。通过“稿纸设置”对话框，可以根据需要轻松地设置稿纸属性，也可以方便地删除稿纸设置，具体操作步骤如下：

STEP 01：在“布局”选项卡下的“稿纸”选项组中单击“稿纸设置”按钮，如图3-69所示。

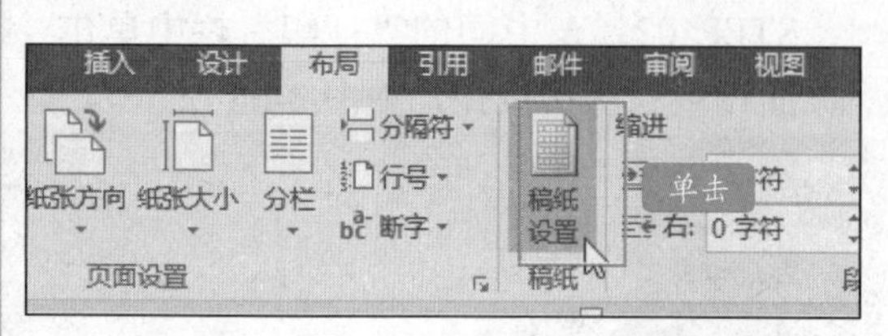

图3-69 单击“稿纸设置”按钮

STEP 02：打开“稿纸设置”对话框，在“网格”选项区的“格式”下拉列表中选择一种稿纸的样式，然后在其他的选项区中设置稿纸的页面、页眉页脚、换行等，单击“确认”按钮，即可将文档设置为该稿纸样式，效果如图3-70所示。

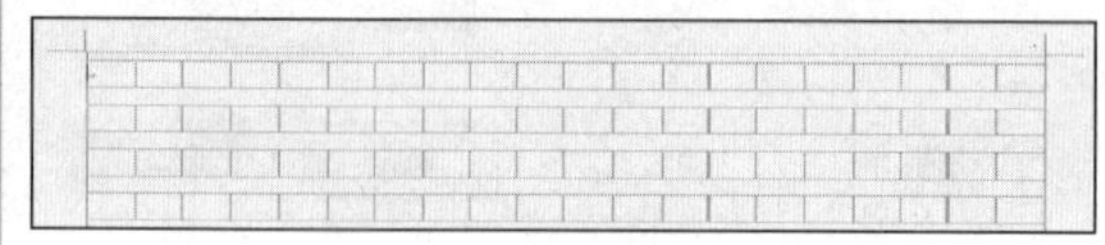

图3-70 设置好的稿纸样式效果

3.快速调整Word文档的行距

在编辑Word文档时，要想快速改变文本段落的行距，可以选中需要设置的文本段落，按住【Ctrl+1】组合键，即可将段落设置成单倍行距；按【Ctrl+2】组合键，即可将段落设置成双倍行距；按【Ctrl+5】组合键，即可将段落设置成1.5倍行距。

4.新建Word主题

在使用Word的时候，我们经常会使用各种Word主题进行文档的编辑，但这些Word自带的主题往往不能满足我们的要求，此时，可以根据实际需要新建主题，具体操作步骤如下：

STEP 01：新建一个Word文档，在“设计”|“文档格式”选项组中单击“颜色”下拉按钮，在展开的列表中选择主题使用的字体颜色；或者选择“自定义颜色”选项，弹出“新建主题颜色”对话框，如图3-71所示，在其中设置新的主题颜色，单击“保存”按钮。

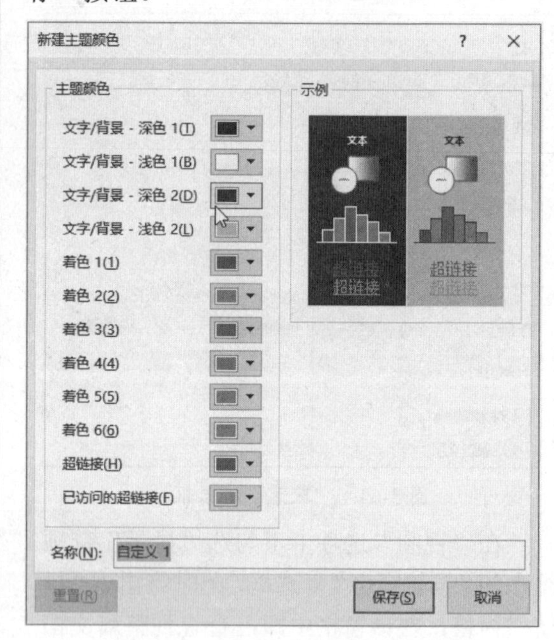

图3-71 “新建主题颜色”对话框

STEP 02：在“文档格式”选项组中单击“字体”下拉按钮，在展开的列表中选择主题使用的字体格式；或者选择“自定义字体”选项，弹出“新建主题字体”对话框，如图3-72所示，在其中设置新的主题字体，设置完成后单击“保存”按钮。

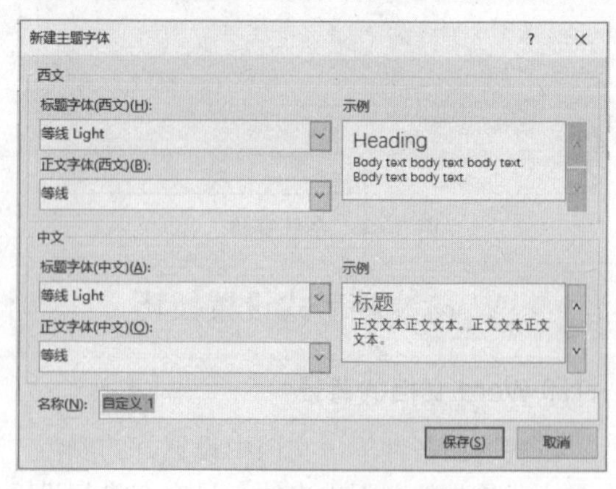

图3-72 “新建主题字体”对话框

STEP 03：在“文档格式”选项组中单击“效果”下拉按钮，在展开的列表中选择主题使用的效果样式，如图3-73所示。

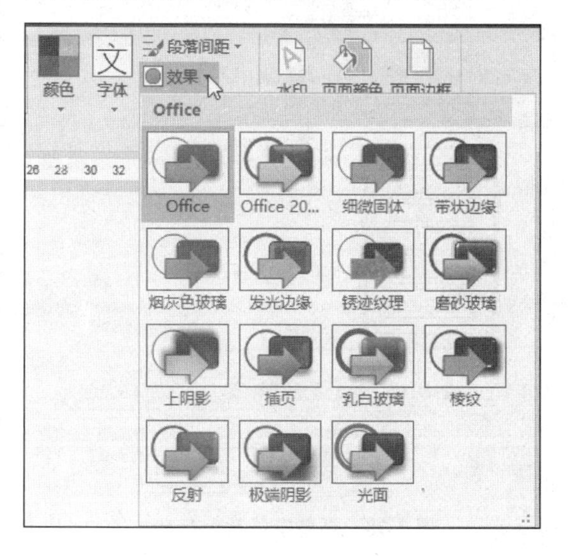

图3-73 主题效果样式

STEP 04：在“文档格式”选项组中单击“主题”下拉按钮，在展开的列表中选择“保存当前主题”选项，弹出“保存当前主题”对话框，如图3-74所示，在其中设置主题的名称，单击“保存”按钮。

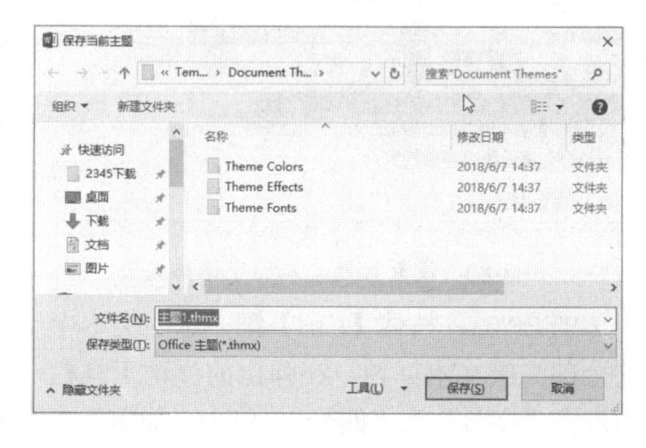

图3-74 “保存当前主题”对话框

需要注意的是：Word的主题只有先保存在“Document Themes”文件夹中，然后再单击“主题”下拉按钮展开的列表中才能应用该主题。

5.批量设置文档格式

在一些文档中，会出现大量相同的术语或关键词，如果需要对这些术语或关键词设置统一的格式，可使用替换功能快速实现，具体操作如下：

STEP 01：选择设置完格式的关键词，按住【Ctrl+C】组合键将其复制到剪贴板中。

STEP 02：按【Ctrl+H】组合键弹出“查找和替换”对话框的“替换”选项卡，如图3-75所示，在“查找内容”文本框中输入关键词，在“替换为”文本框中输入“^c”，单击“全部替换”按钮。

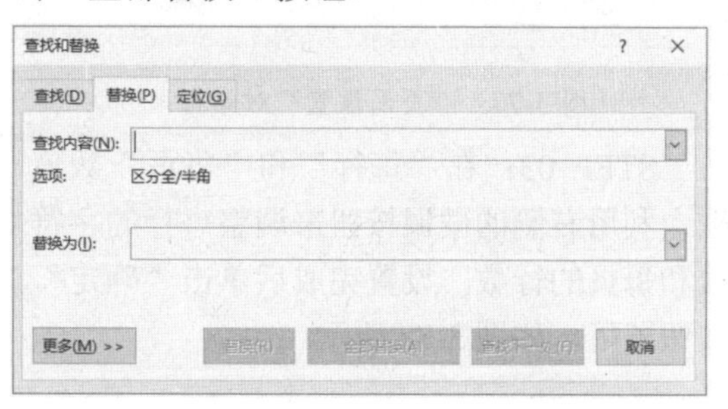

图3-75 “查找和替换”对话框

需要注意的是：这里的“^”是半角符号，“c”是小写英文字符。

6.设置每页行数与每行字数

文档中的每页行数与每行字数会根据当前页面大小及页边距产生默认值。要更改每页行数与每行字数的默认值，可通过以下方法来实现，具体操作步骤如下：

STEP 01：单击“布局”选项卡下“页面设置”选项组中右下角的“对话框启动器”按钮，如图3-76所示。

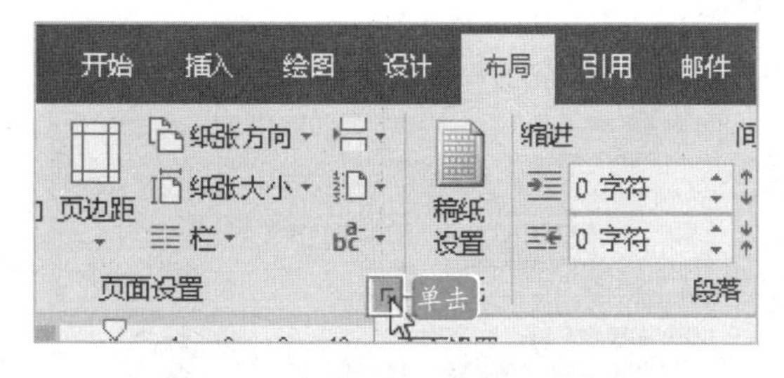

图3-76 启动“页面设置”对话框

STEP 02：弹出“页面设置”对话框，在“文档网格”选项卡中的“网格”选项区选中“指定行和字符网格”单选项，激活其下的“字符数”和“行数”栏，如图3-77所示。

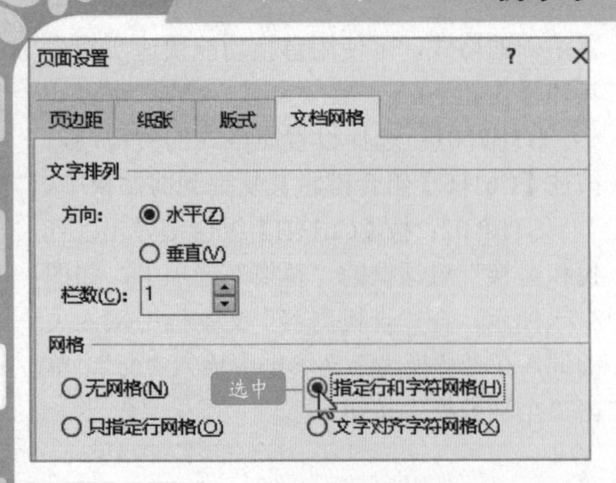

图 3-77　“页面设置”对话框

STEP 03：在“每行”和“每页”数值框中利用右侧的微调按钮来调整每行的字符数和每页的行数，设置完成后单击“确定”按钮即可，如图 3-78 所示。

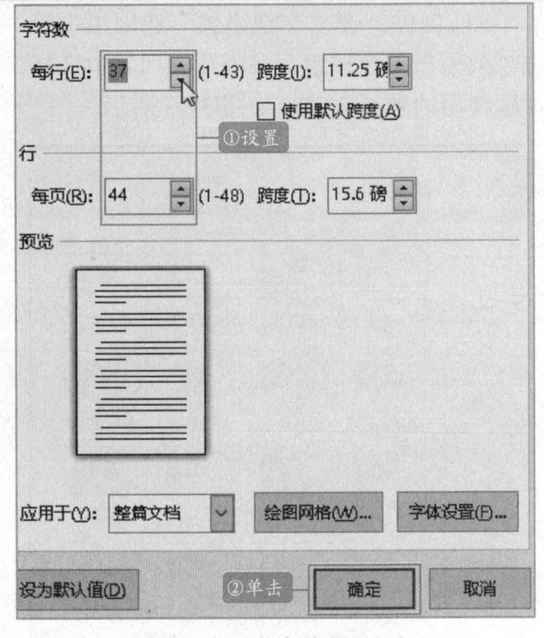

图 3-78　调整字符数和行数

3.6　上机实际操作

相信大家通过本章的学习，对 Word 2016 的基本排版操作已经有了一定的了解，就由这次的上机操作来看看大家的学习成果吧！

3.6.1　制作办公室行为规范制度文档

为了加深用户对本章知识的了解，下面通过一个实例来融会贯通一下知识点。

STEP 01：新建一个空白文档，在文档中输入办公室规范制度内容，如图 3-79 所示。

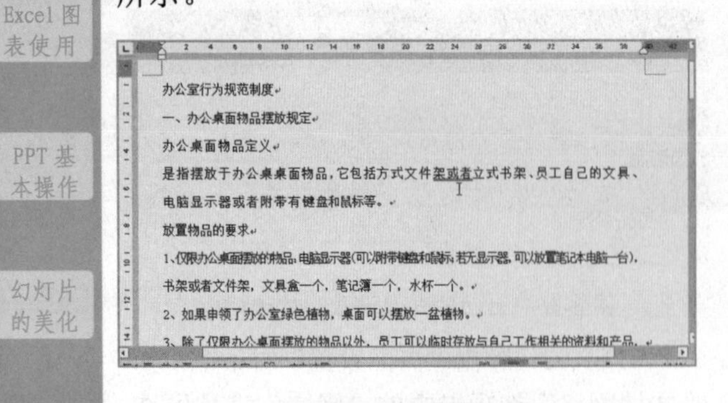

图 3-79　输入规范内容

STEP 02：选择标题文本，在弹出的浮动工具栏中设置“字号”为“二号”，然后单击“加粗”按钮，如图 3-80 所示。

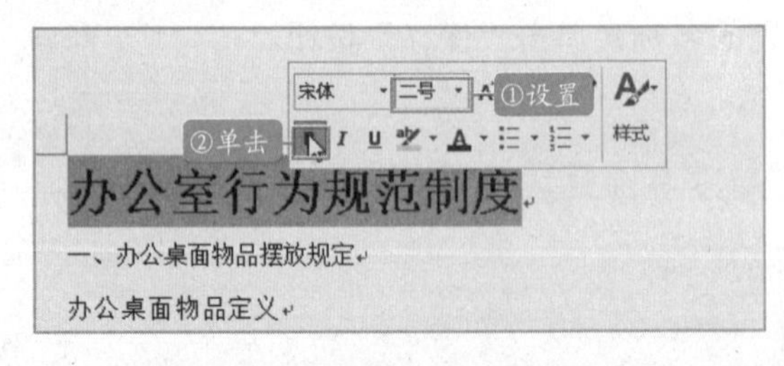

图 3-80　设置标题文本的字体格式

STEP 03：按住【Ctrl】键，选中文本中的全部二级文本标题，在弹出的浮动工具栏中设置“字号”为“四号”，单击“加粗”按钮，如图 3-81 所示。

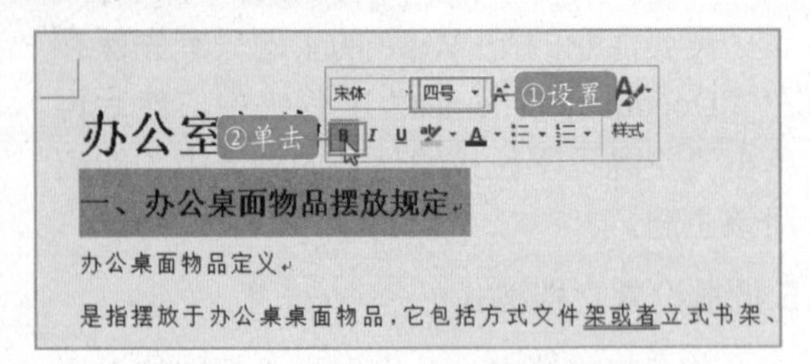

图 3-81　设置二级标题的字体格式

STEP 04：随后即可看到设置字体格式后

的效果，然后选中标题文本，在“段落”选项组中单击设置按钮，如图 3-82 所示。

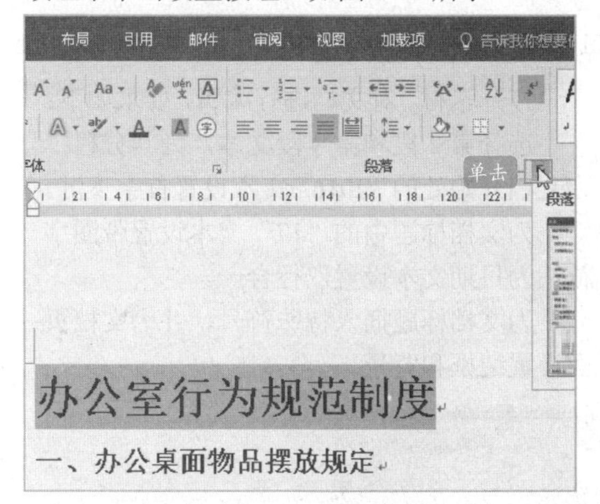

图 3-82 启动段落对话框

STEP 05：弹出“段落”对话框，在“缩进和间距”选项卡中单击“常规”选项区中“对齐方式”右侧的下拉按钮，在展开的列表中单击“居中”选项，如图 3-83 所示。

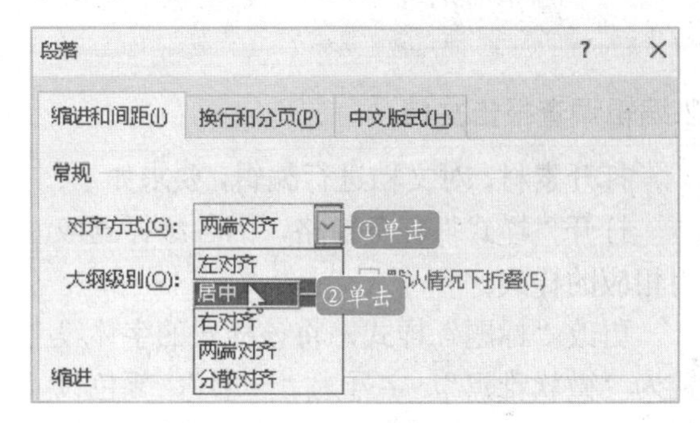

图 3-83 设置标题对齐方式

STEP 06：在“间距”选项区中单击“段前”和“段后”右侧的数字调节按钮，将段前和段后的间距都设置为“1 行”，在“行距”下拉列表中选择“1.5 倍行距”，如图 3-84 所示。

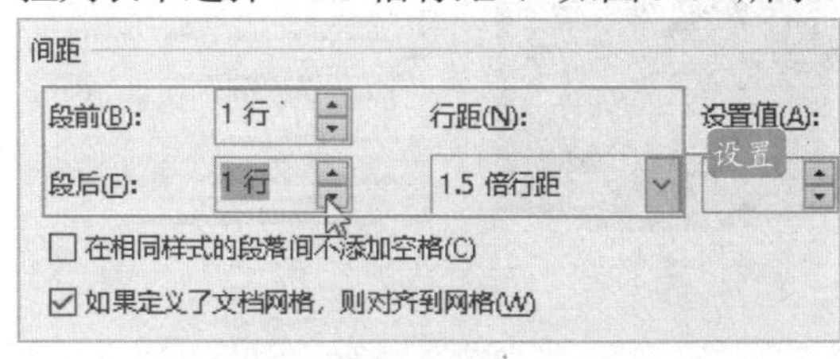

图 3-84 设置标题间距

STEP 07：单击“确定”按钮，返回文档中，即可看到标题设置后的文档效果，如图 3-85 所示。

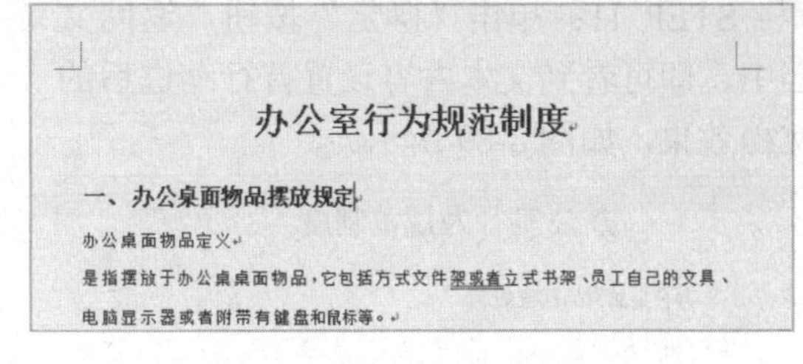

图 3-85 显示标题设置效果

STEP 08：选中除标题以外的所有文本，在“段落”选项组中单击“行和段落间距”右侧的下拉按钮，在展开的列表中单击“1.5”倍行距，如图 3-86 所示。

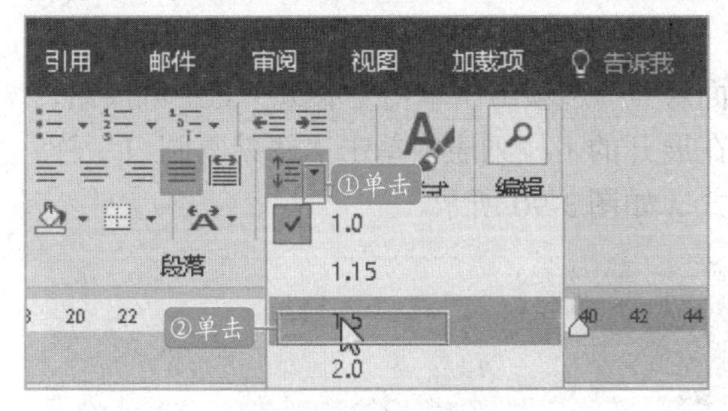

图 3-86 设置行距

STEP 09：随后即可看到设置行距后的文档效果，如图 3-87 所示。

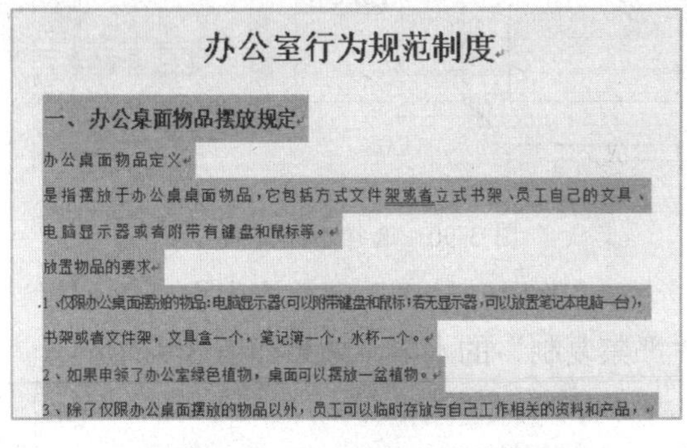

图 3-87 显示设置行距效果

STEP 10：打开“段落”对话框，在“缩进”选项区中设置“特殊格式”为“首行缩进”，如图 3-88 所示。

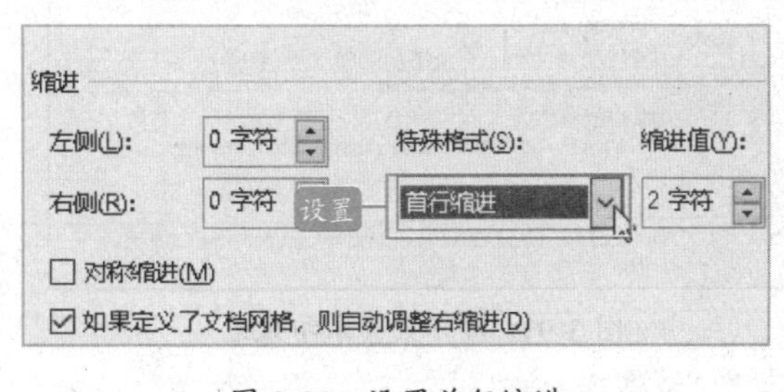

图 3-88 设置首行缩进

STEP 11：单击“确定”按钮，返回文档中，即可看到文本内容设置首行缩进后的文档效果，如图 3-89 所示。

办公室行为规范制度

一、办公桌面物品摆放规定

办公桌面物品定义

是指摆放于办公桌桌面物品，它包括方式文件架或者立式书架、员工自己的文具、电脑显示器或者附带有键盘和鼠标等。

放置物品的要求

1、仅限办公桌面摆放的物品：电脑显示器（可以附带键盘和鼠标；若无显示器，可以放置笔记本电脑一台），书架或者文件架，文具盒一个，笔记薄一个，水杯一个。

2、如果申领了办公室绿色植物，桌面可以摆放一盆植物。

图 3-89　查看首行缩进效果

STEP 12：在“设计”选项卡下的“页面背景”选项组中单击“水印”下三角按钮，在展开的下拉列表中单击“严禁复制 1”样式，如图 3-90 所示。

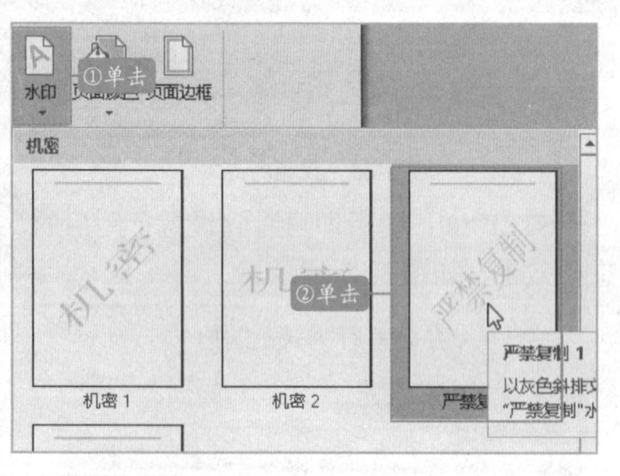

图 3-90　选择水印样式

STEP 13：最后看到文档中自动添加了“严禁复制”的水印，效果如图 3-91 所示。

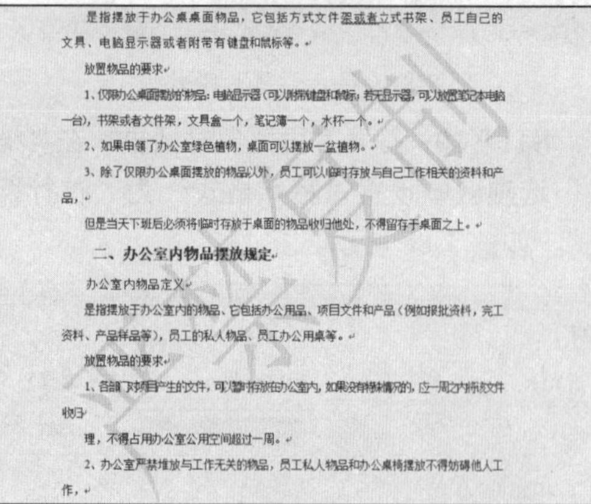

是指摆放于办公桌桌面物品，它包括方式文件架或者立式书架、员工自己的文具、电脑显示器或者附带有键盘和鼠标等。

放置物品的要求

1、仅限办公桌面摆放的物品：电脑显示器（可以附带键盘和鼠标；若无显示器，可以放置笔记本电脑一台），书架或者文件架，文具盒一个，笔记薄一个，水杯一个。

2、如果申领了办公室绿色植物，桌面可以摆放一盆植物。

3、除了仅限办公桌面摆放的物品以外，员工可以临时存放与自己工作相关的资料和产品。

但是当天下班后必须将临时存放于桌面的物品收归他处，不得留存于桌面之上。

二、办公室内物品摆放规定

办公室内物品定义

是指摆放于办公室内的物品、它包括办公用品、项目文件和产品（例如报批资料，完工资料、产品样品等），员工的私人物品、员工办公用桌等。

放置物品的要求

1、各部门当日产生的文件，可以暂时存放在办公室内，如果没有特殊情况的，应一周之内将文件收归

理，不得占用办公室公用空间超过一周。

2、办公室严禁堆放与工作无关的物品，员工私人物品和办公桌椅摆放不得妨碍他人工作。

图 3-91　显示设置水印效果

3.6.2　Word 文档版式设置练习

1.编辑“公司新闻”文档

打开素材，对文档进行编辑，要求如下：

选择第 2 段和第 3 段文本，为其分栏；为文档开始处的“2016”文本设置首字下沉。

为文档标题中的“17”文本设置带圈字符；为日期文本设置双行合一。

为文档标题插入特殊符号，并为文档页面设置边框和背景。

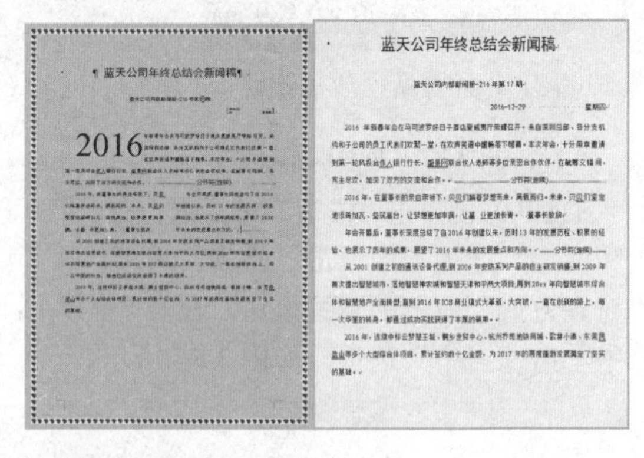

2.编辑调查报告文档

打开素材，对文档进行编辑，要求如下：

打开“样式”任务窗格，为各级标题应用相应的样式。

更改“标题”样式，将该样式的字体设置为“微软雅黑”，字号为“一号”，颜色设置为“深蓝”，然后为文档标题应用该样式。

为文档添加“离子（深色）”的封面。

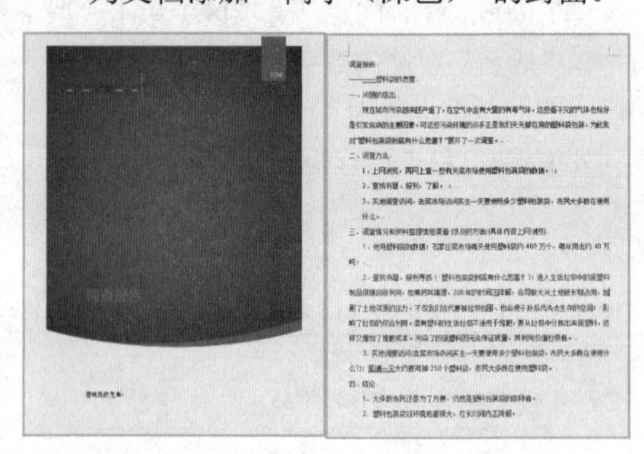

第 4 章 Word 2016 文档图文混排

要制作一个精美的 Word 文档，需要将文字和图片相结合，让图片来辅助说明文字或者美化文档，在 Word 文档中添加各种图片和插入艺术字以及添加数据图表，都是为了让文档的内容更加丰富。

本章知识要点

- 文本框的使用
- 插入添加图片
- 图片的美化与调整
- 使用形状图形

4.1 文本框的使用

如果想要让输入文档中的文字可以随时移动或调整大小，可以在文档中使用文本框，文本框可以容纳文字和图形。插入文本框的时候，可以选择预设的文本框样式插入，也可以手动在任意地方绘制文本框。

4.1.1 使用内置文本框

Word 中提供了内置的文本框，用户可直接选择使用，操作如下：

STEP 01：新建一个空白文档，切换到“插入”选项卡，单击“文本”选项组中的“文本框”按钮；在展开列表的样式库中选择“花丝提要栏”选项，如图 4-1 所示。

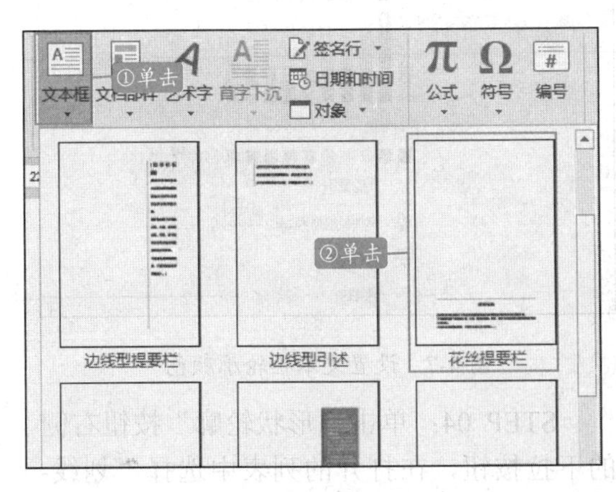

图 4-1 打开文本框

STEP 02：在文本框中输入内容，如图 4-2 所示。

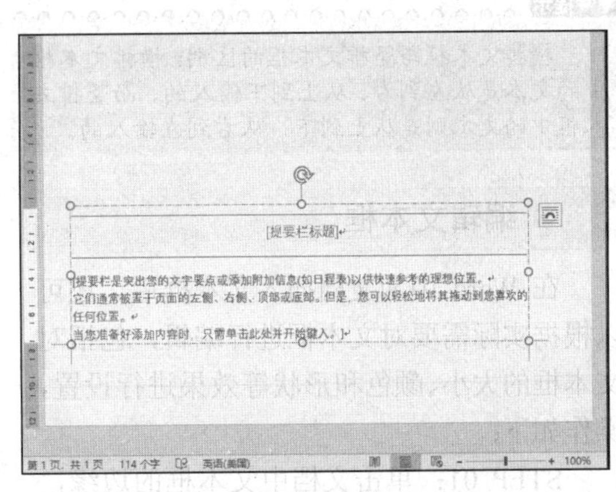

图 4-2 输入文字内容

4.1.2 手动绘制文本框

Word 除了选择内置文本框以外，用户还可以手动绘制横排或竖排的文本框，操作如下：

STEP 01：在“插入”选项卡下单击“文本”选项组中的“文本框”按钮，在展开列表中选择“绘制文本框”选项，如图 4-3 所示。

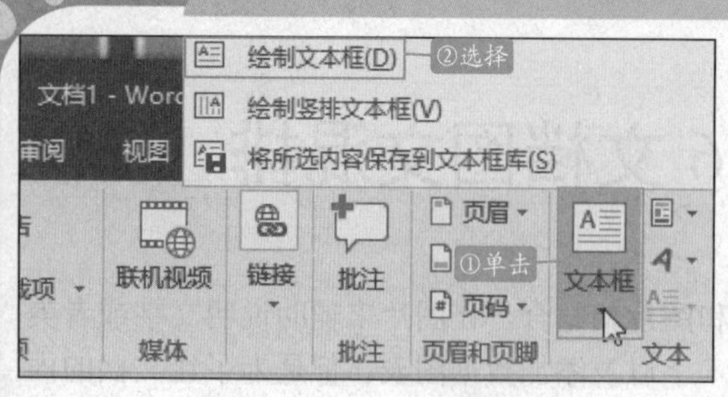

图 4-3　打开文本框

STEP 02：将鼠标光标移至文档中，此时鼠标光标变成十字形状，在需要插入文本框的区域上按住鼠标左键并拖动鼠标，拖动到合适大小后释放鼠标，即可在该区域中插入一个横排文本框；在文本框中输入“组织结构图”，如图 4-4 所示。

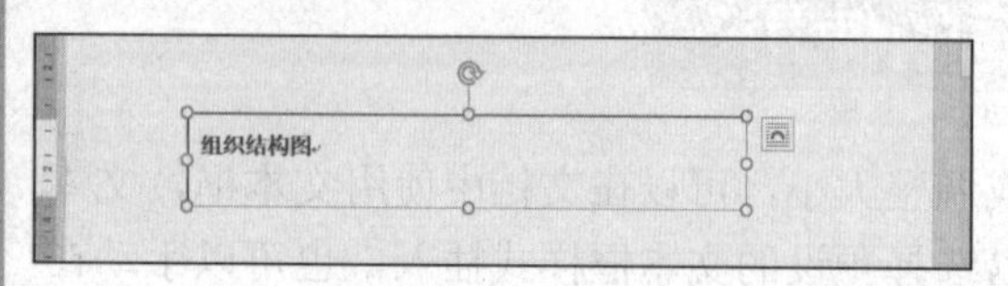

图 4-4　输入文字

◆◆提示

横排文本框与竖排文本框的区别：横排文本框中的文本是从左到右、从上到下输入的，而竖排文本框中的文本则是从上到下、从右到左输入的。

4.1.3　编辑文本框

在 Word 中为文档插入文本框后，还可以根据实际需要对文本框进行编辑，包括对文本框的大小、颜色和形状等效果进行设置，操作如下：

STEP 01：单击文档中文本框的边缘，将光标移动至文本框右侧（或上边）的控制点上，按住鼠标左键向右侧（或向上）拖动，增加文本框的宽度（或高度），得到如图 4-5 所示的效果。

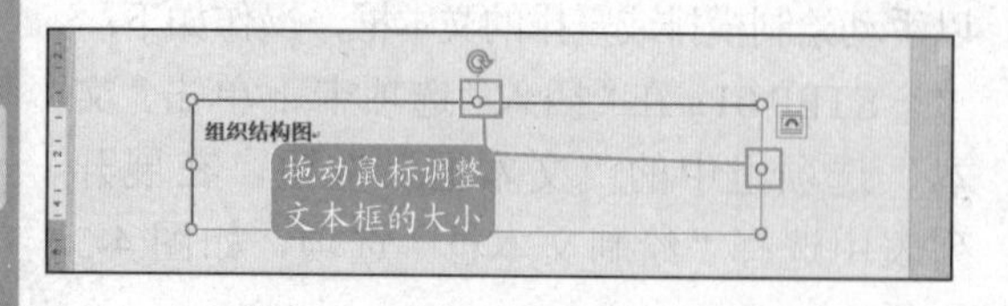

图 4-5　调整文本框的大小

STEP 02：单击选择文档中的文本框，在“开始”选项卡下的“字体”选项组的“字体”下拉列表框中选择“楷体”选项，在“字号”下拉列表中选择“初号”选项，单击“字体颜色”按钮右侧的下拉按钮，在打开列表的“标准色”栏中选择“深蓝”选项，如图 4-6 所示。

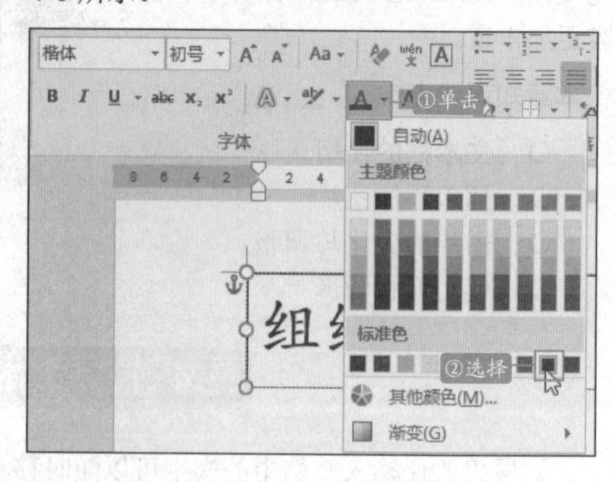

图 4-6　设置文本格式

STEP 03：调整文本框的大小，在“绘图工具-格式”选项卡下的“形状样式”选项组中单击“形状轮廓”按钮右侧的下拉按钮，在打开列表的“标准色”栏中选择“深蓝”选项，如图 4-7 所示。

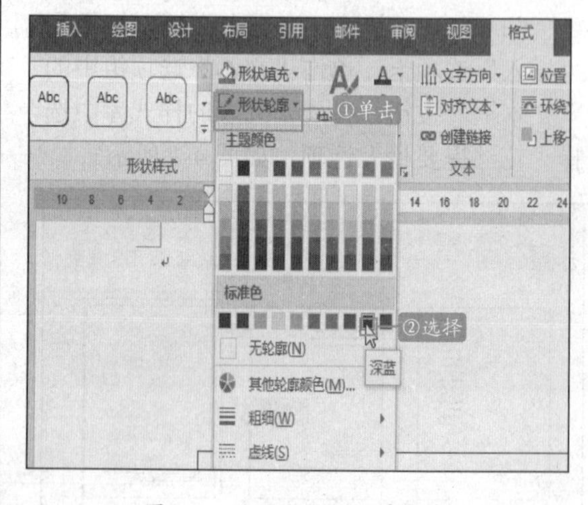

图 4-7　设置文本框轮廓颜色

STEP 04：单击“形状轮廓”按钮右侧的下拉按钮，在打开的列表中选择“划线-点”选项，如图 4-8 所示。

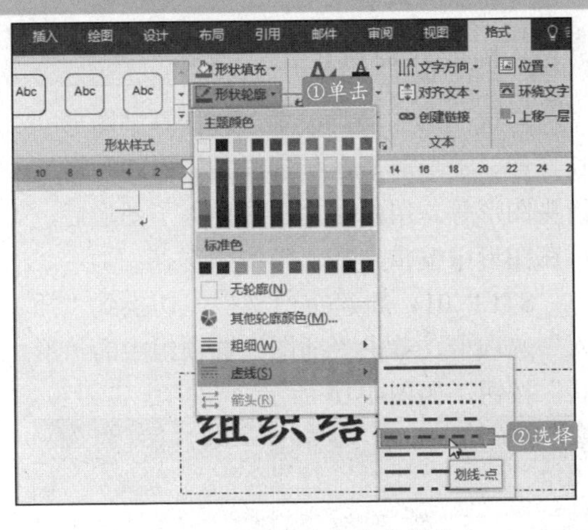

图 4-8　设置文本框框线样式

STEP 05：单击“形状轮廓”按钮右侧的下拉按钮，在打开的列表中选择“粗细”选项，在打开的列表中选择“1.5 磅”选项，如图 4-9 所示。

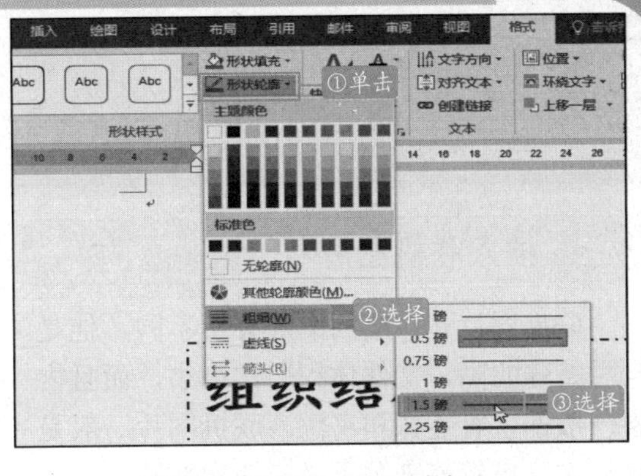

图 4-9　设置文本框框线粗细

STEP 06：将文本框拖动到如图 4-10 所示的位置，完成文本框的插入与编辑操作。

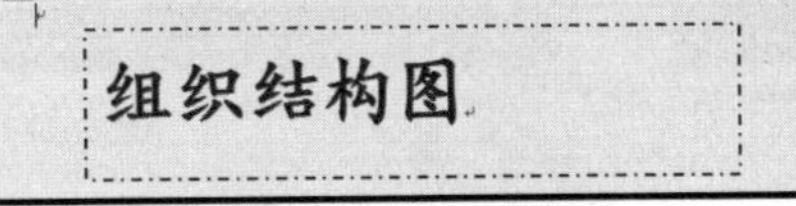

图 4-10　移动文本框

4.2　插入添加图片

扫码观看本节视频

为了使得文档的内容更加丰富多彩，用户可以为文档插入一些相应的图片，特别是在制作一些简报或宣传文档时，图片的插入将起到很好的装饰作用。

4.2.1　插入图片和剪切画

在制作寻物启事、产品说明书及公司宣传册等文档时，往往需要插图配合文字解说，这就需要使用 Word 的“图片编辑”功能。通过该功能，我们可以制作出图文并茂的文档，从而给阅读者带来精美、直观的视觉冲击。

根据操作需要，还可以在文档中插入电脑收藏的图片，以配合文档内容或美化文档，插入图片步骤如下：

STEP 01：打开需要编辑的文档，将光标插入点定位在需要插入图片的位置，切换到“插入”选项卡，然后单击“插图”选项组中的“图片”按钮，如图 4-11 所示。

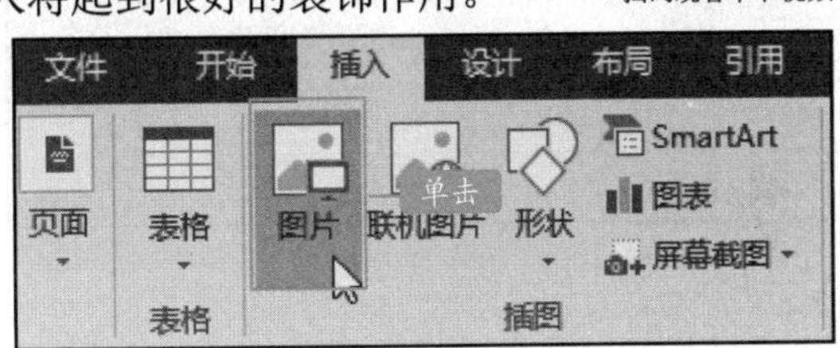

图 4-11　单击“图片”按钮

STEP 02：在弹出的“插入图片”对话框中选择需要插入的图片，然后单击“插入”按钮即可，如图 4-12 所示。

图 4-12　插入图片

初识Office
Word基本操作
文档排版美化
文档图文混排
表格图表使用
文档高级编辑
Excel基本操作
数据分析处理
公式函数使用
Excel图表使用
PPT基本操作
幻灯片的美化
PPT动画与放映
Office协同应用

提示

在“插入图片”对话框中选择需要插入的图片后，单击“插入”按钮右侧的下拉按钮，在弹出的下拉菜单中可选择插入方式。

4.2.2 插入联机图片

联机图片和一般的图片有所不同，他是一种特殊的画，文件体积通常很小，而且内容一般都富有趣味和寓意。联机图片一般是系统本身自带或来源于必应搜索网站。

STEP 01：新建空白文档，切换到“插入”选项卡，单击“插图”选项组中的“联机图片”按钮，如图 4-13 所示。

图 4-13　单击“联机图片”按钮

STEP 02：弹出“插入图片”对话框，在“必应图像搜索”后的文本框中输入“人物”，单击“搜索”按钮，如图 4-14 所示。

图 4-14　搜索合适的图片

STEP 03：此时，搜索出了关于“人物”的图像，选择需要的图片，单击“插入”按钮，如图 4-15 所示。

图 4-15　插入联机图片

4.2.3 插入自选图形

自选图形的种类很多，包括基础图形、长方形、菱形等，还包括线条、标注图形、箭头图形等。用户在文档中插入了图形后，可在图形中编辑文字。操作如下：

STEP 01：新建空白文档，切换到“插入”选项卡，单击“插图”选项组中的“形状”按钮，如图 4-16 所示。

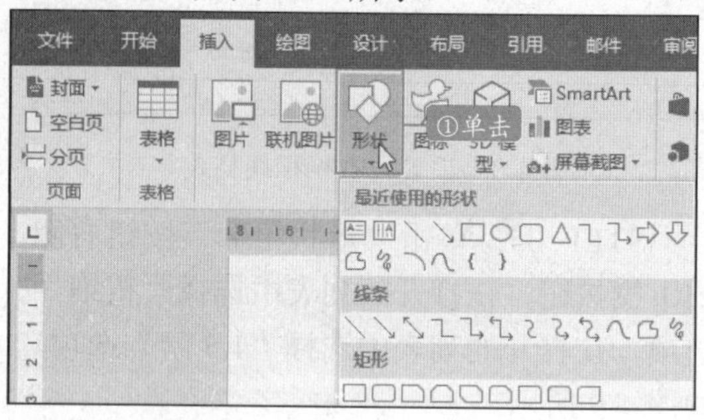

图 4-16　单击“形状”按钮

STEP 02：在展开的下拉列表中选择合适的图形，这时鼠标指针变成十字形状，如图 4-17 所示。

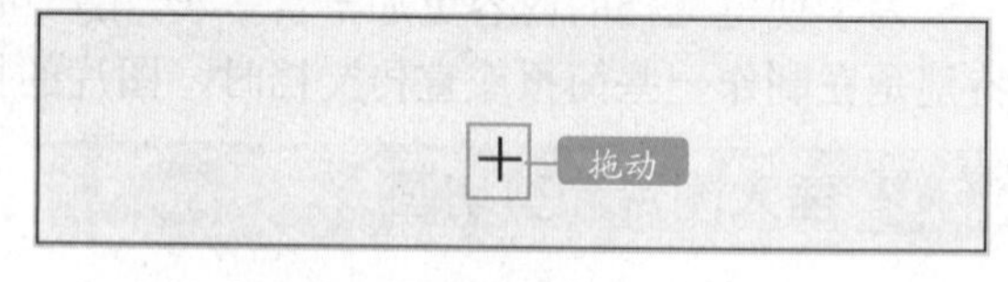

图 4-17　拖动鼠标准备绘制图形

STEP 03：在文档中按住鼠标不放，即可在文档中绘制自定义的图形了，如图 4-18 所示。

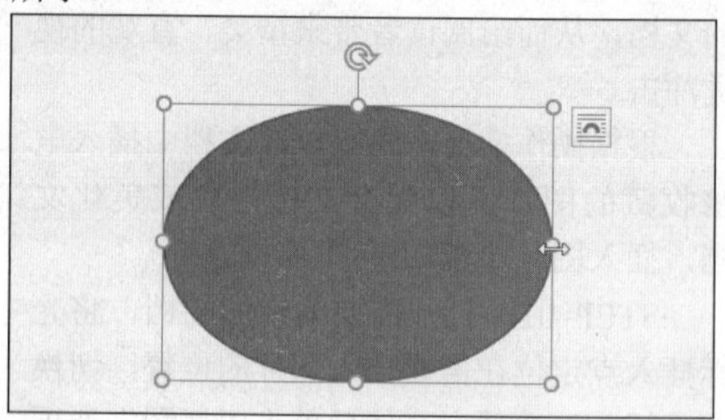

图 4-18　绘制自定义图形

提示

在绘制图形的过程中，配合【Shift】键的使用可绘制出特殊图形。例如：绘制“矩形”图形时，同时按住【Shift】键不放，可绘制出一个正方形。

4.2.4 插入屏幕剪辑

当打开一个窗口后，发现窗口或窗口中有某些部分适合于插入文档的时候，就可以使用屏幕剪辑功能截取整个窗口或窗口的某部分插入到文档中。

STEP 01：新建空白文档，单击“插图”选项组中的“屏幕截图”按钮，在下拉列表中单击“屏幕剪辑”选项，如图 4-19 所示。

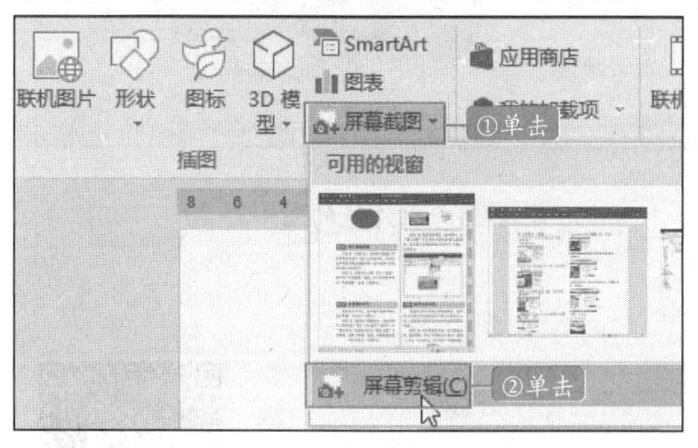

图 4-19 单击“屏幕剪辑”选项

STEP 02：此时，当前打开的窗口将进入被剪辑的状态中，拖动鼠标，框选窗口中需要剪辑的部分即可，如图 4-20 所示。

图 4-20 选择需要剪辑的图片内容

4.2.5 设置图片样式

图片插入完毕后，可对插入的图片格式进行调整，具体操作步骤如下：

STEP 01：选中图片，然后单击“图片工具-格式”选项卡，在“图片样式”选项组中单击“图片边框”下拉按钮，选择“粗细”选项，选择满意的边框样式即可，如图 4-21 所示。

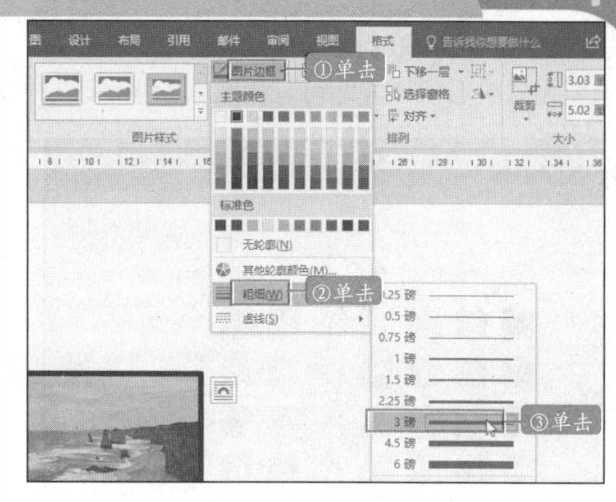

图 4-21 设置图片边框样式

STEP 02：选中图片，在“图片边框”下拉列表中选择满意的边框颜色，此时图片边框的颜色已经发生了变化，如图 4-22 所示。

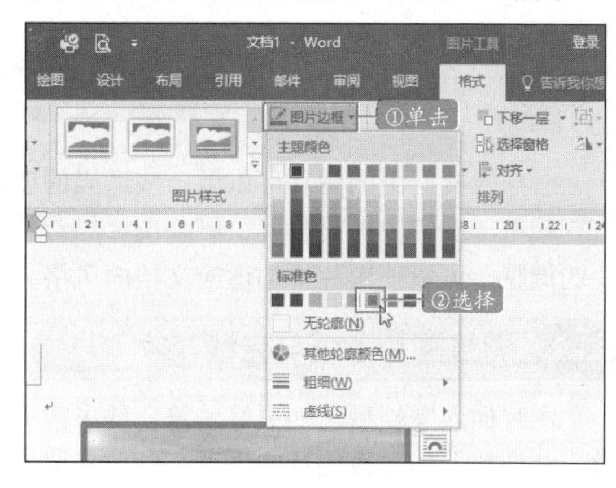

图 4-22 设置边框颜色

4.2.6 套用形状样式

系统中含有许多默认的形状样式，这些样式以颜色和边框轮廓的不同为依据进行分类，直接套用这些样式可以轻松地改变图形外观。

STEP 01：打开 Word 文档，选中图形，单击“绘图工具-格式”选项卡，单击“形状样式”选项组中的向下快翻按钮，如图 4-23 所示。

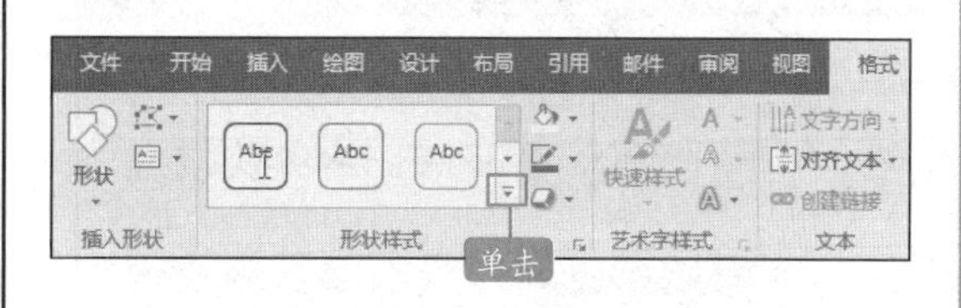

图 4-23 打开形状样式库

STEP 02：在打开的形状样式库中选择想要设置的形状样式即可，如图4-24所示。

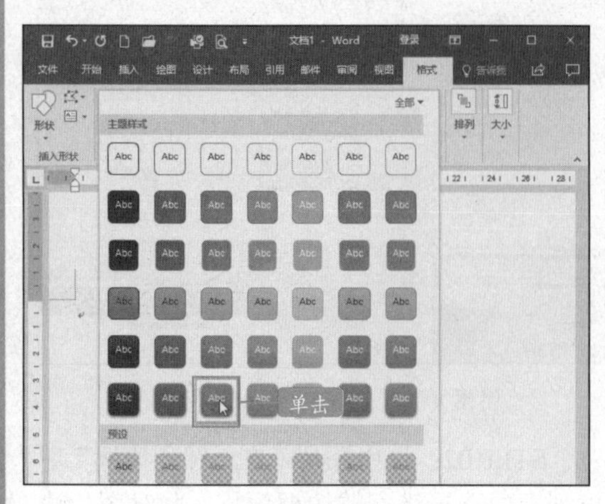

图4-24 选择形状样式

STEP 03：完成操作之后，图形样式将发生改变，如图4-25所示。

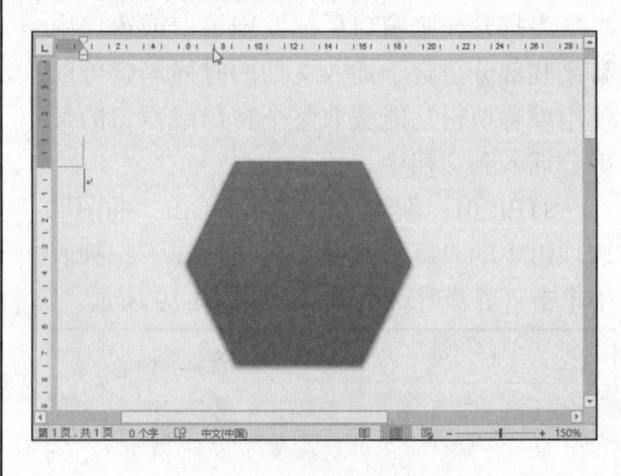

图4-25 制作好的图形样式

4.3 图片的美化与调整

扫码观看本节视频

对插入文档中的图片可以做一些适当的调整，调整图片的操作包括对图片进行裁剪、旋转图片的角度、删除图片的背景、设置图片的样式等。通过对图片的调整，可以使图片更加适应文档的风格。

4.3.1 调整图片色调与光线

图片插入文档后，为更好的符合要求需做一些调整，如更改图片的色调可以改变图片的视觉效果，提高图片与内容的匹配度；更改图片的光线可以改变图片的亮度、提高或降低图片和文档背景对比度大小，使图片与文档的展现效果更佳。

STEP 01：打开Word文档，选中图片，在“图片工具-格式”选项卡中单击“调整”选项组的“颜色”下拉按钮，在展开的下拉列表中单击“颜色饱和度”中的“饱和度200%”选项，如图4-26所示。

图4-26 调整图片色调

STEP 02：调整色调后的图片效果如图4-27所示。

图4-27 调整色调后的图片效果

STEP 03：单击“调整”选项组中的“更正”下拉按钮，在展开的下拉列表中单击“亮度/对比度”中的“亮度：-20%，对比度：-40%”选项，如图4-28所示。

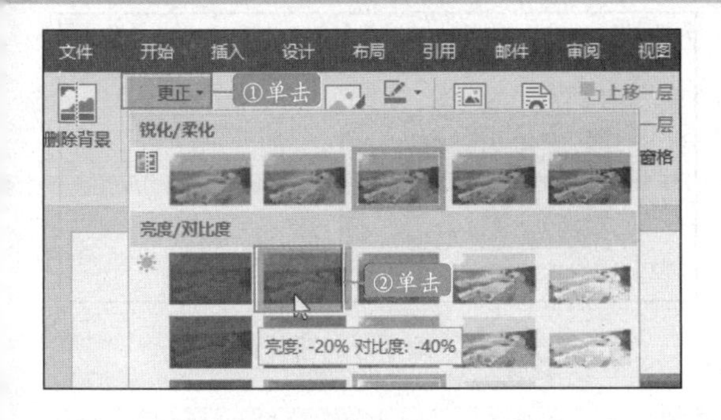

图 4-28　调整图片光线亮度

STEP 04：调整光线后的图片亮度被改变，效果如图 4-29 所示。

图 4-29　调整光线后的图片效果

4.3.2 调整图片圆角和柔化边缘样式

调整图片圆角是为了使插入文档的图片更加符合整个文档的要求；柔化边缘功能使图片的边缘呈现比较模糊的效果。

STEP 01：选中图片，在“图片工具-格式”选项卡中单击“图片样式”选项组中的快翻按钮，如图 4-30 所示。

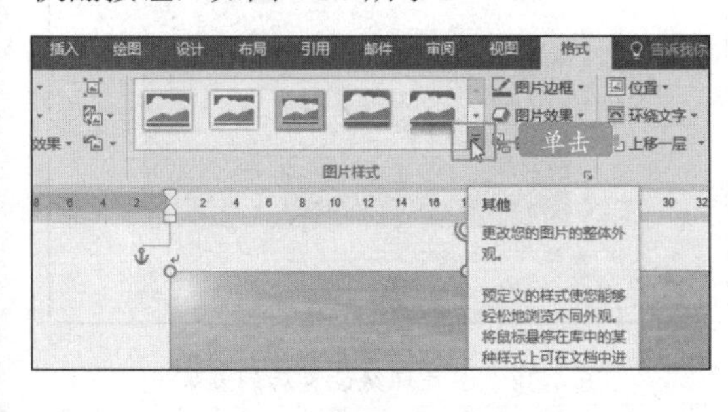

图 4-30　打开图片样式库

STEP 02：在展开的图片样式库中选择“映像圆角矩形”样式，调整图片圆角。选择“柔化边缘矩形”样式，柔化图片边缘，用户可根据需要选择图片样式，如图 4-31 所示。

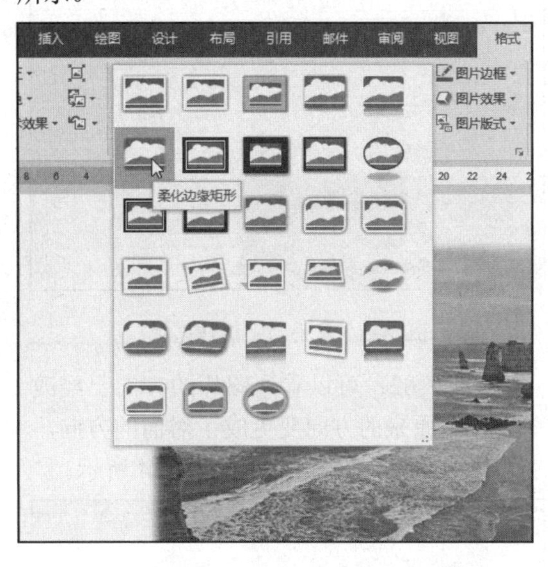

图 4-31　选择图片样式

STEP 03：改变样式后的图片效果如图 4-32 所示。

图 4-32　改变样式后的图片效果

4.3.3 调整图片角度与大小

在文档中插入图片后，用户可以根据需要对图片的角度和大小进行调整，图片的旋转包括多种旋转方式，也可以选择默认的旋转角度，比如 90°和 180°。根据实际情况对图片进行旋转或变大、变小的调整，可以使图片与文档中的内容布局更匹配。

STEP 01：选中图片，在“图片工具-格式”选项卡中单击“排列”选项组中的“旋转”按钮，在展开的下拉列表中单击“水平翻转”选项，如图 4-33 所示。

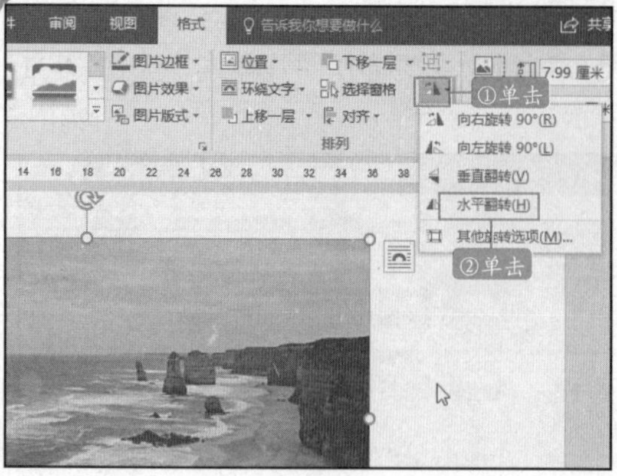

图 4-33　单击水平翻转选项

STEP 02：可以看到图片的方向已经改变了，由原来的方向变更成了对面的方向，实现了水平翻转的效果，如图 4-34 所示。

图 4-34　水平翻转后的效果图

STEP 03：将鼠标指针放在图片边缘位置，拖动鼠标，将剪贴画调整为合适的大小，如图 4-35 所示。

图 4-35　调整图片大小

STEP 04：现在就可以看到图片的最终效果，如图 4-36 所示。

图 4-36　缩小后的图片效果

4.3.4 设置文字环绕图片类型

通过自动换行功能可以更改图片在文字四周的环绕方式，包括嵌入型、四周型环绕、紧密型环绕以及衬于文字上、下方等。

STEP 01：选中图片，在“图片工具-格式”选项卡中单击“排列”选项组中的“环绕文字”按钮，在展开的下拉列表中单击“四周型”选项，如图 4-37 所示。

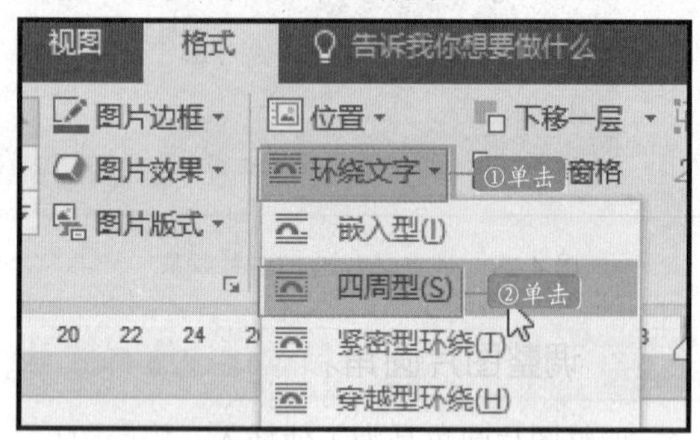

图 4-37　选择环绕类型

STEP 02：现在即可看到图片设置为四周环绕型后的效果，如图 4-38 所示。

图 4-38　图片环绕设置后的效果

STEP 03：将鼠标指向图片，此时鼠标指针呈十字箭头形状，拖动图片至合适位置即可，如图 4-39 所示。

图 4-39 调整图片位置

STEP 04：释放鼠标后，图片移到内容中合适位置处，图片紧密环绕而又不遮挡文字，效果如图 4-40 所示。

图 4-40 调整位置后的效果

4.3.5 将图片进行裁切

对于插入文档中的图片形状不一定都很美观，用户可以根据需要对其进行裁剪或者将其裁剪为其他任意形状。

STEP 01：选中图片，在“图片工具-格式”选项卡中单击“大小”选项组中的“裁剪”按钮，在展开的下拉列表中单击“裁剪”选项，如图 4-41 所示。

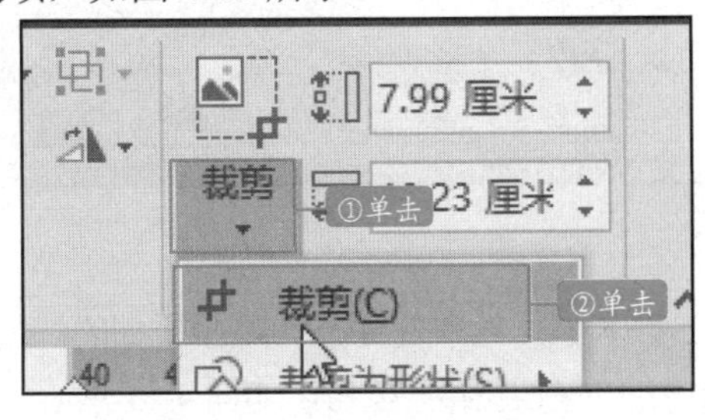

图 4-41 单击“裁剪”选项

STEP 02：将鼠标指针指向图片的边缘，拖动鼠标即可对图片进行裁剪，剪去图片中不需要的部分，如图 4-42 所示。

图 4-42 裁剪图片

STEP 03：选中图片，在“图片工具-格式”选项卡中单击“大小”选项组中的“裁剪”下拉按钮，在展开的下拉列表中选择“裁剪为形状”中的“基本形状”选择椭圆型图标，如图 4-43 所示。

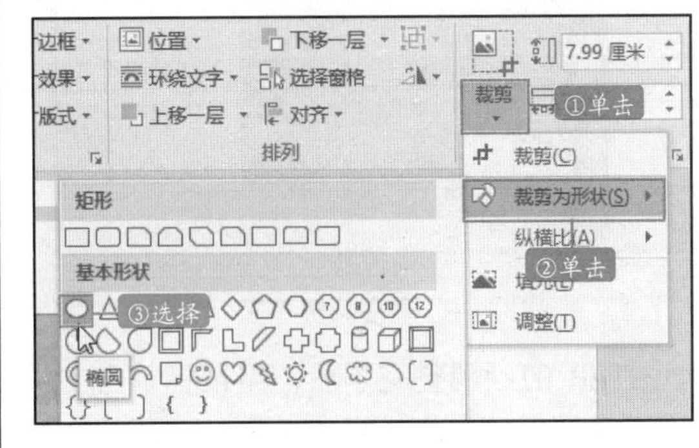

图 4-43 选择要裁剪图片形状

STEP 04：选择完成后，被选中的图片已被裁剪出所需形状样式了，如图 4-44 所示。

图 4-44 裁剪图形

STEP 05：选中图片，在“裁剪”下拉列表中，选择“调整”选项，如图 4-45 所示。

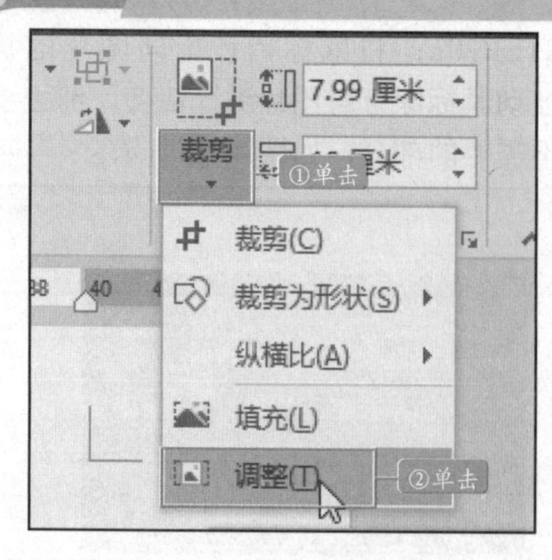

图 4-45　调整图片裁剪形状

STEP 06：将光标移至图片任意裁剪角点上，按住鼠标左键，拖动光标至满意位置即可调整裁剪位置，如图 4-46 所示。

图 4-46　调整裁剪位置

STEP 07：调整完毕后，用鼠标单击文档任意位置即可完成裁剪，如图 4-47 所示。

图 4-47　裁剪后的效果图

4.3.6 删除图片背景

有时在 Word 文档中插入的是固定形状的图片，看起来很呆板、不美观，用户可以将图片的背景设置为透明，以达到设计的要求。

STEP 01：选中图片，在“图片工具-格式”选项卡中单击“调整”选项组中的“删除背景”按钮，如图 4-48 所示。

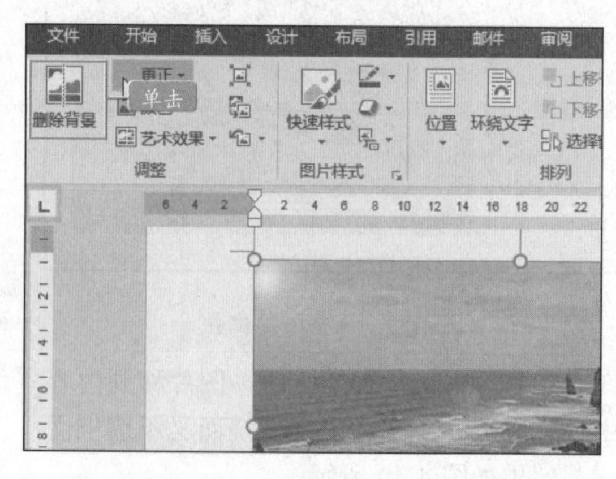

图 4-48　单击“删除背景”按钮

STEP 02：此时系统自动切换到“背景消除”选项卡，单击“优化”选项组中的“标记要保留的区域”按钮，如图 4-49 所示。

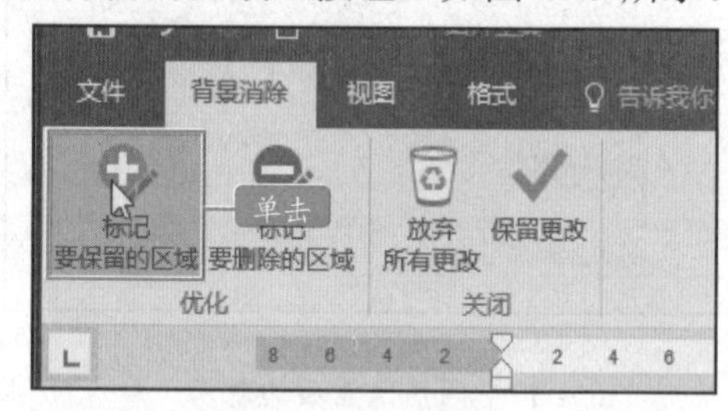

图 4-49　单击“标记要保留的区域”按钮

STEP 03：此时鼠标指针呈铅笔形，利用绘图方式标记出需要保留的背景区域，如图 4-50 所示。

图 4-50　绘制要保留的区域

STEP 04：绘制完毕后，单击“关闭”选项组中的“保留更改”按钮，如图 4-51 所示。

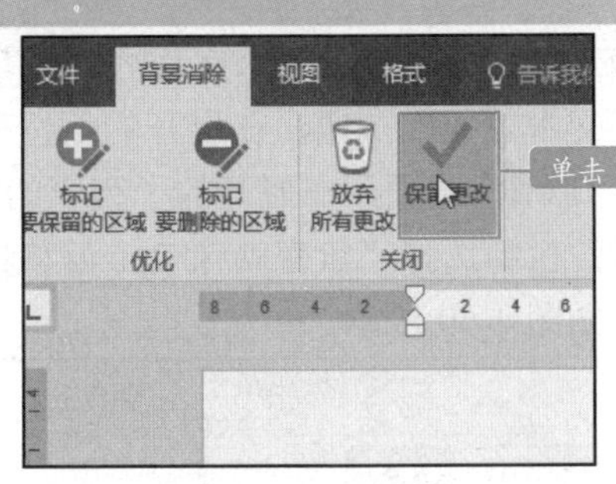

图 4-51 单击"保留更改"按钮

STEP 05：完成操作后，绘制区域中的图片背景保留了下来，图片的其他背景被删除了，如图 4-52 所示。

图 4-52 删除背景后的图片效果

4.3.7 调整图片的艺术效果

对图片进行艺术效果的添加可以使图片更像草图或是油画。艺术效果的类型当然也是多种多样的，选择任意一种类型来调整图片的艺术效果，都能让图片在视觉感观上发生很大的变化。

STEP 01：选中图片，在"图片工具-格式"选项卡中单击"调整"选项组中的"艺术效果"按钮，在展开的下拉列表中单击"画图刷"效果，如图 4-53 所示。

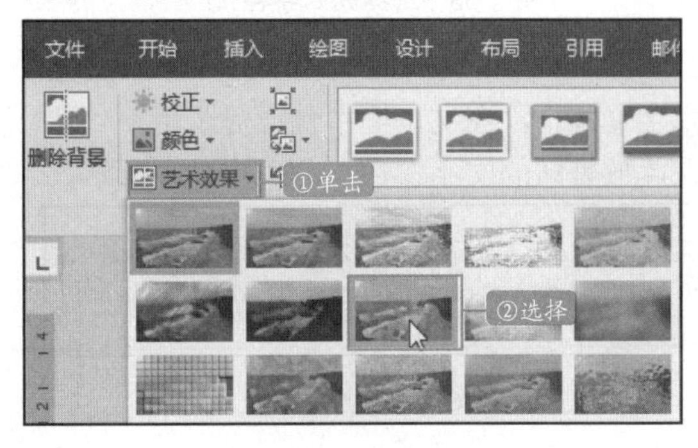

图 4-53 选择艺术效果

STEP 02：完成操作之后，此时图片以画图刷的艺术效果显示，如图 4-54 所示。

图 4-54 调整后的图片效果

4.4 用艺术字美化文档

扫码观看本节视频

在文档中插入艺术字是美化 Word 文档的常用方法。在日常工作中，通常会将艺术字用于标题中，以起到画龙点睛的作用。当用户为文档插入了艺术字后，可以适当地对艺术字进行一些修饰，使字体更加富有艺术效果。

4.4.1 插入艺术字

艺术字是具有特殊效果的文字，在形状、颜色、立体感等方面具有一定装饰效果的字体，并且用来输入和编辑带有彩色、阴影和发光等效果的文字，多用于广告宣传、文档标题，以达到强烈、醒目的外观效果。

STEP 01：新建空白文档，将光标定位在文档的开头，在"插入"选项卡中单击"文本"选项组中的"艺术字"按钮，在展开的艺术字库中选择合适的艺术字样式，如图 4-55 所示。

图 4-55　选择艺术字样式

STEP 02：此时在文档中插入了一个艺术字文本框，在文本框中包含提示用户"请在此放置您的文字"字样，如图 4-56 所示。

图 4-56　插入艺术字效果

STEP 03：根据需要在文本框中输入所需文本内容即可，如图 4-57 所示。

图 4-57　输入文本内容

4.4.2 编辑艺术字

插入艺术字后，若对艺术字的效果不满意，可重新对其进行编辑，主要是对艺术字的样式和效果等进行更详细的设置。艺术字样式主要有字体的填充颜色、阴影、映像、发光、柔化边缘和旋转等。

STEP 01：选择艺术字文本框，切换到"绘图工具-格式"选项卡中，单击"艺术字样式"选项组中的"文本填充"按钮，在展开颜色库中选择合适的填充颜色，如图 4-58 所示。

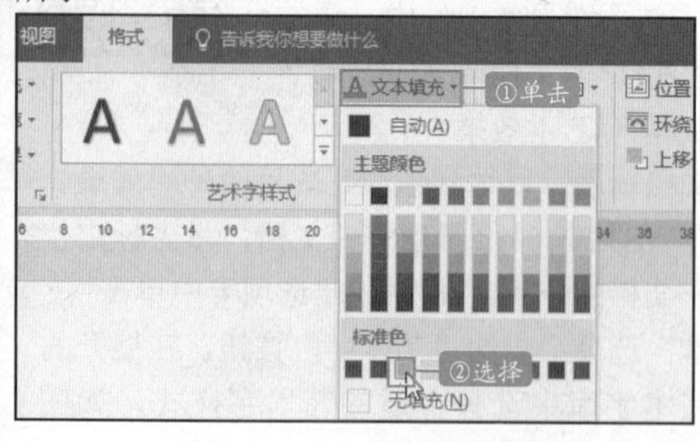

图 4-58　填充艺术字文本颜色

STEP 02：单击"艺术字样式"选项组中的"文本效果"按钮，在展开的下拉列表中指向"映像"选项，在展开的子列表的"映像变体"栏中选择"紧密映像 8pt 偏移量"选项，如图 4-59 所示。

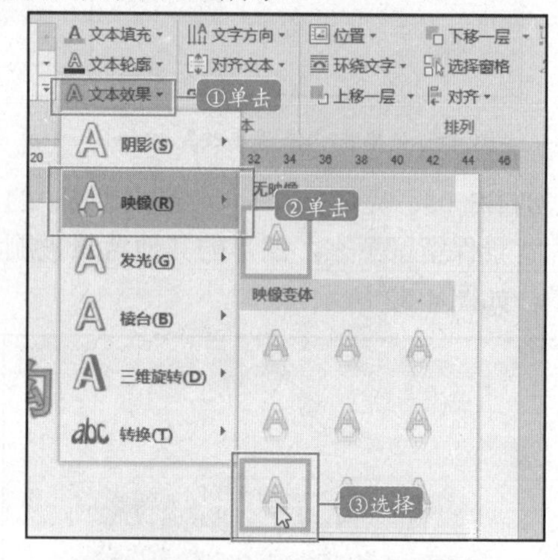

图 4-59　设置文本映像效果

STEP 03：继续单击"文本效果"按钮，在展开的列表中选择"转换"选项，在展开列表"弯曲"栏中选择"倒三角"选项，如图 4-60 所示。

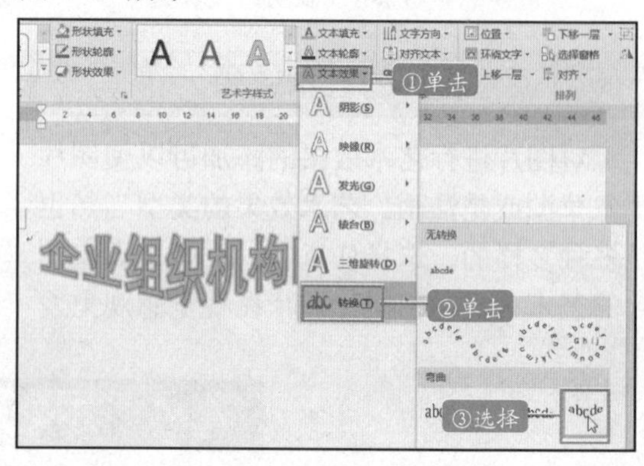

图 4-60　设置艺术字转换

STEP 04：返回工作界面即可查看编辑后的艺术字效果，如图 4-61 所示。

图 4-61　编辑后的艺术字效果

4.5 使用 SmartArt 图文并茂

扫码观看本节视频

SmartArt 图形是 Office 办公套件中设计好的图形与文字相结合的一种专业图形，使用它可以更直观地显示出内容中的流程、概念、层次结构和关系等信息。在 Word 2016 中，适当地使用 SmartArt 图形能够直接创建出具有专业外观的商业模型。在插入了 SmartArt 图形之后，除了可以在其中添加文本以外，还可以根据需要添加或删除其中的形状、更改 SmartArt 图形的颜色及样式等。

4.5.1 插入 SmartArt 图形并输入文字

SmartArt 图形是一种文字和形状相结合的图形，它不仅能表示出文字的信息，还能直观地以视觉的方式表达出信息之间的关系，在日常生活中，SmartArt 图形主要用于制作流程图、组织结构图等。SmartArt 图形大致分为列表、流程、循环、层次结构、关系、矩阵、棱锥图以及图片几种类型，用户根据需要选择即可。

STEP 01：新建一个 Word 文档，切换至“插入”选项卡，在“插图”选项组中单击“SmartArt”按钮，如图 4-62 所示。

图 4-62 单击“SmartArt”按钮

STEP 02：弹出“选择 SmartArt 图形”对话框，在左侧列表中选择“层次结构”选项，在中间选择需要的图形样式，如图 4-63 所示。

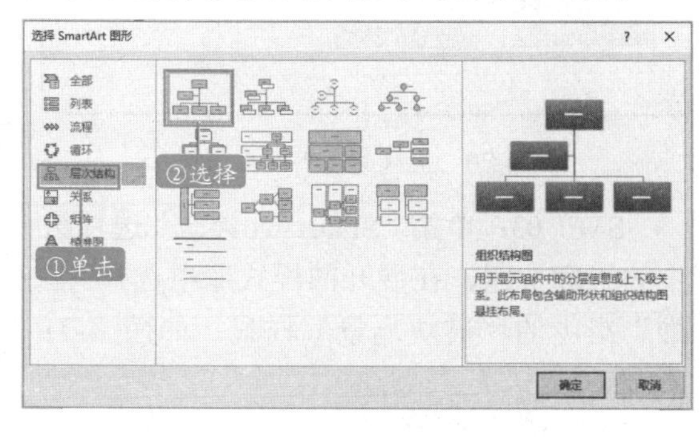

图 4-63 选择 SmartArt 图形样式

STEP 03：单击“确定”按钮，即可在文档中插入相应的 SmartArt 图形，如图 4-64 所示。

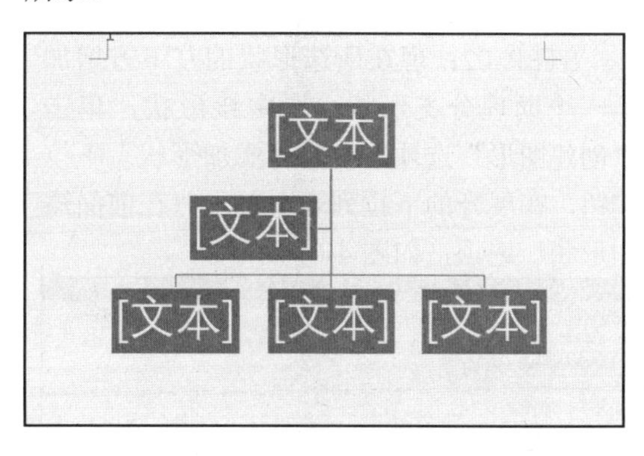

图 4-64 插入选定好的 SmartArt 图形

STEP 04：在图形中的“文本”处单击鼠标左键，输入相应文字，效果如图 4-65 所示。

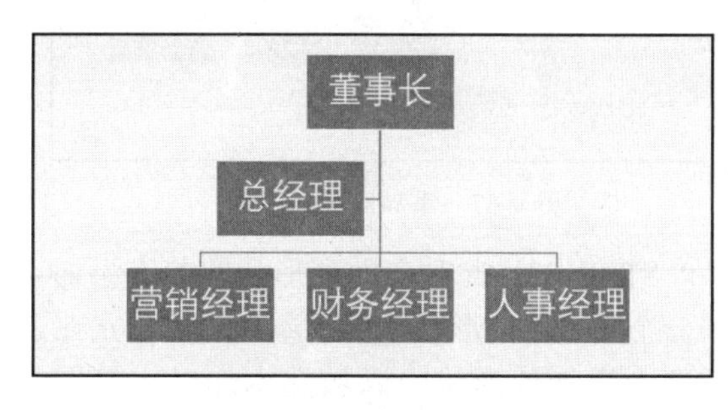

图 4-65 输入文字后的效果

4.5.2 编辑 SmartArt 图形

在 SmartArt 图形中，系统自带的图形有时无法满足用户的需求，为此 SmartArt 图形中的形状添加功能可以为 SmartArt 图形添加更多的形状，使 SmartArt 图形设计更加灵活多变。

STEP 01：打开 Word 文档，选中“营销经理”所在形状，切换到“SmartArt 工具-设计”选项卡，单击“创建图形”选项组中的“添加形状”下拉按钮，然后在展开的列表中单击“添加助理”选项，如图 4-66 所示。

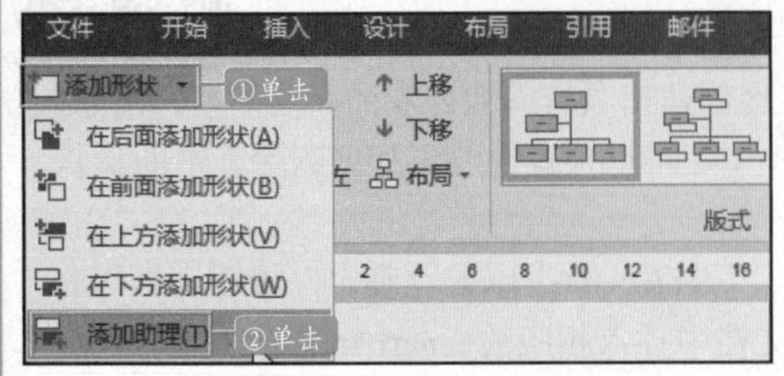

图 4-66　添加助理形状

STEP 02：现在所选形状的左下方增加了一个助理分支形状，选中该形状，单击“创建图形”选项组中的“添加形状”下拉按钮，在展开的下拉列表中单击“在前面添加形状”选项，如图 4-67 所示。

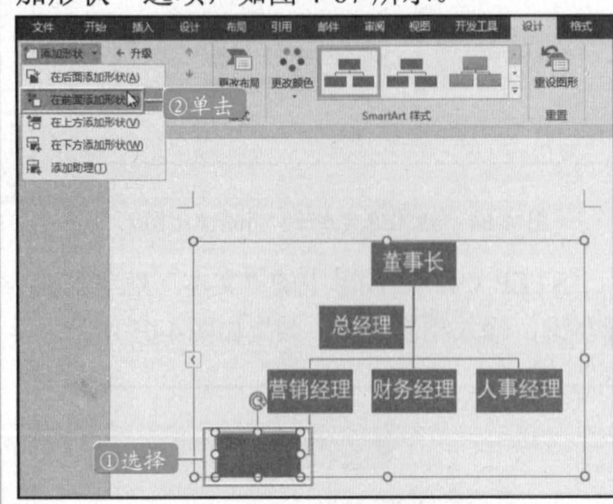

图 4-67　添加同等级形状

STEP 03：此时在助理形状的前方添加了一个同等级的形状，形状添加后，分别在这两个添加的形状中添加文本加以完善图形，效果如图 4-68 所示。

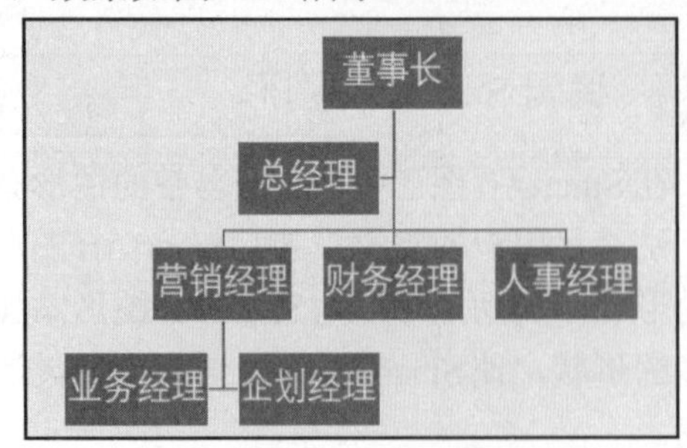

图 4-68　图形效果图

4.5.3 图形配色方案和样式

插入 SmartArt 图形后，为了企业的需要一般会对颜色和外观样式进行重新设置，以达到实用、美观、直接等效果。

STEP 01：打开原始文件，选中图形，在“SmartArt 工具-设计”选项卡中单击“SmartArt 样式”选项组中的“更改颜色”按钮，在展开的样式库中选择“彩色”组中的第 4 种颜色，如图 4-69 所示。

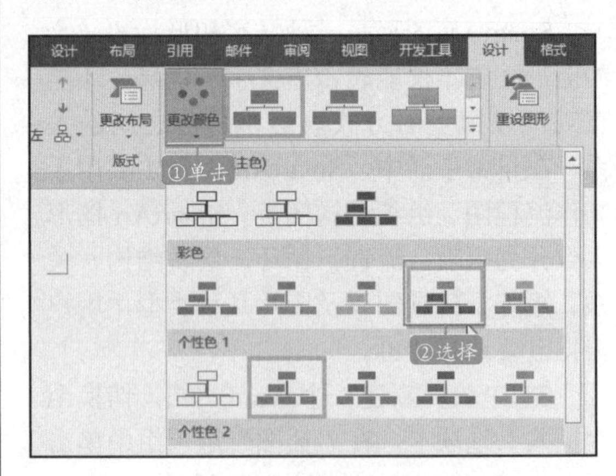

图 4-69　更改颜色设置

STEP 02：选择颜色之后，SmartArt 图形的效果如图 4-70 所示。

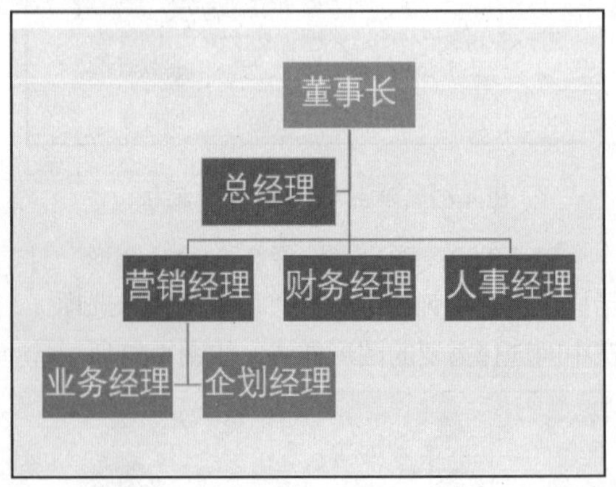

图 4-70　更改颜色后的效果图

STEP 03：单击“SmartArt 样式”选项组中的快翻按钮，在展开的样式库中选择“三维”组中的“砖块场景”样式，如图 4-71 所示。

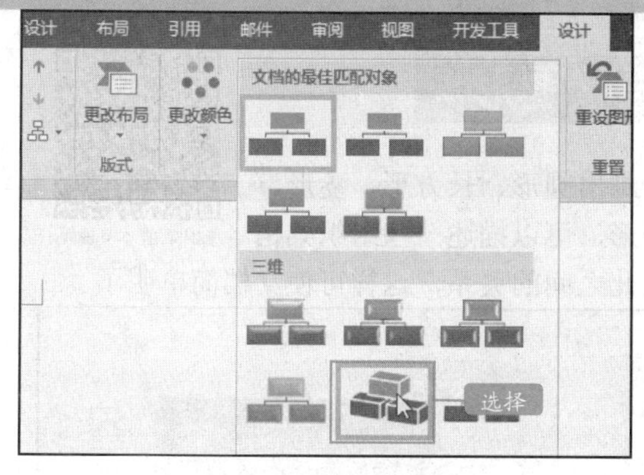

图 4-71 样式设置

STEP 04：完成操作后，SmartArt 图形样式就以砖块堆积的形式展示，如图 4-72 所示。

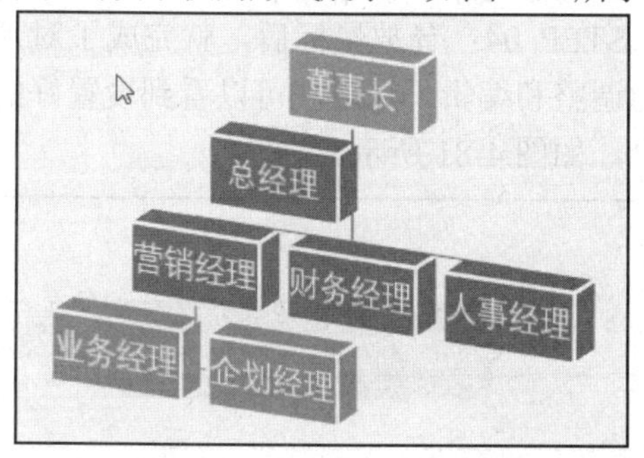

图 4-72 更改样式后的效果图

4.5.4 自定义图形的形状样式

SmartArt 图形除了统一的形状样式外，还可以对 SmartArt 图形中的个别形状单独设置，更改 SmartArt 图形的布局主要是对整个形状的结构和各个分支的结构进行调整。

STEP 01：在上一节文档中，选中 SmartArt 图形中最顶端的图形，切换到“SmartArt 工具-格式”选项卡，单击“形状”选项组中的“更改形状”按钮，在展开的下拉列表中单击“箭头总汇”组中的“五边形”图标，如图 4-73 所示。

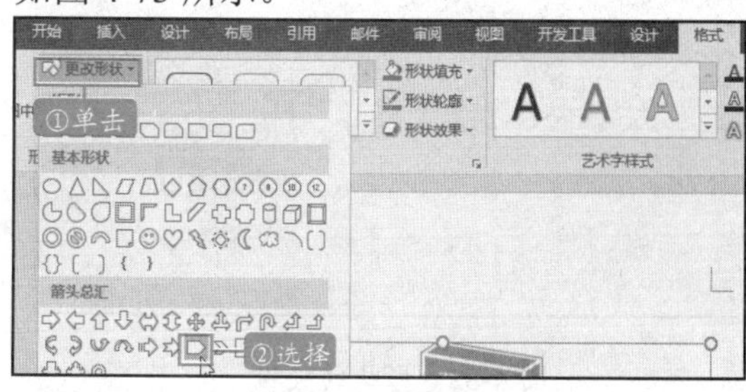

图 4-73 选择形状

STEP 02：完成操作后，可以看到最顶端的形状变成了五边形样式，如图 4-74 所示。

图 4-74 改变形状后的效果

STEP 03：重复单击“形状”选项组中的“增大”按钮，直到形状改变为适合的大小为止，如图 4-75 所示。

图 4-75 改变形状大小

STEP 04：单击“形状样式”选项组中的“形状轮廓”按钮右侧的下拉按钮，在展开的颜色库中选择合适的颜色，如图 4-76 所示。

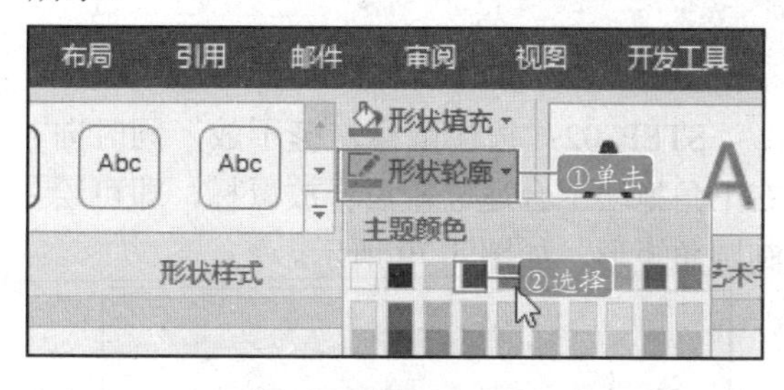

图 4-76 设置形状轮廓颜色

STEP 05：完成操作后就可以看到自定义设置好的 SmartArt 图形中的一个形状样式，效果如图 4-77 所示。

图 4-77 自定义形状样式后的效果

4.6 使用形状图形

扫码观看本节视频

在 Word 2016 中通过多种形状绘制工具，可绘制出圆形、长方形、菱形、线条、标注图形、箭头图形等等图形。使用这些图形，可以描述一些组织架构和操作流程，将文本与文本连接起来，并表示出彼此之间的关系，这样可使文档简单明了。

4.6.1 插入形状并输入文字

在纯文本中间适当地插入一些表示过程的形状，这样既能使文档简洁又能使内容更加形象具体。常用有线条、正方形、椭圆形、箭头、流程图、星和旗帜等等图形。

STEP 01：新建一个空白 Word 文档，在“插入”选项卡的“插图”选项组中单击“形状”按钮，在展开的列表“矩形”栏中选择“圆角矩形”选项，如图 4-78 所示。

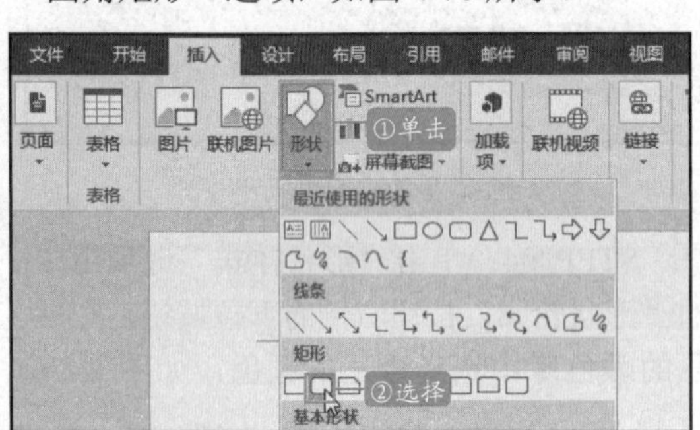

图 4-78 插入形状

STEP 02：按住鼠标左键不放，同时向右下角拖动至合适位置后释放鼠标，即可绘制圆角矩形，如图 4-79 所示。

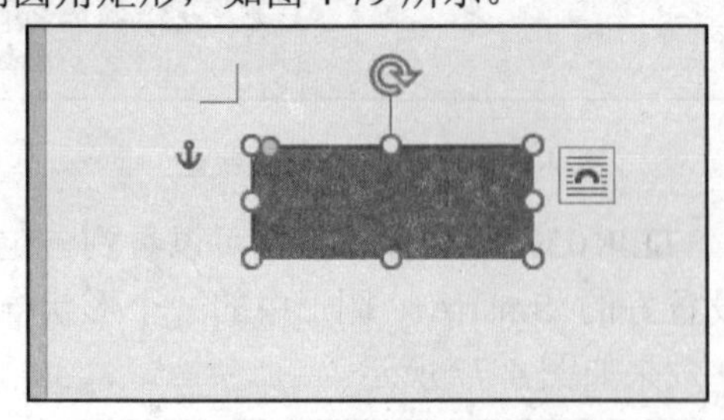

图 4-79 绘制图角矩形

STEP 03：释放鼠标后，在形状中输入所需要的文本内容，为了使文字排列整齐，将鼠标指向形状右下角，拖动鼠标改变形状的大小，如图 4-80 所示。

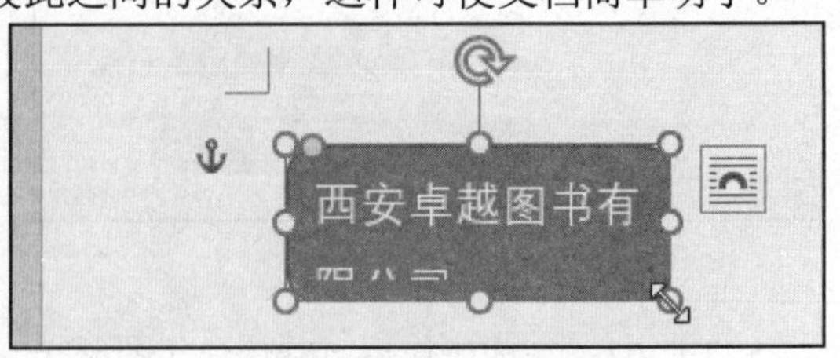

图 4-80 输入文本内容

STEP 04：释放鼠标后，就完成了对形状的调整和编辑，这时就可以看到设置好的效果，如图 4-81 所示。

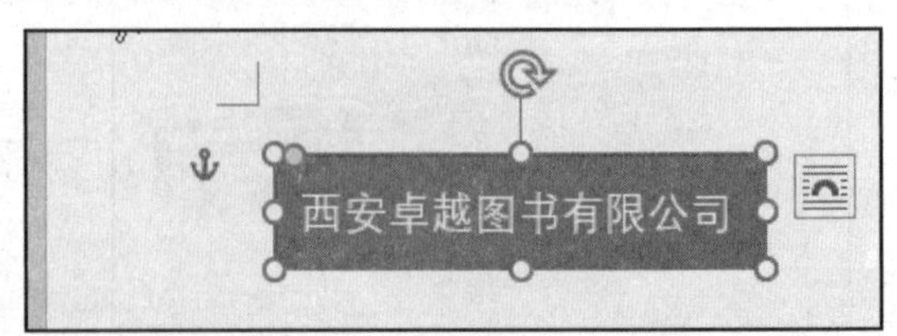

图 4-81 设置形状后的最终效果

4.6.2 更改形状

在 Word 文档中有些形状并不能直接绘制，需要通过其它形状的旋转得到。

STEP 01： 选择需要旋转的形状，在“绘图工具-格式”选项卡中的“排列”选项组中单击“旋转”按钮，在展开的列表中选择“向右旋转 90°”选项，如图 4-82 所示。

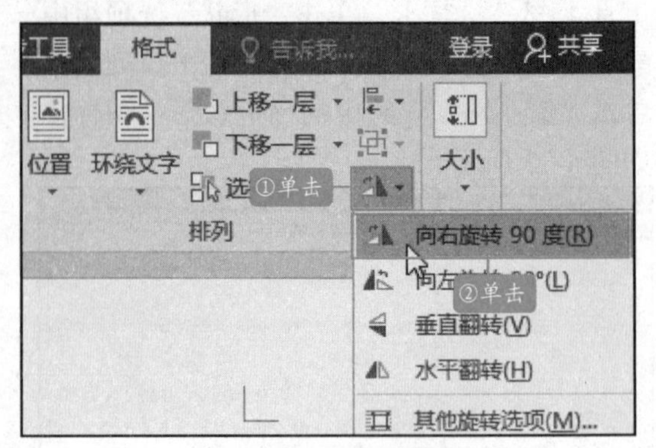

图 4-82 形状的旋转

STEP 02：设置文字的方向，按住鼠标左键，将形状调整并移动至所需要的位置，如图 4-83 所示。

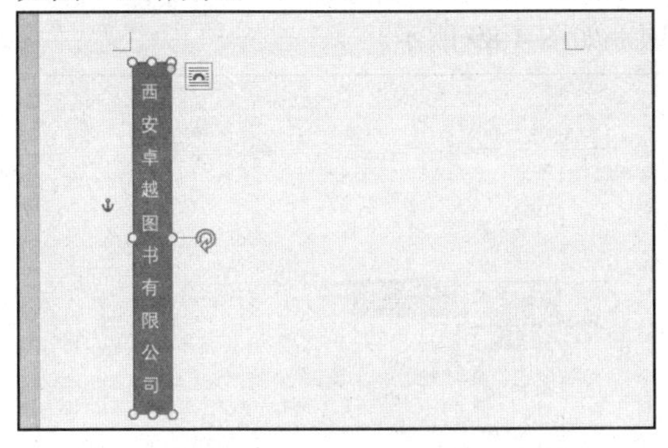

图 4-83 移动后的效果图

4.6.3 组合形状

在一个文档中可以绘制多个形状图形，当要进行统一操作的时候，可以把这些图形组合起来，这样就能同时对所有的形状进行设置，而无需担心形状组合之后的单个形状修改是否会有影响，因为在被组合的图形组中，仍然可以单独选中其中一个图形进行设置。

STEP 01：打开原始文件，按住【Ctrl】键不放，将鼠标指针指向形状，当鼠标指针的右上角出现一个十字形时，连续选中所有形状，如图 4-84 所示。

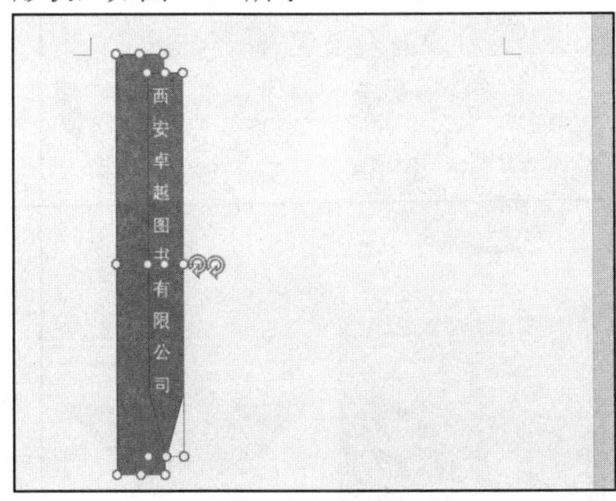

图 4-84 选中形状

STEP 02：在“绘图工具-格式”选项卡中单击“排列”选项组中的“组合”按钮，在展开的下拉列表中单击“组合”选项，如图 4-85 所示。

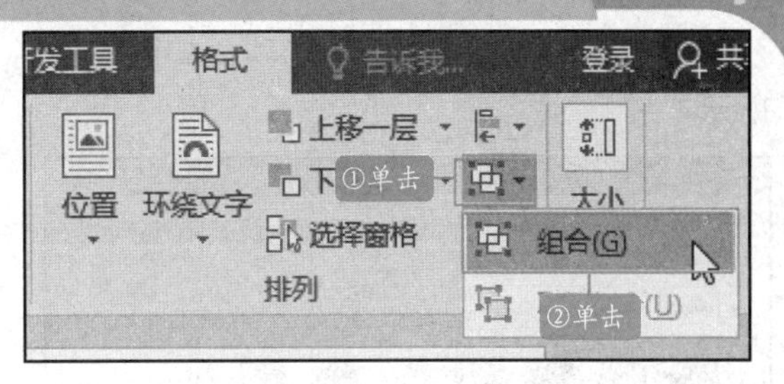

图 4-85 组合选中形状

STEP 03：随后即可在文档中看到选中的多个形状被组合成了一个整体图形，效果如图 4-86 所示。

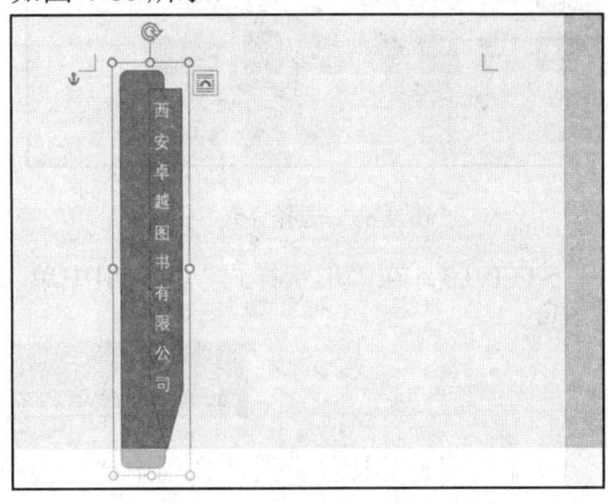

图 4-86 形状组合后的效果图

4.6.4 美化形状

为了使绘制的形状更加美观，用户可以通过设置形状效果，给形状填充颜色，绘制边框以及添加阴影和三维效果等等。

STEP 01：选择需要编辑的形状，在“绘图工具-格式”选项卡的“形状样式”选项组中单击列表框右下角的快翻按钮，如图 4-87 所示。

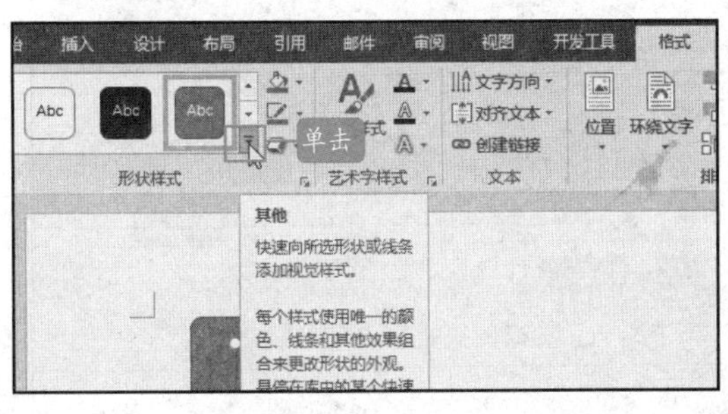

图 4-87 选择形状

STEP 02：在打开的列表框中选择“强

烈效果-蓝色，强调颜色 5”选项，如图 4-88 所示。

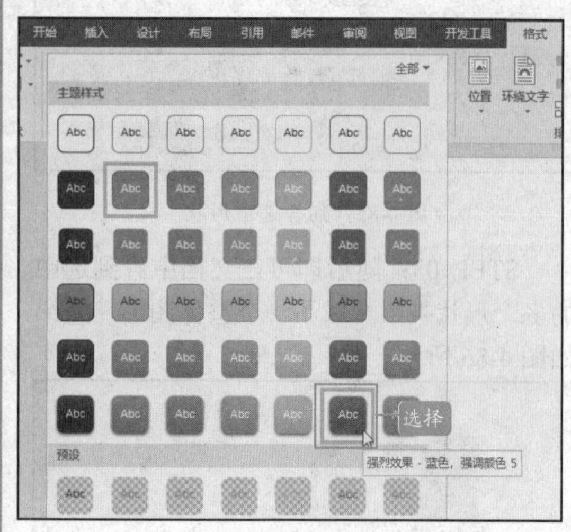

图 4-88　选择样式

STEP 03：在“形状样式”选项组中单击“形状效果”按钮，在展开的列表中选择“发光”选项，在展开的子列表“发光变体”栏中选择“蓝色，8pt 发光，个性色 5”选项，如图 4-89 所示。

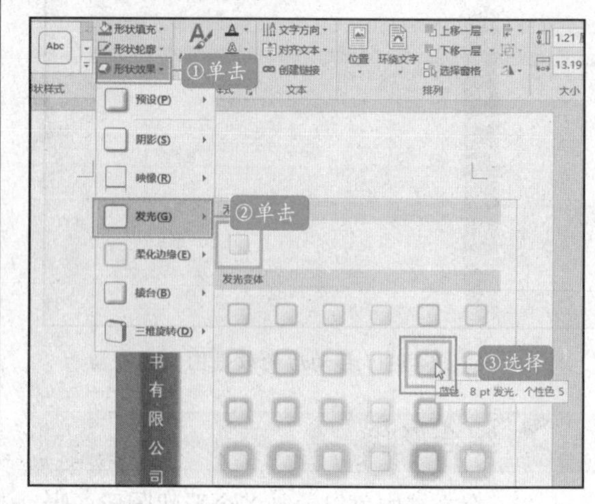

图 4-89　设置形状效果

4.7　实用技巧

本节针对创建图文并茂的文档中一些实用技巧进行讲解。

4.7.1　图片的剪裁技巧

裁剪图片是为了更好的符合用户在文档中的使用。

STEP 01：在 Word 文档中插入一张图片，然后选中该图片，切换到“图片工具-格式”选项卡中单击“大小”选项组中的“裁剪”按钮，在展开的列表中选择“裁剪为形状”中的“椭圆”选项，如图 4-90 所示。

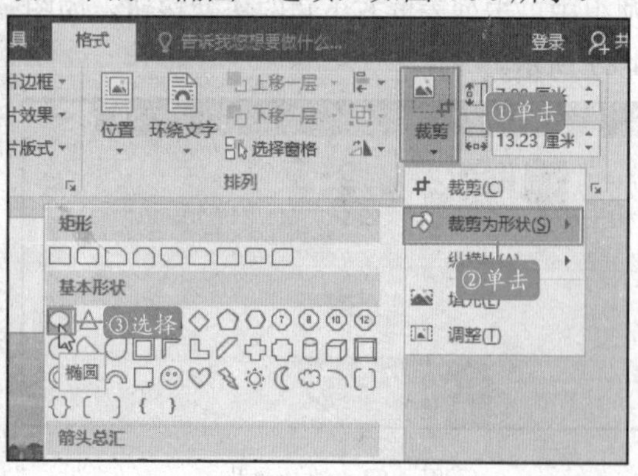

图 4-90　选择裁剪的形状

STEP 02：图片被裁剪为椭圆形，使用同样的方法，可以将图片裁剪成各种形状，如图 4-91 所示。

图 4-91　裁剪部分形状效果图

4.7.2 提高图文混排水平的诀窍

1.压缩图片以减少文档体积

在文档中插入较多图片时，图片的体积几乎决定了整个文档的体积大小，在使用文档做一些工作的时候，不需要文档体积太大，利用图片的压缩功能减小图片体积，即可达到减小整个文档体积的效果。

STEP 01：选中需要压缩的图片，切换到“图片工具-格式”选项卡，在“调整”选项组中单击“压缩图片”按钮，如图 4-92 所示。

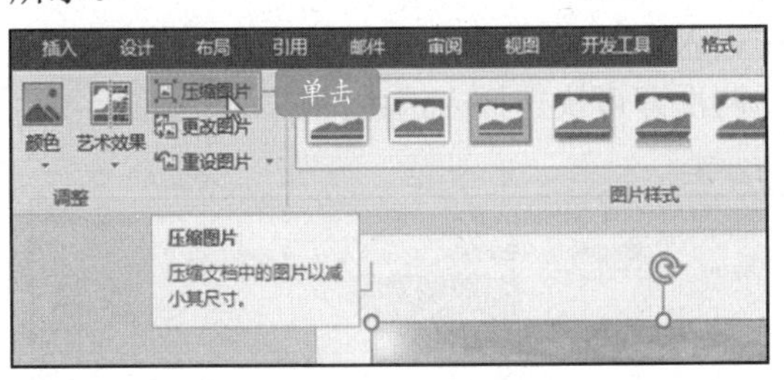

图 4-92　选择图片

STEP 02：弹出“压缩图片”对话框，在“压缩选项”组中勾选“仅应用于此图片”复选框，单击“确定”按钮后，文档占用的空间就会变小，如图 4-93 所示。

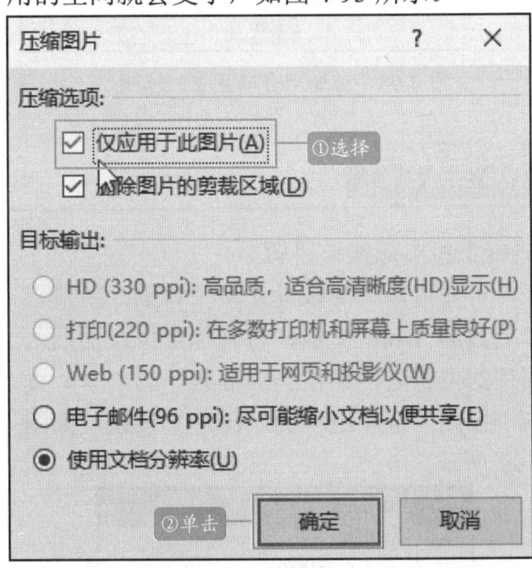

图 4-93　选择“仅应用于此图片”复选框

2.实现文档中多张图片的自动编号

当文档中拥有多张图片的时候，可以通过对图片插入题注的方法进行图片的自动编号。题注一般显示在图片的最下方，用于描述该图片。

STEP 01：新建空白文档，切换到“引用”选项卡，单击“题注”选项组中的“插入题注”按钮，如图 4-94 所示。

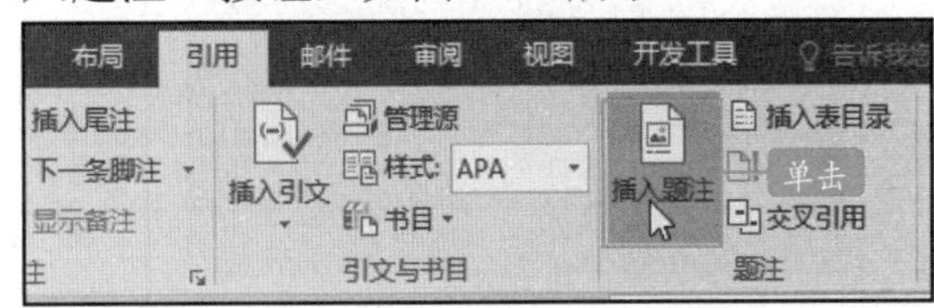

图 4-94　单击插入题注

STEP 02：弹出“题注”对话框，单击“新建标签”按钮，弹出“新建标签”对话框，在“标签”下的文本框中输入“图片”，然后单击“确定”按钮，如图 4-95 所示。

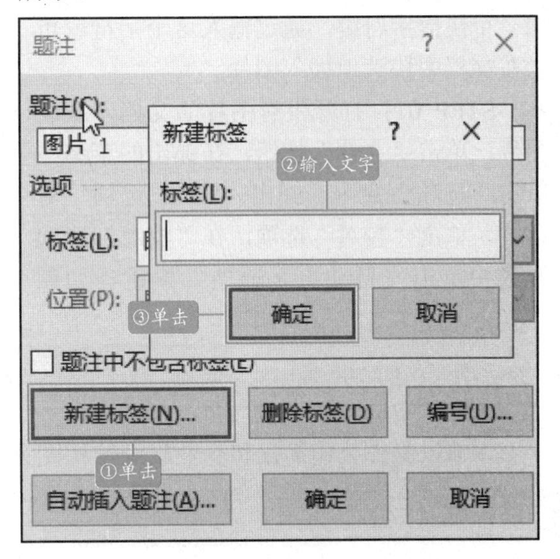

图 4-95　新建标签

STEP 03：然后单击“题注”对话框中的“确定”按钮即可看到图片自动插入了名为“图片 1”的题注，如图 4-96 所示。如果想要为第 2 张图片插入题注就可单击“插入题注”按钮，然后在弹出的“题注”对话框中直接单击“确定”按钮，第 2 张图片就会自动标记为“图片 2”。

图 4-96　添加题注后的效果图

3.妙用自动更正功能快速插入图片

在建立文档时，有时候会对常用的图片进行反复插入，例如一些商标、广告图片等，利用自动更正功能可以为指定的图片添加一个快捷字符键，通过输入这个字符就可以在文档中快速地插入图片。

STEP 01：打开带有图片的文档，选中图片，单击“文件”按钮，在弹出的菜单中单击“选项”命令，弹出“Word 选项”对话框，单击“校对”选项，在“校对”选项面板中单击“自动更正选项”按钮，如图4-97 所示。

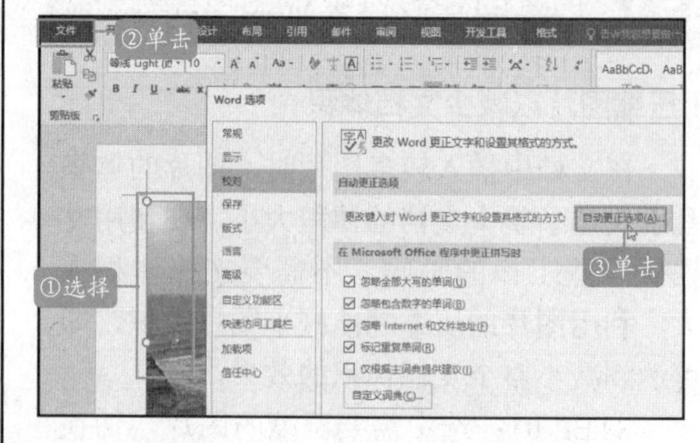

图 4-97　选择“自动更正选项”按钮

STEP 02：弹出“自动更正”对话框，在“自动更正”选项卡中的“替换”文本框中输入“1”，单击“添加”并按“确定”按钮两次即可快速插入选中的图片，如图4-98 所示。

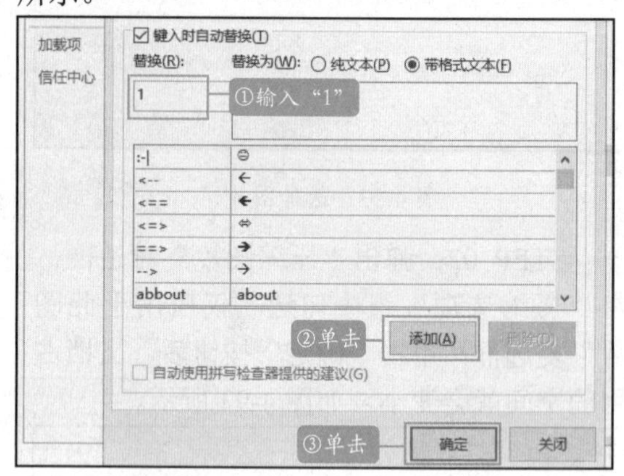

图 4-98　设置“自动更正”选项

4.8　上机实际操作

本节以制作公司简报和企业组织结构图为例，进行上机实际操作讲解。

4.8.1　制作公司简报

传递某方面信息简短的内部小报称为简报。公司简报的主要作用就是对公司的概括并宣传公司的一些基本信息，这些信息通常为一些简短、灵活并富有介绍性、回报性、交流性的信息。在日常工作表中常常需要制作公司简报，用户可以利用插入文本框、插入图片和形状的方法来制作。

STEP 01：要制作一个精美的公司简报，首先可以为简报设计一个背景，新建一个空白的 Word 文档，将光标定位在要插入图片的位置处，切换到“插入”选项卡，单击“插图”选项组中的“图片”按钮，如图4-99 所示。

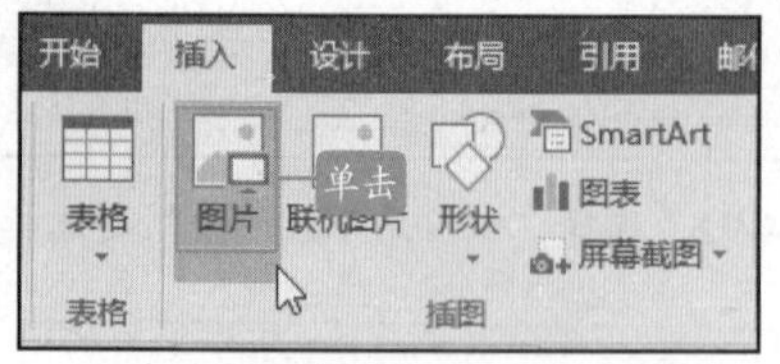

图 4-99　单击“图片”按钮

STEP 02：弹出“插入图片”对话框，找到图片保存的路径后，选中图片并单击“插入”按钮，如图 4-100 所示。

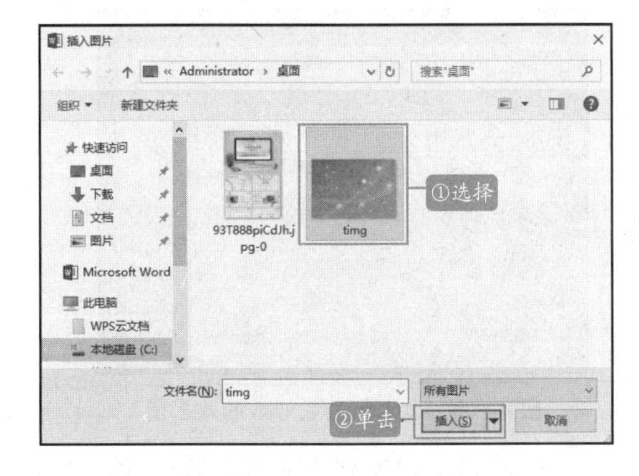

图 4-100 选择插入的图片

STEP 03：现在文档中插入了一张图片，改变图片的环绕方式，将图片设置为文档的背景，切换到“图片工具-格式”选项卡，单击“排列”选项组中的“环绕文字”按钮，在展开的下拉列表中单击“衬于文字下方”选项，如图 4-101 所示。

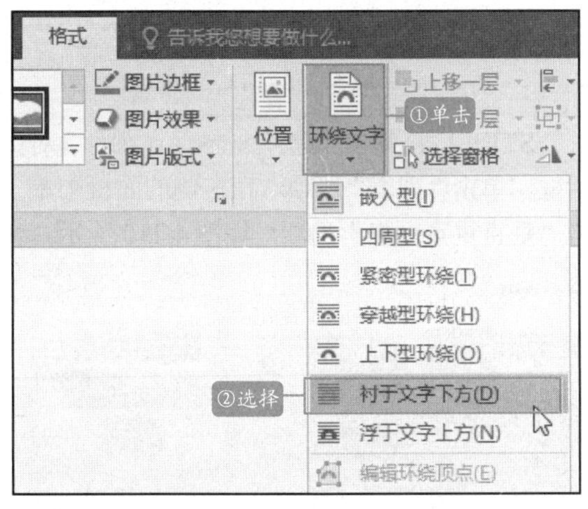

图 4-101 设置图片的文字环绕方式

STEP 04：通过设置使图片显示为文档的背景图后，拖动鼠标调整图片的大小。制作好简报的背景后，在背景图片上插入文本框来设置简报标题。切换到“插入”选项卡，单击“文本”选项组中的“文本框”按钮，在展开的下拉列表中单击“绘制文本框”选项，如图 4-102 所示。

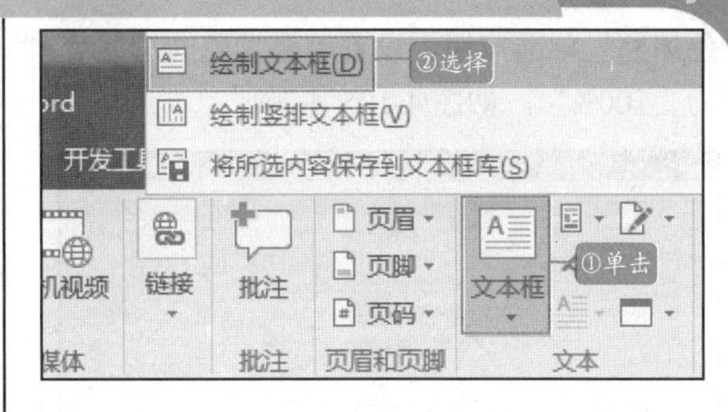

图 4-102 插入文本框

STEP 05：此时鼠标指针呈现十字形，拖动鼠标在合适的位置处绘制一个大小适当的文本框，如图 4-103 所示。

图 4-103 准备绘制文本框

STEP 06：释放鼠标后就绘制好了一个文本框。利用同样的方法绘制出一个竖排文本框，并在文本框中输入相应的文字，如图 4-104 所示。

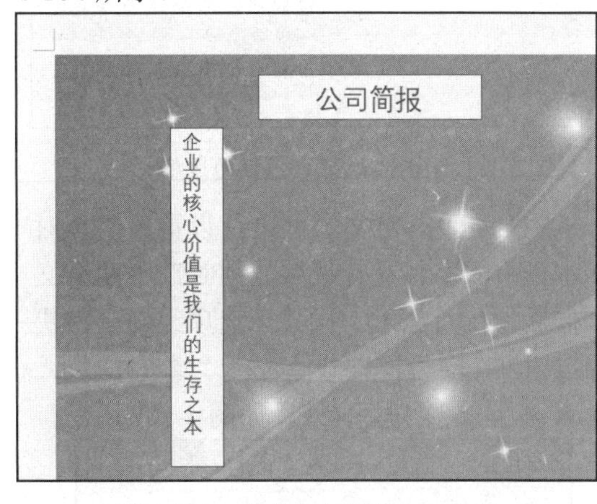

图 4-104 绘制文本框并输入文字

STEP 07：按住【Ctrl】键，同时选中两个文本框后并右击，从弹出的快捷菜单中选择“设置对象格式”命令，弹出“设置形状格式”窗格，在“填充”选项面板中单击“纯色填充”单选按钮，设置填充颜色的透明度为“100%”，如图4-105所示。

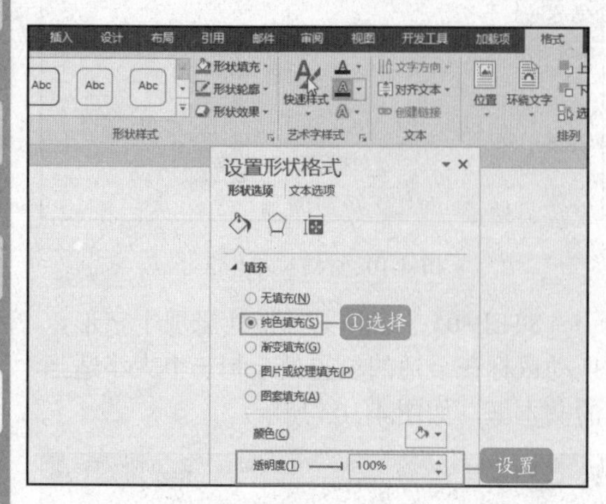

图4-105 设置文本框透明度

STEP 08：单击选项卡的“关闭”按钮后。然后在“形状样式”选项组中单击“形状轮廓”按钮，在展开的下拉列表中单击“无轮廓”选项，即可删除文本框的轮廓线条，如图4-106所示。

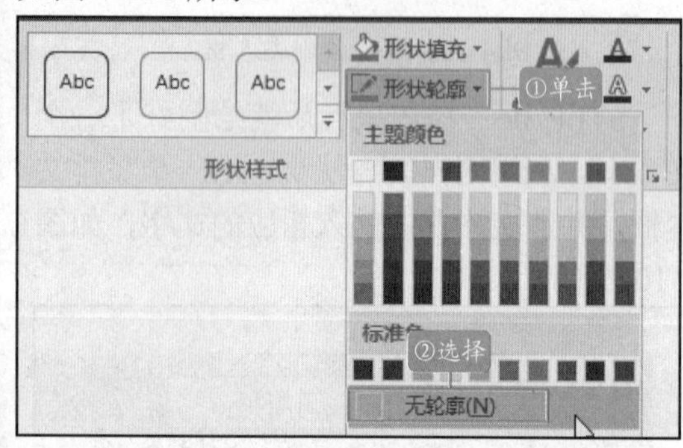

图4-106 设置文本框的边框

STEP 09：对文本框进行设置后，再对文本框中的字体进行设置。同时选中两个文本框后，在“艺术字样式”选项组中单击快翻按钮，在展开的样式库选择“填充-白色，轮廓-着色1，阴影”样式，如图4-107所示。

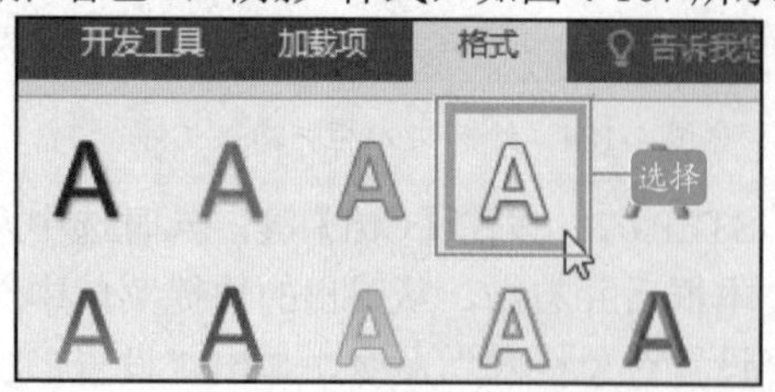

图4-107 选择字体样式

STEP 10：设置文本框的填充颜色透明度、轮廓样式和文本框中的字体样式后，可以看见此时的显示效果，如图4-108所示。

图4-108 文本框设置好后的效果图

STEP 11：切换到“插入”选项卡，在“插图”选项组中单击“SmartArt”按钮，如图4-109所示。

图4-109 单击“SmartArt”按钮

STEP 12：弹出“选择SmartArt图形”对话框，单击“列表”选项，在右侧的面板中单击“垂直重点列表”选项，如图4-110所示。

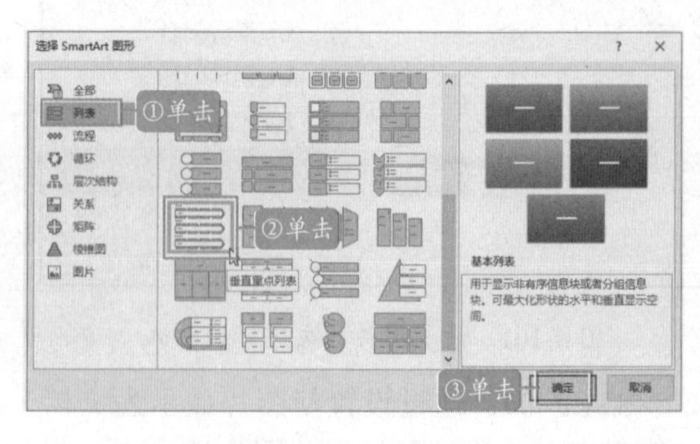

图4-110 选择图形

STEP 13：现在文档中插入了一个SmartArt图形，设置图形的环绕方式为“浮于文字之上”，并拖动SmartArt图形放置到合适的位置，为SmartArt图形添加相应的文字，如图4-111所示。

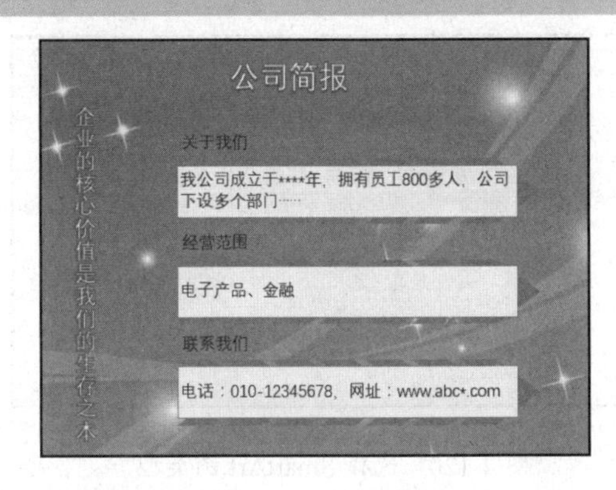

图 4-111 输入文字

STEP 14：同时选中 SmartArt 图形中需要更改的形状，切换到“SmartArt 工具-格式”选项卡，单击“形状”选项组中的“更改形状”按钮，在展开的形状类型库中选择“双波形”，如图 4-112 所示。

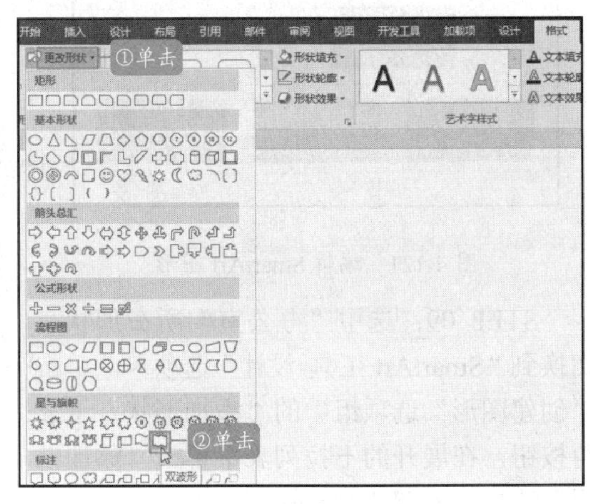

图 4-112 选择更改形状样式

STEP 15：更改 SmartArt 图形中形状类型后，简报被赋予一定的视觉动感，此时就完成了整个简报的制作，如图 4-113 所示。

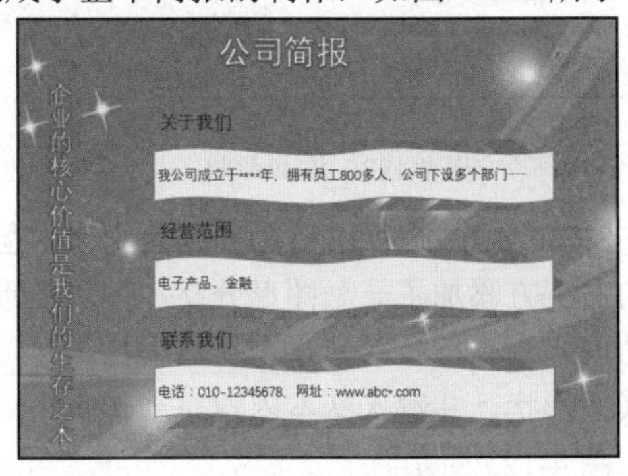

图 4-113 简报效果图

4.8.2 创建一份企业组织结构图

STEP 01：新建一个 Word 文档，将鼠标定位在文档的开头，在“插入”选项卡中单击“文本”选项组中的“艺术字”按钮，在展开的样式库中选择合适的样式，如图 4-114 所示。

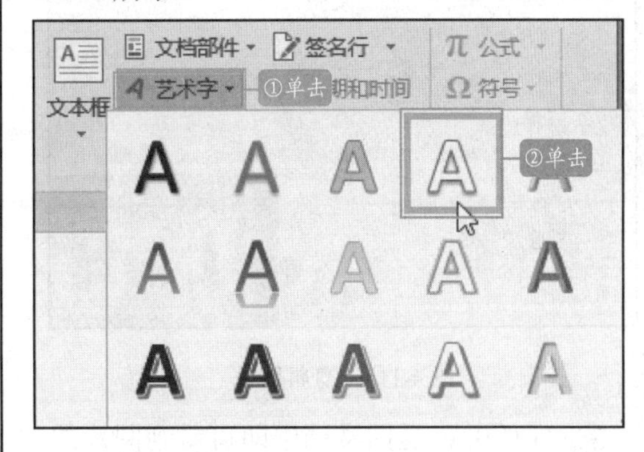

图 4-114 选择艺术字样式

STEP 02：此时文档中出现插入艺术字的占位符，在占位符中编辑文本，如图 4-115 所示。

图 4-115 插入艺术字

STEP 03：在浏览器中搜索要插入的图片，将光标定位在文本的末尾处，在“插入”选项卡中的“插图”选项组中单击“屏幕截图”下拉按钮，在展开的下拉列表中单击“屏幕剪辑”选项，如图 4-116 所示。

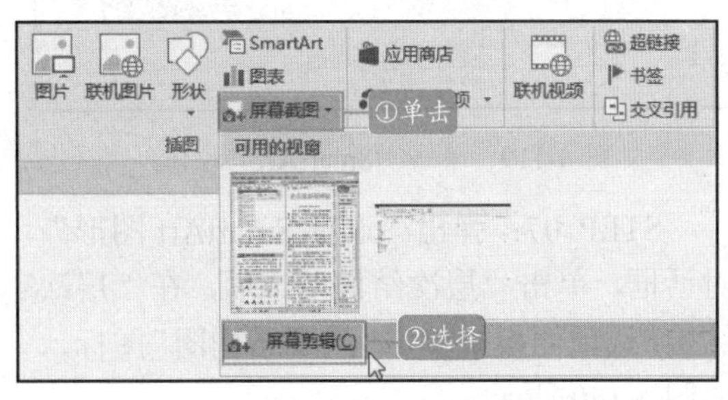

图 4-116 单击“屏幕截图”选项

STEP 04：计算机屏幕自动切换到打开

的当前窗口下，进入截图显示效果，此时鼠标指针呈十字形，在截图的开始位置单击鼠标并拖动鼠标到合适位置，如图 4-117 所示。

图 4-117　剪辑图片

STEP 05：返回文档中即可看到图片的剪辑效果，如图 4-118 所示。

图 4-118　剪辑图片后的效果

STEP 06：将光标定位在要插入图形位置处，在“插入”选项卡中单击“插图”选项组中的“SmartArt”按钮，如图 4-119 所示。

图 4-119　单击“SmartArt”按钮

STEP 07：弹出“选择 SmartArt 图形”对话框，单击“层次结构”选项，在“层次结构”选项面板中单击“组织结构图”图标，如图 4-120 所示。

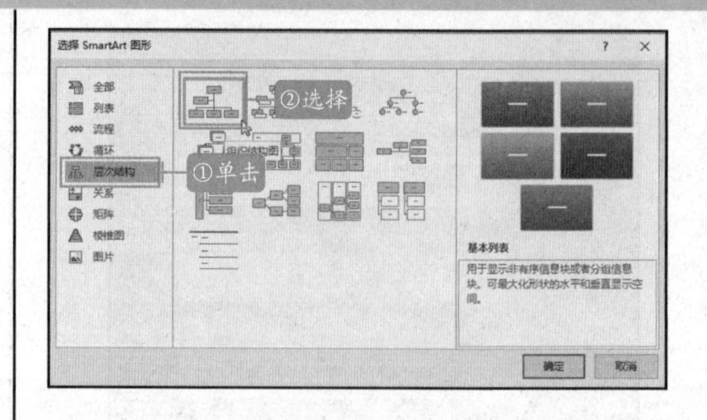

图 4-120　选择 SmartArt 图类型

STEP 08：单击“确定”按钮，即可看到文档中插入了SmartArt图形，然后在图形中编辑所需的文本内容，如图 4-121 所示。

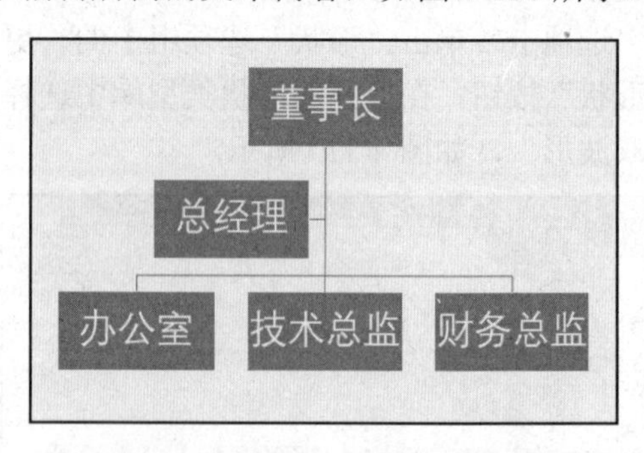

图 4-121　编辑 SmartArt 图形

STEP 09：选中“办公室”所在形状，切换到“SmartArt 工具-设计”选项卡，单击“创建图形”选项组中的“添加形状”下三角按钮，在展开的下拉列表中单击“添加助理”选项，如图 4-122 所示。

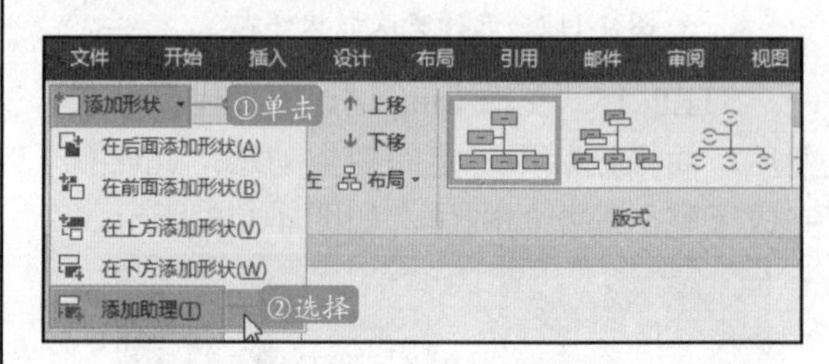

图 4-122　添加形状

STEP 10：此时可见在“办公室”占位符的左下方添加了一个图形分支，编辑图形中的内容为“行政部”，重复以上操作，添加其他形状，并输入文本内容完善形状，效果如图 4-123 所示。

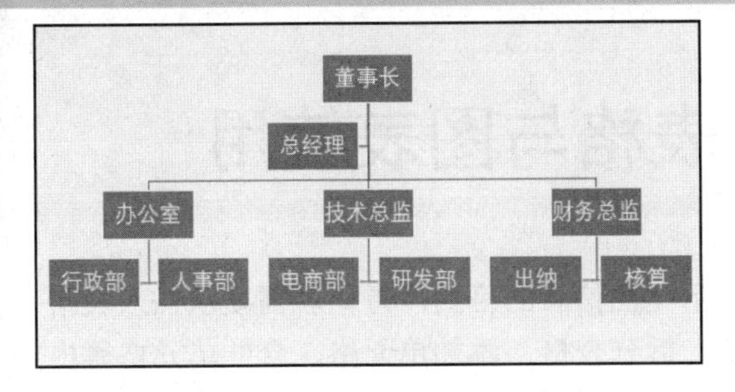

图 4-123 添加形状后的效果

STEP 11：选中图形，单击“SmartArt 样式”选项组中的快翻按钮，在展开的样式库中选择合适的样式，如图 4-124 所示。

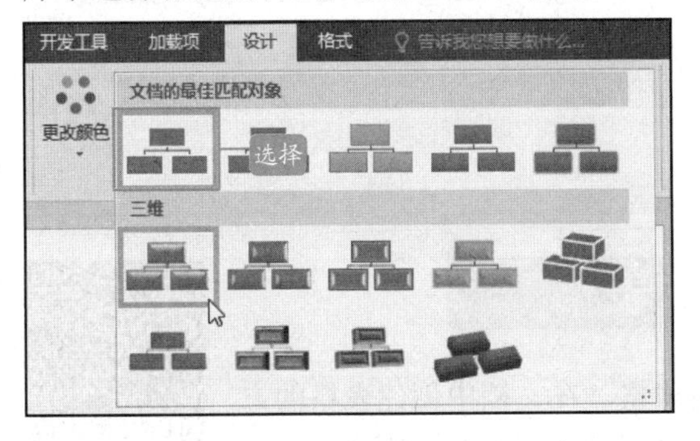

图 4-124 选择 SmartArt 样式

STEP 12：为 SmartArt 图形应用了默认的样式后，显示效果如图 4-125 所示，此时便完成了整个企业组织结构图的制作。

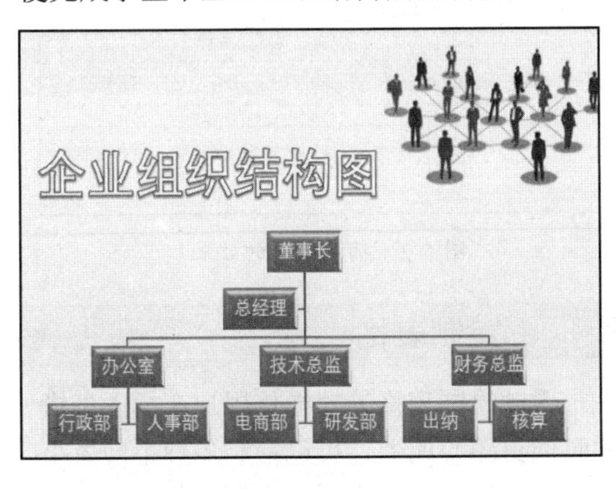

图 4-125 企业组织结构完整效果图

4.8.3 Word 文档美化练习

新建一个空白文档，准备一段文字内容（如图 4-126 所示）复制到新建文档中，并为这段文字准备一张背景图片，具体对文档的美化要求如下：

（1）设置文本的格式，包括字体、字号、文本效果和版式。

（2）设图片设置为页面背景，并将图片插入到文档中，设置图片的环绕方式和应用样式。

（3）在文档中插入艺术字，并设置艺术字的样式和文字效果。

效果如图 4-127 所示。

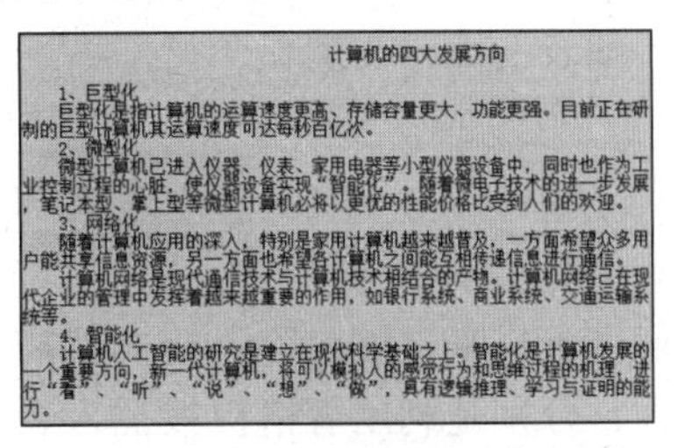

计算机的四大发展方向

1、巨型化

巨型化是指计算机的运算速度更高、存储容量更大、功能更强。目前正在研制的巨型计算机其运算速度可达每秒百亿次。

2、微型化

微型计算机已进入仪器、仪表、家用电器等小型仪器设备中，同时也作为工业控制过程的心脏，使仪器设备实现“智能化”。随着微电子技术的进一步发展，笔记本型、掌上型等微型计算机必将以更优的性能价格比受到人们的欢迎。

3、网络化

随着计算机应用的深入，特别是家用计算机越来越普及，一方面希望众多用户能共享信息资源，另一方面也希望各计算机之间能互相传递信息进行通信。

计算机网络是现代通信技术与计算机技术相结合的产物。计算机网络已在现代企业的管理中发挥着越来越重要的作用，如银行系统、商业系统、交通运输系统等。

4、智能化

计算机人工智能的研究是建立在现代科学基础之上。智能化是计算机发展的一个重要方向，新一代计算机，将可以模拟人的感觉行为和思维过程的机理，进行“看”、“听”、“说”、“想”、“做”，具有逻辑推理、学习与证明的能力。

图 4-126 准备美化的文字内容

图 4-127 美化后的效果图

第 5 章　Word 2016 表格与图表使用

在 Word 中想要达到使用表格和图表来直观展示文档信息的目的，首先就需要从插入表格和编辑表格的基本操作开始。此操作包括插入表格、拆分表格、添加单元格、合并单元格等内容，还可以对表格中的数据进行简单处理，若要数据的表现更为形象化，还可以插入图表，此时会启用 Excel 编辑图表功能，总之，利用表格和图表同时来展示文档中的数据信息，能在形象化数据的同时，在一定程度上避免文字表达的枯燥。

本章知识要点

- 插入表格
- 编辑表格
- 美化表格
- 图表的编辑与美化

5.1　创建表格

扫码观看本节视频

要使用表格来表达内容，首先就需要学会创建表格。在文档中创建表格的方法有三种，分别是利用表格模板插入表格、手动绘制表格和利用对话框快速插入表格。

5.1.1　插入表格

利用表格模板可以快速创建表格，但是用表格模板创建的表格行和列是有限制的，其最大值为 8 行和 10 列。

STEP 01：新建一个空白文档，在“插入”选项卡的“表格”选项组中单击“表格”按钮，在展开的下拉列表中的“插入表格”库中选择表格单元格个数“4×4”，如图 5-1 所示。

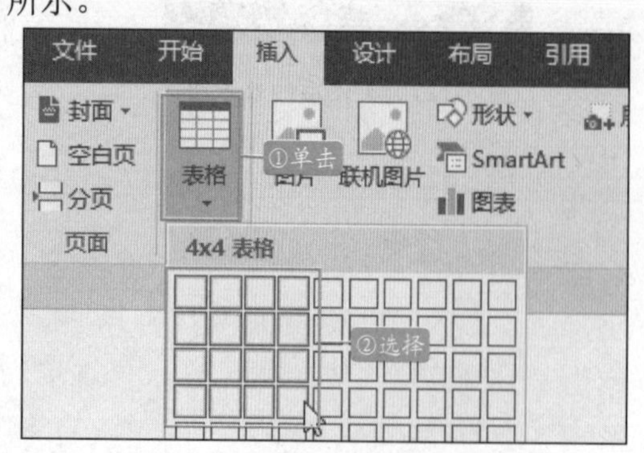

图 5-1　选择插入表格的行数和列数

STEP 02：完成操作之后，即可在文档中看到插入了一个行数和列数均为 4 的表格，如图 5-2 所示。

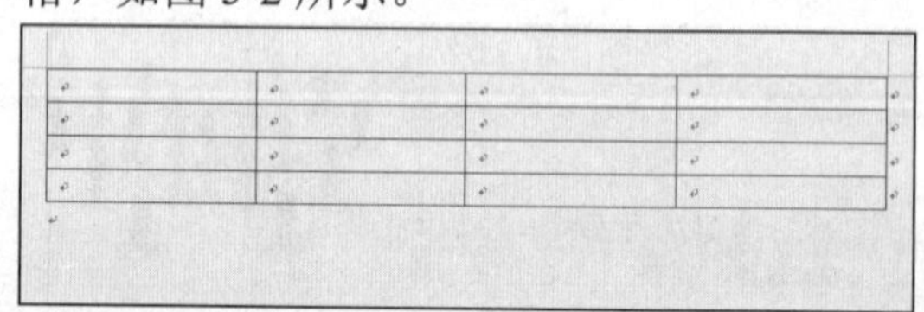

图 5-2　插入表格的效果

5.1.2　绘制表格

手动绘制表格的功能使用户在插入表格的时候更随心所欲，可以绘制多种不同大小的表格，还可以在表格中直接绘制对角线。

STEP 01：新建一个空白文档，在“插入”选项卡的“表格”选项组中单击“表格”按钮，在展开的下拉列表中单击“绘制表格”选项，如图 5-3 所示。

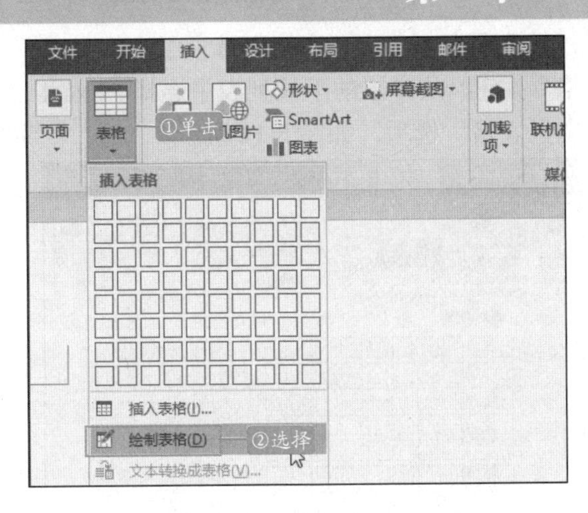

图 5-3 单击“绘制表格”选项

STEP 02：此时，鼠标指针呈铅笔形状，拖动鼠标在适当的位置处绘制表格，如图 5-4 所示。

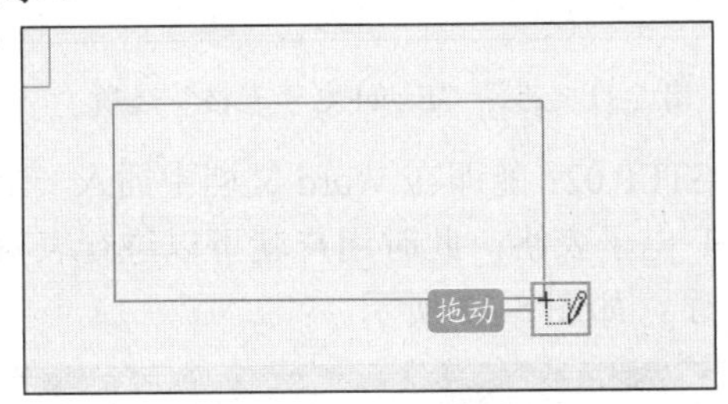

图 5-4 绘制表格

STEP 03：释放鼠标后，继续绘制表格的行和列线。完成整个表格的绘制，效果如图 5-5 所示。

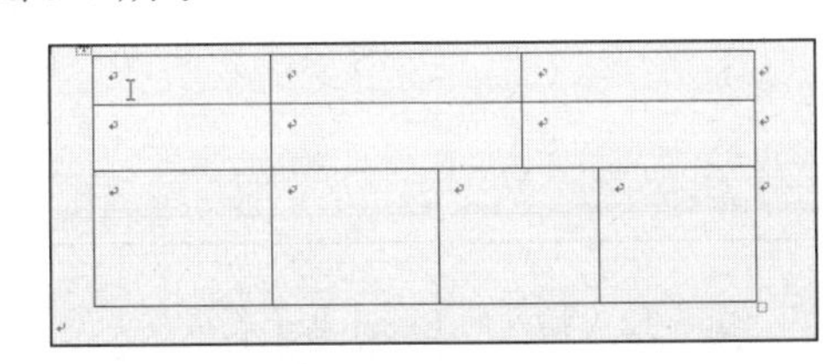

图 5-5 绘制表格的效果

5.1.3 利用对话框插入表格

利用对话框可以在创建表格之前调整好表格的尺寸、列宽等，达到快速创建表格的效果。

STEP 01：新建空白文档，在“插入”选项卡的“表格”选项组中单击“表格”按钮，在展开的下拉列表中单击“插入表格”选项，如图 5-6 所示。

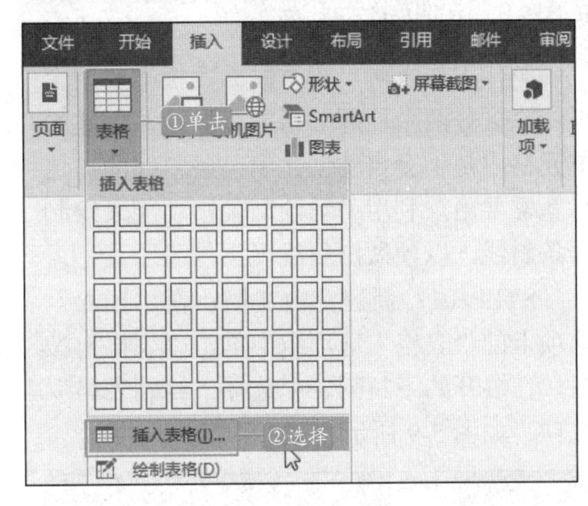

图 5-6 单击“插入表格”选项

STEP 02：弹出“插入表格”对话框，设置表格的列数为“12”、行数为“8”，单击“确定”按钮，如图 5-7 所示。

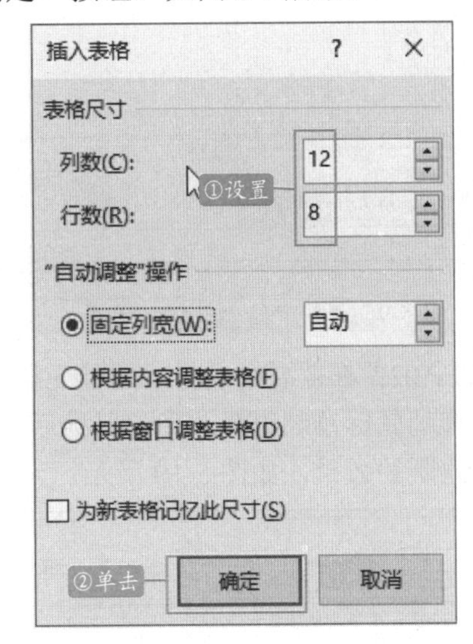

图 5-7 设置表格的尺寸

STEP 03：此时，在文档中插入了一个列数为 12、行数为 8 的表格，如图 5-8 所示。

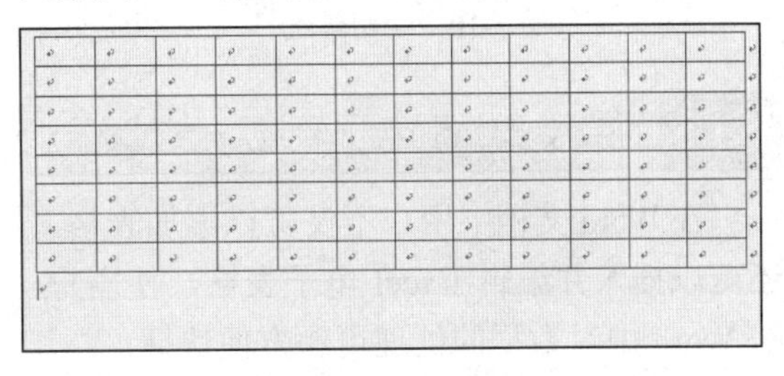

图 5-8 插入表格的效果

5.1.4 绘制斜线表头

制作工作表时，有时候标题栏需要用上斜线来区分两个标题的指向，但是，创建的单元格中是不会自动创建出一条斜线的，这时就需要用户利用手动绘制表格功能来绘制一条斜线，以便做出斜线表头。

STEP 01：新建空白文档，在“插入”选项卡的“表格”选项组中单击“表格”按钮，在展开的下拉列表中选择“绘制表格”选项，如图 5-9 所示。

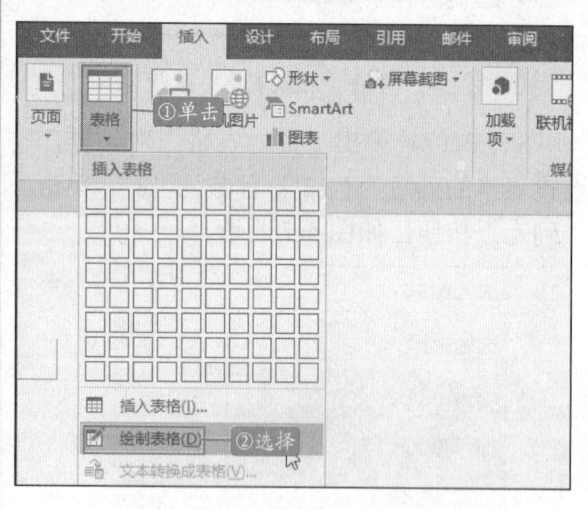

图 5-9 选择“绘制表格”选项

STEP 02：在需要绘制斜线的单元格中，斜向下拖动鼠标绘制斜线。释放鼠标后，可以查看绘制的效果，如图 5-10 所示。

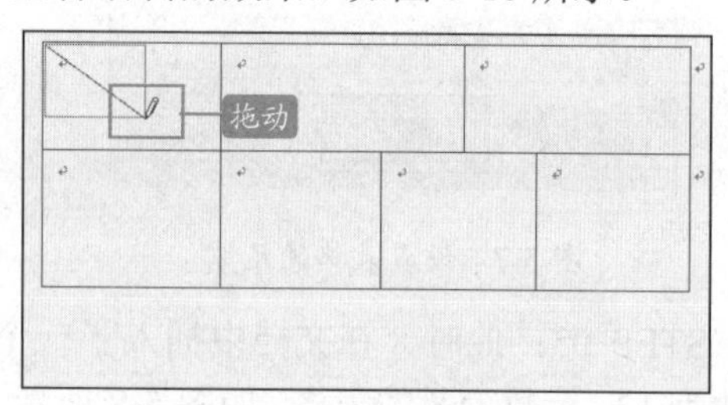

图 5-10 绘制斜线

5.1.5 插入 Excel 电子表格

在 Word 文档中用户不仅可以添加表格，还可以插入并编辑 Excel 电子表格，使用户在 Word 中对数据的处理更加方便快捷。

STEP 01：在 Word 文档中，切换到“插入”选项卡，单击“表格”选项组中的“表格”按钮，从弹出的下拉列表中选择“Excel 电子表格”选项，如图 5-11 所示。

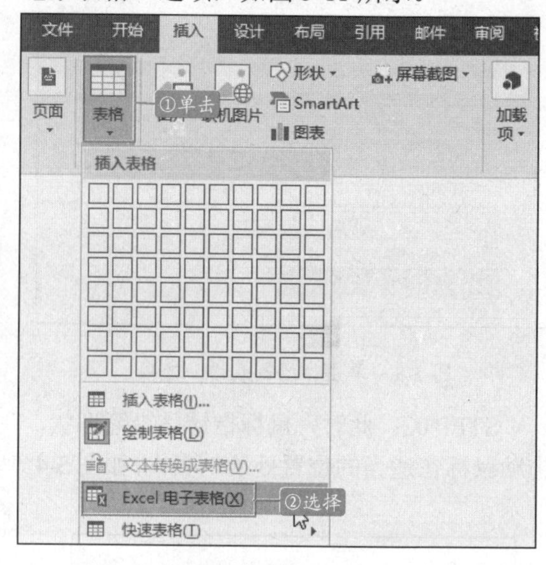

图 5-11 选择“Excel 电子表格”选项

STEP 02：随即在 Word 文档中插入一个 Excel 电子表格，此时用户就可以进行表格编辑了，如图 5-12 所示。

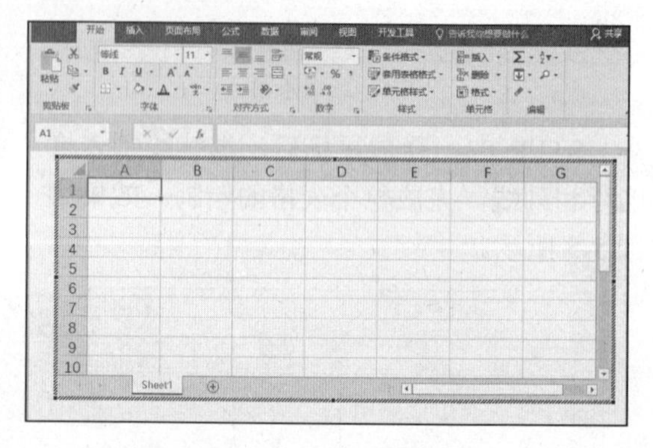

图 5-12 插入的 Excel 电子表格

STEP 03：电子表格编辑完后，单击 Word 文档中的空白处即可将其转换成普通表格，如图 5-13 所示。

	语文	数学	英语	地理	历史
王小小	89	95	86	93	80
李磊	92	80	95	87	90
张红军	85	97	92	82	87
韩梅梅	86	88	99	83	78

图 5-13 电子表格编辑完后的效果

5.2　编辑表格

扫码观看本节视频

在文档中创建一个表格后，为了让表格满足文本内容的需要，可以对表格进行编辑。编辑表格一般分为在表格中插入行和列、对单元格进行合并和拆分、调整行高和列宽、调整表格的对齐方式等。

5.2.1 输入表格内容

表格文字输入同普通 Word 文本输入一致。表格在进行调整前，需先输入表格文本，再根据文本内容调整表格。

STEP 01：将插入点定位在第一行第一列，按【Ctrl+Shift+Enter】组合键，在表格外，添加一个文本行，如图 5-14 所示。

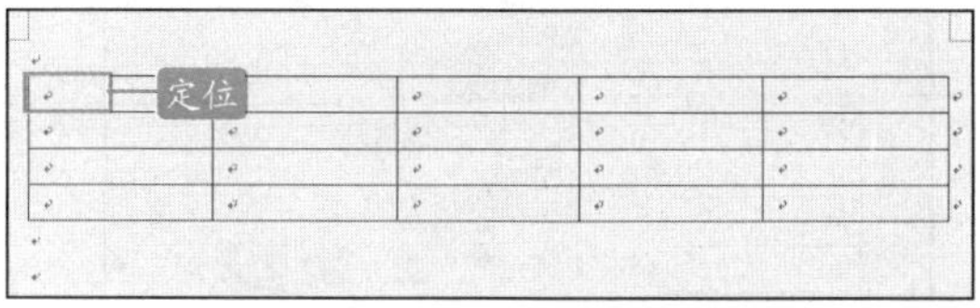

定位

图 5-14　在表格外添加文本行

STEP 02：输入表格的标题，如图 5-15 所示。

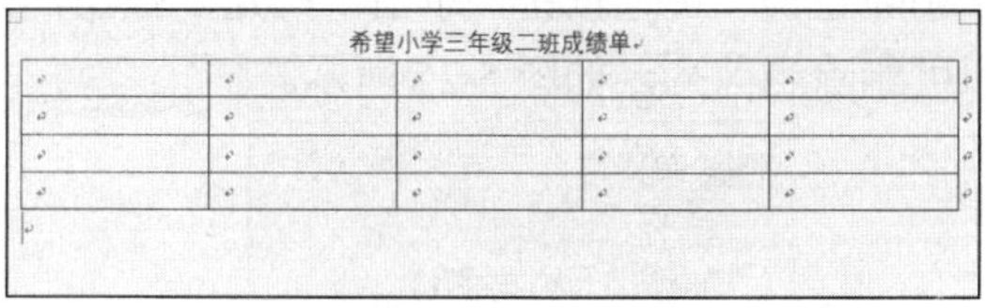

希望小学三年级二班成绩单

图 5-15　输入表格标题

STEP 03：将插入点定位在第一行第一列单元格中，输入文字，如图 5-16 所示。

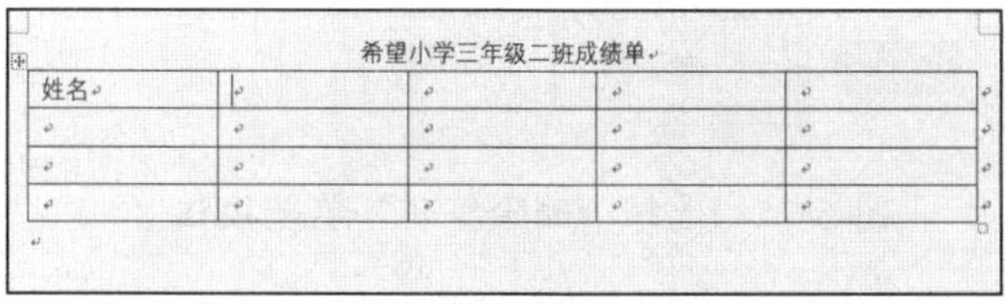

希望小学三年级二班成绩单

姓名				

图 5-16　在单元格中输入文字

STEP 04：按同样方法输入所有内容，如图 5-17 所示。

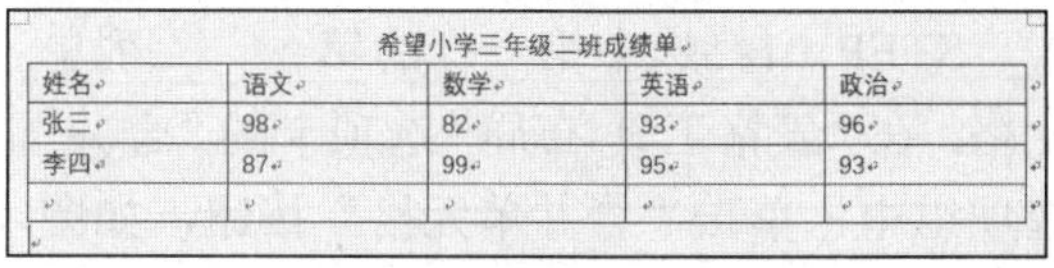

希望小学三年级二班成绩单

姓名	语文	数学	英语	政治
张三	98	82	93	96
李四	87	99	95	93

图 5-17　输入文字后的效果

5.2.2 选择表格单元格

选择单元格包括选择行或列，用户可以使用以下方法。

方法一：在“表格工具-布局”选项卡的“表”选项组中单击“选择”快翻按钮，可以选择相应选项来选中整行、整列单元格等，如图 5-18 所示。

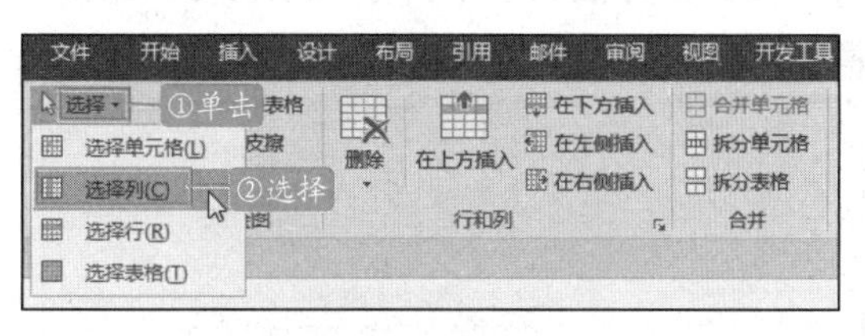

图 5-18　选择列

方法二：选择单个单元格的方法很简单，只需从要选中的单元格开始拖动鼠标选中两个或两个以上连续的单元格，然后再拖动鼠标回到最初要选中的那个单元格即可，如图 5-19 所示。

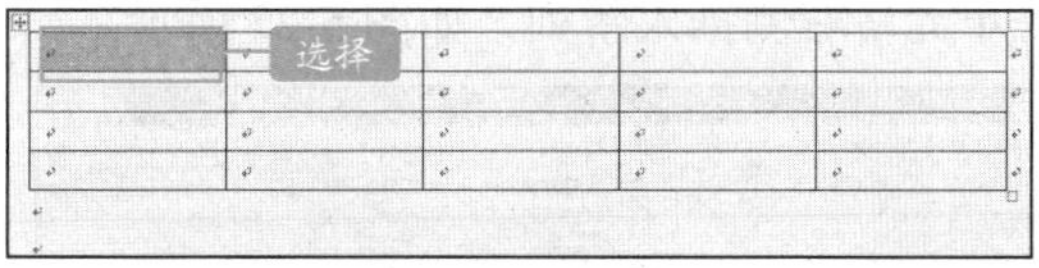

选择

图 5-19　选择单个单元格

方法三：按住【Ctrl】键，按照上面介绍的方法，即可选中多个不连续的单元格，如图 5-20 所示。

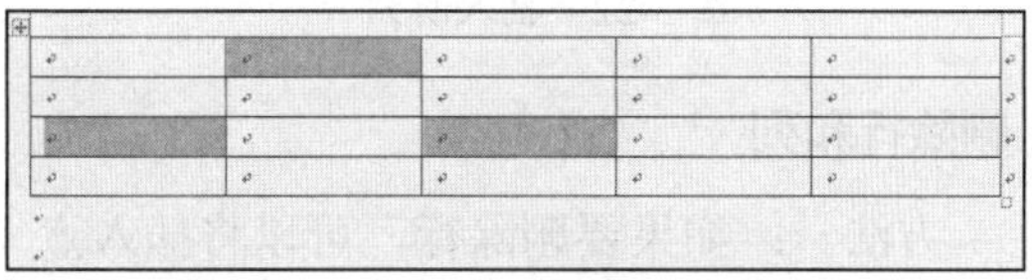

图 5-20　选择多个不连续的单元格

> ◆◆提示
>
> 还有一种方法是将鼠标移至单元格左侧，当光标变成向右的黑色箭头时，单击鼠标左键，完成单元格选取，也可以配合【Ctrl】键完成不连续单元格的选取。

5.2.3 添加和删除行和列

如果在输入过程中，需要添加或删除行或列，可以按以下方法进行。

1.添加行和列

方法一：将插入点定位在第一行，在"表格工具-布局"选项卡的"行和列"选项组中，单击"在上方插入"按钮。此时，会在插入点所在行上方插入一个新行，如图 5-21 所示。

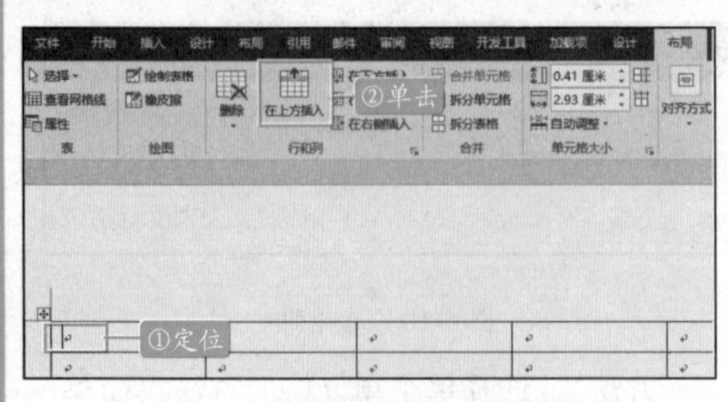

图 5-21　插入新行

方法二：同样选中某单元格，在"表格工具-布局"选项卡的"行和列"选项组中单击"在右侧插入"按钮。这样在当前光标所在单元格右侧插入新列，如图 5-22 所示。

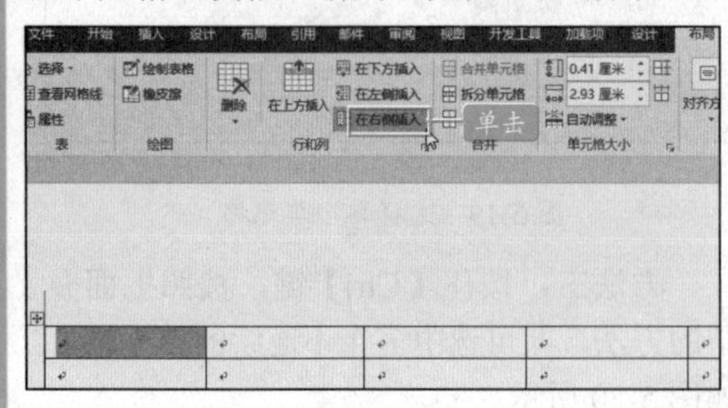

图 5-22　插入新列

2.删除行和列

方法一：如果要删除行，可以将插入点定位在要删除行中的任意单元格，在"行和列"选项组中单击"删除"下拉按钮，选择"删除行"选项，如图 5-23 所示。

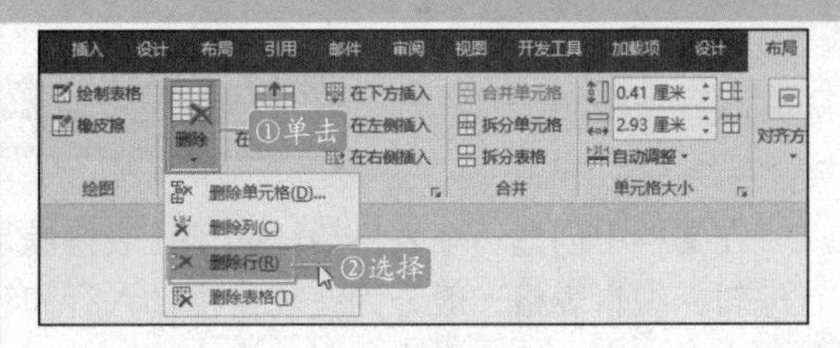

图 5-23　删除行

方法二：选中需要删除的列中任意单元格，单击鼠标右键，在快捷菜单中选择"删除单元格"选项，如图 5-24 所示。

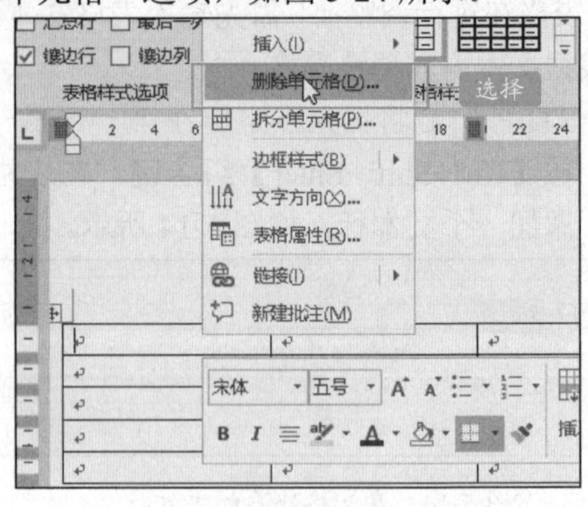

图 5-24　选择"删除单元格"选项

在弹出的"删除单元格"对话框中，选择"删除整列"单选按钮，单击"确定"按钮，即可删除当前列，如图 5-25 所示。

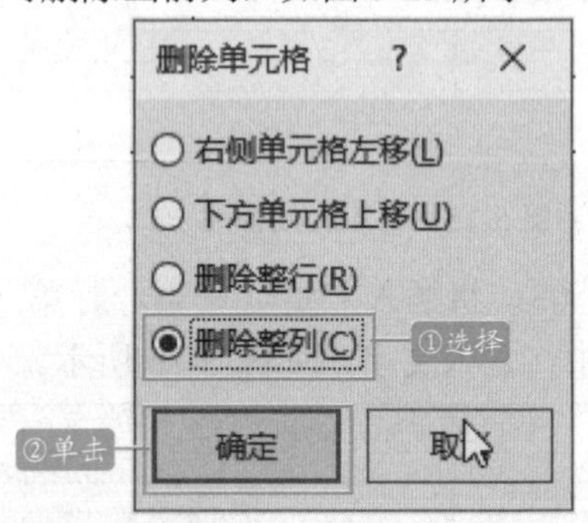

图 5-25　选择"删除整列"单选按钮

5.2.4 合并和拆分单元格

表格需要根据文本的表述进行拆分与合并操作，下面介绍具体操作步骤如下：

STEP 01：选中第一行的第一、二列单元格，在"表格工具-布局"选项卡的"合并"选项组中，单击"合并单元格"按钮，如图 5-26 所示。

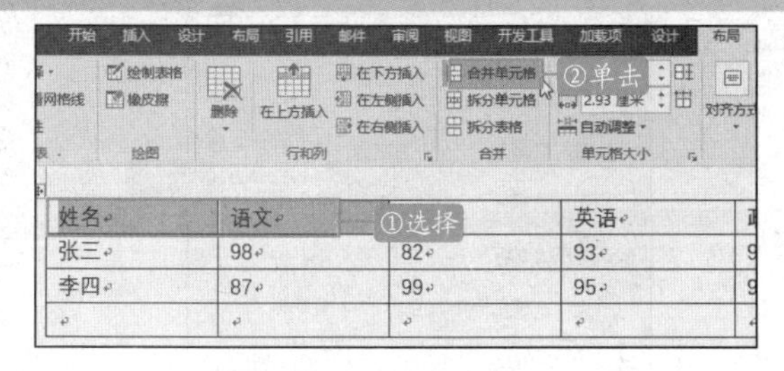

图 5-26　合并单元格

STEP 02：选中合并后的单元格，在“表格工具-布局”选项卡的“合并”选项组中，单击“拆分单元格”按钮，如图 5-27 所示。

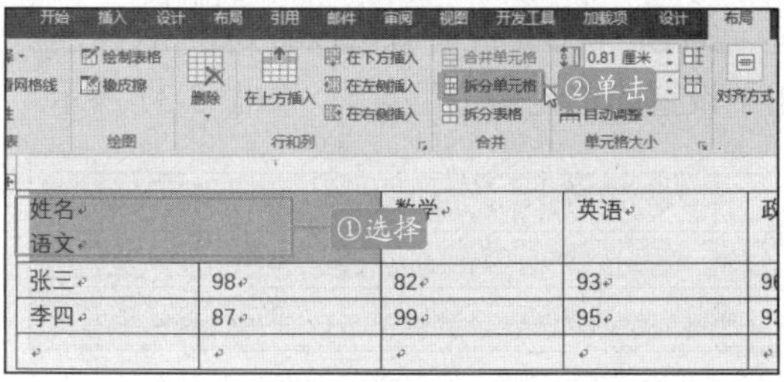

图 5-27　拆分单元格

STEP 03：在对话框中设置列数为“2”、行数为“1”，单击“确定”按钮，如图 5-28 所示。

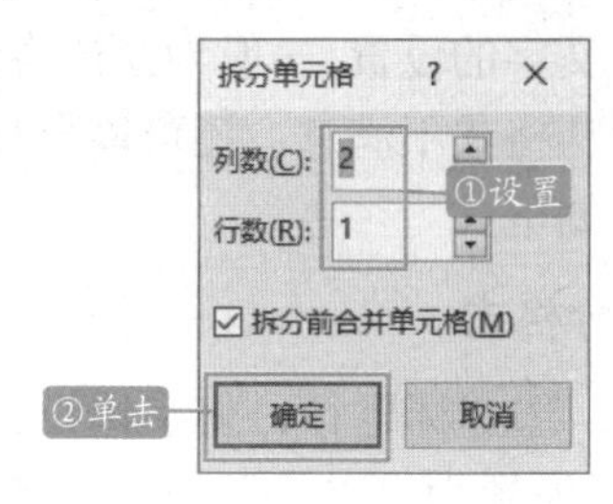

图 5-28　设置拆分单元格的列数和行数

STEP 04：完成后效果如图 5-29 所示。

姓名	语文	数学	英语	政治
张三	98	82	93	96
李四	87	99	95	93

图 5-29　拆分单元格后的效果

5.2.5 调整行高与列宽

添加在表格中的文本内容字体可能有大有小，或许还包含有多行文字或是一行较长的文字，这时就需要调整单元格的行高和列宽，让单元格与文本内容相匹配。在 Word 文档中，既可以精确输入行高和列宽值，也可以通过拖动鼠标来调整行高和列宽。

STEP 01：打开带有表格的文件，在表格的左上角单击“选择表格”按钮，选中整个表格，在“表格工具-布局”选项卡的“单元格大小”选项组中的“高度”数值框中输入“0.4 厘米”，在“宽度”数值框中输入“2 厘米”，按【Enter】键，设置表格的行高和列宽，如图 5-30 所示。

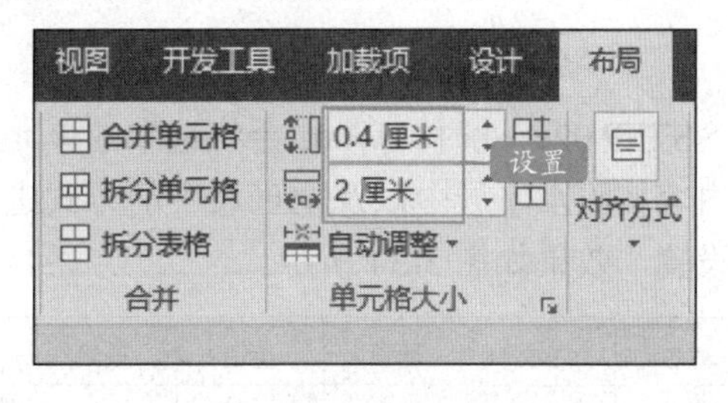

图 5-30　精确设置行高和列宽

STEP 02：将鼠标光标移动到第 1 行和第 2 行单元格间的分隔线上，当其变成双向箭头形状时，按住鼠标左键向下拖动，即可增加第 1 行的行高，如图 5-31 所示。

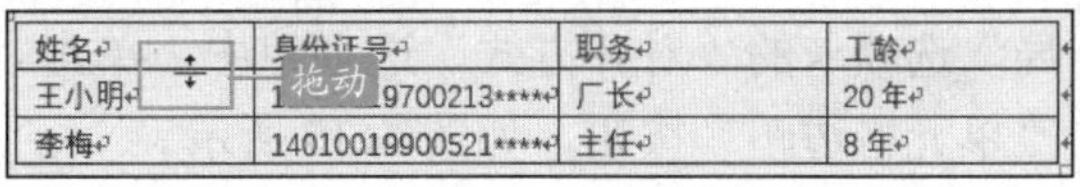

姓名	身份证号	职务	工龄
王小明	1[拖动]9700213*****	厂长	20 年
李梅	14010019900521*****	主任	8 年

图 5-31　手动调整行高

STEP 03：用同样的方法继续调整表格中其他单元格的行高和列宽，效果如图 5-32 所示。

姓名	身份证号	职务	工龄
王小明	13030119700213*****	厂长	20 年
李梅	14010019900521*****	主任	8 年

图 5-32　表格调整后的效果

5.2.6 调整表格的格式

表格格式的调整目的同段落的调整类似，主要是为了使表格的界面更加美观、简洁，更易使用户接受。

STEP 01：选中表格所有内容，在“表格工具-布局”选项卡的“对齐方式”选项组中，单击“水平居中”按钮，如图 5-33 所示。

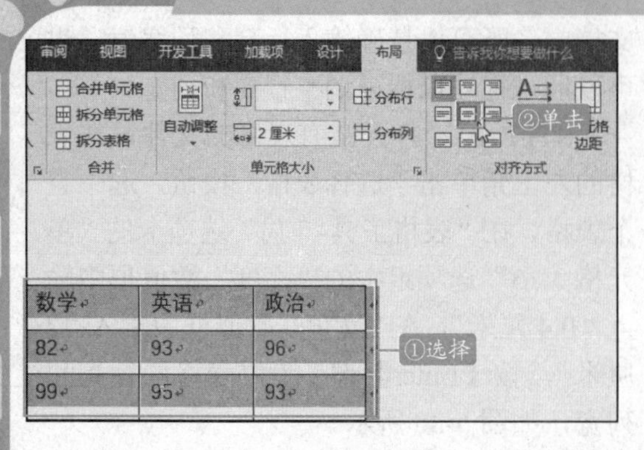

图 5-33　设置表格内容水平居中

STEP 02：此时，Word 会将选中的单元格内容按照水平居中以及垂直居中的方式进行设置，效果如图 5-34 所示。

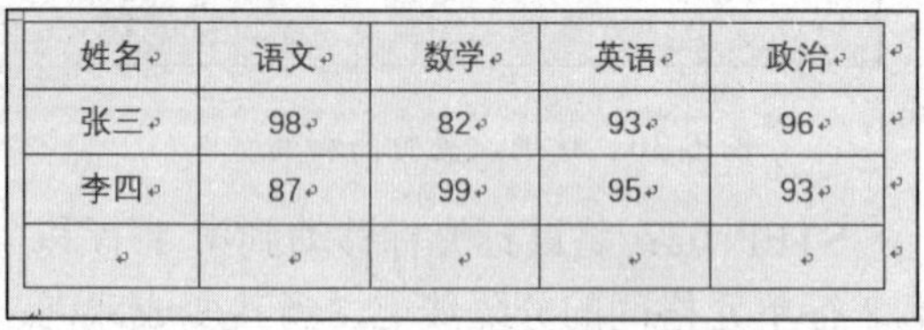

姓名	语文	数学	英语	政治
张三	98	82	93	96
李四	87	99	95	93

图 5-34　表格设置好的效果

STEP 03：选中表格，在“表格工具-布局”选项卡的“对齐方式”选项组中，单击“单元格边距”按钮，如图 5-35 所示。

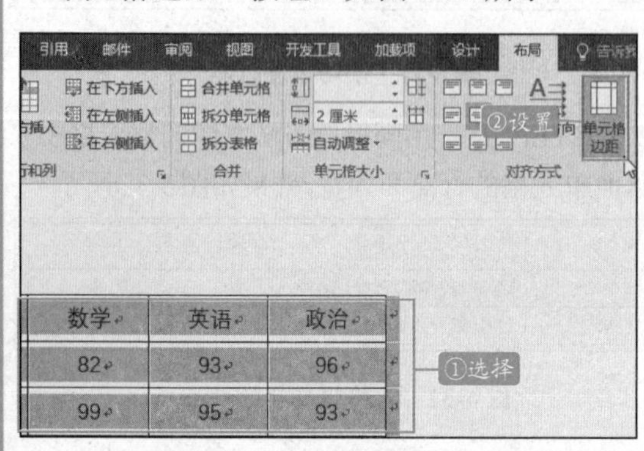

图 5-35　单击“单元格边距”按钮

STEP 04：在“表格选项”对话框中，将“默认单元格边距”的“左”“右”值均设置为“0.2 厘米”，完成后单击“确定”按钮，如图 5-36 所示。

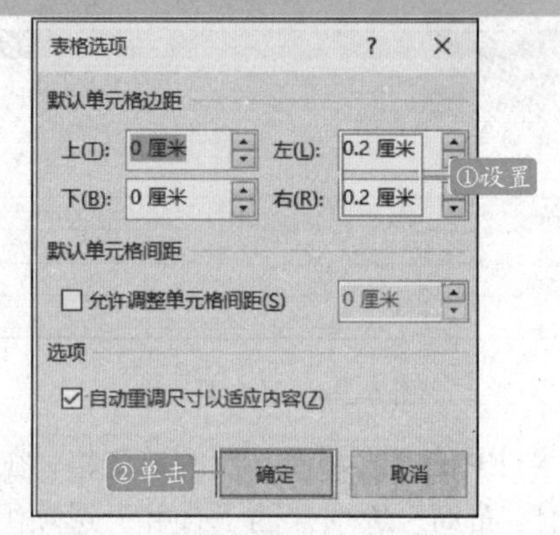

图 5-36　设置单元格边距数值

STEP 05：此时就可以看到表格已经应用了设置的单元格边距效果，如图 5-37 所示。

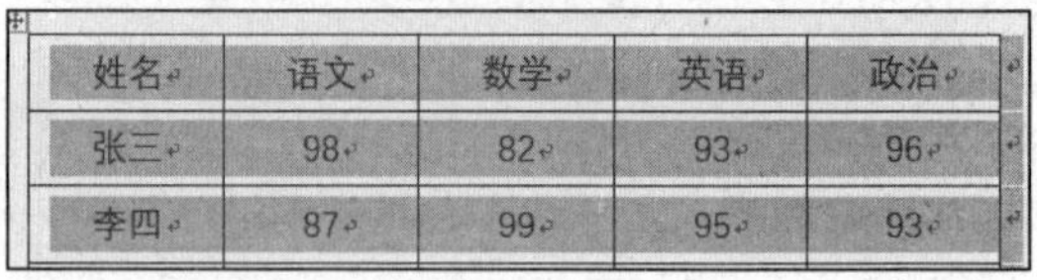

姓名	语文	数学	英语	政治
张三	98	82	93	96
李四	87	99	95	93

图 5-37　设置单元格边距后的效果

5.2.7 设置文本格式

设置文本格式包括标题部分的格式设置和表格中输入文字的设置，一般为默认格式，如果用户对默认格式不满意，还可以自行设置，具体操作如下。

1.设置标题部分格式

STEP 01：选中标题行，将字体设置为“黑体”，字号设置为“二号”，并“加粗”、“居中”进行显示，如图 5-38 所示。

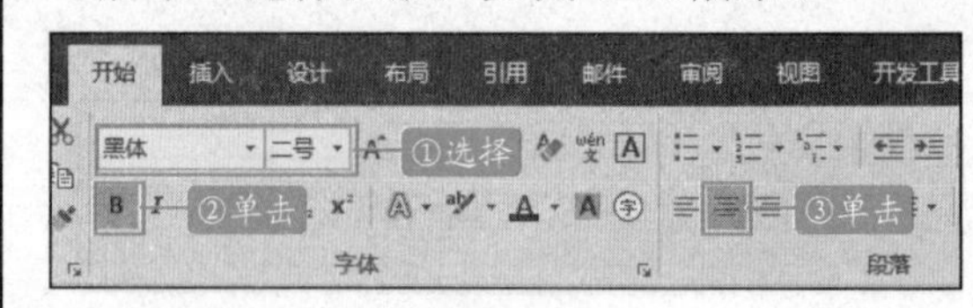

图 5-38　设置标题的格式及位置

STEP 02：标题部分的设置完成，效果如图 5-39 所示。

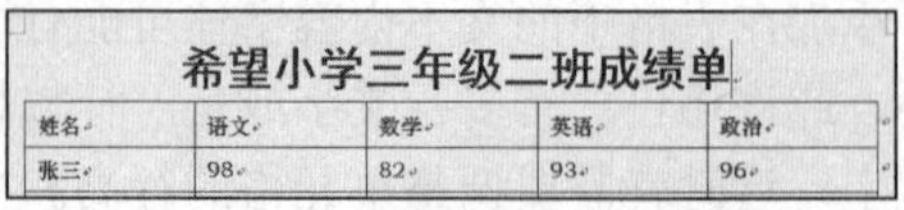

希望小学三年级二班成绩单

姓名	语文	数学	英语	政治
张三	98	82	93	96

图 5-39　标题设置好的效果

2.设置表格字体与对齐方式

STEP 01：选中表格，切换到“表格工具-布局”选项卡中的“对齐方式”选项组中，单击“水平居中”选项，如图 5-40 所示。

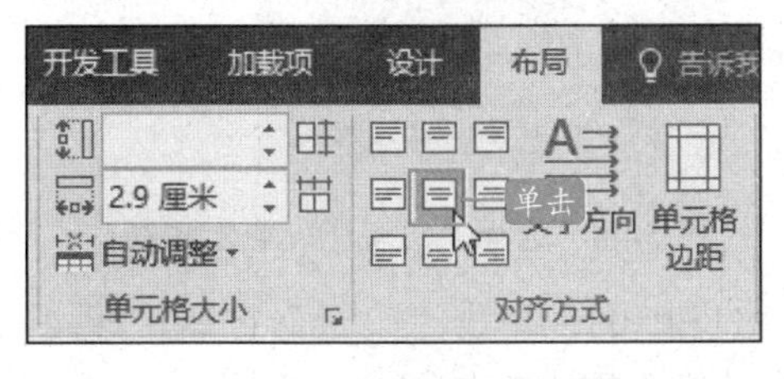

图 5-40　设置对齐方式

STEP 02：随后用同样的方法，设置文档中其他单元格中文字的对齐方式。

STEP 03：选中文字，打开“开始”选项卡，单击“字体”选项组的设置按钮，如图 5-41 所示。

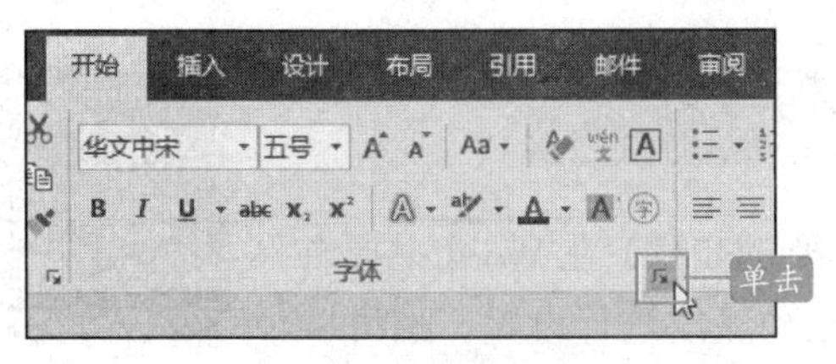

图 5-41　设置字体格式

STEP 04：弹出“字体”对话框，将“中文字体”设置为“黑体”，“字形”设置为“常规”，“字号”设置为“四号”，如图 5-42 所示。

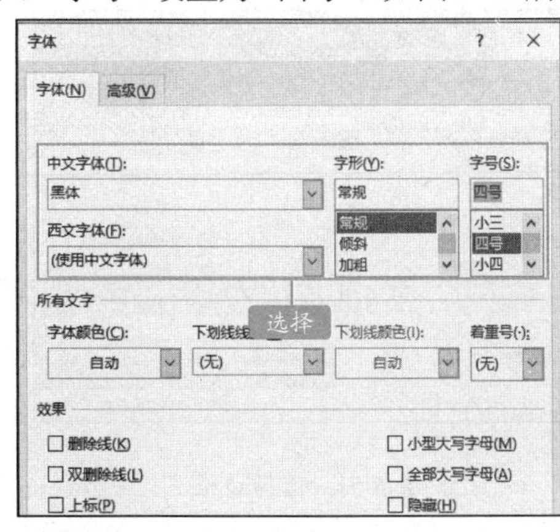

图 5-42　设置字体、字号

STEP 05：单击“确定”按钮。返回文档，参照以上步骤设置表格中其他字体格式，如图 5-43 所示。

希望小学三年级二班成绩单

姓名	语文	数学	英语	政治
张三	98	82	93	96
李四	87	99	95	93

图 5-43　设置好的效果

5.2.8 删除表格

如果不再需要表格，可以使用删除功能删除表格。

STEP 01：使用鼠标拖曳的方法，选中全部表格，如图 5-44 所示。

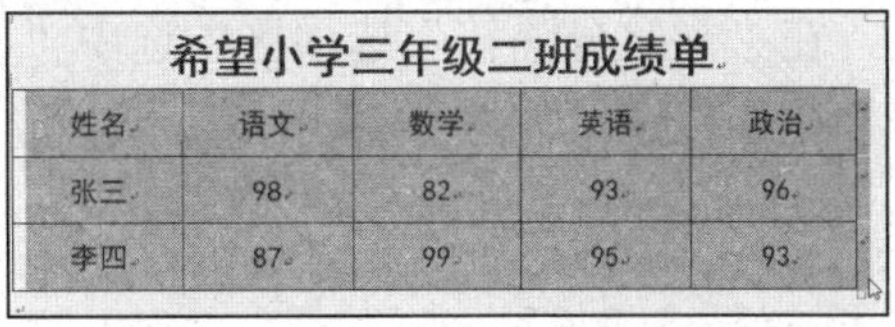

希望小学三年级二班成绩单

姓名	语文	数学	英语	政治
张三	98	82	93	96
李四	87	99	95	93

图 5-44　用鼠标拖曳选中表格

STEP 02：用户也可以单击表格左上方的十字方框来选中整个表格，如图 5-45 所示。

希望小学三年级二班成绩单

姓名	语文	数学	英语	政治
张三	98	82	93	96
李四	87	99	95	93

单击

图 5-45　单击表格的十字方框选中表格

STEP 03：在“表格工具-布局”选项卡的“行和列”选项组中，单击“删除”下拉按钮，选择“删除表格”选项，即可删除表格，如图 5-46 所示。

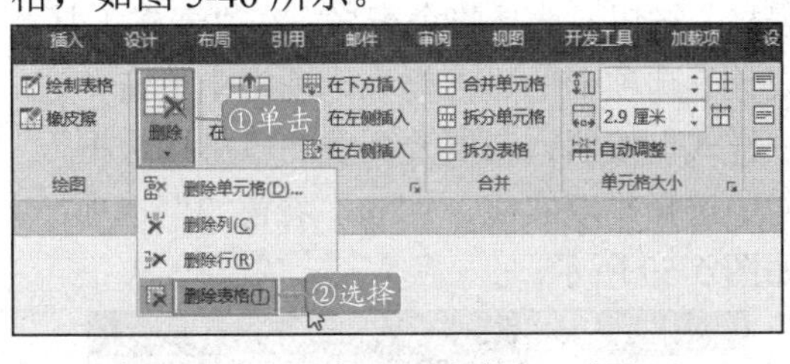

图 5-46　选择“删除表格”选项

5.2.9 将表格转换为文本

在日常工作中，常常需要将表格中的内容转换为文本的形式，以节省工作时间。使用 Word 2016 可以非常方便地将表格转换为文本。

STEP 01：打开文档，选中整个表格，切换到“布局”选项卡，在“数据”选项组中单击“转换为文本”按钮，如图 5-47 所示。

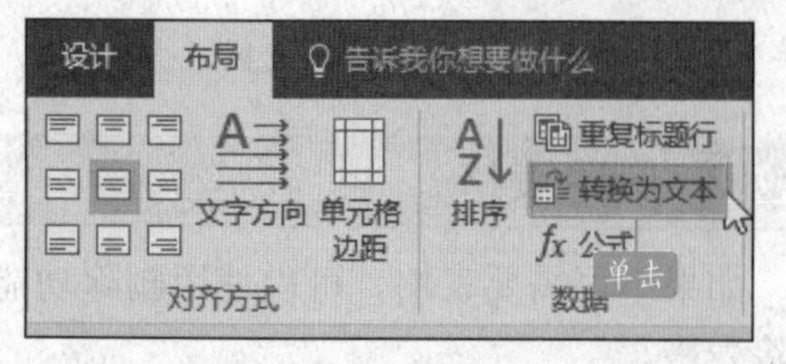

图 5-47　单击“转换为文本”按钮

STEP 02：弹出“表格转换为文本”对话框，在“文字分隔符”选项区中选中“制表符”单选按钮，如图 5-48 所示。

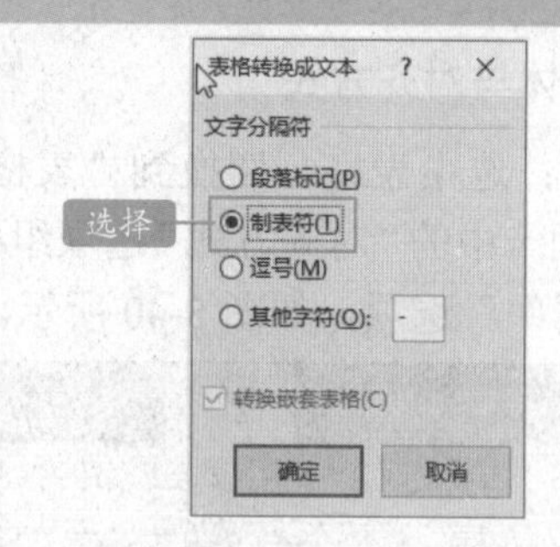

图 5-48　选择“制表符”单选按钮

STEP 03：单击“确定”按钮，即可将表格转换为文本，如图 5-49 所示。

希望小学三年级二班成绩单

姓名	语文	数学	英语	政治
张三	98	82	93	96
李四	87	99	95	93

图 5-49　表格转换为文本的效果

5.3　美化表格

扫码观看本节视频

在 Word 中插入表格后，美化表格也是一个很重要的步骤。在 Word 中拥有很多现有的表格样式，可以对表格的对齐方式、边框和底纹进行设置，也可以直接套用内置的表格样式来增强表格的外观效果。

5.3.1　设置表格边框与底纹

为了使制作好的表格看上去更美观，可以对其进行美化，例如改变表格的边框样式、底纹颜色等。

STEP 01：在表格的左上角单击“选择表格”按钮，选择整个表格；在“表格工具-设计”选项卡的“边框”选项组中单击“边框样式”按钮；在展开列表的“主题边框”栏中选择“双实线，1/2pt，着色 2”选项，如图 5-50 所示。

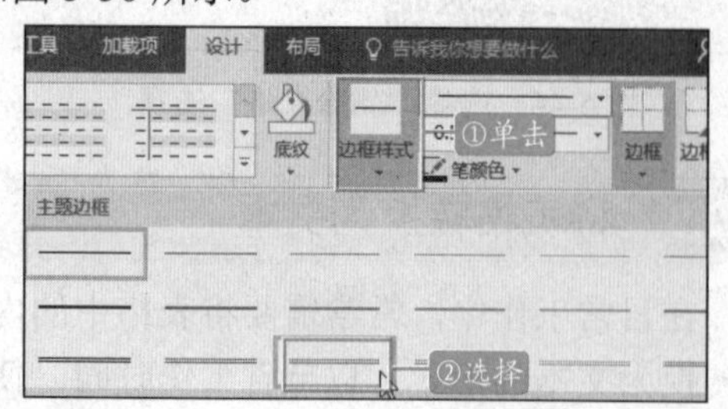

图 5-50　选择边框样式

STEP 02：在“边框”选项组中单击“边框”按钮，在展开列表中选择“外侧框线”选项，如图 5-51 所示。

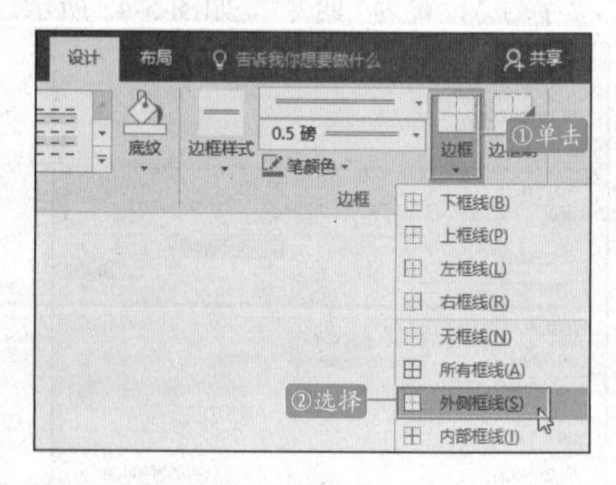

图 5-51　选择边框

STEP 03：选择表格的第一行，在“表格工具-设计”选项卡的“表格样式”选项组中单击“底纹”按钮，在展开列表的“主题颜色”栏中选择“橙色，个性色 2，淡色 80%”选项，如图 5-52 所示。

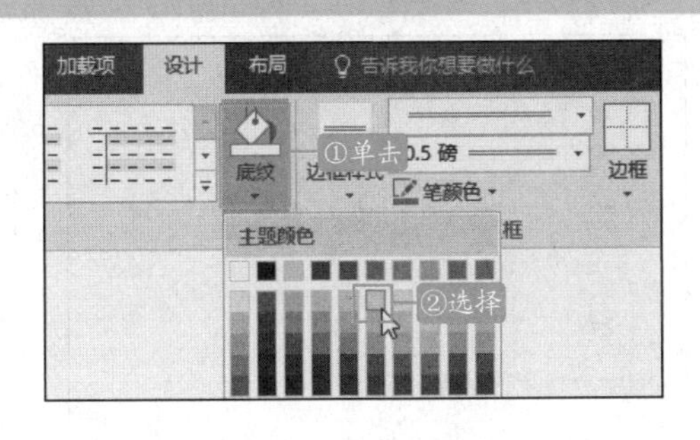

图 5-52 选择底纹颜色

STEP 04：在文档中选择标题，并设置文本的格式，效果如图 5-53 所示。

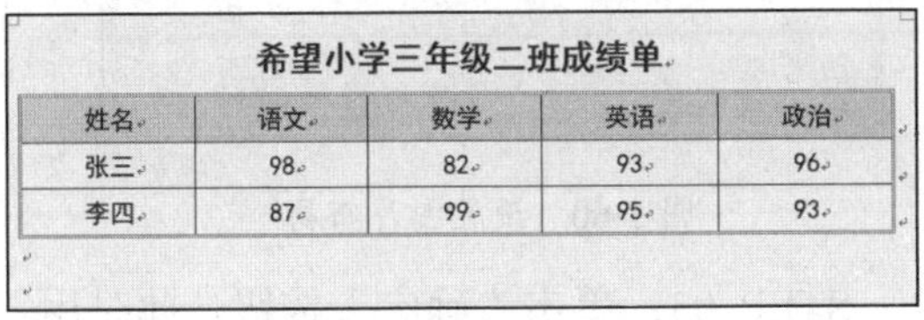

希望小学三年级二班成绩单

姓名	语文	数学	英语	政治
张三	98	82	93	96
李四	87	99	95	93

图 5-53 标题设置后的效果

5.3.2 套用表格样式

如果对表格样式的要求不高，那么利用现有的样式自动套用表格样式是美化表格过程中最简单快捷的操作，并且系统自带的表格样式也非常美观，无论是表格的配色还是样式设计都是经过精心设计的。

STEP 01：打开已有表格文件，选中表格，单击“表格工具-设计”选项卡的“表格样式”选项组中的快翻按钮，在展开的样式库中选择合适的样式，如图 5-54 所示。

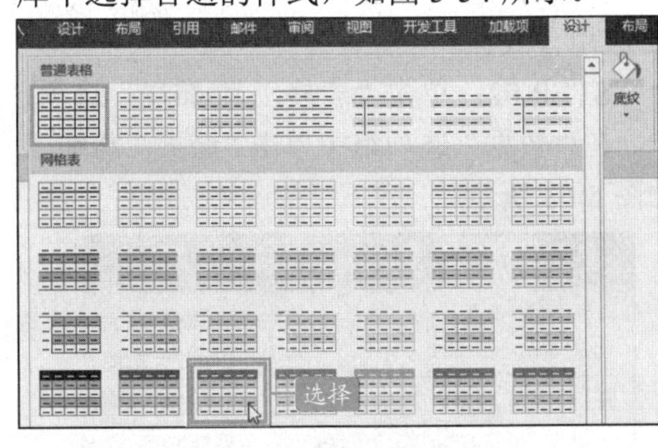

图 5-54 选择表格样式

STEP 02：完成操作之后，此时在文档中选中的表格就自动套用了表格样式，如图 5-55 所示。

希望小学三年级二班成绩单

姓名	语文	数学	英语	政治
张三	98	82	93	96
李四	87	99	95	93

图 5-55 显示效果

5.3.3 自定义表格样式

通过手动设置表格的边框和底纹可以满足更多不同的需要。在设置表格边框的时候，可以选择的边框种类也非常多，包括所有边框、外侧边框、内部边框等，而可以选择的底纹颜色也是丰富多彩的。

STEP 01：选择表格的首行单元格，在“表格工具-设计”选项卡下单击“表格样式”选项组中的“底纹”按钮，在展开的下拉列表中选择合适的底纹颜色，如图 5-56 所示。

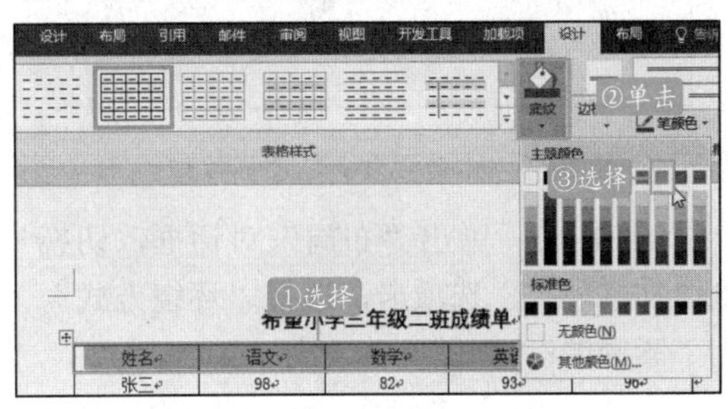

图 5-56 设置底纹

STEP 02：此时首行单元格区域被选择的底纹填充。选中整个表格，单击“边框”选项组中的“边框”按钮，在展开的下拉列表中单击“所有框线”选项，如图 5-57 所示。

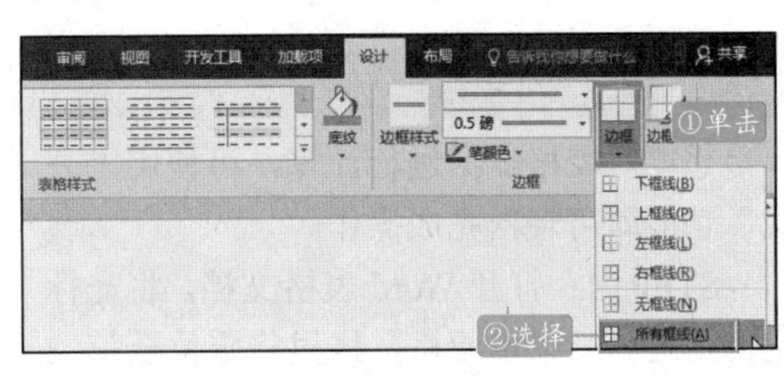

图 5-57 设置边框

STEP 03：此时可以看到，在表格的首行单元格区域，即标题栏处添加了选择的底纹和边框，使标题栏更加突出明显，如图 5-58 所示。

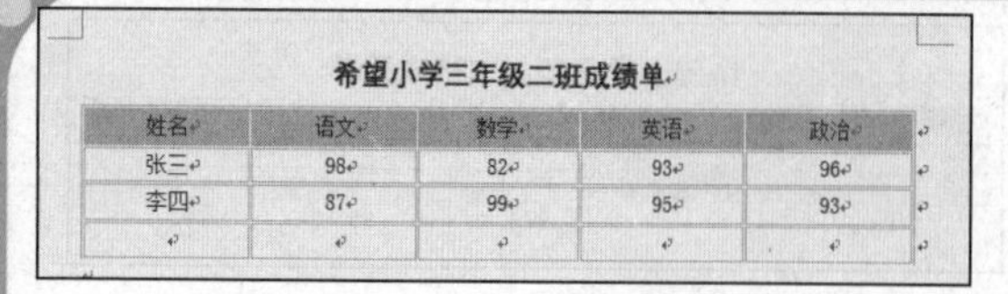

希望小学三年级二班成绩单

姓名	语文	数学	英语	政治
张三	98	82	93	96
李四	87	99	95	93

图 5-58 设置底纹和边框的效果

5.3.4 设置照片

在文档中插入照片以后，用户可以根据实际需要设置照片的格式和大小，具体步骤如下：

STEP 01：选择图片，打开“图片工具-格式”选项卡，单击“大小”选项组的设置按钮，如图 5-59 所示。

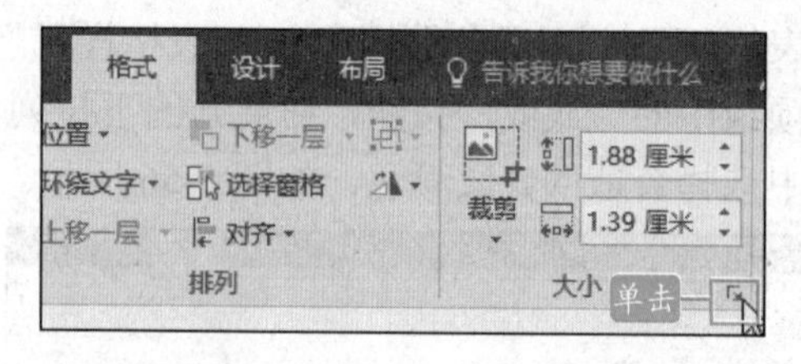

图 5-59 启动“大小”设置按钮

STEP 02：弹出“布局”对话框，切换到“文字环绕”选项卡，选择“环绕方式”为“紧密型”，如图 5-60 所示。

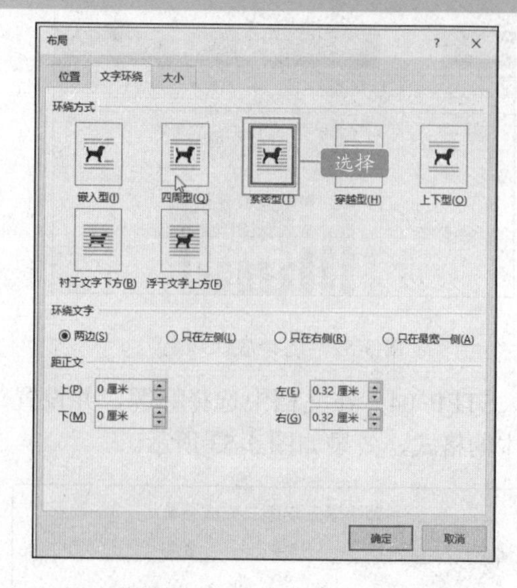

图 5-60 设置图片布局

STEP 03：单击“确定”按钮，此时用户可以拖动鼠标左键，调整好图片大小和位置，如图 5-61 所示。

希望小学三年级二班成绩单

姓名	语文	数学	英语	政治
张三	98	82	93	96
李四	87	99	95	93

图 5-61 查看效果

5.4 处理表格数据

扫码观看本节视频

在一份文档的编辑过程中，当表格中的数据编辑完毕之后，可以根据需要对表格中的数据进行处理。不过在 Word 文档中，只能对数据进行一些简单的处理，包括对表格中的数据内容进行排序、在表格中应用公式计算数据。

5.4.1 数据计算

想要对表格数据进行计算，可使用“公式”功能即可轻松完成操作。

STEP 01：打开 Word 表格文档，将光标定位至运算结果单元格，这里将定位至第 2 列末尾单元格，如图 5-62 所示。

姓名	语文	数学	英语	政治
张三	98	82	93	96
李四	87	99	95	93
	定位			

图 5-62 定位结果单元格

STEP 02：单击“表格工具-布局”选项卡，在“数据”选项组中单击“公式”按钮，如图 5-63 所示。

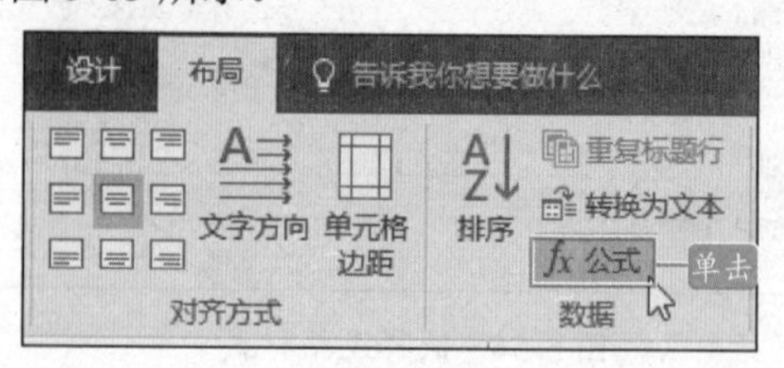

图 5-63 启用“公式”功能

STEP 03：在“公式”对话框中，系统默认的公式为求和公式“=SUM(ABOVE)”，单击“确定”按钮，如图 5-64 所示。

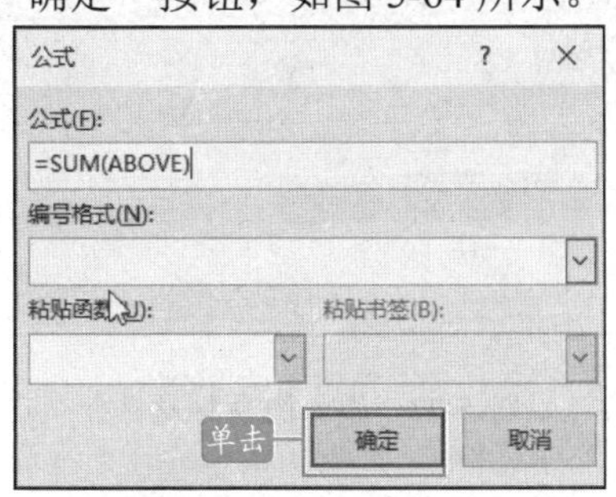

图 5-64 计算合计值

STEP 04：此时在结果单元格中，即可显示求和结果值，如图 5-65 所示。

姓名	语文	数学	英语	政治
张三	98	82	93	96
李四	87	99	95	93
	185 结果			

图 5-65 计算结果

5.4.2 对表格内容进行排序

在 Word 表格中，用户可以利用“排序”功能让表格中的数据按照一定的次序排列，包括升序和降序两种排列方式。对表格内容进行排序之后，可以使表格中的整个数据内容看起来更有规律，也方便了数据之间的比较和区分。

STEP 01：选择需要排序的单元格区域，在“表格工具-布局”选项卡的“数据”选项组中单击“排序”按钮，如图 5-66 所示。

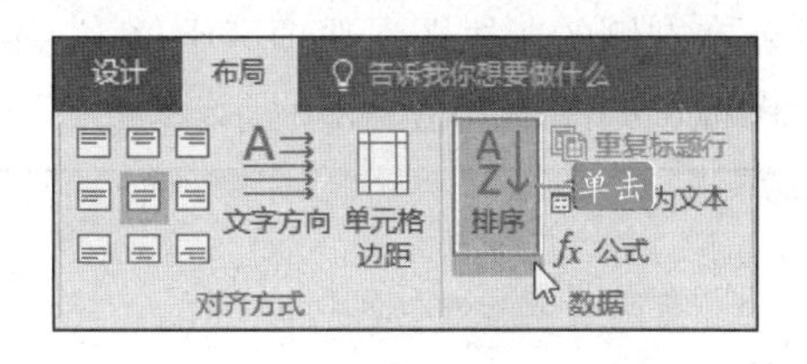

图 5-66 启用“排序”功能

STEP 02：在“排序”对话框的“主要关键字”文本框中，自动显示被选中的列，其后选中“降序”单选按钮，如图 5-67 所示。

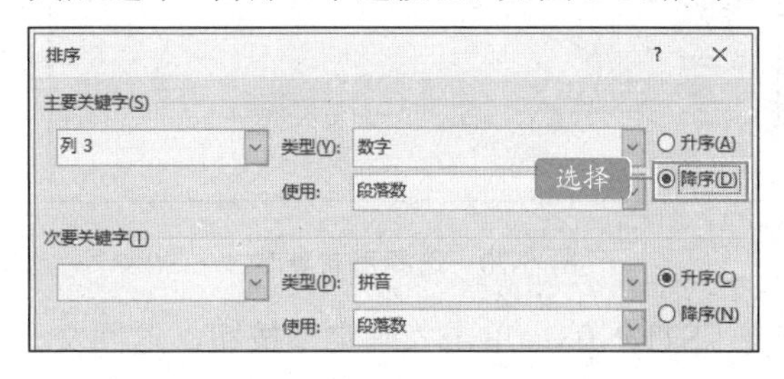

图 5-67 设置排序选项

STEP 03：设置完成后，单击“确定”按钮，此时表格中被选数据将以降序显示，如图 5-68 所示。

姓名	语文	数学	英语	政治
李四	87	99	95	93
张三	98	82	93	96

图 5-68 完成排序

5.5 添加数据图表

扫码观看本节视频

为了使表格数据显示更为直观，数据分析更为准确，可在文档中添加相应的数据图表内容。图表的类型包括了很多种，其中常用的有条形图、柱形图、折线图、饼图等等，用户可根据分析数据的需要来选择适合的图表类型。

5.5.1 插入图表

图表类型不同显示的统计效果也不同，每种效果所针对的数据对比也不同，用户应该根据设计图表的最终目标来选择合适的图表类型，只有这样，在文档中插入的图表才能为数据表达提供理想的结果。

STEP 01：将光标定位在要插入图表的位置处，在“插入”选项卡的“插图”选项组中单击“图表”按钮，如图 5-69 所示。

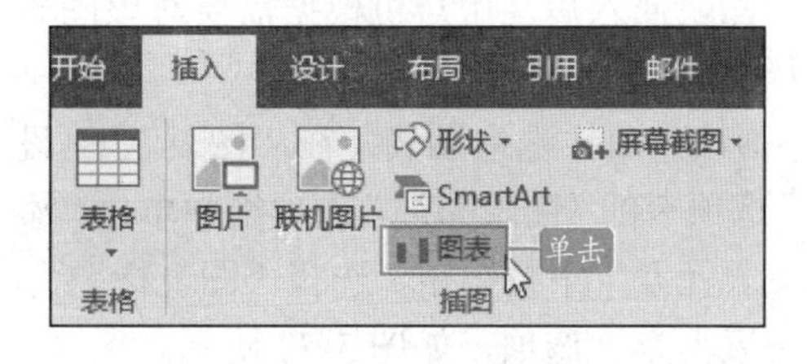

图 5-69 启用“图表”功能

STEP 02：在“插入图表”对话框中选择图表类型，这里以饼图为例，单击“饼图”选项，在右侧的“饼图”选项区中单击“饼图”图标，如图 5-70 所示。

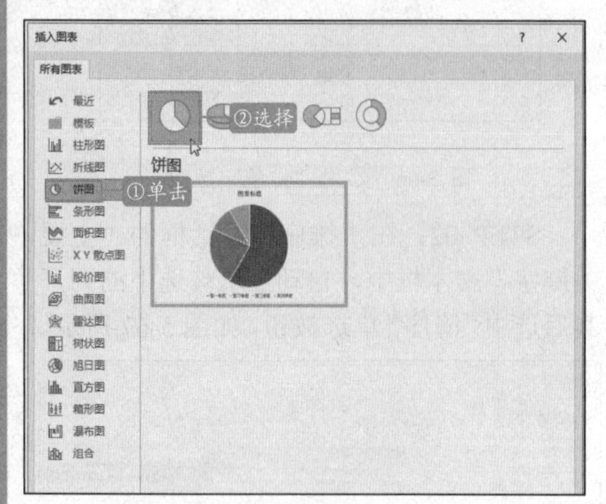

图 5-70　选择图表类型

STEP 03：单击“确定”按钮，返回文档中，根据文档中的表格数据，在文档中显示插入了一个饼图，效果如图 5-71 所示。

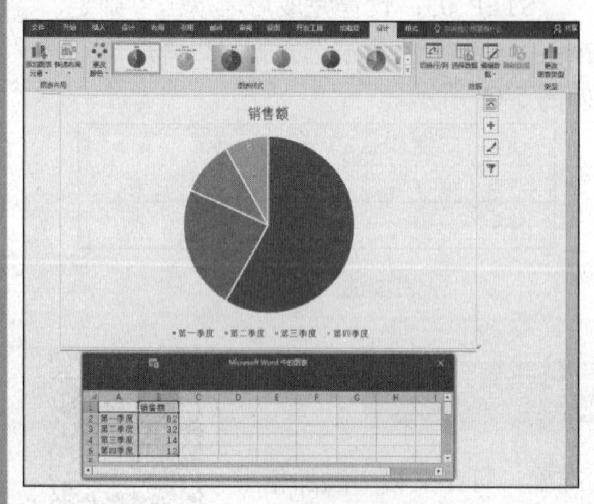

图 5-71　插入图表效果

5.5.2 修饰图表

图表插入后，用户可根据需要对该图表进行简单修饰。

STEP 01：选中图表，在“图表工具-设计”选项卡的“图表布局”选项组中单击“添加图表元素”下拉按钮，选择“图表标题”|“图表上方”选项，如图 5-72 所示。

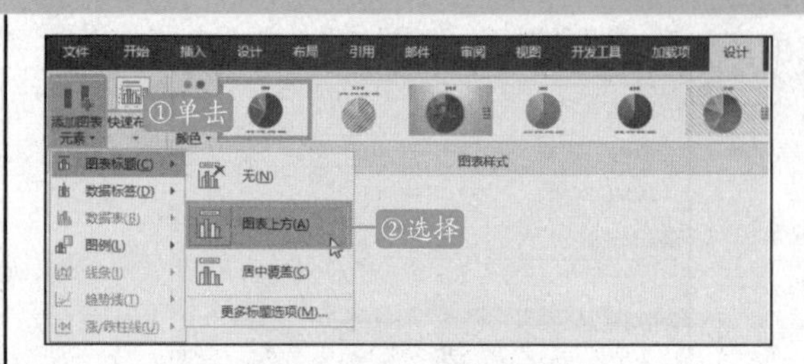

图 5-72　添加图表标题

提示

图表插入后，如果想更改其图表数据，可选中该图表，单击鼠标右键，在快捷菜单中，选择“编辑数据”选项，在打开的 Excel 文档中，修改数据即可。

STEP 02：在图表上方标题文本框中输入该图表的标题，然后单击图表任意空白处，完成输入，结果如图 5-73 所示。

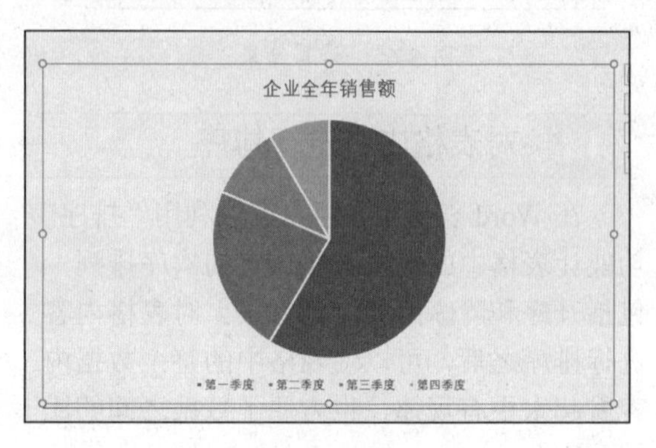

图 5-73　输入标题内容

STEP 03：选中图表，在“图表布局”选项组中单击“添加图表元素”下拉按钮，选择“数据标签”|“数据标签外”选项，如图 5-74 所示。

图 5-74　添加数据标签

STEP 04：选择完成后，即可在数据系列上方添加数据标签，如图 5-75 所示。

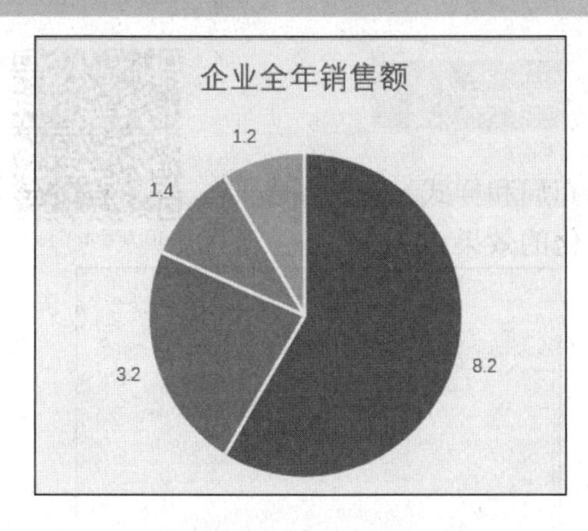

图 5-75　查看效果

STEP 05：若想对当前图表样式进行更改，可单击“图表工具-设计”选项卡，在“图表样式”选项组中选择满意的样式，如图 5-76 所示。

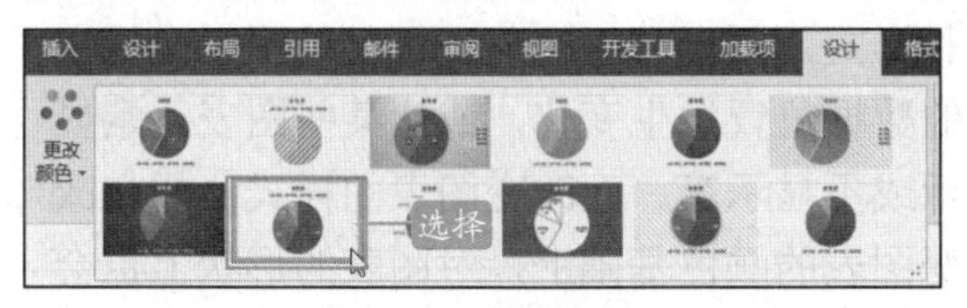

图 5-76　更改图表样式

STEP 06：选择完成后即可查看图表效果，如图 5-77 所示。

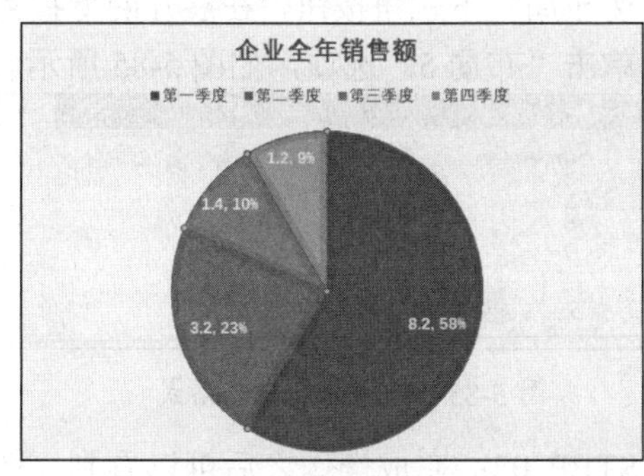

图 5-77　更改样式后效果

5.5.3 利用表格创建图表

插入图表中的各种数据都是系统默认的，用户需要在重新编辑和文档内容相符的数据，才能使图表发挥它自身的功能。

STEP 01：在某些情况下，插入图表的同时，文档中会自动插入一个 Excel 工作簿，如图 5-78 所示。

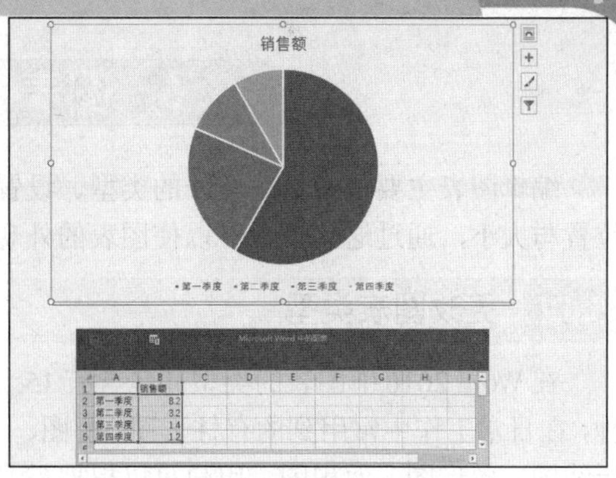

图 5-78　显示插入的工作簿

STEP 02：如果由于某些原因未显示该工作簿，则可在选中图表后，在“图表工具-设计”选项卡下单击“编辑数据”按钮，如图 5-79 所示。

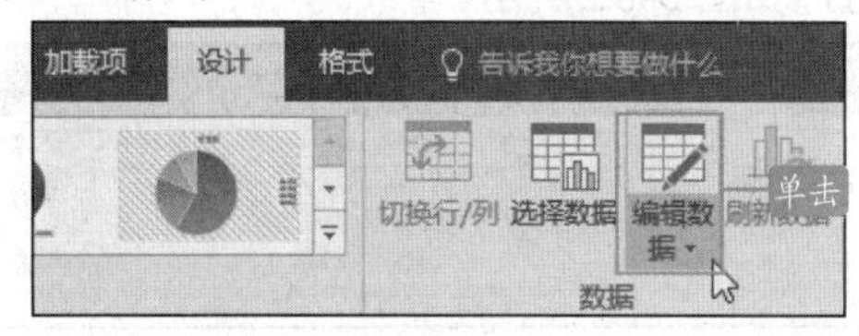

图 5-79　单击“编辑数据”按钮

STEP 03：在工作表中，修改标题为“商品销售额”，更改商品每个季度的销售数据，如图 5-80 所示。

	A	B	C	D	E	F
1		商品销售额				
2	第一季度	1200				
3	第二季度	1100				
4	第三季度	1500				
5	第四季度	1800				

编辑数据

图 5-80　编辑工作表中的数据

STEP 04：此时可以看到根据数据的大小匹配了每季度销售额所占图表的面积大小，如图 5-81 所示。

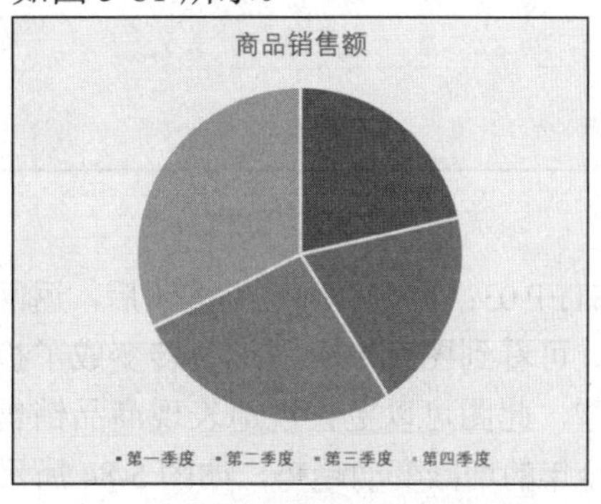

图 5-81　显示插入的图表效果

5.6 图表的编辑与美化

扫码观看本节视频

编辑图表主要是指更改图表的类型、设置图表的布局和样式、调整图表的位置与大小，通过这些设置可以使图表的外观达到美化的效果。

5.6.1 更改图表类型

在 Word 2016 中图表的类型共包含有 15 种，在日常工作中常用到的有柱形图、饼图、折线图、条形图、面积图。用户可以根据需要更改图表的类型。

STEP 01：打开图表文件，选中需要更改类型的图表，在“图表工具-设计”选项卡下单击“类型”选项组中的“更改图表类型”按钮，如图 5-82 所示。

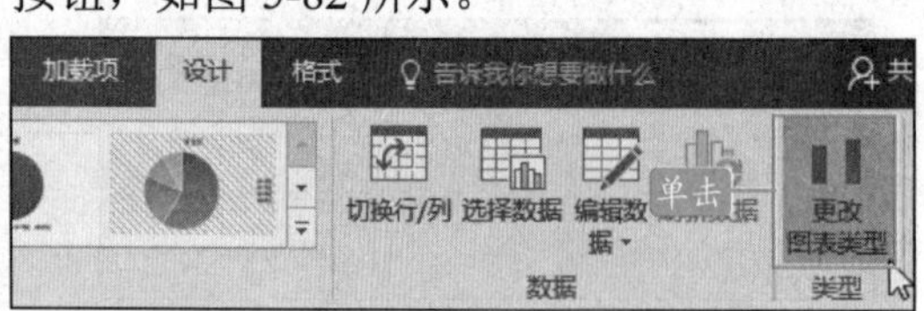

图 5-82　单击“更改图表类型”按钮

STEP 02：弹出“更改图表类型”对话框，单击“折线图”选项，在右侧的“折线图”选项组中单击“带数据标记的折线图”图标，如图 5-83 所示。

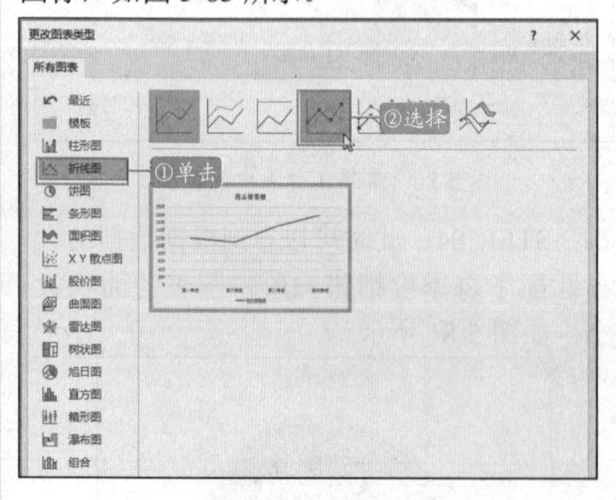

图 5-83　选择图表

STEP 03：单击“确定”按钮后，返回文档中，可看到图表由饼图类型转变成了折线图类型，此图可以更直观地表现商品销售总金额全年的增减变动趋势，如图 5-84 所示。

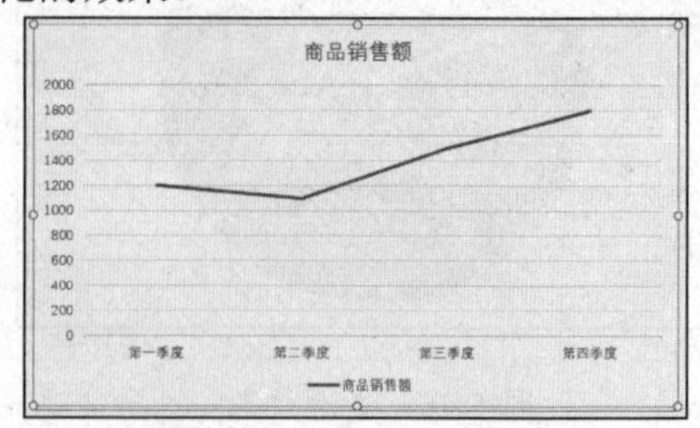

图 5-84　更改图表后的效果

5.6.2 设置图表选项

设置图表选项主要包括设置图表的布局和样式，图表布局的改变可以使图表中标注的数据位置发生变化，或让某些图表元素显示或不显示等。而改变图表的样式，即在改变图表的颜色基础上，对图表的形状上也会有所微调。

STEP 01：选中图表，在“图表工具-设计”选项卡下单击“图表布局”选项组中的“快速布局”下三角按钮，在展开的下拉列表中单击“布局 5”选项，如图 5-85 所示。

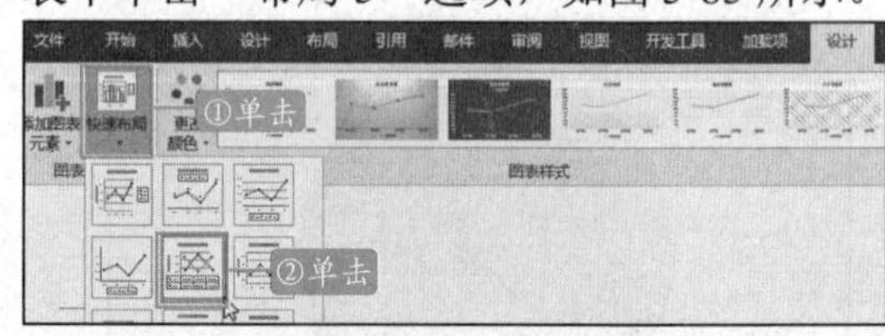

图 5-85　选择图表布局格式

STEP 02：完成操作之后可以看到，图表中数据的布局发生了改变，变成了布局 5 中的图表格式，效果如图 5-86 所示。

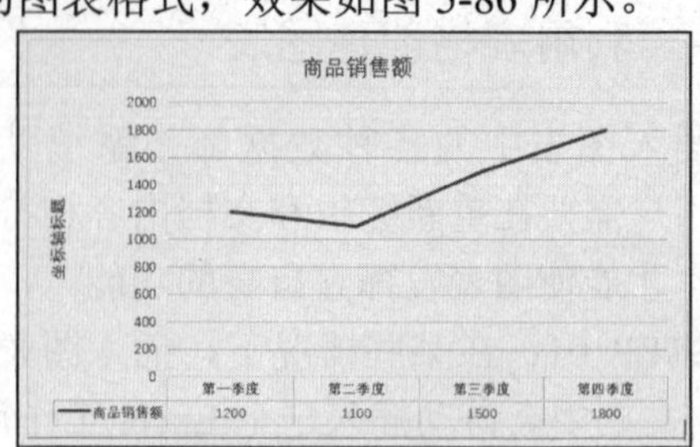

图 5-86　改变布局后的效果

STEP 03：单击“图表样式”选项组中的快翻按钮，在展开的库中选择合适的图表样式，如图 5-87 所示。

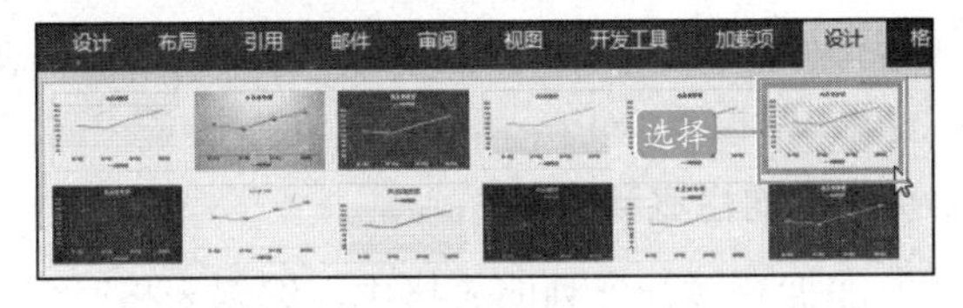

图 5-87　选择图表样式

STEP 04：完成操作之后可以看到图表中的折线样式发生了变化，效果如图 5-88 所示。

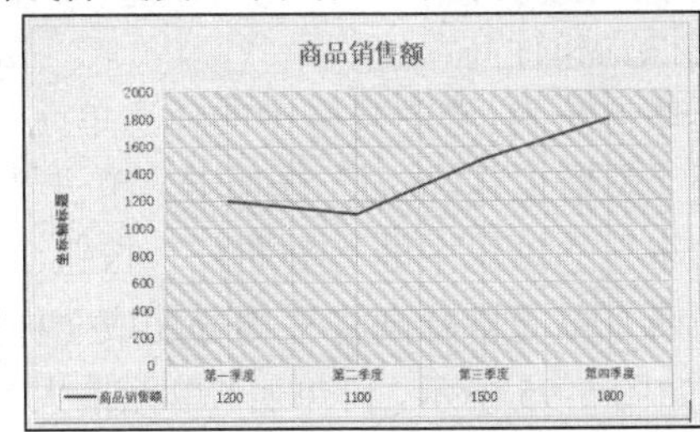

图 5-88　改变样式后的效果

5.6.3 调整图表位置与大小

调整图表的位置可以使图表从嵌入文本行转变为文字环绕。一种是使图表单独成为一行文字一样的显示方式，另一种是使文字可以环绕在图表的四周，使图表不会单独摆放。而改变图表的大小是为了让图表符合整个布局。

STEP 01：选中图表，在“图表工具-格式”选项卡下单击“排列”选项组中“位置”按钮，在下拉列表中单击“文字环绕”选项组中的“中间居右，四周型文字环绕”图标，如图 5-89 所示。

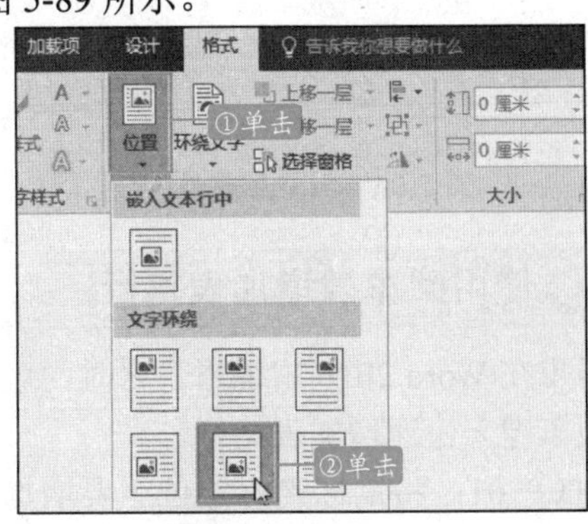

图 5-89　设置文字环绕

STEP 02：将鼠标指针指向图表左下角的控制手柄上，此时鼠标指针呈双箭头形状，拖动鼠标改变图表的大小，如图 5-90 所示。

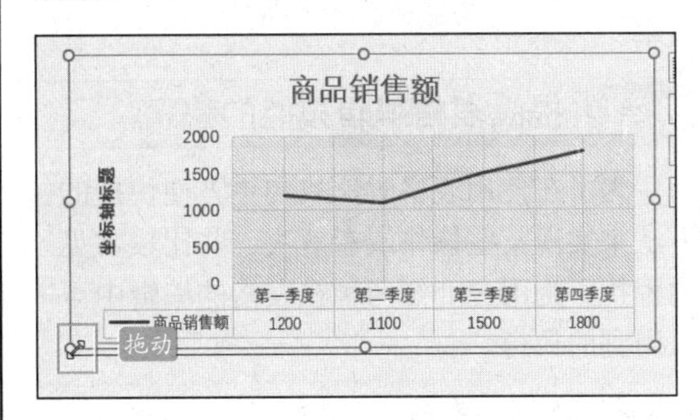

图 5-90　调整图表大小

STEP 03：将鼠标指针指向图表的边缘，待其呈十字箭头形状时拖动鼠标至合适位置，如图 5-91 所示。

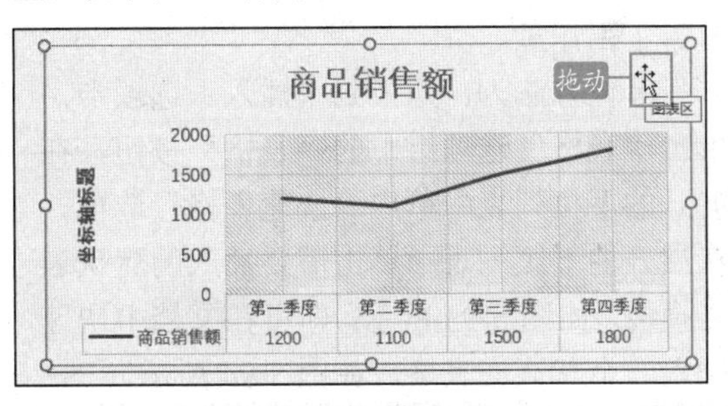

图 5-91　调整图表位置

STEP 04：最后将图表拖动至合适的位置，即可看到整体的文档效果，如图 5-92 所示。

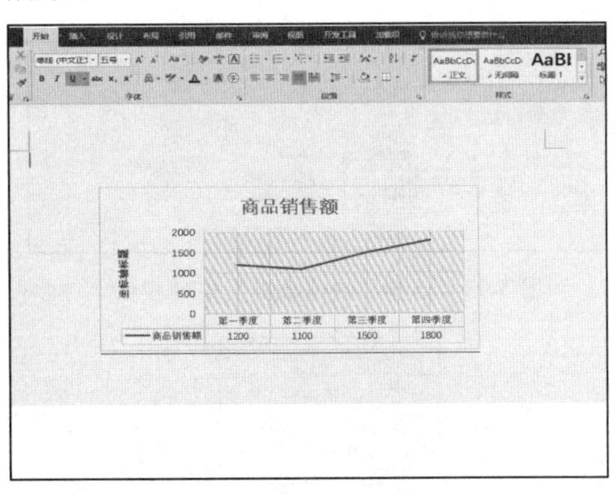

图 5-92　显示图表最终效果

5.7　实用技巧

本节将介绍一些在使用编辑表格的过程中经常可以用到的小技巧，以方便操作并提高工作效率。

5.7.1 提高表格编辑技能的诀窍

为了在使用表格时，找到更方便快捷的方法来实现某些操作或者解决一些比较常见的困扰，为用户介绍两种在表格的编辑中可以用到的诀窍。

1.快速插入默认表格

一般来说，新插入的表格都是最原始的空白表格，需要对表格的样式重新进行设置。想要快速地插入含有固定模板样式的默认表格，可采用以下方法，此方法在很大程度上节省了工作量。

具体方法为：切换到“插入”选项卡，单击“表格”选项组中的“表格”按钮，在展开的下拉列表中单击“快速表格”选项，在展开的下级列表中单击需要插入的默认表格模板，如图 5-93 所示，即可在文档中快速插入一个默认的表格，如图 5-94 所示。

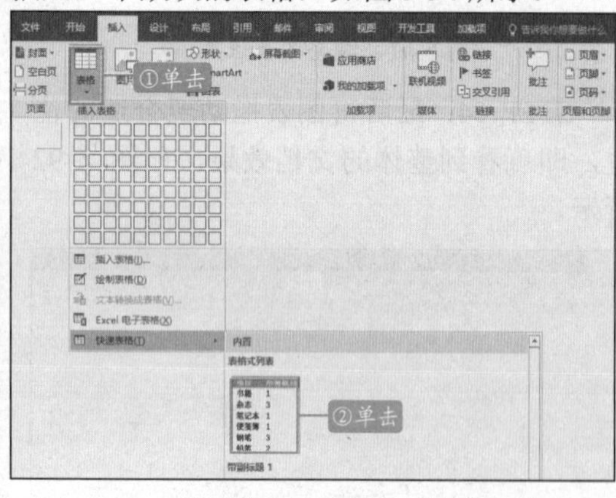

图 5-93　选择“快速表格”中的模板

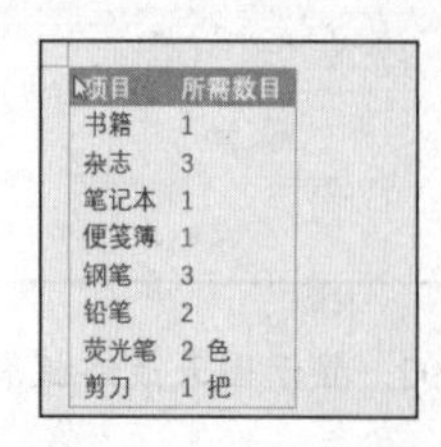

项目	所需数目
书籍	1
杂志	3
笔记本	1
便笺簿	1
钢笔	3
铅笔	2
荧光笔	2 色
剪刀	1 把

图 5-94　插入好的表格模板

2.快速平均栏宽和行高

在拥有多行多列的表格中，编辑表格时或许会导致这些单元格的栏宽与行高变得不一致，使整个表格看起来不够整洁美观，此时可以使用 Word 提供的一些功能来快速平均分配栏宽和行高。

具体方法为：选中表格中的任意单元格，切换至“表格工具-布局”选项卡，单击“单元格大小”选项组中的“分布行”按钮，表格中的所有单元格行高将平均分配成一样的高度，如图 5-95 所示，再单击“单元格大小”选项组中的“分布列”按钮，表格中的所有单元格栏宽将平均分配成一样的宽度，最后效果如图 5-96 所示。

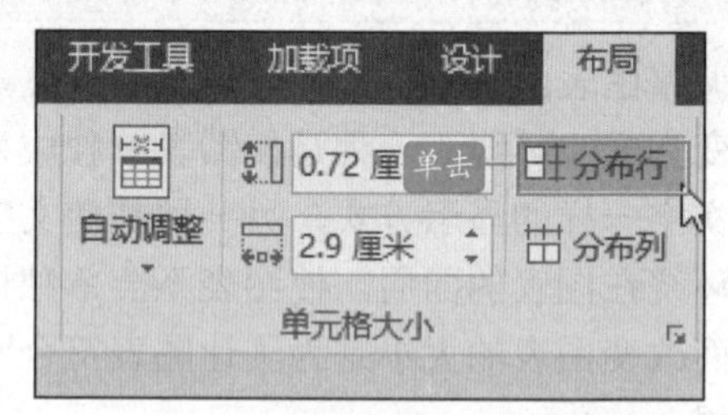

图 5-95　单击“分布行”按钮

姓名	语文	数学	英语	政治
李四	87	99	95	93
张三	98	82	93	96

图 5-96　调整后效果

5.7.2 使用回车键增加表格行

用户在 Word 2016 中编辑表格时，可以使用回车键来快速增加表格行。

STEP 01：将鼠标光标定位至要增加行位置的前一行右侧，如图 5-97 中需要在“姓名”为“张三”行上方添加一行，可将鼠标光标定位至“姓名”为“李四”所在行的最右端。

姓名	语文	数学	英语	政治
李四	87	99	95	定位
张三	98	82	93	96

图 5-97 定位光标位置

STEP 02：按回车键，即可在“姓名”为“张三”行前快速增加新的行，如图 5-98 所示。

姓名	语文	数学	英语	政治
李四	87	99	95	93
张三	98	82	93	96

图 5-98 新增加行的效果

5.7.3 在页首表格上方插入空行

在 Word 文档中，有时没有输入任何文字而是直接插入了表格，如果用户想要在表格前面输入标题或文字是很难操作的，下面介绍一个在页首表格上方插入空行的小技巧。

STEP 01：打开直接插入表格的文档，将鼠标光标置于任意一个单元格中或选中第一行单元格，如图 5-99 所示。

姓名	语文	数学	英语	政治
李四	87	99	95	93
张三	98	82	93	96

图 5-99 选中第一行单元格

STEP 02：单击“布局”选项卡下“合并”选项组中的“拆分表格”按钮，即可在第一行单元格上方插入一行空行，如图 5-100 所示。

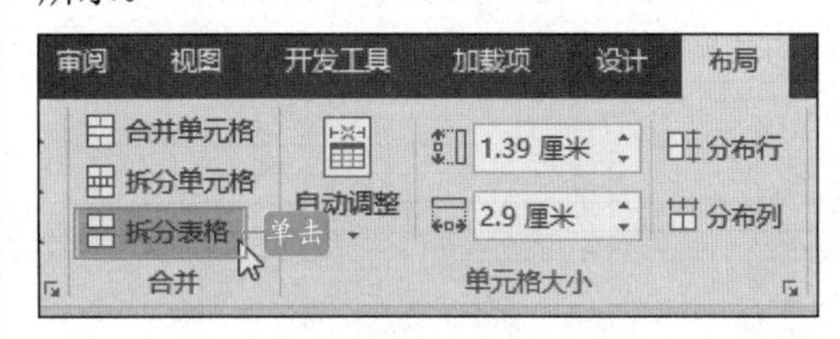

图 5-100 单击“拆分表格”按钮

5.8 上机实际操作

本节上机实践将对 Word 文档的表格创建、编辑、美化等操作进行练习。

5.8.1 个人简历

在编写简历之前，应先确定谁是阅读者，然后根据界定的阅读者编写简历。个人简历包括简介、工作经历、教育背景和其他杂项等，下面介绍编写个人简历的方法。

STEP 01：新建一个 Word 文档，在文档中输入“个人简历”文字，按【Enter】键切换至下一行，如图 5-101 所示。

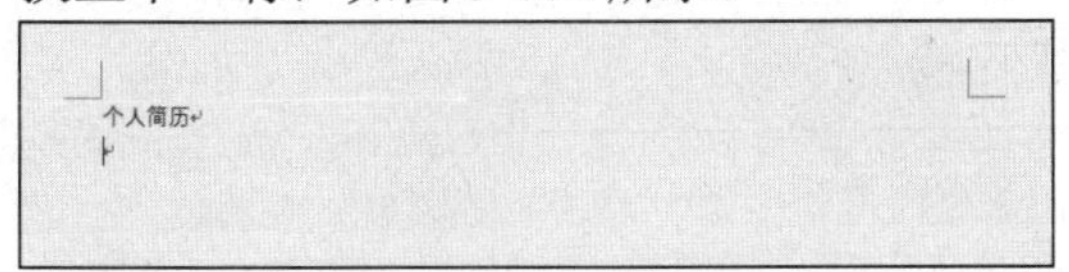

图 5-101 输入“个人简历”文字

STEP 02：切换至“插入”选项卡，在“表格”选项组中单击“表格”下拉按钮，在展开的下拉列表中选择“插入表格”，如图 5-102 所示。

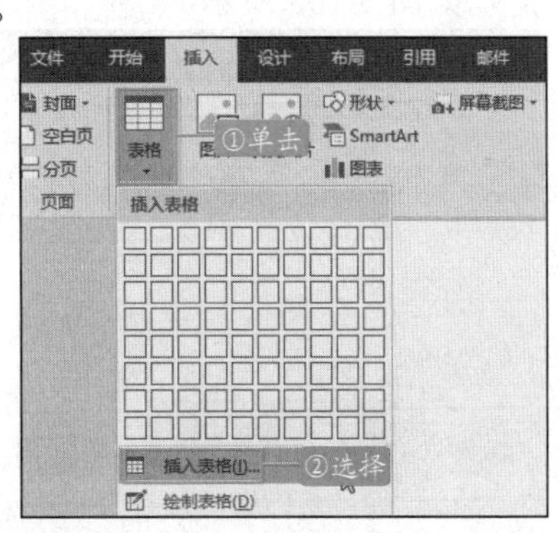

图 5-102 选择“插入表格”选项

STEP 03：弹出“插入表格”对话框，在其中设置“列数”为“7”，“行数”为“16”，单击“确定”按钮，如图5-103所示。

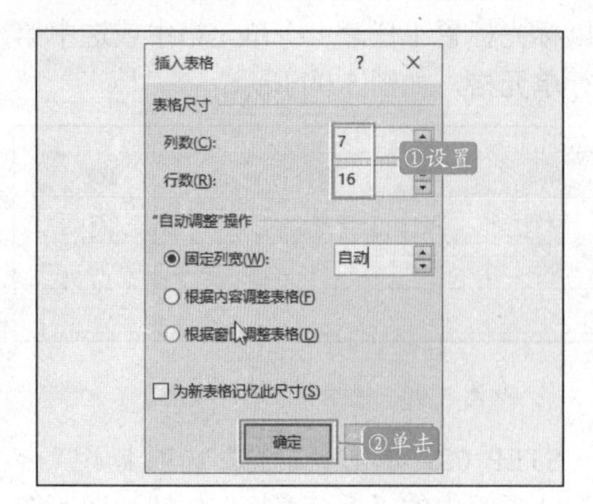

图5-103　设置表格列数和行数

STEP 04：返回文档中，此时，在插入好的表格中输入文本内容，如图5-104所示。

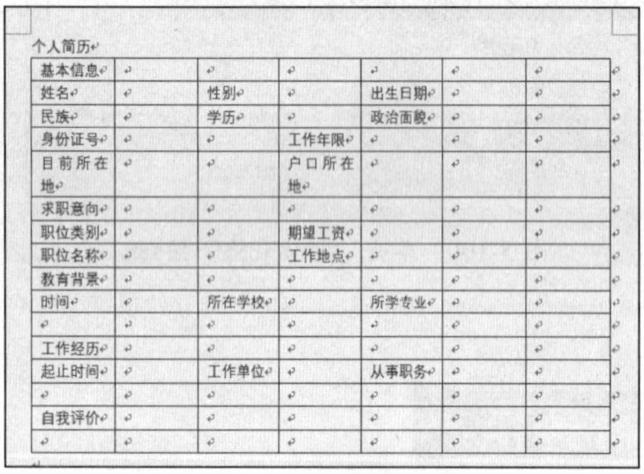

个人简历

基本信息						
姓名		性别		出生日期		
民族		学历		政治面貌		
身份证号			工作年限			
目前所在地			户口所在地			
求职意向						
职位类别			期望工资			
职位名称			工作地点			
教育背景						
时间		所在学校		所学专业		
工作经历						
起止时间		工作单位		从事职务		
自我评价						

图5-104　输入表格中文本内容

STEP 05：在编辑区中选择“个人简历”文本，切换到“开始”选项卡，在“字体”选项组中设置“字体”为“黑体”、“字号”为“一号”，如图5-105所示。

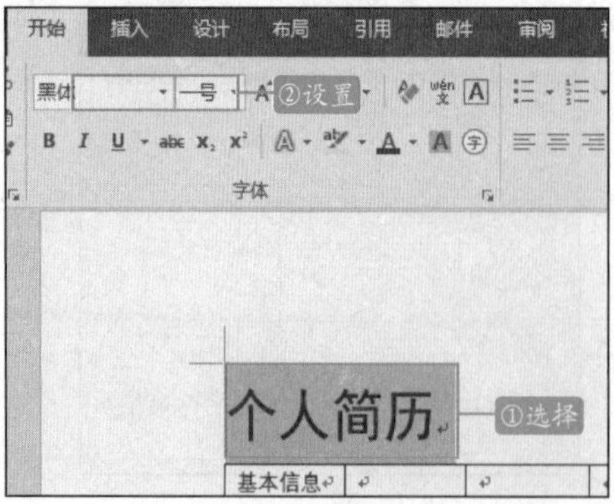

图5-105　设置“个人简历”文字格式

STEP 06：在“段落”选项组中单击“中文版式”下拉按钮，在弹出的下拉列表中选择“调整宽度”，弹出“调整宽度”对话框，设置“新文字宽度”为“5字符”，如图5-106所示。

图5-106　设置“个人简历”文字宽度

STEP 07：单击“确定”按钮，即可调整选中文本的字间距。选中编辑区“个人简历”文本及整个表格，切换至“开始”选项卡，在“段落”选项组中单击“居中”按钮，如图5-107所示。

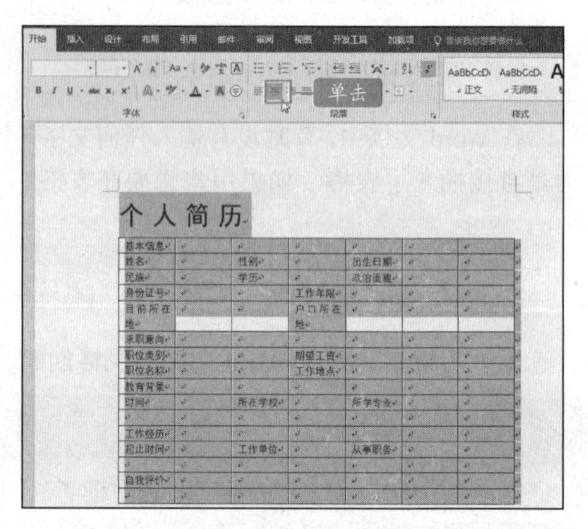

图5-107　设置整个文档内容居中

STEP 08：在表格中选中第1行所有单元格，切换至“表格工具-布局”选项卡，在“合并”选项组中单击“合并单元格”按钮，采用同样方法，合并其他单元格，如图5-108所示。

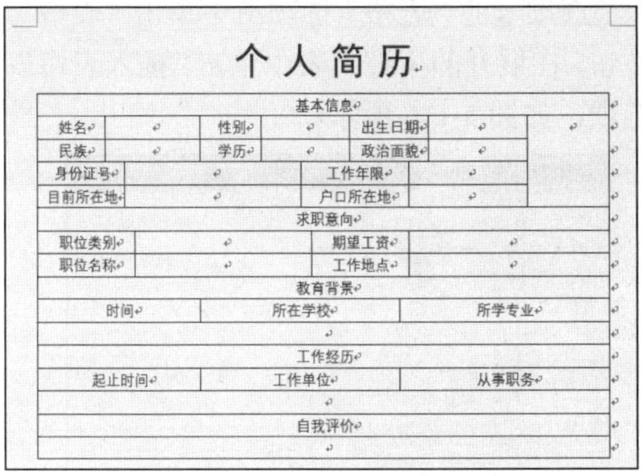

图 5-108　合并所需单元格

STEP 09：选择整个表格，切换至“表格工具-布局”选项卡，在“单元格大小”选项组中的“高度”文本框中输入“1 厘米”，按【Enter】键，即可设置单元格行高，如图 5-109 所示。

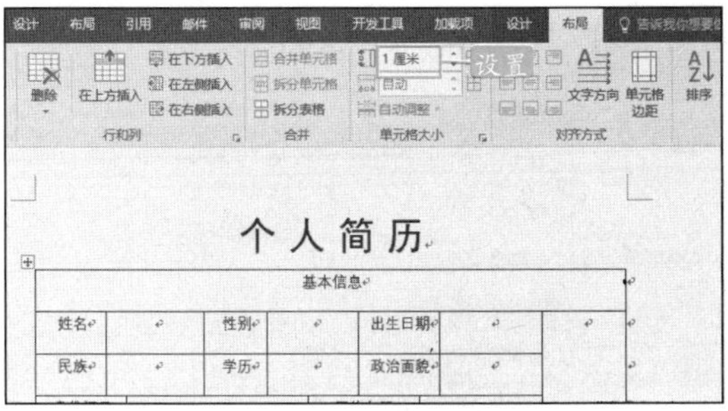

图 5-109　设置单元格行高

STEP 10：单击“对齐方式”选项组中的“水平居中”按钮，即可设置水平居中，效果如图 5-110 所示。

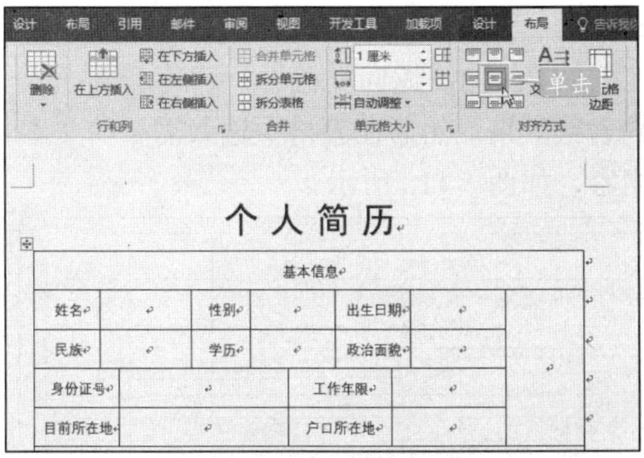

图 5-110　设置对齐方式

STEP 11：将鼠标移至“工作经历”单元格的上框线上，当指针变成有上下两个箭头时向下拖曳鼠标，拖至合适位置后释放鼠标左键，即可调整行高，采用同样方法，设置其他单元格的行高和列宽，效果如图 5-111 所示。

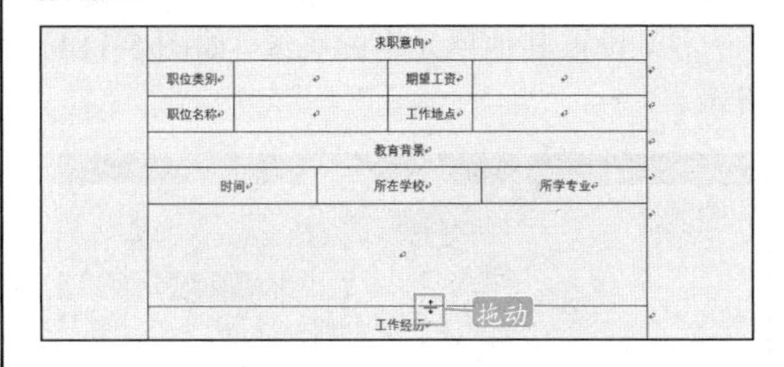

图 5-111　调整行高和列宽

STEP 12：选择整个表格，切换至“表格工具-设计”选项卡，在“边框”选项组中单击“边框”下拉按钮选择“边框和底纹”选项，如图 5-112 所示。

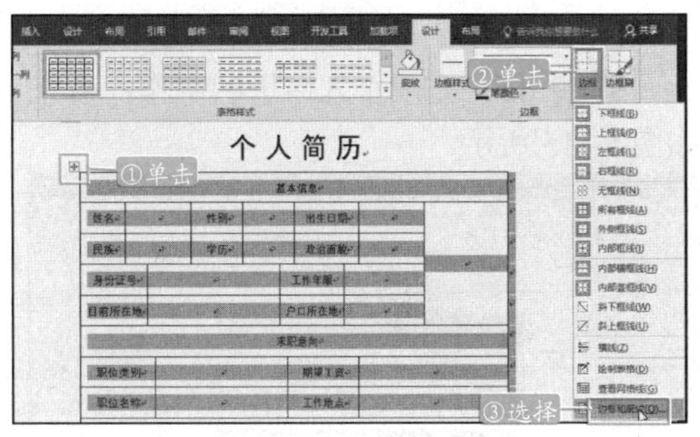

图 5-112　选择“边框和底纹”选项

STEP 13：弹出“边框和底纹”对话框，在“边框”选项卡中设置相应的选项，单击“确定”按钮，即可为表格设置边框，如图 5-113 所示。

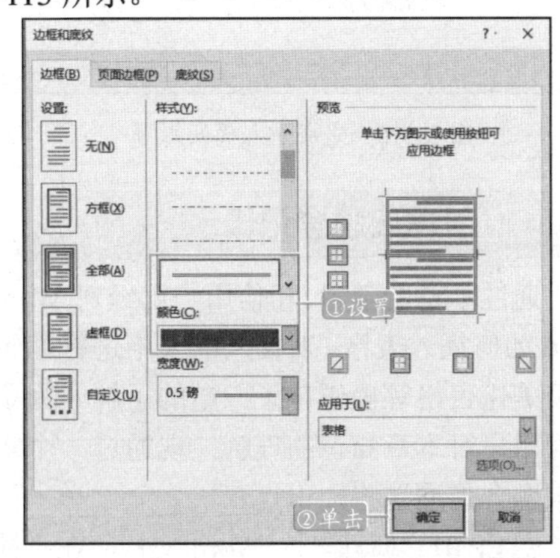

图 5-113　设置表格边框

初识Office
Word基本操作
文档排版美化
文档图文混排
表格图表使用
文档高级编辑
Excel基本操作
数据分析处理
公式函数使用
Excel图表使用
PPT基本操作
幻灯片的美化
PPT动画与放映
Office协同应用

STEP 14：选择第 1 列单元格，切换至“表格工具-设计”选项卡，在“表格样式”选项组中单击“底纹”下拉按钮，在弹出的下拉列表中选择相应的选项即可，采用同样的方法，设置其他单元格的底纹，如图 5-114 所示。

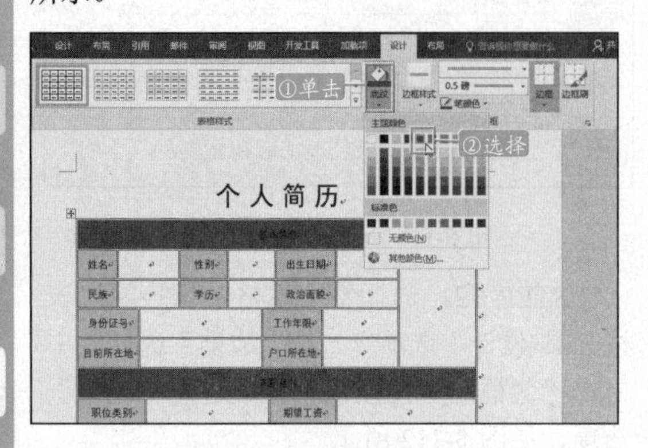

图 5-114　设置单元格底纹

STEP 15：完成个人简历的制作，效果如图 5-115 所示。

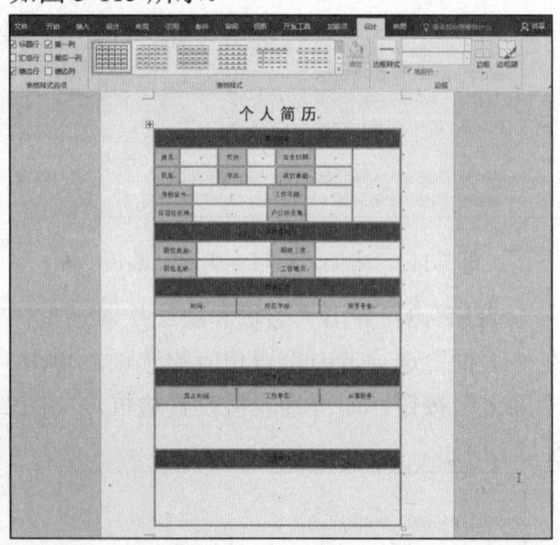

图 5-115　完成个人简历效果

5.8.2　创建应聘登记表

通过本章的学习，相信用户已经对 Word 2016 如何插入表格、对插入的表格进行编辑以及美化表格等操作有了一定的了解。为了加深用户对本章知识的理解，现通过一个实例来融会贯通这些知识点。

STEP 01：新建一个 Word 文档，在“插入”选项卡的“表格”选项组中单击“表格”按钮，在展开的下拉列表中单击“插入表格”选项，如图 5-116 所示。

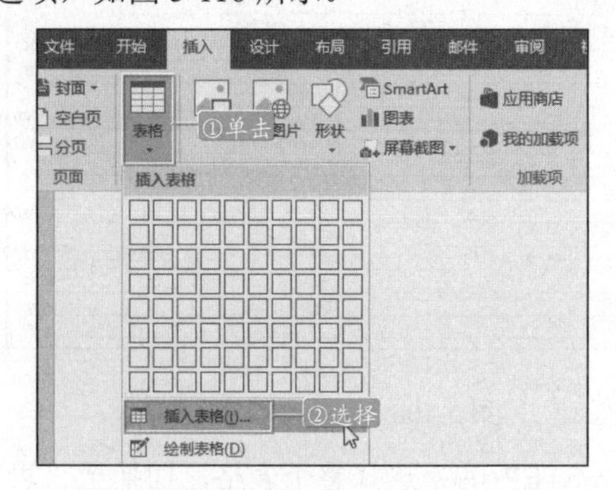

图 5-116　单击“插入表格”选项

STEP 02：弹出“插入表格”对话框，在“表格尺寸”选项组下设置表格的列数为“7”、行数为“10”，然后单击“确定”按钮，如图 5-117 所示。

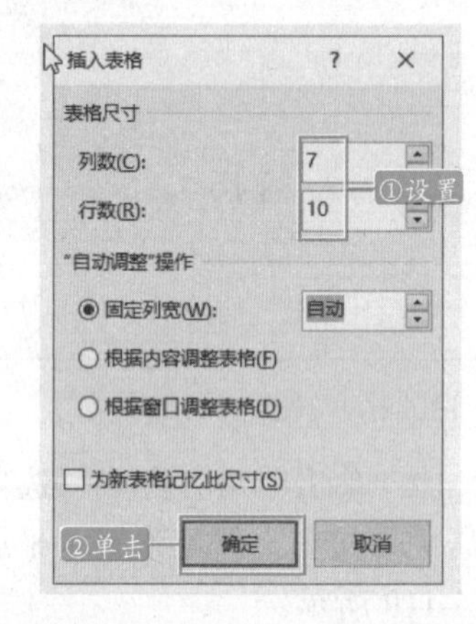

图 5-117　设置表格行数和列数

STEP 03：返回文档中，即可看到插入的表格效果，然后在表格中输入需要的文本内容，如图 5-118 所示。

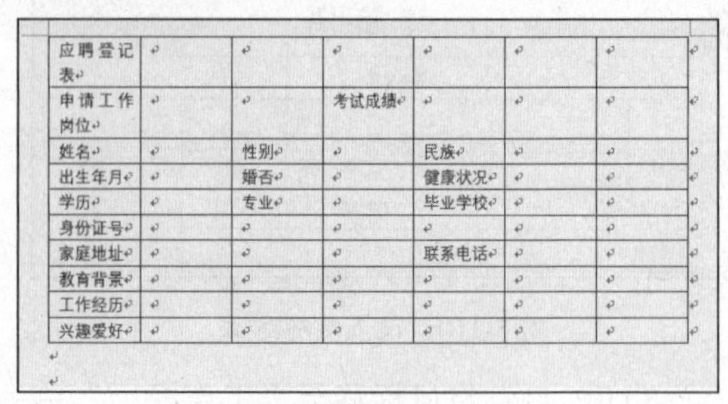

应聘登记表						
申请工作岗位			考试成绩			
姓名		性别		民族		
出生年月		婚否		健康状况		
学历		专业		毕业学校		
身份证号						
家庭地址				联系电话		
教育背景						
工作经历						
兴趣爱好						

图 5-118　输入表格内容

STEP 04：选择首行单元格区域，切换至“表格工具-布局”选项卡，单击“合并”选项组中的“合并单元格”按钮，如图5-119所示。

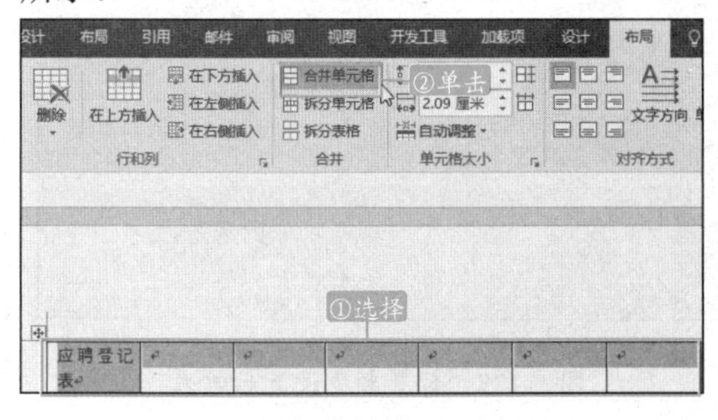

图 5-119 合并所需单元格

STEP 05：随后即可看到首行单元格的合并效果，重复此方法，根据需要合并表格中其他单元格区域，如图5-120所示。

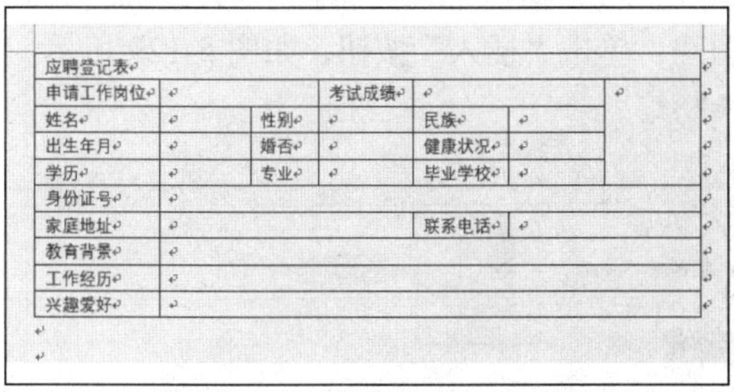

应聘登记表						
申请工作岗位			考试成绩			
姓名		性别		民族		
出生年月		婚否		健康状况		
学历		专业		毕业学校		
身份证号						
家庭地址				联系电话		
教育背景						
工作经历						
兴趣爱好						

图 5-120 显示合并单元格效果

STEP 06：选中文档标题，单击“对齐方式”选项组中的“水平居中”按钮，如图5-121所示。

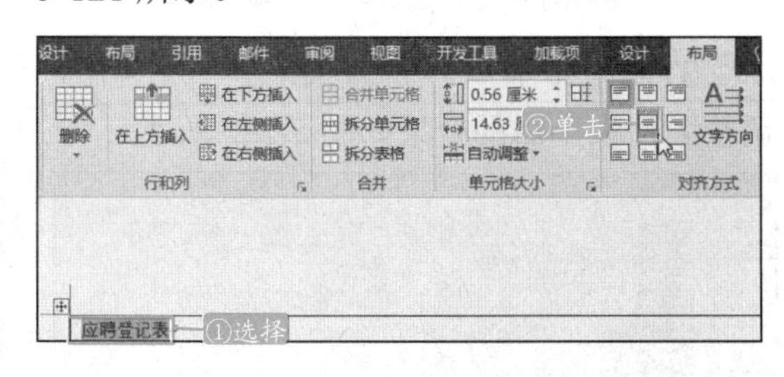

图 5-121 设置标题对齐方式

STEP 07：完成操作之后，文档的标题就以水平居中的方式显示了，将光标定位在需要输入身份证号的单元格中，单击“合并”选项组中的“拆分单元格”按钮，如图5-122所示。

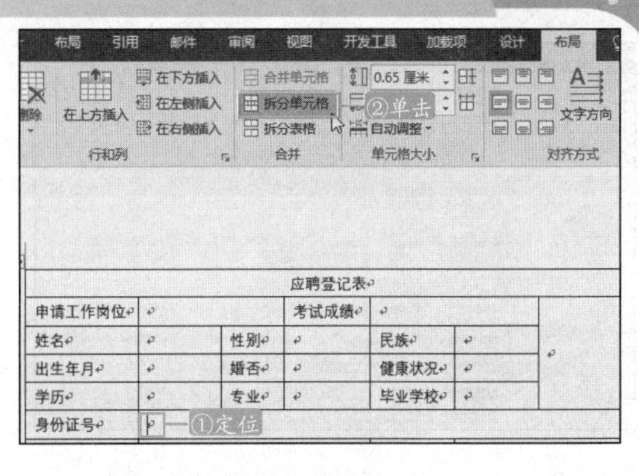

图 5-122 拆分所需单元格

STEP 08：弹出“拆分单元格”对话框，设置拆分的单元格列数为“18”、行数为“1”，单击“确定”按钮，如图5-123所示。

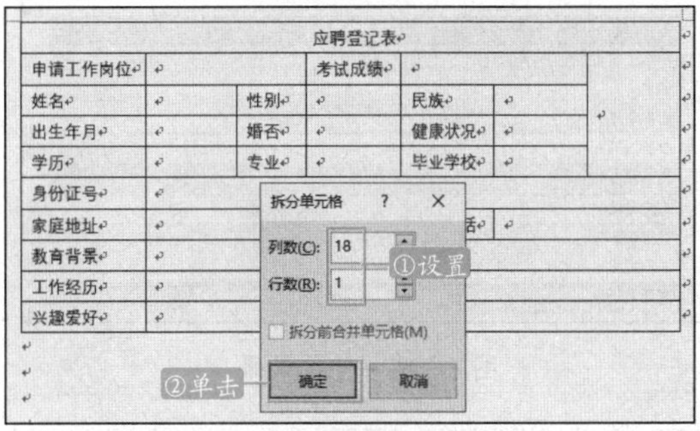

图 5-123 设置拆分单元格的列数和行数

STEP 09：返回文档中可以看到，单元格被拆分为1行18列的单元格区域，方便输入18位身份证号，效果如图5-124所示。

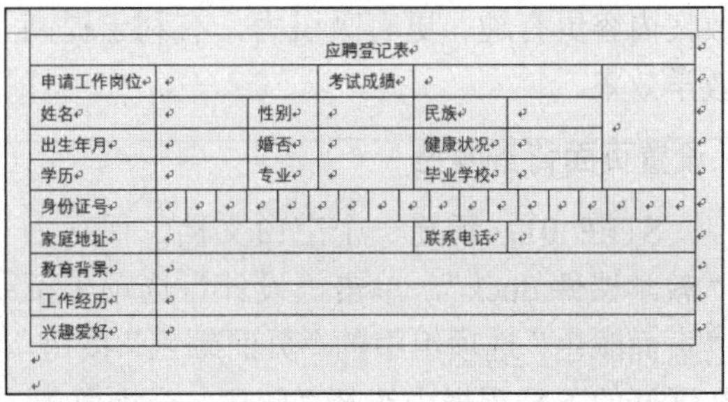

应聘登记表						
申请工作岗位			考试成绩			
姓名		性别		民族		
出生年月		婚否		健康状况		
学历		专业		毕业学校		
身份证号	（18个单元格）					
家庭地址				联系电话		
教育背景						
工作经历						
兴趣爱好						

图 5-124 拆分单元格效果

STEP 10：切换到“表格工具-设计”选项卡，单击“表格样式”选项组中的快翻按钮，在展开的样式库中选择表格样式，如图5-125所示。

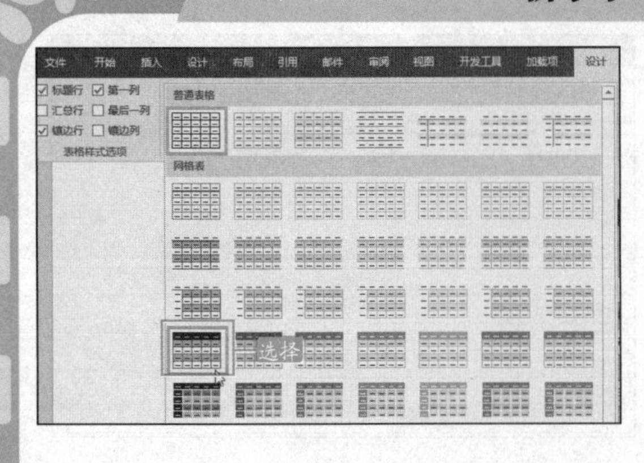

图 5-125　选择套用的表格样式

STEP 11：完成操作之后，表格套用了现有的表格样式，整个应聘登记表就基本创建完成了，效果如图 5-126 所示。

应聘登记表						
申请工作岗位			考试成绩			
姓名		性别		民族		
出生年月		婚否		健康状况		
学历		专业		毕业学校		
身份证号						
家庭地址				联系电话		
教育背景						
工作经历						
兴趣爱好						

图 5-126　整体效果

5.8.3 制作教学课件

教师在教学过程中离不开教学课件。而一般的教案内容枯燥、烦琐，如果在教案中进行页面背景设置、插入图片等操作，可使教案内容更有趣、更有吸引力，有利于提高教学效率。

1.设置页面背景颜色

STEP 01：新建一个空白文档，保存为“教学课件.docx”，单击“设计”选项卡下“页面颜色”选项组中的“页面颜色”按钮，在展开的下拉列表中选择“蓝色，个性色 1，淡色 80%”选项，如图 5-127 所示。

图 5-127　设置文档页面颜色

STEP 02：此时文档的背景颜色就设置为了“蓝色”，如图 5-128 所示。

图 5-128　背景颜色设置后效果

2.插入图片及艺术字

STEP 01：单击“插入”选项卡下“插图”选项组中的“图片”按钮，弹出“插入图片”对话框，在该对话框中选择所需要的图片，单击“插入”按钮，如图 5-129 所示。

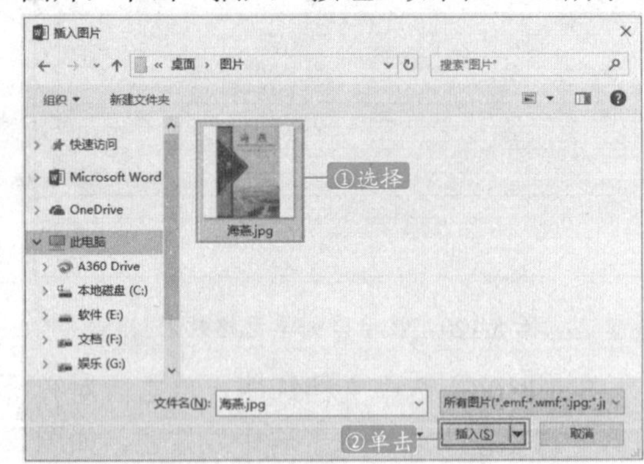

图 5-129　单击“图片”按钮

STEP 02：此时图片就插入到了文档中，调整图片大小后的效果如图 5-130 所示。

图 5-130　插入图片效果

STEP 03：单击“插入”选项卡下“文本”选项组中的“艺术字”按钮，在弹出的下拉列表中选择一种艺术字样式，如图 5-131 所示。

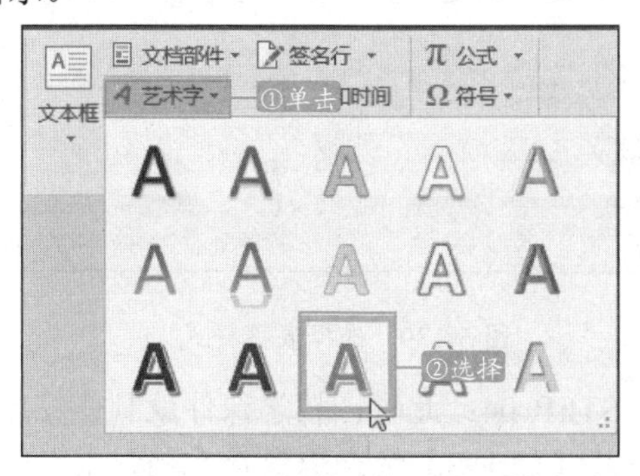

图 5-131　选择艺术字样式

STEP 04：在“请在此放置你的文字”处输入文字，设置“字号”为“小初”，并调整艺术字的位置，如图 5-132 所示。

图 5-132　输入文字并调整

3.设置文本格式

设置完标题后，用户就需要对正文进行设置。

STEP 01：在文档中输入文本内容（可以复制准备好的内容到新建文档中），如图 5-133 所示。

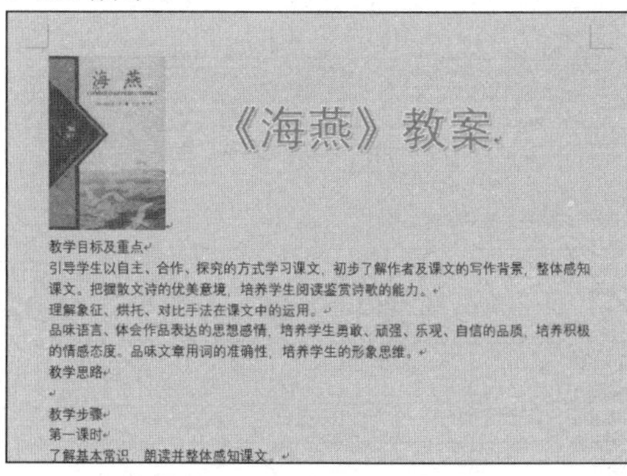

图 5-133　输入文本内容

STEP 02：将标题“教学目标及重点”、“教学思路”、“教学步骤”字体格式设置为“华文行楷、四号、红色”，效果如图 5-134 所示。

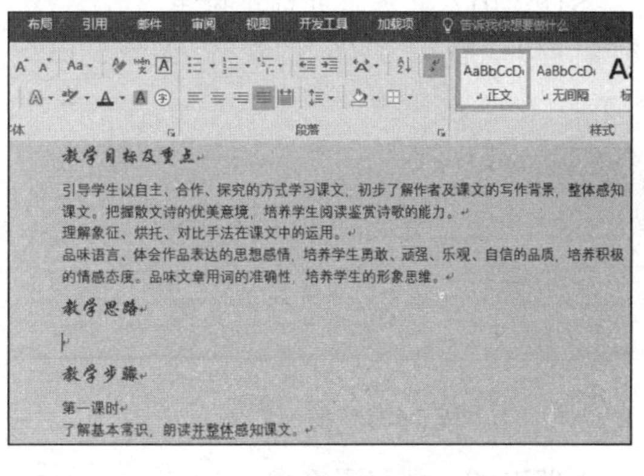

图 5-134　设置标题字体格式

STEP 03：将正文字体格式设置为“华文宋体、五号”，首行缩进设置为“2 字符”，行距设置为“1.5 倍行距”，效果如图 5-135 所示。

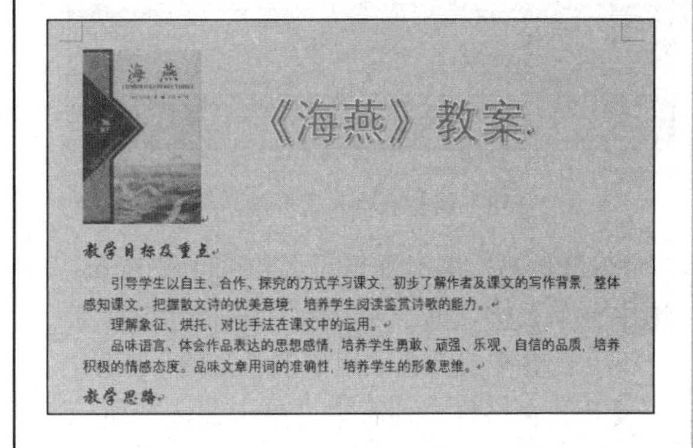

图 5-135　设置正文字体格式

STEP 04：为“教学目标及重点”标题下的正文设置项目符号，效果如图 5-136 所示。

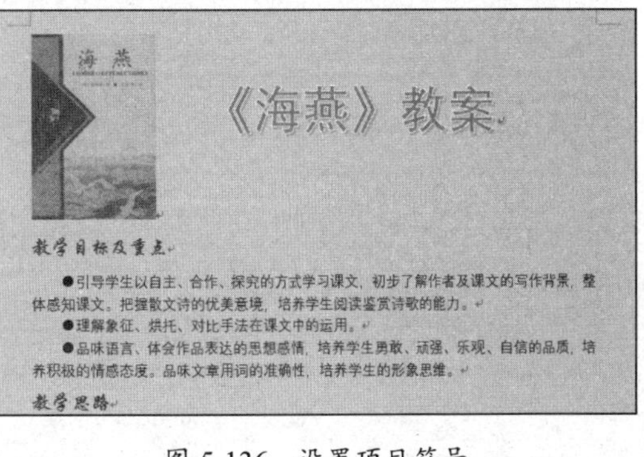

图 5-136　设置项目符号

4.绘制表格。

文本格式设置完后，用户可以为“教学思路”添加表格。

STEP 01：将鼠标光标定位至“教学思路”标题下，插入“3×6”的表格，如图 5-137 所示。

教学思路

图 5-137　插入表格

STEP 02：调整表格列宽，并在单元格中输入表头和表格内容，并将第 1 列和第 3 列设置为“居中对齐”，第 2 列设置为“左对齐”，如图 5-138 所示。

教学思路

序号	学习内容	学习时间
1	老师导入新课	5 分钟
2	学生朗读课文	10 分钟
3	师生共同研习课文	15 分钟
4	学生讨论	10 分钟
5	总结梳理，课后反思	5 分钟

图 5-138　调整表格列宽并输入内容

STEP 03：单击表格左上角的十字按钮，选中整个表格，单击“表格工具-设计”选项卡下“表格样式”选项组中的“其他”按钮，在展开的表格样式列表中，单击并选择所应用的样式即可，如图 5-139 所示。

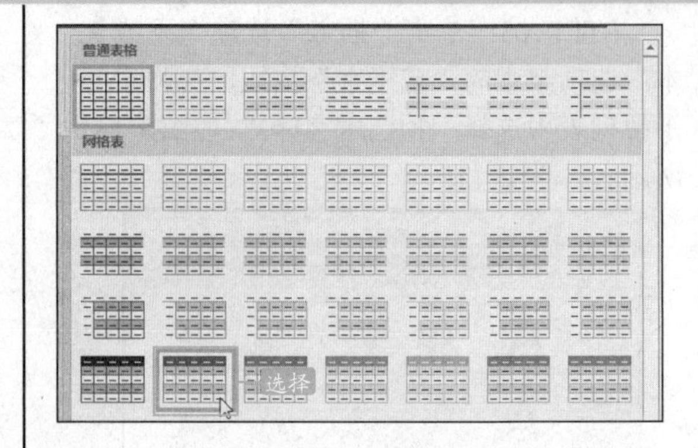

图 5-139　选择表格样式

STEP 04：此时，教学课件就制作完成了，按【Ctrl+S】组合键保存文档，最终效果如图 5-140 所示。

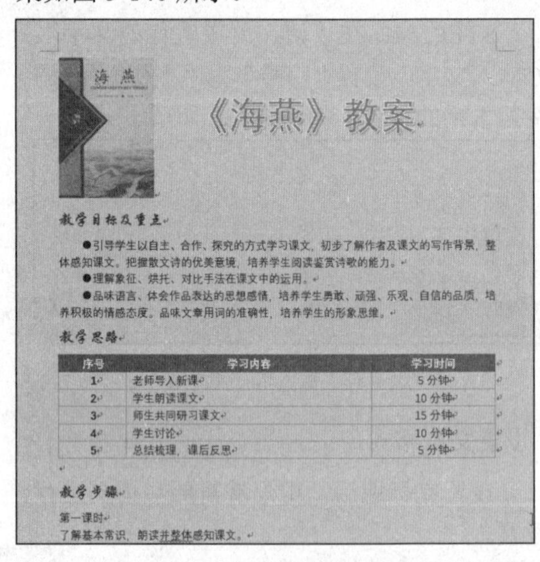

海燕

《海燕》教案

教学目标及重点

●引导学生以自主、合作、探究的方式学习课文，初步了解作者及课文的写作背景，整体感知课文。把握散文诗的优美意境，培养学生阅读鉴赏诗歌的能力。

●理解象征、烘托、对比手法在课文中的运用。

●品味语言、体会作品表达的思想感情，培养学生勇敢、顽强、乐观、自信的品质，培养积极的情感态度。品味文章用词的准确性，培养学生的形象思维。

教学思路

序号	学习内容	学习时间
1	老师导入新课	5 分钟
2	学生朗读课文	10 分钟
3	师生共同研习课文	15 分钟
4	学生讨论	10 分钟
5	总结梳理，课后反思	5 分钟

教学步骤

第一课时

了解基本常识，朗读并整体感知课文。

图 5-140　完成效果图

笔记本

第 6 章 Word 2016 文档高级编辑技术

简单的文档制作并不能满足日常工作的需求，所以 Word 2016 提供了许多文档的高级编辑技术。用户可以使用各种样式来快速格式化段落，可以为文档添加书签，快速找到要查阅的位置，还可以为文档生成相应的目录，或为文档中的某些内容添加脚注、尾注等来解释文本内容。

本章知识要点

- 设置文档样式
- 创建目录
- 查阅与加密保护文档
- 打印文档

6.1 设置文档样式

扫码观看本节视频

用户使用 Word 文档中的默认样式可以快速格式化 Word 文档的标题、正文等样式。除了使用默认样式外，还可以利用新建样式的功能创建富有自身特点的样式，对于应用的样式也可以根据需要进行设置修改。

6.1.1 查看和应用文档样式

在一个文档中，可以为每个段落设置不同的样式，系统中默认的样式有很多种，一般分为标题样式、正文样式、要点、引用样式等。不同的样式有不同的作用，用户可以根据需要来选择。

STEP 01：打开 Word 文档，选中需要应用样式的文本，切换到“开始”选项卡，单击“样式”选项组中的“标题”样式，如图 6-1 所示。

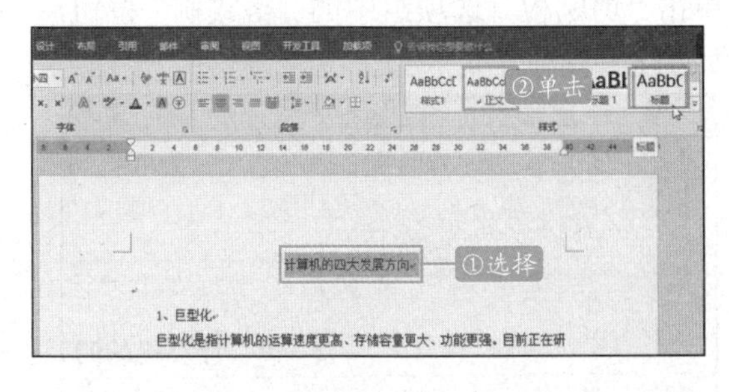

图 6-1　设置“标题”样式

STEP 02：应用样式效果如图 6-2 所示。

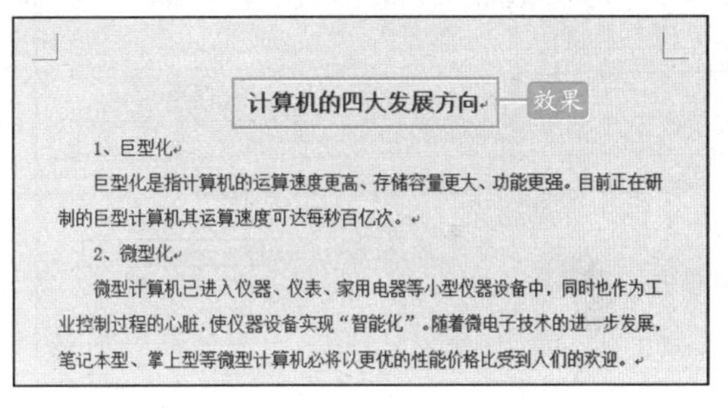

图 6-2　样式应用后的效果

STEP 03：选中其他文本，单击“样式”选项组中的快翻按钮，在展开的样式库中选择“要点”样式，如图 6-3 所示。

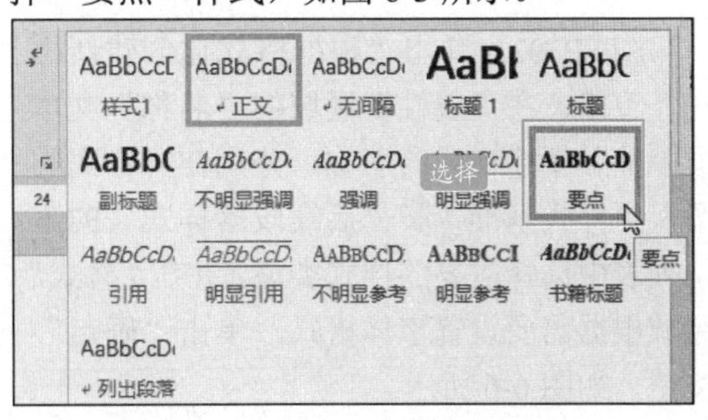

图 6-3　选择“要点”样式

STEP 04：效果如图 6-4 所示。

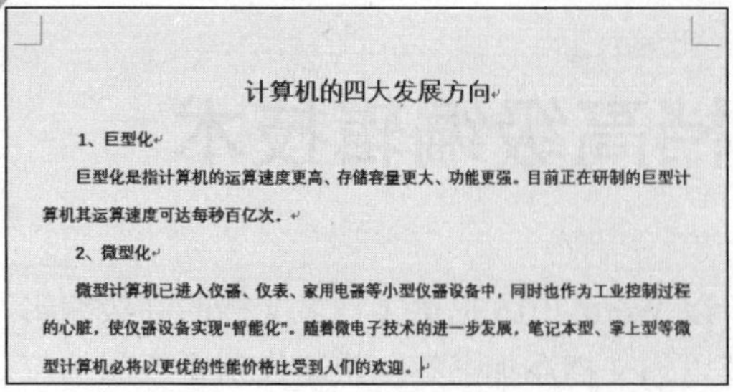

计算机的四大发展方向
1、巨型化
巨型化是指计算机的运算速度更高、存储容量更大、功能更强。目前正在研制的巨型计算机其运算速度可达每秒百亿次。
2、微型化
微型计算机已进入仪器、仪表、家用电器等小型仪器设备中，同时也作为工业控制过程的心脏，使仪器设备实现"智能化"。随着微电子技术的进一步发展，笔记本型、掌上型等微型计算机必将以更优的性能价格比受到人们的欢迎。

图 6-4　应用要点样式后的效果

6.1.2 自定义文档样式

用户在为文档设置样式的时候，除了可以使用系统内置的样式外，用户还可以自行创建样式，具体操作如下：

STEP 01：打开 Word 文档，选中需要应用样式的文本，在“开始”选项卡的“样式”选项组中单击设置选项，出现“样式”窗格，单击“样式”窗格中的“新建样式”按钮，如图 6-5 所示。

样式
全部清除
计算机的四大发展方向
单击
新建样式

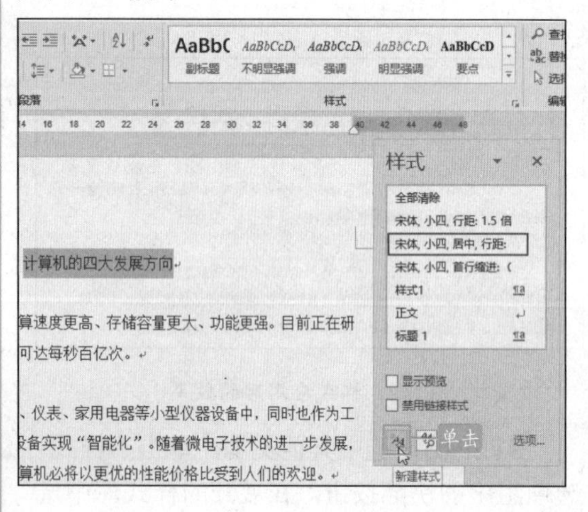

图 6-5　单击“新建样式”按钮

STEP 02：弹出“根据格式化创建新样式”窗口，在“属性”区域的“名称”文本框中输入新建样式的名称，分别在“样式类型”、“样式基准”和“后续段落样式”的下拉列表中选择需要的样式类型，并在“格式”区域根据需要设置字体格式，单击“确定”按钮，如图 6-6 所示。

①文本
②选择
③设置
④单击
计算机的四大发展方向

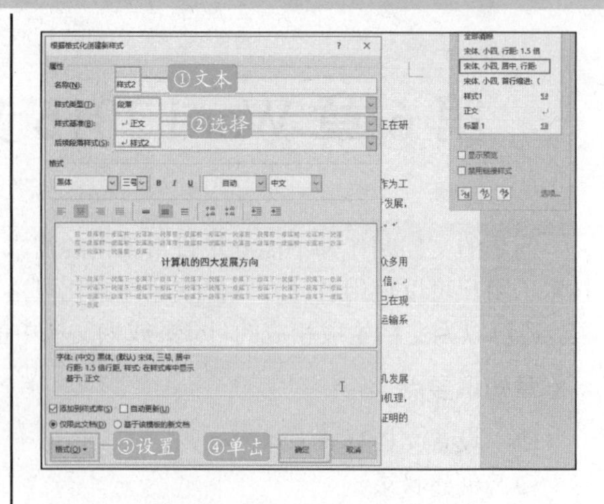

图 6-6　设置新样式的参数

STEP 03：在“样式”窗格中可以看到创建的新样式，选择要应用该样式的段落，单击“样式”窗格中的新创建的样式，即可应用，如图 6-7 所示。

样式
全部清除
计算机的四大发展方向
①选择
②单击

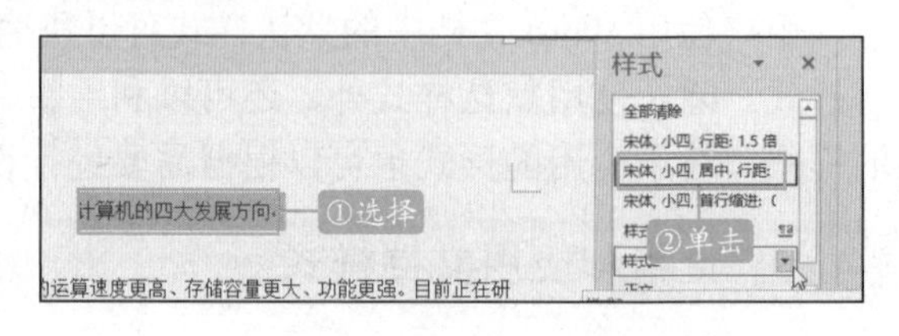

图 6-7　应用新建的样式

6.1.3 使用格式刷快速复制格式

如果文档中已经有了一个非常合适的样式，并且需要将这个样式应用到其他段落中，使用格式刷是一个便捷的方法。

STEP 01：打开原始文件，选中已经设置了样式的文本，切换到“开始”选项卡，单击“剪贴板”选项组中的“格式刷”按钮，如图 6-8 所示。

文件
开始
插入
设计
布局
引用
邮件
审阅
视图
粘贴
②单击
剪贴板
字体
计算机的四大
1、巨型化
①选择
巨型化是指计算机的运算速度更高、

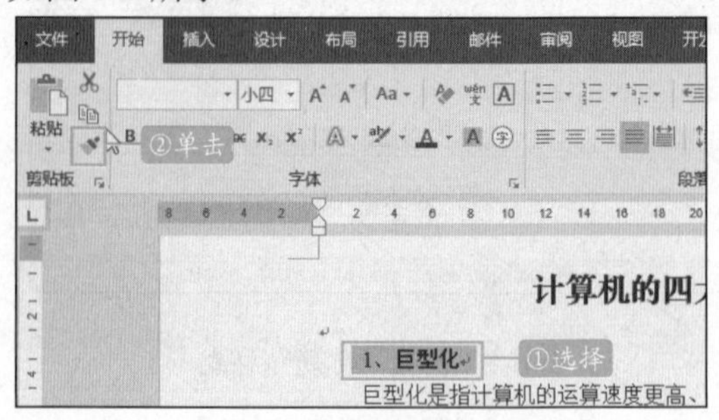

图 6-8　单击“格式刷”按钮

STEP 02：此时鼠标指针呈现刷子形状，选中需要复制样式的文本内容，释放鼠标后即可复制该样式，如图 6-9 所示。

1、巨型化
巨型化是指计算机的运算速度更高、存储容量更大、功能更强。目前正在研制的巨型计算机其运算速度可达每秒百亿次。
2、微型化 选择
微型计算机已进入仪器、仪表、家用电器等小型仪器设备中，同时也作为工业控制过程的心脏，使仪器设备实现“智能化”。随着微电子技术的进一步发展，

图 6-9　复制样式

◆◆提示

单击“格式刷”按钮不能重复复制样式，只能对一处文本内容应用相同的样式。双击“格式刷”按钮即可重复使用该样式。

6.1.4　清除和重应用文档样式

当样式不能满足编辑需求时，用户可以对其进行修改，也可以将其删除。在“样式”窗格中选择要修改或删除的样式，单击鼠标右键，在弹出的快捷菜单中，选择对应的操作命令，如图 6-10 所示。

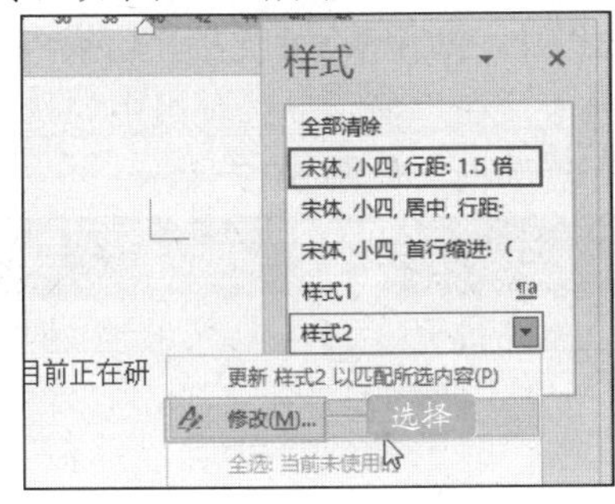

图 6-10　设置已有样式

6.1.5　使用样式快速格式化段落

现有的样式库中包含许多样式，例如有专门用于文档标题的样式——标题 1 和标题 2，也有专门用于正文的样式——要点、引用、明显参考等。

STEP 01：打开 Word 文档，选中要设置格式的内容，在“开始”选项卡下单击“样式”选项组中的快翻按钮，在展开的样式库中选择“明显参考”样式，如图 6-11 所示。

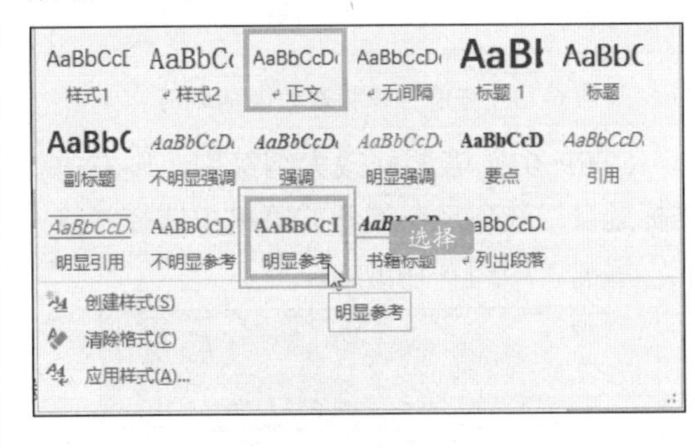

图 6-11　选择“明显参考”样式

STEP 02：效果如图 6-12 所示。

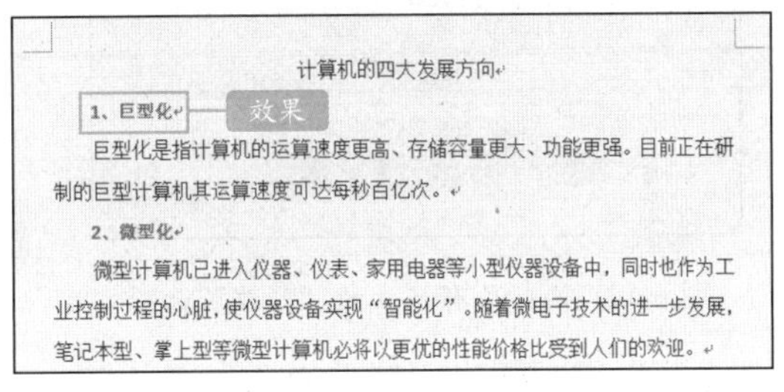

图 6-12　应用样式后的效果

6.2　创建目录和制作封面

扫码观看本节视频

在实际的编辑文档过程中，目录和封面有时候是必不可少的一项。手动编制目录相当麻烦，常常会使目录与正文内容出现偏差。用户可以利用自动生成目录的功能提取文档的各级标题和相应页码，从而达到快速准确地添加目录的目的。通过插入图片和文本框，用户可以快速地为文档设计封面。

6.2.1　设置大纲级别

如果没有为文档的段落创建样式，那么为了区分标题与标题、标题与正文之间的级别，就需要设置大纲级别，设置大纲级别也是创建自动生成目录之前必须要完成的操作。

STEP 01：将光标定位在一级标题文本中，在“开始”选项卡下的“样式”选项组

中单击对话框启动器，出现“样式”窗格，将光标置于“标题 1”选项上，查看大纲级别是否为“1 级”，如图 6-13 所示。

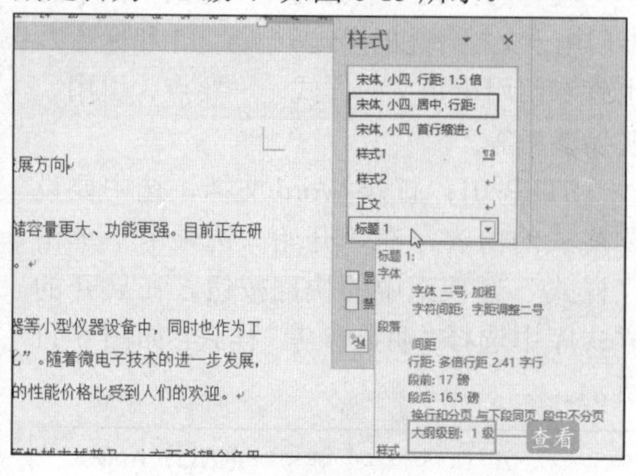

图 6-13　查看一级标题的大纲级别

STEP 02：若要修改大纲级别，则右击“标题 1”选项，在展开的菜单中选择“修改”选项，如图 6-14 所示。

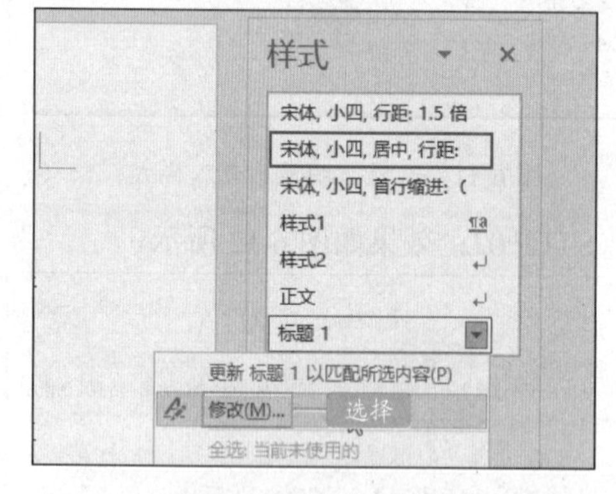

图 6-14　选择已有样式的“修改”选项

STEP 03：弹出“修改样式”对话框，单击“格式”按钮，在展开的列表中选择“段落”选项，如图 6-15 所示。

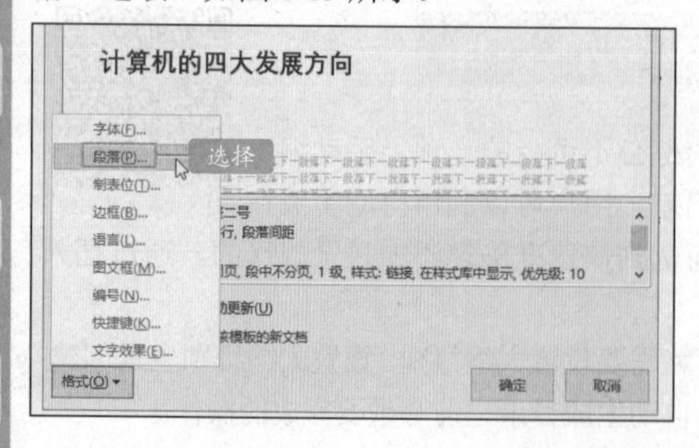

图 6-15　选择“格式”列表中的“段落”选项

STEP 04：弹出“段落”对话框，在“常规”选项组中单击“大纲级别”下拉按钮，选择需要设置的大纲级别，如图 6-16 所示。

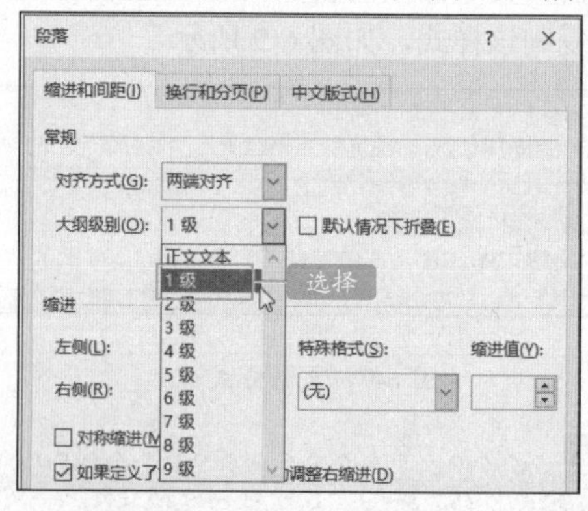

图 6-16　设置样式的大纲级别

6.2.2　创建目录

在编辑文档过程中，目录有时候是必不可少的一项。手动编制目录相当麻烦，常常会使目录与正文内容出现偏差。用户可以利用自动生成目录的功能提取文档的各级标题和相应页码，从而达到快速准确地添加目录的目的。

STEP 01：打开 Word 文档，切换到“视图”选项卡，在“显示”选项组中勾选“导航窗格”复选框，如图 6-17 所示。

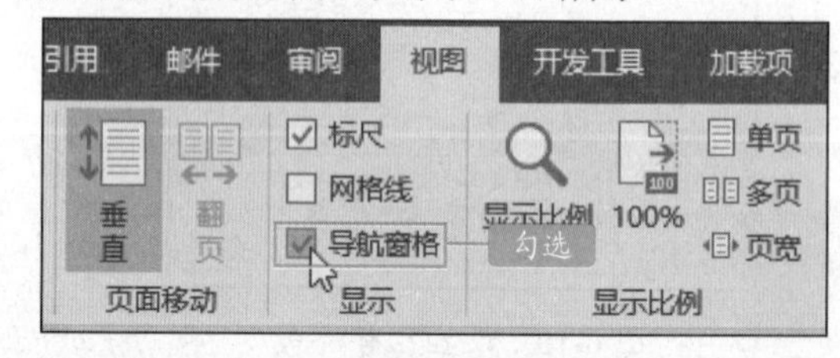

图 6-17　勾选“导航窗格”复选框

STEP 02：此时出现“导航”窗格，在“导航”窗格中显示出文档的每个标题，可以利用这些标题生成文档的目录，如图 6-18 所示。

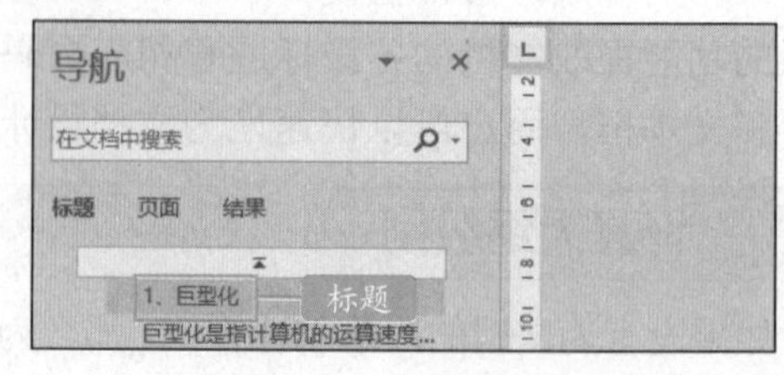

图 6-18　打开“导航”窗格

STEP 03：将光标定位在文档的开头，切换到“引用”选项卡，单击“目录”选项组中的“目录”按钮，在展开的下拉列表中选择目录的默认样式为“自动目录 1”，如图 6-19 所示。

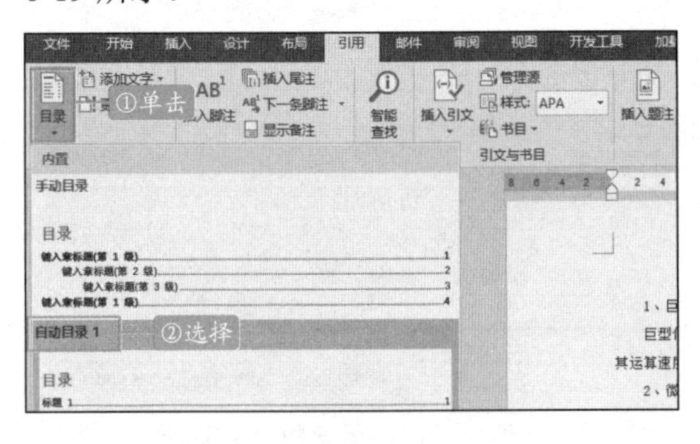

图 6-19　选择目录样式

STEP 04：完成操作之后可以看到，在光标定位的位置上插入文档的目录并显示为选中的默认样式，目录中的内容由文档中的每个标题构成，如图 6-20 所示。

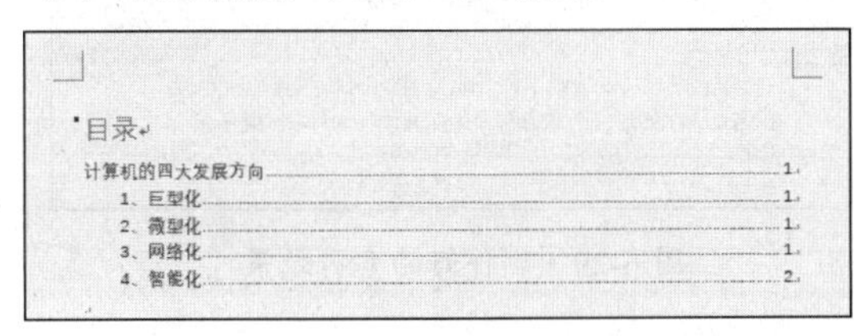
目录
计算机的四大发展方向……1
1、巨型化……1
2、微型化……1
3、网络化……1
4、智能化……2

图 6-20　目录生成后的效果

6.2.3 更新目录

当文档中的标题或页数发生了变化时，为了让目录依然能适合这个文档，需要对目录进行更新，让目录随着标题或页数的变化而变化。

STEP 01：打开 Word 文档，选中文档中需要修改的标题内容进行修改，如图 6-21 所示。

1、巨型化

巨型化是指计算机的运算速度更高、功能更强。目前正在研制的巨型计算机其运算速度可达每秒百亿次。

2、微型化

微型计算机已进入仪器、仪表、家用电器等小型仪器设备中，同时也作为工业控制过程的心脏，使仪器设备实现“智能化”。随着微电子技术的进一步发展，笔记本型、掌上型等微型计算机必将以更优的性能价格比受到人们的欢迎。

3、办公网络化　修改

随着计算机应用的深入，特别是家用计算机越来越普及，一方面希望众多用户能共享信息资源，另一方面也希望各计算机之间能互相传递信息进行通信。

图 6-21　修改标题内容

STEP 02：选中目录，单击“更新目录”按钮，弹出“更改目录”对话框，选中“更新整个目录”单选按钮，单击“确定”按钮即可，如图 6-22 所示。

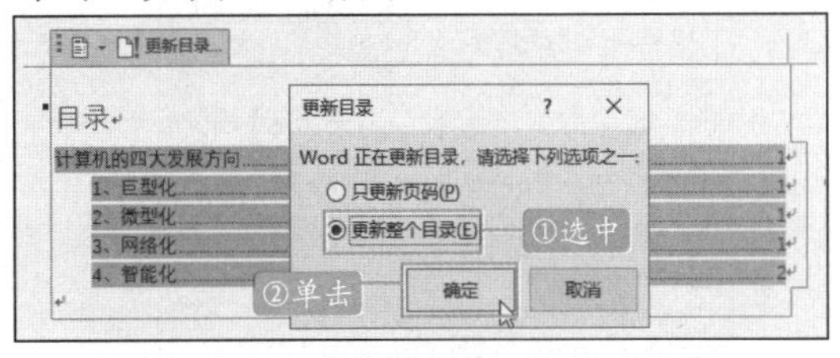

图 6-22　选择“更新整个目录”单选按钮

STEP 03：效果如图 6-23 所示。

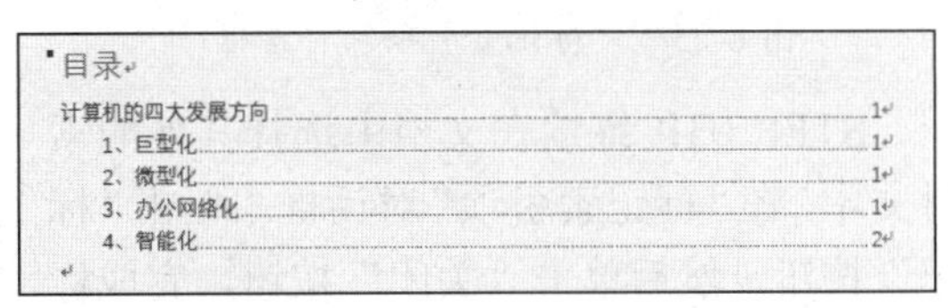
目录
计算机的四大发展方向……1
1、巨型化……1
2、微型化……1
3、办公网络化……1
4、智能化……2

图 6-23　更新目录后的效果

6.2.4 创建索引

索引是根据一定需要，把书刊中的主要概念或各种提名摘录下来，标明出处、页码，按一定次序分条排列，以供人查阅的资料。索引的本质是在文档中插入一个隐秘的代码，便于作者快速查询。

STEP 01：在文档中选中需要制作索引的文本，在“引用”选项卡的“索引”选项组中单击“标记索引项”按钮，如图 6-24 所示。

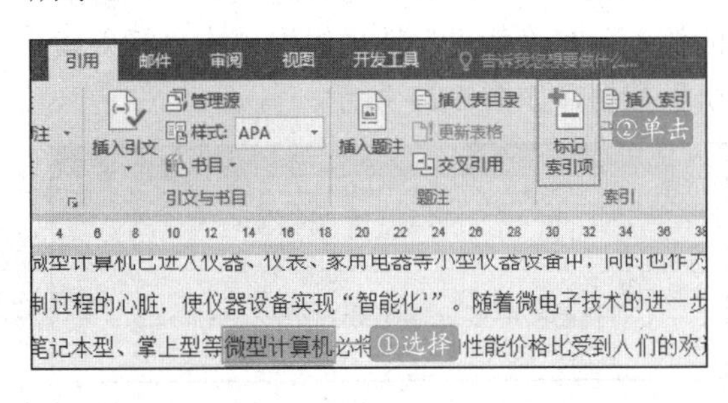

图 6-24　单击“标记索引项”按钮

STEP 02：弹出“标记索引项”对话框，单击“标记”按钮，如图 6-25 所示。

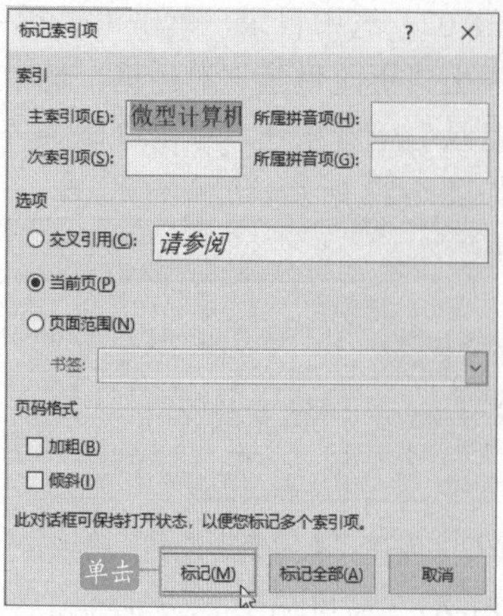

图 6-25　“标记索引项”对话框

STEP 03：继续在文档中选择其他的索引文本，在“标记索引项”对话框中单击“标记”按钮，然后单击“关闭”按钮，完成标记操作，如图 6-26 所示。

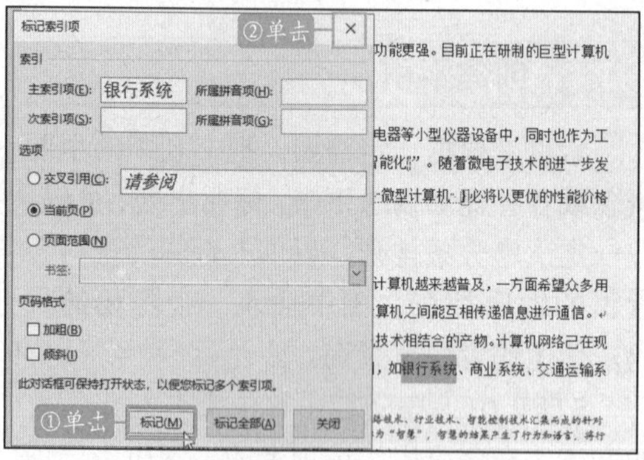

图 6-26　标记其他索引项

STEP 04：将鼠标光标定位到文档最后的位置，在“索引”选项组中单击“插入索引”按钮，如图 6-27 所示。

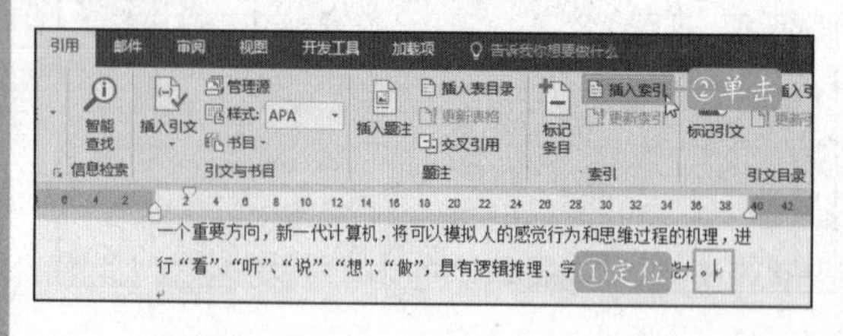

图 6-27　单击“插入索引”按钮

STEP 05：弹出“索引”对话框的“索引”选项卡，单击选中“页码右对齐”复选框，单击“确定”按钮，如图 6-28 所示。

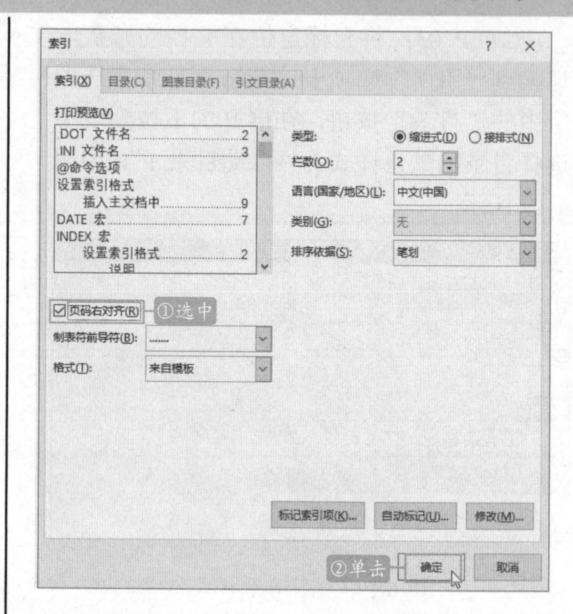

图 6-28　选中“页码右对齐”复选框

STEP 06：在文本插入点处即可看到制作好的索引，如图 6-29 所示。

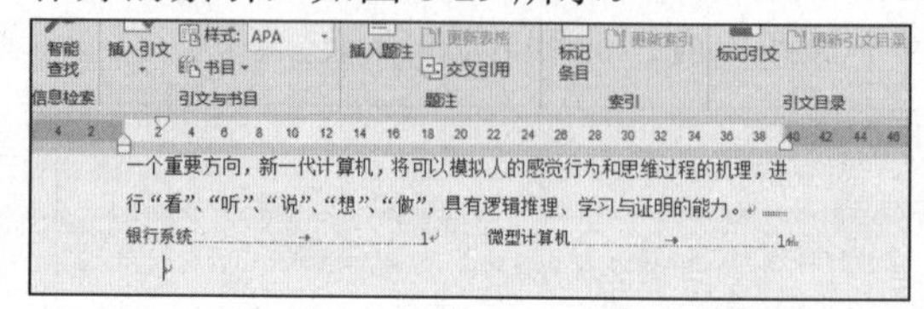

图 6-29　制作好的索引效果

6.2.5　设计封面

在 Word 2016 文档中，通过插入图片和文本框，用户可以快速地为文档设计封面。

1.插入并编辑图片

STEP 01：打开 Word 文档，将光标定位在标题行文本前，切换到“插入”选项卡，单击“页面”选项组中的“空白页”按钮，如图 6-30 所示。

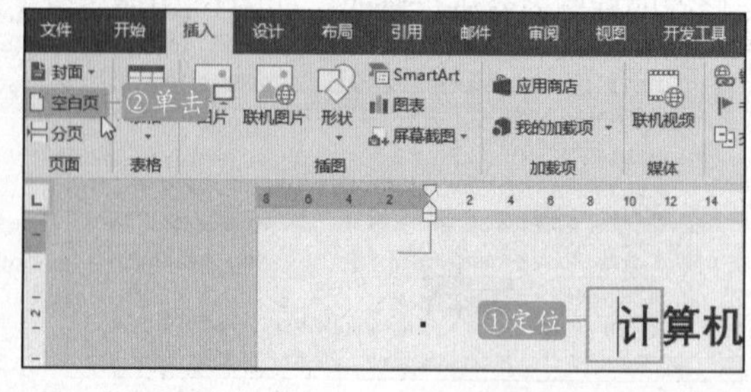

图 6-30　单击“空白页”按钮

STEP 02：此时，在文档的开头插入了一个空白页，将光标定位在空白页中，切换到“插入”选项卡，单击“插图”选项组中的“图片”按钮，如图 6-31 所示。

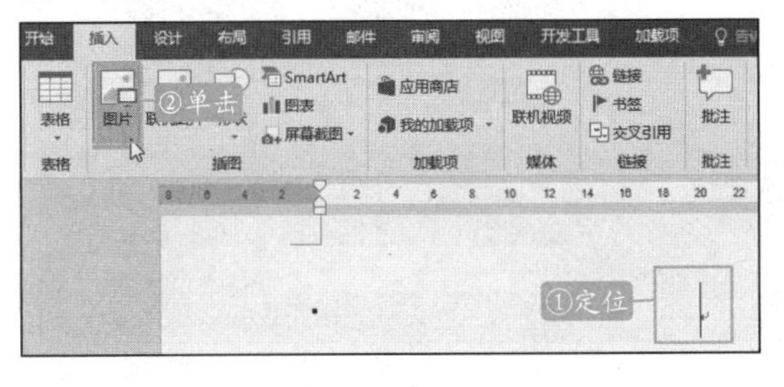

图 6-31　在空白页中单击“图片”按钮

STEP 03：弹出“插入图片”对话框，选择要插入图片的保存位置，然后从中选择要插入的素材文件，如图 6-32 所示。

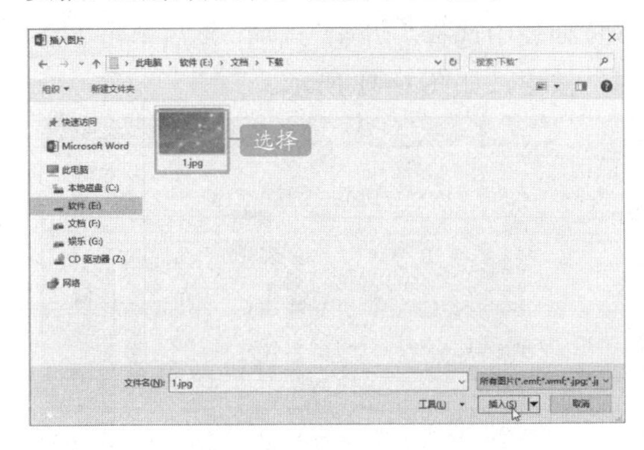

图 6-32　选择要插入的图片

STEP 04：单击“插入”按钮，返回 Word 文档，此时在文档中插入了一个封面底图，然后选中该图片，切换到“图片工具-格式”选项卡，在“大小”选项组的“形状高度”文本框中输入合适的大小，如图 6-33 所示。

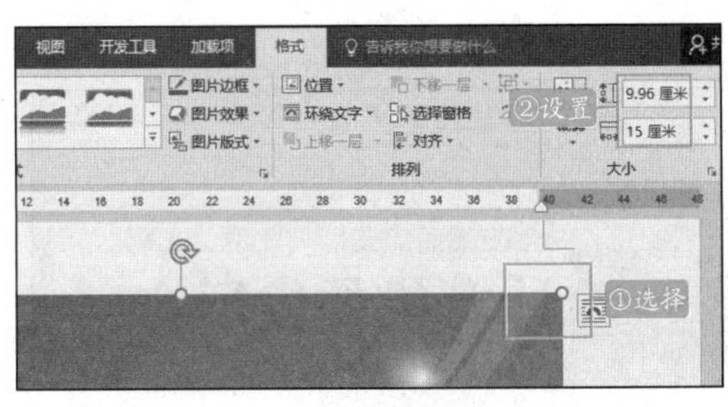

图 6-33　设置图片的形状高度

STEP 05：选中该图片，然后单击鼠标右键，在弹出的快捷菜单中选择“大小和位置”选项，如图 6-34 所示。

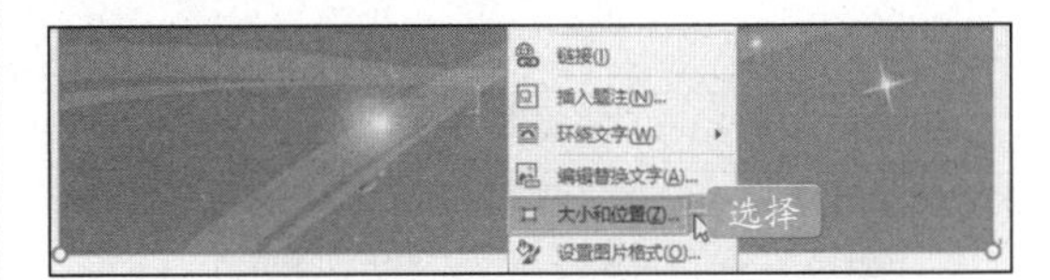

图 6-34　右击图片选择“大小和位置”选项

STEP 06：弹出“布局”对话框，切换到“文字环绕”选项卡，在“环绕方式”组合框中选择“衬于文字下方”选项，如图 6-35 所示。

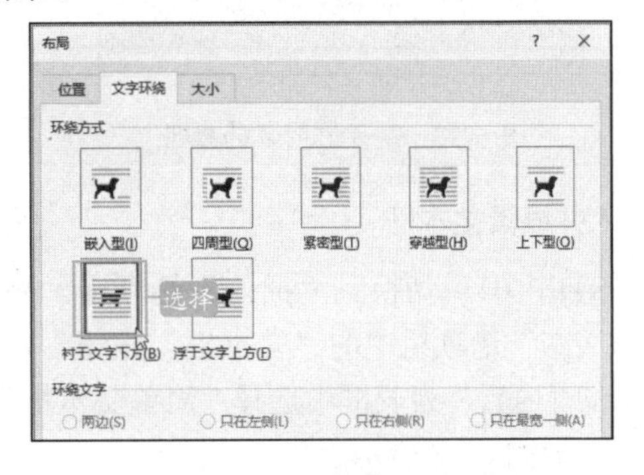

图 6-35　设置图片环绕方式

STEP 07：切换到“位置”选项卡，在“水平”组合框中选中“对齐方式”单选钮，然后在右侧的下拉列表中选择“居中”选项，在“相对于”下拉列表中选择“页面”选项；在“垂直”组合框中选好“对齐方式”单选钮，然后在右侧的下拉列表中选择“居中”选项，在“相对于”下拉列表中选择“页面”选项，如图 6-36 所示。

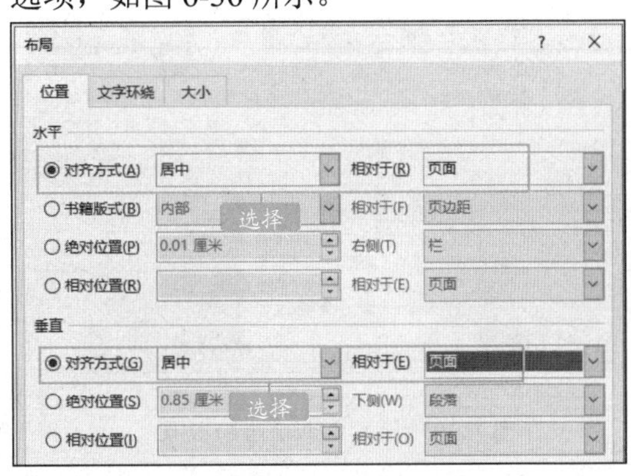

图 6-36　设置图片的水平和垂直位置

STEP 08：单击“确定”按钮，返回 Word 文档，然后使用鼠标左键将图片拖拽到合适的位置，设置效果如图 6-37 所示。

图 6-37　设置好图片的效果

2.插入并编辑文本框

STEP 01：切换到“插入”选项卡，单击“文本”选项组中的“文本框”按钮，从弹出的“内置”列表框中选择“简单文本框”选项，如图 6-38 所示。

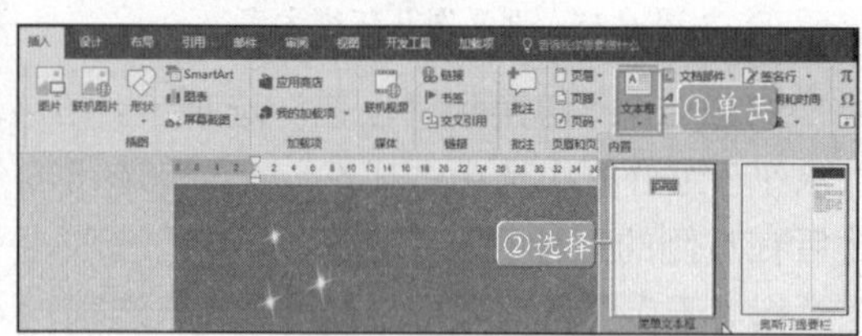

图 6-38　插入文本框

STEP 02：此时，在文档中插入了一个简单文本框，如图 6-39 所示。

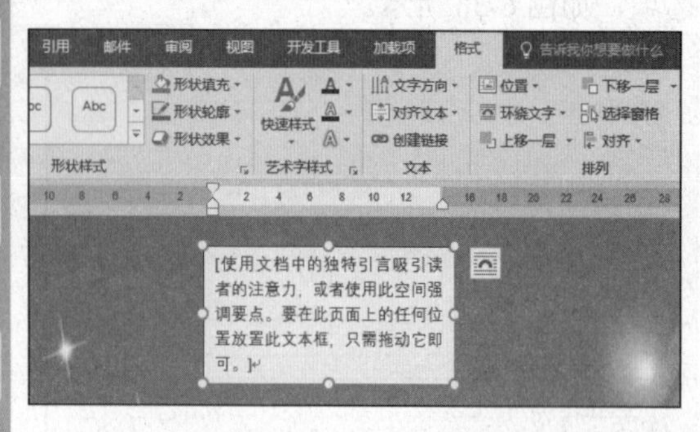

图 6-39　插入文本框后的效果

STEP 03：在文本框中输入文本，然后将鼠标指针移动到文本的边线上，此时鼠标指针变成双十字箭头形状，按住鼠标左键不放，将其拖动到合适的位置，释放鼠标，如图 6-40 所示。

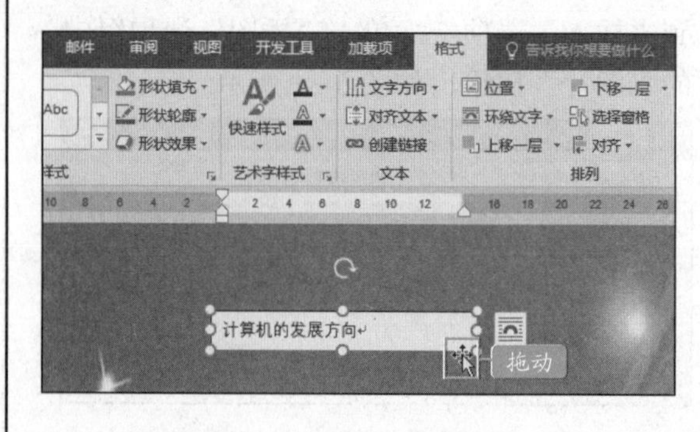

图 6-40　改变文本框的大小

STEP 04：选中文本，切换到“开始”选项卡，在“字体”选项组中的“字体”下拉列表中选择“华文中宋”选项，在“字号”下拉列表中选择“初号”选项，然后单击“加粗”按钮，如图 6-41 所示。

图 6-41　设置文本格式

STEP 05：选中该文本框，然后将鼠标指针移动到文本框的右下角，按住鼠标左键不放，此时鼠标指针变成十字箭头形状，拖动鼠标将其调整为合适的大小，释放鼠标，如图 6-42 所示。

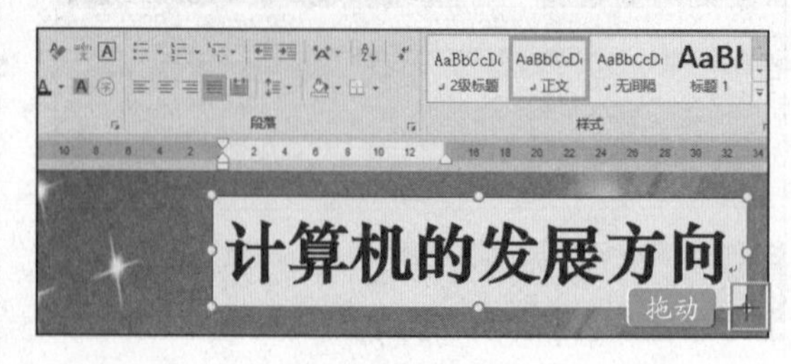

图 6-42　调整文本框大小

STEP 06：选中该文本框，切换到“绘图工具-格式”选项卡，在“形状样式”选项组中单击“形状填充”按钮右侧的下三角按钮，在展开的下拉列表中选择“无填充颜色”选项，如图 6-43 所示。

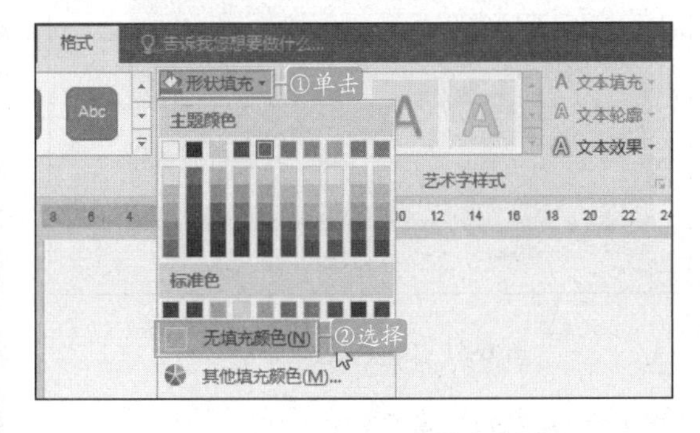

图 6-43　设置文本框的填充

STEP 07：在“形状样式”选项组中单击“形状轮廓”按钮右侧的下拉按钮，在展开的下拉列表中选择“无轮廓”选项，如图 6-44 所示。

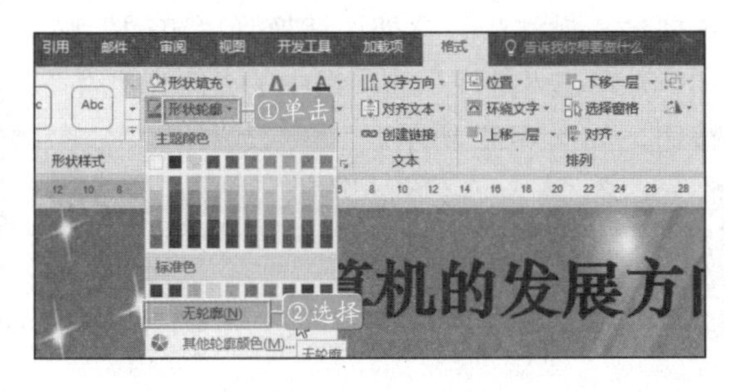

图 6-44　取消文本框的轮廓

STEP 08：在“艺术字样式”选项组中单击“文本填充”按钮右侧的下拉按钮，在展开的下拉列表中选择“白色，背景 1 ”选项，如图 6-45 所示。

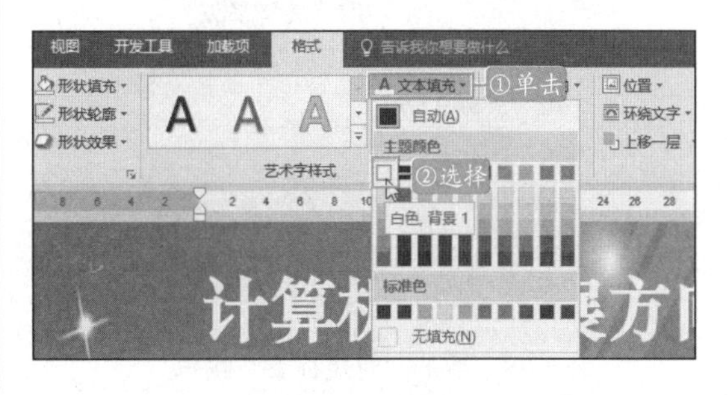

图 6-45　设置文本填充颜色

STEP 09：使用同样的方法插入并编辑其他文本框，效果如图 6-46 所示。

图 6-46　插入新文本框后的效果

6.3　设置和使用各种注释

扫码观看本节视频

为了便于排版、查找和用户阅读审阅，通常会在文档中插入题注、批注、脚注和尾注。

6.3.1　插入题注

题注就是显示在对象下方的一排文字，用于对对象进行说明。如果需要在文档中插入多张图片的时候，可以利用题注对图片进行自动编号。

STEP 01：打开 Word 文档，选中图片，切换到“引用”选项卡，单击“题注”选项组中的“插入题注”按钮，如图 6-47 所示。

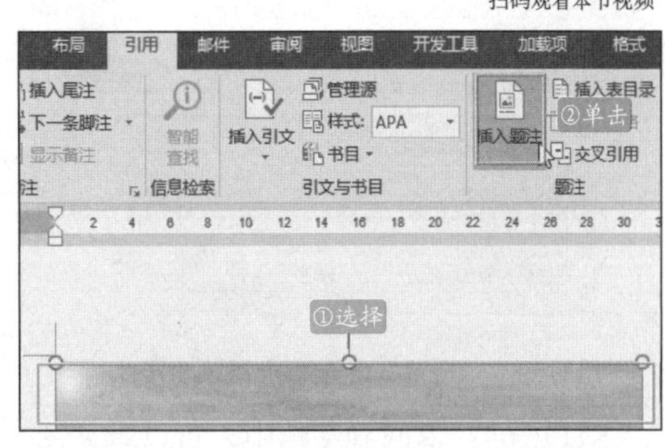

图 6-47　单击“插入题注”按钮

STEP 02：弹出“题注”对话框，单击

“新建标签”按钮，如图 6-48 所示。

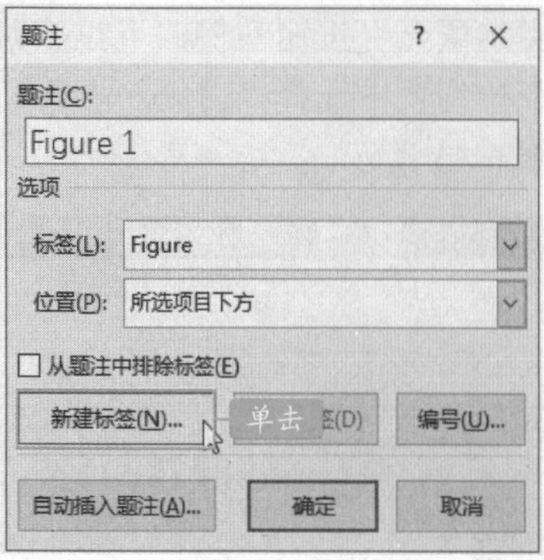

题注 ? ×
题注(C):
Figure 1
选项
标签(L): Figure
位置(P): 所选项目下方
从题注中排除标签(E)
新建标签(N)... 单击 删除标签(D) 编号(U)...
自动插入题注(A)... 确定 取消

图 6-48　单击“新建标签”按钮

STEP 03：弹出“新建标签”对话框，在“标签”文本框中输入“背景图”，单击“确定”，如图 6-49 所示。

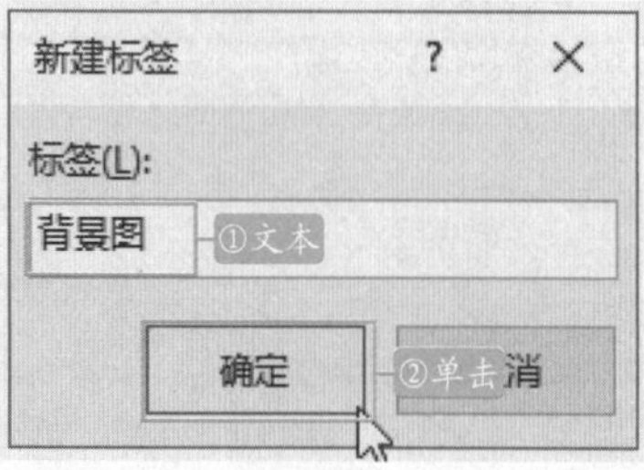

新建标签 ? ×
标签(L):
背景图 ①文本
确定 ②单击 取消

图 6-49　在“标签”框中输入“背景图”

STEP 04：返回到“题注”对话框中，此时可以看见题注自动变成了“背景图 1”，单击“确定”按钮，如图 6-50 所示。

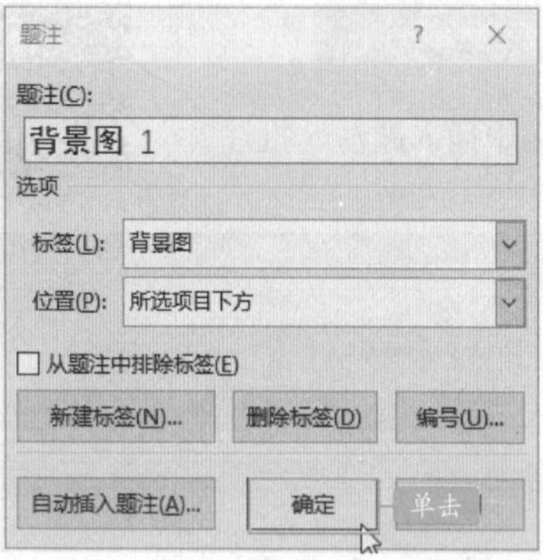

题注 ? ×
题注(C):
背景图 1
选项
标签(L): 背景图
位置(P): 所选项目下方
从题注中排除标签(E)
新建标签(N)... 删除标签(D) 编号(U)...
自动插入题注(A)... 确定 单击

图 6-50　“题注”对话框中题注已修改

STEP 05：返回到文档中，可以看见图片的下方显示了题注“背景图 1”，如图 6-51 所示。

图 6-51　显示题注的效果

6.3.2 使用批注

为了帮助阅读者更好地理解文档内容或者检查到文档中有错误的时候，可以为 Word 文档添加批注。

STEP 01：打开 Word 文档，将光标定位在要插入批注的位置处，切换到“审阅”选项卡，单击“批注”选项组中的“新建批注”按钮，如图 6-52 所示。

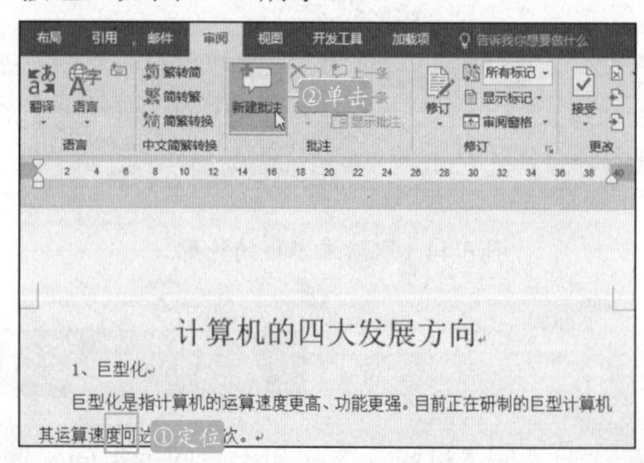

图 6-52　单击“新建批注”按钮

STEP 02：此时文档出现了一个批注框，用户可以根据需要输入批注信息，Word 2016 的批注信息前面会自动加上用户名以及添加批注时间，如图 6-53 所示。

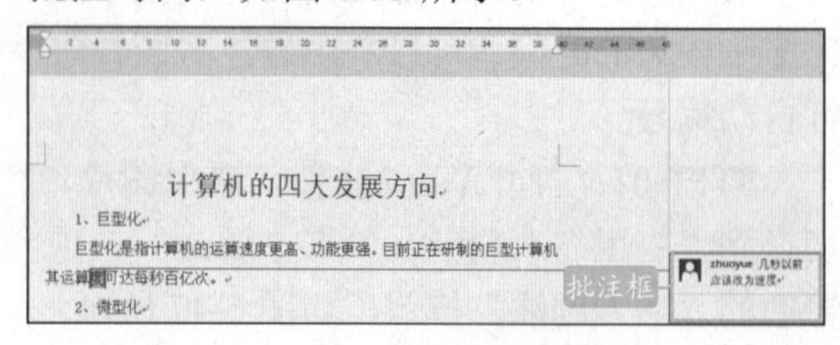

图 6-53　输入批注信息

6.3.3 插入脚注和尾注

脚注和尾注都是用来对文档中某个内容进行解释、说明或提供参考资料的对象，脚注通常插入在页面底部，而尾注一般位于文档的末尾。

1.插入脚注

STEP 01：选中需要插入脚注的文本，在“引用”选项卡的“脚注”选项组中单击“插入脚注”按钮，如图 6-54 所示。

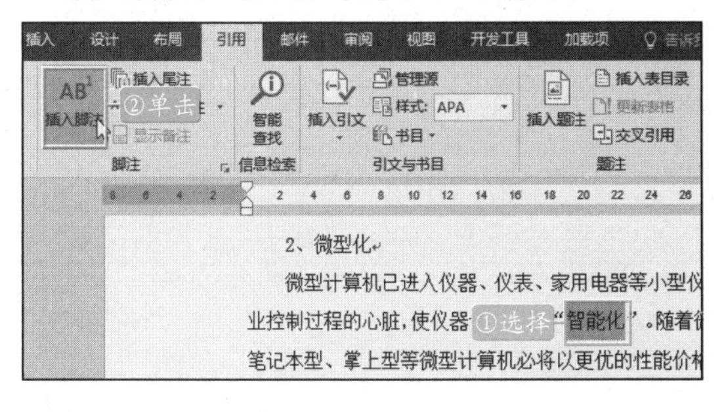

图 6-54 单击“插入脚注”按钮

STEP 02：此时在选中文本页面的底部出现了一条分割线，在分割线的下方输入选中文本的释义，如图 6-55 所示。

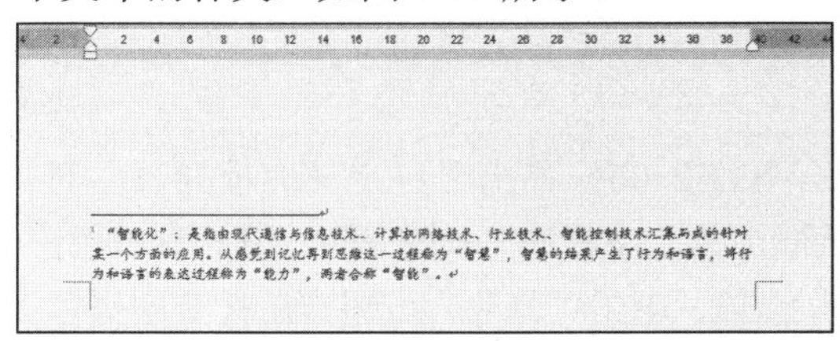

图 6-55 在文本页面底部分割线正文输入释义

STEP 03：将光标移动至插入脚注的文本上，该文本的上方则出现了脚注内容，如图 6-56 所示。

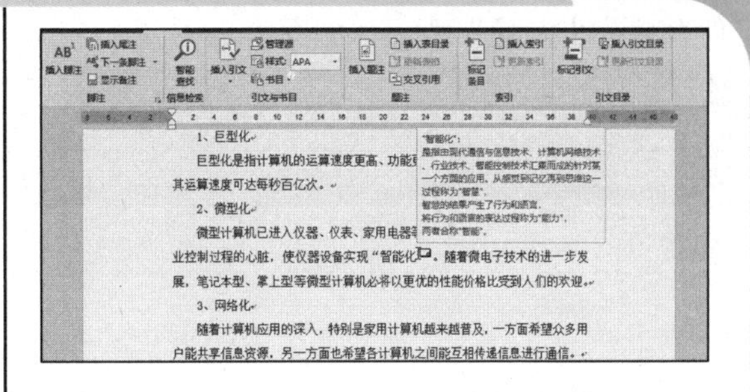

图 6-56 在文本上方查看脚注内容

2.插入尾注

STEP 01：将光标定位在需要插入尾注的文本后，在“脚注”选项组中单击“插入尾注”按钮，如图 6-57 所示。

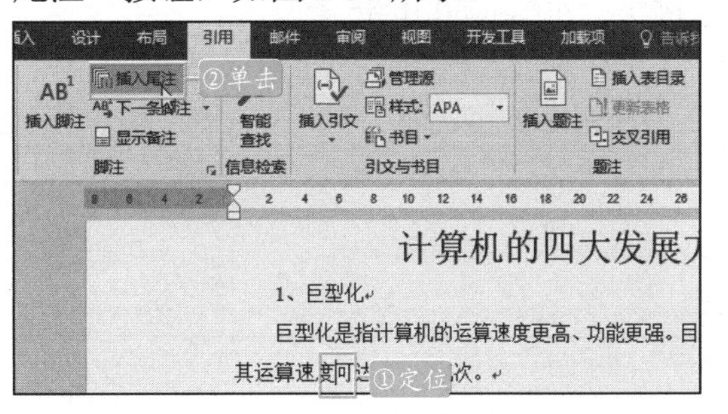

图 6-57 单击“插入尾注”按钮

STEP 02：在整个文档的末尾出现了一条分隔线，在分隔线的下方输入尾注内容，如图 6-58 所示。

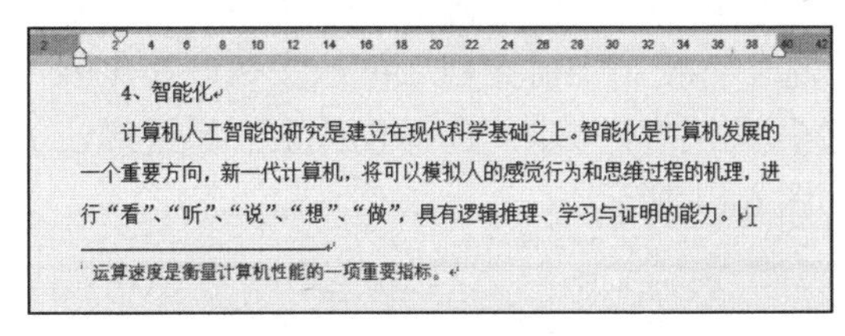

图 6-58 在文档末尾分隔线下方输入尾注内容

6.4 在 Word 中进行邮件合并

扫码观看本节视频

邮件合并可以将内容有变化的部分，如姓名或地址等制作成数据源，将文档内容相同的部分制作成一个主文档，然后将数据源中的信息合并到主文档。

6.4.1 准备数据源

制作数据源有两种方法，一种是直接使用现成的数据源，另一种是新建数据源。无论使用哪种方法，都需要在合并操作中进行。

STEP 01：打开 Word 文档，在“邮件”选项卡的“开始邮件合并”选项组中单击“开始邮件合并”按钮，在打开的列表中选择“邮件合并分步向导”选项，如图 6-59 所示。

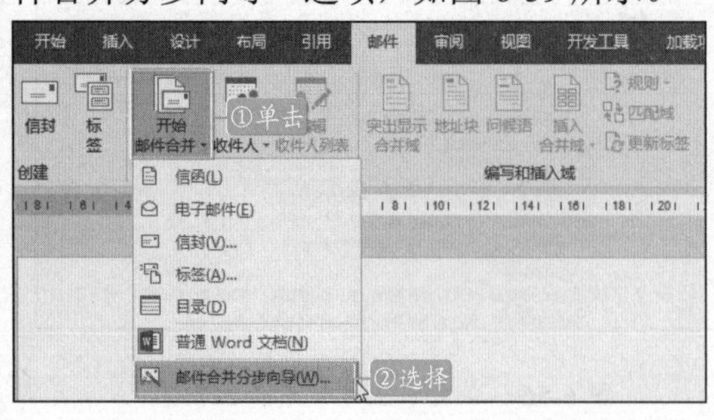

图 6-59　选择“邮件合并分步向导”选项

STEP 02：打开“邮件合并”窗格，在“选择文档类型”栏中单击选中“信函”单选项，在步骤栏中单击“下一步：开始文档”超链接，如图 6-60 所示。

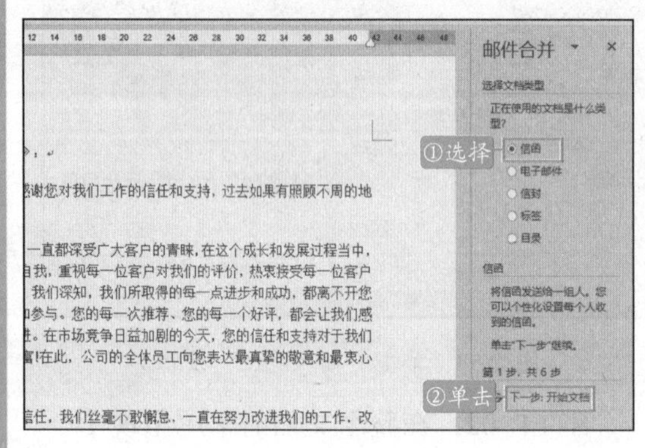

图 6-60　选择文档类型

STEP 03：在“选择开始文档”栏中单击选中“使用当前文档”单选按钮，在步骤栏中单击“下一步：选择收件人”超链接，如图 6-61 所示。

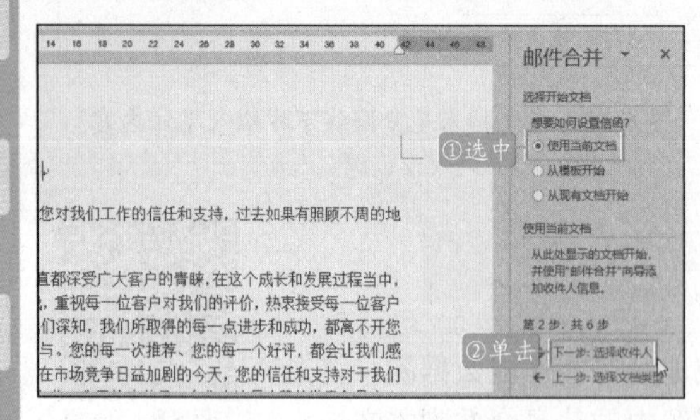

图 6-61　使用当前文档开始

STEP 04：在“选择收件人”栏中单击选中“键入新列表”单选项，在“键入新列表”栏中单击“创建”超链接，如图 6-62 所示。

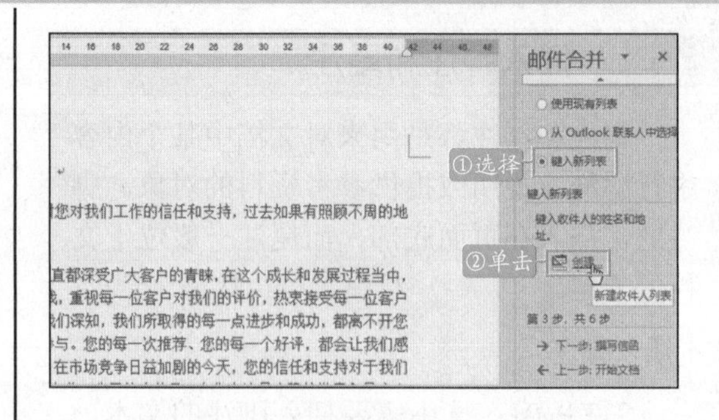

图 6-62　选择收件人时键入新列表

STEP 05：弹出“新建地址列表”对话框，单击“自定义列”按钮，如图 6-63 所示。

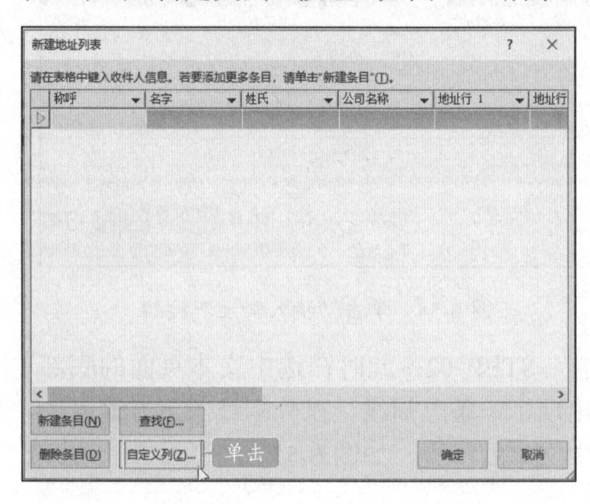

图 6-63　单击“自定义列”按钮

STEP 06：弹出“自定义地址列表”对话框，在“字段名”列表框中选择“地址行 1”选项，单击“删除”按钮，在打开的提示框中单击“是”按钮，删除该字段，如图 6-64 所示。

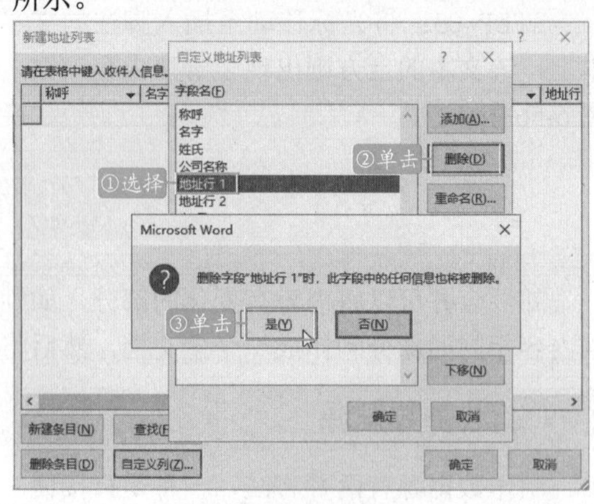

图 6-64　删除多余的字段

STEP 07：删除其他多余字段，选择“姓氏”选项，单击“重命名”按钮，弹出“重命名域”对话框，在“目标名称”文本框中输入“姓名”，单击“确定”按钮，如图 6-65 所示。

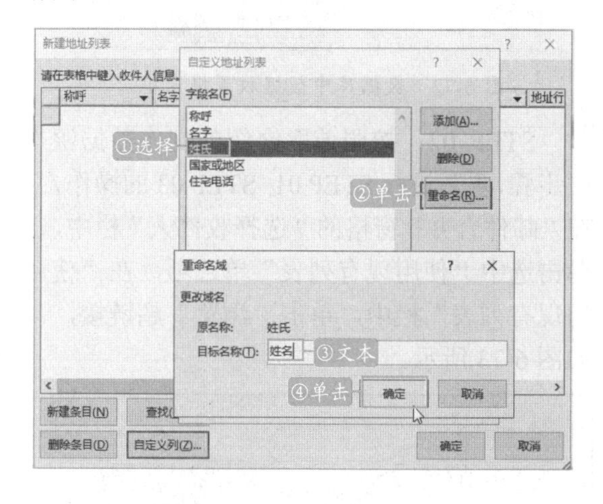

图 6-65　重命名字段

STEP 08：选择“姓名”选项，单击“上移”按钮，将“姓名”字段移动到字段的最前面，如图 6-66 所示。

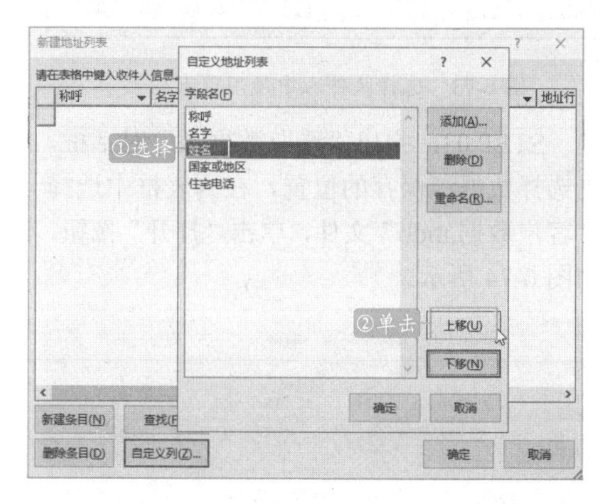

图 6-66　调整“姓名”字段的位置

STEP 09：在“自定义地址列表”对话框中单击“添加”按钮，弹出“添加域”对话框，在“键入域名”文本框中输入“性别”；单击“确定”按钮，在“自定义地址列表”对话框中单击“确定”按钮，完成添加字段的操作，如图 6-67 所示。

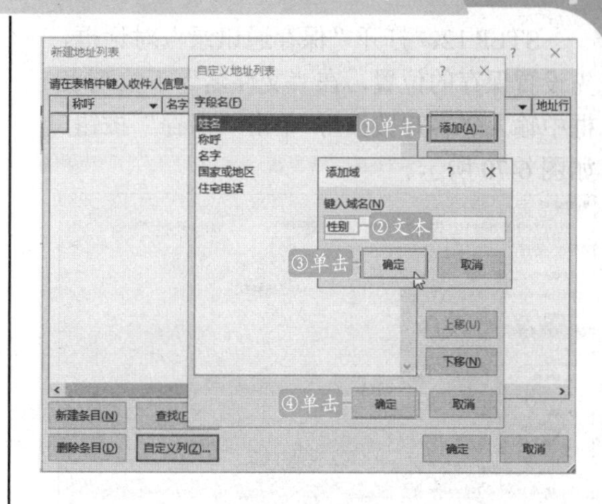

图 6-67　添加新字段

STEP 10：返回“新建地址列表”对话框，在对应的字段下面的文本框中输入一个条目，单击“新建条目”按钮，如图 6-68 所示。

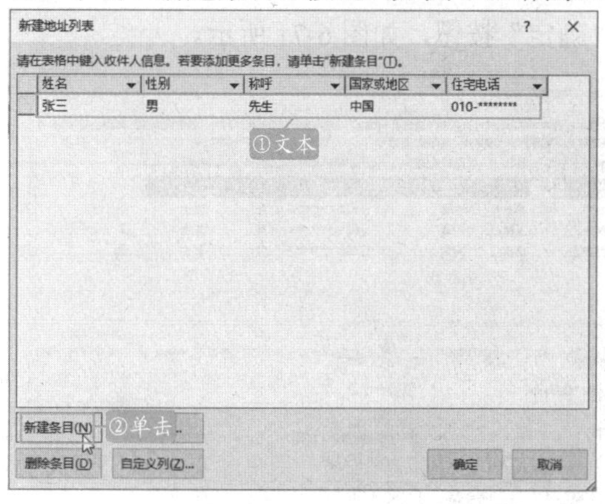

图 6-68　输入第一条字段内容

STEP 11：继续输入其他条目信息，完成后单击“确定”按钮，如图 6-69 所示。

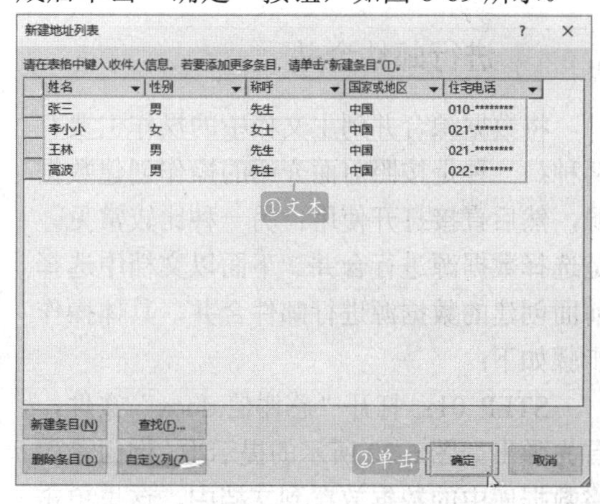

图 6-69　继续添加其他条目信息

STEP 12：打开“保存通讯录”对话框，先设置保存的位置，在“文件名”下拉列表框中输入“客户数据”，单击“保存”按钮，如图 6-70 所示。

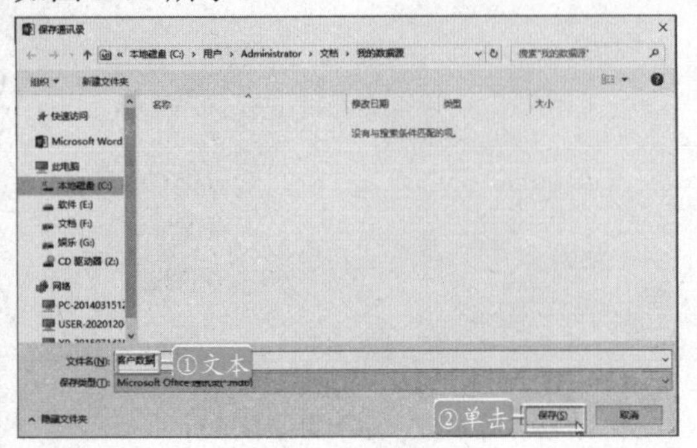

图 6-70　保存数据

STEP 13：返回“邮件合并收件人”对话框，在其中显示了创建的数据信息，单击“确定”按钮，如图 6-71 所示。

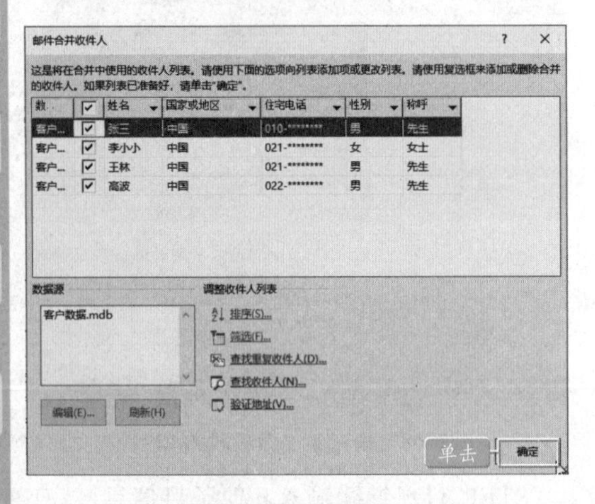

图 6-71　查看数据

6.4.2　进行邮件合并

将数据源合并到主文档中的操作主要有两种：一种是按照前面介绍的操作创建数据源，然后直接打开使用；另一种比较常见，是选择数据源进行合并。下面以文档中选择前面创建的数据源进行邮件合并，具体操作步骤如下：

STEP 01：打开“感谢信.docx”文件，首先弹出如图 6-72 所示的提示框，询问是否将数据库中的数据放置到文档中，这里单击“否”按钮。

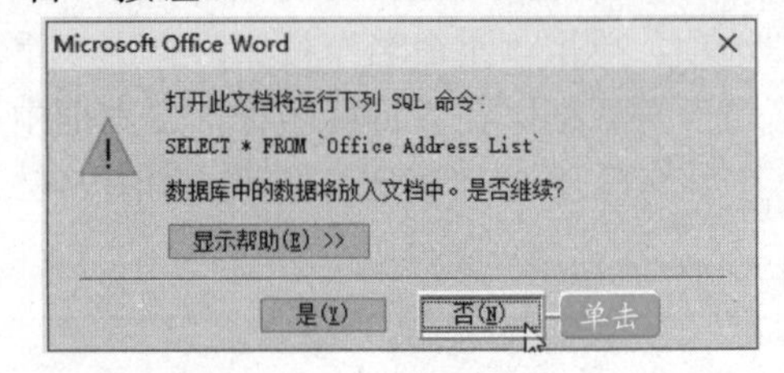

图 6-72　数据库中数据放置提示框

STEP 02：按照前面介绍的制作数据源的步骤，重新进行 STEP 01~STEP 03 的操作，在“邮件合并”窗格的“选择收件人”栏中，单击选中“使用现有列表”单选项，在“使用现有列表”栏中，单击“浏览”超链接，如图 6-73 所示。

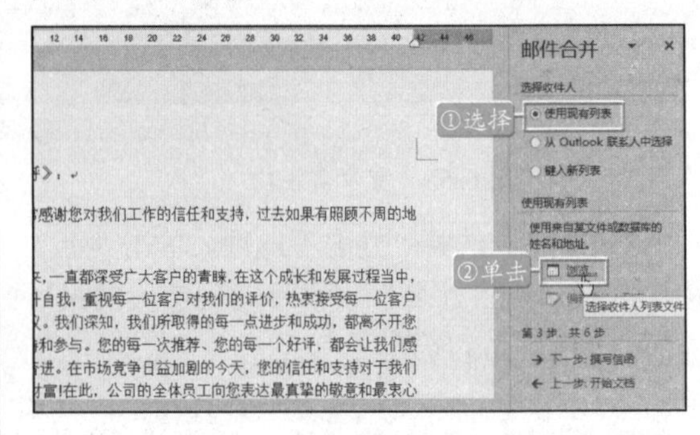

图 6-73　选择收件人中使用现有列表

STEP 03：弹出“选取数据源”对话框，先选择数据源保存的位置，在列表框中选择“客户数据.mdb”文件，单击“打开”按钮，如图 6-74 所示。

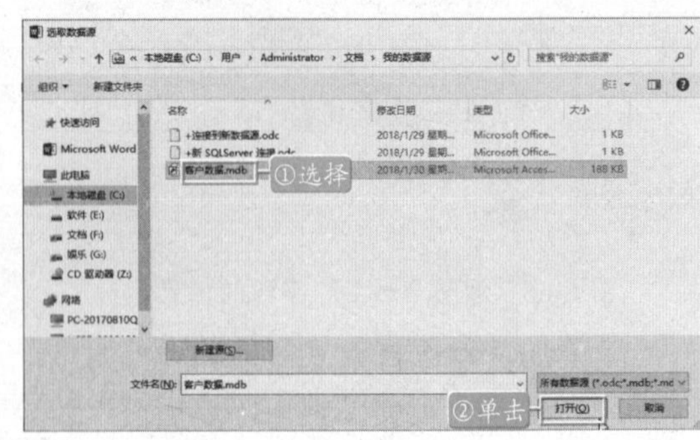

图 6-74　打开之前保存的数据库

STEP 04：打开“邮件合并收件人”对话框，在其中显示了相关的数据信息，单击“确定”按钮，如图 6-75 所示。

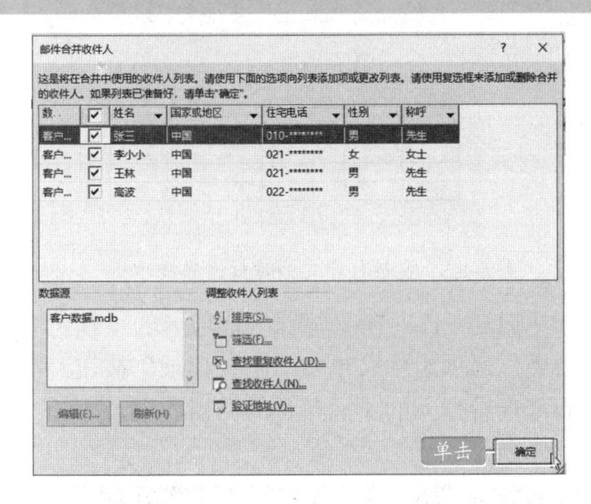

图 6-75　在邮件合并收件人中显示数据信息

STEP 05：返回 Word 工作界面，在“邮件合并”窗格中单击“下一步：撰写信函”超链接，如图 6-76 所示。

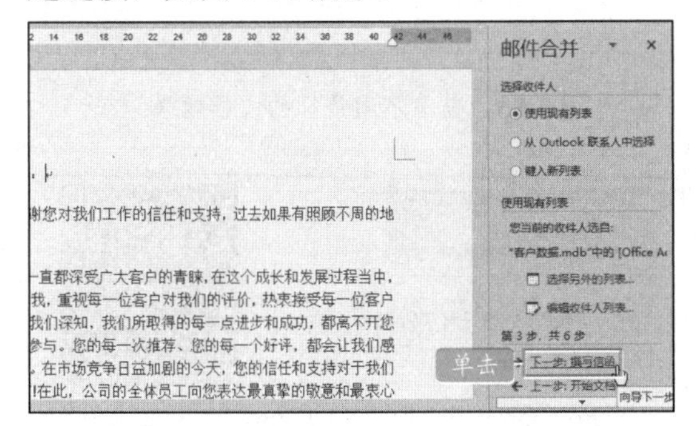

图 6-76　单击“下一步：撰写信函”超链接

STEP 06：在主文档中删除“《姓名和称呼》”文本，在“撰写信函”栏中单击“其他项目”超链接，如图 6-77 所示。

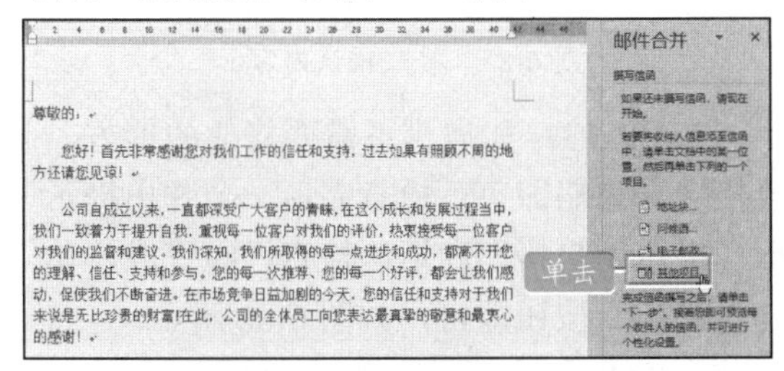

图 6-77　单击“其他项目”超链接

STEP 07：弹出“插入合并域”对话框，在“域”列表框中选择“姓名”选项，单击“插入”按钮，将该域插入到文档中，如图 6-78 所示。

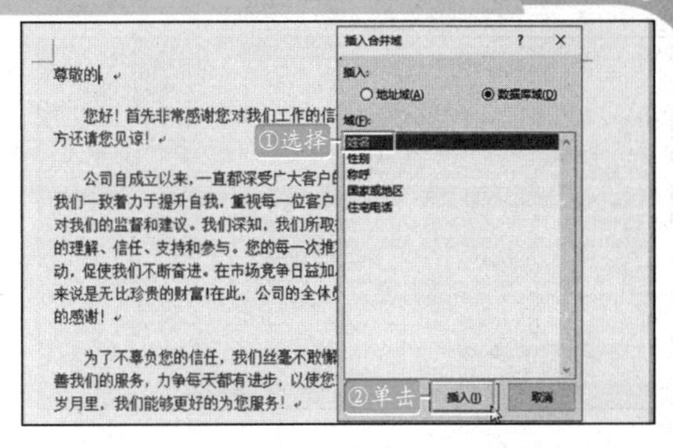

图 6-78　“插入合并域”对话框

STEP 08：用同样的方法将“称呼”域插入文档，单击“插入”按钮，如图 6-79 所示。

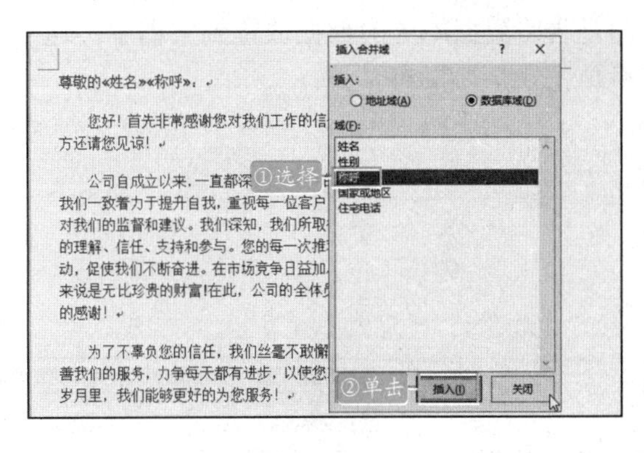

图 6-79　插入“称呼”域到文档中

STEP 09：选择插入的域，将其字体设置为“楷体”，在“邮件合并”窗格中单击“下一步：预览信函”超链接，如图 6-80 所示。

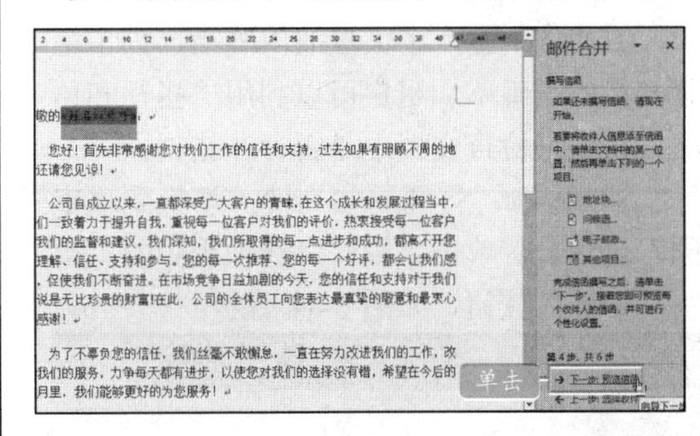

图 6-80　单击“下一步：预览信函”超链接

STEP 10：在“预览信函”栏中单击“下一记录”按钮，预览信函效果，单击“下一步：完成合并”超链接，完成整个操作，如图 6-81 所示。

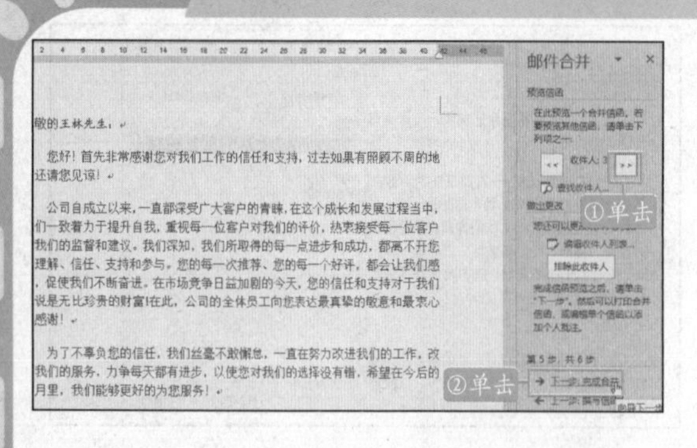

图 6-81　单击“下一步：完成合并”超链接

STEP 11：再次打开“感谢信.docx”文档，仍然先打开如图 6-82 所示的提示框，询问是否将数据库中的数据放置到文档中，这里单击“是”按钮。

图 6-82　重新打开文档时数据库提示框

STEP 12：在“邮件”选项卡的“预览结果”选项组中，单击“下一记录”按钮，即可查看插入的不同条目的文档效果，如图 6-83 所示。

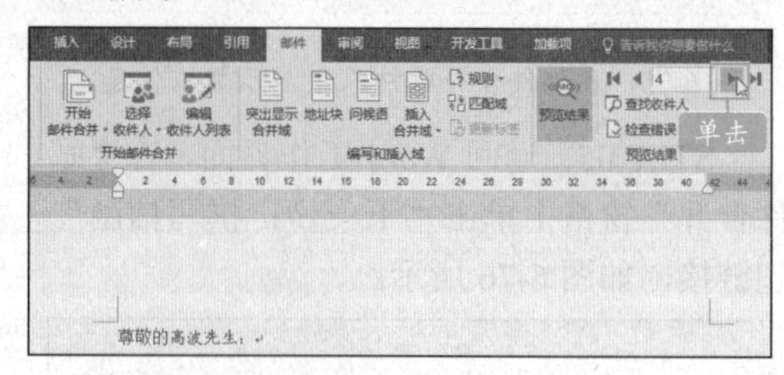

图 6-83　查看不同条目的文档效果

6.5　查阅与加密保护文档

扫码观看本节视频

Word 2016 提供了检查拼写和语法错误、文档修订、加密文档及书签等功能，大大提高了办公效率。

6.5.1　检查拼写和语法错误

在文档中输入了大量的内容后，为了增强文档的正确率，用户可以利用“拼写和语法”按钮来检查文档中是否存在错误。

STEP 01：打开原始文件，切换到“审阅”选项卡，单击“校对”选项组中的“拼写和语法”按钮，如图 6-84 所示。

图 6-84　单击“拼写和语法”按钮

STEP 02：打开“语法”窗格，此时可以查看到错误的内容，若确实有误，在文本中对应修改即可，如图 6-85 所示。

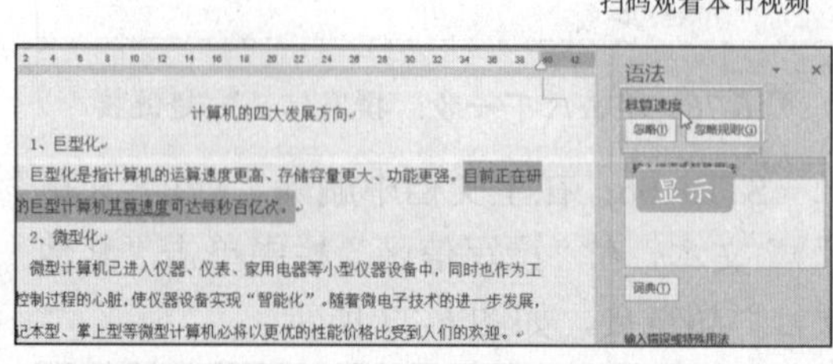

图 6-85　修改错误内容

STEP 03：如遇到不需要修改的地方，直接选择忽略即可。检查完后，会弹出提示框，提示用户拼写和语法检查已经完成，单击“确定”按钮即可，如图 6-86 所示。

图 6-86　拼写和语法检查完后提示框

◆◆提示

在检查的过程中，如果显示的错误内容为特殊用法而并非错误的时候，可以在“拼写和语法：中文（中国）”对话框中单击“忽略一次”按钮，忽略此处的内容。

6.5.2 修订文档

Word 2016 提供了文档修订功能，在打开修订功能的情况下，将会自动跟踪对文档的所有更改，包括插入、删除和格式更改，并对更改的内容做出标记。

1.更改用户名

STEP 01：在 Word 文档中，切换到“审阅”选项卡，单击“修订”选项组右下角的设置按钮，如图 6-87 所示。

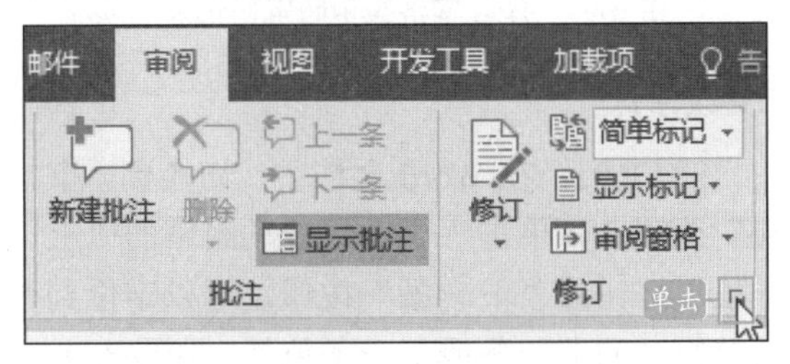

图 6-87 单击“修订”设置按钮

STEP 02：弹出“修订选项”对话框，单击“更改用户名”按钮，如图 6-88 所示。

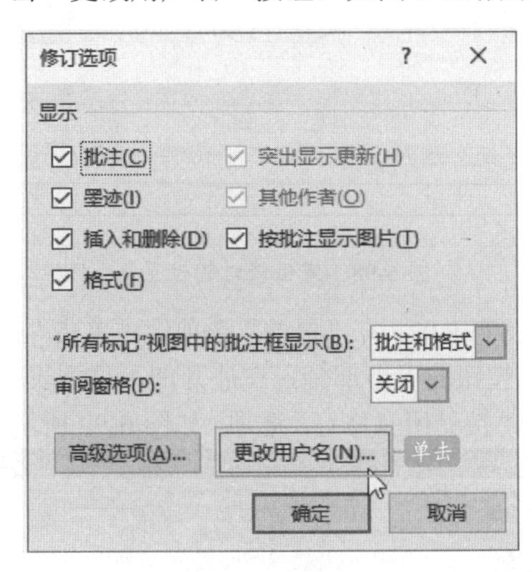

图 6-88 单击“更改用户名”按钮

STEP 03：弹出“Word 选项”对话框，自动切换到“常规”选项卡，在“对 Microsoft Office 进行个性化设置”组合框中的“用户名”文本框中输入“zhuoyue”，在“缩写”文本框中输入“zy”，如图 6-89 所示。

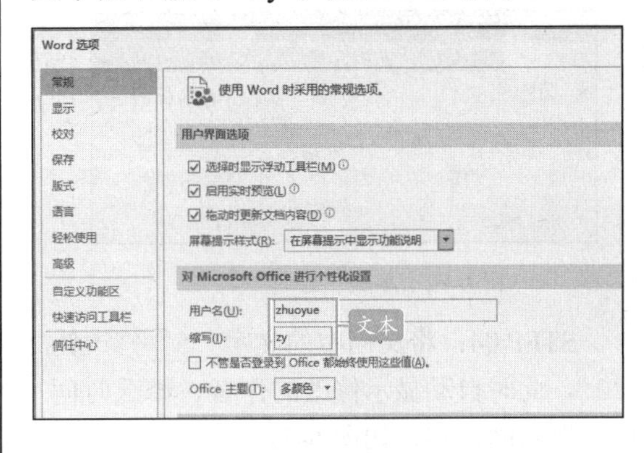

图 6-89 设置用户名及缩写

STEP 04：单击“确定”按钮返回“修订选项”对话框，再次单击“确定”按钮即可。

2.修订文档

STEP 01：切换到“审阅”选项卡中，单击“修订”选项组中的“显示标记”按钮，在展开的下拉列表的“批注框”中选择“在批注框中显示修订”选项，如图 6-90 所示。

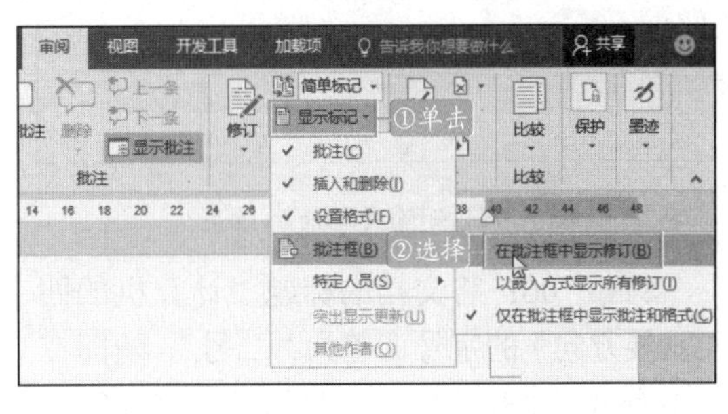

图 6-90 选择“在批注框中显示修订”选项

STEP 02：单击“修订”选项组中的“简单标记”按钮右侧的下三角按钮，在展开的下拉列表中选择“所有标记”选项，如图 6-91 所示。

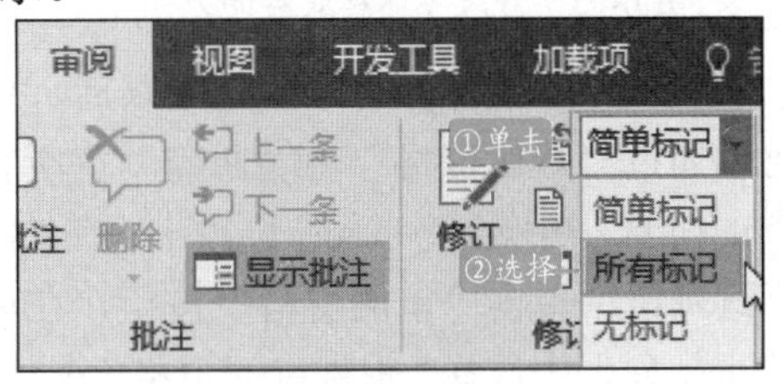

图 6-91 选择“所有标记”选项

STEP 03：在“修订”选项组中单击“修订”按钮的上半部分，随即进入修订状态，如图 6-92 所示。

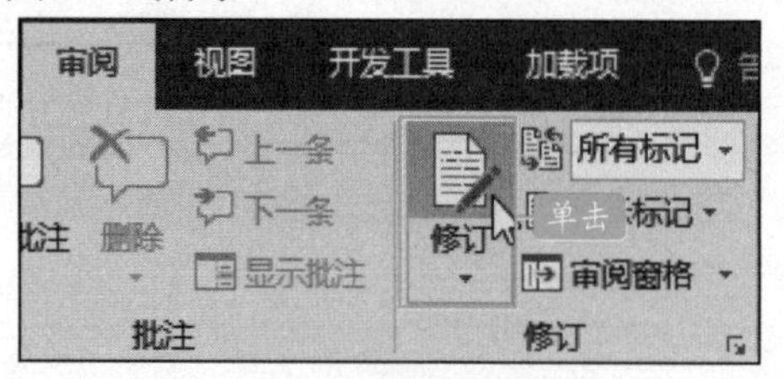

图 6-92 单击“修订”按钮

STEP 04：将文档中的文字“5”修改为“3”，此时自动显示修改的作者、修改时间以及删除的内容，如图 6-93 所示。

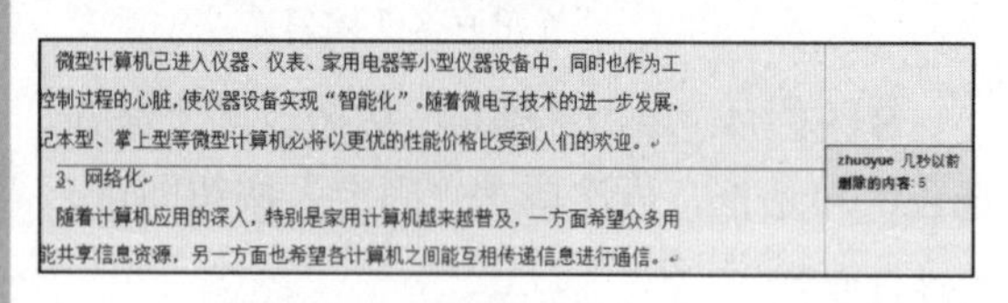

图 6-93 修改数字后的效果

STEP 05：直接删除文档中的文本“存储容量更大、”，效果如图 6-94 所示。

图 6-94 删除文档后的效果

STEP 06：将文档的标题“计算机的四大发展方向”的字号调整为“二号”，随即在右侧弹出一个批注框，并显示格式修改的详细信息，如图 6-95 所示。

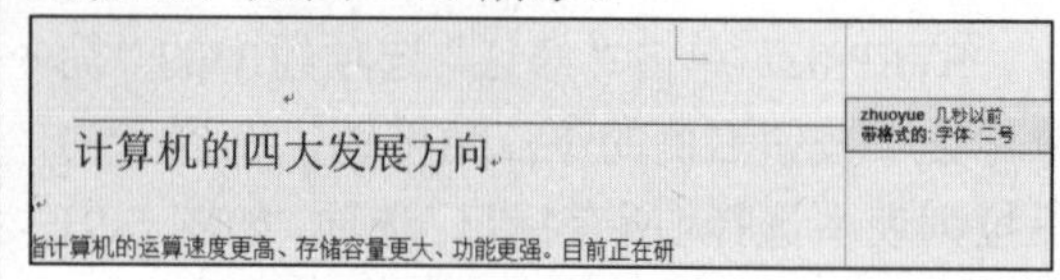

图 6-95 修改字体格式后的效果

STEP 07：当所有的修订完成以后，用户可以通过“导航窗格”功能通篇浏览所有的审阅摘要。切换到“审阅”选项卡，在“修订”选项组中单击“审阅窗格”按钮，在展开的下拉列表中选择“垂直审阅窗格”选项，如图 6-96 所示。

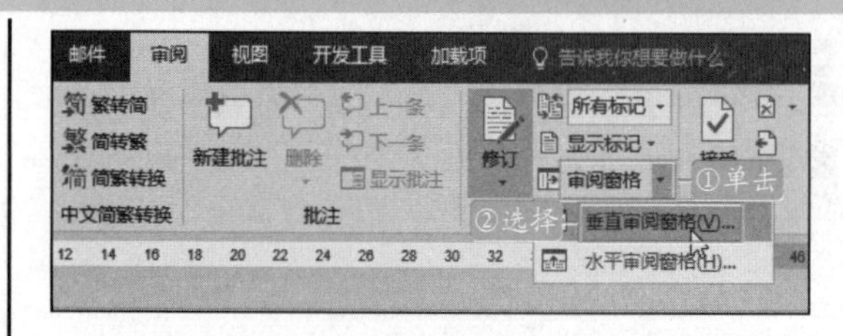

图 6-96 选择“垂直审阅窗格”选项

STEP 08：此时在文档的左侧出现一个修订窗格，并显示审阅记录，如图 6-97 所示。

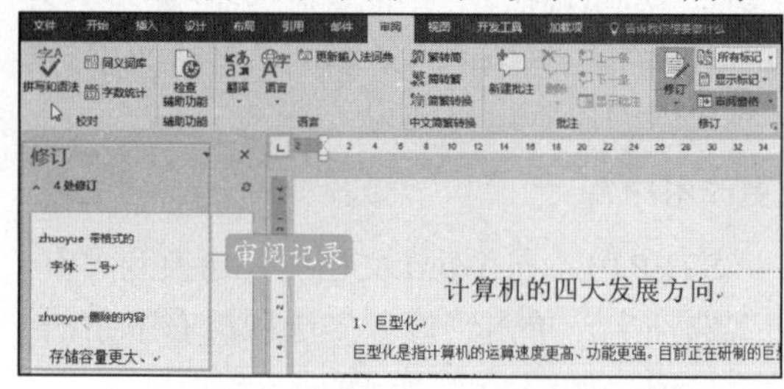

图 6-97 修订窗格显示的审阅记录

3.更改修订

STEP 01：在 Word 文档中，切换到“审阅”选项卡，单击“更改”选项组中的“上一条”按钮或“下一条”按钮，可以定位到当前修订的上一条或下一条位置，如图 6-98 所示。

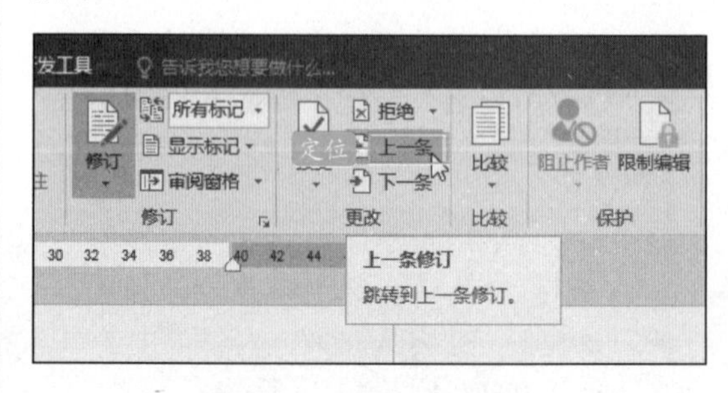

图 6-98 定位修订的位置

STEP 02：在“更改”选项组中单击“接受”按钮的下半部分，在展开的下拉列表中选择“接受所有修订”选项，如图 6-99 所示。

图 6-99 选择“接受所有修订”选项

STEP 03：审阅完毕，单击“修订”选项组中的“修订”按钮，退出修订状态，如图 6-100 所示。

图 6-100 退出修订状态

6.5.3 加密保护文档

保护功能可以保护文档不被恶意或非恶意修改，甚至加密，不能被打开。

STEP 01：切换到“审阅”选项卡，单击“保护”选项组中的“限制编辑”按钮，如图 6-101 所示。

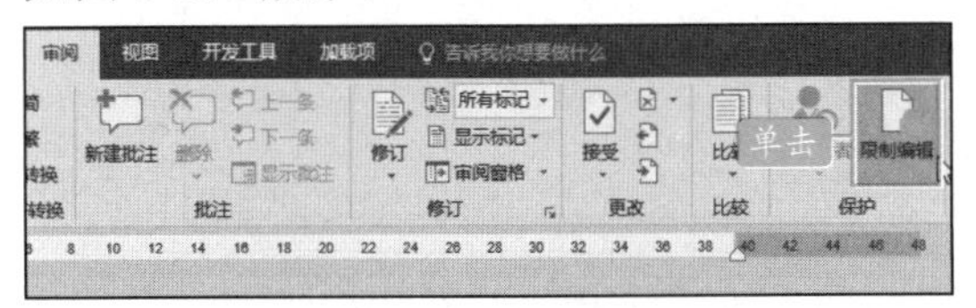

图 6-101 单击“限制编辑”按钮

STEP 02：在“限制编辑”窗格中，勾选“仅允许在文档中进行此类型的编辑”复选框，单击“是，启动强制保护”按钮，如图 6-102 所示。

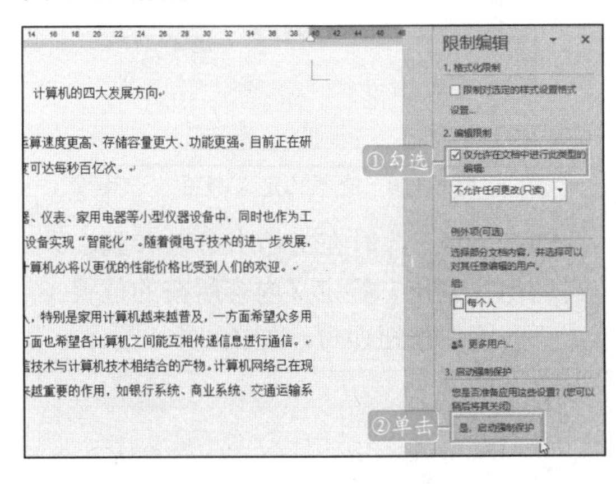

图 6-102 打开“启动强制保护”窗口

STEP 03：输入密码后，单击“确定”按钮，如图 6-103 所示。

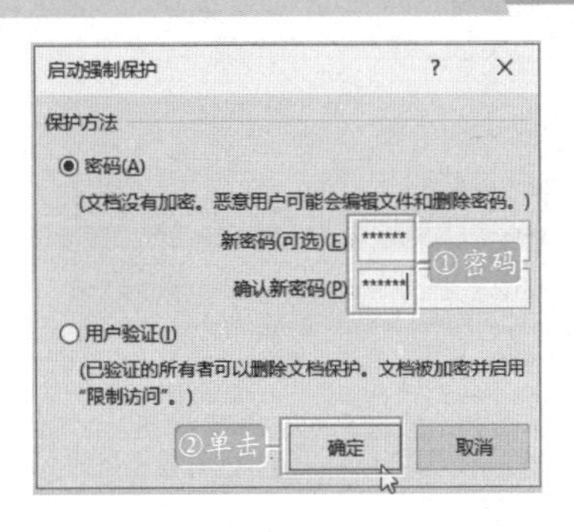

图 6-103 输入密码

STEP 04：此时，文档被锁定，无法进行编辑，用户可以在“限制编辑”窗格中，单击“停止保护”按钮，输入密码后，恢复可编辑状态，如图 6-104 所示。

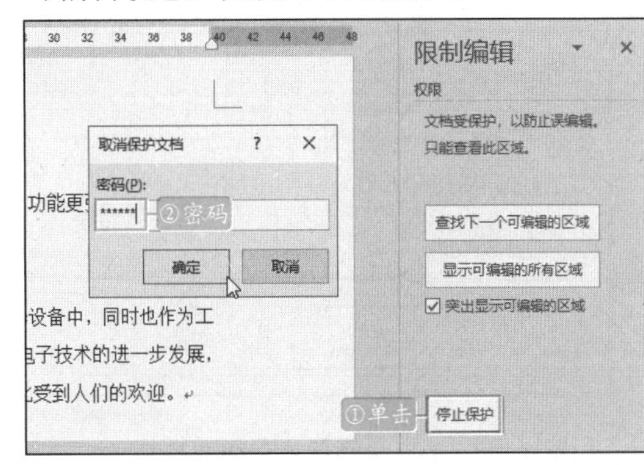

图 6-104 取消文档保护

STEP 05：单击“文件”选项卡标签后，在弹出界面单击“保护文档”下拉按钮，选择“用密码进行加密”选项，如图 6-105 所示。

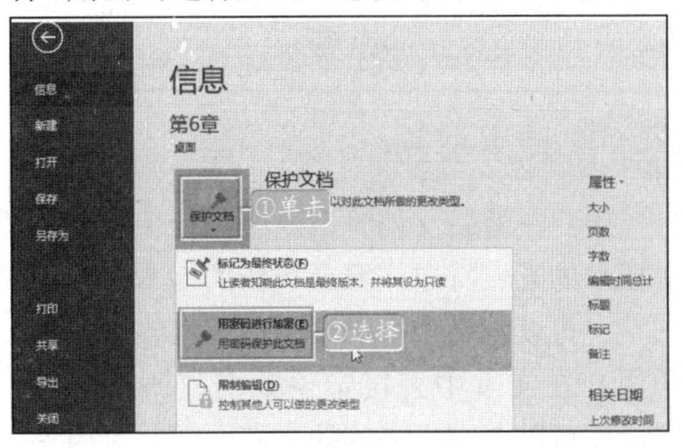

图 6-105 使用“文件”选项卡加密

STEP 06：在弹出的对话框中输入密码，单击“确定”按钮，如图 6-106 所示。

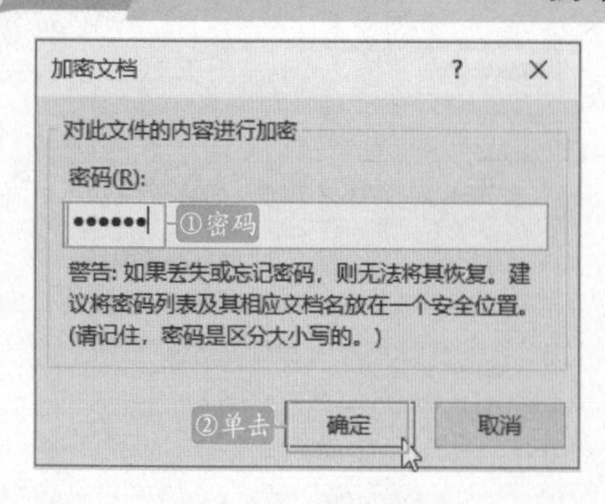

图 6-106　输入密码

STEP 07：再次输入密码后，完成密码设置工作。用户关闭文档再打开时，会提示输入密码。输入密码后，单击“确定”按钮，即可打开文档，如图 6-107 所示。

图 6-107　打开文档时提示输入密码

提示

取消文档密码保护的操作：进入文档后，单击“文件”标签，在弹出界面中单击“保护文档”下拉按钮，选择“用密码进行加密”选项，在弹出的对话框中删除密码，单击“确定”按钮，即可恢复到无密码状态。

6.5.4 使用书签

用户在编辑文档时，一般在标识和命名文档中的某一特定位置或选择的文本时使用书签，可以定义多个书签。使用书签可以帮助用户在文本中直接定位到书签所在的位置，还可以在定义书签的文档中随时引用书签中的内容。

STEP 01：打开 Word 文档，选中要定义为书签的区域，切换到“插入”选项卡，在“链接”选项组中单击“书签”按钮，如图 6-108 所示。

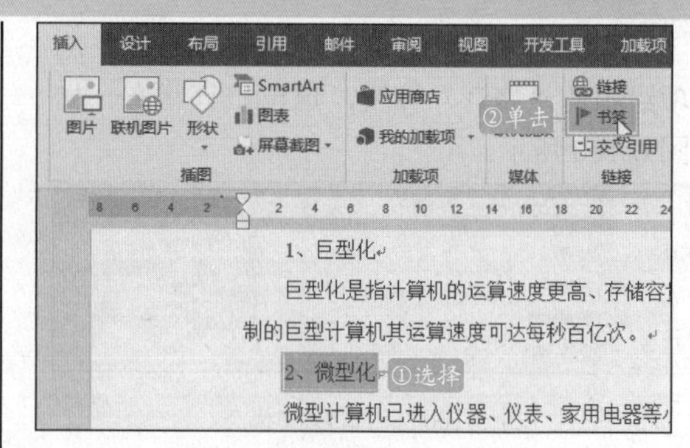

图 6-108　单击“书签”按钮

STEP 02：弹出“书签”对话框，在“书签名”文本框中输入合适的名称，然后单击“添加”按钮，即可在文档中添加一个书签，如图 6-109 所示。

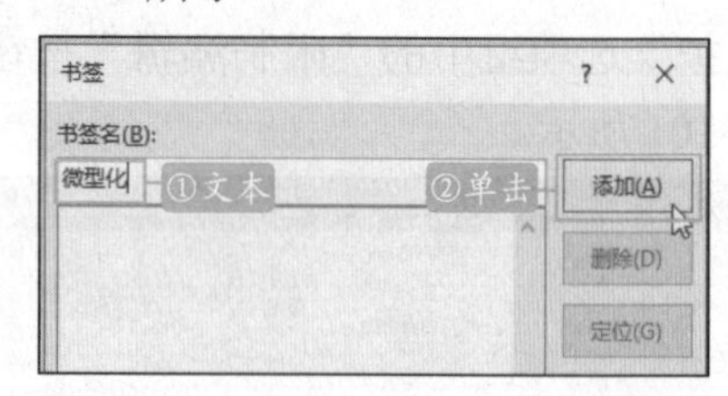

图 6-109　添加书签

STEP 03：然后在“书签”对话框的已定义书签中选择要查找内容的书签名称，单击“定位”按钮，如图 6-110 所示。

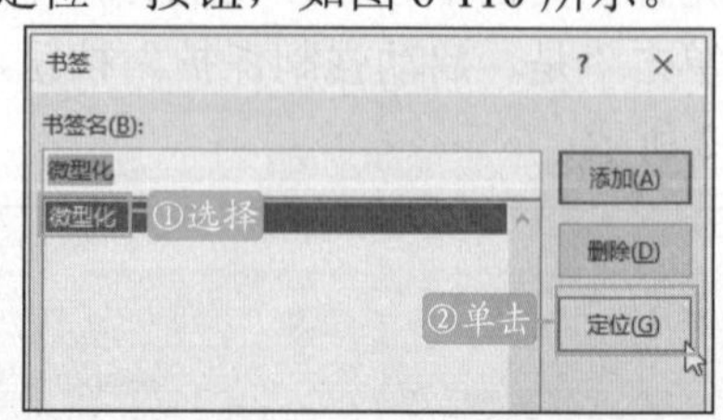

图 6-110　查找已定义书签

STEP 04：此时在文档中可以看到，系统自动地找到该书签定义内容所在的位置，单击“关闭”按钮即可，如图 6-111 所示。

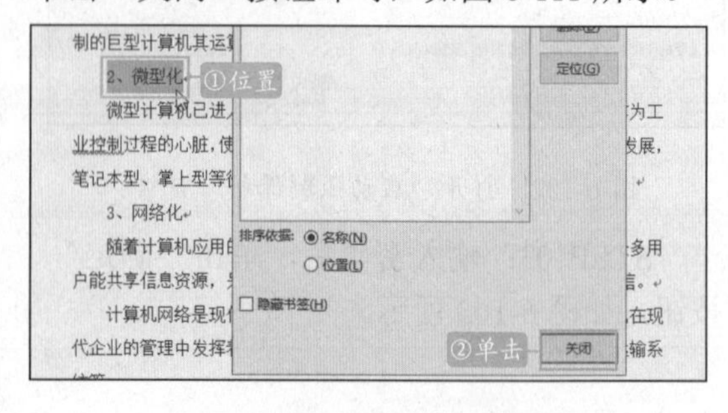

图 6-111　定位到书签所在位置

6.6 Word 文档的其他操作

扫码观看本节视频

Word 2016 文档中导航窗格、文档打印及模板制作等功能的操作。

6.6.1 导航窗格的使用

为了帮助用户在文档中快速查找相关的内容信息，Word 2016 提供了方便的文档搜索方式，及在导航窗格直接输入文本进行搜索。

STEP 01：打开 Word 文档，在“开始”选项卡下单击“编辑”选项组中的“查找”按钮，如图 6-112 所示。

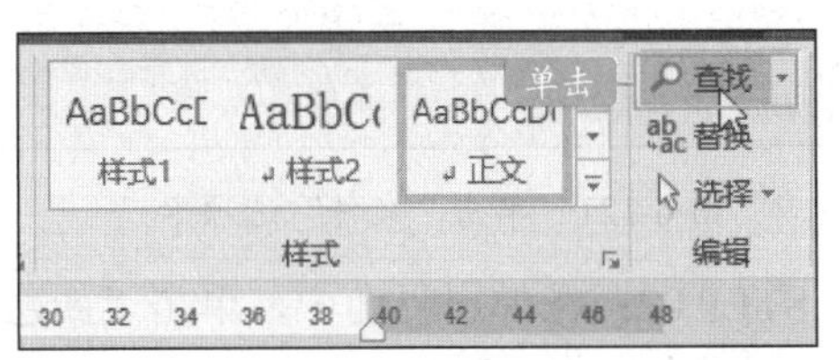

图 6-112 单击“查找”按钮

STEP 02：在文档主界面的左侧出现“导航”窗格，将光标定位在“搜索框”中，如图 6-113 所示。

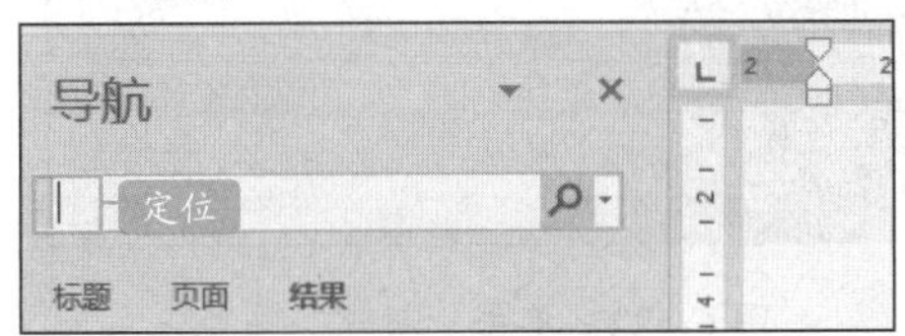

图 6-113 打开“导航”窗格

STEP 03：在搜索框中输入要查找的内容，输入完毕后可以看到，在“导航”窗格的“结果”选项中自动显示出包含有要查找的段落内容，并且在文档中搜索到的文本呈现黄底，如图 6-114 所示。

图 6-114 在搜索框中输入需要查找的内容

STEP 04：单击“搜索框”右侧的下三角按钮，在展开的列表中单击“替换”选项，如图 6-115 所示。

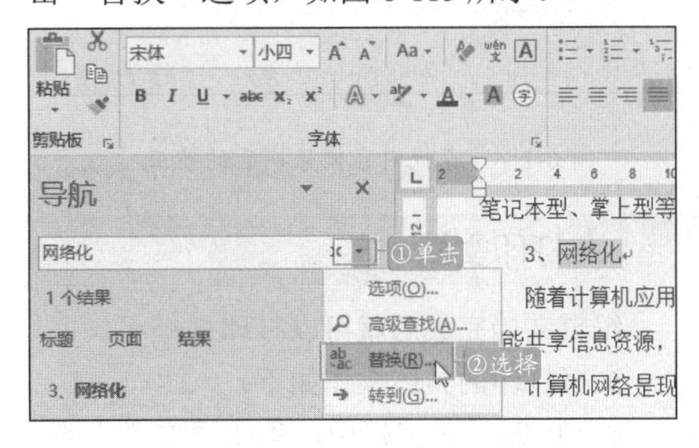

图 6-115 使用搜索框打开“查找和替换”对话框

STEP 05：弹出“查找和替换”对话框，在“替换为”文本框中输入替换后要显示的文本，单击“替换”按钮，如图 6-116 所示。

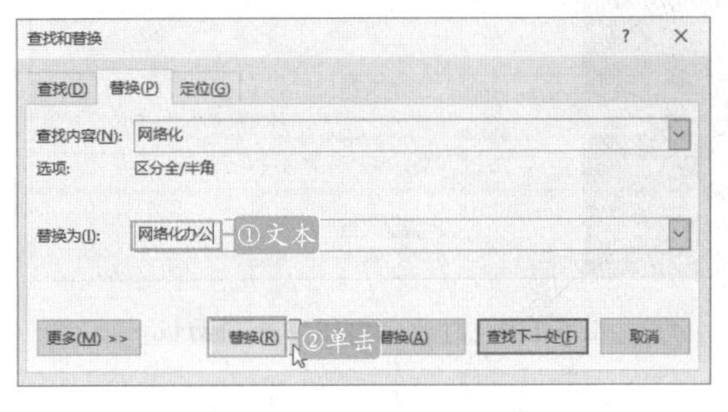

图 6-116 输入需要替换的内容

STEP 06：弹出提示框，表明已完成对文档的搜索，然后单击“确定”按钮，如图 6-117 所示。

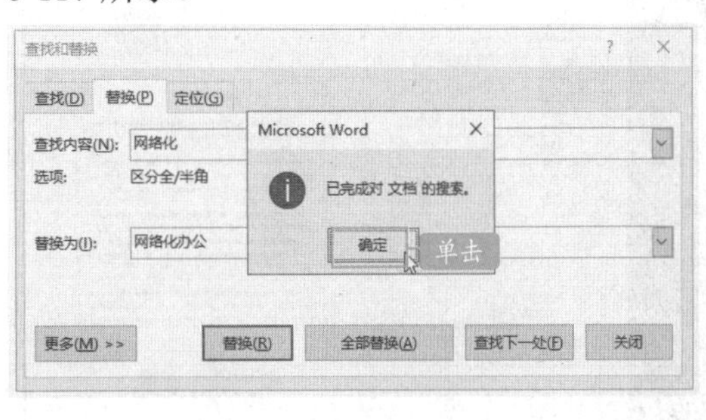

图 6-117 完成文档的替换

STEP 07：完成操作后，返回文档即可看到替换之后的内容，如图 6-118 所示。

计算机的四大发展方向

1、巨型化

巨型化是指计算机的运算速度更高、存储容量更大、功能更强。目前正在研制的巨型计算机其运算速度可达每秒百亿次。

2、微型化

微型计算机已进入仪器、仪表、家用电器等小型仪器设备中，同时也作为工业控制过程的心脏，使仪器设备实现“智能化”。随着微电子技术的进一步发展，笔记本型、掌上型等微型计算机必将以更优的性能价格比受到人们的欢迎。

3、网络化办公

随着计算机应用的深入，特别是家用计算机越来越普及，一方面希望众多用

图 6-118　查找内容被替换后的效果

6.6.2 打印文档

编辑文档完成后就可以打印文档了。

文档打印的具体操作如下：

STEP 01：在文档中，单击“文件”选项卡，在弹出界面中选择“打印”选项，如图 6-119 所示。

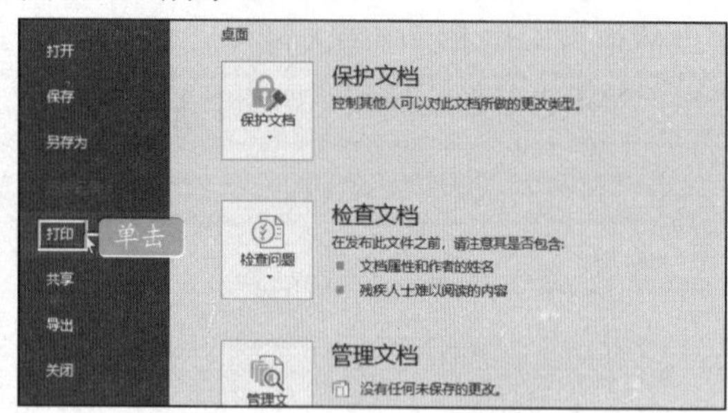

图 6-119　打开“打印”选项面板

STEP 02：在“打印”选项面板中，选择打印机并设置相关参数，在右边预览区可查看效果，如果没有问题，则单击“打印”按钮进行打印，如图 6-120 所示。

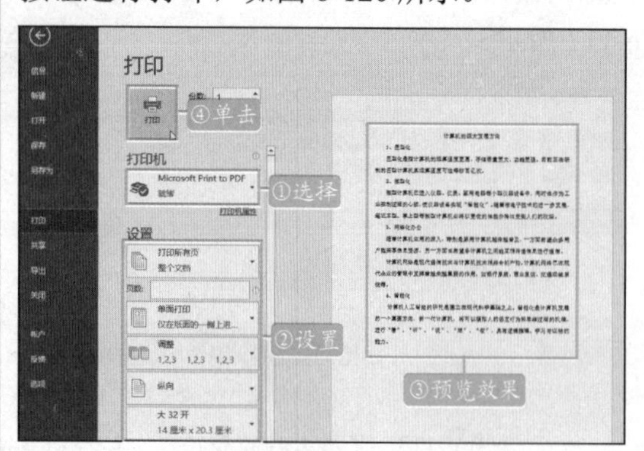

图 6-120　设置打印机及参数

6.6.3 制作文件模板

Word 提供了大量的在线模板，用户可以使用模板来制作文档。因为模板中已经使用了大量控件及提示信息，用户只需将自己的内容按照提示信息输入，即可得到属于自己的精美文档。

STEP 01：新建一个空白文档，在编辑界面中，单击“文件”选项卡，如图 6-121 所示。

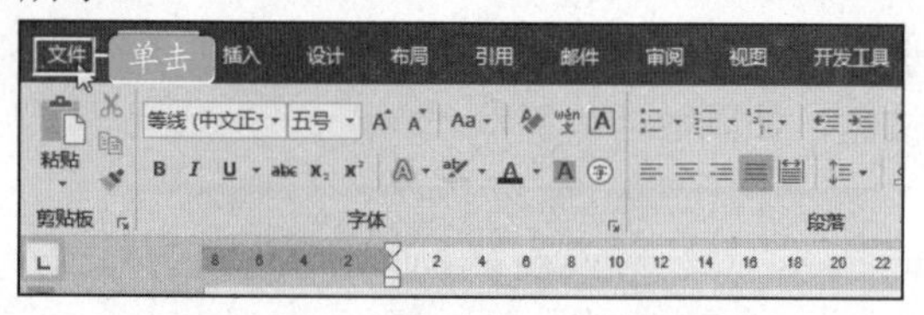

图 6-121　单击“文件”选项卡

STEP 02：在弹出界面中，单击“新建”选项，如图 6-122 所示。

图 6-122　单击“新建”选项

STEP 03：在“新建”选项面板中，列出了大量的精美模板，用户只需根据需要选择合适的选项，即可使用该模板，如图 6-123 所示。

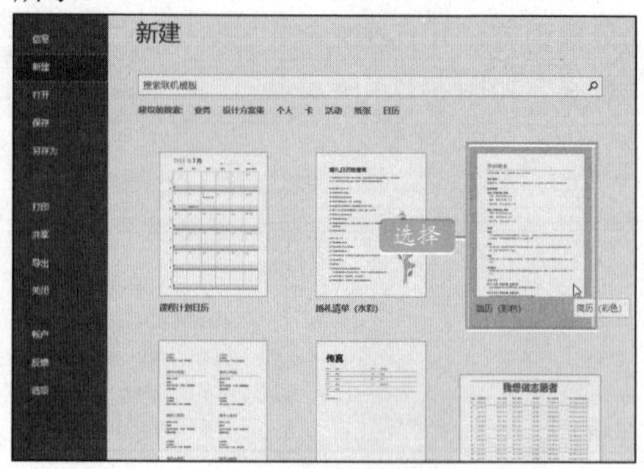

图 6-123　选择模板

STEP 04：如果面板中没有用户需要的文档，或觉得文档还不够好，可以联网在线查找，在搜索框中输入需要的模板名称关键词，然后单击“搜索”按钮，如图 6-124 所示。

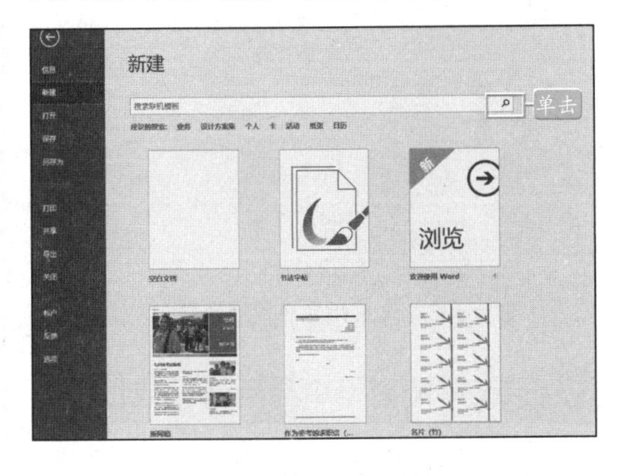

图 6-124　在线搜索模板

STEP 05：选择满意的模板后单击该模板，弹出该模板的对话框，单击“创建”按钮，如图 6-125 所示。

图 6-125　选择模板

STEP 06：使用模板创建文档后，可以按照模板中的提示进行文本输入即可，如图 6-126 所示。

图 6-126　按照模板提示输入文本

6.7　实用技巧

扫码观看本节视频

本节为用户提供了一些可以快速编辑数字和化学符号、应用样式、修订文档的小技巧。

6.7.1　快速输入 X^2 和 X_2

在编辑文档的过程中，利用 Word 2016 提供的上标和下标功能，用户可以快速地编辑数学和化学符号。

STEP 01：输入“X2”，然后选中数字“2”，切换到“开始”选项卡，单击“字体”选项组中的“上标”按钮，如图 6-127 所示。

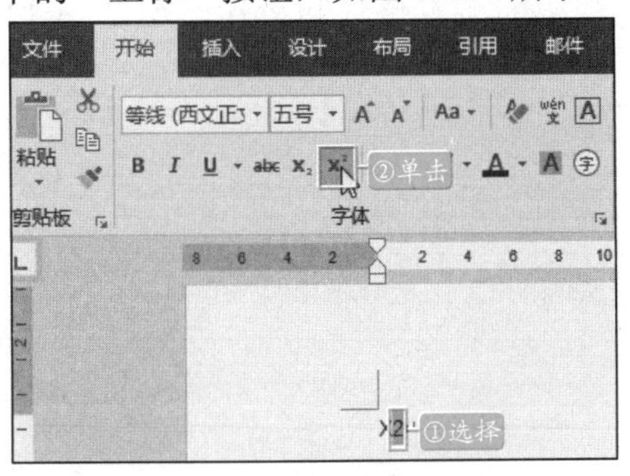

图 6-127　设置“上标”数字

STEP 02：效果如图 6-128 所示。

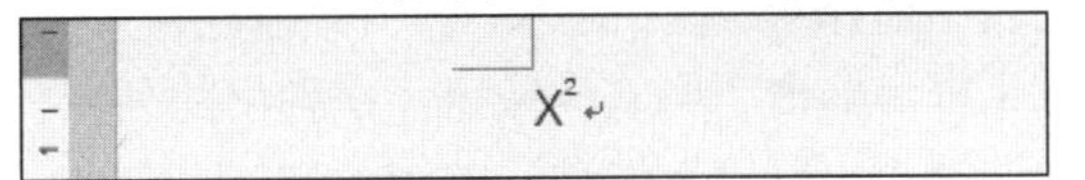

图 6-128　设置好的上标效果

STEP 03：输入“X2”，然后选中数字“2”，单击鼠标右键，在弹出的快捷菜单中选择“字体”选项，如图 6-129 所示。

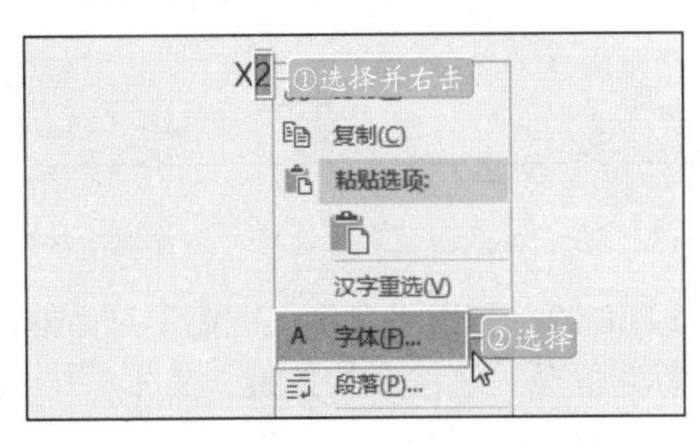

图 6-129　打开“字体”对话框

STEP 04：弹出“字体”对话框，切换到“字体”选项卡，在“效果”组合框中选中“下标”复选框，如图 6-130 所示。

图 6-130　选中“下标”复选框

STEP 05：单击“确定”按钮，返回 Word 文档，效果如图 6-131 所示。

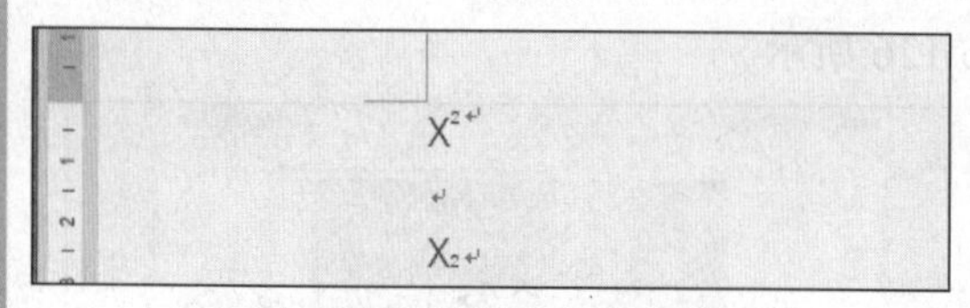

图 6-131　设置好的下标效果

6.7.2 指定样式的快捷键

用户在创建样式时，可以为样式指定快捷键，只需要选择要应用样式的段落并按快捷键即可应用样式。

STEP 01：在“开始”选项卡下的“样式”选项组中单击对话框启动器按钮，打开“样式”窗格。在“样式”窗格中单击要指定快捷键样式后的下拉按钮，在展开的下拉列表中选择“修改”选项。打开“修改样式”对话框，单击“格式”按钮，在弹出的列表中选择“快捷键”选项，如图 6-132 所示。

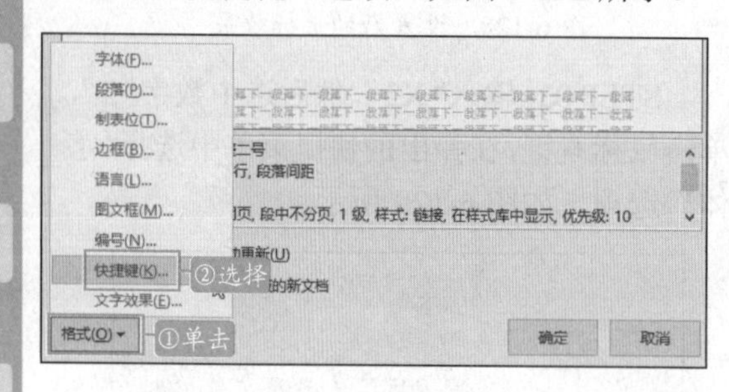

图 6-132　在“格式”列表中选择“快捷键”按钮

STEP 02：弹出“自定义键盘”对话框，将鼠标定位至“请按新快捷键”文本框中，并在键盘上按下要设置的快捷键，这里按【Alt+C】组合键，单击“指定”按钮，即完成了指定样式快键的操作，如图 6-133 所示。

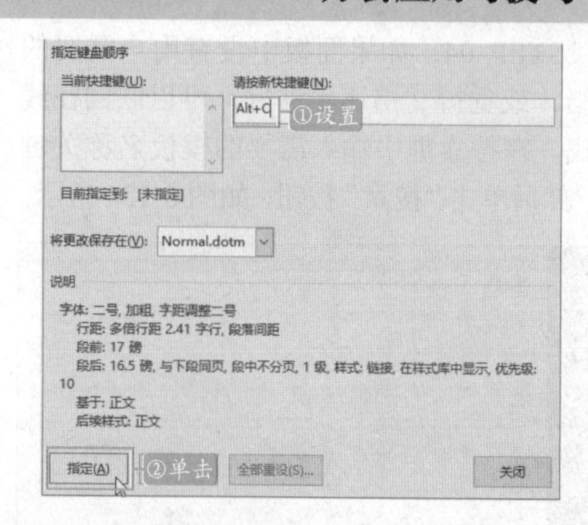

图 6-133　设置指定样式的快捷键

6.7.3 在审阅窗格中显示修订或批注

当审阅修订和批注时，用户可以接受或拒绝每一项更改。在接受或拒绝文档中的所有修订和批注之前，即使是文档中的隐藏更改，审阅者也能够看到。

STEP 01：单击“审阅”选项卡“修订”选项组中“修订”按钮，然后单击“审阅窗格”按钮右侧的下拉按钮，在展开的下拉列表中选择“水平审阅窗格”选项，如图 6-134 所示。

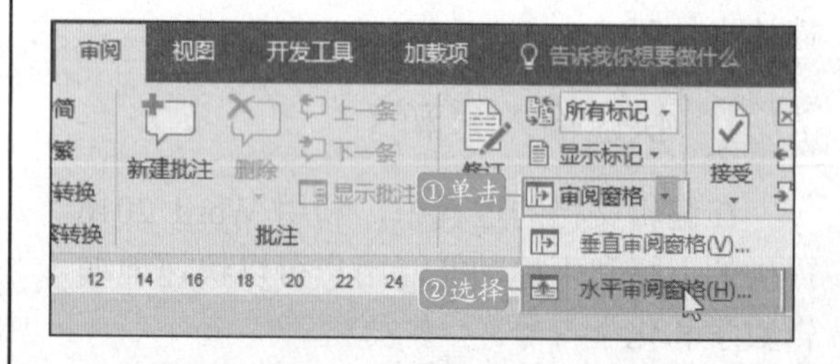

图 6-134　打开水平审阅窗格

STEP 02：即可弹出“修订”窗格，显示文档中的所有修订和批注，如图 6-135 所示。

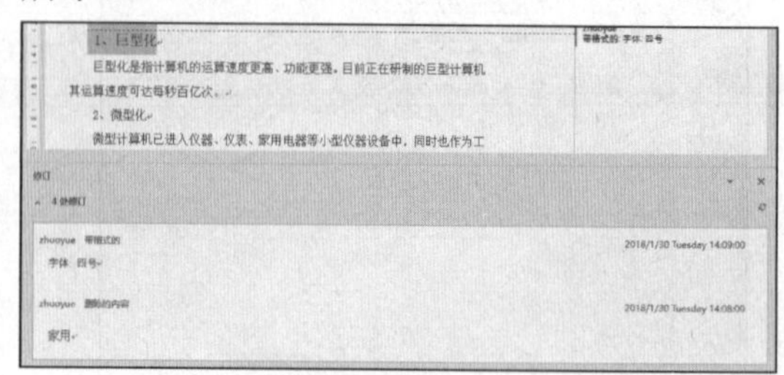

图 6-135　显示文档中的所有修订和批注

6.8 上机实际操作

本节上机实践将对 Word 文档设置文字样式、创建目录等操作进行练习。

6.8.1 排版毕业论文

毕业论文是毕业生在学业完成前，写作并提交的论文，是每个即将毕业的学生必要的功课。设计毕业论文时需要注意的是文档中同一类别文本的格式要统一，层次要有明显的区分，要对同一级别的段落设置相同的大纲级别，还要将需要单独显示的页面单独显示，具体操作如下：

STEP 01：打开毕业论文文档，将鼠标光标定位至文档最前面的位置，按【Ctrl+Enter】组合键，插入空白页面，如图 6-136 所示。

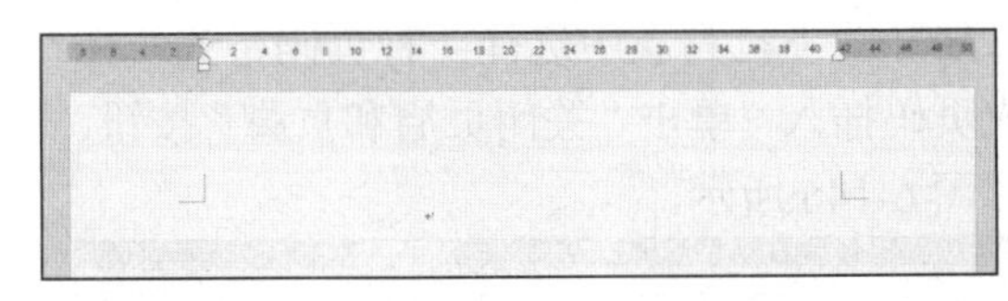

图 6-136 插入空白页

STEP 02：在新建的空白页中输入学校、姓名等信息，如图 6-137 所示。

图 6-137 在新建的空白页中输入文本

STEP 03：分别选择不同的信息，并根据需要为不同的信息设置不同的格式，使所有的信息占满论文首页，如图 6-138 所示。

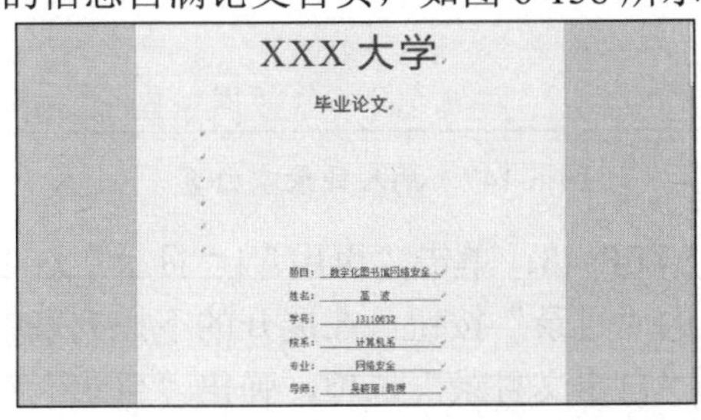

图 6-138 设置文本格式

STEP 04：选中标题文本，打开“样式”窗格，单击“新建样式”按钮，弹出“根据格式设置创建新样式”对话框，在“名称”文本框中输入新建样式的名称，在“属性”区域分别根据需求设置字体样式。单击“格式”按钮，弹出“段落”对话框，将大纲级别设置为“1 级”，段前和段后间距设置为“0.5 行”，然后单击“确定”按钮，返回“根据格式设置创建新样式”对话框，在中间区域浏览效果，单击“确定”按钮，如图 6-139 所示。

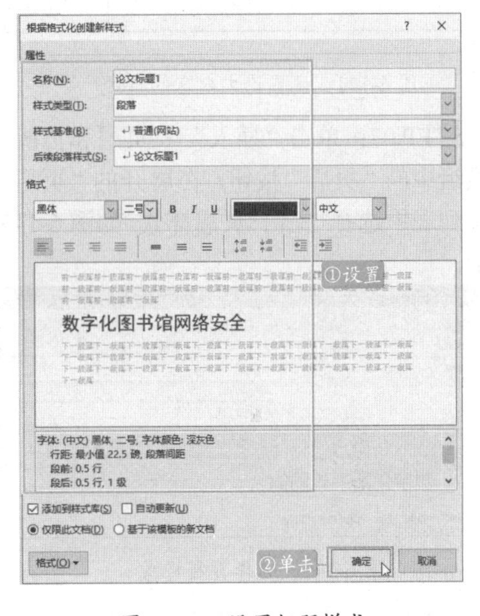

图 6-139 设置标题样式

STEP 05：选择其他需要应用该样式的段落，单击“样式”窗格中的“论文标题 1”样式，即可将该样式用到新选择的段落上，如图 6-140 所示。

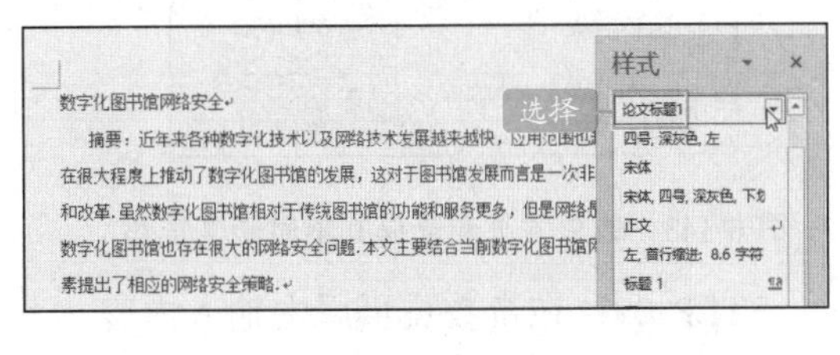

图 6-140 应用标题样式

◆◆提示

用户也可以选择应用样式的段落，使用格式刷，将其他标题刷为相同样式。

STEP 06：使用同样的方法为其他标题及正文设置样式，最终效果如图 6-141 所示。

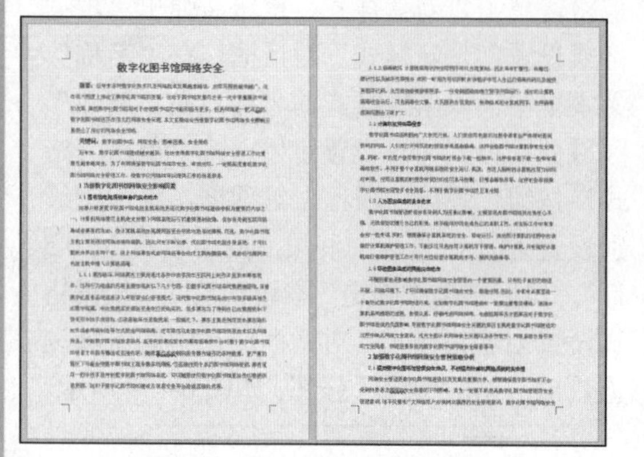

图 6-141　设置论文内容的样式

STEP 07：单击“插入”|“页眉和页脚”选项组中的“页眉”按钮，在展开的“页眉”下拉列表中选择“空白”页眉样式，如图 6-142 所示。

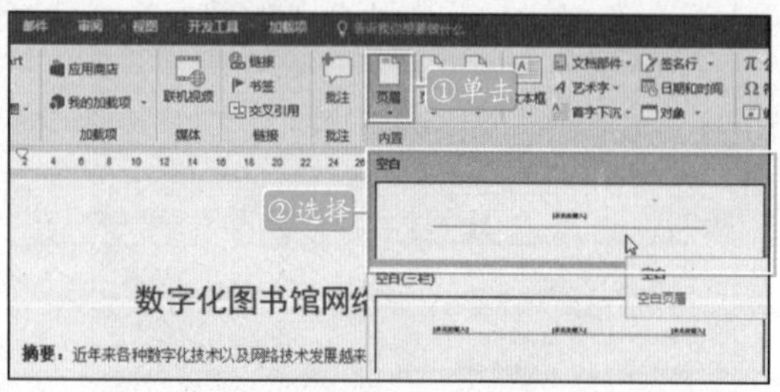

图 6-142　选择页眉样式

STEP 08：在“页眉和页脚工具-设计”选项卡的“选项”选项组中选中“首页不同”和“奇偶页不同”复选框，如图 6-143 所示。

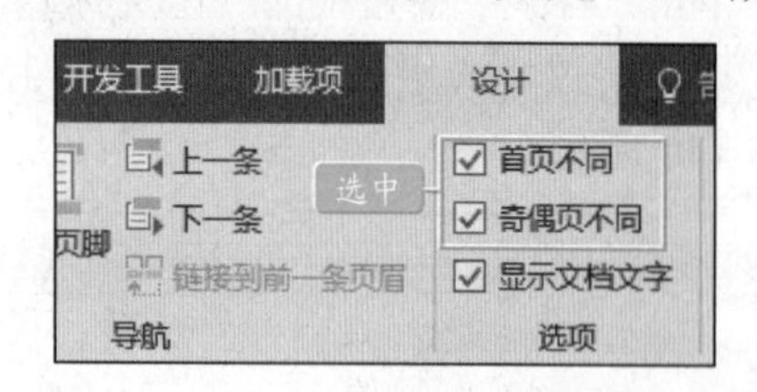

图 6-143　选中首页和奇偶页不同的复选框

STEP 09：在奇数页页眉中输入内容，并根据需要设置字体样式，如图 6-144 所示。

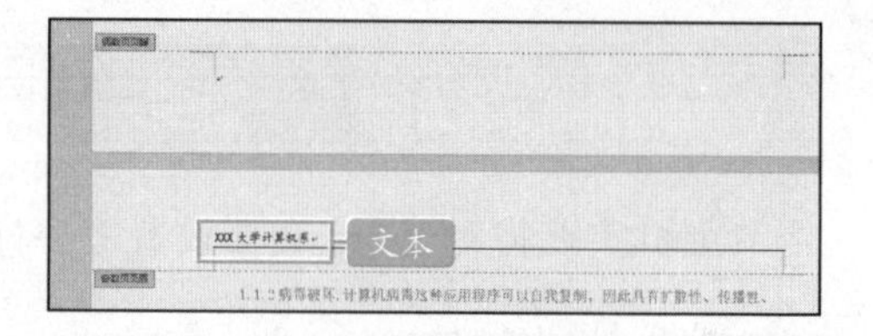

图 6-144　设置奇数页页眉内容及字体样式

STEP 10：创建偶数页页眉，并设置字体样式，如图 6-145 所示。

图 6-145　设置偶数页页眉及字体样式

STEP 11：单击“页眉和页脚工具-设计”|“页眉和页脚”选项组中的“页码”按钮，在展开的下拉列表中选择一种页码格式，完成页码插入，单击“关闭页眉和页脚”按钮，如图 6-146 所示。

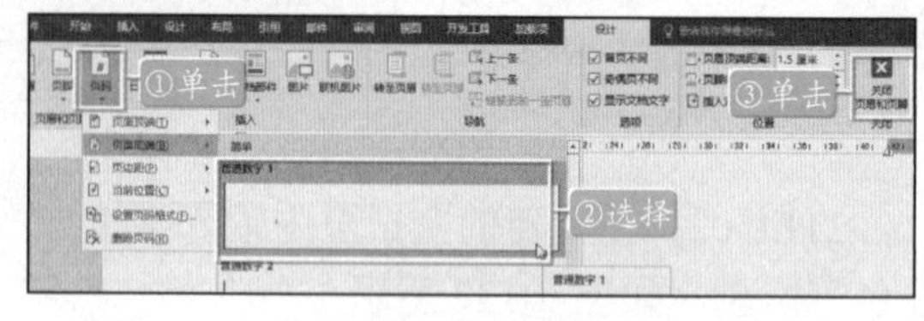

图 6-146　选择页码格式

STEP 12：然后将鼠标光标定位至文档第 2 页最前面的位置，单击“插入”|“页面”选项组中“空白页”按钮，添加一个空白页，在空白页中输入“目录”文本，并根据需要设置字头样式，如图 6-147 所示。

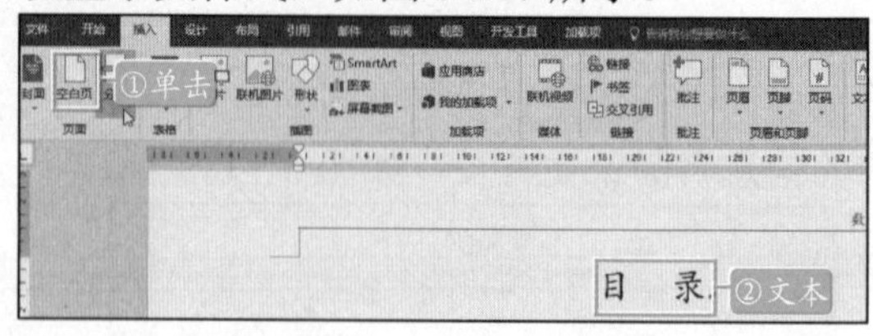

图 6-147　插入目录空白页

STEP 13：单击“引用”|“目录”选项组中的“目录”按钮，在展开的下拉列表中选择“自定义目录”选项，弹出“目录”对话框。在“格式”下拉列表中选择“正式”

选项，在“显示级别”微调框中输入或者选择显示级别为“3”，在预览区域可以看到设置后的效果，各选项设置完成后单击“确定”按钮，如图 6-148 所示。

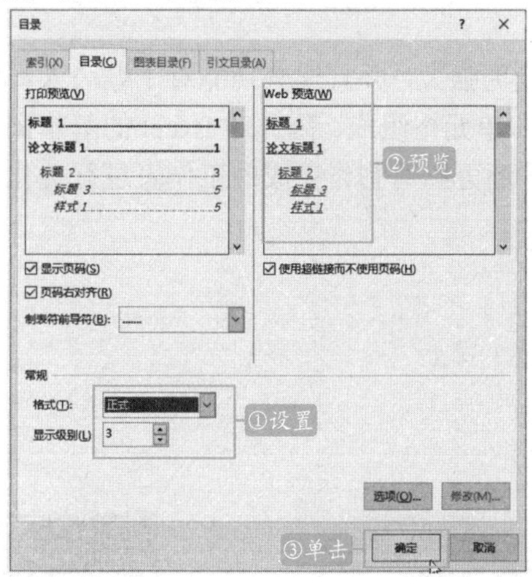

图 6-148 设置自定义目录参数

STEP 14：此时系统就会在指定的位置建立目录，如图 6-149 所示。

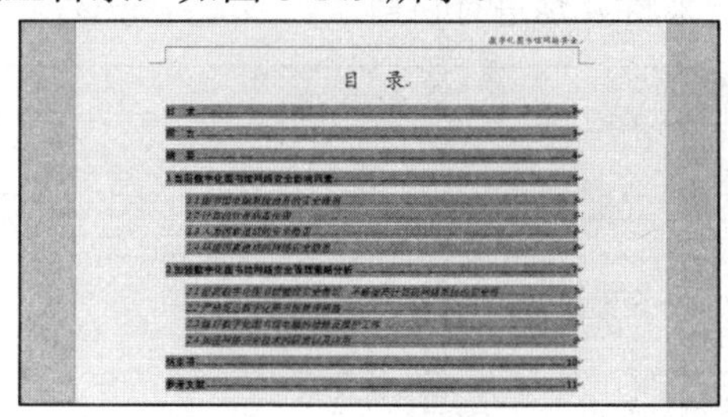

图 6-149 建立好的目录效果

STEP 15：用户根据需要设置目录字体大小和段落间距，至此就完成了毕业论文的排版，如图 6-150 所示。

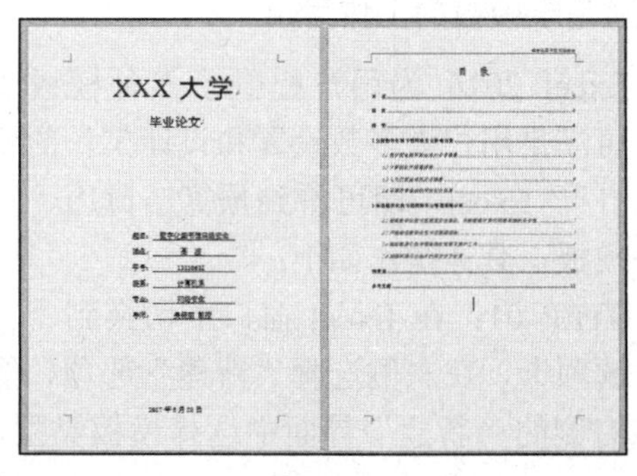

图 6-150 毕业论文完成效果图

6.8.2 Word 文档高级排版练习

1.编辑“公司考勤制度”文档

打开文件“公司考勤制度”，对文档进行编辑，要求如下：

为文档设置页眉、页脚和页码，插入目录，审阅文档。排版前后对比效果如图 6-151 所示。

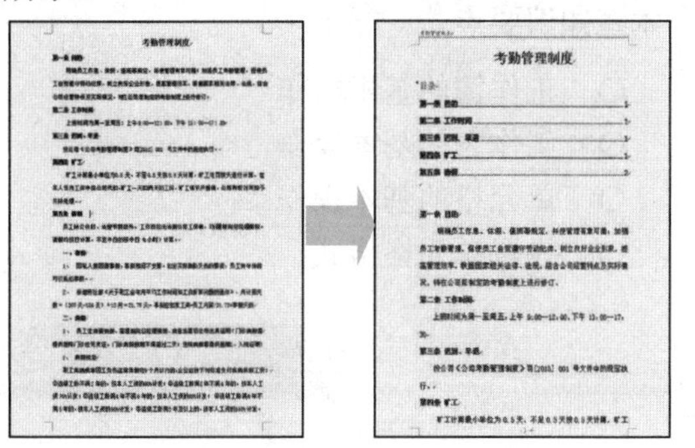

图 6-151 公司考勤制度排版前后对比

2.制作“工资条”文档

在 Word 中新建“工资条”文档，要求如下：

创建 Word 文档，然后绘制表格，并在表格中输入数据。

利用邮件合并功能制作工资的相关数据源，最后将数据源和工资文档合并。制作好的工资条效果如图 6-152 所示，打印工资条。

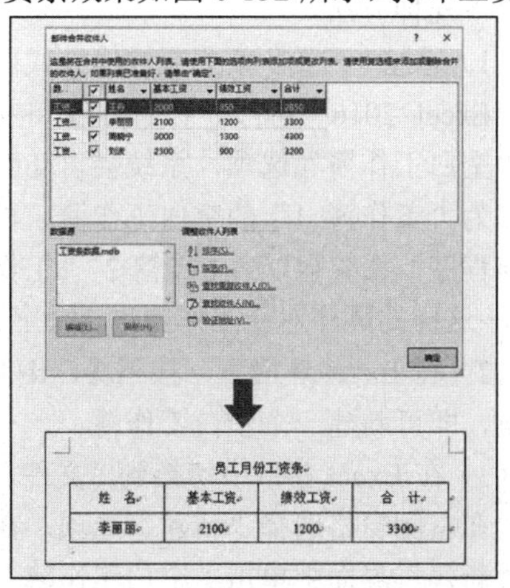

图 6-152 制作好的工资条效果图

第 7 章 Excel 2016 基本操作

和 Word 相比，Excel 在数据处理和分析方面的功能更强大，并且这些功能对于办公人员的工作来说非常实用。Excel 操作界面由工作簿、工作表和单元格组成，因此对 Excel 的基本操作最主要的就是对工作簿、工作表和单元格的操作，用户还可以对制作完成的工作表进行美化。

本章知识要点

- 工作簿的基本操作
- 工作表的基本操作
- 单元格的基本操作
- 设置单元格格式

7.1 工作簿的基本操作

扫码观看本节视频

工作簿是指在 Excel 中用来存储并处理工作数据的文件，每个工作簿可以包含多张工作表，每张工作表可以存储不同类型的数据，因此我们首先需要掌握工作簿的新建、保存、打开和关闭等基本操作，接下来将分别进行讲解。

7.1.1 新建工作簿

在 Excel 2016 中，用户不仅可以新建空白工作簿，还可以创建一个基于模板的工作簿。

1.新建空白工作簿

在 Excel 2016 中，新建空白工作簿的可通过以下几种方法。

（1）通过“开始”菜单或快捷方式图标启动“Excel 2016”程序，在程序窗口右侧单击“空白工作簿”选项，系统会自动新建一个名为“工作簿 1”的空白工作簿。再次启动该程序，系统会以“工作簿 2”“工作簿 3”……这样的顺序对新工作簿进行命名。

（2）在 Excel 环境下，按下【Ctrl+N】组合键，即可新建一个空白工作簿。

（3）在 Excel 窗口中切换到“文件”选项卡，在左侧窗格选择“新建”选项，在右侧的“新建”界面中单击“空白工作簿”选项即可，如图 7-1 所示。

图 7-1　新建空白工作簿

2.创建基于模板的工作簿

Excel 2016 为用户提供了多种模板类型，可满足用户大多数设置和设计工作的要求。打开 Excel，即可看到预算、日历、费用等模板，具体操作如下：

STEP 01：在 Excel 窗口中切换到“文件”选项卡，在左侧选择“新建”选项，然后在右侧的“新建”界面中选择模板类型，例如，单击“学生出勤记录”选项，如图 7-2 所示。

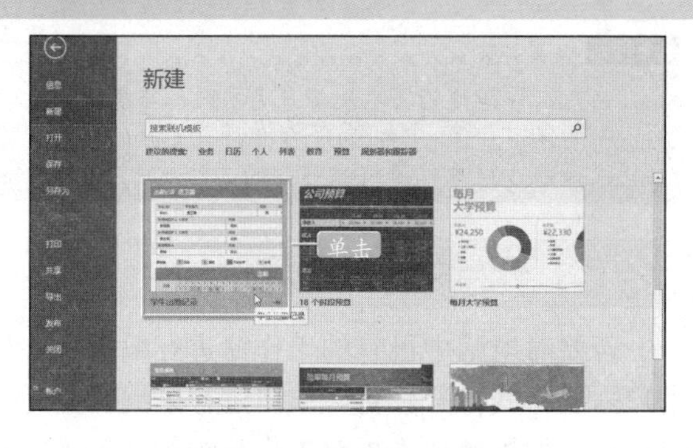

图 7-2 选择模板类型

STEP 02：在打开的“样本模板”界面左侧的预览窗格中可看到该模板的效果，然后单击“创建”按钮，如图 7-3 所示。

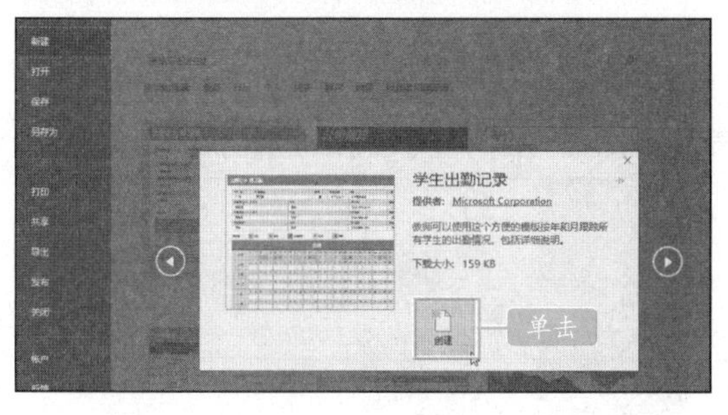

图 7-3 创建模板

STEP 03：此时，系统将基于所选模板新建一个工作簿，可根据需要对工作簿进行适当的更改，如图 7-4 所示。

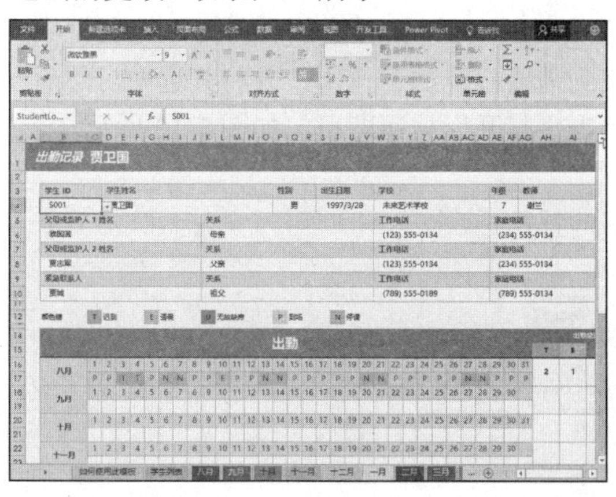

图 7-4 使用模板新建的工作簿

◆◆提示

若在 Excel 自带的各种模板中没有符合需要的模板类型，可以在“搜索联机模板”文本框中输入关键字，然后单击“搜索”按钮，进行联机搜索，然后在搜索结果中选择需要的模板从网上下载，即可根据模板创建工作簿。

7.1.2 保存工作簿

创建或编辑工作簿之后，用户可以将其保存。保存工作簿可以分为保存新建的工作簿、保存已有的工作簿和自动保存工作簿 3 种情况。

1.保存新建的工作簿

STEP 01：新建一个空白工作簿后，单击“文件”选项卡，从弹出的界面中单击“保存”选项，如图 7-5 所示。

图 7-5 单击“保存”选项

STEP 02：此时为第一次保存工作簿，系统会打开“另存为”界面，在此界面中选择“浏览”选项，如图 7-6 所示。

图 7-6 打开“另存为”界面

STEP 03：弹出“另存为”对话框，选择保存位置，在“文件名”文本框输入文件名“登记表”，单击“保存”按钮即可，如图 7-7 所示。

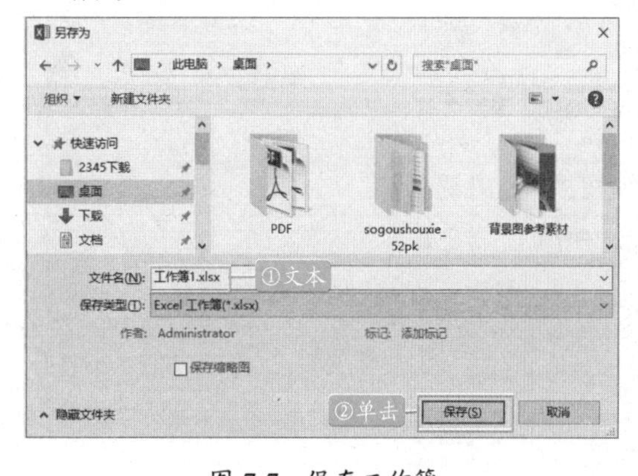

图 7-7 保存工作簿

2.保存已有的工作簿

如果用户对已有的工作簿进行了标记操作，也需要进行保存。对于已存在的工作簿，用户既可以将其保存在原来的位置，也可以将其保存在其他位置。

STEP 01：如果用户想将工作簿保存在原来的位置，方法很简单，直接单击“快速访问工具栏”中的“保存”按钮即可，如图7-8所示。

图 7-8 单击“保存”按钮

STEP 02：如果想将其保存为其他名称，单击”文件”选项卡，从弹出的界面中选择“另存为”选项，弹出“另存为”界面，在此界面中选择“浏览”选项，如图7-9所示。

图 7-9 打开“另存为”界面

STEP 03：弹出“另存为”对话框，从中设置工作簿保存位置及名称，设置完毕后，单击“保存”按钮即可，如图7-10所示。

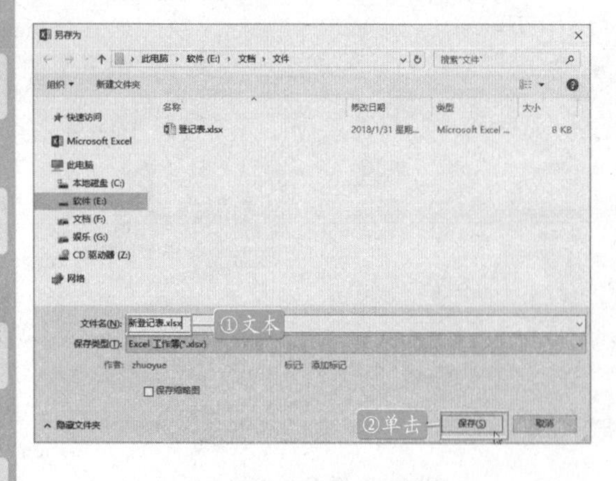

图 7-10 保存工作簿

提示

在对工作簿进行另存时，一定要设置与原工作簿不同的保存位置、不同的保存名称或不同的保存类型，否则，原工作簿将被另存的工作簿所覆盖。

7.1.3 打开与关闭工作簿

若要对电脑中已有的工作簿进行编辑，用户需要将其打开。对工作簿进行了编辑并保存后，如果确认不再对工作簿进行任何操作时，可将其关闭，以减少所占用的系统内存，具体操作如下：

1.打开工作簿

STEP 01：在Excel窗口中切换到“文件”选项卡，单击“打开”命令，在对应的“打开”界面中选择“浏览”选项，如图7-11所示。

图 7-11 选择“浏览”选项

STEP 02：在弹出的“打开”对话框中找到需要打开的工作簿，并将其选中，然后单击“打开”按钮即可，如图7-12所示。

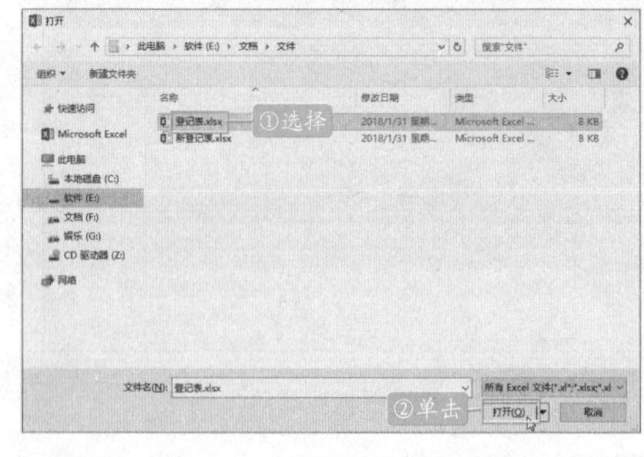

图 7-12 选择要打开的工作簿

提示

在Excel 2016环境下，按下【Ctrl+O】(或【Ctrl+F12】)组合键，即可快速打开“打开”对话框。

2.关闭工作簿

关闭工作簿可通过以下几种方法实现。

命令：单击“文件”选项卡，在弹出的列表中单击“关闭”命令，如图 7-13 所示。

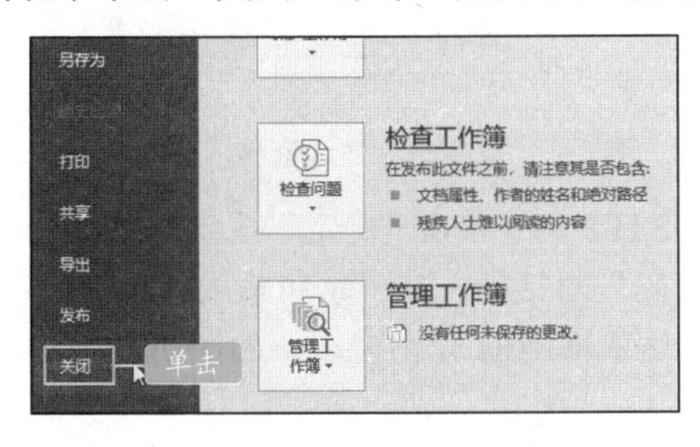

图 7-13　关闭工作簿

按钮 1：双击快速访问工具栏左侧区域，如图 7-14 所示。

图 7-14　双击快速访问工具栏

按钮 2：单击标题栏右侧的“关闭”按钮。

快捷键 1：按【Alt+F4】组合键。

快捷键 2：按【Ctrl+W】组合键。

快捷键 3：按【Ctrl+F4】组合键。

快捷键 4：依次按【Alt】【F】【C】键，关闭工作簿。

快捷键 5：依次按【Alt】【F】【X】键，关闭工作簿。

◆◆提示

如果在关闭工作簿之前未对编辑的工作簿进行保存，系统将会弹出一个提示信息框询问是否进行保存，单击“保存”按钮将其保存，单击“不保存”按钮则不保存，单击“取消”按钮则不关闭工作簿。

7.1.4 保护工作簿

用户既可以对工作簿的结构进行密码保护，也可以设置工作簿的打开和修改密码。用户可根据实际情况对工作簿实施不同的保护方案。

1.保护工作簿的结构。

STEP 01：新建文件，单击“审阅”|“更改”|“保护工作簿”按钮，如图 7-15 所示。

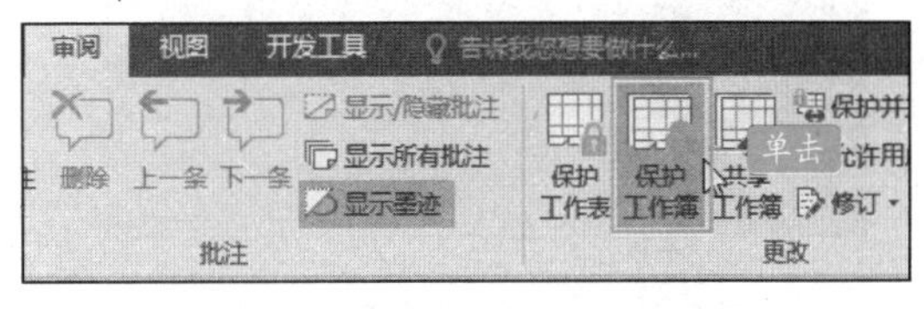

图 7-15　单击“保护工作簿”按钮

STEP 02：弹出“保护结构和窗口”对话框，在“密码”文本框中输入“1234”，如图 7-16 所示。

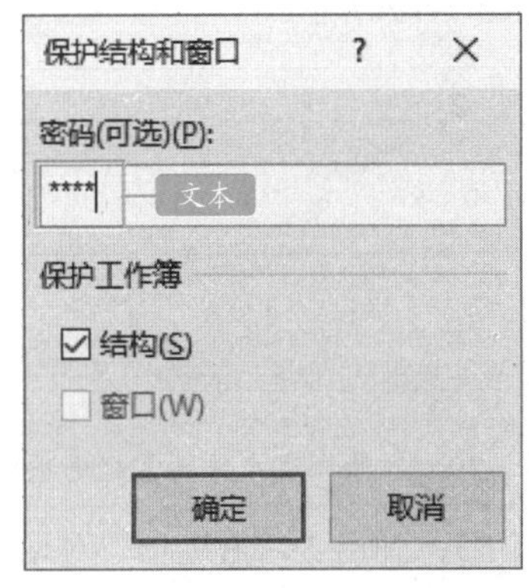

图 7-16　设置密码

STEP 03：单击“确定”按钮，弹出“确认密码”对话框，在“重新输入密码”文本框中输入“1234”，然后单击“确定”按钮即可，如图 7-17 所示。

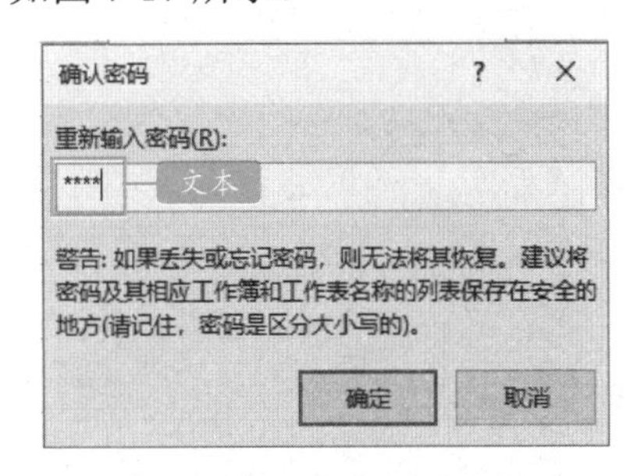

图 7-17　确认密码

2.设置工作簿的打开和修改密码

STEP 01：单击”文件”选项卡，从弹出的界面中选择“另存为”选项，弹出“另存为”界面，在此界面中选择“浏览”选项，如图7-18所示。

图7-18 打开“另存为”界面

STEP 02：弹出“另存为”对话框，从中选择合适的保存位置，然后单击“工具”按钮，在展开的下拉列表中选择“常规选项”选项，如图7-19所示。

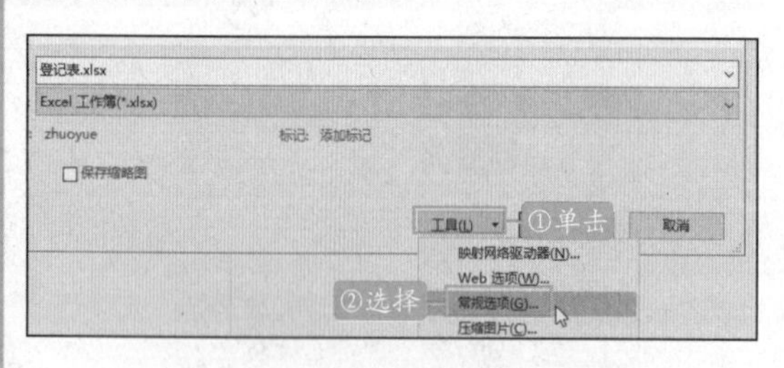

图7-19 打开保存文件的常规选项

STEP 03：弹出“常规选项”对话框，在“文件共享”组合框中的“打开权限密码”和“修改权限密码”文本框中输入“1234”，然后选中“建议只读”复选框，如图7-20所示。

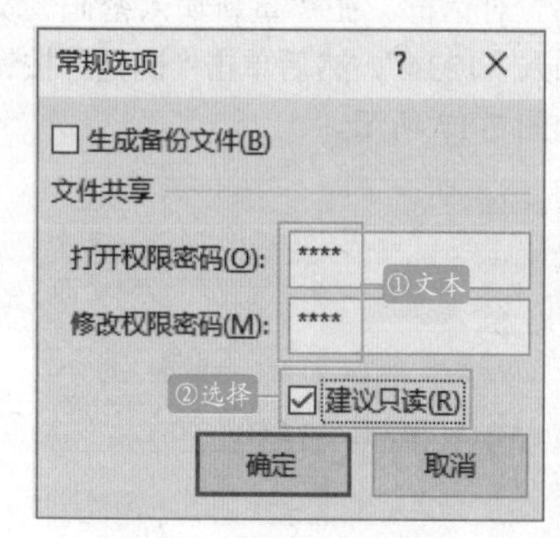

图7-20 设置权限密码

STEP 04：单击“确定”按钮，弹出“确认密码”对话框，在“重新输入密码”文本框中输入“1234”，如图7-21所示。

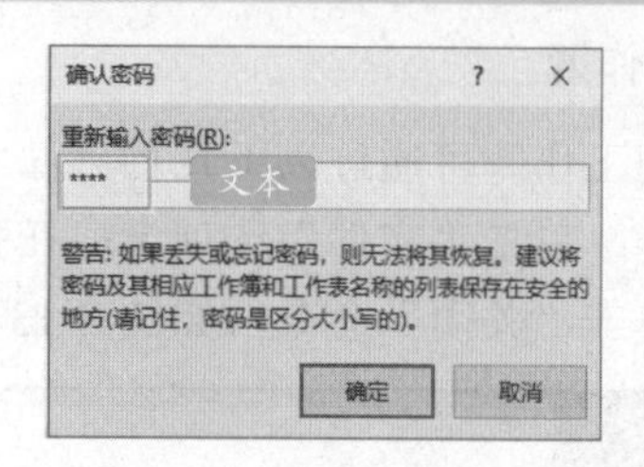

图7-21 确认密码

STEP 05：单击“确定”按钮，弹出“确认密码”对话框，在“重新输入修改权限密码”文本框中输入“1234”，如图7-22所示。

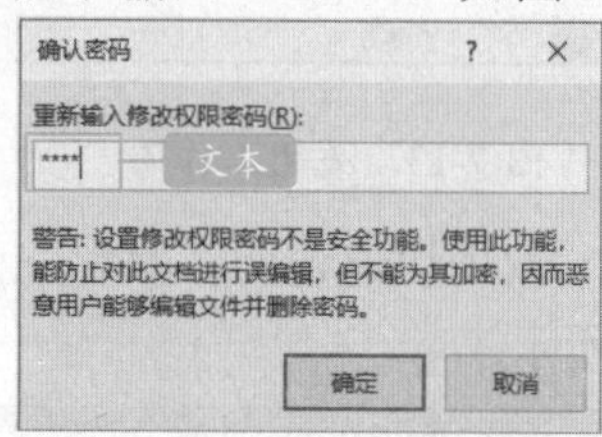

图7-22 确认修改权限密码

STEP 06：单击“确定”按钮，返回“另存为”对话框，然后单击“保存”按钮，此时弹出“确认另存为”提示框，再单击“是”按钮，如图7-23所示。

图7-23 “确认另存为”提示框

STEP 07：当用户再次打开该工作簿时，系统便会自动弹出“密码”对话框，要求用户输入打开文件所需的密码，这里在“密码”文本框中输入“1234”，如图7-24所示。

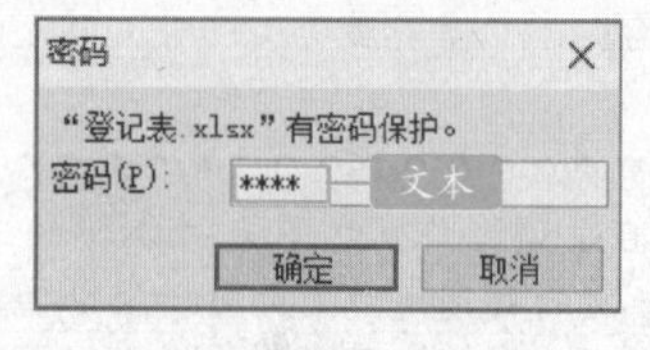

图7-24 打开文件的密码

STEP 08：单击“确定”按钮，弹出“Microsoft Excel”提示框，提示用户“是否以只读方式打开”，此时单击“否”按钮即可打开并编辑该工作簿，如图7-25所示。

图 7-25 "Microsoft Excel" 提示框

7.1.5 工作簿的复制与移动

复制是指工作簿在原来的位置上保留，而在指定的位置上建立新文件；移动是指工作簿在原来的位置上消失，而出现在指定的新位置上。

1.工作簿的复制

STEP 01：单击选择要复制的工作簿文件，如果要复制多个，则可在按住【Ctrl】键的同时单击要复制的工作簿文件，如图 7-26 所示。

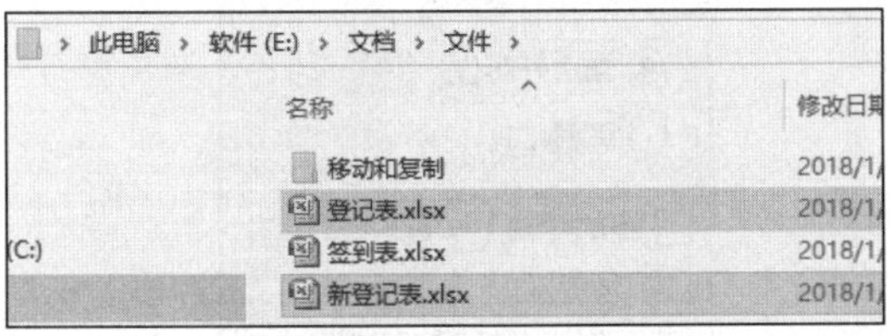

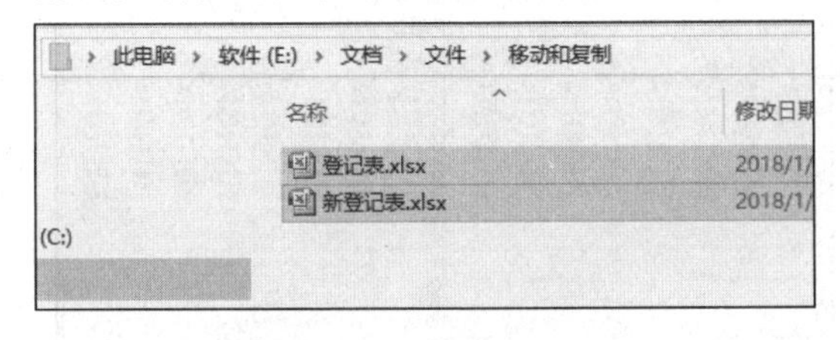

图 7-26 选择工作簿

STEP 02：按【Ctrl+C】组合键，复制选择的工作簿文件，将其复制到剪贴板中。打开目标磁盘或文件夹，按住【Ctrl+V】组合键粘贴文档，将剪贴板中的工作簿复制到当前的文件夹中，如图 7-27 所示。

图 7-27 复制工作簿

◆◆提示

用户也可以选择要复制的工作簿，直接拖拽到目标文件夹中，即可实现复制。

2.工作簿的移动

STEP 01：单击选择要移动的工作簿文件，如果要移动多个，则可以按住【Ctrl】键的同时单击要移动的工作簿文件。按下【Ctrl+X】组合键剪切选择的工作簿文件，Excel 会自动地将选择的工作簿移动到剪贴板中，如图 7-28 所示。

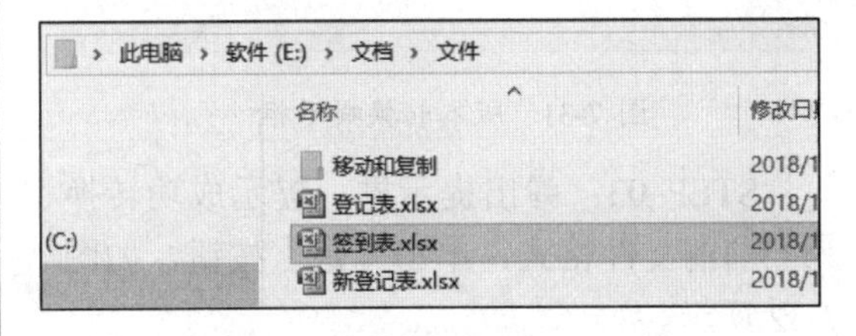

图 7-28 剪切要移动的工作簿

STEP 02：打开目标磁盘或文件夹，按【Ctrl+V】组合键粘贴文档，将剪贴板中的工作簿移动到当前的文件夹中，如图 7-29 所示。

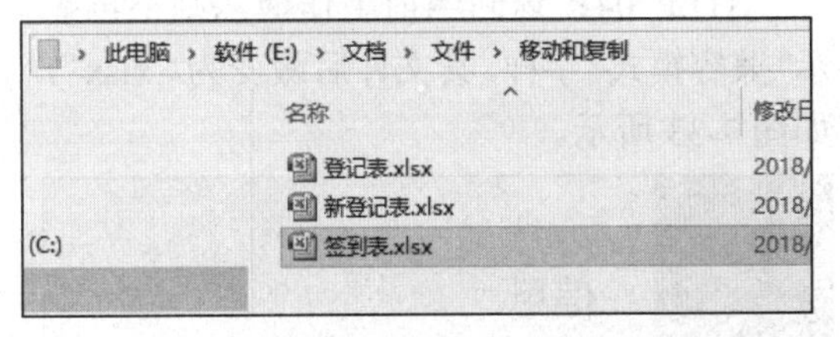

图 7-29 粘贴工作簿

7.1.6 工作簿版本和格式的转换

在使用 Excel 2016 打开早期版本时，标题栏上会显示"兼容模式"字样，用户可以将早期版本的工作簿转换为当前版本，具体操作如下：

STEP 01：打开需要转换的早期版本工作簿，即可以"兼容模式"打开，单击"文件"|"信息"选项，会多出一个"兼容模式"选项，单击该选项，如图 7-30 所示。

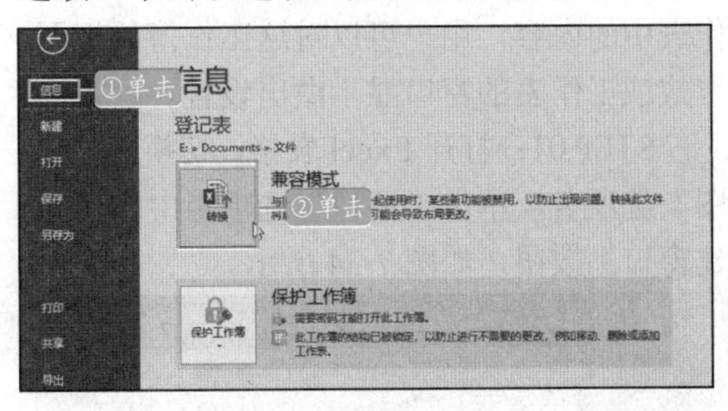

图 7-30 打开早期版本

STEP 02：弹出如图 7-31 所示的提示框，可勾选"不再询问是否转换工作簿"复选框，

初识Office
Word基本操作
文档排版美化
文档图文混排
表格图表使用
文档高级编辑
Excel基本操作
数据分析处理
分式函数使用
Excel图表使用
PPT基本操作
幻灯片的美化
PPT动画与放映
Office协同应用

再次转换文件时，将不再弹出该提示框，单击“确定”按钮。

图 7-31　版本转换提示框

STEP 03：弹出提示框，提示成功转换为当前的文件格式，单击“是”按钮，如图 7-32 所示。

图 7-32　版本转换成功提示框

STEP 04：返回当前工作簿，则不再显示“兼容模式”字样，其文件后缀变为“.xlsx”，如图 7-33 所示。

图 7-33　转换为新版本

◆◆提示

另外，用户也可以使用“另存为”命令，将其保存为当前版本格式。

7.1.7 工作簿的视图操作

有时候为了在一个界面中同时看到多个工作表的内容，或者需要全面地看到一个工作表中的内容，用户可以对这工作簿的视图方式或工作表的窗口显示做出设置。

STEP 01：打开 Excel 表格，切换到“视图”选项卡，单击“窗口”选项组中的“新建窗口”按钮，如图 7-34 所示。

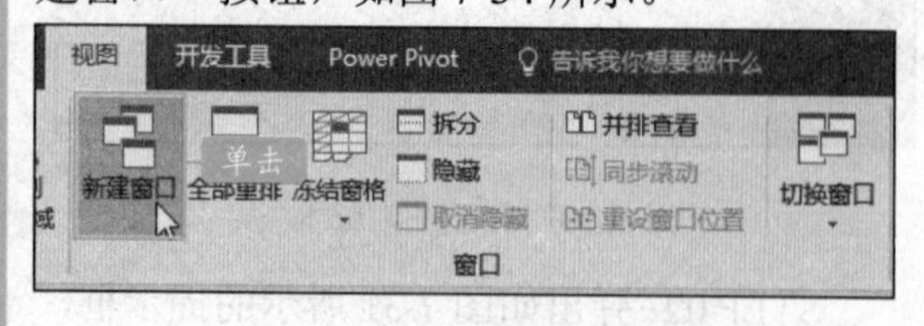

图 7-34　单击“新建窗口”按钮

STEP 02：此时弹出一个新的工作簿，然后在任意一个工作簿中单击“窗口”选项组中的“全部重排”按钮，如图 7-35 所示。

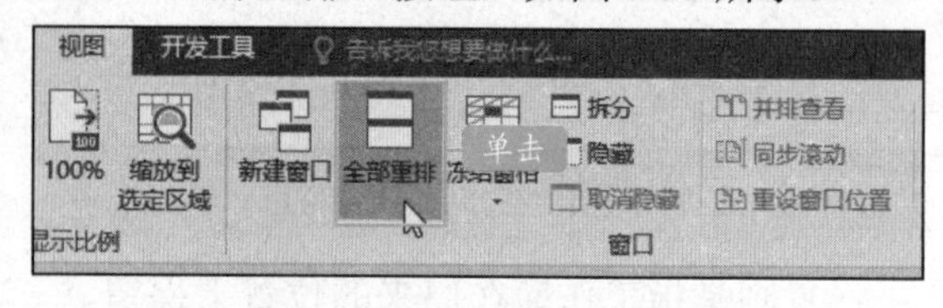

图 7-35　单击“全部重排”按钮

STEP 03：弹出“重排窗口”对话框，单击“垂直并排”单选按钮，单击“确定”按钮，如图 7-36 所示。

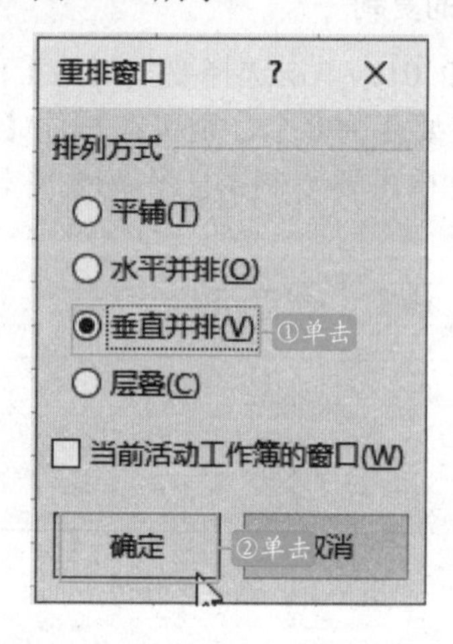

图 7-36　选择“垂直并排”

STEP 04：此时在屏幕中显示出两个工作簿的窗口，并且以垂直并排的效果显示，如图 7-37 所示。

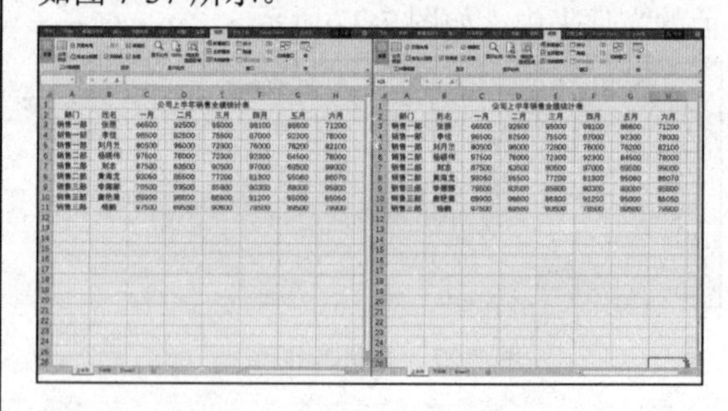

图 7-37　工作簿窗口并排显示的效果

STEP 05：单击第二个窗口中的“下半年”工作表标签，如图 7-38 所示。

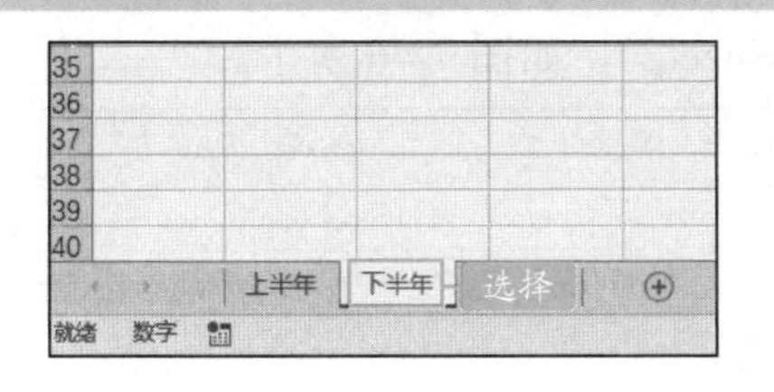

图 7-38　选择第二个窗口的工作表

STEP 06：此时可以在同一界面中看到上半年和下半年的数据对比，如图 7-39 所示。

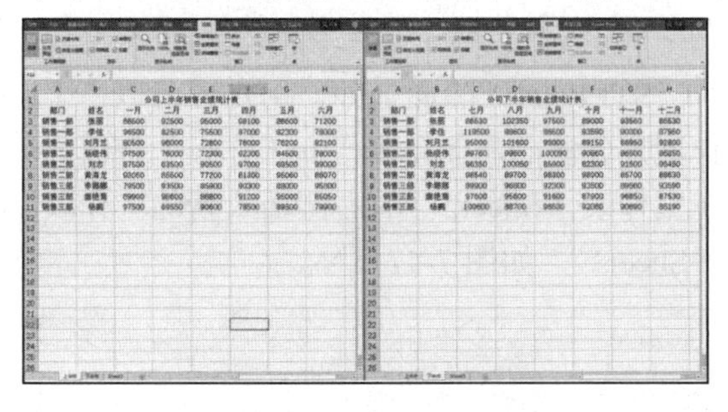

图 7-39　数据对比效果图

7.1.8 共享与发送工作簿

当工作簿的信息量较大时，可以通过共享工作簿实现多个用户对信息的同步录入。

STEP 01：打开需要共享的文件，单击“文件”|“共享”选项，在右侧的界面中单击“与人共享”选项，然后单击“保存到云”按钮，如图 7-40 所示。

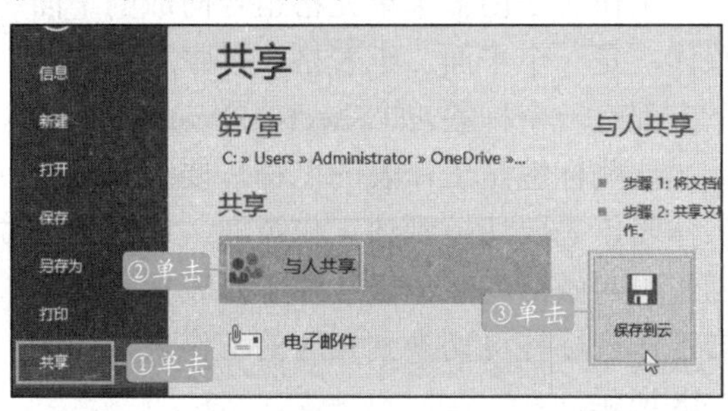

图 7-40　单击“与人共享”选项

STEP 02：弹出“另存为”对话框，选择“OneDrive”中相应文件夹要保存的位置，单击“保存”按钮，如图 7-41 所示。

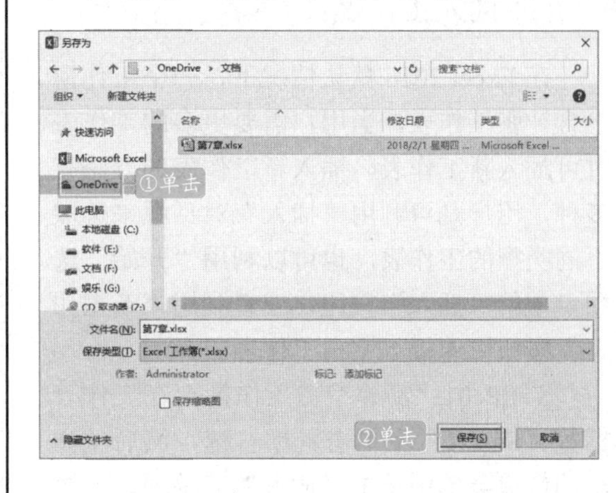

图 7-41　在“OneDrive”中保存文件

STEP 03：单击“文件”|“共享”选项，在右侧界面中单击“电子邮件”选项，然后单击“作为附件发送”按钮，如图 7-42 所示。

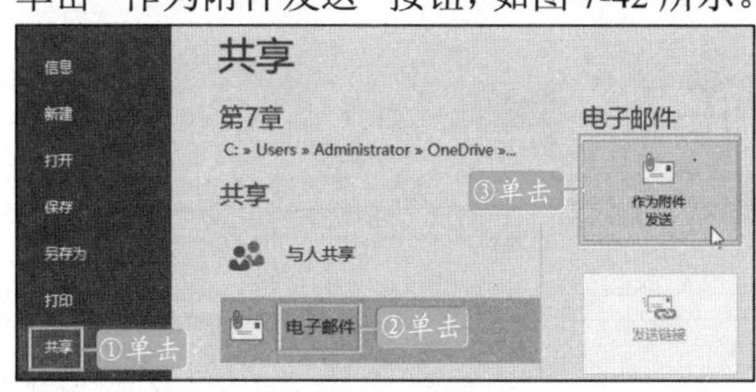

图 7-42　单击“电子邮件”选项

STEP 04：打开电子邮件应用程序，并已将文件附加到新邮件，输入收件人的电子邮件地址，然后单击“发送”按钮，即可通过电子邮件发送文稿，如图 7-43 所示。

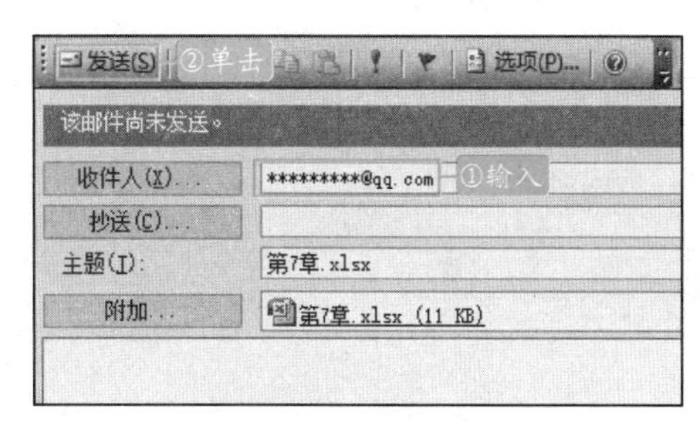

图 7-43　发送邮件

7.2 工作表的基本操作

工作表是用户输入或编辑的载体，用户可以对其进行插入或删除、隐藏或显示、移动或复制、重命名、设置工作表标签颜色以及保护工作表等基本操作。

扫码观看本节视频

7.2.1 插入工作表

在 Excel 2016 默认情况下，一个工作簿包含一张工作表，当用户需要更多的工作表时可插入新工作表。插入新工作表的方法有多种，用户既可利用“插入”对话框来选取不同类型的工作表，也可以利用“开始”选项卡中的“插入”按钮，或者利用“新工作表”按钮快速插入空白工作表。

STEP 01：新建空白工作簿，在工作表标签“Sheet1”上单击鼠标右键，然后从弹出的快捷菜单中单击“插入”菜单项，如图 7-44 所示。

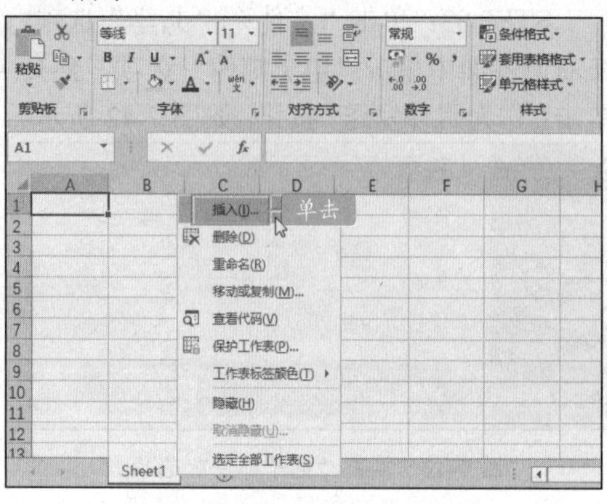

图 7-44　单击“插入”菜单项

STEP 02：弹出“插入”对话框，切换到“常用”选项卡，然后选择“工作表”选项，如图 7-45 所示。

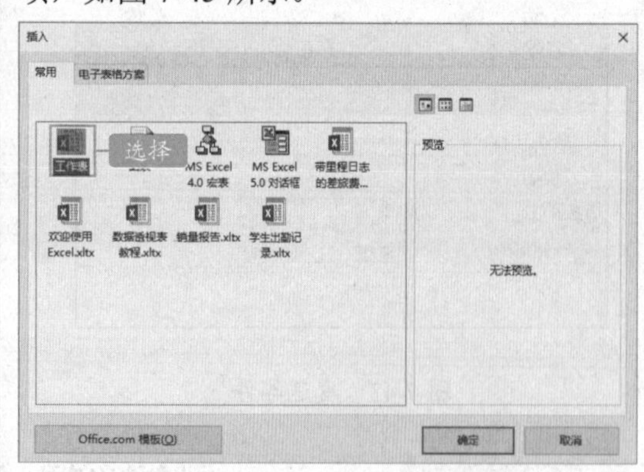

图 7-45　选择工作表

STEP 03：单击“确定”按钮，即可在工作表“Sheet1”的左侧插入一个新的工作表“Sheet2”，如图 7-46 所示。

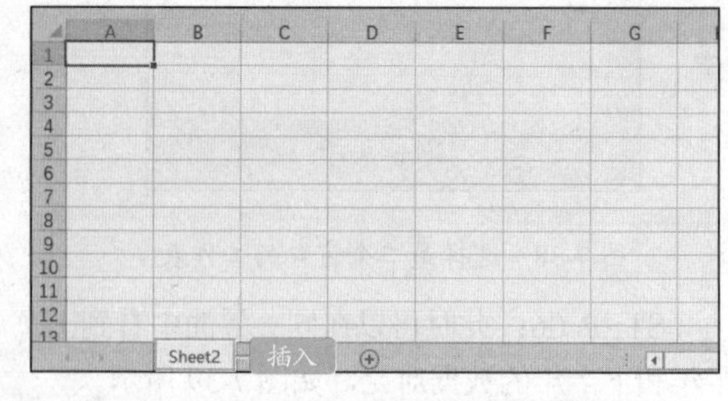

图 7-46　插入新的工作表

STEP 04：除此之外，用户还可以在工作表列表区的右侧单击“新工作表”按钮，在工作表“Sheet2”的右侧插入新的工作表“Sheet3”，如图 7-47 所示。

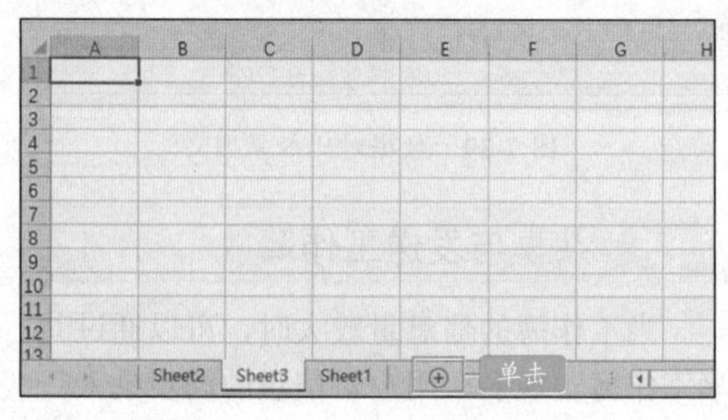

图 7-47　单击“新工作表”按钮

7.2.2 切换和选择单个或多个工作表

工作表是由多个单元格组合而成的平面整体，是一个平面二维表格。每张工作表的下方都有一个标签，如 Sheet1、Sheet2、Sheet3 等，这些标签是工作表的名称，要编辑某张工作表，先要切换到该工作页面，切换到的工作表叫做活动工作表。在工作表标签栏单击工作表标签可切换到相应的工作表，如图 7-48 所示。

Sheet1	Sheet2	Sheet3	Sheet4	Sheet5	Sheet6	S ...

图 7-48　工作表标签

若想要同时选择单张或多张工作表作为活动工作表，可通过下面的方法实现。

1.用鼠标选定 Excel 表格

用鼠标选定 Excel 表格是最常用、最快速的方法，只需在 Excel 表格最下方的工作表标签上单击即可，如图 7-49 所示。

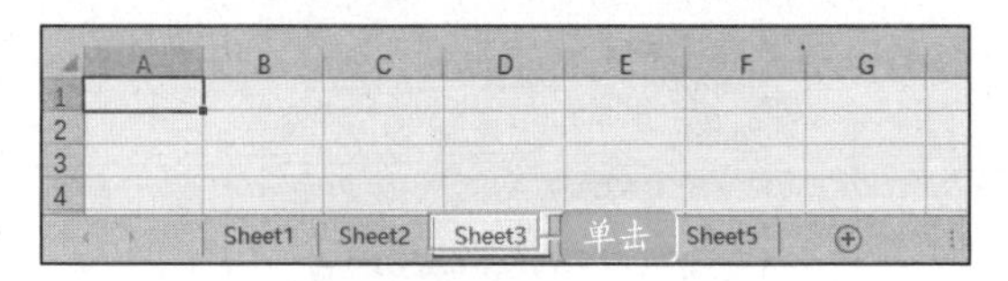

图 7-49　选择单个工作表

2.选定连续的 Excel 表格

在 Excel 表格的第一个工作表标签上单击，选定该 Excel 表格，按住【Shift】键的同时选定最后一个表格的标签，即可选定连续的 Excel 表格。此时，工作簿标题栏上会多了“工作组”字样，如图 7-50 所示。

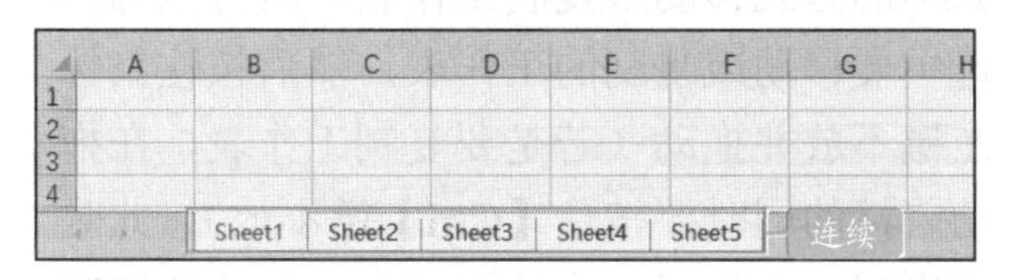

图 7-50　选择连续的工作表

3.选择不连续的工作表

要选定不连续的 Excel 表格，按住【Ctrl】键的同时选择相应的 Excel 表格即可，如图 7-51 所示。

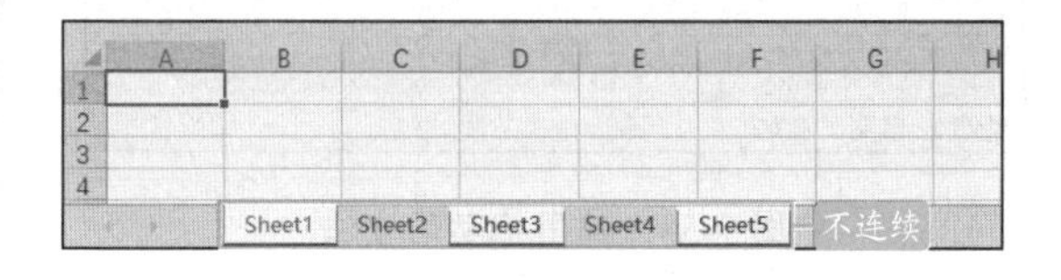

图 7-51　选择不连续的工作表

◆◆提示

若要取消多张工作表的选中状态，可使用鼠标右键单击任意一张工作表标签，在弹出的快捷菜单中选择“取消组合工作表”命令。

7.2.3 重命名工作表

默认情况下，工作表的名称为 Sheet1、Sheet2 等，在日常办公中，用户可以根据需要为工作表重新命名，具体操作如下：

STEP 01：在工作表标签“Sheet1”上单击鼠标右键，从弹出的快捷菜单中单击“重命名”菜单项，如图 7-52 所示。

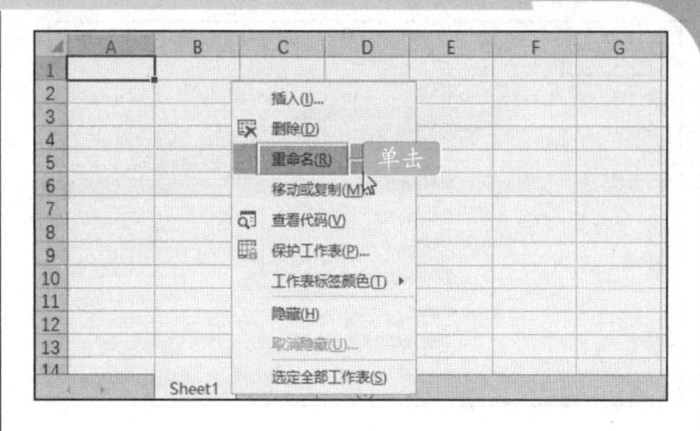

图 7-52　单击“重命名”菜单项

STEP 02：此时工作表标签“Sheet1”呈灰色底纹显示，工作表名称处于可编辑状态，如图 7-53 所示。

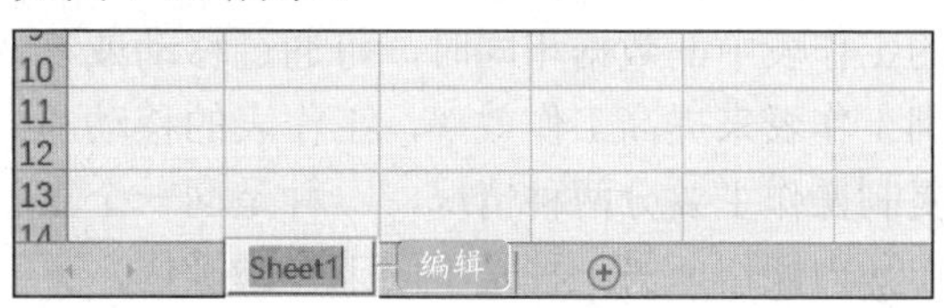

图 7-53　工作表标签处于可编辑状态

STEP 03：输入合适的工作表名称，然后按【Enter】键，效果如图 7-54 所示。

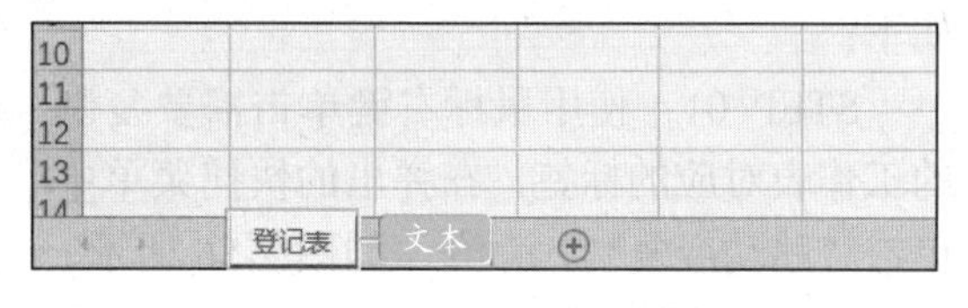

图 7-54　输入工作表名称

◆◆提示

选择要重命名的工作表标签后双击，工作表标签随即变为可编辑状态，根据需要输入工作表名称后，按下【Enter】键即可快速重命名工作表。

7.2.4 保存和删除工作表

1.保存工作表

保存工作表与保存工作簿的操作方法一样，请参考 7.1.2 节进行操作。

2.删除工作表

删除工作表的操作非常简单，选中要删除的工作表标签，然后单击鼠标右键，从弹出的快捷菜单中单击“删除”命令即可，如图 7-55 所示。

图 7-55 删除工作表

7.2.5 移动和复制工作表

当要制作的工作表中有许多数据与已有的工作表中的数据相同时，可通过移动或复制工作表来提高工作效率，工作表的移动与复制操作主要分两种情况，一种是同一个工作簿内操作，另一种是不同工作簿操作，下面分别对这两种情况进行讲解。

1.同一工作簿

在同一工作簿中复制工作表，具体操作如下：

STEP 01：使用鼠标右键单击需要复制的工作表对应的标签，在弹出的快捷菜单中单击“移动或复制”命令，如图 7-56 所示。

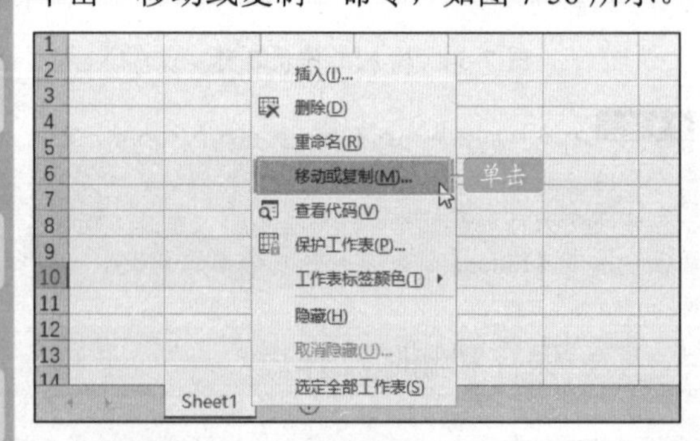

图 7-56 单击“移动或复制”命令

STEP 02：弹出“移动或复制工作表”对话框，在“下列选定工作表之前”列表框中选择工作表的目标位置，若勾选“建立副本”复选框，单击“确定”按钮后将实现复制操作；若不勾选该复选框，单击“确定”按钮后将实现移动操作，如图 7-57 所示。

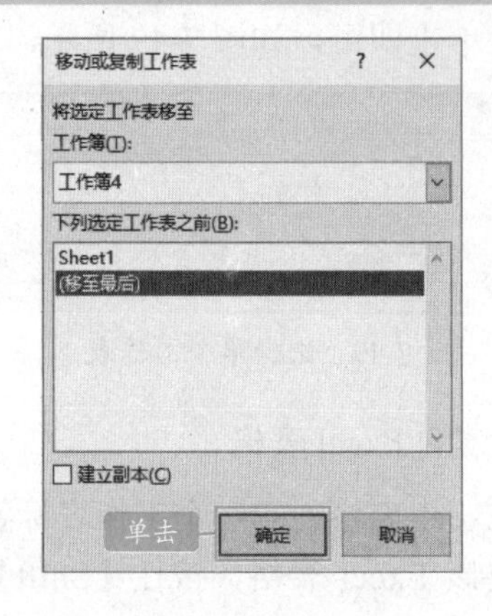

图 7-57 “移动或复制工作表”对话框

除了上述操作方法之外，还可通过拖动鼠标的方式移动或复制工作表，其方法为：选中要移动或复制的工作表，然后按住鼠标左键不放并拖动（若是要复制工作表，在拖动鼠标的同时要按住【Ctrl】键不放），此时会出现一个标记，当此标记到达目标位置时释放鼠标即可，如图 7-58 所示。

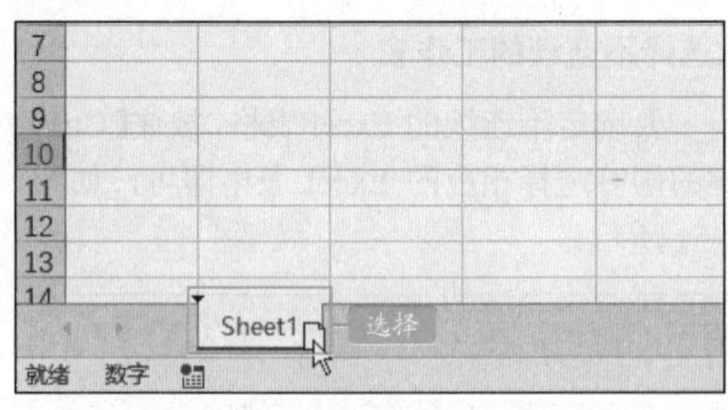

图 7-58 使用拖动的方法

2.不同工作簿

不同工作簿移动或复制工作表与在同一工作簿内的操作相似，只需打开要进行操作的两个工作簿，然后选中要进行移动或复制的工作表，打开“移动或复制工作表”对话框，在“将选定工作表移至工作簿”下拉列表框中选择目标工作簿，在“下列选定工作表之前”列表框中选择工作表在目标工作簿中的位置，设置好后根据操作需要决定是否选中“建立副本”复选框，最后单击“确定”按钮即可，如图 7-59 所示。

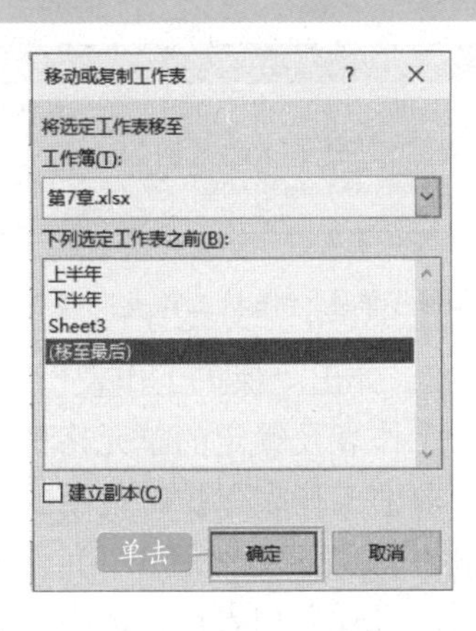

图 7-59　不同工作簿的移动或复制工作表

7.2.6 更改工作表名称和标签颜色

默认工作表标签名称一般都不能体现出工作表中的内容，对于编辑好的工作表，往往都需要为其工作表标签设置一个新的名称来和其他工作表分开，设置工作表标签的名称以及标签的颜色可以极大地方便用户对工作表进行快速查找。

STEP 01：打开 Excel 表格，右击“Sheet1”工作表标签，在弹出的快捷菜单中单击“重命名”命令，如图 7-60 所示。

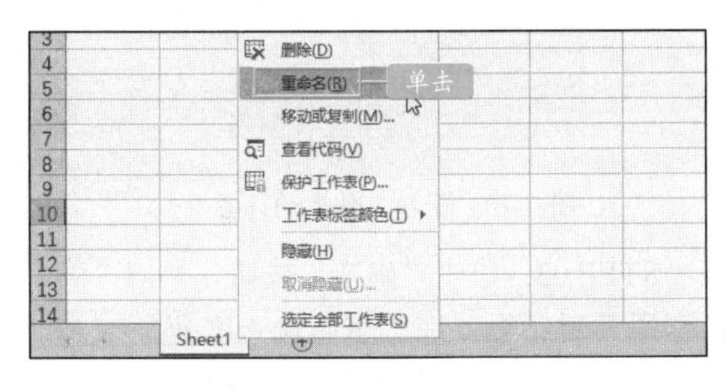

图 7-60　单击“重命名”命令

STEP 02：此时“Sheet1”工作表标签呈现为可编辑状态，如图 7-61 所示。

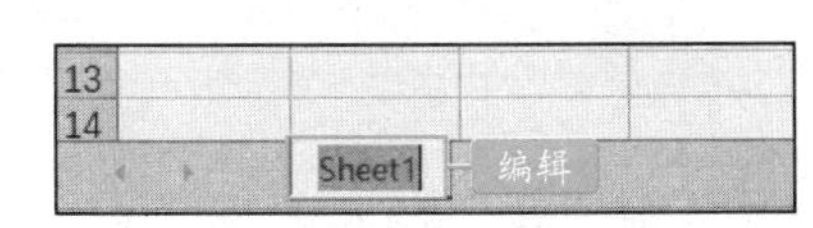

图 7-61　工作表标签处于可编辑状态

STEP 03：　直接输入工作表的名称为“登记表”，右击此工作表标签，在弹出的快捷菜单中指向“工作表标签颜色”命令，在展开的颜色下拉列表中选择合适的填充颜色，如图 7-62 所示。

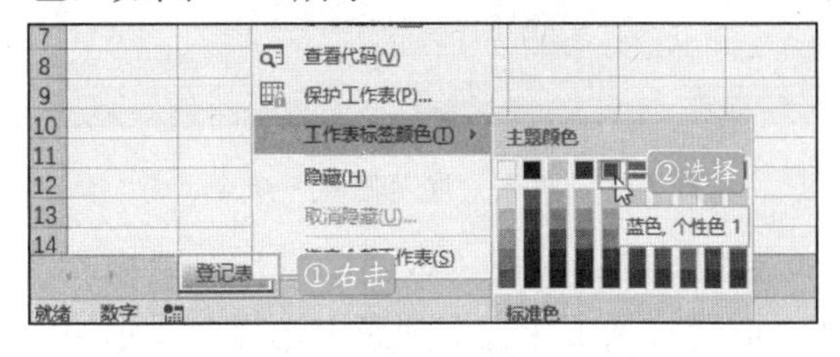

图 7-62　设置工作表标签颜色

STEP 04：完成操作后，工作表标签的颜色变成了设置的颜色，如图 7-63 所示。

图 7-63　工作表标签颜色设置好的效果

7.2.7 隐藏与显示工作表

如果工作表中包含某些不想让其他人查看的信息，可以将工作表暂时隐藏起来，当需要时再将其显示出来。

1.隐藏工作表

STEP 01：选中要隐藏的工作表标签“Sheet1”，然后单击鼠标右键，从弹出的快捷菜单中单击“隐藏”命令，如图 7-64 所示。

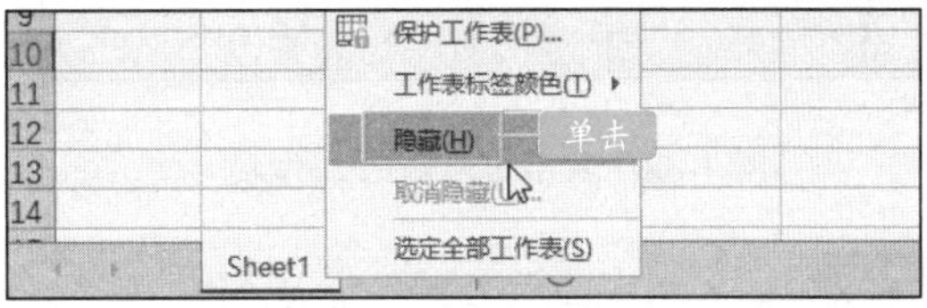

图 7-64　单击“隐藏”命令

STEP 02：此时工作表“Sheet1”就被隐藏起来，如图 7-65 所示。

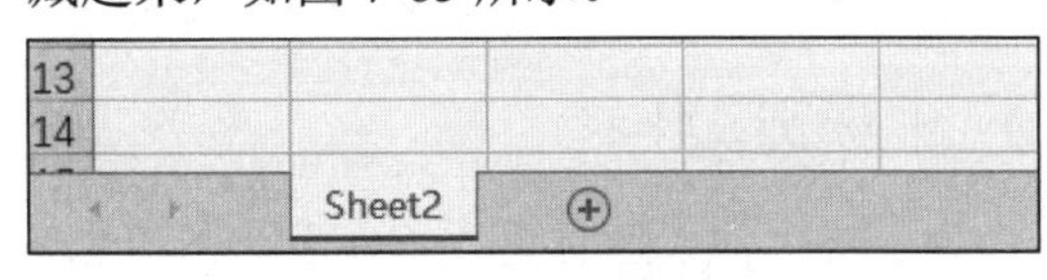

图 7-65　隐藏工作表

2.显示工作表

STEP 01：在任意一个工作表标签上单击鼠标右键，从弹出的快捷菜单中单击“取消隐藏”命令，如图 7-66 所示。

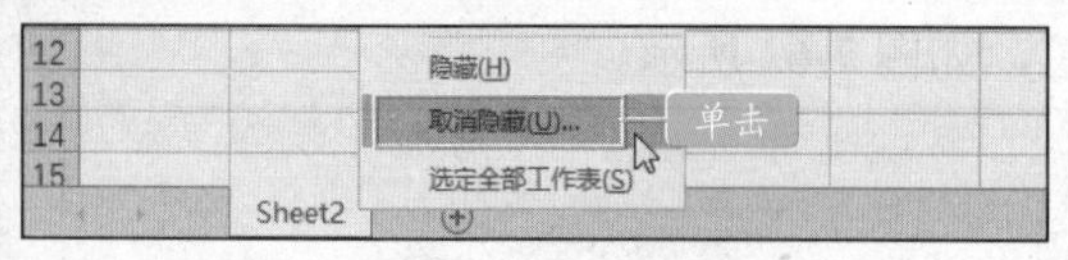

图 7-66　单击“取消隐藏”命令

STEP 02：弹出“取消隐藏”对话框，在“取消隐藏工作表”列表中选择要显示的工作表“Sheet1”，如图 7-67 所示。

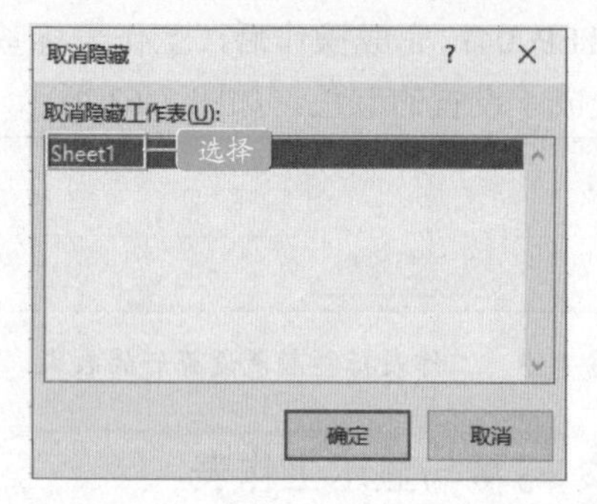

图 7-67　选择要显示的工作表

STEP 03：选择完毕，单击“确定”按钮，即可将隐藏的工作表“Sheet1”显示出来，如图 7-68 所示。

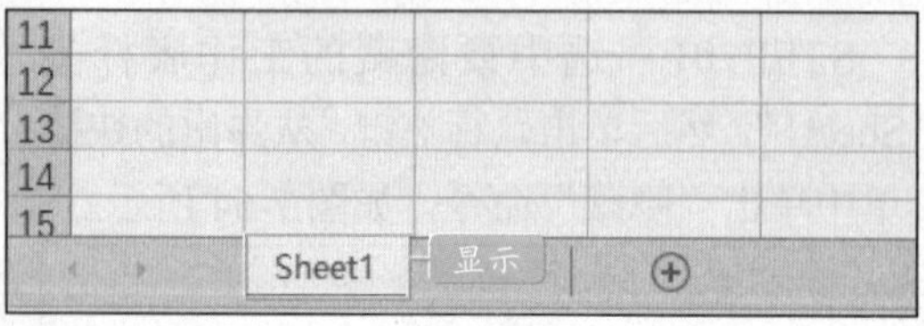

图 7-68　显示出隐藏的工作表

提示

当工作簿中只有一个工作表时，是不能进行工作表的隐藏、删除或移动等操作的，用户必须先插入一个工作表或重新显示一个被隐藏的工作表后再操作。

7.2.8　保护工作表

为了防止他人随意更改工作表，用户也可以对工作表设置保护，保护工作表的具体操作如下：

STEP 01：在创建好的工作表中，切换到“审阅”选项卡，单击“更改”选项组中的“保护工作表”按钮，如图 7-69 所示。

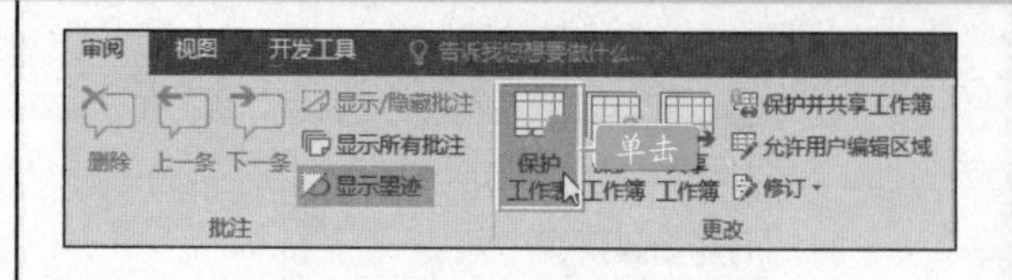

图 7-69　单击“保护工作表”按钮

STEP 02：弹出“保护工作表”对话框，选中“保护工作表及锁定的单元格内容”复选框，在“取消工作表保护时使用的密码”文本框中输入“1234”，然后在“允许此工作表的所有用户进行”列表框中选中“选定锁定单元格”和“选定未锁定的单元格”复选框，如图 7-70 所示。

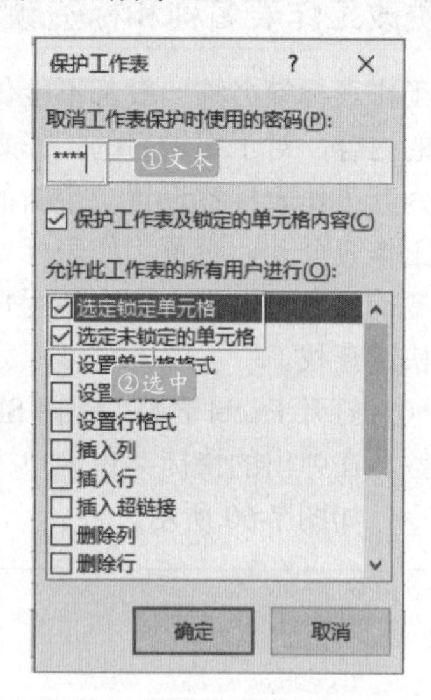

图 7-70　保护工作表的设置

STEP 03：单击“确定”按钮，弹出“确认密码”对话框，在“重新输入密码”文本框中输入“1234”，如图 7-71 所示。

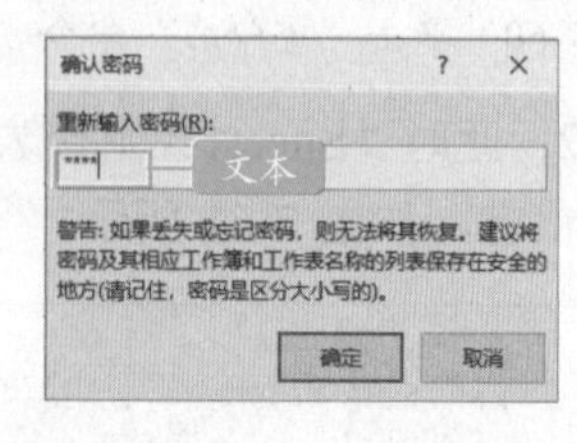

图 7-71　确认密码

STEP 04：设置完毕，单击“确定”按钮即可。此时，如果要修改某个单元格中的内容，则会弹出“Microsoft Excel”提示框，直接单击“确定”按钮即可，如图 7-72 所示。

图 7-72 弹出“Microsoft Excel”提示框

撤销工作表的保护操作如下：

STEP 01：在设置保护的工作表中，切换到“审阅”选项卡，单击“更改”选项组中的“撤销工作表保护”按钮，如图 7-73 所示。

图 7-73 单击“撤销工作表保护”按钮

STEP 02：弹出“撤销工作表保护”对话框，在“密码”文本框中输入“1234”，单击“确定”按钮即可，如图 7-74 所示。

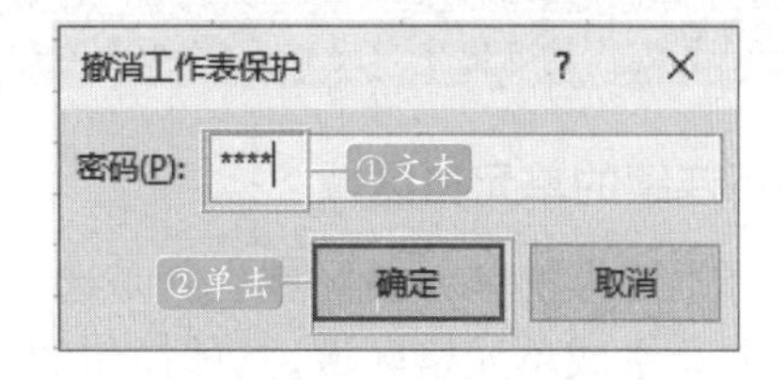

图 7-74 输入密码

7.3 单元格的基本操作

扫码观看本节视频

一个工作表是由多个单元格组成的，单元格是表格中行与列的交叉部分，可以保存数值、文字等数据，它是组成表格的最小单位。单元格的基本操作包括选中、插入、合并和拆分等。

7.3.1 选择单元格和单元格区域

对单元格进行编辑操作，首先要选择单元格或单元格区域。在启动 Excel 并创建新的工作簿时，单元格 A1 处于自动选定状态。

1.选择一个单元格

单击某一单元格，若单元格的边框线变成绿色粗线，则此单元格处于选定状态。当前单元格的地址显示在名称框中，在工作表格区内，鼠标指针会呈白色“✜”形状，如图 7-75 所示。

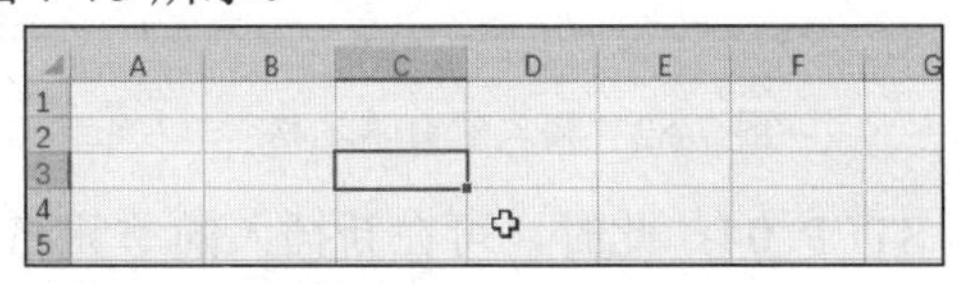

图 7-75 选择单个单元格

提示

在名称框中输入目标单元格的地址，如“B7”，按【Enter】键即可选定第 B 列和第 7 行交汇处的单元格。此外，使用键盘上的上、下、左、右四个方向键，也可以选定单元格。

2.选择连续的单元格区域

在 Excel 工作表中，若要对多个单元格进行相同的操作，可以先选择单元格区域。

STEP 01：单击该区域左上角的单元格 A2，按住【Shift】键的同时单击该区域右下角的单元格 C5，如图 7-76 所示。

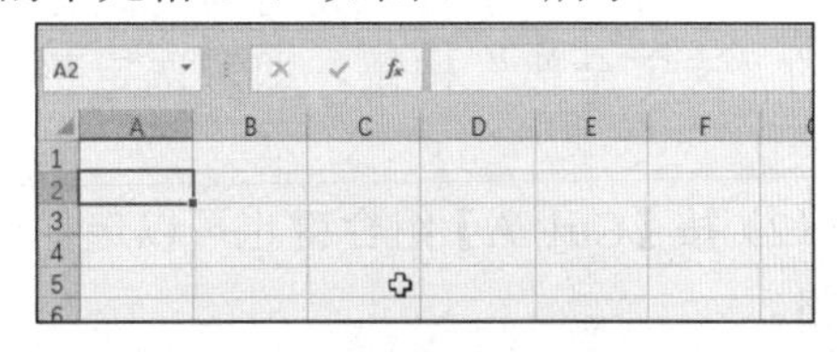

图 7-76 选择连续的单元格

STEP 02：此时即可选定单元格区域 A2:C5，结果如图 7-77 所示。

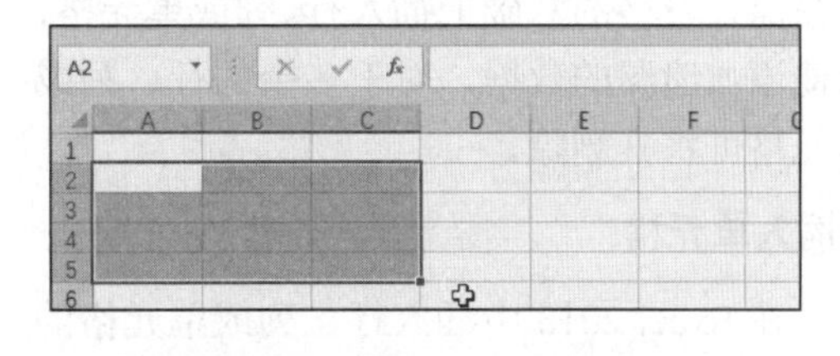

图 7-77 选择连续单元格的结果

◆◆提示

将鼠标指针移到区域左上角的单元格 A2 上，按住鼠标左键不放，向该区域右下角的单元格 C5 拖拽，或在名称框中输入单元格区域名称“A2:C5”，按【Enter】键，均可选定单元格区域 A2：C5。

3.选择不连续的单元格区域

选择不连续的单元格区域也就是选择不相邻的单元格或单元格区域，具体操作如下：

STEP 01：选择第一个单元格区域，按住【Ctrl】键不放，拖动鼠标选择第二个单元格区域，如图 7-78 所示。

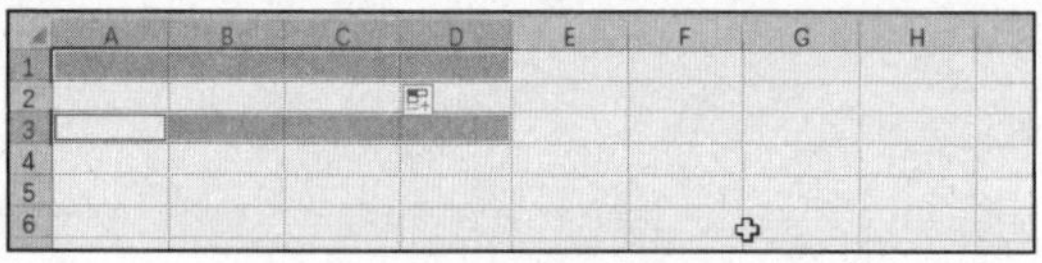

图 7-78　选择不连续的单元格区域

STEP 02：使用同样的方法可以选择多个不连续单元格区域，如图 7-79 所示。

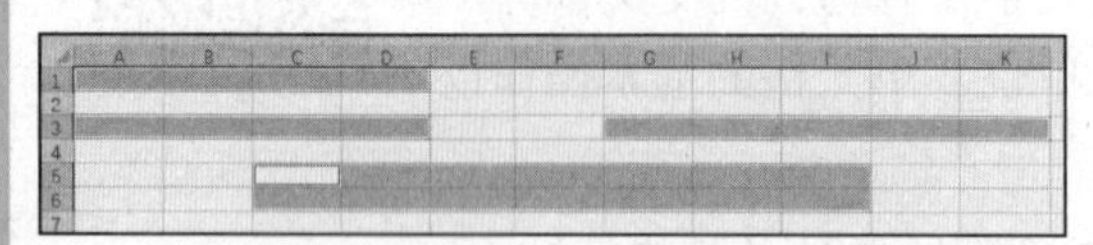

图 7-79　选择多个不连续的单元格区域

4.选择所有单元格

选择所有单元格，即选择整个工作表，方法有以下两种。

（1）单击工作表左上角行号与列标相交处的“选定全部”按钮，即可选定整个工作表。

（2）按【Ctrl+A】组合键也可以选择整个表格。

7.3.2　插入与删除单元格

完成表格的编辑后，若需要添加内容，可在原有表格的基础上插入行、列或单元格，以便添加遗漏的数据，对于多余的行、列或单元格可将其删除。

1.插入单元格

在 Excel 2016 中插入行、列或单元格的操作是类似的。下面在工作表中插入一个单元格，具体操作如下：

STEP 01：打开需要操作的工作簿，选中某个单元格，在“开始”选项卡的“单元格”选项组中，单击“插入”按钮右侧的下拉按钮，在打开的下拉菜单中选择“插入单元格”选项，如图 7-80 所示。

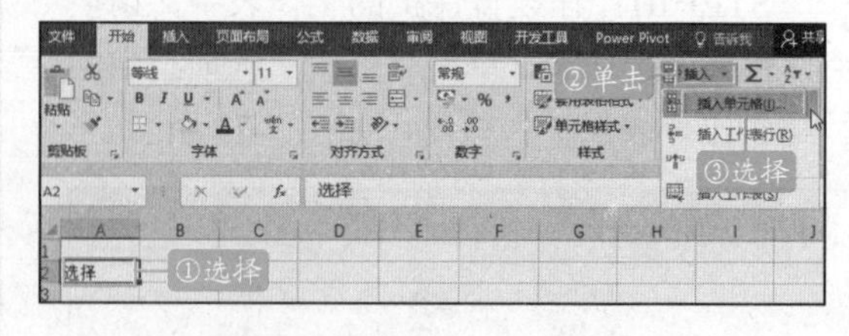

图 7-80　选择“插入单元格”选项

STEP 02：在弹出的“插入”对话框中选择单元格的插入方式，这里选中“活动单元格下移”单选项，然后单击“确定”按钮，如图 7-81 所示。

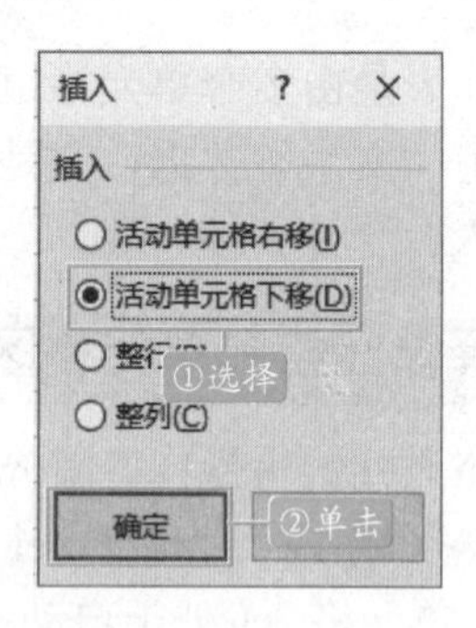

图 7-81　选择单元格的插入方式

STEP 03：返回工作表，所选单元格的上方即可插入一个空白单元格，如图 7-82 所示。

图 7-82　插入空白单元格

STEP 04：此时，可在新插入的单元格中输入数据，效果如图 7-83 所示。

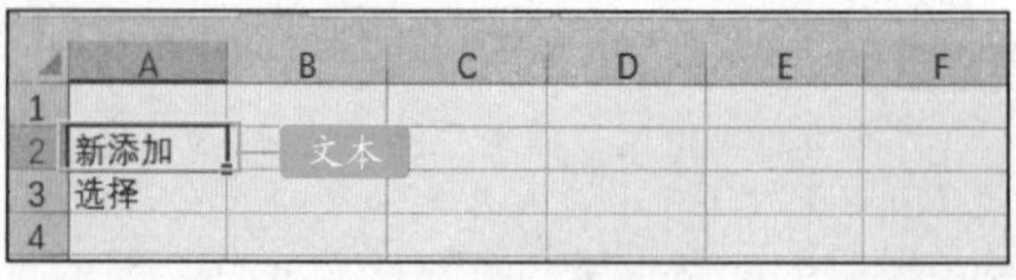

图 7-83　输入数据

◆◆提示

若是选择“插入工作表行”或“插入工作表列”命令，将直接在所选单元格的上方或左侧插入一行或一列单元格，而不会弹出“插入”对话框。

在“插入”对话框中有 4 个单选项，除了上述操作中介绍的“活动单元格下移”单选项外，其余单选项的作用介绍如下。

活动单元格右移：在当前单元格的左侧插入一个单元格。

整行：在当前单元格的上方插入一行。

整列：在当前单元格的左侧插入一列。

2.删除单元格

在 Excel 2016 中删除行、列或单元格的操作是相似的。下面在工作表中删除多余的单元格，具体操作如下：

STEP 01：打开需要操作的工作簿，选中要删除的某个单元格，在“开始”选项卡的“单元格”选项组中，单击“删除”按钮右侧的下拉按钮，在弹出的下拉菜单中选择“删除单元格”选项，如图 7-84 所示。

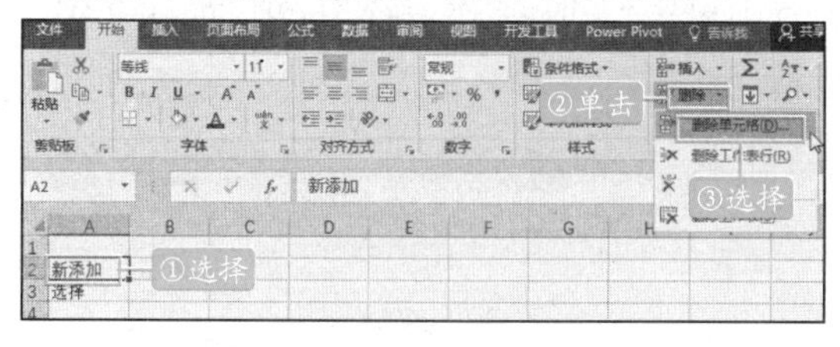

图 7-84　选择“删除单元格”选项

STEP 02：在弹出的“删除”对话框中选择单元格的删除方式，这里选择“下方单元格上移”单选项，然后单击“确定”按钮，如图 7-85 所示。

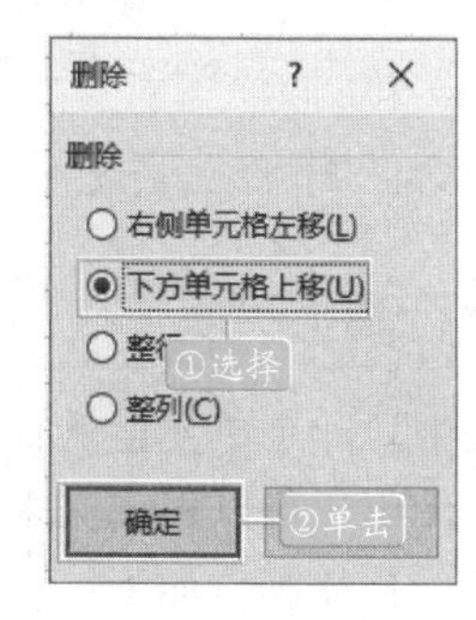

图 7-85　选择单元格的删除方式

STEP 03：执行上述操作后，当前单元格将被删除，其下方的单元格移至该处，如图 7-86 所示。

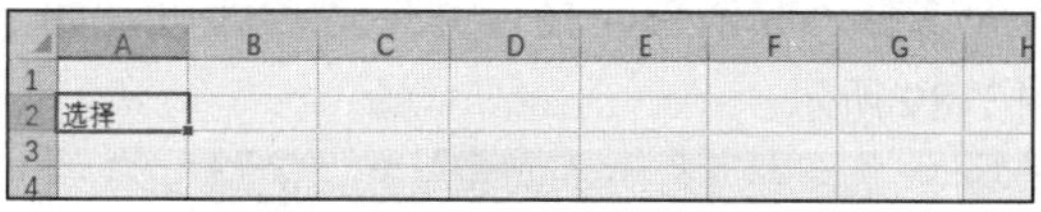

图 7-86　单元格删除后的效果

◆◆提示

若是选择“删除工作表行”“删除工作表列”命令，将直接删除当前选中的单元格所在的行和列，不会弹出“删除”对话框。

在“删除”对话框中有 4 个单选项，除了上述操作中介绍的“下方单元格上移”单选项外，其余单选项的作用介绍如下：

右侧单元格左移：删除当前单元格后，右侧单元格会移至该处。

整行：可删除当前单元格所在的整行。

整列：可删除当前单元格所在的整列。

7.3.3 合并与拆分单元格

在编辑工作表的过程中，经常会用到合并和拆分单元格，具体操作如下：

STEP 01：选中要合并的单元格区域 A1：D1，然后切换到“开始”选项卡，单击“对齐方式”选项组中的“合并后居中”按钮，如图 7-87 所示。

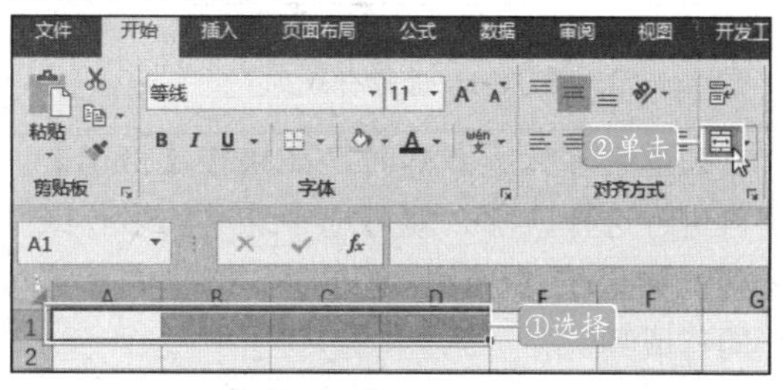

图 7-87　单击“合并后居中”按钮

STEP 02：随即单元格区域 A1：D1 被合并成了一个单元格，如图 7-88 所示。

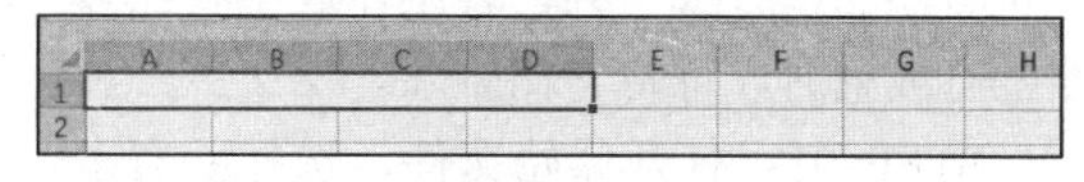

图 7-88　合并的单元格效果

STEP 03：如果要拆分单元格，先选中要拆分的单元格，然后切换到“开始”选项卡，单击“对齐方式”选项组中的“合并后居中”右侧的下三角按钮，在展开的下拉列表中选择“取消单元格合并”选项即可，如图 7-89 所示。

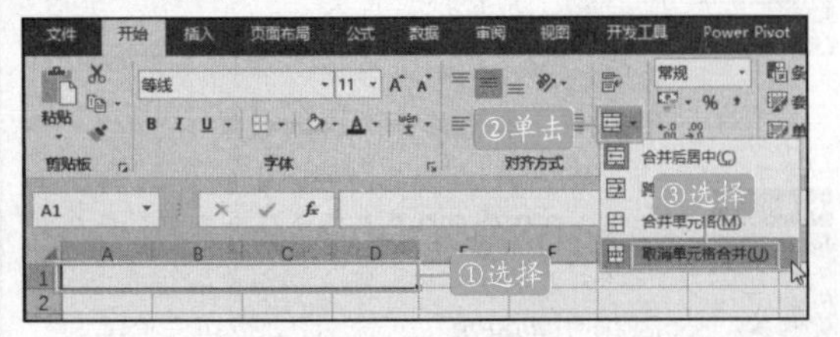

图 7-89　拆分单元格

◆◆提示

用户也可以使用“设置单元格格式”对话框合并单元格，选中要合并的单元格区域，按【Ctrl+1】组合键打开“设置单元格格式”对话框，切换到“对齐”选项卡，在“文本控制”组合框中选中“合并单元格”复选框即可。

7.3.4　选择行和列

将鼠标放在行标签或列标签上，当出现向右或向下的箭头时，单击鼠标左键，即可选中该行或该列，如图 7-90 所示。

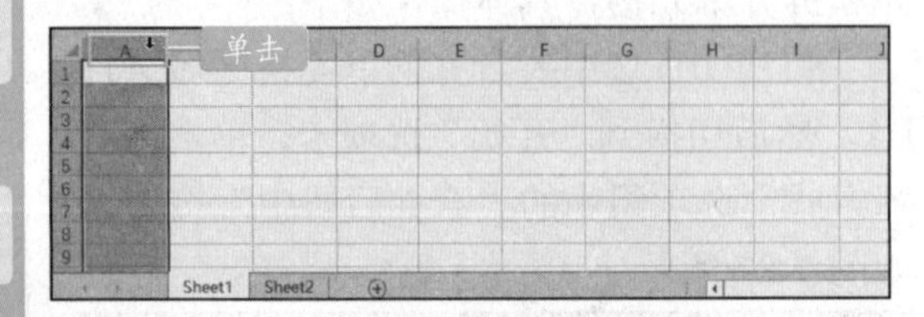

图 7-90　选择行或列

在选中多行或多列时，如果按【Shift】键再进行选择，那么就可选中连续的多行或多列；如果按【Ctrl】键再选，可选中不连续的行或列。

7.3.5　添加与删除行和列

用户在完善表格时，可在已有表格的指定位置添加一行或一列，若工作表中存在多余的行或列时，可将它们删除。

STEP 01：打开原始文件，选择并右击需要插入整列的下一列，从弹出的快捷菜单中单击“插入”命令，如图 7-91 所示。

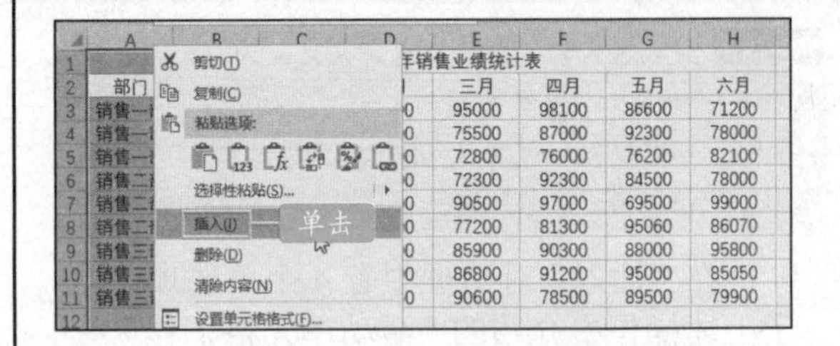

图 7-91　单击“插入”命令

STEP 02：此时在所选列的位置左侧插入了新的一列，用户可在该列中输入相关内容，如图 7-92 所示。

公司上半年销售业绩统计表

部门	姓名	一月	二月	三月	四月	五月	六月
销售一部	张丽	66500	92500	95000	98100	86600	71200
[illegible]	[illegible]	96500	82500	75500	87000	92300	78000
[illegible]	[illegible]	80500	96000	72800	76000	76200	82100
销售二部	杨晓伟	97500	76000	72300	92300	84500	78000
销售二部	刘志	87500	63500	90500	97000	69500	99000
销售二部	黄海龙	93050	85500	77200	81300	95060	86070
销售三部	李娜娜	79500	93500	85900	90300	88000	95800
销售三部	唐艳菊	69900	98600	86800	91200	95000	85050
销售三部	杨鹏	97500	69550	90600	78500	89500	79900

插入

图 7-92　插入新列

STEP 03：选定要删除的行，如第三行，在“开始”选项卡的“单元格”选项组中单击“删除”右侧的下拉按钮，在展开的下拉列表中单击“删除工作表行”选项，如图 7-93 所示。

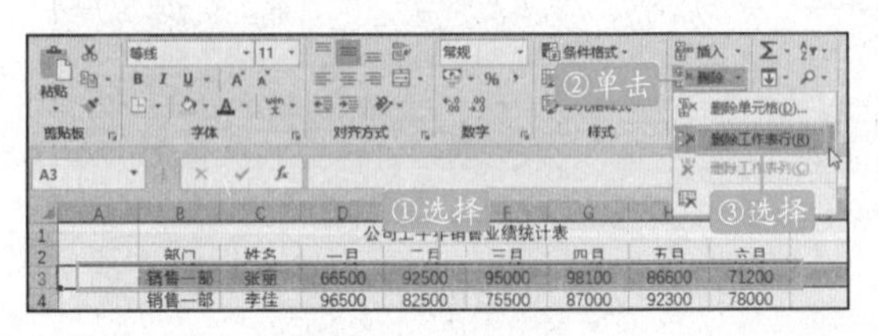

图 7-93　删除行

STEP 04：此时所选行就消失了，而其下方的内容自动上移一行，如图 7-94 所示。

公司上半年销售业绩统计表

部门	姓名	一月	二月	三月	四月	五月	六月
销售一部	李佳	96500	82500	75500	87000	92300	78000
销售一部	刘月兰	80500	96000	72800	76000	76200	82100

图 7-94　删除行后的效果

7.3.6　调整行高与列宽

在工作表中，一个单元格的行高与列宽并不是固定的，用户可以根据需求对行高和列宽进行调整，具体操作如下：

STEP 01：将鼠标指针放在要调整列宽

的列标记右侧的分隔线上，此时鼠标指针变成左右双向箭头形状，如图 7-95 所示。

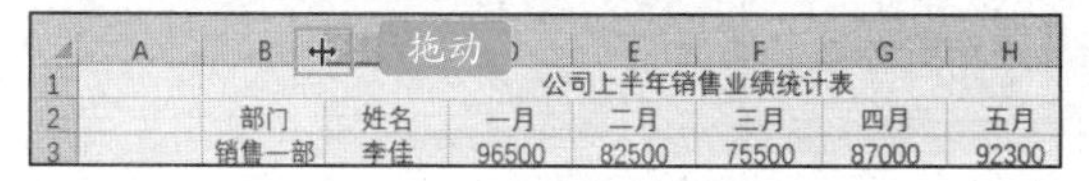

	A	B	C	D	E	F	G	H
1				公司上半年销售业绩统计表				
2		部门	姓名	一月	二月	三月	四月	五月
3		销售一部	李佳	96500	82500	75500	87000	92300

图 7-95　调整列宽

STEP 02：按住鼠标左键，此时可以拖动调整列宽，并在上方显示宽度值，拖动到合适的列宽即可释放鼠标，用户还可以双击鼠标调整列宽，如图 7-96 所示。

C14　宽度: 9.88 (84 像素)

	A	B	C	D	E	F	G	H
1				公司上半年销售业绩统计表				
2		部门	姓名	一月	二月	三月	四月	五月
3		销售一部	李佳	96500	82500	75500	87000	92300

图 7-96　双击调整列宽

STEP 03：使用同样的方法调整其他列的列宽和行高即可，调整完后效果如图 7-97 所示。

	A	B	C	D	E	F	G	H
1				公司上半年销售业绩统计表				
2		部门	姓名	一月	二月	三月	四月	五月
3		销售一部	李佳	96500	82500	75500	87000	92300
4		销售一部	刘月兰	80500	96000	72800	76000	76200
5		销售二部	杨晓伟	97500	76000	72300	92300	84500
6		销售二部	刘志	87500	63500	90500	97000	69500

图 7-97　调整列宽和行高后的效果

7.3.7 隐藏与显示行列单元格

在一个工作表中，整行单元格和整列单元格不仅可以处于默认的显示状态下，也可以处于被隐藏的状态下，用户可以通过查看单元格的行号和列标来判断工作表中是否有单元格行或列被隐藏了起来。

STEP 01：打开 Excel 表格，右击要隐藏单元格行的行号，在弹出的快捷菜单中选择“隐藏”选项，如图 7-98 所示。

文件　开始　插入　页面布局　公式　数据　审阅　视图　开发工具

A3

	A	B	C	D	E	F
1				公司上半年销售业绩统计表		
2		部门	姓名	一月	二月	三月
3	右击	销售一部	李佳	96500	82500	75500
4		销售一部	刘月兰	80500	96000	72800

图 7-98　选择“隐藏”选项

STEP 02：此时在工作表中可以看到行号为“3”的单元格行被隐藏了起来，并出现了一条粗线，如图 7-99 所示。

	A	B	C	D	E	F
1					公司上半年销售业绩统计表	
2		部门	姓名	一月	二月	三月
4		销售一部	刘月兰	80500	96000	72800
5		销售二部	杨晓伟	97500	76000	72300
6		销售二部	刘志	87500	63500	90500

图 7-99　被隐藏的行

STEP 03：当需要重新查看第 3 行单元格的内容时，选择第 2 行和第 4 行单元格，右击鼠标，在弹出的快捷菜单中选择“取消隐藏”选项，如图 7-100 所示。

A2

	A	B	C	D	E	F
1					公司上半年销售业绩统计表	
2		部门	姓名	一月	二月	三月
4	右击	销售一部	刘月兰	80500	96000	72800
5		销售二部	杨晓伟	97500	76000	72300

图 7-100　选择“取消隐藏”选项

STEP 04：此时隐藏的单元格被重新显示了出来，如图 7-101 所示，隐藏列的操作与上述操作类似。

	A	B	C	D	E	F
1					公司上半年销售业绩统计表	
2		部门	姓名	一月	二月	三月
3		销售一部	李佳	96500	82500	75500
4		销售一部	刘月兰	80500	96000	72800
5		销售二部	杨晓伟	97500	76000	72300

图 7-101　显示出隐藏的行

7.3.8 在单元格里换行

如果在单元格中输入了很多字符，Excel 会因为单元格的宽度不够而没有在工作表中显示多出来的部分。如果长文本单元格的右侧是空单元格，那么 Excel 会继续显示文本的其他内容直到全部都显示出来或遇到一个非空单元格而不再显示。

STEP 01：选中长文本单元格，按【Ctrl+1】组合键，弹出“设置单元格格式”对话框，切换到“对齐”选项卡，选定“自动换行”复选框，如图 7-102 所示。

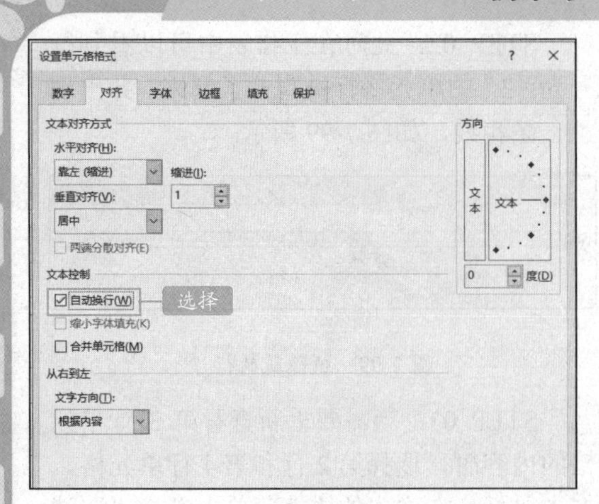

图 7-102　设置自动换行

STEP 02：单击“确定”按钮，如图 7-103 所示。

锄禾日当午，汗滴禾下土。谁知盘中餐，粒粒皆辛苦。

图 7-103　自动换行的效果

自动换行能够满足用户在显示方面的基本要求，但做得不够好，因为它不允许用户按照自己希望的方式进行换行。如果要自定义换行，可以在编辑栏中用“软回车”强制单元格中的内容按照指定的方式换行。

选定单元格后，把光标依次定位在每个逗号或句号后面再按【Alt+Enter】组合键，就能够实现换行效果，如图 7-104 所示。

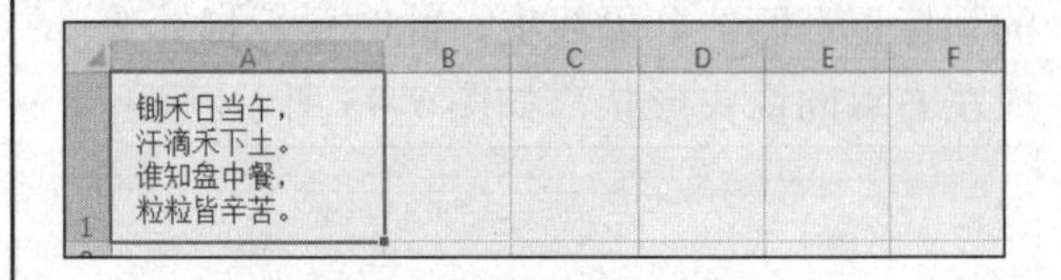

图 7-104　使用软回车换行

在单元格中自动换行后，用户还可以对内容进行对齐设置，方法如下：

STEP 01：选定长文本单元格，按【Ctrl+1】组合键，弹出“设置单元格格式”对话框，切换到“对齐”选项卡，在“垂直对齐”下拉列表中选择“两端对齐”选项，如图 7-105 所示。

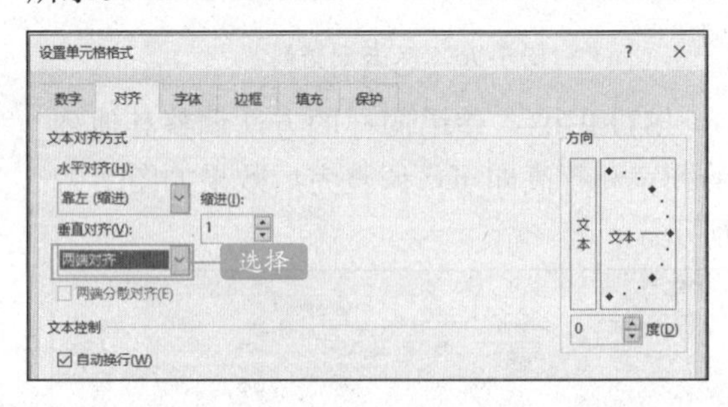

图 7-105　设置对齐方式

STEP 02：单击“确定”按钮，然后适当地调整单元格的高度就可以得到垂直对齐和不同的行间距，如图 7-106 所示。

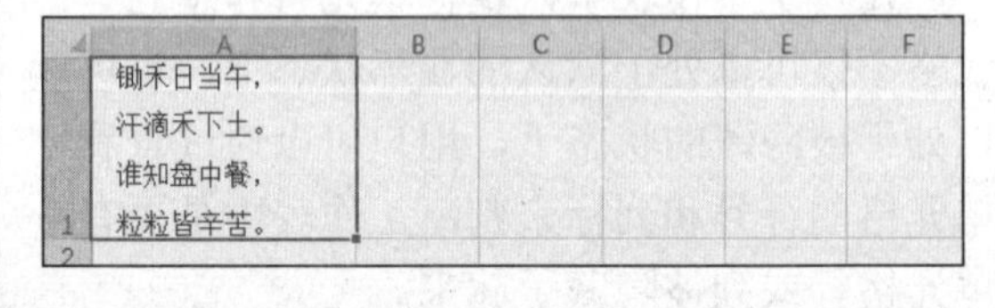

图 7-106　调整单元格高度后的效果

7.4　在单元格中输入和编辑数据

扫码观看本节视频

了解单元格中输入各种数据的方法是制作 Excel 工作表时最基本的要求，输入的数据类型包括文本、数字、日期和时间。每种类型数据的输入方式总体上基本相同，在细节上又各有各的特点。

7.4.1　输入文本和常规数值

1.输入文本

通常情况下，用户可在单元格中直接输入文本，也可以通过编辑栏来输入文本。

STEP 01：新建空白工作簿，将 A1：D1 单元格区域合并，输入所需文本，如“登记表”，此时在编辑栏中也显示了输入的文本，也可选中要输入文本的单元格，直接在编辑栏中输入内容，如图 7-107 所示。

图 7-107　输入文本

STEP 02：按【Enter】键或单击工具栏中的“√”按钮，确定输入，按照以上方法，用户可完成登记表中相关文本的输入，并对文本的字体、格式进行设置，如图 7-108 所示。

登记表

序号	日期	摘要	备注

图 7-108　设置文本字体及格式的效果

2.输入常规数字

Excel 2016 默认状态下的单元格格式为常规，此时输入的数字没有特定格式。在“序号”栏中输入相应的数字，效果如图 7-109 所示。

登记表

序号	日期	摘要
1		
2		
3		
4		
5		
6		

图 7-109　输入常规数字的效果

7.4.2　输入日期和时间

在工作表中输入日期或时间时，需要用特定的格式定义。日期和时间也可以参与运算。Excel 内置了一些日期与时间的格式。当输入的数据与格式相匹配时，Excel 会自动将它们识别为日期或时间数据。

STEP 01：打开 Excel 表格，选中 B3 单元格，并输入“2018-1-1”，如图 7-110 所示。

登记表

序号	日期	摘要
1	2018-1-1	
2		
3		

图 7-110　输入日期

STEP 02：按【Enter】键，B3 单元格中显示“2018/1/1”。按照以上方法，完成 B4：B8 单元格区域中日期的输入，如图 7-111 所示。

登记表

序号	日期	摘要
1	2018/1/1	
2	2018/1/5	
3	2018/1/9	
4	2018/1/12	
5	2018/1/15	
6	2018/1/18	

图 7-111　继续输入日期后的效果

STEP 03：选中 C3 单元格并输入“9:00”，如图 7-112 所示。

登记表

序号	日期	摘要
1	2018/1/1	9:00
2	2018/1/5	
3	2018/1/9	

图 7-112　输入时间

STEP 04：按【Enter】键后，可看到在 C3 单元格中显示“9:00”，而编辑栏中显示的是“9:00:00”，如图 7-113 所示。

C3　9:00:00

登记表

序号	日期	摘要
1	2018/1/1	9:00
2	2018/1/5	
3	2018/1/9	

图 7-113　时间的显示格式

提示

在 Excel 2016 中，用户可以很方便地输入当前的日期，只需要选中准备输入日期的单元格，再按【Ctrl+;】组合键，即可在该单元格中显示当前日期。若要快速输入当前时间，也可以使用【Ctrl+Shift+;】组合键来快速输入。

7.4.3 输入分数和指数上标

1.输入分数

分数在实际工作中较少用到，很多用户也不知道应该如何在 Excel 中输入，具体操作如下：

STEP 01：在 Excel 中输入分数很简单，顺序是：整数→空格→分子→反斜杠（/）→分母。例如，输入“$3\frac{1}{2}$”，则只需要输入“3 1/2”，按【Enter】键即可。选定这个单元格，在编辑栏中可以看到数值“3.5”，但在单元格中仍然是按分数显示的，如图 7-114 所示。

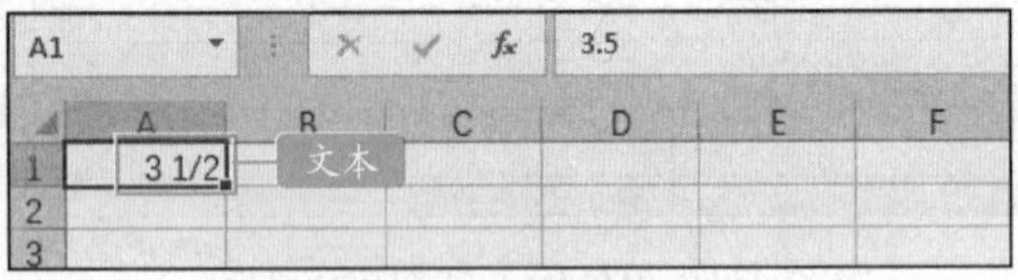

图 7-114　输入分数

STEP 02：如果需要输入的是纯分数（不包含整数部分的分数），那么必须要把 0 作为整数来输入；否则 Excel 可能会认为输入值是日期。例如，要输入“$\frac{1}{2}$”，则只需要输入“0 1/2”，按【Enter】键即可，如图 7-115 所示。

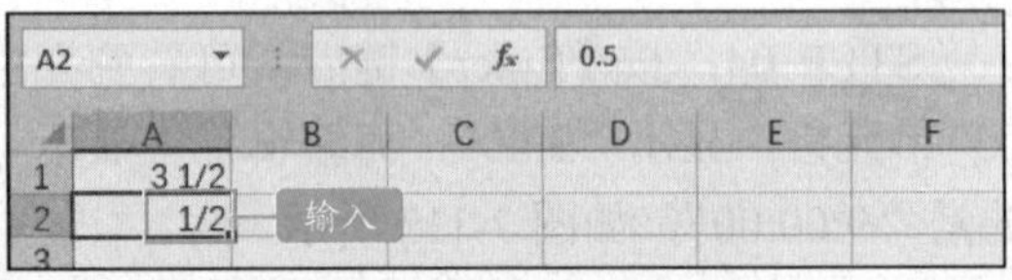

图 7-115　输入纯分数

STEP 03：如果输入的是假分数（分子大于分母），Excel 会把这个分数转换为一个整数和一个分数。例如，输入“0 6/5，”Excel 会把它自动转换为“1 1/5”，如图 7-116 所示。

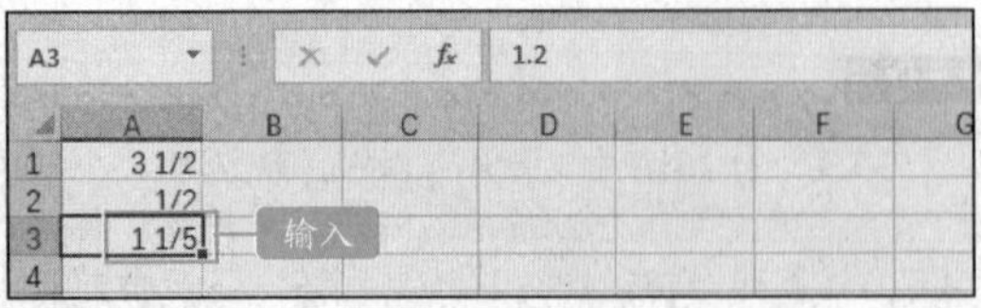

图 7-116　输入假分数

STEP 04：另外，Excel 还会对输入的分数进行约分，例如，输入“0 3/6”，Excel 会自动把它转换为“1/2”，如图 7-117 所示。

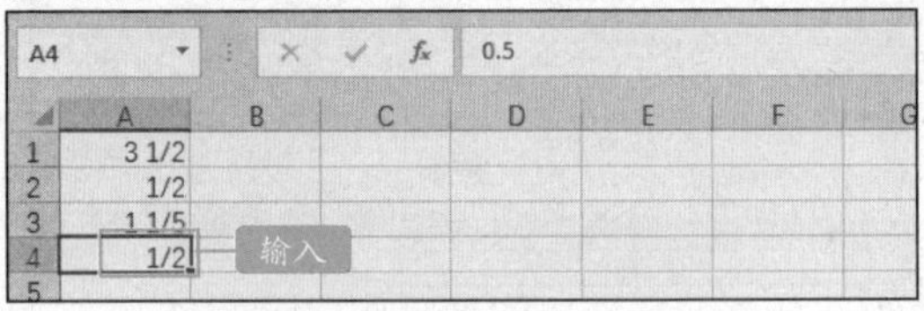

图 7-117　输入可以约分的分数

STEP 05：选中输入了分数的单元格，按【Ctrl+1】组合键，弹出“设置单元格格式”对话框，在“数字”选项卡的“分类”选项中，对“分数”的数字格式做更具体的设置，如图 7-118 所示。

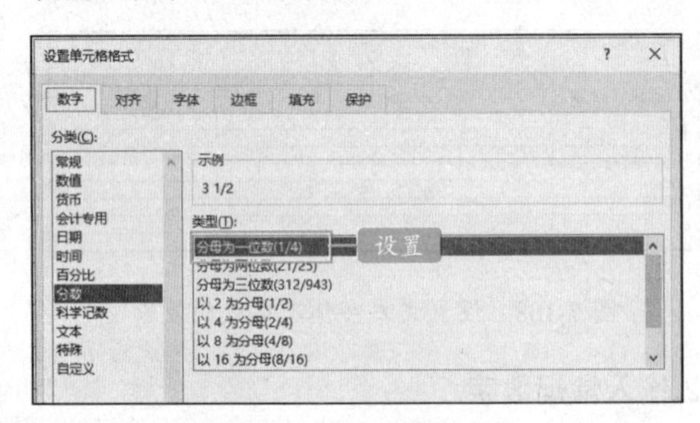

图 7-118　设置分数的格式

2.输入指数上标

在输入平方米、立方米等特殊数据的时候，需要在单元格中输入数据的指数。数据的指数不会和数据显示在一条水平线上，而是显示在数据的右上角，这种显示效果属于单元格格式显示中特殊效果的一种。

STEP 01：新建空白工作簿，选中 A1 单元格，输入“m2”，拖动鼠标选中数字“2”，如图 7-119 所示。

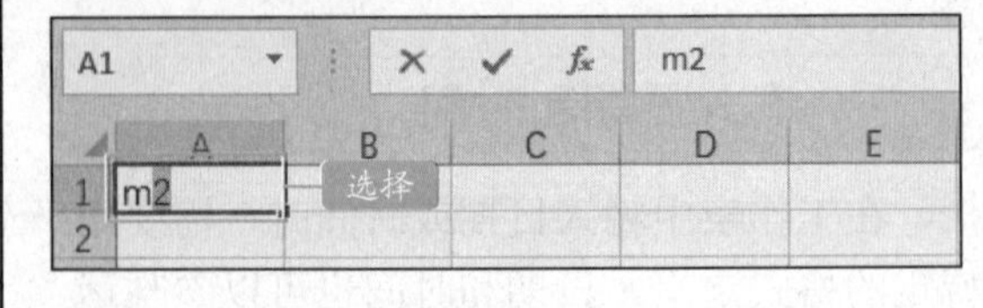

图 7-119　选择要设置为上标的数字

STEP 02：右击鼠标，在弹出的快捷菜单中单击“设置单元格格式”命令，如图 7-120 所示。

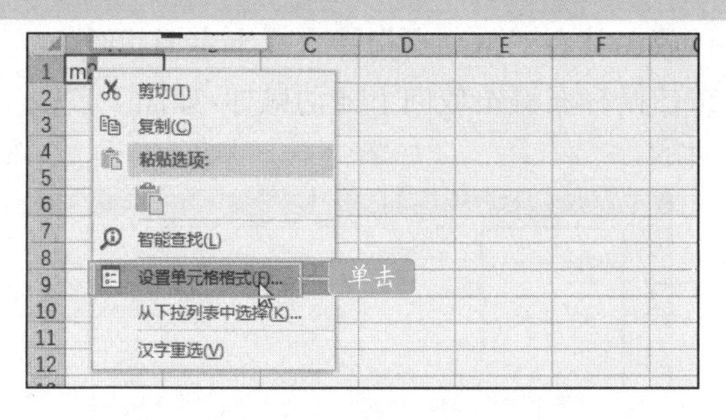

图 7-120 单击“设置单元格格式”命令

STEP 03：弹出“设置单元格格式”对话框，在“特殊效果”选项组下勾选“上标”复选框，如图 7-121 所示。

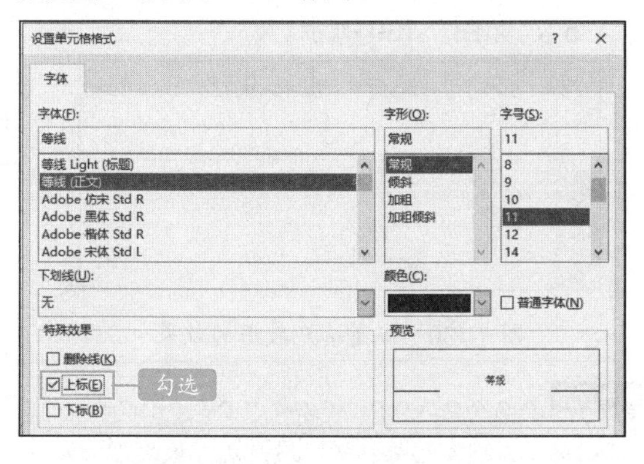

图 7-121 勾选“上标”复选框

STEP 04：单击“确定”按钮后，返回到工作表中，按【Enter】键，完成指数上标的输入，效果如图 7-122 所示。

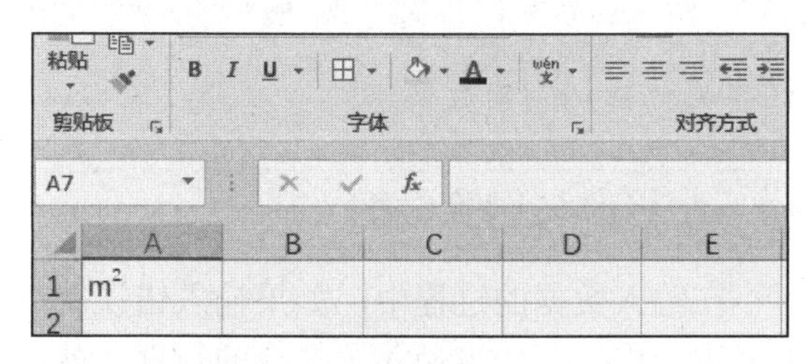

图 7-122 指数上标设置好的效果

7.4.4 输入货币型数值

货币型数据用于表示一般货币格式。如要输入货币型数据，首先要输入常规数字，然后设置单元格格式即可。输入货币型数据的具体操作如下：

STEP 01：新建空白工作薄，在 A1 单元格中输入相应的常规数字，如图 7-123 所示。

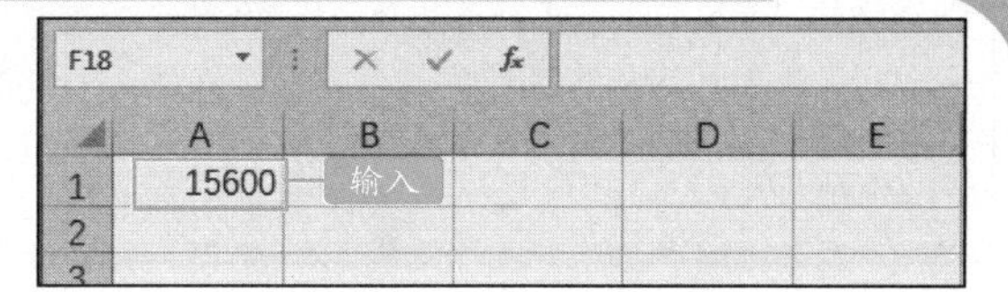

图 7-123 输入常规数字

STEP 02：选中单元格 A1，切换到“开始”选项卡，单击“数字”选项组中的设置按钮，如图 7-124 所示。

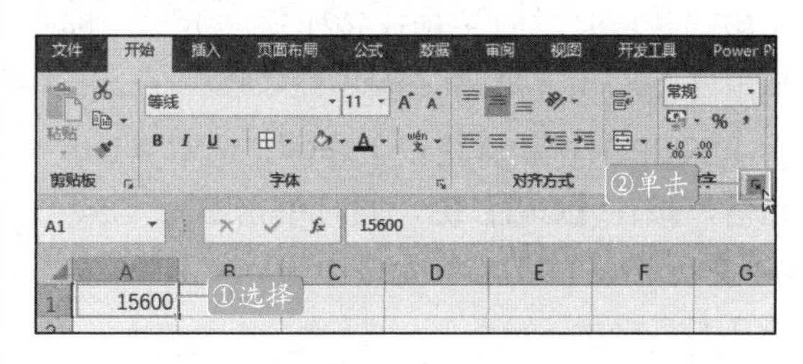

图 7-124 打开“设置单元格格式”对话框

STEP 03：弹出“设置单元格格式”对话框，切换到“数字”选项卡，在“分类”列表框中选择“货币”选项，在右侧的“小数位数”微调框中输入“2”，在“货币符号（国家/地区）”下拉列表中选择“¥”选项，然后在“负数”列表框中选择一种合适的负数形式，如图 7-125 所示。

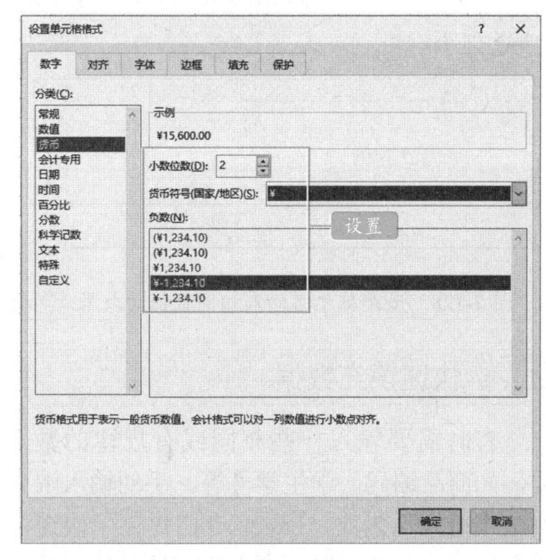

图 7-125 “数字”选项卡

STEP 04：设置完毕，单击“确定”按钮即可，如图 7-126 所示。

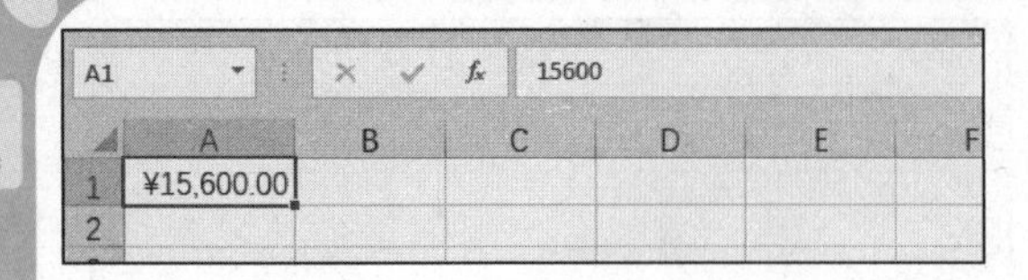

图7-126　货币型数值显示效果

7.4.5 在多个单元格中输入相同数据

当用户需要在多个不连续的单元格中输入相同数据时，有一种比较快捷的方式，即利用【Ctrl+Enter】组合键。

STEP 01：新建空白工作薄，选中A1单元格，按住【Ctrl】键，同时单击B3、C5、D4单元格，在D4单元格中输入“10”，如图7-127所示。

	A	B	C	D	E	F
1						
2						
3						
4				10		
5						
6						

图7-127　选择单元格

STEP 02：按【Ctrl+Enter】组合键，此时选中的单元格都输入了“10”。这就是在多个单元格中输入相同数据的快捷方式，如图7-128所示。

	A	B	C	D	E	F
1	10					
2						
3		10				
4				10		
5			10			
6						

图7-128　多个单元格输入相同数据的效果

7.4.6 快速填充数据

有时需要输入一些相同或有规律的数据，如商品编码、学生学号等。手动输入浪费工作时间，为此，Excel专门提供了快速填充数据的功能，可以大大提高输入数据的准确性和工作效率，具体操作如下：

STEP 01：新建空白工作薄，在A1单元格中输入“6”，并选中该单元格，将鼠标指针放在其右下角，当指针变成十字形状时，按住鼠标左键不放向下拖动鼠标，如图7-129所示。

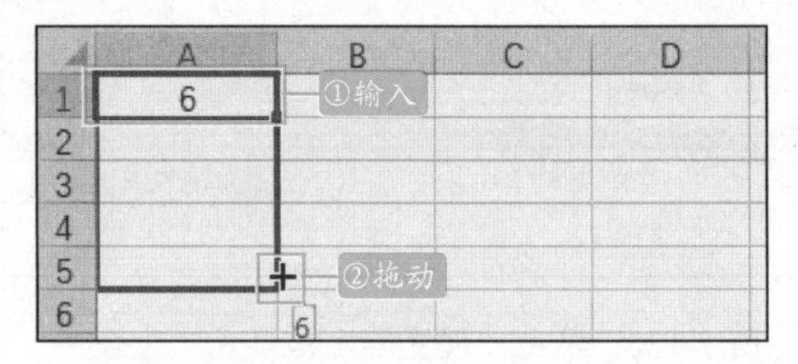

图7-129　单元格输入数据

STEP 02：将鼠标拖动至适当位置，释放鼠标，此时鼠标指针经过的单元格都填充了“6”，如图7-130所示。

	A	B	C	D
1	6			
2	6			
3	6			
4	6			
5	6			
6				

图7-130　快速填充数据的效果

提示

除了可以利用拖动法，用户还可使用“填充”命令来填充相同数据，在选定单元格区域后，切换至“开始”选项卡，在“编辑”选项组中单击“填充”右侧的下三角按钮，在展开的下拉列表中单击各个方向选项，此时所选单元格区域就会按方向进行填充。若用户填充的数据具有一定的规律，可在展开的下拉列表中单击“序列”命令，在“序列”对话框中设置填充方式、步长值、终止值，这样就能实现特定的序列填充。

7.4.7 修改与删除数据

在输入数据的过程中，如果输入错误就需要进行修改，如果输入了多余的数据，就需要将其删除。

1.修改数据

在工作表中输入数据时，难免会发生错误。当发生错误时，可对其进行修改，方法主要有以下几种。

（1）选中需要修改数据的单元格，直接输入正确的数据，然后按下【Enter】确认修改。

（2）双击需要修改数据的单元格，使单

元格处于编辑状态，然后定位好光标插入点对数据进行修改，完成修改后按下【Enter】键确认修改。

（3）选中需要修改数据的单元格，将光标插入点定位在编辑框中，然后对数据进行修改，完成修改后按下【Enter】键确认修改。

◆◆提示

按照第（1）种方法修改数据时，Excel 会自动删除当前的全部内容，并保留重新输入的内容；按照第（2）、（3）中方法修改数据时，可以只修改局部内容。

2.删除数据

当遇到工作表中有不需要的数据时，可将其删除，其方法为：选中需要删除内容的单元格或单元格区域，在“开始”选项卡的“编辑”选项组中单击“清除”下拉按钮，在打开的下拉菜单中选择需要的删除方式即可，如图 7-131 所示。

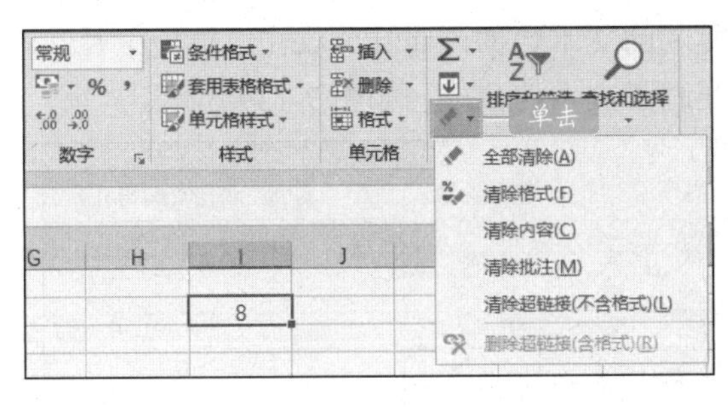

图 7-131　选择数据的删除方式

在该下拉菜单中提供了 6 种删除方式，最后两种主要用于超链接的清除，当所选的单元格或单元区域中含有超链接时，最后一个命令才会呈可用状态。在实际操作中，前面 4 个命令是比较常用的删除方式，其作用介绍如下。

全部清除：可清除单元格或单元格区域中的内容和格式。

清除格式：可清除单元格或单元格区域中内容的格式，但保留内容。

清除内容：可清除单元格或单元格区域中的内容，但保留单元格格式。

清除批注：可清除对单元格或单元格区域中内容添加的批注，但保留内容及设置的格式。

7.4.8 移动和复制数据

移动单元格数据是指将某个单元格或单元格区域的数据移动到另一个位置上显示，而原来位置上的数据将消失；复制单元格数据不仅可以将内容移动到新的位置上，同时还会保留原来位置上的数据。

1.移动单元格数据

STEP 01：在单元格中输入如图 7-132 所示数据，选中单元格区域 A1：A4，将鼠标光标移至选中的单元格区域边框处，鼠标光标变为双十字箭头时，单击按住不放。

	A	B	C	D
1	89			
2	90			
3	95			
4	91			
5				
6				

图 7-132　选择要移动的数据

STEP 02：将鼠标移至合适的位置，松开鼠标左键，数据即可移动，如图 7-133 所示。

	A	B	C	D
1			89	
2			90	
3			95	
4			91	

图 7-133　移动数据后的效果

2.复制单元格数据

STEP 01：选择单元格区域 A1：A4，并按住【Ctrl+C】组合键进行复制，如图 7-134 所示。

	A	B	C	D
1	89			
2	90			
3	95			
4	91			
5				

图 7-134　选择要复制的数据

STEP 02：选择目标位置，按【Ctrl+V】（粘贴）组合键，单元格区域内容即被复制到单元格区域 D1：D4 中，如图 7-135 所示。

	A	B	C	D	E
1	89			89	
2	90			90	
3	95			95	
4	91			91	
5					
6					

图 7-135　粘贴数据

7.4.9 选择性粘贴数据

在使用复制粘贴功能时，可以根据需要对数据实行选择性粘贴，例如只粘贴单元格中数据的值、单元格的格式或单元格中的公式等。

STEP 01：新建空白工作薄并输入内容，选中 A3 单元格并右击鼠标，在弹出的快捷菜单中单击“复制”命令，如图 7-136 所示。

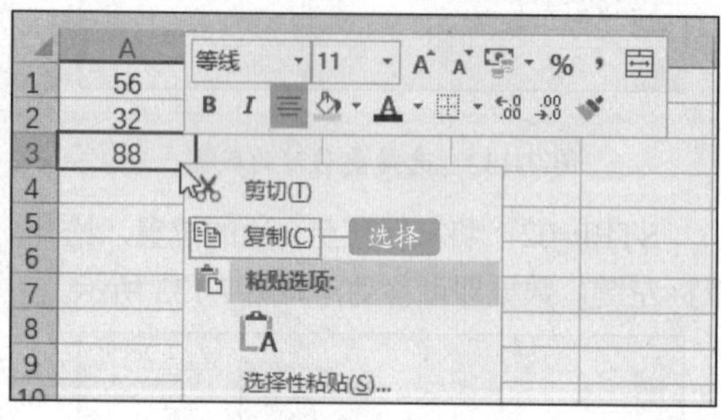

图 7-136　单击“复制”命令

STEP 02：选择 B3 单元格并右击鼠标，在弹出的快捷菜单中单击“选择性粘贴”命令，如图 7-137 所示。

	A	B
1	56	78
2	32	96
3	88	

剪切(T)　复制(C)　粘贴选项:　选择性粘贴(S)...　选择　智能查找(L)

图 7-137　单击“选择性粘贴”命令

STEP 03：弹出“选择性粘贴”对话框，在“粘贴”选项组下单击“公式”单选按钮，如图 7-138 所示。

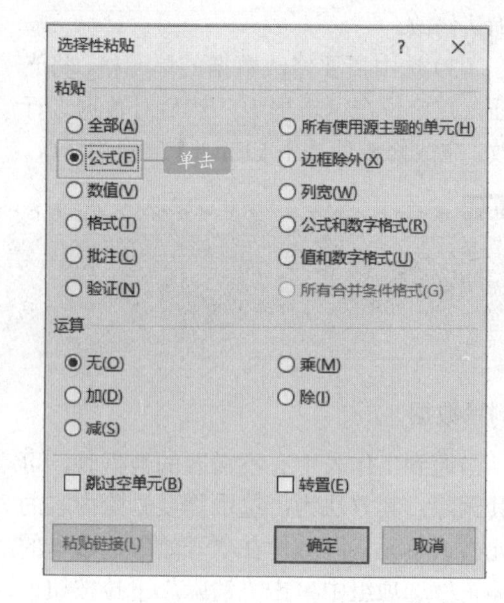

图 7-138　设置选择性粘贴

STEP 04：在 B3 单元格中不但显示出了复制的文本数据，而且可以在编辑栏中看到复制了文本的公式，如图 7-139 所示。

B3　=SUM(B1:B2)

	A	B	C	D	E
1	56	78			
2	32	96			
3	88	174			
4					
5					
6					

图 7-139　选择性粘贴数据后的效果

7.4.10 查找和替换数据

使用查找和替换功能，可以在工作表中快速地定位要找的信息，并且可以有选择地用其他值代替。在 Excel 中，用户可以在一个工作表或多个工作表中进行查找与替换。

1.查找数据

STEP 01：切换到“开始”选项卡，单击“编辑”选项组中的“查找和选择”下拉按钮，在展开的下拉列表中选择“查找”选项，如图 7-140 所示。

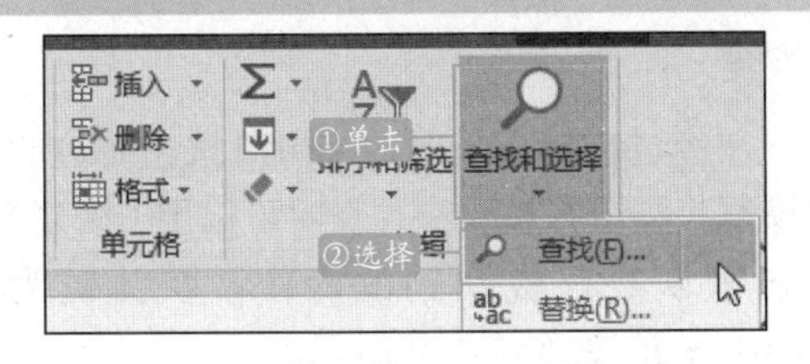

图 7-140 选择“查找”选项

STEP 02：弹出“查找和替换”对话框，切换到“查找”选项卡，在“查找内容”文本框中输入“96”，如图 7-141 所示。

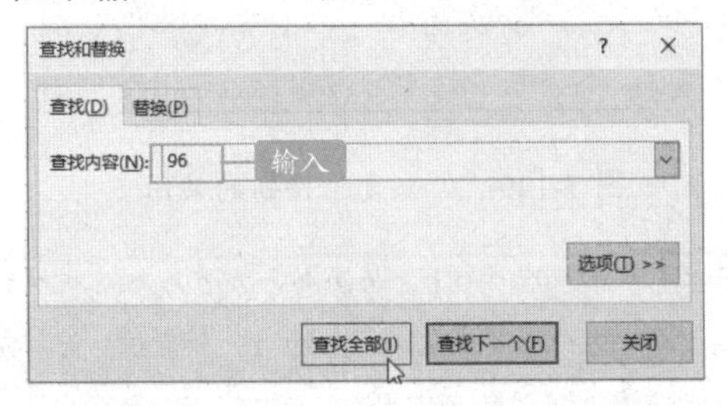

图 7-141 输入要查找的内容

STEP 03：单击“查找全部”按钮，此时光标定位在了要查找的内容上，并在对话框中显示了具体的查找结果。查找完毕，单击“关闭”按钮即可，如图 7-142 所示。

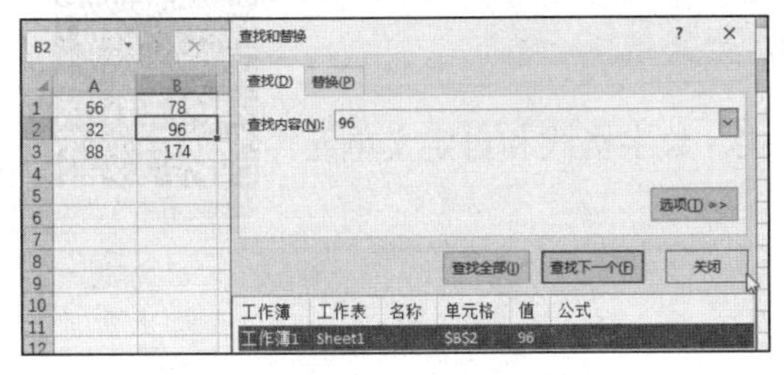

图 7-142 显示查找的结果

2.替换数据

STEP 01：切换到“开始”选项卡，单击“编辑”选项组中的“查找和选择”按钮，在展开的下拉列表中选择“替换”选项，如图 7-143 所示。

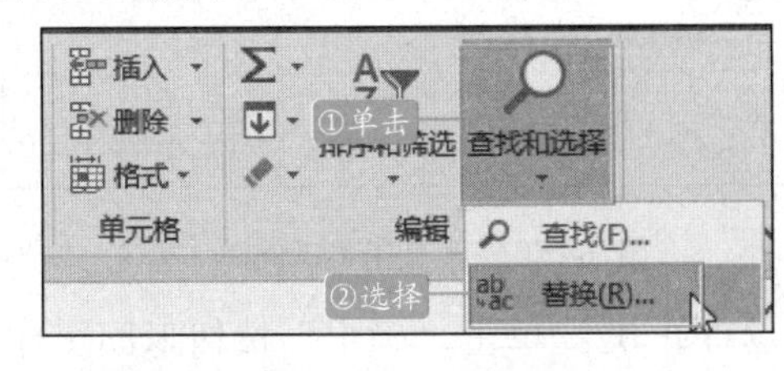

图 7-143 选择“替换”选项

STEP 02：弹出“查找和替换”对话框，切换到“替换”选项卡，在“查找内容”文本框中输入“32”，在“替换为”文本框中输入“51”，如图 7-144 所示。

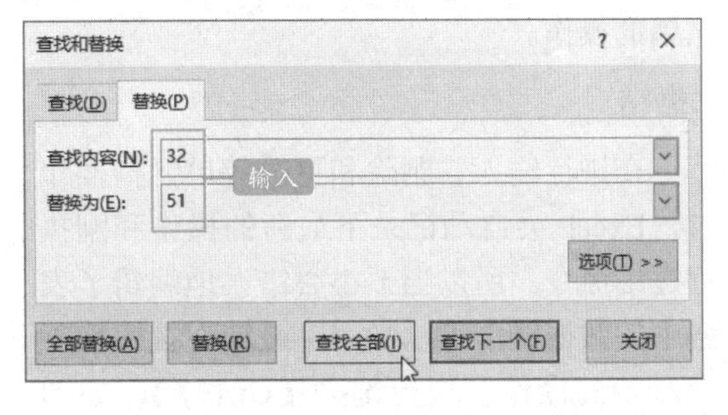

图 7-144 输入要查找和替换的内容

STEP 03：单击“查找全部”按钮，此时光标定位在要查找的内容上，并在对话框中显示了具体的查找结果，如图 7-145 所示。

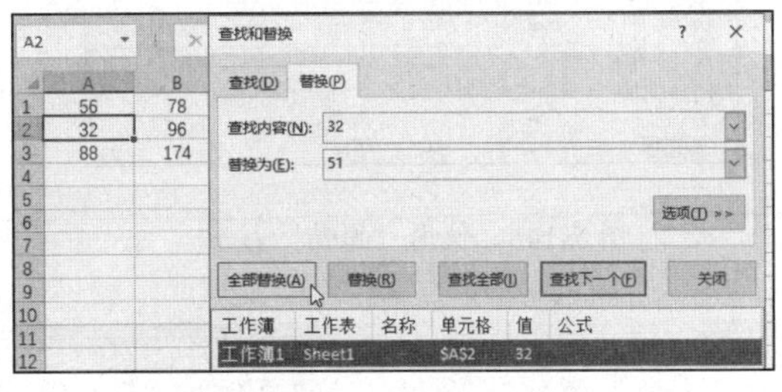

图 7-145 显示要查找的内容

STEP 04：单击“全部替换”按钮，弹出“Microsoft Excel”提示框，并显示替换结果，如图 7-146 所示。

图 7-146 显示替换完成提示框

STEP 05：单击“确定”按钮，此时工作表中的数据已经被替换，单击“关闭”按钮即可，如图 7-147 所示。

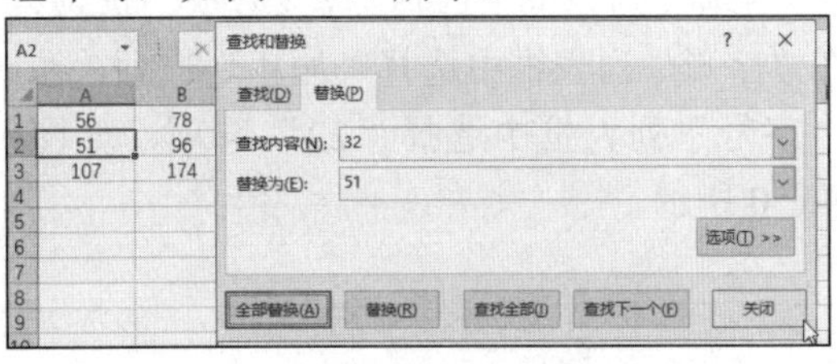

图 7-147 显示数据被替换的结果

7.4.11 撤销、恢复数据

撤销是取消刚刚完成的一步或多步操作；恢复是还原刚刚完成的一步或多步已经撤销的操作。

1.撤销

在进行输入、删除和更改等单元格操作时，Excel 会自动记录下最新的操作和刚执行过的命令。所以当不小心错误地编辑了表格中的数据时，可以利用“撤销”按钮恢复上一步的操作，快捷键为【Ctrl+Z】，如图 7-148 所示。

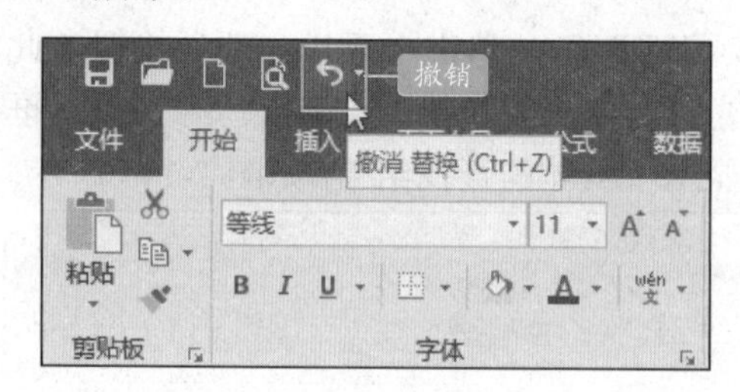

图 7-148　使用“撤销”按钮

2.恢复

在经过撤销操作时，“撤销”按钮右边的“恢复”按钮将被置亮，表明可以用“恢复”按钮来恢复已被撤销的操作，快捷键为【Ctrl+Y】，如图 7-149 所示。

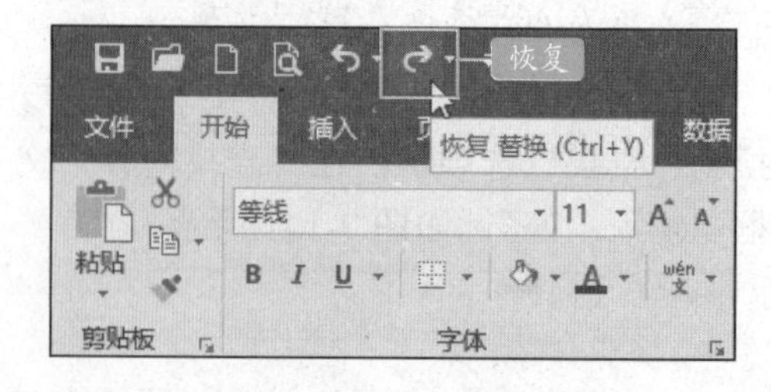

图 7-149　“恢复”按钮的使用

提示

默认情况下，“撤销”按钮和“恢复”按钮均在“快捷访问工具栏”中。未进行操作之前，“恢复”按钮是灰色不可用的状态。

7.5　设置单元格格式

扫码观看本节视频

单元格格式的设置主要包括字体格式、对齐方式、数字格式和自定义单元格样式等。

7.5.1 设置字体格式

在编辑工作表的过程中，用户可以通过设置字体格式的方式突出显示某些单元格。设置字体格式的具体操作如下。

STEP 01：打开 Excel 表格，选中单元格 A1，切换到“开始”选项卡，单击“字体”选项组中的设置按钮，弹出“设置单元格格式”对话框，切换到“字体”选项卡，在“字体”列表框中选择“华文楷体”选项，在“字形”列表框中选择“加粗”选项，在“字号”列表框中选择“22”选项，如图 7-150 所示。

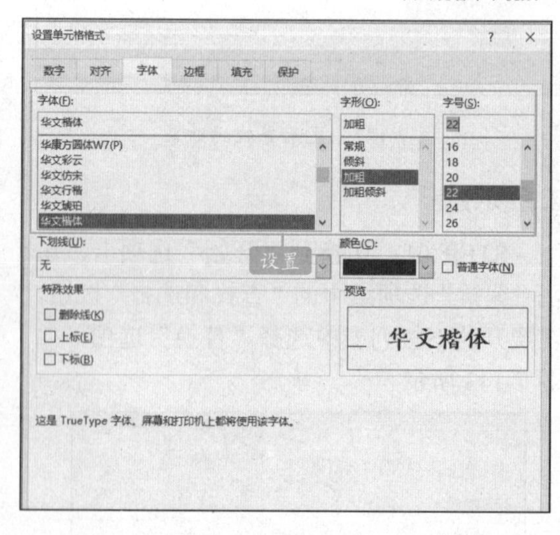

图 7-150　设置字体及格式

STEP 02：单击“确定”按钮返回工作表中即可，如图 7-151 所示。

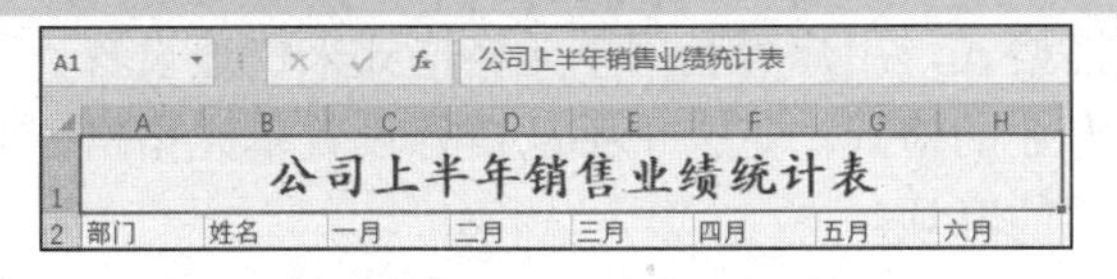

图 7-151　字体设置好的效果

STEP 03：使用同样的方法设置其他单元格区域的字体格式即可，如图 7-152 所示。

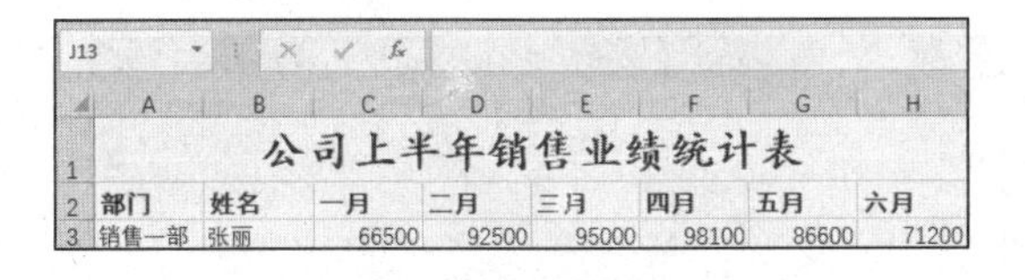

图 7-152　其他字体设置好的效果

7.5.2 设置对齐方式

在 Excel 表格中，输入文本内容时，其默认对齐方式为左对齐；而输入数字内容时则默认为右对齐。用户可以根据需要将对齐方式进行调整。

STEP 01：打开原始文件，选择单元格区域 A3：A5， 切换至“开始”选项卡，单击“对齐方式”选项组中“合并后居中”按钮右侧的下拉按钮，在展开的下拉列表中选择“合并后居中”选项，如图 7-153 所示。

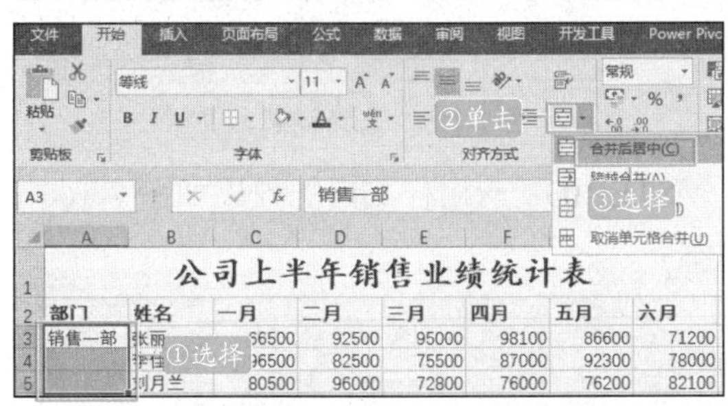

图 7-153　选择“合并后居中”选项

STEP 02：此时选定的单元格区域合并为一个单元格，且文本居中显示，如图 7-154 所示。

	A	B	C	D	E	F	G	H
1	公司上半年销售业绩统计表							
2	部门	姓名	一月	二月	三月	四月	五月	六月
3		张丽	66500	92500	95000	98100	86600	71200
4	销售一部	李佳	96500	82500	75500	87000	92300	78000
5		刘月兰	80500	96000	72800	76000	76200	82100

图 7-154　单元格合并后的效果

STEP 03：选择单元格区域 A2：H2，单击“对齐方式”选项组中的“垂直居中”按钮和“居中”按钮，最终效果如图 7-155 所示。

	A	B	C	D	E	F	G	H
1	公司上半年销售业绩统计表							
2	部门	姓名	一月	二月	三月	四月	五月	六月
3		张丽	66500	92500	95000	98100	86600	71200
4	销售一部	李佳	96500	82500	75500	87000	92300	78000
5		刘月兰	80500	96000	72800	76000	76200	82100

图 7-155　设置好的单元格效果

7.5.3 设置数字格式

在 Excel 2016 中输入数据后可根据需要设置数字的格式，如常规格式、货币格式（7.4.4 节已介绍）、会计专业格式、日期格式和分数格式等，这些格式的设置方法大体上相同。

1.通过“数字”选项组设置

选中要设置数据格式的单元格或单元格区域，然后在“开始”选项卡的“数字”选项组中单击“数字格式”下拉列表框，在弹出的下拉列表中选择需要的格式选项，如图 7-156 所示，或者选中单元格或单元格区域后直接单击“数字”选项组中相应的功能按钮也可以。

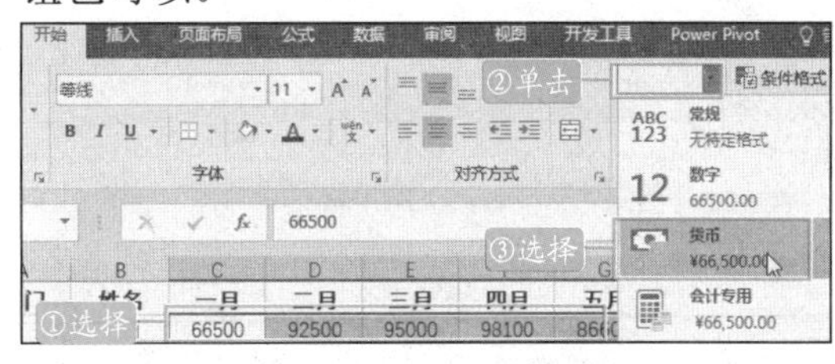

图 7-156　选择数据格式

下面简单介绍“开始”选项卡的“数字”选项组中各个功能按钮的作用。

“数字格式”下拉列表框：在该下拉列表框中，可为所选的单元格或单元格区域设置合适的数据类型。

“会计数字格式”：单击该按钮，可对所选单元格或单元格区域应用“¥0.00”类型的中国货币样式，单击该按钮旁的下拉按钮，在弹出的下拉菜单中可选择其他国家的货币样式。

"百分比样式"：单击该按钮，可对所选单元格或单元格区域应用"0%"类型的数据样式。

"千位分隔样式"：单击该按钮，可对所选单元格或单元格区域应用"10，000.00"类型的数据样式。

"增加小数位数"：单击该按钮，将增加所选单元格或单元格区域数据小数点后显示的小数位数。

"减少小数位数"：单击该按钮，将减少所选单元格或单元格区域数据小数点后显示的小数位数。

2.通过"设置单元格格式"对话框设置

通过"设置单元格格式"对话框设置数据格式的具体操作方法为：选中要设置数据格式的单元格或单元格区域，单击"数字"选项组中的设置按钮，弹出"设置单元格格式"对话框，并自动定位在"数字"选项卡，此时可根据需要进行设置，例如，在"分类"列表框中选择"时间"选项，在右侧窗格中便可选择时间样式，设置完成后单击"确定"按钮即可，如图7-157所示。

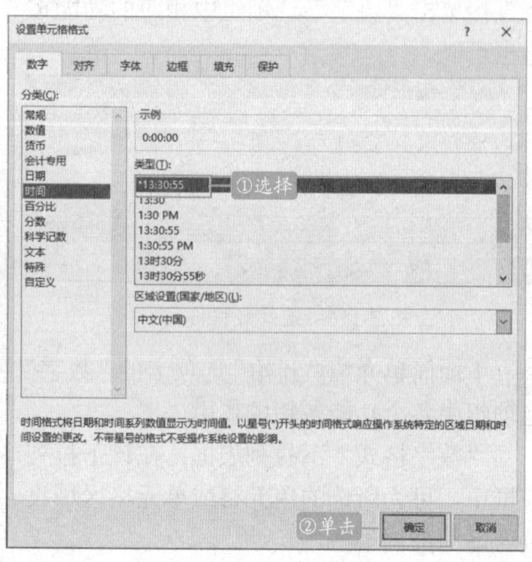

图7-157 设置单元格格式

7.5.4 套用单元格样式

在工作表中具有多种预先设置好的单元格格式，用户可套用单元格格式来快速设置专业的格式，省去了手动自行设置单元格格式的麻烦。

STEP 01：打开Excel表格，选中单元格A1，切换到"开始"选项卡，单击"样式"选项组中的"单元格样式"按钮，如图7-158所示。

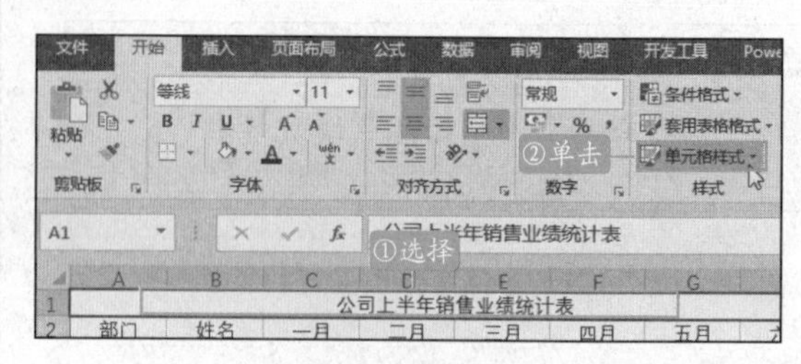

图7-158 单击"单元格样式"按钮

STEP 02：在展开的下拉列表中选择一种样式，例如选择"标题"选项，如图7-159所示。

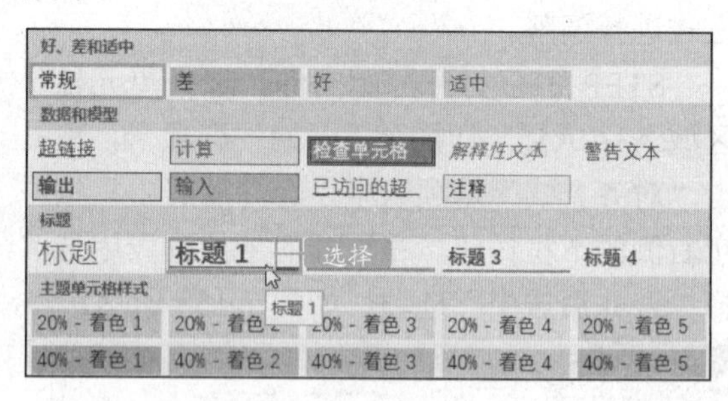

图7-159 选择样式

STEP 03：应用样式后的效果如图7-160所示。

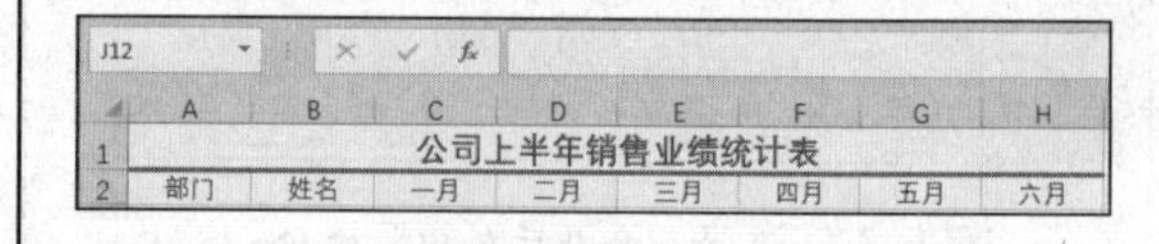

图7-160 应用样式后的效果

7.5.5 自定义单元格样式

用户除了套用Excel系统提供的单元格格式外，还可以根据需要自定义单元格样式。

STEP 01：打开Excel表格，在"样式"选项组中单击"单元格样式"下拉按钮，在展开的下拉列表中选择"新建单元格样式"选项，如图7-161所示。

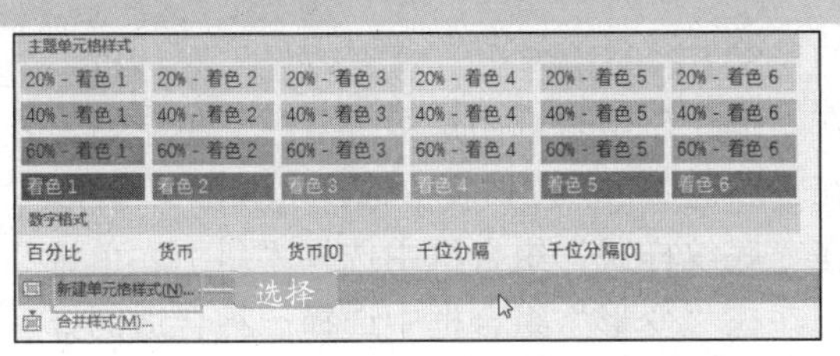

图 7-161 选择“新建单元格样式”选项

STEP 02：弹出“样式”对话框，在“样式名”后面的文本框中输入“自定义样式 1”，单击“格式”按钮，如图 7-162 所示。

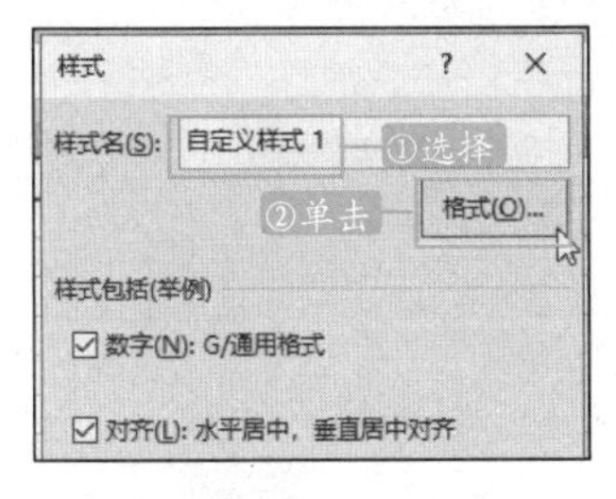

图 7-162 自定义样式

STEP 03：弹出“设置单元格格式”对话框，切换至“字体”选项卡，将字体、字形、字号分别设置为“楷体”“加粗”“18”，如图 7-163 所示。

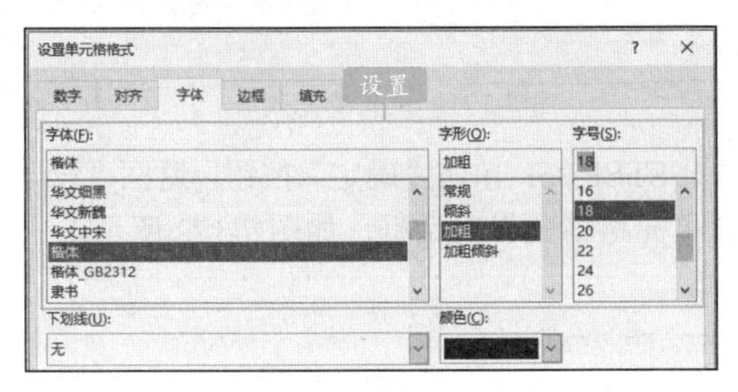

图 7-163 设置单元格格式

STEP 04：切换至“填充”选项卡，将背景色设置为“橙色”，如图 7-164 所示。

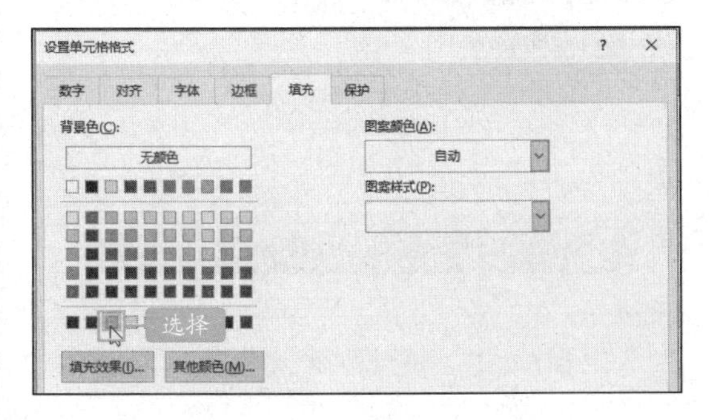

图 7-164 选择背景色

STEP 05：依次单击“确定”按钮，选中 A1 单元格，在“样式”选项组中单击“单元格样式”下三角按钮，选择“自定义样式 1”样式，如图 7-165 所示。

图 7-165 选择自定义样式

STEP 06：此时，所选单元格区域就应用了自定义的单元格样式，如图 7-166 所示。

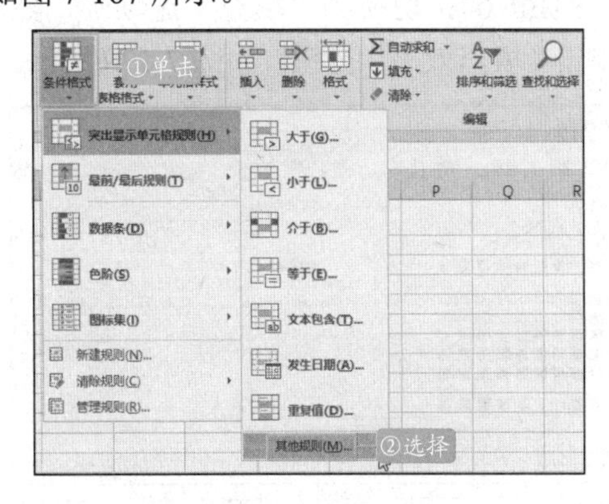

	A	B	C	D	E	F	G	H
1	公司上半年销售业绩统计表							
2	部门	姓名	一月	二月	三月	四月	五月	六月
3	销售一部	张丽	66500	92500	95000	98100	86600	71200
4	销售一部	李佳	96500	82500	75500	87000	92300	78000

图 7-166 应用自定义样式的效果

7.5.6 突出显示单元格

在编辑数据表格的过程中，使用突出显示单元格功能可以快速显示特定区间的特定数据，从而提高工作效率，突出显示单元格的具体操作如下。

STEP 01：选中单元格 D3，切换到“开始”选项卡，单击“样式”选项组中“条件格式”按钮，在展开的下拉列表中选择“突出显示单元格规则”中的“其他规则”选项，如图 7-167 所示。

图 7-167 选择条件格式

STEP 02：弹出“新建样式规则”对话框，在“选择规则类型”列表框中选择“只为包含以下内容的单元格设置格式”选项，在“编辑规则说明”组合框中将条件格式设置为“单元格值大于 80000”，如图 7-168 所示。

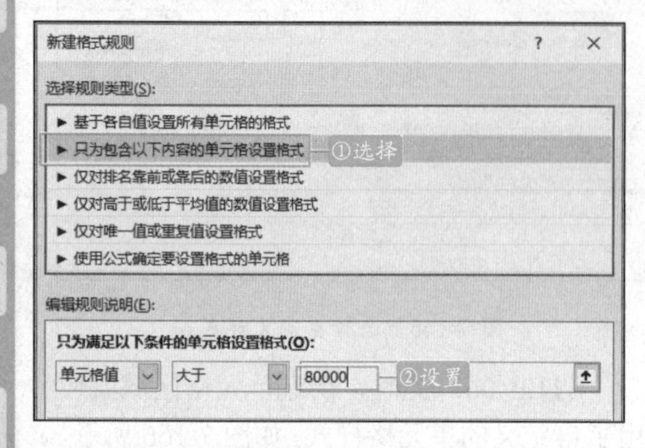

图 7-168　“新建样式规则”对话框

STEP 03：单击“格式”按钮，弹出“设置单元格格式”对话框，切换到“字体”选项卡，在“字形”列表框中选择“加粗”选项，在“颜色”下拉列表中选择“红色”选项，如图 7-169 所示。

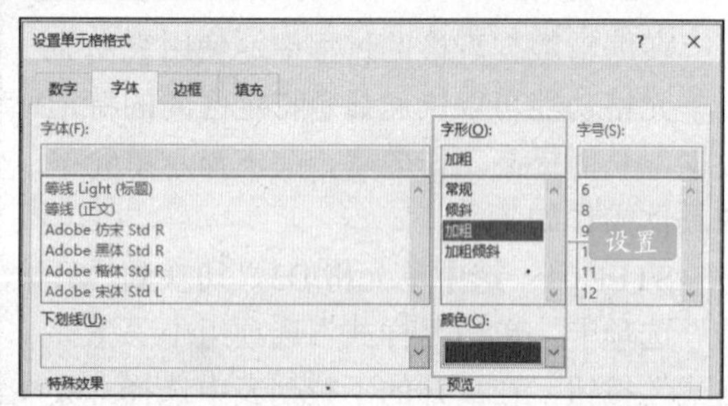

图 7-169　“设置单元格格式”对话框

STEP 04：切换到“填充”选项卡，然后单击“填充效果”按钮，如图 7-170 所示。

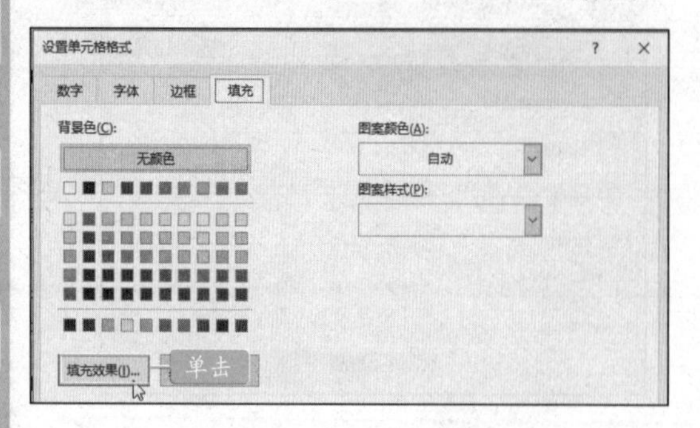

图 7-170　“填充”选项卡

STEP 05：弹出“填充效果”对话框，在“颜色”组合框中选中“双色”单选钮，在“颜色 2”下拉列表中选择“绿色”选项，在“底纹样式”组合框中选择“斜上”单选钮，在“变形”组合框中选择一种合适的样式，如图 7-171 所示。

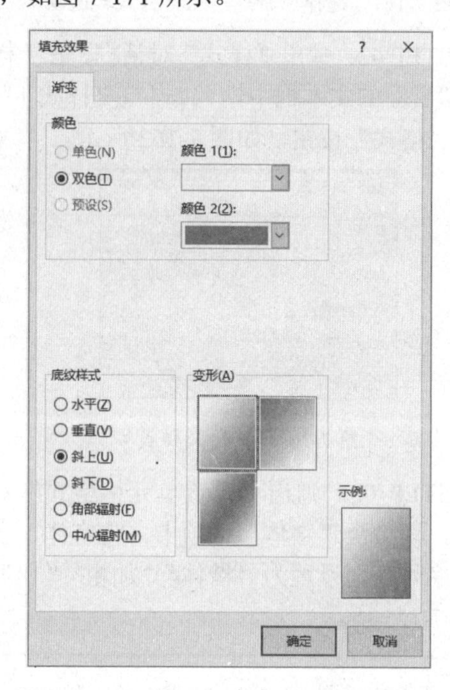

图 7-171　设置填充效果

STEP 06：单击“确定”按钮，返回“设置单元格格式”对话框，如图 7-172 所示。

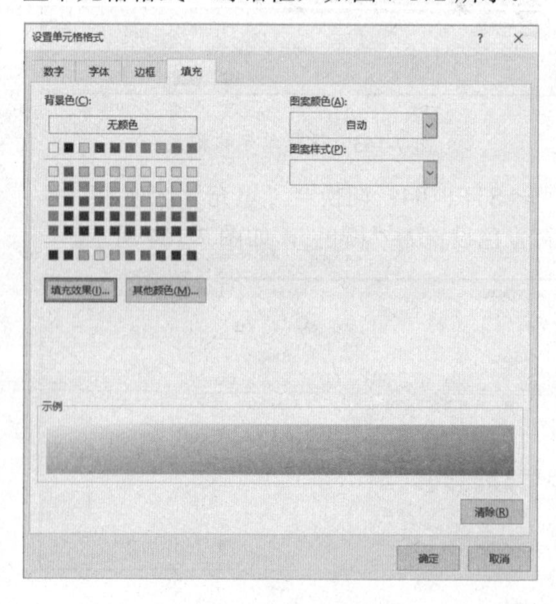

图 7-172　返回“设置单元格格式”对话框

STEP 07：单击“确定”按钮，返回“新建格式规则”对话框，用户可以在“预览”组合框中浏览设置效果，如图 7-173 所示。

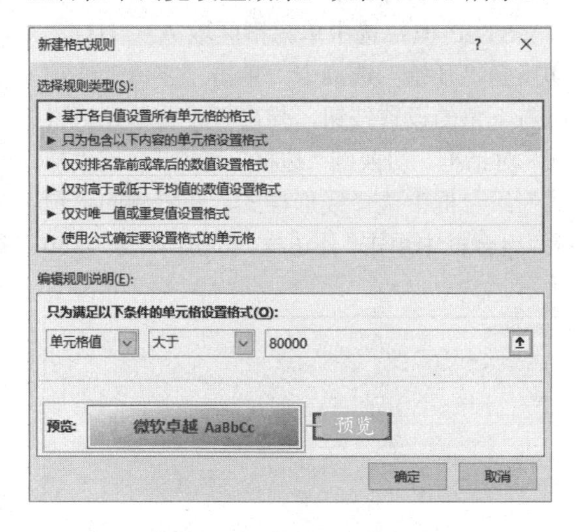

图 7-173　浏览设置效果

STEP 08：单击“确定”按钮，返回工作表中，切换到“开始”选项卡，在“剪贴板”组合框中选中“格式刷”按钮，如图 7-174 所示。

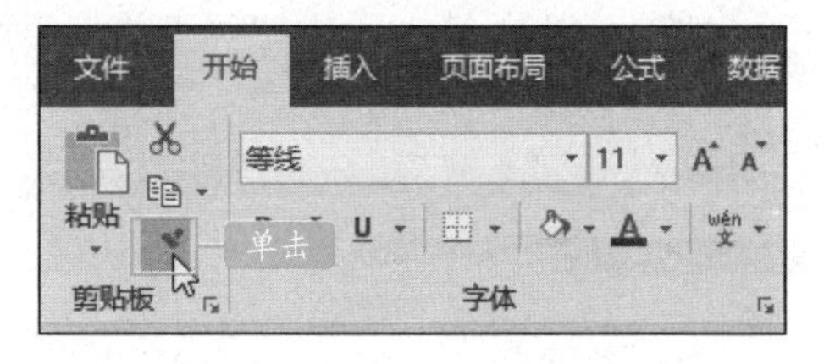

图 7-174　单击“格式刷”按钮

STEP 09：将鼠标指针移动到工作表区，此时鼠标指针变成✚🖌形状，单击单元格 C3，拖动鼠标至单元格 H11 就应用了格式，所有最终销售额在 80000 以上的单元格都进行了突出显示，如图 7-175 所示。

	A	B	C	D	E	F	G	H
1	公司上半年销售业绩统计表							
2	部门	姓名	一月	二月	三月	四月	五月	六月
3	销售一部	张丽	66500	92500	95000	98100	86600	71200
4	销售一部	李佳	96500	82500	75500	87000	92300	78000
5	销售一部	刘月兰	80500	96000	72800	76000	76200	82100
6	销售二部	杨晓伟	97500	76000	72300	92300	84500	78000
7	销售二部	刘志	87500	63500	90500	97000	69500	99000
8	销售二部	黄海龙	93050	85500	77200	81300	95060	86070
9	销售三部	李娜娜	79500	93500	85900	90300	88000	95800
10	销售三部	唐艳菊	69900	98600	86800	91200	95000	85050
11	销售三部	杨鹏	97500	69550	90600	78500	89500	79900

图 7-175　突出显示符合条件的单元格效果

7.6　美化工作表

扫码观看本节视频

除了对工作簿和工作表的基本操作之外，还可以对工作表进行各种美化操作。美化工作表的操作主要包括添加边框和底纹、设置表格主题、设置工作表背景等。

7.6.1　设置录入数据的有效性

在日常工作中经常会用到 Excel 的数据有效性功能。数据有效性是一种用于定义可以在单元格中输入或应该在单元格中输入的数据。设置数据有效性有利于提高工作效率，避免非法数据录入。

STEP 01：打开原始文件，选中 C3 单元格，切换到“数据”选项卡，单击“数据工具”选项组中的“数据验证”下三角按钮，在展开的下拉列表中选择“数据验证”选项，如图 7-176 所示。

图 7-176　选择“数据验证”选项

STEP 02：弹出“数据验证”对话框，在“允许”下拉列表中选择“序列”选项，默认勾选“忽略空值”和“提供下拉箭头”复选框，单击“来源”右侧的单元格引用按钮，如图 7-177 所示。

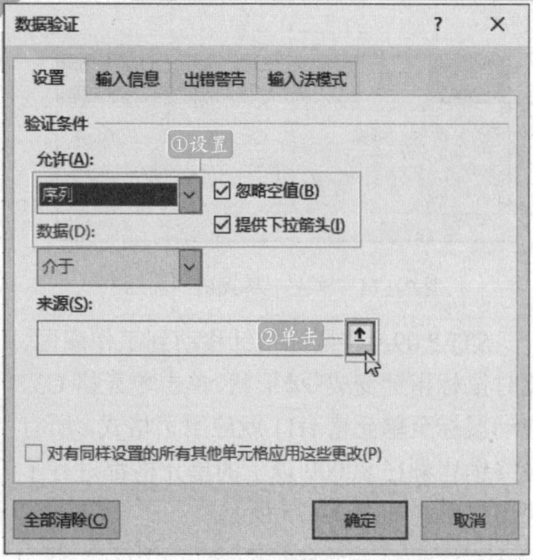

图 7-177　单击引用按钮

STEP 03：选择 A3：A5 单元格区域，引用此单元格区域中的内容，然后单击单元格引用按钮，如图 7-178 所示。

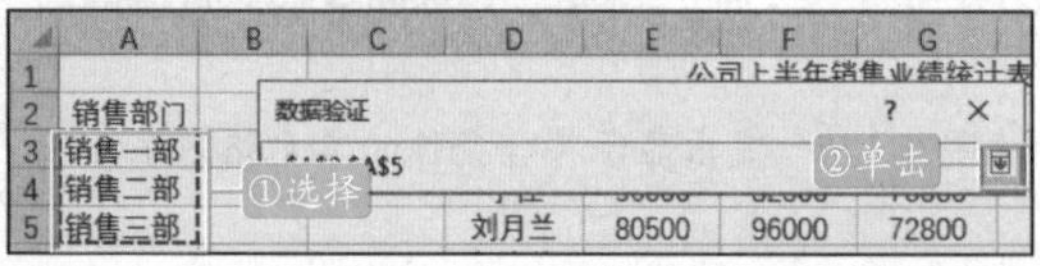

图 7-178　选择单元格引用区域

STEP 04：返回“数据验证”对话框，单击“确定”按钮，现在就可以使用制作好的下拉列表了，效果如图 7-179 所示。

C	D	E	F	G	H
公司上半年销售业绩统计表					
部门	姓名	一月	二月	三月	四月
	张丽	66500	92500	95000	98100
销售一部	李佳	96500	82500	75500	87000
销售二部	刘月兰	80500	96000	72800	76000
销售三部	杨晓伟	97500	76000	72300	92300

图 7-179　制作好的下拉列表效果

提示

除了可以利用单元格引用按钮选择单元格区域中的条件外，还可以直接在“来源”文本框中输入填充数据的内容，例如输入“销售一部，销售二部，销售三部”，只是需要注意每个序列值之间用半角状态下的逗号“,”分隔。

7.6.2　添加边框和底纹

默认情况下，工作表的网格线是灰色的，是打印不出来的。为了使工作表更加美观，在制作表格时，用户通常都需要为其添加边框和底纹，具体操作如下：

STEP 01：选中单元格区域 A2：H11，切换到“开始”选项卡，单击“字体”选项组右下角的设置按钮，弹出“设置单元格格式”对话框，切换到“边框”选项卡，在“样式”组合框中选择线形样式，在右侧的“预置”组合框中单击“外边框”按钮，如图 7-180 所示。

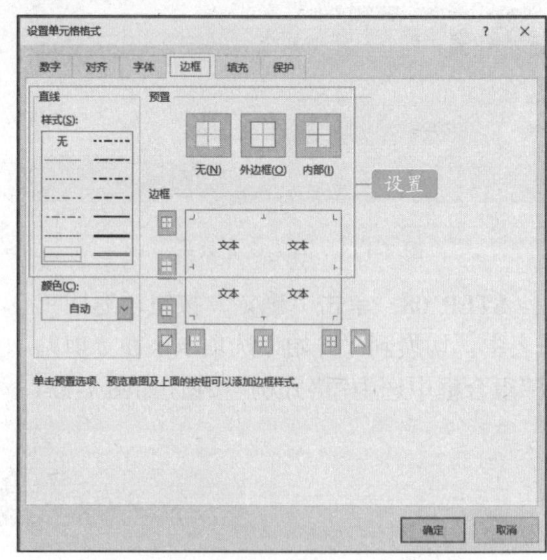

图 7-180　设置单元格格式的边框

STEP 02：单击“确定”按钮返回工作表中，设置效果如图 7-181 所示。

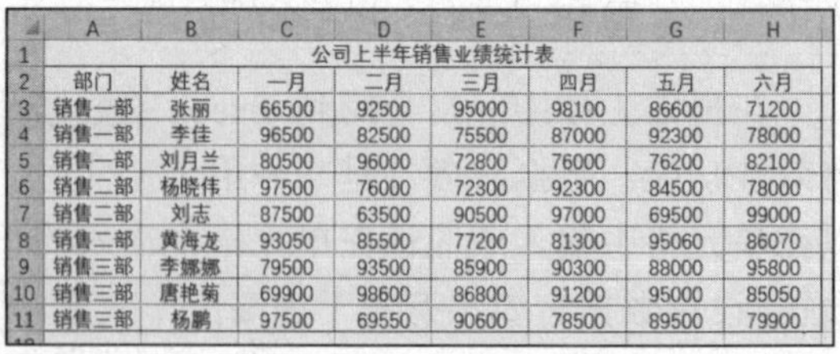

A	B	C	D	E	F	G	H
公司上半年销售业绩统计表							
部门	姓名	一月	二月	三月	四月	五月	六月
销售一部	张丽	66500	92500	95000	98100	86600	71200
销售一部	李佳	96500	82500	75500	87000	92300	78000
销售一部	刘月兰	80500	96000	72800	76000	76200	82100
销售二部	杨晓伟	97500	76000	72300	92300	84500	78000
销售二部	刘志	87500	63500	90500	97000	69500	99000
销售二部	黄海龙	93050	85500	77200	81300	95060	86070
销售三部	李娜娜	79500	93500	85900	90300	88000	95800
销售三部	唐艳菊	69900	98600	86800	91200	95000	85050
销售三部	杨鹏	97500	69550	90600	78500	89500	79900

图 7-181　设置好的边框效果

STEP 03：选中单元格区域 A2:H2，使用同样的方法打开“设置单元格格式”对话框，切换到“填充”选项卡，在“背景色”组合框中选择一种合适的颜色，如图 7-182 所示。

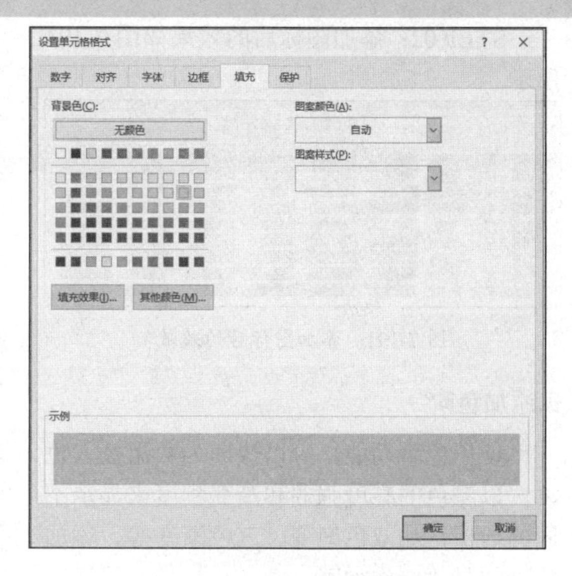

图 7-182 设置单元格的背景色

STEP 04：单击“确定”按钮，返回工作表中，设置效果如图 7-183 所示。

	A	B	C	D	E	F	G	H
1	公司上半年销售业绩统计表							
2	部门	姓名	一月	二月	三月	四月	五月	六月
3	销售一部	张丽	66500	92500	95000	98100	86600	71200
4	销售一部	李佳	96500	82500	75500	87000	92300	78000
5	销售一部	刘月兰	80500	96000	72800	76000	76200	82100
6	销售二部	杨晓伟	97500	76000	72300	92300	84500	78000
7	销售二部	刘志	87500	63500	90500	97000	69500	99000
8	销售二部	黄海龙	93050	85500	77200	81300	95060	86070
9	销售三部	李娜娜	79500	93500	85900	90300	88000	95800
10	销售三部	唐艳菊	69900	98600	86800	91200	95000	85050
11	销售三部	杨鹏	97500	69550	90600	78500	89500	79900

图 7-183 设置好背景色的效果

7.6.3 快速套用表格样式

用户在创建表格时，可利用 Excel 内置的表格样式为表格快速添加样式，也就是套用表格格式。这种方式能将表格快速格式化，创建出漂亮的表格样式。

STEP 01：打开 Excel 表格，选择 A2:H11 单元格区域，在“开始”选项卡的“样式”选项组中单击“套用表格格式”下三角按钮，选择样式，如图 7-184 所示。

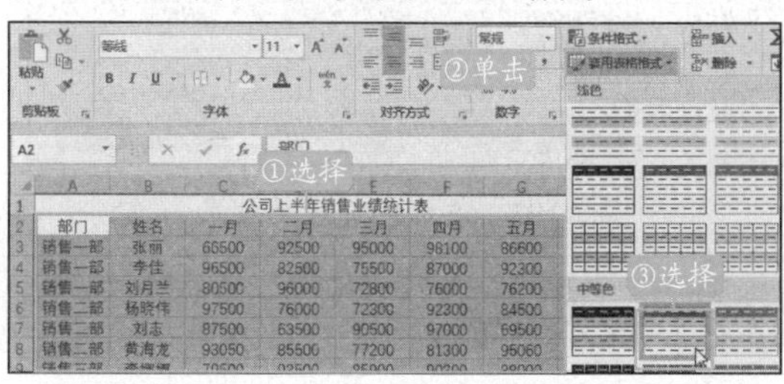

图 7-184 选择套用表格的样式

STEP 02：弹出“套用表格式”对话框，单击“确定”按钮，如图 7-185 所示。

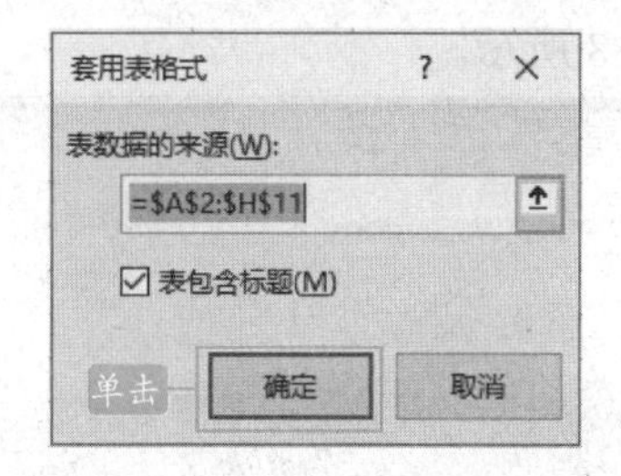

图 7-185 选择数据来源

STEP 03：返回工作表，此时所选单元格区域就套用了所选表格样式，如图 7-186 所示。

	A	B	C	D	E	F	G	H
1	公司上半年销售业绩统计表							
2	部门	姓名	一月	二月	三月	四月	五月	六月
3	销售一部	张丽	66500	92500	95000	98100	86600	71200
4	销售一部	李佳	96500	82500	75500	87000	92300	78000
5	销售一部	刘月兰	80500	96000	72800	76000	76200	82100
6	销售二部	杨晓伟	97500	76000	72300	92300	84500	78000
7	销售二部	刘志	87500	63500	90500	97000	69500	99000
8	销售二部	黄海龙	93050	85500	77200	81300	95060	86070
9	销售三部	李娜娜	79500	93500	85900	90300	88000	95800
10	销售三部	唐艳菊	69900	98600	86800	91200	95000	85050
11	销售三部	杨鹏	97500	69550	90600	78500	89500	79900

图 7-186 套用表格样式后的效果

7.6.4 设置条件格式

使用“条件格式”功能，用户可以根据条件使用数据条、色阶和图标集，以突出显示相关单元格，强调异常值，以及实现数据的可视化效果。

1.添加数据条

使用数据条功能，可以快速为数据插入底纹颜色，并根据数值调整颜色的长度，添加数据条的具体操作如下：

STEP 01：打开 Excel 表格，选中单元格区域 C3:H11，切换到“开始”选项卡，单击“样式”选项选项组中的“条件格式”按钮，如图 7-187 所示。

开始 插入 页面布局 公式 数据 审阅 视图 开发工具 Power Pivot
②单击 条件格式 套用表格格式 单元格样式
①选择

B	C	D	E	F	G	H
公司上半年销售业绩						
姓名	一月	二月	三月	四月	五月	六月
张丽	66500	92500	95000	98100	86600	71200
李佳	96500	82500	75500	87000	92300	78000

图 7-187 单击“条件格式”按钮

STEP 02：在展开的下拉列表中选择“数据条”|“渐变填充”|“蓝色数据条”选项，如图 7-188 所示。

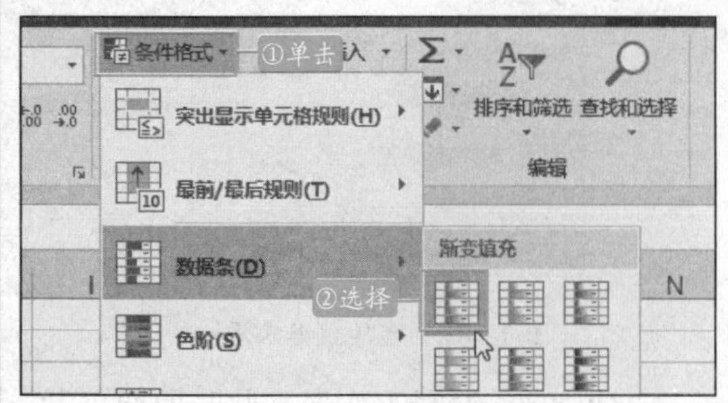

图 7-188　选择数据条颜色

STEP 03：添加数据条颜色后的效果如图 7-189 所示。

	A	B	C	D	E	F	G	H
1	公司上半年销售业绩统计表							
2	部门	姓名	一月	二月	三月	四月	五月	六月
3	销售一部	张丽	66500	92500	95000	98100	86600	71200
4	销售一部	李佳	96500	82500	75500	87000	92300	78000
5	销售一部	刘月兰	80500	96000	72800	76000	76200	82100
6	销售二部	杨晓伟	97500	76000	72300	92300	84500	78000
7	销售二部	刘志	87500	63500	90500	97000	69500	99000
8	销售二部	黄海龙	93050	85500	77200	81300	95060	86070
9	销售三部	李娜娜	79500	93500	85900	90300	88000	95800
10	销售三部	唐艳菊	69900	98600	86800	91200	95000	85050
11	销售三部	杨鹏	97500	69550	90600	78500	89500	79900

图 7-189　添加数据条颜色后的效果

2.添加图标

使用图标集功能，可以快速为数组插入图标，并根据数值自动调整图标的类型和方向，添加图标的具体操作如下：

STEP 01：选中单元格区域 C3:C11，切换到“开始”选项卡，单击“样式”选项组中的“条件格式”按钮，在展开的下拉列表中选择“图标集”|“方向”|“三向箭头（彩色）”选项，如图 7-190 所示。

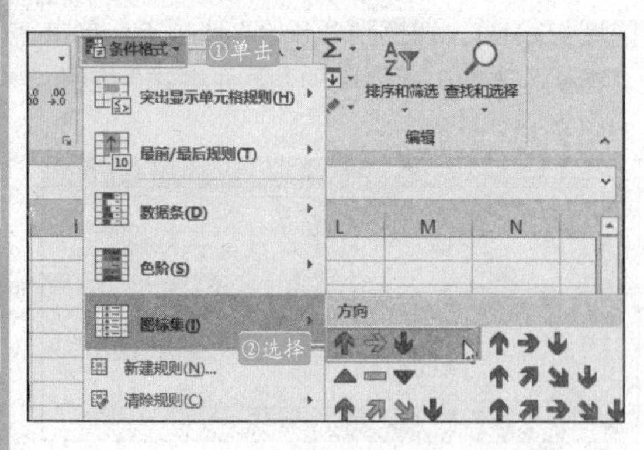

图 7-190　选择图标箭头

STEP 02：添加图标后的效果如图 7-191 所示。

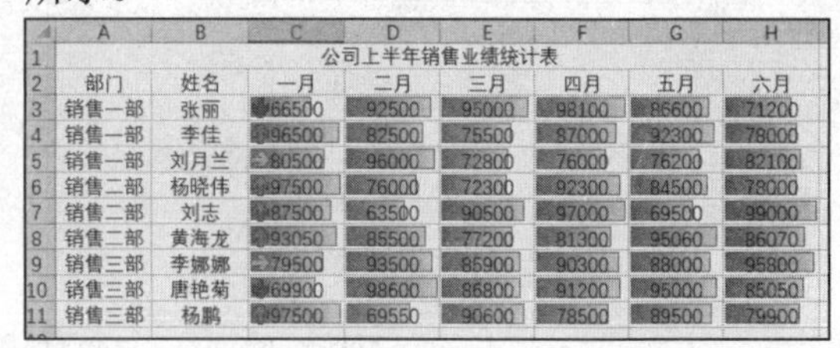

	A	B	C	D	E	F	G	H
1	公司上半年销售业绩统计表							
2	部门	姓名	一月	二月	三月	四月	五月	六月
3	销售一部	张丽	66500	92500	95000	98100	86600	71200
4	销售一部	李佳	96500	82500	75500	87000	92300	78000
5	销售一部	刘月兰	80500	96000	72800	76000	76200	82100
6	销售二部	杨晓伟	97500	76000	72300	92300	84500	78000
7	销售二部	刘志	87500	63500	90500	97000	69500	99000
8	销售二部	黄海龙	93050	85500	77200	81300	95060	86070
9	销售三部	李娜娜	79500	93500	85900	90300	88000	95800
10	销售三部	唐艳菊	69900	98600	86800	91200	95000	85050
11	销售三部	杨鹏	97500	69550	90600	78500	89500	79900

图 7-191　添加图标后的效果

3.添加色阶

使用色阶功能，可以快速为数组插入色阶，以颜色的亮度强弱和渐变程度来显示不同的数值，如双色渐变、三色渐变等。添加色阶的具体操作如下：

STEP 01：选中单元格区域 E3:E11，切换到“开始”选项卡，单击“样式”选项组中的“条件格式”按钮，在展开的下拉列表中选择“色阶”|“绿-黄-红色阶”选项，如图 7-192 所示。

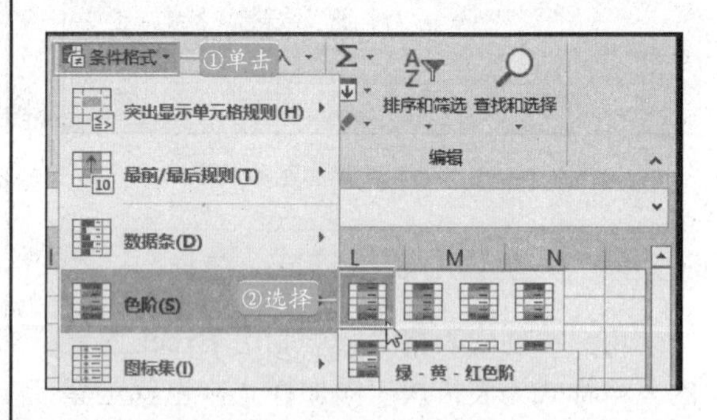

图 7-192　选择色阶

STEP 02：添加色阶后的效果如图 7-193 所示。

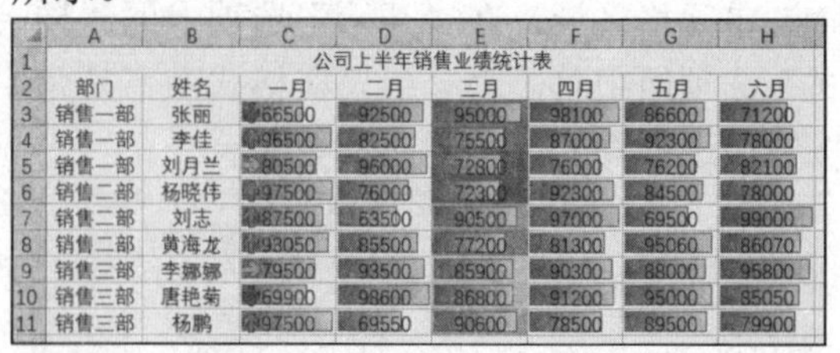

	A	B	C	D	E	F	G	H
1	公司上半年销售业绩统计表							
2	部门	姓名	一月	二月	三月	四月	五月	六月
3	销售一部	张丽	66500	92500	95000	98100	86600	71200
4	销售一部	李佳	96500	82500	75500	87000	92300	78000
5	销售一部	刘月兰	80500	96000	72800	76000	76200	82100
6	销售二部	杨晓伟	97500	76000	72300	92300	84500	78000
7	销售二部	刘志	87500	63500	90500	97000	69500	99000
8	销售二部	黄海龙	93050	85500	77200	81300	95060	86070
9	销售三部	李娜娜	79500	93500	85900	90300	88000	95800
10	销售三部	唐艳菊	69900	98600	86800	91200	95000	85050
11	销售三部	杨鹏	97500	69550	90600	78500	89500	79900

图 7-193　添加色阶后的效果

7.6.5 设置表格主题

Excel 2016 为用户提供了多种风格的表

格主题，用户可以直接套用主题快速改变表格风格，也可以对主题颜色、字体和效果进行自定义，设置表格主题的具体操作如下：

STEP 01：切换到“页面布局”选项卡，单击“主题”选项组中的“主题”按钮，如图 7-194 所示。

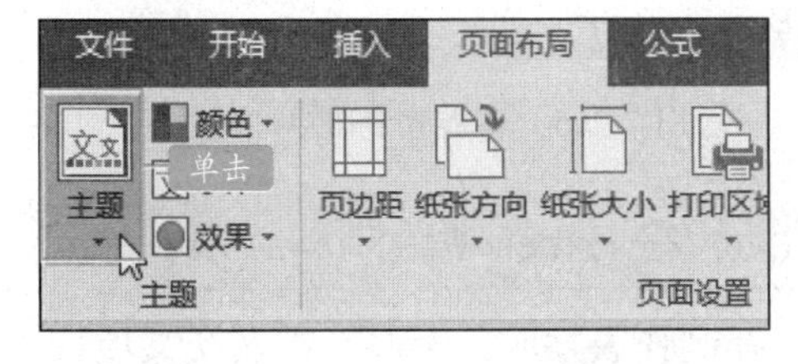

图 7-194　单击“主题”按钮

STEP 02：在展开的下拉列表中选择“回顾”选项，如图 7-195 所示。

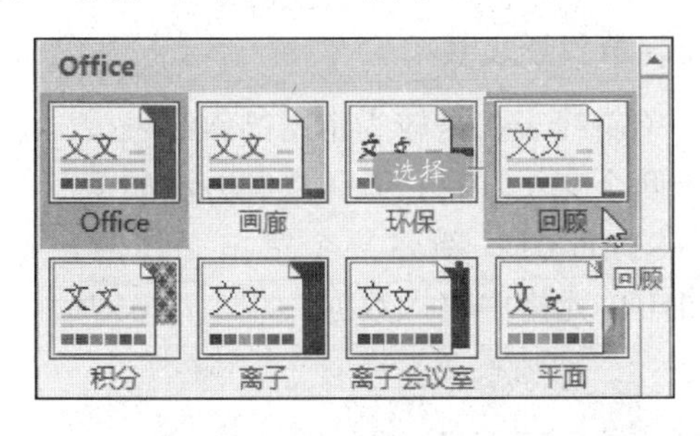

图 7-195　选择主题样式

STEP 03：应用主题后的效果如图 7-196 所示。

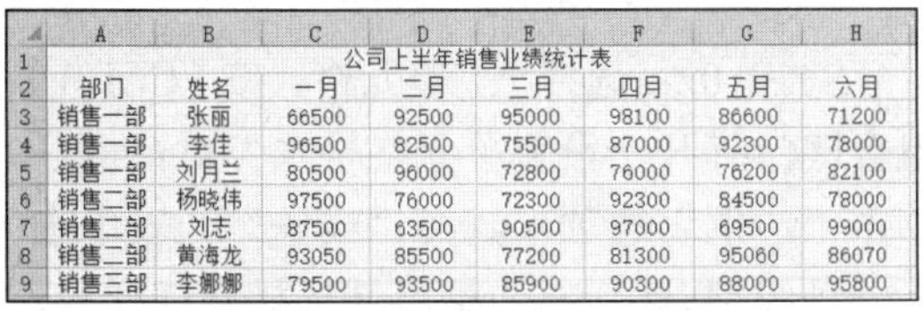

公司上半年销售业绩统计表

部门	姓名	一月	二月	三月	四月	五月	六月
销售一部	张丽	66500	92500	95000	98100	86600	71200
销售一部	李佳	96500	82500	75500	87000	92300	78000
销售一部	刘月兰	80500	96000	72800	76000	76200	82100
销售二部	杨晓伟	97500	76000	72300	92300	84500	78000
销售二部	刘志	87500	63500	90500	97000	69500	99000
销售二部	黄海龙	93050	85500	77200	81300	95060	86070
销售三部	李娜娜	79500	93500	85900	90300	88000	95800

图 7-196　应用主题后的效果

STEP 04：如果用户对主题样式不是很满意，可以进行自定义。例如单击“主题”选项组中的“主题颜色”按钮，如图 7-197 所示。

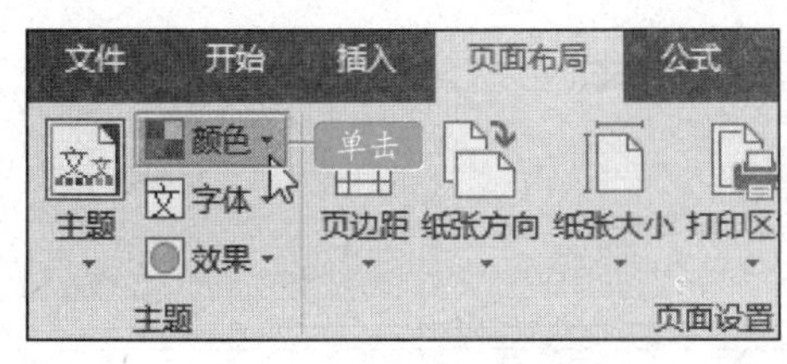

图 7-197　自定义主题颜色

STEP 05：在展开的下拉列表中选择“蓝色暖调”选项，如图 7-198 所示。

图 7-198　选择主题颜色

STEP 06：使用同样的方法，单击“主题”选项组中的“主题字体”按钮，在展开的下拉列表中选择“黑体”选项，如图 7-199 所示。

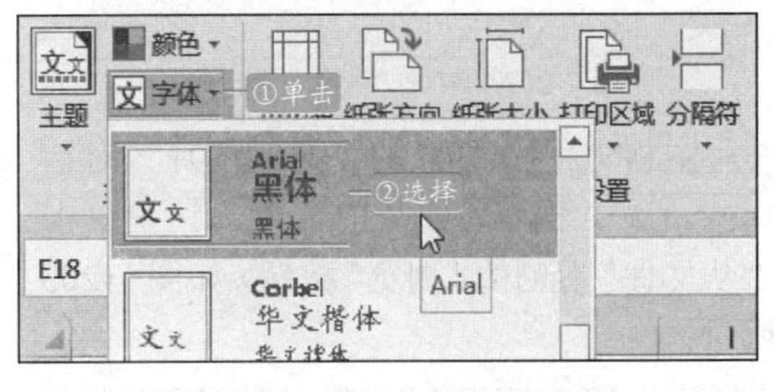

图 7-199　自定义主题字体

STEP 07：使用同样的方法，单击“主题”选项组中的“主题效果”按钮，在展开的下拉列表中选择“细微固体”选项，如图 7-200 所示。

图 7-200　选择主题效果

STEP 08：自定义主题后的效果如图 7-201 所示。

公司上半年销售业绩统计表

部门	姓名	一月	二月	三月	四月	五月	六月
销售一部	张丽	66500	92500	95000	98100	86600	71200
销售一部	李佳	96500	82500	75500	87000	92300	78000
销售一部	刘月兰	80500	96000	72800	76000	76200	82100
销售二部	杨晓伟	97500	76000	72300	92300	84500	78000
销售二部	刘志	87500	63500	90500	97000	69500	99000
销售二部	黄海龙	93050	85500	77200	81300	95060	86070
销售三部	李娜娜	79500	93500	85900	90300	88000	95800
销售三部	唐艳菊	69900	98600	86800	91200	95000	85050
销售三部	杨鹏	97500	69550	90600	78500	89500	79900

图 7-201　自定义主题后的效果

7.6.6 设置工作表背景

为了使工作表更加美观，用户可以根据需要，为工作表添加背景图片效果，具体操作如下：

STEP 01：打开工作表后，切换至“页面布局”选项卡，单击“页面设置”选项组中的“背景”按钮，如图 7-202 所示。

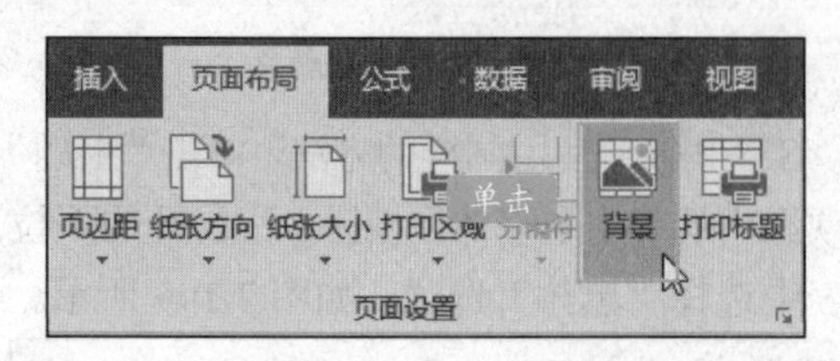

图 7-202　单击“背景”按钮

STEP 02：在打开的“插入图片”对话框中，选中要插入图片的位置，这里单击“从文件”右侧的“浏览”按钮，如图 7-203 所示。

图 7-203　插入图片

STEP 03：打开“工作表背景”对话框，选择背景图片所在的磁盘或文件夹，选中图片，单击“插入”按钮，如图 7-204 所示。

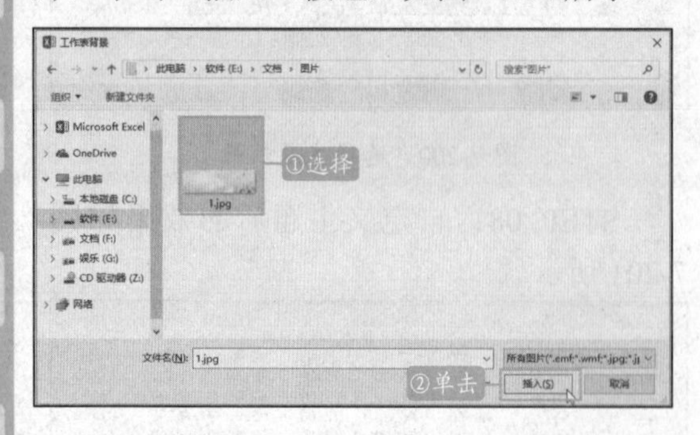

图 7-204　选择要插入的背景图片

STEP 04：返回工作表中，查看添加背景后的工作表效果。如果用户需要更换背景图片或不再需要背景图片，则单击“删除背景”按钮即可，如图 7-205 所示。

公司上半年销售业绩统计表

部门	姓名	一月	二月	三月	四月	五月	六月
销售一部	张丽	66500	92500	95000	98100	86600	71200
销售一部	李佳	96500	82500	75500	87000	92300	78000
销售一部	刘月兰	80500	96000	72800	76000	76200	82100
销售二部	杨晓伟	97500	76000	72300	92300	84500	78000
销售二部	刘志	87500	63500	90500	97000	69500	99000
销售二部	黄海龙	93050	85500	77200	81300	95060	86070
销售三部	李娜娜	79500	93500	85900	90300	88000	95800
销售三部	唐艳菊	69900	98600	86800	91200	95000	85050
销售三部	杨鹏	97500	69550	90600	78500	89500	79900

图 7-205　添加背景图后的效果

7.6.7 在 Excel 中绘制斜线表头

在制作表格时，有时会涉及交叉项目，需要使用斜线表头。斜线表头主要分为单斜线表头和多斜线表头，下面介绍如何绘制这两种斜线表头。

1.绘制单斜线表头

单斜线表头是较为常用的斜线表头，适用于两个交叉项目，具体绘制方法如下：

STEP 01：新建一个空白工作簿，在 A2:B1 单元格中输入数据，如图 7-206 所示。

	A	B	C
1		科目	
2	姓名		
3			
4			

输入

图 7-206　输入数据

STEP 02：选择 A1 单元格，按【Ctrl+1】组合键，打开“设置单元格格式”对话框，单击“边框”选项卡，在“线条”列表中选择一种线型，然后在边框区域选择斜线样式，如图 7-207 所示。

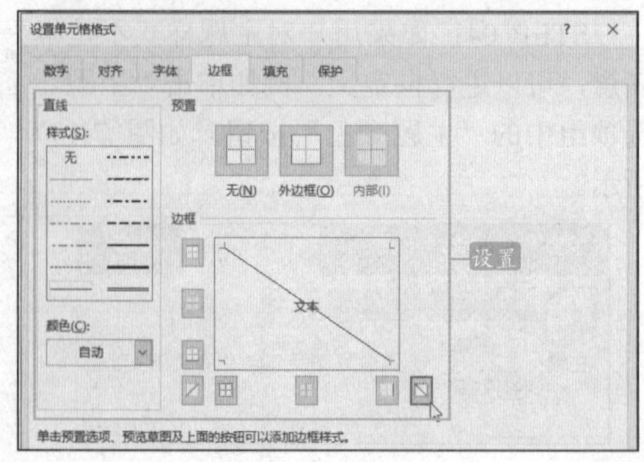

图 7-207　设置斜线样式

STEP 03：单击“确定”按钮，返回工作表，即可看到 A1 单元格中添加的斜线，如图 7-208 所示。

	A	B	C
1		科目	
2	姓名		

图 7-208　添加斜线的效果

◆◆提示

单击“开始”选项卡下的“字体”选项组中的“边框”按钮，在弹出的列表中选择中选择“绘制边框”菜单命令，也可以绘制斜线。

STEP 04：使用同样方法，选择 B2 单元格，设置同样的斜边边框样式，使其成为 A1:B2 单元格区域的对角线，最终效果如图 7-209 所示。

	A	B	C
1		科目	
2	姓名		
3			

图 7-209　绘制好的单斜线表头效果

◆◆提示

也可以复制 A1 单元格中的边框斜线到 B2 单元格中，同样可以达到上图效果。

2.绘制多斜线表头

如果有多个交叉项目，就需要绘制多条斜线，如双斜线、三斜线，而单斜线的绘制方法就不适合多斜线表头，可采用下述方法。

STEP 01：新建空白工作簿，选择 A1 单元格，并调整该单元格大小，如图 7-210 所示。

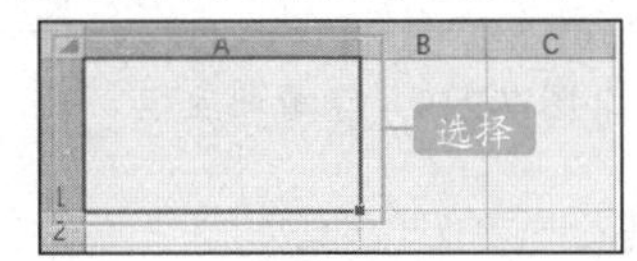

图 7-210　选择并调整单元格大小

STEP 02：单击“插入”选项卡下“插图”选项组中的“形状”按钮，如图 7-211 所示。

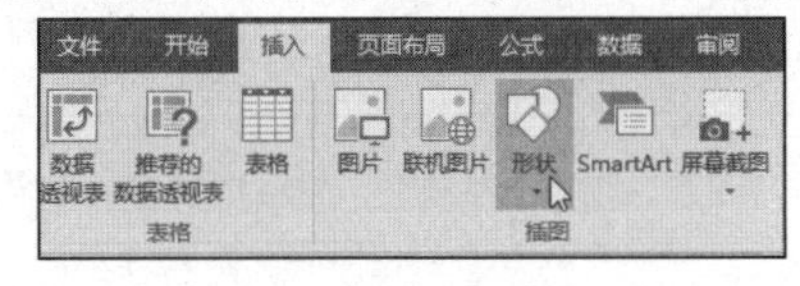

图 7-211　单击“形状”按钮

STEP 03：在弹出的形状列表中选择“直线”图标按钮，根据需要在单元格中绘制多条斜线，如图 7-212 所示。

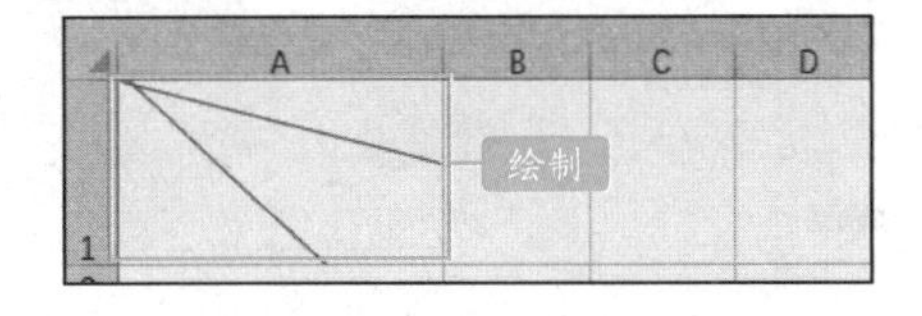

图 7-212　绘制斜线

STEP 04：单击“插入”选项卡下的“文本”选项组中的“文本框”按钮，在单元格中绘制文本框并输入内容，并设置文本框为“无轮廓”，效果如图 7-213 所示。

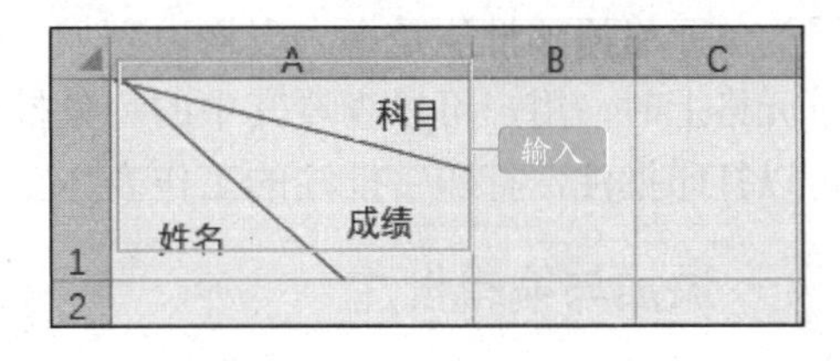

图 7-213　输入文本内容

7.6.8 设置百分比格式

为了让表格中的数据更加清晰明了，用户可将小数或分数设置为百分比来显示。与设置货币格式类似，设置百分比格式既可以在“数字”选项组中完成，也可以启用“数字”设置按钮，在“设置单元格格式”对话框中完成。

STEP 01：新建空白工作簿，输入数字并选中，单击“开始”选项卡下的“数字”选项组右下角的设置按钮，如图 7-214 所示。

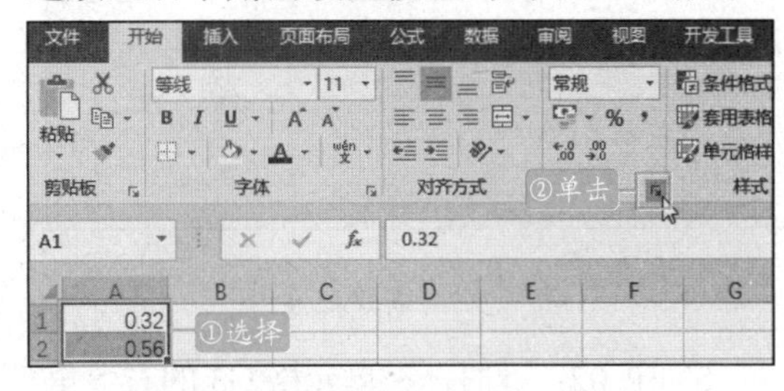

图 7-214　输入数字

STEP 02：弹出“设置单元格格式”对话框，切换至“数字”选项卡，在“分类”列表框中单击“百分比”选项，将“小数位数”设置为“0”，如图 7-215 所示。

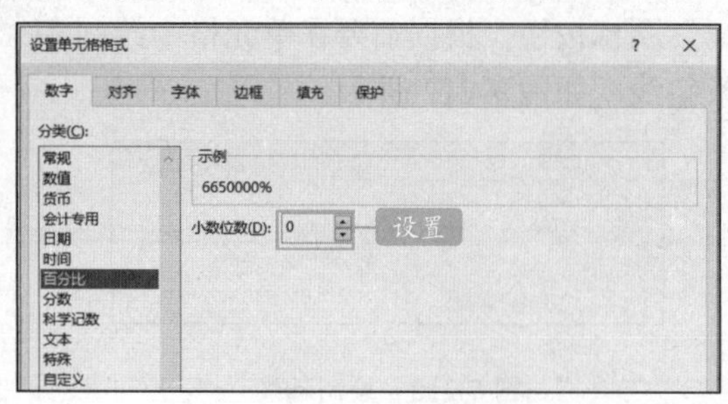

图 7-215 设置数字类型

STEP 03：单击“确定”按钮，返回工作表，此时所选单元格区域的数据都以百分比显示，如图 7-216 所示。

	A	B	C
1	32%		
2	56%		
3			
4			

图 7-216 显示设置好的数据效果

7.7 使用批注与打印工作表

扫码观看本节视频

为单元格添加批注是指为表格内容加一些注释，当鼠标指针停留在带批注的单元格上时，用户可以查看其中的每条批注，也可以同时查看所有的批注，还可以打印批注，打印带批注的工作表。

7.7.1 添加与编辑批注

在 Excel 工作表中，用户可以通过“审阅”选项卡为单元格添加批注。添加批注后，用户可以根据需要，对批注的大小、位置以及字体格式进行编辑。具体操作如下：

1.添加批注

STEP 01：打开原始文件，选中单元格 C3，切换到“审阅”选项卡，单击“批注”选项组中的“新建批注”按钮，如图 7-217 所示。

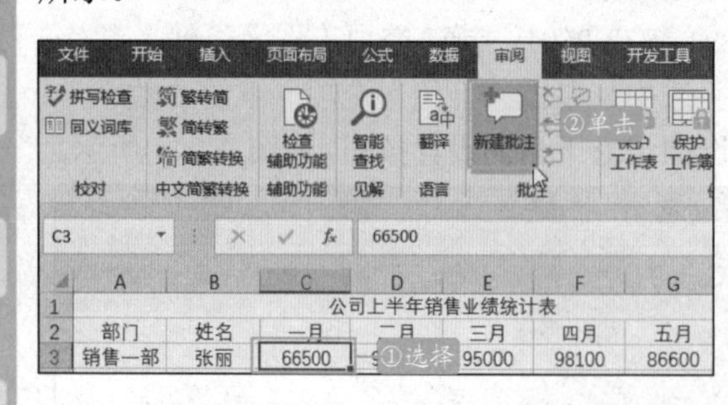

图 7-217 新建批注

STEP 02：此时，在单元格 G3 的右上角出现一个红色小三角，并弹出一个批注框，然后在其中输入相应的文本，如图 7-218 所示。

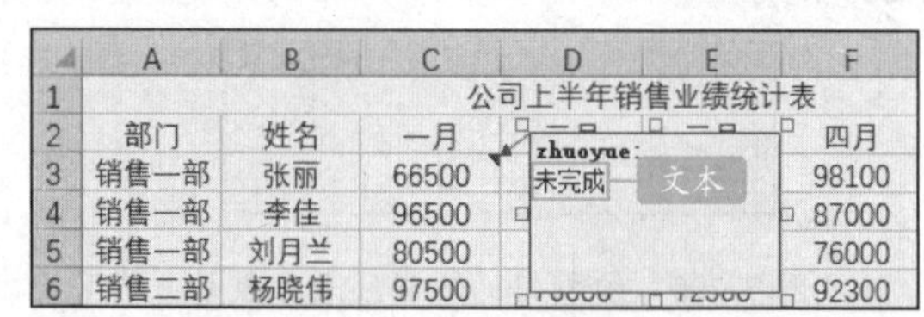

图 7-218 在批注框中输入内容

STEP 03：输入完毕，单击批注框外部的工作表区域，即可看到单元格 C3 中的批注框隐藏起来，只显示右上角的红色小三角，如图 7-219 所示。

	A	B	C	D
1	公司上半年销			
2	部门	姓名	一月	二月
3	销售一部	隐藏	66500	92500
4	销售一部	李佳	96500	82500
5	销售一部	刘月兰	80500	96000

图 7-219 隐藏批注框

2.编辑批注

STEP 01：选中单元格 C3，切换到“审阅”选项卡，单击“批注”选项组中的“显示/隐藏批注”按钮，随即弹出了批注框，效果如图 7-220 所示。

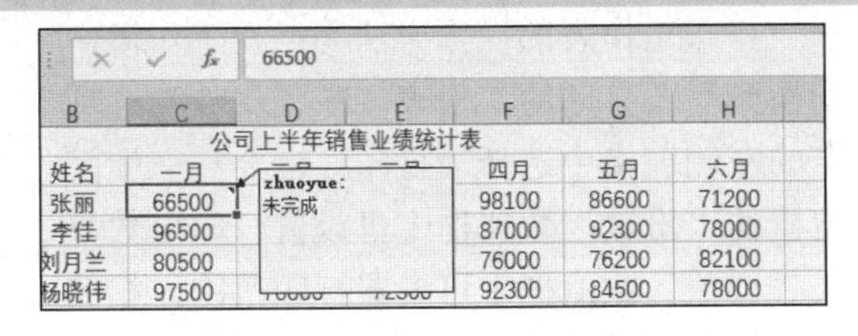

B	C	D	E	F	G	H
公司上半年销售业绩统计表						
姓名	一月			四月	五月	六月
张丽	66500			98100	86600	71200
李佳	96500			87000	92300	78000
刘月兰	80500			76000	76200	82100
杨晓伟	97500			92300	84500	78000

图 7-220　显示批注框

STEP 02：选中批注框，然后将鼠标指针移动到其右下角，此时鼠标指针变成双向箭头形状，如图 7-221 所示。

	A	B	C	D	E	F
1	公司上半年销售业绩统计表					
2	部门	姓名	一月			四月
3	销售一部	张丽	66500	zhuoyue: 未完成		98100
4	销售一部	李佳	96500			87000
5	销售一部	刘月兰	80500			76000
6	销售二部	杨晓伟	97500			92300
7	销售二部	刘志	87500	63500	90500	97000

图 7-221　选中批注框

STEP 03：按住鼠标左键不放，拖动至合适的位置，调整完毕释放鼠标左键即可，如图 7-222 所示。

	A	B	C	D	E
1	公司上半年销售业绩统计				
2	部门	姓名	一月	zhuoyue: 未完成	三月
3	销售一部	张丽	66500		95000
4	销售一部	李佳	96500	82500	75500
5	销售一部	刘月兰	80500	96000	72800

图 7-222　调整批注框大小后的效果

STEP 04：选中批注框中的内容，然后单击鼠标右键，从弹出的快捷菜单中单击“设置批注格式”命令，如图 7-223 所示。

	A	B	C	D	E	F	G	H
1	公司上半年销售业绩统计表							
2	部门	姓名	一月		三月	四月	五月	六月
3	销售一部	张丽	66500			98100	86600	71200
4	销售一部	李佳	96500				300	78000
5	销售一部	刘月兰	80500	960			200	82100
6	销售二部	杨晓伟	97500	760			500	78000
7	销售二部	刘志	87500	635			500	99000
8	销售二部	黄海龙	93050	855			060	86070
9	销售三部	李娜娜	79500	935			000	95800
10	销售三部	唐艳菊	69900	986			000	85050
11	销售三部	杨鹏	97500	695			500	79900

①选中
剪切
复制(C)
粘贴选项:
汉字重选(V)
退出文本编辑(X)
组合(G)
叠放次序(R)
指定宏(N)...
设置自选图形的默认效果(D)
设置批注格式(O)...
②单击

图 7-223　选中批注框内容

STEP 05：弹出“设置批注格式”对话框，在“颜色”下拉列表中选择“红色”选项，其他选项保持默认，如图 7-224 所示。

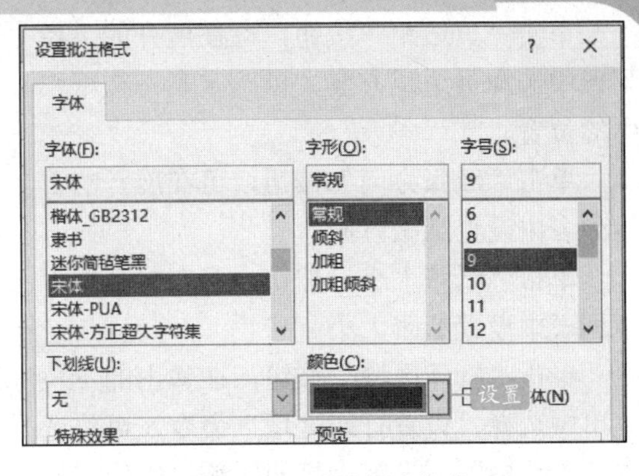

图 7-224　设置批注格式

STEP 06：设置完毕，单击“确定”按钮即可，效果如图 7-225 所示。

	A	B	C	D	E
1	公司上半年销售业绩统计				
2	部门	姓名	一月	zhuoyue: 未完成	三月
3	销售一部	张丽	66500		95000
4	销售一部	李佳	96500	82500	75500
5	销售一部	刘月兰	80500	96000	72800

图 7-225　设置好的批注框效果

7.7.2 打印工作表

将表格制作完成后，还可以将其打印出来。在打印工作表前需要对页面进行合理的设置，并通过打印预览查看打印出来的效果，以保证符合用户的要求。

1.页面设置

页面设置主要包括纸张方向、纸张大小等，这些参数的设置取决于打印机所使用的打印纸张和打印表格的区域大小，设置操作步骤如下：

在要进行页面设置的工作表中，切换到“页面布局”选项卡，然后在“页面设置”选项组中通过单击某个按钮可进行相应的设置，如页边距、纸张方向和纸张大小等，如图 7-226 所示。

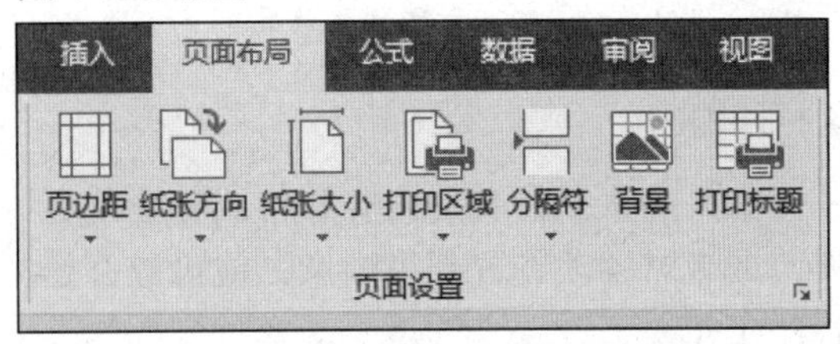

图 7-226　打印的页面设置

单击“页边距”按钮，可在展开的下拉列表中选择页边距方案，以确定表格在纸张中的位置。

单击“纸张方向”按钮，可在展开的下拉列表中设置纸张方向。

单击“纸张大小”按钮，可在展开的下拉列表中设置纸张大小。

单击“打印区域”按钮，在弹出的下拉菜单中选择“设置打印区域”命令，可将选中的单元格区域设置为打印区域，以便在打印时只打印该区域。

单击“打印标题”按钮，可弹出“页面设置”对话框，并自动定位在“工作表”选项卡中，此时可设置是否打印网格线、行号和列标等。

◆◆提示

若单击“页面设置”选项组中的功能扩展按钮，可在弹出的“页面设置”对话框中进行更为详细的设置。

2.打印预览

为了避免浪费纸张，在打印前应该进行打印预览以查看打印结果是否符合要求。对工作表进行打印预览的操作方法为：在需要打印的工作表中，切换到“文件”选项卡，然后选择左侧窗格中的“打印”命令，在右侧窗格中即可预览打印效果，如图7-227所示。

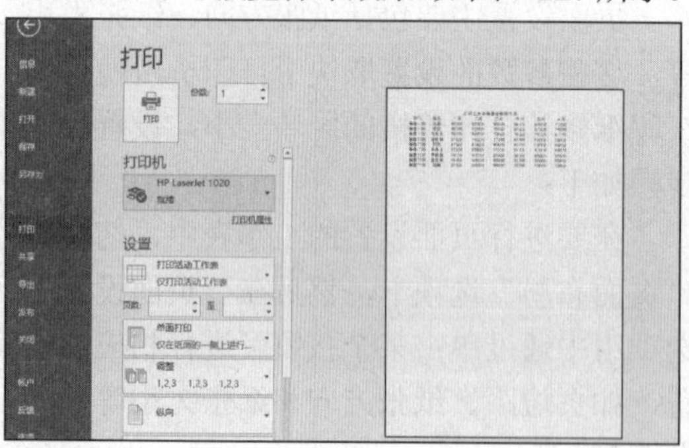

图7-227 打印预览效果

3.打印输出

如果确认工作表的内容和格式都正确无误，或者对各项设置都很满意，就可以开始打印工作表了。

打印工作表的操作方法为：在工作簿中切换到需要打印的工作表，在“文件”选项卡的左侧窗格中选择“打印”命令，在中间窗格的“份数”数值框中可设置打印份数，在“页数”数值框中可设置打印范围，相关参数设置完成后单击“打印”按钮，如图7-228所示，与电脑连接的打印机会自动打印输出工作表。

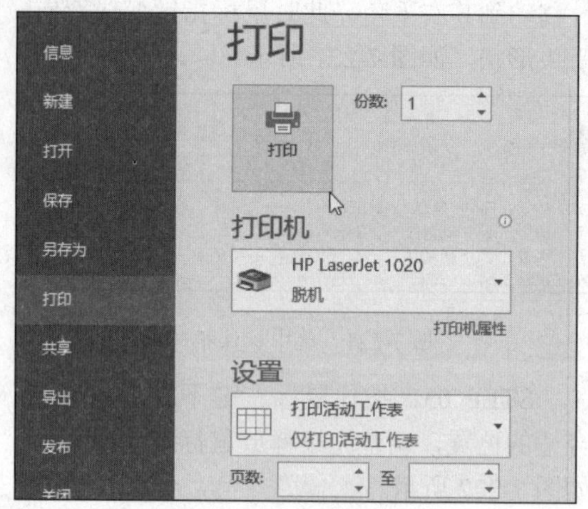

图7-228 单击“打印”按钮

在“设置”栏下方有一个下拉列表框，其中包含“打印活动工作表”“打印整个工作簿”“打印选定区域”和“忽略打印区域”4项命令，如图7-229所示，其作用介绍如下。

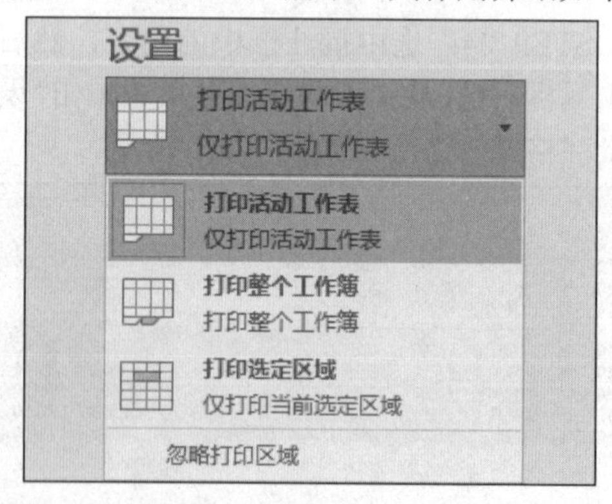

图7-229 选择打印内容

选择“打印活动工作表”命令，将打印当前工作表或选择的多个工作表。

选择“打印整个工作簿”命令，可打印当前工作簿中的所有工作表。

选择“打印选定区域”命令，可打印当

前选择的单元格区域。

选择“忽略打印区域”命令，可使其呈勾选状态（再次选择该命令，可取消勾选状态），本次打印中会忽略在工作表中设置的打印区域。

7.8 实用技巧

扫码观看本节视频

本节将介绍一些对 Excel 2016 中的工作簿删除、货币符号的输入、单元格值的隐藏、数字文本和数值区别的小技巧，以方便用户提高工作效率。

7.8.1 删除最近使用过的工作簿记录

Excel 2016 可以记录最近使用过的工作簿，用户也可以将这些记录信息删除。

STEP 01：在 Excel 2016 中，单击“文件”选项卡，在弹出的列表中选择“打开”选项，即可看到右侧“最近使用的工作簿”列表下，显示了最近打开的工作簿信息，如图 7-230 所示。

图 7-230　显示最近打开的工作簿信息

STEP 02：右击要删除的记录信息，在弹出的快捷菜单中，选择“从列表中删除”菜单命令，即可将该记录信息删除。

如果用户要删除全部打开信息，可选择“消除已取消固定的工作簿”命令，即可快速删除，如图 7-231 所示。

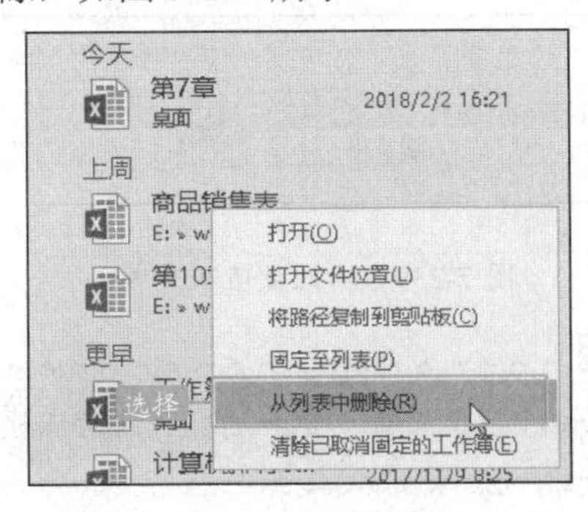

图 7-231　删除工作簿

7.8.2 输入带有货币符号的金额

输入的数据为金额时，需要设置单元格格式为“货币”，如果输入的数据不多，可以直接在单元格中输入带有货币符号的金额。

STEP 01：在单元格中按组合键【Shift+4】，出现货币符号，继续输入金额数值，如图 7-232 所示。

	A	B	C
1	￥6350	输入	
2			
3			

图 7-232　输入带货币符号的金额

STEP 02：按【Tab】键或【Enter】键确认，最终效果如图 7-233 所示。

	A	B	C
1	￥6350		
2			
3			

图 7-233　输入好的金额效果

提示

这里的数字“4”为键盘中字母上方的数字键，而并非小键盘中的数字键。在中文输入法下，按下组合键【Shift+4】，会出现“￥”符号，在英文输入法下，则出现“$”符号。

7.8.3 隐藏单元格的所有值

在日常工作中，有时需要将单元格中的所有值隐藏起来，此时可以通过自定义单元格格式隐藏单元格区域中的内容。

STEP 01：打开 Excel 表格，选中要隐藏的单元格区域，切换到“开始”选项卡，单击“对齐方式”选项组右下角的设置按钮，如图 7-234 所示。

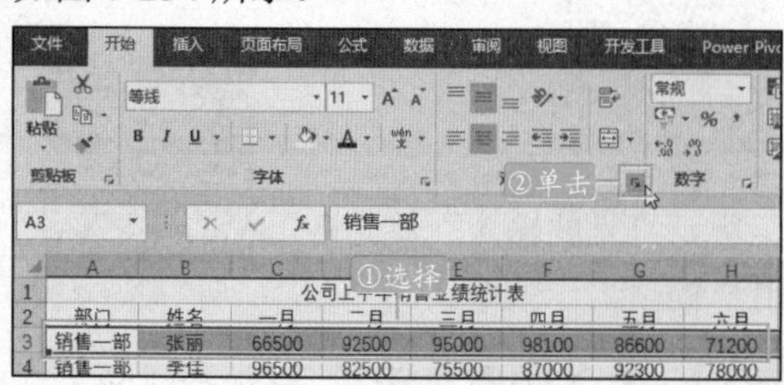

图 7-234　单击设置按钮

STEP 02：弹出“设置单元格格式”对话框，切换到“数字”选项卡，在“分类”列表框中选择“自定义”选项，然后在右侧的“类型”文本框中输入“;;;”(此处的 3 个分号是在英文半角状态下输入的)，表示单元格数字的自定义格式是由整数、负数、零和文本 4 个部分组成的，这 4 个部分用 3 个分号分隔，哪个部分空，相应的内容就不会在单元格中显示，此时都空了，所有选定区域中的内容就全部隐藏了，如图 7-235 所示。

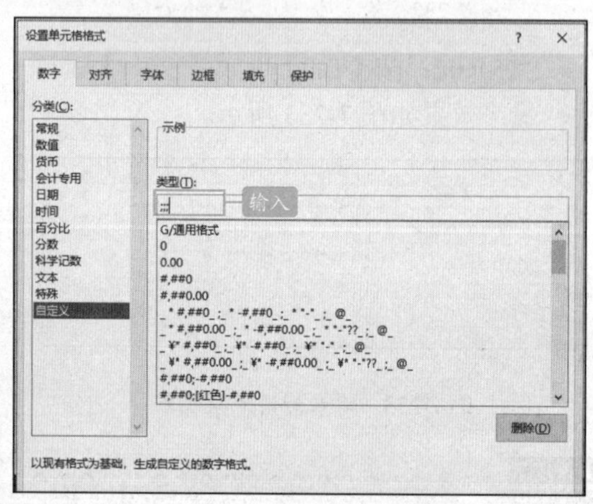

图 7-235　自定义数字类型

STEP 03：设置完毕，单击“确定”按钮返回工作表中，选中区域的数据就被隐藏起来了，如图 7-236 所示。

	A	B	C	D	E	F	G	H
1	公司上半年销售业绩统计表							
2	部门	姓名	一月	二月	三月	四月	五月	六月
3								
4	销售一部	李佳	96500	82500	75500	87000	92300	78000
5	销售一部	刘月兰	80500	96000	72800	76000	76200	82100
6	销售二部	杨晓伟	97500	76000	72300	92300	84500	78000

图 7-236　被隐藏数据的效果

7.8.4　区分数字文本和数值

在编辑如学号、职工号等数字编号时，常常要用到数字文本，为区别输入的数字是数字文本还是数值，需要在输入的数字文本前输入“'”，在公式中若含有文本数据，则文本数据要用双引号“""”括起来。

STEP 01：选中单元格 A1，然后输入“'001”，如图 7-237 所示。

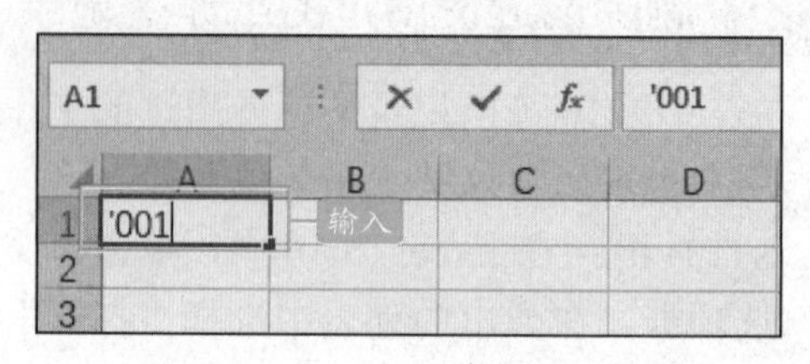

图 7-237　输入文本数据

STEP 02：按下【Enter】键，此时单元格 A1 中的数据变为“001”，并在单元格的左上角出现一个绿色三角标识，表示该数字为文本格式，如图 7-238 所示。

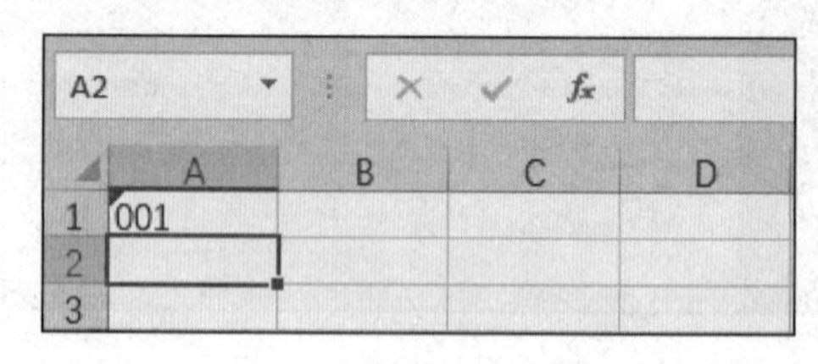

图 7-238　显示文本格式的数字

STEP 03：在 B1 输入适当数字，选中单元格 C1，输入公式“=IF（B1>60,“及格”,“不及格”)”，此时按下【Enter】键，单元格 C1 就会显示文本“及格”或“不及格”，如图 7-239 所示。

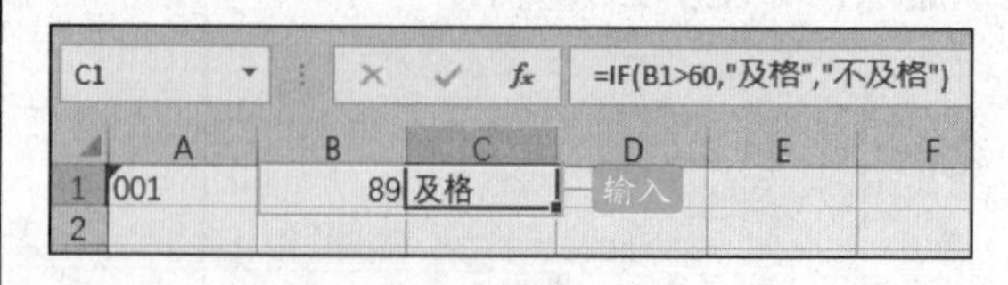

图 7-239　输入数值及公式

提示

公式中所使用的“'”和“""”等标点符号均为英文状态。

7.9 上机实际操作

报价单、员工考勤表和员工档案都是我们日常工作中常用的表格文档，下面我们就实际操作一下。

7.9.1 制作一目了然的报价单

报价单是商家在销售过程中向客户传递产品信息的商业文件，用户在利用Excel制作商品报价单时，需要对报价单的头部进行详细的介绍，在完成对报价单内容的录入后，可套用表格或单元格格式对报价单的外观进行设置，以美化工作表。

STEP 01：新建一个空白工作表，在A1单元格中输入“商品报价单”，在A2单元格中输入“公司名称：××电子有限公司”，在A3:D3单元格区域中输入产品相关信息，如图7-240所示。

	A	B	C	D	E
1	商品报价单				
2	公司名称：XX电子有限公司				
3	产品编号	产品名称	品牌	单价	
4					

图7-240 输入内容

STEP 02：选D2单元格，并输入“2018-1-16”，按【Enter】键后单元格中显示的是“2018/1/16”，再次选中D2单元格，在“数字”选项组中单击“数字格式”右侧的下三角按钮，在展开的下拉列表中单击“长日期”选项，如图7-241所示。

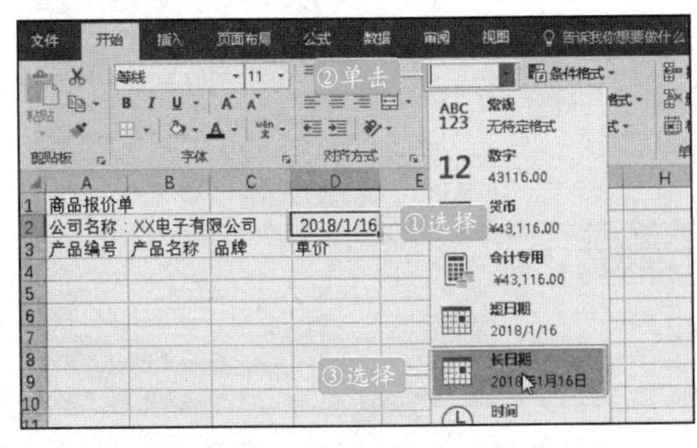

图7-241 选择数字格式

STEP 03：此时单元格的日期就变为了“2018年1月16日”，选中A4单元格，并输入“'01”，将鼠标指针放在其右下角，当指针变成十字形状时，按住鼠标左键不放向下拖动，如图7-242所示。

A4 '01

	A	B	C	D	E
1	商品报价单				
2	公司名称：XX电子有限公司			2018年1月16日	
3	产品编号	产品名称	品牌	单价	
4	01				
5					
6					
7					
8					
9					

拖动

图7-242 输入文本数值

STEP 04：在适当位置释放鼠标后，鼠标指针经过的单元格都填充了数据，效果如图7-243所示。

	A	B	C	D	E
1	商品报价单				
2	公司名称：XX电子有限公司			2018年1月16日	
3	产品编号	产品名称	品牌	单价	
4	01				
5	02				
6	03				
7	04				
8	05				
9	06				
10					

图7-243 填充单元格数据的效果

STEP 05：在相应单元格中输入表格项目后，选择D4:D9单元格区域，切换至“开始”选项卡，在“数字”选项组中单击“会计数字格式”右侧的下三角按钮，在展开的下拉列表中选择“中文（中国）”选项，如图7-244所示。

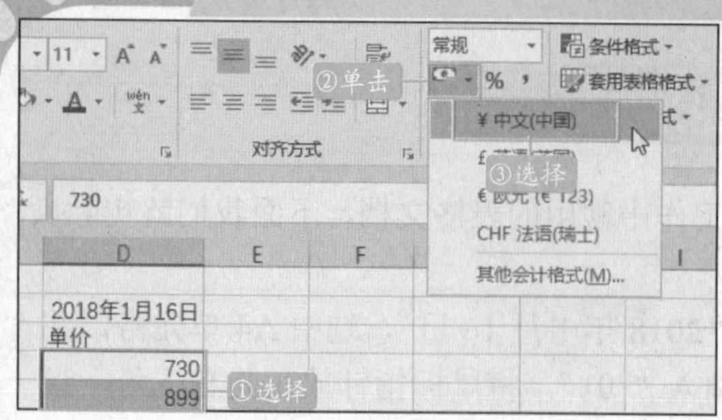

图 7-244　选择会计数据格式

STEP 06：在相应单元格中输入表格项目后，选择A1:D1单元格区域，在“对齐方式”选项组中单击“合并后居中”按钮，如图7-245所示。

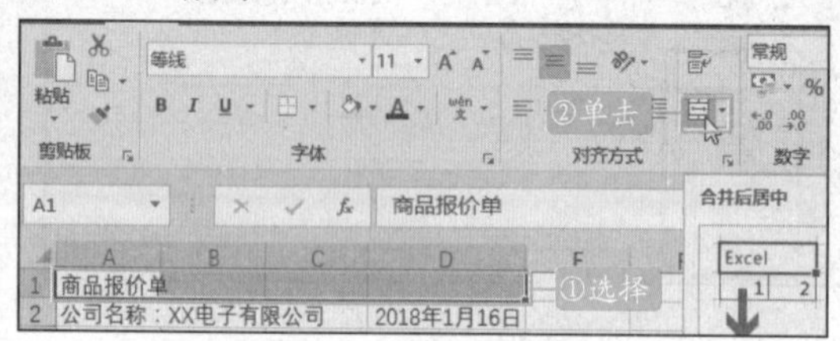

图 7-245　合并单元格

STEP 07：选中单元格区域合并为一个单元格，其文本居中显示，继续对A2:C2单元格区域进行合并。然后选择A3:D9单元格区域，在“开始”选项卡下的“单元格”选项组中，单击“格式”右侧下拉按钮，选择“行高”选项，如图7-246所示。

图 7-246　选择“行高”选项

STEP 08：弹出“行高”对话框，输入行高值为“20”，单击“确定”按钮，如图7-247所示。

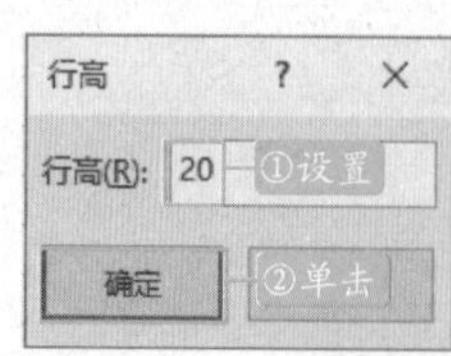

图 7-247　设置行高值

STEP 09：返回工作表，选中的单元格行高得到调整，用此方法对列宽值进行调整，如图7-248所示。

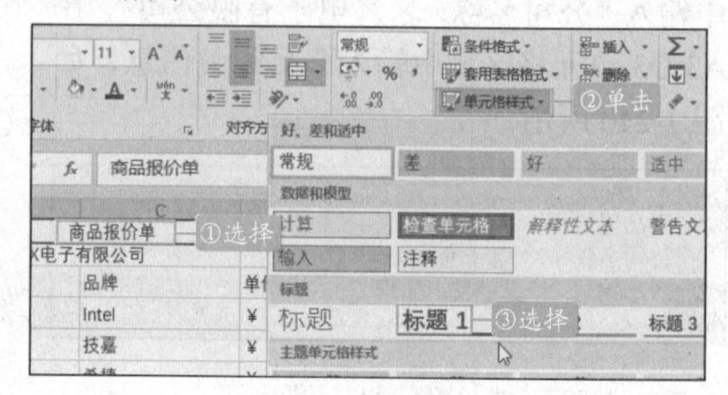

	A	B	C	D	E
1	商品报价单				
2	公司名称：XX电子有限公司			2018年1月16日	
3	产品编号	产品名称	品牌	单价	
4	01	CPU	Intel	¥ 730.00	
5	02	主板	技嘉	¥ 899.00	
6	03	硬盘	希捷	¥ 335.00	
7	04	显示器	三星	¥ 1,249.00	
8	05	机箱	航嘉	¥ 178.00	
9	06	电源	航嘉	¥ 328.00	
10					

图 7-248　调整列宽

STEP 10：选中A1单元格区域，在“样式”选项组中单击“单元格样式”下拉按钮，在展开的样式库中选择“标题”样式，如图7-249所示。

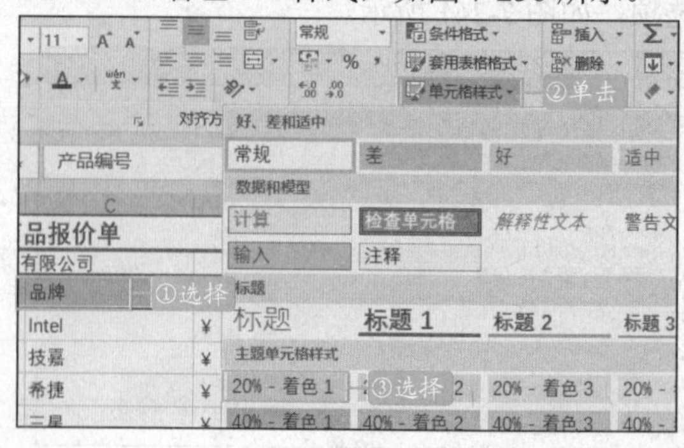

图 7-249　选择“标题”样式

STEP 11：返回工作表中，所选单元格就应用了标题单元格样式。选择A3:D3单元格区域，在“样式”选项组中单击“单元格样式”下拉按钮，在展开的样式库中选择“浅蓝，20%-着色1”样式，如图7-250所示。

图 7-250　选择主题单元格样式

STEP 12：选择A3:D9单元格区域，单击“套用表格格式”下拉按钮，然后选择样式，如图 7-251 所示。

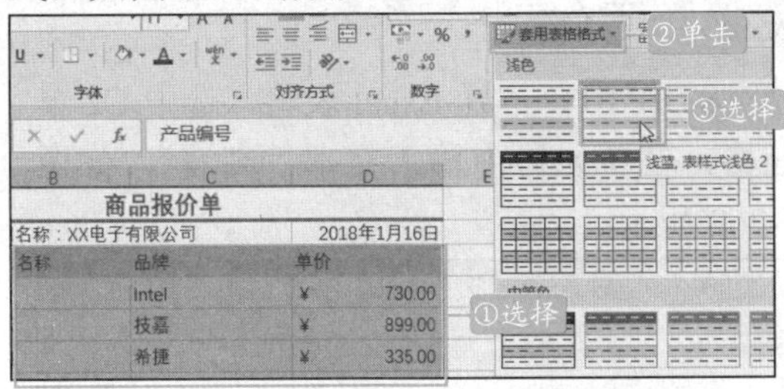

图 7-251　选择套用表格样式

STEP 13：弹出“套用表格式”对话框，勾选“表包含标题”复选框，单击“确定”按钮，如图 7-252 所示。

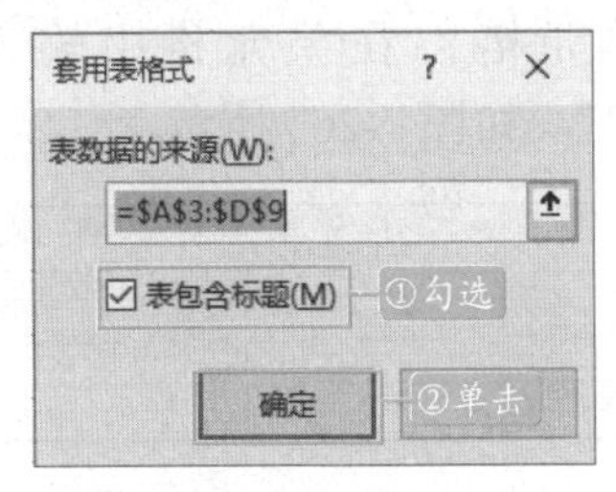

图 7-252　设置表数据的来源

STEP 14：此时所选单元格区域就应用了用户所选的表格格式。右击“Sheet1”工作表标签，在弹出的快捷键菜单中单击“重命名”命令，如图 7-253 所示。

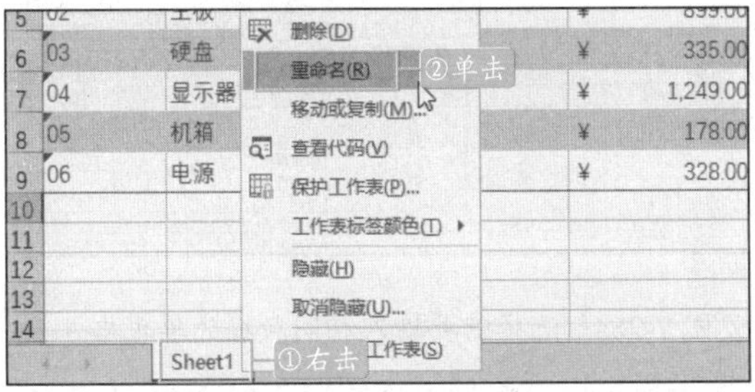

图 7-253　单击“重命名”命令

STEP 15：输入“商品报价单”，此时“Sheet1”工作表标签命名为“商品报价单”，如图 7-254 所示。

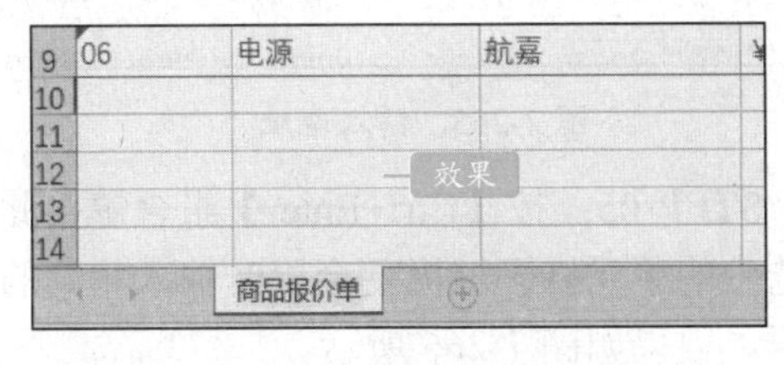

图 7-254　重命名后的工作表标签效果

7.9.2 制作“员工考勤表”

员工考勤表是在办公中最常用的文秘表格，记录员工每天的出勤情况，也是计算员工工资的一种参考依据。考勤表包括了每个工作日的迟到、早退、旷工、病假、休假等信息。下面将介绍如何制作一个简单的员工考勤表。

STEP 01：打开 Excel 2016，新建一个工作簿，在 A1 单元格中输入“2018 年 1 月考勤表”，如图 7-255 所示。

图 7-255　输入内容

STEP 02：在工作表中输入下图内容，如图 7-256 所示。

	A	B	C	D	E
1	2018年1月考勤表				
2	姓名	时间	出勤情况		
3			1		
4					

图 7-256　继续输入内容

STEP 03：分别合并单元格 A2:A3 和 B2:B3，然后选择 C3 单元格，向右填充至数字 31，即 AG 列，如图 7-257 所示。

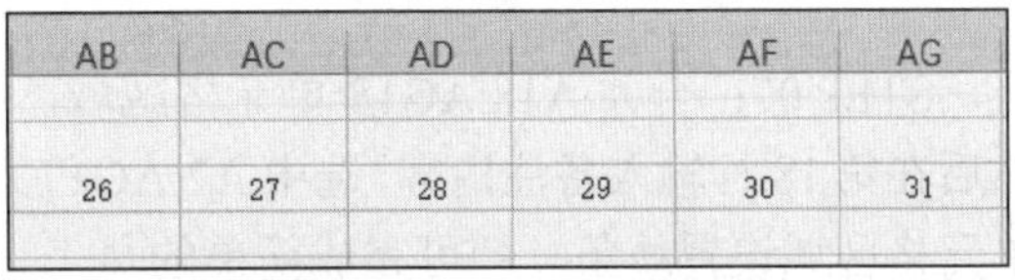

AB	AC	AD	AE	AF	AG
26	27	28	29	30	31

图 7-257　填充数字

STEP 04：分别合并单元格 A1：AG1 和 C2：AG2，然后选择 C2:AG3 单元格区域，将其列宽设置为“自动调整列宽”，如图 7-258 所示。

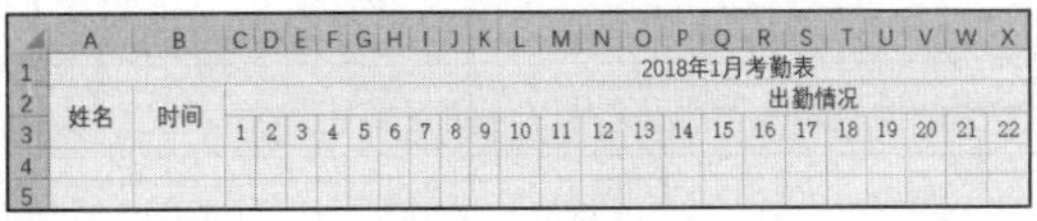

图 7-258　调整列宽

初识 Office
Word 基本操作
文档排版美化
文档图文混排
表格图表使用
文档高级编辑
Excel 基本操作
数据分析处理
分式函数使用
Excel 图表使用
PPT 基本操作
幻灯片的美化
PPT 动画与放映
Office 协同应用

STEP 05：合并 A4:A5 单元格区域，并拖曳合并后的 A4 单元格向下填充至第 17 行，如图 7-259 所示。

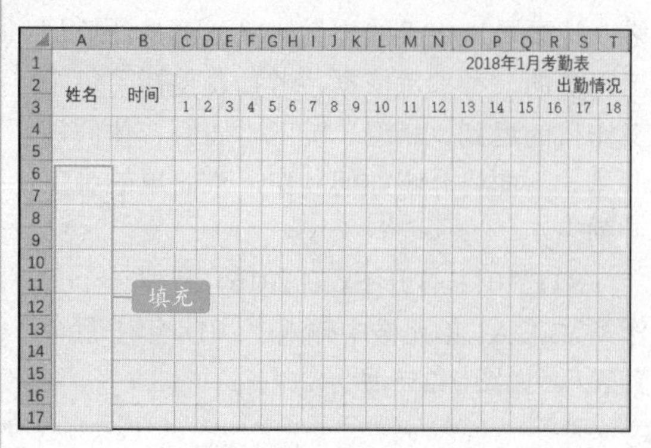

图 7-259　填充单元格

STEP 06：在 A 列输入员工姓名，然后分别在 B4 和 B5 单元格中输入“上午”和“下午”，并使用填充柄向下填充，如图 7-260 所示。

2018年1月考勤表																			
姓名	时间	出勤情况																	
		1	2	3	4	5	6	7	8	9	10	11	12	13	14	15	16	17	.18
张 三	上午																		
	下午																		
李小小	上午																		
	下午																		
高 波	上午																		
	下午																		
刘 志	上午																		
	下午																		
王 鹏	上午																		
	下午																		
黄海龙	上午																		
	下午																		
杨晓伟	上午																		
	下午																		

图 7-260　输入内容

STEP 07：合并 A18:AG18 单元格区域，然后在第 18 行输入备注内容，选中 A2:AG17 单元格区域设置线条，即可完成简单的员工考勤表，如图 7-261 所示，最后保存为“员工考勤表”。

2018年1月考勤表																																
姓名	时间	出勤情况																														
		1	2	3	4	5	6	7	8	9	10	11	12	13	14	15	16	17	18	19	20	21	22	23	24	25	26	27	28	29	30	31
张 三	上午																															
	下午																															
李小小	上午																															
	下午																															
高 波	上午																															
	下午																															
刘 志	上午																															
	下午																															
王 鹏	上午																															
	下午																															
黄海龙	上午																															
	下午																															
杨晓伟	上午																															
	下午																															
备注：上班√　病例（病）　事例（事）																																

图 7-261　制作好的“员工考勤表”效果

7.9.3　录入员工档案

STEP 01：打开 Excel 表格，选中 C2 单元格，在单元格中输入文本“高波”，如图 7-262 所示。

员工档案登记表				
姓　　名	高波	输入		出生年月
户口所在地		婚　否		身　高
身份证号码		籍　贯		民　族
毕 业 学 校		学　历		毕业时间
部门		职　称		政治面貌

图 7-262　输入内容

STEP 02：按【Enter】键完成输入，选中 H2 单元格，在单元格中输入日期“1989/6/3”，如图 7-263 所示。

员工档案登记表						
姓　　名	高波	性　别		出生年月	1989/6/3	输入
户口所在地		婚　否		身　高		近
身份证号码		籍　贯		民　族		
毕 业 学 校		学　历		毕业时间		照
部门		职　称		政治面貌		
户口所在地				家庭地址		

图 7-263　输入日期

STEP 03：按【Enter】键完成输入，继续输入其他的内容。按住【Ctrl】键不放，同时选中需要输入相同数据的 C7 和 H7 单元格，如图 7-264 所示。

员工档案登记表						
姓　　名	高波	性　别		出生年月	1989/6/3	
户口所在地		婚　否		身　高		近
身份证号码		籍　贯		民　族		
毕 业 学 校		学　历		毕业时间		照
部门		职　称		政治面貌		
户口所在地				家庭地址		
家庭固定电话		移动电话		目前待遇		
对本企业要求				希望待遇		
与原单位关系				人员类别	□失业□待业□下岗□在职□其他	

图 7-264　选择需要输入相同数据的单元格

STEP 04：在 H7 单元格中输入地址“郑州市金水区”，如图 7-265 所示。

员工档案登记表						
姓　　名	高波	性　别		出生年月	1989/6/3	
户口所在地		婚　否		身　高		近
身份证号码		籍　贯		民　族	输入	
毕 业 学 校		学　历		毕业时间		照
部门		职　称		政治面貌		
户口所在地				家庭地址	郑州市金水区	
家庭固定电话		移动电话		目前待遇		
对本企业要求				希望待遇		
与原单位关系				人员类别	□失业□待业□下岗□在职□其他	

图 7-265　输入地址

STEP 05：按【Ctrl+Enter】组合键，此时选中的单元格区域内便会同时输入相同的数据，效果如图 7-266 所示。

图 7-266　输入相同数据的效果

STEP 06：选中整个数据区域，在列号上右击鼠标，在弹出的快捷菜单中单击“设置单元格格式”命令，如图 7-267 所示。

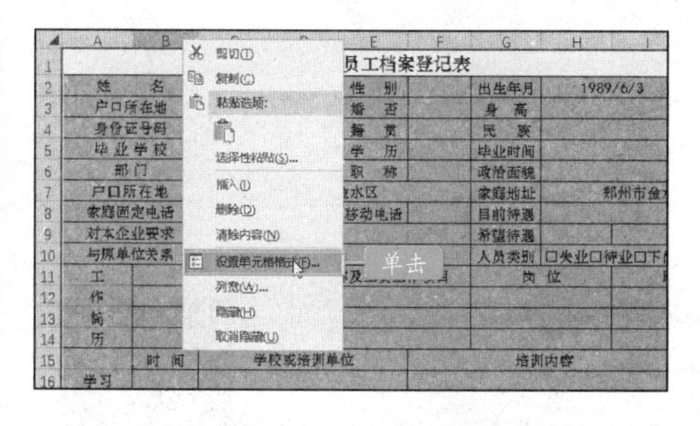

图 7-267　单击“设置单元格格式”命令

STEP 07：弹出“设置单元格格式”对话框，切换到“对齐”选项卡，在“文本控制”选项组中勾选“自动换行”复选框，如图 7-268 所示。

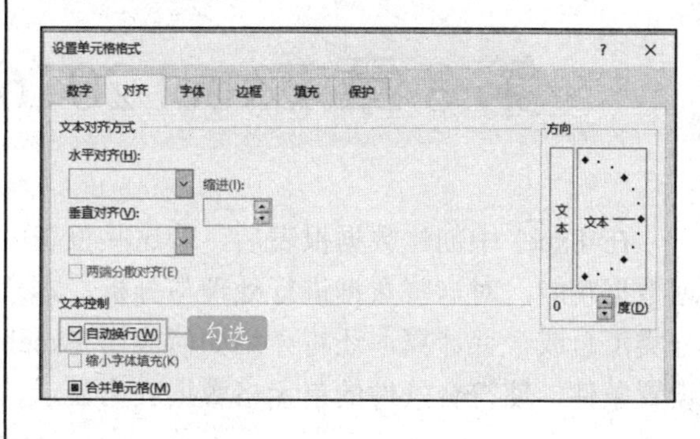

图 7-268　设置自动换行

STEP 08：单击“确定”按钮，工作表中某些单元格的内容根据单元格的长度自动进行换行显示，如图 7-269 所示。

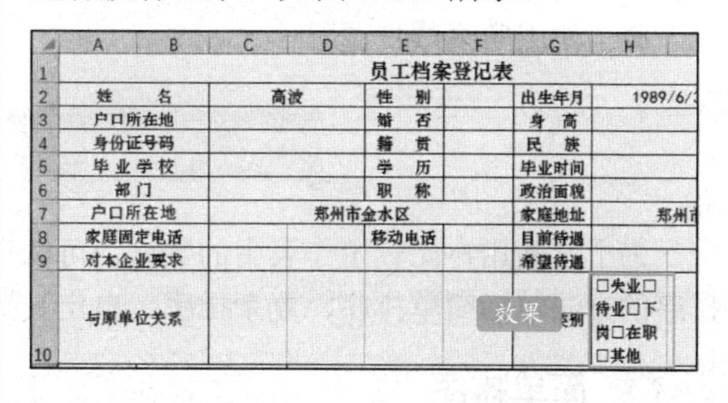

图 7-269　单元格换行显示的效果

笔记本

第 8 章 Excel 2016 数据分析与处理

在 Excel 中创建数据报表后，若这些报表中含有大量统计数据，用户可以使用 Excel 的管理数据功能，对这些数据进行处理与分析。本章将介绍如何利用 Excel 对数据进行排序、筛选分类汇总或合并计算，还将介绍如何应用 Excel 的条件格式功能为工作表中的某些单元格区域设置条件，使符合条件的单元格数据突出显示，使想要查看的数据更加醒目，便于查找。

本章知识要点

- 对数据进行排序
- 综合统计与分析数据透视表
- 使用数据透视表
- 使用数据透视图

8.1 对数据进行排序

扫码观看本节视频

为了方便用户比较工作表中的数据，可以先对数据进行排序。对数据进行排序的方法包括简单排序、复杂排序、自定义排序和其他排序。

8.1.1 简单排序

简单排序是按照 Excel 默认的升序或降序规律对数据进行排序的方法，排序条件单一，操作方法简单，具体操作如下：

1.在“数据”选项卡下进行排序

STEP 01：打开“销售统计表”工作簿，选中要进行排序列的任意单元格，切换至“数据”选项卡，单击“排序和筛选”选项组中的“降序”按钮，如图 8-1 所示。

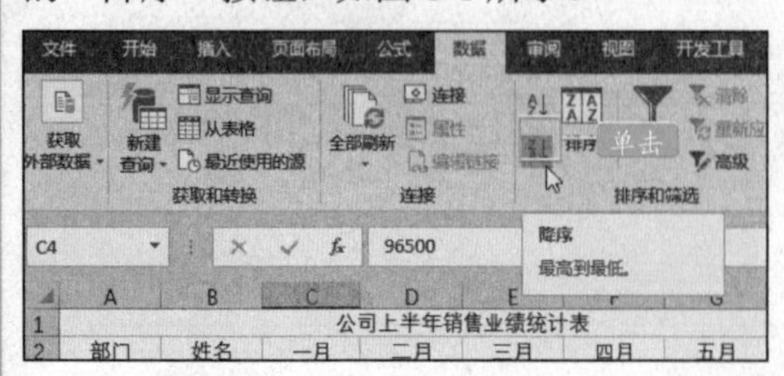

图 8-1　单击“降序”按钮

STEP 02：此时可以看到 C 列的数据已经按照从大到小的顺序进行排列了，如图 8-2 所示。

	A	B	C	D	E	F	G	H
1			公司上半年销售业绩统计表					
2	部门	姓名	一月	二月	三月	四月	五月	六月
3	销售二部	杨晓伟	97500	76000	72300	92300	84500	78000
4	销售三部	杨鹏	97500	69550	90600	78500	89500	79900
5	销售一部	李佳	96500	82500	75500	87000	92300	78000
6	销售二部	黄海龙	93050	85500	77200	81300	95060	86070
7	销售二部	刘志	87500	63500	90500	97000	69500	99000
8	销售一部	刘月兰	80500	96000	72800	76000	76200	82100
9	销售三部	李娜娜	79500	93500	85900	90300	88000	95800
10	销售三部	唐艳菊	69900	98600	86800	91200	95000	85050

图 8-2　排序好的效果

2.在“开始”选项卡下进行排序

用户可以选中要进行排序列的任意单元格，在“开始”|“编辑”选项组中单击“排序和筛选”下拉按钮，在下拉列表中选择“升序”或“降序”选项，对数据进行相应的排序操作，如图 8-3 所示。

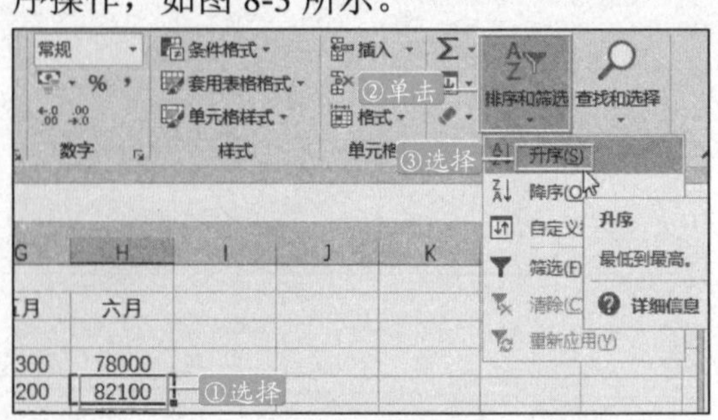

图 8-3　使用“开始”选项卡排序

8.1.2 复杂排序

在 Excel 中对数据进行排序时，除了可以按照升序或降序进行简单排序外，用户还可以按照多条件进行复杂排序，具体操作如下：

STEP 01：打开“销售统计表”工作簿，切换至“数据”选项卡，单击“排序和筛选”选项组中的“排序”按钮，如图 8-4 所示。

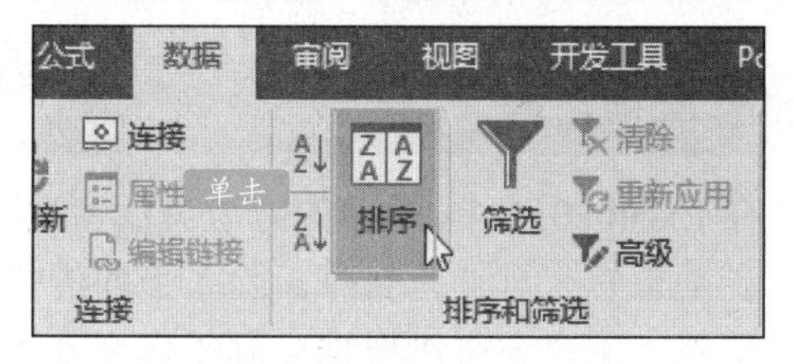

图 8-4　单击“排序”按钮

STEP 02：弹出“排序”对话框，设置“主要关键字”“排序依据”和“次序”等排列条件，如图 8-5 所示。

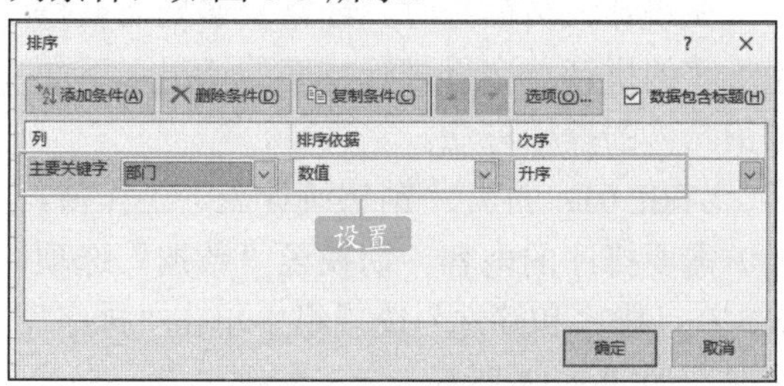

图 8-5　设置第一排序参数

STEP 03：单击“添加条件”按钮，然后继续设置次要关键字的排序条件，如图 8-6 所示。

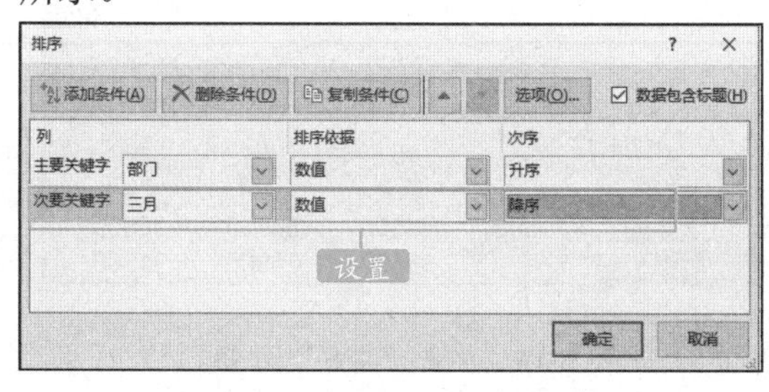

图 8-6　设置第二排序参数

STEP 04：单击“确定”按钮，返回工作表中查看对“部门”和“三月”列进行排序的结果，如图 8-7 所示。

	A	B	C	D	E	F	G	H
1	公司上半年销售业绩统计表							
2	部门	姓名	一月	二月	三月	四月	五月	六月
3	销售二部	刘志	87500	63500	90500	97000	69500	99000
4	销售二部	黄海龙	93050	85500	77200	81300	95060	86070
5	销售二部	杨晓伟	97500	76000	72300	92300	84500	78000
6	销售三部	杨鹏	97500	69550	90600	78500	89500	79900
7	销售三部	唐艳菊	69900	98600	86800	91200	95000	85050
8	销售三部	李娜娜	79500	93500	85900	90300	88000	95800
9	销售一部	李佳	96500	82500	75500	87000	92300	78000
10	销售一部	刘月兰	80500	96000	72800	76000	76200	82100

图 8-7　按条件排序好的效果

8.1.3 自定义排序

在排序时，如果需要按照特定的类别顺序进行排序，用户可以创建自定义序列，按照自定义的序列进行数据的排序，具体操作如下：

STEP 01：打开工作表，选择需要排序的任意单元格，切换至“数据”选项卡，单击“排序和筛选”选项组中的“排序”按钮，如图 8-8 所示。

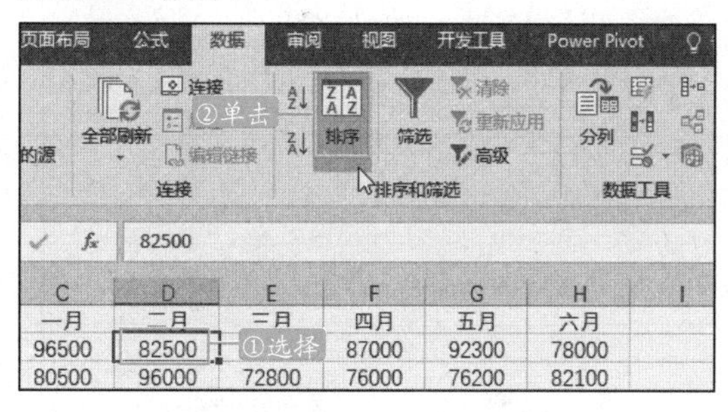

图 8-8　单击“排序”按钮

STEP 02：弹出“排序”对话框，在“次序”下拉列表中单击“自定义序列”选项，如图 8-9 所示。

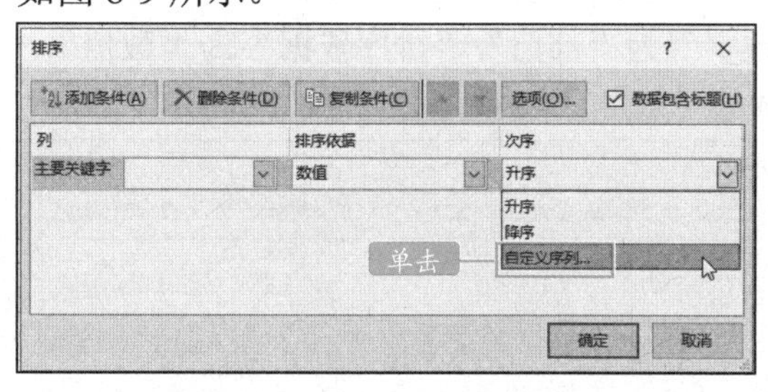

图 8-9　单击“自定义序列”选项

STEP 03：弹出“自定义序列”对话框，在“输入序列”文本框中输入自定义的序列，各序列之间用英文半角状态下的逗号隔开，单击“添加”按钮，如图 8-10 所示。

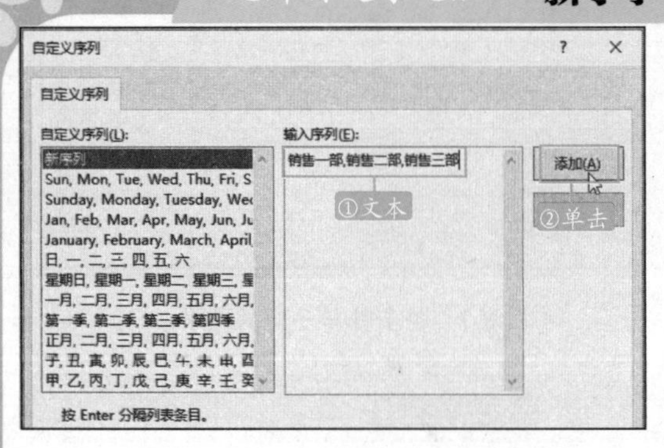

图 8-10　设置自定义序列内容

STEP 04：此时在“自定义序列”列表中显示自定义的序列内容，单击“确定”按钮，如图 8-11 所示。

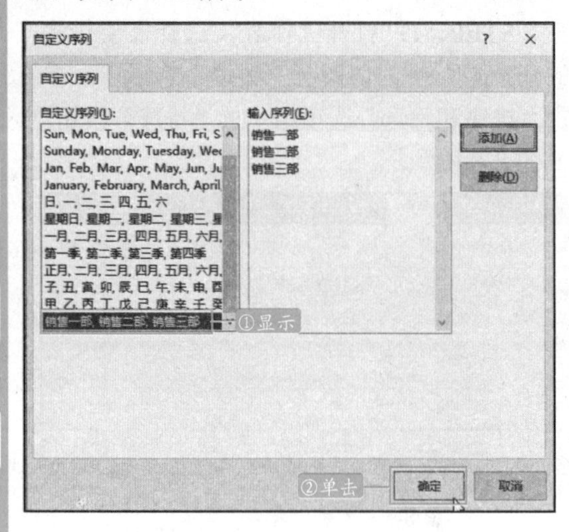

图 8-11　显示自定义序列

STEP 05：返回到“排序”对话框，系统自动显示了自定义的次序，设置“主要关键字”为“部门”，“排序依据”为“数值”，单击“确定”按钮，如图 8-12 所示。

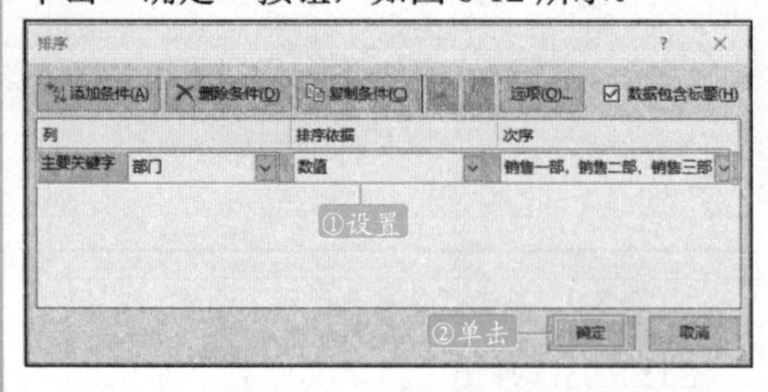

图 8-12　设置排序参数

STEP 06：返回工作表，可以看到 A 列单元格中的“部门”根据自定义的序列顺序排列，如图 8-13 所示。

	A	B	C	D	E	F	G	H
1	公司上半年销售业绩统计表							
2	部门	姓名	一月	二月	三月	四月	五月	六月
3	销售一部	李佳	96500	82500	75500	87000	92300	78000
4	销售一部	刘月兰	80500	96000	72800	76000	76200	82100
5	销售二部	杨晓伟	97500	76000	72300	92300	84500	78000
6	销售二部	刘志	87500	63500	90500	97000	69500	99000
7	销售二部	黄海龙	93050	85500	77200	81300	95060	86070
8	销售三部	唐艳菊	69900	98600	86800	91200	95000	85050
9	销售三部	李娜娜	79500	93500	85900	90300	88000	95800
10	销售三部	杨鹏	97500	69550	90600	78500	89500	79900
11								
12								
13								
14								

图 8-13　自定义序列排序效果

8.1.4 其他排序

在 Excel 2016 中，排序的方法灵活多变，可以说是想怎么排就怎么排。除了上面的排序方法外，用户还可以根据实际工作需要按颜色、按行、按拼音首字母进行排序，具体操作如下：

1.按拼音首字母排序

在统计人员信息时，经常会遇到需要按照汉字的拼音首字母进行排序的情况，下面介绍具体的操作方法。

STEP 01：打开“销售统计表”工作簿，选中需要排序的内容，切换至“数据”选项卡，在“排序和筛选”选项组中单击“排序”按钮，如图 8-14 所示。

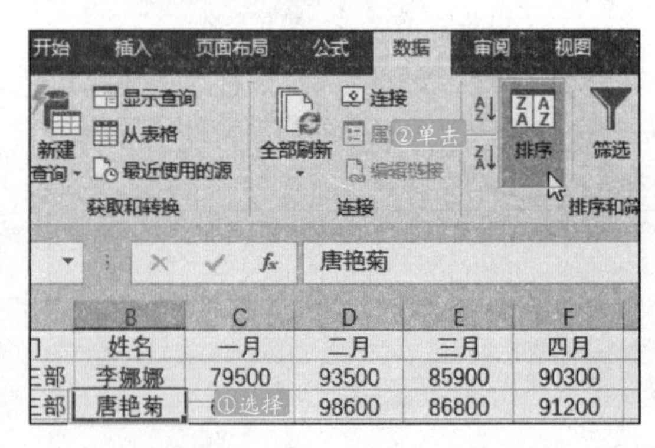

图 8-14　单击“排序”按钮

STEP 02：弹出“排序”对话框，将“主要关键字”设置为“姓名”，将“次序”设置为“升序”，单击“选项”按钮，如图 8-15 所示。

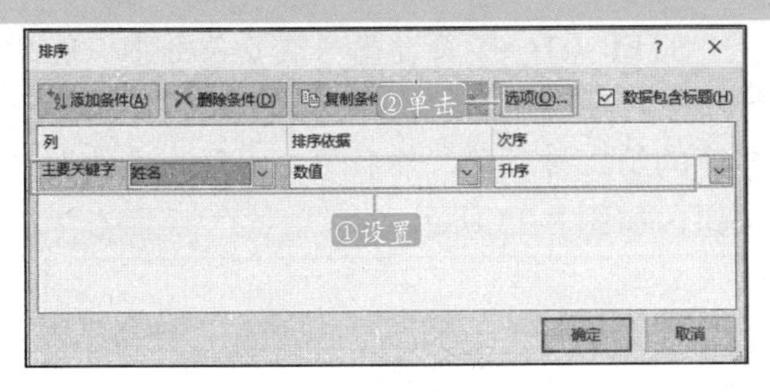

图 8-15　设置排序参数

STEP 03：弹出“排序选项”对话框，在“方法”区域中选中“字母排序”单选按钮，单击“确定”按钮，如图 8-16 所示。

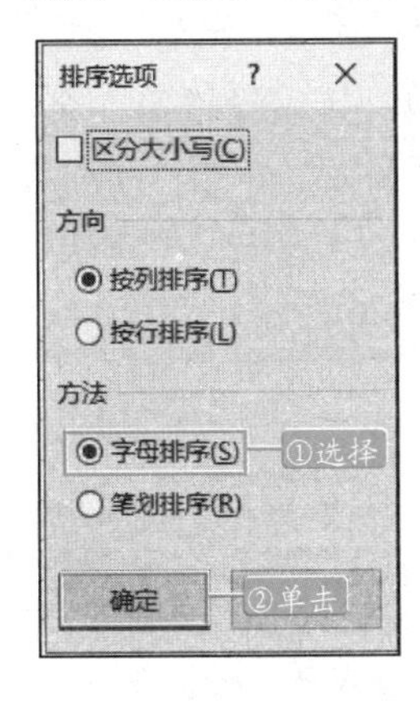

图 8-16　“排序选项”对话框

STEP 04：返回“排序”对话框，重新确认“主要关键字”为“姓名”后，单击“确定”按钮，如图 8-17 所示。

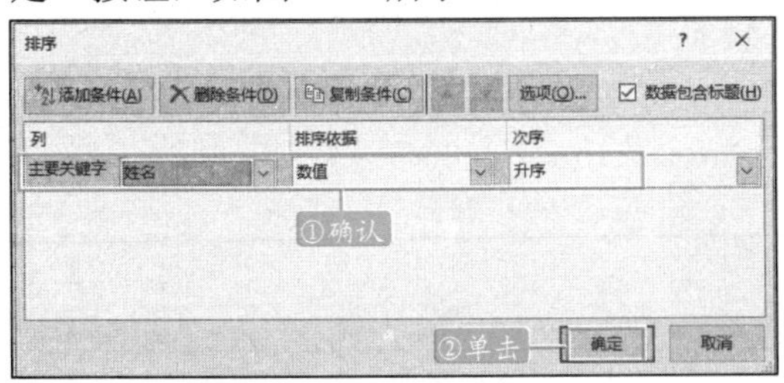

图 8-17　确认排序参数

STEP 05：返回工作表中，可以看到“姓名”列的数据已经按照汉字的拼音首字母进行升序排序了，如图 8-18 所示。

	A	B	C	D	E	F	G	H
2	部门	姓名	一月	二月	三月	四月	五月	六月
3	销售二部	黄海龙	93050	85500	77200	81300	95060	86070
4	销售一部	李佳	96500	82500	75500	87000	92300	78000
5	销售三部	李娜娜	79500	93500	85900	90300	88000	95800
6	销售一部	刘月兰	80500	96000	72800	76000	76200	82100
7	销售二部	刘志	87500	63500	90500	97000	69500	99000
8	销售三部	唐艳菊	69900	98600	86800	91200	95000	85050
9	销售三部	杨鹏	97500	69550	90600	78500	89500	79900

图 8-18　按拼音首字母排序效果

2.按汉字笔画排序

在制作包含姓氏内容的工作表时，一般是按照字母顺序对姓氏进行排序，用户也可以根据需要按照汉字笔画排列姓氏，具体操作如下：

STEP 01：打开“销售统计表”工作簿，选中需要排序列中的内容，切换至“数据”选项卡，在“排序和筛选”选项组中单击“排序”按钮，如图 8-19 所示。

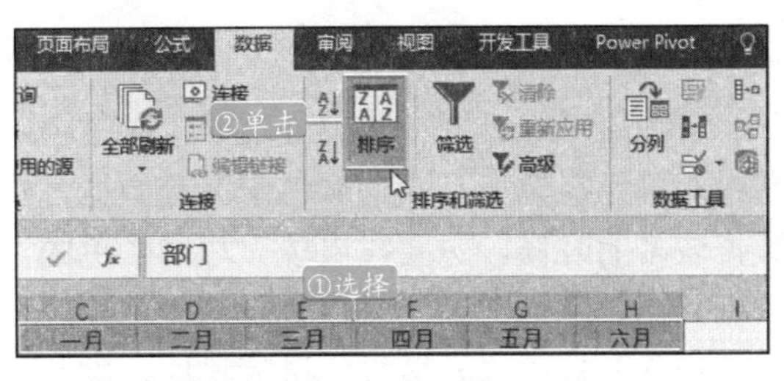

图 8-19　单击“排序”按钮

STEP 02：弹出“排序”对话框，将“主要关键字”设置为“姓名”，将“次序”设置为“升序”，单击“选项”按钮，如图 8-20 所示。

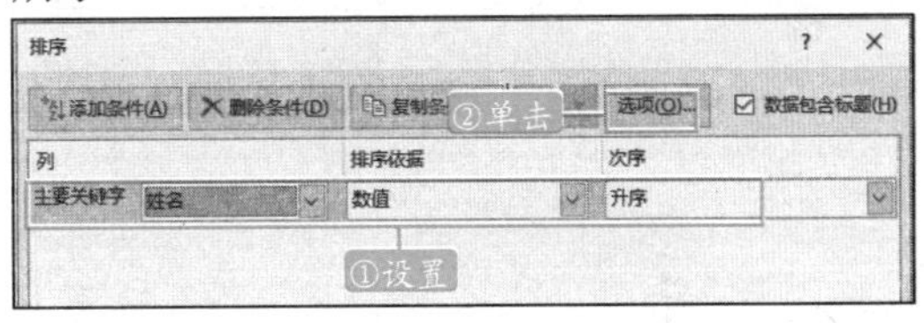

图 8-20　设置排序参数

STEP 03：在弹出对话框的“方法”选项区域中选中“笔划排序”单选按钮，单击“确定”按钮，再次单击“确定”按钮，如图 8-21 所示。

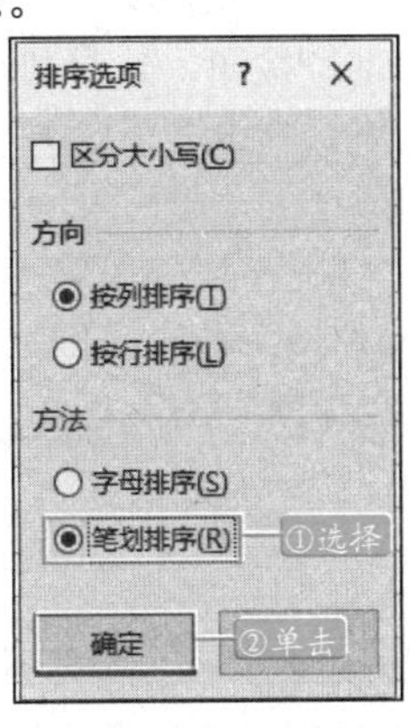

图 8-21　“排序选项”对话框

STEP 04：执行上述操作后返回工作表，可以看到“姓名”列中的单元格已经按汉字笔画进行升序排列了，如图 8-22 所示。

	A	B	C	D	E	F	G	H
2	部门	姓名	一月	二月	三月	四月	五月	六月
3	销售一部	刘月兰	80500	96000	72800	76000	76200	82100
4	销售二部	刘志	87500	63500	90500	97000	69500	99000
5	销售一部	李佳	96500	82500	75500	87000	92300	78000
6	销售三部	李娜娜	79500	93500	85900	90300	88000	95800
7	销售二部	杨晓伟	97500	76000	72300	92300	84500	78000
8	销售三部	杨鹏	97500	69550	90600	78500	89500	79900
9	销售三部	唐艳菊	69900	98600	86800	91200	95000	85050
10	销售二部	黄海龙	93050	85500	77200	81300	95060	86070

图 8-22 按笔画排序的效果

3.按单元格颜色排序

在使用 Excel 进行数据处理时，经常会通过对单元格填充不同的颜色来区分数据，数据较多的时候，想要找出填充相同颜色的数据就比较麻烦，工作量较大。这时用户可以根据需要按照单元格颜色进行排序，具体操作如下：

STEP 01：打开原始工作簿，然后切换至“数据”选项卡，在“排序和筛选”选项组中单击“排序”按钮，如图 8-23 所示。

	A	B	C	D	E	F	G	H
1	公司上半年销售业绩统计表							
2	部门	姓名	一月	二月	三月	四月	五月	六月
3	[illegible]	[illegible]	[illegible]	82500	75500	87000	92300	78000
4	[illegible]	[illegible]	[illegible]	96000	72800	76000	76200	82100

图 8-23 单击“排序”按钮

STEP 02：弹出“排序”对话框，设置“主要关键字”为“部门”，单击“排序依据”下拉按钮，选择“单元格颜色”选项，然后单击“次序”下拉按钮，选择排序的第一种颜色后，单击“复制条件”按钮，如图 8-24 所示。

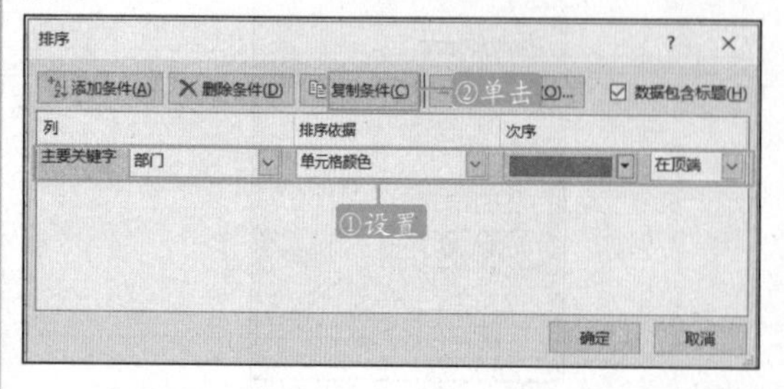

图 8-24 设置排序主要关键字的相关参数

STEP 03：接着设置“次要关键字”的排序条件后，单击“次序”下拉按钮，选择排序的第二种颜色，然后单击“复制条件”按钮，如图 8-25 所示。

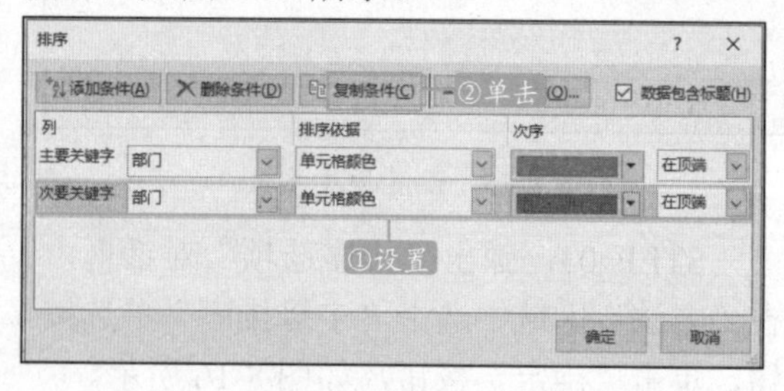

图 8-25 设置排序次要关键字的相关参数

STEP 04：接着设置第二个“次要关键字”的排序条件后，单击“次序”下拉按钮，选择排序的第三种颜色，然后单击“确定”按钮，如图 8-26 所示。

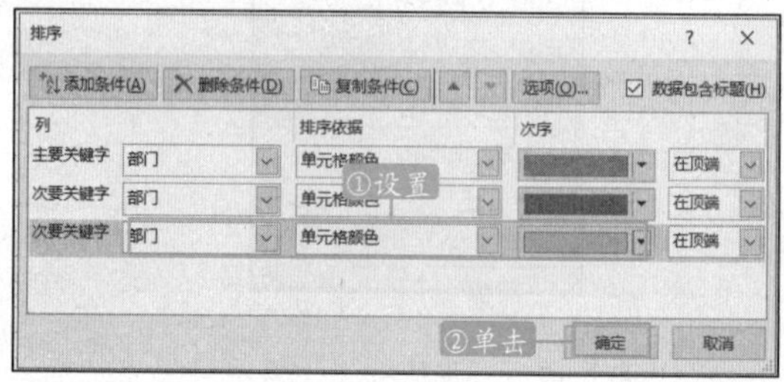

图 8-26 设置排序第二次要关键字的相关参数

STEP 05：返回工作表中，查看按设定条件的单元格颜色进行排序后的效果，如图 8-27 所示。

	A	B	C	D	E	F	G	H
2	部门	姓名	一月	二月	三月	四月	五月	六月
3	销售二部	杨晓伟	97500	76000	72300	92300	84500	78000
4	销售二部	刘志	87500	63500	90500	97000	69500	99000
5	销售二部	黄海龙	93050	85500	77200	81300	95060	86070
6	销售一部	李佳	96500	82500	75500	87000	92300	78000
7	销售一部	刘月兰	80500	96000	72800	76000	76200	82100
8	销售三部	李娜娜	79500	93500	85900	90300	88000	95800
9	销售三部	唐艳菊	69900	98600	86800	91200	95000	85050
10	销售三部	杨鹏	97500	69550	90600	78500	89500	79900

图 8-27 按单元格颜色排序后的效果

8.1.5 删除重复值

删除重复值是指工作中某一行中的所有值与另一行中的所有值完全匹配的值，用户可逐一查找数据表中的重复数据，然后按【Delete】键将其删除。不过，此方法仅是用于数据记录较少的工作表，对于数据量庞大的工作表而言，则可采用 Excel 提供的删除重复项功能快速完成此操作，具体操作如下：

STEP 01：打开原始文件，选择 A2:H11 单元格区域，切换至“数据”选项卡，单击“数据工具”选项组中的“删除重复项”按钮，如图 8-28 所示。

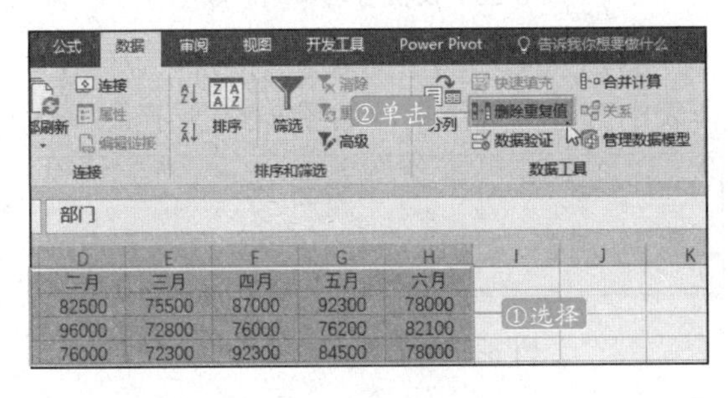

图 8-28 单击“删除重复项”按钮

STEP 02：弹出“删除重复项”对话框，勾选“数据包含标题”复选框，此时在列表框中显示出每列中包含的标题，并自动全部被选中，单击“确定”按钮，如图 8-29 所示。

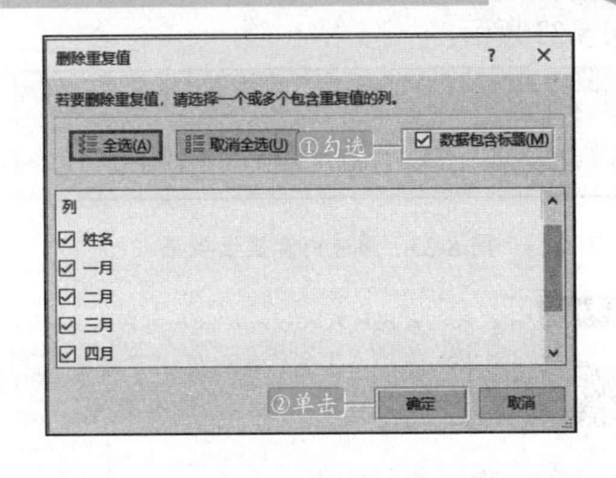

图 8-29 设置“删除重复项”

STEP 03：弹出提示对话框，提示用户“发现了 1 个重复值，已将其删除；保留了 8 个唯一值”，然后单击“确定”按钮，完成删除，如图 8-30 所示。

图 8-30 删除重复值提示框

8.2 筛选数据

扫码观看本节视频

要在一个包含有大量数据的工作表中快速找到指定的数据，筛选功能就显得尤为重要。筛选数据分为自动筛选、根据特定条件筛选和高级筛选三种类型。

8.2.1 使用自动筛选

自动筛选是最简单的筛选方法，只需在筛选下拉列表中选择筛选的内容即可，具体操作如下：

STEP 01：打开原始文件，选择 A2:H2 单元格区域，切换至“数据”选项卡，单击“排序和筛选”选项组中的“筛选”按钮，如图 8-31 所示。

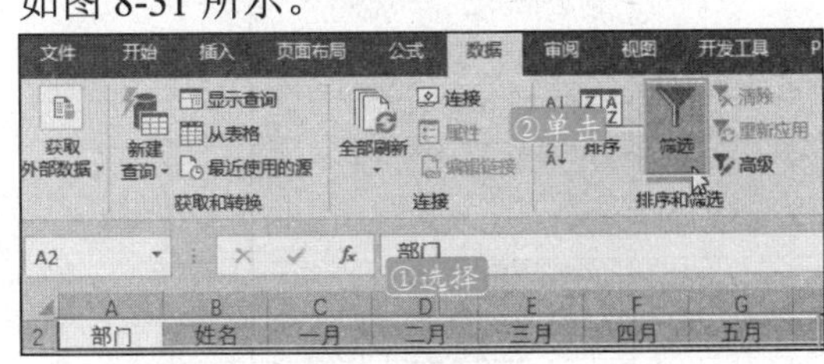

图 8-31 单击“筛选”按钮

STEP 02：此时字段右下方显示出筛选按钮，单击 A2 单元格右侧的筛选按钮，展开下拉列表，在列表框中勾选“销售三部”复选框，如图 8-32 所示。

图 8-32 选择筛选内容

STEP 03：单击“确定”按钮后，筛选出所有部门为“销售三部”的数据统计，如

图 8-33 所示。

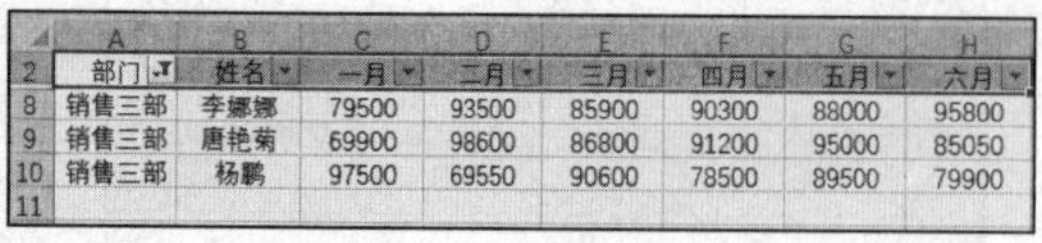

	A	B	C	D	E	F	G	H
2	部门	姓名	一月	二月	三月	四月	五月	六月
8	销售三部	李娜娜	79500	93500	85900	90300	88000	95800
9	销售三部	唐艳菊	69900	98600	86800	91200	95000	85050
10	销售三部	杨鹏	97500	69550	90600	78500	89500	79900
11								

图 8-33　筛选内容显示效果

◆◆提示

在 Excel 2016 中，筛选列表中提供了搜索文本框，简单的筛选使用搜索文本框将更为方便。

8.2.2 自定义筛选

使用 Excel 的自定义筛选方法，用户可以更加灵活地筛选数据，具体操作如下：

STEP 01：打开原始文件，选中工作表的任意单元格，切换至“数据”选项卡，单击“排序和筛选”选项组中的“筛选”按钮，如图 8-34 所示。

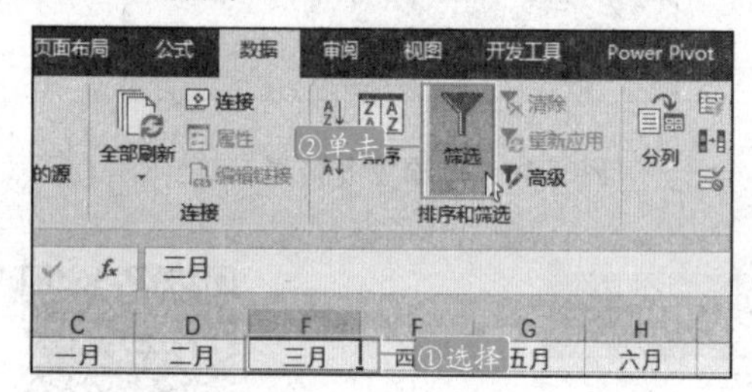

图 8-34　单击“筛选”按钮

STEP 02：单击“三月”字段右侧的下拉按钮，然后选择“数字筛选”|“自定义筛选”选项，如图 8-35 所示。

图 8-35　选择“自定义筛选”选项

STEP 03：打开“自定义自动筛选方式”对话框，在“三月”选项区域中，单击第一个下拉按钮，选择“大于”选项，在后面的数值框中输入 80000，如图 8-36 所示。

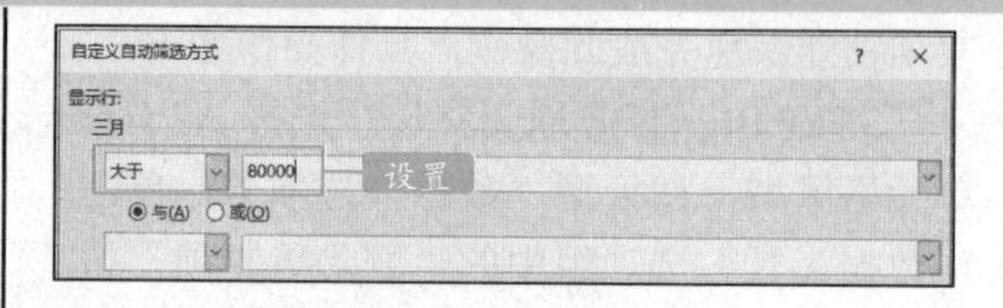

图 8-36　设置自动筛选参数

STEP 04：单击“确定”按钮，返回工作表中查看筛选结果，如图 8-37 所示。

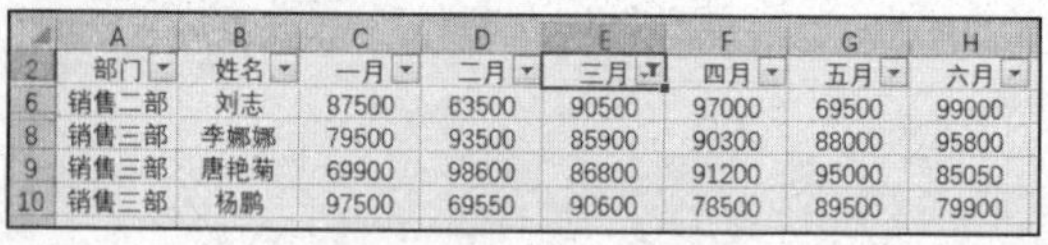

	A	B	C	D	E	F	G	H
2	部门	姓名	一月	二月	三月	四月	五月	六月
6	销售二部	刘志	87500	63500	90500	97000	69500	99000
8	销售三部	李娜娜	79500	93500	85900	90300	88000	95800
9	销售三部	唐艳菊	69900	98600	86800	91200	95000	85050
10	销售三部	杨鹏	97500	69550	90600	78500	89500	79900

图 8-37　查看筛选结果

8.2.3 高级筛选

在遇到筛选条件更加复杂的情况时，用户可以使用 Excel 的高级筛选功能，不仅可以设置更复杂的筛选条件，还可以将筛选结果输出到指定的位置，具体操作如下：

STEP 01：打开 Excel 文件，首先在工作表合适的位置输入筛选条件。然后在“数据”选项卡下，单击“排序和筛选”选项组中的“高级”按钮，如图 8-38 所示。

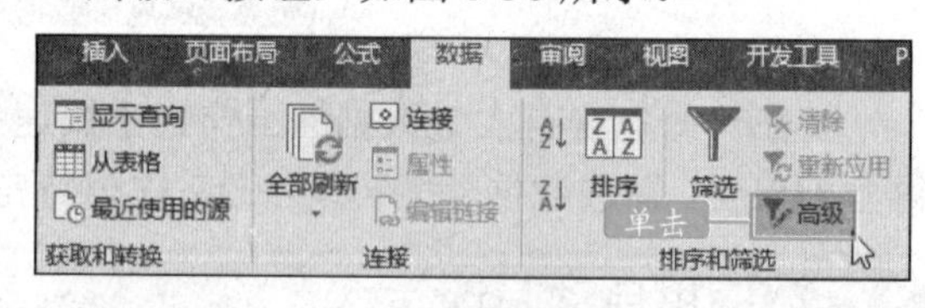

图 8-38　单击“排序和筛选”组中的“高级”按钮

STEP 02：在弹出的“高级筛选”对话框中，保持“列表区域”中的默认位置，单击“条件区域”右侧的单元格引用按钮，如图 8-39 所示。

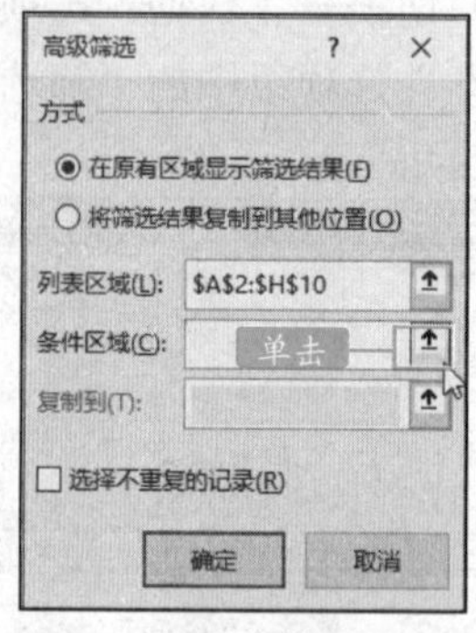

图 8-39　“高级筛选”对话框

STEP 03：返回工作表中，选择之前设置的筛选条件所在的单元格区域后，再次单击该折叠按钮，如图 8-40 所示。

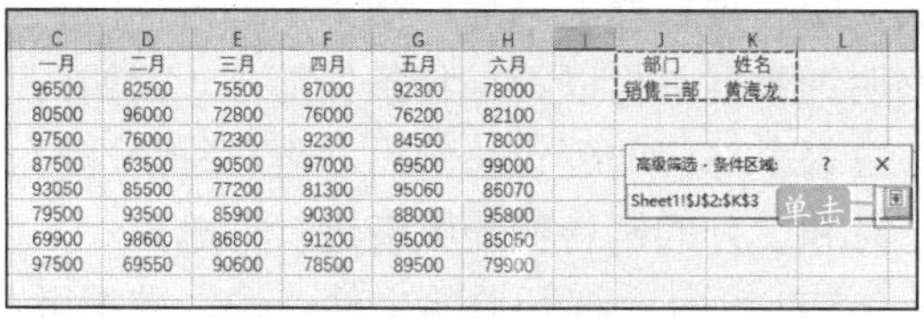

C	D	E	F	G	H	I	J	K	L
一月	二月	三月	四月	五月	六月		部门	姓名	
96500	82500	75500	87000	92300	78000		销售二部	黄海龙	
80500	96000	72800	76000	76200	82100				
97500	76000	72300	92300	84500	78000				
87500	63500	90500	97000	69500	99000				
93050	85500	77200	81300	95060	86070				
79500	93500	85900	90300	88000	95800				
69900	98600	86800	91200	95000	85050				
97500	69550	90600	78500	89500	79900				

高级筛选 - 条件区域: ? ×
Sheet1!$J$2:$K$3 单击

图 8-40　选择筛选条件单元格区域

STEP 04：返回“高级筛选”对话框后，单击“确定”按钮，如图 8-41 所示。

图 8-41　单击“确定”按钮

STEP 05：返回工作表中，可以看到使用高级筛选方式按条件筛选后的结果，如图 8-42 所示。

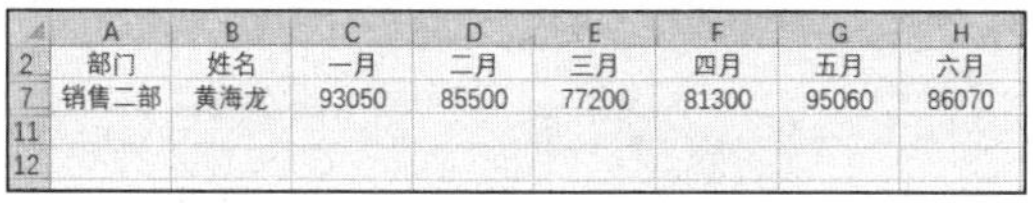

	A	B	C	D	E	F	G	H
2	部门	姓名	一月	二月	三月	四月	五月	六月
7	销售二部	黄海龙	93050	85500	77200	81300	95060	86070
11								
12								

图 8-42　高级筛选的结果显示

8.2.4 取消筛选

在筛选数据后，需要取消筛选，以便显示所有数据，有以下 4 种方法可以取消筛选。

（1）单击“数据”|“排序和筛选”选项组中的“筛选”按钮，退出筛选模式，如图 8-43 所示。

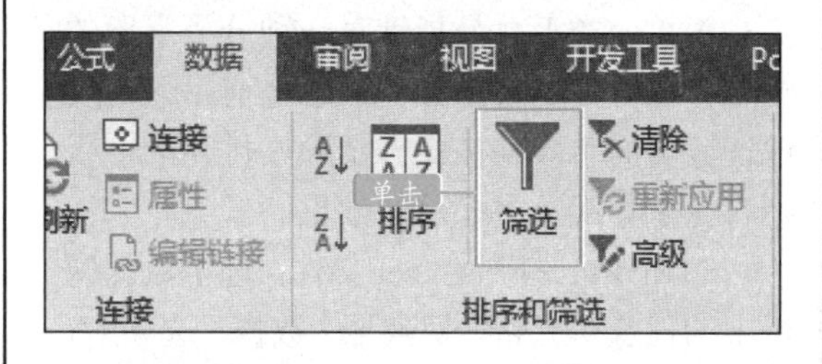

图 8-43　单击“筛选”按钮退出筛选模式

（2）单击筛选列右侧的下拉箭头，在展开的下拉列表中选择“从‘部门’中清除筛选”选项，如图 8-44 所示。

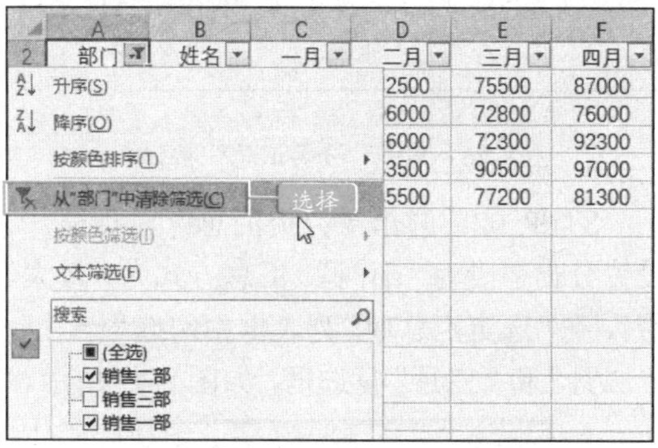

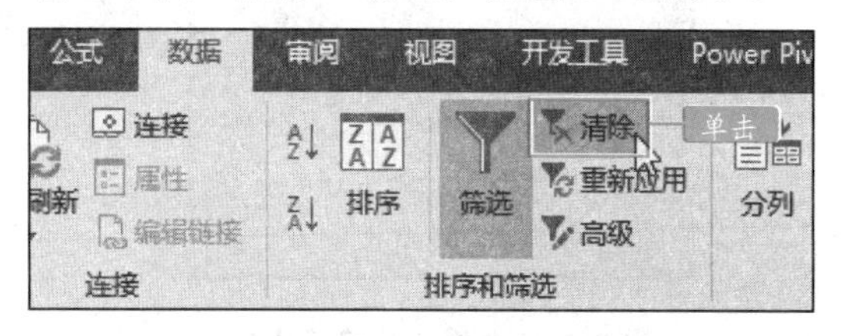

图 8-44　利用筛选列的下拉选项取消筛选

（3）单击“数据”|“排序和筛选”选项组中的“清除”按钮，如图 8-45 所示。

图 8-45　单击“清除”按钮

（4）按【Ctrl+Shift+L】组合键，即可快速取消筛选的结果。

8.3　分类汇总数据

扫码观看本节视频

分类汇总数据就是指将工作表中的数据按照种类划分，通过对分类字段自动插入小计和合计，汇总计算多个相关的数据项。分类汇总的方法分为简单分类汇总和嵌套分类汇总。

8.3.1 简单分类汇总

简单分类汇总是指针对一种分类字段的汇总。在对数据进行分类汇总之前，一定要保证分类的字段是按照一定顺序排列的，否则将无法实现分类汇总的效果。

STEP 01：打开Excel文件，选中数据区域中的任意单元格，切换至“数据”选项卡，单击“分级显示”选项组中的“分类汇总”按钮，如图8-46所示。

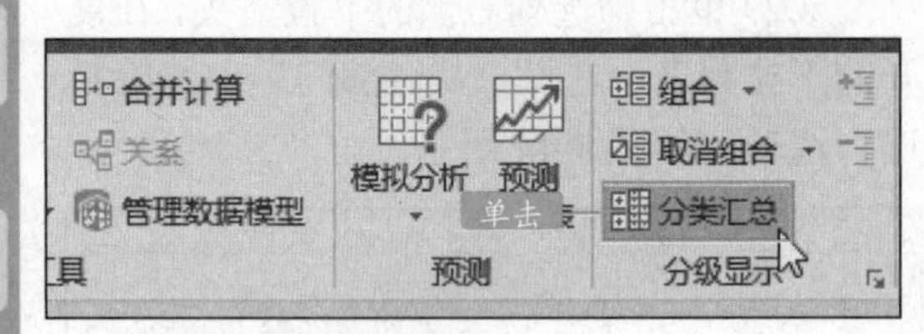

图8-46　单击“分类汇总”按钮

STEP 02：弹出“分类汇总”对话框，设置分类字段为“部门”、汇总方式为“最大值”，在“选定汇总项”列表框中勾选“一月”“二月”和“三月”复选框，如图8-47所示。

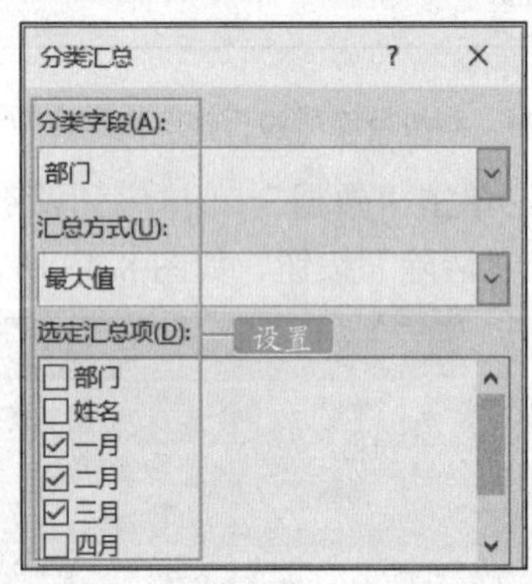

图8-47　设置分类汇总选项

STEP 03：单击“确定”按钮后可以看见分类汇总的显示结果，如图8-48所示。

	A	B	C	D	E	F	G	H
2	部门	姓名	一月	二月	三月	四月	五月	六月
3	销售一部	李佳	96500	82500	75500	87000	92300	78000
4	销售一部	刘月兰	80500	96000	72800	76000	76200	82100
5	售一部 最大值		96500	96000	75500			
6	销售二部	杨晓伟	97500	76000	72300	92300	84500	78000
7	销售二部	刘志	87500	63500	90500	97000	69500	99000
8	销售二部	黄海龙	93050	85500	77200	81300	95060	86070
9	售二部 最大值		97500	85500	90500			
10	销售三部	李娜娜	79500	93500	85900	90300	88000	95800
11	销售三部	唐艳菊	69900	98600	86800	91200	95000	85050
12	销售三部	杨鹏	97500	69550	90600	78500	89500	79900
13	售三部 最大值		97500	98600	90600			
14	总计最大值		97500	98600	90600			

图8-48　分类汇总显示结果

8.3.2 嵌套分类汇总

嵌套分类汇总就是指多条件的汇总方式，即一种条件汇总后，在第一种条件汇总的明细数据中再以第二种条件汇总。例如：汇总每个部门的销售总额后，再对每个部门一月和二月的销售额最大值进行汇总。

STEP 01：打开原始文件，选中数据区域中的任意单元格，单击“数据”|“排序和筛选”选项组中的“排序”按钮，如图8-49所示。

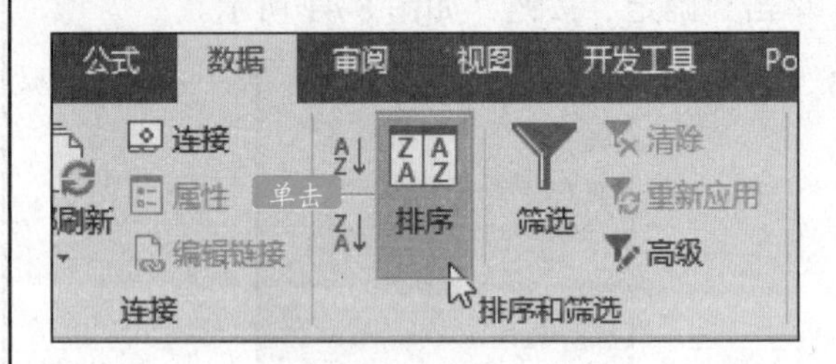

图8-49　单击“排序”按钮

STEP 02：弹出“排序”对话框，设置“主要关键字”为“部门”、“次序”为“升序”，单击“确定”按钮，如图8-50所示。

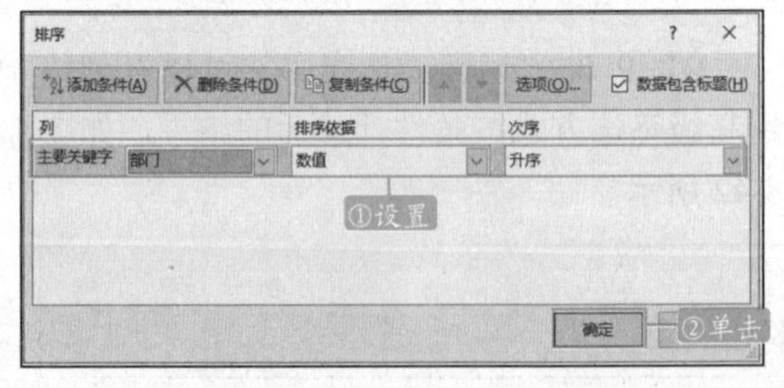

图8-50　设置排序的主要条件

STEP 03：对工作表进行排序后，单击“分级显示”选项组中的“分类汇总”按钮，如图8-51所示。

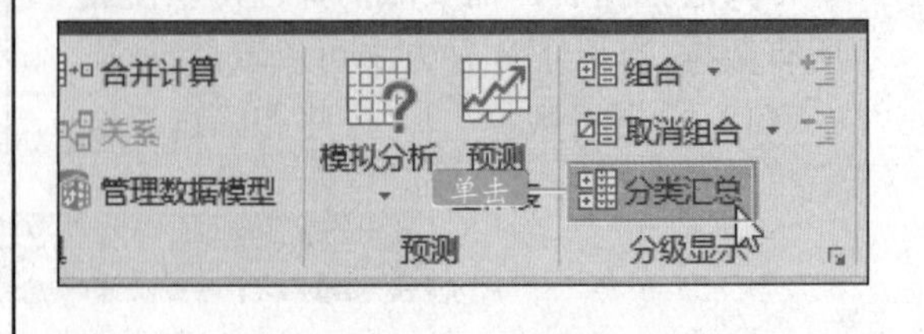

图8-51　单击“分类汇总”按钮

STEP 04：弹出“分类汇总”对话框，设置“分类字段”为“部门”，设置“汇总方式”为“求和”，勾选“一月”和“二月”复选框，如图 8-52 所示。

分类汇总 ? ×
分类字段(A):
部门
汇总方式(U):
求和
选定汇总项(D): 设置
☐部门
☐姓名
☑一月
☑二月
☐三月
☐四月

图 8-52 设置“分类汇总”条件

STEP 05：单击“确定”按钮，分别显示出每个部门一月和二月的销售额总和，如图 8-53 所示。

	A	B	C	D	E	F	G	H
2	部门	姓名	一月	二月	三月	四月	五月	六月
3	销售二部	杨晓伟	97500	76000	72300	92300	84500	78000
4	销售二部	刘志	87500	63500	90500	97000	69500	99000
5	销售二部	黄海龙	93050	85500	77200	81300	95060	86070
6	售二部 汇总		278050	225000				
7	销售三部	李娜娜	79500	93500	85900	90300	88000	95800
8	销售三部	唐艳菊	69900	98600	86800	91200	95000	85050
9	销售三部	杨鹏	97500	69550	90600	78500	89500	79900
10	售三部 汇总		246900	261650				
11	销售一部	李佳	96500	82500	75500	87000	92300	78000
12	销售一部	刘月兰	80500	96000	72800	76000	76200	82100
13	售一部 汇总		177000	178500				
14	总计		701950	665150				

图 8-53 显示分类汇总结果

STEP 06：弹出“分类汇总”对话框，设置分类字段为“部门”，设置汇总方式为“最大值”，在“选定汇总项”列表框中勾选“一月”和“二月”复选框，取消勾选“替换当前分类汇总”复选框，如图 8-54 所示。

分类汇总 ? ×
分类字段(A):
部门
汇总方式(U):
最大值
选定汇总项(D): 设置
☐姓名
☑一月
☑二月
☐三月
☐四月
☐五月
☐替换当前分类汇总(C)

图 8-54 设置分类汇总第二个条件

STEP 07：单击“确定”按钮，显示嵌套分类汇总结果，不仅统计了每个部门销售额总和，还统计了每个部门一月和二月的销售额最大数值，如图 8-55 所示。

	A	B	C	D	E	F	G	H
2	部门	姓名	一月	二月	三月	四月	五月	六月
3	销售二部	杨晓伟	97500	76000	72300	92300	84500	78000
4	销售二部	刘志	87500	63500	90500	97000	69500	99000
5	销售二部	黄海龙	93050	85500	77200	81300	95060	86070
6	销售二部 最大值		97500	85500				
7	销售二部 汇总		278050	225000				
8	销售三部	李娜娜	79500	93500	85900	90300	88000	95800
9	销售三部	唐艳菊	69900	98600	86800	91200	95000	85050
10	销售三部	杨鹏	97500	69550	90600	78500	89500	79900
11	销售三部 最大值		97500	98600				
12	销售三部 汇总		246900	261650				
13	销售一部	李佳	96500	82500	75500	87000	92300	78000
14	销售一部	刘月兰	80500	96000	72800	76000	76200	82100
15	销售一部 最大值		96500	96000				
16	销售一部 汇总		177000	178500				
17	总计最大值		97500	98600				
18	总计		701950	665150				

图 8-55 嵌套汇总显示结果

8.3.3 显示和隐藏分类汇总

当在表格中创建了分类汇总后，为了查看某部分数据，可将分类汇总后暂时不需要的数据隐藏起来，减小界面的占用空间，具体操作如下：

STEP 01：在分类汇总数据表格的左上角，单击“2”按钮，将隐藏汇总的部分数据，如图 8-56 所示。

	A	B	C	D	E
2	部门	姓名	一月	二月	三月
7	销售二部 汇总		278050	225000	
12	销售三部 汇总		246900	261650	
16	销售一部 汇总		177000	178500	
17	总计最大值		97500	98600	
18	总计		701950	665150	

图 8-56 隐藏汇总的部分数据

STEP 02：在分类汇总数据表格的左上角单击“1”按钮，隐藏汇总的全部数据，只显示总计的汇总数据，如图 8-57 所示。

	A	B	C	D
2	部门	姓名	一月	二月
17	总计最大值		97500	98600
18	总计		701950	665150
19				

图 8-57 隐藏汇总的全部数据

◆◆提示

在“数据”|“分级显示”选项组中单击“显示明细数据”或“隐藏明细数据”按钮也可显示或隐藏单个分类汇总的明细行。

8.3.4 删除分类汇总

如果不再需要工作表中的汇总显示，可以在“分类汇总”对话框中单击“全部删除”按钮，将工作表中的分类汇总清除掉，具体操作如下：

STEP 01：打开原始文件，打开“分类汇总”对话框，单击“全部删除”按钮，如图 8-58 所示。

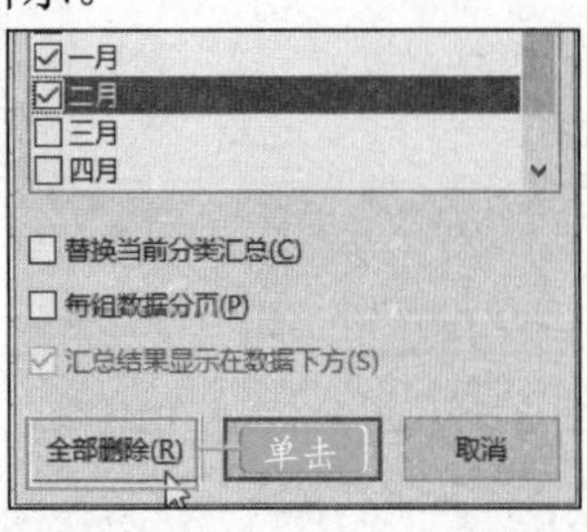

图 8-58　删除汇总分类

STEP 02：单击“确定”按钮后，返回到文档中，可以看见删除了全部的分类汇总，如图 8-59 所示。

	A	B	C	D	E	F	G	H
1	公司上半年销售业绩统计表							
2	部门	姓名	一月	二月	三月	四月	五月	六月
3	销售二部	杨晓伟	97500	76000	72300	92300	84500	78000
4	销售二部	刘志	87500	63500	90500	97000	69500	99000
5	销售二部	黄海龙	93050	85500	77200	81300	95060	86070
6	销售三部	李娜娜	79500	93500	85900	90300	88000	95800
7	销售三部	唐艳菊	69900	98600	86800	91200	95000	85050
0	销售三部	杨鹏	97500	69550	90600	78500	89500	79900
9	销售一部	李佳	96500	82500	75500	87000	92300	78000
10	销售一部	刘月兰	80500	96000	72800	76000	76200	82100

图 8-59　删除分类汇总后的效果

8.4　数据的获取、转换和合并计算

扫码观看本节视频

在 2010 版和 2013 版中，Excel 表格中并不直接显示“Power Query”选项卡，用户如需使用该功能，则需要单独安装 Power Query 插件。在 Excel 2016 中已经内置了这一项功能，且名称也做了更改，即“数据”选项卡下的“获取和转换”选项组。如果想要将多个工作表中的数据合并在一起，可以使用合并计算的功能来实现这一操作。

8.4.1　获取和转换数据

“获取和转换”功能可以从不同的数据来源中提取数据，如关系型数据库、文本、XML 文件、OData 提要、Web 页面、Hadoop 的 HDFS 等，并能够将不同来源的数据源整合在一起，建立好数据模型，为用 Excel 的 Power View、三维地图功能进一步的数据分析做好充足的准备。

STEP 01：打开一个空白的工作簿，切换至“数据”|“获取和转换”选项组中单击“新建查询”下拉按钮，在展开的列表“从数据库”级联列表中选择“从 Microsoft Access 数据库”选项，如图 8-60 所示。

图 8-60　从数据库中选择数据

STEP 02：弹出“导入数据”对话框，选择 Assess 数据库文件，单击“导入”按钮，如图 8-61 所示。

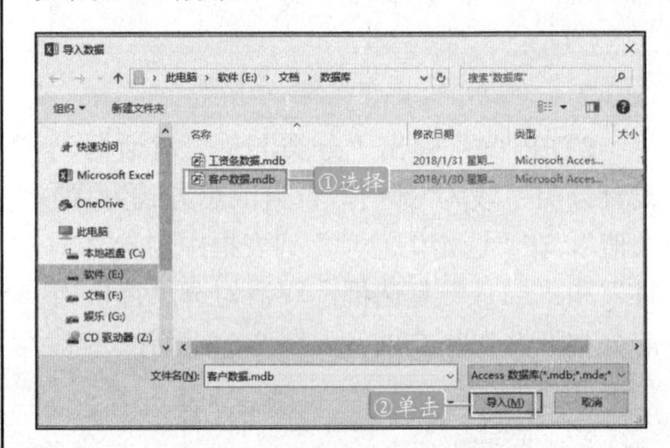

图 8-61　导入数据

STEP 03：此时，弹出了“导航器”对话框，可看到该 Access 数据库文件，选中表格在右侧即可看到该表格的数据内容，如图 8-62 所示。

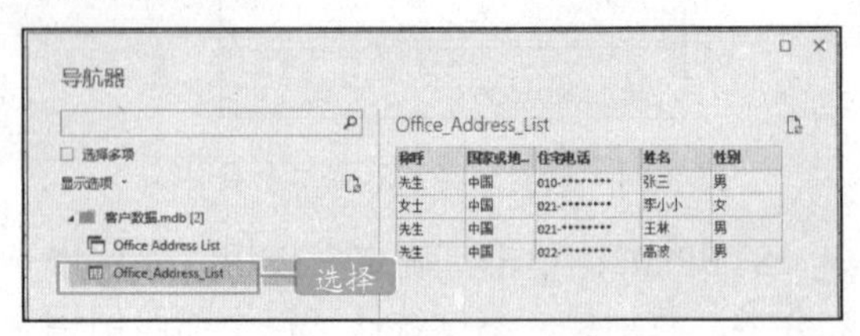

图 8-62　显示表格的详细内容

STEP 04：单击“加载”按钮右侧的下拉箭头，在展开的选项中选择“加载到”选项，如图 8-63 所示。

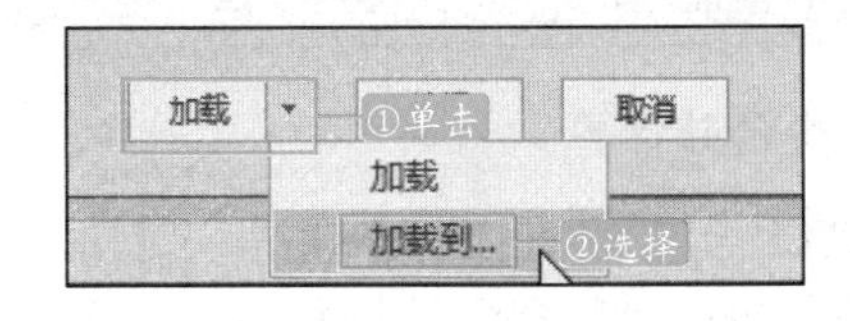

图 8-63 选择“加载到”选项

STEP 05：弹出“加载到”对话框，单击“表”单选按钮，勾选“将此数据添加到数据模型”复选框，最后单击“加载”按钮，如图 8-64 所示。

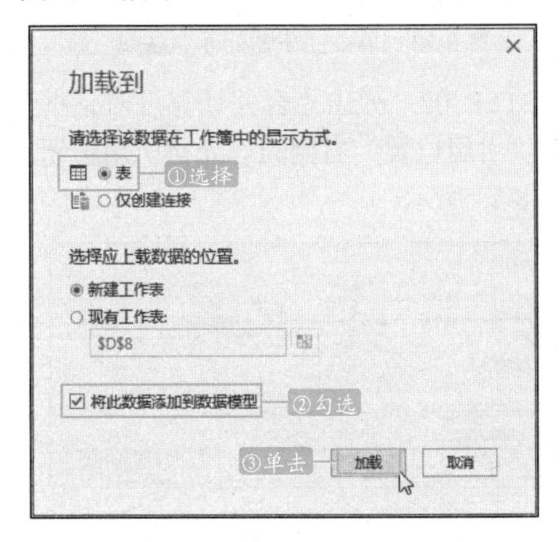

图 8-64 “加载到”对话框

STEP 06：返回工作簿中，即可看到 Excel 中新生成了数据表格，其内容就是 Access 中的表格，如图 8-65 所示。

	A	B	C	D	E
1	称呼	国家或地区	住宅电话	姓名	性别
2	先生	中国	010-********	张三	男
3	女士	中国	021-********	李小小	女
4	先生	中国	021-********	王林	男
5	先生	中国	022-********	高波	男
6					

图 8-65 显示导入的表格数据效果

STEP 07：在完成了数据导入后还可以发现，Excel 工作表的右侧出现了“工作簿查询”面板，且在该面板中列出了刚刚导入的、经过处理的数据库表格。当鼠标悬停在工作簿查询的名称上时，可以预览相应的工作簿的部分数据，如图 8-66 所示。

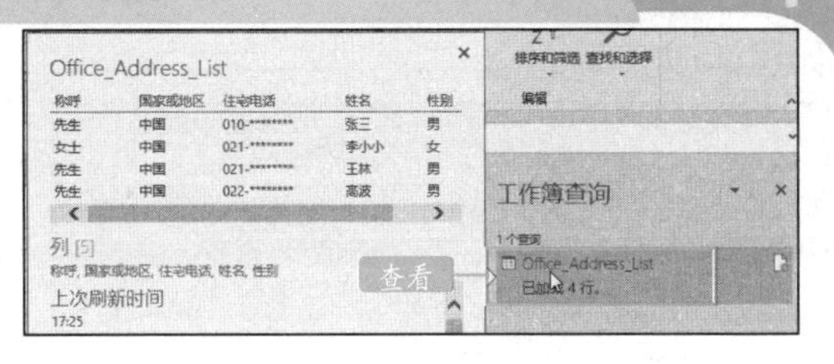

图 8-66 预览数据

8.4.2 数据的合并计算

合并计算分为按位置合并计算和按分类合并计算两种，从实际应用来看，按分类合并计算的应用更多；按位置合并计算只是将数据表中相同位置上的数据进行合并计算，这种方式多用于数据表结构完全相同的情况下的数据合并。

1.按位置合并计算

STEP 01：打开 Excel 文件，选中 K3 单元格，切换至“数据”选项卡，单击“数据工具”选项组中的“合并计算”按钮，如图 8-67 所示。

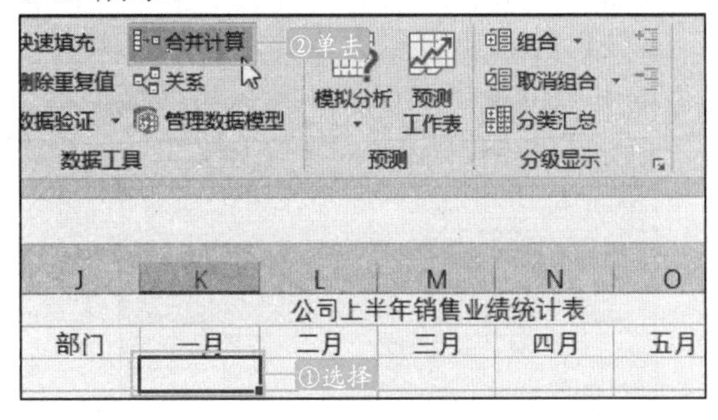

图 8-67 合并计算

STEP 02：弹出“合并计算”对话框，单击“引用位置”右侧的单元格引用按钮，如图 8-68 所示。

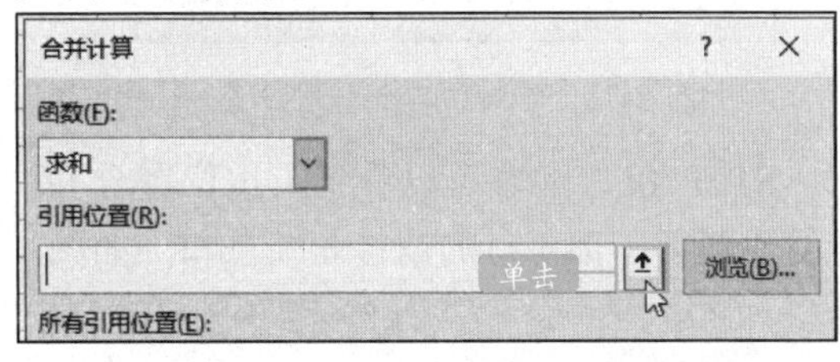

图 8-68 “合并计算”对话框

STEP 03：选择 C3:H3 单元格区域，引用“李佳”的数据，单击单元格引用按钮，如图 8-69 所示。

图 8-69　引用数据区域

STEP 04：单击“添加”按钮，在“所有引用位置”列表框中显示出单元格区域地址，如图 8-70 所示。

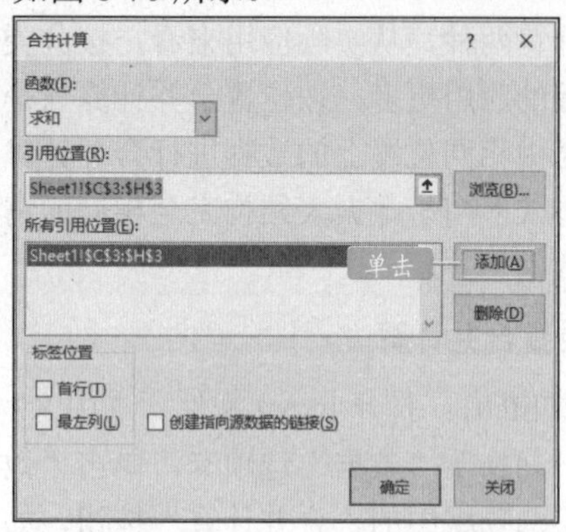

图 8-70　添加引用位置

STEP 05：重复以上步骤，添加“刘月兰”的引用位置，即 C4:H4 单元格区域，单击“确定”按钮，如图 8-71 所示。

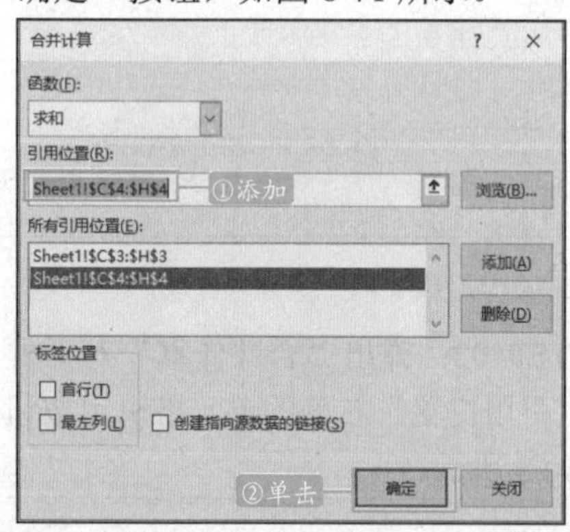

图 8-71　添加第二个引用位置

STEP 06：此时可以看到，按位置合并计算出销售一部每月的销售业绩总和，如图 8-72 所示。

公司上半年销售业绩统计表						
部门	一月	二月	三月	四月	五月	六月
销售一部	177000	178500	148300	163000	168500	160100

图 8-72　按位置合并计算的结果

◆◆提示

除了利用单元格引用按钮引用单元格之外，还可以直接在“合并计算”对话框中的“引用位置”文本框中输入要引用的单元格地址。

2.按分类合并计算

STEP 01：打开 Excel 文件，选中 A12 单元格，单击“数据”|“数据工具”选项组中的“合并计算”按钮，如图 8-73 所示。

图 8-73　单击“合并计算”按钮

STEP 02：弹出“合并计算”对话框，单击“引用位置”右侧的单元格引用按钮，如图 8-74 所示。

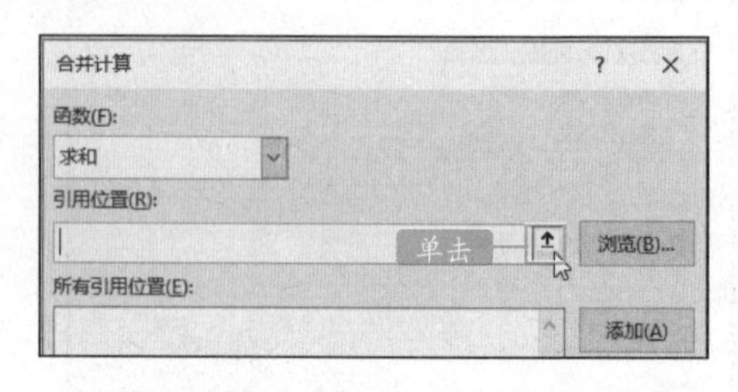

图 8-74　“合并计算”对话框

STEP 03：选择 A3：H10 单元格区域，引用表格中的数据，单击单元格引用按钮，如图 8-75 所示。

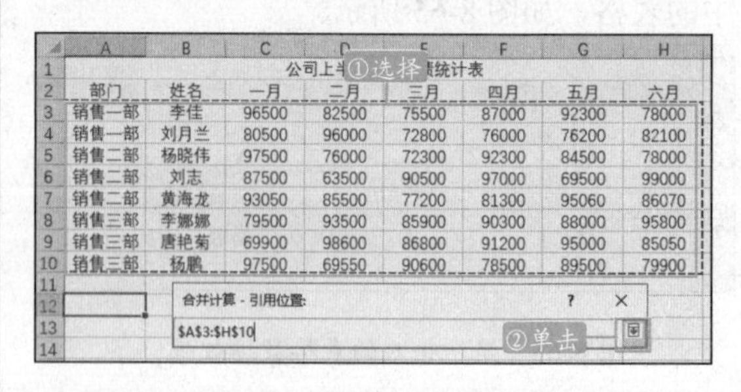

部门	姓名	一月	二月	三月	四月	五月	六月
销售一部	李佳	96500	82500	75500	87000	92300	78000
销售一部	刘月兰	80500	96000	72800	76000	76200	82100
销售二部	杨晓伟	97500	76000	72300	92300	84500	78000
销售二部	刘志	87500	63500	90500	97000	69500	99000
销售二部	黄海龙	93050	85500	77200	81300	95060	86070
销售三部	李娜娜	79500	93500	85900	90300	88000	95800
销售三部	唐艳菊	69900	98600	86800	91200	95000	85050
销售三部	杨鹏	97500	69550	90600	78500	89500	79900

图 8-75　引用数据区域

STEP 04：单击“添加”按钮后，在“所有引用位置”列表框中显示了选择的单元格区域地址，勾选“最左列”复选框，单击“确定”按钮，如图 8-76 所示。

图 8-76　添加引用位置及选择标签位置

STEP 05：返回工作表，可以看到按照部分合并计算出各部门上半年每月的销售业绩统计，如图 8-77 所示。

	A	B	C	D	E	F	G	H
1	公司上半年销售业绩统计表							
2	部门	姓名	一月	二月	三月	四月	五月	六月
12	销售一部		177000	178500	148300	163000	168500	160100
13	销售二部		278050	225000	240000	270600	249060	263070
14	销售三部		246900	261650	263300	260000	272500	260750
15								

图 8-77　按分类合并计算的结果

8.5　使用数据工具分析数据

扫码观看本节视频

为了方便地分析工作表中的数据，可以使用系统中提供的数据工具。使用数据工具中的不同按钮，可以实现不同的数据分析结果。例如，可以对单元格进行分列、模拟分析数据等。

8.5.1　对单元格进行分列处理

当一个单元格中的数据包含分隔符或为两种类型数值的情况下，可以将单元格中的数据分列在两个单元格中。

STEP 01：打开 Excel 文件，对单元格中的数据进行分列之前，在 D 列和 E 列单元格右侧分别插入一列空白列，如图 8-78 所示。

	A	B	C	D	E	F	G
1				公司上半年销售业绩统计表			
2	部门	姓名	一月		二月		三月
3	销售一部	李佳	96500 元		82500 元		75500 元
4	销售一部	刘月兰	80500 元		96000 元		72800 元
5	销售二部	杨晓伟	97500 元		76000 元		72300 元
6	销售二部	刘志	87500 元		63500 元		90500 元
7	销售二部	黄海龙	93050 元		85500 元		77200 元
8	销售三部	李娜娜	79500 元		93500 元		85900 元
9	销售三部	唐艳菊	69900 元		98600 元		86800 元
10	销售三部	杨鹏	97500 元		69550 元		90600 元

图 8-78　插入空白列

STEP 02：选择 C3：C10 单元格区域，单击“数据”|“数据工具”选项组中的“分列”按钮，如图 8-79 所示。

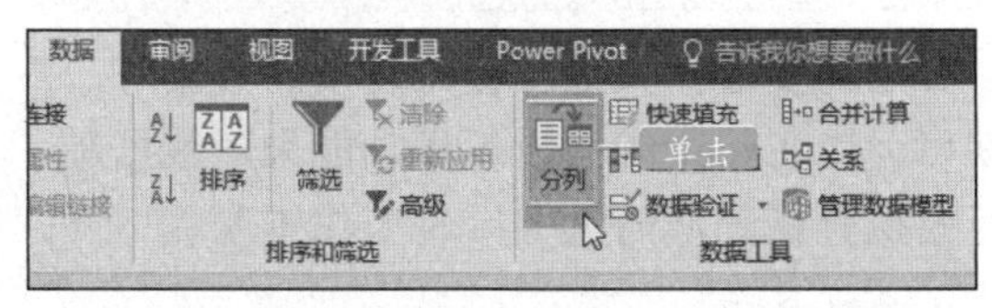

图 8-79　单击“分列”按钮

STEP 03：弹出“文本分列向导-第 1 步”对话框，单击“分隔符号”单选按钮，如图 8-80 所示，然后单击“下一步”按钮。

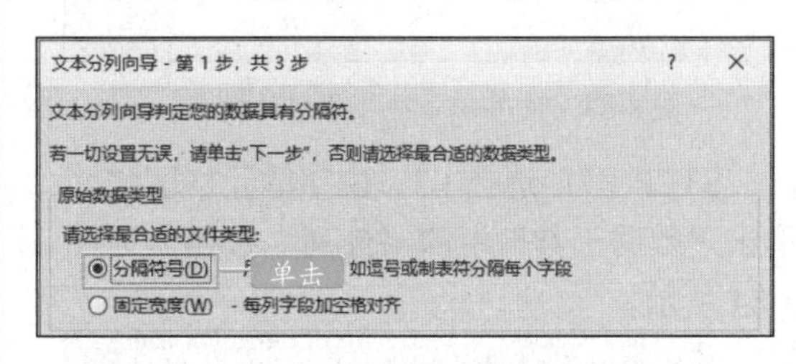

图 8-80　选择分列依据

STEP 04：弹出“文本分列向导-第 2 步”对话框，在“分隔符号”选项组下勾选“空格”复选框，默认勾选“连续分隔符号视为单个处理”复选框，如图 8-81 所示，然后单击“下一步”按钮。

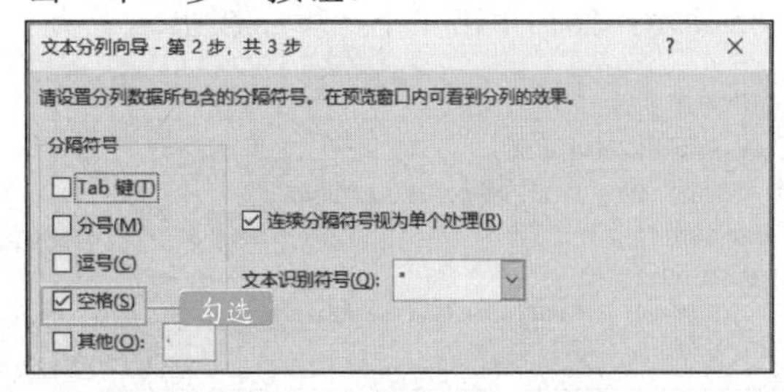

图 8-81　选择分隔符号

STEP 05：弹出“文本分类向导-第 3 步”对话框，在列表框中单击左侧列，单击“文本”单选按钮，如图 8-82 所示。

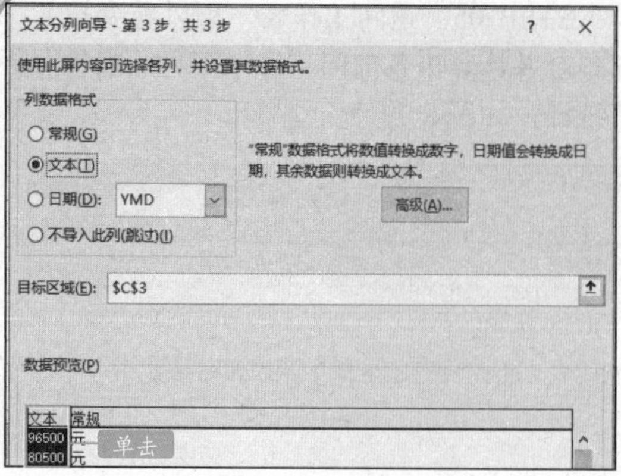

图 8-82　选择数据格式

STEP 06：单击“完成”按钮并返回工作表，此时单元格中的数据已经被分列，并且左侧的数据以文本形式显示，如图 8-83 所示。

	A	B	C	D	E	F	G
1					公司上半年销售业绩统计表		
2	部门	姓名	一月		二月		三月
3	销售一部	李佳	96500	元	82500 元		75500 元
4	销售一部	刘月兰	80500	元	96000 元		72800 元
5	销售二部	杨晓伟	97500	元	76000 元		72300 元
6	销售二部	刘志	87500	元	63500 元		90500 元
7	销售二部	黄海龙	93050	元	85500 元		77200 元
8	销售三部	李娜娜	79500	元	93500 元		85900 元

图 8-83　使用分隔符号分列的效果

STEP 07：选择 E3：E10 单元格区域，单击“数据工具”中的“分列”按钮，如图 8-84 所示。

图 8-84　单击“分列”按钮

STEP 08：弹出“文本分列向导-第 1 步”对话框，单击“固定宽度”单选按钮，如图 8-85 所示，然后单击“下一步”按钮。

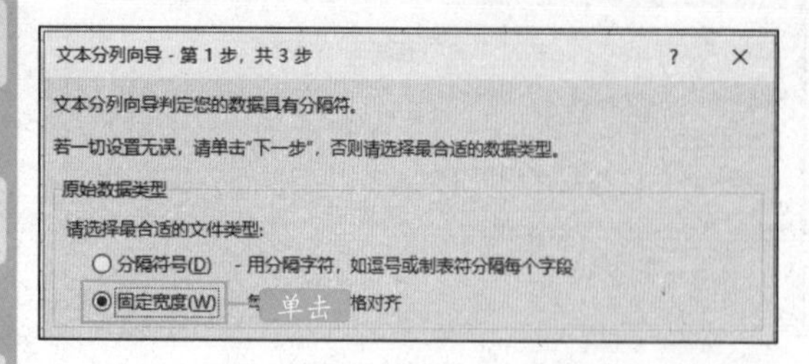

图 8-85　选择分列依据

STEP 09：弹出“文本分列向导-第 2 步”对话框，按住分列线拖动鼠标至适当的位置，如图 8-86 所示。

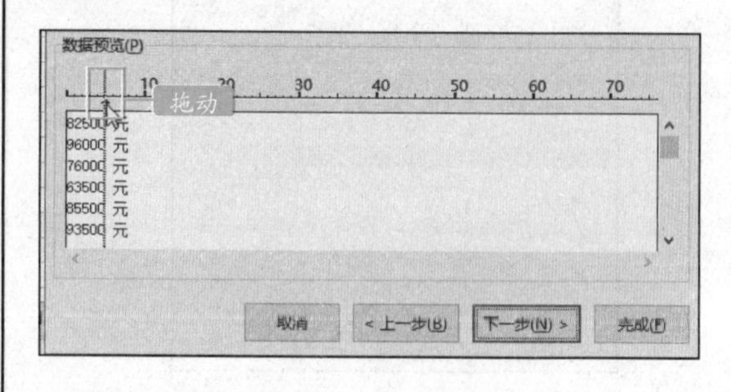

图 8-86　设置分隔线位置

STEP 10：释放鼠标后，在指定的位置上添加了一条分隔线，单击“完成”按钮，如图 8-87 所示。

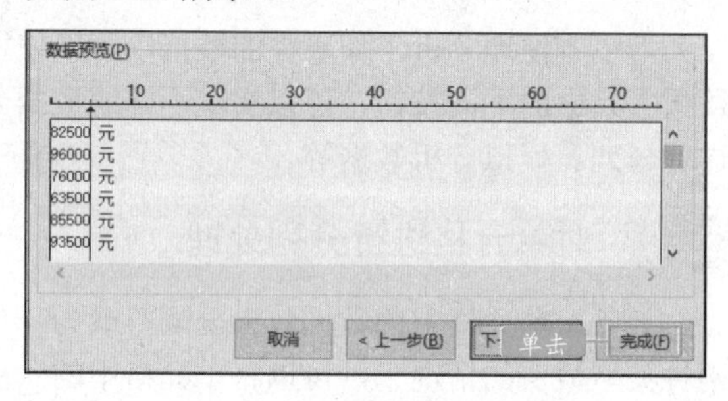

图 8-87　完成分列

STEP 11：返回工作表，可以看到选择的单元格数据以分隔线的位置被分列了，此时左侧的数据以数值的形式显示，如图 8-88 所示。

	A	B	C	D	E	F	G
1					公司上半年销售业绩统计表		
2	部门	姓名	一月		二月		三月
3	销售一部	李佳	96500	元	82500	元	75500 元
4	销售一部	刘月兰	80500	元	96000	元	72800 元
5	销售二部	杨晓伟	97500	元	76000	元	72300 元
6	销售二部	刘志	87500	元	63500	元	90500 元
7	销售二部	黄海龙	93050	元	85500	元	77200 元
8	销售三部	李娜娜	79500	元	93500	元	85900 元
9	销售三部	唐艳菊	69900	元	98600	元	86800 元
10	销售三部	杨鹏	97500	元	69550	元	90600 元

图 8-88　设置固定宽度分列的效果

8.5.2　模拟分析数据

当需要分析大量且较为复杂的数据时，就可运用 Excel 的假设运算功能来对数据进行模拟分析，从而大大减轻工作难度。

1.单变量求解

在工作中有时会需要根据已知的公式结

果来推算各个条件，如根据已知的奖金比率来计算奖金所对应的销售总额，这时便可以使用“单变量求解”功能来解决问题。

STEP 01：在 A15:A17 单元格区域中分别输入“销售总额”“奖金比率”“奖金”；在 B15:B16 单元格区域中分别输入“82271”和“0.5%”；在 B17 单元格中输入“=B15*B16”，如图 8-89 所示。

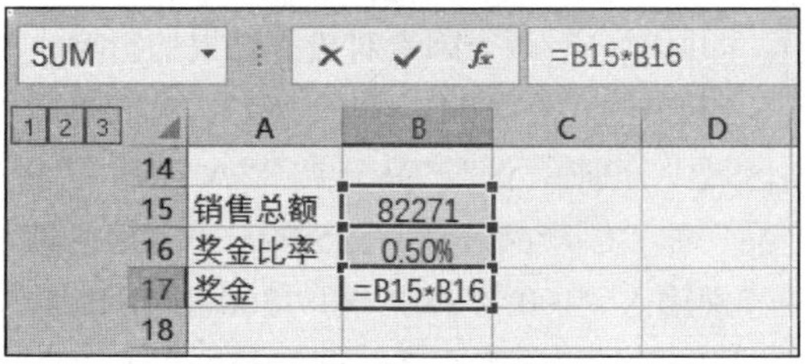

SUM | =B15*B16

	A	B	C	D
14				
15	销售总额	82271		
16	奖金比率	0.50%		
17	奖金	=B15*B16		
18				

图 8-89 输入内容

STEP 02：按【Enter】键计算出该销售总额的奖金，在“数据”选项卡下的“预测”选项组中单击“模拟分析”按钮，在打开的列表中选择“单变量求解”选项，如图 8-90 所示。

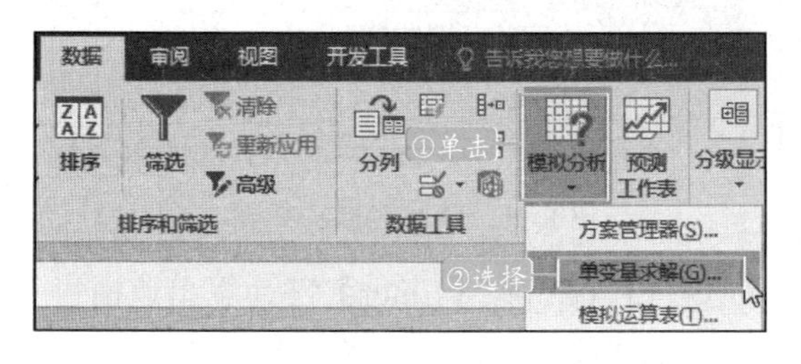

图 8-90 单击“模拟分析”按钮

STEP 03：打开“单变量求解”对话框，将鼠标光标定位到“目标单元格”文本框中，单击 B17 单元格，如图 8-91 所示。

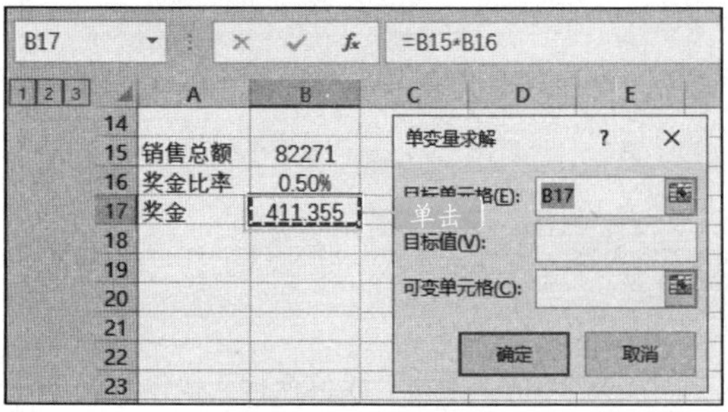

B17 | =B15*B16

	A	B
14		
15	销售总额	82271
16	奖金比率	0.50%
17	奖金	411.355

单变量求解
目标单元格(E): B17 单击
目标值(V):
可变单元格(C):
确定 取消

图 8-91 选择单元格

STEP 04：在“目标值”文本框中输入“600”，将鼠标光标定位到“可变单元格”文本框中，单击 B15 单元格，单击“确定”按钮，如图 8-92 所示。

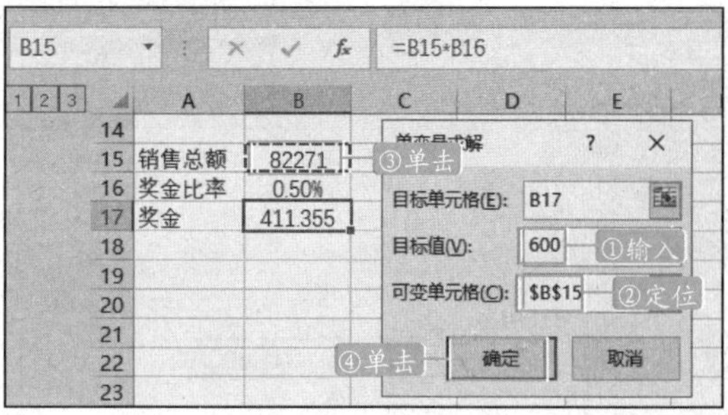

B15 | =B15*B16

	A	B
14		
15	销售总额	82271
16	奖金比率	0.50%
17	奖金	411.355

单变量求解
目标单元格(E): B17
目标值(V): 600 ①输入
可变单元格(C): $B$15 ②定位
③单击
④单击 确定 取消

图 8-92 设置参数

STEP 05：打开“单变量求解状态”对话框，Excel 将根据设置进行单变量求解，得出结果后单击“确定”按钮，如图 8-93 所示。

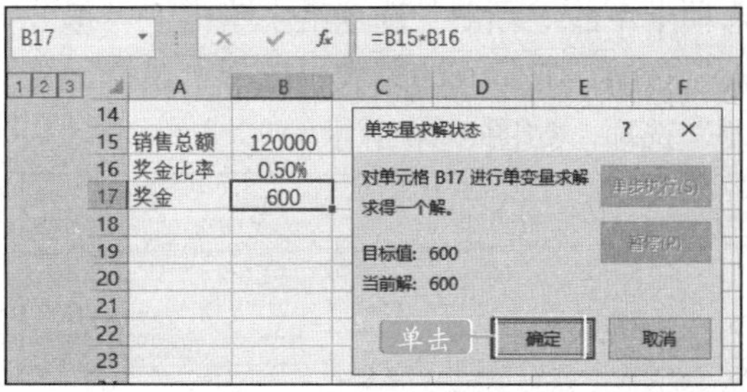

B17 | =B15*B16

	A	B
14		
15	销售总额	120000
16	奖金比率	0.50%
17	奖金	600

单变量求解状态
对单元格 B17 进行单变量求解
求得一个解。
目标值：600
当前解：600
单击 确定 取消

图 8-93 单变量求解

STEP 06：返回工作界面，即可看到单变量求解的结果，如图 8-94 所示。

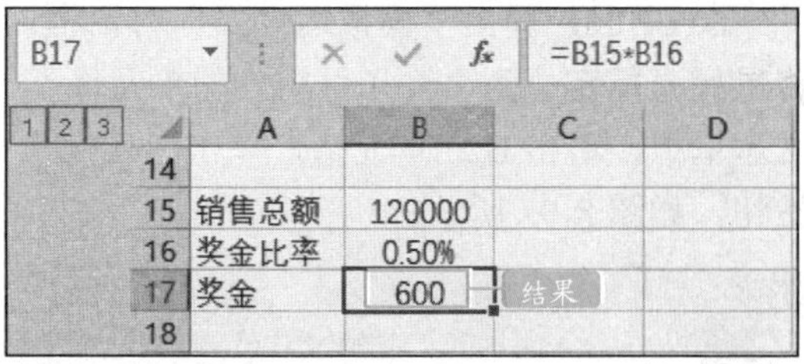

B17 | =B15*B16

	A	B	C	D
14				
15	销售总额	120000		
16	奖金比率	0.50%		
17	奖金	600		
18				

结果

图 8-94 计算结果

2.单变量模拟运算表

单变量模拟运算表是指计算中只有一个变量，通过模拟运算表功能便可以快速计算结果。

STEP 01：在 A19:A22 单元格区域中分别输入“产品分类”“A 产品”“B 产品”和“C 产品”，在 B19:B22 单元格区域中分别输入“奖金比率”、“0.5%”“0.8%”和“0.12%”，在 C20 单元格中输入“=INT(600/B20)”，如图 8-95 所示。

SUM　=INT(600/B20)

	A	B	C	D
14				
15	销售总额	120000		
16	奖金比率	0.50%		
17	奖金	600		
18				
19	产品分类	奖金比率		
20	A产品	0.50%	=INT(600/B20)	
21	B产品	0.80%		
22	C产品	0.12%		

输入

图 8-95　输入内容及公式

STEP 02：按【Enter】键计算出该销售总额，选择 B20:C22 单元格区域，在“数据”选项卡下的“预测”选项组中单击“模拟分析”按钮，在打开的列表中选择“模拟运算表”选项，如图 8-96 所示。

②单击　模拟分析　方案管理器(S)...　单变量求解(G)...　③选择　模拟运算表(T)...　①选择

B	C
奖金比率	
0.50%	120000
0.80%	
0.12%	

图 8-96　单击“模拟分析”按钮

STEP 03：弹出“模拟运算表”对话框，将鼠标光标定位到“输入引用列的单元格”文本框中，单击 B20 单元格，单击“确定”按钮，如图 8-97 所示。

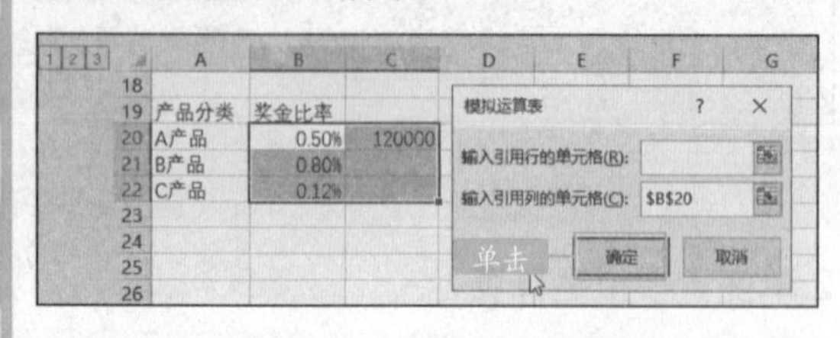

图 8-97　选择引用的单元格

STEP 04：返回工作界面，即可看到利用单变量模拟运算表的计算结果，如图 8-98 所示。

	A	B	C
18			
19	产品分类	奖金比率	
20	A产品	0.50%	120000
21	B产品	0.80%	75000
22	C产品	0.12%	500000

图 8-98　计算结果

3.双变量模拟运算表

双变量模拟运算表是指计算中存在两个变量，即同时分析两个因素对最终结果的影响。

STEP 01：在 A24、A26、A27、A28 单元格区域中分别输入“产品分类”“A 产品”“B 产品”和“C 产品”，在 C25:E25 单元格区域中分别输入“100”“180”和“300”，在 B24、B26、B27、B28 单元格区域中分别输入“奖金比率”“0.5%”“0.8%”和“0.12%”，在 B25 单元格中输入“=INT(B17/B16)”，如图 8-99 所示。

SUM　=INT(B17/B16)

	A	B	C	D	E
23					
24	产品分类	奖金比率			
25		=INT(B17/B16)		180	300
26	A产品	0.50%			
27	B产品	0.80%			
28	C产品	0.12%			

图 8-99　输入内容及公式

STEP 02：按【Enter】键计算出该销售总额，选择 B25:E28 单元格区域，在“数据”选项卡下的“预测”选项组中单击“模拟分析”按钮，在打开的列表中选择“模拟运算表”选项，如图 8-100 所示。

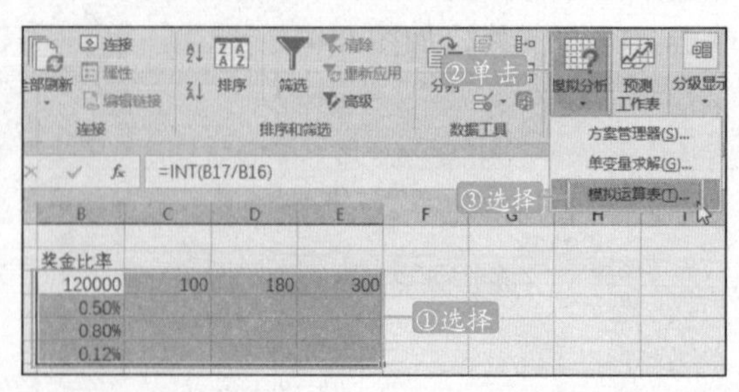

图 8-100　单击“模拟分析”按钮

STEP 03：弹出“模拟运算表”对话框，在“输入引用行的单元格”文本框中输入

"$B$17"，在"输入引用列的单元格"文本框中输入"$B$16"，单击"确定"按钮，如图 8-101 所示。

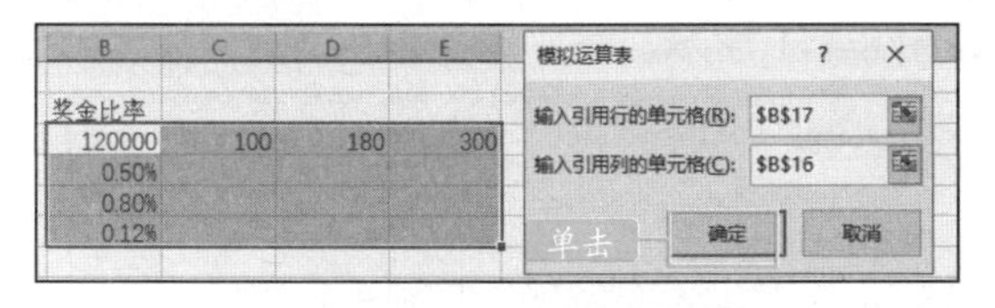

图 8-101 输入引用的单元格

STEP 04：返回工作界面，即可看到利用双变量模拟运算表计算的结果，如图 8-102 所示。

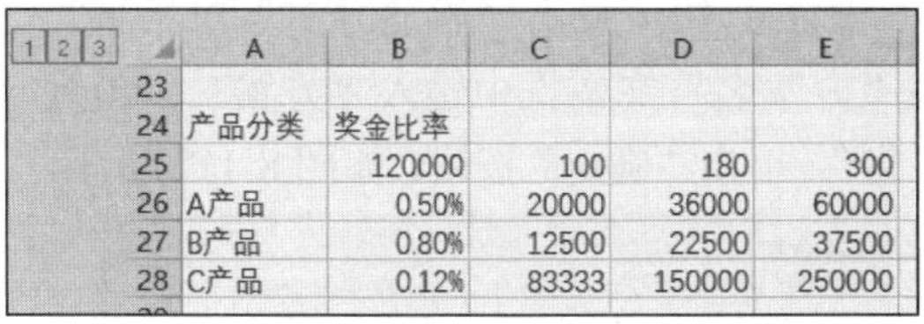

	A	B	C	D	E
23					
24	产品分类	奖金比率			
25		120000	100	180	300
26	A产品	0.50%	20000	36000	60000
27	B产品	0.80%	12500	22500	37500
28	C产品	0.12%	83333	150000	250000

图 8-102 计算结果

◆◆提示

INT 函数的用法，INT(number)：将数字向下舍入到最接近的整数，如=INT(8.9)将 8.9 向下舍入到最接近的整数（8）；=INT(-8.9)将-8.9 向下舍入到最接近的整数（-9）。

8.5.3 使用"方案管理器"模拟分析数据

在市场营销中，往往会制作一些推广商品的方案，此时就需要对此方案做一个初步的模拟分析，来预估整个方案可能获得的利润。

STEP 01：打开 Excel 文件，选中 E15 单元格，在编辑栏中输入公式"=D3*C15-C3*B15-E3*D15"，按【Enter】键后计算出结果，如图 8-103 所示。

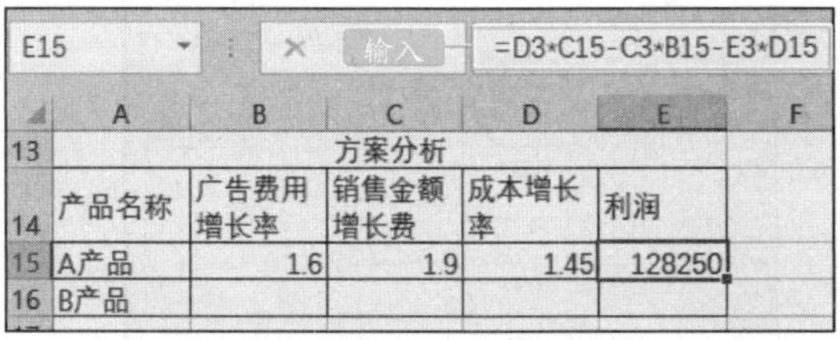

E15 输入 =D3*C15-C3*B15-E3*D15

	A	B	C	D	E	F
13			方案分析			
14	产品名称	广告费用增长率	销售金额增长费	成本增长率	利润	
15	A产品	1.6	1.9	1.45	128250	
16	B产品					

图 8-103 输入公式

STEP 02：拖动 E15 单元格右侧的填充柄至 E16 单元格，如图 8-104 所示。

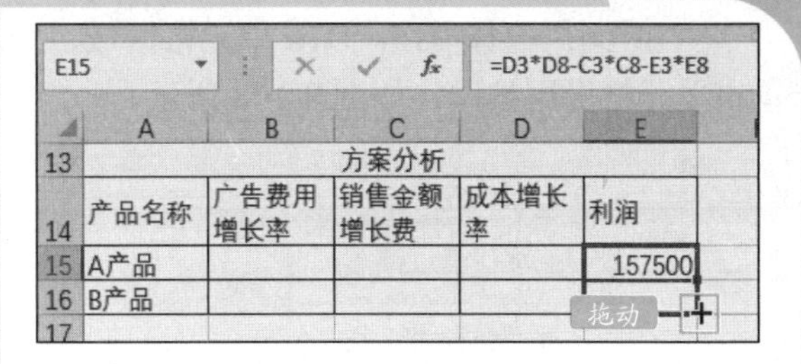

图 8-104 填充单元格

STEP 03：切换至"数据"选项卡，单击"预测"选项组中的"模拟分析"按钮，在展开的下拉列表中单击"方案管理器"选项，如图 8-105 所示。

图 8-105 单击"模拟分析"按钮

STEP 04：弹出"方案管理器"对话框，单击"添加"按钮，如图 8-106 所示。

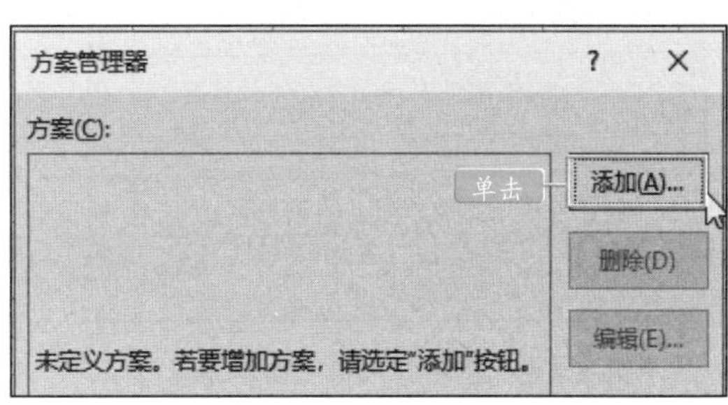

图 8-106 "方案管理器"对话框

STEP 05：弹出"添加方案"对话框，在"方案名"文本框中输入"方案一：网络广告"，单击"可变单元格"下的单元格引用按钮，如图 8-107 所示。

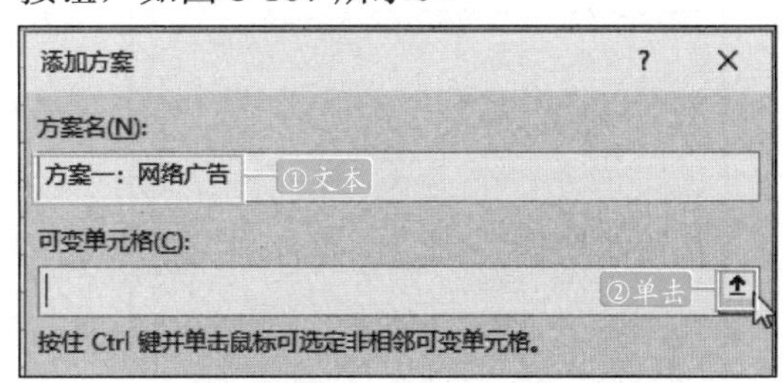

图 8-107 设置方案一参数

STEP 06：选择 B15：D16 单元格区域，单击单元格引用按钮，如图 8-108 所示。

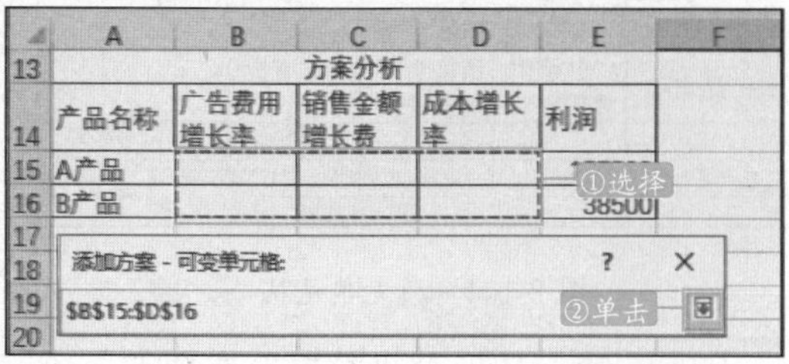

图 8-108 选择单元格的引用区域

STEP 07：返回对话框中，此时在“可变单元格”文本框中可以看到引用的单元格地址，然后单击“确定”按钮，如图 8-109 所示。

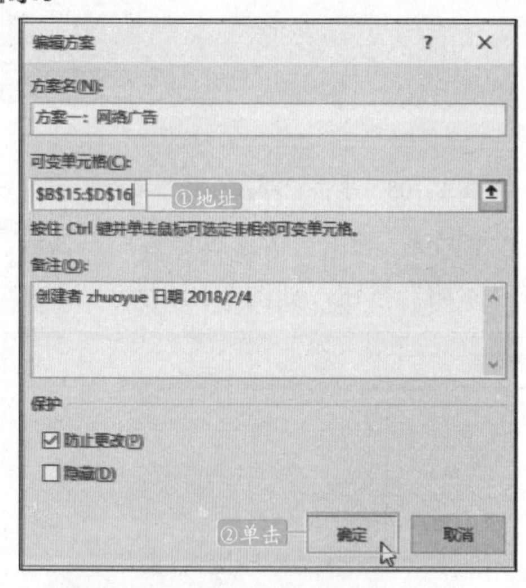

图 8-109 查看引用单元格的地址

STEP 08：弹出“方案变量值”对话框，根据工作表中对应的值，输入对话框中每个可变单元格的值，单击“确定”按钮，如图 8-110 所示。

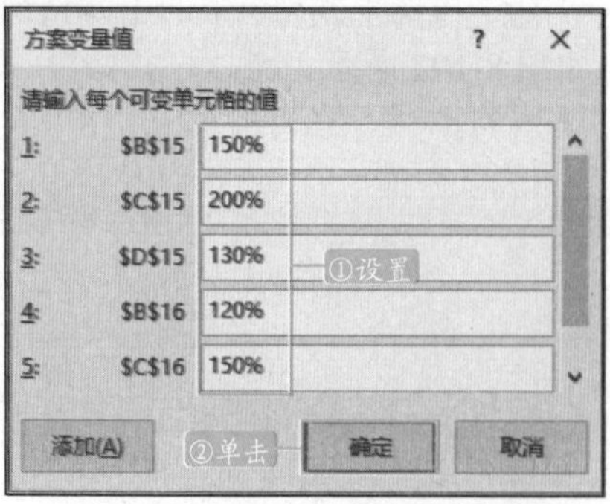

图 8-110 “方案变量值”对话框

STEP 09：返回“方案管理器”对话框，此时在“方案”列表框中添加了第一个方案，单击“添加”按钮，继续添加下一个方案，如图 8-111 所示。

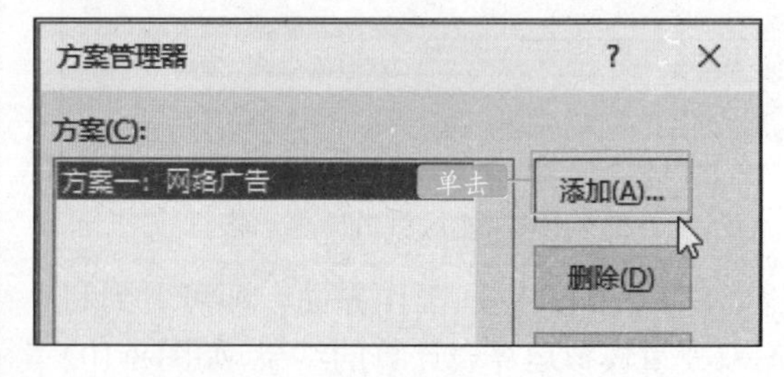

图 8-111 “方案管理器”对话框

STEP 10：弹出“添加方案”对话框，在“方案名”文本框中输入“方案二：电视广告”，单击“确定”按钮，如图 8-112 所示。

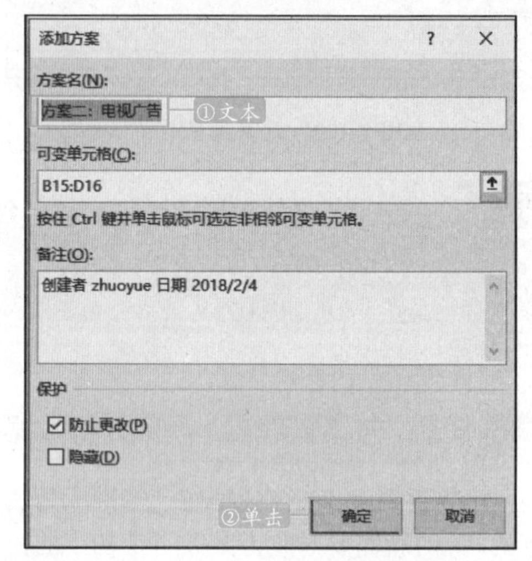

图 8-112 设置方案二的参数

STEP 11：弹出“方案变量值”对话框，输入相应的可变单元格的值，单击“确定”按钮，如图 8-113 所示。

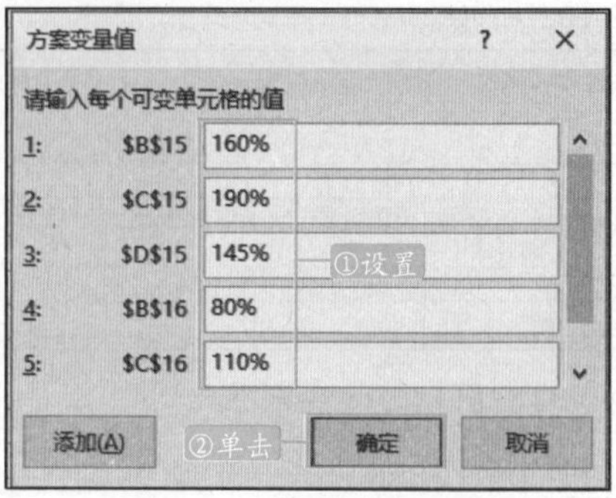

图 8-113 设置可变单元格的值

STEP 12：返回“方案管理器”对话框，在“方案”列表框中单击“方案一：网络广告”选项，单击“显示”按钮，如图 8-114 所示。

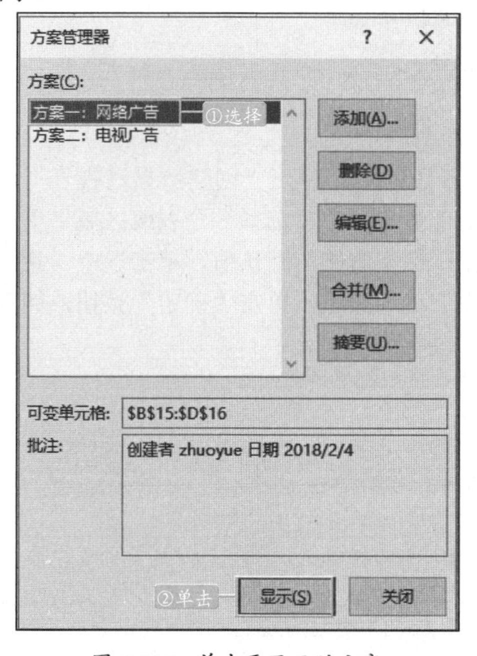

图 8-114 单击要显示的方案

STEP 13：此时在工作表中显示出第一个方案的利润分析明细，如图 8-115 所示。

方案分析				
产品名称	广告费用增长率	销售金额增长费	成本增长率	利润
A产品	1.5	2	1.3	157500
B产品	1.2	1.5	1.25	38500

方案管理器 ? ×
方案(C):
方案一：网络广告
方案二：电视广告
添加(A)...

图 8-115 显示方案一的利润分析明细

STEP 14：在“方案”列表框中单击“方案二：电视广告”选项，单击“显示”按钮，即可在工作表中显示第二个方案的利润分析明细，如图 8-116 所示。

方案分析				
产品名称	广告费用增长率	销售金额增长费	成本增长率	利润
A产品	1.6	1.9	1.45	128250
B产品	0.8	1.1	0.75	41500

方案管理器 ? ×
方案(C):
方案一：网络广告
方案二：电视广告
添加(A)...

图 8-116 显示方案二的利润分析明细

8.6 使用数据透视表

扫码观看本节视频

数据透视表是 Excel 强大的数据处理工具。数据透视表能迅速地把大量的数据信息转化成交互式的表格，而且可以快速进行分类汇总，方便比较数据。数据透视表非常灵活、方便，可以随时根据需要对数据进行不同的统计并形成表格，是分析大量数据的首选。

8.6.1 了解数据透视表的用途及组织结构

数据透视表的主要用途是从数据库的大量数据中生成动态的数据报告，对数据进行分类汇总和聚合，帮助用户分析和组织数据。它还可以对记录数量较多、结构复杂的工作表进行筛选、排序、分组和有条件地设置格式，显示数据中的规律。

（1）可以使用多种方式查询大量数据。

（2）按分类和子分类对数据进行分类汇总和计算。

（3）展开或折叠要关注结果的数据级别，查看部分区域汇总数据的明细。

（4）将行移动到列或将列移动到行，以查看源数据的不同汇总方式。

（5）对最有用和最关注的数据子集进行筛选、排序、分组和有条件地设置格式，使用户能够清楚地看到所需的信息。

（6）提供简明、有吸引力并且带有批注的联机报表或打印报表。

对于任何一个数据透视表来说，我们都可以将其整体结构划分为四大区域，分别是行区域、列区域、值区域和筛选器。

1.行区域

行区域位于数据透视表的左侧，每个字段中的每一项显示在行区域的每一行中。用户通常在行区域中放置一些可用于进行分组或分类的内容，例如办公软件、开发工具及系统软件等。

2.列区域

列区域由数据透视表各列顶端的标题组成。每个字段中的每一项显示在列区域的每一列中。用户通常在列区域中放置一些可以随时间变化的内容，例如，第一季度和第二季度销售数据等，可以很明显地看出数据随时间变化的趋势。

3.值区域

在数据透视表中，包含数值的大面积区域就是值区域。值区域中的数据是对数据透视表中行字段和列字段数据的计算和汇总，该区域中的数据一般都是可以进行运算的。默认情况下，Excel 对数值区域中的数值型数据进行求和，对文本型数据进行计数。

4.筛选器

筛选器位于数据透视表的最上方，有一个或多个下拉列表组成，通过选择下拉列表中的选项，可以一次性对整个数据透视表中的数据进行筛选。

8.6.2 创建数据透视表

数据透视表是一种交互式的报表，当 Excel 工作表中拥有大量的数据时，一般都需要创建一个数据透视表，利用数据透视表可以快速地合并和比较大量的数据，具体操作如下：

STEP 01：打开 Excel 文件并选中数据，在 “插入”选项卡的“表格”选项组中单击“数据透视表”按钮，如图 8-117 所示。

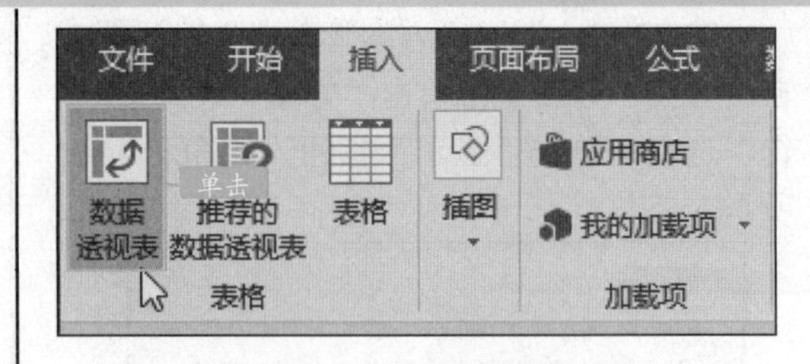

图 8-117　单击“数据透视表”按钮

STEP 02：弹出“创建数据透视表”对话框，单击选中“选择一个表或区域”单选按钮，保留右侧的默认值，单击选中“新工作表”单选按钮，单击“确定”按钮，如图 8-118 所示。

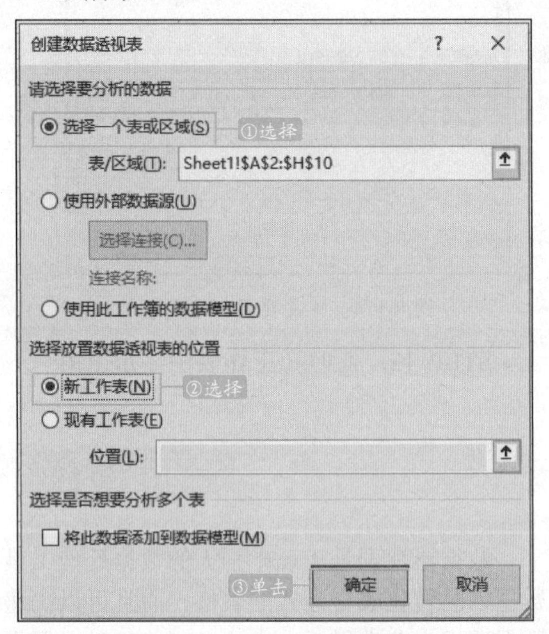

图 8-118　设置数据透视表参数

STEP 03：此时工作表右侧展开了“数据透视表字段”窗格，在“选择要添加到报表的字段”列表框中勾选需要的字段，如图 8-119 所示。

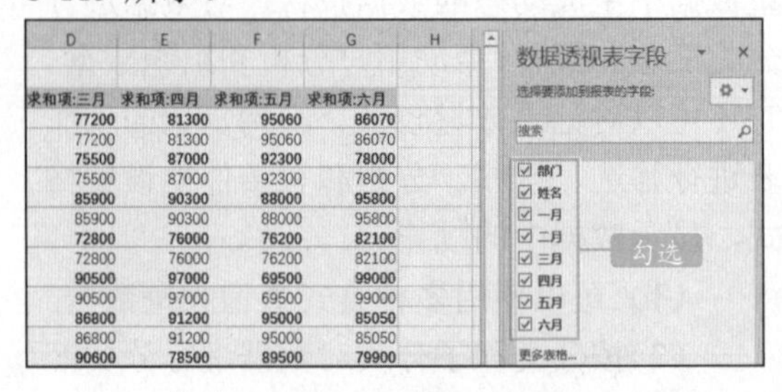

图 8-119　勾选需要的字段

STEP 04：经过操作后，在左侧的数据透视表中便自动生成了一定的数据透视表布局，如图 8-120 所示。

	A	B	C	D	E	F	G
3	行标签	求和项:一月	求和项:二月	求和项:三月	求和项:四月	求和项:五月	求和项:六月
4	⊟黄海龙	93050	85500	77200	81300	95060	86070
5	销售二部	93050	85500	77200	81300	95060	86070
6	⊟李佳	96500	82500	75500	87000	92300	78000
7	销售一部	96500	82500	75500	87000	92300	78000
8	⊟李娜娜	79500	93500	85900	90300	88000	95800
9	销售三部	79500	93500	85900	90300	88000	95800
10	⊟刘月兰	80500	96000	72800	76000	76200	82100
11	销售一部	80500	96000	72800	76000	76200	82100
12	⊟刘志	87500	63500	90500	97000	69500	99000
13	销售二部	87500	63500	90500	97000	69500	99000
14	⊟唐艳菊	69900	98600	86800	91200	95000	85050
15	销售三部	69900	98600	86800	91200	95000	85050

图 8-120　创建好的数据透视表

8.6.3 设置数据透视表字段

前面创建了默认的数据透视表字段布局，接下来，用户可以根据自己的需求对字段布局进行更改，从而查看不同的数据源汇总结果。

STEP 01：打开 Excel 文件，在“数据透视表字段”窗格中，单击“行标签”列表框中的“姓名”下三角按钮，在展开的下拉列表中单击“下移”选项，如图 8-121 所示。

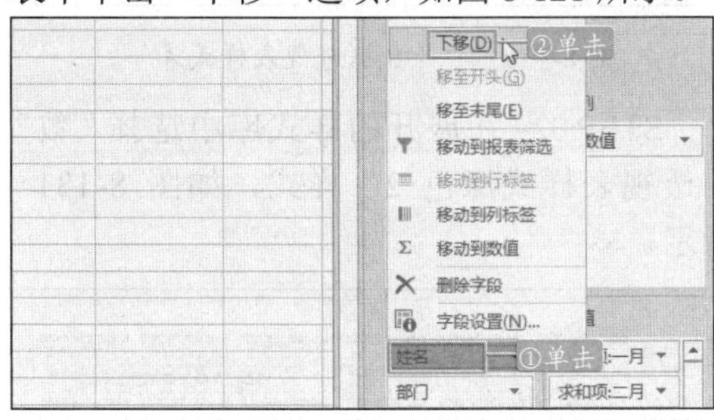

图 8-121　移动行标签位置

STEP 02：在“数据透视表字段”窗格中，单击“行标签”列表框中的“部门”下三角按钮，在展开的下拉列表中单击“移动到报表筛选”选项，如图 8-122 所示。

图 8-122　移动行标签到报表筛选

STEP 03：经过操作后，“部门”字段被移至筛选区，并且在数据透视表中显示调整行标签字段的结果，如图 8-123 所示。

	A	B	C	D	E
1	部门	(全部)			
2					
3	行标签	求和项:一月	求和项:二月	求和项:三月	求和项:四月
4	黄海龙	93050	85500	77200	81300
5	李佳	96500	82500	75500	87000
6	李娜娜	79500	93500	85900	90300
7	刘月兰	80500	96000	72800	76000
8	刘志	87500	63500	90500	97000
9	唐艳菊	69900	98600	86800	91200

图 8-123　移动后的结果

STEP 04：在筛选区单击“部门”字段右侧的下三角按钮，在其列表框中单击“销售三部”选项，单击“确定　”按钮，如图 8-124 所示。

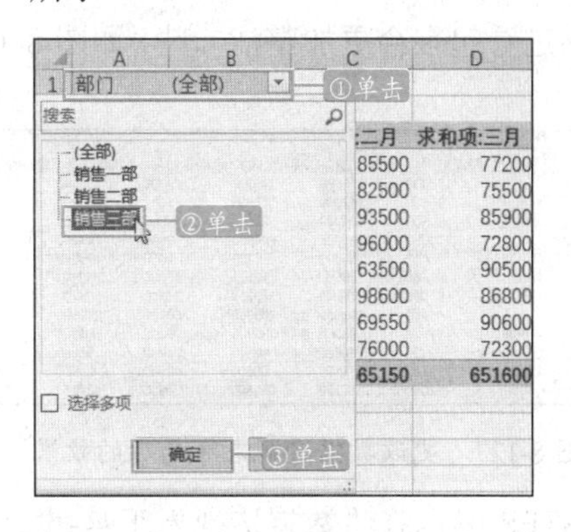

图 8-124　设置筛选条件

STEP 05：经过操作后，在数据透视表中只显示“部门”是“销售三部”的数据信息，如图 8-125 所示。

	A	B	C	D	E	F
1	部门	销售三部				
2						
3	行标签	求和项:一月	求和项:二月	求和项:三月	求和项:四月	求和项:五月
4	李娜娜	79500	93500	85900	90300	88000
5	唐艳菊	69900	98600	86800	91200	95000
6	杨鹏	97500	69550	90600	78500	89500
7	总计	246900	261650	263300	260000	272500

图 8-125　显示符合条件的数据信息

8.6.4 设置数据透视表布局

设置数据透视表布局包括设置分类汇总项、总计、报表布局以及空行。其中，报表布局可以更改数据透视表的显示效果，例如以压缩形式显示、以大纲形式显示以及以表格形式显示。

STEP 01：打开Excel文件，切换至“数据透视表工具-设计”选项卡，单击“布局”选项组中的“报表布局”按钮，在展开的下拉列表中单击“以大纲形式显示”选项，如图8-126所示。

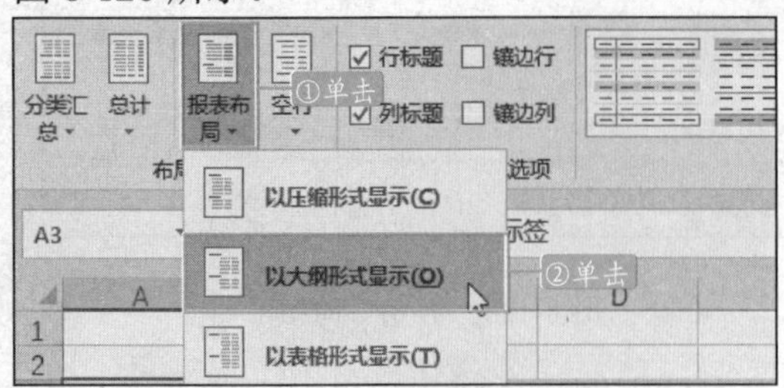

图8-126　单击“报表布局”按钮

STEP 02：经过操作后，数据透视表的布局以大纲形式显示出来，同样显示字段标题，不过看起来会更加整洁一些，如图8-127所示。

部门	姓名	求和项:一月	求和项:二月	求和项:三月	求和项:四月	求和项:五月	求和项:六月
销售一部		177000	178500	148300	163000	168500	160100
	李佳	96500	82500	75500	87000	92300	78000
	刘月兰	80500	96000	72800	76000	76200	82100
销售二部		278050	225000	240000	270600	249060	263070
	黄海龙	93050	85500	77200	81300	95060	86070
	刘志	87500	63500	90500	97000	69500	99000
	杨晓伟	97500	76000	72300	92300	84500	78000
销售三部		246900	261650	263300	260000	272500	260750
	李娜娜	79500	93500	85900	90300	88000	95800
	唐艳菊	69900	98600	86800	91200	95000	85050
	杨鹏	97500	69550	90600	78500	89500	79900
总计		701950	665150	651600	693600	690060	683920

图8-127　更改数据透视表布局后的效果

STEP 03：在“数据透视表工具-设计”选项卡的“布局”选项组中，单击“空行”按钮，在展开的下拉列表中单击“在每个项目后插入空行”选项，如图8-128所示。

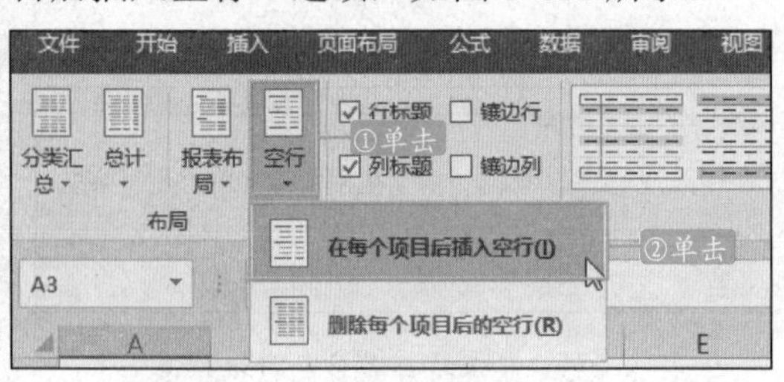

图8-128　插入空白行

STEP 04：经过操作后，在数据透视表中每个部门的姓名及数据结束后都会插入一个空行，让数据透视表显示得更加清晰，如图8-129所示。

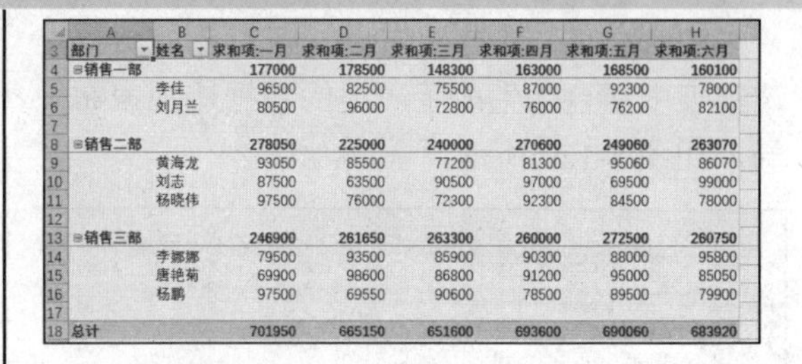

部门	姓名	求和项:一月	求和项:二月	求和项:三月	求和项:四月	求和项:五月	求和项:六月
销售一部		177000	178500	148300	163000	168500	160100
	李佳	96500	82500	75500	87000	92300	78000
	刘月兰	80500	96000	72800	76000	76200	82100
销售二部		278050	225000	240000	270600	249060	263070
	黄海龙	93050	85500	77200	81300	95060	86070
	刘志	87500	63500	90500	97000	69500	99000
	杨晓伟	97500	76000	72300	92300	84500	78000
销售三部		246900	261650	263300	260000	272500	260750
	李娜娜	79500	93500	85900	90300	88000	95800
	唐艳菊	69900	98600	86800	91200	95000	85050
	杨鹏	97500	69550	90600	78500	89500	79900
总计		701950	665150	651600	693600	690060	683920

图8-129　设置好的数据透视表效果

8.6.5　设置数据透视表样式

为了使数据透视表的效果更美观，用户可以为其应用Excel 2016中内置的几十种样式，包括浅色、中等深浅以及深色三种类别。

STEP 01：打开Excel文件，选中数据透视表任意单元格，切换至“数据透视表工具—设计”选项卡，单击“数据透视表样式”快翻按钮，如图8-130所示。

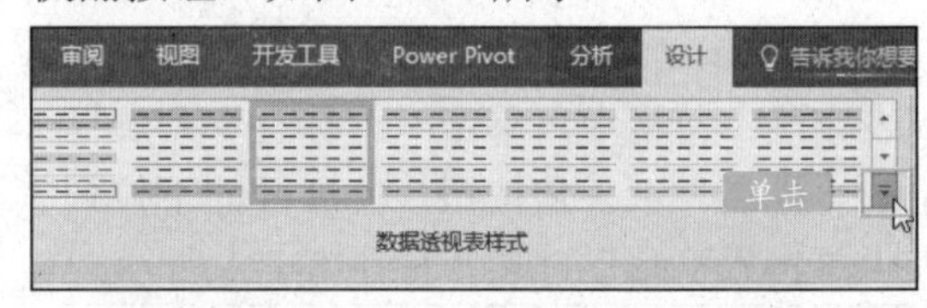

图8-130　打开数据透视表样式库

STEP 02：在展开的样式库中选择“数据透视表样式深色2”样式，如图8-131所示。

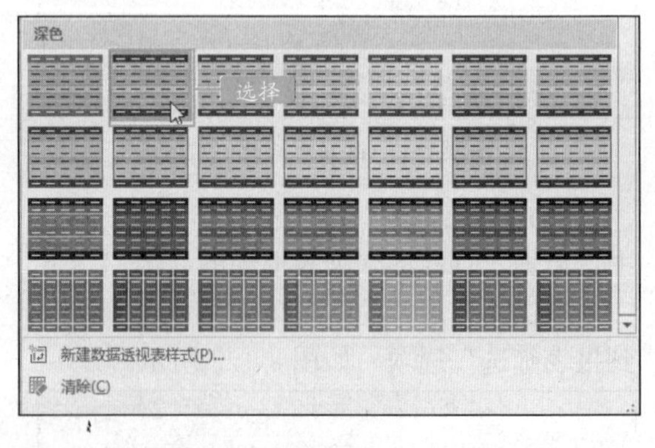

图8-131　选择数据透视表样式

STEP 03：经过操作后，工作表中的数据透视表应用了“数据透视表样式深色2”样式，如图8-132所示。

行标签	求和项:一月	求和项:二月	求和项:三月	求和项:四月	求和项:五月	求和项:六月
黄海龙	93050	85500	77200	81300	95060	86070
销售二部	93050	85500	77200	81300	95060	86070
李佳	96500	82500	75500	87000	92300	78000
销售一部	96500	82500	75500	87000	92300	78000
李娜娜	79500	93500	85900	90300	88000	95800
销售三部	79500	93500	85900	90300	88000	95800
刘月兰	80500	96000	72800	76000	76200	82100
销售一部	80500	96000	72800	76000	76200	82100
刘志	87500	63500	90500	97000	69500	99000
销售二部	87500	63500	90500	97000	69500	99000
唐艳菊	69900	98600	86800	91200	95000	85050
销售三部	69900	98600	86800	91200	95000	85050
杨鹏	97500	69550	90600	78500	89500	79900
销售三部	97500	69550	90600	78500	89500	79900
杨晓伟	97500	76000	72300	92300	84500	78000
销售二部	97500	76000	72300	92300	84500	78000
总计	701950	665150	651600	693600	690060	683920

图 8-132　应用样式后的效果

8.6.6 添加和删除字段

用户可以根据需要随时向透视表添加或删除字段。

1.添加字段

在右侧“数据透视表字段”窗格的“选择要添加到报表的字段”区域中，单击选中要添加的字段复选框，即可将其添加到透视表中。

2.删除字段

STEP 01：打开数据透视表，上面已经显示了所有的字段，在右侧的“选择要添加到报表的字段”区域中，撤消选中要删除的字段，即可将其从透视表中删除，如图 8-133 所示。

求和项:一月	求和项:二月	求和项:三月	求和项:四月
93050	85500	77200	81300
93050	85500	77200	81300
96500	82500	75500	87000
96500	82500	75500	87000
79500	93500	85900	90300
79500	93500	85900	90300
80500	96000	72800	76000
80500	96000	72800	76000
87500	63500	90500	97000
87500	63500	90500	97000
69900	98600	86800	91200
69900	98600	86800	91200
97500	69550	90600	78500
97500	69550	90600	78500

图 8-133　删除字段

STEP 02：在“行标签”中的字段名称上单击并将其拖到“数据透视表字段”窗格外面，也可删除此字段，如图 8-134 所示。

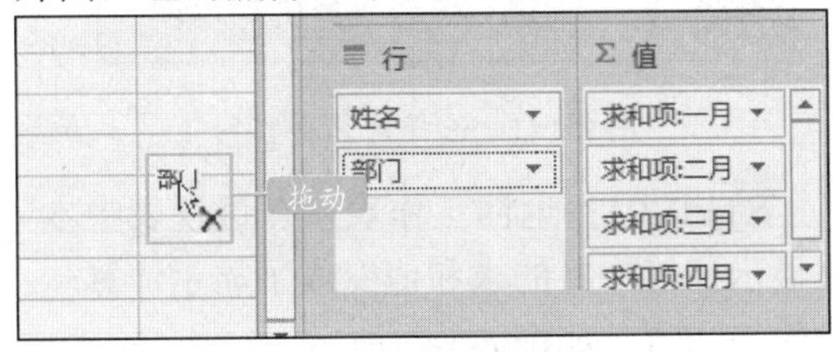

图 8-134　使用行标签删除字段

8.6.7 复制和移动数据透视表

数据透视表中的单元格很特别，它们不同于通常的单元格，所以复制和移动透视表也比较特殊。

1.复制数据透视表

STEP 01：选择整个数据透视表，按【Ctrl+C】组合键复制。

STEP 02：在目标区域按【Ctrl+V】组合键粘贴即可。

2.移动数据透视表

STEP 01：选择整个数据透视表，单击“数据透视表工具-分析”选项卡下“操作”选项组中的“移动数据透视表”按钮，如图 8-135 所示。

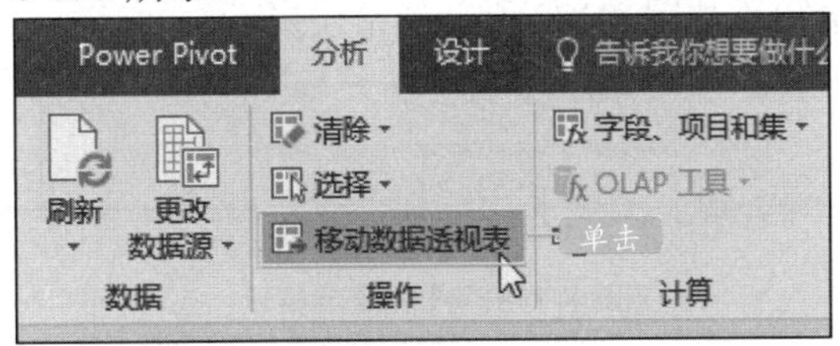

图 8-135　单击“移动数据透视表”按钮

STEP 02：弹出“移动数据透视表”对话框，选择放置数据透视表的位置后，单击“确定”按钮，如图 8-136 所示。

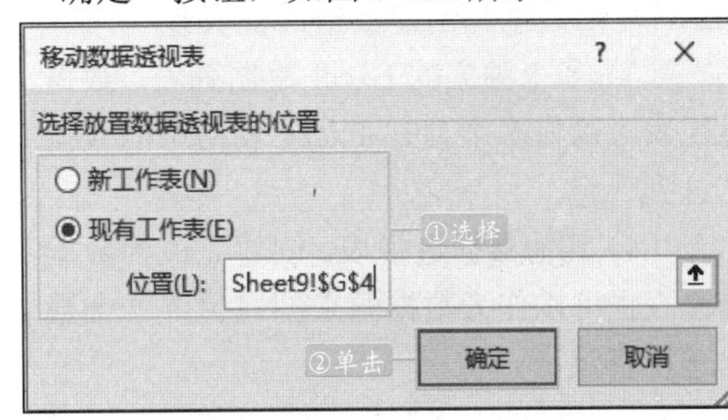

图 8-136　选择放置数据透视表的位置

STEP 03：即可将数据透视表移动到新的位置，效果如图 8-137 所示。

	F	G	H	I	J
3					
4		行标签	求和项:一	求和项:二	求和项:三
5		⊟黄海龙	93050	85500	77200
6		销售二部	93050	85500	77200
7		⊟李佳	96500	82500	75500
8		销售一部	96500	82500	75500
9		⊟李娜娜	79500	93500	85900
10		销售三部	79500	93500	85900
11		⊟刘月兰	80500	96000	72800
12		销售一部	80500	96000	72800

图 8-137　数据透视表移动位置后的效果

8.6.8 数据透视表的有效数据源

用户可以从四种类型的数据源中组织和创建数据透视表。

（1）Excel 数据列表。Excel 数据列表是最常用的数据源。如果以 Excel 数据列表作为数据源，则标题行不能有空白单元格或者合并的单元格，否则不能生成数据透视表，会出现如图 8-138 所示的错误提示。

图 8-138　错误提示框

（2）外部数据源。文本文件、Microsoft SQL Server 数据库、Microsoft Access 数据库、dBASE 数据库等均可作为数据源。Excel 2000 及以上版本还可以利用 Microsoft OLAP 多维数据集创建数据透视表。

（3）多个独立的 Excel 数据列表。数据透视表可以将多个独立 Excel 表格中的数据汇总到一起。

（4）其他数据透视表。创建完成的数据透视表也可以作为数据源来创建另外一个数据透视表。

8.6.9 更改值汇总方式

Excel 数据透视表对数据区域中的数值字段默认为使用求和汇总，用户可以根据需要对数值汇总的方式进行改变。

STEP 01：打开 Excel 文件，选中透视表，切换到“数据透视表工具-分析”选项卡，单击“显示”选项组中的“字段列表”按钮，如图 8-139 所示。

图 8-139　单击“字段列表”按钮

STEP 02：打开“数据透视表字段”窗格，单击“值”列表框中的“求和项：一月”字段，在展开的下拉列表中单击“值字段设置”选项，如图 8-140 所示。

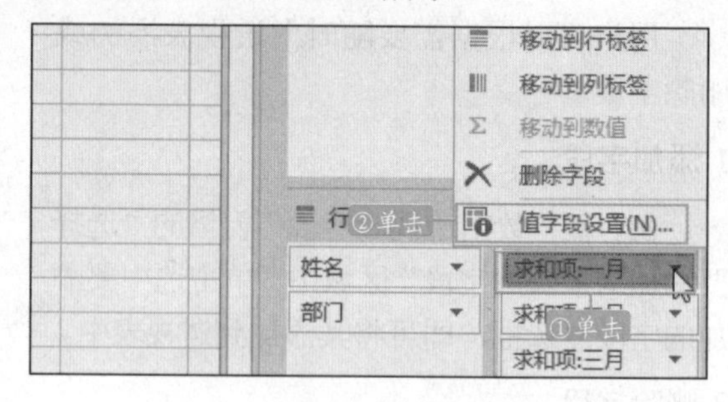

图 8-140　单击“值字段设置”选项

STEP 03：弹出“值字段设置”对话框，单击“计算类型”列表框中的“平均值”选项，单击“确定”按钮，如图 8-141 所示。

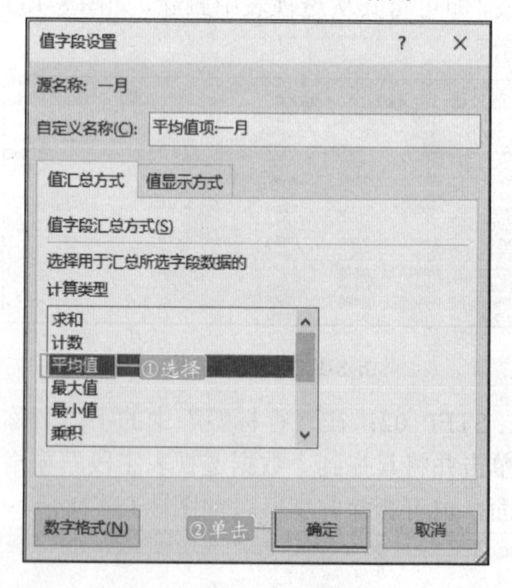

图 8-141　选择计算类型

STEP 04：返回工作表，在透视表中本来显示计算一月的求和值变成了显示计算一月的平均值，如图 8-142 所示。

	行标签	平均值项:一月	求和项:二月	求和项:三月	求和项:四月
5	⊟黄海龙	93050	85500	77200	81300
6	销售二部	93050	85500	77200	81300
7	⊟李佳	96500	82500	75500	87000
8	销售一部	96500	82500	75500	87000
9	⊟李娜娜	79500	93500	85900	90300
10	销售三部	79500	93500	85900	90300
11	⊟刘月兰	80500	96000	72800	76000
12	销售一部	80500	96000	72800	76000
13	⊟刘志	87500	63500	90500	97000
14	销售二部	87500	63500	90500	97000
15	⊟唐艳菊	69900	98600	86800	91200
16	销售三部	69900	98600	86800	91200
17	⊟杨鹏	97500	69550	90600	78500
18	销售三部	97500	69550	90600	78500
19	⊟杨晓伟	97500	76000	72300	92300
20	销售二部	97500	76000	72300	92300
21	总计	87743.75	665150	651600	693600

图 8-142　更改值汇总方式的效果

8.6.10 设置值显示方式

改变数据透视表值的显示方式一般是指改变字段中数值的显示方式，值显示方式包括无计算方式、各种类型的百分比方式等，在创建新的数据透视表时，系统默认的值显示方式为无计算的方式。

STEP 01：打开原始文件，选中透视表 C 列中的任意单元格，切换至“数据透视表工具-分析”选项卡，单击“活动字段”选项组中的“字段设置”按钮，如图 8-143 所示。

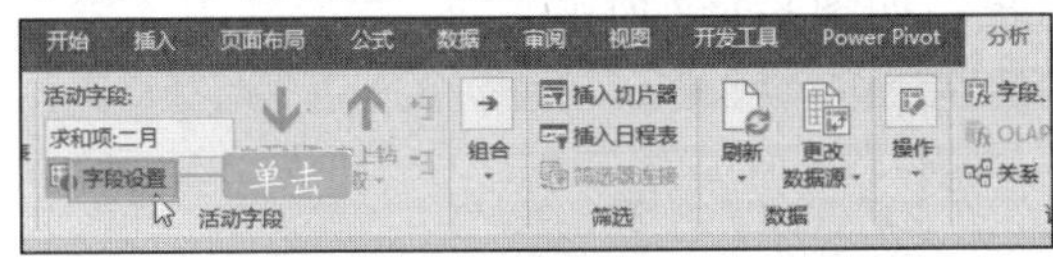

图 8-143　单击“字段设置”按钮

STEP 02：弹出“值字段设置”对话框，切换到“值显示方式”标签下，在“值显示方式”下拉列表中选择“总计的百分比”选项，如图 8-144 所示。

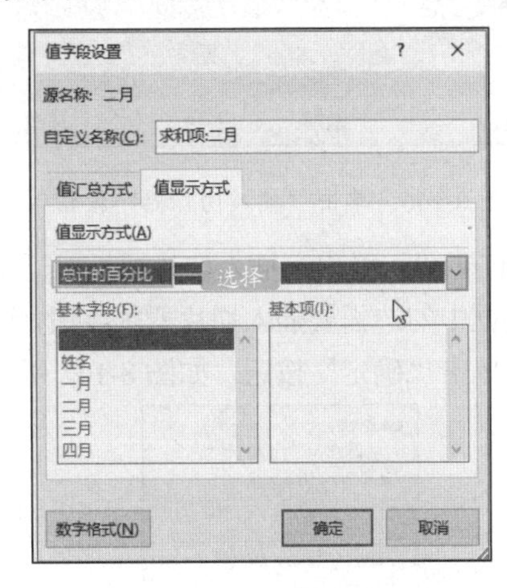

图 8-144　选择值显示方式

STEP 03：单击“确定”按钮后返回工作表，即可看到更改后的值以百分比的形式显示出来，如图 8-145 所示。

	行标签	求和项:一月	求和项:二月	求和项:三月	求和项:四月
5	⊟黄海龙	93050	12.85%	77200	81300
6	销售二部	93050	12.85%	77200	81300
7	⊟李佳	96500	12.40%	75500	87000
8	销售一部	96500	12.40%	75500	87000
9	⊟李娜娜	79500	14.06%	85900	90300
10	销售三部	79500	14.06%	85900	90300
11	⊟刘月兰	80500	14.43%	72800	76000
12	销售一部	80500	14.43%	72800	76000
13	⊟刘志	87500	9.55%	90500	97000
14	销售二部	87500	9.55%	90500	97000
15	⊟唐艳菊	69900	14.82%	86800	91200
16	销售三部	69900	14.82%	86800	91200
17	⊟杨鹏	97500	10.46%	90600	78500
18	销售三部	97500	10.46%	90600	78500
19	⊟杨晓伟	97500	11.43%	72300	92300
20	销售二部	97500	11.43%	72300	92300
21	总计	701950	100.00%	651600	693600

图 8-145　设置值显示方式的效果

8.7 综合统计与分析数据透视表

扫码观看本节视频

数据透视表是 Excel 强大的数据处理工具，能迅速地把大量的数据信息转化成交互式的表格，而且可以快速进行分类汇总，方便比较数据。数据透视表非常灵活、方便，可以随时根据需要对数据进行不同统计并形成表格，是分析大量数据的首选。

8.7.1 插入切片器并筛选数据

切片器是显示在工作表中的浮动窗口，可根据具体情况任意移动位置，它是一种利用图形来筛选内容的方式。为了方便在数据透视表中筛选数据，可以为数据透视表插入切片器，在透视表中插入切片器后，不仅能轻松地对数据透视表进行筛选操作，还可以非常直观地查看筛选信息。

STEP 01：打开 Excel 文件，选中透视表，切换至“数据透视表-分析”选项卡，单击“筛选”选项组中的“插入切片器”按钮，如图 8-146 所示。

图 8-146　单击“插入切片器”按钮

STEP 02：弹出“插入切片器”对话框，在列表框中勾选需要插入切片器的字段，设置完成后单击“确定”按钮，如图 8-147 所示。

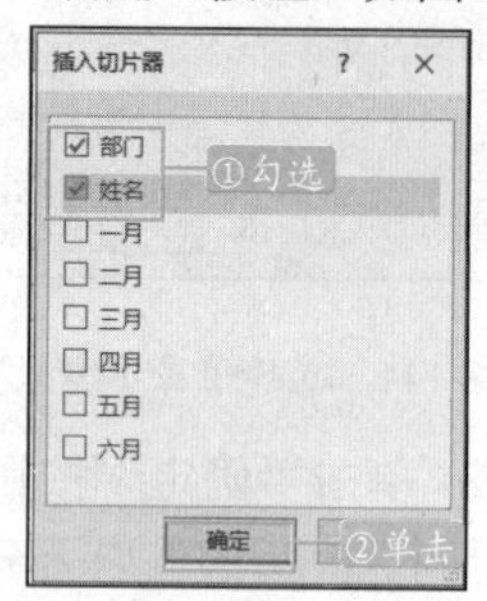

图 8-147　勾选插入切片器的字段

STEP 03：此时，插入了“部门”和“姓名”字段的切片器，如图 8-148 所示。

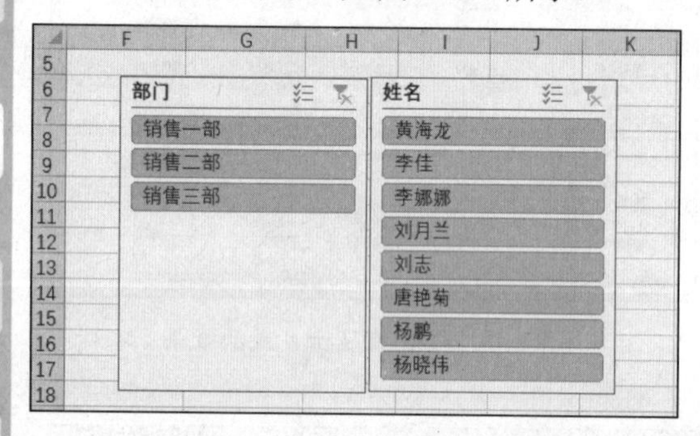

图 8-148　插入切片器的效果

STEP 04：假定需要筛选销售二部杨晓伟的销售业绩，在切片器中单击需要筛选的字段“销售二部”和“杨晓伟”，如图 8-149 所示。

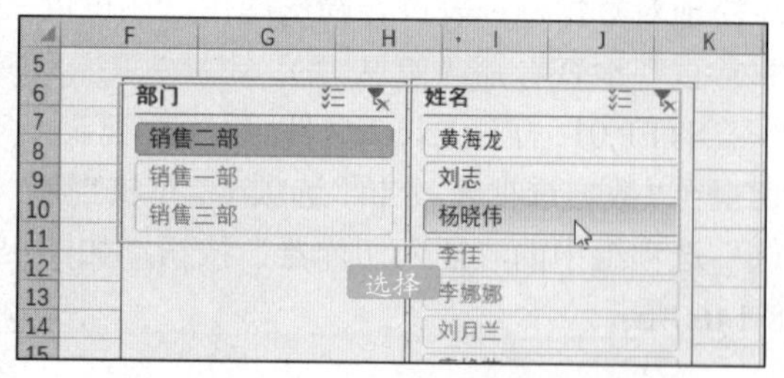

图 8-149　设置筛选字段

STEP 05：通过设置，在透视表中的数据已经进行了筛选，只显示关于销售二部杨晓伟的销售业绩统计，如图 8-150 所示。

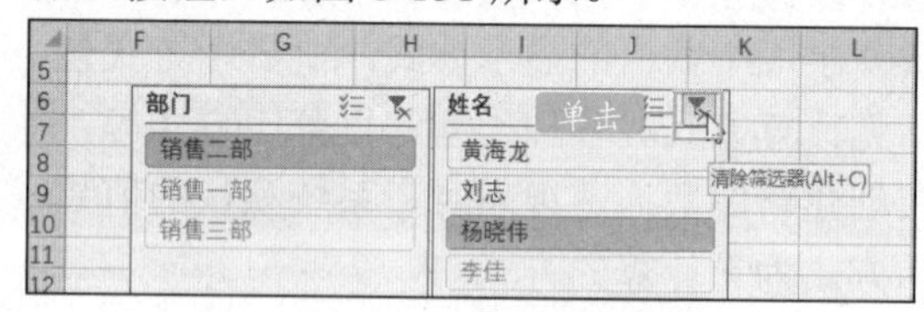

行标签	求和项:一月	求和项:二月	求和项:三月	求和项:四月
⊟杨晓伟	97500	76000	72300	92300
销售二部	97500	76000	72300	92300
总计	97500	76000	72300	92300

图 8-150　透视表显示的筛选结果

STEP 06：在进行数据的筛选后，切片器右上角的“清除筛选器”按钮呈现为可用状态，分别单击两个切片器上的“清除筛选器”按钮，如图 8-151 所示。

图 8-151　清除筛选字段

STEP 07：此时可以看到透视表中的数据取消了筛选，并且切片器底色全部呈现为蓝色，如图 8-152 所示。

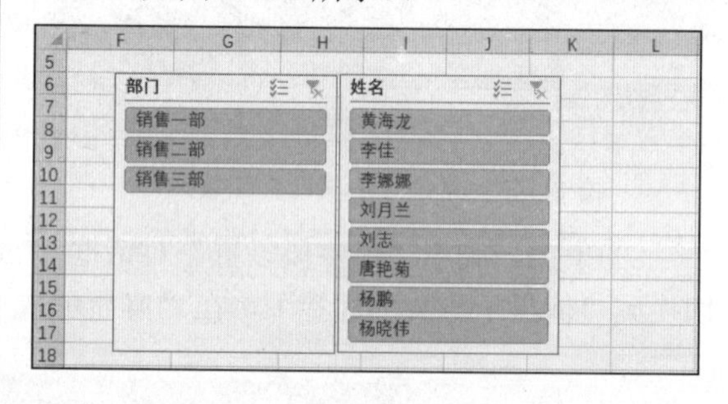

图 8-152　取消筛选后的切片器效果

8.7.2　设置美化切片器

默认情况下，切片器是按字段顺序排列的，但我们可以根据当前需求将某个切片器置顶排列，或者让切片器的按钮呈 2 列或更多列，还能应用切片器样式来进行美化。

STEP 01：打开 Excel 文件，选中“部门”切片器，切换至“切片器工具-选项”选项卡，单击“上移一层”的下拉按钮，在展开的下拉列表中单击“置于顶层”选项，如图 8-153 所示。

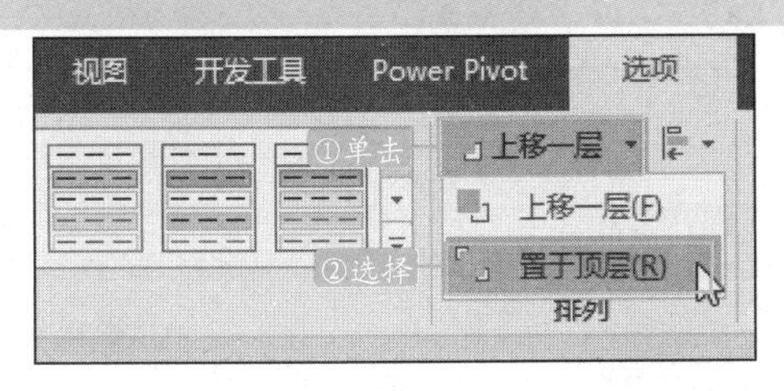

图 8-153　设置切片器所在层

STEP 02:“部门”切片器被移至最前面，在“按钮”选项组中的“列”文本框中输入“2”，按【Enter】键，如图 8-154 所示。

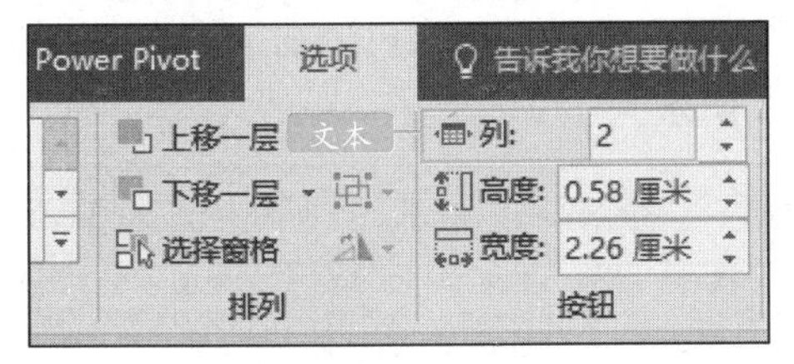

图 8-154　设置切片器的列数

STEP 03：经过操作后，所选切片器应用了 2 列按钮效果，按住【Ctrl】键不放，选中所有切片器，如图 8-155 所示。

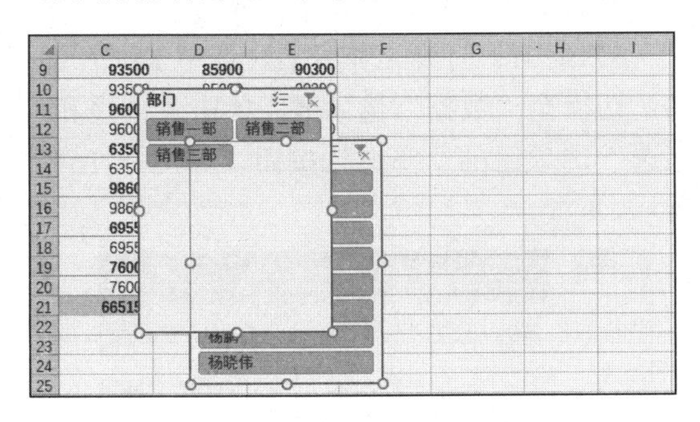

图 8-155　应用列数后的效果

STEP 04：在“切片器工具-选项”选项卡，在“切片器样式”框中选择“浅绿，切片器样式浅色 6”样式，如图 8-156 所示

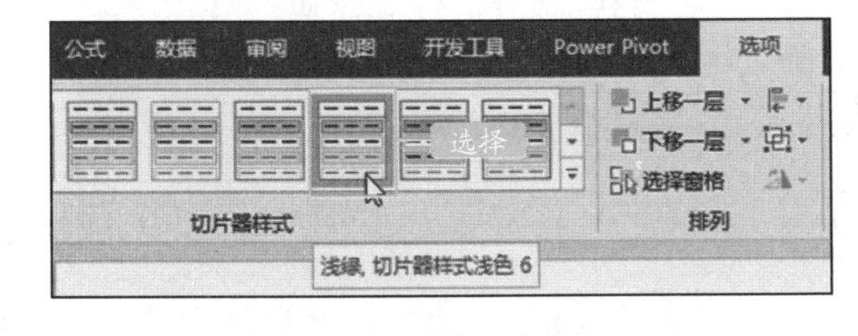

图 8-156　选择切片器样式

STEP 05：经过操作后，所选的全部切片器都应用了设置的效果，如图 8-157 所示。

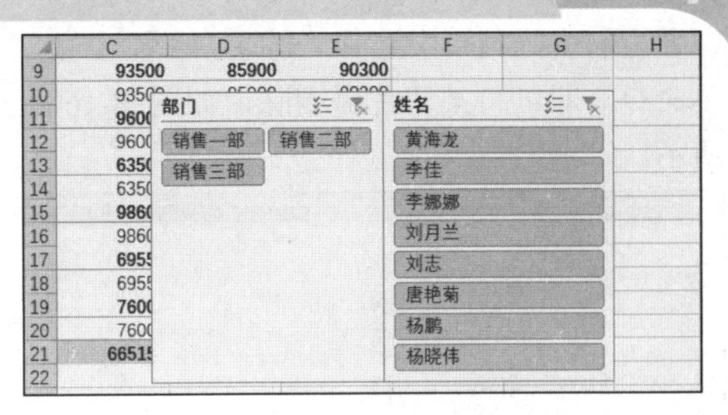

图 8-157　美化后的切片器效果

8.7.3　隐藏、断开与删除切片器

1.隐藏切片器

STEP 01：选择要隐藏的切片器，单击“切片器工具-选项”选项卡下“排列”选项组中的“选择窗格”按钮，如图 8-158 所示。

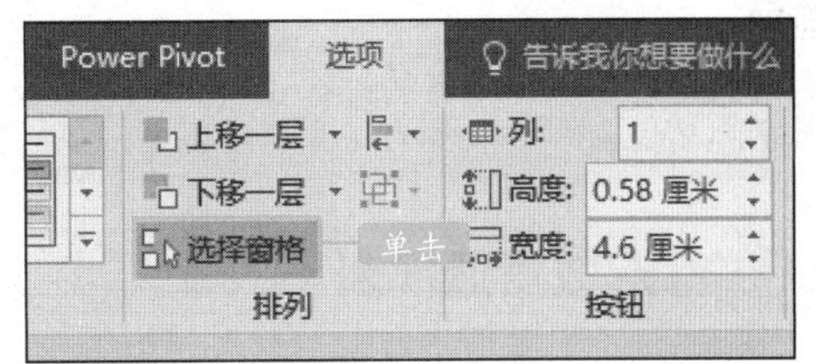

图 8-158　单击“选择窗格”按钮

STEP 02：打开“选择”窗格，单击切片器名称后的按钮，即可隐藏切片器，此时按钮显示为一按钮，再次单击一按钮即可取消隐藏，此外，单击“全部隐藏”和“全部显示”按钮可隐藏和显示所有切片器如图 8-159 所示。

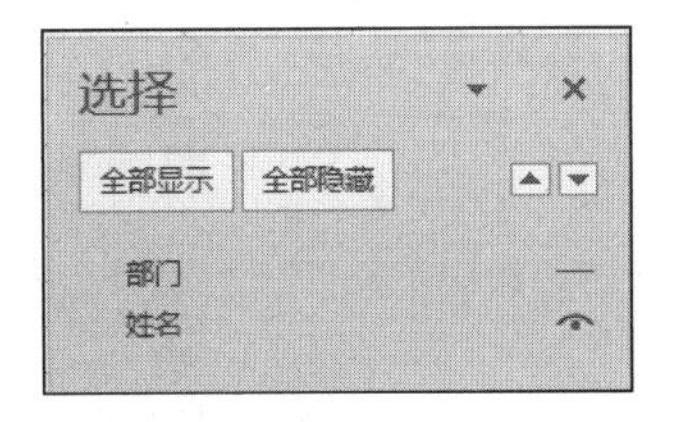

图 8-159　隐藏或显示切片器

2.删除切片器

（1）按【Delete】键删除

选择要删除的切片器，在键盘上按【Delete】键即可将切片器删除。

（2）使用“删除”菜单命令删除

选择要删除的切片器并单击鼠标右键，

在弹出的快捷菜单中选择“删除‘姓名’”菜单命令，即可将某切片器删除，如图 8-160 所示。

姓名
黄海龙
李佳
李娜娜
刘月兰
刘志
唐艳菊
杨鹏
杨晓伟
剪切(T)
复制(C)
粘贴选项:
刷新(R)
升序(S)
降序(O)
从"姓名"中清除筛选器(A)
多选"姓名"(M)
报表连接(I)...
删除"姓名"(V)
选择

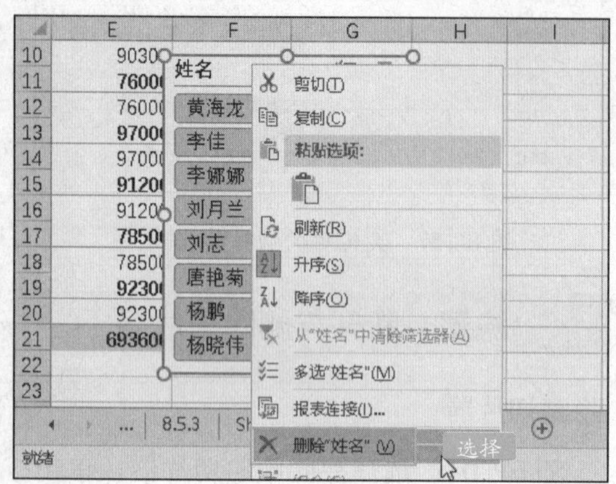

图 8-160　删除切片器

◆◆提示

使用切片器筛选数据后，按【Delete】键删除切片器，数据表中将仅显示筛选后的数据。

8.7.4 筛选数据透视表

用户可以根据需要对数据透视表中的数据进行筛选，提取重要的数据。

1.使用“值筛选”进行筛选

STEP 01：打开工作表，单击“行标签”筛选按钮，选择“值筛选>前 10 项”选项，如图 8-161 所示。

①单击
②选择

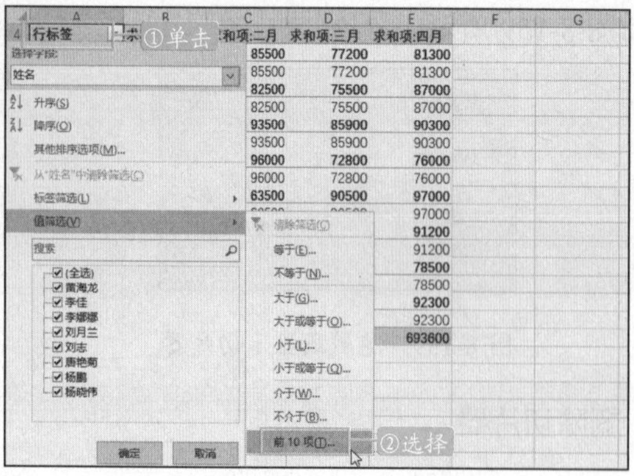

图 8-161　选择行标签筛选条件

STEP 02：弹出“前 10 个筛选（姓名）”对话框，在“显示”下的数值框中输入 3，单击“依据”下拉按钮，选择“求和项：一月”选项，单击“确定”按钮，如图 8-162 所示。

前 10 个筛选(姓名)
显示
①设置
最大
3
项
依据
求和项:一月
②单击
确定
取消

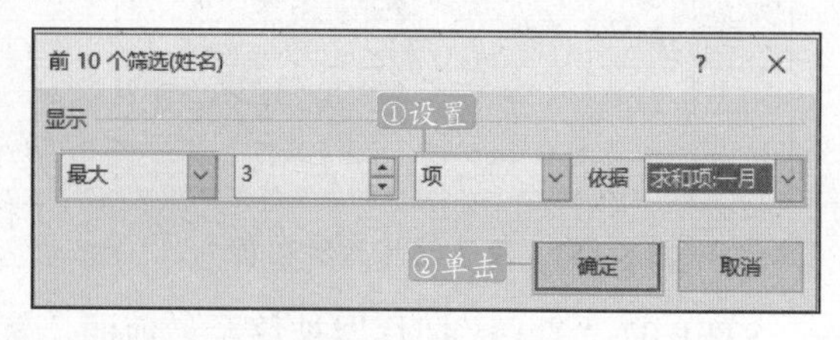

图 8-162　设置筛选条件

STEP 03：返回工作表中，可见一月销售业绩最好的 3 名员工已经筛选出来，如图 8-163 所示。

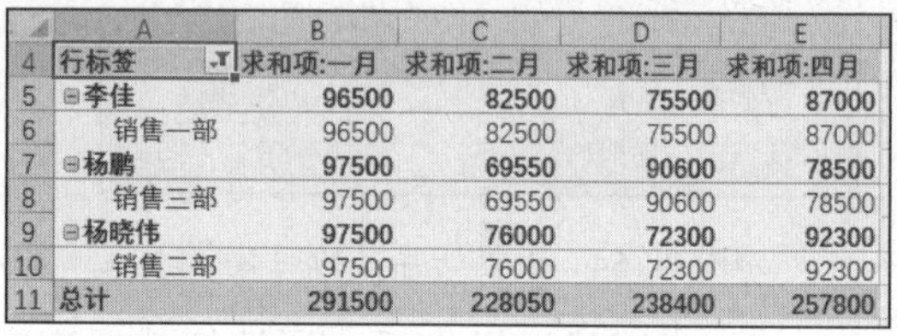

行标签
求和项:一月
求和项:二月
求和项:三月
求和项:四月
李佳 96500 82500 75500 87000
销售一部 96500 82500 75500 87000
杨鹏 97500 69550 90600 78500
销售三部 97500 69550 90600 78500
杨晓伟 97500 76000 72300 92300
销售二部 97500 76000 72300 92300
总计 291500 228050 238400 257800

图 8-163　显示筛选出的结果

2.自动筛选数据

STEP 01：打开工作表后，选中 F4 单元格，切换至“数据”选项卡，单击“排序和筛选”选项组的“筛选”按钮，如图 8-164 所示。

数据
审阅
视图
开发工具
连接
属性
编辑链接
排序
筛选
单击
清除
高级
分列
排序和筛选

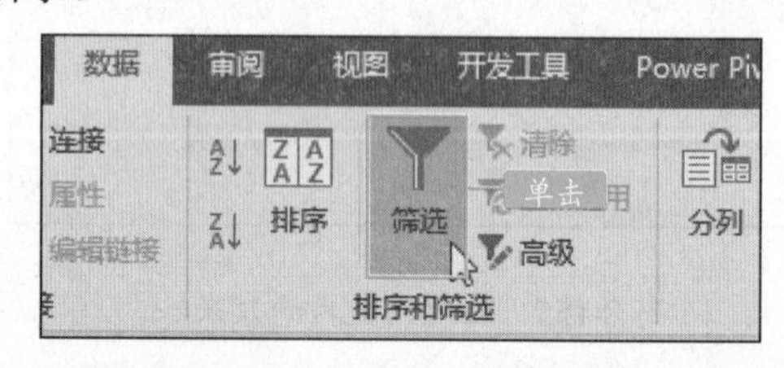

图 8-164　单击“筛选”按钮

STEP 02：数据透视表进入筛选模式，单击“求和项：二月”筛选按钮，选择“数字筛选>大于”选项，如图 8-165 所示。

①单击
数字筛选(F)
等于(E)...
不等于(N)...
大于(G)...
②选择
大于或等于(O)...

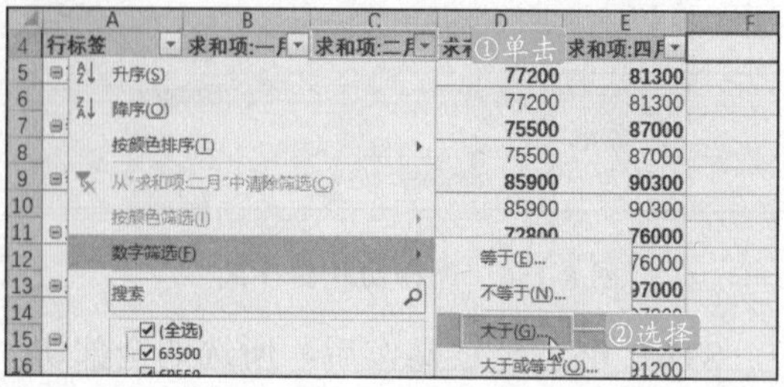

图 8-165　选择筛选条件

STEP 03：打开“自定义自动筛选方式”对话框，设置大于的数值为“80000”，然后单击“确定”按钮，如图 8-166 所示

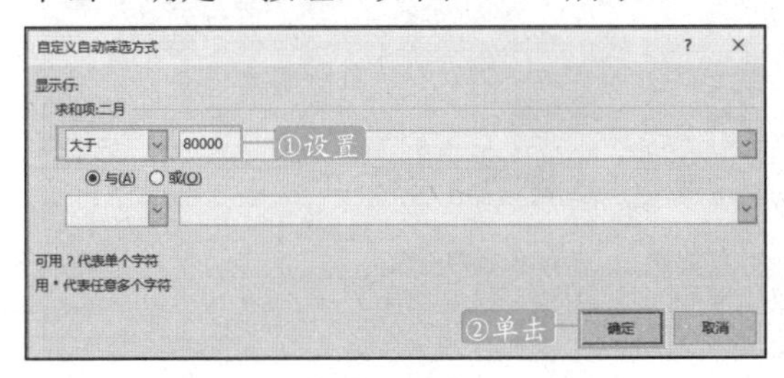

图 8-166　设置筛选条件

STEP 04：返回数据透视表中，可见二月份销售业绩大于 80000 的人员已经筛选出来，如图 8-167 所示。

	A	B	C	D	E	F
4	行标签	求和项:一F	求和项:二F	求和项:三F	求和项:四F	
5	⊟黄海龙	93050	85500	77200	81300	
6	销售二部	93050	85500	77200	81300	
7	⊟李佳	96500	82500	75500	87000	
8	销售一部	96500	82500	75500	87000	
9	⊟李娜娜	79500	93500	85900	90300	
10	销售三部	79500	93500	85900	90300	
11	⊟刘月兰	80500	96000	72800	76000	
12	销售一部	80500	96000	72800	76000	
15	⊟唐艳菊	69900	98600	86800	91200	

图 8-167　显示筛选结果

8.7.5　使用“分组”对话框分组

在透视表中某个字段的数据中具有同一时间范围或同一类型范围的时候，可以把同级的数据分为一组来统计计算，通过使用“分组”对话框对数据进行分组，可以自定义设置数据的起点，终止点以及数据分组的步长。

STEP 01：打开 Excel 文件，选中 A 列中的日期单元格，在“数据透视表工具-分析”选项卡下单击“组合”选项组中的“分组选择”按钮，如图 8-168 所示。

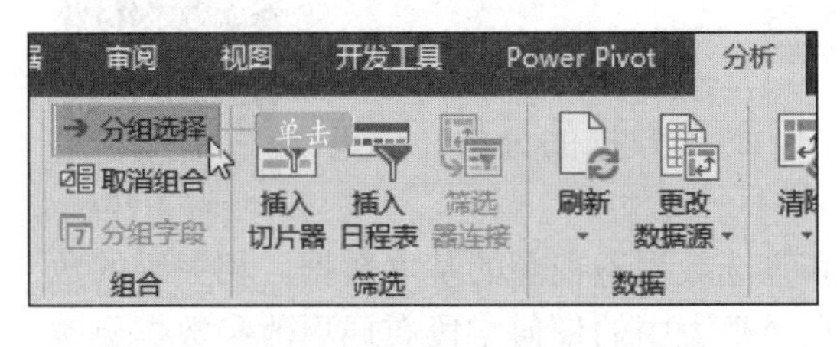

图 8-168　单击“分组选择”按钮

STEP 02：弹出“组合”对话框，单击“步长”列表框中的“月”选项，如图 8-169 所示。

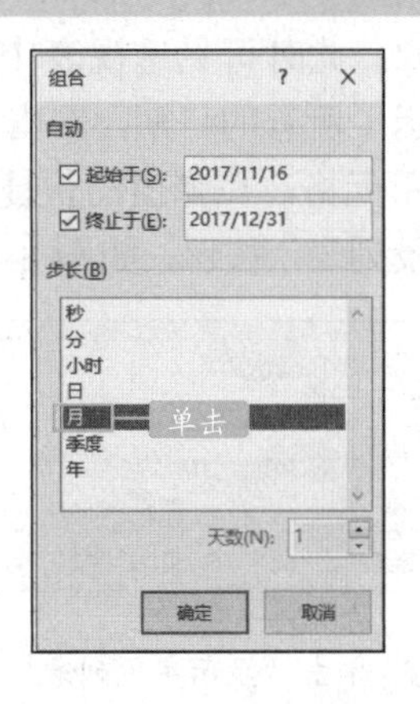

图 8-169　选择分组步长

STEP 03：单击“确定”按钮之后返回工作表，此时在透视表中可以看到销售金额以月为单位分组显示了，如图 8-170 所示。

	A	B	C	D
3	行标签	求和项:销售金额		
4	⊟11月	2560		
5	火龙果	860		
6	苹果	800		
7	香蕉	900		
8	⊟12月	2750		
9	草莓	1020		
10	葡萄	950		

图 8-170　显示分组后的效果

8.7.6　按所选内容分组

按所选内容分组和使用“分组”对话框进行分组有所不同，当选择好某个单元格区域中的数据按要求进行分组时，系统会默认将其分为一个数据组。

STEP 01：打开 Excel 文件，选中 A4 单元格，在“数据透视表工具-分析”选项卡下单击“组合”选项组中的“取消组合”按钮，如图 8-171 所示。

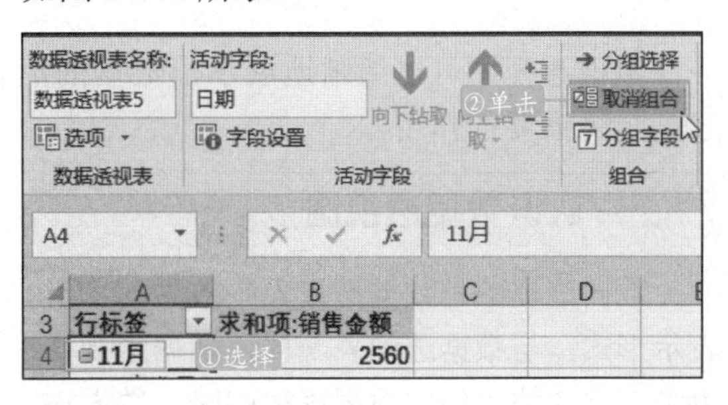

图 8-171　单击“取消组合”按钮

STEP 02：此时可见透视表中的分组被取消了，显示了所有的日期，右击A列含有数据的任意单元格，在弹出的快捷菜单中单击“显示字段列表”按钮，如图8-172所示。

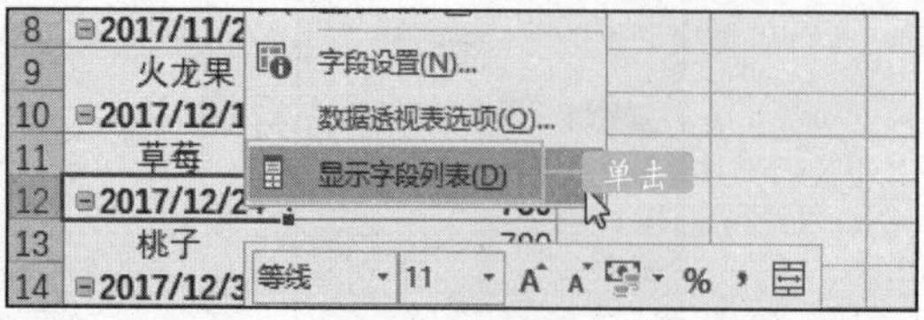

	A
8	⊟2017/11/2
9	火龙果
10	⊟2017/12/1
11	草莓
12	⊟2017/12/2
13	桃子
14	⊟2017/12/3

字段设置(N)...
数据透视表选项(O)...
显示字段列表(D)
单击

图8-172 单击“显示字段列表”按钮

STEP 03：在弹出的窗格中将“行”列表框“日期”字段拖动到“筛选”列表框中，如图8-173所示。

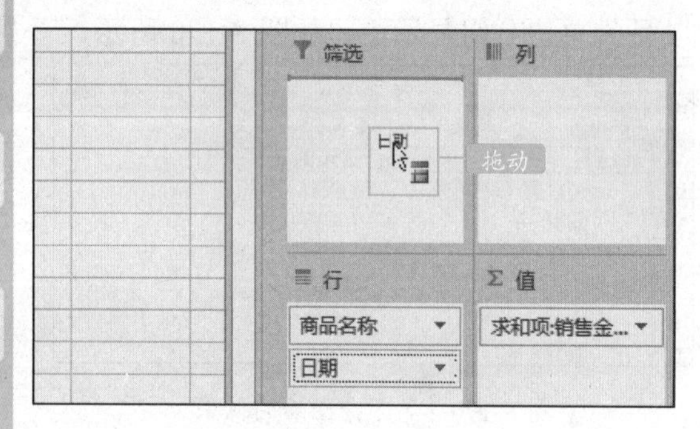

图8-173 添加筛选字段

STEP 04：选择A4：B5单元格区域。单击“组合”选项组中的“分组选择”按钮，如图8-174所示。

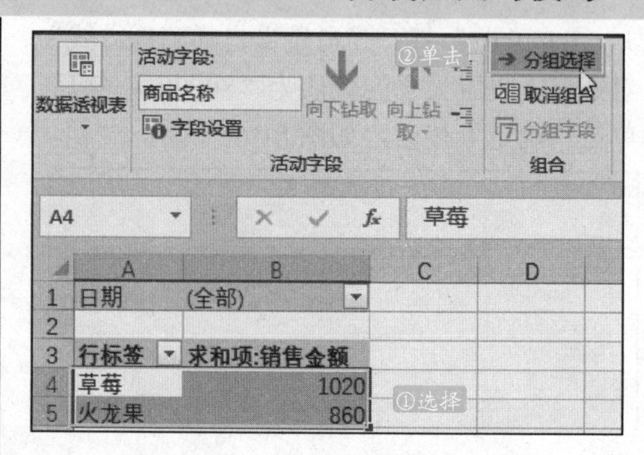

图8-174 单击“分组选择”按钮

STEP 05：此时，选择的单元格区域中的内容被组合成了一个组，默认名称为“数据组1”，如图8-175所示。

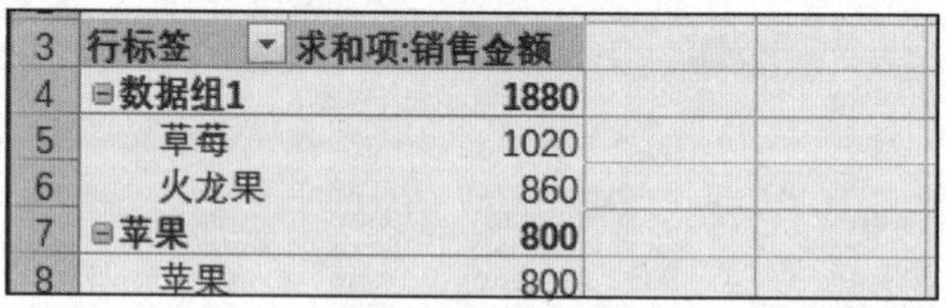

	行标签	求和项:销售金额
4	⊟数据组1	1880
5	草莓	1020
6	火龙果	860
7	⊟苹果	800
8	苹果	800

图8-175 指定内容被组合的效果

STEP 06：重复上述操作，将透视表中的内容进行分组显示。单击“数据组1”左侧的折叠按钮，将数据组1中的数据明细隐藏起来，显示数据组1的销售金额的总和，如图8-176所示。

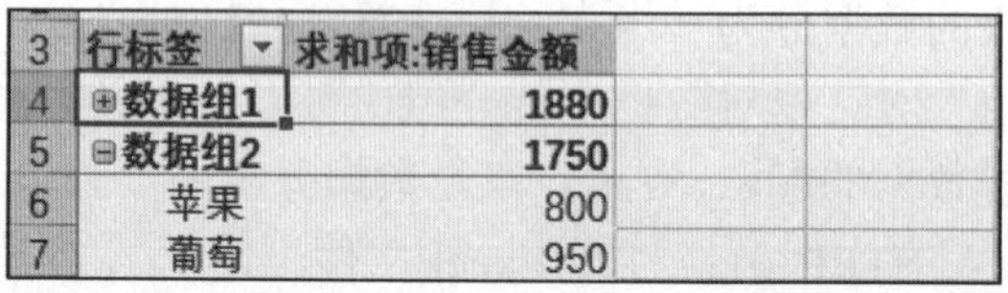

	行标签	求和项:销售金额
4	⊞数据组1	1880
5	⊟数据组2	1750
6	苹果	800
7	葡萄	950

图8-176 按内容组合的效果

8.8 使用数据透视图

扫码观看本节视频

数据透视图可以清晰地展示出数据的汇总情况，对于数据的分析、决策起到至关重要的作用。

8.8.1 认识数据透视图

数据透视图是数据透视表中数据的图形表示形式。与数据透视表一样，数据透视图也是交互式的。创建数据透视图时，数据透视图将筛选数据显示在图表区中，以便排序和筛选数据透视图的基本数据。相关联的数据透视表中的任何字段布局更改和数据更改将立即在数据透视图中反映出来，如图8-177所示。

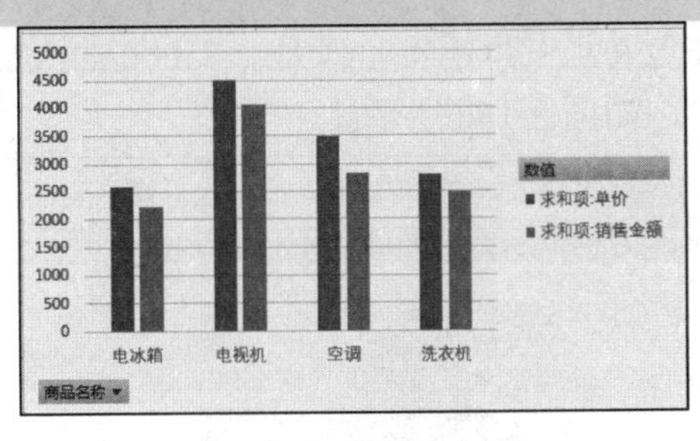

图 8-177　数据透视图

8.8.2 创建数据透视图

数据透视图和数据透视表都是表现数据的形式，不同的是，数据透视图是在数据透视表的基础上对数据透视表中显示的汇总数据实行图解的一种表示方法。

STEP 01：打开 Excel 文件，选中透视表，切换到“数据透视表工具-分析”选项卡，单击“工具”选项组中的“数据透视图”按钮，如图 8-178 所示。

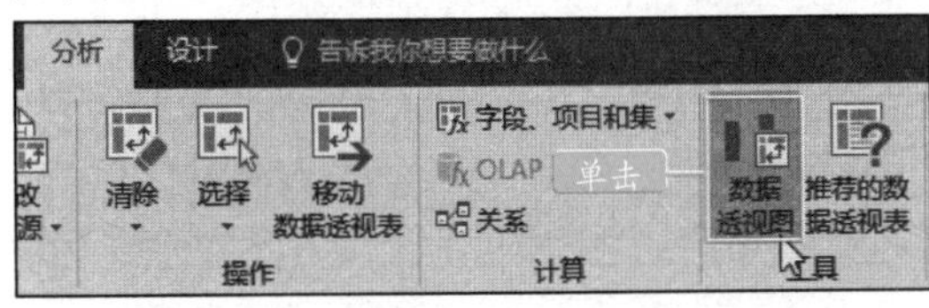

图 8-178　单击“数据透视图”按钮

STEP 02：弹出“插入图表”对话框，在左侧列表框中单击“饼图”选项，在右侧界面中单击“饼图”图标，单击“确定”按钮，如图 8-179 所示。

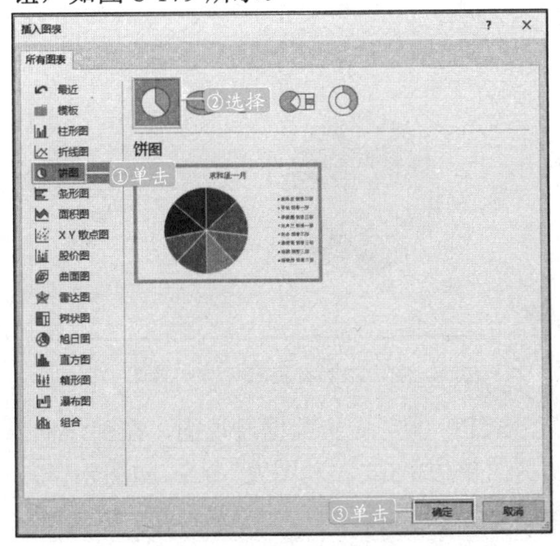

图 8-179　选择图表类型

STEP 03：经过操作后，即可看到透视表中插入了数据透视饼图，效果如图 8-180 所示。

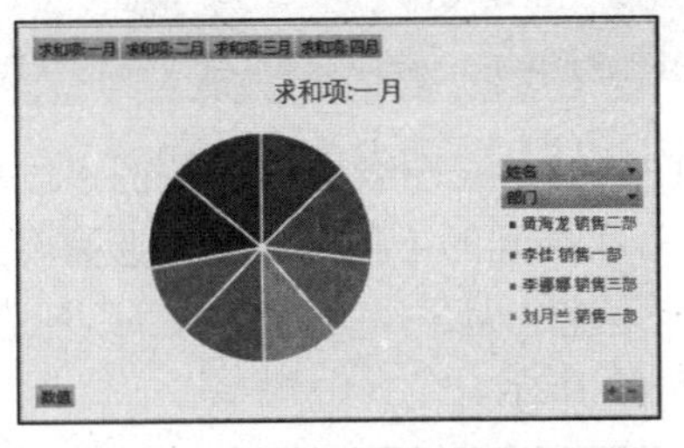

图 8-180　插入数据透视饼图的效果

◆◆提示

除了可以根据已有的数据透视表创建数据透视图外，还可以根据工作表中的数据区域创建数据透视图。切换到“插入”选项卡，单击“图表”选项组中的“数据透视表”按钮，在展开的下拉列表中单击“数据透视图”选项，弹出“创建数据透视表及数据透视图”对话框，选择工作表中要分析的数据区域及数据透视图放置的位置，单击“确定”按钮后，即创建了一个数据透视图框架。

8.8.3 编辑数据透视图

创建数据透视图后，用户可以直接在透视图中对字段进行操作，以实时查看图标的显示结果，具体操作如下：

STEP 01：打开 Excel 文件，在数据透视表字段中拖动“求和项：三月”至“值”区域的开头，如图 8-181 所示。

图 8-181　调整数据透视表中的字段

STEP 02：经过操作后，此时数据透视图显示“三月”的数据信息，如图 8-182 所示。

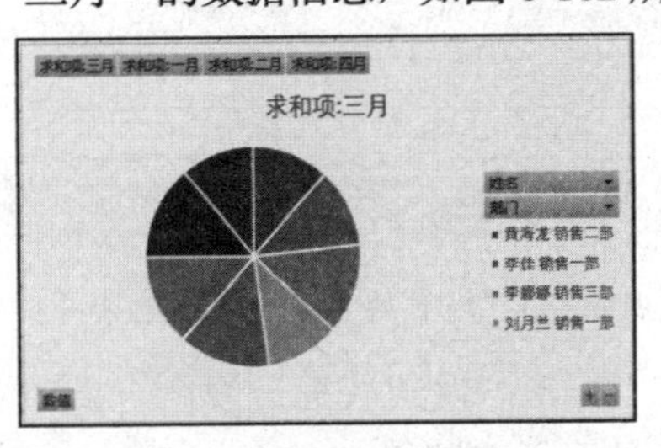

图 8-182　数据透视图数据显示的效果

提示

对数据透视图设置完毕后，为了让图表有更多显示区域，可将字段按钮隐藏起来，只需右击图表中任意字段按钮，在弹出的快捷菜单中单击“隐藏图表上的所有字段”按钮命令即可。

STEP 03：在图表中单击图例字段按钮“部门”，在展开的下拉列表中勾选需要显示的部门“销售一部”和“销售二部”复选框，如图 8-183 所示。

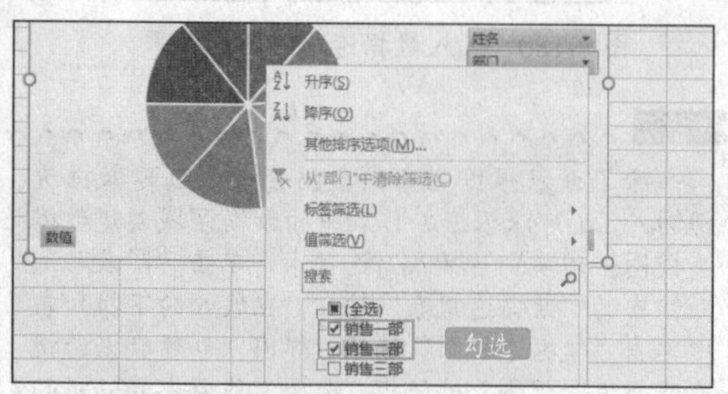

图 8-183　设置部门字段的筛选条件

STEP 04：单击“确定”按钮，在图表中单击图例字段按钮“姓名”，在展开的下拉列表中单击“值筛选”|“大于”选项，如图 8-184 所示。

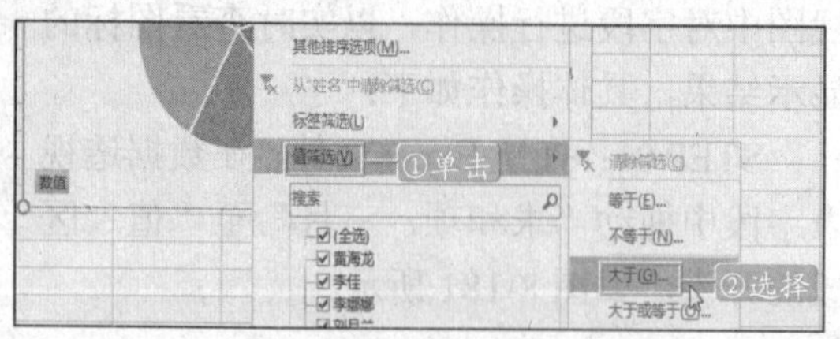

图 8-184　选择姓名字段的筛选条件

STEP 05：弹出“值筛选（姓名）”对话框，依次设置项目为“求和项：三月”“大于”“75000”，单击“确定”按钮，如图 8-185 所示。

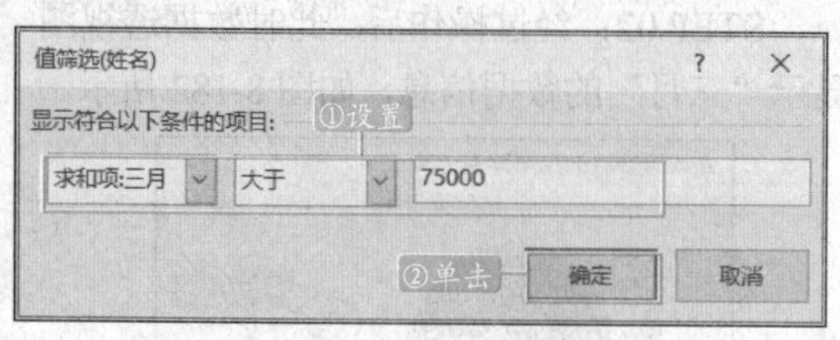

图 8-185　设置姓名字段的筛选条件

STEP 06：返回数据透视图，此时在图表中只显示所选部门“销售一部”和“销售二部”，并且三月销售业绩大于 75000 的人员信息，如图 8-186 所示。

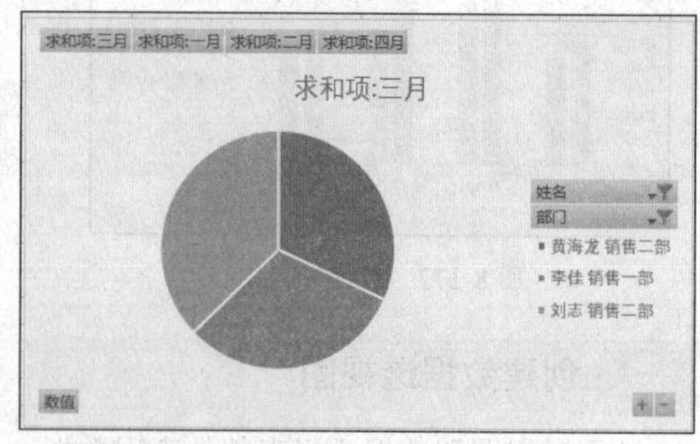

图 8-186　显示符合筛选条件的结果

STEP 07：右击数据透视图系列，在弹出的快捷菜单中单击“添加数据标签>添加数据标签”命令，如图 8-187 所示。

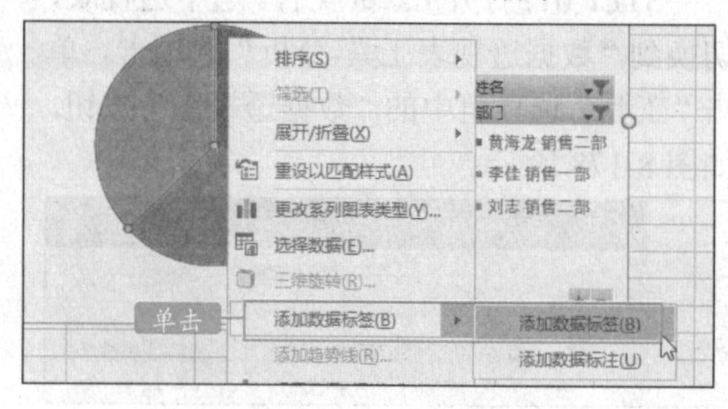

图 8-187　添加数据标签

STEP 08：经过操作后，数据透视图中的所有系列都被添加了销售数据，方便用户可以看到筛选人员的详细情况，如图 8-188 所示。

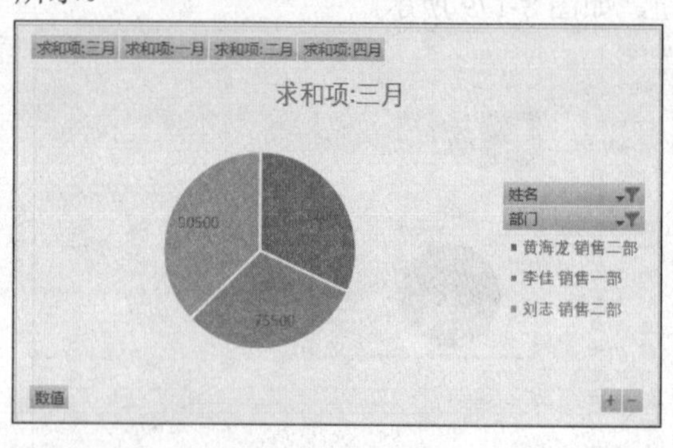

图 8-188　添加数据标签后的效果

STEP 09：右击数据透视图，在弹出的快捷菜单中单击“移动图表”命令，如图 8-189 所示。

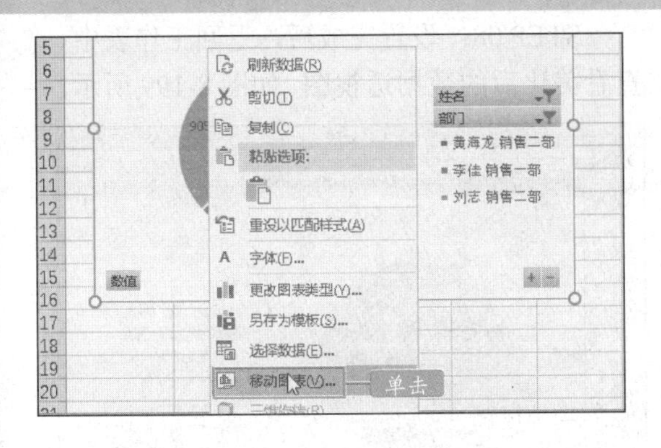

图 8-189 单击“移动图表”命令

STEP 10：弹出“移动图表”对话框，单击“对象位于”单选按钮，在右侧下拉列表中选择“Sheet1”选项，单击“确定”按钮，如图 8-190 所示。

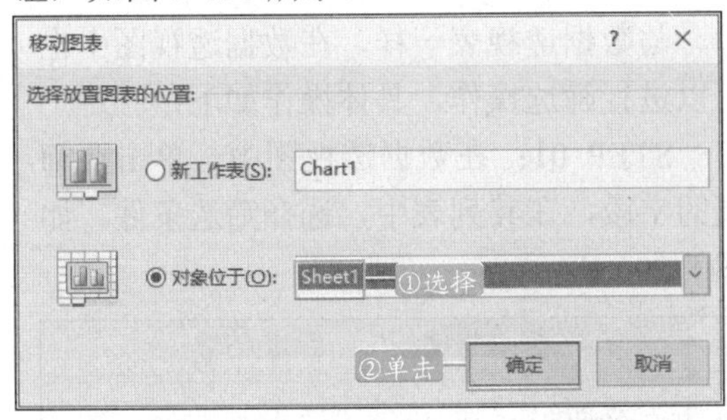

图 8-190 “移动图表”对话框

STEP 11：返回工作表，切换至“Sheet1”工作表，可以看到数据透视图已经被移动到工作表中，如图 8-191 所示。

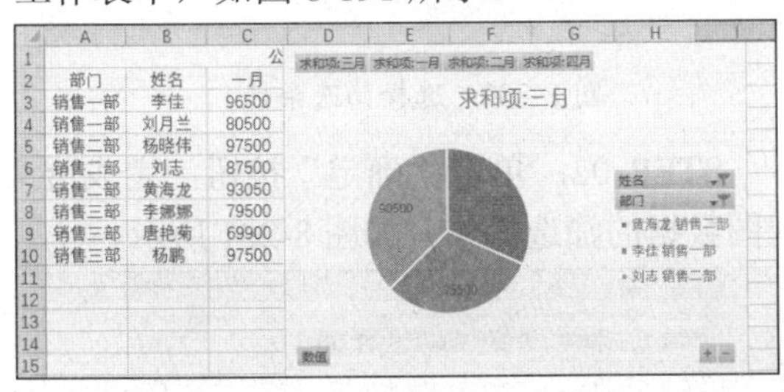

图 8-191 图表被移动后的效果

8.8.4 美化数据透视图

Excel 提供了 10 多种数据透视图的样式，用户可以直接套用，也可以自定义透视图样式，包括设置背景、设置轮廓等，以达到美化数据透视图的目的，具体操作如下：

STEP 01：打开工作表，切换至“数据透视图工具-设计”选项卡，单击“图表样式”选项组中的“其他”按钮，在图表样式库中选择合适的样式，这里选择“样式 11”，如图 8-192 所示。

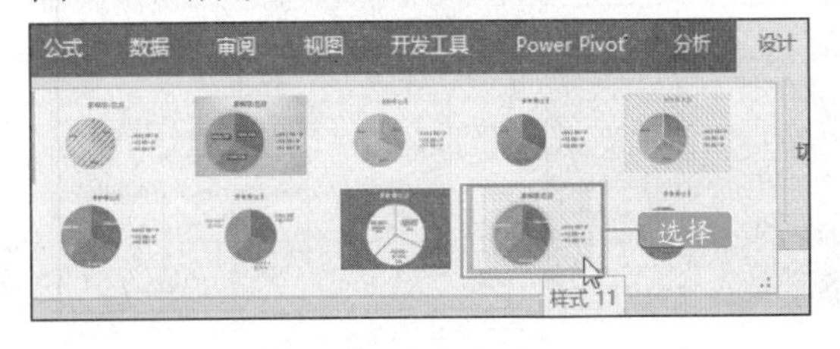

图 8-192 选择图表样式

STEP 02：切换至“数据透视图工具-格式”选项卡，在“形状样式”选项组中设置主题样式，如图 8-193 所示。

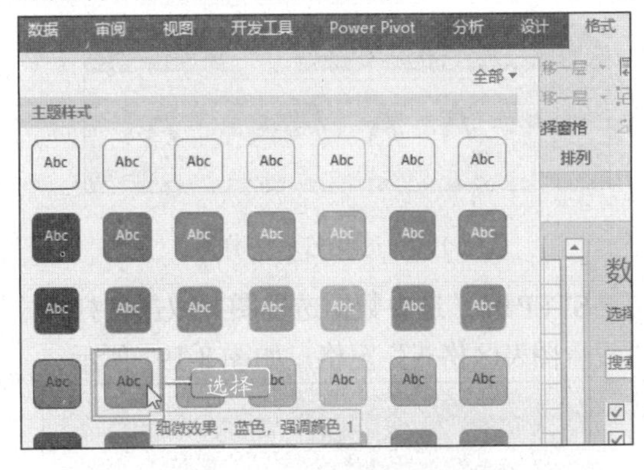

图 8-193 选择形状样式

STEP 03：单击“形状样式”选项组中的“形状轮廓”下拉按钮，在展开列表中设置轮廓样式和轮廓颜色，如图 8-194 所示。

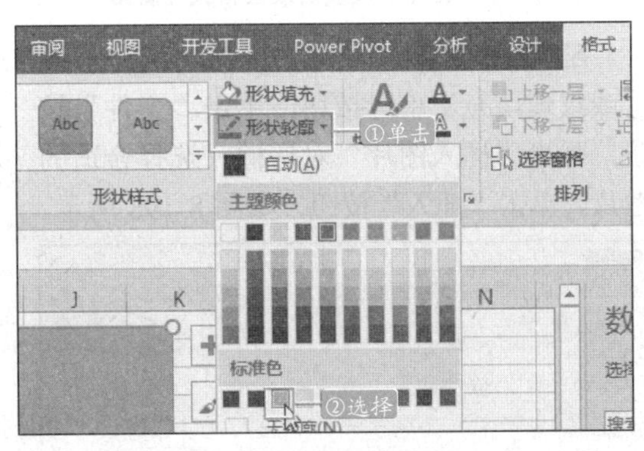

图 8-194 选择形状轮廓及颜色

STEP 04：单击“形状样式”选项组中的“形状效果”下拉按钮，在列表中选择轮廓的阴影效果，如图 8-195 所示。

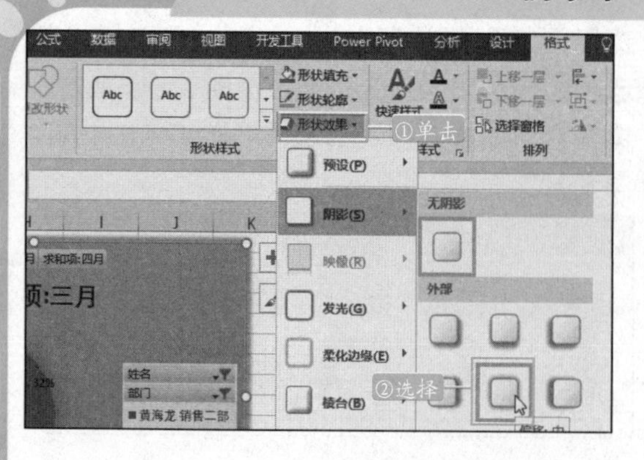

图 8-195 选择轮廓的阴影效果

STEP 05：选中图表的标题，单击“艺术字样式”选项组中的“其他”按钮，在列表中选择合适的艺术字样式，如图 8-196 所示。

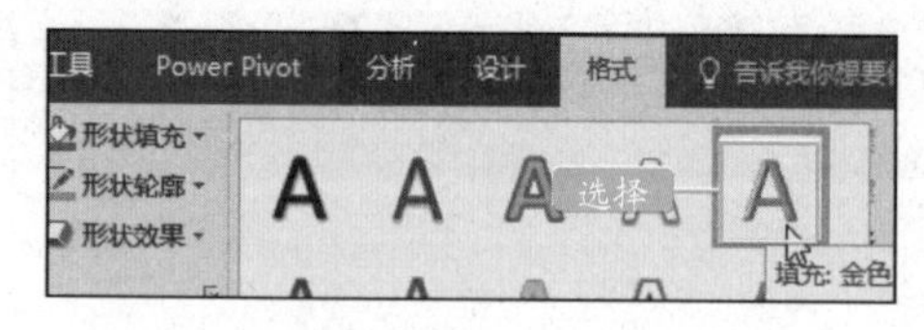

图 8-196 选择艺术字样式

STEP 06：选中数据透视图并双击，打开“设置图表区格式”窗格，如图 8-197 所示。

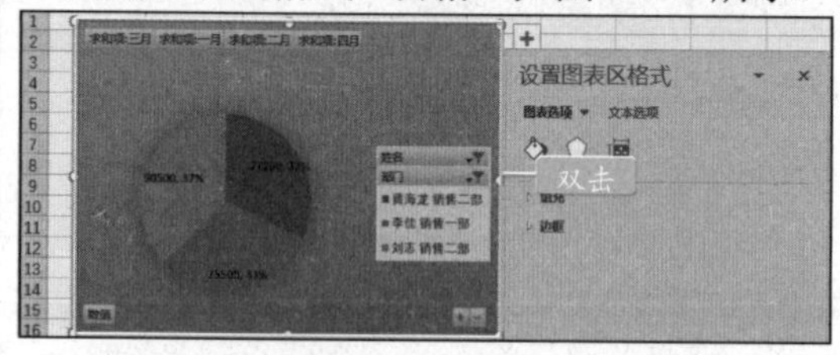

图 8-197 打开“设置图表区格式”窗格

STEP 07：在“填充”区域，选中“图片或纹理填充”单选按钮，单击“文件”按钮，弹出“插入图片”对话框，选择合适的图片，单击“插入”按钮，如图 8-198 所示。

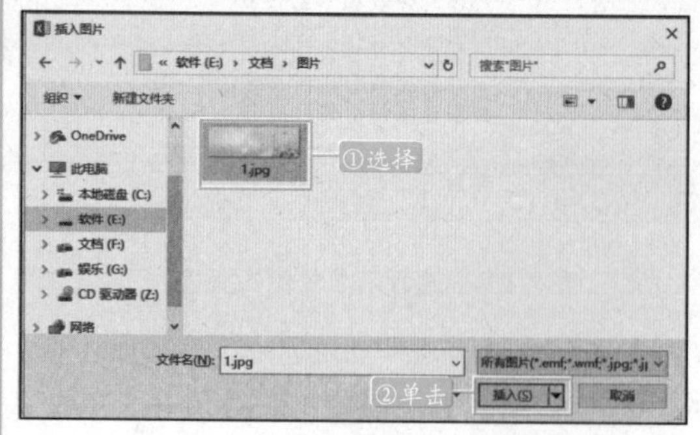

图 8-198 选择要插入的图片

STEP 08：设置完成后，返回工作表中，查看美化后的数据透视图，如图 8-199 所示。

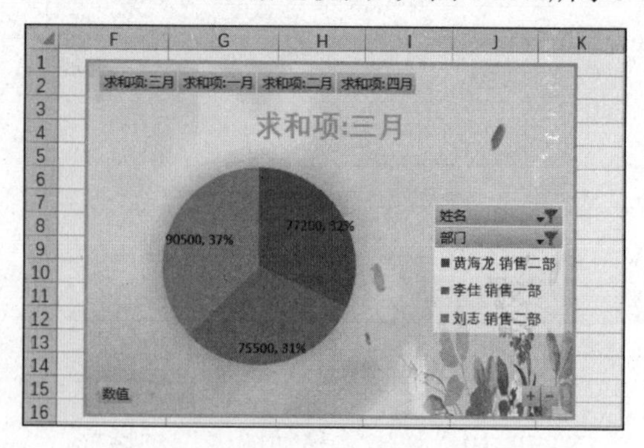

图 8-199 数据透视图美化后的效果

8.8.5 筛选数据透视图的数据

与数据透视表一样，在数据透视图中也可以进行筛选操作，具体操作如下：

STEP 01：在数据透视图中，单击要筛选的字段，在其列表中，选择筛选条件，如图 8-200 所示。

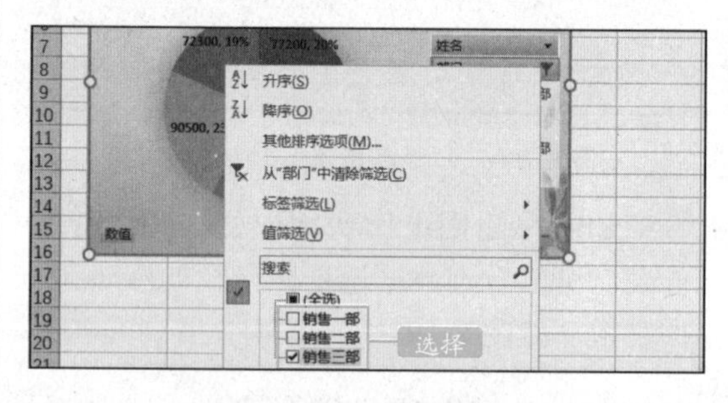

图 8-200 选择筛选条件

STEP 02：单击“确定”按钮，完成透视图数据的筛选操作，如图 8-201 所示。

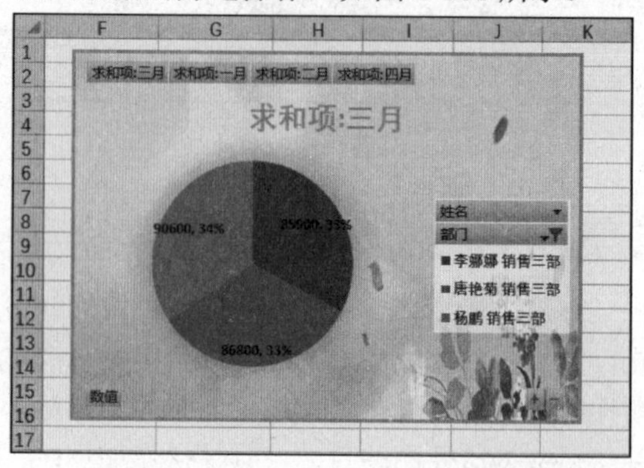

图 8-201 透视图数据筛选后的效果

8.9 实用技巧

为了提高办公效率，用户一定希望知道数据分析和处理过程中有哪些技巧能快速达到目标效果，下面我们来介绍一些提高办公效率的小技巧。

8.9.1 提高分析处理数据的诀窍

1.利用关键字筛选分析数据

在使用筛选功能对数据进行分析的时候，使用关键字筛选能够使筛选更加快捷简便。用户可以根据工作表中的任意关键字进行搜索，极大地提高筛选的效率。

在 Excel 2016 中打开一个已有的工作表，单击数据区域的任意单元格，切换至“数据”选项卡，单击“排序和筛选”选项组中的“筛选”按钮，如图 8-202 所示。之后单击需要筛选数据列中的下拉按钮，在展开的列表中勾选需要筛选数据的关键字，如图 8-203 所示。完成操作之后返回工作表，即可看到利用搜索功能快速地找到了数据内容，如图 8-204 所示。

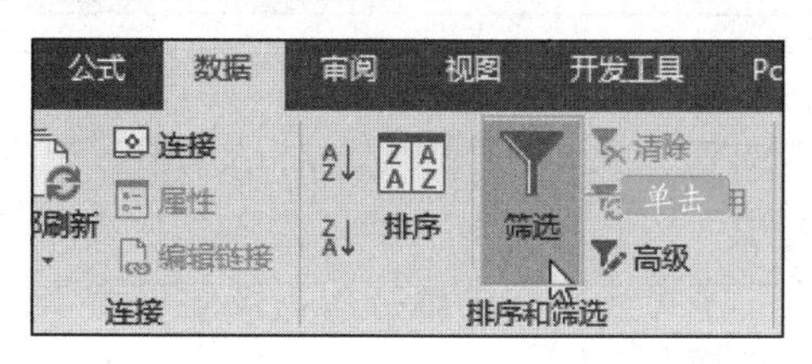

图 8-202　单击“筛选”按钮

	部门	四月	五月	六月
3	销售一部	87000	92300	78000
4	销售一部	76000	76200	82100
5	销售二部	92300	84500	78000
6	销售二部	97000	69500	99000
7	销售二部	81300	95060	86070
8	销售三部	90300	88000	95800
9	销售三部	91200	95000	85050
10	销售三部	78500	89500	79900

升序(S)
降序(O)
按颜色排序(T)
从“三月”中清除筛选(C)
按颜色筛选(I)
数字筛选(F)
搜索
(全选)
72300
72800
75500
77200
85900
86800
90500
90600
选择

图 8-203　设置筛选条件

	A	B	C	D	E	F	G	H
1	公司上半年销售业绩统计表							
2	部门	姓名	一月	二月	三月	四月	五月	六月
6	销售二部	刘志	87500	63500	90500	97000	69500	99000
8	销售三部	李娜娜	79500	93500	85900	90300	88000	95800
9	销售三部	唐艳菊	69900	98600	86800	91200	95000	85050
10	销售三部	杨鹏	97500	69550	90600	78500	89500	79900

图 8-204　筛选出满足条件的数据结果

2.自动建立分级显示

当用户想对工作表中的内容进行分级显示的时候，除了利用“创建组”的功能来手动创建分组显示外，还可以直接使用“自动建立分级显示”功能为工作表快速创建分级显示。

打开原始文件，在 I2 单元格中输入公式“=I3:I4”，在 I5 单元格中输入公式“=I6：I8”，在 I9 单元格中输入“=I10：I12”当按【Enter】键后，在单元格中显示出结果为“#VALUE!”，如图 8-205 所示。切换至“数据”选项卡，单击“分级显示”选项组中的“创建组”下拉按钮，在展开的下拉列表中单击“自动建立分级显示”选项，如图 8-206 所示。此时可以看到为工作表建立的自动分级显示效果，如图 8-207 所示。

	A	B	C	D	E	F	G	H	I
1	公司上半年销售业绩统计表								
2	部门	姓名	一月	二月	三月	四月	五月	六月	#VALUE!
3	销售一部	李佳	96500	82500	75500	87000	92300	78000	
4	销售一部	刘月兰	80500	96000	72800	76000	76200	82100	
5									#VALUE!
6	销售二部	杨晓伟	97500	76000	72300	92300	[illegible]	[illegible]	
7	销售二部	刘志	87500	63500	90500	97000	69500	99000	
8	销售二部	黄海龙	93050	85500	77200	81300	95060	86070	
9									#VALUE!
10	销售三部	李娜娜	79500	93500	85900	90300	88000	95800	
11	销售三部	唐艳菊	69900	98600	86800	91200	95000	85050	
12	销售三部	杨鹏	97500	69550	90600	78500	89500	79900	

公式

图 8-205　输入公式

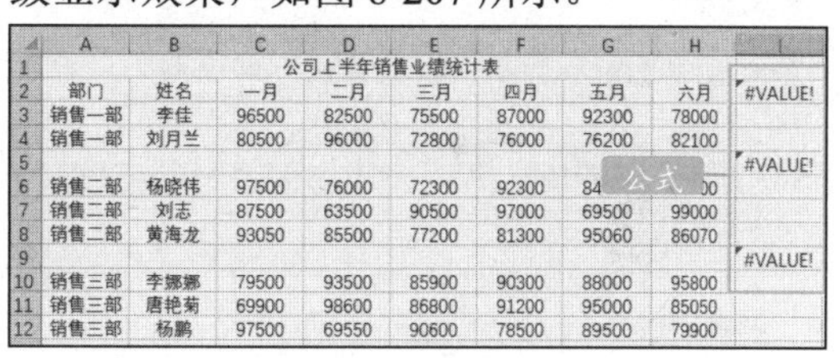

图 8-206　单击“自动建立分级显示”选项

	A	B	C	D	E	F
1	公司上半年销售业绩统计表					
2	部门	姓名	一月	二月	三月	四月
3	销售一部	李佳	96500	82500	75500	87000
4	销售一部	刘月兰	80500	96000	72800	76000
5						
6	销售二部	杨晓伟	97500	76000	72300	92300
7	销售二部	刘志	87500	63500	90500	97000
8	销售二部	黄海龙	93050	85500	77200	81300
9						
10	销售三部	李娜娜	79500	93500	85900	90300
11	销售三部	唐艳菊	69900	98600	86800	91200
12	销售三部	杨鹏	97500	69550	90600	78500

图 8-207　工作表建立自动分级后的显示效果

3.“或”条件的高级查找

利用高级筛选来查找关于“或”条件的内容，只需要在设置筛选条件的时候将不同的条件设置在不同的单元格行中，即可实现“或”条件的查找。

打开原始文件，在工作表中任意单元格区域中设置第一个筛选的条件，然后在相邻列设置第二个筛选的条件，选中数据区域，切换至“数据”选项卡，单击“排序和筛选”选项组中的“高级”按钮，如图8-208所示。弹出“高级筛选”对话框，单击“将筛选结果复制到其他位置”单选按钮，然后设置好“列表区域”“条件区域”和“复制到”的位置，单击“确定”按钮，如图8-209所示。返回工作表中，此时将筛选出满足其中任意一个条件的数据，如图8-210所示。

图8-208　打开“高级筛选”对话框

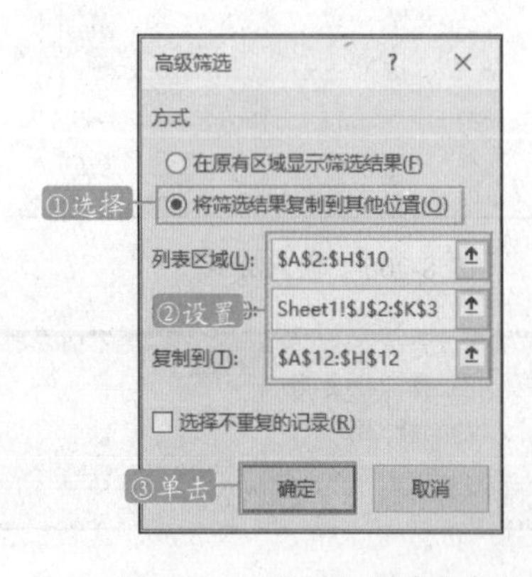

图8-209　设置高级筛选条件

	A	B	C	D	E	F	G	H
12	部门	姓名	一月	二月	三月	四月	五月	六月
13	销售二部	刘志	87500	63500	90500	97000	69500	99000
14	销售三部	杨鹏	97500	69550	90600	78500	89500	79900

图8-210　显示满足筛选条件的结果

8.9.2　文本中同时包含字母和数字的排序

如果表格中既有字母也有数字，现在需要对该表格区域进行排序，用户可以先按数字排序，再按字母排序，达到最终排序的效果，具体操作如下：

STEP 01：打开原始文件，选择C列任意单元格，在“数据”选项卡的“排序和筛选”选项组中，单击“排序”按钮，如图8-211所示。

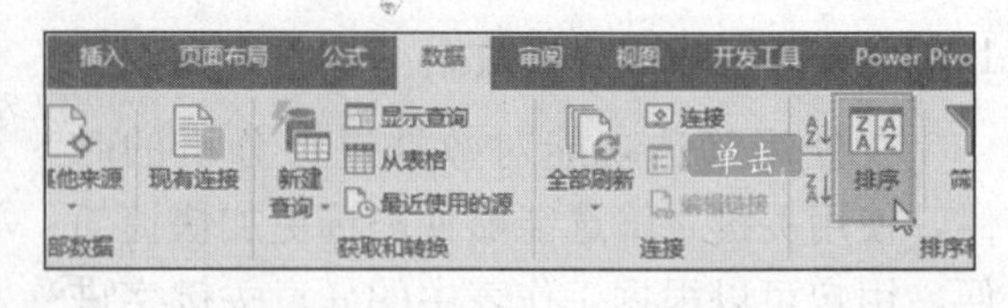

图8-211　单击“排序”按钮

STEP 02：在弹出的“排序”对话框中，单击“主要关键字”后的下拉箭头，在下拉列表中选择“一月”选项，设置“排序依据”为“单元格值”，设置“次序”为“升序”，如图8-212所示。

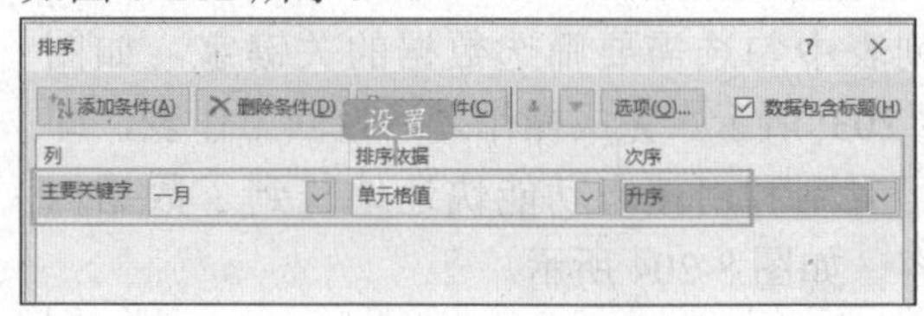

图8-212　设置排序条件

STEP 03：在“排序”对话框中，单击“选项”按钮，弹出“排序选项”对话框，选中“字母排序”单选按钮，然后单击“确定”按钮，返回“排序”对话框，再按“确定”按钮，即可对“一月”进行排序，如图8-213所示。

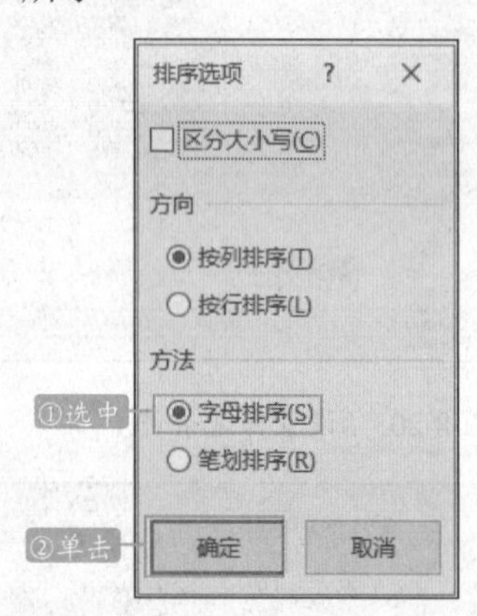

图8-213　设置排序方法

STEP 04：最终排序后的效果如图 8-214 所示。

	A	B	C	D	E	F	G	H
2	部门	姓名	一月	二月	三月	四月	五月	六月
3	销售三部	唐艳菊	69900	98600	86800	91200	95000	85050
4	销售三部	李娜娜	79500	93500	85900	90300	88000	95800
5	销售三部	杨鹏	97500	69550	90600	78500	89500	79900
6	销售二部	刘志	J87500	63500	90500	97000	69500	99000
7	销售二部	黄海龙	J93050	85500	77200	81300	95060	86070
8	销售二部	杨晓伟	J97500	76000	72300	92300	84500	78000
9	销售一部	刘月兰	X80500	96000	72800	76000	76200	82100
10	销售一部	李佳	X96500	82500	75500	87000	92300	78000

图 8-214　排序后的效果

8.9.3 将数据透视表转换为静态图片

将数据透视表变为图片，在某些情况下可发挥特有的作用，比如发布到网页上或者粘贴到 PPT 中。

STEP 01：选择整个数据透视表，按【Ctrl+C】组合复制图表，如图 8-215 所示。

	A	B	C	D	E
4	行标签	求和项:三月	求和项:一月	求和项:二月	求和项:四月
5	⊟黄海龙	77200	93050	85500	81300
6	销售二部	77200	93050	85500	81300
7	⊟李佳	75500	96500	82500	87000
8	销售一部	75500	96500	82500	87000
9	⊟李娜娜	85900	79500	93500	90300
10	销售三部	85900	79500	93500	90300
11	⊟刘月兰	72800	80500	96000	76000
12	销售一部	72800	80500	96000	76000
13	⊟刘志	90500	87500	63500	97000
14	销售二部	90500	87500	63500	97000
15	⊟唐艳菊	86800	69900	98600	91200
16	销售三部	86800	69900	98600	91200
17	⊟杨鹏	90600	97500	69550	78500
18	销售三部	90600	97500	69550	78500
19	⊟杨晓伟	72300	97500	76000	92300
20	销售二部	72300	97500	76000	92300
21	总计	651600	701950	665150	693600

图 8-215　复制图表

STEP 02：单击“开始”选项卡下“剪贴板”选项组中的“粘贴”按钮的下拉按钮，在弹出的列表中选择“图片”选项，如图 8-216 所示。

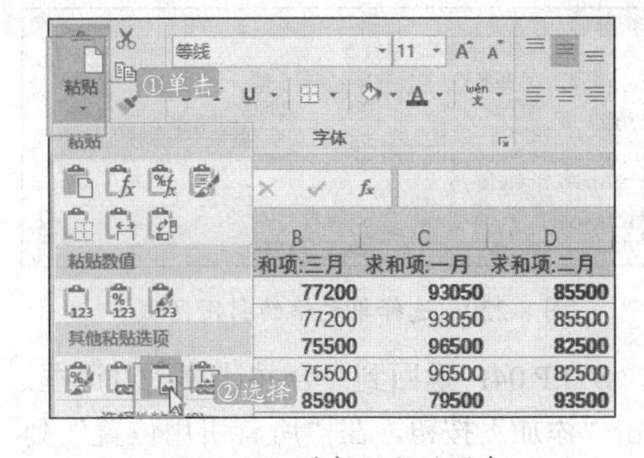

图 8-216　选择性粘贴图表

STEP 03：即可将图表以图片的形式粘贴到工作表中，如图 8-217 所示。

	A	B	C	D	E
4	行标签	求和项:三月	求和项:一月	求和项:二月	求和项:四月
5	⊟黄海龙	77200	93050	85500	81300
6	销售二部	77200	93050	85500	81300
7	⊟李佳	75500	96500	82500	87000
8	销售一部	75500	96500	82500	87000
9	⊟李娜娜	85900	79500	93500	90300
10	销售三部	85900	79500	93500	90300
11	⊟刘月兰	72800	80500	96000	76000
12	销售一部	72800	80500	96000	76000
13	⊟刘志	90500	87500	63500	97000
14	销售二部	90500	87500	63500	97000
15	⊟唐艳菊	86800	69900	98600	91200
16	销售三部	86800	69900	98600	91200
17	⊟杨鹏	90600	97500	69550	78500
18	销售三部	90600	97500	69550	78500
19	⊟杨晓伟	72300	97500	76000	92300
20	销售二部	72300	97500	76000	92300
21	总计	651600	701950	665150	693600

图 8-217　图表以图片形式粘贴后的效果

8.10 上机实际操作

通过本章的学习，相信用户已经对 Excel 2016 中数据的分析与处理有了初步的认识。为了加深用户对本章知识的理解，下面通过几个实际操作来融会贯通本章所学的知识点。

8.10.1 汇总并分析各部门销售统计情况

STEP 01：打开原始文件，选中 B12 单元格，切换至“数据”选项卡，单击“数据工具”选项组中的“合并计算”按钮，如图 8-218 所示。

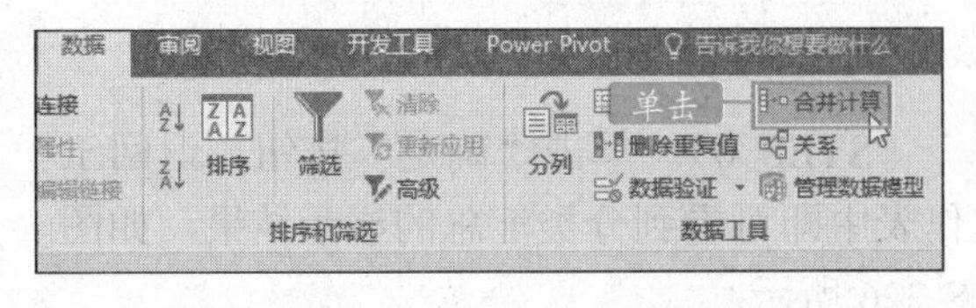

图 8-218　单击“合并计算”按钮

STEP 02：弹出“合并计算”对话框，单击“引用位置”右侧的单元格引用按钮，如图 8-219 所示。

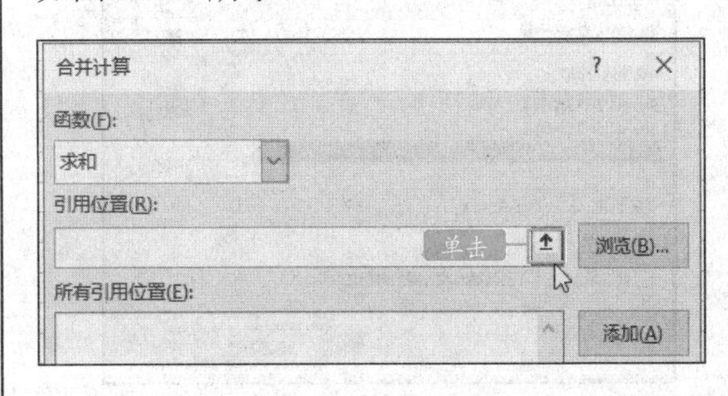

图 8-219　“合并计算”对话框

STEP 03：选择 C3:D4 单元格区域，引用“销售一部”中的数据，单击单元格引用按钮，如图 8-220 所示。

	A	B	C	D	E	F
1		各部门销售情况统计表				
2	部门	产品名称	销售数量	销售金额		
3	销售一部	A产品	35	8900		
4		B产品	62	18600		

图 8-220　选择单元格的引用区域

STEP 04：返回到“合并计算”对话框，单击“添加”按钮，在“所有引用位置”列表框中显示出单元格区域地址，再次单击单元格引用按钮，如图 8-221 所示。

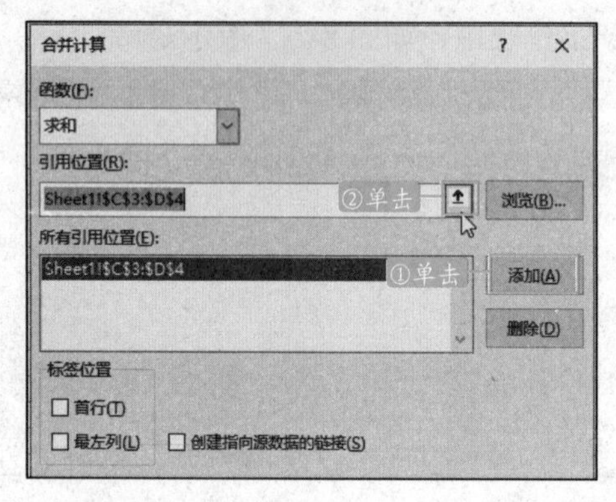

图 8-221　添加单元格的引用位置

STEP 05：重复以上操作，完成销售二部和销售三部中数据的引用，此时“所有引用位置”列表框中显示出所有数据单元格的地址，单击“确定”按钮，效果如图 8-222 所示。

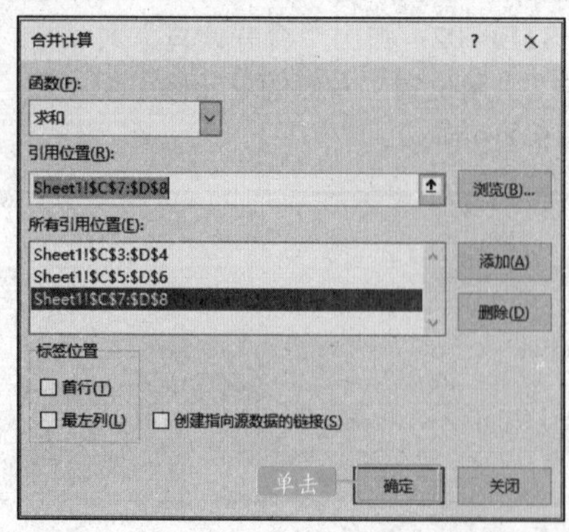

图 8-222　添加单元格的其他引用位置

STEP 06：此时，按位置合并计算出每种产品销售数量和销售金额的总和，如图 8-223 所示。

	A	B	C	D
10	产品销售汇总统计表			
11	产品名称	销售数量	销售金额	
12	A产品	110	27971	
13	B产品	181	54300	
14				

图 8-223　计算结果

STEP 07：选中 A2：D8 单元格区域中的任意单元格，单击“分级显示”选项组中的“分类汇总”按钮，如图 8-224 所示。

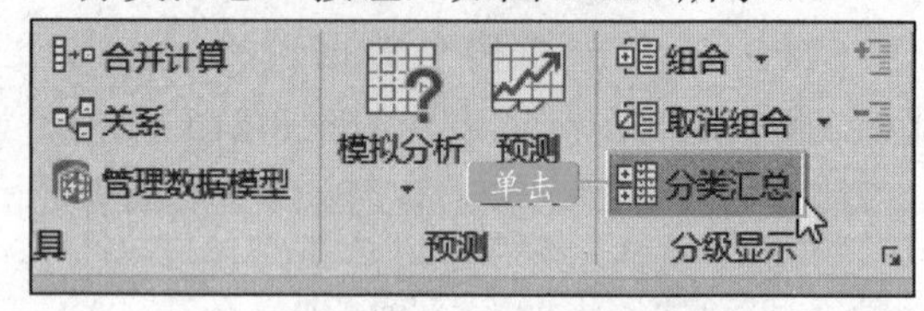

图 8-224　单击“分类汇总”按钮

STEP 08：弹出“分类汇总”对话框，选择分类字段为“部门”，设置汇总方式为“求和”，在“选定汇总项”列表框中勾选“销售数量”和“销售金额”复选框，如图 8-225 所示。

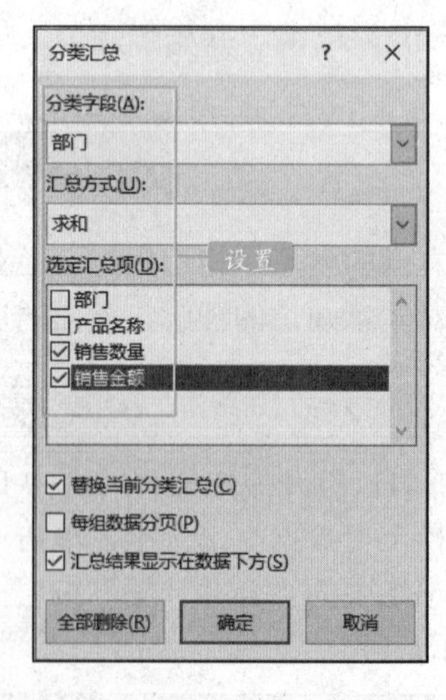

图 8-225　设置分类汇总参数

STEP 09：单击“确定”按钮，返回工作表中即可看到分类汇总的显示结果，如图 8-226 所示。

	A	B	C	D
1	各部门销售情况统计表			
2	部门	产品名称	销售数量	销售金额
3	销售一部	A产品	35	8900
4		B产品	62	18600
5	销售一部 汇总		97	27500
6	销售二部	A产品	43	10934
7		B产品	50	15000
8	销售二部 汇总		93	25934
9	销售三部	A产品	32	8137
10		B产品	69	20700
11	销售三部 汇总		101	28837
12	总计		291	82271

图 8-226 显示分类汇总的结果

STEP 10：单击工作表列标签左侧的数字分级显示按钮，如图 8-227 所示。

1 2 3 单击	A	B	C
1	各部门销售情况统计表		
2	部门	产品名称	销售数量
3	销售一部	A产品	35
4		B产品	62
5	销售一部 汇总		97

图 8-227 单击数字分级显示按钮

STEP 11：此时显示出二级分类汇总的结果，可以很清晰地看出每个部门的汇总结果，如图 8-228 所示。

	A	B	C	D
1	各部门销售情况统计表			
2	部门	产品名称	销售数量	销售金额
5	销售一部 汇总		97	27500
8	销售二部 汇总		93	25934
11	销售三部 汇总		101	28837
12	总计		291	82271

图 8-228 显示二级分类汇总的结果

STEP 12：选择 D5:D11 单元格区域，切换至“开始”选项卡，单击“样式”选项组中的“条件格式”按钮，在展开的下拉列表中单击“数据条>渐变填充>红色数据条”选项，如图 8-229 所示。

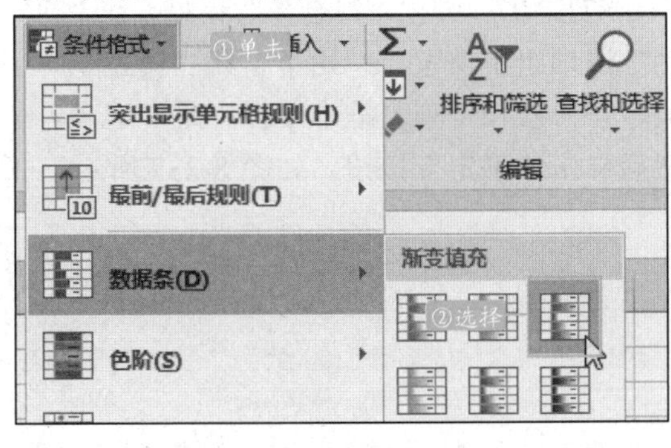

图 8-229 添加数据条

STEP 13：此时为单元格区域添加了条件格式，根据数据条的长短，直接分析了各销售部门销售金额的大小，如图 8-230 所示。

	A	B	C	D
1	各部门销售情况统计表			
2	部门	产品名称	销售数量	销售金额
5	销售一部 汇总		97	27500
8	销售二部 汇总		93	25934
11	销售三部 汇总		101	28837
12	总计		291	82271

图 8-230 数据条添加后的效果

8.10.2 产品销售统计表

产品的销售统计对于任何一家企业来说都是非常重要的。销售统计表里包含一些基本的销售情况，例如销售日期、销售人员、产品名称、销售数量、销售金额等，通过数据透视表能对销售数据进行更多的分析，例如按照日期分析各销售人员的销售情况、按照销售人员分析各产品的销售数据。插入切片器还能轻松地筛选需要的数据信息，在本例中需要筛选出“产品名称”为“洗衣机”、“运送方式”为“火车”的数据。

STEP 01：打开原始文件，选中数据表中的任意单元格，切换至“插入”选项卡，在“表格”选项组中单击“数据透视表”按钮，如图 8-231 所示。

图 8-231 单击“数据透视表”按钮

STEP 02：弹出“创建数据透视表”对话框，单击“选择一个表或区域”单选按钮，保留下方的默认值，单击“新工作表”单选按钮，单击“确定”按钮，如图 8-232 所示。

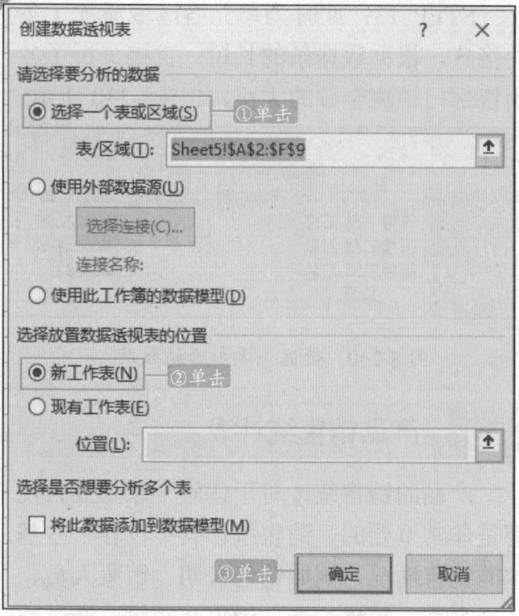

图 8-232　设置创建数据透视表的参数

STEP 03：此时在工作表右侧展开了“数据透视表字段”窗格，在“选择要添加到报表的字段”列表框中勾选“日期”“姓名”“产品名称”“数量（件）”“运送方式”以及“销售金额”复选框，如图 8-233 所示。

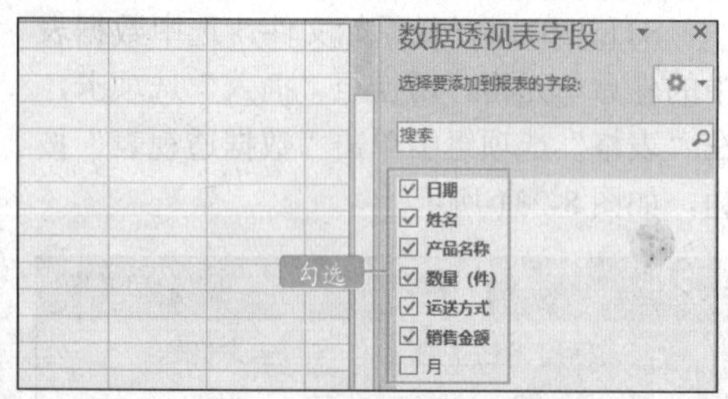

图 8-233　设置数据透视表的字段

STEP 04：在左侧生成了数据透视表模型，右击报表字段“销售金额”下的任意单元格，在弹出的快捷菜单中单击“数字格式”命令，如图 8-234 所示。

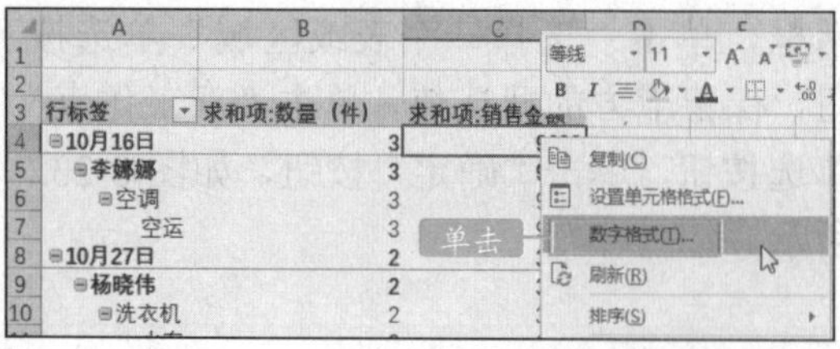

图 8-234　单击“数字格式”命令

STEP 05：弹出“设置单元格格式”对话框，在左侧“分类”列表框中单击“货币”选项，在右侧“小数位数”文本框中输入“0”，其它保留默认值，如图 8-235 所示，完毕后单击“确定”按钮。

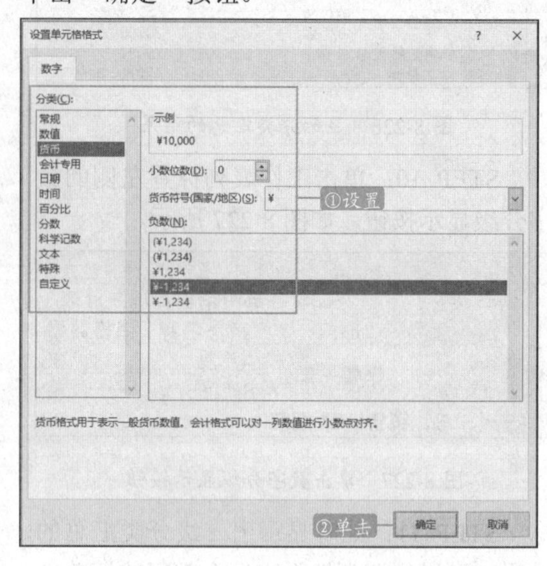

图 8-235　设置数字的格式

STEP 06：在数据透视表中选中“日期”字段中任意单元格，切换至“数据透视表工具-分析”选项卡，在“分组”选项组中单击“组选择”按钮，如图 8-236 所示。

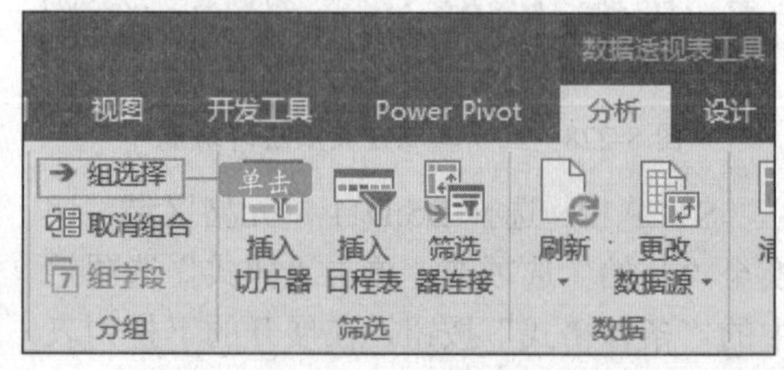

图 8-236　单击“组选择”按钮

STEP 07：弹出“组合”对话框，在“自动”选项组中保留“起始于”和“终止于”值，在“步长”列表框中单击“月”选项，然后单击“确定”按钮，如图 8-237 所示。

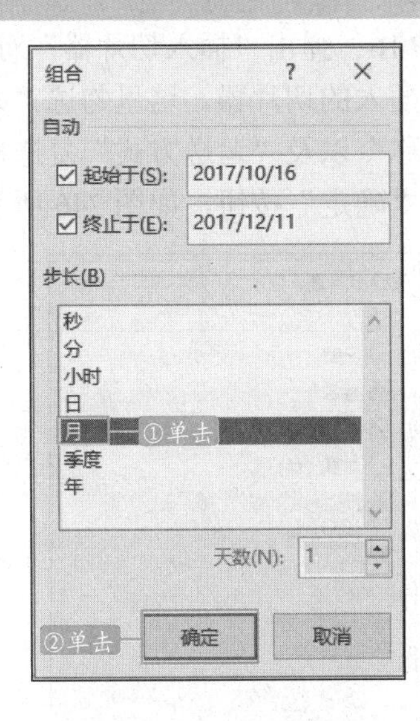

图 8-237 设置分组的步长

STEP 08：经过操作后，数据透视表中的“日期”字段按照“月份”进行分组了，用户可以根据月份查看各员工的销售信息，如图 8-238 所示。

	A	B	C	D
3	行标签	求和项:数量（件）	求和项:销售金额	
4	⊟10月	5	¥12,690	
5	⊟李娜娜	3	¥9,690	
6	⊟空调	3	¥9,690	
7	空运	3	¥9,690	
8	⊟杨晓伟	2	¥3,000	
9	⊟洗衣机	2	¥3,000	
10	火车	2	¥3,000	
11	⊟11月	17	¥66,400	
12	⊟刘月兰	6	¥18,900	
13	⊟电脑	6	¥18,900	
14	空运	6	¥18,900	

图 8-238 显示分组的效果

STEP 09：在“数据透视表字段列表”窗格中，单击“行标签”列表框中“姓名”字段，在展开的下拉列表中单击“移至开头”命令，如图 8-239 所示。

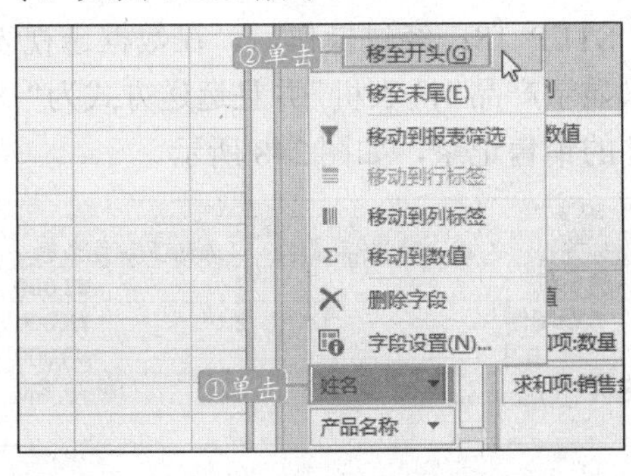

图 8-239 移动行标签中姓名字段的位置

STEP 10：单击“产品名称”字段，在展开的下拉列表中单击“上移”选项，如图 8-240 所示。

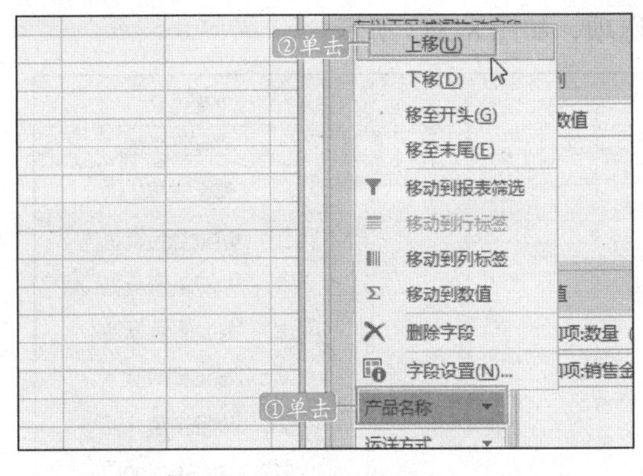

图 8-240 移动行标签中产品名称字段的位置

STEP 11：在数据透视表中右击“日期”字段，在弹出的快捷菜单中单击“展开/折叠”|“折叠整个字段”命令，如图 8-241 所示。

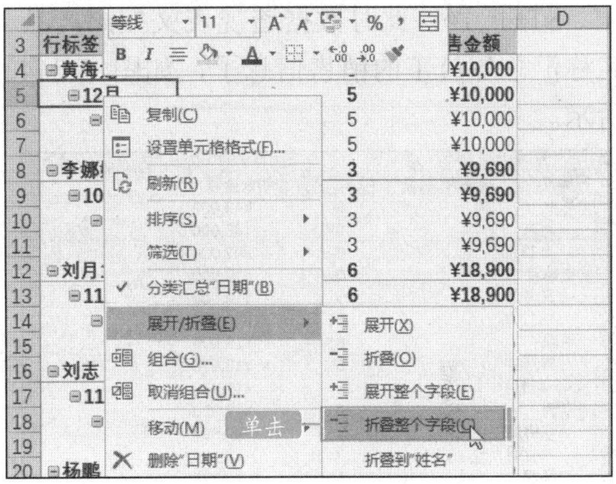

复制(C)
设置单元格格式(F)...
刷新(R)
排序(S)
筛选(T)
分类汇总“日期”(B)
展开/折叠(E)
组合(G)...
取消组合(U)...
移动(M)
删除“日期”(V)
展开(X)
折叠(O)
展开整个字段(E)
折叠整个字段(C)
折叠到“姓名”
单击

图 8-241 折叠字段

STEP 12：经过操作后，用户可以更加简洁地查看各员工销售产品对应的各月销售情况，如图 8-242 所示。

	A	B	C	D	E
3	行标签	求和项:数量（件）	求和项:销售金额		
4	⊟黄海龙	5	¥10,000		
5	⊞12月	5	¥10,000		
6	⊟李娜娜	3	¥9,690		
7	⊞10月	3	¥9,690		
8	⊟刘月兰	6	¥18,900		
9	⊞11月	6	¥18,900		
10	⊟刘志	8	¥43,000		
11	⊞11月	8	¥43,000		
12	⊟杨鹏	1	¥3,230		
13	⊞12月	1	¥3,230		
14	⊟杨晓伟	5	¥7,500		
15	⊞10月	2	¥3,000		
16	⊞11月	3	¥4,500		
17	总计	28	¥92,320		

图 8-242 字段折叠后的效果

STEP 13：在“数据透视表字段”窗格中，单击“行标签”列表框中的“产品名称”字段，在展开的下拉列表中单击“移至开头”选项，如图8-243所示。

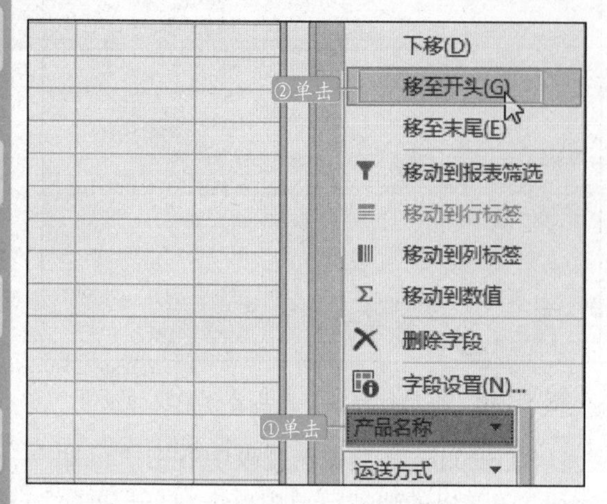

图8-243　移动行标签中产品名称字段的位置

STEP 14：此时数据透视表又按照产品名称汇总各员工的销售信息了，如图8-244所示。

	A	B	C	D	E
3	行标签	求和项:数量（件）	求和项:销售金额		
4	⊟彩电	8	¥43,000		
5	⊟刘志	8	¥43,000		
6	⊞11月	8	¥43,000		
7	⊟电冰箱	5	¥10,000		
8	⊟黄海龙	5	¥10,000		
9	⊞12月	5	¥10,000		
10	⊟电脑	6	¥18,900		
11	⊟刘月兰	6	¥18,900		
12	⊞11月	6	¥18,900		
13	⊟空调	4	¥12,920		
14	⊟李娜娜	3	¥9,690		
15	⊞10月	3	¥9,690		
16	⊟杨鹏	1	¥3,230		
17	⊞12月	1	¥3,230		
18	⊟洗衣机	5	¥7,500		
19	⊟杨晓伟	5	¥7,500		
20	⊞10月	2	¥3,000		
21	⊞11月	3	¥4,500		
22	总计	28	¥92,320		

图8-244　数据透视表重新汇总后的效果

STEP 15：切换至“数据透视表工具-分析”选项卡，在“筛选”选项组中单击“插入切片器”按钮，如图8-245所示。

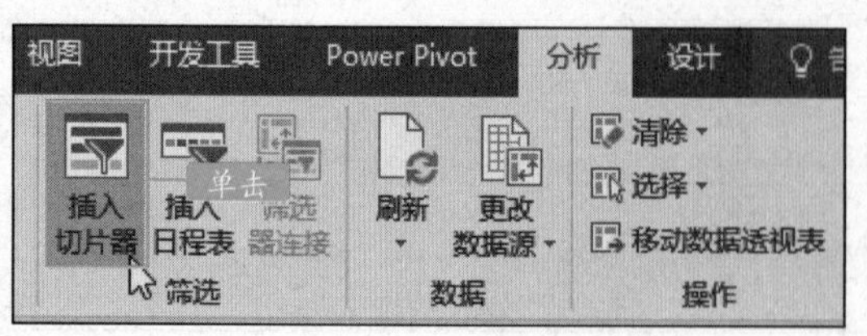

图8-245　单击“插入切片器”按钮

STEP 16：弹出“插入切片器”对话框，勾选需要插入的切片器，这里勾选“姓名”“产品名称”以及“运送方式”复选框，完毕后单击“确定”按钮，如图246所示。

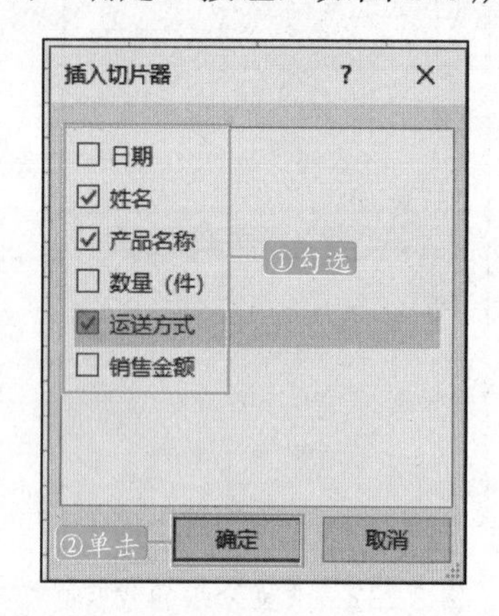

图8-246　勾选需要切片器的字段

STEP 17：在数据透视表中插入了“姓名”“产品名称”以及“运送方式”切片器，在“产品名称”切片器中单击“洗衣机”按钮，在“运送方式”切片器中单击“火车”按钮，如图247所示。

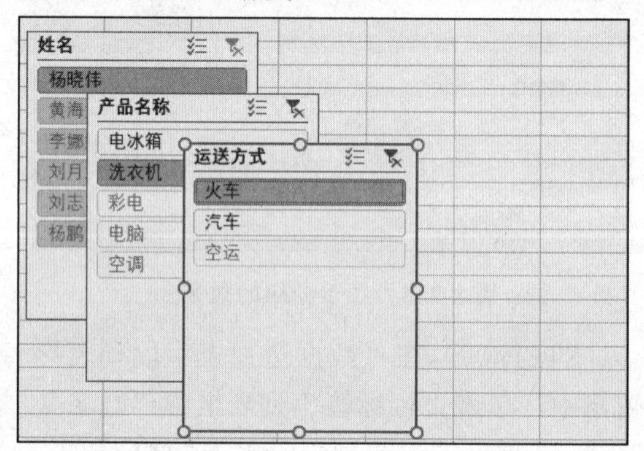

图8-247　设置切片器筛选字段

STEP 18：经过操作后，在数据透视表中只显示产品“洗衣机”并且运送方式为“火车”的销售记录，如图248所示。

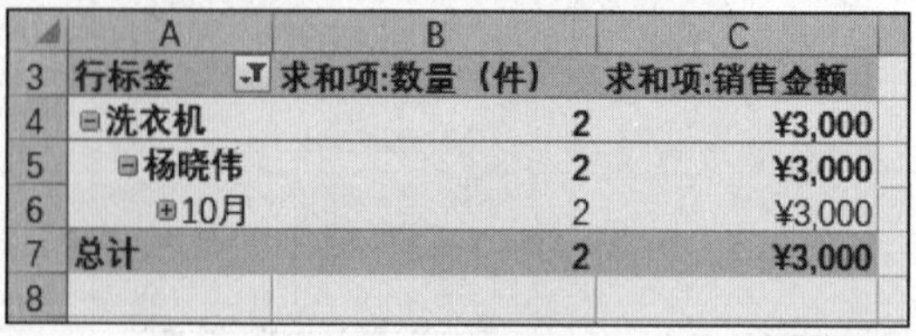

	A	B	C
3	行标签	求和项:数量（件）	求和项:销售金额
4	⊟洗衣机	2	¥3,000
5	⊟杨晓伟	2	¥3,000
6	⊞10月	2	¥3,000
7	总计	2	¥3,000
8			

图8-248　显示筛选结果

STEP 19：切换至“数据透视表工具-设计”选项卡，单击“数据透视表样式”选项组中的快翻按钮，在展开的库中选择“浅蓝，数据透视表样式浅色 9”样式，如图 8-249 所示。

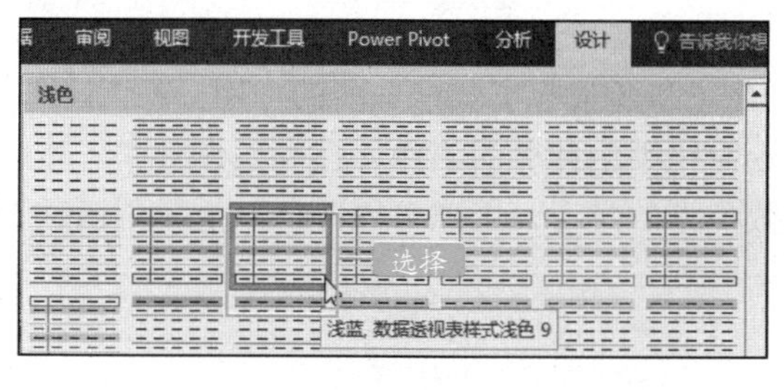

图 8-249 选择数据透视表样式

STEP 20：此时数据透视表应用了所选样式效果，按住【Ctrl】键不放，依次选中“姓名”切片器、“产品名称”切片器以及“运送方式”切片器，如图 8-250 所示。

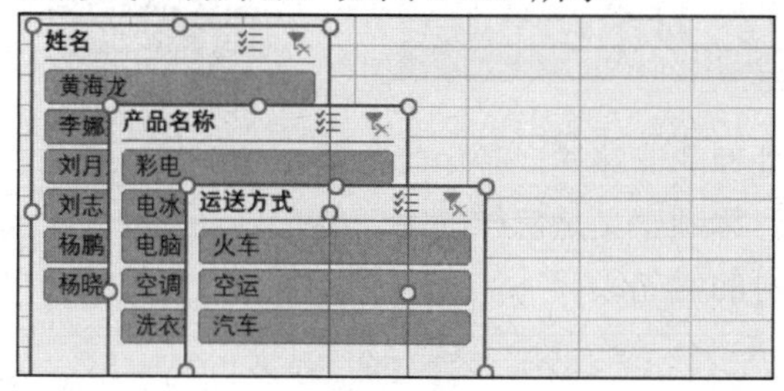

图 8-250 选择切片器

STEP 21：切换至“切片器工具-选项”选项卡，在“切片器样式”选项组中选择“浅橙色，切片器样式浅色 2”样式，如图 8-251 所示。

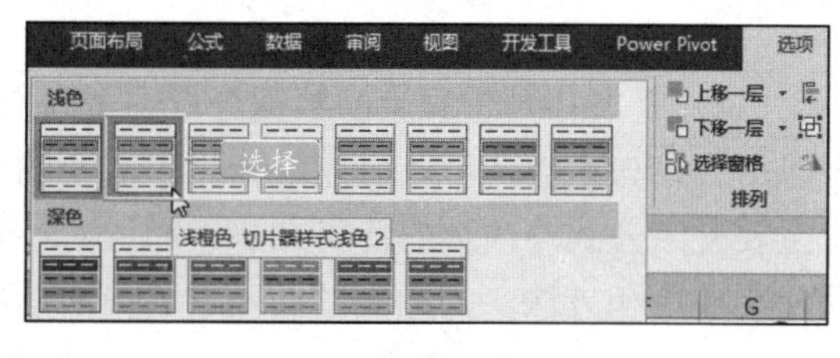

图 8-251 选择切片器样式

STEP 22：经过操作后，选中的全部切片器均应用了所选的样式，数据透视表和切片器更加美观了，如图 8-252 所示。

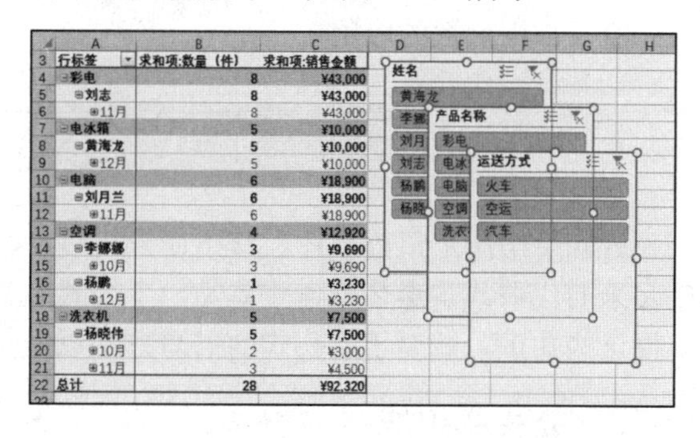

	A	B	C
3	行标签	求和项:数量（件）	求和项:销售金额
4	⊟彩电	8	¥43,000
5	⊟刘志	8	¥43,000
6	⊞11月	8	¥43,000
7	⊟电冰箱	5	¥10,000
8	⊟黄海龙	5	¥10,000
9	⊞12月	5	¥10,000
10	⊟电脑	6	¥18,900
11	⊟刘月兰	6	¥18,900
12	⊞11月	6	¥18,900
13	⊟空调	4	¥12,920
14	⊟李娜娜	3	¥9,690
15	⊞10月	3	¥9,690
16	⊟杨鹏	1	¥3,230
17	⊞12月	1	¥3,230
18	⊟洗衣机	5	¥7,500
19	⊟杨晓伟	5	¥7,500
20	⊞10月	2	¥3,000
21	⊞11月	3	¥4,500
22	总计	28	¥92,320

图 8-252 切片器应用样式后的效果

笔记本

第 9 章 Excel 2016 公式与函数使用

Excel 之所以具备强大的数据分析与处理功能，公式和函数起了非常重要的作用。在 Excel 中应用公式与函数，可以快速地计算出需要的结果，简化手动计算的工作，提高工作效率。本章主要介绍公式与函数的使用方法，通过对各种函数类型的学习，用户可以熟练掌握常用函数的使用技巧和方法，并能够举一反三，灵活运用。

本章知识要点

- 输入、编辑修改公式
- 显示和隐藏公式
- 调试公式
- 常用函数的应用

9.1 公式的基础知识

扫码观看本节视频

公式是由用户自行设计，对工作表进行计算和处理的计算式，是由等号连接起来的代数式。那么怎样才算是一个公式？它的计算顺序又是怎样的呢？要掌握这些知识，就要了解公式的书写方法以及运算符的优先级。

9.1.1 公式的组成

公式使用数学运算符来处理数值、文本以及函数，在一个单元格中计算出一个数值。数值和文本可以位于其他单元格中，以方便用户更改数据。

公式就是一个等式，有一组数据和运算符组成，可以包括函数、引用、运算符和常量中的部分或全部内容，例如下面这个公式：

=SUM(A1：A22)*B1+11

其中 SUM()为求和函数，“B1”为引用 B1 单元格中的值，“11”为直接输入的常量，而运算符包括乘号“*”和加号“+”。在单元格中输入公式，按【Enter】键就会显示出公式计算结果。将单元格选中时，会在编辑栏中显示对应的公式，如表 9-1 所示为几个公式的示例。

表 9-1　公式示例及含义

示例	含义
=A1+B2	把单元格 A1 和单元格 B2 中的值相加
=底薪+提成	把单元格“底薪”中的值加上单元格“提成”中的值，这里运用了单元格名称功能
=MAX(A1:D9)	返回单元格区域 A1:D9 中最大的值
=A1=D1	比较单元格 A1 和 D1 的值，如果相等，公式返回值为 TRUE，反之则为 FALSE

> **提示**
> 公式必须以“=”号开头，后面紧接运算数和运算符，运算数可以是常数、单元格引用、单元格名称和工作表函数等。

9.1.2 认识公式中的运算符

在 Excel 2016 中，运算符连接要运算的数据对象，并对运算符进行何种操作进行说明，如“+”是把前后两个操作对象进行加法运算。

运算符是对公式中的元素进行特定类型的运算，在 Excel 2016 中包含了 4 种类型的运算符，分别是算术运算符、比较运算符、文本运算符和引用运算符，具体如下：

算术运算符。算术运算符主要用于基本的数学运算，如加法、减法、乘法和除法，用来连接数据或产生数字结果等。算术运算符的含义及示例如表 9-2 所示。

表 9-2 算术运算符的含义及示例

算术运算符	含义	示例
+（加号）	加	2+4=6
-（减号）	减	8-5=3
*（星号）	乘	2*5=10
/（斜杠）	除	9/3=3
%（百分号）	百分比	80%

文本链接运算符。使用和号（&）加入或链接一个或更多文本字符串以产生一串新的文本，其含义及示例如表 9-3 所示。

表 9-3 文本运算符的含义及示例

文本运算符	含义	示例
&	将两个文本值连接起来	=“本月”&“销售”产生“本月销售”
&	将单元格内容与文本内容连接起来	=A5&“销售”产生“第一季度销售”

比较运算符。比较运算符可以对两个数值进行比较，并产生逻辑值 TRUE 或 FALSE，具体情况如下：

（1）若条件相符，则产生逻辑“真”值 TRUE（1）；

（2）若条件不相符，则产生逻辑“假”值 FALSE（0）。

比较运算符的含义及示例如表 9-4 所示。

表 9-4 比较运算符的含义及示例

比较运算符	含义	示例
=（等号）	相等	A1=5
<（小于号）	小于	A1<7
>（大于号）	大于	A1>5
>=（大于等于号）	大于等于	A1>=3
<=（小于等于号）	小于等于	A1<=7
<>（不等号）	不相等	A1<>4

引用运算符。引用运算符可以对单元格区域进行合并计算，其含义及示例如表 9-5 所示。

表 9-5 引用运算符的含义及示例

引用运算符	含义	示例
:（冒号）	区域运算符，对两个引用之间，包括两个引用在内的所有单元格进行引用	SUM（A1: D9）
,（逗号）	联合运算符，将多个引用合并为一个引用	SUM（A1:D1,A2:D2）
（空格）	交叉运算符，表示几个单元格区域所重叠的那些单元格	SUM（B2:D3 B3:E5）

◆◆提示

单元格引用是用于表示单元格在工作表上所处位置的坐标轴。

9.1.3 熟悉公式运算符的优先级

每个运算符的优先级都是不同的，在一个混合运算的公式中，对于不同优先级的运算，按照从高到低的顺序进行计算；对于相同优先级的运算，按照从左到右的顺序进行计算，各运算符的优先级如表 9-6 所示。

表 9-6 运算符优先级

运算符	说明
:（冒号）（单个空格），（逗号）	引用运算符
-	负号
%	百分比
^	乘方
+和-	加和减
*和/	乘和除
&	连接两个文本字符串（连接）
=、<、>、<=、>=和<>	比较运算符

◆◆提示

如果输入的公式过长，单元格中浏览不到整个公式，可根据需要调整公式所在单元格的大小。

9.1.4 输入、编辑修改公式

在单元格中输入公式和输入文本数据的方式几乎相同，在公式中输入单元格名称的时候，可以单击单元格或选择单元格区域引用单元格的名称。当单元格处于编辑状态的时候，可以选中公式中的内容进行修改，以此来实现修改整个公式的计算过程和结果。

STEP 01：打开原始文件，选中 E3 单元格，输入“=”，然后选中 B3 单元格，如图 9-1 所示。

	A	B	C	D	E
1	商品销售统计表				
2	商品名称	单价	折扣	包装费	销售金额
3	空调	3500	0.8	20	=B3
4	电冰箱	2600	0.85	20	
5	电视机	4500	0.9	20	输入
6	洗衣机	2800	0.88	20	

图 9-1　输入公式

STEP 02：在 E3 单元格中继续输入“*”，选中 C3 单元格，如图 9-2 所示。

	A	B	C	D	E
1	商品销售统计表				
2	商品名称	单价	折扣	包装费	销售金额
3	空调	3500	0.8	20	=B3*C3
4	电冰箱	2600	0.85	20	
5	电视机	4500	0.9	20	输入
6	洗衣机	2800	0.88	20	

图 9-2　编辑公式

STEP 03：按【Enter】键，完成输入，计算结果如图 9-3 所示。

	A	B	C	D	E
1	商品销售统计表				
2	商品名称	单价	折扣	包装费	销售金额
3	空调	3500	0.8	20	2800
4	电冰箱	2600	0.85	20	
5	电视机	4500	0.9	20	结果
6	洗衣机	2800	0.88	20	

图 9-3　计算结果

STEP 04：　双击 E3 单元格，此时单元格处于编辑状态，在单元格中继续输入“+”，选中 D3 单元格，如图 9-4 所示。

	A	B	C	D	E
1	商品销售统计表				
2	商品名称	单价	折扣	包装费	销售金额
3	空调	3500	0.8	20	=B3*C3+D3
4	电冰箱	2600	0.85	20	
5	电视机	4500	0.9	20	修改
6	洗衣机	2800	0.88	20	

图 9-4　修改公式

STEP 05：按【Enter】键，完成公式的修改，修改后的计算结果如图 9-5 所示。

	A	B	C	D	E
1	商品销售统计表				
2	商品名称	单价	折扣	包装费	销售金额
3	空调	3500	0.8	20	2820
4	电冰箱	2600	0.85	20	
5	电视机	4500	0.9	20	结果
6	洗衣机	2800	0.88	20	

图 9-5　修改后的结果

9.1.5　显示和隐藏公式

默认情况下，单元格将显示公式的计算结果，当要查看工作表中包含的公式时，需先单击某个单元格，再在编辑栏中查看，如果在工作表中要查看多个公式，可以通过设置只显示公式不显示计算结果的方式查看，具体操作如下：

STEP 01：在“公式”选项卡下的“公式审核”选项组中单击“显示公式”按钮，在所有包含公式的单元各中将显示公式，如图 9-6 所示。

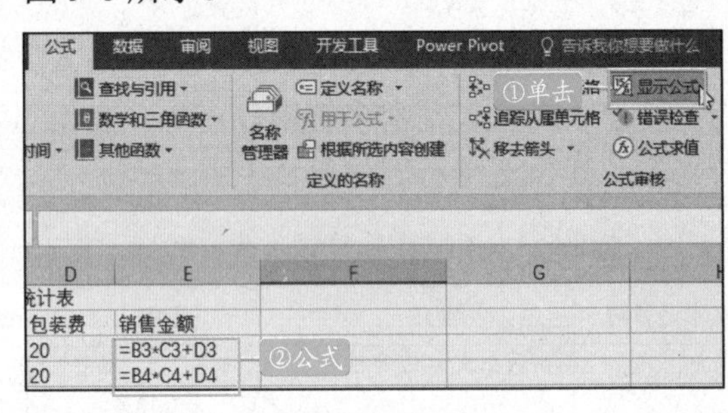

图 9-6　显示公式

STEP 02：再次在“公式”选项卡下的“公式审核”选项组中单击“显示公式”按钮，在所有显示公式的单元格中将显示计算结果，如图 9-7 所示。

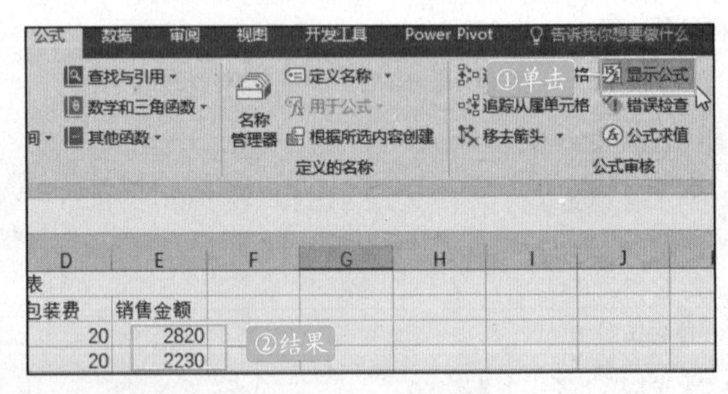

图 9-7　显示计算结果

9.1.6　输入数组公式

数组公式和一般公式的区别在于数组公式中包含符号“{}”，数组公式是用一个公式来统一计算多个单元格区域。

STEP 01：打开原始文件，选中 F7 单元格，输入公式“=SUM（E3:E6*F3:F6）”，如

图 9-8 所示。

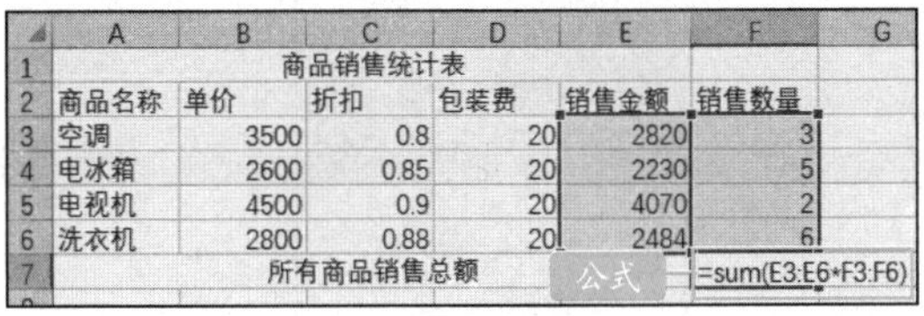

	A	B	C	D	E	F	G
1	商品销售统计表						
2	商品名称	单价	折扣	包装费	销售金额	销售数量	
3	空调	3500	0.8	20	2820	3	
4	电冰箱	2600	0.85	20	2230	5	
5	电视机	4500	0.9	20	4070	2	
6	洗衣机	2800	0.88	20	2484	6	
7	所有商品销售总额				公式	=sum(E3:E6*F3:F6)	

图 9-8 输入公式

STEP 02：按【Ctrl+Shift+Enter】组合键，此时可以在编辑栏中看到公式自动加上了大括号，在 F7 单元格中显示了公式的计算结果，如图 9-9 所示。

F7 {=SUM(E3:E6*F3:F6)}

	A	B	C	D	E	F
1	商品销售统计表					
2	商品名称	单价	折扣	包装费	销售金额	销售数量
3	空调	3500	0.8	20	2820	3
4	电冰箱	2600	0.85	20	2230	5
5	电视机	4500	0.9	20	4070	2
6	洗衣机	2800	0.88	20	2484	6
7	所有商品销售总额				结果	42654

图 9-9 计算结果

9.1.7 移动与复制公式

创建公式后，有时需要将其移动或复制到工作表中的其他位置。

1.移动公式

STEP 01：打开原始文件，在单元格 E3 中输入公式“=B3*C3+D3”，按【Enter】键即可求出销售金额，如图 9-10 所示。

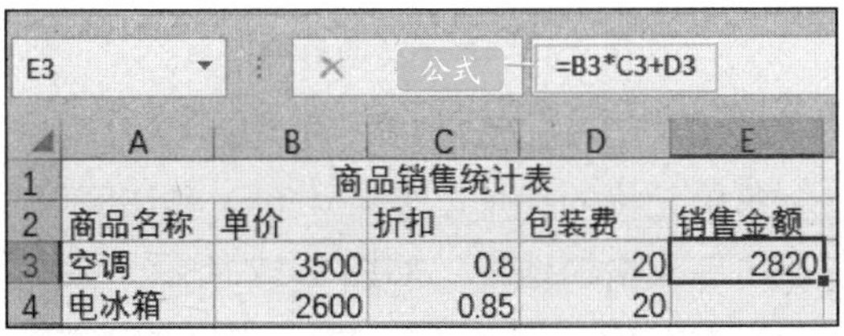

E3 公式 =B3*C3+D3

	A	B	C	D	E
1	商品销售统计表				
2	商品名称	单价	折扣	包装费	销售金额
3	空调	3500	0.8	20	2820
4	电冰箱	2600	0.85	20	

图 9-10 输入公式并计算结果

STEP 02：选择单元格 E3，在该单元格边框上按住鼠标左键，将其拖拽到其他单元格，释放鼠标左键后即可移动公式，移动后，值不发生变化，如图 9-11 所示。

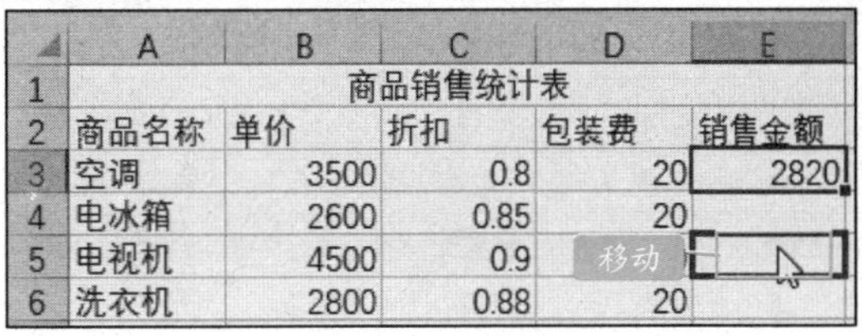

	A	B	C	D	E
1	商品销售统计表				
2	商品名称	单价	折扣	包装费	销售金额
3	空调	3500	0.8	20	2820
4	电冰箱	2600	0.85	20	
5	电视机	4500	0.9	移动	
6	洗衣机	2800	0.88	20	

图 9-11 移动公式

◆◆提示

移动公式时还可以先对移动的公式进行“剪切”操作，然后在目标单元格中进行“粘贴”操作。在 Excel 2016 中，在移动公式时，无论使用哪种单元格引用，公式内的单元格引用都不会更改，即还保持原始的公式内容。

2.复制公式

STEP 01：打开原始文件，在单元格 E3 中输入公式“=B3*C3+D3”，按【Enter】键即可求出销售金额，如图 9-12 所示。

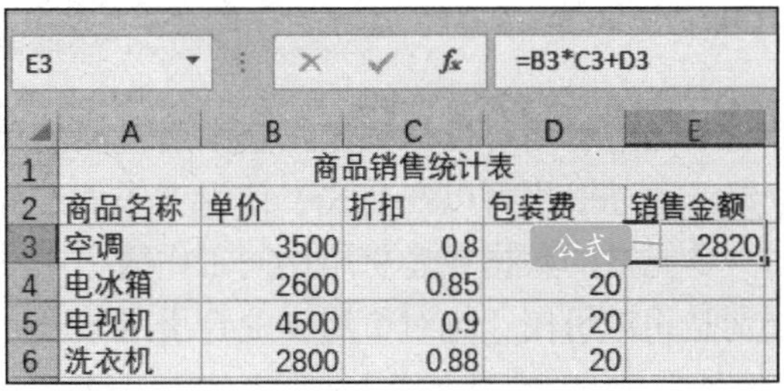

E3 =B3*C3+D3

	A	B	C	D	E
1	商品销售统计表				
2	商品名称	单价	折扣	包装费	销售金额
3	空调	3500	0.8	公式	2820
4	电冰箱	2600	0.85	20	
5	电视机	4500	0.9	20	
6	洗衣机	2800	0.88	20	

图 9-12 输入公式并计算结果

STEP 02：选择 E3 单元格，单击“开始”选项卡下“剪贴板”选项组中的“复制”按钮，该单元格边框显示为虚线，如图 9-13 所示。

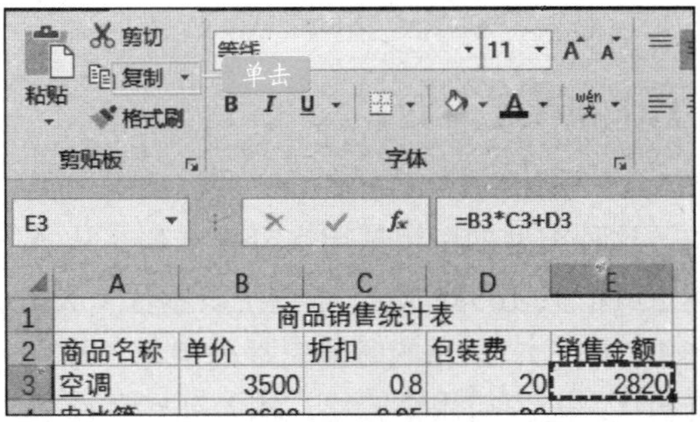

剪切 复制 单击 格式刷 粘贴 剪贴板 等线 11 字体

E3 =B3*C3+D3

	A	B	C	D	E
1	商品销售统计表				
2	商品名称	单价	折扣	包装费	销售金额
3	空调	3500	0.8	20	2820

图 9-13 复制公式

STEP 03：选择单元格 E5，单击“开始”选项卡下“剪贴板”选项组中的“粘贴”按钮，将公式粘贴到该单元格中，可以发现，公式的值发生了变化，如图9-14所示。

E5 =B5*C5+D5

	A	B	C	D	E
1	商品销售统计表				
2	商品名称	单价	折扣	包装费	销售金额
3	空调	3500	0.8	20	2820
4	电冰箱	2600	0.85	20	
5	电视机	4500	0.9	20	4070
6	洗衣机	2800	0.88	20	

图9-14 粘贴公式

STEP 04：按【Ctrl】键或单击右侧的图标，弹出如图9-15所示的选项，单击相应的按钮，即可应用粘贴格式、数值、公式、源格式、链接和图片等。若单击“数值”按钮，表示只粘贴数值，则粘贴后E5单元格中的值仍为“2820”。

图9-15 选择粘贴类型

◆◆提示

复制公式时还可以拖动包含公式的单元格右下角的填充柄，快速复制同一个公式到其他单元格中。

9.2 单元格的引用

扫码观看本节视频

单元格引用可以标识工作表中所需要的单元格，并指明公式中使用的数据位置，通过引用可以在公式中使用工作表不同部分的数据、在多个公式中使用同一单元格的数据或者引用相同工作簿中不同工作表的数据。Excel 2016提供了三种引用方式，分别是相对引用、绝对引用和混合引用。

9.2.1 单元格引用与引用样式

单元格引用有不同的表示方法，既可以直接使用相应的地址表示，也可以用单元格的名字表示。用地址来表示单元格引用有两两种样式，一种A1引用样式，一种是R1C1样式。

1.A1引用样式

A1引用的样式是Excel的默认引用类型。这种类型的引用是用字母表示列（从A到XFD，共16384列），用数字表示行（从1到1024576）。引用的时候先写列字母，再写行数字。若要引用单元格，输入列标和行号即可。例如，B2引用了B列和2行交叉处的单元格，如图9-16所示。

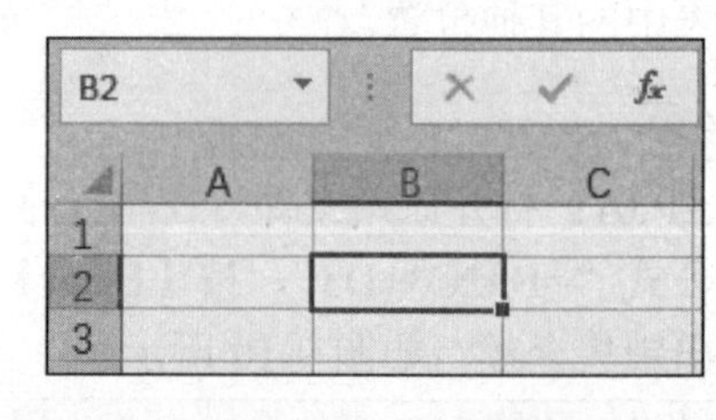

图9-16 单元格的引用

如果引用单元格区域，可以输入该区域左上角单元格的地址、比例号（:）和该区域右下角单元格的地址，如图9-17所示。

E7 =SUM(E3:E6)

	A	B	C	D	E
1	商品销售统计表				
2	商品名称	单价	折扣	包装费	销售金额
3	空调	3500	0.8	20	2820
4	电冰箱	2600	0.85	20	2230
5	电视机	4500	0.9	20	4070
6	洗衣机	2800	0.88	20	2484
7					11604

图9-17 单元格的引用样式

2.R1C1 引用样式

在 R1C1 引用样式中，用 R 加行数字和 C 加列数字来表示单元格的位置。若表示相对引用，行数字和列数字都用中括号“[]”括起来；如果不加中括号，则表示绝对引用。如当前单元格是 A1，则单元格引用为 R1C1，加中括号 R[1]C[1]则表示引用下面一行和右边一列的单元格，即 B2。

◆◆提示

R 代表 ROW，是行的意思；C 代表 Column，是列的意思。R1C1 引用样式与 A1 引用样式中的绝对引用等价。

启用 R1C1 引用样式的操作如下：

STEP 01：打开原始文件，选择“文件”选项卡，在打开的界面中选择“选项”命令，如图 9-18 所示。

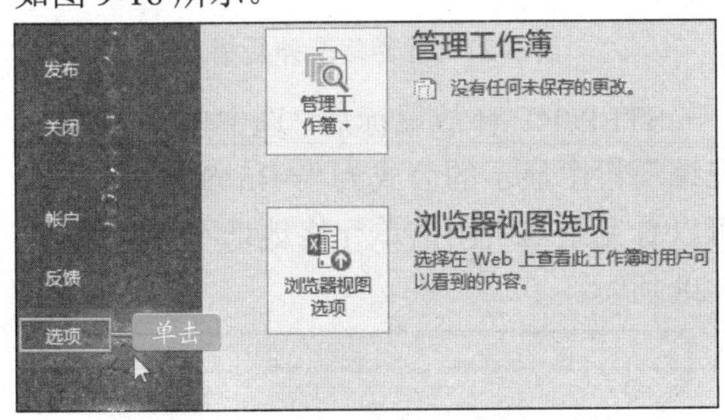

图 9-18　选择“选项”列表

STEP 02：在弹出的“Excel 选项”对话框的左侧选择“公式”选项，在右侧的“使用公式”栏中选中“R1C1 引用样式”复选框，如图 9-19 所示。

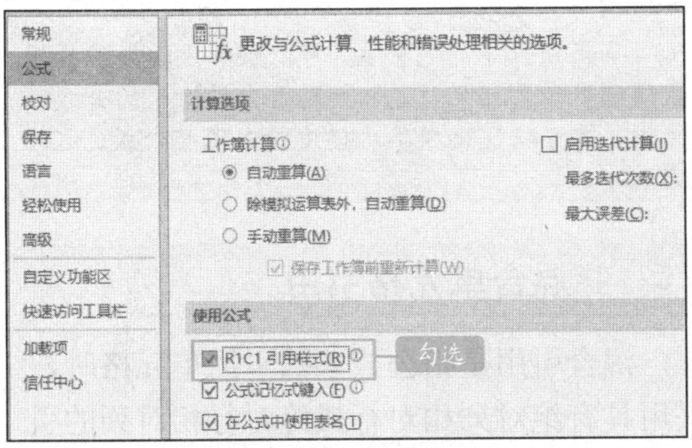

图 9-19　选中“R1C1 引用样式”复选框

STEP 03：单击“确定”按钮，即可启用 R1C1 引用样式，如图 9-20 所示。

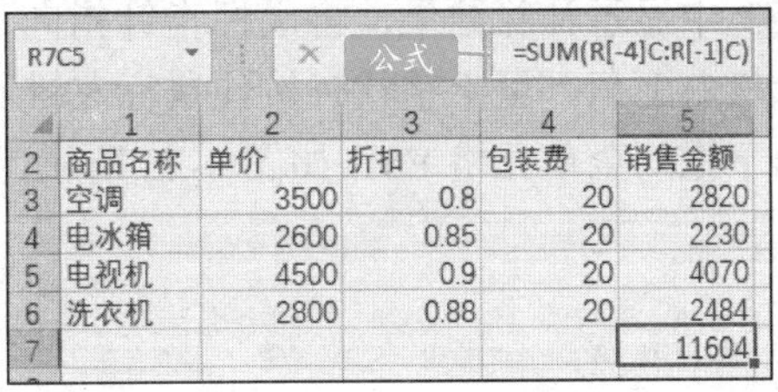

R7C5　=SUM(R[-4]C:R[-1]C)

	1	2	3	4	5
2	商品名称	单价	折扣	包装费	销售金额
3	空调	3500	0.8	20	2820
4	电冰箱	2600	0.85	20	2230
5	电视机	4500	0.9	20	4070
6	洗衣机	2800	0.88	20	2484
7					11604

图 9-20　应用 R1C1 引用样式

◆◆提示

在 Excel 工作表中，如果引用的是同一工作表中的数据，可以使用单元格地址引用，如果引用的是其他工作簿或工作表中的数据，可以使用名称来代表单元格、单元格区域、公式或值。

9.2.2 相对单元格引用

公式中的相对单元格引用是基于包含公式和单元格的相对位置。如果公式所在单元格的位置发生改变，引用也随之改变。如果使用填充柄多行或多列复制，引用会自动进行调整。

STEP 01：打开原始文件，在单元格 E3 中输入等号“=”，再选中单元格 B3，如图 9-21 所示。

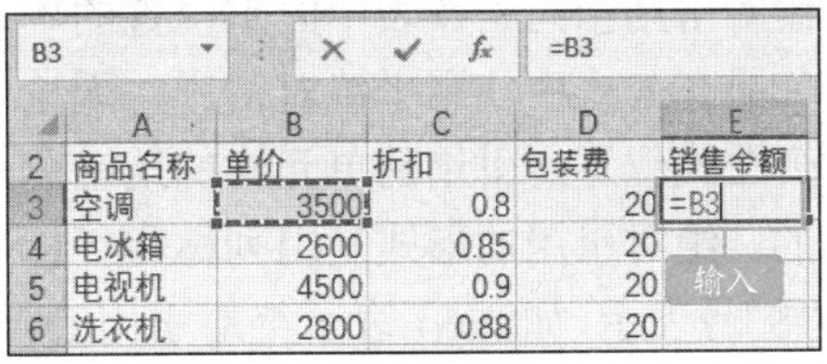

B3　=B3

	A	B	C	D	E
2	商品名称	单价	折扣	包装费	销售金额
3	空调	3500	0.8	20	=B3
4	电冰箱	2600	0.85	20	
5	电视机	4500	0.9	20	
6	洗衣机	2800	0.88	20	

图 9-21　输入公式

STEP 02：输入乘号“*”，选中单元格 C3，再输入加号“+”，再选中单元格 D3，在编辑栏中显示完整公式“=B3*C3+D3”，如图 9-22 所示。

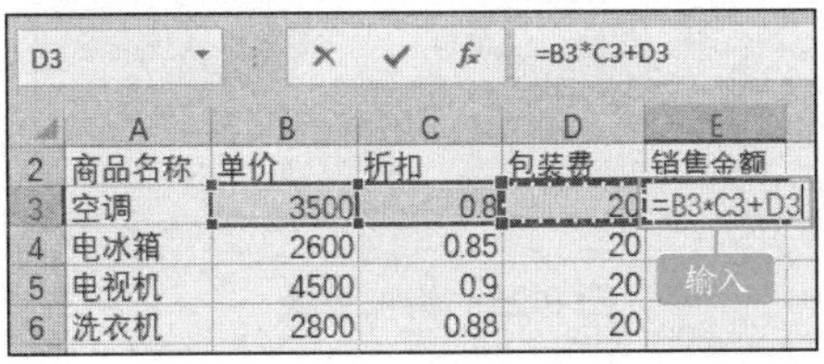

D3　=B3*C3+D3

	A	B	C	D	E
2	商品名称	单价	折扣	包装费	销售金额
3	空调	3500	0.8	20	=B3*C3+D3
4	电冰箱	2600	0.85	20	
5	电视机	4500	0.9	20	
6	洗衣机	2800	0.88	20	

图 9-22　显示完整公式

STEP 03：按【Enter】键，即可在单元

格 E3 中显示计算结果，将鼠标指针指向该单元格右下角，呈十字状时按住鼠标左键不放向下拖动至单元格 E6，如图 9-23 所示。

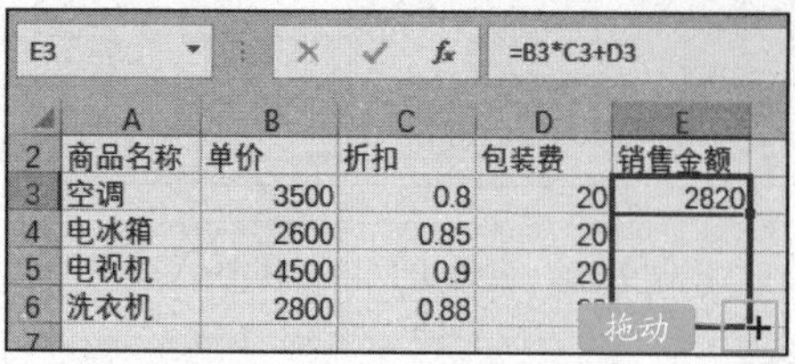

图 9-23　计算结果并复制

STEP 04：释放鼠标后，选中单元格 E5，此时编辑栏中显示公式为“=B5*C5+D5”，列标相对发生了变化，行标不变，如图 9-24 所示。

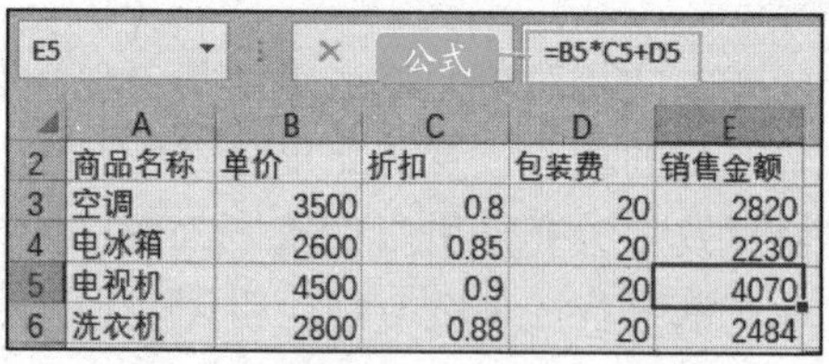

图 9-24　显示复制后的公式

9.2.3　绝对单元格引用

绝对引用指向工作表中固定位置的单元格。如果在公式中使用了绝对引用，无论怎样改变公式位置，引用的单元格的地址总是不变的。绝对引用的形式是用列标和行标号前加“$”号表示，如$D$1 表示绝对引用 D 列第 1 行交叉处的单元格。

STEP 01：打开原始文件，在单元格 E3 中输入等号“=”，再选中单元格 B3，输入乘号“*”，如图 9-25 所示。

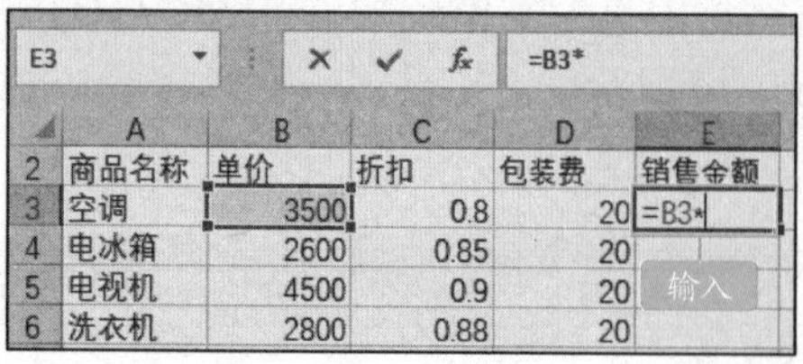

图 9-25　输入公式

STEP 02：选中单元格 C3，再按【F4】键，切换到绝对引用$C$3，再输入加号“+”，并选中单元格 D3，此时在编辑栏中显示完整公式“=B3*$C$3+D3”，如图 9-26 所示。

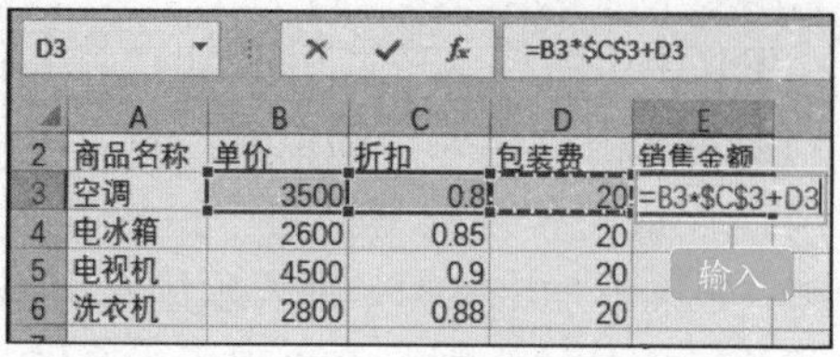

图 9-26　显示完整公式

STEP 03：按【Enter】键，即可在单元格 E3 中显示计算结果，将鼠标指针指向该单元格右下角呈十字状，按住鼠标左键不放，向下拖动至单元格 E6，如图 9-27 所示。

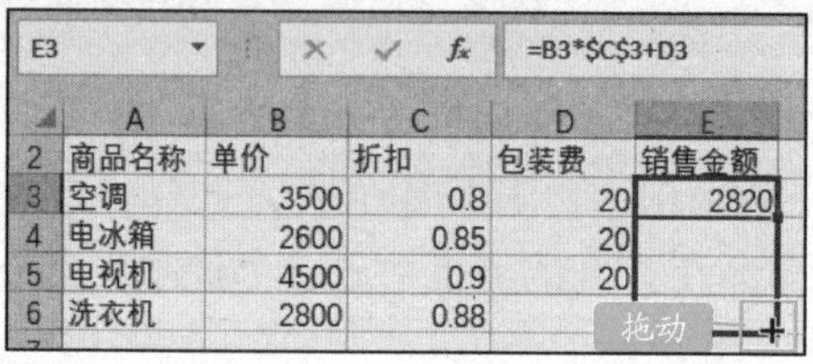

图 9-27　计算结果并复制

STEP 04：释放鼠标后，选中单元格 E5，在编辑栏中显示的公式为“=B5*$C$3+D5”，可以看见绝对引用的单元格地址不变，如图 9-28 所示。

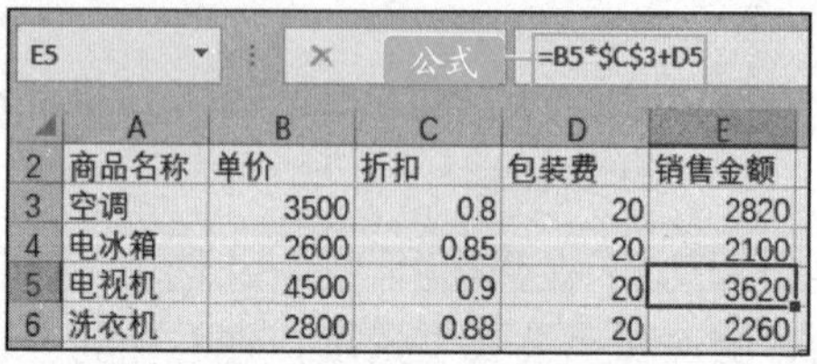

图 9-28　显示复制后的公式

提示

如果用户不熟悉公式，可以按照上面介绍的用鼠标选取单元格的方法；如果用户对输入的公式很熟悉，便可以直接在单元格中输入完整公式，这样更加方便。

9.2.4　混合单元格引用

混合引用是指公式参数引用单元格时，采用具有绝对列相对行或绝对行相对列的引用，如$A1、B$1。复制含有混合引用的公式时，相对引用随公式复制而变化，绝对引用不随公式的复制发生变化。

STEP 01：打开原始文件，在单元格 E3 中输入完整的公式“=B$3*$C3+D3”，如图 9-29 所示。

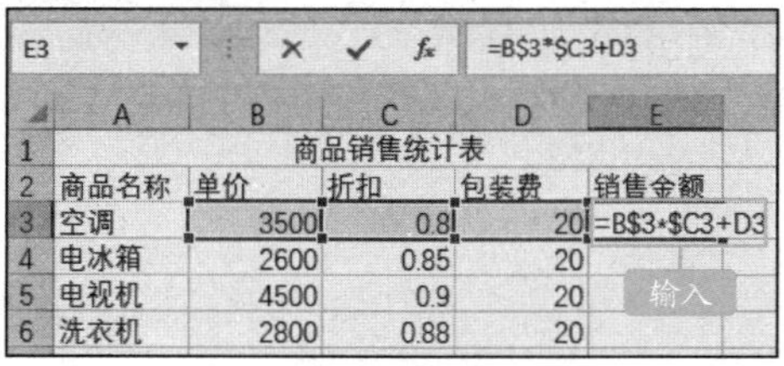

图 9-29　输入完整公式

STEP 02：按【Enter】键，即可在单元格 E3 中显示计算结果，将鼠标指针指向该单元格右下角，呈十字状时按住鼠标左键不放，向下拖动至单元格 E6，如图 9-30 所示。

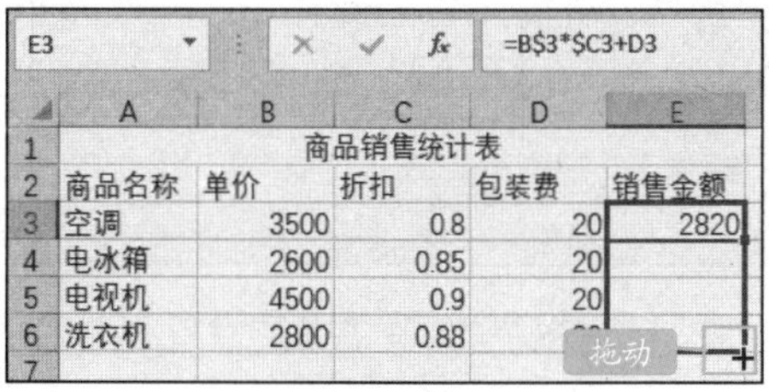

图 9-30　计算结果并复制

STEP 03：释放鼠标后，选中单元格 E6，在编辑栏中显示的公式为“=B$3*$C6+D6”，相对引用单元格地址发生变化，绝对引用单元格地址不变，如图 9-31 所示。

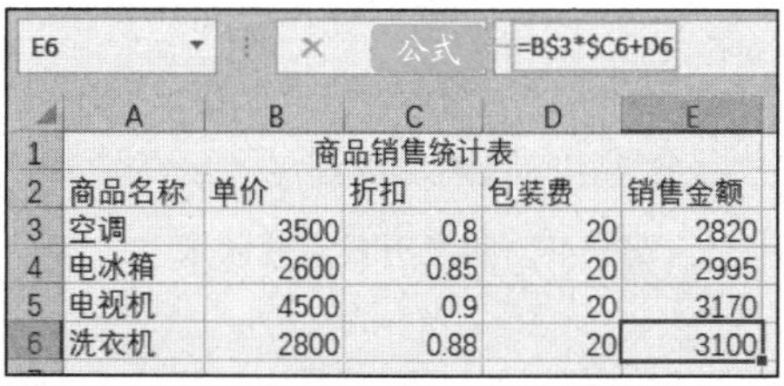

图 9-31　显示复制后的公式

9.2.5 使用各种引用

在定义公式时，用户要根据需要灵活地使用单元格的引用，以便准确、快捷地利用公式计算数据。

1.引用不同工作表中的数据

当用户需要在一个工作表中引用另一个工作表中的数据时，只需要切换到相应的工作表标签，直接选取数据进行引用即可。

STEP 01：打开原始文件，切换到“汇总”工作表中，单击 B2 单元格，在单元格中输入“=”，单击“商品明细”工作表标签，如图 9-32 所示。

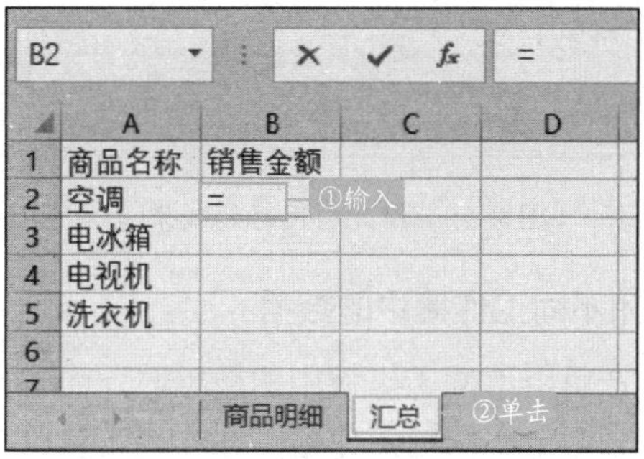

图 9-32　选择引用的工作表标签

STEP 02：在编辑栏中自动显示了“商品明细!”，选中 E2 单元格，引用“商品明细”工作表中 E2 单元格中的数据，效果如图 9-33 所示。

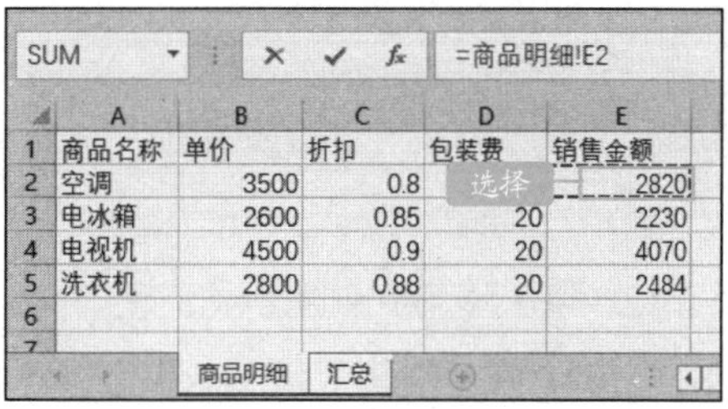

图 9-33　选择引用的单元格

STEP 03：按【Enter】键，自动返回到“汇总”工作表中，在 B2 单元格中显示出引用的数据，选中 B2 单元格，拖动填充柄至 B5 单元格，如图 9-34 所示。

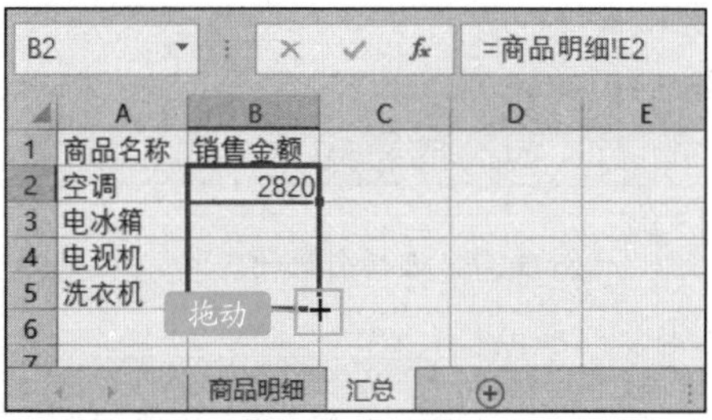

图 9-34　填充数据

STEP 04：此时在 B2:B5 单元格区域中

引用了“商品明细”工作表中 E2:E5 单元格区域中的数据，效果如图 9-35 所示。

B2　=商品明细!E2

	A	B	C	D	E
1	商品名称	销售金额			
2	空调	2820			
3	电冰箱	2230			
4	电视机	4070			
5	洗衣机	2484			
6					

商品明细　汇总

图 9-35　填充引用后的效果

2.引用不同工作簿中的数据

在引用不同工作簿中的数据时，可以同时打开两个不同的工作簿，在一个工作簿中输入“=”号后，切换到另一个工作簿中引用数据即可。

STEP 01：继续使用上面的工作表，在“销售”工作簿的“汇总”工作表中的 C1 单元格中输入“销售数量”，在 C2 单元格中输入“=”，如图 9-36 所示。

	A	B	C	D	E
1	商品名称	销售金额	销售数量		
2	空调	2820	=		
3	电冰箱	2230			
4	电视机	4070			

输入

图 9-36　输入计算符号

STEP 02：在“销售数量.xlsx”工作簿中单击“销量”工作表标签，在编辑栏中自动出现“=[销售数量.xlsx]销量!”，如图 9-37 所示。

=[销售数量.xlsx]销量!

	A	B	C	D	E
1	商品名称	销售数量			
2	空调	3			
3	电冰箱	5			
4	电视机	2			
5	洗衣机	6			
6					

销量　单击

图 9-37　选择引用的工作

STEP 03：选择 B2:B5 单元格区域，此时在编辑栏中显示为“=[销售数量.xlsx]销量!$B$2:$B$5”，系统默认对单元格进行绝对引用，如图 9-38 所示。

	A	B	C	D	E	F
1	商品名称	销售数量				
2	空调	3				
3	电冰箱	5				
4	电视机	2				
5	洗衣机	6				
6						

选择　销量

图 9-38　选择引用的单元格区域

STEP 04：按【Enter】键后，自动返回到“销售”工作簿的“汇总”工作表中，在 C2 单元格中显示出引用的结果，拖动鼠标至 C5 单元格，如图 9-39 所示。

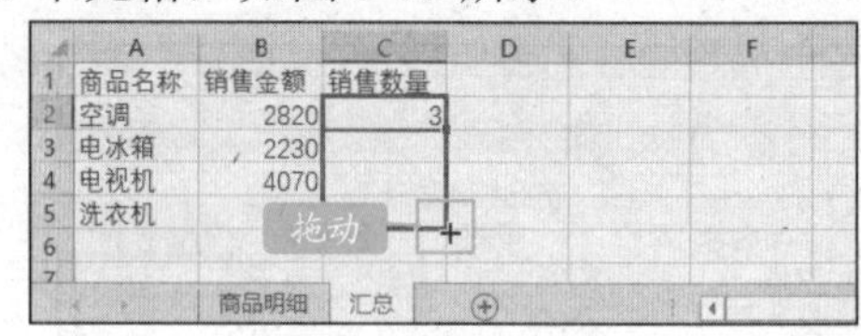

图 9-39　填充数据

STEP 05：释放鼠标后，C2:C5 单元格中引用了“销售数量.xlsx”工作簿中 B2:B5 单元格区域中的数据，如图 9-40 所示。

	A	B	C	D
1	商品名称	销售金额	销售数量	
2	空调	2820	3	
3	电冰箱	2230	5	
4	电视机	4070	2	
5	洗衣机	2484	6	
6				

商品明细　汇总

图 9-40　填充引用后的效果

9.3　认识和使用单元格名称

扫码观看本节视频

所谓名称，就是对单元格或单元格区域给出易于辨认、适合记忆的标记。用户在操作单元格过程中，可直接引用该名称，并指定单元格范围。所以，在编辑公式时适当使用名称可以让编写公式的工作更加方便且易于理解。

9.3.1 定义名称

名称是工作簿中某些项目的标志符，用户可以给一个单元格或一个单元格区域编辑一个常量名称来为其命名。在定义名称的时候，根据不同的情况可以选择不同的命名方法，一般常用的定义名称的方法包括使用名称框定义名称、使用对话框新建名称和根据选定内容快速创建名称等。

STEP 01：打开原始文件，选择 B3:B6 单元格区域，单击名称框，在名称框中输入名称，如图 9-41 所示。

单价 输入 3500

	A	B	C	D	E
1	商品销售统计表				
2	商品名称	单价	折扣	包装费	销售金额
3	空调	3500	0.8	20	2820
4	电冰箱	2600	0.85	20	2230
5	电视机	4500	0.9	20	4070
6	洗衣机	2800	0.88	20	2484

图 9-41 在名称框中定义名称

STEP 02：按【Enter】键完成输入，选择 B3:B6 单元格区域，在名称框中显示定义的名称，如图 9-42 所示。

单价 3500

	A	B	C	D	E
1	商品销售统计表				
2	商品名称	单价	折扣	包装费	销售金额
3	空调	3500	0.8	20	2820
4	电冰箱	2600	0.85	20	2230
5	电视机	4500	0.9	20	4070
6	洗衣机	2800	0.88	20	2484

图 9-42 定义名称后的效果

STEP 03：将光标定位在数据区域中的任意单元格，切换到“公式”选项卡，单击“定义的名称”选项组中的“定义名称”下三角按钮，在展开的下拉列表中单击“定义名称”选项，如图 9-43 所示。

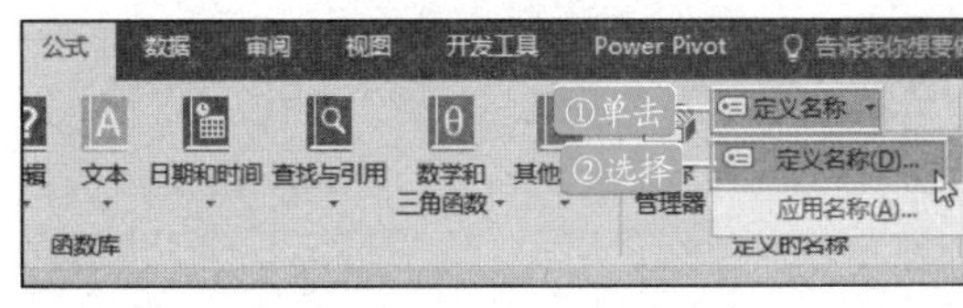

图 9-43 使用定义名称功能定义名称

STEP 04：弹出“新建名称”对话框，在“名称”文本框中输入文本，单击引用位置右侧的单元格引用按钮，如图 9-44 所示。

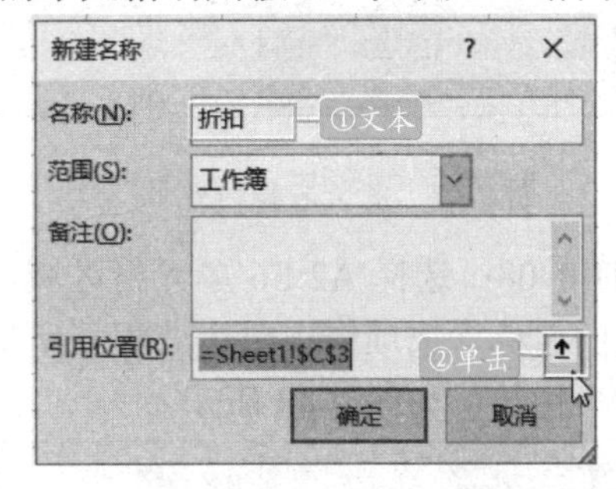

图 9-44 输入新建的名称

STEP 05：选择 C3:C6 单元格区域，单击引用单元格按钮，效果如图 9-45 所示。

	A	B	C	D	E
1	商品销售统计表				
2	商品名称	单价	折扣	包装费	销售金额
3	空调	3500	0.8	20	2820
4	电冰箱	2600	0.85		2230
5	电视机	4500	0.9		4070
6	洗衣机	2800	0.88	20	2484

①选择

新建名称 - 引用位置:

=Sheet1!$C$3:$C$6 ②单击

图 9-45 引用单元格区域

STEP 06：返回“新建名称”对话框中，单击“确定”按钮完成新建名称的设置，如图 9-46 所示。

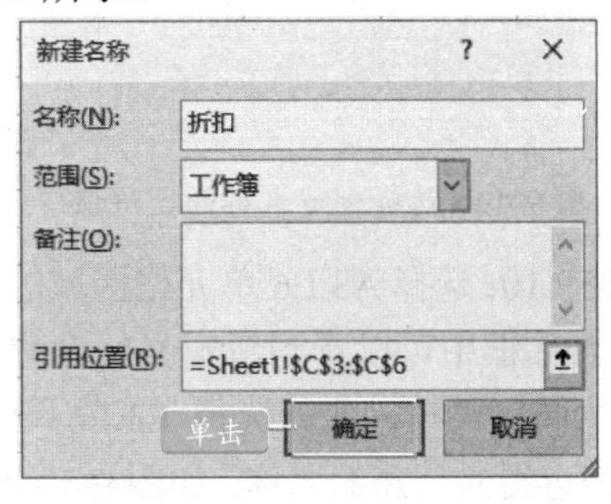

图 9-46 完成新建名称的设置

STEP 07：选择 C3:C6 单元格区域，在名称框中可以看到为此单元格区域新建的名称，如图 9-47 所示。

折扣	效果	0.8		
A	B	C	D	E
商品销售统计表				
商品名称	单价	折扣	包装费	销售金额
空调	3500	0.8	20	2820
电冰箱	2600	0.85	20	2230
电视机	4500	0.9	20	4070
洗衣机	2800	0.88	20	2484

图 9-47　定义名称的效果

STEP 08：选择 A2:E6 单元格区域，在“定义的名称”选项组中单击“根据所选内容创建”按钮，如图 9-48 所示。

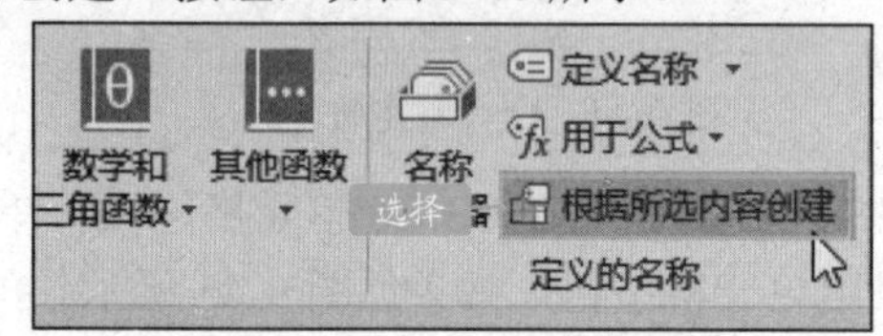

图 9-48　根据所选内容创建名称

STEP 09：弹出“根据所选内容创建名称”对话框，只勾选“首行”复选框，取消其他复选框，然后单击“确定”按钮，如图 9-49 所示。

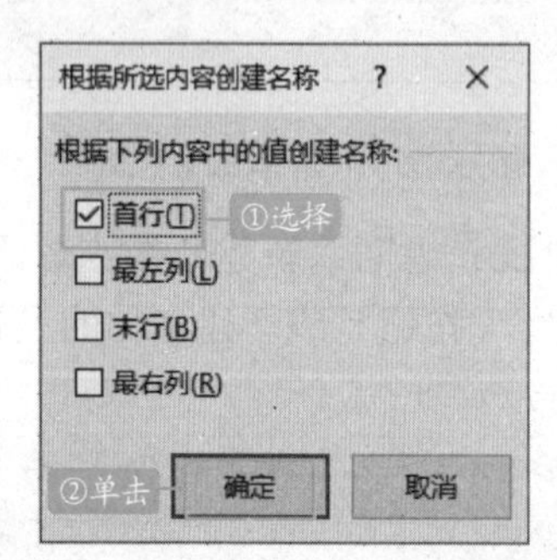

图 9-49　选择创建名称的区域值

STEP 10：选择 A3:E6 单元格区域的任意列，在名称框中可以看到新定义的名称为选定区域中首行的值，比如选择 E3:E6 单元格区域，即可得知新建的名称，如图 9-50 所示。

销售金额	效果	=B3*C3+D3		
A	B	C	D	E
商品销售统计表				
商品名称	单价	折扣	包装费	销售金额
空调	3500	0.8	20	2820
电冰箱	2600	0.85	20	2230
电视机	4500	0.9	20	4070
洗衣机	2800	0.88	20	2484

图 9-50　定义名称的效果

9.3.2　在公式中使用名称计算

对于已经定义的名称，在公式中可以直接将其用来替代被引用的单元格，这样直接看公式就能清楚公式引用了哪些源数据。

STEP 01：打开原始文件，在单元格 E3 中输入公式“=单价”，此时可以看到 Excel 选取了该名称的单元格区域 B3:B6，如图 9-51 所示。

SUM	=单价			
A	B	C	D	E
商品销售统计表				
商品名称	单价	折扣	包装费	销售金额
空调	3500	0.8	20	=单价
电冰箱	2600	0.85	20	输入
电视机	4500	0.9	20	
洗衣机	2800	0.88	20	

图 9-51　选择“单价”

STEP 02：继续在单元格中输入完整公式“=单价*折扣+包装费”，如图 9-52 所示。

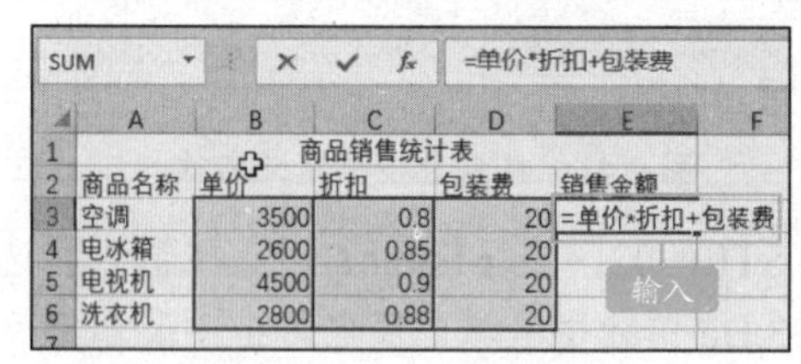

SUM	=单价*折扣+包装费			
A	B	C	D	E
商品销售统计表				
商品名称	单价	折扣	包装费	销售金额
空调	3500	0.8	20	=单价*折扣+包装费
电冰箱	2600	0.85	20	输入
电视机	4500	0.9	20	
洗衣机	2800	0.88	20	

图 9-52　输入完整公式

STEP 03：按【Enter】键后，在所选的单元格中显示销售金额的计算结果，如图 9-53 所示。

E3	=单价*折扣+包装费			
A	B	C	D	E
商品销售统计表				
商品名称	单价	折扣	包装费	销售金额
空调	3500	0.8	20	2820
电冰箱	2600	0.85	20	结果
电视机	4500	0.9	20	
洗衣机	2800	0.88	20	

图 9-53　计算结果

9.4 调试公式

公式作为 Excel 数据处理的核心，在使用公式中出错的概率也非常大，那么如何才能有效避免输入的公式报错呢？这就需要对公式进行调试，使公式能够按照预想的方式计算出数据的结果，相关的操作包括检查公式、审核公式和实时监视公式等。

9.4.1 显示与检查公式

1. 显示公式

在工作表中应用公式后，默认会直接显示公式的计算结果。若用户需要检查公式的准确性，可以将公式显示出来，具体操作如下：

STEP 01：打开原始文件，切换到“公式”选项卡，单击“公式审核”选项组中的“显示公式”按钮，如图 9-54 所示。

图 9-54 单击“显示公式”按钮

STEP 02：此时 Excel 所有单元格中的公式全部显示出来，若要取消公式显示，则再次单击“显示公式”按钮即可，如图 9-55 所示。

图 9-55 显示所有公式的效果

2. 检查公式

在 Excel 中进行公式输入的时候，有时会出现公式输入错误的情况，这时用户可以进行公式错误的检查，具体操作如下：

STEP 01：打开工作表后，切换到“公式”选项卡，单击“公式审核”选项组中的“错误检查”按钮，如图 9-56 所示。

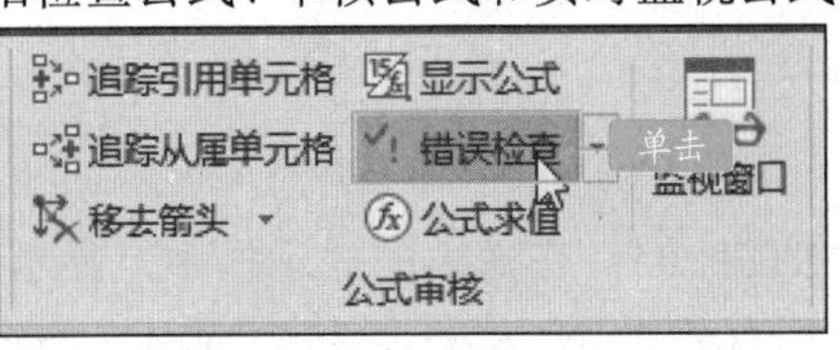

图 9-56 单击“错误检查”按钮

STEP 02：在弹出的“错误检查”对话框中，显示 E4 单元格中有公式错误，错误原因为公式不一致，单击“从上部复制公式”按钮，即可更改 E4 单元格中的公式，如图 9-57 所示。

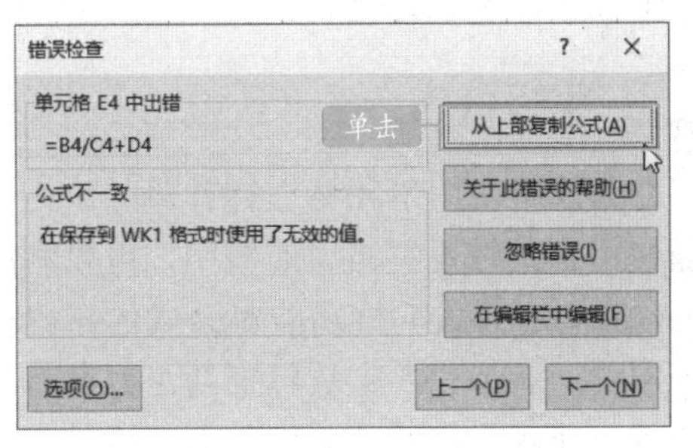

图 9-57 显示错误的公式

STEP 03：系统会自动跳转到下一个公式错误的单元格，若需要手动进行更改，则单击“在编辑栏中编辑”按钮，如图 9-58 所示。

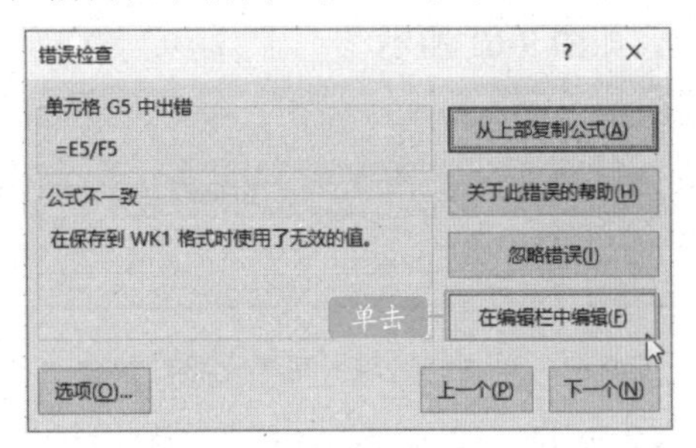

图 9-58 修改错误公式

STEP 04：在编辑栏中对公式进行更改后，按下【Enter】键，返回“错误检查”对话框，单击“继续”按钮，如图 9-59 所示。

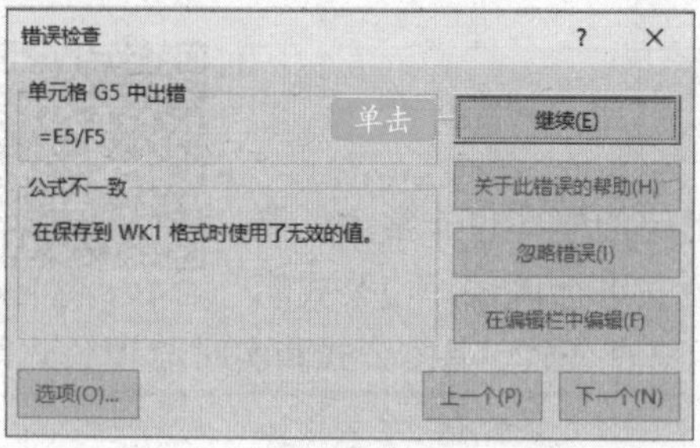

图 9-59　继续修改错误公式

STEP 05：在弹出的提示框中，显示已经对所有公式进行检查，单击“确定”按钮，如图 9-60 所示。

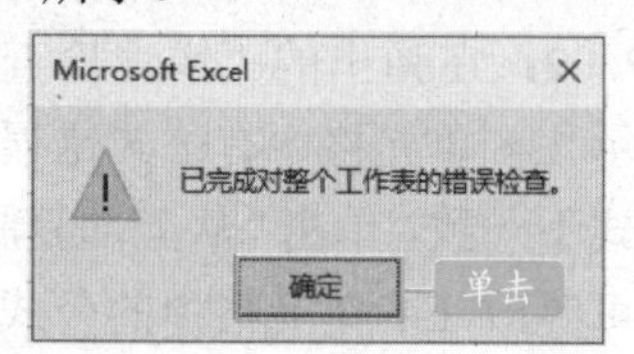

图 9-60　完成所有公式的检查

9.4.2 审核公式

在公式中引用单元格进行计算时，为了降低使用公式时发生错误的概率，可以利用 Excel 提供的公式审核功能对公式的正确性进行审核。对公式的审核包括两个方面，一是检查公式所引用的单元格是否正确，二是检查指定单元格被哪些公式所引用。

STEP 01：打开工作表，选择含有公式的单元格，切换到“公式”选项卡，在“公式审核”选项组中单击“追踪引用单元格”按钮，如图 9-61 所示。

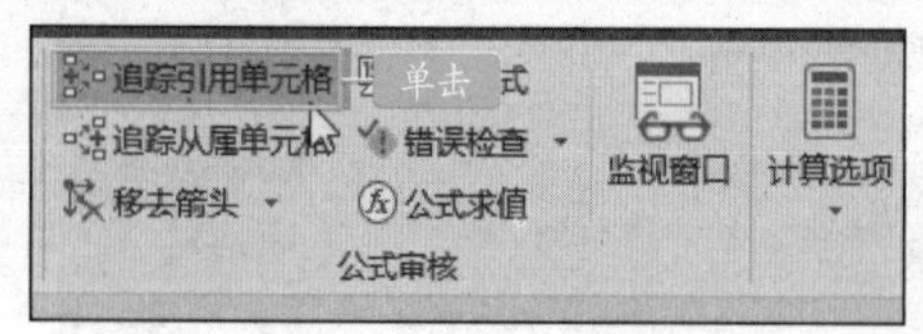

图 9-61　单击“追踪引用单元格”按钮

STEP 02：此时 Excel 便会自动追踪 E4 单元格中所显示值的数据来源，并用蓝色箭头将相关单元格标注出来（如果引用了其他工作表或工作簿的数据，将在目标单元格左上角显示一个表格图标），如图 9-62 所示。

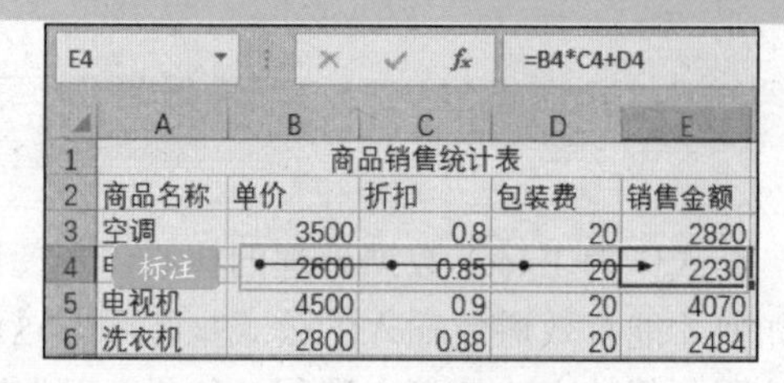

	A	B	C	D	E
1	商品销售统计表				
2	商品名称	单价	折扣	包装费	销售金额
3	空调	3500	0.8	20	2820
4		2600	0.85	20	2230
5	电视机	4500	0.9	20	4070
6	洗衣机	2800	0.88	20	2484

图 9-62　标注显示值的数据来源

STEP 03：选择 E4 单元格，在“公式审核”选项组中单击“追踪从属单元格”按钮，如图 9-63 所示。

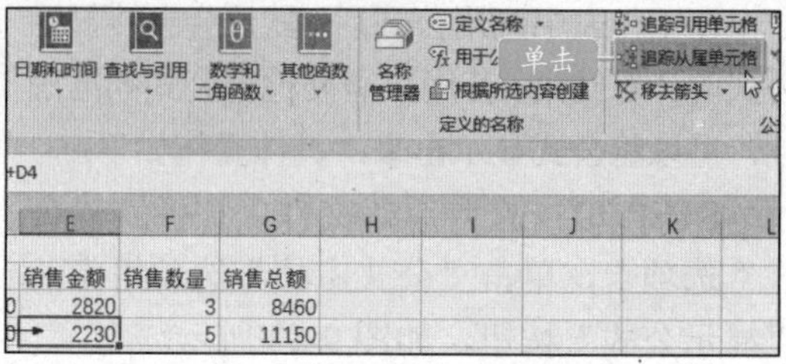

图 9-63　单击“追踪从属单元格”按钮

STEP 04：此时单元格中将显示蓝色箭头，箭头所指向的单元格即为引用了该单元格的公式所在单元格，如图 9-64 所示。

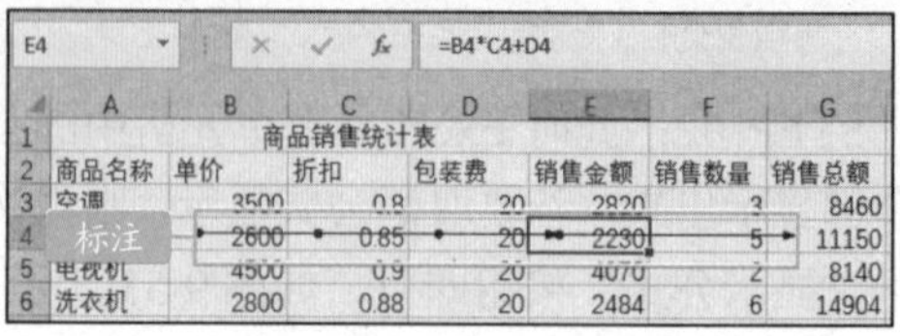

图 9-64　显示引用该单元格公式所在单元格

STEP 05：审核完所有的公式后，在“公式审核”选项组中单击“移去箭头”按钮，完成整个公式审核操作，如图 9-65 所示。

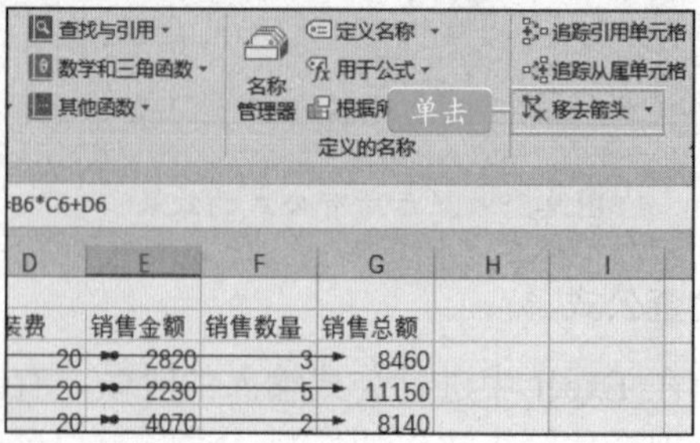

图 9-65　移去箭头完成公式审核

9.4.3 实时监视公式

在 Excel 中，还可以使用“监视窗口”

功能对公式进行监视，锁定某个单元格中的公式，显示被监视单元格的实际情况。

STEP 01：打开工作表，切换至“公式”选项卡，在“公式审核”选项组中单击“监视窗口”按钮，如图 9-66 所示。

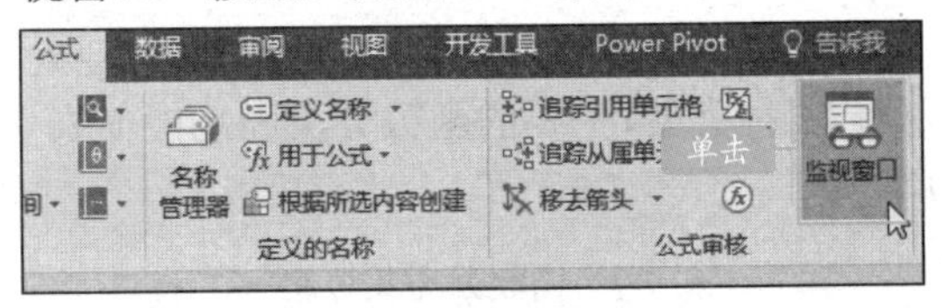

图 9-66 单击“监视窗口”按钮

STEP 02：打开“监视窗口”窗格，将鼠标光标移动到其标题栏中，按住鼠标左键不放，将其拖动到 Excel 工作界面中，使其自动排列到 Excel 功能区的下方，如图 9-67 所示。

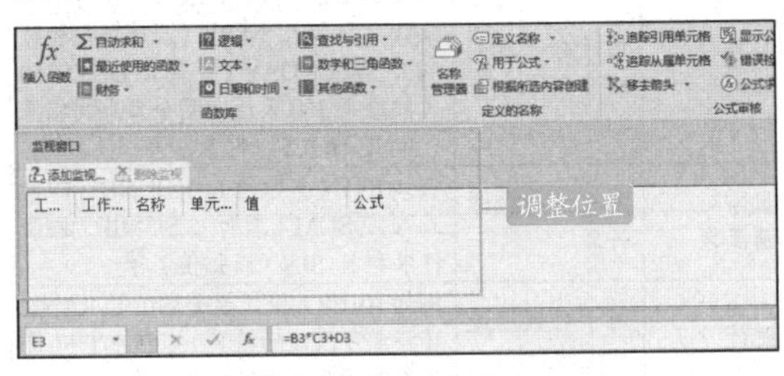

图 9-67 调整“监视窗口”窗格位置

STEP 03：单击“监视窗口”窗格中的“添加监视”按钮，弹出“添加监视点”对话框，在“选择您想监视其值的单元格”文本框中输入需要监视的单元格地址，单击“添加”按钮，如图 9-68 所示。

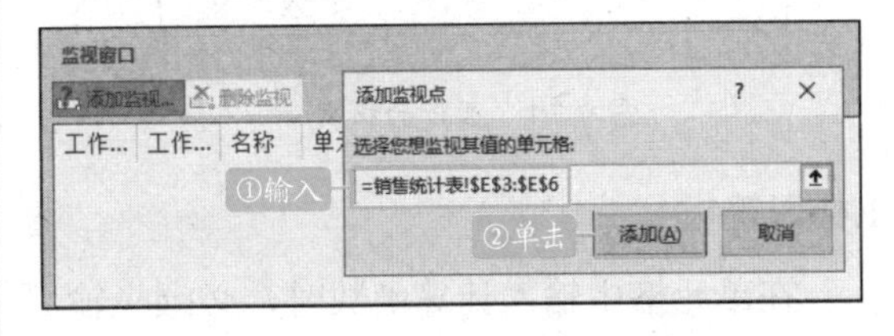

图 9-68 添加您想监视其值的单元格

STEP 04：即便该单元格不在当前窗口，也可以在窗格中查看单元格的公式信息，如图 9-69 所示，这样可避免反复切换工作簿或工作表的繁琐操作。

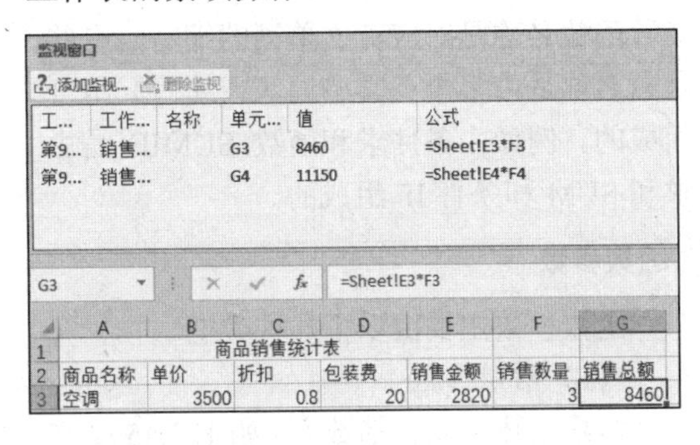

图 9-69 查看单元格的公式信息

9.5 函数的基础知识

函数是 Excel 的重要组成部分，有着非常强大的计算功能，为用户分析和处理工作表中的数据提供了很大的方便。

9.5.1 函数的概念与组成

Excel 中所提到的函数其实是一些预定义的内置公式，它们使用一些被称为参数的特定数值按特定的顺序或结构进行计算。每个函数描述都包括一个语法行，是一种特殊的公式。所有的函数必须以等号“=”开始，必须按语法的特定顺序进行计算。

“插入函数”对话框为用户提供了一个使用半自动方式输入函数及其参数的方法。使用“插入函数”对话框可以保证正确的函数拼写，以及顺序正确且确切的参数个数。

打开“插入参数”对话框有以下 3 种方法。

（1）在“公式”选项卡中，单击“函数库”选项组中的“插入函数”按钮。

（2）单击编辑栏中的“插入函数”按钮。

（3）按【Shift+F3】组合键。

在 Excel 中，一个完整的函数式通常由 3 部分构成，分别是标识符、函数名称、函数参数，其格式如图 9-70 所示。

初识Office
Word基本操作
文档排版美化
文档图文混排
表格图表使用
文档高级编辑
Excel基本操作
数据分析处理
分式函数使用
Excel图表使用
PPT基本操作
幻灯片的美化
PPT动画与放映
Office协同应用

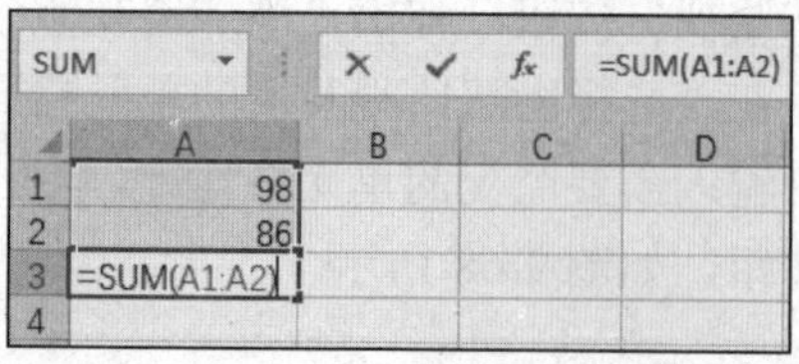

图 9-70 函数的格式

1.标识符

在单元格中输入计算函数时，必须先输入“=”，这个“=”称为函数的标识符。如果不输入“=”，Excel 通常将输入的函数式作为文本处理，不返回运算结果。

2.函数名称

函数标识符后面的英文是函数名称，大多数函数名称是对应英文单词的缩写，有些函数名称是由多个英文单词（或缩写）组合而成的。例如，条件求和函数 SUMIF 是由求和 SUM 和条件 IF 组成的。

3.函数参数

函数参数主要由以下几种类型。

（1）常量参数

常量参数主要包括数字（如 123.45）、文本（如计算机）和日期（如 2013-6-14）等。

（2）逻辑值参数

逻辑值参数主要包括逻辑真（TRUE）、逻辑假（FALSE）以及逻辑判断表达式（例如，单元格 A3 不等于空表示为“A3<>“””）的结果等。

（3）单元格引用参数

单元格引用参数主要包括单个单元格的引用和单元格区域的引用等。

（4）名称参数

在工作簿文档中各个工作表中自定义的名称，可以作为本工作簿内的函数参数直接引用。

（5）其他函数式

用户可以用一个函数式的返回结果作为另一个函数式的参数。这种形式的函数式，通常被称为“函数嵌套”。

（6）数组参数

数组参数可以是一组常量（如 2、4、6），也可以是单元格区域的引用。

9.5.2 函数的分类

Excel 2016 中提供了 300 多个函数，可分为 12 种类型，主要的函数分类和功能如表 9-7 所示。

表 9-7 函数分类及功能

函数类型	功能	说明
常用函数	用于进行常用的函数计算	例如 SUM（求和）、AVERAGE(平均值)、COUNT(计数函数)、MAX（最大值）、MIN（最小值）等
财 务	用于进行财务计算	例如 RATE（返回投资或贷款的每期实际利率）、FV(一笔投资的未来值)、PV（投资的现值）、SLN（固定资产的每期线性折旧费）等
日期与时间	用于分子和处理日期时间值	例如 DATE（时间）、MONTH（月份）、DAY（天数）、NOW（当前日期和时间）、WEEKDAY（星期）、DAYS360（按每年 360 天返回两个日期间相差天数）、HOUR（时数）等
数学与三角函数	用于进行数学计算	例如 INT（整数值）、ROUND（四舍五入）、SUM（求和）、SUMIF（按条件求和）、SIN（正弦值）等
统计	用于对数据进行统计分析	例如 AVERAGE（求平均值）、RANK（指定字段值的排名）、COUNTIF(符合条件的单元格的数量）等
查找与引用	用于查找数据或单元格引用	例如 CHOOSE（从给定的参数中返回指定的值）、COLUMN（返回引用的列号）、LOOKUP（在向量或数组中查找值）等
数据库	用于对数据进行分析	例如 DGET（从数据库提取符合指定条件的单个记录）、DVAR（基于所选数据库条目的样本估算方差）等
文本	用于处理字符串	例如 LEN（返回文本串中的字符个数）、MID（从文本中提取部分字符）、UPPER（将文本转换为大写形式）等
逻辑	用于进行逻辑运算	例如 IF（指定要执行的逻辑检测）、AND（如果其所有参数均为 TRUE，则返回 TRUE）、OR（对公式中的条件进行链接）等
信息	返回单元格中的数据类型	例如 CELL（返回有关单元格格式、位置或内容的信息）、ISODD（如果数字为奇数，则返回 TRUE）等
工程	用于进制转换等	例如 ERF（返回误差函数）、GE（检查数字是否大于阈值）、IMCOS（返回复数的余弦）等
多维数据集	返回多维数据集中的成员、属性或项目等	例如 CUBEMEMBER(返回集合中的 N 个成员）、CUBESETCOUNT（返回集合中的项目数）等

9.5.3 输入和插入函数

在 Excel 工作中运算函数进行计算之前，

首先要学习如何输入和插入函数。输入函数时，要遵循特定的语法顺序，函数是由等号“=”、函数名称和参数组成，其中参数需要用半角圆括号“()”括起来；插入函数的方法很简单，只需要根据向导进行选择即可。

1.输入函数

STEP 01：打开工作簿，选中 C11 单元格，然后在编辑框中输入函数表达式“=MAX(C3:C10)”，如图 9-71 所示。

C11 =MAX(C3:C10)

	B	C	D	E	F	G	H
1	公司上半年销售业绩统计表						
2	姓名	一月	二月	三月	四月	五月	六月
3	李佳	96500	82500	75500	87000	92300	78000
4	刘月兰	80500	96000	72800	76000	76200	82100
5	杨晓伟	97500	76000	72300	92300	84500	78000
6	刘志	87500	63500	90500	97000	69500	99000
7	黄海龙	93050	85500	77200	81300	95060	86070
8	李娜娜	79500	93500	85900	90300	88000	95800
9	唐艳菊	69900	98600	86800	91200	95000	85050
10	杨鹏	97500	69550	90600	78500	89500	79900
11		=MAX(C3:C10) 输入					

图 9-71 输入函数

STEP 02：输入完成后按下【Enter】键，即可计算出一月销售最大值，如图 9-72 所示。

C11 =MAX(C3:C10)

	B	C	D	E	F	G	H
1	公司上半年销售业绩统计表						
2	姓名	一月	二月	三月	四月	五月	六月
3	李佳	96500	82500	75500	87000	92300	78000
4	刘月兰	80500	96000	72800	76000	76200	82100
5	杨晓伟	97500	76000	72300	92300	84500	78000
6	刘志	87500	63500	90500	97000	69500	99000
7	黄海龙	93050	85500	77200	81300	95060	86070
8	李娜娜	79500	93500	85900	90300	88000	95800
9	唐艳菊	69900	98600	86800	91200	95000	85050
10	杨鹏	97500	69550	90600	78500	89500	79900
11		97500 结果					

图 9-72 计算结果

2.插入函数

STEP 01：打开工作簿，选中单元格 I3，切换到“公式”选项卡，单击“插入函数”按钮，如图 9-73 所示。

文件 开始 插入 页面布局 公式 数据 审阅 视图 开发工具 Power Pivot

插入函数 单击 自动求和 逻辑 查找与引用 定义名称 文本 数学和三角函数 用于公式 财务 日期和时间 其他函数 名称管理器 根据所选内容创建 函数库 定义的名称

	B	C	D	E	F	G	H	I
1	公司上半年销售业绩统计表							
2	姓名	一月	二月	三月	四月	五月	六月	
3	李佳	96500	82500	75500	87000	92300	78000	
4	刘月兰	80500	96000	72800	76000	76200	82100	

图 9-73 插入函数

STEP 02：弹出“插入函数”对话框，在“或选择类别”下拉列表中选择函数类别，如单击“常用函数”选项，在列表框中选择具体函数，如双击 AVERAGE，如图 9-74 所示。

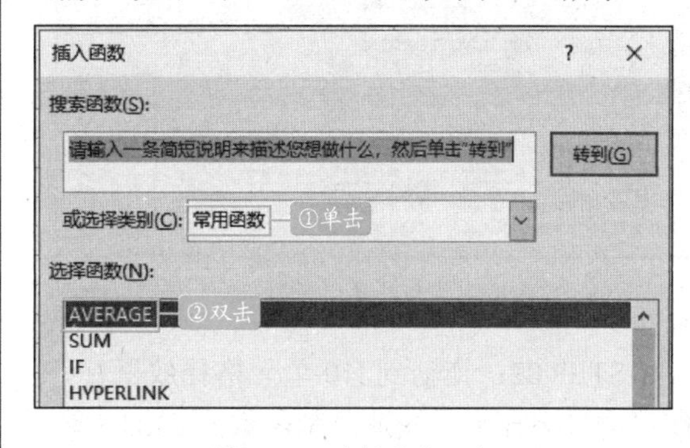

图 9-74 选择具体函数

STEP 03：此时会弹出“函数参数”对话框，设置 AVERAGE 的参数 Number1 为“C3:H3”，单击“确定”按钮，如图 9-75 所示。

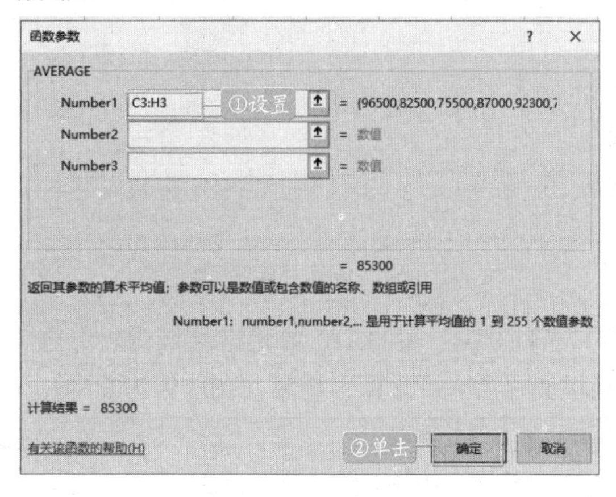

图 9-75 设置函数参数

STEP 04：此时单元格 I3 中显示计算的平均值，如图 9-76 所示。

I3 =AVERAGE(C3:H3)

	B	C	D	E	F	G	H	I
1	公司上半年销售业绩统计表							
2	姓名	一月	二月	三月	四月	五月	六月	
3	李佳	96500	82500	75500	87000	9230 结果		85300
4	刘月兰	80500	96000	72800	76000	76200	82100	
5	杨晓伟	97500	76000	72300	92300	84500	78000	

图 9-76 计算结果

9.5.4 函数的复制与修改

复制函数的操作与复制公式相似，具体操作如下：

STEP 01：打开工作表，将鼠标光标移动到 I3 单元格右下角，当其变成黑色十字形状时，将其向下拖动，如图 9-77 所示。

I3 =AVERAGE(C3:H3)

	B	C	D	E	F	G	H	I
1	公司上半年销售业绩统计表							
2	姓名	一月	二月	三月	四月	五月	六月	
3	李佳	96500	82500	75500	87000	92300	78000	85300
4	刘月兰	80500	96000	72800	76000	76200	82100	
5	杨晓伟	97500	76000	72300	92300	84500	78000	
6	刘志	87500	63500	90500	97000	69500	99000	
7	黄海龙	93050	85500	77200	81300	95060	86070	
8	李娜娜	79500	93500	85900	90300	88000	95800	
9	唐艳菊	69900	98600	86800	91200	95000	85050	
10	杨鹏	97500	69550	90600	78500	89500	79900	
11								

拖动

图 9-77 复制函数

STEP 02：拖动到 I10 单元格释放鼠标，即可通过填充方式快速复制函数到 I3:I10 单元格区域中，单击“自动填充选项”按钮，在打开的列表中单击选中“不带格式填充”单选项，如图 9-78 所示。

C	D	E	F	G	H	I	J	K
公司上半年销售业绩统计表								
一月	二月	三月	四月	五月	六月			
96500	82500	75500	87000	92300	78000	85300		
80500	96000	72800	76000	76200	82100	80600		
97500	76000	72300	92300	84500	78000	83433.33		
87500	63500	90500	97000	69500	99000	84500		
93050	85500	77200	81300	95060	86070	86363.33		
79500	93500	85900	90300	88000	95800	88833.33		
69900	98600	86800	91200	95000	85050	87758.33		
97500	69550	90600	78500	89500	79900	84258.33		

①单击
复制单元格(C)
仅填充格式(F)
②选择
不带格式填充(O)
快速填充(F)

图 9-78 选择填充类型

STEP 03：在 I3:I10 单元格区域内，将自动填充函数，并计算出结果，如图 9-79 所示。

	B	C	D	E	F	G	H	I
1	公司上半年销售业绩统计表							
2	姓名	一月	二月	三月	四月	五月	六月	
3	李佳	96500	82500	75500	87000	92300	78000	85300
4	刘月兰	80500	96000	72800	76000	76200	82100	80600
5	杨晓伟	97500	76000	72300	92300	84500	78000	83433.33
6	刘志	87500	63500	90500	97000	69500	99000	84500
7	黄海龙	93050	85500	77200	81300	95060	86070	86363.33
8	李娜娜	79500	93500	85900	90300	88000	95800	88833.33
9	唐艳菊	69900	98600	86800	91200	95000	85050	87758.33
10	杨鹏	97500	69550	90600	78500	89500	79900	84258.33

图 9-79 计算结果

9.5.5 嵌套函数

嵌套函数是函数使用时最常见的一种操作，它是指某个函数或公式以函数参数的形式参与计算的情况。在使用嵌套函数时应该注意返回值类型需要符合外部函数的参数类型。

STEP 01：在工作表中选择 I3 单元格，在编辑栏中单击“插入函数”按钮，如图 9-80 所示。

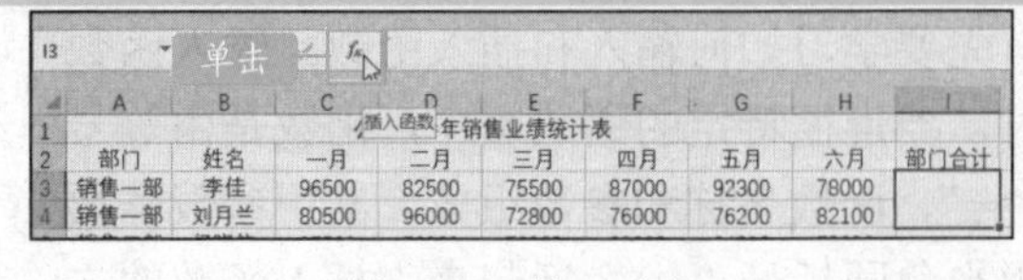

图 9-80 插入函数

STEP 02：打开“插入函数”对话框，在“选择函数”列表框中选择“SUM”选项，单击“确定”按钮，如图 9-81 所示。

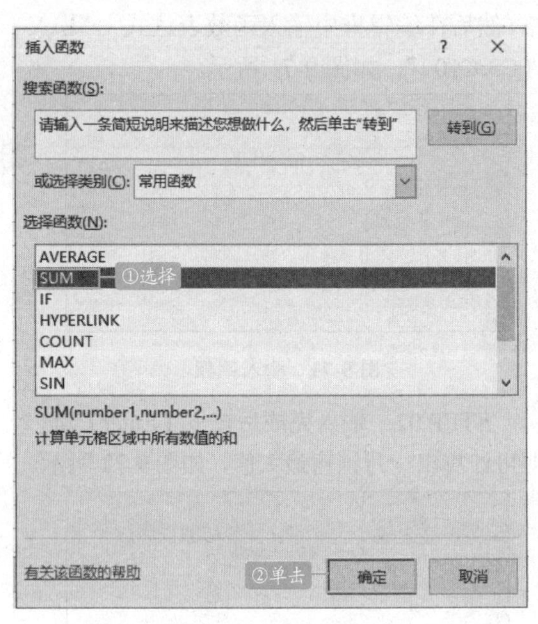

图 9-81 选择具体函数

STEP 03：打开“函数参数”对话框，在“Number1”文本框中输入“SUM(C3:H3)+SUM(C4:H4)”，单击“确定”按钮，如图 9-82 所示。

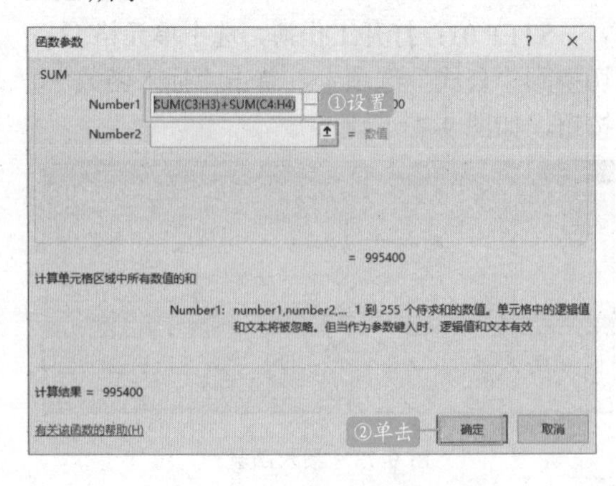

图 9-82 设置函数参数

STEP 05：在 I3 单元格中即可看到计算

的结果，如图 9-83 所示。

=SUM(SUM(C3:H3)+SUM(C4:H4))

B	C	D	E	F	G	H	I
公司上半年销售业绩统计表							
姓名	一月	二月	三月	四月	五月	六月	部门合计
李佳	96500	82500	75500	87000	92300		
刘月兰	80500	96000	72800	76000	76200	结果	995400
杨晓伟	97500	76000	72300	92300	84500	78000	

图 9-83 计算结果

◆◆提示

嵌套函数会增加函数的复杂程度，因此建议尽量少用嵌套函数。

9.5.6 自动求和

在日常生活中，函数的应用非常广泛，涉及到许多领域，使用这些函数可以比较轻松地完成相关的数据运算。其中，SUM 函数是一个求和汇总函数，可以计算在任何一个单元格区域中的所有数字之和。下面介绍应用自动求和函数的操作方法。

STEP 01：打开一个工作表，选择 C11 单元格，单击编辑栏左侧的“插入函数”按钮，如图 9-84 所示。

C11 单击 插入函数

	A	B	C	D	E	F	G	H
1				公司上半年销售业绩统计表				
2	部门	姓名	一月	二月	三月	四月	五月	六月
3	销售一部	李佳	96500	82500	75500	87000	92300	78000
4	销售一部	刘月兰	80500	96000	72800	76000	76200	82100
5	销售二部	杨晓伟	97500	76000	72300	92300	84500	78000
6	销售二部	刘志	87500	63500	90500	97000	69500	99000
7	销售二部	黄海龙	93050	85500	77200	81300	95060	86070
8	销售三部	李娜娜	79500	93500	85900	90300	88000	95800
9	销售三部	唐艳菊	69900	98600	86800	91200	95000	85050
10	销售三部	杨鹏	97500	69550	90600	78500	89500	79900
11								

图 9-84 插入函数

STEP 02：弹出“插入函数”对话框，保持各选项为默认设置，单击“确定”按钮，在弹出的“函数参数”对话框中单击 Number1 右侧的“单元格引用”按钮，如图 9-85 所示。

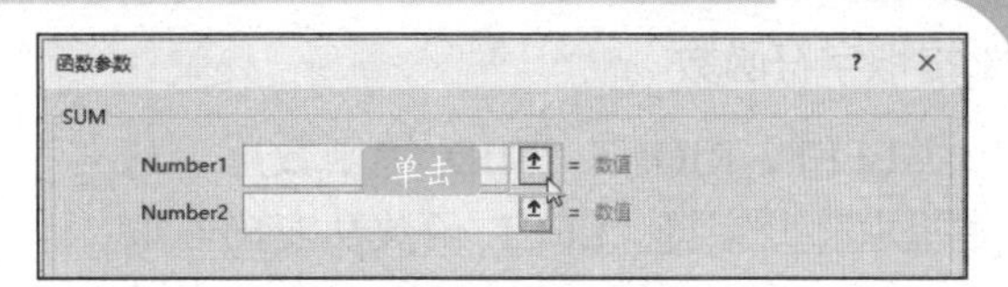

图 9-85 设置函数参数

STEP 03：弹出“函数参数”对话框，在工作表中选择需要引用的位置，如图 9-86 所示。

C3 =SUM(C3:C10)

	A	B	C	D	E	F	G	H
1				公司上半年销售业绩统计表				
2	部门	姓名	一月	二月	三月	四月	五月	六月
3	销售一部	李佳	96500	82500	75500	87000	92300	78000
4	销售一部	刘月兰	80500	96000	72800	76000	76200	82100
5	销售二部	杨晓伟	97500	76000	72300	92300	84500	78000
6	销售二部	刘志	87500	63500	90500	97000	69500	99000
7	销售二部	黄海龙	93050	85500	77200	81300	95060	86070
8	销售三部	李娜娜	79500	93500	85900	90300	88000	95800
9	销售三部	唐艳菊	69900	98600	86800	91200	95000	85050
10	销售三部	杨鹏	97500	69550	90600	78500	89500	79900
11			C10)					

函数参数 C3:C10

图 9-86 引用单元格位置

STEP 04：按【Enter】键进行确认，返回“函数参数”对话框中，单击“确定”按钮，即可使用 SUM 函数进行求和，结果如图 9-87 所示。

	A	B	C	D	E	F	G	H
1				公司上半年销售业绩统计表				
2	部门	姓名	一月	二月	三月	四月	五月	六月
3	销售一部	李佳	96500	82500	75500	87000	92300	78000
4	销售一部	刘月兰	80500	96000	72800	76000	76200	82100
5	销售二部	杨晓伟	97500	76000	72300	92300	84500	78000
6	销售二部	刘志	87500	63500	90500	97000	69500	99000
7	销售二部	黄海龙	93050	85500	77200	81300	95060	86070
8	销售三部	李娜娜	79500	93500	85900	90300	88000	95800
9	销售三部	唐艳菊	69900	98600	86800	91200	95000	85050
10	销售三部	杨鹏	97500	69550	90600	78500	89500	79900
11		结果	701950					

图 9-87 计算结果

◆◆提示

如果选择的单元格区域为数组或引用，只有其中的数字将被计算，数组或引用中的空白单元格、逻辑值或文本都将被忽略。

9.6 常用函数的应用

扫码观看本节视频

Excel 中的函数种类繁多，要了解每个函数的使用相当困难，可以选择性地熟悉几个在日常工作中常用的函数。

9.6.1 使用文本函数

文本函数是指可以在公式中处理字符串的函数。常用的文本函数包括 LEFT、RIGHT、MID、LEN、TEXT、LOWER、PROPER、UPPER 等函数。

1.提取字符函数

LEFT、RIGHT、MID 等函数用于从文本提取部分字符。LEFT 函数从左向右取；RIGHT 函数从右向左取；MID 函数也是从左向右取，但不一定是从第一个字符起，可以从中间开始。

LEFT、RIGHT 函数的语法格式分别为 LEFT（text，num_chars）和 RIGHT（text，num_chars）。

参数 text 指文本，是从中提取字符的长字符串，参数 num_chars 是想要提取的字符个数。

MID 函数的语法格式为：MID（text，start_num，num_chars）。参数 text 的属性与前面两个函数相同，参数 star_num 是要提取的开始字符，参数 num_chars 是要提取的字符个数。

LEN 函数的功能是返回文本串的字符数，此函数用于双字节字符，且空格也将作为字符进行统计。LEN 函数的语法格式为：LEN（text）。参数 text 为要查找其长度的文本。如果 text 为“年/月/日”形式的日期，此时 LEN 函数首先运算“年÷月÷日”，然后返回运算结果的字符数。

TEXT 函数的功能是将数值转换为按指定数字格式表示的文本，其语法格式为 TEXT（value，format_text）。参数 value 为数值、计算结果为数字值的公式，或对包含数字值的单元格的引用；参数 format_text 为“设置单元格格式”对话框中“数字”选项卡上“分类”框中的文本形式的数字格式。

2.转换大小写函数

LOWER、PROPER、UPPER 函数的功能是进行大小写转换。LOWER 函数的功能是将一个字符串中的所有大写字母转换为小写字母；UPPER 函数的功能是将一个字符串中的所有小写字母转换为大写字母；PROPER 函数的功能是将字符串的首字母及任何非字母字符之后的首字母转换成大写，将其余的字母转换成小写。

接下来结合提取字符函数和转换大小写函数编制“公司员工信息表”，并根据身份证号码计算员工的出生日期、年龄等，具体操作如下：

STEP 01：打开原始文件，选中单元格 B3，切换到“公式”选项卡，单击“函数库”选项组中的“插入函数”按钮，如图 9-88 所示。

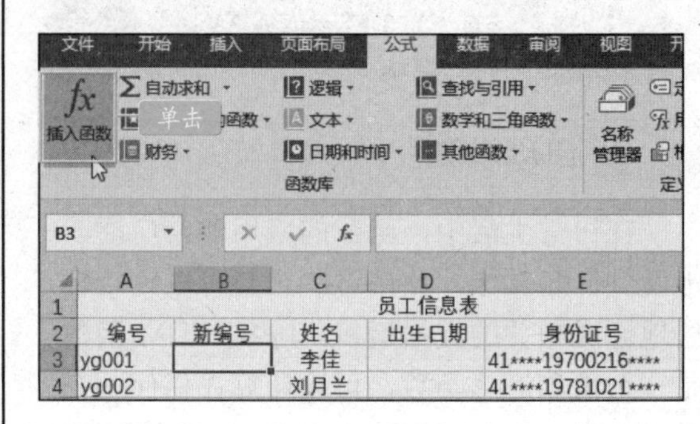

图 9-88　插入函数

STEP 02：弹出“插入函数”对话框，在“或选择类别”下拉列表中选择“文本”选项，然后在“选择函数”列表框中选择“UPPER”选项，如图 9-89 所示。

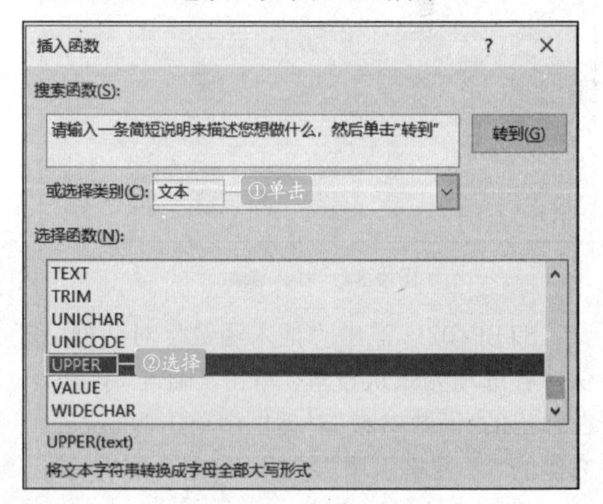

图 9-89　选择具体函数

STEP 03：设置完毕，单击“确定”按钮，弹出“函数参数”对话框，在“Text”文本框中将参数引用设置为单元格“A3”，如图 9-90 所示。

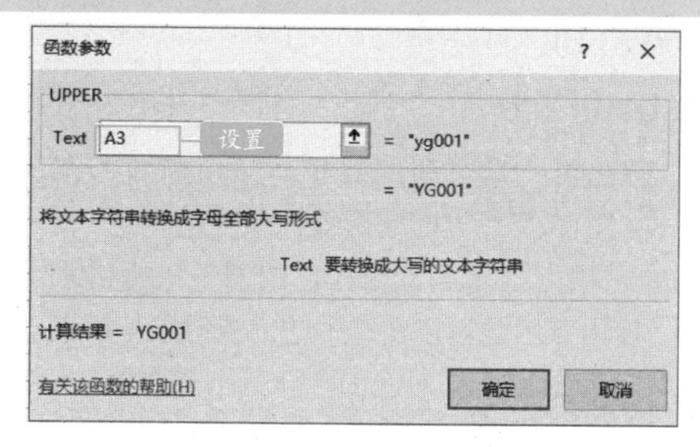

图 9-90　设置函数参数

STEP 04：设置完毕，单击“确定”按钮返回工作表，此时计算结果中的字母变成了大写，如图 9-91 所示。

B3　=UPPER(A3)

	A	B	C	D	
1				员工信息表	
2	编号	新编号	姓名	出生日期	
3	yg001	YG001	结果		41****
4	yg002		刘月兰		41****

图 9-91　计算结果中的字母变成大写

STEP 05：选中单元格 B3，将鼠标指针移动到单元格的右下角，此时鼠标指针变成十字形状，按住鼠标左键不放，向下拖动到单元格 B10，释放左键，函数就填充到选中的单元格区域中，如图 9-92 所示。

B3　=UPPER(A3)

	A	B	C	D	E
1				员工信息表	
2	编号	新编号	姓名	出生日期	身份证号
3	yg001	YG001	李佳		41****19700216****
4	yg002	YG002	刘月兰		41****19781021****
5	yg003	YG003	杨晓伟		41****19800828****
6	yg004	YG004	刘志		41****19830919****
7	yg005	YG005	黄海龙		41****19890120****
8	yg006	YG006	李娜娜		41****19851121****
9	yg007	YG007	唐艳菊		41****19900622****
10	yg008	YG008	杨鹏		41****19931223****

图 9-92　复制函数公式

STEP 06：选择单元格 D3，输入函数公式“=TEXT((LEN(E3)=15)*19&MID(E3,7,6+2*(LEN(E3)=18)),"#-00-00")”，然后按【Enter】键。该公式表示“从单元格 E3 中的 15 位或 18 位身份证号中返回出生日期”，如图 9-93 所示。

公式　=TEXT((LEN(E3)=15)*19&MID(E3,7,6+2*(LEN(E3)=18)),"#-00-00")

B	C	D	E	F	G	H
		员工信息表				
新编号	姓名	出生日期	身份证号	年龄		
YG001	李佳	1970-02-16	41****19700216****			
YG002	刘月兰		41****19781021****			
YG003	杨晓伟		41****19800828****			
YG004	刘志		41****19830919****			

图 9-93　输入函数公式

STEP 07：此时，员工的出生日期就根据身份证号码计算出来了，然后选中单元格 D3，使用快速填充功能将公式填充至单元格 D10，如图 9-94 所示。

D3　=TEXT((LEN(E3)=15)*19&MID(E3,7,6+2*(LEN(E3)=18)),"#-00-00")

	A	B	C	D	E	F	G
1				员工信息表			
2	编号	新编号	姓名	出生日期	身份证号	年龄	
3	yg001	YG001	李佳	1970-02-16	41****19700216****		
4	yg002	YG002	刘月兰	1978-10-21	41****19781021****		
5	yg003	YG003	杨晓伟	1980-08-28	41****19800828****		
6	yg004	YG004	刘志	1983-09-19	41****19830919****		
7	yg005	YG005	黄海龙	1989-01-20	41****19890120****		
8	yg006	YG006	李娜娜	1985-11-21	41****19851121****		
9	yg007	YG007	唐艳菊	1990-06-22	41****19900622****		
10	yg008	YG008	杨鹏	1993-12-23	41****19931223****		

图 9-94　复制公式

STEP 08：选中单元格 F3，输入函数公式“=YEAR(NOW())-MID(E3,7,4)”，然后按【Enter】键。该公式表示“当前年份减去出生年份，从而得出年龄”，如图 9-95 所示。

=YEAR(NOW())-MID(E3,7,4)　公式

B	C	D	E	F
		员工信息表		
新编号	姓名	出生日期	身份证号	年龄
YG001	李佳	1970-02-16	41****19700216****	48
YG002	刘月兰	1978-10-21	41****19781021****	
YG003	杨晓伟	1980-08-28	41****19800828****	

图 9-95　输入函数公式并计算结果

STEP 09：将单元格 F3 的公式向下填充到单元格 F10 中，如图 9-96 所示。

=YEAR(NOW())-MID(E3,7,4)

B	C	D	E	F
		员工信息表		
新编号	姓名	出生日期	身份证号	年龄
YG001	李佳	1970-02-16	41****19700216****	48
YG002	刘月兰	1978-10-21	41****19781021****	40
YG003	杨晓伟	1980-08-28	41****19800828****	38
YG004	刘志	1983-09-19	41****19830919****	35
YG005	黄海龙	1989-01-20	41****19890120****	29
YG006	李娜娜	1985-11-21	41****19851121****	33
YG007	唐艳菊	1990-06-22	41****19900622****	28
YG008	杨鹏	1993-12-23	41****19931223****	25

图 9-96　复制函数结果

9.6.2 使用数学与三角函数

数学与三角函数是指通过数学和三角函数进行简单的计算，如对数字取整、计算单元格区域中的数值总和或其他复杂计算。常用的数学与三角函数包括 INT、ROUND、SUM、SUMIF 等。

1.INT 函数

INT 函数是常用的数学与三角函数，函数功能是将数字向下舍入到最接近的整数。INT 函数的语法格式为：

INT（number）

其中，number 表示需要进行向下舍入取整的实数。

2.ROUND 函数

ROUND 函数的功能是按指定的位数对数值进行四舍五入。ROUND 函数的语法格式为：

ROUND（number,num_digits）

其中，number 是指用于进行四舍五入的数字，参数不能是一个单元格区域，如果参数就是数值以外的文本，则返回错误值“#VALUE!”；num_digits 是指位数，按此位数进行四舍五入，位数不能省略。num_digits 与 ROUND 函数返回值的关系如表 9-8 所示。

表 9-8 num_digits 与 ROUND 函数返回值的关系

num_digits	ROUND 函数返回值
>0	四舍五入到指定的小数位
=0	四舍五入到最接近的整数位
<0	在小数点的左侧进行四舍五入

3.SUM 函数

SUM 函数的功能是计算单元格区域中所有数值的和。

该函数的语法格式为：

SUM（number1,number2,number3,…）

该函数最多可指定 30 个参数，各参数用逗号隔开；当计算相邻单元格区域数值之和时，使用冒号指定单元格区域；参数如果是数值数字以外的文本，则返回错误值“#VALUE”。

4.SUMIF 函数

SUMIF 是重要的数学与三角函数，在 Excel 2016 工作表的实际操作中应用广泛。其功能是根据指定条件对指定的若干单元格求和。使用该函数可以在选中的范围内求与检索条件一致的单元格对应的合计范围的数值。

SUMIF 函数的语法格式为：

SUMIF（range,criteria,sum_range）

Range 表示选定的用于条件判断的单元格区域。

Criteria 表示在指定的单元格区域内检索符合条件的单元格，其形式可以是数字、表达式或文本，直接在单元格或编辑栏中输入检索条件时，需要加双引号。

sum_range 表示选定的需要求和的单元格区域，该参数忽略求和的单元格区域内包含的空白单元格、逻辑值或文本。

接下来介绍相关数学与三角函数的使用方法，具体操作如下：

STEP 01：打开原始文件，选中 C12 单元格，切换到“公式”选项卡，然后单击“函数库”选项组中的“插入函数”按钮，如图 9-97 所示。

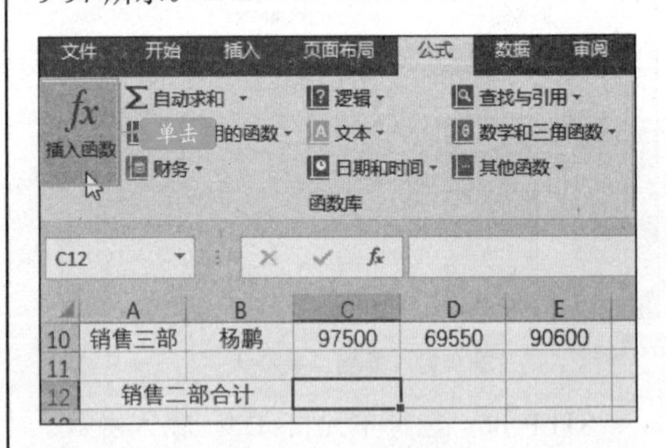

图 9-97 插入函数

STEP 02：弹出“插入函数”对话框，在“或选择类别”下拉列表中选择“数学与三角函数”选项，在“选择函数”列表框中选择“SUMIF”选项，然后单击“确定”按钮，如图 9-98 所示。

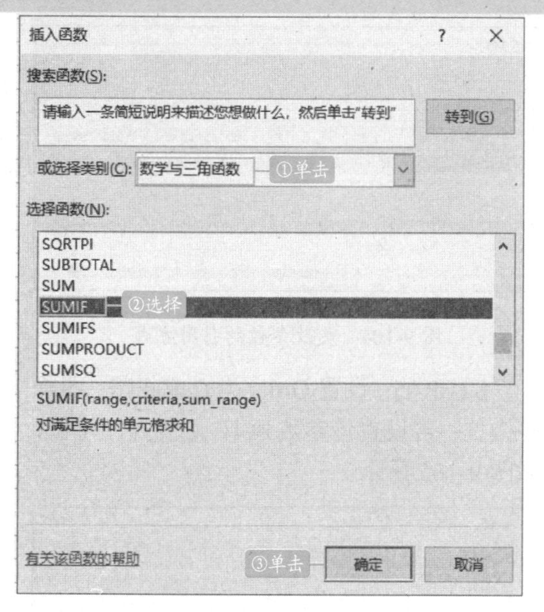

图 9-98　选择具体函数

STEP 03：弹出“函数参数”对话框，在“Range”文本框中输入“A3:A10”，在“Criteria”文本框中输入“销售二部”，在“Sum_range”文本框中输入“C3:C10”,如图 9-99 所示。

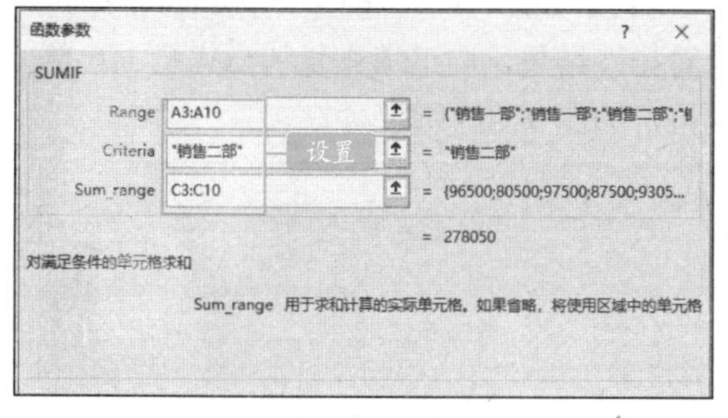

图 9-99　设置函数参数

STEP 04：单击“确定”按钮，此时在单元格 C12 中会自动地显示出计算结果，如图 9-100 所示。

C12　=SUMIF(A3:A10,"销售二部",C3:C10)

	A	B	C	D	E	F	G	H
1	公司上半年销售业绩统计表							
2	部门	姓名	一月	二月	三月	四月	五月	六月
3	销售一部	李佳	96500	82500	75500	87000	92300	78000
4	销售一部	刘月兰	80500	96000	72800	76000	76200	82100
5	销售二部	杨晓伟	97500	76000	72300	92300	84500	78000
6	销售二部	刘志	87500	63500	90500	97000	69500	99000
7	销售二部	黄海龙	93050	85500	77200	81300	95060	86070
8	销售三部	李娜娜	79500	93500	85900	90300	88000	95800
9	销售三部	唐艳菊	69900	98600	86800	91200	95000	85050
10	销售三部	杨鹏	97500	69550	90600	78500	89500	79900
11								
12	销售二部合计		278050	结果				

图 9-100　计算结果

9.6.3 使用统计函数排名

统计函数用于对数据区域进行统计分析，常用的统计函数有 AVERAGE、RANK、COUNTIF 等。

1.AVERAGE 函数

AVERAGE 函数的功能是返回所有参数的算术平均值，其语法格式为：

AVERAGE(number1,number2,…)

参数 number1、number2 等是要计算平均值的 1～30 个参数。

2.RANK 函数

RANK 函数的功能是返回结果集分区内指定字段值的排名，指定字段值的排名是相关行之前的排名加 1。

语法格式为：

RANK（number,ref,order）

参数 number 是需要计算其排位的一个数字；ref 是包含一组数字的数组或引用（其中的非数值型参数将被忽略）；order 为一数字，指明排位的方式，如果 order 为 0 或省略，则按降序排列的数据清单进行排位，如果 order 不为 0，ref 当作按升序排列的数据清单进行排位。

注意：函数 RANK 对重复数值的排位相同，但重复数的存在将影响后续数值。

3.COUNTIF

COUNTIF 函数的功能是计算区域中满足给定条件的单元格的个数，其语法格式为：

COUNTIF（range,criteria）

参数 range 为需要计算其中满足条件的单元格数目的单元格区域；criteria 为确定哪些单元格将被计算在内的条件，其形式可以为数字、表达式或文本。

用户可以使用 RANK()函数对员工的业绩进行排名，具体操作如下：

STEP 01：打开工作表，选中 J3 单元格，单击编辑栏左侧的“插入函数”按钮，如图 9-101 所示。

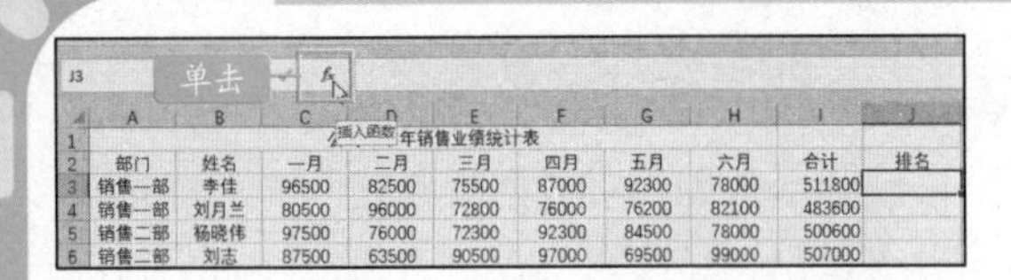

部门	姓名	一月	二月	三月	四月	五月	六月	合计	排名
销售一部	李佳	96500	82500	75500	87000	92300	78000	511800	
销售一部	刘月兰	80500	96000	72800	76000	76200	82100	483600	
销售二部	杨晓伟	97500	76000	72300	92300	84500	78000	500600	
销售二部	刘志	87500	63500	90500	97000	69500	99000	507000	

图 9-101 插入函数

STEP 02：弹出“插入函数”对话框，在“或选择类别”下拉列表中选择“统计”选项，在“选择函数”列表框中选择 RANK.AVG 选项后，单击“确定”按钮，如图 9-102 所示。

图 9-102 选择具体函数

STEP 03：打开“函数参数”对话框，设置 Number 为 I3 单元格，即计算该单元格金额在整个销售人员中的排名，如图 9-103 所示。

图 9-103 设置函数参数

STEP 04：设置 Ref 为“$J$2:$J$26”。这里可以通过按下 F4 功能键，更改引用方式为绝对引用，如图 9-104 所示。

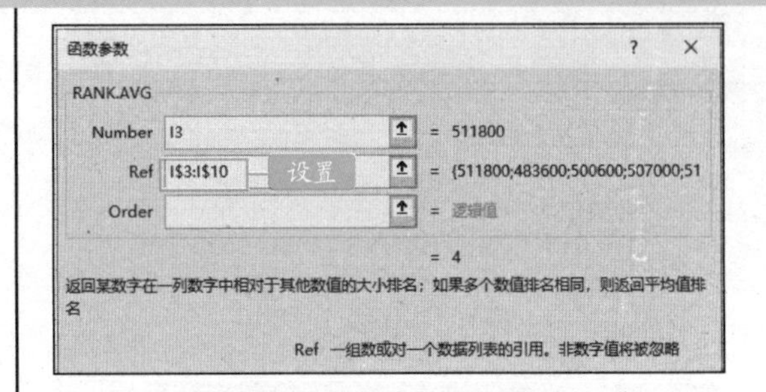

图 9-104 更改参数的引用方式

STEP 05：设置 Order 为 0 或忽略，即降序排位；若设置该参数为 1，则为升序排位，如图 9-105 所示。

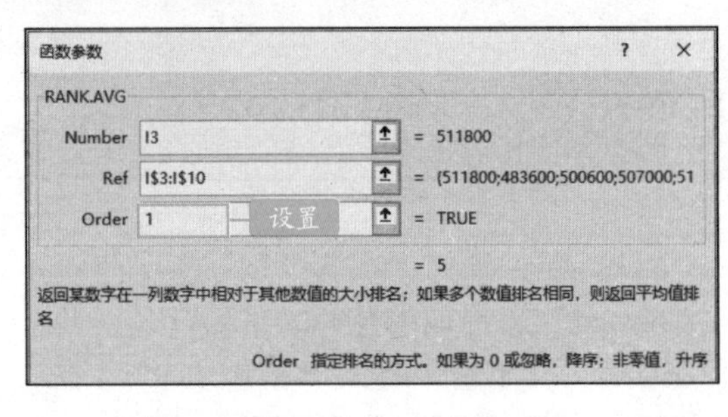

图 9-105 设置排位顺序

STEP 06：单击“确定”按钮后，即可查看排序结果，向下填充复制公式至 J10 单元格，如图 9-106 所示。

=RANK.AVG(I3,I$3:I$10,1)

公司上半年销售业绩统计表

部门	姓名	一月	二月	三月	四月	五月	六月	合计	排名
销售一部	李佳	96500	82500	75500	87000	92300	78000	511800	5
销售一部	刘月兰	80500	96000	72800	76000	76200	82100	483600	1
销售二部	杨晓伟	97500	76000	72300	92300	84500	78000	500600	2
销售二部	刘志	87500	63500	90500	97000	69500	99000	507000	4
销售二部	黄海龙	93050	85500	77200	81300	95060	86070	518180	6
销售三部	李娜娜	79500	93500	85900	90300	88000	95800	533000	8
销售三部	唐艳菊	69900	98600	86800	91200	95000	85050	526550	7
销售三部	杨鹏	97500	69550	90600	78500	89500	79900	505550	3

图 9-106 计算结果并复制

9.6.4 使用财务函数

使用财务函数可以进行常用的财务计算，如确定贷款的支付额、投资的未来值或净现值，以及债券或息票的价值，财务函数可以帮助用户缩短工作时间，增大工作效率。

通过 RATE 函数，用户可以计算出贷款后的年利率和月利率，从而选择更合适的还款方式。

提示：RATE 函数

语法：RATE(nper,pmt,pv,fv,type,guess)

参数如下。

nper 是总投资（或贷款）期。

pmt 是各期所应付给（或得到）的金额。

pv 是一系列未来付款当前值的累积和。

fv 是未来值，或在最后一次支付后希望得到的现金金额。

type 是数字 0 或 1，用以指定各期的付款时间是在期初还是期末，0 为期末 1 为期初。

guess 为预期利率（或估值），如果省略预期利率，则假设该值为 10%，如果函数 RATE 不收敛，则需要改变 guess 的值。通常情况下当 guess 位于 0 和 1 之间时，函数 RATE 是收敛的。

STEP 01：打开原始文件，在 B4 单元格中输入公式“=RATE（B2,C2,A2）”，按【Enter】键，即可计算出贷款的年利率，如图 9-107 所示。

B4 | 公式 | =RATE(B2,C2,A2)

	A	B	C	D
1	总贷款项（万元）	贷款期限（年）	每年支付（万元）	每月支付（万元）
2	30	30	-2.4	-0.2
3				
4	年利率	7%		
5	月利率			

图 9-107　利用函数计算贷款的年利率

STEP 02：在单元格 B5 中输入公式“=RATE（B2*12,D2,A2）”，即可计算出贷款的月利率，如图 9-108 所示。

B5 | 公式 | =RATE(B2*12,D2,A2)

	A	B	C	D
1	总贷款项（万元）	贷款期限（年）	每年支付（万元）	每月支付（万元）
2	30	30	-2.4	-0.2
3				
4	年利率	7%		
5	月利率	1%		

图 9-108　利用函数计算贷款的月利率

9.6.5 使用逻辑函数

逻辑函数是一种用于进行真假值判断或符合检验的函数。逻辑函数在日常办公中应用非常广泛，常用的逻辑函数包括 AND、IF、OR 等。

1.AND 函数

AND 函数的功能是扩大用于执行逻辑检验的其他函数的效用，其语法格式为：

AND（logical1,logical2,…）

参数 logical 是必需的，表示要检验的第一个条件，其计算结果可以为 TRUE 或 FALSE；logical2 为可选参数。所有参数的逻辑值均为真时，返回 TRUE；只要一个参数的逻辑值为假，即返回 FALSE。

2.IF 函数

IF 函数是一种常用的逻辑函数，其功能是执行真假值判断，并根据逻辑判断值返回结果。该函数主要用于根据逻辑表达式来判断指定条件，如果条件成立，则返回真条件下的指定内容；如果条件不成立，则返回假条件下的指定内容。IF 函数的语法格式为：

IF（logical_text,value_if_true,value_if_false）

其中，logical_text 代表带有比较运算符的逻辑判断条件；value_if_true 代表逻辑判断条件成立时返回的值；value_if_false 代表逻辑判断条件不成立时返回的值。

3.OR 函数

OR 函数的功能是对公式中的条件进行连接。在其参数组中，任何一个参数逻辑值为 TRUE，即返回 TRUE；所有参数的逻辑值为 FALSE，才返回 FALSE。其语法格式为：

OR（logical1, logical2,…）

参数必须能计算为逻辑值，如果指定区域中不包含逻辑值，OR 函数返回错误值“#VALUE！”。

例如，某公司业绩提成的计算方法是小于等于 80000 元的部分提成比例为 3%，大于等于 80000 元小于 90000 元的部分提成比例为 5%，大于等于 90000 元的部分提成比例为 7%。提成的计算式为：提成=销售额×提成率。接下来介绍员工提成的计算方法。

STEP 01：打开原始文件，选中单元格 D3 并输入函数公式“=IF(AND(C3>0,C3<=80000),3%,IF(AND(C3>80000,C3<=90000),

5%,7%))”，然后按【Enter】键。该公式表示“根据销售额的多少返回提成率”，此处用到了 IF 函数的嵌套使用方法，然后使用单元格复制填充的方法计算出其他员工的提成比例，如图 9-109 所示。

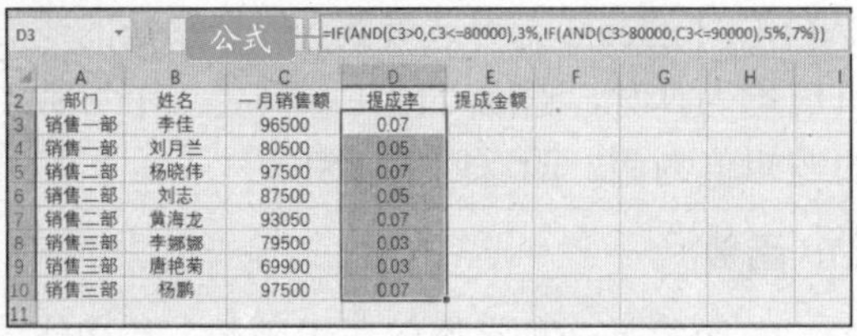
D3　公式　=IF(AND(C3>0,C3<=80000),3%,IF(AND(C3>80000,C3<=90000),5%,7%))

	A	B	C	D	E
2	部门	姓名	一月销售额	提成率	提成金额
3	销售一部	李佳	96500	0.07	
4	销售一部	刘月兰	80500	0.05	
5	销售二部	杨晓伟	97500	0.07	
6	销售二部	刘志	87500	0.05	
7	销售二部	黄海龙	93050	0.07	
8	销售三部	李娜娜	79500	0.03	
9	销售三部	唐艳菊	69900	0.03	
10	销售三部	杨鹏	97500	0.07	

图 9-109　利用函数计算员工的提成率

STEP 02：选中单元格 E3，并输入函数公式“=C3*D3”，然后按【Enter】键，在使用填充复制的方法计算其他员工的提成，如图 9-110 所示。

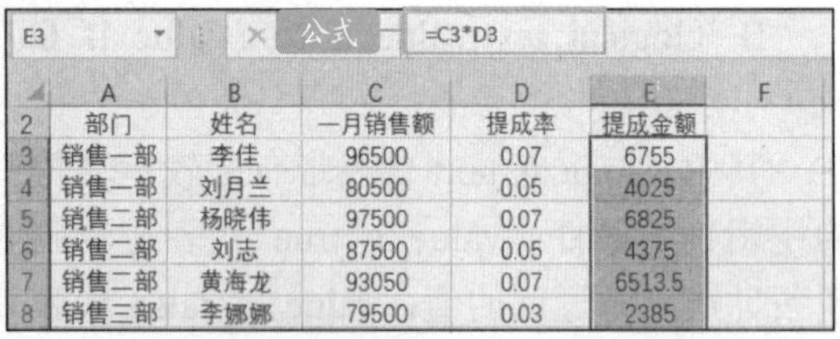
E3　公式　=C3*D3

	A	B	C	D	E
2	部门	姓名	一月销售额	提成率	提成金额
3	销售一部	李佳	96500	0.07	6755
4	销售一部	刘月兰	80500	0.05	4025
5	销售二部	杨晓伟	97500	0.07	6825
6	销售二部	刘志	87500	0.05	4375
7	销售二部	黄海龙	93050	0.07	6513.5
8	销售三部	李娜娜	79500	0.03	2385

图 9-110　利用函数计算员工的提成金额

9.6.6 查找与引用函数

Excel 提供的查找和引用函数可以在单元格区域查找或引用满足条件的数据，特别是在数据比较多的工作表中，用户不需要指定具体的数据位置，让单元格数据的操作变得更加灵活。下面主要介绍 CHOOSE 函数，用于从给定的参数中返回指定的值。

使用 CHOOSE 函数的具体操作如下：

提示：CHOOSE 函数

语法：CHOOSE(index_num,value,[value2],…)

参数如下。

index_num 必要参数，数字表达式或字段，它的运算结果是一个数值，且介于 1 和 254 之间的数字。或者为公式或包含 1 到 254 之间某个数字单元格引用。

value1, value2,…value1 是必需的，后续值是可选的。这些值参数的个数介于 1 到 254 之间，函数 CHOOSE 基于 index_num 从这些值参数中选择一个数值或一项要执行的操作。参数可以为数字、单元格引用、已定义名称、公式、函数或文本。

STEP 01：打开原始文件，在 A12 单元格中输入公式“=CHOOSE(MOD(ROW(A2),3)+1,"",A$2,OFFSET(A$2,ROW(A3)/3,))”，按【Enter】键确认，如图 9-111 所示。

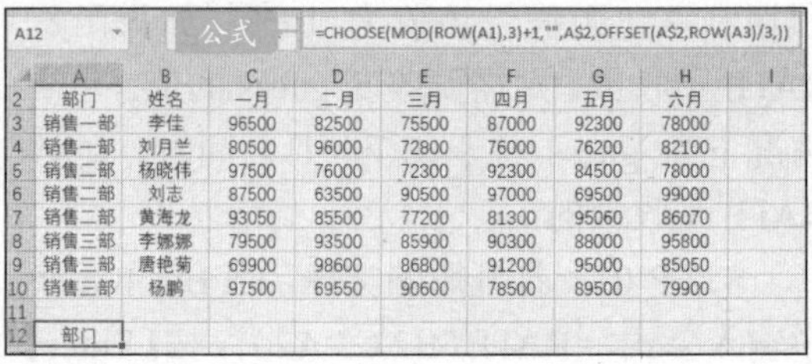
A12　公式　=CHOOSE(MOD(ROW(A1),3)+1,"",A$2,OFFSET(A$2,ROW(A3)/3,))

	A	B	C	D	E	F	G	H
2	部门	姓名	一月	二月	三月	四月	五月	六月
3	销售一部	李佳	96500	82500	75500	87000	92300	78000
4	销售一部	刘月兰	80500	96000	72800	76000	76200	82100
5	销售二部	杨晓伟	97500	76000	72300	92300	84500	78000
6	销售二部	刘志	87500	63500	90500	97000	69500	99000
7	销售二部	黄海龙	93050	85500	77200	81300	95060	86070
8	销售三部	李娜娜	79500	93500	85900	90300	88000	95800
9	销售三部	唐艳菊	69900	98600	86800	91200	95000	85050
10	销售三部	杨鹏	97500	69550	90600	78500	89500	79900
11								
12	部门							

图 9-111　输入函数公式并计算结果

STEP 02：利用填充功能，填充单元格区域 A12:H12，如图 9-112 所示。

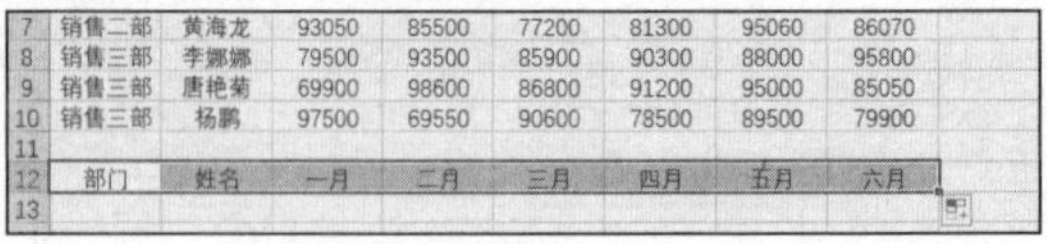

7	销售二部	黄海龙	93050	85500	77200	81300	95060	86070
8	销售三部	李娜娜	79500	93500	85900	90300	88000	95800
9	销售三部	唐艳菊	69900	98600	86800	91200	95000	85050
10	销售三部	杨鹏	97500	69550	90600	78500	89500	79900
11								
12	部门	姓名	一月	二月	三月	四月	五月	六月
13								

图 9-112　填充单元格区域

STEP 03：再次利用填充功能，填充单元格区域 A13:H19，如图 9-113 所示。

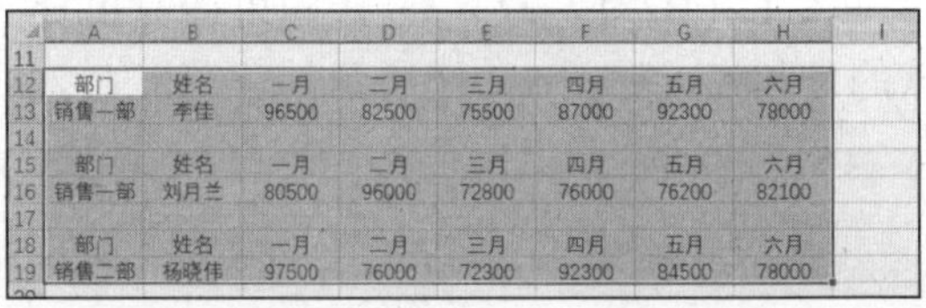

	A	B	C	D	E	F	G	H
11								
12	部门	姓名	一月	二月	三月	四月	五月	六月
13	销售一部	李佳	96500	82500	75500	87000	92300	78000
14								
15	部门	姓名	一月	二月	三月	四月	五月	六月
16	销售一部	刘月兰	80500	96000	72800	76000	76200	82100
17								
18	部门	姓名	一月	二月	三月	四月	五月	六月
19	销售二部	杨晓伟	97500	76000	72300	92300	84500	78000

图 9-113　再次填充单元格区域

◇◇提示

在公式“=CHOOSE(MOD(ROW(A2),3)+1,"",A$2,OFFSET(A$2,ROW(A3)/3,))”中 MOD(ROW(A2),3)+1 表示单元格 A2 所在的行数除以 3 的余数结果加 1 后，作为 index_num 的参数，value1 为“”，value2 为“A$2”，value3 为“OFFSET(A$2,ROW(A3)/3,”，OFFSET(A$2,ROW(A3)/3 返回的是在 A$2 的基础上向下移动 ROW(A3)/3 行的单元格内容。

公式中以 3 为除数求余是因为销售表中每位员工信息占用三行位置，第一行为销售表头，第二行为员工信息，第三行为空行。

9.6.7 日期和时间函数

日期与时间函数是处理日期型和时间型数据的函数，经常用到的日期与时间函数包括 DATE、DAY、DAYS360、MONTH、NOW、TODAY、YEAR、WEEKDAY 等函数。

1.DATE 函数

DATE 函数的功能是返回代表特定日期的序列号，其语法格式为：

DATE(year,month,day)

2.NOW 函数

NOW 函数的功能是返回当前的日期和时间，其语法格式为：

NOW()

3.DAY 函数

DAY 函数的功能是返回用序列号（整数为 1~31）表示的某日期的天数，其语法格式为：

DAY(serial_number)

参数 serial_number 表示要查找的日期天数。

4.DAYS360 函数

DAYS360 函数是重要的日期与时间函数之一，函数功能是按照一年 360 天计算的（每个月以 30 天计，一年共计 12 个月），返回值为两个日期之间相差的天数。该函数在一些会计计算中经常用到。如果财务系统基于一年 12 个月，每月 30 天，则可用此函数帮助计算支付款项。DAYS360 函数的语法格式为：

DAYS360(start_date,end_date,method)

其中，start_date 表示计算期间天数的开始日期；end_date 表示计算期间天数的终止日期；method 表示逻辑值，它指定了在计算中是用欧洲办法还是用美国办法。

如果 start_date 在 end_date 之后，则 DAYS360 将返回一个负数。另外，应使用 DATE 函数来输入日期，或者将日期作为其他公式或函数的结果输入。例如，使用函数 DATE（2016,11,28）或输入日期 2016 年 11 月 28 日。如果日期以文本的形式输入，则会出现问题。

5.MONTH 函数

MONTH 函数是一种常用的日期函数，它能够返回以序列号表示的日期中的月份。MONTH 函数的语法格式为：

MONTH(serial_number)

参数 serial_number 表示一个日期值，包括要查找的月份的日期。该函数还可以指定加双引号的表示日期的文本，如“2016 年 11 月 28 日”。如果该参数为日期以外的文本，则返回错误值“#VALUE!”。

6.WEEKDAY 函数

WEEKDAY 函数的功能是返回某日期的星期数。在默认情况下，它的值为 1（星期天）~7（星期六）之间的一个整数，其语法格式为：

WEEKDAY(serial_number,return_type)

参数 serial_number 是要返回日期数的日期；return_type 为确定返回值类型，如果 return_type 为数字 1 或省略，则 1~7 表示星期天到星期六，如果 return_type 为数字 2，则 1~7 表示星期一到星期天，如果 return_type 为数字 3，则 0~6 代表星期一到星期天。

接下来结合时间与日期函数在公司员工信息表中计算当前日期、星期数以及员工工龄，具体操作如下：

STEP 01：打开原始文件，选中单元格 E11，输入函数公式“=TODAY()”,然后按【Enter】键，该公式表示“返回当前日期”，如图 9-114 所示。

E11 =TODAY()

	A	B	C	D	E
7	yg005	YG005	黄海龙	1989-01-20	41****19890120****
8	yg006	YG006	李娜娜	1985-11-21	41****19851121****
9	yg007	YG007	唐艳菊	1990-06-22	41****19900622****
10	yg008	YG008	杨鹏	1993-12-23	41****19931223****
11				当时日 公式	2018/2/8

图 9-114 输入函数公式返回当前日期

STEP 02：选中单元格 F11，输入函数公式“=WEEKDAY(E11)”，然后按【Enter】键，

该公式表示“将日期转化为星期数”，如图 9-115 所示。

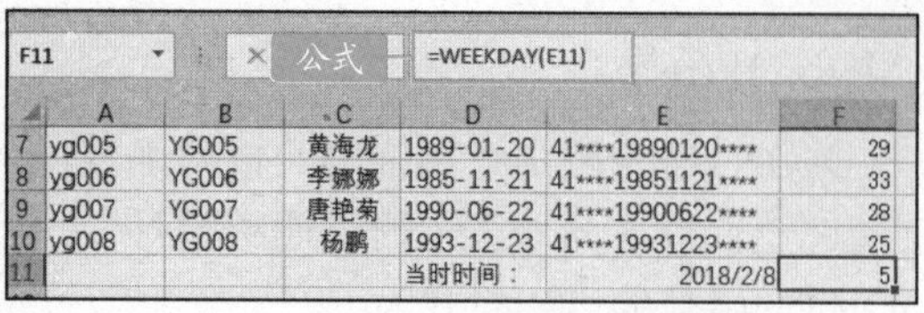

图 9-115　输入函数公式将日期转化为星期数

STEP 03：选中单元格 F11，切换到“开始”选项卡，单击“数字”选项组右下角的设置按钮，如图 9-116 所示。

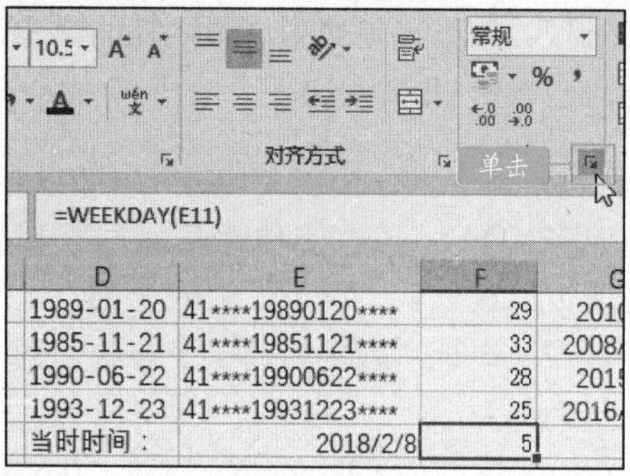

图 9-116　打开“设置单元格格式”对话框

STEP 04：弹出“设置单元格格式”对话框，切换到“数字”选项卡，在“分类”列表框中选择“日期”选项，然后在“类型”列表框中选择“星期三”选项，如图 9-117 所示。

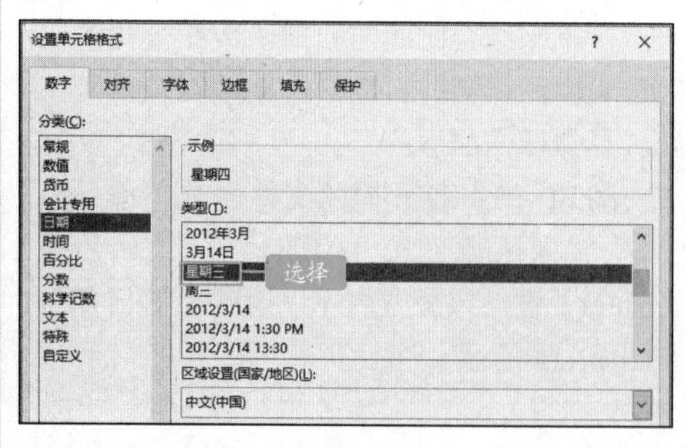

图 9-117　设置日期类型

STEP 05：设置完毕，单击“确定”按钮返回工作表，此时单元格 F11 中的数字就转换成了星期数，如图 9-118 所示。

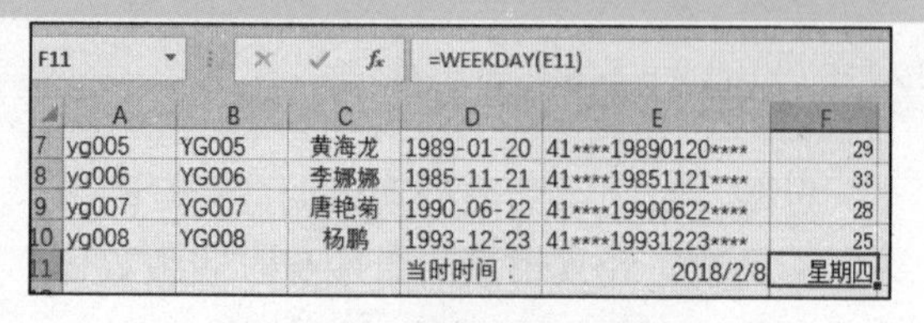

图 9-118　日期设置好的效果

STEP 06：选中单元格 H3，输入函数公式“=CONCATENATE(DATEDIF(G3,TODAY(),"y"),"年",DATEDIF(G3,TODAY(),"ym"),"个月和",DATEDIF(G3,TODAY(),"md"),"天")”，然后按【Enter】键，公式中 CONCATENATE 函数的功能是将几个文本字符串合并为一个文本字符串，如图 9-119 所示。

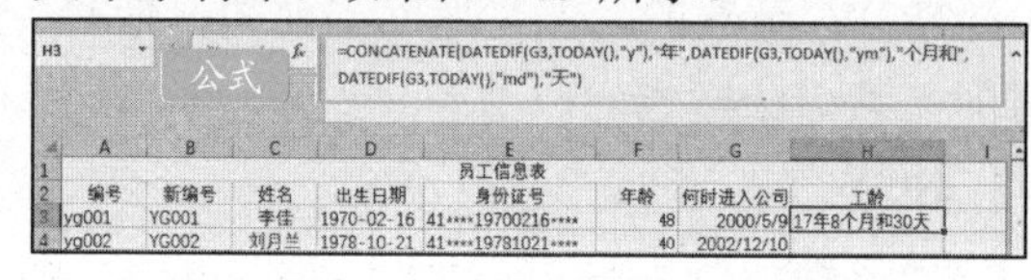

图 9-119　输入函数公式并计算结果

STEP 07：此时，员工的工龄就计算出来了，然后将单元格 H3 的公式向下填充到单元格 H10 中，如图 9-120 所示。

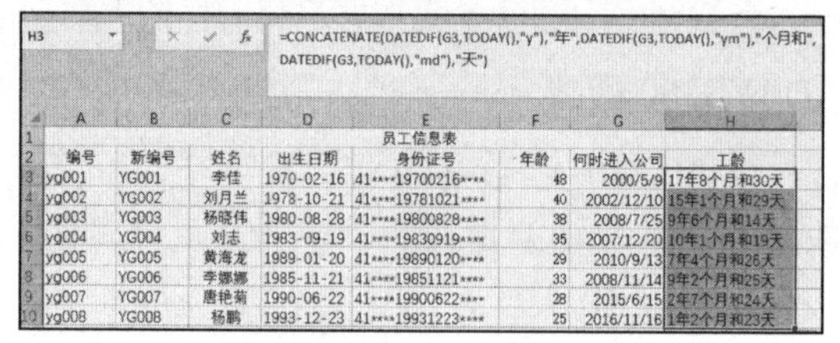

图 9-120　复制函数公式

9.6.8　使用 AVERAGE 函数求平均值

AVERAGE 是用于计算一组数据平均值的函数，下面介绍应用该函数计算销售表中员工的平均销售额，具体操作如下：

STEP 01：打开工作表，选中 I3 单元格，在编辑栏中输入平均值的计算公式“=AVERAGE(C3:H3)”后，按下【Enter】键，如图 9-121 所示。

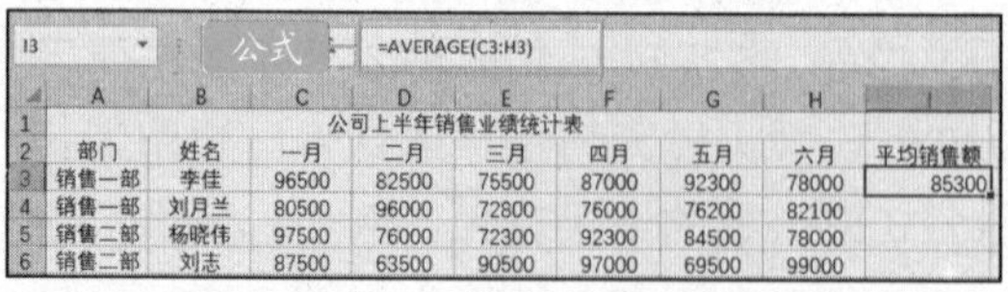

图 9-121　输入函数公式

STEP 02：I3 单元格中随即显示该名员工的平均销售额，将 I3 单元格的公式填充到 I10 单元格，查看所有平均值的计算结果，如图 9-122 所示。

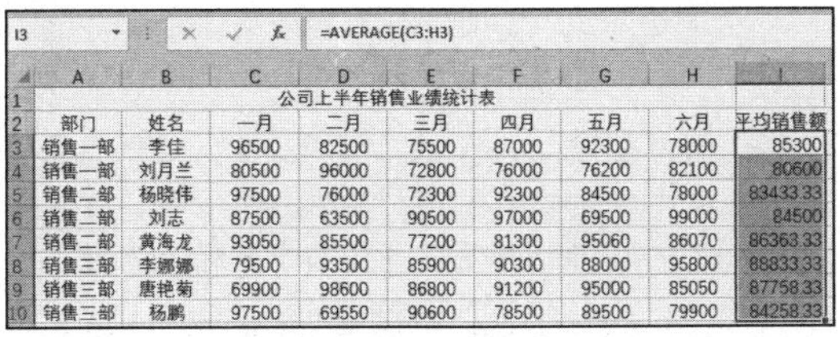

I3 =AVERAGE(C3:H3)

公司上半年销售业绩统计表								
部门	姓名	一月	二月	三月	四月	五月	六月	平均销售额
销售一部	李佳	96500	82500	75500	87000	92300	78000	85300
销售一部	刘月兰	80500	96000	72800	76000	76200	82100	80600
销售二部	杨晓伟	97500	76000	72300	92300	84500	78000	83433.33
销售二部	刘志	87500	63500	90500	97000	69500	99000	84500
销售二部	黄海龙	93050	85500	77200	81300	95060	86070	86363.33
销售三部	李娜娜	79500	93500	85900	90300	88000	95800	88833.33
销售三部	唐艳菊	69900	98600	86800	91200	95000	85050	87758.33
销售三部	杨鹏	97500	69550	90600	78500	89500	79900	84258.33

图 9-122 计算结果

9.6.9 MAX/MIN 函数计算最大/小值

下面介绍使用 MAX/MIN 函数，计算销售表中员工的最高销售额和最低销售额，具体操作如下：

STEP 01：打开工作簿后，选中 C12 单元格，输入计算最高销售额的计算公式“=MAX(C3:H10)”,按下【Enter】键，查看计算结果，如图 9-123 所示。

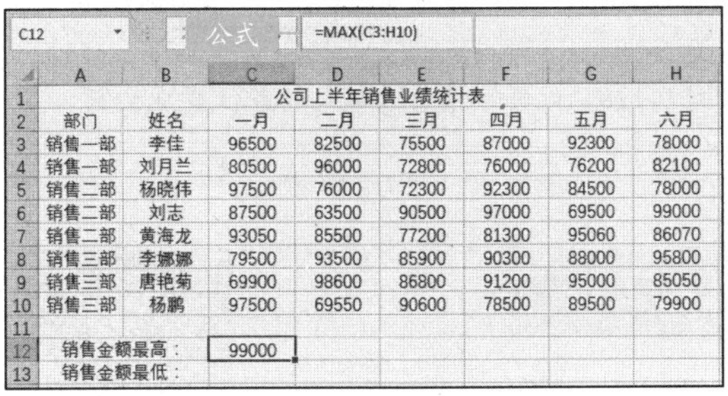

C12 公式 =MAX(C3:H10)

公司上半年销售业绩统计表							
部门	姓名	一月	二月	三月	四月	五月	六月
销售一部	李佳	96500	82500	75500	87000	92300	78000
销售一部	刘月兰	80500	96000	72800	76000	76200	82100
销售二部	杨晓伟	97500	76000	72300	92300	84500	78000
销售二部	刘志	87500	63500	90500	97000	69500	99000
销售二部	黄海龙	93050	85500	77200	81300	95060	86070
销售三部	李娜娜	79500	93500	85900	90300	88000	95800
销售三部	唐艳菊	69900	98600	86800	91200	95000	85050
销售三部	杨鹏	97500	69550	90600	78500	89500	79900
销售金额最高：		99000					
销售金额最低：							

图 9-123 输入函数公式

STEP 02：然后选中 C13 单元格，输入计算最低销售金额的计算公式“=MIN(C3:H10)”,按下【Enter】键，即可看到计算结果，如图 9-124 所示。

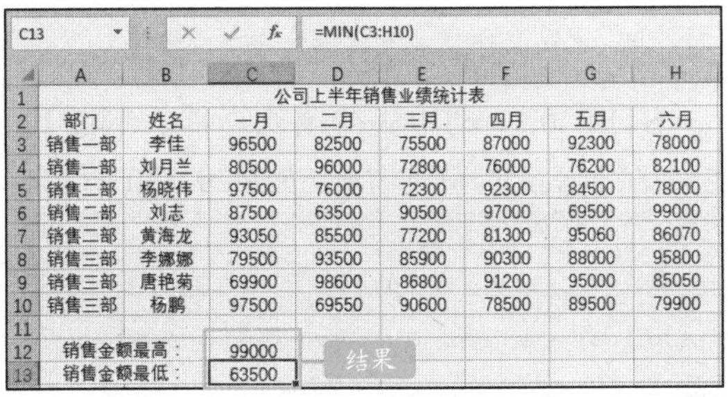

C13 =MIN(C3:H10)

公司上半年销售业绩统计表							
部门	姓名	一月	二月	三月	四月	五月	六月
销售一部	李佳	96500	82500	75500	87000	92300	78000
销售一部	刘月兰	80500	96000	72800	76000	76200	82100
销售二部	杨晓伟	97500	76000	72300	92300	84500	78000
销售二部	刘志	87500	63500	90500	97000	69500	99000
销售二部	黄海龙	93050	85500	77200	81300	95060	86070
销售三部	李娜娜	79500	93500	85900	90300	88000	95800
销售三部	唐艳菊	69900	98600	86800	91200	95000	85050
销售三部	杨鹏	97500	69550	90600	78500	89500	79900
销售金额最高：		99000	结果				
销售金额最低：		63500					

图 9-124 计算结果

9.6.10 数据库函数

数据库函数用于分析数据清单中的数据是否符合特定的条件。

所有的数据库函数均有 3 个参数，及 database、field 和 criteria，而且数据库函数的名称都以字母 D 开头。函数的语法格式为：

函数名称（database,field,criteria）

参数说明

database 为构成列表或数据库的单元格区域。数据库是包含一组相关数据的列表，其中包含相关信息的行为记录，而包含数据的列为字段，列表的第一行包含着每一列的标志。

field 指定函数所使用的列，使用两端带双引号的列标签，如“名称”，或者是代表列表中列位置的数字（1 表示第一列，2 表示第二列，依次类推）。

criteria 为一组包含给定条件的单元格区域。可以对 criteria 使用任何区域，只要此区域包含至少一个列标志，并且列标签下包含至少一个在其中为列指定条件的单元格。

如表 9-9 所示，列出了数据库函数的名称及其主要功能。

表 9-9 数据库函数的名称及功能

函数名称	函数功能
DAVERAGE	计算数据库项的平均值
DCOUNT	计算数值单元格个数
DCONTA	计算非空单元格格式
DGET	提取满足指定条件的单个记录
DMAX	返回选定数据库项中的最大值
DMIN	返回选定数据库项中的最小值
DPRODUCT	将特定字段中的数值相乘
DSTDEV	根据所选单个样本估算标准偏差
DSTDEVP	根据所选样本总体估算标准偏差
DSUM	对特定字段列中的数字求和
DVAR	根据单个样本估算方差
DVARP	根据样本总体估算方差

下面通过一个实例介绍数据库函数的具体应用。

STEP 01：打开原始文件，切换到工作表“销售提成表”中，其中数据区域为“A2:E10”，如图 9-125 所示。

	A	B	C	D	E
1	一月份销售提成统计表				
2	部门	姓名	一月销售额	提成率	提成金额
3	销售一部	李佳	96500	0.07	6755
4	销售一部	刘月兰	80500	0.05	4025
5	销售二部	杨晓伟	97500	0.07	6825
6	销售二部	刘志	87500	0.05	4375
7	销售二部	黄海龙	93050	0.07	6513.5
8	销售三部	李娜娜	79500	0.03	2385
9	销售三部	唐艳菊	69900	0.03	2097
10	销售三部	杨鹏	97500	0.07	6825

图 9-125　数据区域

STEP 02：计算“销售一部”的总提成金额。在单元格 I2 中输入函数公式“=DSUM(A2:E10,"提成金额",H2:H3)”，按【Ctrl+Enter】组合键即可得到计算结果。按【Ctrl+Enter】组合键是为了将光标还定位在原来的单元格，如图 9-126 所示。

I2　公式　=DSUM(A2:E10,"提成金额",H2:H3)

	G	H	I	J	K
1	问题	条件区域	计算结果		
2	计算"销售一部"的总提成金额	部门	10780		
3		销售一部			
4	计算"销售二部"的平均提成金额	部门			
5		销售二部			

图 9-126　计算“销售一部”的总提成金额

STEP 03：计算“销售二部”的平均提成金额。选中单元格 I4，输入函数公式“=DAVERAGE(A2:E10,"提成金额",H4:H5)”，按【Ctrl+Enter】组合键即可得到计算结果，如图 9-127 所示。

I4　公式　=DAVERAGE(A2:E10,"提成金额",H4:H5)

	G	H	I	J	K
1	问题	条件区域	计算结果		
2	计算"销售一部"的总提成金额	部门	10780		
3		销售一部			
4	计算"销售二部"的平均提成金额	部门	5904.5		
5		销售二部			

图 9-127　计算“销售二部”的平均提成金额

STEP 04：计算“销售三部”的最低提成金额。选中单元格 I6，输入函数公式“=DMIN(A2:E10,"提成金额",H6:H7)”，按【Ctrl+Enter】组合键即可得到计算结果，如图 9-128 所示。

I6　公式　=DMIN(A2:E10,"提成金额",H6:H7)

	G	H	I	J
1	问题	条件区域	计算结果	
2	计算"销售一部"的总提成金额	部门	10780	
3		销售一部		
4	计算"销售二部"的平均提成金额	部门	5904.5	
5		销售二部		
6	计算"销售三部"的最低提成金额	部门	2097	
7		销售三部		

图 9-128　计算“销售三部”的最低提成金额。

9.7　实用技巧

扫码观看本节视频

本节将介绍逻辑函数间的混合运用和利用条件格式快速分析数据的小技巧，方便用户提高工作效率。

9.7.1　逻辑函数间的混合运用

在使用“是”“非”“或”等逻辑函数时，默认情况下返回的是“TRUE”或“FALSE”等逻辑值，但是在实际工作和生活中，这些逻辑值的意义非常大。所以，在很多情况下，用户可以借助 IF 函数返回“完成”“未完成”等结果。

STEP 01：打开工作簿，在单元格 I3 中输入公式“=IF(AND(C3>80000,D3>80000,E3>70000,F3>80000,G3>75000,H3>75000),"完成","未完成")”，按【Enter】键即可显示完成销售量的信息，如图 9-129 所示。

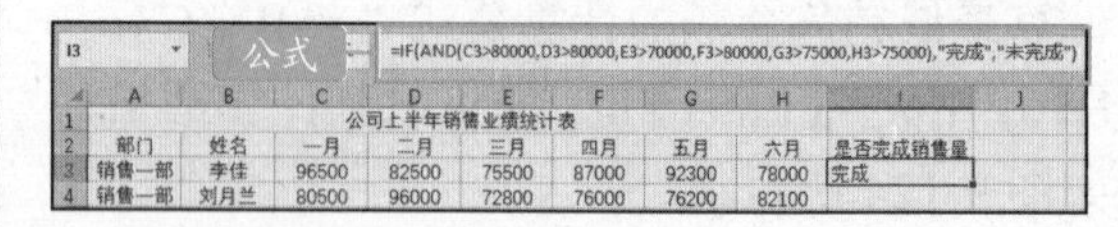

I3　公式　=IF(AND(C3>80000,D3>80000,E3>70000,F3>80000,G3>75000,H3>75000),"完成","未完成")

	A	B	C	D	E	F	G	H	I	J
1	公司上半年销售业绩统计表									
2	部门	姓名	一月	二月	三月	四月	五月	六月	是否完成销售量	
3	销售一部	李佳	96500	82500	75500	87000	92300	78000	完成	
4	销售一部	刘月兰	80500	96000	72800	76000	76200	82100		

图 9-129　计算员工的销售量是否完成

STEP 02：利用快捷填充功能，判断其他员工销售量的完成情况，如图 9-130 所示。

	A	B	C	D	E	F	G	H	I
1	公司上半年销售业绩统计表								
2	部门	姓名	一月	二月	三月	四月	五月	六月	是否完成销售量
3	销售一部	李佳	96500	82500	75500	87000	92300	78000	完成
4	销售一部	刘月兰	80500	96000	72800	76000	76200	82100	未完成
5	销售二部	杨晓伟	97500	76000	72300	92300	84500	78000	未完成
6	销售二部	刘志	87500	63500	90500	97000	69500	99000	未完成
7	销售二部	黄海龙	93050	85500	77200	81300	95060	86070	完成
8	销售三部	李娜娜	79500	93500	85900	90300	88000	95800	未完成
9	销售三部	唐艳菊	69900	98600	86800	91200	95000	85050	未完成
10	销售三部	杨鹏	97500	69550	90600	78500	89500	79900	未完成

图 9-130　利用填充功能判断其他员工销售量

9.7.2 利用条件格式快速分析数据

利用对单元格添加条件格式的方法来分析数据，是在改变单元格格式的基础上来观察数据。用户可以为满足条件的单元格添加默认的条件格式，也可以自定义设置条件格式的规则。

STEP 01：打开原始文件，选中 C3：C10 单元格区域，在“开始”选项卡下单击“样式”选项组中的“条件格式”按钮，在展开的下拉列表中单击“突出显示单元格规则>大于”选项，如图 9-131 所示。

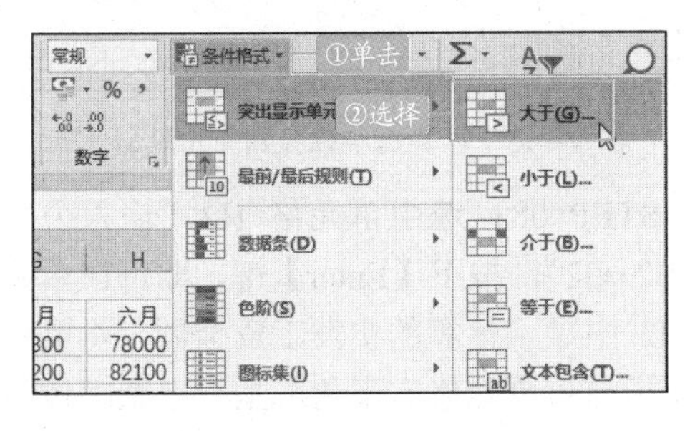

图 9-131　选择条件格式

STEP 02：弹出“大于”对话框，在“为大于以下值的单元格设置格式”文本框中输入“80000”，在“设置为”下拉列表中选择“浅红填充色深红色文本”命令，单击“确定”按钮，如图 9-132 所示。

图 9-132　设置条件及单元格格式

STEP 03：返回到工作表中，在选择的单元格区域中为满足条件的单元格设置添加了条件格式，显示效果如图 9-133 所示。

	A	B	C	D	E	F	G	H
1	公司上半年销售业绩统计表							
2	部门	姓名	一月	二月	三月	四月	五月	六月
3	销售一部	李佳	96500	82500	75500	87000	92300	78000
4	销售一部	刘月兰	80500	96000	72800	76000	76200	82100
5	销售二部	杨晓伟	97500	76000	72300	92300	84500	78000
6	销售二部	刘志	87500	63500	90500	97000	69500	99000
7	销售二部	黄海龙	93050	85500	77200	81300	95060	86070
8	销售三部	李娜娜	79500	93500	85900	90300	88000	95800
9	销售三部	唐艳菊	69900	98600	86800	91200	95000	85050
10	销售三部	杨鹏	97500	69550	90600	78500	89500	79900

图 9-133　满足条件的显示结果

9.8 上机实际操作

通过本章的学习，相信大家已经对在 Excel 2016 中使用公式与函数进行数据的处理有了初步的认识，掌握了一些常用的函数的使用方法，下面通过一些实际操作来融会贯通这些知识点。

9.8.1 制作医疗费用统计表

制作“医疗费用统计表”的具体操作如下：

STEP 01：打开“医疗费用统计表”，选中单元格 E2，输入公式“=SUM(B2+C2)-D2”，按下【Enter】键，即可在单元格 E2 中显示计算结果，如图 9-134 所示。

E2　公式　=SUM(B2+C2)-D2

	A	B	C	D	E	
1	姓名	基本工资	提成	扣款	总工资	医疗
2	李佳	1800	3500	900	4400	
3	刘月兰	1500	2900	800		
4	杨晓伟	1800	3600	1000		
5	刘志	1800	3000	800		

图 9-134　输入公式并计算结果

STEP 02：然后将鼠标指针指向该单元格右下角，呈十字状时按住鼠标左键不放，向下拖动至单元格 E9，如图 9-135 所示。

E2　=SUM(B2+C2)-D2

	A	B	C	D	E	F	
1	姓名	基本工资	提成	扣款	总工资	医疗住院费	单位打
2	李佳	1800	3500	900	4400	4000	
3	刘月兰	1500	2900	800		0	
4	杨晓伟	1800	3600	1000		1000	
5	刘志	1800	3000	800		2000	
6	黄海龙	1500	3650	800		0	
7	李娜娜	1500	2690	800		3000	
8	唐艳菊	1800	2097	800		0	
9	杨鹏	1500	3100	拖动		2600	

图 9-135　复制公式

STEP 03：释放鼠标后，在单元格区域 E2:E9 中显示计算的总工资金额，选中单元格 G2，在编辑栏中单击“插入函数”按钮，如图 9-136 所示。

	A	B	C	D	E	F	G
1	姓名	基本工资	提成	扣款	总工资	医疗住院费	单位报销费用
2	李佳	1800	3500	900	4400	4000	
3	刘月兰	1500	2900	800	3600	0	
4	杨晓伟	1800	3600	1000	4400	1000	
5	刘志	1800	3000	800	4000	2000	

图 9-136　插入函数

STEP 04：弹出“插入函数”对话框，在“或选择类别”下拉列表中选择“常用函数”向下，在“选择函数”列表框中双击“IF”选项，如图 9-137 所示。

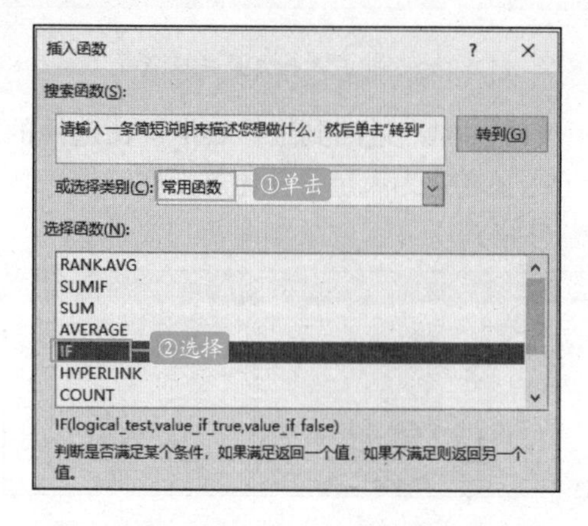

图 9-137　选择具体函数

STEP 05：弹出“函数参数”对话框，设置 Logical_test 为“F2>E2/2”、Value_if_true 为“F2*60%”、Value_if_false 为“0”，单击“确定”按钮，如图 9-138 所示。

图 9-138　设置函数参数

STEP 06：此时在单元格 G2 中显示计算的单位报销费用，将鼠标指针指向该单元格右下角，呈十字状时按住鼠标左键不放，向下拖动至单元格 G9，如图 9-139 所示。

	A	B	C	D	E	F	G
1	姓名	基本工资	提成	扣款	总工资	医疗住院费	单位报销费用
2	李佳	1800	3500	900	4400	4000	2400
3	刘月兰	1500	2900	800	3600	0	
4	杨晓伟	1800	3600	1000	4400	1000	
5	刘志	1800	3000	800	4000	2000	
6	黄海龙	1500	3650	800	4350	0	
7	李娜娜	1500	2690	800	3390	3000	
8	唐艳菊	1800	2097	800	3097	0	
9	杨鹏	1500	3100	900	3700	26	

图 9-139　复制函数

STEP 07：释放鼠标后，在单元格区域 G2:G9 中显示计算的单位报销费用金额，如图 9-140 所示。

	A	B	C	D	E	F	G	H
1	姓名	基本工资	提成	扣款	总工资	医疗住院费	单位报销费用	实发工资
2	李佳	1800	3500	900	4400	4000	2400	
3	刘月兰	1500	2900	800	3600	0	0	
4	杨晓伟	1800	3600	1000	4400	1000	0	
5	刘志	1800	3000	800	4000	2000	0	
6	黄海龙	1500	3650	800	4350	0	0	
7	李娜娜	1500	2690	800	3390	3000	1800	
8	唐艳菊	1800	2097	800	3097	0	0	
9	杨鹏	1500	3100	900	3700	2600	1560	

图 9-140　计算出单位报销费用金额

STEP 08：选中单元格 H2，输入公式“=E2+G2”，按下【Enter】键，即可在单元格 H2 中显示计算的实发工资金额，将鼠标指针指向该单元格右下角，呈十字状时按住鼠标左键不放，向下拖动至单元格 H9，如图 9-141 所示。

	A	B	C	D	E	F	G	H
1	姓名	基本工资	提成	扣款	总工资	医疗住院费	单位报销费用	实发工资
2	李佳	1800	3500	900	4400	4000	2400	6800
3	刘月兰	1500	2900	800	3600	0	0	
4	杨晓伟	1800	3600	1000	4400	1000	0	
5	刘志	1800	3000	800	4000	2000	0	
6	黄海龙	1500	3650	800	4350	0	0	
7	李娜娜	1500	2690	800	3390	3000	1800	
8	唐艳菊	1800	2097	800	3097	0	0	
9	杨鹏	1500	3100	900	3700	2600		

图 9-141　利用公式计算出实发工资金额

STEP 09：释放鼠标后，在单元格区域 H2:H9 中显示计算的实发工资金额，如图 9-142 所示。

	A	B	C	D	E	F	G	H
1	姓名	基本工资	提成	扣款	总工资	医疗住院费	单位报销费用	实发工资
2	李佳	1800	3500	900	4400	4000	2400	6800
3	刘月兰	1500	2900	800	3600	0	0	3600
4	杨晓伟	1800	3600	1000	4400	1000	0	4400
5	刘志	1800	3000	800	4000	2000	0	4000
6	黄海龙	1500	3650	800	4350	0	0	4350
7	李娜娜	1500	2690	800	3390	3000	1800	5190
8	唐艳菊	1800	2097	800	3097	0	0	3097
9	杨鹏	1500	3100	900	3700	2600	1560	5260

图 9-142　显示计算的实发工资金额

9.8.2　制作员工工资条

STEP 01：打开原始文件，在“工资条”工作表中选择 A1 单元格并输入“=CHOOS

E(MOD(ROW(),3)+1,",工资明细!A$1,OFFSET(工资明细!A$1,ROW()/3=1,))”函数，按【Enter】键完成操作，如图 9-143 所示。

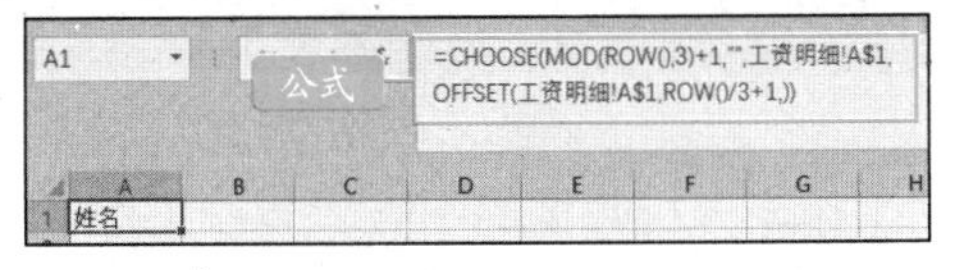

图 9-143 输入公式

STEP 02：拖动 A1 单元格右下角的填充柄至 H1 单元格，将剩余表头数据填充，显示结果如图 9-144 所示。

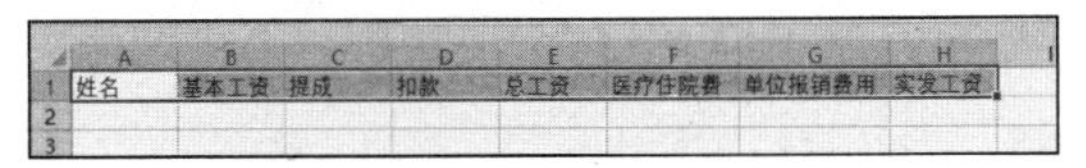

	A	B	C	D	E	F	G	H
1	姓名	基本工资	提成	扣款	总工资	医疗住院费	单位报销费用	实发工资
2								
3								

图 9-144 表头数据填充后的效果

STEP 03：在工作表中选中 A1:H1 单元格，拖动 H1 单元格右下角的填充柄至 H23 单元格，如图 9-145 所示。

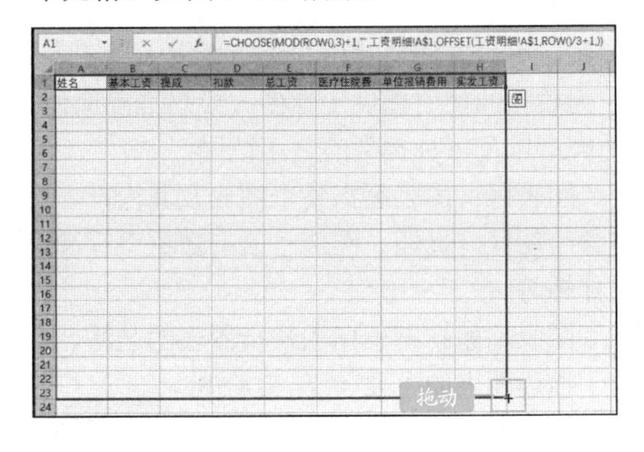

图 9-145 填充数据

STEP 04：此时在 A1:H23 单元格区域便显示出了所有员工的工资条明细，如图 9-146 所示。

	A	B	C	D	E	F	G	H
1	姓名	基本工资	提成	扣款	总工资	医疗住院费	单位报销费用	实发工资
2	李佳	1800	3500	900	4400	4000	2400	6800
3								
4	姓名	基本工资	提成	扣款	总工资	医疗住院费	单位报销费用	实发工资
5	刘月兰	1500	2900	800	3600	0	0	3600
6								
7	姓名	基本工资	提成	扣款	总工资	医疗住院费	单位报销费用	实发工资
8	杨晓伟	1800	3600	1000	4400	1000	0	4400
9								
10	姓名	基本工资	提成	扣款	总工资	医疗住院费	单位报销费用	实发工资
11	刘志	1800	3000	800	4000	2000	0	4000
12								
13	姓名	基本工资	提成	扣款	总工资	医疗住院费	单位报销费用	实发工资
14	黄海龙	1500	3650	800	4350	0	0	4350
15								
16	姓名	基本工资	提成	扣款	总工资	医疗住院费	单位报销费用	实发工资
17	李娜娜	1500	2690	800	3390	3000	1800	5190
18								
19	姓名	基本工资	提成	扣款	总工资	医疗住院费	单位报销费用	实发工资
20	唐艳菊	1800	2097	800	3097	0	0	3097
21								
22	姓名	基本工资	提成	扣款	总工资	医疗住院费	单位报销费用	实发工资
23	杨鹏	1500	3100	900	3700	2600	1560	5260

图 9-146 数据填充后的效果

STEP 05：已初步完成员工工资条的制作，为了使工资条更加美观，可以为每个工资条添加边框。选中 A1:H2 单元格，在“开始”选项卡中单击“字体”选项组的“边框”下三角按钮，在展开的列表中单击“所有框线”选项，如图 9-147 所示。

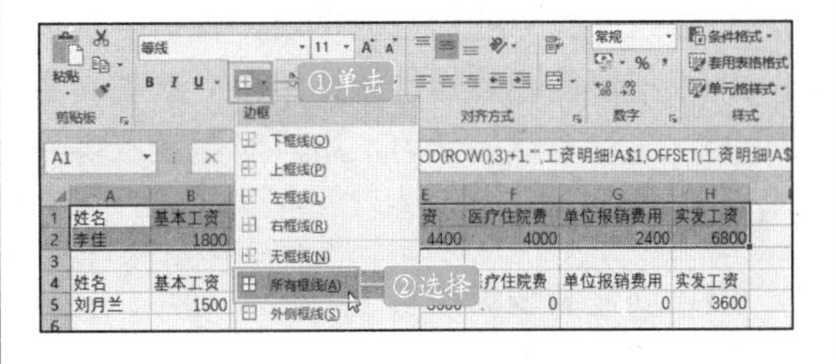

图 9-147 为表格添加边框

STEP 06：此时在 A1:H2 单元格中增加了边框，使用填充功能继续为其他员工的工资条添加边框，选中 A1:H3 单元格区域，拖动 H3 单元格右下角的填充柄至 H23 单元格，如图 9-148 所示。

	A	B	C	D	E	F	G	H
1	姓名	基本工资	提成	扣款	总工资	医疗住院费	单位报销费用	实发工资
2	李佳	1800	3500	900	4400	4000	2400	6800
3								
4	姓名	基本工资	提成	扣款	总工资	医疗住院费	单位报销费用	实发工资
5	刘月兰	1500	2900	800	3600	0	0	3600
6								
7	姓名	基本工资	提成	扣款	总工资	医疗住院费	单位报销费用	实发工资
8	杨晓伟	1800	3600	1000	4400	1000	0	4400
9								
10	姓名	基本工资	提成	扣款	总工资	医疗住院费	单位报销费用	实发工资
11	刘志	1800	3000	800	4000	2000	0	4000
12								
13	姓名	基本工资	提成	扣款	总工资	医疗住院费	单位报销费用	实发工资
14	黄海龙	1500	3650	800	4350	0	0	4350
15								
16	姓名	基本工资	提成	扣款	总工资	医疗住院费	单位报销费用	实发工资
17	李娜娜	1500	2690	800	3390	3000	1800	5190
18								
19	姓名	基本工资	提成	扣款	总工资	医疗住院费	单位报销费用	实发工资
20	唐艳菊	1800	2097	800	3097	0	0	3097
21								
22	姓名	基本工资	提成	扣款	总工资	医疗住院费	单位报销费用	实发工资
23	杨鹏	1500	3100	900	3700	2600	拖动	5260

图 9-148 添加边框后的效果

STEP 07：完成以上操作之后，表头独立的工资条就制作好了，效果如图 9-149 所示。

	A	B	C	D	E	F	G	H
1	姓名	基本工资	提成	扣款	总工资	医疗住院费	单位报销费用	实发工资
2	李佳	1800	3500	900	4400	4000	2400	6800
3								
4	姓名	基本工资	提成	扣款	总工资	医疗住院费	单位报销费用	实发工资
5	刘月兰	1500	2900	800	3600	0	0	3600
6								
7	姓名	基本工资	提成	扣款	总工资	医疗住院费	单位报销费用	实发工资
8	杨晓伟	1800	3600	1000	4400	1000	0	4400
9								
10	姓名	基本工资	提成	扣款	总工资	医疗住院费	单位报销费用	实发工资
11	刘志	1800	3000	800	4000	2000	0	4000
12								
13	姓名	基本工资	提成	扣款	总工资	医疗住院费	单位报销费用	实发工资
14	黄海龙	1500	3650	800	4350	0	0	4350
15								
16	姓名	基本工资	提成	扣款	总工资	医疗住院费	单位报销费用	实发工资
17	李娜娜	1500	2690	800	3390	3000	1800	5190
18								
19	姓名	基本工资	提成	扣款	总工资	医疗住院费	单位报销费用	实发工资
20	唐艳菊	1800	2097	800	3097	0	0	3097
21								
22	姓名	基本工资	提成	扣款	总工资	医疗住院费	单位报销费用	实发工资
23	杨鹏	1500	3100	900	3700	2600	1560	5260

图 9-149 制作好的工资条效果

第10章 Excel 2016图表的使用

一个专业的数据报表不仅包含工作表，还包含辅助工作表分析数据的图表。要在工作表中利用图表来制作专业的数据报表，就需要认识图表、创建图表、更改图表和美化图表等内容。因为图表不仅能使数据的统计结果更直观、更形象，而且能够清晰地反映数据的变化规律和发展趋势，通过本章的学习，用户对图表及操作能够熟练掌握并灵活运用。

本章知识要点

- 创建和编辑图表
- 美化图表
- 预测与分析图表数据
- 使用迷你图分析数据

10.1 认识图表

图表可以非常直观地反映工作表中数据之间的关系，可以方便地对比与分析数据。用图表表达数据，可以使表格结果更加清晰、直观和易懂，为数据的使用提供了方便。要想准确地使用图表，不仅要认识图表还需要了解图表包含的各种类型以及每种类型的适用范围。

10.1.1 认识图表组成及特点

要使用图表分析数据，首先得认识图表的结构及各组成元素的功能。一个相对完整的图表通常包括图表区、绘图区、图表标题、坐标轴、数据系列、图例、数据标签等。现在以簇状柱形图为例来认识图表，如图10-1所示。

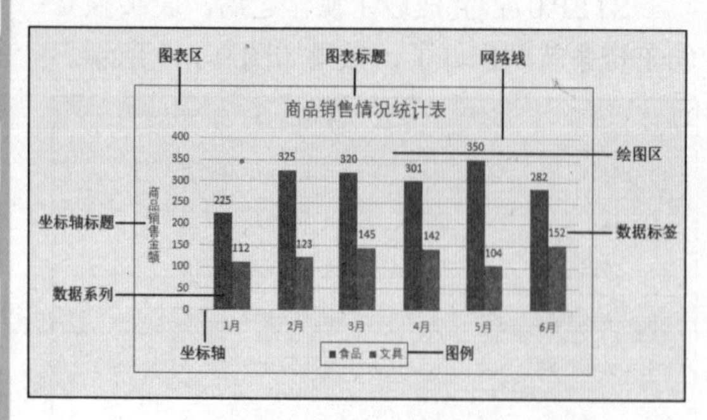

图10-1　认识图表

1.图表的组成

图表的各个组成元素的名称及功能如下：

图表区：图表区指整个图表及其内部，包含绘图区、标题、图例、所有数据系列和坐标轴等。

图表标题：图表标题是指图表的名称，用于描述图表的主要含义。

绘图区：绘图区指图表的主体部分，包含数据系列、背景墙、基底、坐标轴等。其中背景墙、基底主要存在于三维图表中。

数据标签：数据标签用于对数据系列各个数据点名称以及值进行说明。

数据系列：数据系列是在图表中绘制的相关数据点，源于数据表中的行或列。

坐标轴标题:坐标轴标题是用户为水平、垂直或竖坐标轴添加的名称文本。

网格线：网格线是绘图区上的数据参考线，便于用户对照坐标轴查阅数据系列对应的数据值。

图例：图例用于显示每个数据系列的标识名称和颜色符号，用于辨别各数据系列所代表的含义。

坐标轴：坐标轴分为水平坐标轴、垂直坐标轴和竖坐标轴，其中竖坐标轴只在三维图表中存在。

2.图表的特点

图表主要包含以下几种特点：

（1）直观形象：图表可以非常直观地表达出数据。

（2）种类丰富：Excel 2016 提供了 14 种图表类型，每一种图表类型又有多种子类型，还可以自己定义图表。用户根据实际情况，还可以选择原有的图表类型或者自定义图表。

（3）双向联动：用户在图表上可以增加数据源，使图表和表格双向结合，更直观地表达丰富的含义。

（4）二维坐标：一般情况下，图表上有两个用于对数据进行分类和度量的坐标轴，即代表分类的水平坐标轴和代表数值的垂直坐标轴，在这两个坐标轴上可以添加标题，以更明确图表所表示的含义。

10.1.2 了解常用的图表类型

在认识图表之后，还需要了解图表的类型。Excel 2016 图表类型一共包含有 15 种，分别是柱形图、折线图、饼图、条形图、面积图、XY 散点图、股价图、曲面图、雷达图、树状图、旭日图、直方图、箱形图、瀑布图和组合图。每种图表所表达的形式都不同，用户只有根据实际的需求来选择不同的图表类型，才能更好地对数据进行诠释，下面介绍几种常用的图表类型：

1. 柱形图

柱形图是由一系列垂直条形图组成，它是图表中最常用的类型。该图表常用来比较一段时间中两个或多个项目的相对尺寸。柱形图通常用纵坐标来显示数值项，用横坐标来显示信息类别，如图 10-2 所示。

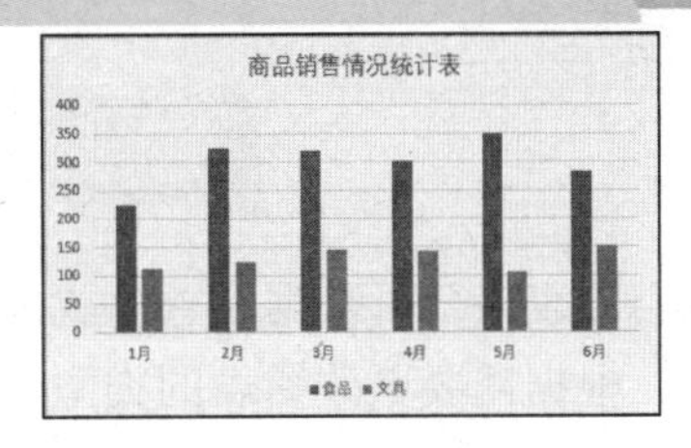

图 10-2 柱形图

2.折线图

折线图主要用来查看数据的走势，它是用一条折线显示随时间而变化的连续数据，如图 10-3 所示。

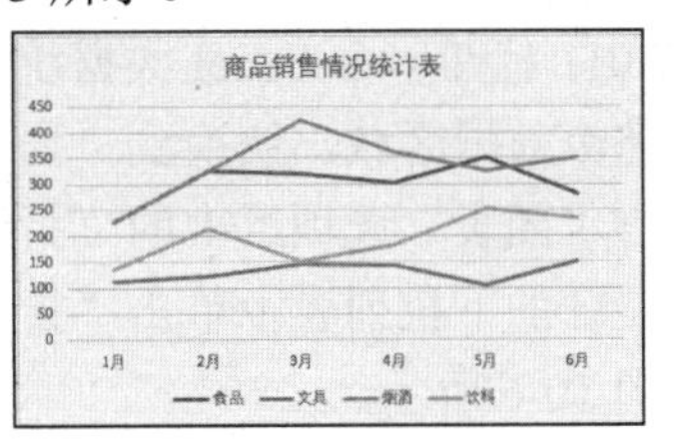

图 10-3 折线图

3.条形图

条形图是由一系列水平条形图组成，使对于时间轴上的某一点、两个或多个项目的相对尺寸具有可比性，如图 10-4 所示。

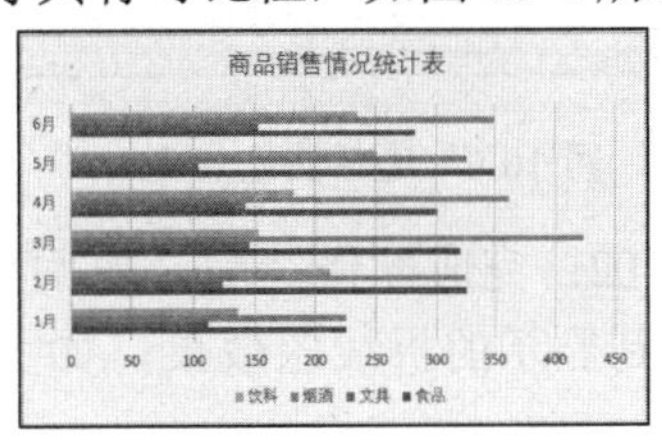

图 10-4 条形图

4.饼图

饼图是一种用于显示一个数据系列中各项的大小与总和的比例关系图表，如图 10-5 所示。

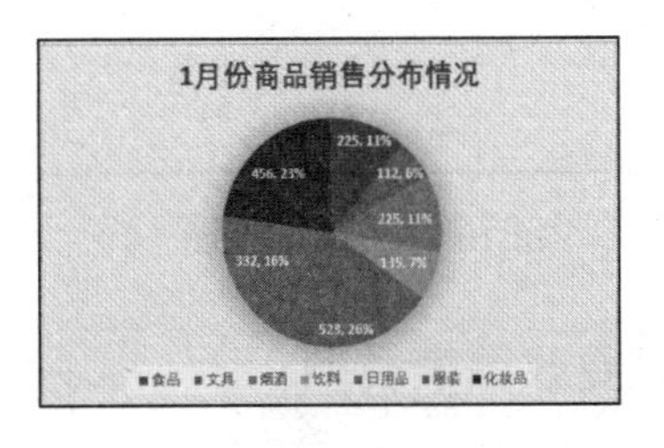

图 10-5 饼图

10.2 创建和编辑图表

要利用图表来分析数据，首先就要创建一个图表，用户可以在创建好的图表基础上，根据需要更改图表的类型、数据以及布局等。

10.2.1 创建图表

Excel 的图表类型包含很多种，用户在创建图表的时候，应该根据分析数据的最终目的来选择适合的图表类型。这里以手动选择图表类型来创建一个图表。

STEP 01：打开一个 Excel 数据统计表文件，选择整个数据区域，切换到“插入”选项卡，单击“图表”选项组中的“折线图”按钮，在展开的下拉列表中单击“折线图”选项，如图 10-6 所示。

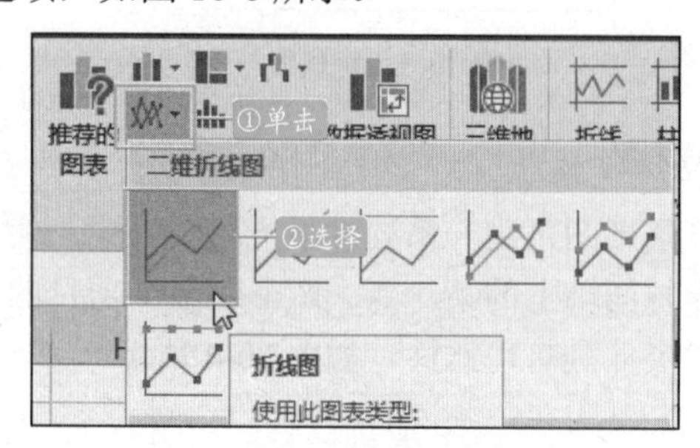

图 10-6　选择图表类型

STEP 02：完成操作之后，返回工作表中即可看到显示的折线图效果，如图 10-7 所示。

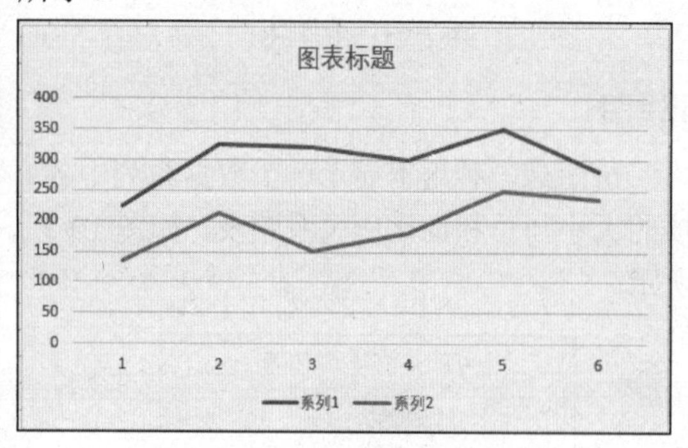

图 10-7　图表效果图

10.2.2 更改图表类型

用户如果对第一次创建的图表类型不满意或者想换个角度分析数据，那么就需要对当前图表类型进行更改，以使图表更直观地表现数据。

STEP 01：打开需要修改图表的文件，选中图表，切换到“图表工具-设计”选项卡，单击“类型”选项组中的“更改图表类型”按钮，如图 10-8 所示。

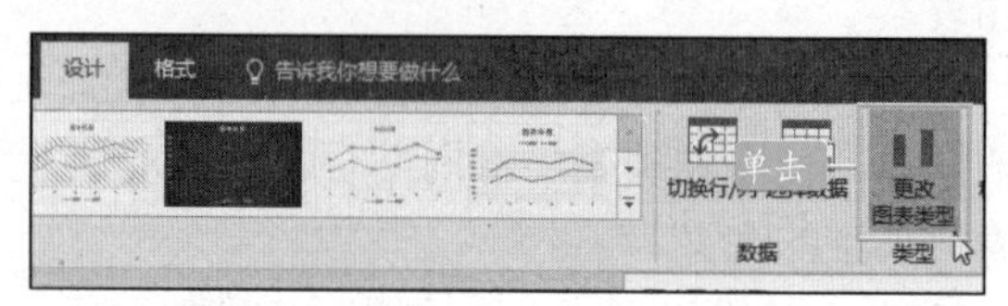

图 10-8　单击“更改图表类型”按钮

STEP 02：弹出“更改图表类型”对话框，单击“条形图”选项，在“条形图”选项面板中单击“簇状条形图”选项，如图 10-9 所示。

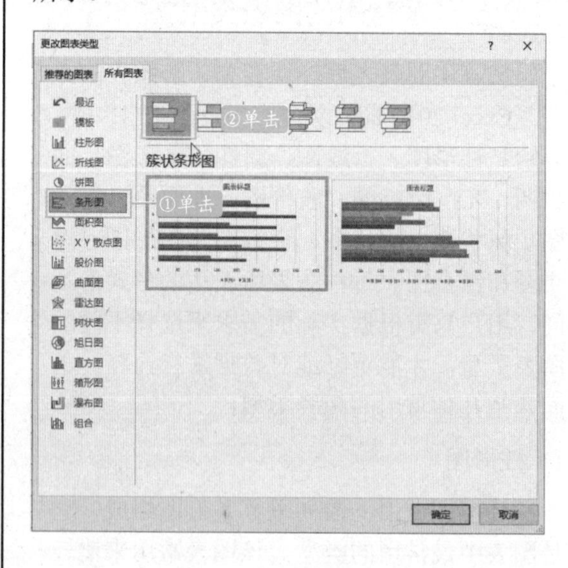

图 10-9　选择图表类型

STEP 03：单击“确定”按钮，返回工作表中，之前的折线图图表就变成了条形图图表，如图 10-10 所示。

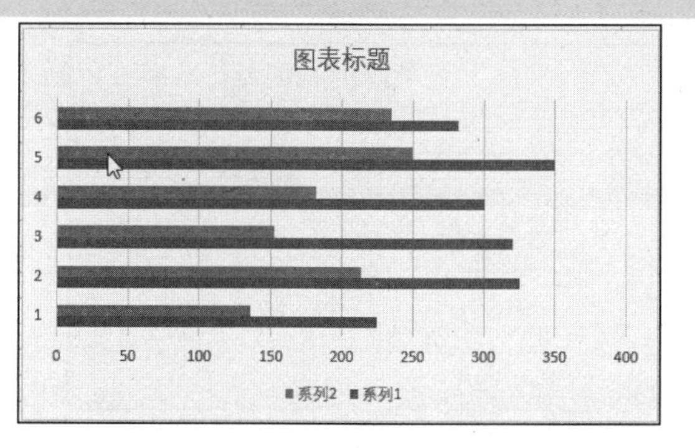

图 10-10　更改图表类型后的效果

10.2.3 添加与更改图表元素

对于图表中的每个元素，Excel 2016 工作表都为用户提供了多种样式。如果需要手动更改图表元素样式，可以先选择要更改的图表元素，然后直接套用形状样式库中已有的样式。

STEP 01：打开图表文件，切换到“图表工具-格式”选项卡，在“当前所选内容”选项组的“图表元素”列表框中选择“垂直（值）轴主要网格线”，单击“形状样式”选项组中的样式，如图 10-11 所示。

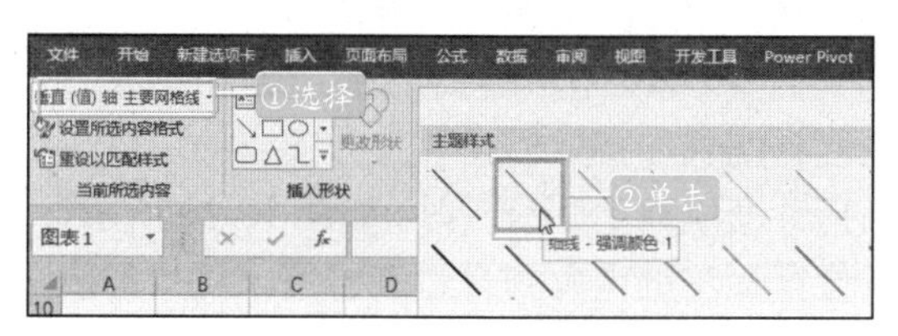

图 10-11　设置网格线样式

STEP 02：此时绘图区中的网格线就套用了选择的样式，效果如图 10-12 所示。

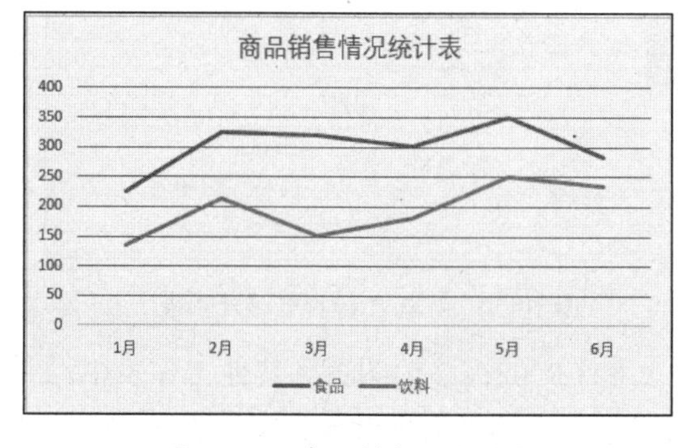

图 10-12　套用样式后的效果

STEP 03：在“图表元素”列表框中选择“垂直（值）轴标题”，单击“形状样式”选项组中的快翻按钮，在展开的样式库中选择样式，如图 10-13 所示。

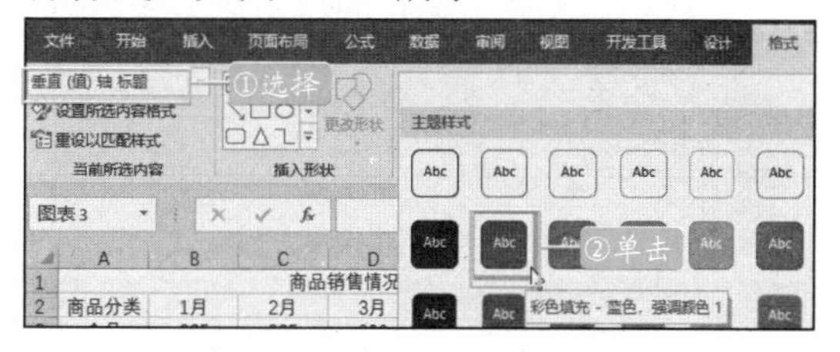

图 10-13　设置垂直轴标题样式

STEP 04：图表中的垂直轴标题套用了选择的样式，效果如图 10-14 所示。

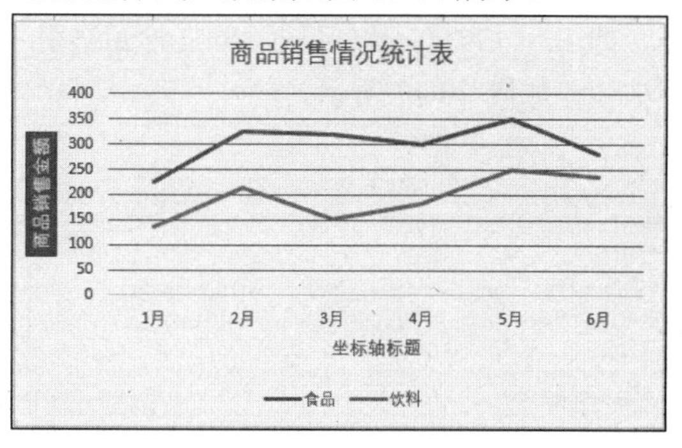

图 10-14　套用样式后的效果

10.2.4 更改图表数据源

图表数据源反映了图表数据与工作表数据之间的链接。当工作表中的数据源发生数据范围的变化时，就需要对已插入的图表更改其引用的数据源，通过更改图表的数据源可以使图表的内容更加符合要求。

STEP 01：打开图表文件，选中图表，切换到“图表工具-设计”选项卡，单击“数据”选项组中的“选择数据”按钮，如图 10-15 所示。

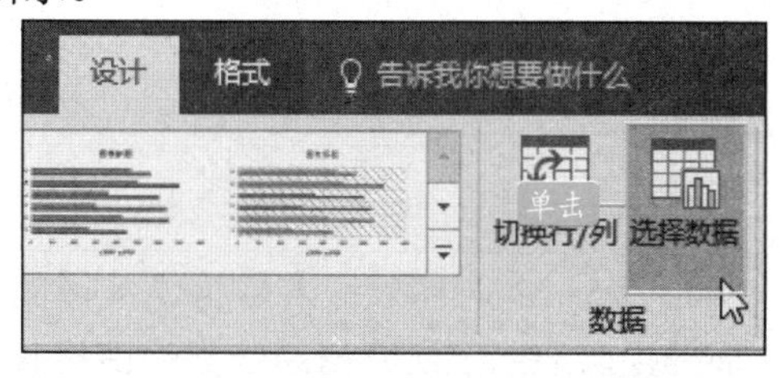

图 10-15　单击“选择数据”按钮

STEP 02：弹出“选择数据源”对话框，单击“图表数据区域”单元格引用按钮，如

图 10-16 所示。

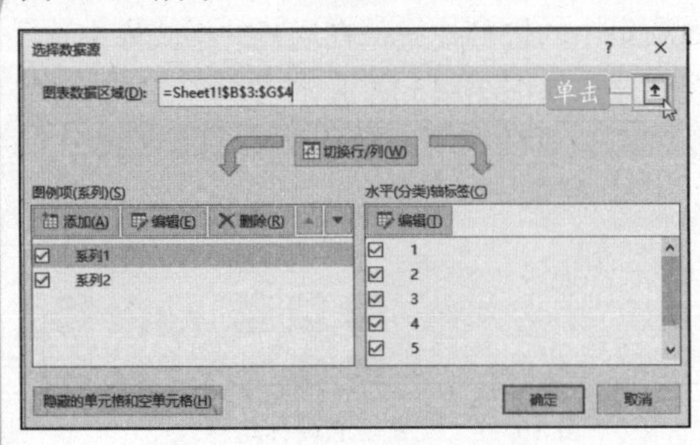

图 10-16　设置“图表数据区域”

STEP 03：选择所有商品分类的数据区域，即 B3：G9 单元格区域，单击单元格引用按钮，如图 10-17 所示。

商品销售情况统计表

商品分类	1月	2月	3月	4月	5月	6月
食品	225	325	320	301	350	282
饮料	135	213	152	182	250	235
烟酒	225	324	423	362	325	350
文具	112	123	145	142	104	152
日用品	523	562	432	478	520	452
服装	332	442	532	452	380	368
化妆品	456	556	460	545	452	547

①选择

选择数据源

=Sheet1!$B$3:$G$9　②单击

图 10-17　选择数据区域内容

STEP 04：返回到“选择数据源”对话框中，此时在“图表数据区域”文本框中已经引用了新的数据源地址。单击“切换行/列”按钮，将图例项和水平轴标签交换位置，单击“确定”按钮，如图 10-18 所示。

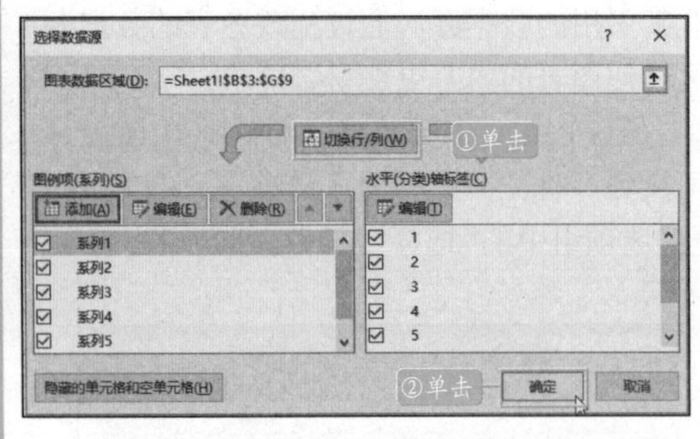

图 10-18　单击“切换行/列”按钮

STEP 05：此时图表跟着数据源区域的变化而变化，显示了所有商品分类的销售数据，并且改变了图例项和水平轴标签，如图 10-19 所示。

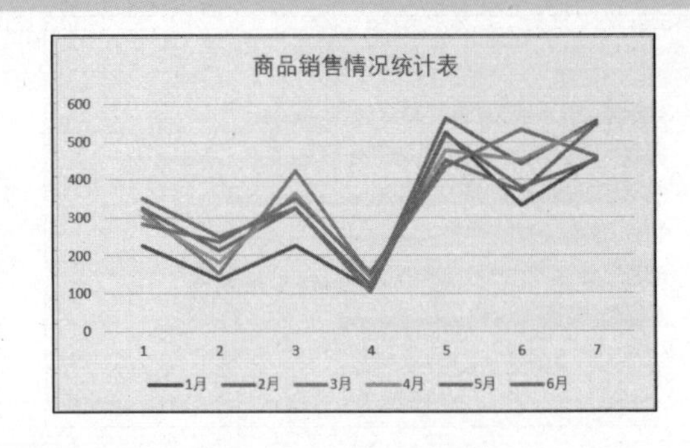

图 10-19　图表效果图

◆◆提示

如果用户更改了数据区域中的数值，使数据区域中的数据值发生变化的时候，图表中的数据会自动发生相应的变化。

10.2.5　移动与复制图表

用户可以通过移动图表来改变图表的位置，还可以通过复制图表将图表添加到其他工作表或其他文件中。

1.移动图表

如果创建的图表不符合工作表的布局要求，就要通过移动图表来解决。

STEP 01：在同一工作表中移动图表。先选择图表，将鼠标指针放在图表的边缘，当指针变成双十字箭头时，如图 10-20 所示，按住鼠标左键拖曳到合适的位置，然后释放即可。

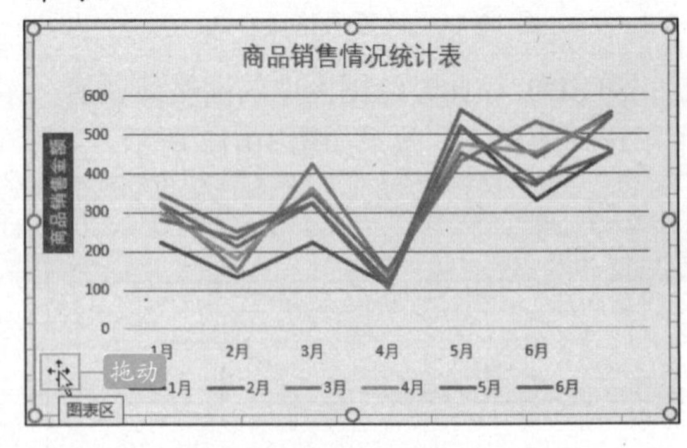

图 10-20　拖动鼠标指针移动图表

STEP 02：移动图表到其他工作表中。选中图表，在“图表工具-设计”选项卡中，单击“位置”选项组中的“移动图表”按钮，在弹出的“移动图表”对话框中选择图表移动的位置后，如单击“新工作表”单选项，在文本框中输入新工作表名称，单击“确定”按钮即可，如图 10-21 所示。

图 10-21 选择移动图表放置的位置

2.复制图表

要将图表复制到另外一个工作表中的具体方法如下：

STEP 01：在要复制的图表上右键单击，在弹出的快捷菜单中选择“复制”命令，如图 10-22 所示。

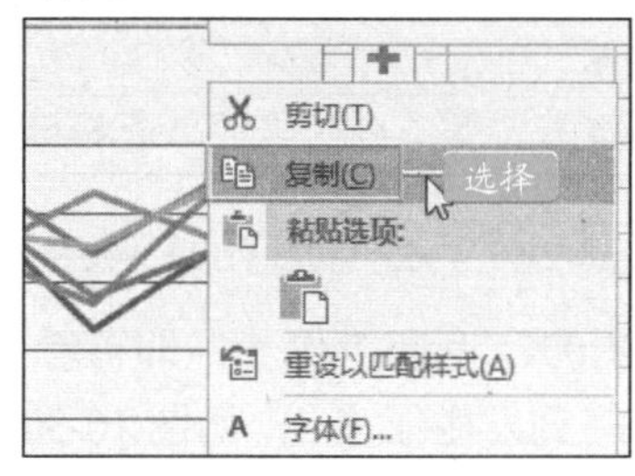

图 10-22 选择“复制”命令

STEP 02：在新的工作表中右键单击，然后在弹出的快捷菜单中选择“粘贴”命令，即可将图表复制到新的工作表中，如图 10-23 所示。

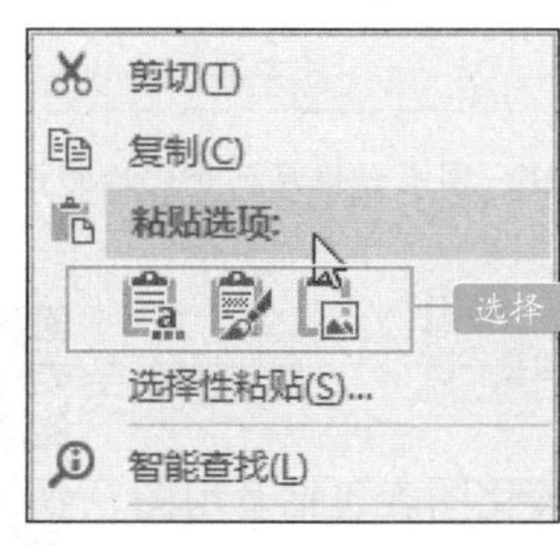

图 10-23 粘贴图表

10.2.6 调整图表大小

图表通常浮于工作表上方，可能会挡住其中的数据，这样不利于数据的查看，此时就需要对图表的大小进行调整。

STEP 01：选择图表，图表周围会显示浅绿色边框，同时出现 8 个控制点，鼠标指针放上变成双向箭头时单击并拖曳控制点，可以调整图表的大小，如图 10-24 所示。

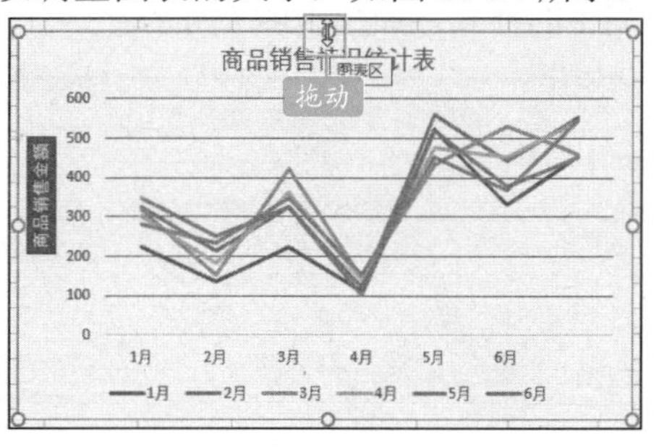

图 10-24 拖动鼠标调整图表大小

STEP 02：如要精确地调整图表的大小，在“图表工具-格式”选项卡的“大小”选项组中，然后在“形状高度”和“形状宽度”微调框中输入图表的高度和宽度值，按【Enter】确认即可，如图 10-25 所示。

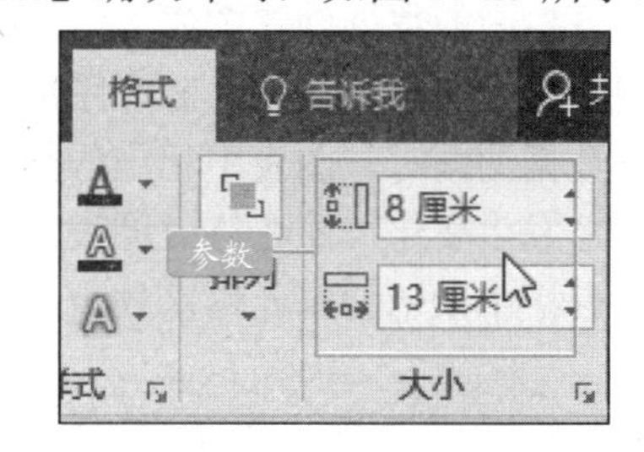

图 10-25 精确调整图表大小

10.2.7 设计图表布局

在 Excel 2016 工作表中包含有许多预设的图表布局，不同的图表布局表现在图表中各元素之间的相对位置不同。

STEP 01：打开图表文件，切换到“图表工具-设计”选项卡，在“图表布局”选项组中单击“快速布局”按钮，在展开的列表中选择“布局 1”，如图 10-26 所示。

初识Office
Word基本操作
文档排版美化
文档图文混排
表格图表使用
文档高级编辑
Excel基本操作
数据分析处理
公式函数使用
Excel图表使用
PPT基本操作
幻灯片的美化
PPT动画与放映
Office协同应用

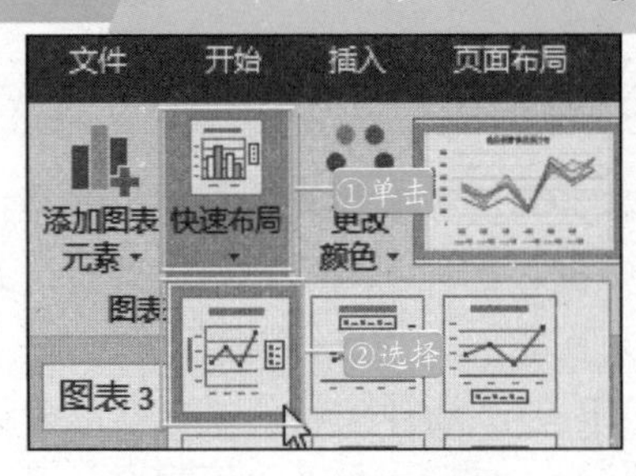

图 10-26　选择图表布局

STEP 02：此时，图表的整体布局变成了布局 1 的样式，如图 10-27 所示。

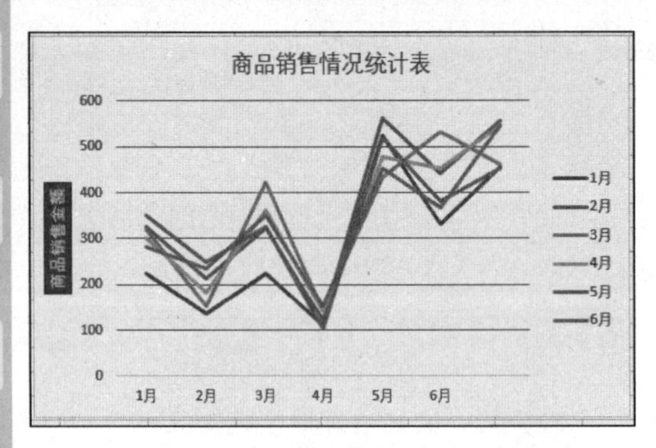

图 10-27　图表布局调整后的效果

10.2.8　交换图表的行和列

利用表格中的数据创建图表后，图表中的数据与表格中的数据就是动态联系的，即修改表格数据的同时，图表中相应的数据系列也会随之发生变化；而在修改图表中的数据源时，表格中所选的单元格区域也会发生改变。

STEP 01：在工作表中单击插入的图表，单击右侧的“图表筛选器”按钮，在展开的列表中单击“选择数据”超链接，如图 10-28 所示。

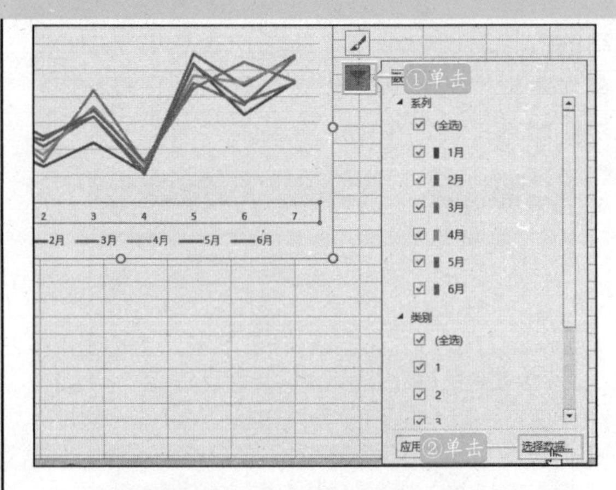

图 10-28　单击“选择数据”超链接

STEP 02：弹出“选择数据源”对话框，单击“切换行/列”按钮，在下面左右两个列表框中的内容将交换位置，单击“确定”按钮，如图 10-29 所示。

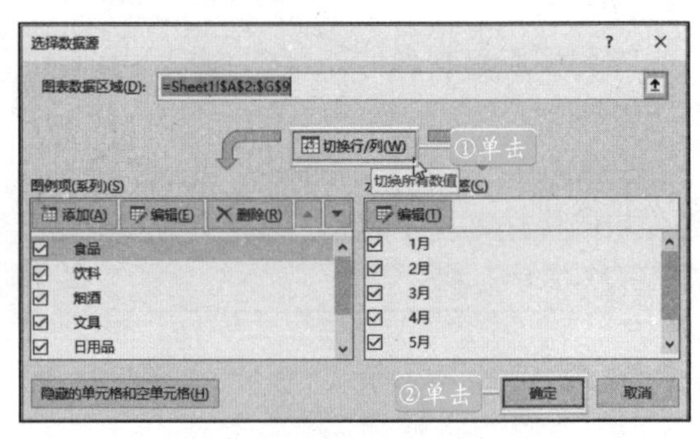

图 10-29　单击“切换行/列”按钮

STEP 03：返回工作表，即可看到图表中的数据序列发生了变化，如图 10-30 所示。

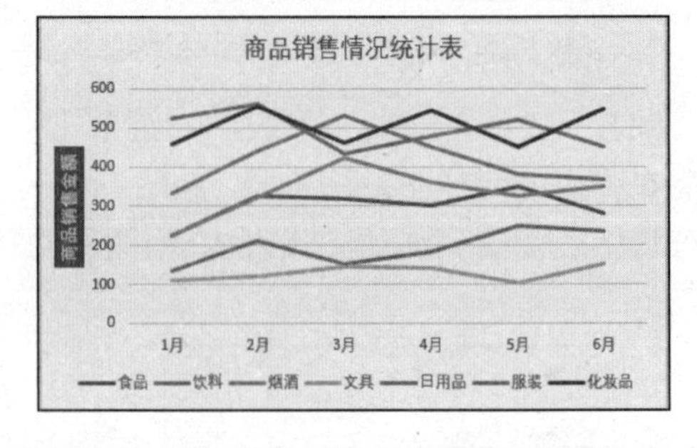

图 10-30　图表数据序列变化后的效果

10.3　美化图表

要让图表看起来更美观，就需要用户对图表进行美化，美化图表包括套用图表样式、设置图表各元素的格式和样式以及设置图表中文字的效果等。

10.3.1 套用图表样式

图表样式是指图表中数据系列的样式，套用图表样式就是指在图表样式库中选择需要的样式来美化图表。

STEP 01：选中图表，切换到“图表工具-设计”选项卡，单击“图表样式”选项组中的快翻按钮，在展开的样式库中选择“样式 11”样式，如图 10-31 所示。

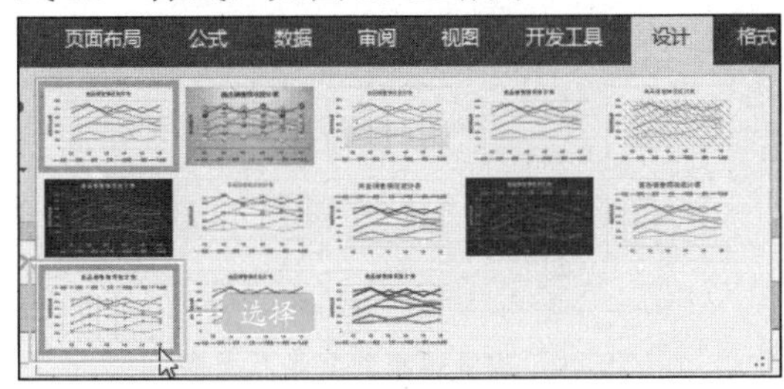

图 10-31 设置图表样式

STEP 02：此时应用了预设的图表样式，图表的外观更为美观，如图 10-32 所示。

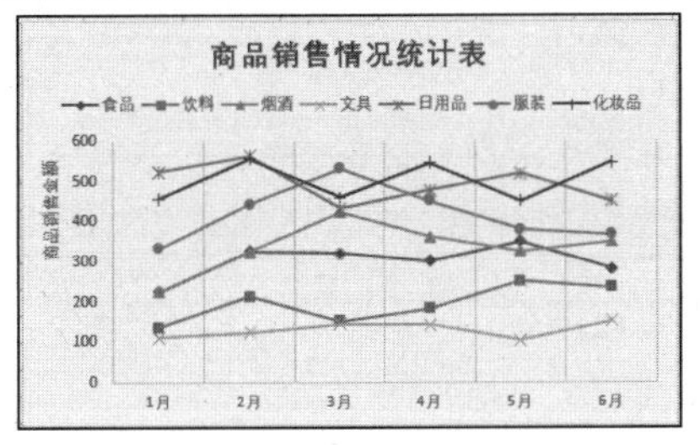

图 10-32 应用图表样式后的效果

10.3.2 设置图表区和绘图区样式

图表中的图表区和绘图区的样式也可以进行设置。

STEP 01：选中图表，切换到“图表工具-格式”选项卡，在“当前所选内容”选项组中设置图表元素为“图表区”，在“形状样式”选项组中的样式库中选择“彩色轮廓-蓝色，强调颜色 1”样式，如图 10-33 所示。

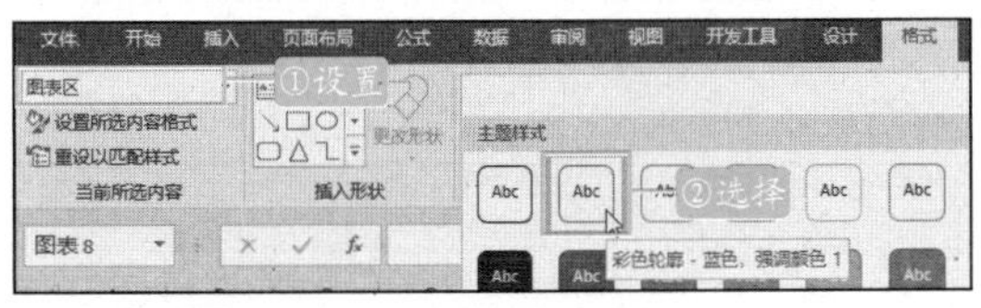

图 10-33 设置图表区的形状样式

STEP 02：此时为图表区快速添加了一个蓝色的边框，图表的外围迅速得到美化，如图 10-34 所示。

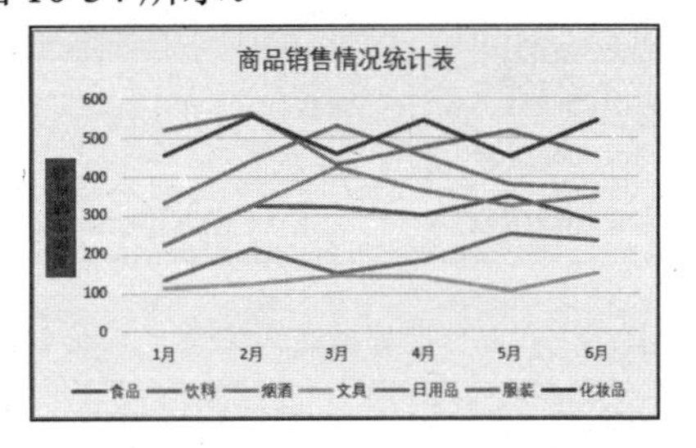

图 10-34 图表区应用样式后的效果

STEP 03：在“当前所选内容”选项组中设置图表元素为“绘图区”，单击“形状样式”选项组中的快翻按钮，在展开的样式库中选择“细微效果-蓝色，强调颜色 1”样式，如图 10-35 所示。

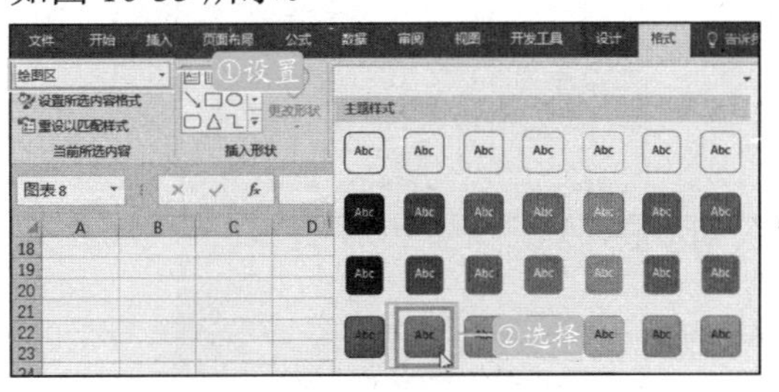

图 10-35 设置绘图区的形状样式

STEP 04：此时为绘图区应用了现有的样式，如图 10-36 所示。

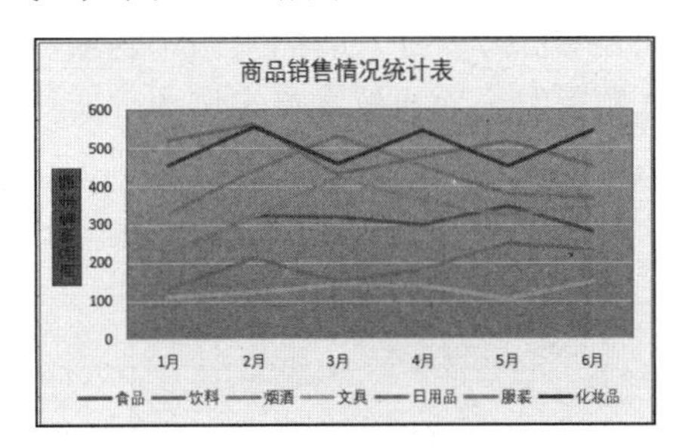

图 10-36 绘图区应用样式后的效果

10.3.3 设置图表图例格式

图例由图例项和图例标识组成，用于辨别各数据系列所代表的含义。图例的格式包括图例选项、图例填充、边框格式等内容。

STEP 01：选中图表，切换到“图表工具-格式”选项卡，在“当前所选内容”选项组中设置图表元素为“图例”，单击“设置所选内容格式”按钮，如图 10-37 所示。

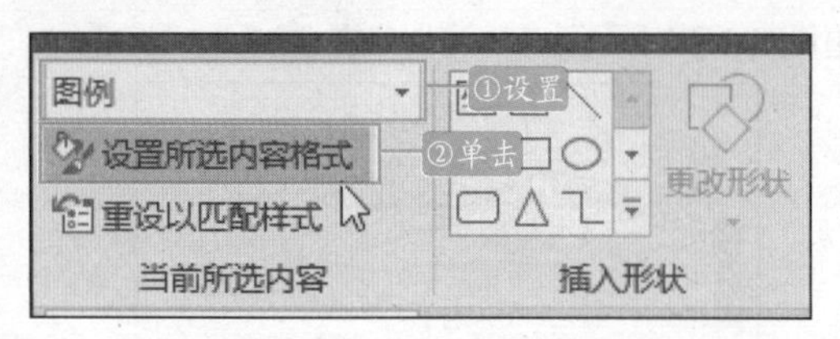

图 10-37 单击“设置所选内容格式”按钮

STEP 02：弹出“设置图例格式”窗格，单击“填充与线条”选项，在“填充”选项面板中，单击选中“纯色填充”单选按钮，设置颜色为“蓝色，个性色 1，淡色 80%”，如图 10-38 所示。

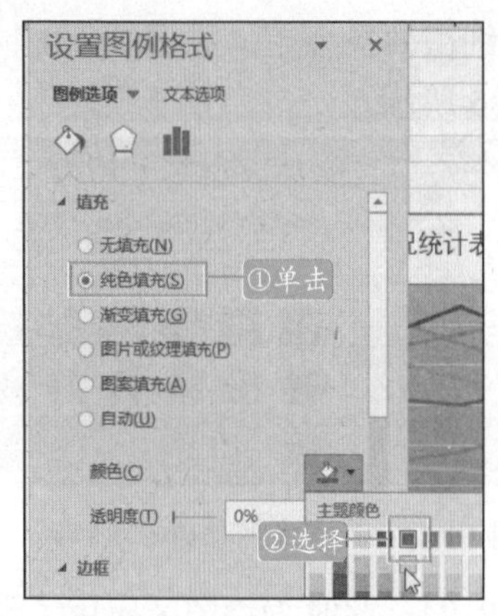

图 10-38 设置图例的填充颜色

STEP 03：单击“边框颜色”选项，在“边框颜色”选项面板中单击选中“实线”单选按钮，设置颜色为“红色”，如图 10-39 所示。

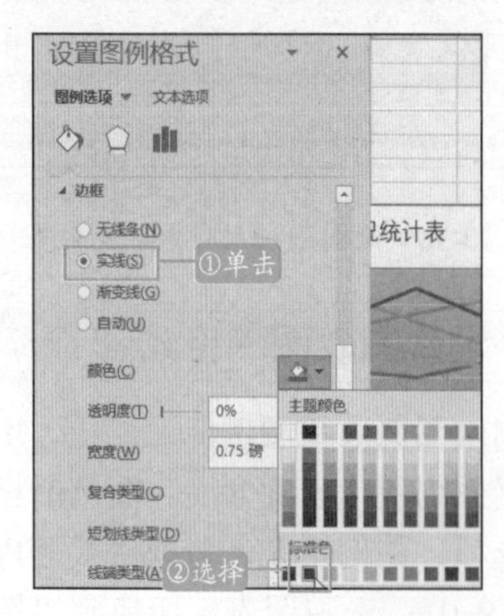

图 10-39 设置图例的边框颜色

STEP 04：单击“边框样式”选项，在边框样式面板中设置边框的宽度为“2.25 磅”，单击“短划线类型”右侧的下三角按钮，在展开的样式库中选择“圆点”样式，如图 10-40 所示。

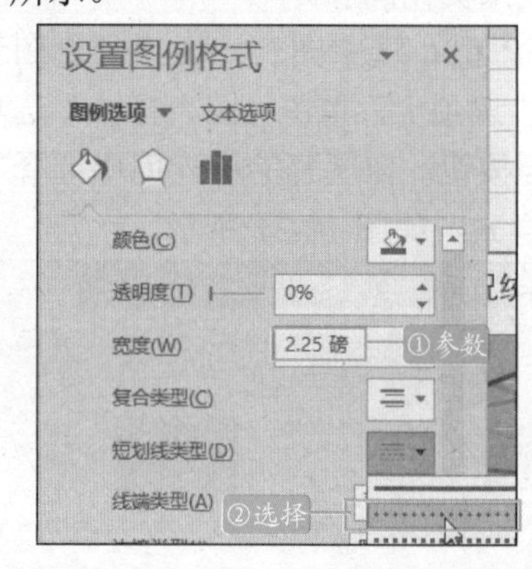

图 10-40 设置边框线宽度及类型

STEP 05：关闭“设置图例格式”窗格，返回到工作表，此时可以看到设置好的图例格式效果，如图 10-41 所示。

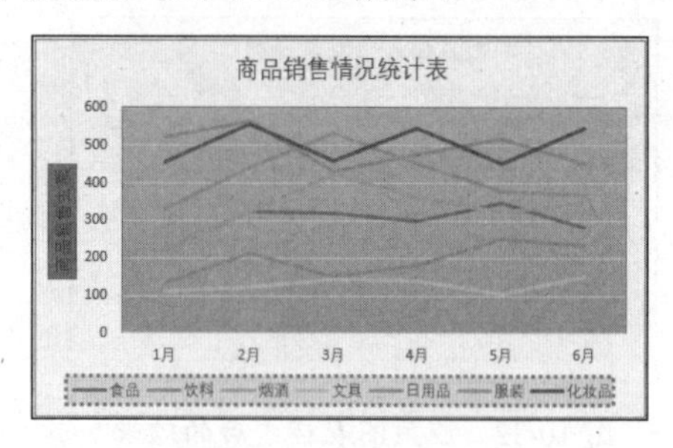

图 10-41 设置好的图例效果

10.3.4 设置数据系列格式

设置数据系列格式，可以改变数据系列的形状和颜色，将其与其他数据系列区分开。

STEP 01：选中图表，切换到“图表工具-格式”选项卡，在“当前所选内容”选项组中设置图表元素为“系列‘食品’”，单击“设置所选内容格式”按钮，如图 10-42 所示。

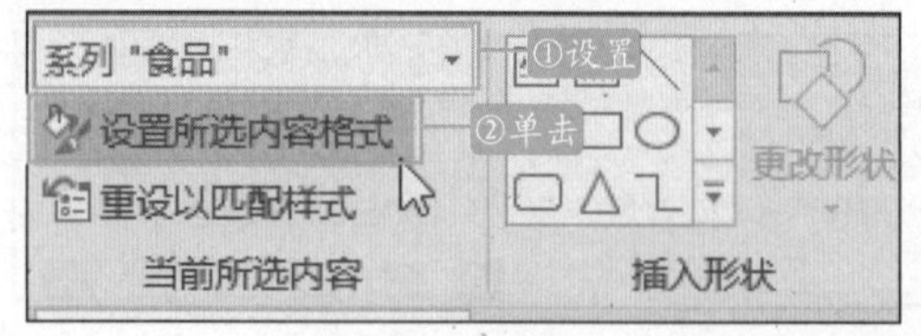

图 10-42 单击“设置所选内容格式”按钮

STEP 02：弹出“设置数据系列格式”窗格，单击“系列选项”选项，在“柱体形状”选项区中，单击选中“部分棱锥”单选按钮，如图 10-43 所示。

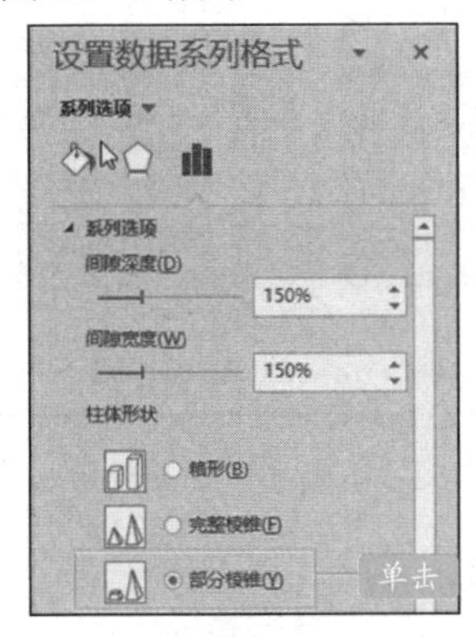

图 10-43 设置数据系列的柱体形状

STEP 03：单击“填充与线条”选项，在“填充”选项区中单击选中“纯色填充”单选按钮，选择填充颜色为“蓝色，个性色 1”，如图 10-44 所示。

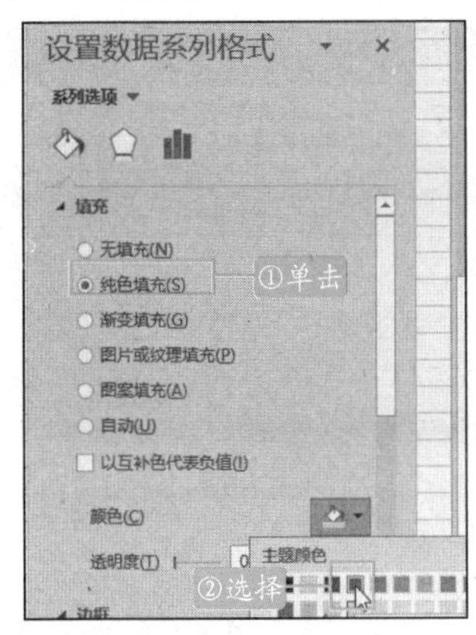

图 10-44 设置数据系列的填充颜色

STEP 04：单击“关闭”按钮后，返回到图表中，此时就能看到设置数据系列后的显示效果，如图 10-45 所示。

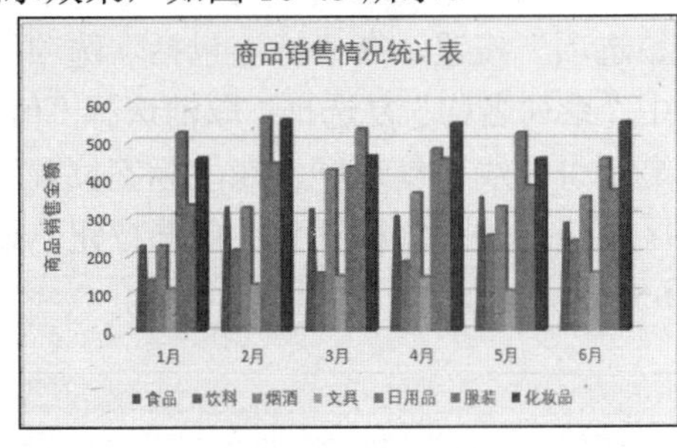

图 10-45 设置好后的数据系列效果

STEP 05：在“当前所选内容”选项组中设置图表元素为“系列‘文具’”，单击“形状样式”选项组中的“形状填充”下拉按钮，在展开的颜色库中选择“金色，个性色 4，深色 25%”，如图 10-46 所示。

图 10-46 设置形状填充颜色

STEP 06：此时，为“系列‘文具’”设置了填充颜色格式，如图 10-47 所示。

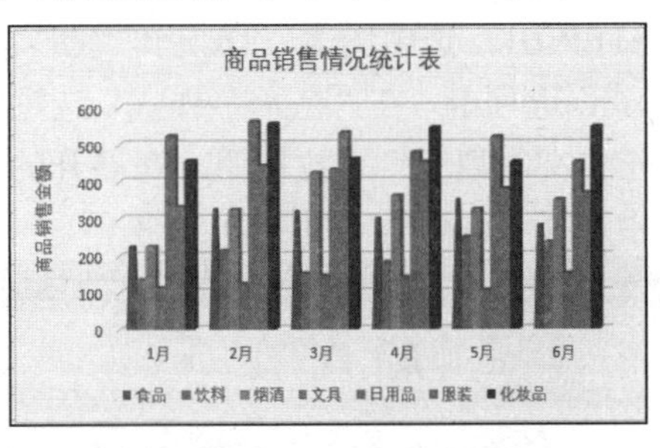

图 10-47 设置填充颜色后的效果

10.3.5 设置坐标轴样式

用户可以根据需要随意选择坐标轴的样式。

STEP 01：在“当前所选内容”选项组中设置图表元素为“垂直（值）轴”，单击“形状样式”选项组中的快翻按钮，在展开的样式库中选择“粗线，深色 1”样式，如图 10-48 所示。

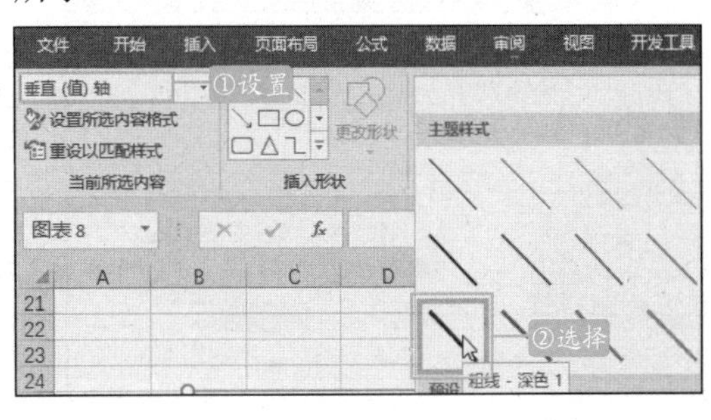

图 10-48 选择“垂直（值）轴”形状样式

STEP 02：设置好的坐标轴格式效果如图 10-49 所示。

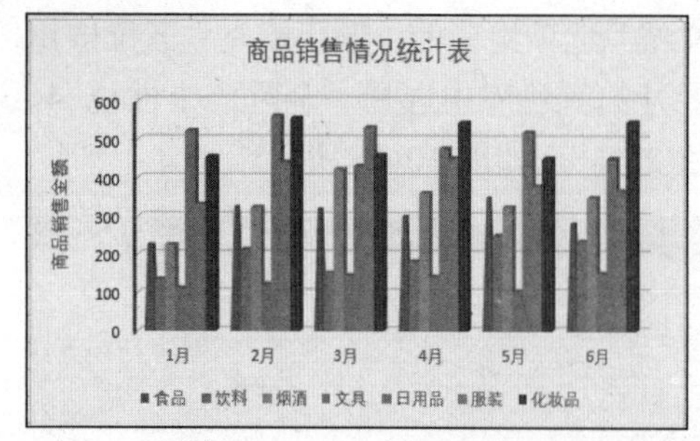

图 10-49　设置好后的坐标轴效果

10.3.6　设置文字效果

设置图表中的文字效果包括设置字体的填充颜色、阴影、映像等。

STEP 01：选中图表，切换到“图表工具-格式”选项卡，在“艺术字样式”选项组中单击“文本填充”下拉按钮，在展开的颜色库中选择“深蓝”，如图 10-50 所示。

图 10-50　设置图表中文字的填充颜色

STEP 02：改变文字的填充颜色后，设置文字的映像效果。在“艺术字样式”选项组中单击“文本效果”下拉按钮，在展开的下拉列表中选择“映像”|“半映像，接触”选项，如图 10-51 所示。

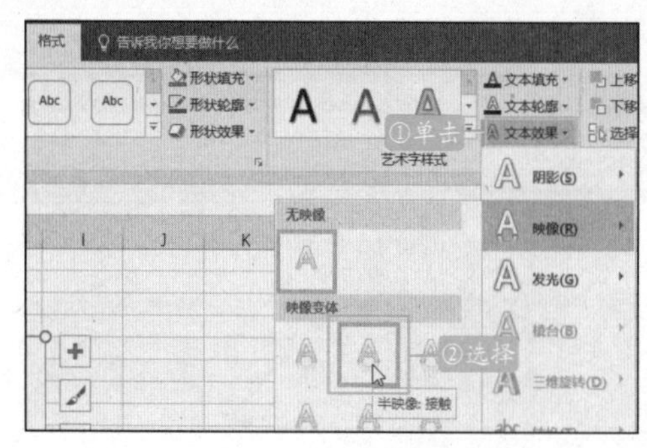

图 10-51　设置文字的映像效果

STEP 03：设置好图表中的文字效果后，图表更加美观、立体，如图 10-52 所示。

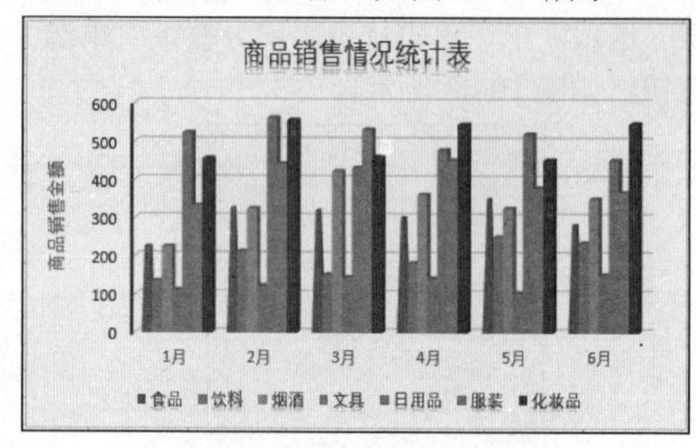

图 10-52　图表文字设置后的效果

10.3.7　添加数据标签

STEP 01：切换到“图表工具-设计”选项卡，单击“图表布局”选项组中的“添加图表元素”下拉按钮，在展开的下拉列表中选择“数据标签”|“其他数据标签选项”选项，如图 10-53 所示。

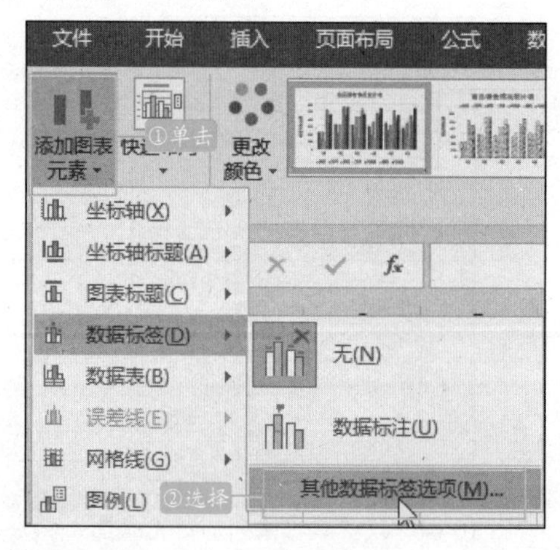

图 10-53　单击“其他数据标签选项”按钮

STEP 02：弹出“设置数据标签格式”窗格，切换到“标签选项”选项卡中，单击“标签选项”按钮，在“标签包括”选项区中选中“系列名称”复选框，取消选择“值”和“显示引导线”复选框，在“标签位置”选项区中选中“数据标签外”单选按钮，如图 10-54 所示。

图 10-54　设置数据标签样式参数

STEP 03：单击“关闭”按钮，关闭该窗格，即可修改一个系列，按照同样方法依次为所有系列添加数据标签，设置效果如图 10-55 所示。

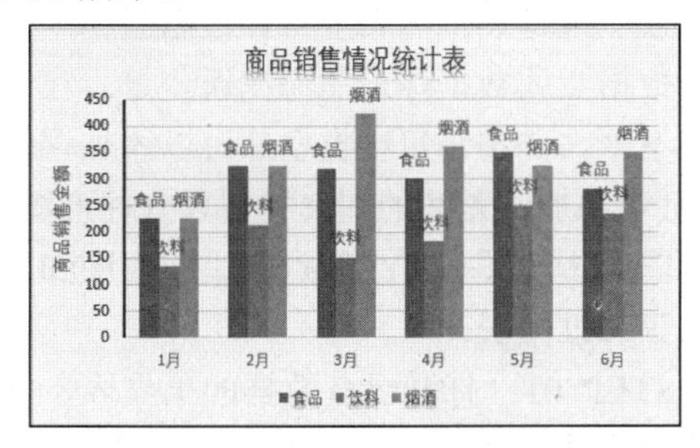

图 10-55　添加数据标签后的效果

10.3.8 设置数据系列颜色

数据系列是根据用户指定的图表类型以系列的方式显示在图表中的可视化数据，在分类轴上每一个分类都对应着一个或多个数据，并构成数据系列。设置数据系列的颜色既美观又直观。

STEP 01：单击图表，在“图表工具-设计”选项卡的“图表样式”选项组中单击“更改颜色”按钮，在展开的下拉列表的“彩色”栏中选择“彩色调色版 3”选项，如图 10-56 所示。

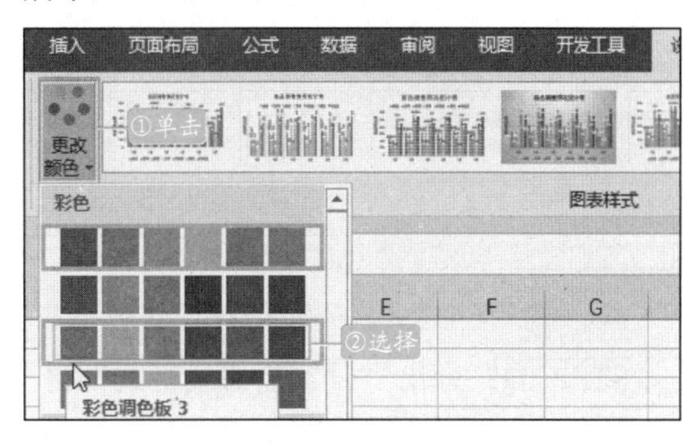

图 10-56　设置数据系列的颜色

STEP 02：返回工作表，即可看到为数据系列设置颜色的效果，如图 10-57 所示。

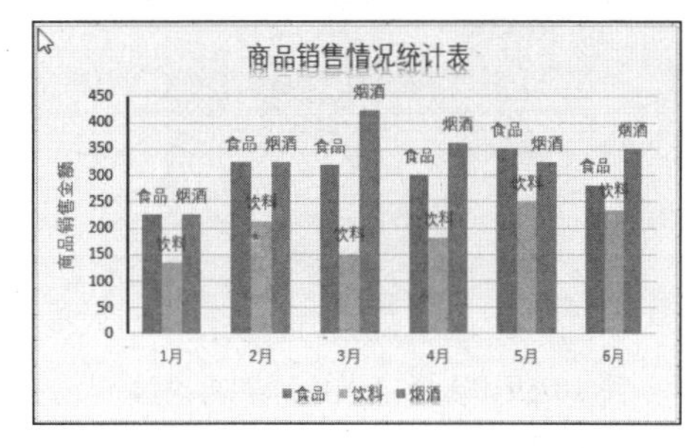

图 10-57　数据系列修改颜色后的效果

10.4　预测与分析图表数据

在工作表中插入了图表之后，就可以使用图表对工作表中的数据进行预测和分析。在预测和分析图表数据的时候，可以为图表添加趋势线和误差线，利用趋势线和误差线的功能来辅助分析数据的变化。

10.4.1 为图表添加趋势线

想要对图表做预测分析，可以为图表添加趋势线。在图表中添加趋势线可以预测工作表中数据的发展趋势，用户应该根据 R 的平方值来选择使用趋势线的类型。R 的平方值越接近“1”，说明趋势线越准确。

STEP 01：选中图表，切换到“图表工

初识Office
Word基本操作
文档排版美化
文档图文混排
表格图表使用
文档高级编辑
Excel基本操作
数据分析处理
分式函数使用
Excel图表使用
PPT基本操作
幻灯片的美化
PPT动画与放映
Office协同应用

具-设计”选项卡，单击“图表布局”选项组中的“添加图表元素”按钮，在展开的下拉列表中单击“趋势线”按钮，选择“其他趋势线选项”，如图 10-58 所示。

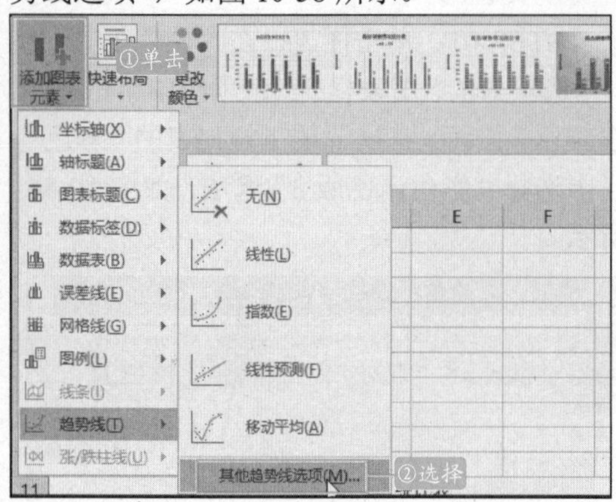

图 10-58　单击“其他趋势线选项”按钮

STEP 02：弹出“设置趋势线格式”窗格，单击“趋势线选项”，然后在“趋势线选项”选项区中单击“线性”单选按钮，如图 10-59 所示。

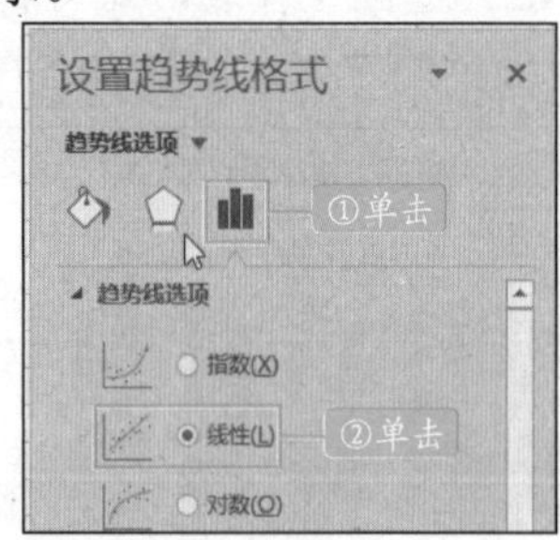

图 10-59　选择“线性”单选按钮

STEP 03：在“线条”选项区中单击“结尾箭头类型”右侧的下拉按钮，在展开的列表中单击“箭头”选项，如图 10-60 所示。

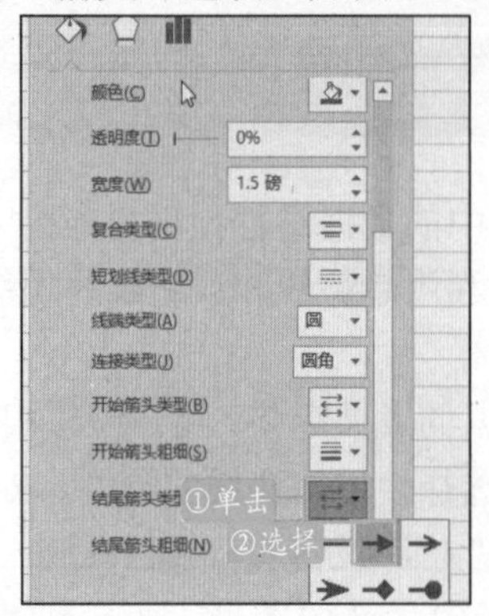

图 10-60　选择结尾箭头类型

STEP 04：单击“关闭”按钮后，在趋势线的后端添加了一个箭头，用于表示趋势发展的方向，如图 10-61 所示。

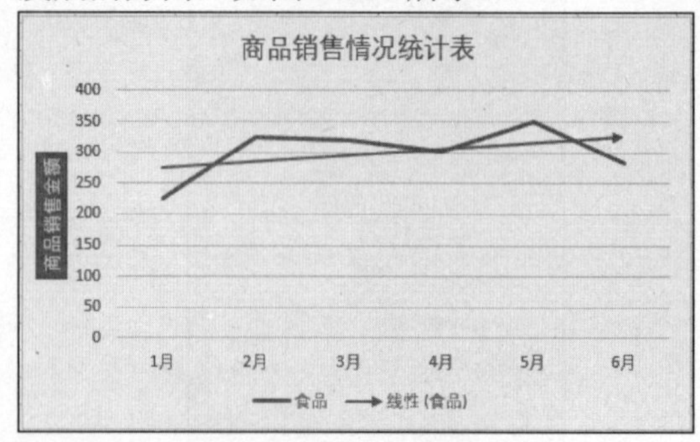

图 10-61　添加趋势线的效果

> **提示**
>
> 并不是所有的图表类型都可以添加趋势线，趋势线的应用范围包括柱形图、条形图、折线图、XY 散点图、面积图和气泡图等二维图表。

10.4.2　为图表添加误差线

误差线是表示图表上每种数据系列中的每个数据点或数据标记的潜在误差量。在图表类型中，并不是每种类型都可以添加误差线。可以添加误差线的图表类型只有柱形图、条形图、折线图、XY 散点图、面积图和气泡图等二维图表。

STEP 01：打开已有数据的工作表，需要变更图表的数据源，切换到“图表工具-设计”选项卡，单击“数据”选项组中的“选择数据”按钮，如图 10-62 所示。

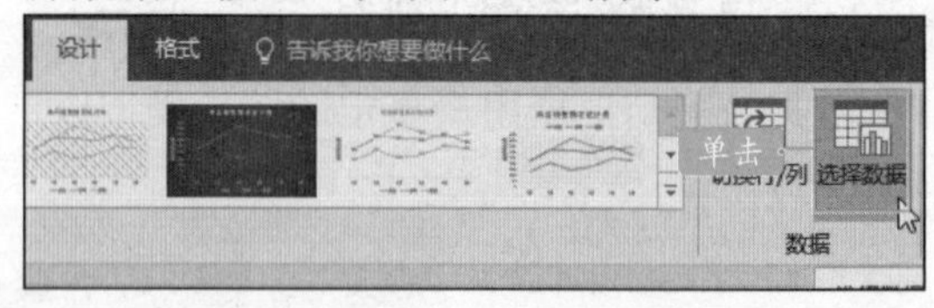

图 10-62　单击“选择数据”按钮

STEP 02：弹出“选择数据源”对话框，单击“图表数据区域”右侧的单元格引用按钮，重新选择数据区域，并单击“切换行/列”按钮，将图例项和水平轴标签交换位置，单击“确定”按钮，如图 10-63 所示。

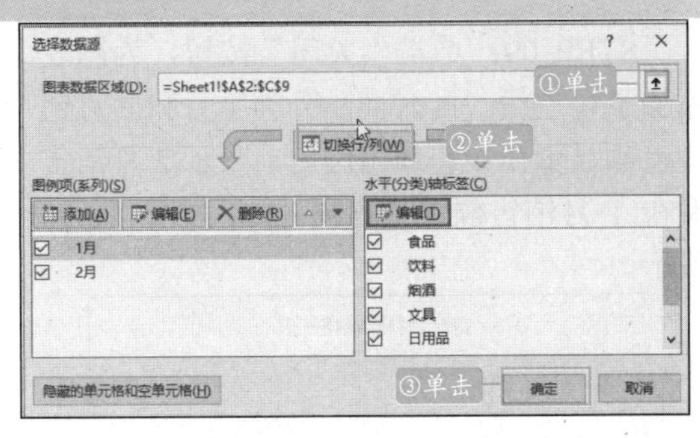

图 10-63 设置“选择数据源”参数

STEP 03：为了更好地观察误差，可将图表中的趋势线删除。切换到“图表工具-设计”选项卡，单击“图表布局”选项组中的“添加图表元素”按钮，在展开的下拉列表中单击“趋势线”按钮，选择“无”，如图 10-64 所示。

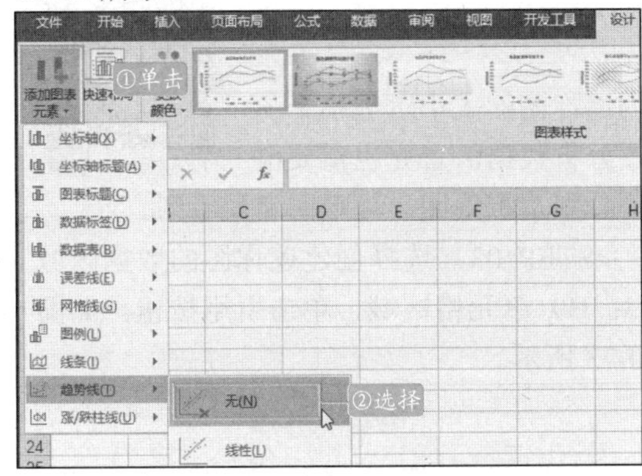

图 10-64 删除原来添加的趋势线

STEP 04：变更图表数据源并删除趋势线后效果如图 10-65 所示。

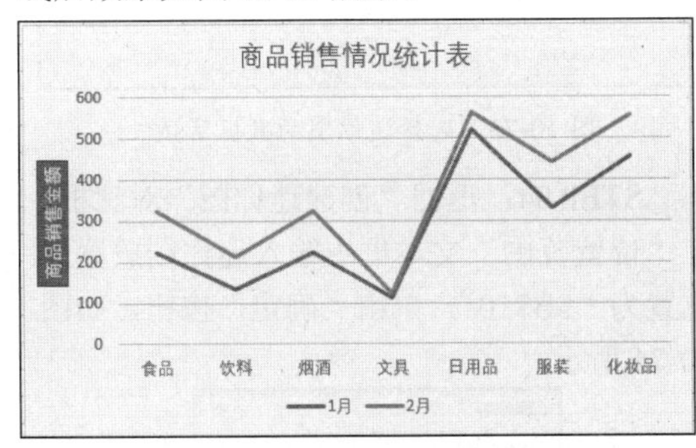

图 10-65 变更图表数据源及删除趋势线后的效果

STEP 05：在“图表工具-设计”选项卡的“图表布局”选项组中，单击“添加图表元素”按钮，在展开的列表中单击“误差线”按钮，选择“其他误差线选项”，如图 10-66 所示。

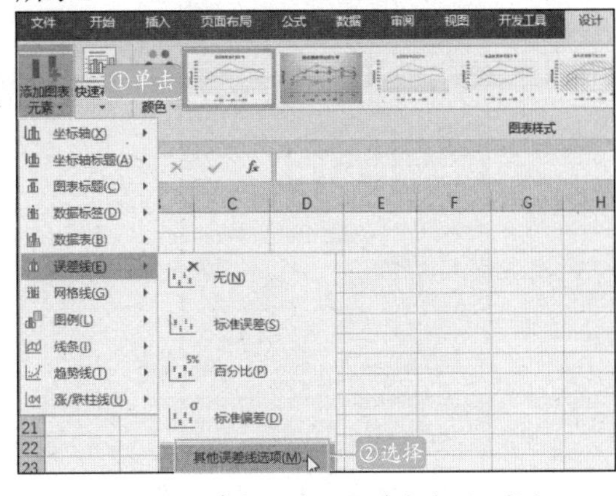

图 10-66 单击“其他误差线选项”按钮

STEP 06：弹出“添加误差线”对话框，选中“1 月”，单击“确定”按钮，如图 10-67 所示。

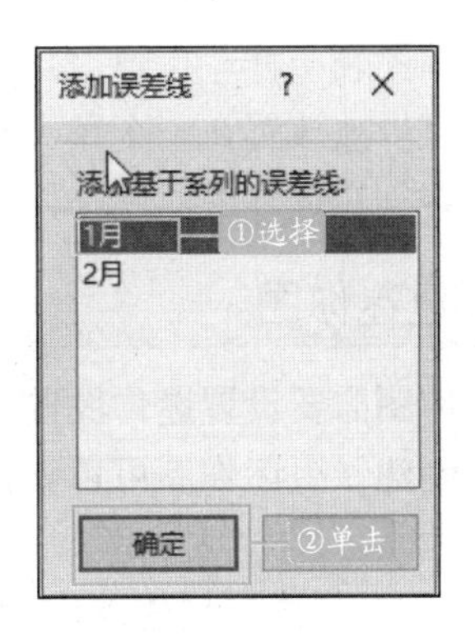

图 10-67 “添加误差线”对话框

STEP 07：弹出“设置误差线格式”窗格，在“垂直误差线”选项区中的“方向”选项区中，单击“正负偏差”单选按钮，如图 10-68 所示。

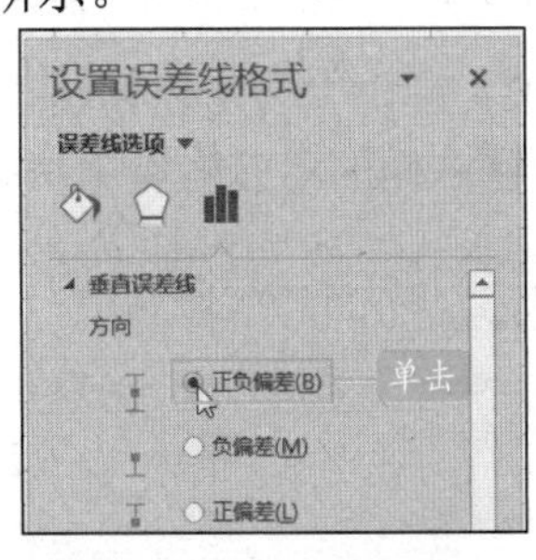

图 10-68 设置“垂直误差线”的方向

STEP 08：在“误差量”选项区中单击“固定值”单选按钮，设置误差量为“100”，如图 10-69 所示。

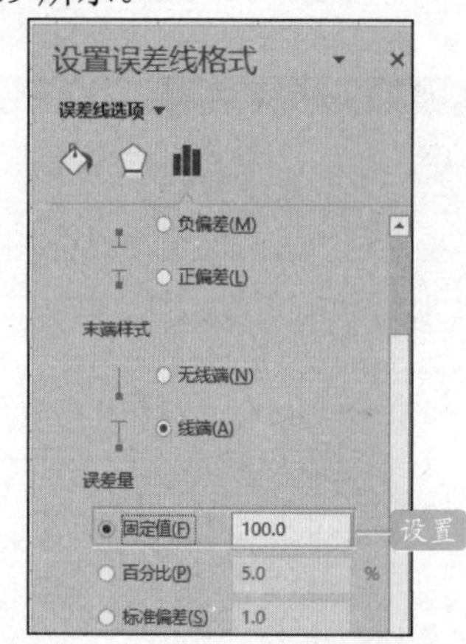

图 10-69　设置误差量的固定值

STEP 09：单击“关闭”按钮，为图表添加了误差线。此时商品分类 1 月和 2 月销售差额显示在误差线范围内，表示 2 月销售额在 1 月销售额误差范围之内，如图 10-70 所示。

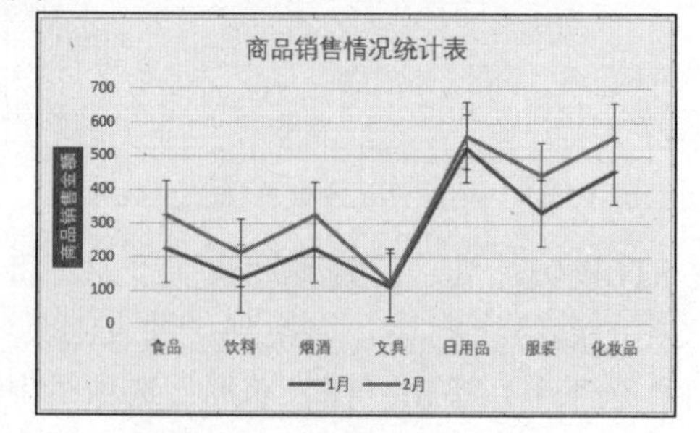

图 10-70　添加误差线后的效果

10.5 使用迷你图分析数据

扫码观看本节视频

迷你图和图表一样，也可以用于数据分析。因为迷你图的大小远远小于图表，所以它可以被放置在一个单元格中。利用迷你图分析数据，首先也需要根据分析的内容创建迷你图。迷你图的类型包括三种，分别是折线图、柱形图和盈亏图。

10.5.1 创建迷你图

创建迷你图需要设置迷你图的数据源和放置位置，创建一组迷你图可以通过填充的功能来实现。

STEP 01：打开需要创建迷你图的文件，切换到“插入”选项卡，单击“迷你图”选项组中的“柱形图”按钮，如图 10-71 所示。

图 10-71　单击“柱形图”按钮

STEP 02：弹出“创建迷你图”对话框，单击数据范围右侧的单元格引用按钮，如图 10-72 所示。

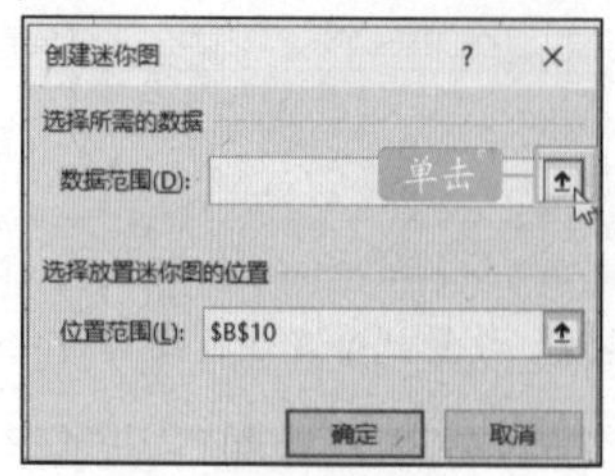

图 10-72　“创建迷你图”对话框

STEP 03：选择创建迷你图的数据区域 B3：B9 单元格区域，单击引用按钮，如图 10-73 所示。

	A	B	C	D	E	F	G
1	商品销售情况统计表						
2	商品分类	1月	2月	3月	4月	5月	6月
3	食品	225	325	320	301	350	282
4	饮料	135	213	152	182	250	235
5	烟酒	225	324	423	362	325	350
6	文具	112	①选择	145	142	104	152
7	日用品	523	562	432	478	520	452
8	服装	332	442	532	452	380	368
9	化妆品	456	556	460	545	452	547
10							
11							
12							
13							

创建迷你图　?　×
B3:B9　②单击

图 10-73　选择迷你图的数据区域

STEP 04：返回“创建迷你图”对话框，在“位置范围”文本框中输入迷你图放置的位置为“$B$10”，单击“确定”按钮，如图 10-74 所示。

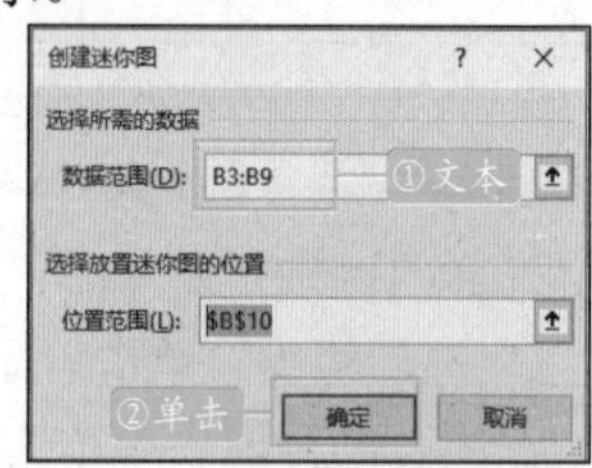

图 10-74　“创建迷你图”对话框

STEP 05：此时在 B10 单元格中创建了一个柱形迷你图，拖动 B10 单元格右下角的填充柄至 G10 单元格，如图 10-75 所示。

	A	B	C	D	E	F	G
1	商品销售情况统计表						
2	商品分类	1月	2月	3月	4月	5月	6月
3	食品	225	325	320	301	350	282
4	饮料	135	213	152	182	250	235
5	烟酒	225	324	423	362	325	350
6	文具	112	123	145	142	104	152
7	日用品	523	562	432	478	520	452
8	服装	332	442	532	452	380	368
9	化妆品	456	556	460	545	452	547
10						拖动	

图 10-75　创建其他柱形迷你图

STEP 06：释放鼠标后，就完成了工作表中所有迷你图的创建。此时 B10：G10 单元格区域中的迷你图自动组成一组迷你图组，如图 10-76 所示。

	A	B	C	D	E	F	G
1	商品销售情况统计表						
2	商品分类	1月	2月	3月	4月	5月	6月
3	食品	225	325	320	301	350	282
4	饮料	135	213	152	182	250	235
5	烟酒	225	324	423	362	325	350
6	文具	112	123	145	142	104	152
7	日用品	523	562	432	478	520	452
8	服装	332	442	532	452	380	368
9	化妆品	456	556	460	545	452	547
10	迷你图						

图 10-76　创建好的迷你图组效果

◆◆提示

生成迷你图组后，对组中任何一个迷你图的格式修改都将应用于所有单个迷你图。若要独立编辑某个迷你图，需要将其选中，然后在“迷你图工具-设计”选项卡，单击“编辑数据”下三角按钮，在展开的下拉列表中选择“编辑单个迷你图的数据”，之后再编辑就可以了。

10.5.2 更改迷你图类型

迷你图的三种类型都有其不同的适用范围：折线迷你图通常用于标识一行或一列单元格数值的变动趋势，柱形图则用来比较连续单元格中数值的大小，而盈亏图只显示当年是盈利还是亏损。用户可以根据实际需要来更改迷你图类型。

STEP 01：选中迷你图组中任意迷你图，切换到“迷你图工具-设计”选项卡，单击“类型”选项组中的“折线图”按钮，如图 10-77 所示。

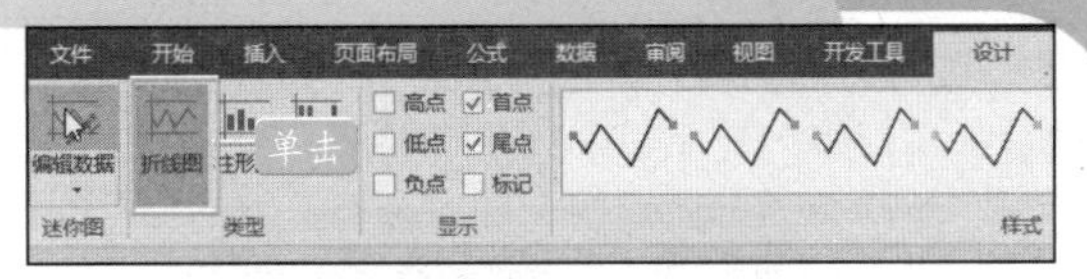

图 10-77　单击“折线图”按钮

STEP 02：此时，迷你图组由柱形图变成了折线图，如图 10-78 所示。

	A	B	C	D	E	F	G
1	商品销售情况统计表						
2	商品分类	1月	2月	3月	4月	5月	6月
3	食品	225	325	320	301	350	282
4	饮料	135	213	152	182	250	235
5	烟酒	225	324	423	362	325	350
6	文具	112	123	145	142	104	152
7	日用品	523	562	432	478	520	452
8	服装	332	442	532	452	380	368
9	化妆品	456	556	460	545	452	547
10	迷你图						

图 10-78　更改迷你图类型后的效果

10.5.3 突出显示迷你图的点

迷你图比图表多出的一项功能就是可以在图中显示出数据的高点、低点、负点、首点、尾点和标记，有利于分析数据。

STEP 01：选中迷你图，切换到“迷你图工具-设计”选项卡，勾选“显示”选项组中的“高点”和“低点”复选框，如图 10-79 所示。

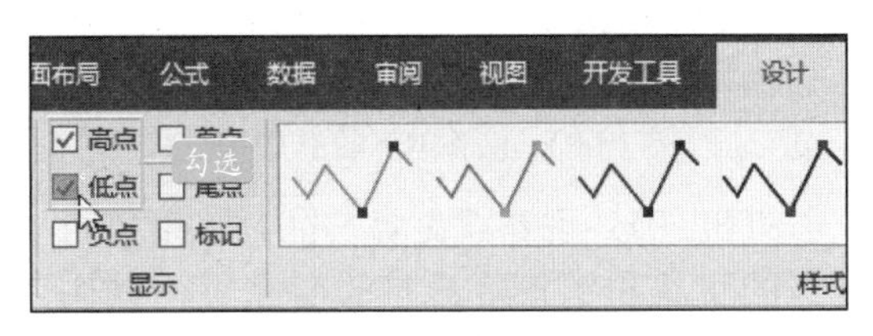

图 10-79　勾选迷你图的高点和低点复选框

STEP 02：此时在迷你图中标记出高点和低点的位置，如图 10-80 所示。

	A	B	C	D	E	F	G
1	商品销售情况统计表						
2	商品分类	1月	2月	3月	4月	5月	6月
3	食品	225	325	320	301	350	282
4	饮料	135	213	152	182	250	235
5	烟酒	225	324	423	362	325	350
6	文具	112	123	145	142	104	152
7	日用品	523	562	432	478	520	452
8	服装	332	442	532	452	380	368
9	化妆品	456	556	460	545	452	547
10	迷你图						

图 10-80　迷你图标记出高点和低位置的效果图

STEP 03：在“样式”选项组中单击“标记颜色”按钮，在展开的下拉列表中单击“高点”选项，选择“黑色”颜色，如图 10-81 所示。

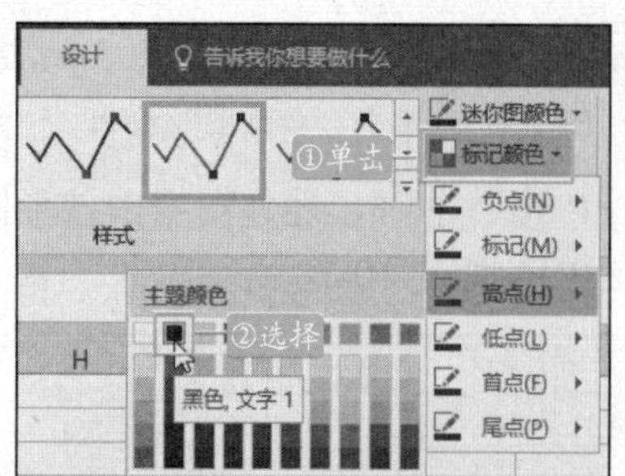

图 10-81　设置高点的颜色

STEP 04：设置好高点的颜色后，现在来设置低点的颜色，在“样式”选项组中单击“标记颜色”按钮，在展开的下拉列表中单击“低点”选项，选择“红色”颜色，如图 10-82 所示。

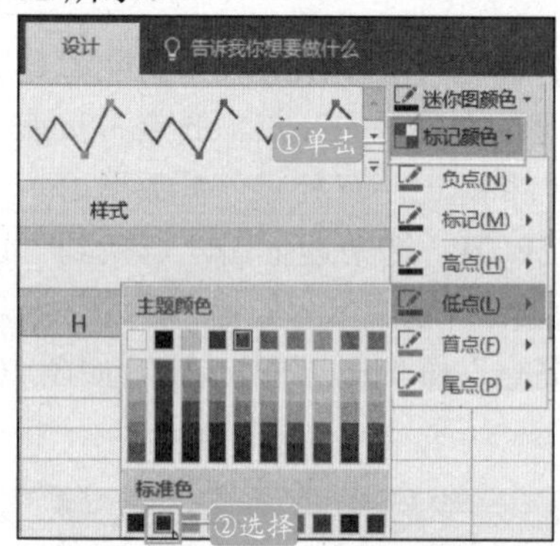

图 10-82　设置低点的颜色

STEP 05：现在就更容易区分出销售量最好的商品和销售量最差的商品了，如图 10-83 所示。

	A	B	C	D	E	F	G
1	商品销售情况统计表						
2	商品分类	1月	2月	3月	4月	5月	6月
3	食品	225	325	320	301	350	282
4	饮料	135	213	152	182	250	235
5	烟酒	225	324	423	362	325	350
6	文具	112	123	145	142	104	152
7	日用品	523	562	432	478	520	452
8	服装	332	442	532	452	380	368
9	化妆品	456	556	460	545	452	547
10	迷你图						

图 10-83　设置高点和低点后的效果

10.5.4 套用迷你图样式

为了美化迷你图，可以套用系统提供的迷你图样式，也可以单独设置迷你图的线条。

STEP 01：选中迷你图，切换到“迷你图工具-设计”选项卡，单击“样式”选项组中的“其他”快翻按钮，在展开的样式库中选择“深蓝，迷你图样式着色 6，深色 25%”样式，如图 10-84 所示。

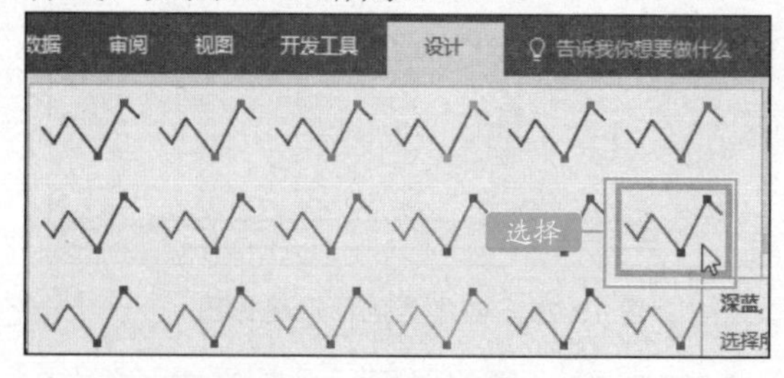

图 10-84　选择迷你图样式

STEP 02：此时迷你图就应用了设置好的样式，看起来更美观，如图 10-85 所示。

	A	B	C	D	E	F	G
1	商品销售情况统计表						
2	商品分类	1月	2月	3月	4月	5月	6月
3	食品	225	325	320	301	350	282
4	饮料	135	213	152	182	250	235
5	烟酒	225	324	423	362	325	350
6	文具	112	123	145	142	104	152
7	日用品	523	562	432	478	520	452
8	服装	332	442	532	452	380	368
9	化妆品	456	556	460	545	452	547
10	迷你图						

图 10-85　应用样式后的迷你图效果

STEP 03：为了使迷你图更突出，还可以改变线条的粗细。在“样式”选项组中单击“迷你图颜色”按钮，在展开的下拉列表中单击“粗细”选项，选择“2.25 磅”线条，如图 10-86 所示。

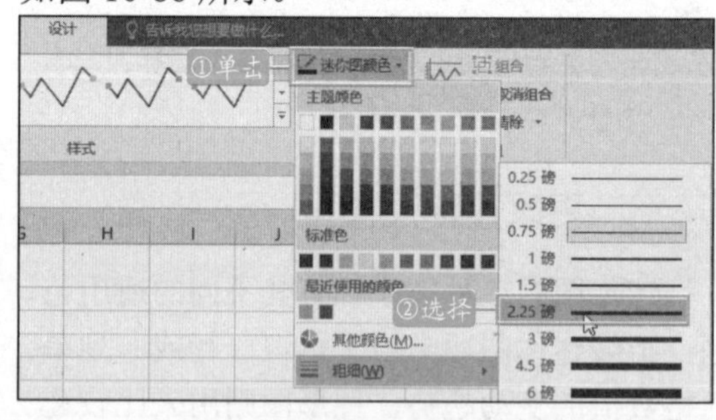

图 10-86　设置迷你图线条的粗细

STEP 04：此时就可以看到迷你图的效果，如图 10-87 所示。

	A	B	C	D	E	F	G
1	商品销售情况统计表						
2	商品分类	1月	2月	3月	4月	5月	6月
3	食品	225	325	320	301	350	282
4	饮料	135	213	152	182	250	235
5	烟酒	225	324	423	362	325	350
6	文具	112	123	145	142	104	152
7	日用品	523	562	432	478	520	452
8	服装	332	442	532	452	380	368
9	化妆品	456	556	460	545	452	547
10	迷你图						

图 10-87　迷你图更改线条后的效果

10.6 使用插图

在工作表中用户可以插入图片、剪贴画、自选图形等，这样图表看上去更专业，也使工作表更加生动形象。

10.6.1 插入图片

为了让图表更美观有个性，用户还可以选择合适的图片作为图表的背景。

STEP 01：选中图表，切换至“图表工具-格式”选项卡，单击“形状样式”选项组中的“形状填充”下拉按钮，在列表中选择“图片”选项，如图 10-88 所示。

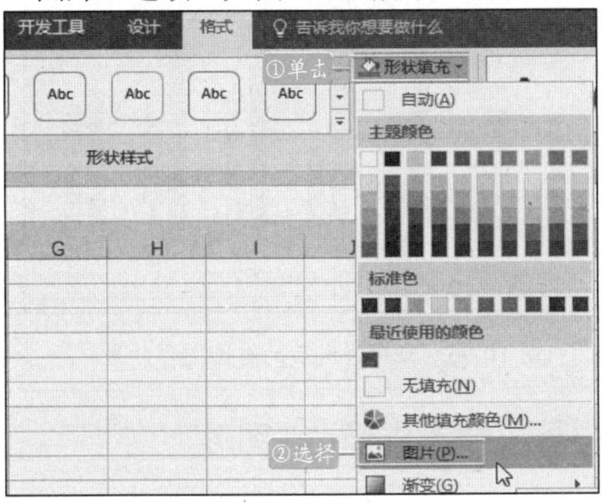

图 10-88 单击“图片”选项

STEP 02：在打开的“插入图片”面板中，单击“来自文件”右侧的“浏览”按钮，如图 10-89 所示。

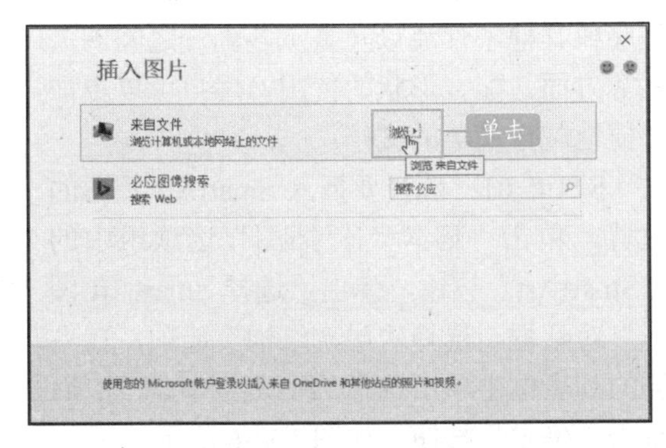

图 10-89 单击“浏览”按钮

STEP 03：在弹出的“插入图片”对话框中，选择所需的图片后，单击“插入”按钮，如图 10-90 所示。

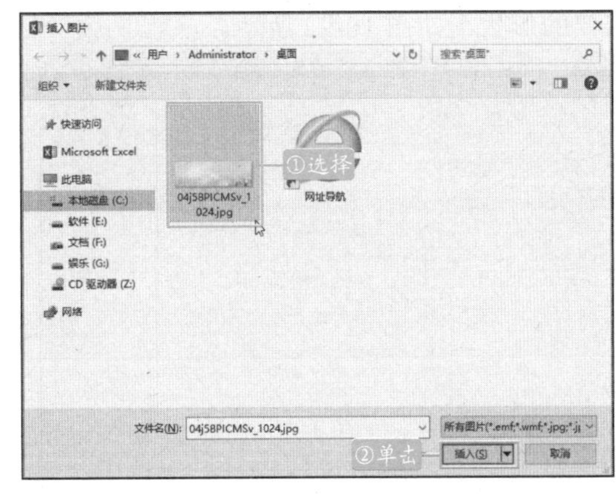

图 10-90 选择要插入的图片

STEP 04：返回工作表中，查看为图表添加背景图片的效果，如图 10-91 所示。

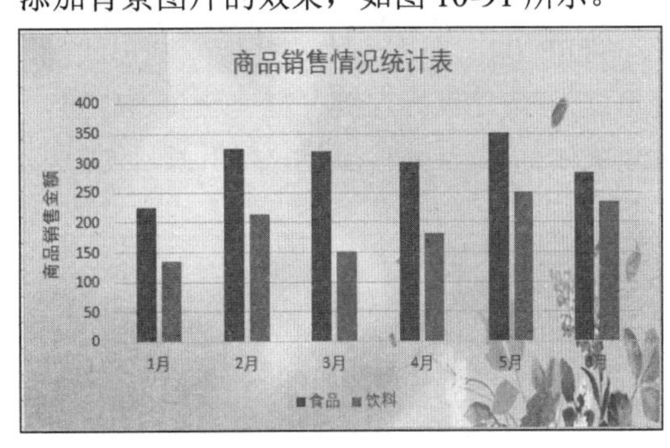

图 10-91 图表添加背景图片的效果

10.6.2 插入自选图形

在做 Excel 图表的时候，我们可以利用 Excel 自选图形标识特殊数据，如标注、爆炸形、箭头等，可以把图表的某些特殊数据重点标识出来，这样就便于图表使用者一目了然地发现问题，而没有必要从图表上寻找问题。

在向 Excel 图表插入自选图形时，一定要先选中图表，然后再插入自选图形，这样才能使自选图形与图表组合在一起，当移动图表时自选图形也跟着图表一起移动。如果没有先选择图表，那么插入的图形实际上是插入到工作表中，并没有真正放到图表上。

STEP 01：选择要插入自选图形的位置，在“插入”选项卡的“插图”选项组中，单击“形状”按钮，在展开的形状列表中选择需要的形状，如图 10-92 所示。

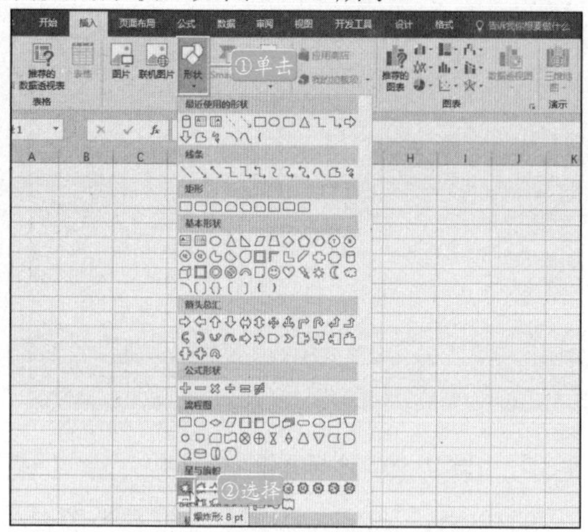

图 10-92　选择要插入图表中的形状

STEP 02：在图表中选择要绘制形状的起始位置，按住鼠标左键并拖曳至合适位置，松开鼠标左键，即可完成形状的绘制，如图 10-93 所示。

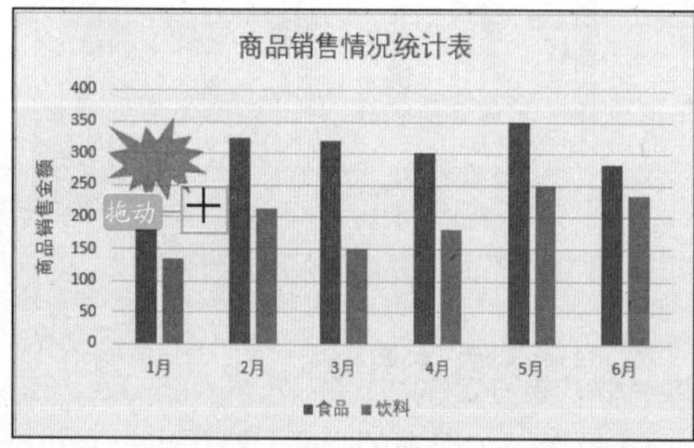

图 10-93　绘制自选图形

STEP 03：选中绘制好的形状，在“绘图工具-格式”选项卡的“形状样式”选项组中对自选图形的格式进行设置，使其与图表相协调，并突出其说服力，如图 10-94 所示。

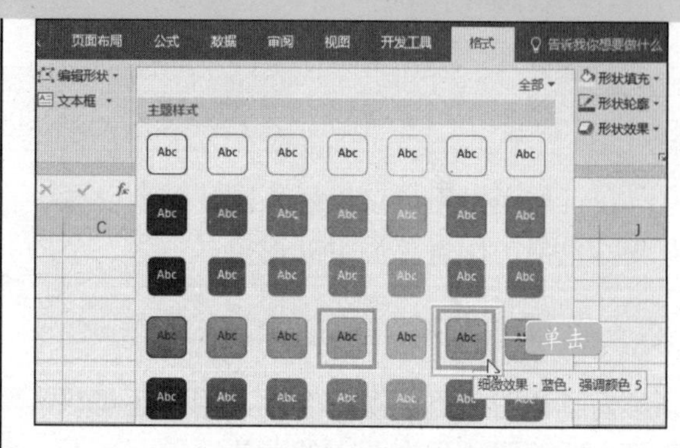

图 10-94　选择形状样式

STEP 04：设置好后的效果，如图 10-95 所示。

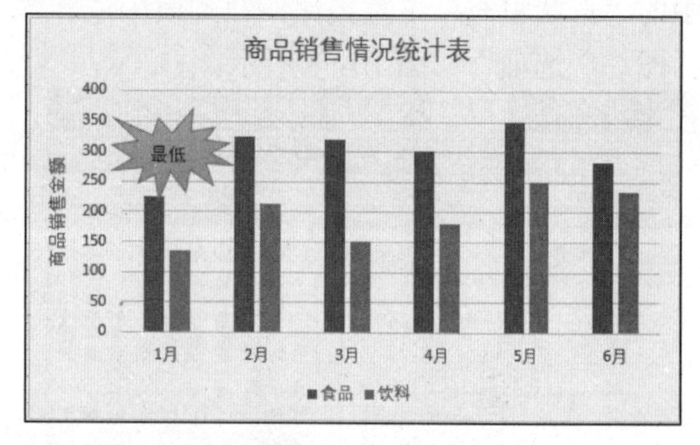

图 10-95　应用样式后的自选图形效果

10.6.3 插入 SmartArt 图形

SmartArt 图形是数据信息的艺术表示形式，用户可以在多种不同的布局中创建 SmartArt 图形。SmartArt 图形主要应用在创建组织结构图、显示层次关系、演示过程或者工作流程的各个步骤或阶段、显示过程、程序或其他事件流以及显示各部分之间的关系等方面。配合形状的使用，用户可以更加快捷地制作精美的文档。

STEP 01：选择要插入 SmartArt 图形的位置，单击“插入”|“插图”选项组中的“SmartArt”按钮，弹出“选择 SmartArt 图形”对话框，选择“层次结构”选项，在右侧的列表框中单击选择“组织结构图”选项，单击“确定”按钮，如图 10-96 所示。

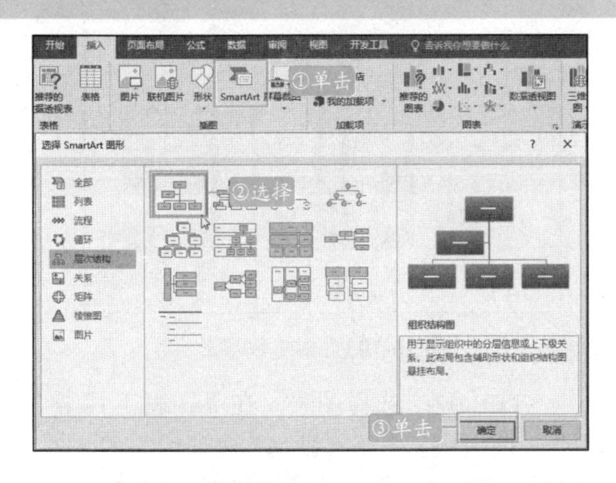

图 10-96 选择 SmartArt 图形类型

STEP 02：即可在工作表中插入 SmartArt 图形，如图 10-97 所示。

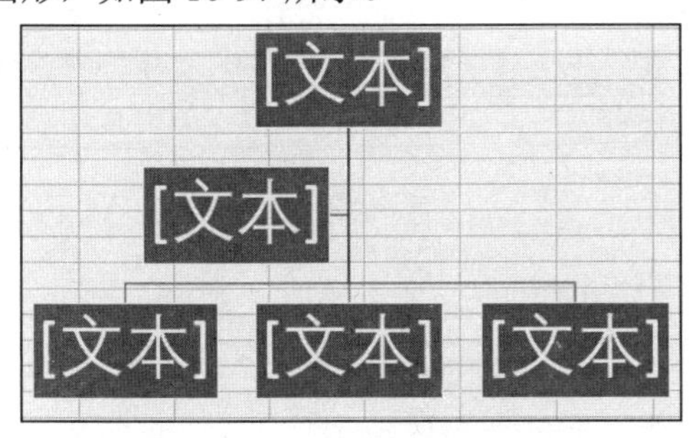

图 10-97 插入 SmartArt 图形

STEP 03：在“文本”窗口可输入和编辑 SmartArt 图形中显示的文字，SmartArt 图形会自动更新显示的内容。例如，输入如图 10-98 所示的文字。

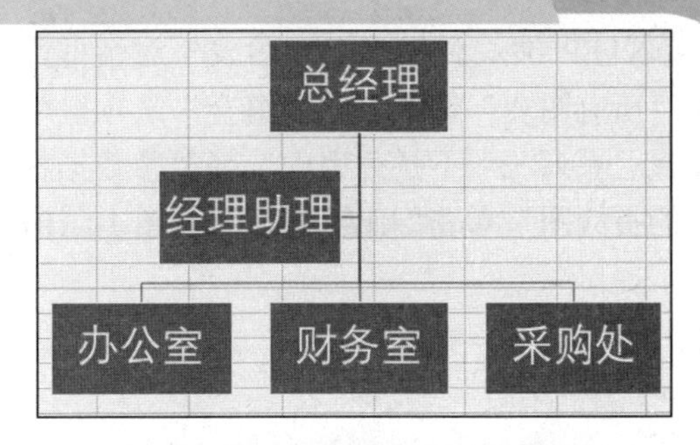

图 10-98 给 SmartArt 图形添加文字

STEP 04：如果需要添加新职位，用户可以在选择图形后，单击“设计”|“创建图形”选项组中的“添加形状”下拉按钮，在展开的下拉列表中选择相应的命令即可，如图 10-99 所示。

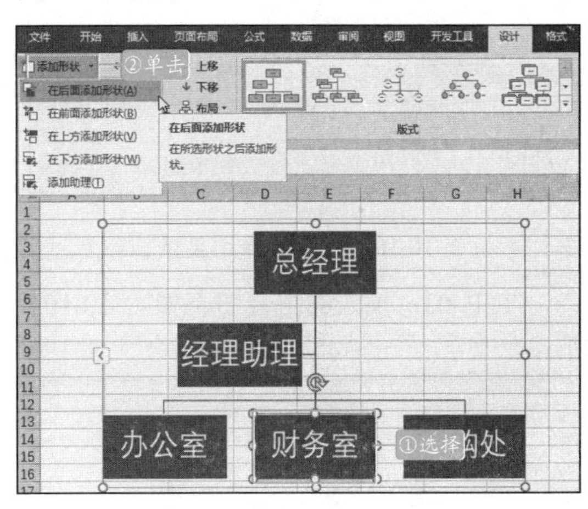

图 10-99 添加形状

10.7 实用技巧

本节将介绍如何创建图表、编辑图表、分析图表、使用迷你图等小技巧，提高工作效率。

10.7.1 创建组合图表

一般情况下，在工作表中制作的图表都是某一种类型，如线形图、柱形图等，这样的图表只能单一地体现出数据的大小或者是变化趋势。如果希望在一个图表中既可以清晰地表示出某项数据的大小，又可以显示出其他数据的变化趋势，这时，用户就可以选择使用组合图表来达到目的。

STEP 01：打开数据文件，选中 A2：E8 单元格区域，单击“插入”选项卡下“图表”选项组中的“插入组合图”按钮，在展开的下拉列表中选择“创建自定义组合图”选项，如图 10-100 所示。

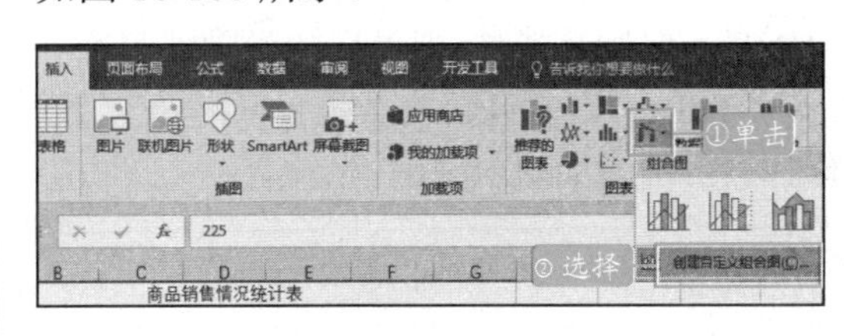

图 10-100 单击“插入组合图”按钮

STEP 02：弹出“插入图表”对话框，在“所有图表”选项卡中“组合”选项区中设置“系列 2”下拉列表中选择“带数据标记的折线图”，单击“确定”按钮，如图 10-101 所示。

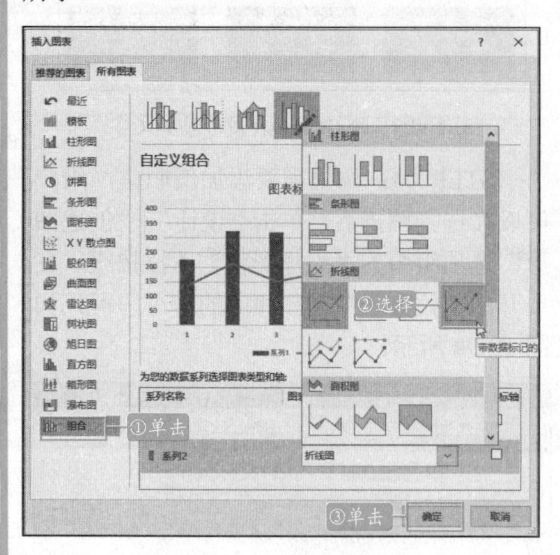

图 10-101　选择组合图类型

STEP 03：插入的组合图表如图 10-102 所示。

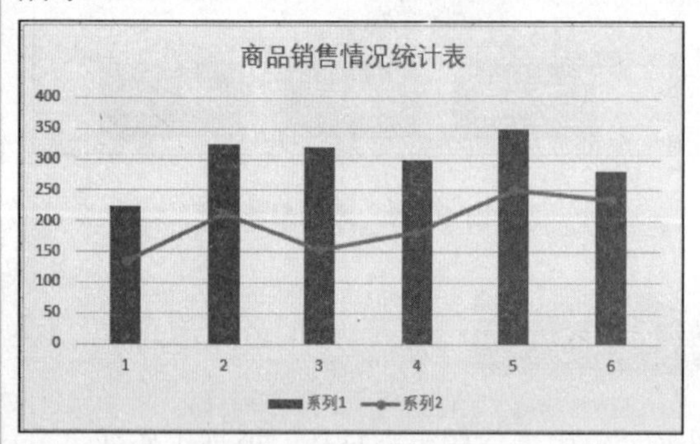

图 10-102　插入的组合图表效果

10.7.2　显示与隐藏图表

如果在工作表中已创建了嵌入式图表，只需显示原始数据时，则可把图表隐藏起来。

STEP 01：打开已有数据的工作表，并创建柱形图，如图 10-103 所示。

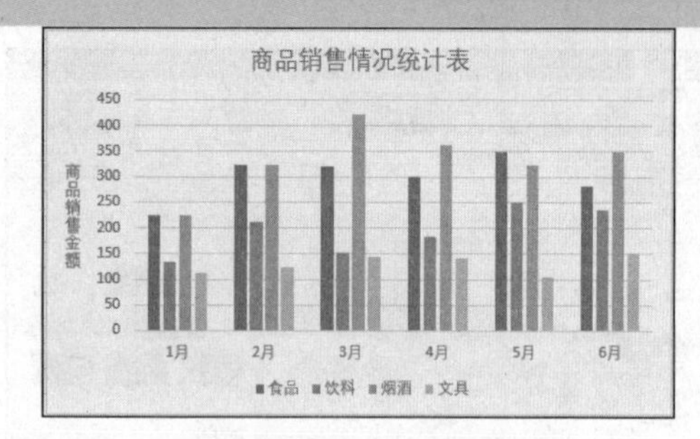

图 10-103　创建柱形图

STEP 02：选择图表，在“图表工具-格式”选项卡中，单击“排列”选项组中的“选择窗格”按钮，在 Excel 工作区中弹出“选择”窗格，在“选择”窗格中单击“图表 1”右侧的按钮，即可隐藏图表，如图 10-104 所示。

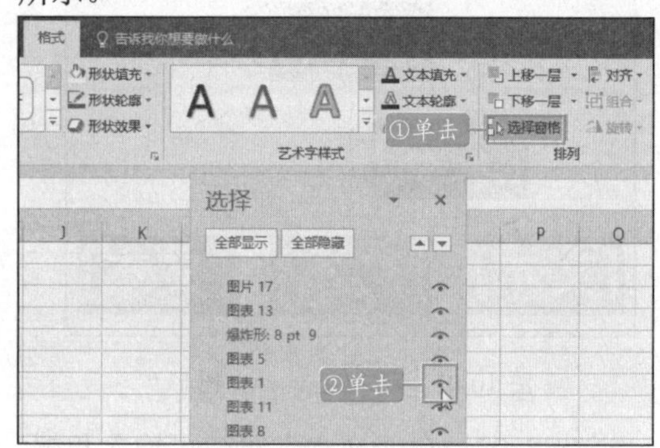

图 10-104　隐藏图表

STEP 03：在“选择”窗格中单击“图表 1”右侧的一按钮，图表就会显示出来，如图 10-105 所示。

图 10-105　显示图表

10.7.3　清除迷你图

将插入的迷你图清除的具体步骤如下：

STEP 01：选中插入的迷你图，单击“迷你图工具-设计”|“组合”选项组中的“清除”按钮右侧的下拉箭头，在展开的下拉列

表中选择“清除所选的迷你图”命令，如图 10-106 所示。

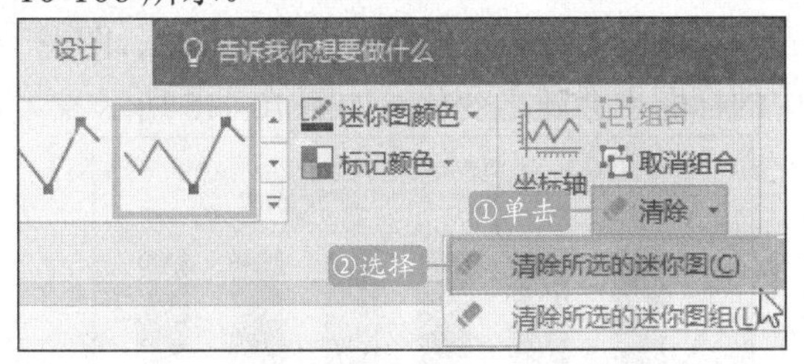

图 10-106 清除所选的迷你图

STEP 02：即可将选中的迷你图清除，如图 10-107 所示。

	A	B	C	D	E	F	G
1	商品销售情况统计表						
2	商品分类	1月	2月	3月	4月	5月	6月
3	食品	225	325	320	301	350	282
4	饮料	135	213	152	182	250	235
5	烟酒	225	324	423	362	325	350
6	文具	112	123	145	142	104	152
7	日用品	523	562	432	478	520	452
8	服装	332	442	532	452	380	368
9	化妆品	456	556	460	545	452	547
10	迷你图			清除			

图 10-107 清除迷你图的效果

10.7.4 在 Excel 中制作动态图表

动态图表可以根据选项的变化，显示不同数据源的图表。一般制作动态图表主要采用筛选、公式及窗体控件等方法。使用筛选的方法制作动态图表的具体步骤如下：

STEP 01：打开已有数据的工作表，插入柱形图，然后选择数据区域的任一单元格，单击“数据”|“排序和筛选”选项组中的“筛选”按钮，此时在标题行每列的右侧出现一个下拉箭头，即表示进行筛选，如图 10-108 所示。

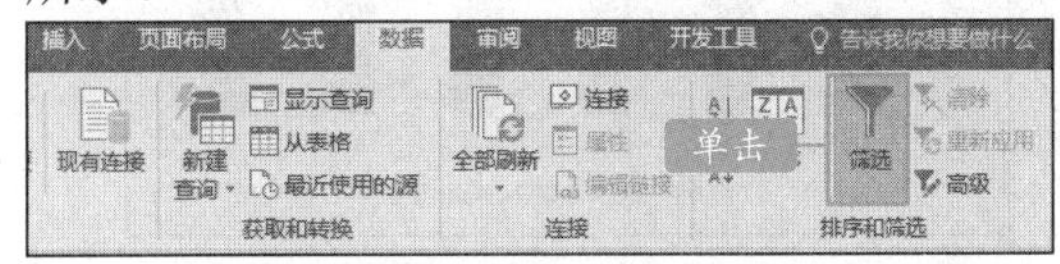

图 10-108 单击“筛选”按钮

STEP 02：单击 A2 单元格右侧的筛选按钮，在展开的下拉列表中，取消勾选“全选”复选框，如勾选“食品”“饮料”和“文具”复选框，单击“确定”按钮，数据区域则只显示筛选的数据，图表区域自动显示筛选的柱形图，如图 10-109 所示。

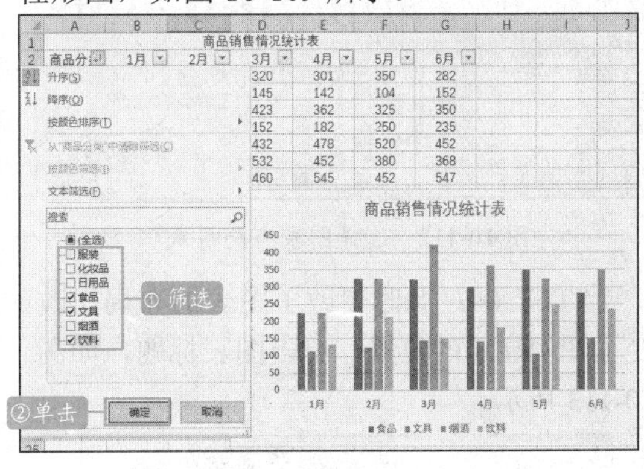

图 10-109 筛选商品分类数据

10.8 上机实际操作

本节上机实践将对图表在日常生活中的使用进行操作练习。

10.8.1 分析公司每月差旅费报销

公司员工出差时会产生差旅费，而差旅费的金额大小往往取决于交通工具的选择，根据图表可以更直观地分析不同交通工具产生的费用，以便做适当的调整。

STEP 01：打开已统计的差旅费文件，选中 A2：D8 单元格区域，切换到“插入”选项卡，单击“图表”选项组中的“柱形图”按钮，在展开的下拉列表中单击“百分比堆积柱形图”选项，如图 10-110 所示。

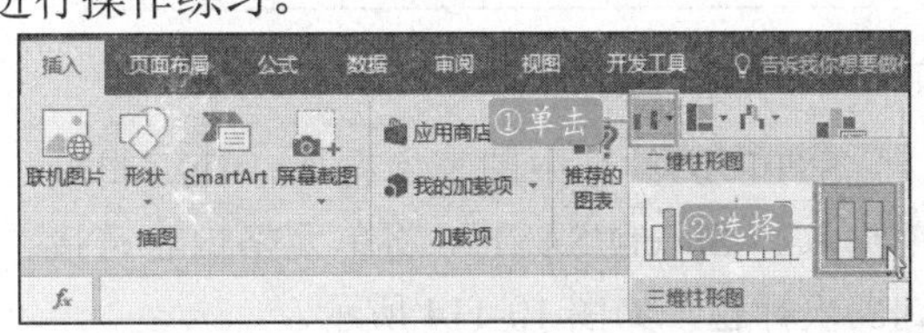

图 10-110 创建百分比堆积柱形图

STEP 02：此时在工作表中插入了一个百分比堆积柱形图，通过比较，可以看出每月在所有交通工具所产生的费用中，飞机费用所占比例最高，如图 10-111 所示。

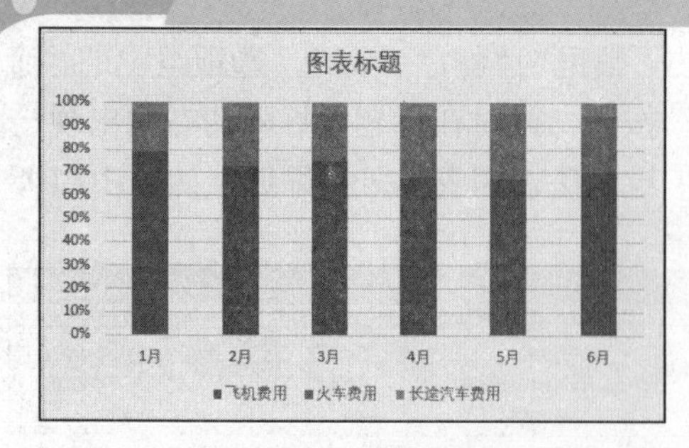

图 10-111 差旅费百分比堆积柱形图显示效果

STEP 03：选中图表，切换到“图表工具-设计”选项卡，单击“图表布局”选项组中的“快速布局”按钮，在展开的布局库中选择“布局 3”样式，如图 10-112 所示。

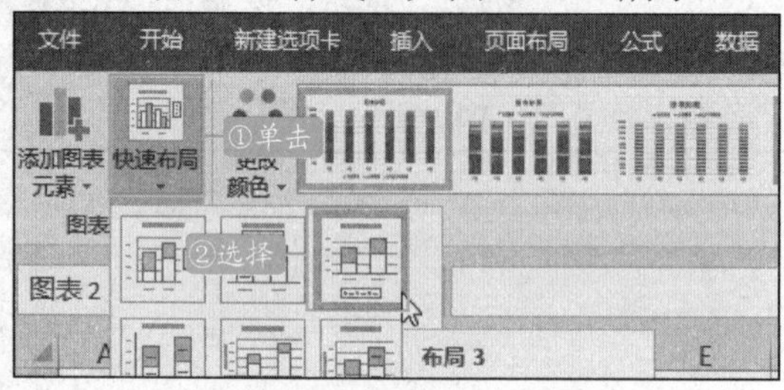

图 10-112 选择图表布局样式

STEP 04：此时更改了图表的布局，改变了图例显示的位置，单击图表标题，如图 10-113 所示。

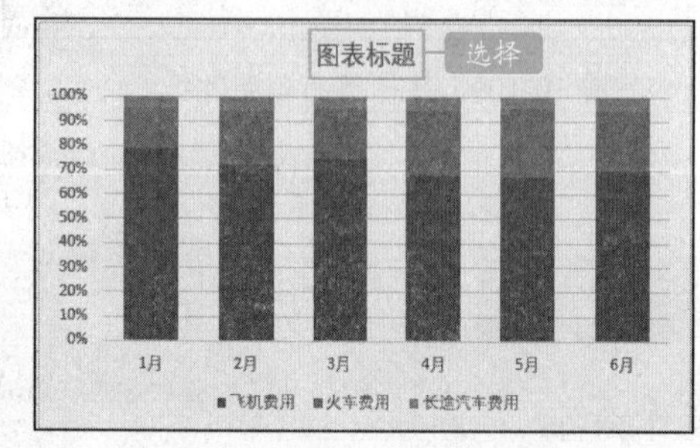

图 10-113 选择图表标题

STEP 05：选中图表标题后，在编辑栏中输入“=Sheet4!$A$1”，将单元格内容链接到图表标题，如图 10-114 所示。

	A	B	C	D
1	公司差旅费报销统计 单位：元			
2	月份	飞机费用	火车费用	长途汽车费用
3	1月	9153.00	1969.00	497.00
4	2月	6930.00	2046.00	548.00

图 10-114 工作表的标题链接到图表标题

STEP 06：按【Enter】键后，图表中就引用了工作表中的标题，使图表标题和工作表标题一致，当工作表中的标题发生变化时，图表中的标题也会随之变化，如图 10-115 所示。

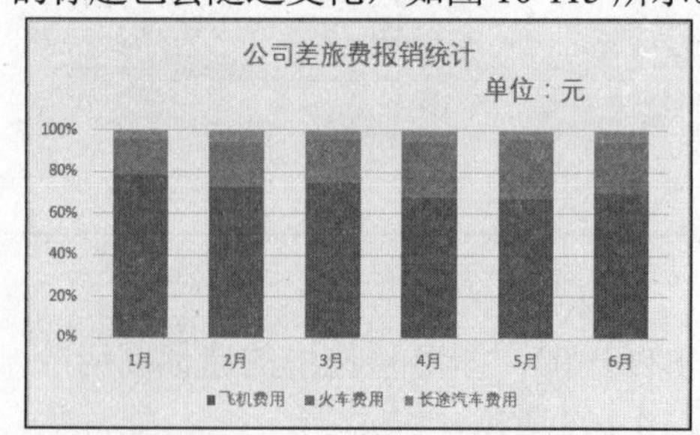

图 10-115 图表标题修改后的效果

STEP 07：依次选中各数据点重新填充颜色，对图表进行美化，完成差旅费报销统计图的创建，如图 10-116 所示。

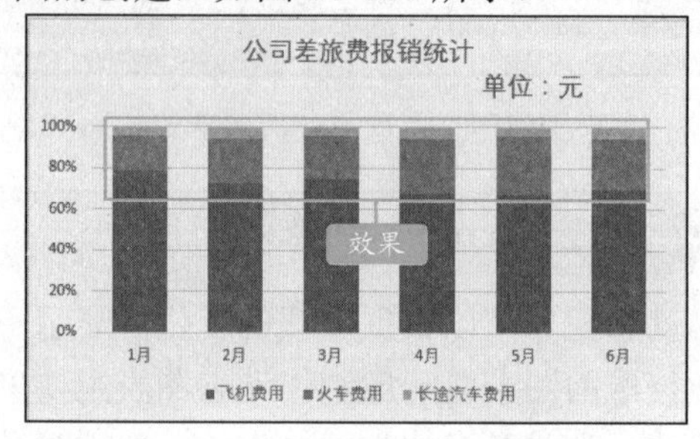

图 10-116 对图表数据系列更改颜色

STEP 08：选中 B9:D9 单元格区域，切换到“插入”选项卡，单击“迷你图”选项组中的“折线图”按钮，如图 10-117 所示。

图 10-117 插入折线的迷你图

STEP 09：弹出“创建迷你图”对话框，选择“数据范围”为 B3:D8，单击“确定”按钮，如图 10-118 所示。

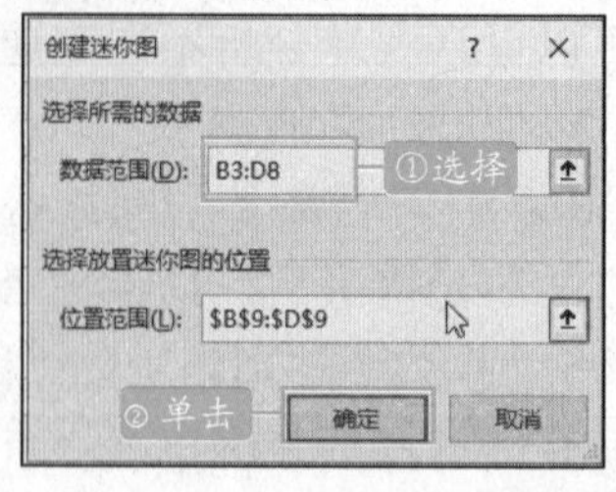

图 10-118 选择迷你图的数据范围

STEP 10：此时在B9:D9单元格区域中创建了一个折线图的迷你图组。在“迷你图工具-设计”选项卡下单击“标记颜色”按钮，在展开的下拉列表中单击“首点”选项，选择“红色”颜色，如图10-119所示。

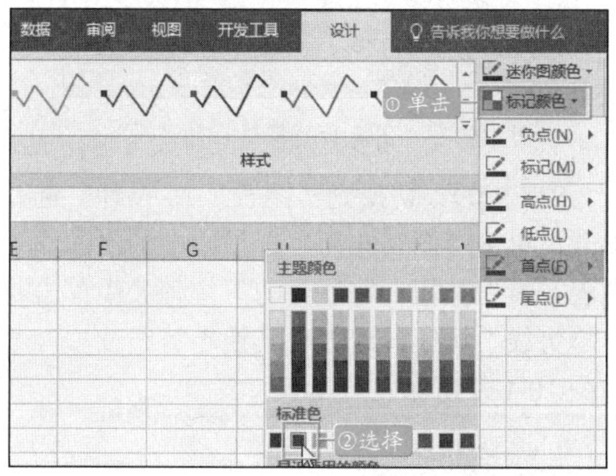

图10-119 设置迷你图的首点颜色

STEP 11：用同样的方法为尾点设置黑色标记，此时就完成了差旅费报销费用1-6月折线迷你图创建。从此图可以看出，飞机费用的开支在逐渐缩减，如图10-120所示。

	A	B	C	D
1	公司差旅费报销统计			单位：元
2	月份	飞机费用	火车费用	长途汽车费用
3	1月	9153.00	1969.00	497.00
4	2月	6930.00	2046.00	548.00
5	3月	8493.00	2350.00	489.00
6	4月	7988.00	3164.00	638.00
7	5月	7698.00	3252.00	516.00
8	6月	7496.00	2596.00	592.00
9				

图10-120 创建好的迷你图效果

10.8.2 用图表分析企业资产变化状况

通过实例来加深理解本章知识点，能够根据工作表中的数据插入相应的图表，并改变图表样式、布局，为图表添加趋势线、误差线等。

STEP 01：打开已有数据文件，选择A2:G4单元格区域，切换到“插入”选项卡，单击“图表”选项组中的“柱形图”按钮，在展开的下拉列表中单击“簇状柱形图”选项，如图10-121所示。

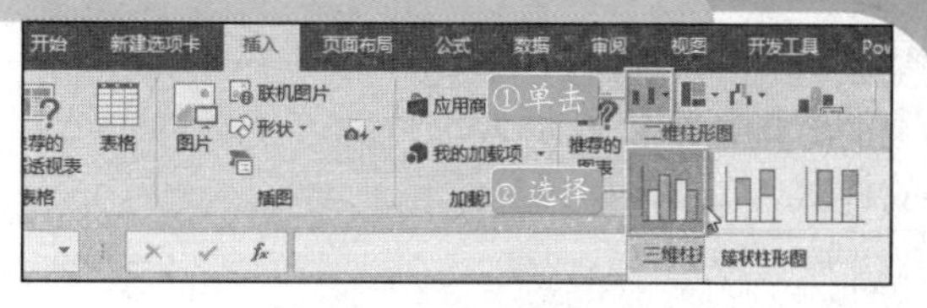

图10-121 创建簇状柱形图

STEP 02：此时在工作表中插入了一个以A2：G4单元格区域为数据源的簇状柱形图，如图10-122所示。

图10-122 创建好的簇状柱形图图表效果

STEP 03：选中图表，切换到“图表工具-设计”选项卡，单击“图表布局”选项组中的“快速布局”按钮，在展开的布局库中选择“布局5”，如图10-123所示。

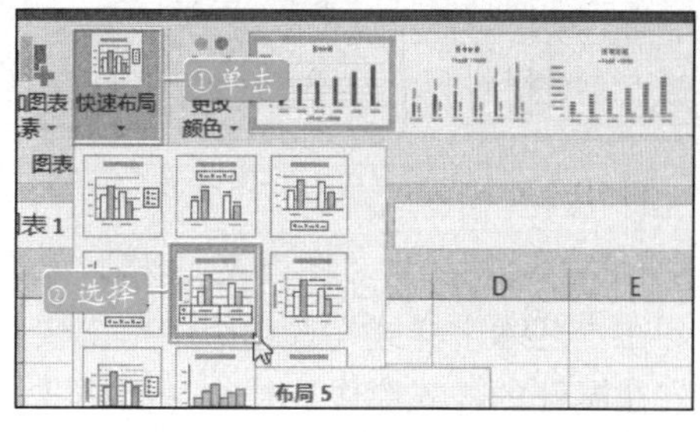

图10-123 选择图表布局样式

STEP 04：此时图表显示了布局5的效果，选中图表标题中的文本内容，输入图表标题“企业资产”，如图10-124所示。

图10-124 修改图表标题

STEP 05：选中图表，切换到“图表工具-格式”选项卡，单击“形状样式”选项组中的快翻按钮，在展开的样式库中选择合适的样式，如图 10-125 所示。

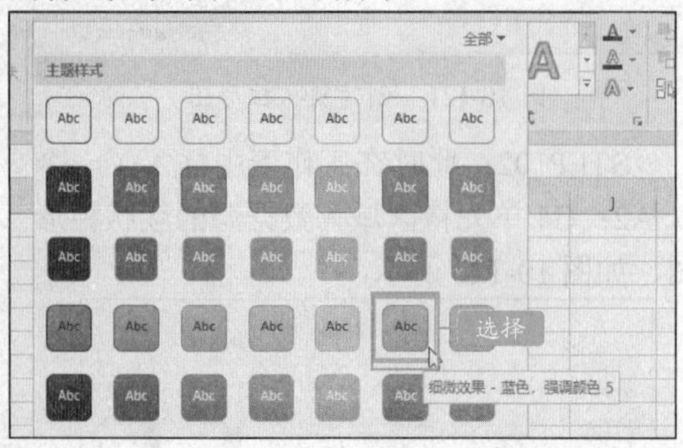

图 10-125　选择图表形状样式

STEP 06：此时为图表套用了现有的样式。为了使图表更美观，选中图表标题，设置其样式，如图 10-126 所示。

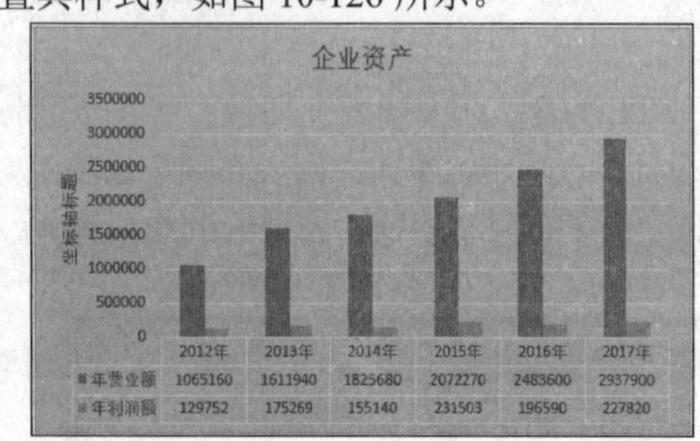

	2012年	2013年	2014年	2015年	2016年	2017年
年营业额	1065160	1611940	1825680	2072270	2483600	2937900
年利润额	129752	175269	155140	231503	196590	227820

图 10-126　应用样式后的图表效果

STEP 07：切换到“图表工具-格式”选项卡，在“艺术字样式”选项组中单击快翻按钮，在展开的样式库中选择合适的样式，如图 10-127 所示。

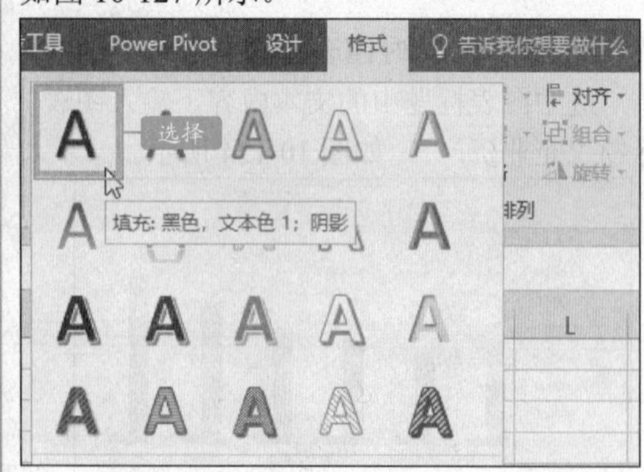

图 10-127　设置图表标题的艺术字样式

STEP 08：为图表标题应用了艺术字样式后，效果如图 10-128 所示。

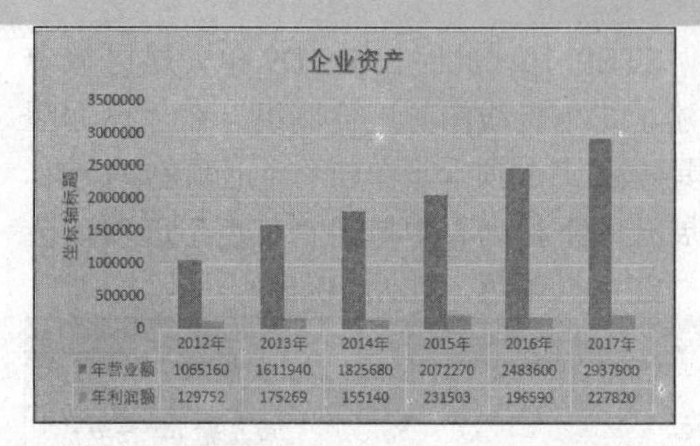

	2012年	2013年	2014年	2015年	2016年	2017年
年营业额	1065160	1611940	1825680	2072270	2483600	2937900
年利润额	129752	175269	155140	231503	196590	227820

图 10-128　图表标题修改后的效果

STEP 09：切换到“图表工具-设计”选项卡，单击“图表布局”选项组中的“添加图表元素”按钮，在展开的下拉列表中单击“趋势线”按钮，选择“其他趋势线选项”，如图 10-129 所示。

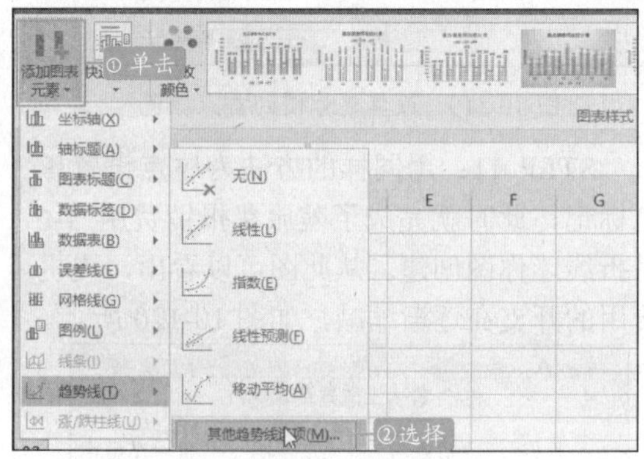

图 10-129　添加趋势线

STEP 10：弹出“添加趋势线”对话框，在“添加基于系列的趋势线”列表框中单击“年营业额”选项，单击“确定”按钮，如图 10-130 所示。

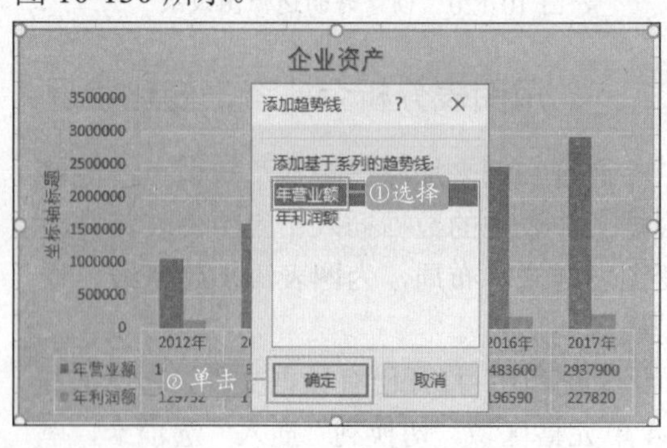

图 10-130　选择添加趋势线基于的系列

STEP 11：弹出“设置趋势线格式”窗格，在“趋势线选项”选项区中选择“多项式”单选按钮，如图 10-131 所示。

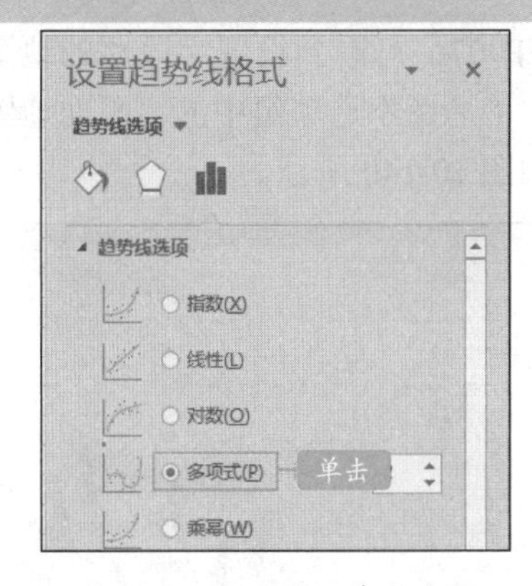

图 10-131　设置趋势线选项

STEP 12：继续在该选项区中勾选“显示 R 平方值”复选框，如图 10-132 所示。

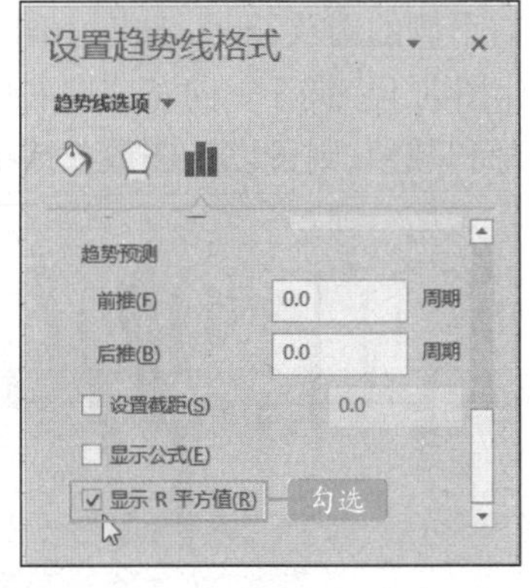

图 10-132　勾选“显示 R 平方值”复选框

STEP 13：单击“关闭”按钮，返回到工作表中，此时即可看到在图表中添加的趋势线，根据趋势线，可以分析数据发展的趋势，如图 10-133 所示。

图 10-133　添加趋势线的图表效果

10.8.3　使用地图功能演示场景

在 Excel 2016 中，地图演示功能即三维地图，是微软推出的一个功能强大的加载项。该工具结合了 Bing 地图，可以对地理和时间数据进行绘图、动态呈现和互动操作。

STEP 01：打开文件，选中数据表中的任意单元格，然后在“插入”选项卡下，单击“演示”选项组中的“三维地图”下拉按钮，在展开的下拉列表中单击“打开三维地图”选项，如图 10-134 所示。

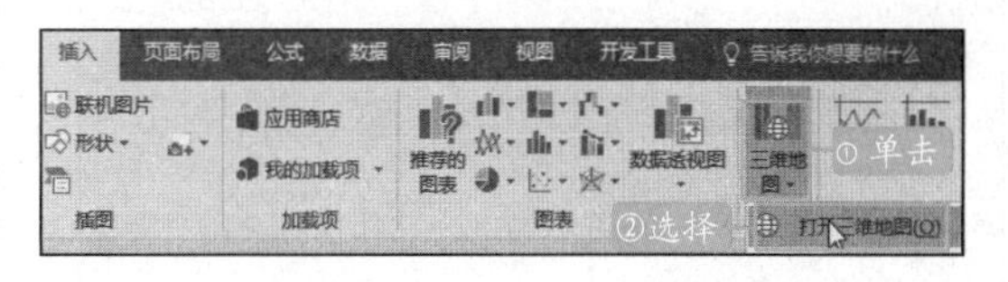

图 10-134　单击“打开三维地图”选项

STEP 02：启动三维地图，弹出“地图演示功能表”窗口，在该窗口中看到一个地球仪，其包含了各个国家的地图数据，并在窗口的右侧出现了一个名为“图层 1”的窗格，如图 10-135 所示。

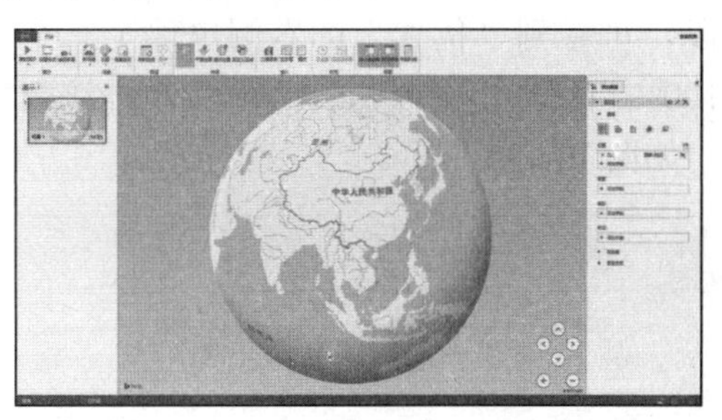

图 10-135　打开“地图演示功能表”窗口

STEP 03：在“图层 1”窗格中的“位置”下，单击“添加字段”左侧的十字符号，在展开的列表中选择“地区”字段，如图 10-136 所示。

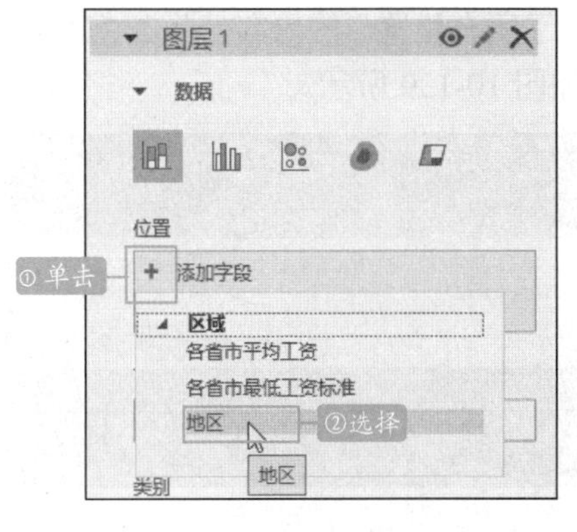

图 10-136　在“位置”中添加“地区”字段

STEP 04：单击“地区”字段右侧的下三角按钮，在展开的列表中单击“完整地址”，如图 10-137 所示。

图 10-137　选择“地区”所属类型

STEP 05：随后在“高度”下添加“各省市最低工资标准”和“各省市平均工资”字段，可看到“位置”的右侧出现了一个“100%”的地图可信度报告数据，单击该数据，如图 10-138 所示。

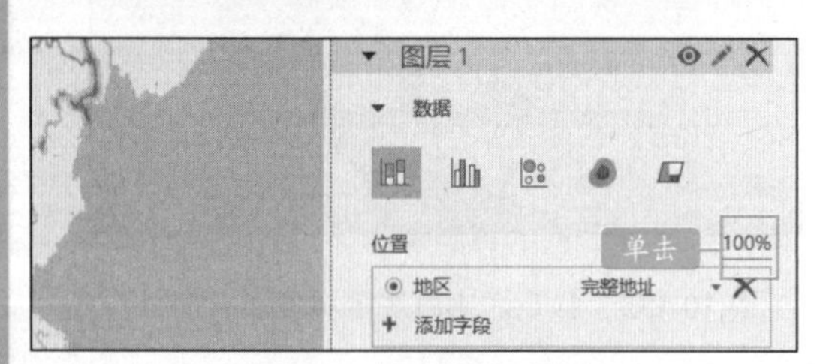

图 10-138　单击“100%”地图数据

STEP 06：此时，弹出“地图可信度”对话框，可看到“我们在可信度较高的图层 1 上绘制了所有位置”的内容，单击“确定”按钮，如图 10-139 所示。

图 10-139　“地图可信度”对话框

STEP 07：可看到设置字段后的地图效果，单击“地图”选项组中的“平面地图”按钮，如图 10-140 所示。

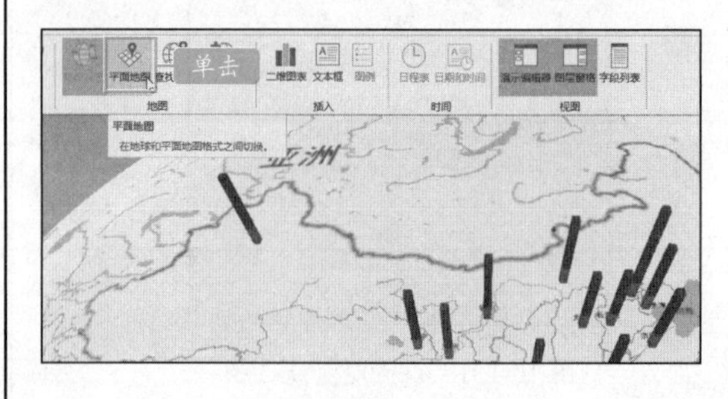

图 10-140　单击“平面地图”按钮

STEP 08：此时三维地图平面化了，随后单击图右下侧的箭头符号，如图 10-141 所示。可以让图向上、向下、向左或向右倾斜。而单击加号和减号，则可以让图放大或缩小。

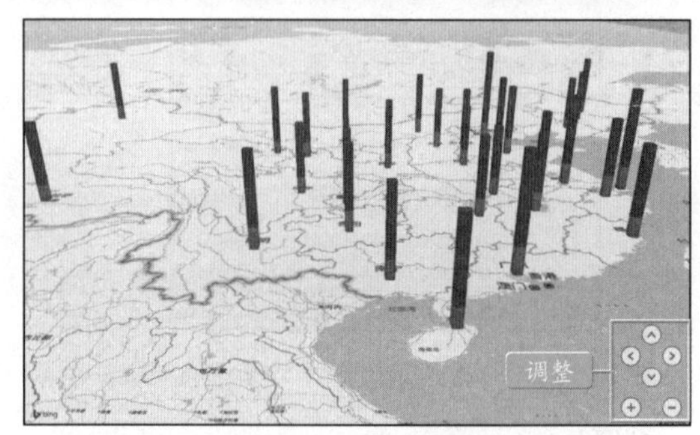

图 10-141　单击符号调整地图

STEP 09：再次单击“平面地图”按钮，返回图表的三维效果，然后在“场景”选项组中单击“新场景”按钮，如图 10-142 所示。

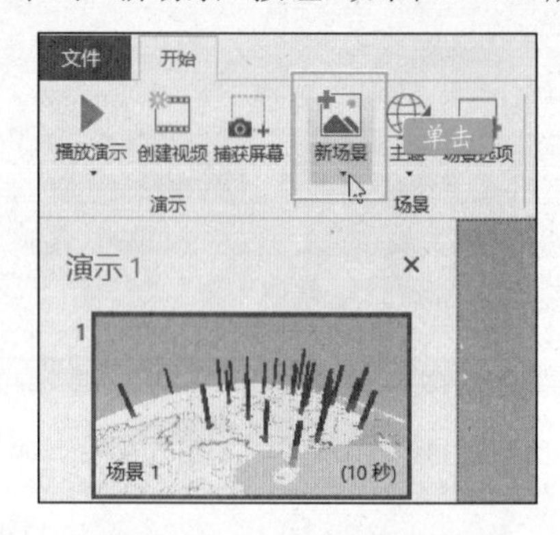

图 10-142　创建新场景

STEP 10：可以在“演示编辑器”中看到添加的“场景 2”，然后单击“数据”选项中的“将可视化更改为簇状柱形图”按钮，如图 10-143 所示。

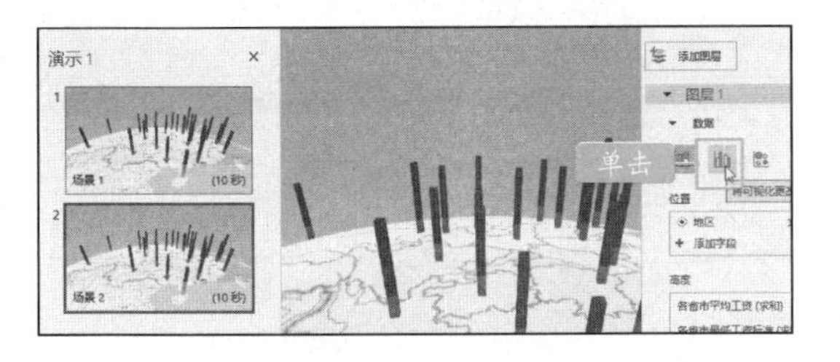

图 10-143 改变场景 2 的数据类型

STEP 11：可看到改变可视化效果后的地图效果，然后应用相同的方法在“演示编辑器”中添加场景，并为其设置气泡图和热度地图效果，如图 10-144 所示。

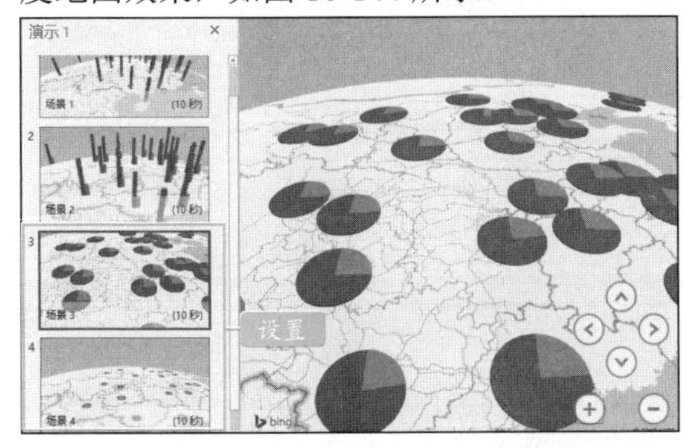

图 10-144 改变新场景 3 和 4 的数据类型

STEP 12：切换到“场景 2”中，然后单击任意一个数据系列，设置该数据系列的“不透明度”为“50%”，设置其“颜色”为“红色”，如图 10-145 所示。

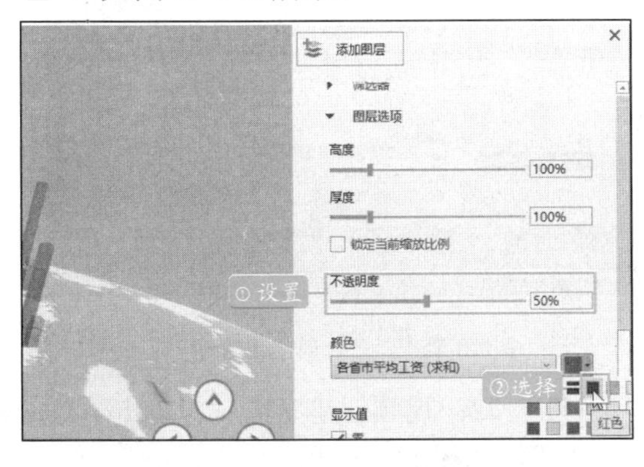

图 10-145 设置场景 2 中的数据系列

STEP 13：可以看到设置“图层选项”后的地图效果，然后单击“插入”选项组中的“二维图表”按钮，如图 10-146 所示。

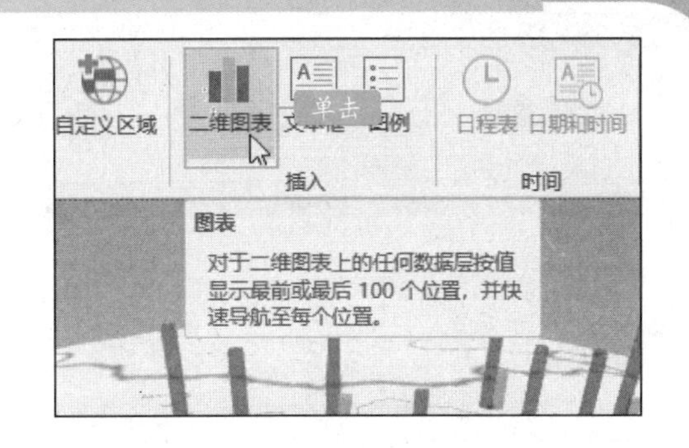

图 10-146 单击“二维图表”按钮

STEP 14：弹出一个二维图表，单击该图表右上角的“更改图表类型”按钮，在展开的列表中选择“簇状条形图”，如图 10-147 所示。

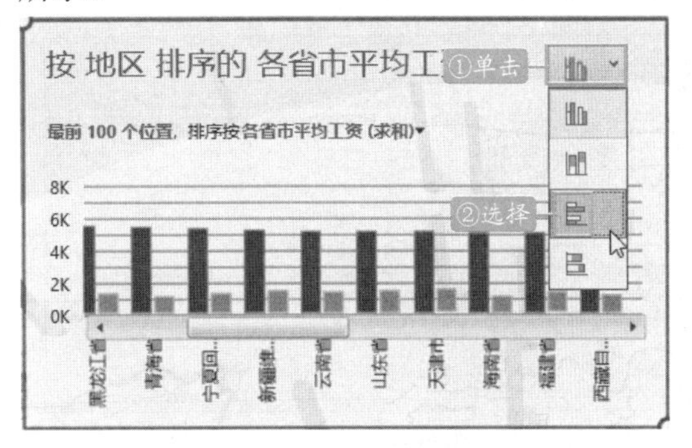

图 10-147 更改二维图表类型

STEP 15：可以看到更改图表类型后的二维图表效果，在该图表中右击，在弹出的快捷菜单中单击“删除”选项，如图 10-148 所示。

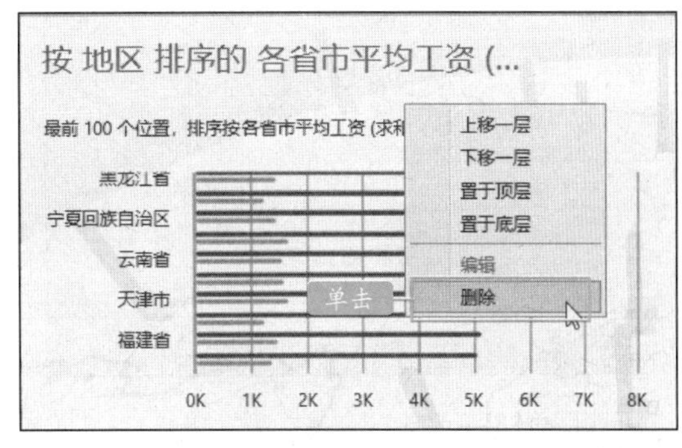

图 10-148 删除二维图表

STEP 16：选中“场景 1”，在“场景”选项组中单击“场景选项”按钮，如图 10-149 所示。

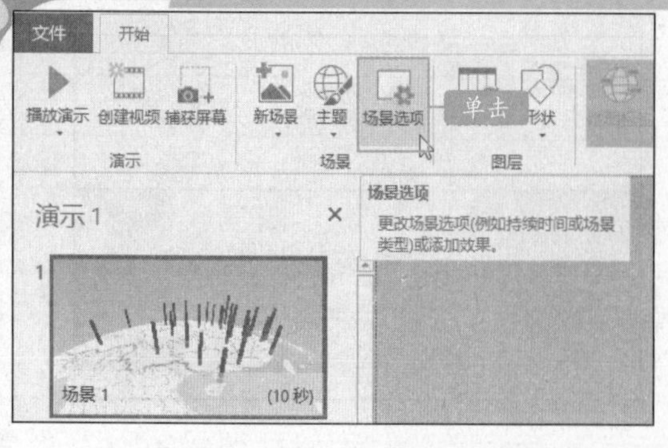

图 10-149 单击“场景选项”按钮

STEP 17：弹出“场景选项”对话框，设置“场景 1”的“场景持续时间”为 5 秒，选中其他场景，并为其设置场景持续时间，如图 10-150 所示。

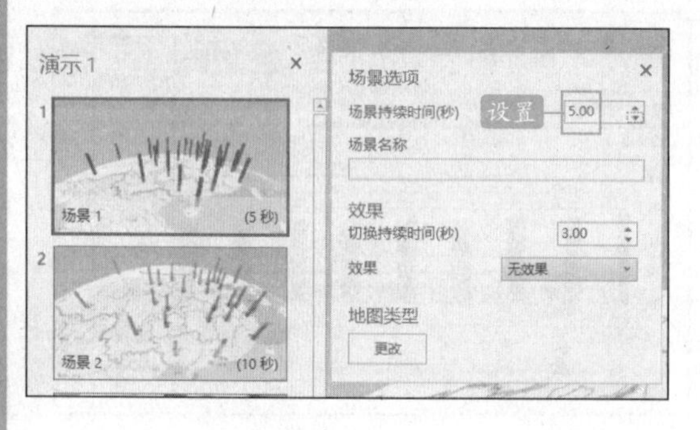

图 10-150 设置所有场景的持续时间

STEP 18：设置好各个场景的持续时间后，单击“演示”选项组中的“创建视频”按钮，如图 10-151 所示。

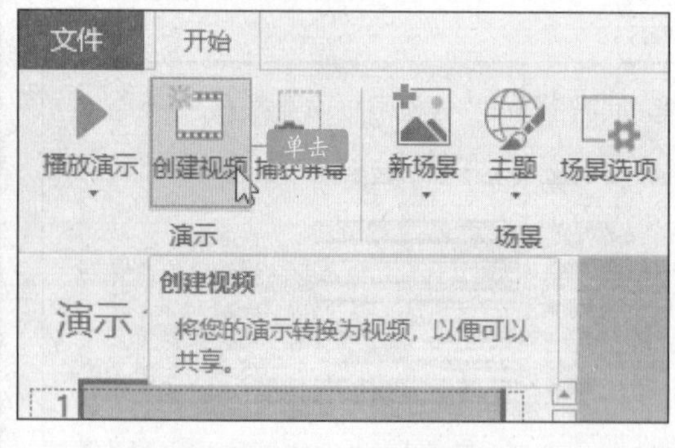

图 10-151 单击“创建视频”按钮

STEP 19：弹出“创建视频”对话框，单击“快速导出和移动设备”单选按钮，单击“创建”按钮，如图 10-152 所示。

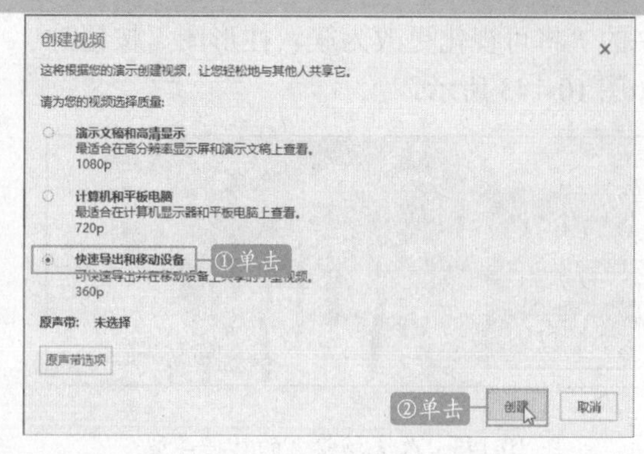

图 10-152 “创建视频”对话框

STEP 20：在弹出的保存影片对话框中设置保存路径，设置文件名为“地图演示”，单击“保存”按钮，如图 10-153 所示。

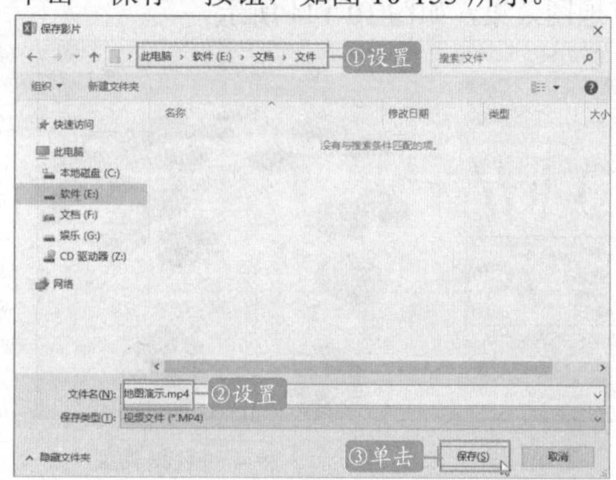

图 10-153 设置影片的保存路径及文件名

STEP 21：可以看到视频处理创建过程中，如图 10-154 所示。

图 10-154 视频创建进度条

STEP 22：视频创建完成后，单击“打开”按钮，如图 10-155 所示。

图 10-155 视频创建完成

STEP 23：在弹出的播放器中可以看到各省市工资情况的数据可视化地图效果，如图 10-156 所示

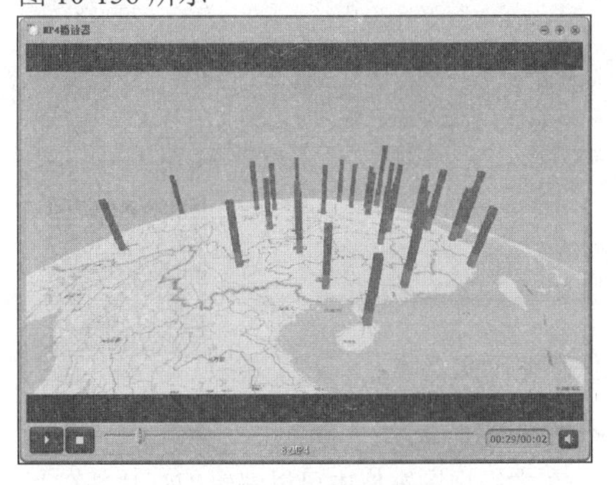

图 10-156 地图播放效果

10.8.4 分析 Excel 数据练习

分析“商品销售情况统计表”。

打开已有数据文件，为其创建图表，要求如下，效果如图 10-157 所示。

在工作表中创建饼图。

设置图表样式，美化图表。

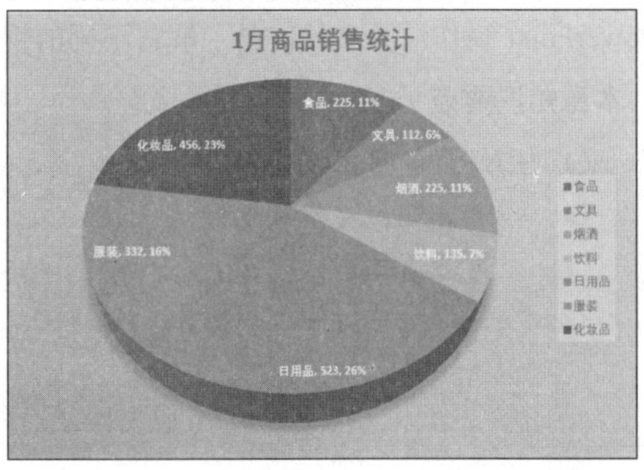

图 10-157 1 月商品销售统计图表的效果图

笔记本

第 11 章 PowerPoint 2016 的基本操作

PowerPoint 2016 是微软公司设计的演示文稿组件，简称 PPT，它可以在投影仪或者计算机上进行演示。在日常工作中，会议或培训课程中经常会用到 PowerPoint 演示文稿。使用 PowerPoint 制作演示文稿需要了解它不同的视图方式和幻灯片编辑中的一些基本操作等。

本章知识要点

- 幻灯片的基本操作
- 添加和编辑文本和幻灯片
- 设置段落和格式
- 设置幻灯片母版

11.1 演示文稿的基本操作

扫码观看本节视频

演示文稿的基本操作主要包括创建演示文稿、保存演示文档等。

11.1.1 PowerPoint 2016 的视图方式

在 PowerPoint 2016 中，视图分为演示文稿视图和母版视图。演示文稿视图包括：普通视图、大纲视图、幻灯片浏览视图、备注页视图和阅读视图。母版视图包括幻灯片母版、讲义母版和备注母版。下面主要介绍演示文稿视图。

1. 普通视图

启动 PowerPoint 2016 后用户进入的视图界面默认为普通视图。

打开演示文稿，切换至“视图”选项卡，在“演示文稿视图”选项组中可以看到已经选中了“普通”按钮，如图 11-1 所示，幻灯片的编辑通常都是在普通视图下进行的。

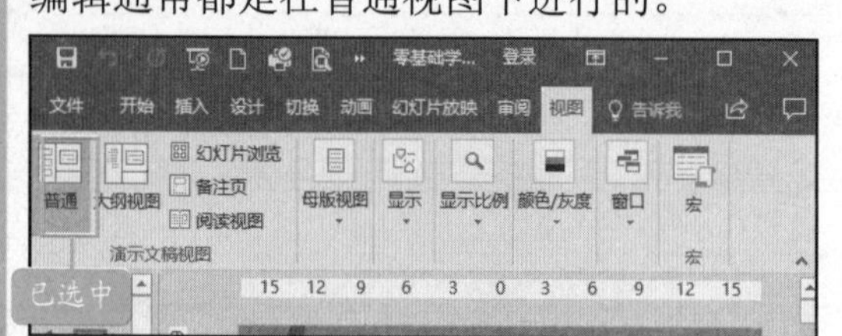

图 11-1　普通视图界面

2.大纲视图

在大纲视图窗格中可以编辑幻灯片并在其中跳转，还可以通过将大纲从 Word 粘贴到大纲窗格来轻松地创建整个演示文稿，大纲视图界面如图 11-2 所示。

图 11-2　大纲视图

3.幻灯片浏览视图

如果需要浏览所有的幻灯片，可以使用幻灯片浏览视图，在浏览视图中，用户可以快速地选择并查看某张幻灯片。

STEP 01：打开原始文件，切换至“视图”选项卡，在“演示文稿视图”选项组中单击“幻灯片浏览”按钮，如图 11-3 所示。

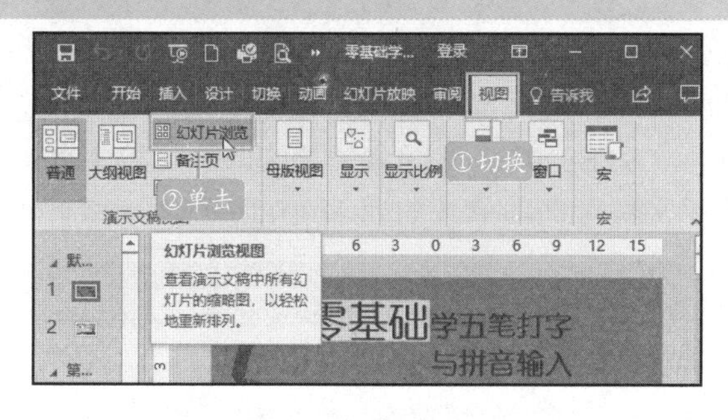

图 11-3 单击“幻灯片浏览”

STEP 02：此时进入幻灯片浏览视图中，幻灯片是以缩略图形式显示的，用户可以看到每张幻灯片，以便观察是否需要重新排列幻灯片的顺序，如图 11-4 所示。在幻灯片浏览视图中，大纲选项卡、幻灯片选项卡和备注窗格都被隐藏起来了。

图 11-4 幻灯片浏览效果图

4.备注页视图

在备注页视图中，幻灯片窗格的下方会出现一个备注窗格。备注页视图一般用于培训课程中，讲师在培训前可以在幻灯片的下方写上关于幻灯片的备注内容，以方便记忆本张幻灯片要表达的知识点。

STEP 01：打开原始文件，切换至“视图”选项卡，在“演示文稿视图”选项组中单击“备注页”按钮，如图 11-5 所示。

图 11-5 单击“备注页”按钮

STEP 02：进入备注页视图后，在幻灯片窗格下方会出现一个“备注”窗格，如图 11-6 所示，用户可以在备注窗格中输入关于本张幻灯片的注释。

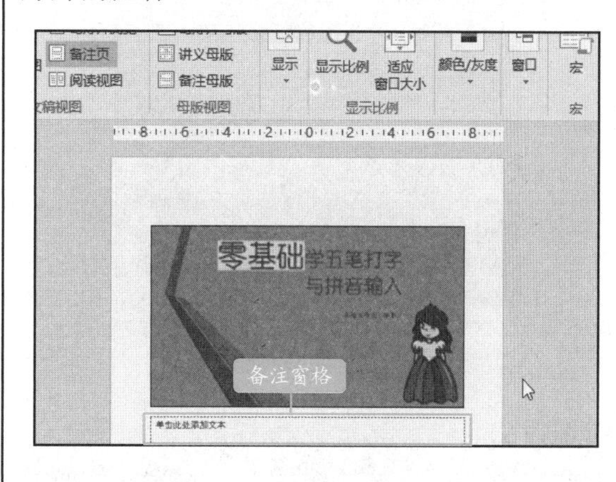

图 11-6 备注页视图效果

◆◆提示

除了“视图”选项卡中的按钮外，用户还可以利用演示文稿窗口右下角的视图按钮来快速切换幻灯片的显示方式。

5.阅读视图

用户如果在幻灯片中添加了动画效果或画面的切换效果，可以使用阅读视图来阅览幻灯片。在阅读视图的状态下，不仅可以使幻灯片以全屏的方式显示出来，还可以将所有的动态效果显示出来。

STEP 01：打开原始文件，切换至“视图”选项卡，在“演示文稿视图”选项组中单击“阅读视图”按钮，如图 11-7 所示。

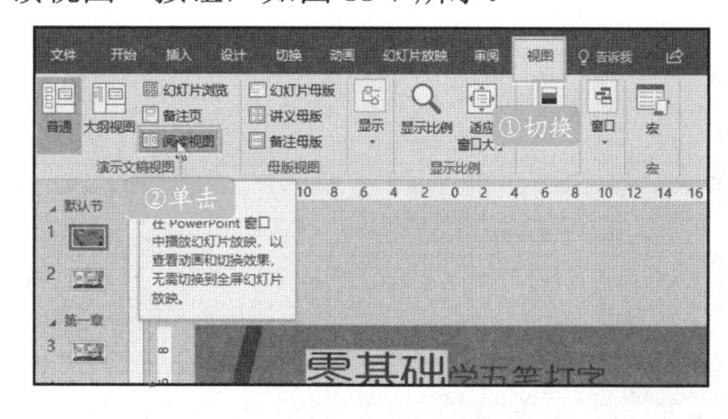

图 11-7 单击“阅读视图”按钮

STEP 02：此时页面进入阅读视图，如图 11-8 所示，用户可以在此视图中观看到幻灯片中的动画和图片切换等效果。

图 11-8 阅读视图效果

◆◆提示

在幻灯片的阅读视图中，功能区是被隐藏起来的，即不存在任何功能按钮，所以在此视图中无法保存文档，用户如果需要对文稿进行保存，只能按【Esc】键，返回到普通视图中，再进行演示文稿的保存。

11.1.2 创建演示文稿

制作演示文稿之前需要先创建演示文稿，用户可以使用 PowerPoint 2016 新建空白演示文稿，也可以根据需要创建主题演示文稿。具体操作如下：

1.新建空白演示文稿

通常情况下，启动 PowerPoint 2016 之后，在 PowerPoint 开始界面，单击“空白演示文稿”选项，即可创建一个名为“演示文稿 1”的空白演示文稿，如图 11-9 所示。

图 11-9 单击“空白演示文稿”

2.创建主题演示文稿

PowerPoint 2016 中内置了很多主题样式，创建主题演示文稿能够快速确定演示文稿的整体风格，提升演示文稿的整体效果。

STEP 01：在任意打开的演示文稿中单击“文件”选项卡，如图 11-10 所示。

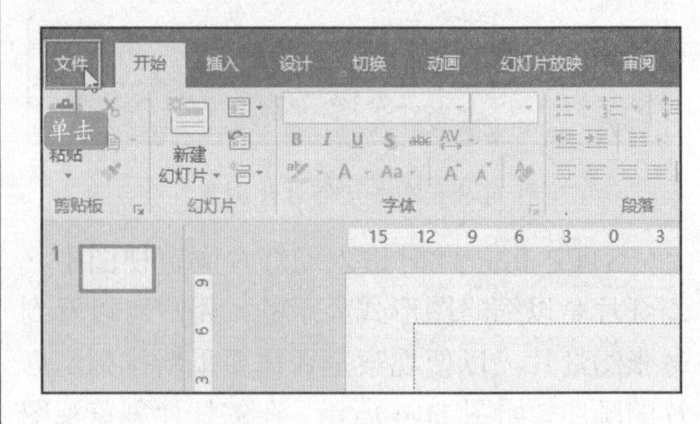

图 11-10 单击“文件”选项卡

STEP 02：在弹出的界面中选择“新建”选项，在“新建”选项面板中选择一个合适的主题，如图 11-11 所示。

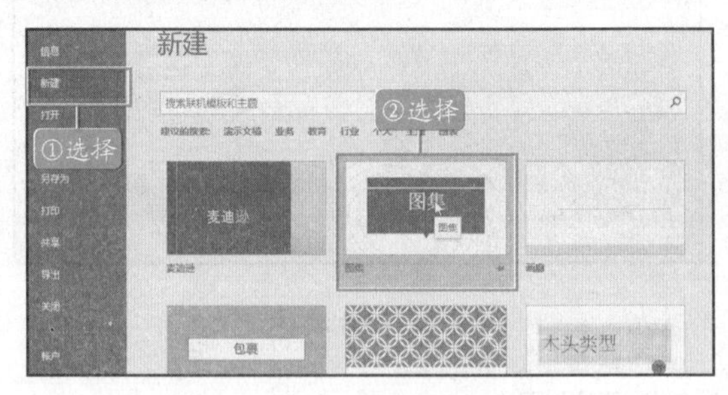

图 11-11 选择主题

STEP 03：在弹出的窗口中可以进一步选择主题的配色，选好后单击“创建”按钮，如图 11-12 所示。

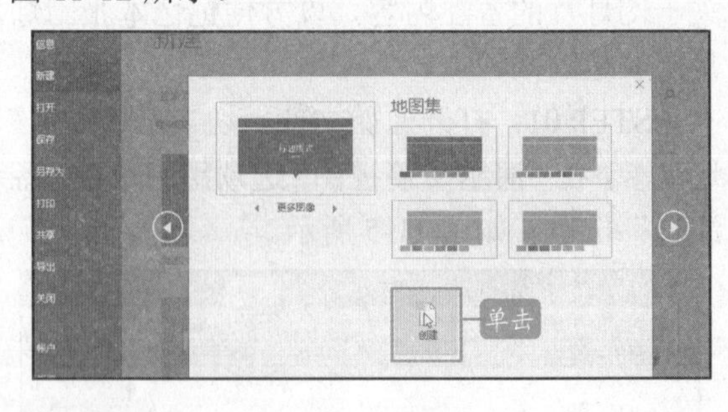

图 11-12 单击“创建”按钮

STEP 04：一份包含主题的演示文稿随机被创建，并自动在桌面上打开，如图 11-13 所示。

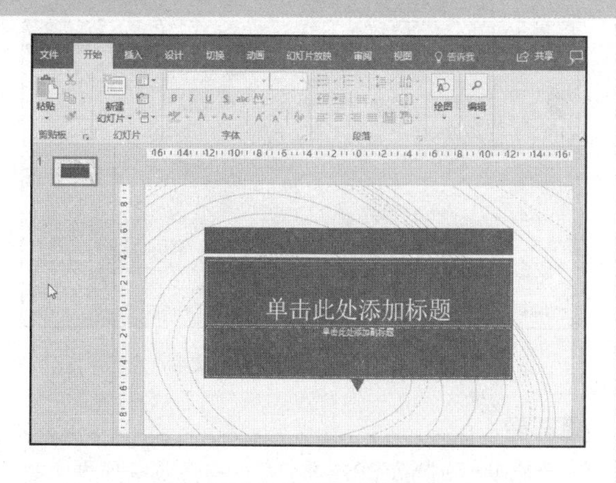

图 11-13 创建完成效果图

当计算机处于联网状态时，用户还可以使用联机搜索功能搜索更多的模板和主题。

STEP 01：在演示文稿窗口中，单击“文件”选项卡，在弹出的界面中选择“新建”选项，会弹出“新建”界面，在其中的文本框中输入“行业”，然后单击右侧的“开始搜索”按钮，如图 11-14 所示。

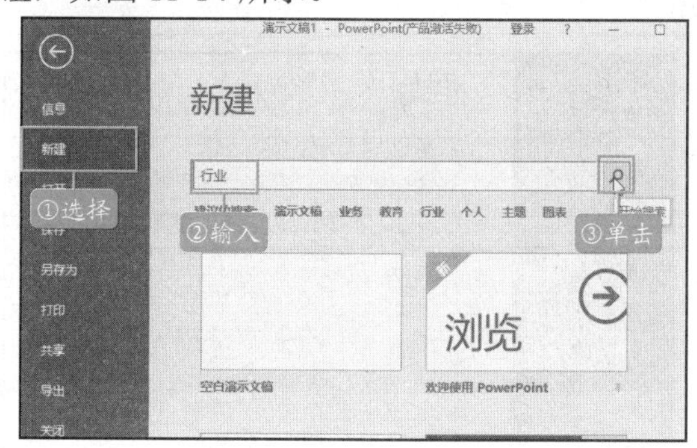

图 11-14 使用联机搜索

STEP 02：即可显示出搜索到的模板，选择一个合适的模板选项，如图 11-15 所示。

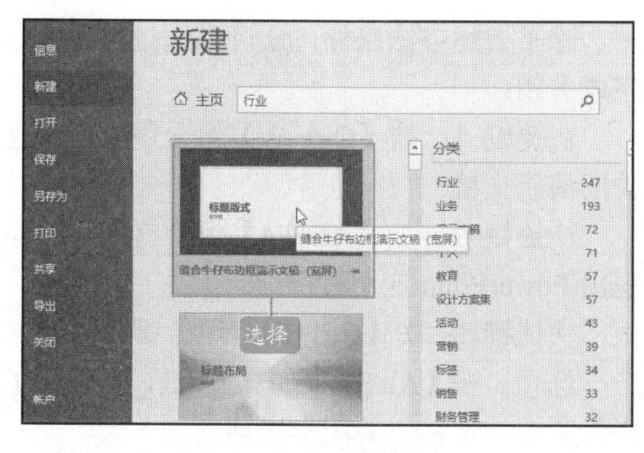

图 11-15 选择模板

STEP 03：随机弹出界面显示该模板的相关信息，单击“创建”按钮，如图 11-16 所示。

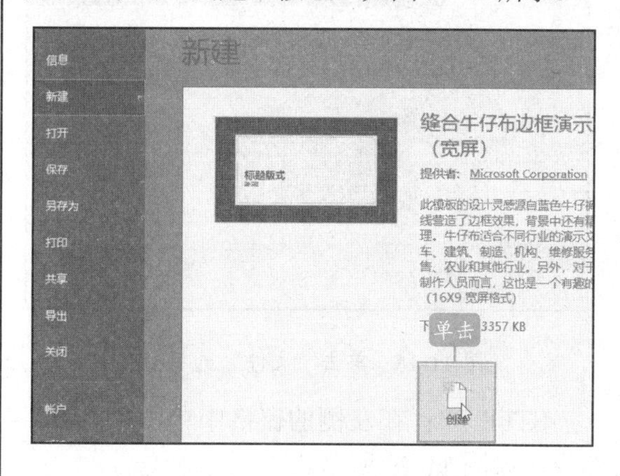

图 11-16 单击“创建”按钮

STEP 04：即可下载安装该模板，安装完毕后的模板效果如图 11-17 所示。

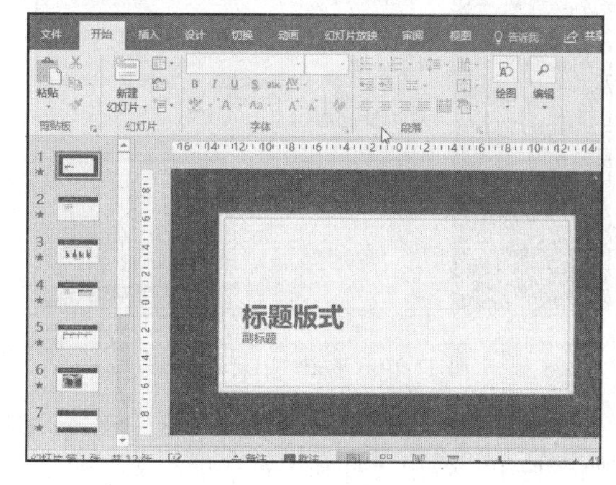

图 11-17 模板效果图

11.1.3 打开、关闭与保存演示文稿

如果需要对电脑中的演示文稿进行编辑，首先需要将文件打开，在编辑完演示文稿并保存后，关闭文稿可以减小系统的占用空间，具体操作如下：

1.打开演示文稿

STEP 01：在 PowerPoint 2016 工作界面中，单击“文件”选项卡，进入相应的界面，如图 11-18 所示。

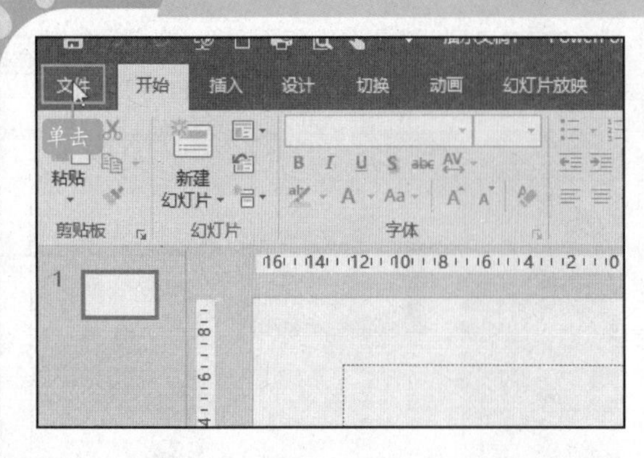

图 11-18　单击“文件”选项卡

STEP 02：在左侧的窗格中单击“打开”命令，如图 11-19 所示。

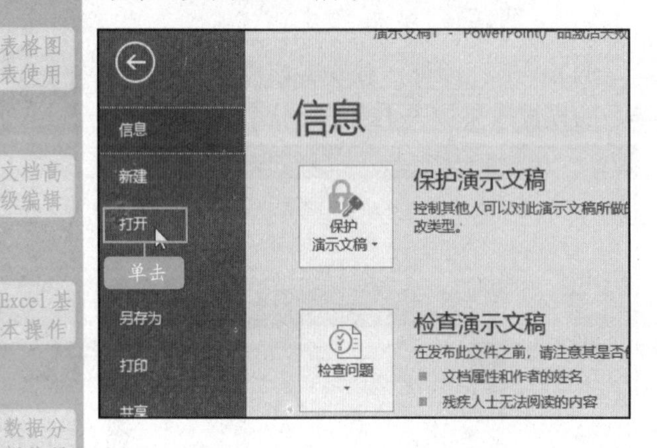

图 11-19　单击“打开”命令

STEP 03：在“打开”的选项区中单击“浏览”按钮，弹出“打开”对话框，选择演示文稿，如图 11-20 所示。

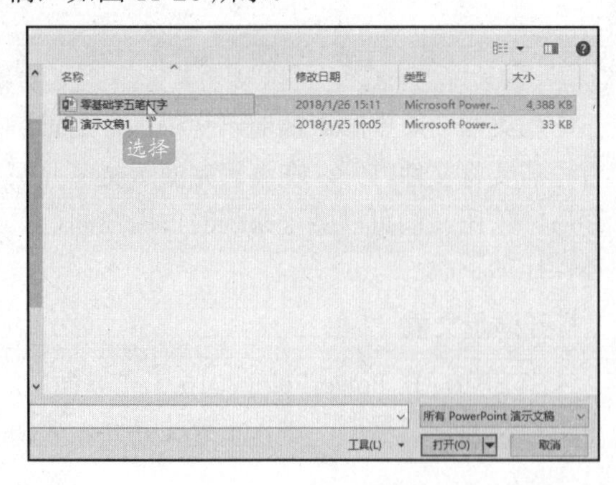

图 11-20　“打开”对话框

STEP 04：单击“打开”按钮，即可打开选择的演示文稿，如图 11-21 所示。

图 11-21　已打开演示文稿

提示

在 PowerPoint 2016 中，还可以通过以下两种方法打开演示文稿：

按【Ctrl+O】组合键。

按【Ctrl+F12】组合键。

2.关闭演示文稿

在打开演示文稿的编辑窗口中单击“文件”选项卡，进入相应的界面，在左侧区域中单击“关闭”命令，即可关闭演示文稿，如图 11-22 所示。

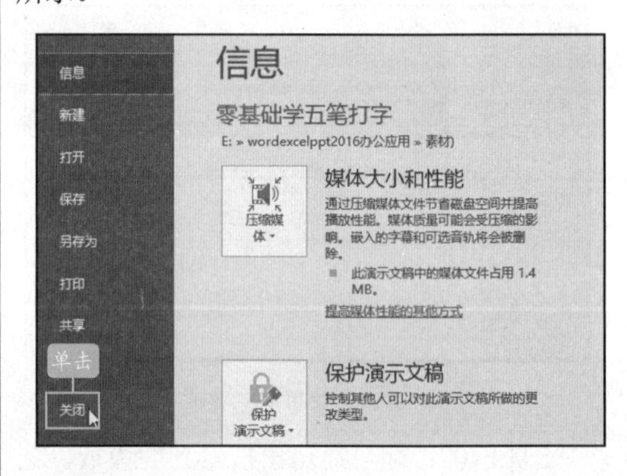

图 11-22　单击“关闭”命令

除了上述方法以外，还可以通过以下方法完成关闭：

快捷键 1：按【Ctrl+W】组合键，可快速关闭演示文稿。

快捷键 2：按【Alt+F4】组合键，可直接退出 PowerPoint 应用程序。

快捷键 3：按【Ctrl+F4】组合键。

选项：按【Alt+Space】组合键，在弹出的快捷菜单中选择“关闭”选项。

按钮：单击标题栏右侧的“关闭”按钮，

关闭演示文稿。

如果在关闭演示文稿前未对编辑的文稿进行保存，系统将弹出提示信息框询问用户是否保存文稿，用户可根据需要自行选择。

3.保存演示文稿

STEP 01：在演示文稿窗口中的快速访问工具栏中单击“保存”按钮，如图 11-23 所示。

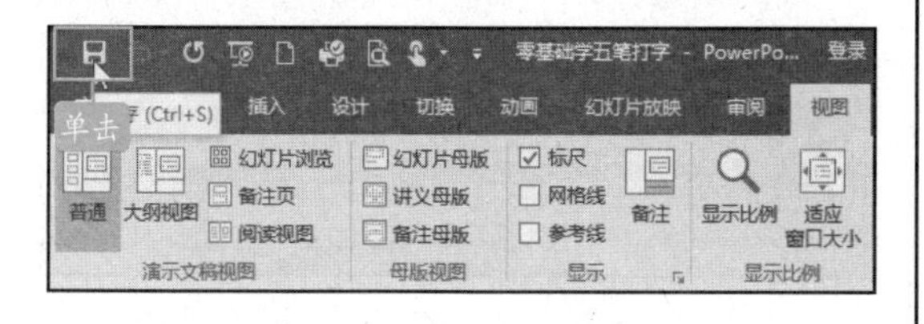

图 11-23 单击“保存”按钮

STEP 02：弹出“另存为”界面，选择“这台电脑”选项，然后单击“浏览”按钮，如图 11-24 所示。

图 11-24 “另存为”界面

STEP 03：弹出“另存为”对话框，在保存范围列表框中选择合适的保存位置，然后在“文件名”文本框中输入文件名称，单击“保存”按钮即可保存演示文稿，如图 11-25 所示。

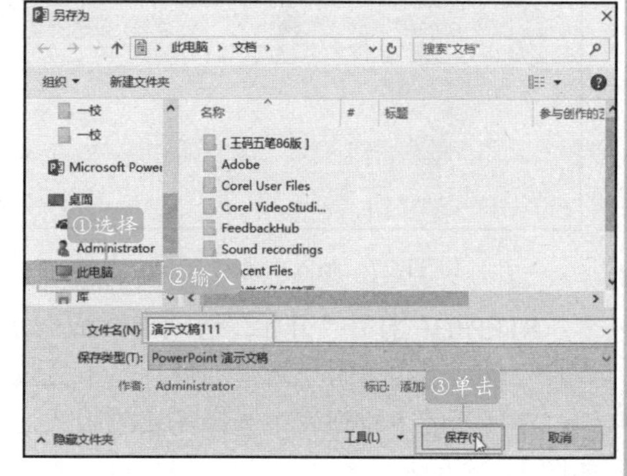

图 11-25 “另存为”对话框

如果对已有的演示文稿进行了编辑操作，可直接单击快速访问工具栏中的“保存”按钮保存文稿。

用户也可以单击“文件”选项卡，从弹出的界面中选择“选项”选项，在弹出的“PowerPoint 选项”对话框中，切换到“保存”选项卡，然后设置“保存自动恢复信息时间间隔”选项，这样每隔几分钟系统就会自动保存演示文稿。

11.2 幻灯片的基本操作

扫码观看本节视频

幻灯片的基本操作包括插入幻灯片、编辑幻灯片、移动和复制幻灯片以及隐藏幻灯片等内容。

11.2.1 新建幻灯片

PowerPoint 2016 新建的演示文稿中只包含一张幻灯片，用户需要根据情况向演示文稿中插入更多的幻灯片才能满足编辑需要。

STEP 01：右击预览区中的幻灯片，在弹出的菜单中选择“新建幻灯片”命令，如图 11-26 所示。

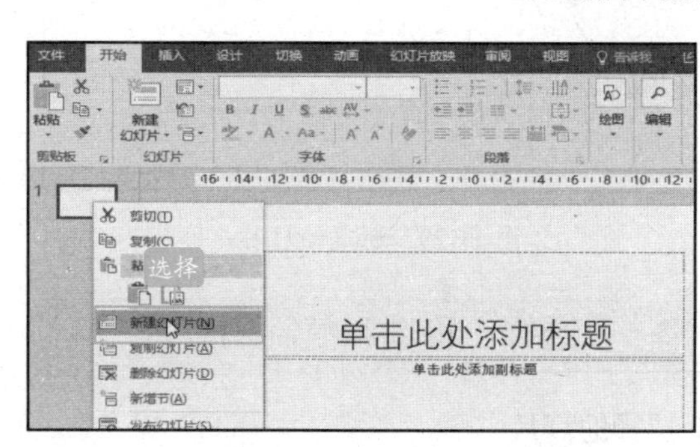

图 11-26 选择“新建幻灯片”

STEP 02：演示文稿中随即插入了一张幻灯片，如图 11-27 所示。

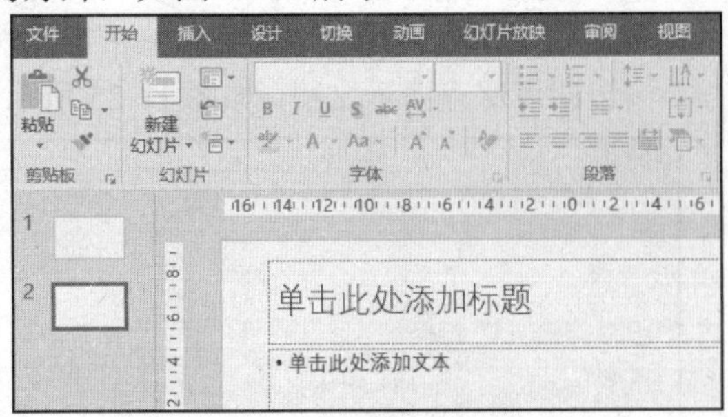

图 11-27　插入一张幻灯片

STEP 03：打开“开始”选项卡，在“幻灯片”选项组中单击“新建幻灯片”下拉按钮，在展开的下拉列表中选择需要的版式，如图 11-28 所示。

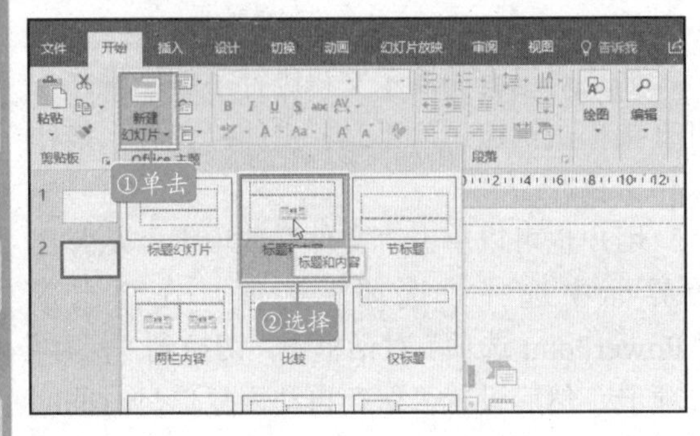

图 11-28　选择版式

STEP 04：此时可以看到，演示文稿只随机插入了一张“标题和内容”版式的幻灯片，如图 11-29 所示。

图 11-29　新建幻灯片

11.2.2　选择、移动和复制幻灯片

1.选择幻灯片

不管用户是要查看幻灯片中的内容，还是要多幻灯片进行编辑，都需要先将幻灯片选中，选择幻灯片的方法非常简单，具体操作如下：

STEP 01：在预览区中单击需要选择的幻灯片，即可将该幻灯片选中，如图 11-30 所示。

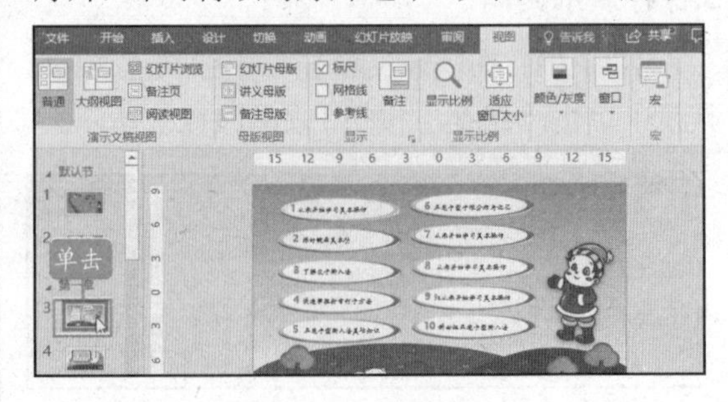

图 11-30　选择幻灯片

STEP 02：按住【Ctrl】键在预览区中依次单击多张幻灯片，可同时将多张幻灯片选中，如图 11-31 所示。

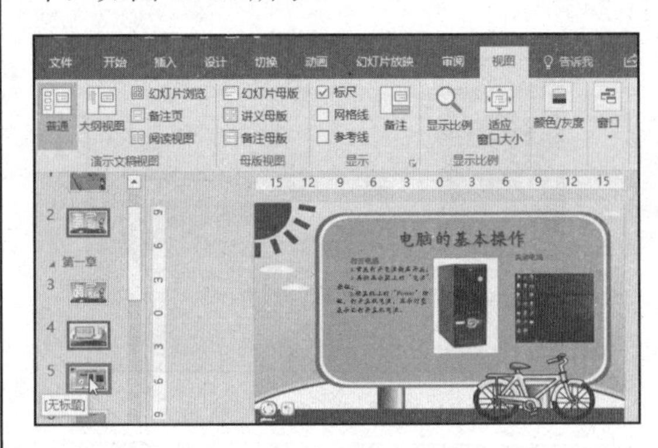

图 11-31　选择多张幻灯片

STEP 03：在预览区单击第一张需要选中的幻灯片，按住【Shift】键单击最后一张需要选中的幻灯片，可将这两张幻灯片间的幻灯片全部选中，如图 11-32 所示。

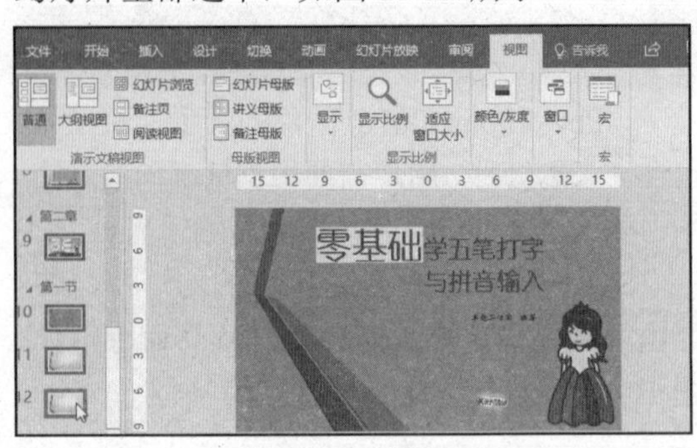

图 11-32　全部选中幻灯片

STEP 04：按【Ctrl+A】组合键可将演示文稿中的幻灯片全部选中。

2.移动幻灯片

当演示文稿中包含多张幻灯片时，若觉得某张幻灯片位置不合理，可以移动该幻灯片。

STEP 01：选中需要移动的幻灯片，按住鼠标左键，向目标位置拖动幻灯片，如图 11-33 所示。

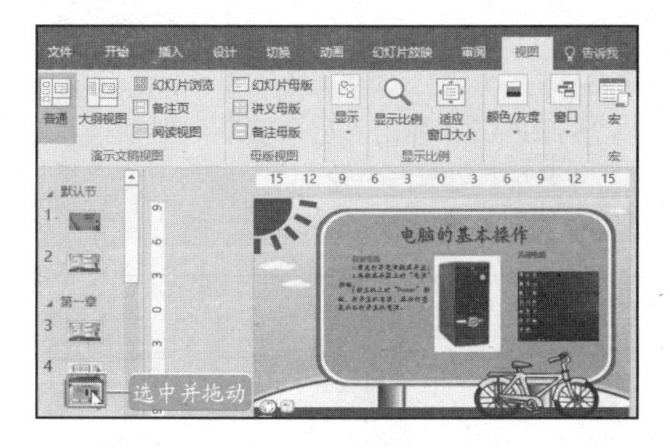

图 11-33　拖动幻灯片

STEP 02：拖动至目标位置后松开鼠标即可，幻灯片页码会自动重新编号，如图 11-34 所示。

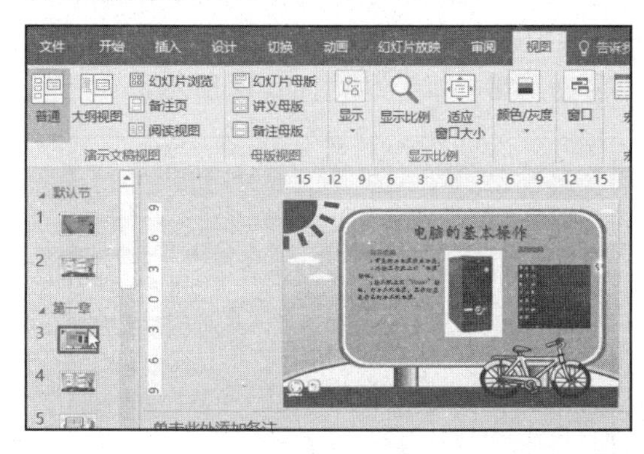

图 11-34　页码已自动编号

3.复制幻灯片

在制作幻灯片时，有时需要制作多张内容相似的幻灯片。为了提高工作效率，可以复制多张同样的幻灯片，然后进行适当的修改。

STEP 01：右击需要复制的幻灯片，在弹出的菜单中选择“复制幻灯片”选项，如图 11-35 所示。

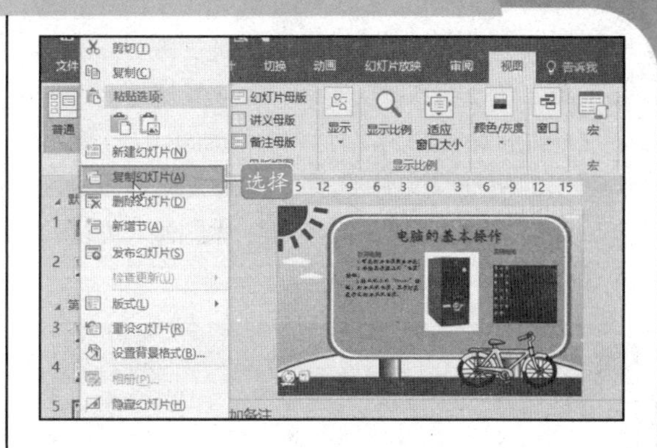

图 11-35　选择“复制幻灯片”选项

STEP 02：在选中幻灯片的下方随即复制出一张相同的幻灯片，如图 11-36 所示。

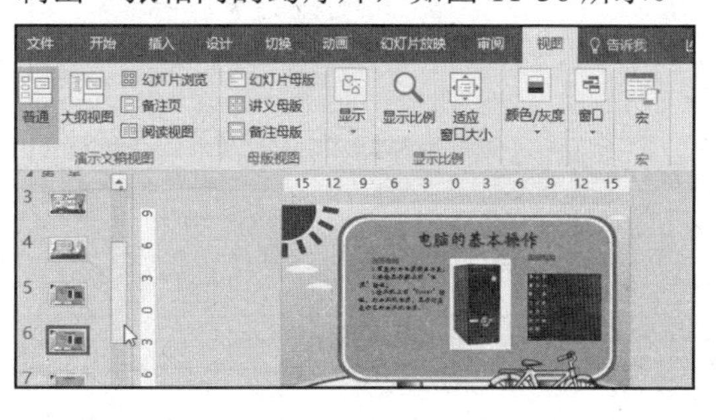

图 11-36　复制幻灯片

STEP 03：同时选中多张幻灯片，单击“开始”选项卡中的“新建幻灯片”下拉按钮，在下拉列表中选择“复制选定幻灯片”选项，可同时复制多张幻灯片，如图 11-37 所示。

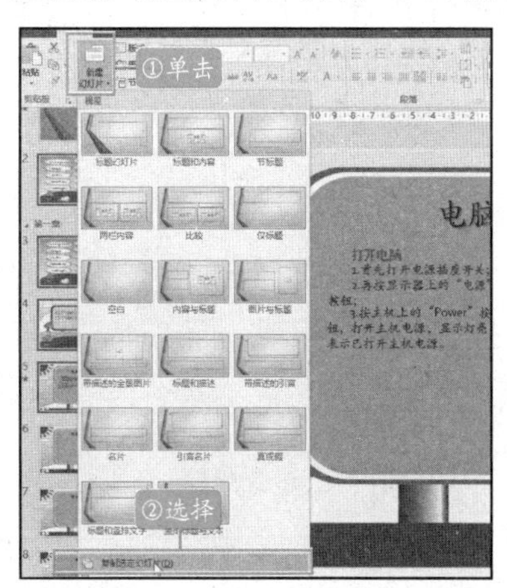

图 11-37　复制多张幻灯片

11.2.3 删除幻灯片

如果演示文稿中有多余的幻灯片，用户

还可以将其删除。

在左侧的幻灯片列表中选择要删除的幻灯片，如选择第 2 张幻灯片，然后单击右键，从弹出的快捷菜单中选择“删除幻灯片”命令，即可将选中的第 2 张幻灯片删除，如图 11-38 所示。

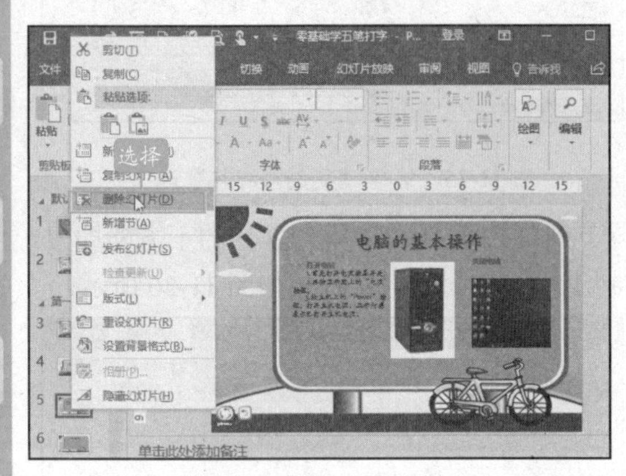

图 11-38　删除幻灯片

11.2.4 使用节管理幻灯片

对于一个包含很多幻灯片的演示文稿，某幻灯片标题和编号往往很多，混杂在一起，常常使用户不知道自己选中的幻灯片位置。这时可以通过使用幻灯片节的功能来组织管理幻灯片。

STEP 01：打开原始文件，在幻灯片窗格中将光标定位在要插入幻灯片节的位置，如图 11-39 所示。

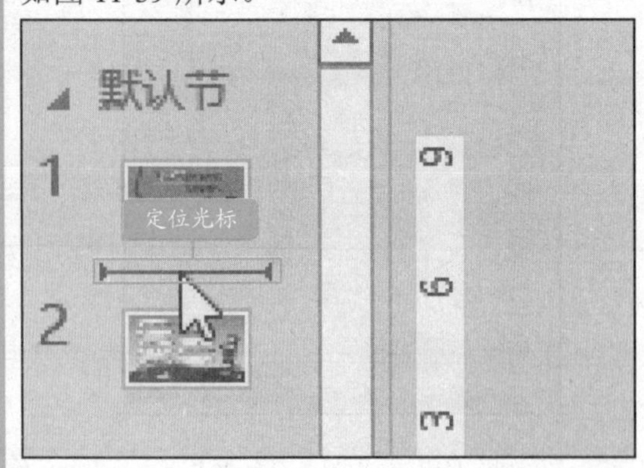

图 11-39　选择目标位置

STEP 02：单击鼠标右键，在弹出的快捷菜单中选择“新增节”命令，如图 11-40 所示。

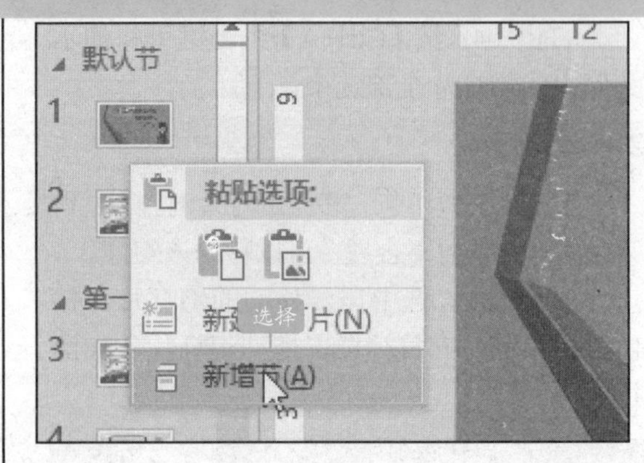

图 11-40　选择“新增节”

STEP 03：弹出“重命名节”对话框，在“节名称”文本框中输入“主题”，单击“重命名”按钮，如图 11-41 所示。

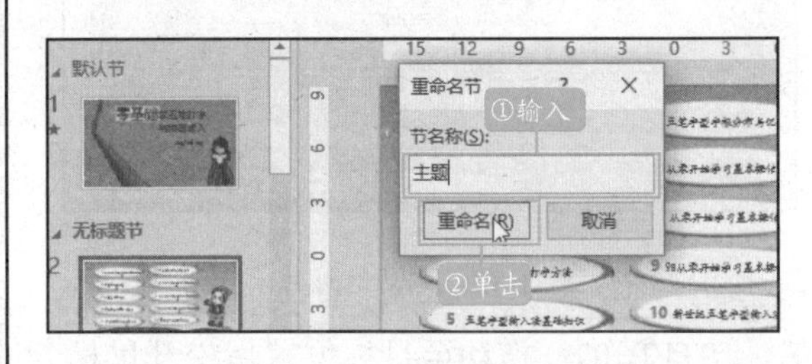

图 11-41　设置节的名称

STEP 04：此时默认节的名称被重命名成了“主题”，重复上述操作，将“无标题节”命名为“第一章”，如图 11-42 所示。

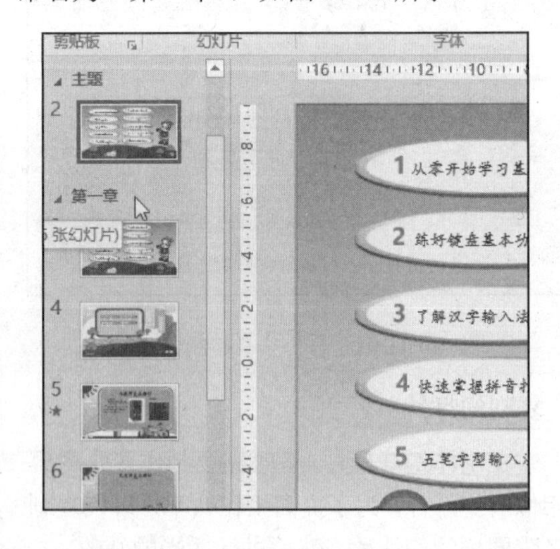

图 11-42　重命名后的效果

STEP 05：右击“第一章”节，在弹出的快捷菜单中单击“全部折叠”命令，如图 11-43 所示。

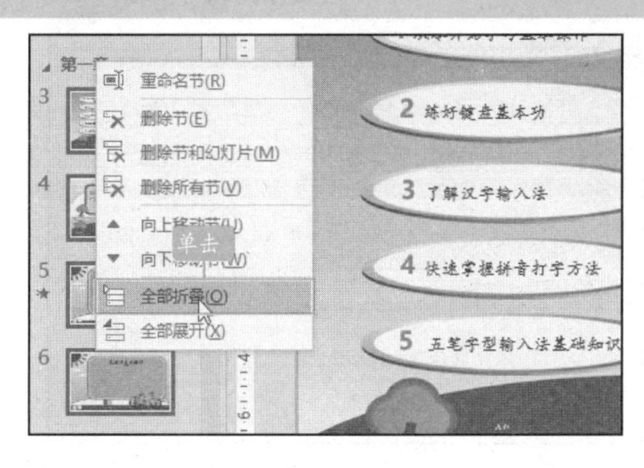

图 11-43 折叠节

STEP 06：此时下面的幻灯片信息就被折叠隐藏起来了，如图 11-44 所示。

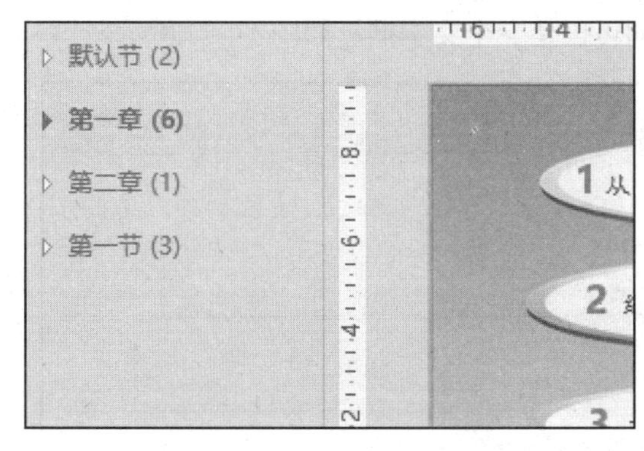

图 11-44 折叠节的效果

11.2.5 隐藏与查看幻灯片

当用户不想放映演示文档中的一些幻灯片时，我们可以将其隐藏起来，具体操作如下：

STEP 01：在左侧的幻灯片列表中选择要隐藏的幻灯片，然后单击鼠标右键，从弹出的快捷菜单中选择“隐藏幻灯片”命令。如图 11-45 所示。

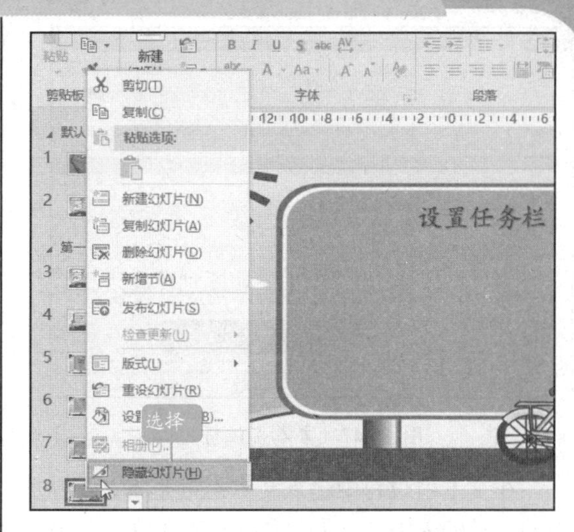

图 11-45 选择“隐藏幻灯片”命令

STEP 02：这时，在该幻灯片的标号上会显示一条删除斜线，表示该幻灯片已经被隐藏，如图 11-46 所示。

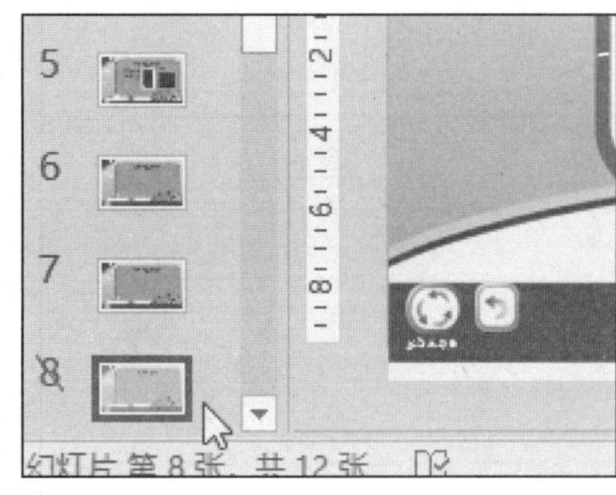

图 11-46 被隐藏效果

STEP 03：如果要取消隐藏，查看幻灯片，方法很简单，只需要选中相应的幻灯片，然后再进行一次上述操作即可。

11.3 添加、编辑文本和幻灯片

扫码观看本节视频

在 PowerPoint 2016 中，为了使演示稿更加美观、实用，可以在幻灯片中添加文本并对其进行编辑。

11.3.1 使用占位符添加文本

在普通视图中，幻灯片会出现“单击此处添加标题”或“单击此处添加副标题”等提示文本框。这种文本框统称为“文本占位符”，如图 11-47 所示。

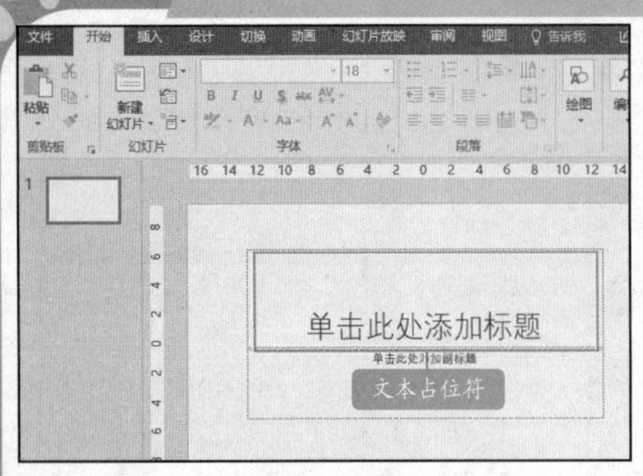

图 11-47　文本占位符

在文本占位符中输入文本是最基本、最方便的一种输入方式，在文本占位符上单击即可输入文本。同时，输入的文本会自动替换文本占位符中的提示性文字，如图 11-48 所示。

图 11-48　在文本占位符中输入文本

11.3.2 使用文本框添加文本

用户如果想在幻灯片的其它位置添加文本，可以绘制一个新的文本框，在插入和设置文本框后，就可以在文本框中输入文本了，具体操作如下：

STEP 01：新建一个演示文稿，将幻灯片中的文本占位符删除，单击“插入”选项卡“文本”选项组中的“文本框”按钮，在弹出的下拉菜单中选择“绘制横排文本框”选项，如图 11-49 所示。

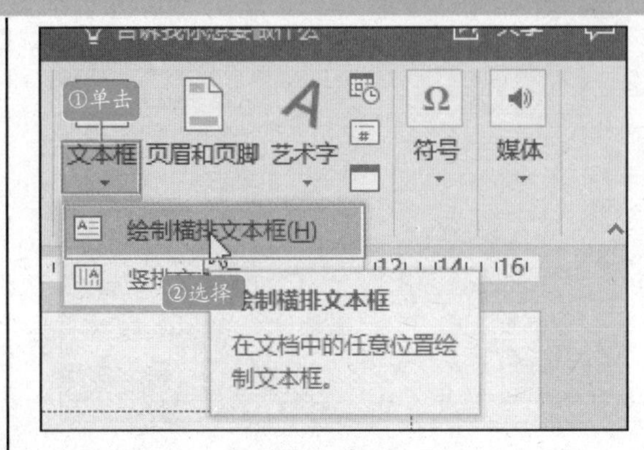

图 11-49　选择“绘制横排文本框”选项

STEP 02：将光标移动到幻灯片中，当光标变成向下的箭头时，按住鼠标左键拖拽即可创建一个文本框，如图 11-50 所示。

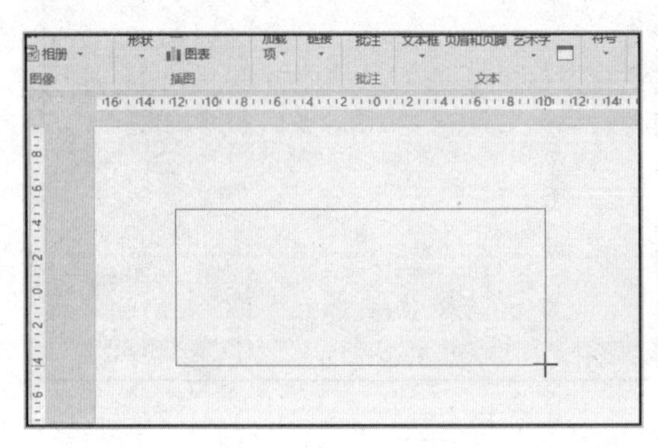

图 11-50　绘制文本框

STEP 03：单击文本框即可直接输入内容，如图 11-51 所示。

图 11-51　在文本框中输入内容

11.3.3 选择与编辑文本

如果要更改文本或者设置文本的字体样式，可以先选择文本；将光标定位在要选择文本的起始位置，按住鼠标左键并拖拽，选择结束，释放鼠标左键即可，如图 11-52 所示。

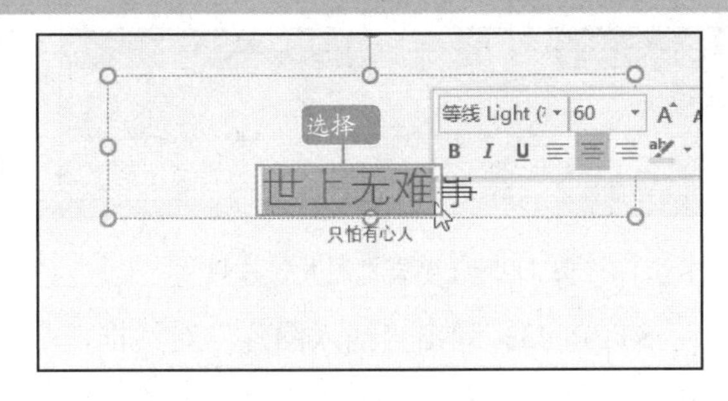

图 11-52　选择文本

编辑文本具体操作如下：

STEP 01：在左侧的幻灯片中选择要编辑的第一张幻灯片，然后在其中单击标题占位符，此时占位符中出现闪烁的光标，如图 11-53 所示。

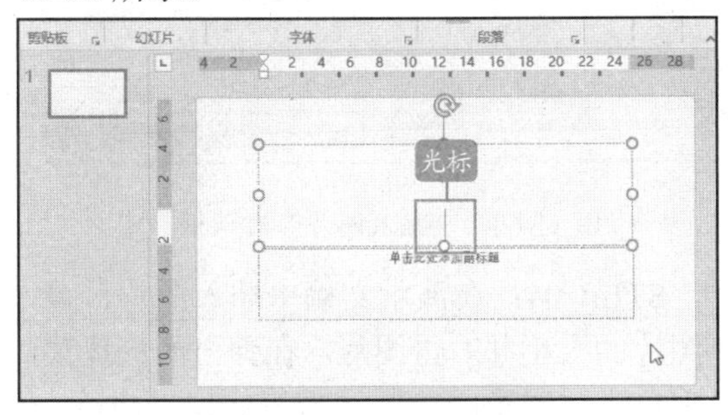

图 11-53　单击标题占位符

STEP 02：在占位符中输入标题“零基础五笔打字与拼音输入”，如图 11-54 所示。

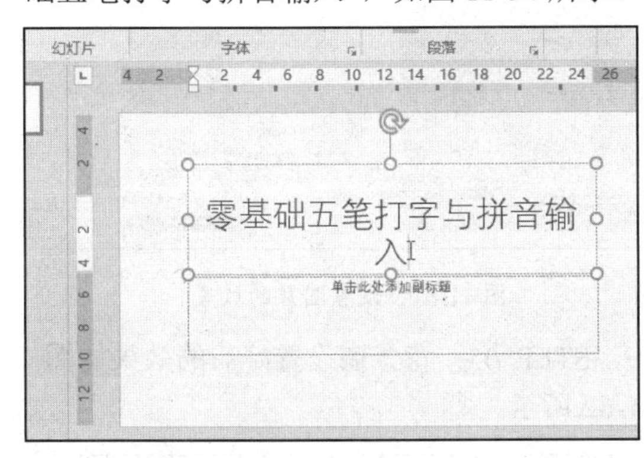

图 11-54　输入标题

STEP 03：选中整个文本框，切换至“开始”选项卡，在“字体”选项组中的“字体”下拉列表中选择“汉仪太极体简”选项，在“字号”下拉列表中选择“60”选项，在“字体颜色”下拉列表之后选择“红色”选项，然后单击“文字阴影”按钮，如图 11-55 所示。

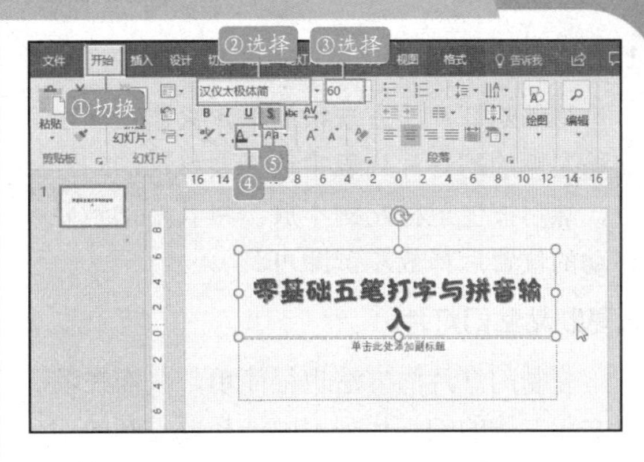

图 11-55　添加字体样式

STEP 04：选择文本框，将其调整至合适的大小和位置，如图 11-56 所示。

图 11-56　调整大小和位置

STEP 05：按照相同的方法在副标题占位符中输入文本并对其进行格式设置，效果如图 11-57 所示。

图 11-57　副标题文本

11.3.4 移动、复制和粘贴文本

在演示文稿的排版过程中，用户可以重新调整每一张幻灯片的次序，也可以将具有较好版式的幻灯片复制粘贴到其他的演示文稿中。

初识Office
Word基本操作
文档排版美化
文档图文混排
表格图表使用
文档高级编辑
Excel基本操作
数据分析处理
分式函数使用
Excel图表使用
PPT基本操作
幻灯片的美化
PPT动画与放映
Office协同应用

1.移动幻灯片

移动幻灯片的方法很简单，只需在演示文稿左侧的幻灯片列表中选择要移动的幻灯片，然后按住鼠标左键不放，将其拖动到要移动的位置后释放左键即可。

2.复制粘贴幻灯片

复制幻灯片的方法也很简单，只需在演示文稿左侧的幻灯片列表中选择要复制的幻灯片，然后单击右键，从弹出的快捷菜单中选择“复制幻灯片”命令，即可在此幻灯片的下方复制一张与此幻灯片格式和内容相同的幻灯片。

另外，用户还可以使用【Ctrl+C】组合键复制幻灯片，然后使用【Ctrl+V】组合键在同一演示文稿内或不同演示文稿之间进行粘贴。

11.3.5 对幻灯片标题和封面编辑

标题页幻灯片是打开演示文稿后看到的第一张幻灯片，通常用来设计演示文稿的标题，操作如下：

STEP 01：新建一个空白演示文稿，如图 11-58 所示。

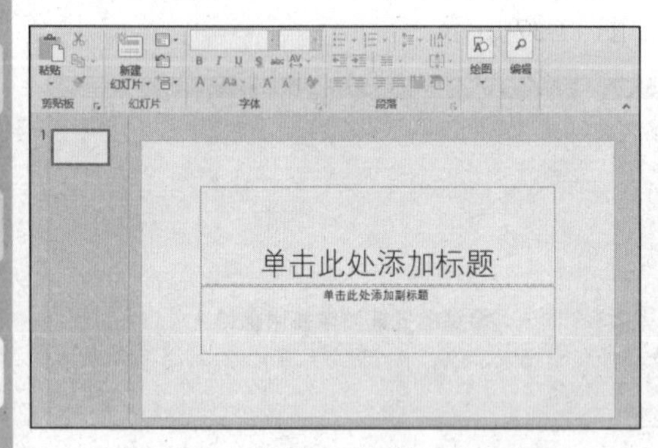

图 11-58　新建空白演示文稿

STEP 02：首先我们给封面插入一张背景图，切换到“插入”选项卡，单击“图像”选项组中的“图片”按钮，如图 11-59 所示。

图 11-59　单击“图片”按钮

STEP 03：弹出“插入图片”对话框，打开文件所在路径，选择需要插入的图片，然后单击“插入”按钮，如图 11-60 所示。

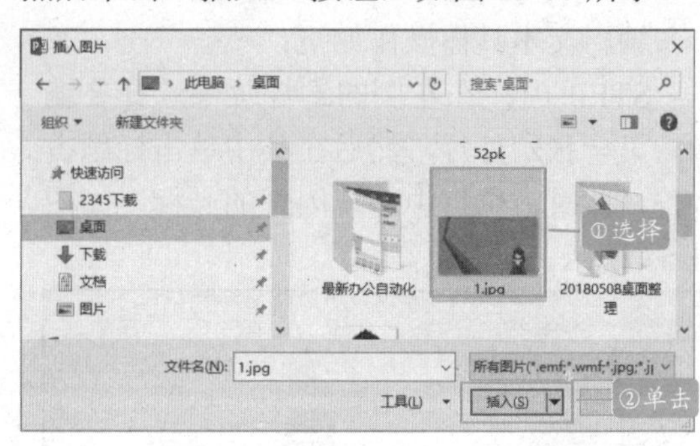

图 11-60　“插入图片”对话框

STEP 04：在演示文稿中插入图片，调整图片的大小并右击图片，在弹出的快捷菜单中单击“置于底层”|“置于底层”命令，如图 11-61 所示。

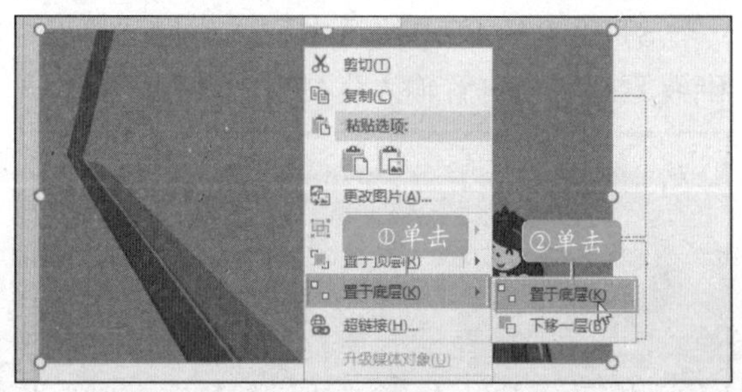

图 11-61　设置图片的放置

STEP 05：背景图设置好后的效果如图 11-62 所示。

图 11-62　背景图设置好后的效果

STEP 06：现在我们来输入演示文稿的标题，将光标定位在“单击此处添加标题”文本框中，输入标题内容，如图 11-63 所示。

图 11-63　输入标题内容

STEP 07：设置标题字体为“幼圆”、字号为“60”、字形为“加粗”、字体颜色为“红色”，效果如图 11-64 所示。

图 11-64　设置标题字体

STEP 08：选择标题中的“零基础”，设置字号为“88”，然后添加底色并调整文本框的大小和位置，效果如图 11-65 所示。

图 11-65　设置部分字体并调整文本框

STEP 09：将光标定位在“单击此处添加副标题”，输入副标题内容，效果如图 11-66 所示。

图 11-66　输入副标题内容

STEP 10：设置副标题字体为“华文楷体”，字号为“21”，效果如图 11-67 所示。

图 11-67　封面效果图

11.3.6 幻灯片目录的编辑

目录幻灯片主要用于演示文稿目录的列示，目录幻灯片通常位于前言幻灯片之后、正文幻灯片之前，目录幻灯片的编辑过程具体操作如下：

STEP 01：新建一个空白演示文稿，插入一个椭圆形，在“形状样式”选项组中将“形状填充”设置为“白色，背景 1，深色 15%”，“形状轮廓”设置为“无轮廓”，将其高度设置为“2 厘米”，宽度设置为“14 厘米”，如图 11-68 所示。

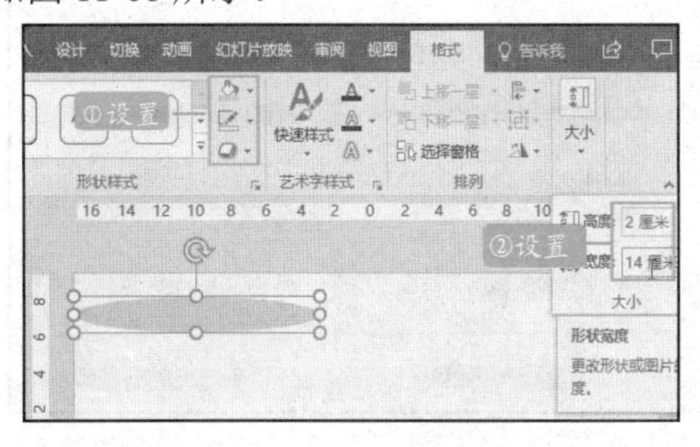

图 11-68　绘制椭圆形

STEP 02：复制另外 7 个相同的椭圆形，并将其移动到合适的位置，如图 11-69 所示。

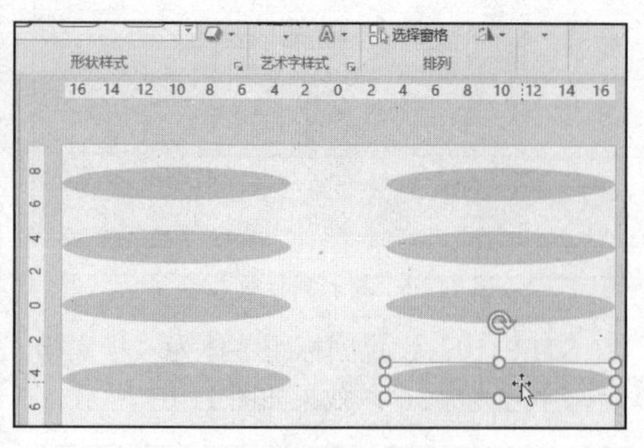

图 11-69　复制椭圆形

STEP 03：在第一个形状上插入一个横排文本框，输入文字“1 从零开始学习基本操作”，然后调整位置并设置字体格式，如图 11-70 所示。

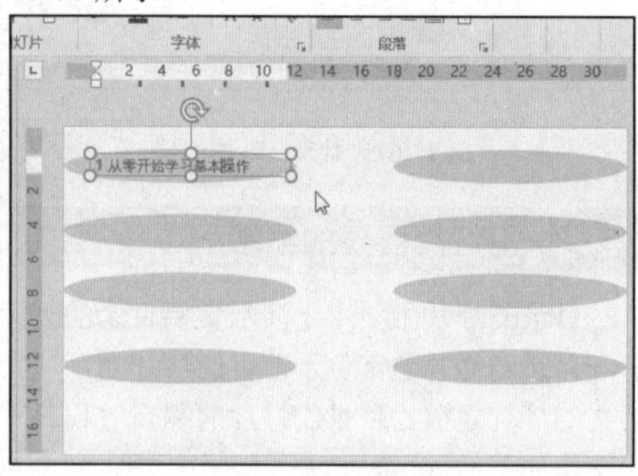

图 11-70　输入文本

STEP 04：使用同样的方法，分别设置其他形状。编辑完成后，目录幻灯片的效果如图 11-71 所示。

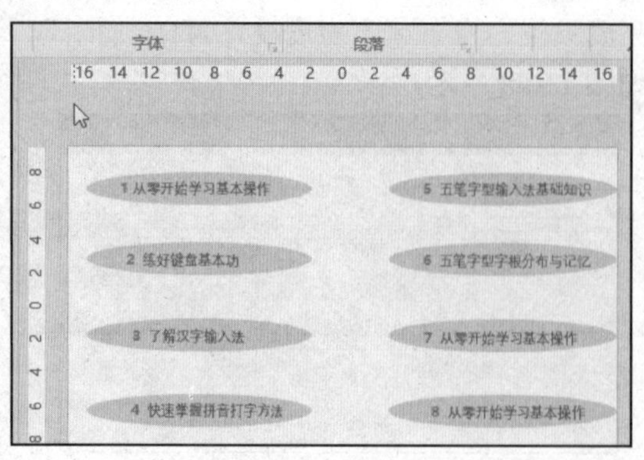

图 11-71　目录效果图

11.3.7　编辑过渡幻灯片

过渡幻灯片主要用于演示文稿从目录到正文的过渡。通常情况下，过渡幻灯片是在目录幻灯片的基础上，对有关标题进行突出显示而形成的新幻灯片，具体操作如下：

STEP 01：在左侧的幻灯片列表中选择第 2 张幻灯片，然后按住【Shift】键选中幻灯片中的所有的椭圆形和文本框，按【Ctrl+C】组合键进行复制，然后选择第三张幻灯片，按【Ctrl+V】组合键将其复制到第 3 张幻灯片中，如图 11-72 所示。

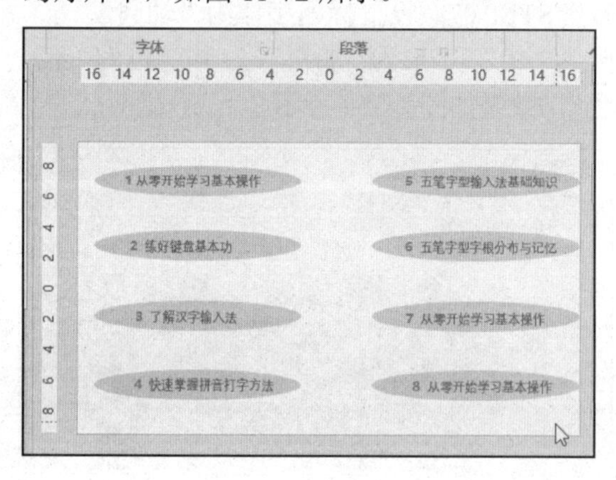

图 11-72　复制幻灯片

STEP 02：选中第一个椭圆形，切换到“格式”选项卡，在“形状样式”选项组中单击“形状填充”，设置为“蓝色”，如图 11-73 所示。

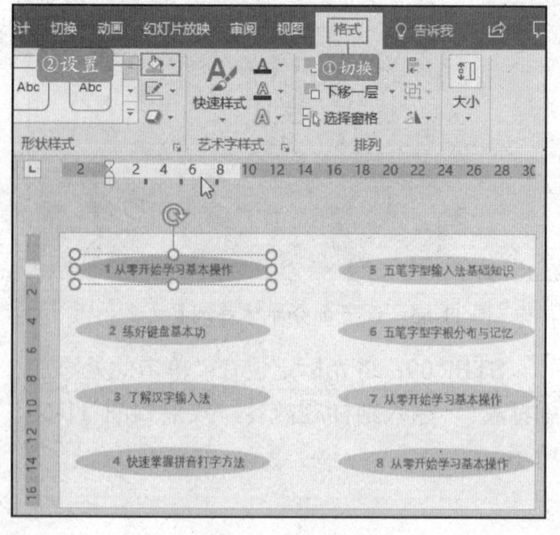

图 11-73　填充颜色

STEP 03：按照相同的方法，编辑其他过渡幻灯片，如图 11-74 所示。

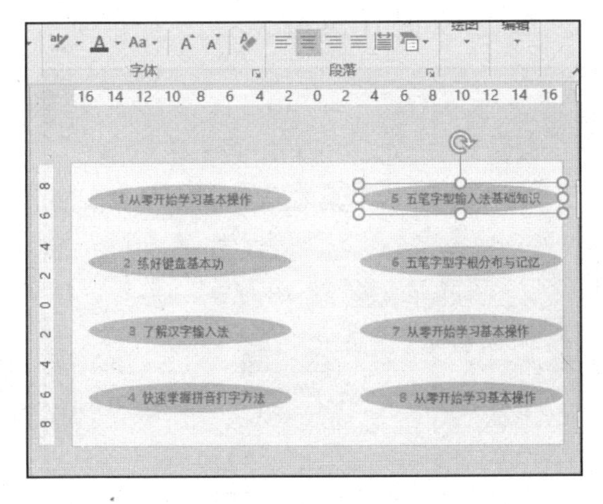

图 11-74　完成效果图

11.3.8 编辑正文幻灯片

正文幻灯片是演示文稿的主要内容。通常情况下，正文幻灯片的内容由图形、图片、图表、表格以及文本框组成。

1.编辑图表

正文幻灯片中经常会用到数据图表，编辑数据图表的具体操作如下：

STEP 01：在左侧的幻灯片列表中选择要编辑的第 10 张幻灯片，切换到“插入”选项卡中，单击“插图”选项组中的“图表”按钮，如图 11-75 所示。

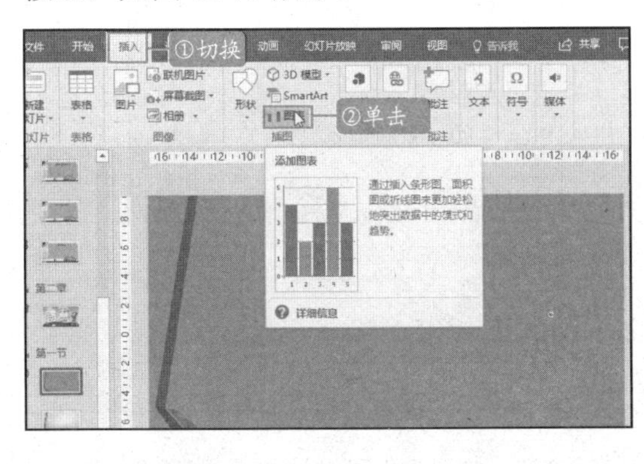

图 11-75　单击“图表”按钮

STEP 02：弹出“插入图表”对话框，在左侧选择“条形图”选项，然后选择合适的条形图，如图 11-76 所示。

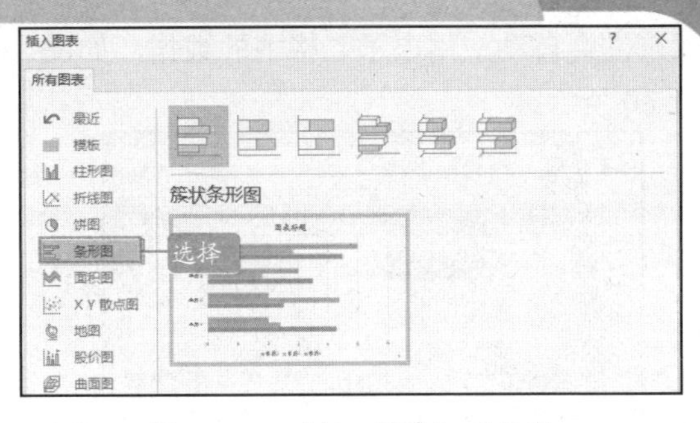

图 11-76　“插入图表”对话框

STEP 03：单击“确定”按钮，返回演示文稿，此时即可在第 11 张幻灯片中插入一个条形图，如图 11-77 所示。

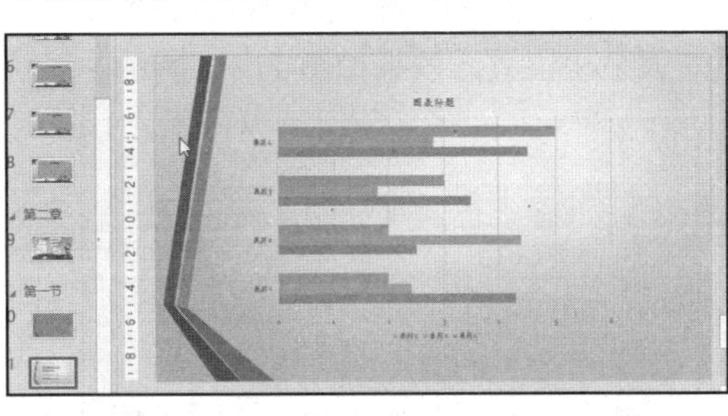

图 11-77　插入条形图效果

STEP 04：同时弹出一个电子表格，如图 11-78 所示。

Microsoft PowerPoint 中的图表

	A	B	C	D
1		系列 1	系列 2	系列 3
2	类别 1	4.3	2.4	2
3	类别 2	2.5	4.4	2
4	类别 3	3.5	1.8	3
5	类别 4	4.5	2.8	5

图 11-78　电子表格图

STEP 05：单击“Microsoft Excel 中编辑数据”按钮，在 Excel 工作表中编辑电子表格，输入相关数据和项目，如图 11-79 所示。

单击　Microsoft PowerPoint 中的图表

在 Microsoft Excel 中编辑数据

	A	B	C	D
1		系列 1	系列 2	系列 3
2	类别 1	4.3	2.4	2
3	类别 2	2.5	4.4	2
4	类别 3	3.5	1.8	3
5	类别 4	4.5	2.8	5

图 11-79　单击“Microsoft Excel 中编辑数据”

STEP 06：输入完毕，单击窗口右上角的“关闭”按钮即可。此时，演示文稿中的条形图会自动应用电子表格中的数据，如图11-80所示。

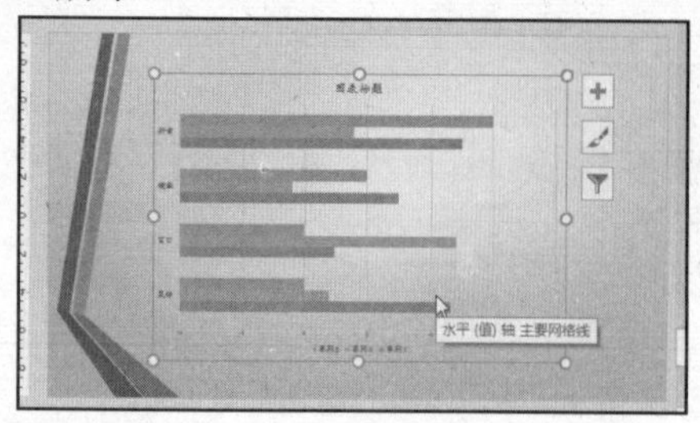

图 11-80 应用电子表格数据效果图

2.美化图表

STEP 01：选中条形图，将其调整到合适的大小和位置，效果如图11-81所示。

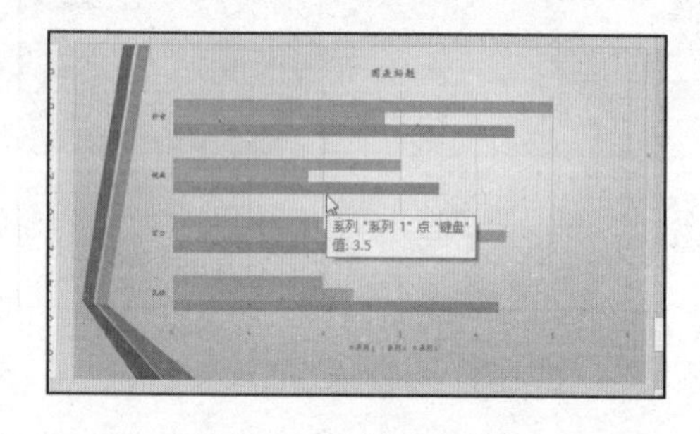

图 11-81 调整位置和大小

STEP 02：切换到“开始”选项卡中，在“字体”选项组中的“字体”下拉列表中选择“汉仪太极体简”选项，如图11-82所示，在“字号”下拉列表中选择“24”选项，如图11-83所示。

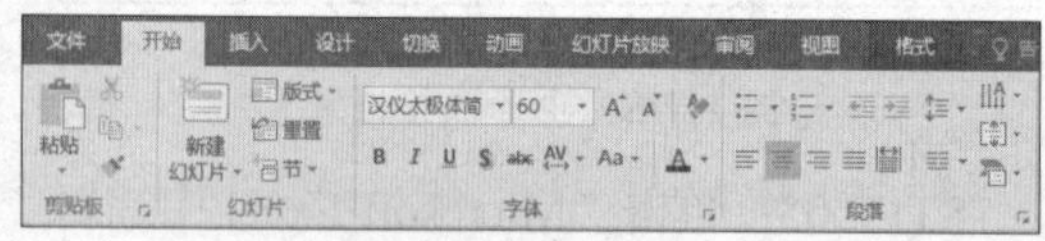

图 11-82 设置字体

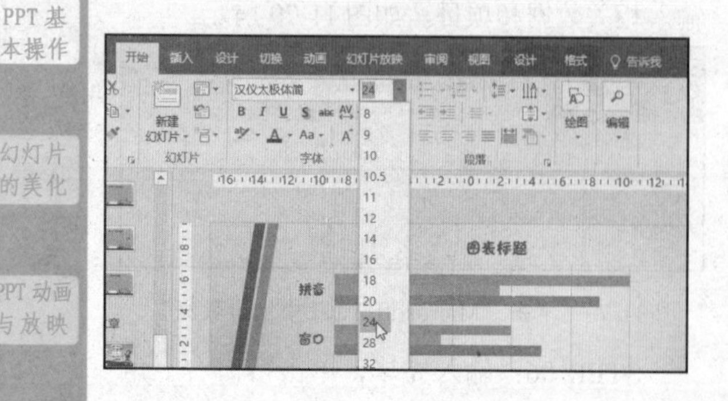

图 11-83 设置字号

STEP 03：选中数据系列1，单击右键，从弹出的快捷菜单中选择“设置数据系列格式”命令，如图11-84所示。

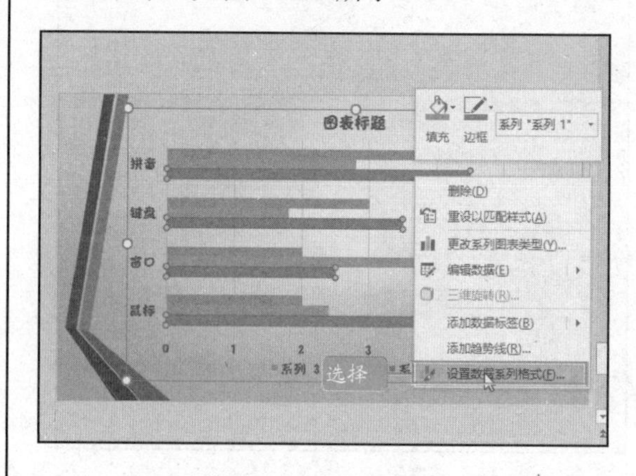

图 11-84 选择“设置数据系列格式”命令

STEP 04：弹出“设置数据系列格式”窗格，单击“线条与填充”按钮，在“填充”选项组中选中“纯色填充”，在“颜色”下拉列表中选择“红色”，效果如图11-85所示。

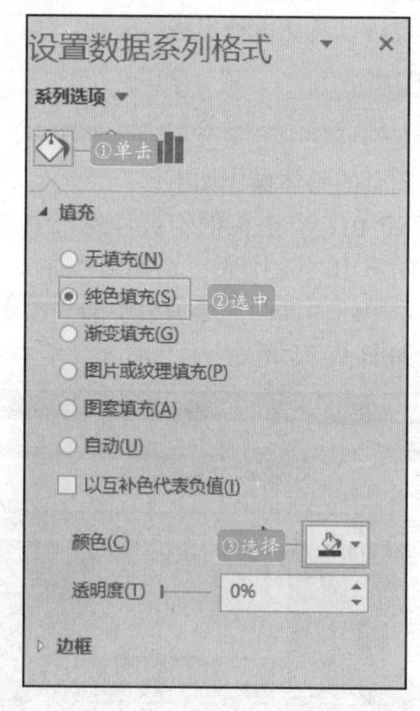

图 11-85 “设置数据系列格式”窗格

STEP 05：切换到“边框”选项卡，选中“实线”单选钮，在“颜色”下拉列表中选择“黑色”，然后把“宽度”设置为“3磅”，如图11-86所示。

图 11-86 “设置数据系列格式”窗格

STEP 06：按照以上方法设置另外两个系列 2 和 3，最后效果如图 11-87 所示。

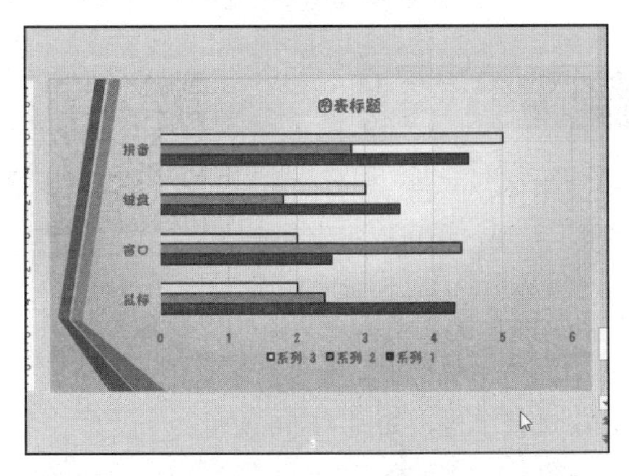

图 11-87 最终效果图

11.3.9 编辑结尾幻灯片

结尾幻灯片主要用于表示演示文稿的结束，通常情况下，结尾幻灯片会对观众予以致谢，具体操作如下：

STEP 01：选中最后一张幻灯片，切换到“插入”选项卡中，单击“插图”选项组中的“形状”按钮，从弹出的下拉列表中选择“圆角矩形”选项，如图 11-88 所示。

图 11-88 选择“圆角矩形”选项

STEP 02：此时，鼠标指针变为“加号”形状，在最后一张幻灯片中绘制一个圆角矩形，如图 11-89 所示。

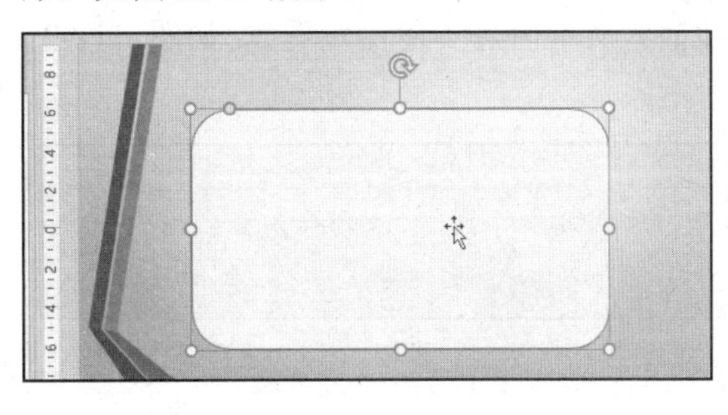

图 11-89 绘制矩形

STEP 03：拖动矩形形状的 8 个控制点，将其调整为与幻灯片大小相同，然后选中此形状，切换到“格式”选项卡中，在“形状样式”选项组中将“形状填充”设置为“粉红”，“形状轮廓”设置为“白色”，“粗细”为“6 磅”，如图 11-90 所示。

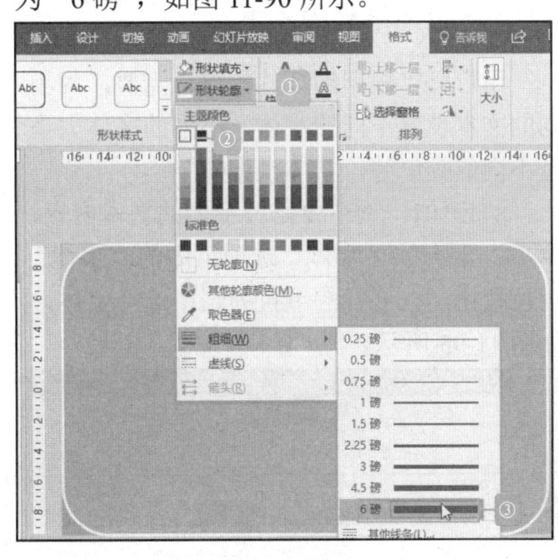

图 11-90 设置矩形样式

STEP 04：切换到“插入”选项卡，单击“文本”选项组中的“文本框”选项，如图 11-91 所示。

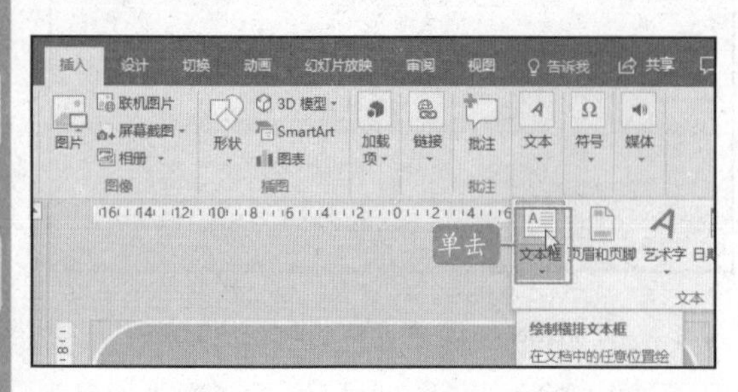

图 11-91　选择“文本框”选项

STEP 05：在矩形上绘制一个文本框，并输入文本内容“谢谢观看”，如图 11-92 所示。

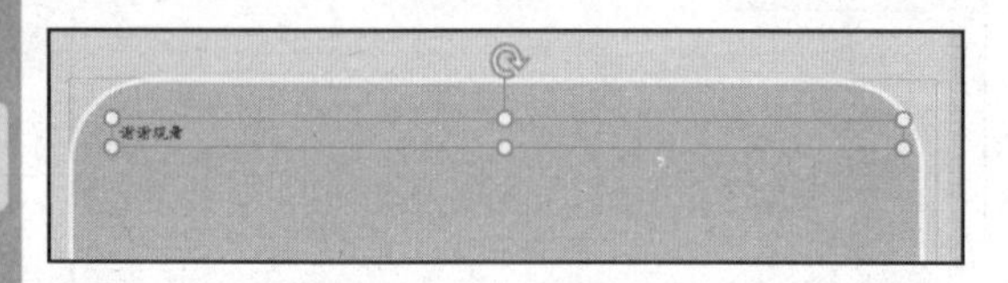

图 11-92　输入文本

STEP 06：设置字体样式，调整字体位置，如图 11-93 所示。

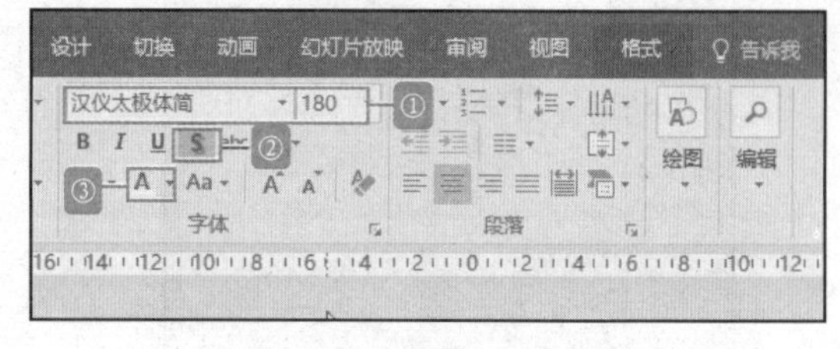

图 11-93　设置字体样式

STEP 07：最后效果如图 11-94 所示。

图 11-94　幻灯片结尾

11.4　设置字体格式

扫码观看本节视频

在幻灯片中添加文本后，设置文本的格式，如设置字体及颜色、字符间距、使用艺术字等，不仅可以使幻灯片页面布局更加合理、美观，还可以突出文本内容。

11.4.1　设置字体及颜色

用户可以根据幻灯片的设计需要，为不同的文本设置不同的字体、不同的字体大小及不同的颜色等，具体操作如下：

STEP 01：选中要修改字体的文本内容，单击“开始”|“字体”选项组中的“字体”下拉按钮，在展开的下拉列表中选择字体，如图 11-95 所示。

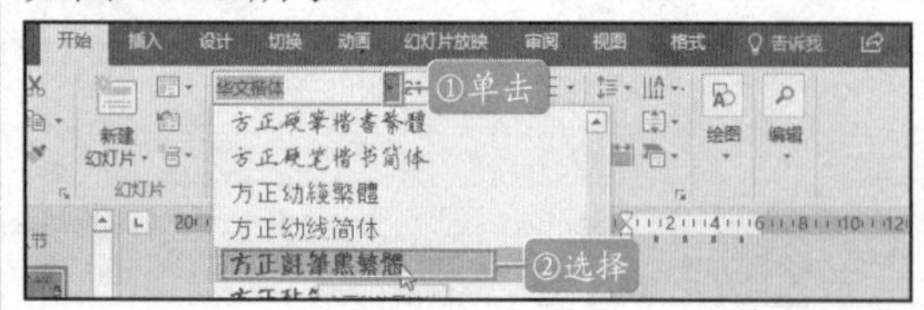

图 11-95　选择字体样式

STEP 02：单击“开始”|“字体”选项组中的“字号”下拉按钮，在展开的下拉列表中选择字号，如图 11-96 所示。

图 11-96　选择“字号”

STEP 03：单击“开始”|“字体”选项组中的“字体颜色”下拉按钮，在展开的下拉列表中选择颜色即可，如图 11-97 所示。

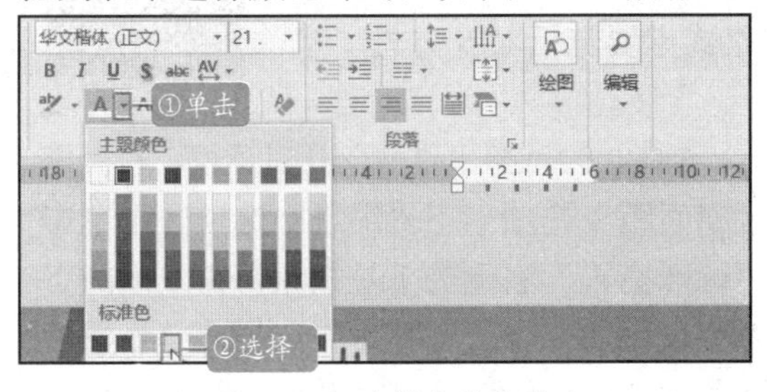

图 11-97　选择字体颜色

STEP 04：用户也可以单击“开始”|“字体”选项组中的设置按钮，在弹出的“字体”对话框中也可以设置字体及字体颜色，如图 11-98 所示。

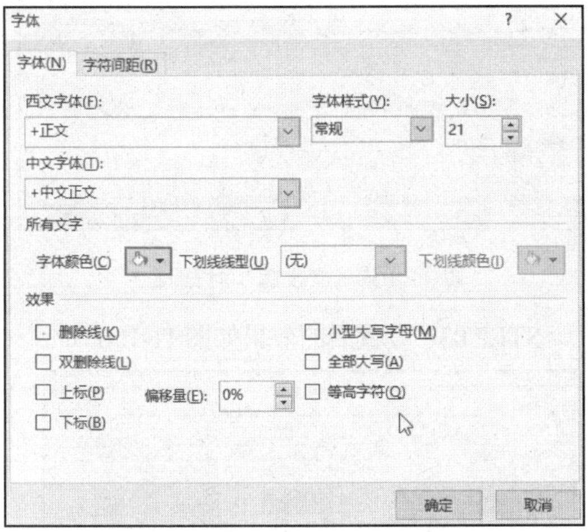

图 11-98　“字体”对话框

11.4.2 使用艺术字

艺术字与普通文字相比，有更多的颜色和形状可以选择，表现形式多样化，在幻灯片中插入艺术字可以达到锦上添花的效果。利用 PowerPoint 2016 中的艺术字功能插入装饰文字，可以创建带阴影的、映像的和三维格式等艺术字，也可以按预定义的形状创建文字，具体操作如下：

STEP 01：新建演示文稿，删除占位符，单击“插入”|“文本”选项组中的“艺术字”下拉按钮，在展开的下拉列表中选择一种艺术字样式，如图 11-99 所示。

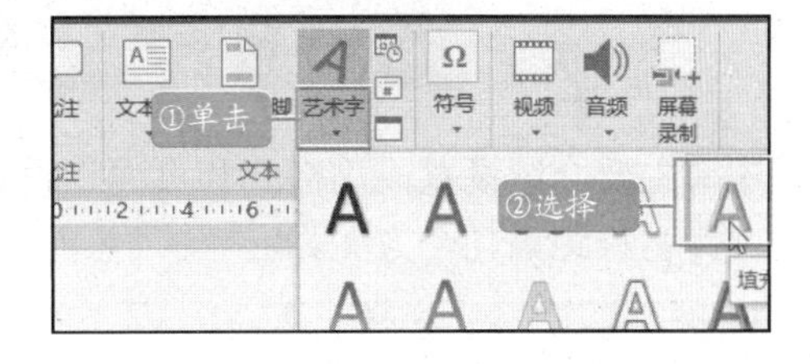

图 11-99　选择艺术字样式

STEP 02：即可在幻灯片页面中插入“请在此放置您的文字”艺术字文本框，如图 11-100 所示。

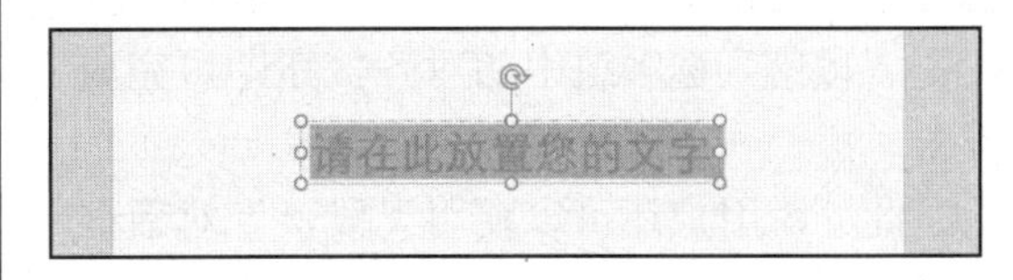

图 11-100　艺术字文本框

STEP 03：删除文本框中的文字，输入要设置艺术字的文本。在空白的位置处单击就完成了艺术字的插入，如图 11-101 所示。

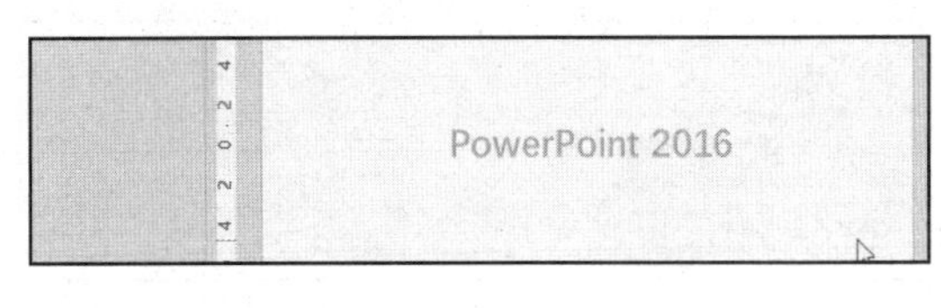

图 11-101　艺术字的插入

STEP 04：选择插入的艺术字，将会显示“格式”选项卡，在“形状样式”“艺术字样式”选项组中可以设置艺术字的样式，如图 11-102 所示。

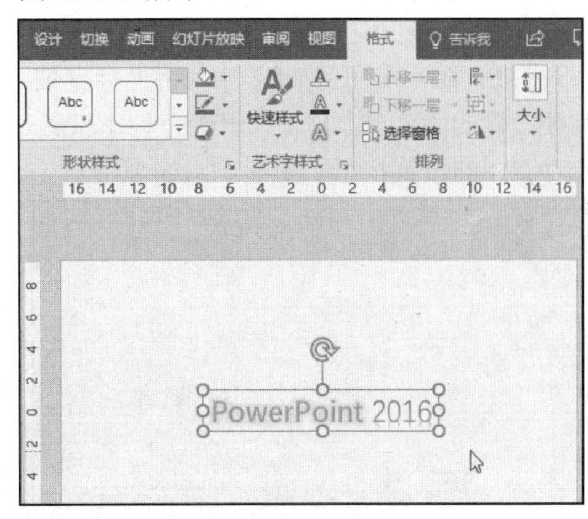

图 11-102　设置艺术字样式

11.5 设置段落格式和页面

扫码观看本节视频

本节主要介绍设置段落格式和页面，设置段落格式主要包括对齐方式、缩进及间距与行距等几个方面。

11.5.1 对齐方式

段落对齐方式包括左对齐、右对齐、居中对齐、两端对齐和分散对齐。不同的对齐方式可以达到不同的效果。要设置对齐方式，首先选定要设定的段落文本，然后单击“开始”|“段落”选项组中的对齐按钮即可完成设置。

此外，用户还可以使用“段落”对话框设置对齐方式：将光标定位在段落中，单击“开始”|“段落”选项组中的设置按钮，弹出“段落”对话框，在“常规”选项区的“对齐方式”下拉列表中选择“居中”选项，单击“确定”按钮，如图 11-103 所示。

图 11-103　“段落”对话框

11.5.2 段落文本缩进

文本缩进指的是段落中的行相对于页面左边界或右边界的位置，段落文本缩进的方式有首行缩进、文本之前缩进和悬挂缩进三种。

STEP 01：打开原始文件，将光标定位在要设置的段落中，单击“开始”|“段落”选项组中的设置按钮，如图 11-104 所示。

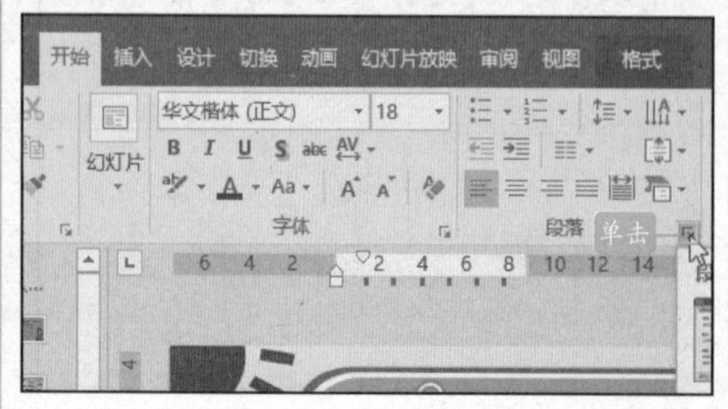

图 11-104　单击设置按钮

STEP 02：弹出“段落”对话框，在“缩进和间距”选项卡下“缩进”选项区中单击“特殊格式”右侧的下拉按钮，在弹出的下拉列表中选择“首行缩进”选项，并设置度量值为“2 厘米”，单击“确定”按钮，如图 11-105 所示。

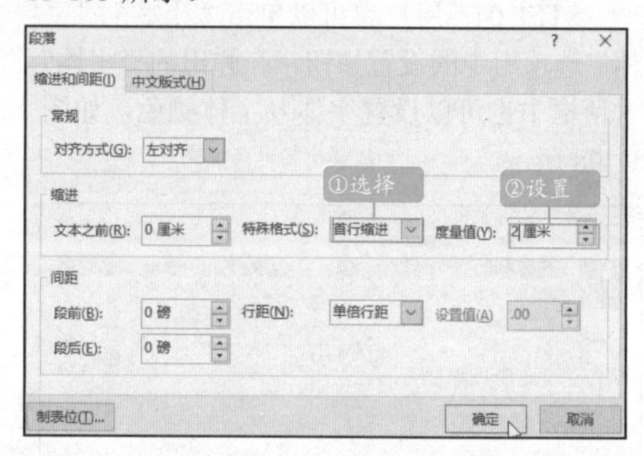

图 11-105　“段落”对话框

STEP 03：设置后的效果如图 11-106 所示。

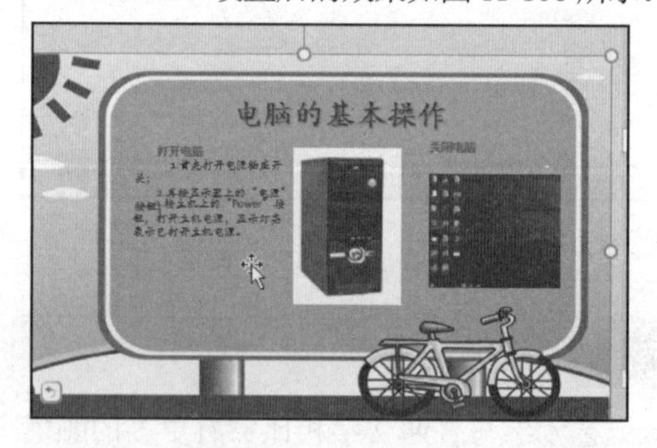

图 11-106　设置后效果图

11.5.3 段间距和行距

段落行距包括段前距、段后距和行距等。段前距和段后距指的是当前段与上一段或下一段之间的间距，行距指的是段内各行之间的距离。

1.设置段间距

STEP 01：打开原始文件，选中要设置

的段落，单击“开始”|“段落”选项组中的设置按钮，弹出 “段落”对话框，在“缩进和间距”选项卡的“间距”选项区中，“段前”和“段后”微调框中输入具体的数值，如输入“段前”为“10 磅”、“段后”同为“10磅”，单击“确定”按钮，如图 11-107 所示。

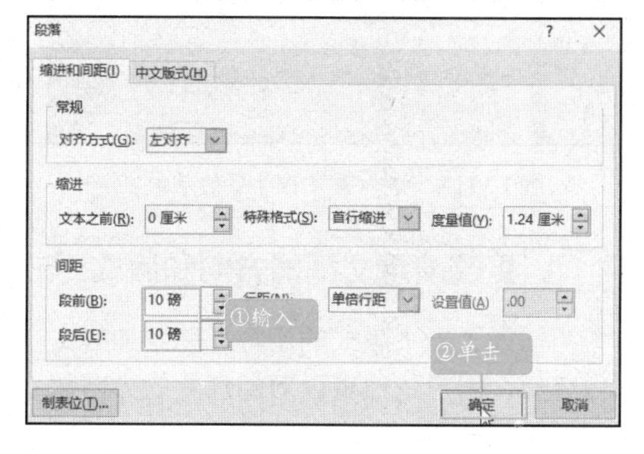

图 11-107 “段落”对话框

STEP 02：设置后的效果如图 11-108 所示。

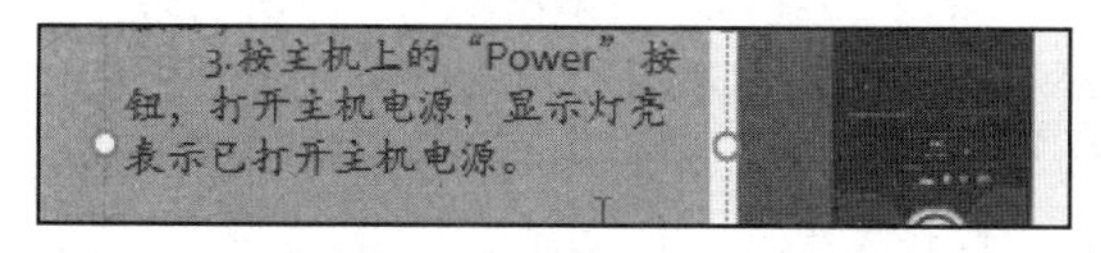

图 11-108 设置段间距效果图

2.设置行距

STEP 01：打开原始文件，将鼠标光标定位在需要设置间距的段落中，单击“开始”|“段落”选项组中的设置按钮，弹出“段落”对话框，在“间距”区域中“行距”下拉列表中选择“1.5 倍行距”选项，然后单击“确定”按钮，如图 11-109 所示。

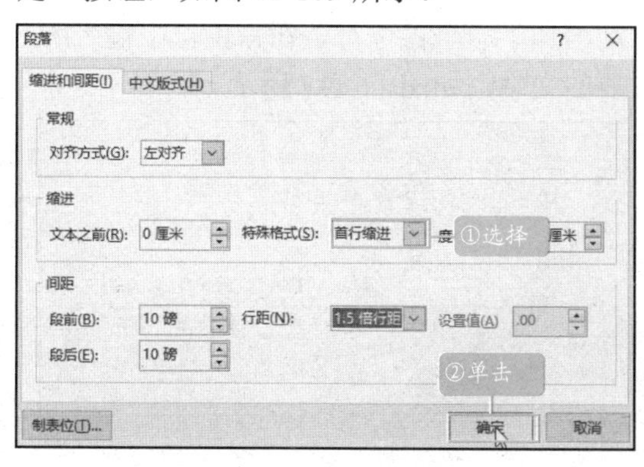

图 11-109 “段落”对话框

STEP 02：设置好后的 1.5 倍行距如图 11-110 所示。

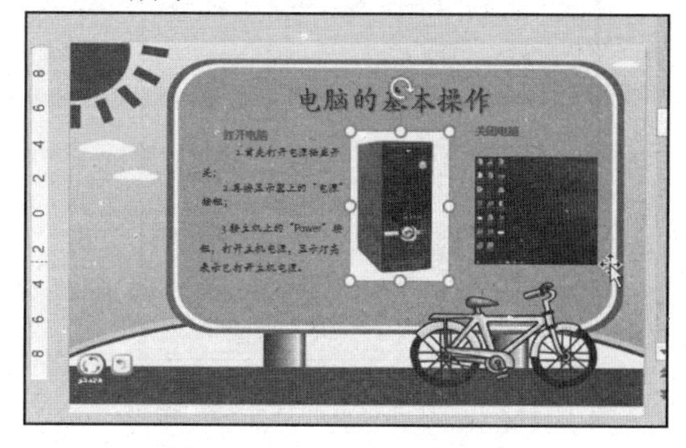

图 11-110 1.5 倍行距效果图

11.5.4 应用项目符号或编号

添加项目符号或编号也是美化幻灯片的一个重要手段，精美的项目符号，统一的编号样式可以使单调的文本内容变得更生动、专业。

1.添加编号

STEP 01：打开原始文件，选中幻灯片中需要添加编号的文本内容，单击“开始”|“段落”选项组中的“编号”下拉按钮，在展开的下拉列表中，单击“项目符号和编号”选项，如图 11-111 所示。

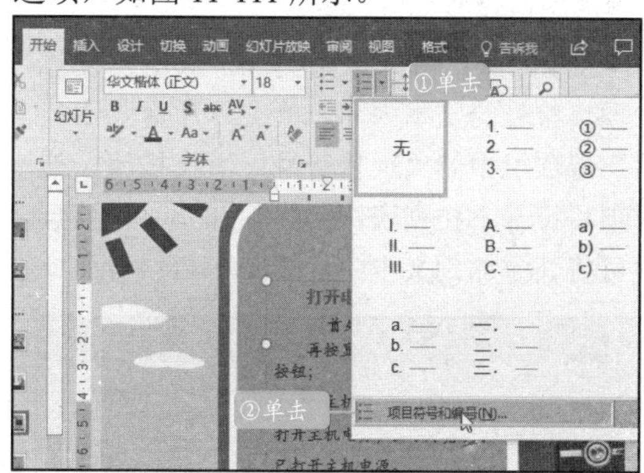

图 11-111 单击“项目符号和编号”选项

STEP 02：弹出“项目符号和编号”对话框，在“编号”选项卡中，选择相应的编号，单击“确定”按钮，如图 11-112 所示。

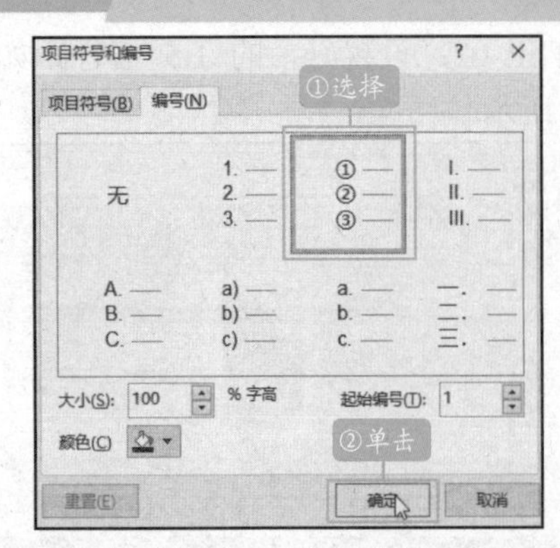

图 11-112 “项目符号和编号”对话框

STEP 03：添加编号后效果如图 11-113 所示。

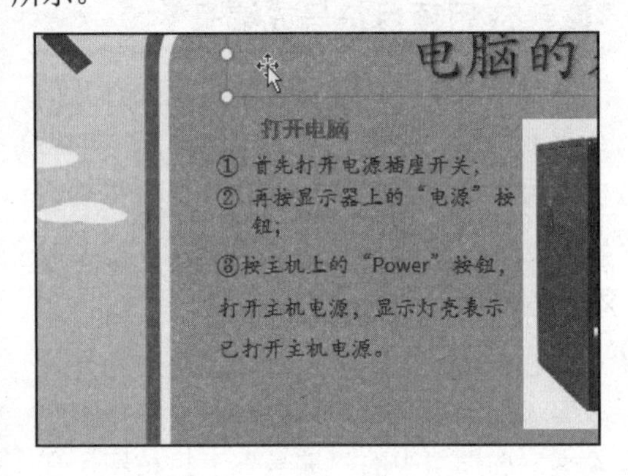

图 11-113 添加编号效果图

2.添加项目符号

STEP 01：打开原始文件，选中需要添加项目符号的文本内容。单击“开始”|“段落”选项组中的“项目符号”下拉按钮，展开项目符号下拉列表，选择相应的项目符号，即可将其添加到文本中，如图 11-114 所示。

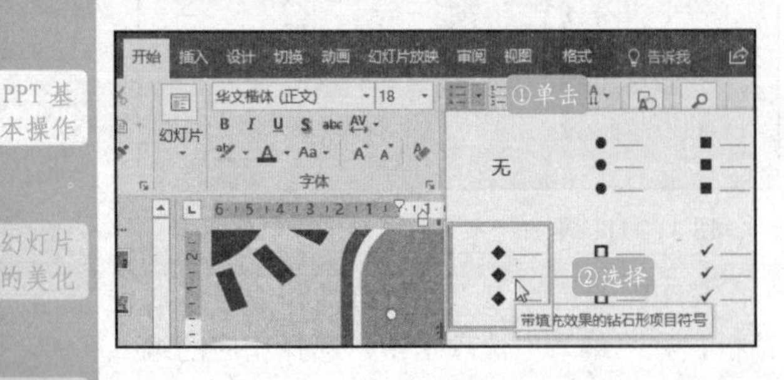

图 11-114 选择项目符号

STEP 02：添加项目符号后的效果如图 11-115 所示。

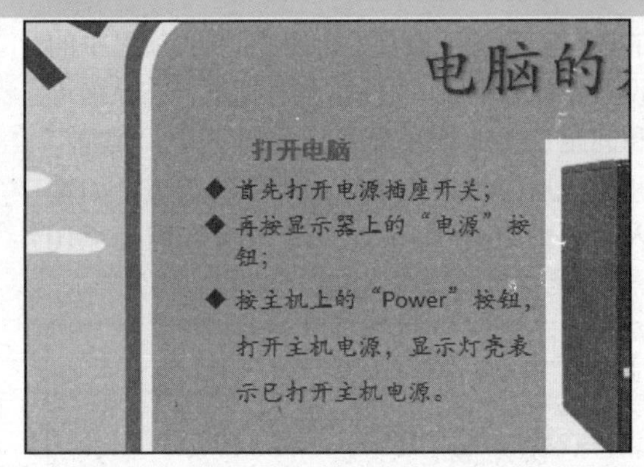

图 11-115 添加项目符号后的效果

11.5.5 更改演示文稿的方向和版式

当插入了一个版式的幻灯片并添加好文本内容后，用户依然可以对幻灯片的方向和版式做出更改。

1.更改版式

STEP 01：打开原始文件，切换到第 3 张幻灯片，在“开始”|“幻灯片”选项组中的“版式”按钮，在展开的样式库中选择“标题幻灯片”样式，如图 11-116 所示。

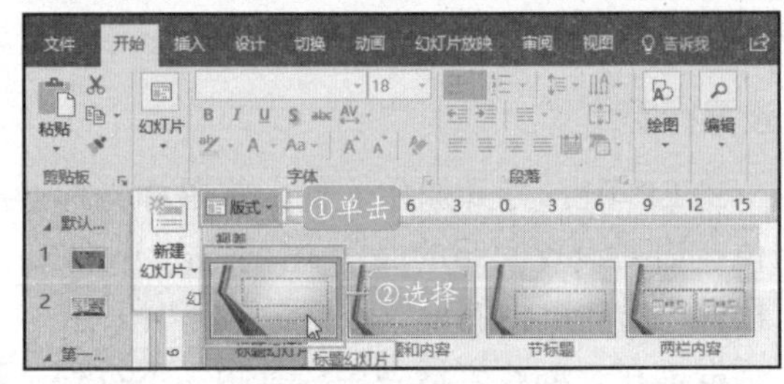

图 11-116 选择“标题幻灯片”样式

STEP 02：此时为幻灯片更改了版式，自动增加了一个占位符，在占位符中输入所需要的文字，如图 11-117 所示。

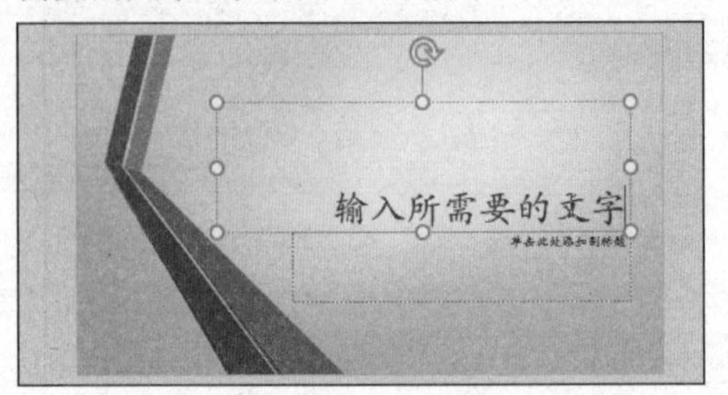

图 11-117 更改版式后的效果

2.更改方向

STEP 01：打开原始文件，选中第 2 张幻灯片，切换到“设计”选项卡，单击“自定义”选项组中的“幻灯片大小”按钮，在展开的列表中选择“自定义幻灯片大小”选项，如图 11-118 所示。

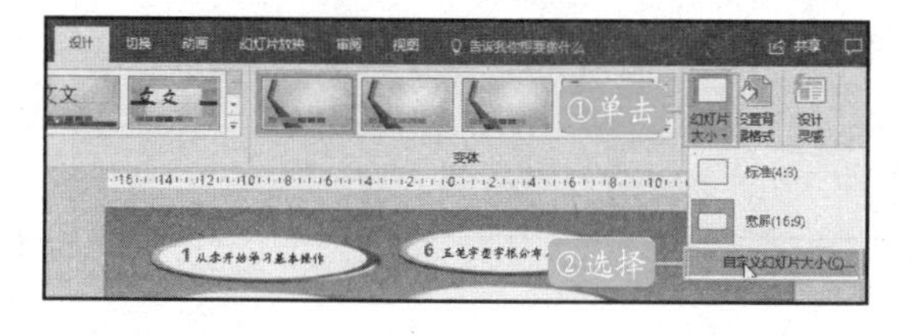

图 11-118　选择“自定义幻灯片大小”选项

STEP 02：弹出“幻灯片大小”对话框，在“方向”区域的“幻灯片”选项组中勾选“纵向”选项，单击“确定”按钮，如图 11-119 所示。

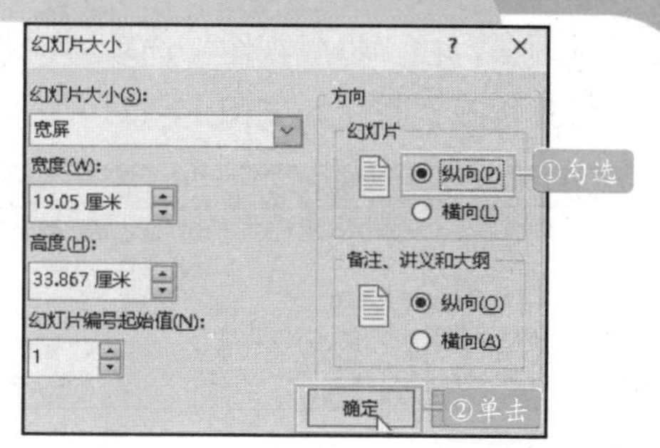

图 11-119 “幻灯片大小”对话框

STEP 03：返回演示文稿，即可看到幻灯片的方向发生了变化，如图 11-120 所示。

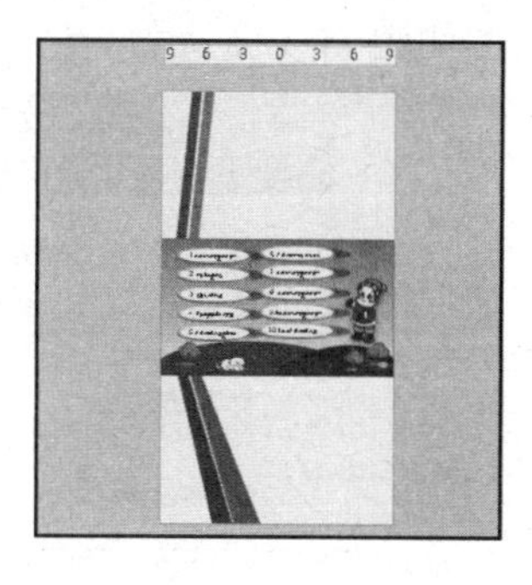

图 11-120　更改方向效果

11.6　设置幻灯片母版

扫码观看本节视频

一个完整且专业的演示文稿，它的内容、背景、配色和文字格式等都有着统一的设置。为了实现统一的设置就需要用到幻灯片母版。

11.6.1　母版视图

在第一节中，我们主要介绍了幻灯片演示文稿视图，本节介绍一下各个母版视图的功能，母版视图包括：幻灯片母版、讲义母版和备注母版。

1.幻灯片母版

母版幻灯片控制整个演示文稿的外观，包括颜色、字体、背景、效果和其他的所有内容。

用户可以在幻灯片母版上插入形状或徽标等内容，它就会自动显示在所有幻灯片上。

2.讲义母版

自定义演示文稿用作打印的讲义时的外观。用户可以选择讲义的设计和布局。例如背景格式和页眉/页脚的出现位置，也可以选择适合的页面设置选项。

3.备注母版

自定义您的演示文稿与备注一起打印时的外观，用户可以选择备注页面的设计和布局，例如背景格式和页眉/页脚的出现位置、页面设置等。

11.6.2　新建幻灯片母版

幻灯片母版与幻灯片模板相似，可用于制作演示文稿中的背景、颜色主题和动画等。用户在幻灯片母版视图下可以为整个演示文稿设置相同的颜色、字体、背景和效果等。

STEP 01：打开原始文件，切换到“视图”选项卡，在“母版视图”选项组中单击“幻灯片母版”按钮，如图 11-121 所示。

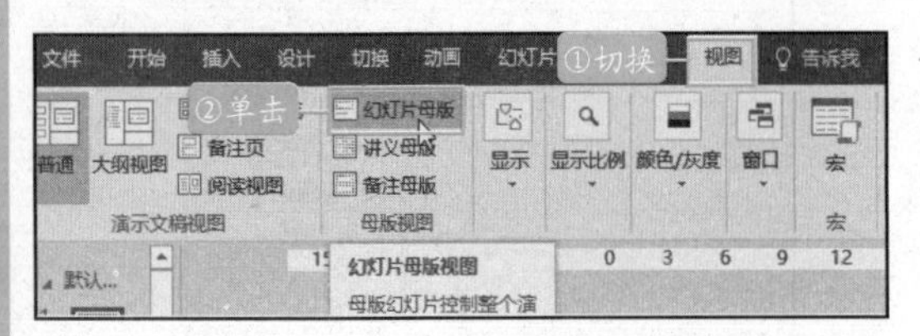

图 11-121 单击“幻灯片母版”按钮

STEP 02：进入“幻灯片母版”面板，在“编辑母版”选项组中单击“插入幻灯片母版”按钮，如图 11-122 所示。

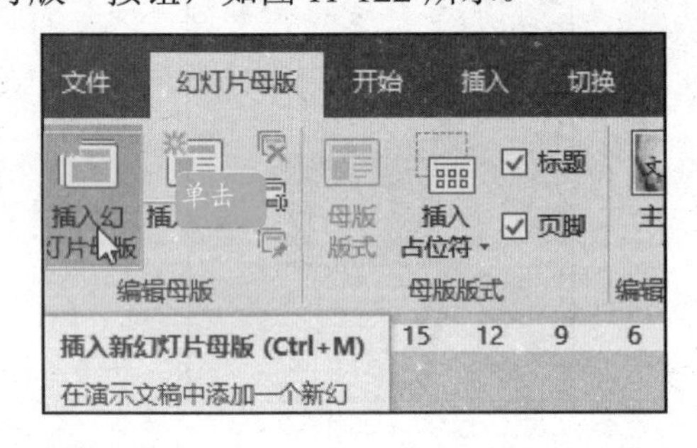

图 11-122 单击“插入幻灯片母版”按钮

STEP 03：插入幻灯片母版效果如图 11-123 所示。

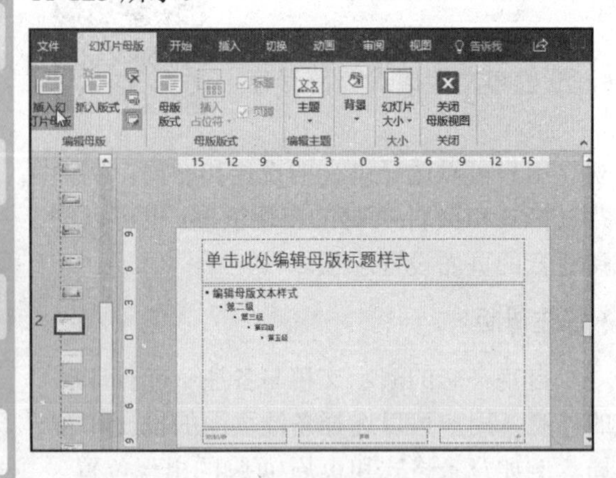

图 11-123 插入幻灯片母版效果图

11.6.3 设置幻灯片大小

PowerPoint 2016 默认的幻灯片大小为宽屏“16：9”，用户可以根据需要重新设置幻灯片的大小。

STEP 01：新建演示文稿，选中幻灯片 1，然后连续按【Enter】键插入若干张幻灯片。继续打开“视图”选项卡，在“母版视图”选项组中单击“幻灯片母版”按钮，如图 11-124 所示。

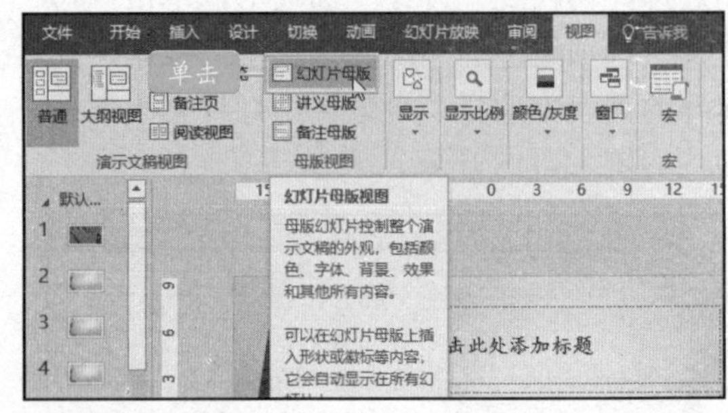

图 11-124 单击“幻灯片母版”按钮

STEP 02：进入“幻灯片母版”视图，可以看到在功能区中新增了“幻灯片母版”选项卡，在该选项卡下单击“大小”选项组中的“幻灯片大小”下拉按钮，在展开的列表中选择“自定义幻灯片大小”选项，如图 11-125 所示。

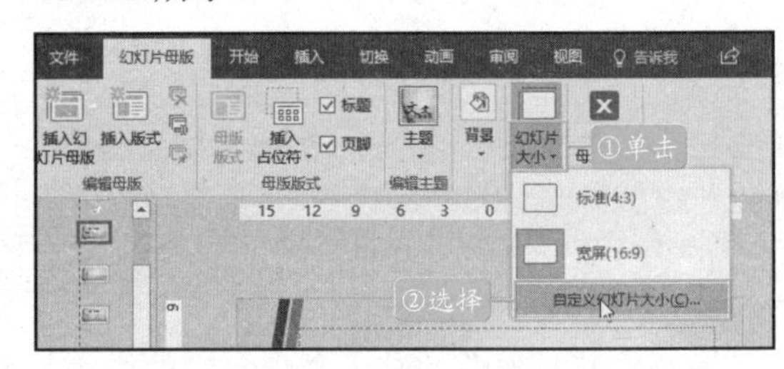

图 11-125 选择“自定义幻灯片大小”选项

STEP 03：弹出“幻灯片大小”对话框，单击“幻灯片大小”下拉按钮，在展开的下拉列表中选择“全屏显示（4:3）”选项，如图 11-126 所示。

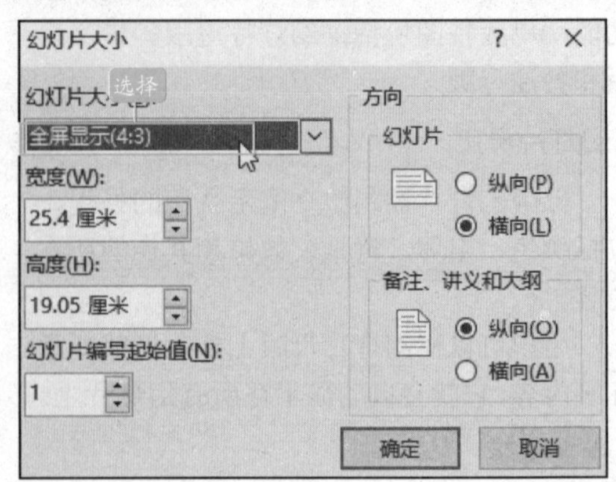

图 11-126 “幻灯片大小”对话框

STEP 04：单击“确定”按钮，关闭对话框，即会弹出系统对话框，单击“确保适合”按钮，如图 11-127 所示。

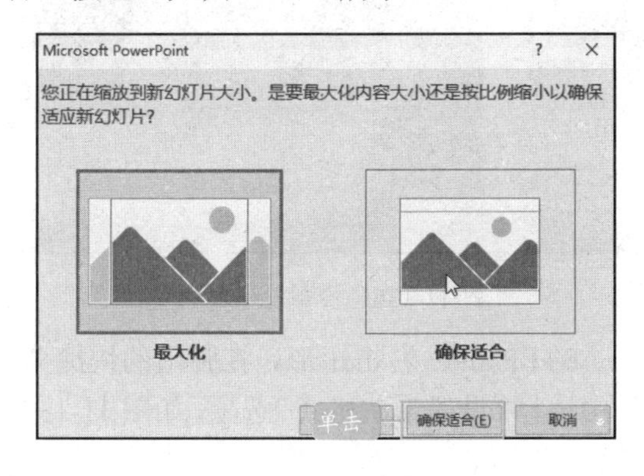

图 11-127　系统对话框

STEP 05：返回演示文稿，幻灯片随即被调整为相应大小，如图 11-128 所示。

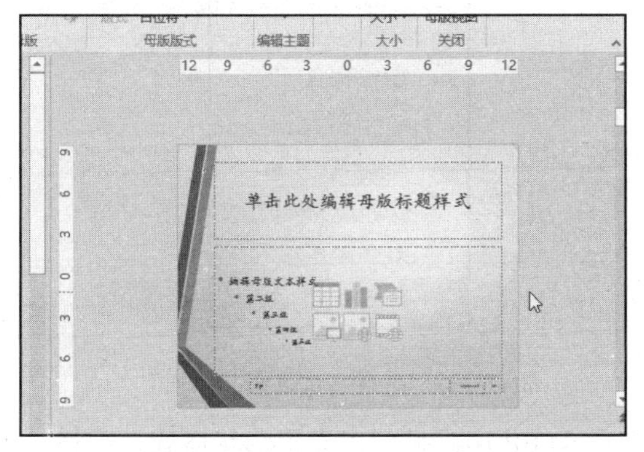

图 11-128　幻灯片大小

11.6.4 设置幻灯片母版背景

设置母版背景可以使幻灯片瞬间拥有统一的背景，提升幻灯片的档次。

STEP 01：在幻灯片母版视图下选中幻灯片，打开“插入”选项卡，在“图像”选项组中单击“图片”按钮，如图 11-129 所示。

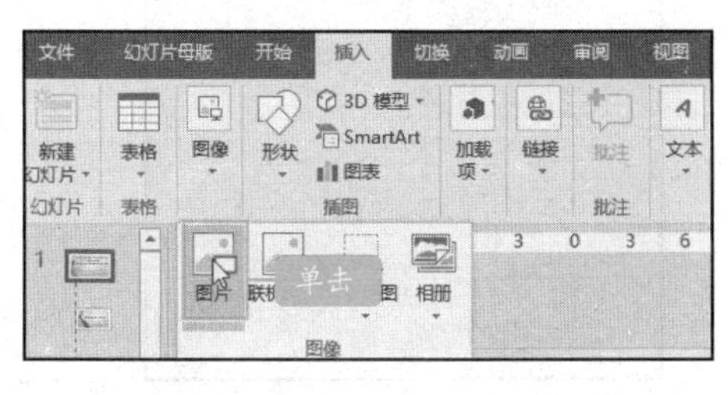

图 11-129　单击“图片”按钮

STEP 02：弹出“插入图片”对话框，选中需要的图片，单击“插入”按钮，如图 11-130 所示。

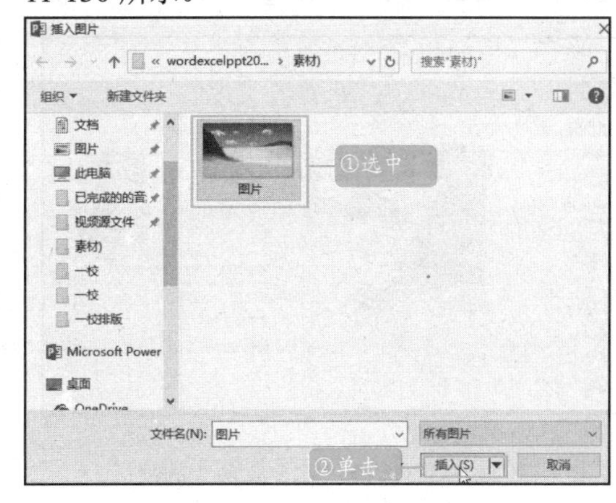

图 11-130　“插入图片”对话框

STEP 03：选中的图片随即被插入到幻灯片中，如图 11-131 所示。

图 11-131　插入图片

STEP 04：将图片移动至与幻灯片左上角重合，将光标置于图片右下角控制点上方，当光标变为双向箭头时按住鼠标左键拖动，将图片调整至和幻灯片大小相同，如图 11-132 所示。

图 11-132　调整图片大小

STEP 05：右击图片，在弹出的菜单中选择“置于底层”选项，在其下级菜单中选择“置于底层”选项，如图 11-133 所示。

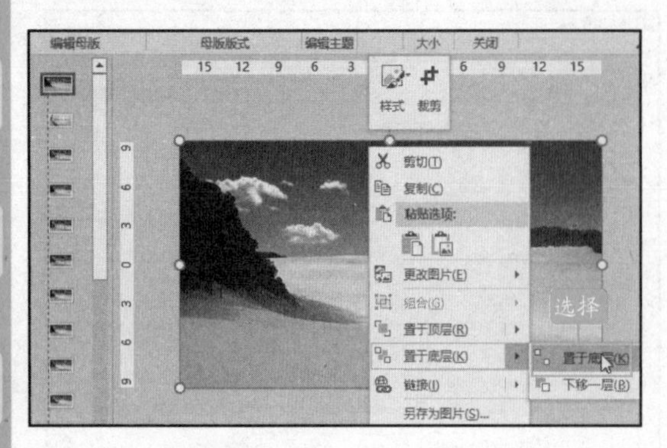

图 11-133　选择“置于底层”选项

STEP 06：选中第二张幻灯片，如图 11-134 所示。

图 11-134　选中第二张幻灯片

STEP 07：单击“插入”|“插图”选项组中的“形状”下拉按钮，在展开的下拉列表中选择“矩形”选项。如图 11-135 所示。

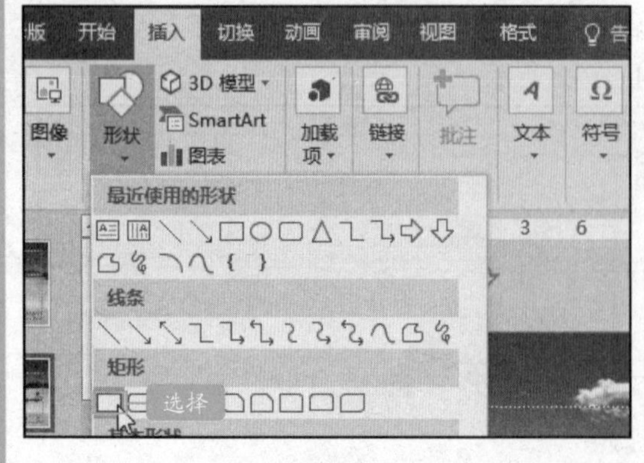

图 11-135　选择“矩形”选项

STEP 08：按住鼠标左键，拖动鼠标在如图 11-136 所示的位置绘制一个矩形。

图 11-136　绘制矩形形状

STEP 09：右击矩形，在弹出的快捷菜单中选择“设置形状格式”选项，如图 11-137 所示。

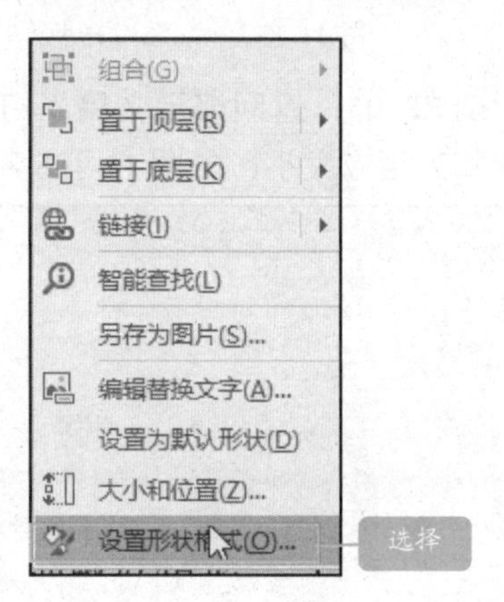

图 11-137　选择“设置形状格式”

STEP 10：弹出“设置形状格式”窗格，在“填充与线条”选项卡下的“填充”选项区中选中“纯色填充”单选按钮，单击“颜色”下拉按钮，选择“红色”选项，如图 11-138 所示。

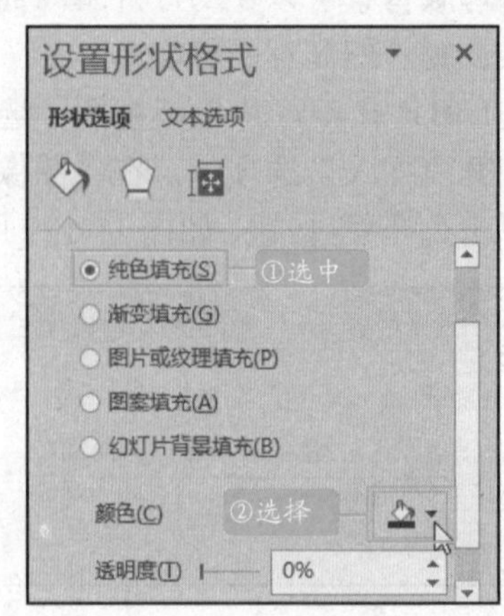

图 11-138　“设置形状格式”窗格

STEP 11：在“线条”选项区中选中“无线条”单选按钮，如图 11-139 所示。

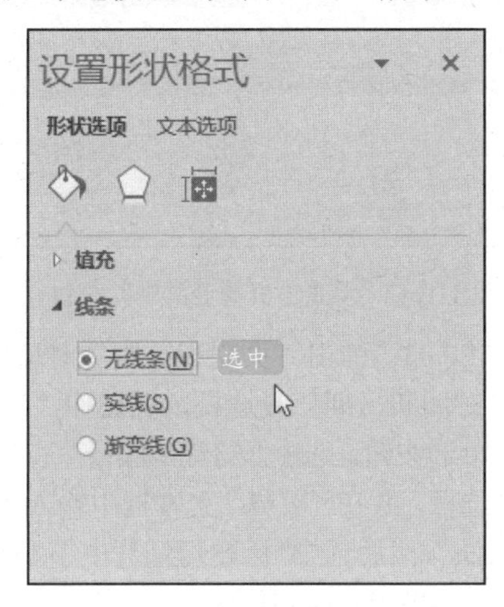

图 11-139 “设置形状格式”窗格

STEP 12：关闭窗格，返回演示文稿，按住矩形周围控制点，拖动鼠标调整好矩形的大小，如图 11-140 所示。

图 11-140 调整矩形大小

STEP 13：单击“幻灯片母版”|“关闭”选项组中的“关闭母版视图”按钮，如图 11-141 所示。

图 11-141 单击“关闭母版视图”按钮

STEP 14：返回普通视图可以看到，幻灯片已经应用了母版设置的背景，效果如图 11-142 所示。

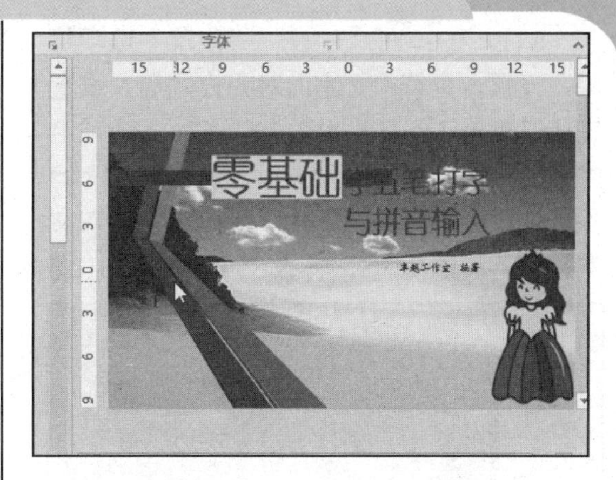

图 11-142 应用背景效果图

11.6.5 设置幻灯片母版占位符

幻灯片母版包含文本占位符和页脚占位符。在母版中设置占位符的位置、大小和字体等格式，会自动应用于所有幻灯片中。

STEP 01：单击“视图”|“母版视图”选项组中的“幻灯片母版”按钮，进入幻灯片母版视图，单击要更改的占位符，当四周出现小节点时，可拖动四周的任意一个节点更改大小，如图 11-143 所示。

图 11-143 可拖动节点

STEP 02：在“开始”|“字体”选项组中设置占位符中文本的字体、字号和颜色，如图 11-144 所示。

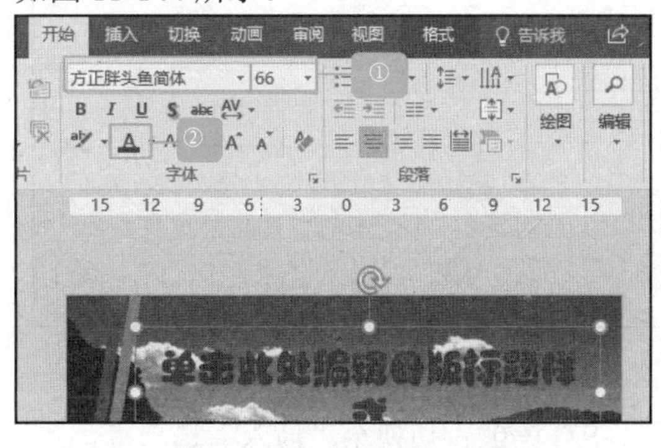

图 11-144 设置字体样式

STEP 03：在“开始”|“段落”选项组中，设置占位符中文本的对齐方式等。设置完成，单击“幻灯片母版”|“关闭”选项组中的“关闭母版视图”按钮，插入一张上一步骤中设置的标题幻灯片，在标题中输入文本即可，如图11-145所示。

图11-145　输入文本

◆◆提示

设置幻灯片母版中的背景和占位符时，需要先选中母版视图左侧的第一张幻灯片的缩略图，然后再进行设置，这样才能一次性完成对演示文稿中所有幻灯片的设置。

11.6.6　编辑幻灯片母版页眉页脚

在PowerPoint 2016中，页眉和页脚是幻灯片母版编辑的重要部分之一，对其进行编辑在完善母版的同时又增加了美观性，编辑页眉页脚的具体操作如下：

STEP 01：打开原始文件，切换至“视图”选项卡，单击“母版视图”选项组中的“幻灯片母版”按钮，进入“幻灯片母版”界面，如图11-146所示。

图11-146　进入“幻灯片母版”界面

STEP 02：切换至“插入”选项卡，单击“文本”选项组中的“页眉和页脚”按钮，如图11-147所示。

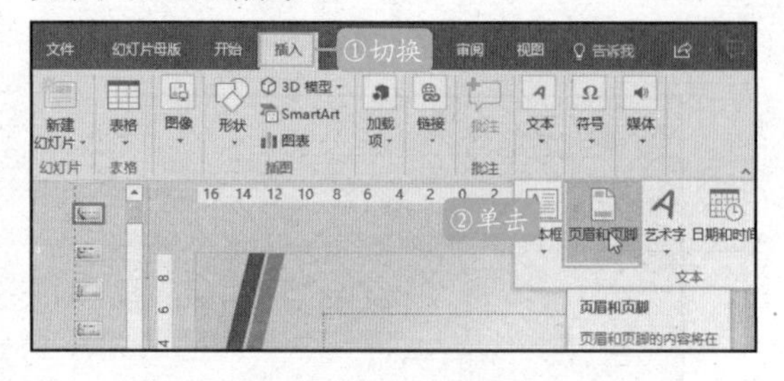

图11-147　单击“页眉和页脚”按钮

STEP 03：弹出“页眉和页脚”对话框，选中“时间和日期”复选框，并选中“自动更新”单选按钮。选中“幻灯片编号”和“页脚”复选框，并在“页脚”文本框中输入“五笔输入法”，然后选中“标题幻灯片中不显示”复选框，如图11-148所示。

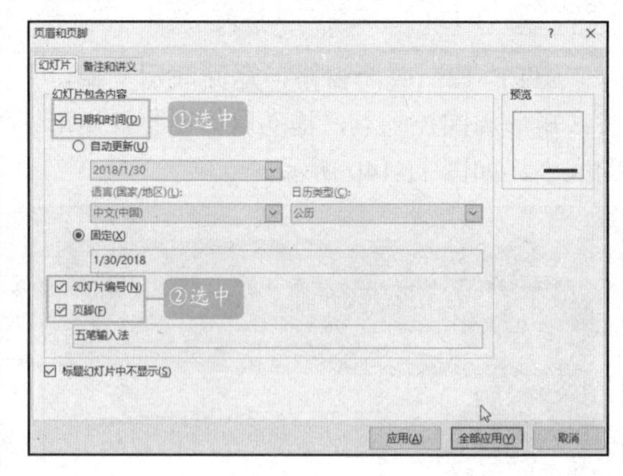

图11-148　“页面和页脚”对话框

STEP 04：单击“全部应用”按钮，演示文稿中所有的幻灯片中都将添加页眉和页脚，效果如图11-149所示。

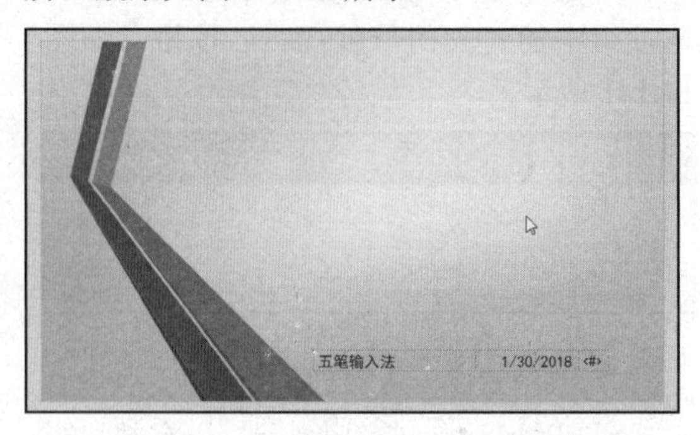

图11-149　添加页眉和页脚效果图

STEP 05：选中页脚，在自动浮出的工具栏中，设置“字体”为“黑体”、“字号”

为 24，如图 11-150 所示。

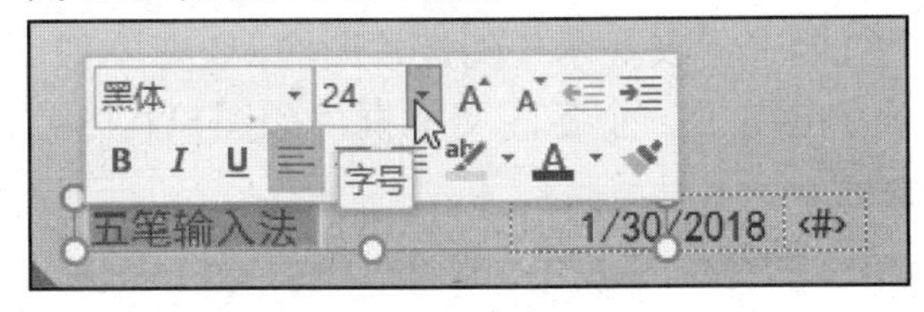

图 11-150 设置字体

STEP 06：切换至“幻灯片母版”选项卡，单击“关闭”选项组中的“关闭母版视图”按钮，将页眉和页脚调整至合适位置即可，如图 11-151 所示。

图 11-151 调整页眉和页脚位置

11.6.7 讲义母版和备注母版

如果要打印幻灯片，则可以使用讲义母版的功能，它可将多张幻灯片排列在一张打印纸中，以便节约纸张。在讲义母版中也可以对幻灯片的主题、颜色等做设置。

在备注母版中有一个备注窗格，用户可以在备注窗格中添加文本框、艺术字、图片等内容，使其与幻灯片一起打印在一张打印纸上面。

1.讲义母版

STEP 01：打开原始文件，在“视图”|“母版视图”选项组中单击“讲义母版”按钮，如图 11-152 所示。

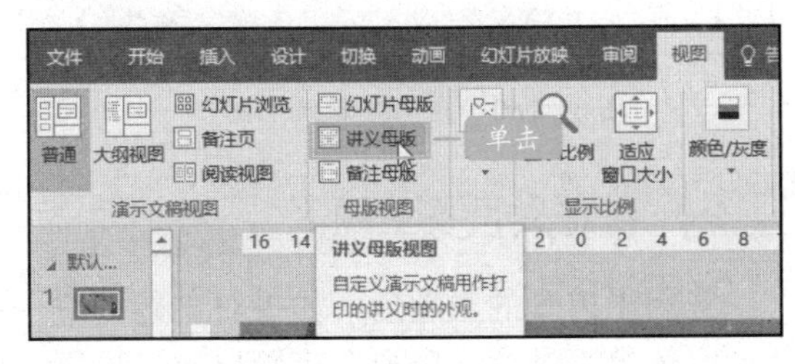

图 11-152 单击“讲义母版”按钮

STEP 02：进入到“讲义母版”选项卡，在“页面设置”选项组中单击“每页幻灯片数量”按钮，在展开的下拉列表中单击“3 张幻灯片”选项，如图 11-153 所示。

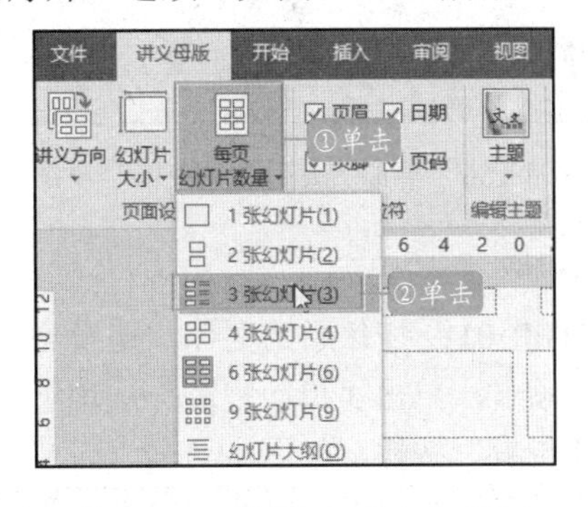

图 11-153 选择“3 张幻灯片”

STEP 03：此时在一个页面中排列了 3 张幻灯片，即可将这 3 张幻灯片打印在一张纸上面，如图 11-154 所示。

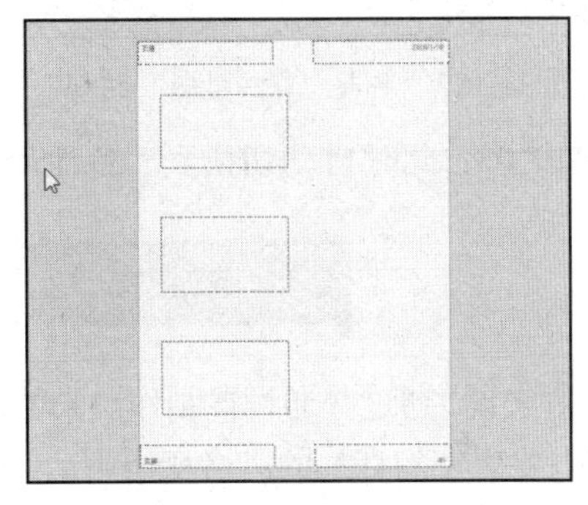

图 11-154 设置数量后的效果

STEP 04：在“页面设置”选项组中单击“讲义方向”按钮，在展开的下拉列表中单击“横向”选项，如图 11-155 所示。

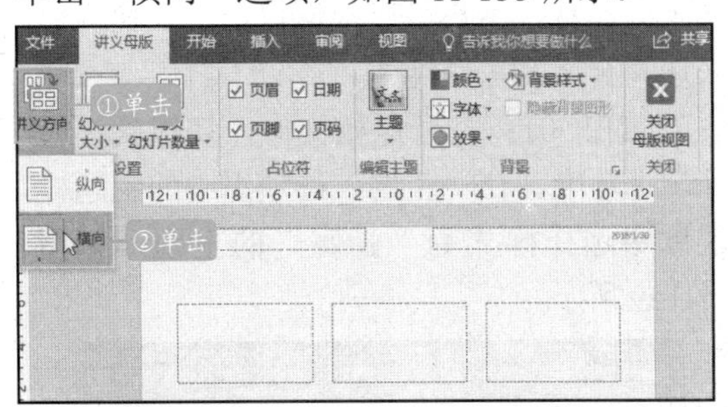

图 11-155 单击“横向”选项

STEP 05：此时将 3 张幻灯片的布局由纵向变为横向，充分利用了纸张上半部分。如果要退出“讲义母版”视图，可在“关闭”

选项组中单击“关闭母版视图”按钮，如图 11-156 所示。

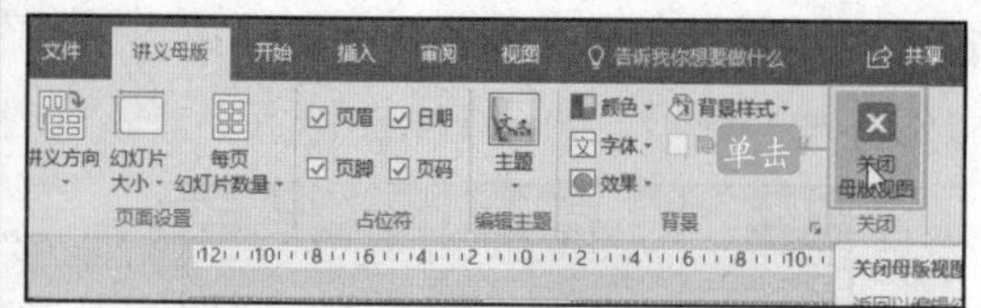

图 11-156　单击“关闭母版视图”按钮

2.备注母版

STEP 01：打开原始文件，切换到“视图”选项卡，单击“母版视图”选项组中的“备注母版”按钮，如图 11-157 所示。

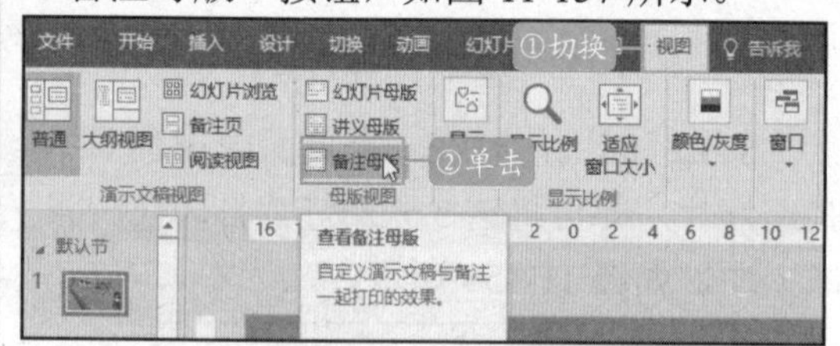

图 11-157　单击“备注母版”按钮

STEP 02：此时自动切换到“备注母版”选项卡，在备注母版视图中可以看见，在一个页面上不仅显示了幻灯片图像，还在图像下方出现了一个备注文本框，如图 11-158 所示。

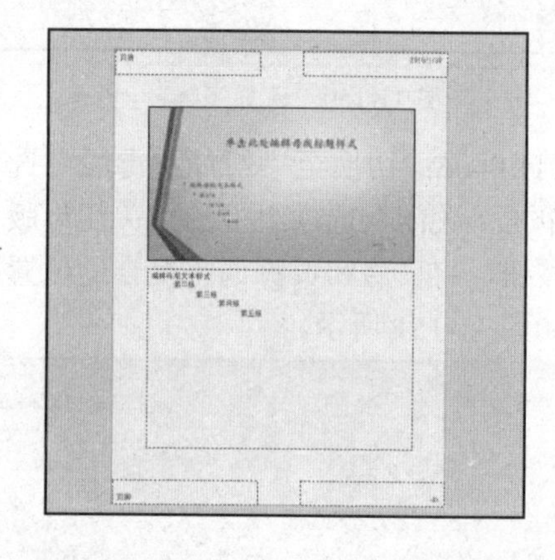

图 11-158　备注母版的显示效果

◆◆提示

在设置了讲义母版和备注母版后，打印文稿的时候，就可以选择打印的版式为讲义或者备注页。

11.7　设置幻灯片的主题和背景

扫码观看本节视频

一般来说，通过普通设置制作出来的幻灯片从整体效果上来看都是比较单调乏味的，要想使幻灯片的风格变得生动起来，就需要适当地为幻灯片设置一个主题方案或者添加一个背景样式。

11.7.1　选择合适的主题

PowerPoint 2016 内置的主题有很多，样式十分丰富。用户可以根据自己的文稿内容来选择合适的主题样式。

STEP 01：打开原始文件，切换到“设计”选项卡，在“主题”选项组中的主题样式库中选择样式为“画廊”的主题，如图 11-159 所示。

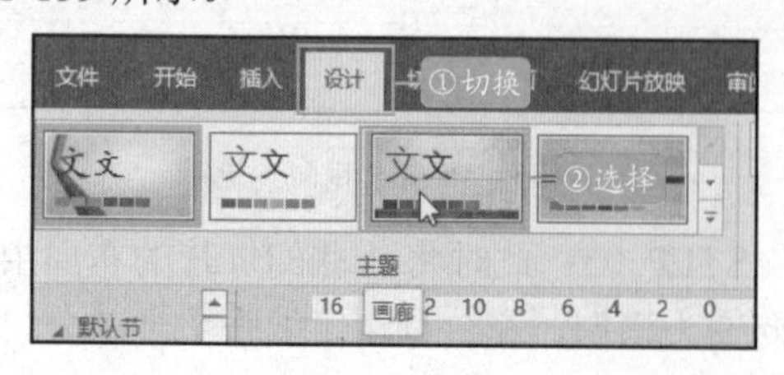

图 11-159　选择主题

STEP 02：此时为幻灯片应用了内置的主题，效果如图 11-160 所示。

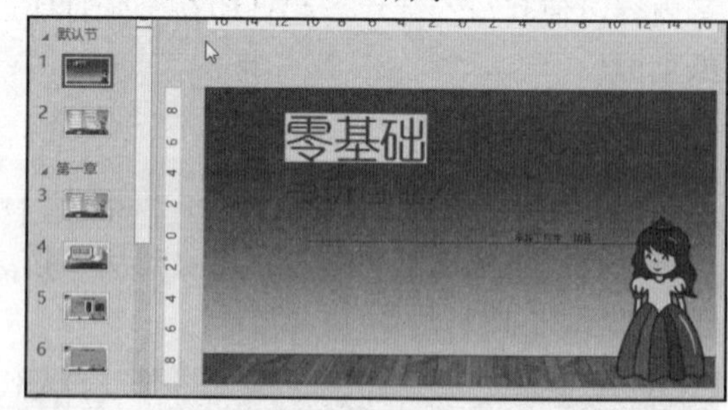

图 11-160　应用主题效果图

11.7.2　自定义设置主题

应用了内置的主题后，如果对主题的颜色、字体等不满意。用户还可以自定义设置主题字体的颜色等。

STEP 01：打开原始文件，切换到“设计”选项卡，单击“变体”选项组中的快翻按钮，在“颜色”选项组中单击“绿色”选项，如图 11-161 所示。

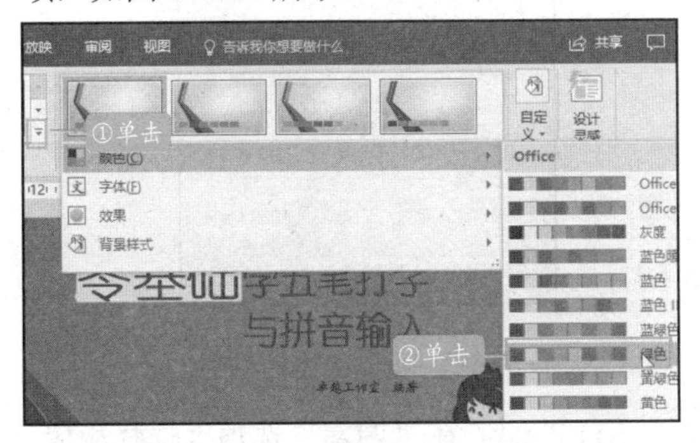

图 11-161 单击“绿色”选项

STEP 02：更改主题颜色效果如图 11-162 所示。

图 11-162 更改主题颜色效果图

STEP 03：单击“变体”选项组中的快翻按钮，然后单击“字体”选项。在展开的下拉列表中选择“宋体”选项，如图 11-163 所示。

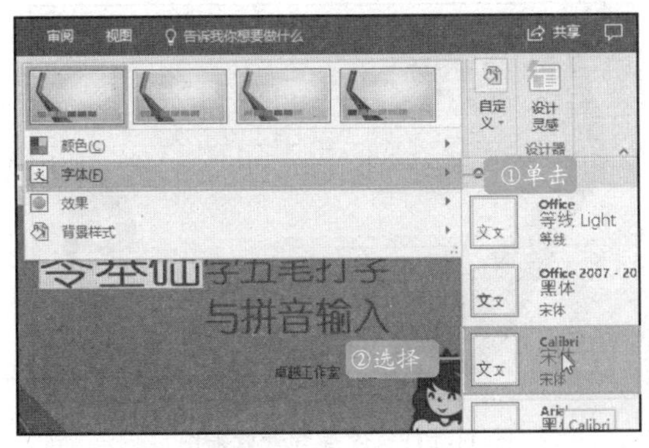

图 11-163 选择“宋体”选项

STEP 04：更改主题字体样式效果如图 11-164 所示。

图 11-164 更改主题字体样式效果图

11.7.3 添加纯色背景

PowerPoint 2016 为用户提供了许多默认的背景样式，这些背景样式表现为颜色的填充。快速应用这些默认的幻灯片不仅可以美化演示文稿，还可以突出幻灯片的文字内容。

STEP 01：打开原始文件，切换到“设计”选项卡，单击“变体”选项组中的快翻按钮，在展开的列表中指向“背景样式”，在展开的样式库中选择“样式 9”，如图 11-165 所示。

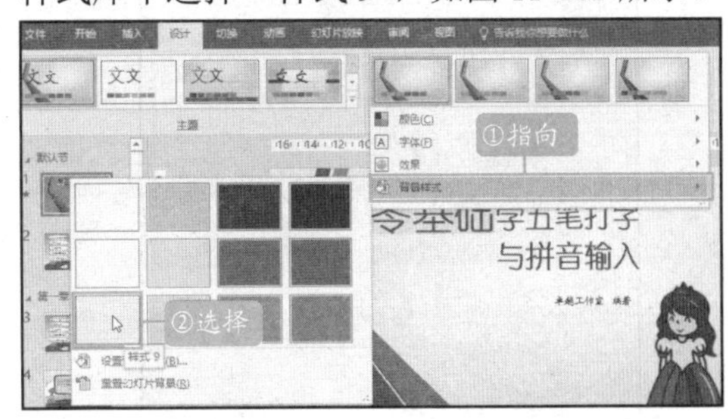

图 11-165 选择背景样式

STEP 02：背景效果如图 11-166 所示。

图 11-166 添加背景效果图

11.7.4 设置图片或纹理背景

在 PowerPoint 2016 中，可以通过选中“图案填充”单选按钮将背景设置为图案填充。

STEP 01：打开原始文件，在幻灯片编辑窗口中单击鼠标右键，在弹出的快捷菜单中选择“设置背景格式”选项，如图 11-167 所示。

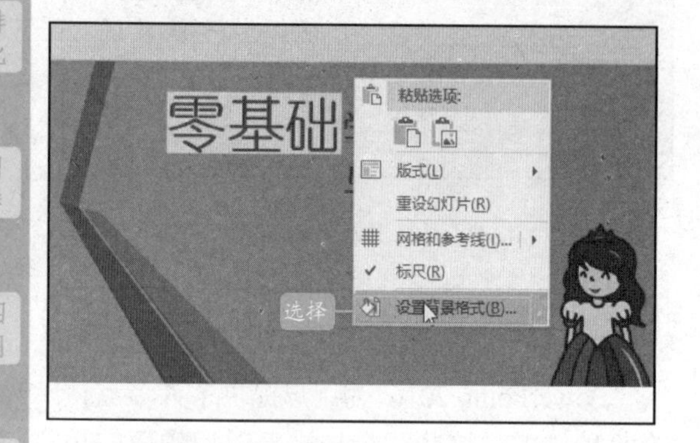

图 11-167　选择“设置背景格式”选项

STEP 02：弹出“设置背景格式”窗格，在“填充”选项组中选中“图案填充”单选按钮，如图 11-168 所示。

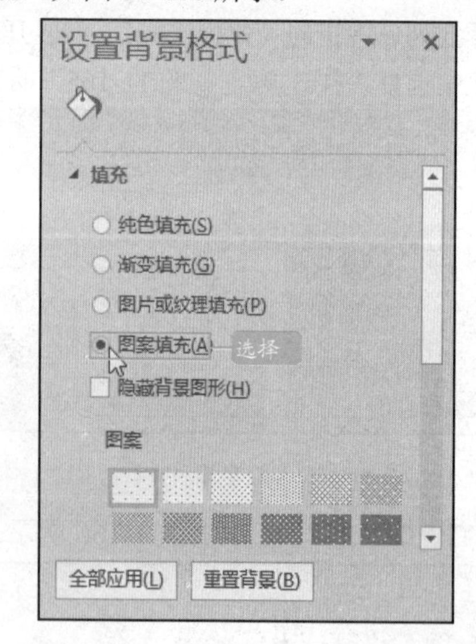

图 11-168　“设置背景格式”窗格

STEP 03：单击下方“前景”下拉按钮，在展开的下拉列表中的“标准色”选项区中选择“红色”选项，如图 11-169 所示。

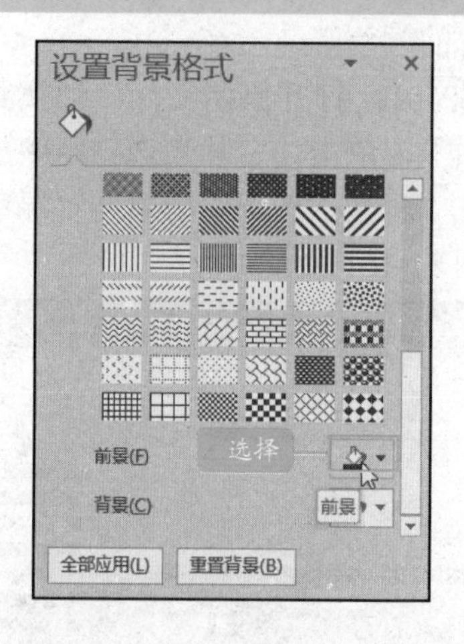

图 11-169　“设置背景格式”窗格

STEP 04：在“图案”选项区选择相应的选项，如图 11-170 所示。

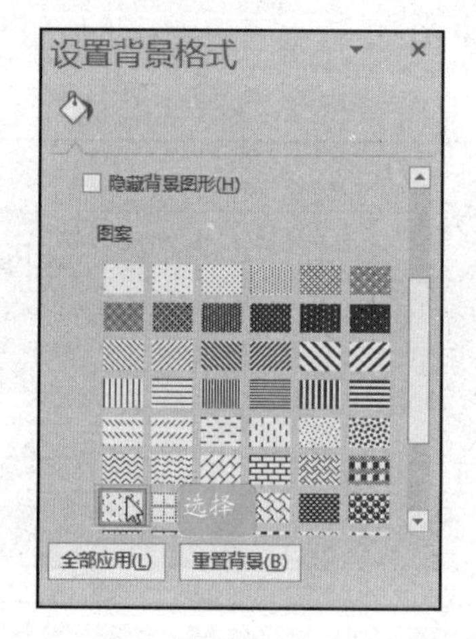

图 11-170　“设置背景格式”窗格

STEP 05：执行操作后，即可设置图案背景，关闭“设置背景格式”窗格，最终效果如图 11-171 所示。

图 11-171　设置背景效果图

11.8 实用技巧

本节为用户提供了可以快速调整幻灯片布局和更改图表类型及如何保存幻灯片中特殊字体的小技巧。

11.8.1 幻灯片中嵌入特殊字体

为了获得更好的效果，人们通常会在幻灯片中使用一些非常漂亮的字体，可是将幻灯片复制到演示现场进行播放时，这些字体却变成了普通字体，甚至还因此而导致格式变得不整齐，严重影响到演示效果。用户可以通过下面步骤保存幻灯片中的特殊字体。

STEP 01：单击“文件”选项卡下的“另存为”选项，单击“浏览”按钮，如图 11-172 所示。

图 11-172 单击“浏览”按钮

STEP 02：弹出“另存为”对话框，单击“工具”下拉按钮，在展开的下拉列表中选择“保存选项”选项，如图 11-173 所示。

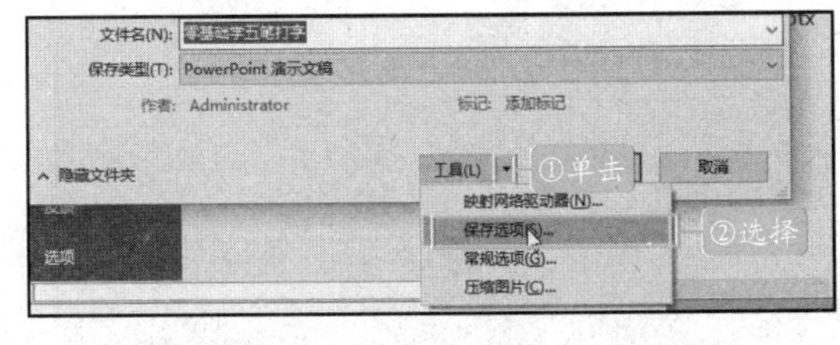

图 11-173 选择“保存选项”选项

STEP 03：弹出“PowerPoint 选项”对话框，在“共享此演示文稿时保持保真度”选项组下的“将字体嵌入文件”复选框中选中“嵌入所有字符”单选项，单击“确定”按钮保存该文件即可，如图 11-174 所示。

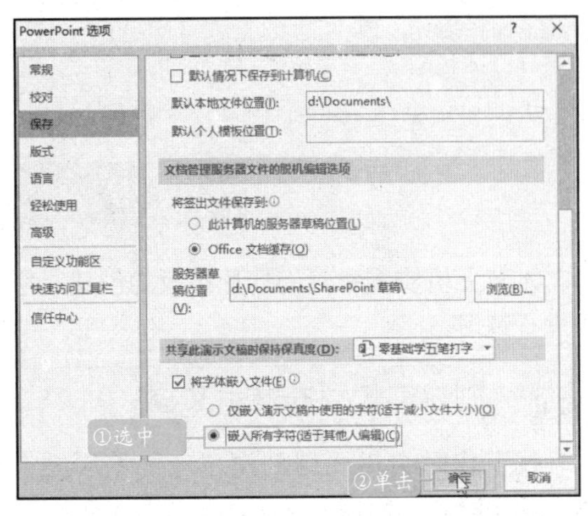

图 11-174 “PowerPoint 选项”对话框

11.8.2 快速调整幻灯片布局

对新建的幻灯片样式不满意时，用户可以在 PowerPoint 中快速地根据需要调整幻灯片的布局。

STEP 01：新建空白演示文稿，单击“开始”选项卡下“幻灯片”选项组中的“新建幻灯片”下拉按钮，在展开的下拉列表中选择需要的 Office 主题，即可为幻灯片应用布局，如图 11-175 所示。

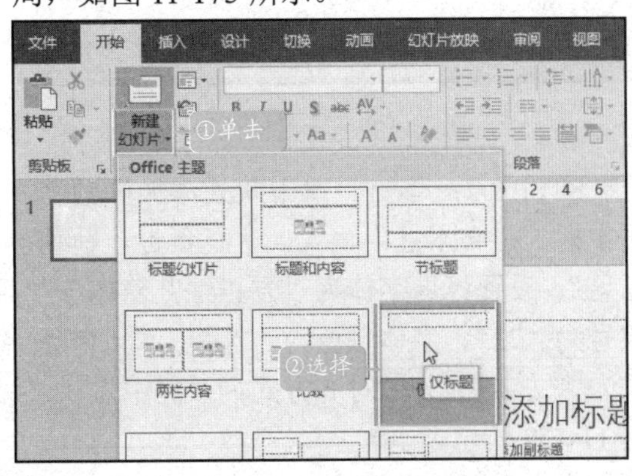

图 11-175 选择 Office 主题

STEP 02：在右侧幻灯片预览区的幻灯片缩略图中单击鼠标右键，在弹出的快捷菜单中选择“版式”选项，从其子菜单中选择要应用的新布局，如图 11-176 所示。

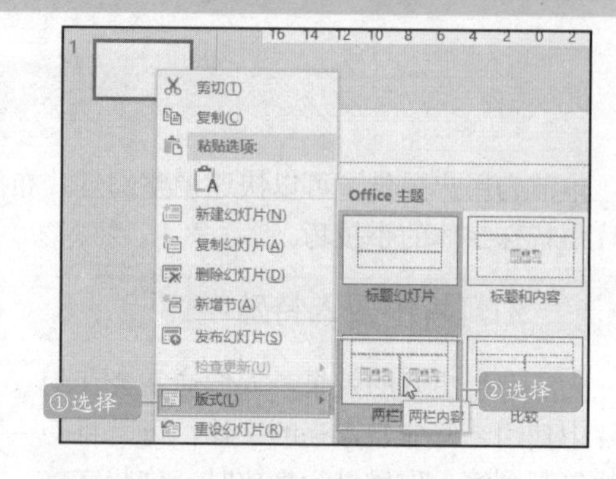

图 11-176　选择新布局

11.9　上机实际操作

本节上机实践将对幻灯片模板的创建、字体和段落格式的设置、使用文本框添加文本等操作进行练习。

11.9.1　制作岗位竞聘演示文稿

找工作时会需要用到岗位竞聘演示文稿，使竞聘者在面试时，可以最大限度地介绍自己，让面试官更加详细地了解竞聘者。

1.首页幻灯片

STEP 01：切换到“文件”选项卡下，单击“新建”选项，在右侧区域中选择一种模板，创建一个空白演示文稿，如图 11-177 所示。

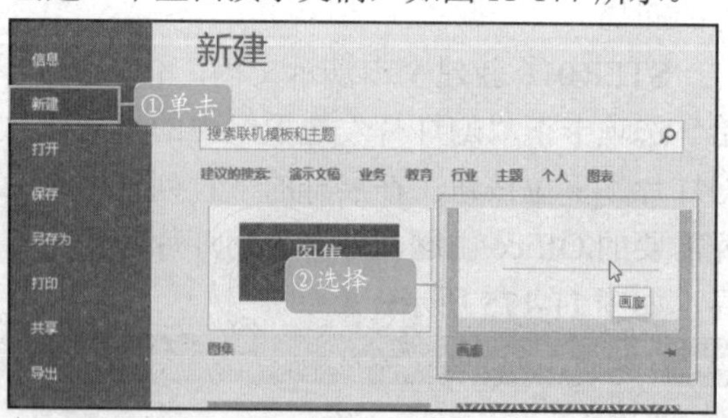

图 11-177　新建模板

STEP 02：单击“单击此处添加标题”文本框，在文本框中输入“认真负责，勤勤恳恳”，设置标题字体为“方正综艺简体”、字号为“72”、字体颜色为“黑色”、文字效果为“文字阴影”、对齐方式为“居中”，如图 11-178 所示。

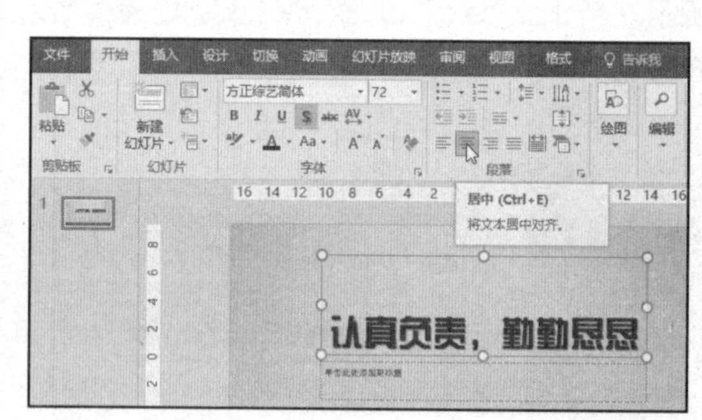

图 11-178　设置字体

STEP 03：单击“单击此处添加副标题”文本框，在文本框中输入内容，并设置字体为“方正宋黑简体”、字号为“20”、对齐方式为“右对齐”，如图 11-179 所示。

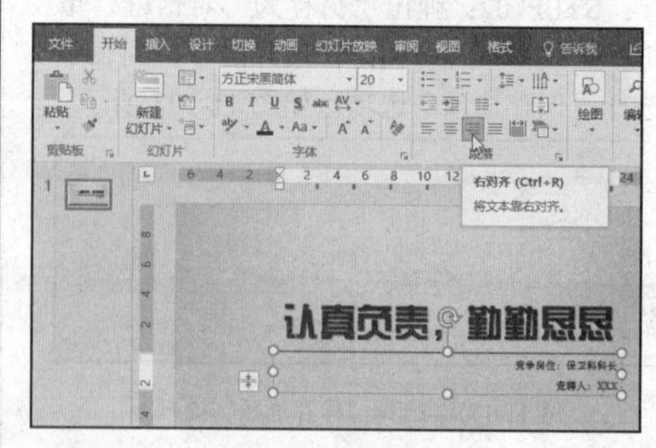

图 11-179　添加副标题

2.岗位竞聘幻灯片

STEP 01：添加一张空白幻灯片，在幻灯片中插入横排文本框，输入文本内容并设置字体为“仿宋”、字号大小为“36”、字体颜色为“黑色”，如图 11-180 所示。

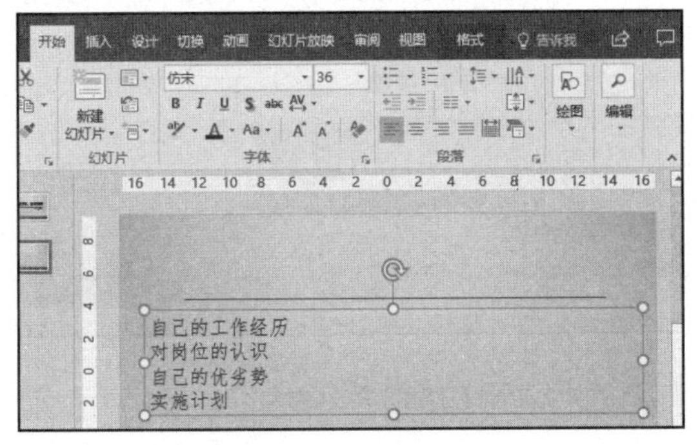

图 11-180 添加文本框

STEP 02：选中文本内容，单击“开始”选项卡下“段落”选项组中的“编号”下拉按钮，在展开的下拉列表中选择样式，如图 11-181 所示。

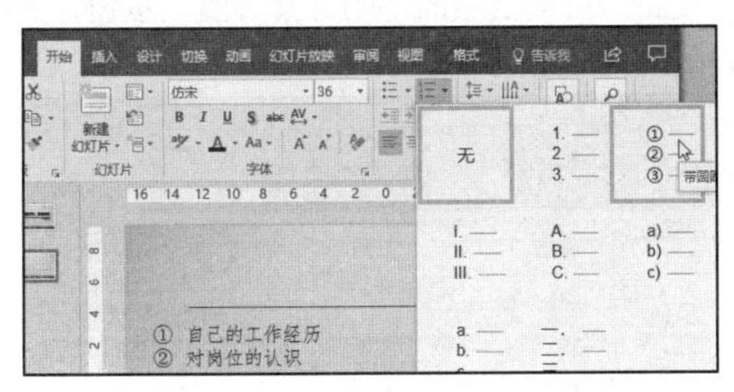

图 11-181 添加编号

STEP 03：单击“段落”选项组中的设置按钮，弹出“段落”对话框，将段前和段后间距设置为“15”，如图 11-182 所示。

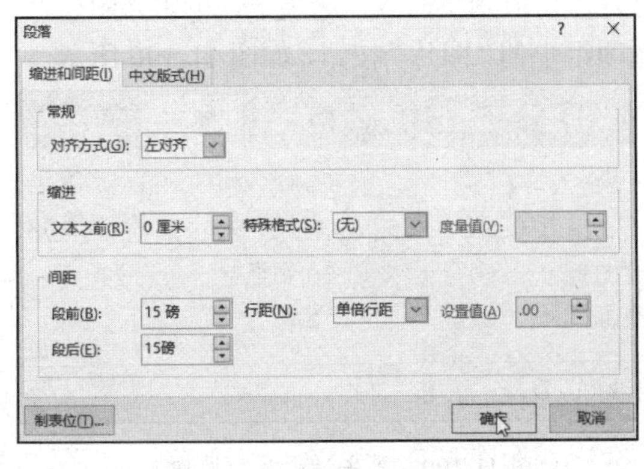

图 11-182 “段落”对话框

STEP 04：添加一张标题和内容幻灯片，在标题文本框中输入内容，字体设置为“仿宋”、字号为“32”、在内容文本框中输入文本并设置字体为“华文宋体”、字号为“28”、首行缩进“2 厘米”、段前段后间距为“10 磅”、行距为“1.5 倍行距”，如图 11-183 所示。

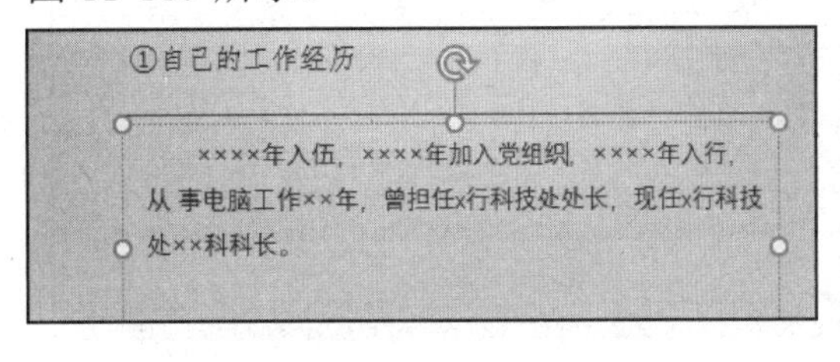

图 11-183 工作经历

STEP 05：添加一张标题和内容幻灯片，在标题文本框中输入内容，字体设置为“仿宋”、字号为“32”、在内容文本框中输入文本并设置字体为“华文宋体”、字号为“28”、首行缩进“2 厘米”、段前段后间距为“10 磅”、行距为“1.5 倍行距”，如图 11-184 所示。

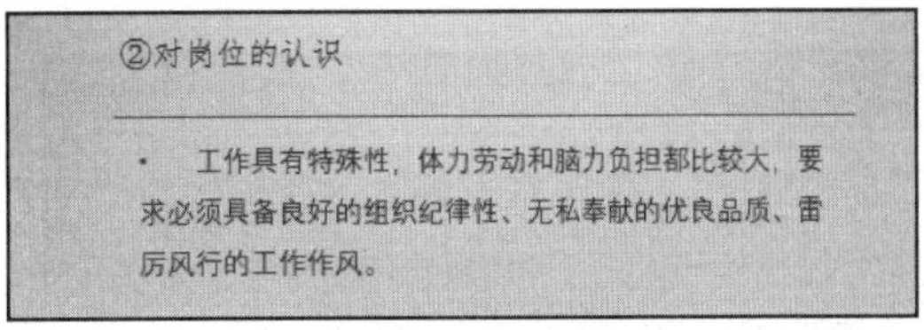

②对岗位的认识

• 工作具有特殊性，体力劳动和脑力负担都比较大，要求必须具备良好的组织纪律性、无私奉献的优良品质、雷厉风行的工作作风。

图 11-184 对岗位的认识

STEP 06：添加一张标题和内容幻灯片，在标题文本框中输入内容，字体设置为“仿宋”、字号为“32”、在内容文本框中输入文本并设置字体和段落格式，同第 5 步一样，如图 11-185 所示。

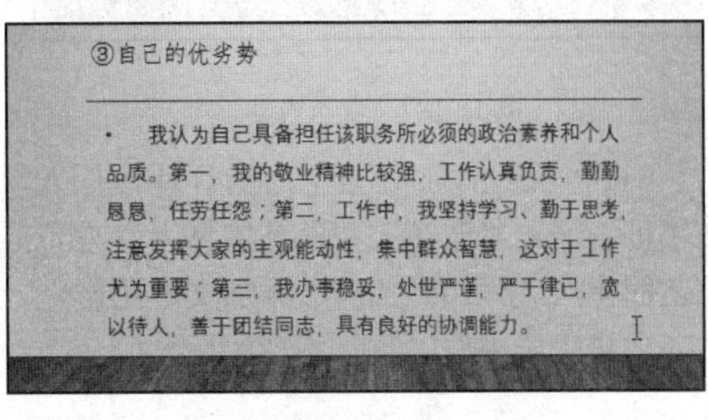

图 11-185 自己的优劣势

STEP 07：添加一张标题和内容幻灯片，在标题文本框中输入内容，字体设置为“仿宋”、字号为“32”、在内容文本框中输入文本，同第5步一样，如图11-186所示。

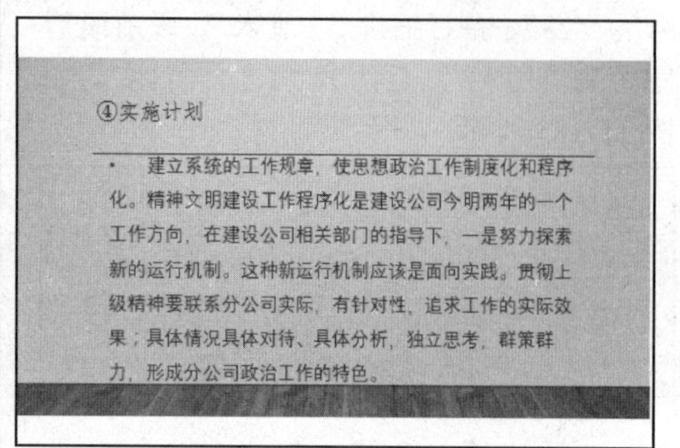

图 11-186　实施计划

3.结束幻灯片

STEP 01：添加一张空白幻灯片，并插入横排文本框，输入文本内容并设置字体为“等线”、字号为“48”、在“格式”选项卡下设置艺术字样式为“红色”，如图11-187所示。

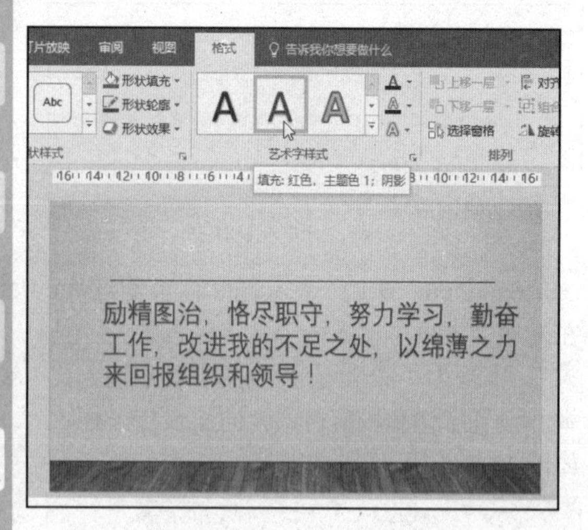

图 11-187　输入内容

STEP 02：添加一张空白幻灯片，插入文本框，输入“谢谢”并设置字体为“方正综艺简体”、字号为“96”、添加文本阴影，对齐方式“居中”，如图11-188所示。

图 11-188　结束幻灯片

岗位竞聘演示文稿制作完成。

11.9.2　制作产品发布会演示文稿

STEP 01：新建一个空白文稿，保存“产品发布会”，切换到“视图”选项卡，单击“母版视图”选项组中的“幻灯片母版”按钮，如图11-189所示。

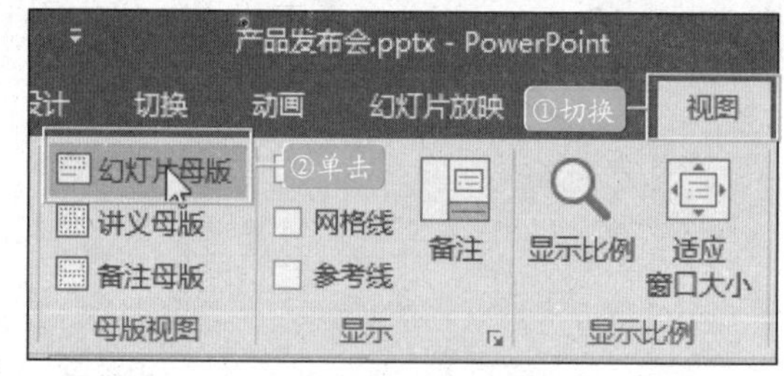

图 11-189　单击“幻灯片母版”按钮

STEP 02：此时切换到幻灯片母版视图中，在“幻灯片母版”选项卡中选中母版幻灯片，切换到“插入”选项卡，单击“图像”选项组中的“图片”按钮，如图11-190所示。

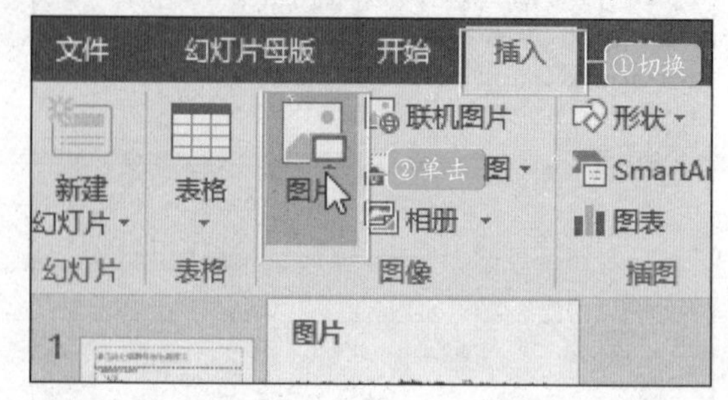

图 11-190　单击“图片”按钮

STEP 03：弹出“插入图片”对话框，打开文件所在路径，选择需要插入的图片，单击“插入”按钮，如图 11-191 所示。

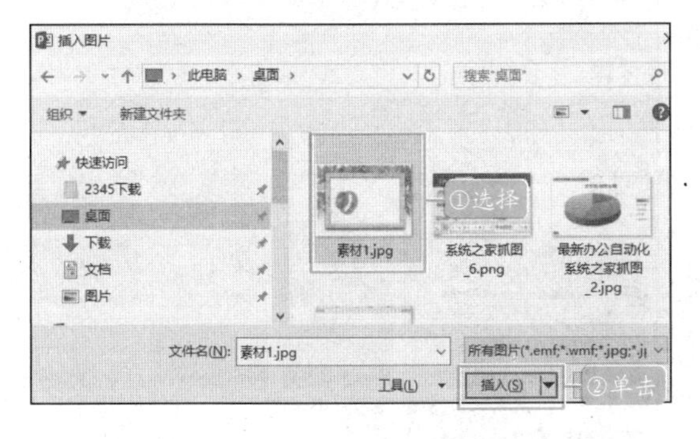

图 11-191 “插入图片”对话框

STEP 04：在母版中插入了图片，调整图片的大小后右击图片，在弹出的快捷菜单中单击“置于底层|置于底层”选项，如图 11-192 所示。

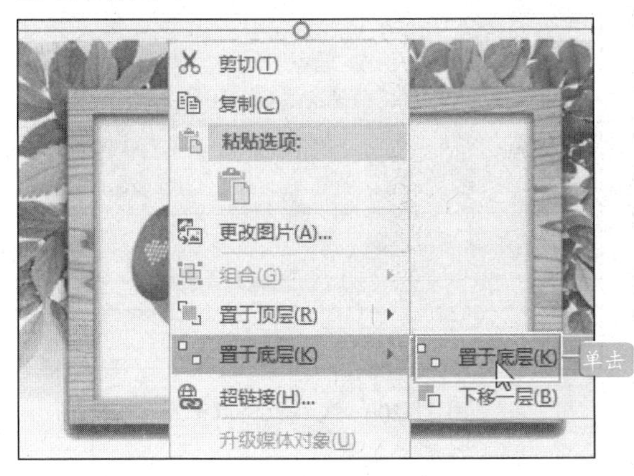

图 11-192 单击“置于底层”选项

STEP 05：切换到“幻灯片母版”选项卡，单击“关闭”选项组中的“关闭母版视图”按钮，如图 11-193 所示。

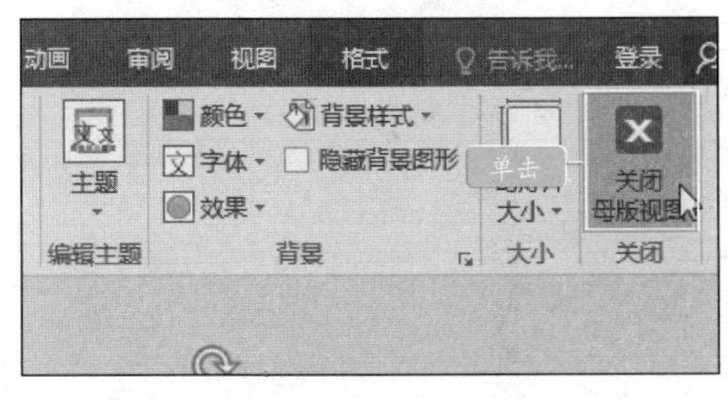

图 11-193 单击“关闭母版视图”按钮

STEP 06：此时返回到普通视图中，为第一张幻灯片添加标题的内容，如图 11-194 所示。

图 11-194 添加标题内容

STEP 07：在“开始”选项卡下单击“幻灯片”选项组中的“新建幻灯片”下拉三角按钮，在展开的列表中选择第一个主题幻灯片，如图 11-195 所示。

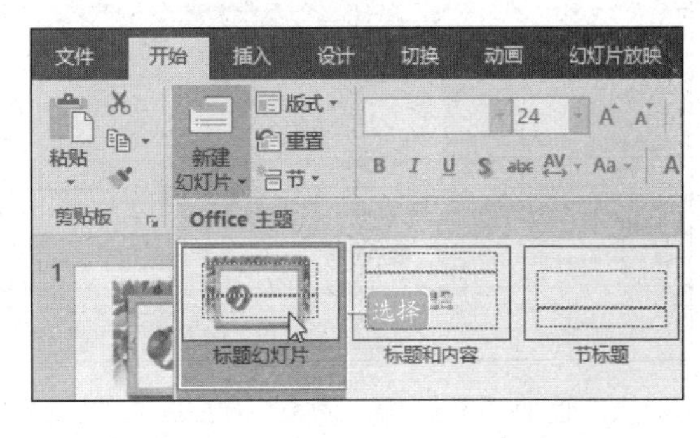

图 11-195 新建幻灯片

STEP 08：新建一张默认的幻灯片，可以看见插入的幻灯片也应用了母版格式，在幻灯片中输入文本内容，如图 11-196 所示。

图 11-196 输入文本内容

STEP 09：选中第一张幻灯片，切换到

“插入”选项卡，单击“媒体”选项组中的“音频”按钮，在展开的下拉列表中单击“PC上的音频”选项，如图11-197所示。

图11-197 单击“PC上的音频”选项

STEP 10：弹出“插入音频”对话框，找到音频文件的保存路径，双击要插入的音频文件，如图11-198所示。

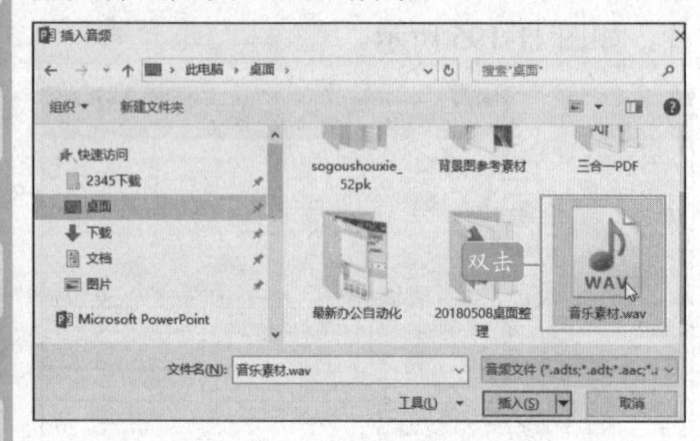

图11-198 “插入音频”对话框

STEP 11：切换到“设计”选项卡，单击“主题”选项组中的快翻按钮，在展开的主题库中选择合适的主题样式，如图11-199所示。

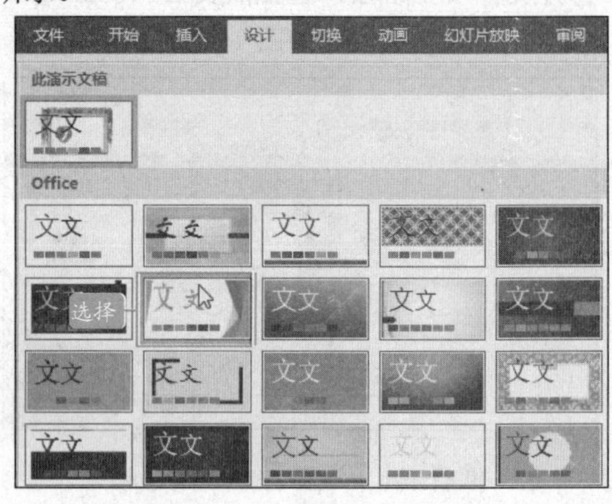

图11-199 选择主题样式

STEP 12：此时为幻灯片快速应用了幻灯片背景样式，完成了产品发布会演示文稿的制作，文稿整体效果如图11-200所示。

图11-200 文稿最终效果图

笔记本

第 12 章 丰富美化幻灯片内容

如果幻灯片中只包含文本会显得非常单调乏味，不够吸引观看者的眼球。但在幻灯片中插入一些精美有趣的图片或表格，一段美妙的音乐，或者一段与幻灯片内容相符合的视频，整个演示文稿就会变得丰富多彩，声色俱全，会非常有吸引力。

本章知识要点

- 幻灯片中插入图片和表格
- 幻灯片中插入音频文件
- 幻灯片中插入视频文件
- 超链接的使用

12.1 插入图片

扫码观看本节视频

在演示文稿中，用户既可以使用文字，也可以利用相关的图片，增加幻灯片的趣味性。在幻灯片中插入的图片可以是来自文件中的图片、联机图片、屏幕截图等。

12.1.1 插入图片

插入图片的具体操作如下：

STEP 01：打开文稿，选择“插入”选项卡，单击“图像”选项组中的“图片”按钮，如图 12-1 所示。

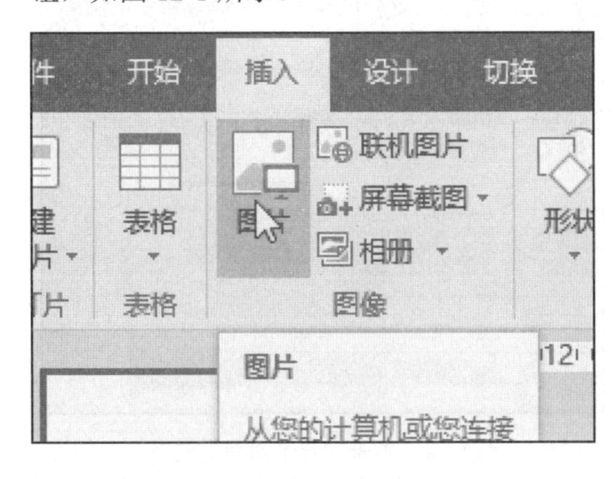

图 12-1 单击“图片”按钮

STEP 02：弹出“插入图片”对话框，选中自己需要的图片，单击“插入”按钮，如图 12-2 所示。

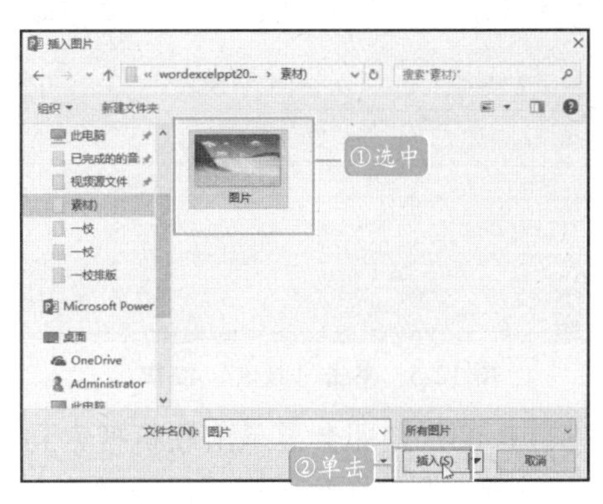

图 12-2 “插入图片”对话框

STEP 03：插入图片效果如图 12-3 所示。

图 12-3 插入图片效果

12.1.2 插入联机图片

如果计算机处在联网状态，用户还可以联机搜索需要的图片插入幻灯片中，具体操作如下。

STEP 01：在“插入”选项卡下的“图像”选项组中单击“联机图片”按钮，如图 12-4 所示。

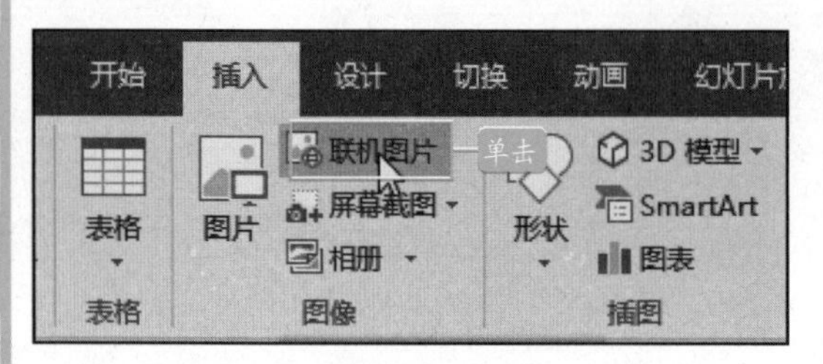

图 12-4　单击“联机图片”按钮

STEP 02：弹出“插入图片”对话框，在文本框中输入自己需要的关键字，单击“搜索”按钮，如图 12-5 所示。

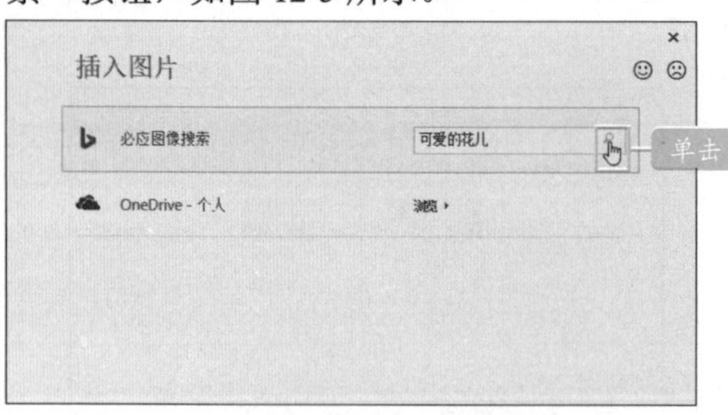

图 12-5　单击“搜索”按钮

STEP 03：随即会显示出联机搜索到的图片，选择需要的图片，也可以同时选中多张图片，单击“插入”按钮，如图 12-6 所示。

图 12-6　单击“插入”按钮

STEP 04：插入联机图片效果如图 12-7 所示。

图 12-7　插入联机图片效果图

12.1.3 插入屏幕截图

当桌面上已打开的窗口或窗口中的某一部分很适合应用到幻灯片中，用户可以通过屏幕截图功能将想用的部分插入幻灯片中。

STEP 01：选择“插入”选项卡，在“图像”选项组中单击“屏幕截图”按钮，在展开的下拉列表中单击“屏幕剪辑”选项，如图 12-8 所示。

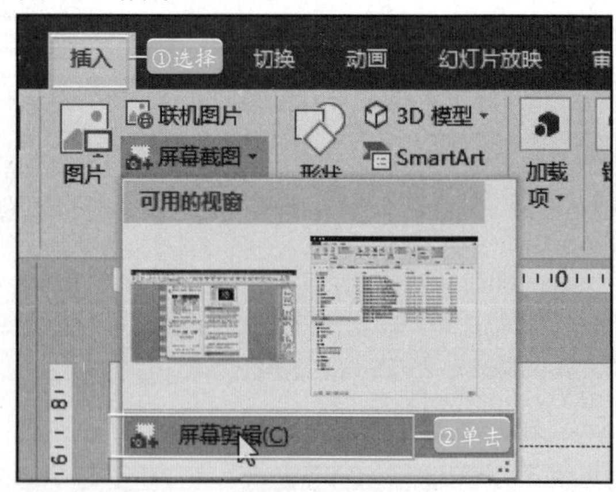

图 12-8　单击“屏幕剪辑”选项

STEP 02：现在桌面上的窗口呈现剪辑状态，鼠标指针呈现十字形，在窗口中拖动鼠标截取需要的部分，如图 12-9 所示。

图 12-9 拖动鼠标

STEP 03：释放鼠标，返回幻灯片中即可看到已插入了屏幕截图，如图 12-10 所示。

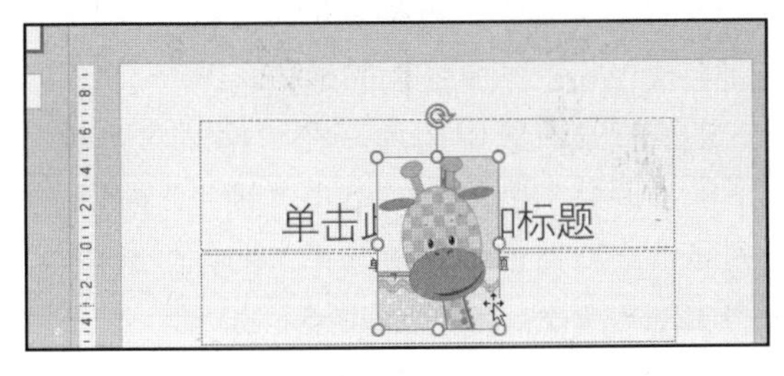

图 12-10 插入屏幕截图效果图

12.1.4 把幻灯片变图片

PowerPoint 中的有些幻灯片制作得非常美观，用户如果想要对其进行保存，以便日后利用，可以将其转变成图片，方便用户的使用。

STEP 01：打开原始文件，切换到“文件”选项卡，单击右侧列表的“另存为”选项，选择“浏览”选项，如图 12-11 所示。

图 12-11 单击“另存为”选项

STEP 02：弹出“另存为”对话框，设置保存位置，然后从“保存类型”下拉列表中选择“TIFF Tag 图像文件格式”选项，如图 12-12 所示。

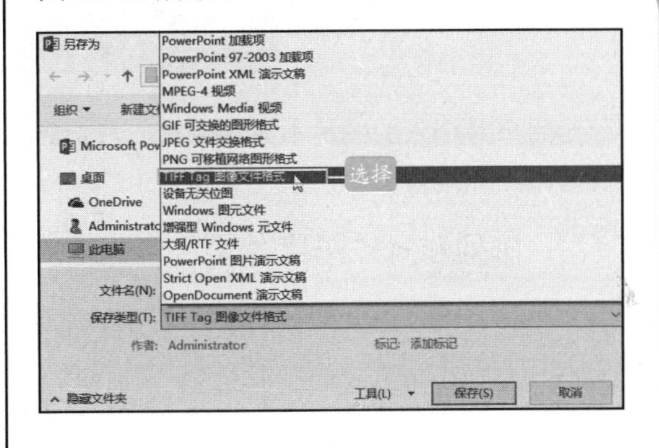

图 12-12 “另存为”对话框

STEP 03：单击“保存”按钮，弹出“Microsoft PowerPoint”提示框，单击“所有幻灯片”按钮，如图 12-13 所示。

图 12-13 “Microsoft PowerPoint”提示框

STEP 04：然后弹出“Microsoft PowerPoint”提示框，提示用户已经将幻灯片转换成图片文件并保存在相应位置，如图 12-14 所示。

图 12-14 “Microsoft PowerPoint”提示框

STEP 05：单击“确定”按钮，此时用户可以在相应的位置看到已自动创建一个文件夹。双击打开该文件夹即可看到幻灯片转换成的图片文件，如图 12-15 所示。

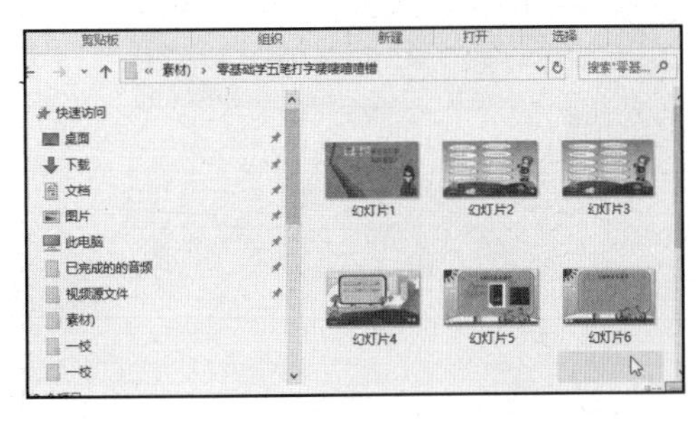

图 12-15 幻灯片转变成图片效果图

12.2　编辑图片

扫码观看本节视频

当用户对插入的图片不太满意时，我们还可以做出适当的编辑调整，使图片看起来更加地精美。

12.2.1　排列和对齐图片

在 PowerPoint 2016 中，用户可以根据需要对图片进行排列和对齐设置，具体操作如下：

STEP 01：选中需要调整的图片，切换到“图片工具-格式”选项卡，在“排列”选项组中单击“对齐对象”按钮，从弹出的下拉列表中选择“垂直居中”选项，如图 12-16 所示。

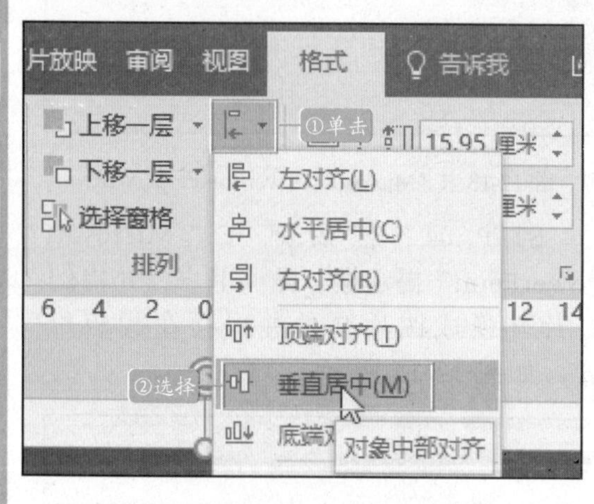

图 12-16　选择“垂直居中”选项

STEP 02：效果如图 12-17 所示。

图 12-17　垂直居中效果图

12.2.2　调整图片的颜色和艺术效果

PowerPoint 2016 有强大的图片调整功能，通过它可快速实现图片的颜色调整、设置艺术效果和提纵横亮度对比度等，使图片的效果更加美观，这也是 PowerPoint 在图像处理上比 Word 更加强大的地方。

STEP 01：选中图片，在“格式”选项卡下的“调整”选项组中单击“颜色”按钮，在列表“重新着色”栏中选择“褐色”选项，如图 12-18 所示。

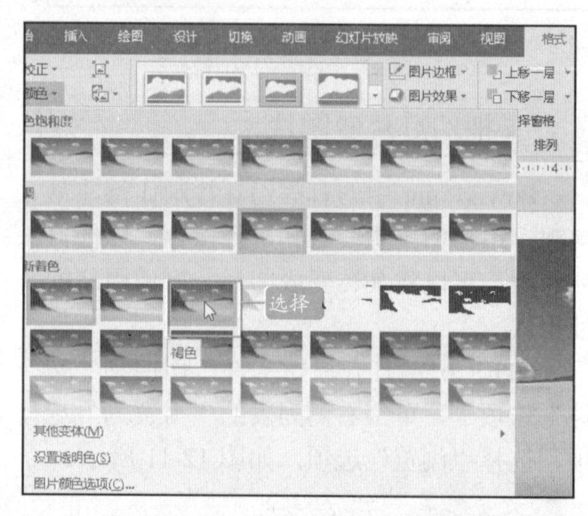

图 12-18　选择“褐色”选项

STEP 02：效果如图 12-19 所示。

图 12-19　调整颜色效果

12.2.3 裁剪图片

当图片的尺寸不合适时可以对其进行裁剪，用户也可以根据需要将图片裁剪成各种形状，具体操作如下：

STEP 01：选中图片，切换到“格式”选项卡，单击“大小”选项组中的“裁剪”按钮，如图 12-20 所示。

图 12-20 单击“裁剪”按钮

STEP 02：此时，图片进入裁剪状态，周围会出现 8 个裁剪控制点，选中任意一个裁剪边框，按住鼠标左键不放，上下左右进行拖动即可对图片进行裁剪，如图 12-21 所示。

图 12-21 进入裁剪状态

STEP 03：裁剪到合适位置时松开鼠标，单击“裁剪”按钮即可完成裁剪，如图 12-22 所示。

图 12-22 裁剪完成

STEP 04：继续选中该图片，单击“大小”选项组中“裁剪”下方的倒三角按钮，从弹出的下拉列表中选择“裁剪为形状”|“椭圆”选项，如图 12-23 所示。

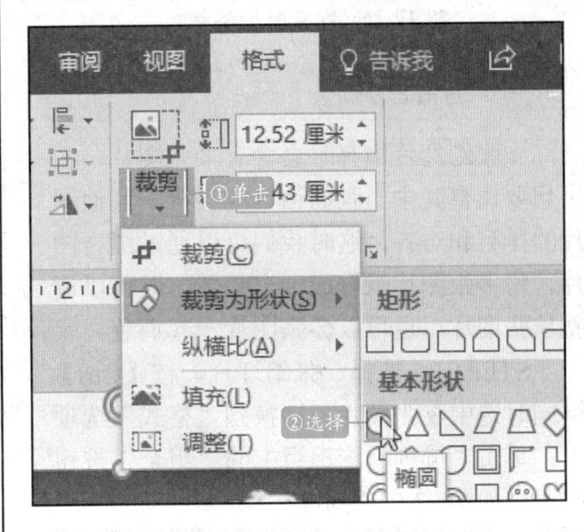

图 12-23 选择“椭圆”

STEP 05：裁剪效果如图 12-24 所示。

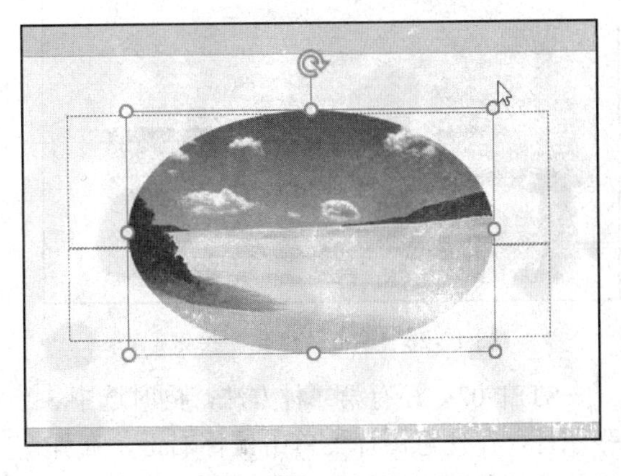

图 12-24 裁剪效果图

12.2.4 精确设置图片大小

在 PowerPoint 中，可以比较精确地设置图片的高度和宽度，具体操作如下。

选中一张图片，切换到“格式”选项卡，在“大小”选项组中的“高度”“宽度”数值框中输入合适的数值即可，如图 12-25 所示。

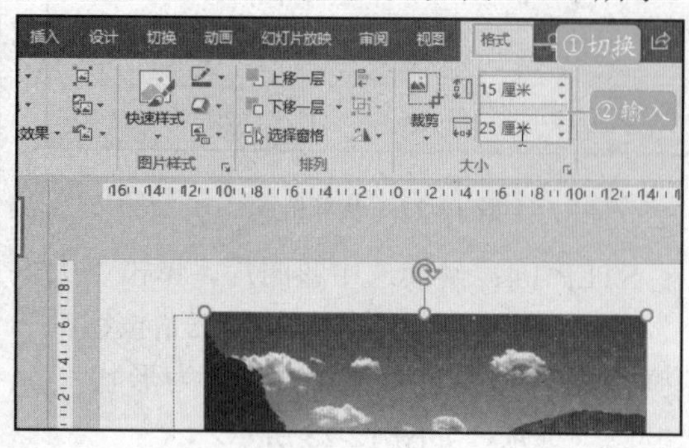

图 12-25　设置图片大小

12.2.5 组合图片

一张幻灯片中有时会含有多张图片，如果想要调整其中一张的话可能会影响其他图片的排列和对齐，这时我们可以通过组合图片，将多张图片组合成一个整体，既可以调整单张图片，也可以多张图片一起调整。

STEP 01：选择一张幻灯片，按【Ctrl】键同时选中 3 张图片；切换到“格式”选项卡，单击“排列”选项组中的“组合”按钮即可，如图 12-26 所示。

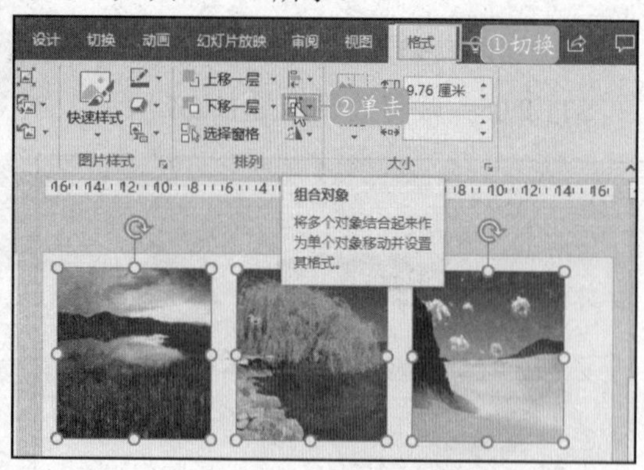

图 12-26　单击“组合”按钮

STEP 02：还有第二种方法，同时选中 3 张图片，在任意图片上单击鼠标右键，在弹出的快捷菜单中选择“组合”命令，在打开的子菜单中选择“组合”命令，如图 12-27 所示。

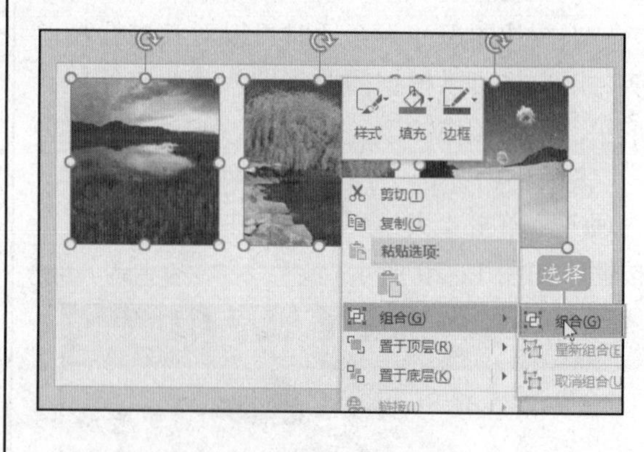

图 12-27　选择“组合”命令

12.2.6 使用图片样式

PowerPoint 2016 中提供了很多的图片样式，用户可以根据需要应用样式来改变图片的外观。

STEP 01：选择一张幻灯片当中的图片，切换到“格式”选项卡，单击“图片样式”选项组的“其他”下拉按钮，如图 12-28 所示。

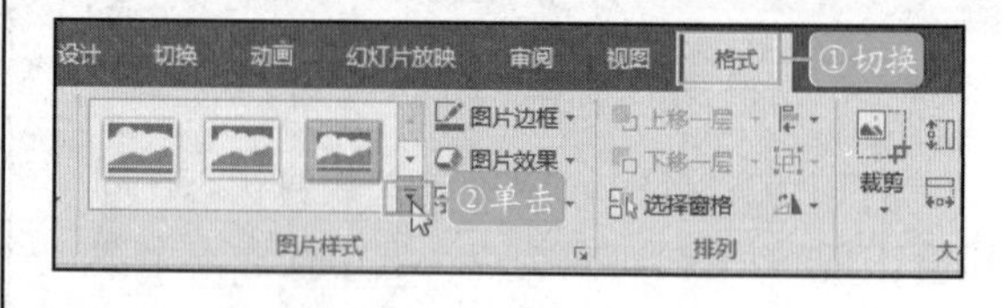

图 12-28　单击“其他”下拉按钮

STEP 02：在展开的列表中选择“棱台透视”选项，应用图片样式后效果如图 12-29 所示。

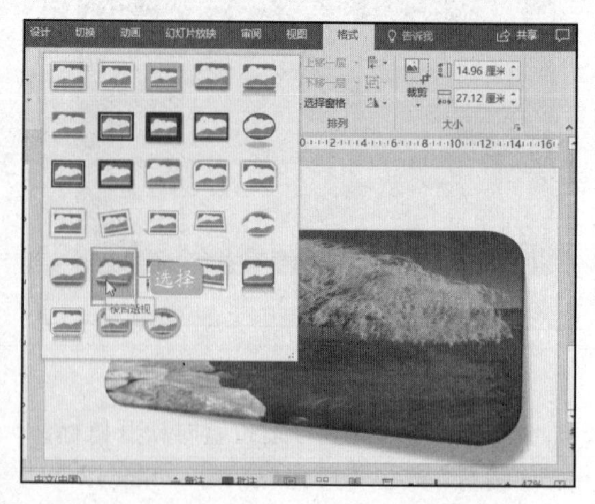

图 12-29　应用图片样式后效果

12.2.7 利用格式刷复制图片样式

在演示文稿中，可能会遇到图片与图片之间样式不统一，单个去设置会比较复杂也很浪费时间。利用格式刷则可以非常简单、迅速地将一个对象的样式复制搭配另一个对象当中。

STEP 01：在第一张幻灯片中选中一张图片，在“开始”选项卡下，单击“剪贴板”选项组中的“格式刷”按钮，如图 12-30 所示。

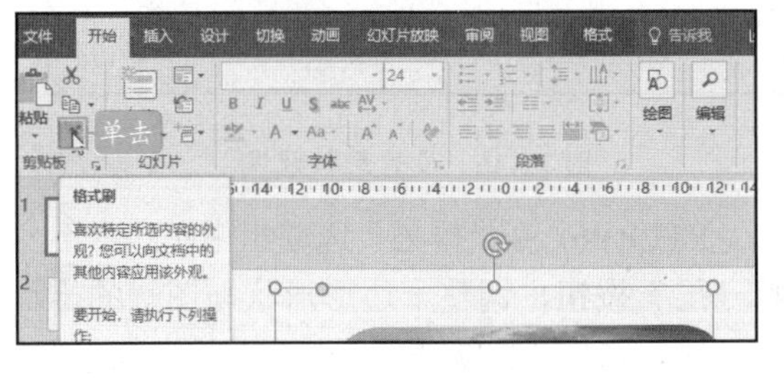

图 12-30 单击“格式刷”按钮

STEP 02：在第二张幻灯片中，在需要复制样式的图片上单击鼠标左键即可，如图 12-31 所示。

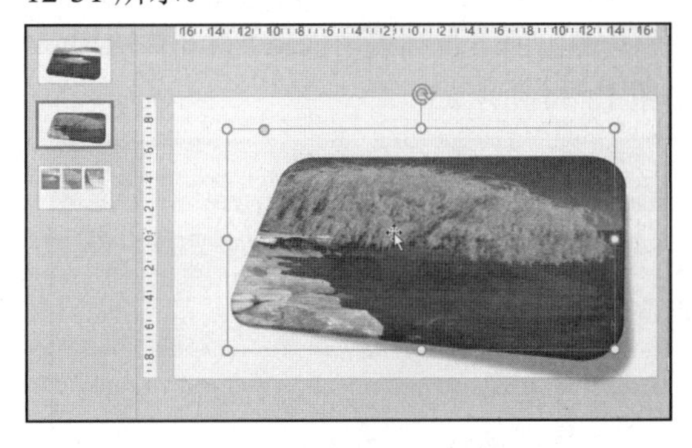

图 12-31 利用格式刷后效果图

◆◆提示

单击“格式刷”按钮，只能为一个对象复制格式，双击则可以为多个对象复制格式。利用格式刷复制完格式后，再次在“剪贴板”选项组中单击“格式刷”按钮即可退出格式刷状态。

12.3 编辑与设置形状

扫码观看本节视频

演示文稿中的形状包括线条、矩形、圆形、箭头、星型和流程图等，这些形状通常作为项目元素使用在 SmartArt 图形中。但在很多展示的商务演示文稿中，利用不同的形状和形状组合，往往能制作出与众不同的形状，吸引观众的注意。

12.3.1 编辑形状

STEP 01：选择一张幻灯片，切换到“插入”选项卡，单击“插图”选项组中的“形状”按钮，从弹出的下拉列表中选择“十边形”选项，如图 12-32 所示。

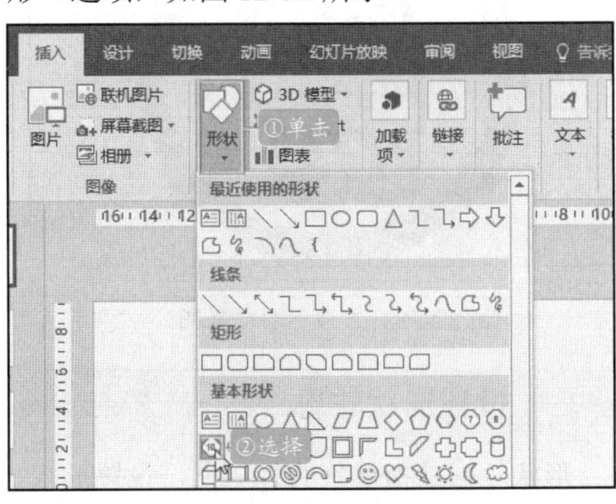

图 12-32 选择“十边形”选项

STEP 02：此时鼠标指针变为“十”字形状，在合适的位置按住鼠标左键不放，拖动鼠标绘制一个十边形形状，如图 12-33 所示。

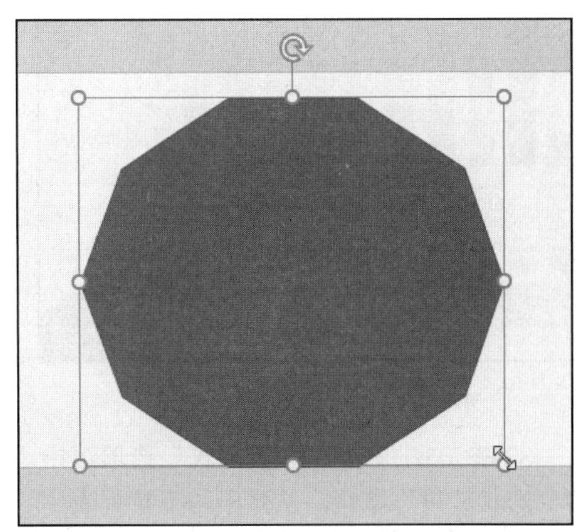

图 12-33 绘制形状

STEP 03：选中十边形形状，切换到“绘图工具-格式”选项卡，单击“形状样式”选项组中的“形状填充”按钮右侧的下三角按钮，从弹出的下拉列表中选择“红色”选项，如图 12-34 所示。

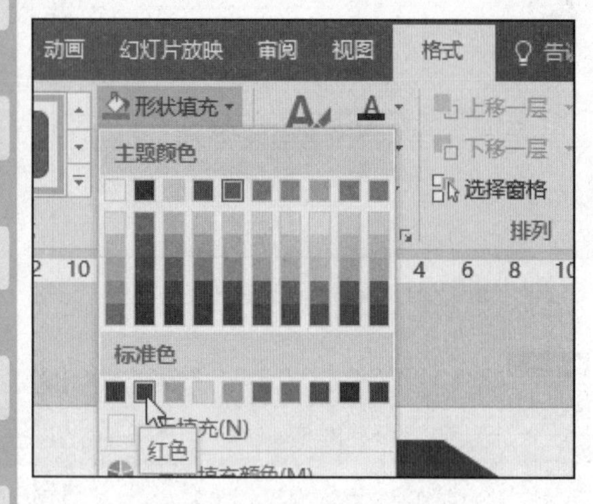

图 12-34　选择“红色”选项

STEP 04：单击“形状样式”选项组中的“形状轮廓”按钮右侧的下三角按钮，从弹出的下拉列表中选择“无轮廓”选项，如图 12-35 所示。

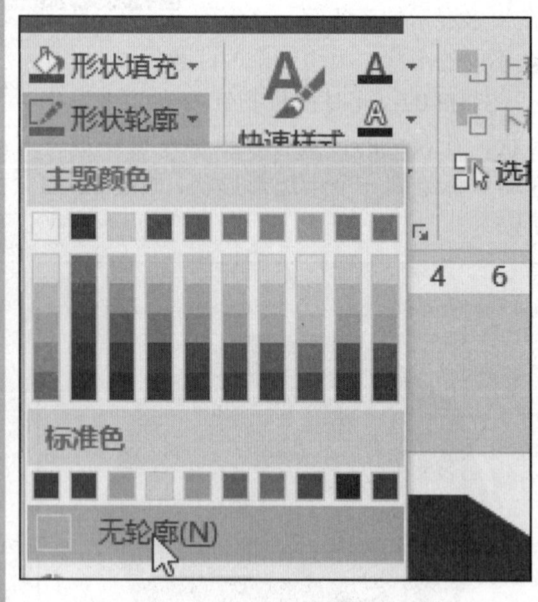

图 12-35　选择“无轮廓”选项

STEP 05：单击“形状样式”选项组中的“形状效果”按钮，从弹出的下拉列表中选择“阴影”|“偏移：右下”选项，如图 12-36 所示。

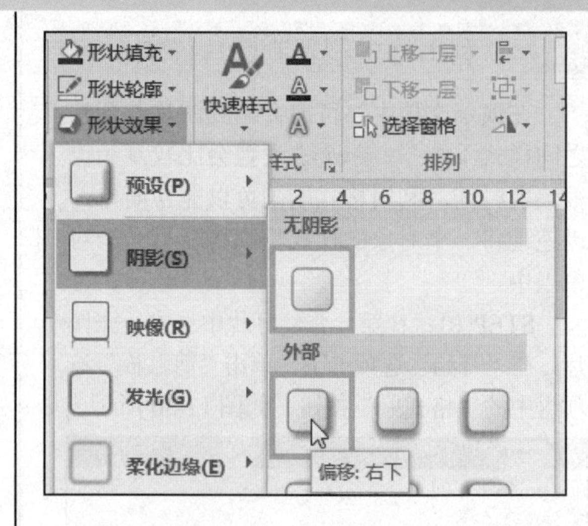

图 12-36　设置形状效果

STEP 06：在“排列”选项组中单击“下移一层”按钮，调整十边形形状与图片的排列顺序，如图 12-37 所示。

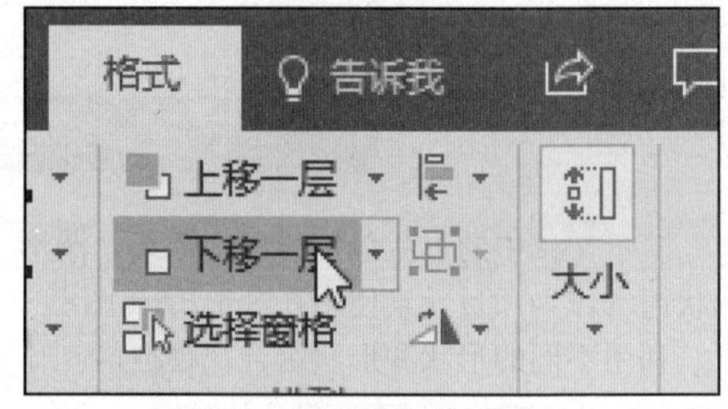

图 12-37　单击“下移一层”按钮

STEP 07：设置效果如图 12-38 所示。

图 12-38　下移一层效果图

12.3.2 设置形状轮廓

形状轮廓是指形状的外边框，设置形状外边框包括设置颜色、宽度和线型等。

STEP 01：在幻灯片上插入一个矩形，切换到“格式”选项卡，单击“形状样式”选项组中的“形状轮廓”按钮，在下拉菜单中选择“红色”，如图 12-39 所示。

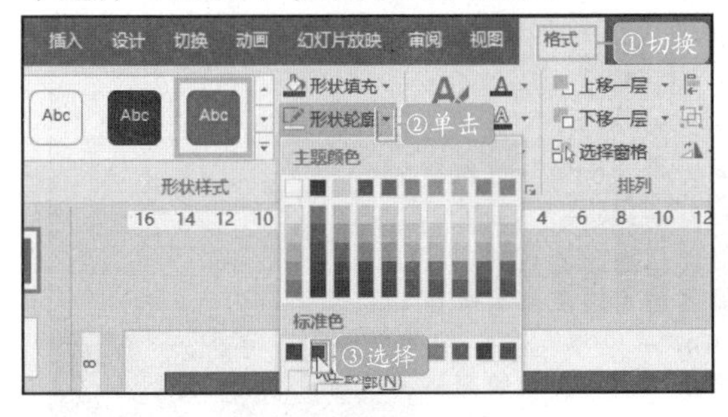

图 12-39 选择“红色”

STEP 02：单击“形状样式”选项组中的“形状轮廓”按钮，在下拉菜单中选择“粗细”“3 磅”选项，如图 12-40 所示。

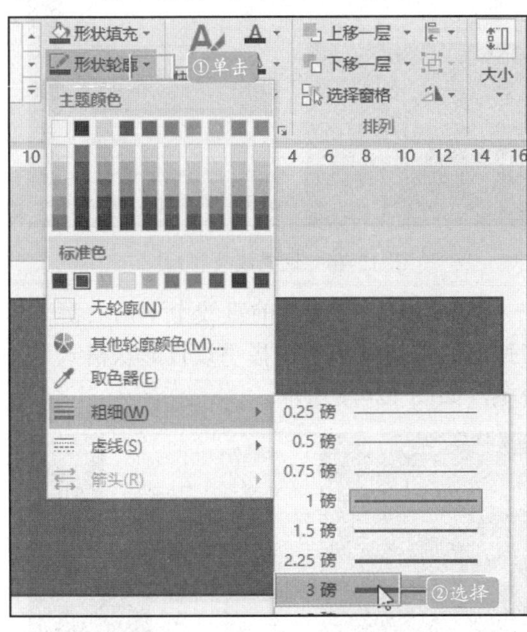

图 12-40 选择“粗细”“3 磅”选项

12.3.3 设置形状填充

设置形状填充时可选择形状内部的填充颜色或效果，可设置为纯色、渐变色、图片或纹理等。

选择一张幻灯片上的矩形，选择“格式”选项卡，单击“形状样式”选项组中的“形状填充”按钮，在下拉菜单中的“标准色”栏中选择“黄色”选项，用户可以根据自己的需要填充颜色，如图 12-41 所示。

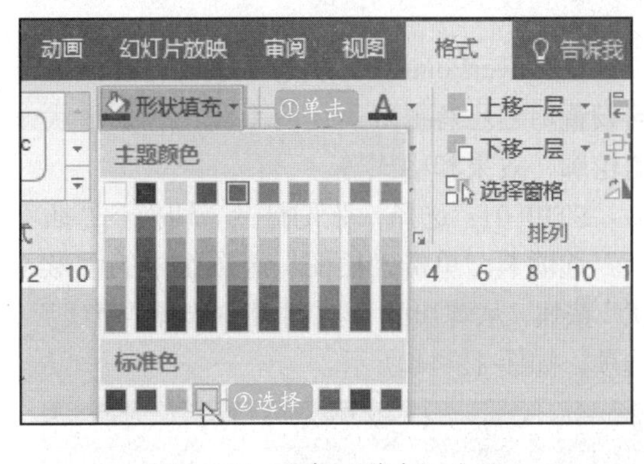

图 12-41 选择“黄色”选项

12.3.4 设置形状效果

设置形状效果包括阴影、发光、映像、柔化边缘、棱台和三维旋转等。

STEP 01：选择一张幻灯片上的矩形，单击“绘图工具-格式”选项卡下的“其他”快翻按钮，在列表中选择所需要的样式，如图 12-42 所示。

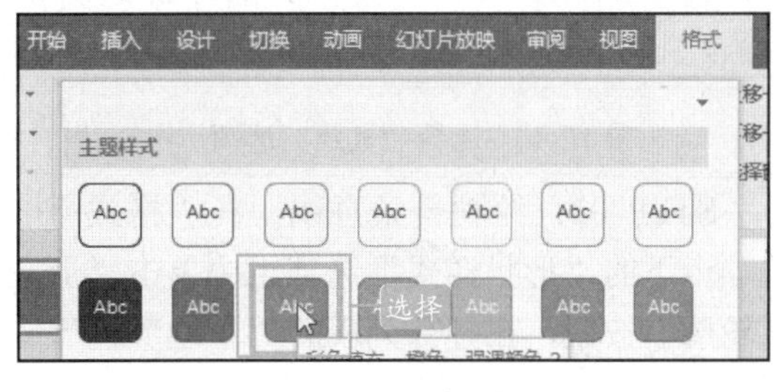

图 12-42 选择样式

STEP 02：在“格式”选项卡下“形状样式”选项组中单击“形状效果”按钮，在下拉菜单中选择形状效果，如图 12-43 所示。

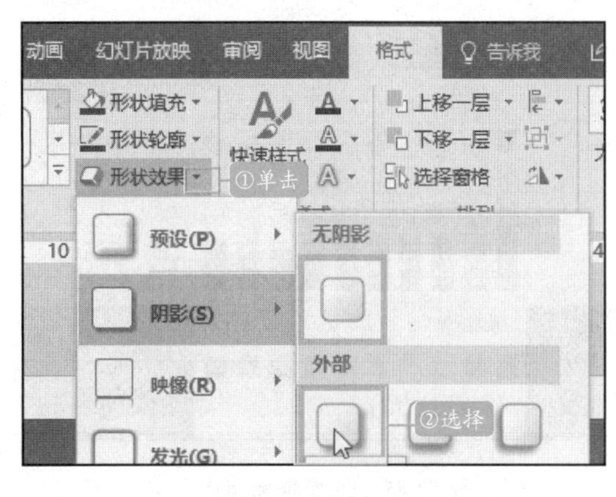

图 12-43 选择形状效果

12.3.5 设置线条格式

在 PowerPoint 中，线条不仅仅只有简单的设置，它还有很多美化的手段，包括形状的轮廓、效果和格式等。

STEP 01：选择一张幻灯片，切换到“插入”选项卡，单击“插图”选项组中的“形状”按钮，从弹出的下拉列表中选择“直线”选项，如图 12-44 所示。

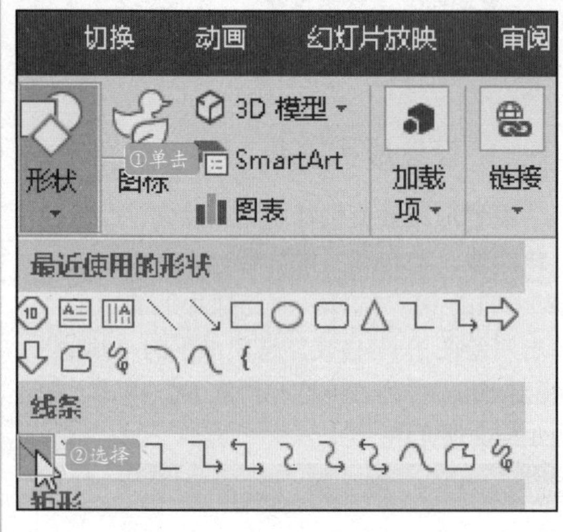

图 12-44 选择“直线”选项

STEP 02：绘制一条直线，在“格式”选项卡下的“形状样式”选项组中单击“形状轮廓”按钮，在打开列表的“主题颜色”栏中选择“白色，背景 1”选项，如图 12-45 所示。

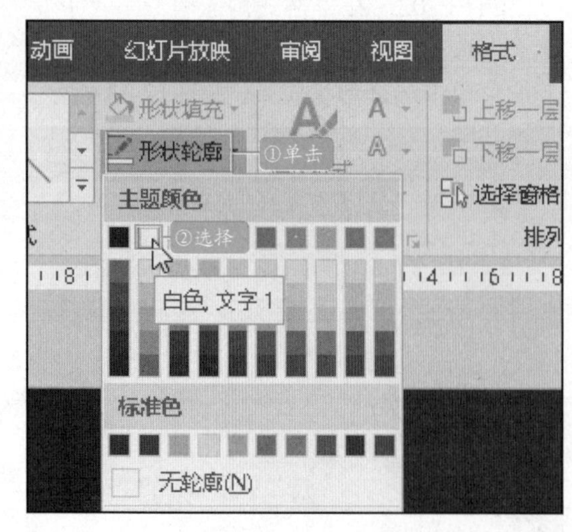

图 12-45 设置轮廓颜色

STEP 03：在“形状样式”选项组中单击“形状轮廓”按钮，在打开的列表中选择“粗细”选项，在打开的子列表中选择“6 磅”选项，如图 12-46 所示。

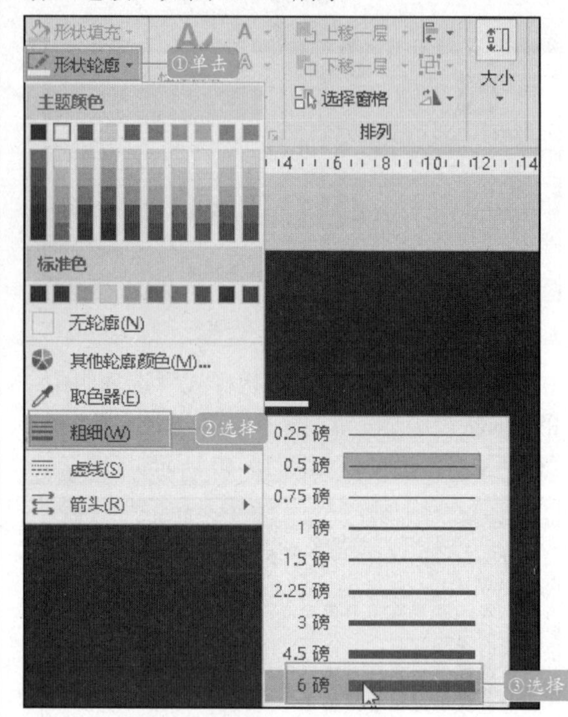

图 12-46 设置线条粗细

STEP 04：在选择的直线上单击右键，在弹出的快捷菜单中选择“设置形状格式”命令，如图 12-47 所示。

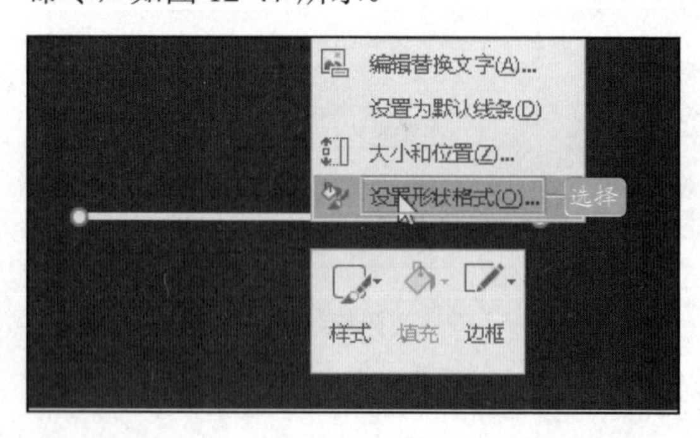

图 12-47 选择“设置形状格式”命令

STEP 05：打开“设置形状格式”任务窗格，在“线条”栏中单击选中“渐变线”单选项；单击“方向”按钮，在打开的列表中选择“线性向右”线性，如图 12-48 所示。

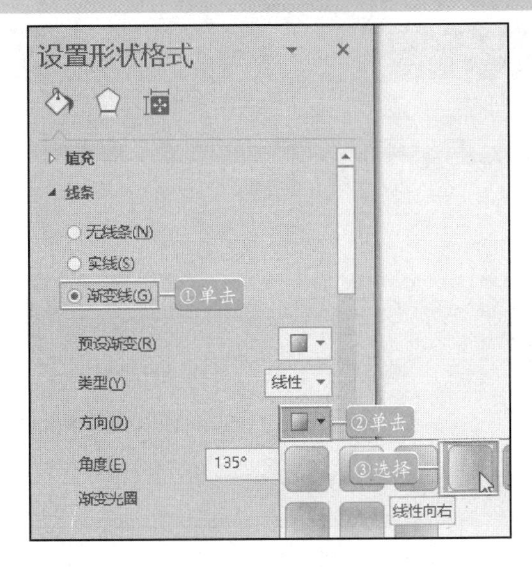

图 12-48 “设置形状格式”任务窗格

STEP 06：在“渐变光圈”栏中单击“停止点 1”滑块，在“透明度”数值框中输入“100%”，如图 12-49 所示。

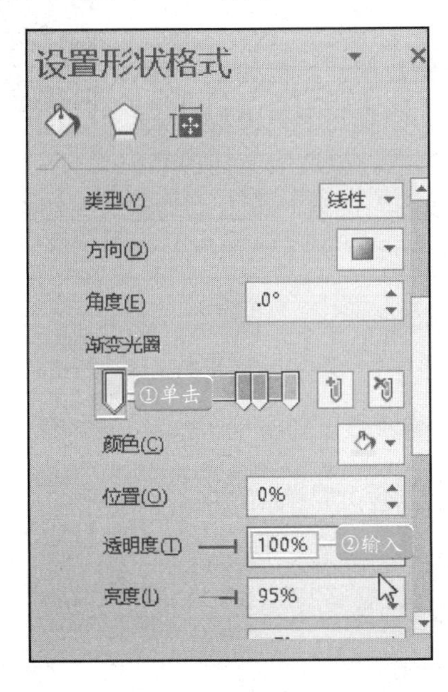

图 12-49 “设置形状格式”任务窗格

STEP 07：选择中间的一个滑块，按【Delete】键将其删除，其中中间的另外一个滑块，在“位置”数值框中输入“50%”，在“透明度”数值框中输入“0%”；单击“颜色”按钮，在打开列表的“主题颜色”栏中选择“白色，背景 1”选项，如图 12-50 所示。

图 12-50 “设置形状格式”任务窗格

STEP 08：在“渐变光圈”栏中单击“停止点 3”滑块，在“透明度”数值框中输入“100%”，如图 12-51 所示。

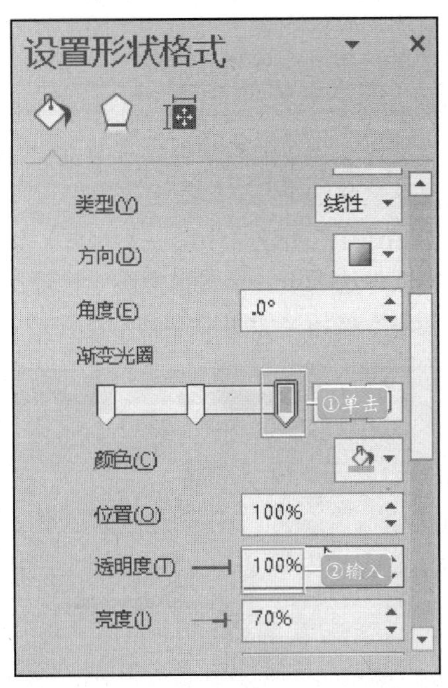

图 12-51 “设置形状格式”任务窗格

STEP 09：复制一个同样的直线形状，将两个直线形状向右居中对齐，并放置到文本的上下两侧，如图 12-52 所示。

图 12-52　线条设置效果

12.3.6 设置对齐方式

设置对齐方式操作如下。

选择幻灯片上的矩形，单击“排列”选项组中的“对齐”按钮，在展开的下拉列表中单击“垂直居中”选项，如图 12-53 所示。

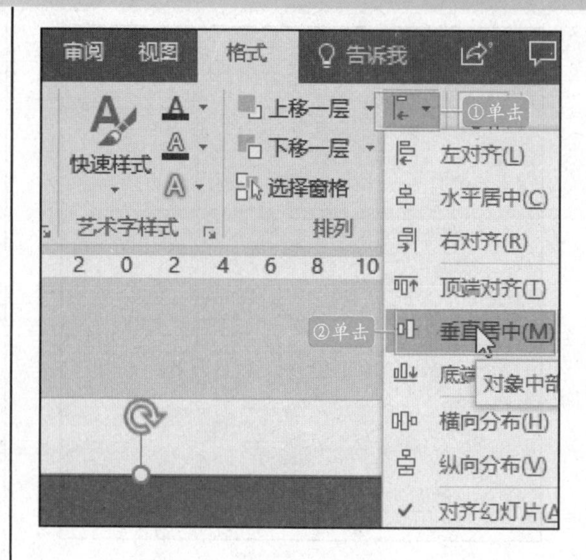

图 12-53　单击“垂直居中”选项

12.4 插入与编辑图表、图形图像

扫码观看本节视频

在文档中插入图表、SmartArt 图形以及图像，可以使数据、结构关系一目了然，具有很强的直观感、立体感和画面感，如果想让文档看起来更美观，还可以对添加好的图表、SmartArt 图形以及图像进行编辑修改，以适应文档内容。

12.4.1 插入与编辑图表

图表比文字更能直观地显示数据，插入图表具体操作如下：

STEP 01：新建一个空白幻灯片，切换到“插入”选项卡，单击“插图”选项组中的“图表”按钮，如图 12-54 所示。

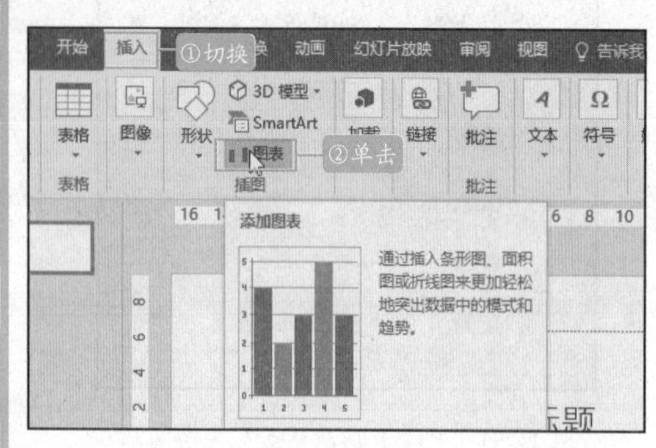

图 12-54　单击“图表”按钮

STEP 02：弹出“插入图表”对话框，在左侧列表中选择“折线图”选项下的“堆积折线图”选项，单击“确定”按钮，如图 12-55 所示。

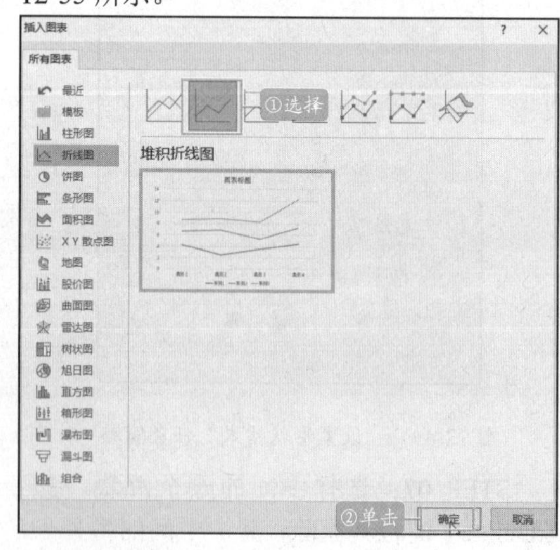

图 12-55　“插入图表”对话框

STEP 03：在自动弹出的 Excel 2016 界面中，输入所需要显示的数据，然后关闭 Excel 表格，即可在幻灯片中插入一个图表，如图 12-56 所示。

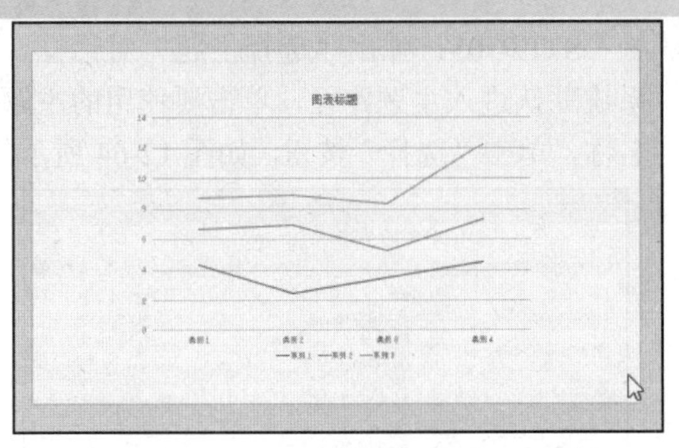

图 12-56 插入图表效果图

12.4.2 插入与编辑 SmartArt 图形

SmartArt 图形是信息和观点的视觉表示形式。创建 SmartArt 图形可以非常直观地说明层级关系、附属关系、并列关系以及循环关系等各种常见的关系，而且制作出来的图形非常精美，具有很强的立体感和画面感。

STEP 01：新建一个空白幻灯片，选择“插入”选项卡，在“插图”选项组中单击“SmartArt”按钮，如图 12-57 所示。

图 12-57 单击“SmartArt”按钮

STEP 02：弹出“选择 SmartArt 图形”对话框，切换到“关系”选项卡，在中间的列表框中选择“汇聚箭头”选项，如图 12-58 所示。

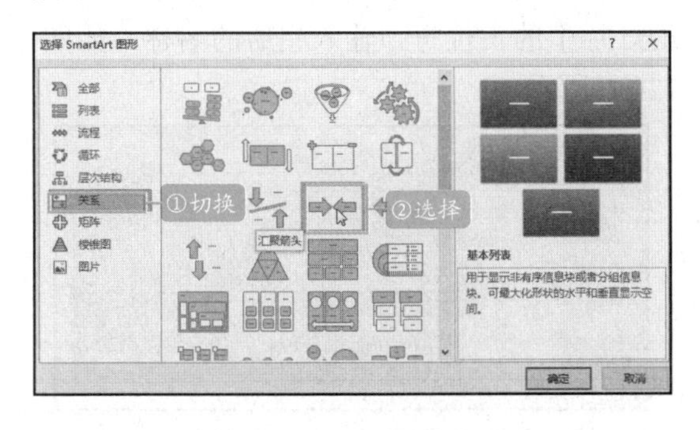

图 12-58 “选择 SmartArt 图形”对话框

STEP 03：单击“确定”按钮，即可插入汇聚箭头图形，调整图形的大小和位置，即可输入文本，效果如图 12-59 所示。

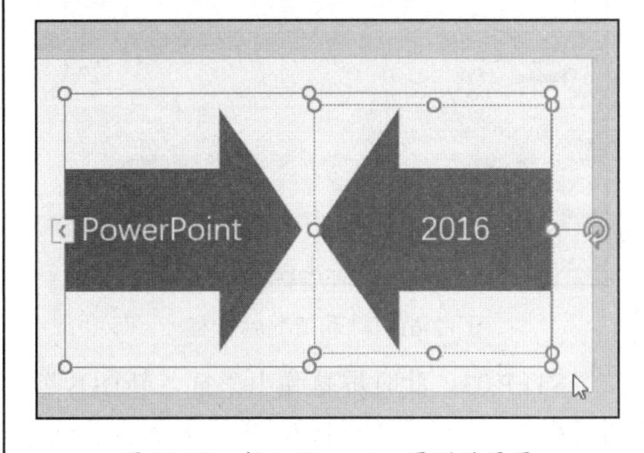

图 12-59 插入 SmartArt 图形效果图

12.4.3 制作电子相册

在旅途的过程中人们会拍下很多美丽的沿途风景，这时可以利用 PowerPoint 将这些照片制作成一个电子相册，以此纪念和收藏。

STEP 01：打开一个空白的演示文稿，切换到“插入”选项卡，单击“图像”选项组中的“相册”按钮，在展开的下拉列表中单击“新建相册”选项，如图 12-60 所示。

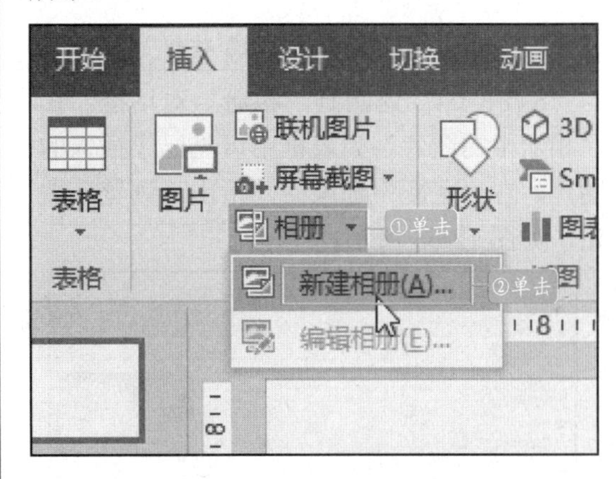

图 12-60 单击“新建相册”选项

STEP 02：弹出“相册”对话框后，在“相册内容”选项组中，单击“文件/磁盘”按钮，如图 12-61 所示。

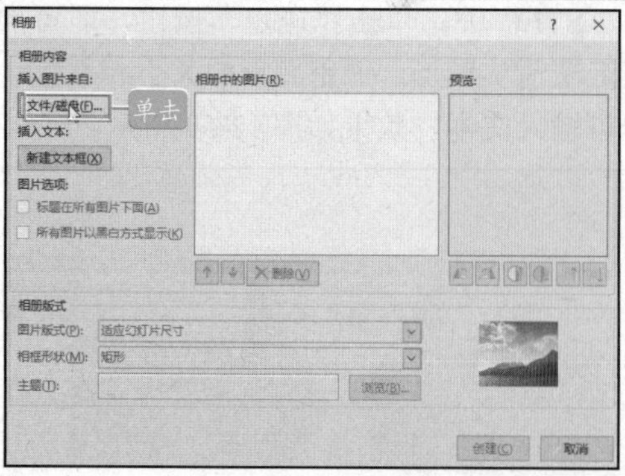

图 12-61　“相册”对话框

STEP 03：此时屏幕弹出“插入新图片”对话框，打开保存的路径，单击要加入相册的图片，按住【Ctrl】键可同时选中多张图片，单击“插入”按钮，如图 12-62 所示。

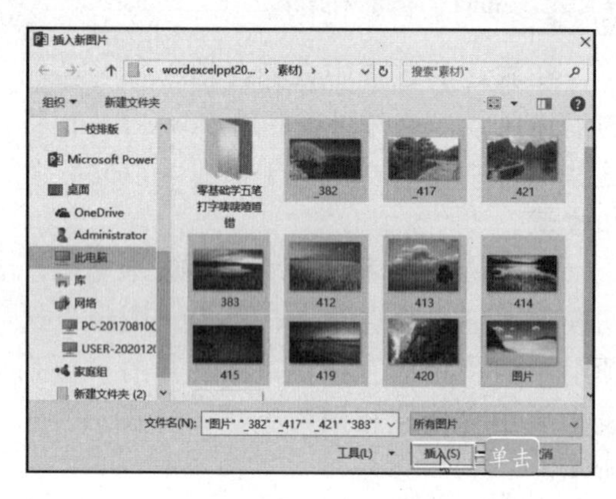

图 12-62　单击“插入”按钮

STEP 04：返回到“相册”对话框，在“相册中的图片”列表框中可见已经插入的图片，在“主题”选项中，单击“浏览”按钮，如图 12-63 所示。

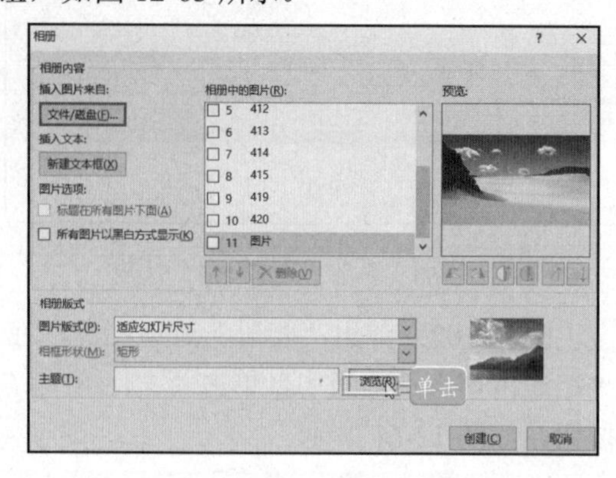

图 12-63　单击“浏览”按钮

STEP 05：弹出“选择主题”对话框，系统默认进入主题路径，单击要使用的主题名称，单击“选择”按钮，如图 12-64 所示。

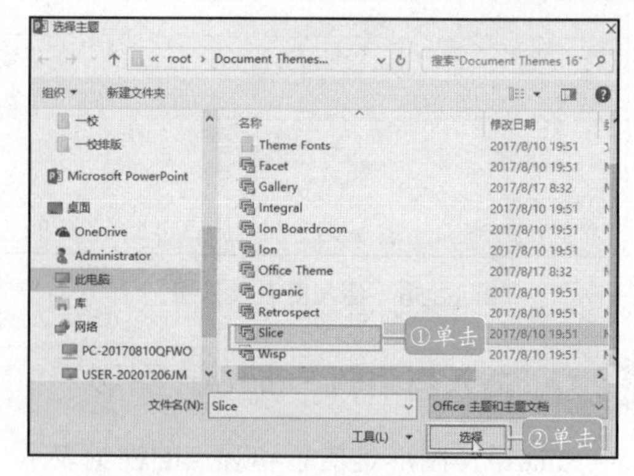

图 12-64　单击“选择”按钮

STEP 06：返回到“相册”对话框，在“主题”文本框中显示了主题路径，在“相册版式”选项组中设置图片版式为“1 张图片”，在“图片选项”选项组中勾选“标题在所有图片下面”复选框，单击“创建”按钮，如图 12-65 所示。

图 12-65　单击“创建”按钮

STEP 07：此时生成了一个新的演示文稿，并在其中创建了一个相册，选中第 1 张幻灯片中的占位符，输入相册的名称，如图 12-66 所示。

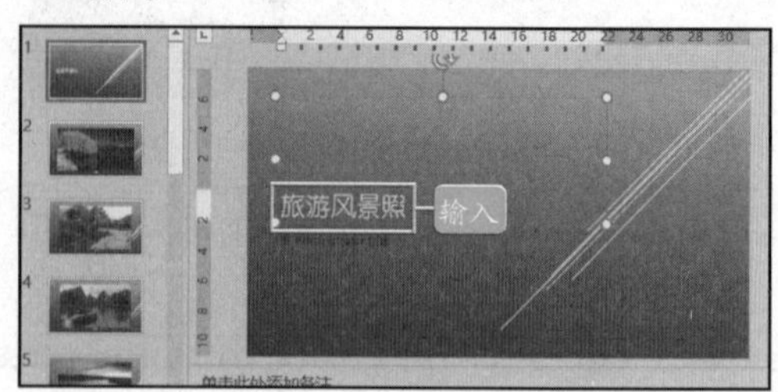

图 12-66　创建相册的效果

STEP 08：选中第2张幻灯片，单击图片下方的标题，设置图片的标题为“美丽的乡间小路”，如图12-67所示。用户可根据需要设置其他图片的标题，以完成整个相册的制作。

图12-67 修改图片标题内容

12.5 插入和编辑表格

扫码观看本节视频

表格是演示文稿中非常重要的一种数据显示工具。在PowerPoint 2016中插入表格方法有利用菜单栏命令插入表格、利用对话框插入表格和绘制表格三种。

12.5.1 利用菜单命令

利用菜单命令插入表格是最常用插入表格的方式，具体操作如下：

STEP 01：在演示文稿中选择要添加表格的幻灯片，单击“插入”选项卡下“表格”选项组中的“表格”按钮，在插入表格区域中选择要插入表格的行数和列数，例如选择6行6列，如图12-68所示。

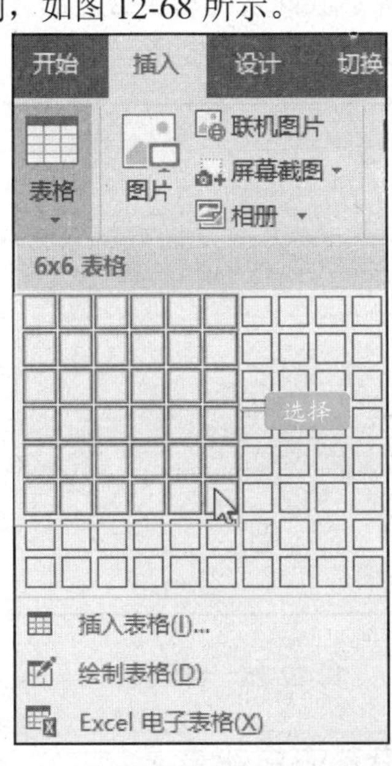

图12-68 选择要插入表格的行数和列数

STEP 02：释放鼠标左键即可在幻灯片中创建表格，如图12-69所示。

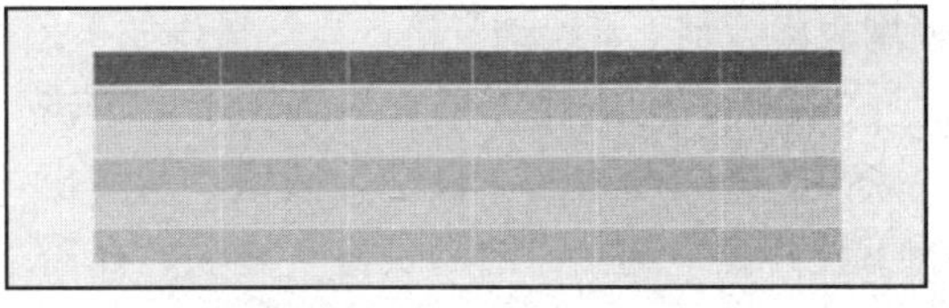

图12-69 创建表格效果图

12.5.2 利用“插入表格”对话框

利用“插入表格”对话框插入表格的具体操作如下：

STEP 01：在演示文稿中选择要添加表格的幻灯片，切换到“插入”选项卡，单击“表格”选项组中的“表格”按钮，从弹出的下拉列表中选择“插入表格”选项，如图12-70所示。

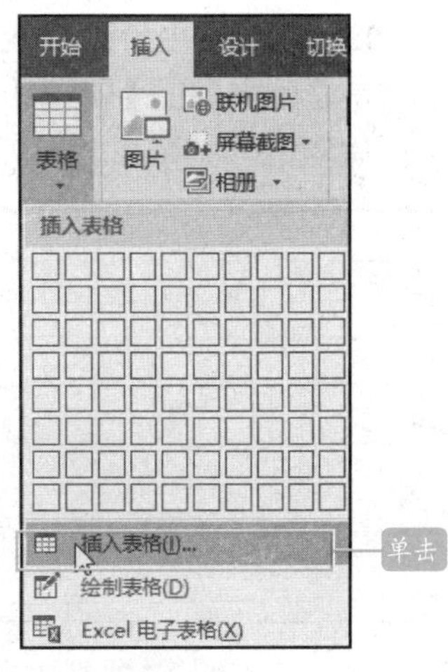

图12-70 选择“插入表格”选项

STEP 02：弹出“插入表格”对话框，在“列数”和“行数”微调框中输入数值，然后单击“确定”按钮，即可插入一个表格，如图 12-71 所示。

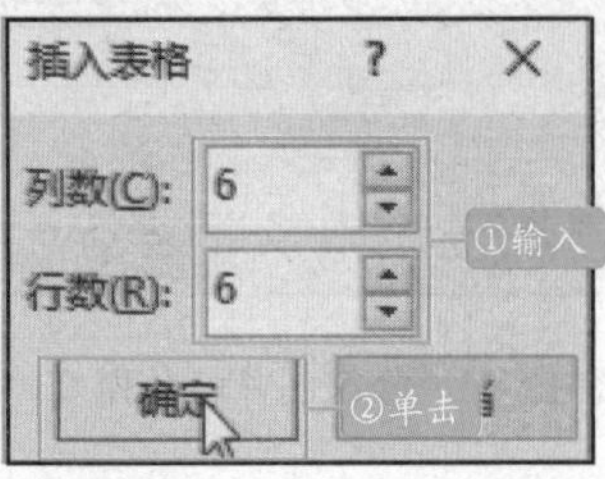

图 12-71　单击“确定”按钮

12.5.3　手动绘制表格

当用户需要创建不规则的表格时，就可以使用表格绘制工具绘制表格，具体操作如下：

STEP 01：选择“插入”选项卡，单击“表格”选项组中的“表格”按钮，从弹出的下拉列表中选择“绘制表格”选项。在需要绘制表格的地方单击并拖拽鼠标绘制出表格的外边界，形状为矩形，如图 12-72 所示。

图 12-72　绘制表格的外边界

STEP 02：在该框中绘制行线、列线或斜线，绘制完成后按【Esc】键退出表格绘制模式即可，如图 12-73 所示。

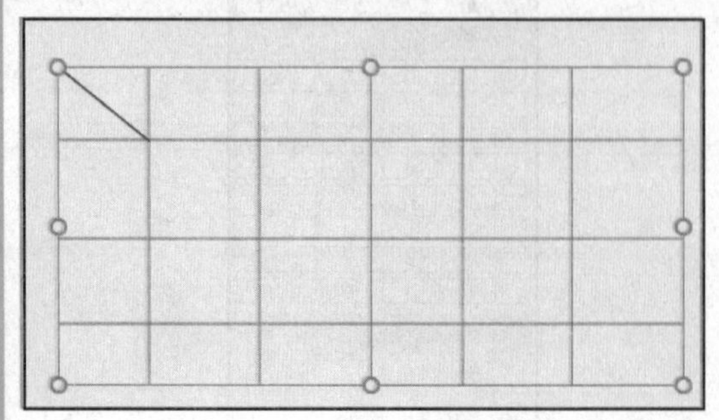

图 12-73　绘制表格

12.5.4　编辑表格

编辑表格具体操作如下：

STEP 01：将鼠标指针移向表格第一列的右侧边框，当鼠标变成⇹形状时，按住鼠标左键不放向右拖动至合适的宽度，释放鼠标，如图 12-74 所示。

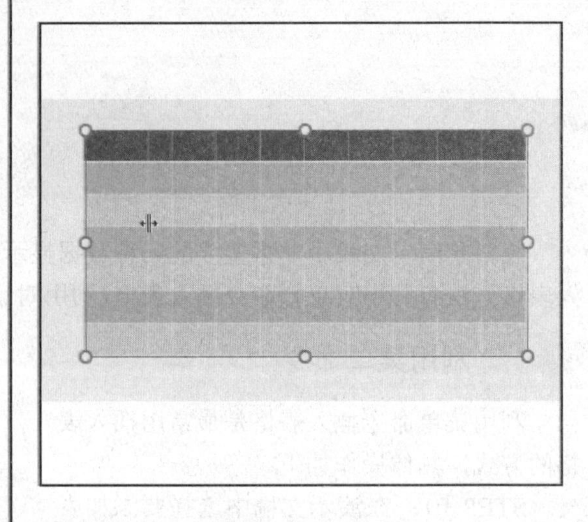

图 12-74　调整列宽

STEP 02：将鼠标指针移向表格第一行的下边框，当鼠标变成上下箭头形状时，按住鼠标左键不放向下拖动至合适的行高，释放鼠标左键，如图 12-75 所示。

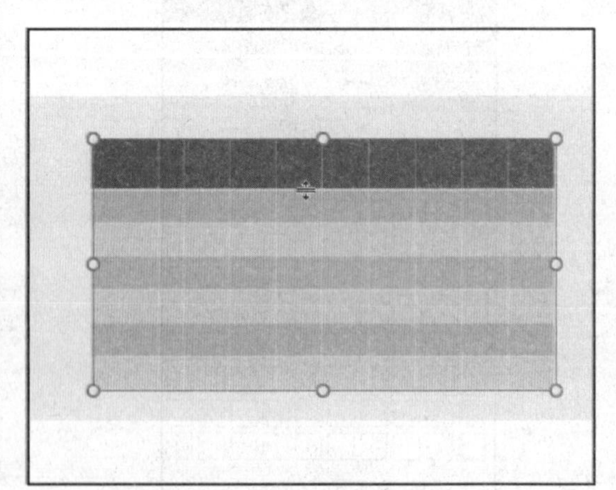

图 12-75　调整行高

12.5.5　设置表格背景

用户在制作完表格内容后，还可以对表格进行美化，使幻灯片更加美观。

STEP 01：选中表格，切换到“设计”选项卡，单击“表格样式”选项组中的“底纹”按钮，在下拉列表中选择“表格背景”选项，选择需要的颜色，如图 12-76 所示。

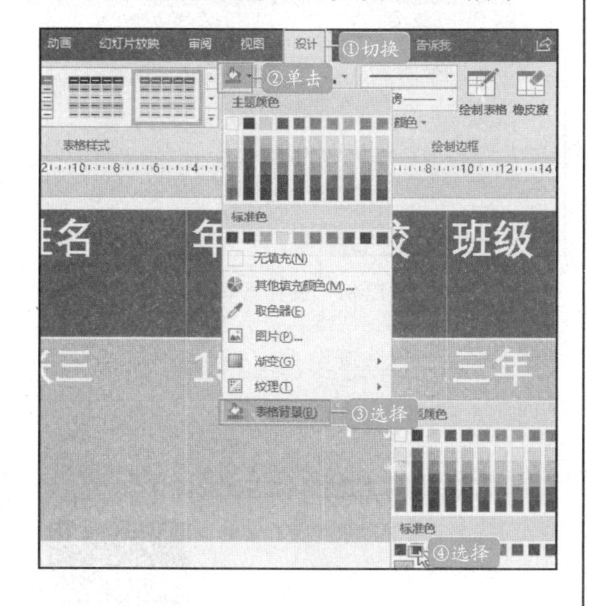

图 12-76 设置背景颜色

STEP 02：效果如图 12-77 所示。

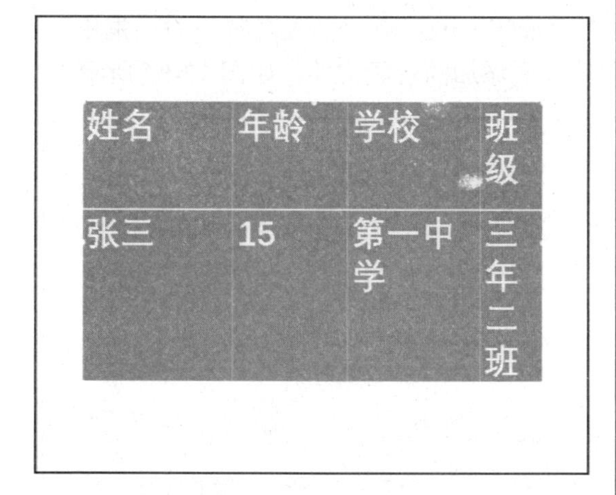

图 12-77 设置背景效果图

12.5.6 设置表格边框

设置表格的边框可以使表格的轮廓更加鲜明，具体操作如下：

STEP 01：选中表格，单击“设计”选项卡下“绘制边框”选项组中的“笔颜色”按钮，在下拉列表“主题颜色”栏中选择“蓝色，个性色 1”，如图 12-78 所示。

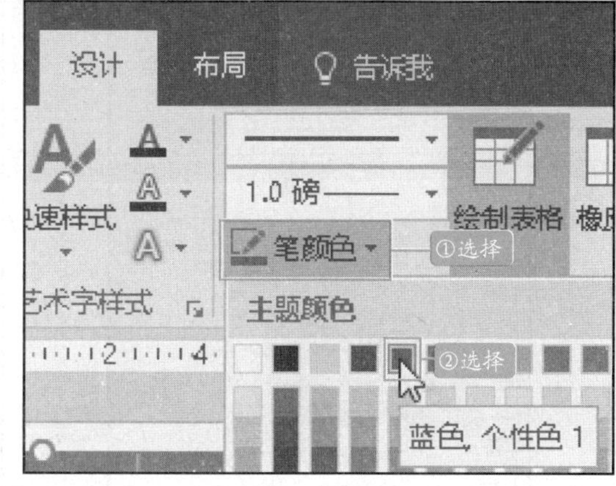

图 12-78 选择颜色

STEP 02：单击“绘图边框”选项组中的“笔画粗细”按钮，在下拉列表中选择“1.5 磅”选项，如图 12-79 所示。

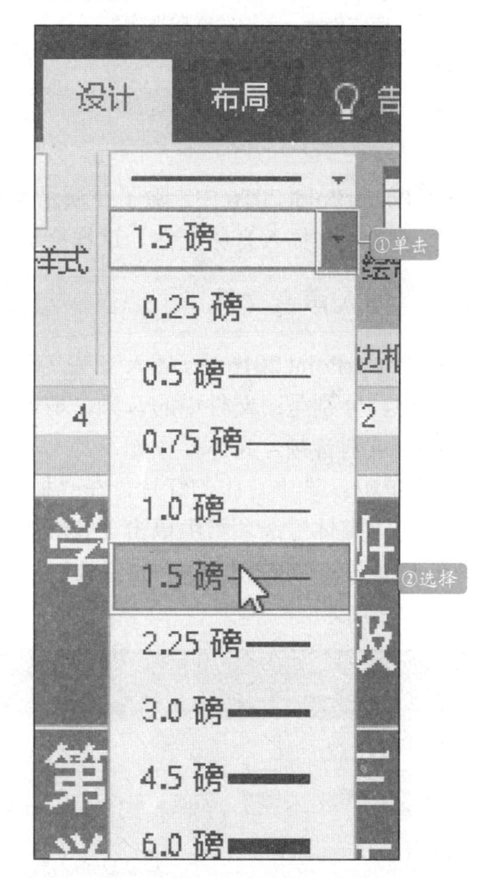

图 12-79 设置笔画粗细

STEP 03：在“设计”选项卡下“表格样式”选项组中单击“边框”按钮右侧的下拉按钮，在列表中选择“所有框线”选项，如图 12-80 所示。

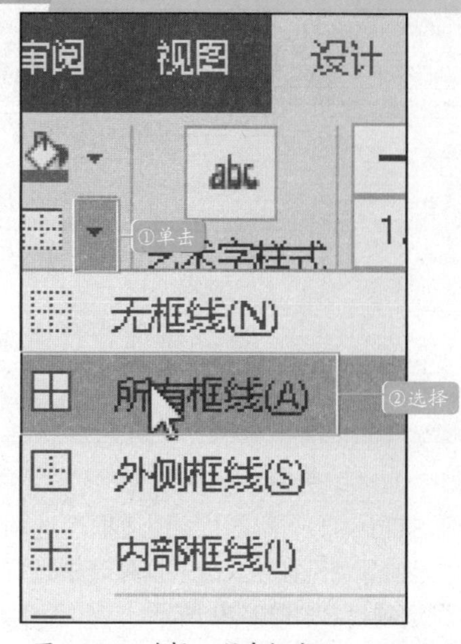

图 12-80　选择“所有框线”

STEP 04：效果如图 12-81 所示。

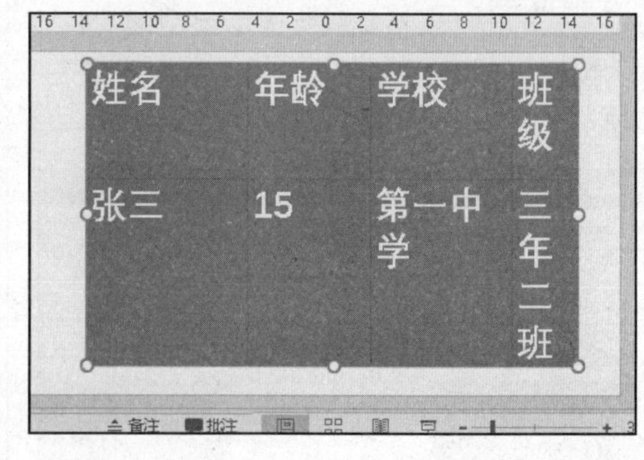

图 12-81　最后效果图

12.6　添加或设置音频文件

扫码观看本节视频

在 PowerPoint 2016 中，除了在演示文稿中插入图片、形状和表格以外，还可在演示文稿中插入音频文件，这样会让幻灯片更加具有吸引力。

12.6.1　插入声音文件

在 PowerPoint 2016 中，插入音频文件可分为 3 种，分别是：文件中的音频、剪贴画音频以及录制音频，具体操作如下。

STEP 01：选中首张幻灯片，在“插入”选项卡的“媒体”选项组中单击“音频”按钮，在下拉列表中选择“PC 上的音频”选项，如图 12-82 所示。

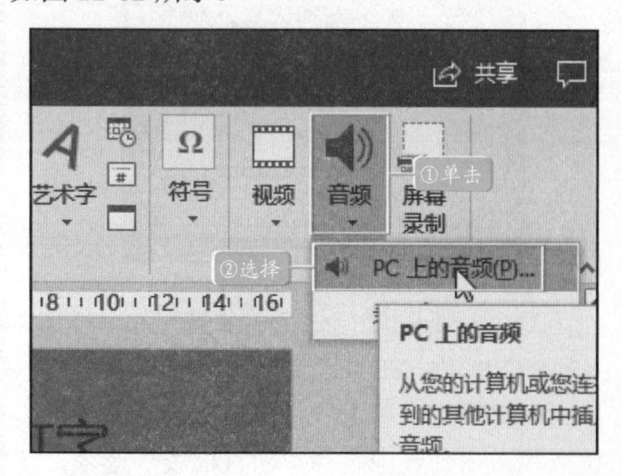

图 12-82　选择“PC 上的音频”选项

STEP 02：在“插入音频”对话框中，选择要添加的音频文件，如图 12-83 所示。

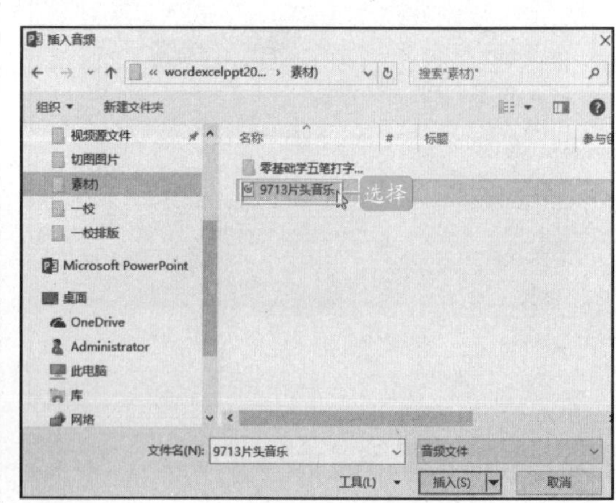

图 12-83　选择音频文件

STEP 03：单击“插入”按钮，稍等片刻即可在该幻灯片中显示音频播放器，如图 12-84 所示。

图 12-84 显示音频播放器

STEP 04：在音频播放器中，单击“播放”按钮，即可播放音频，如图 12-85 所示。

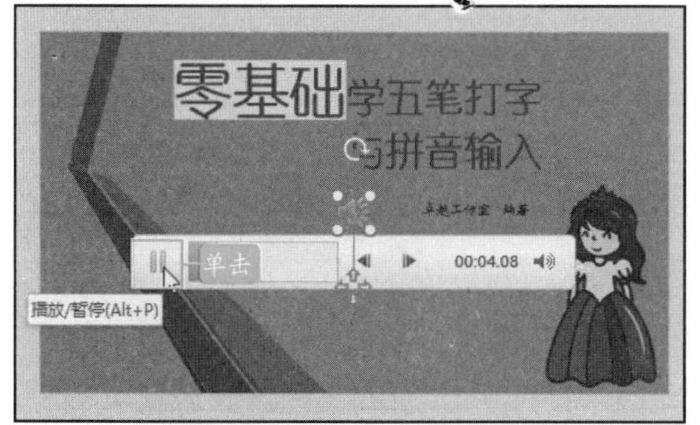

图 12-85 单击“播放”按钮

STEP 05：在“音频”列表中选择“录制音频”选项，如图 12-86 所示。

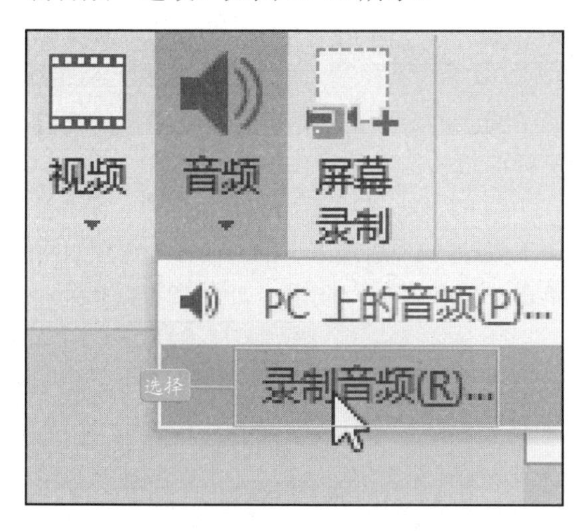

图 12-86 选择“录制音频”选项

STEP 06：在“录音”对话框中，单击“录制”按钮，此时用户可进行录音操作，录制后，单击“停止”按钮，完成录音，如图 12-87 所示。

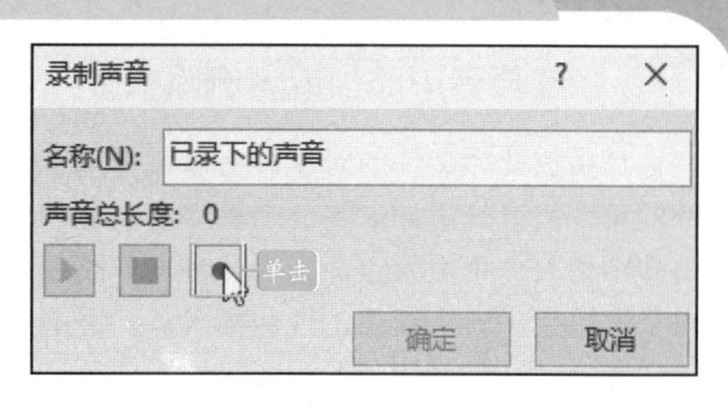

图 12-87 单击“录制”按钮

STEP 07：单击“确定”按钮，稍等片刻即可在幻灯片中显示音频播放器。

12.6.2 设置音频属性

为了使音频和幻灯片播放有更好的配合，可以对音频的属性进行设置。

STEP 01：选中音频文件，切换到“音频工具—播放”选项卡，在“音频选项”选项组中勾选开始方式为“跨幻灯片播放”“循环播放，直到停止”“播放返回开头”“放映时隐藏”复选框，如图 12-88 所示。

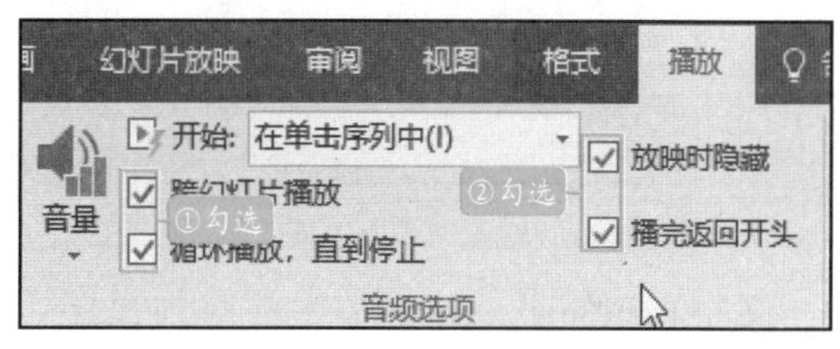

图 12-88 勾选音频选项

STEP 02：单击“音频选项”选项组中的“音量”按钮，在展开的下拉列表中选择“中等”选项，如图 12-89 所示。设置完播放选项后，放映幻灯片，即可查看设置后的播放效果。进行以上设置后，放映每张幻灯片时，会一直播放音乐，且音频文件图标不显示。

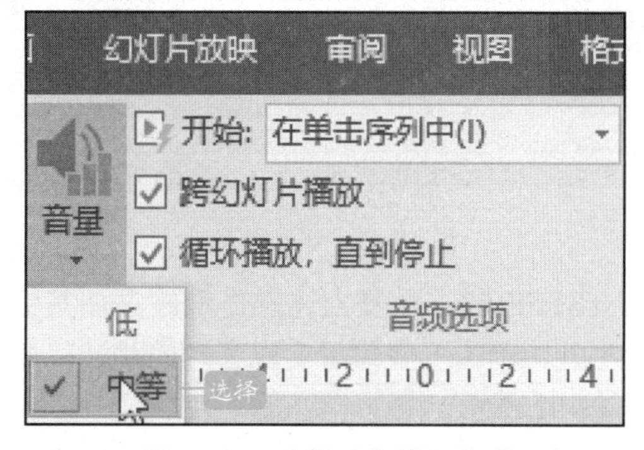

图 12-89 选择“中等”选项

12.6.3 在声音中添加或者删除书签

在播放音频文件的时候，可以在音频文件的某个位置处添加书签，书签就是在音频文件中切入一个插入点，当为音频文件添加多个书签后，就可以单击这些插入点，准确而快速地跳转到要播放的位置。

STEP 01：打开音频文件，将声音暂停在要添加书签的位置，在“音频工具—播放”选项卡单击“书签”选项组中的“添加书签”按钮，如图12-90所示。

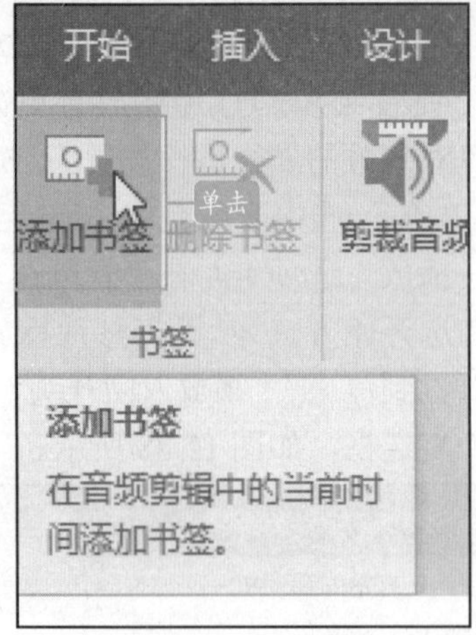

图12-90　单击“添加书签”按钮

STEP 02：此时在播放进度栏中出现一个小圆点，表示在该位置处为声音添加书签，如图12-91所示。

图12-91　添加书签

STEP 03：重复上述操作继续添加其他的书签，单击书签即可实现音频的跳转，如图12-92所示。

图12-92　单击书签可跳转

STEP 04：如果不再需要文件的书签，可以将书签删除。切换到“音频工具-播放”选项卡，单击“书签”选项组中的“删除书签”按钮即可，如图12-93所示。

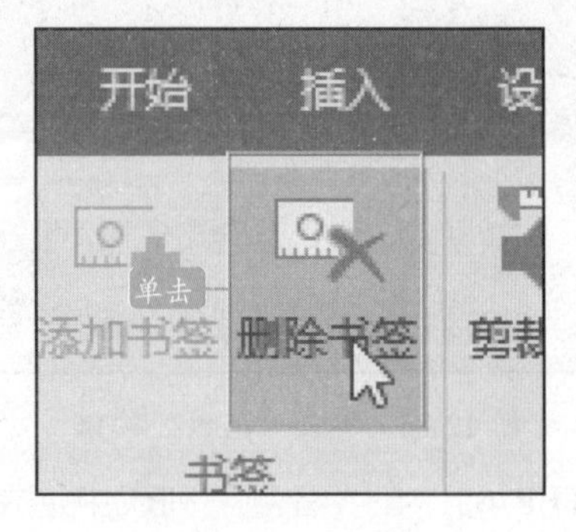

图12-93　单击　“删除书签”按钮

12.6.4 编辑剪裁音频

插入的音频文件是可以根据用户的需要进行编辑的，具体操作如下：

STEP 01：选中添加的音频文件，在“音频工具-播放”选项卡下的“编辑”选项组中单击“剪裁音频”按钮，如图12-94所示。

图12-94　单击“裁剪音频”按钮

STEP 02：在“剪裁音频”对话框中，选中音频进度条上的滑块，按住鼠标左键不放，拖动鼠标至满意位置，放开鼠标即可对当前音频进行剪辑，如图 12-95 所示。

图 12-95 拖动滑块

STEP 03：音频剪辑完成后，单击“播放”按钮，则可对该音频进行试听操作，单击“确定”按钮即可，如图 12-96 所示。

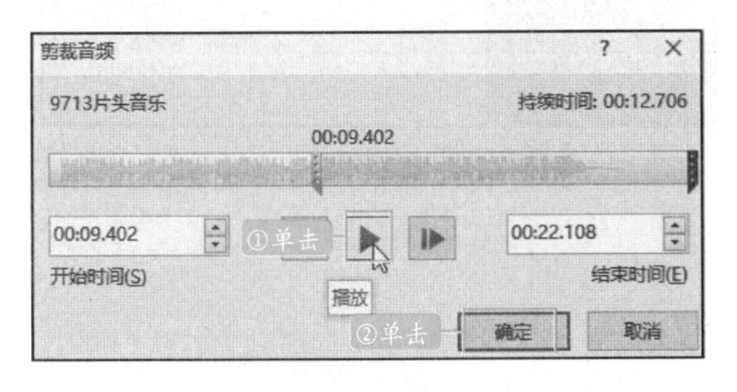

图 12-96 单击“播放”按钮

STEP 04：选中音频图标，在“音频工具-格式”选项卡的“图片样式”选项组中，选择满意的音频格式，则可更改格式，如图 12-97 所示。

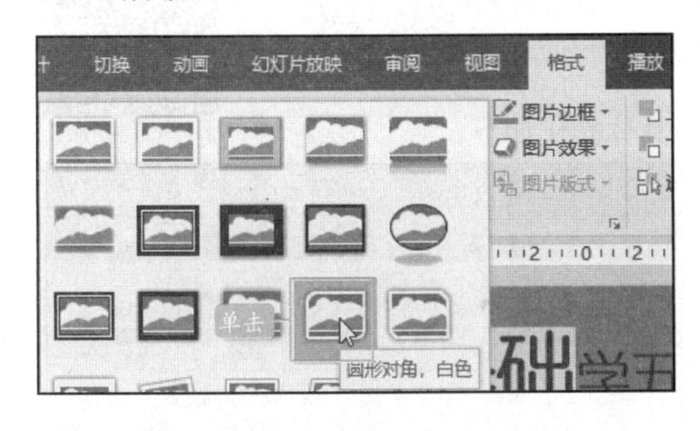

图 12-97 选择音频格式

STEP 05：用户也可以在“调整”“排列”和“大小”选项组中，对音频样式进行相关设置。

12.6.5 预览音频文件

插入音频后，想要知道音频是否适合应用到你的幻灯片中，可以对音频文件进行预览。

STEP 01：打开原始文件，切换到“音频工具-播放”选项卡，单击“预览”选项组中的“播放”按钮，如图 12-98 所示。

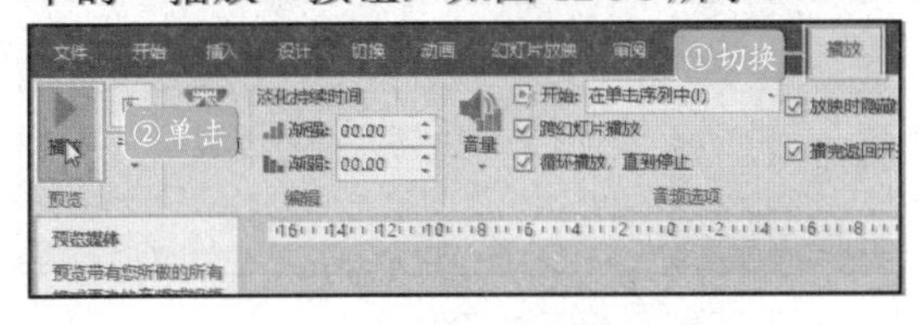

图 12-98 单击“播放”按钮

STEP 02：此时音频进入播放状态。用户可以听到音频的播放效果，在音频控制栏中还可以看见声音播放的进度，如图 12-99 所示。

图 12-99 音频的播放效果

> **提示**
> 除了在“预览”选项组中单击“播放”按钮来预览音频文件外，也可以直接在音频控制器中单击“播放”按钮来播放音频。

12.6.6 压缩并保存音频

音频文件编辑剪裁完成后，还必须进行压缩文件和保存演示文稿的操作，因为只有进行完成这两个操作，在播放演示文稿时才能正确播放剪裁后的音频。

STEP 01：单击“文件”按钮，在打开的列表中选择“信息”选项，在打开的“信息”任务窗格中单击“压缩媒体”按钮，在打开的列表中选择“全高清”选项，如图 12-100 所示。

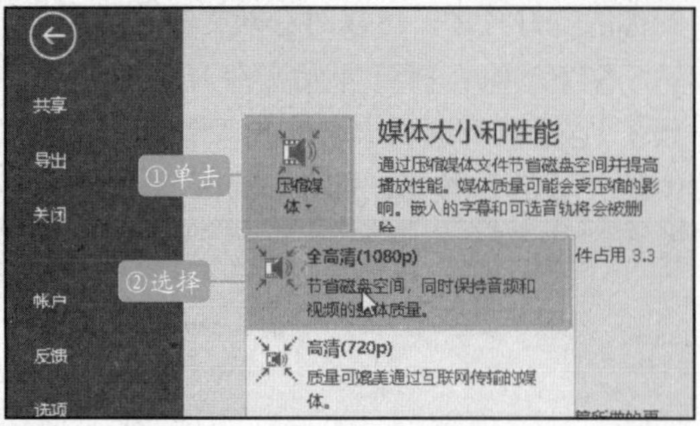

图 12-100 选择“全高清”选项

STEP 02：打开“压缩媒体”对话框，在其中显示压缩剪裁音频的进度，完成后单击“关闭”按钮，如图 12-101 所示。

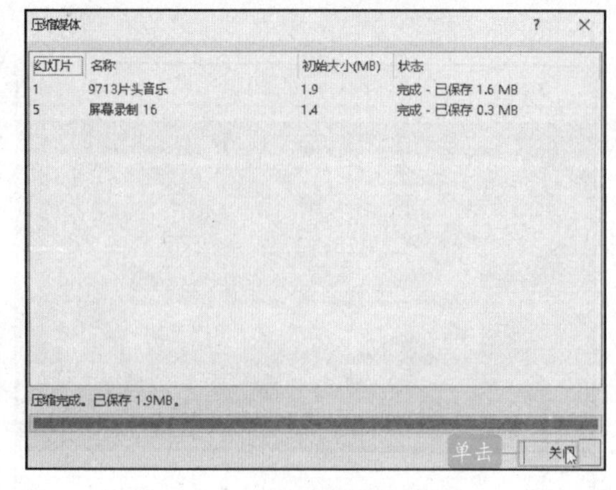

图 12-101 “压缩媒体”对话框

STEP 03：单击“文件”按钮，在打开的列表中选择“保存”选项，即可完成音频的编辑操作，如图 12-102 所示。

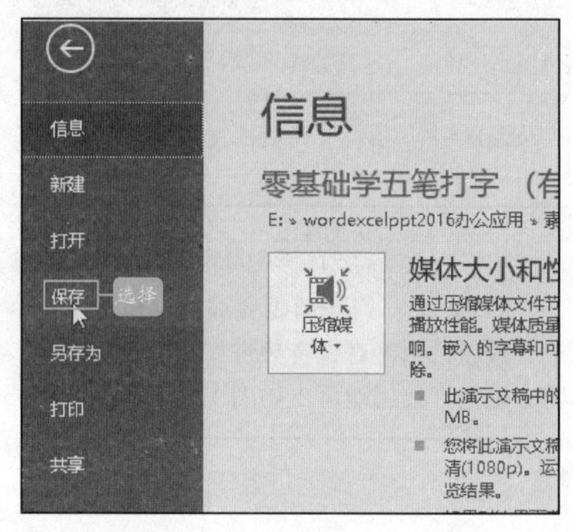

图 12-102 选择“保存”选项

12.7 添加或设置视频文件

扫码观看本节视频

视频文件的添加或设置方法与音频文件相似，具体操作如下。

12.7.1 插入视频文件

大多数情况下，PowerPoint 剪辑管理器中的视频不能满足用户的需求，此时就可以选择插入来自文件中的视频。

STEP 01：选中需要插入视频的幻灯片，切换到“插入”选项卡，单击“媒体”选项组中的“视频”下拉按钮，在弹出的下拉列表中选择“PC 上的视频”选项，如图 12-103 所示。

图 12-103 选择“PC 上的视频”选项

STEP 02：弹出“插入视频文件”对话框，在计算机中选择需要的视频文件，如图 12-104 所示。

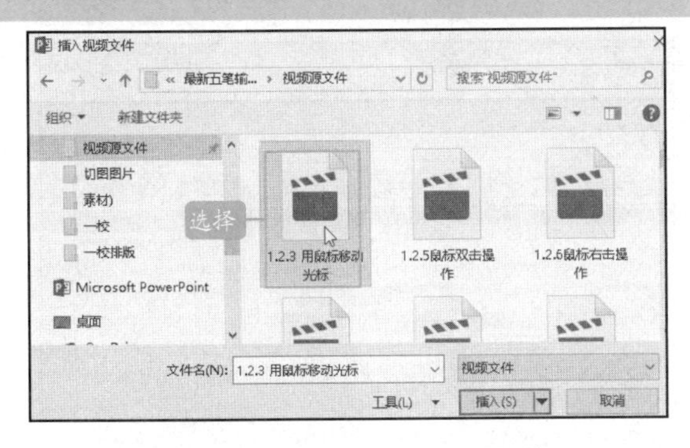

图 12-104 选择需要的视频文件

STEP 03：单击“插入”按钮，即可将视频文件插入到幻灯片中，调整视频窗口大小，如图 12-105 所示。

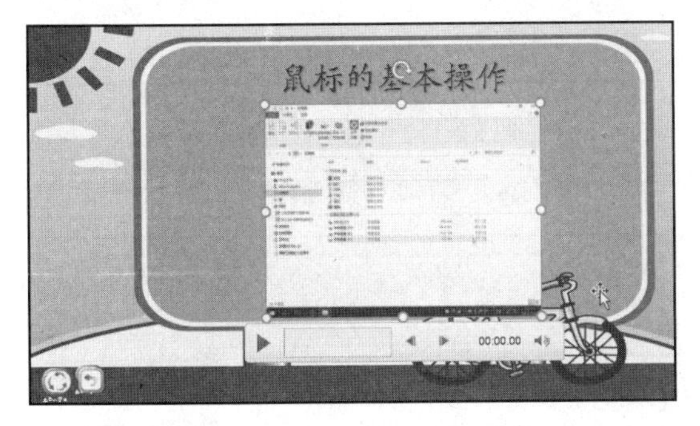

图 12-105 插入视频效果

12.7.2 设置视频

设置视频包括设置视频的大小、视频在幻灯片中的对齐方式及视频的样式等内容。

STEP 01：打开原始文件，选中视频，切换到“视频工具-格式”选项卡，在“大小”选项组中单击微调按钮，根据需要调整视频的“高度”和“宽度”，如图 12-106 所示。

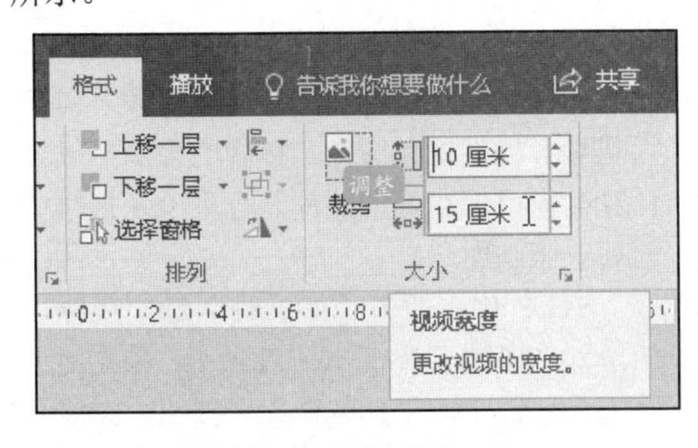

图 12-106 调整视频大小

STEP 02：在“视频样式”选项组中单击快翻按钮，在展开的样式库中选择自己需要的样式，如图 12-107 所示。

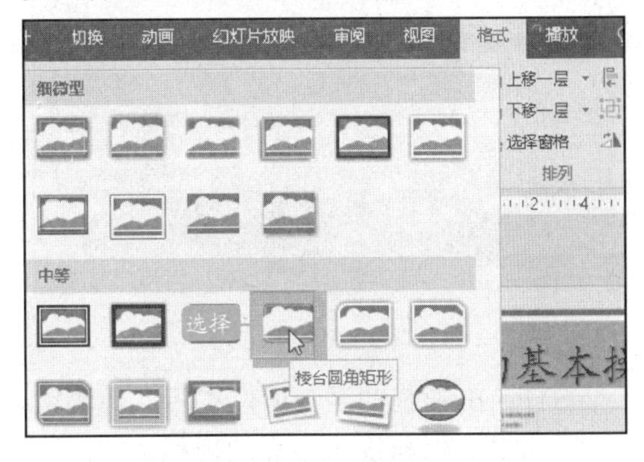

图 12-107 选择样式

STEP 03：效果如图 12-108 所示。

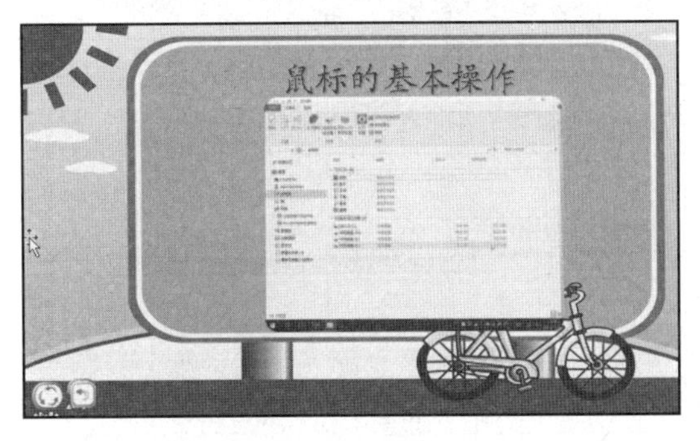

图 12-108 添加样式效果图

12.7.3 调整视频的画面效果

要使整个视频画面得到改变，就需要调整视频的画面显示效果，画面的显示效果包括画面大小的不同、画面颜色的多样性和视频样式的应用。在调整视频画面效果的时候应当谨慎，视频的画质会因此受到一定的影响，处理不当有可能会影响视频的表达效果，从而影响整个演示文稿的品质。

STEP 01：打开原始文件，切换到含有视频的幻灯片，将指针移至视频文件左上角边框，当鼠标指针呈双向的箭头符号时，向上拖动，在拖动过程中，鼠标指针变为了十字形，即可调整视频文件的大小，如图 12-109 所示。

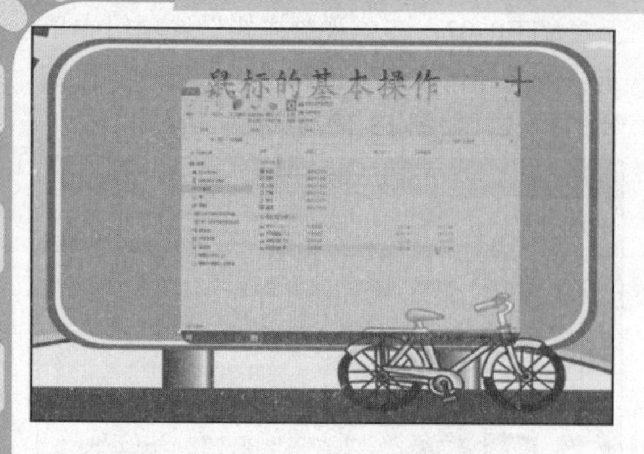

图 12-109　调整视频文件画面的大小

STEP 02：拖动至合适位置后，释放鼠标，显示出改变画面大小后的视频文件，如图 12-110 所示。

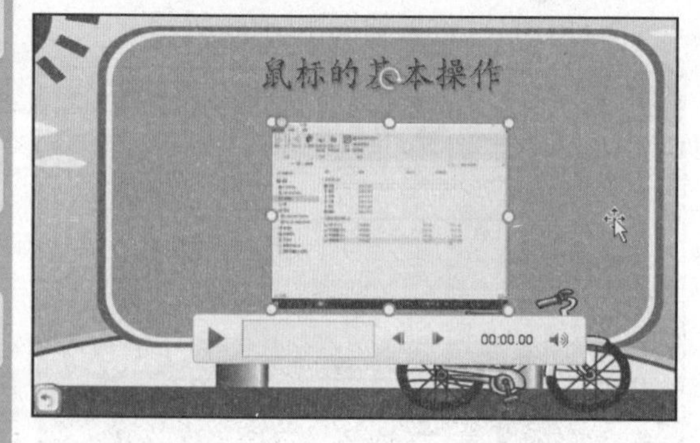

图 12-110　调整画面大小后的效果

STEP 03：选中视频文件，切换到“视频工具-格式”选项卡，单击“调整”选项组中的“颜色”按钮，在展开的下拉列表中单击“红色”选项，如图 12-111 所示。

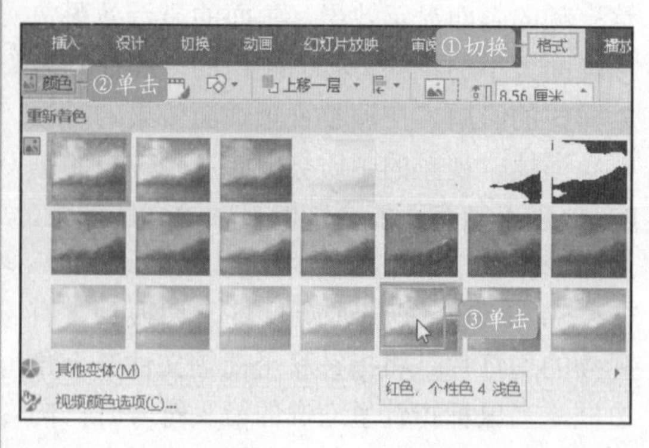

图 12-111　调整画面的颜色

STEP 04：单击“视频样式”选项组中的快翻按钮，在展开的样式库中选择合适的样式，如图 12-112 所示。

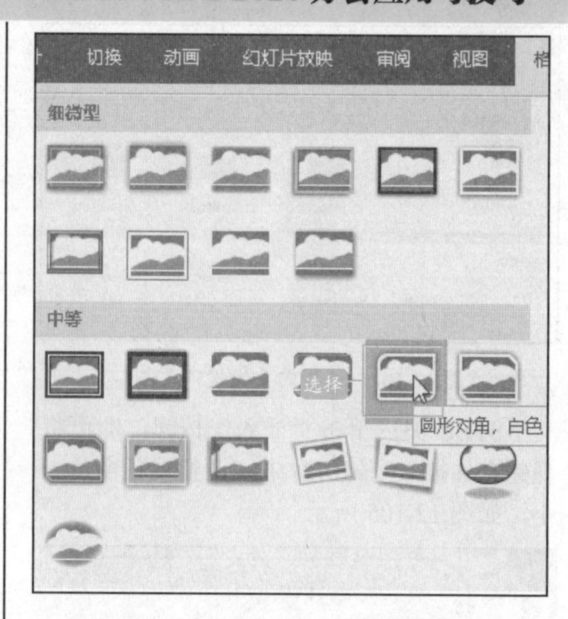

图 12-112　选择视频样式

STEP 05：最终效果如图 12-113 所示。

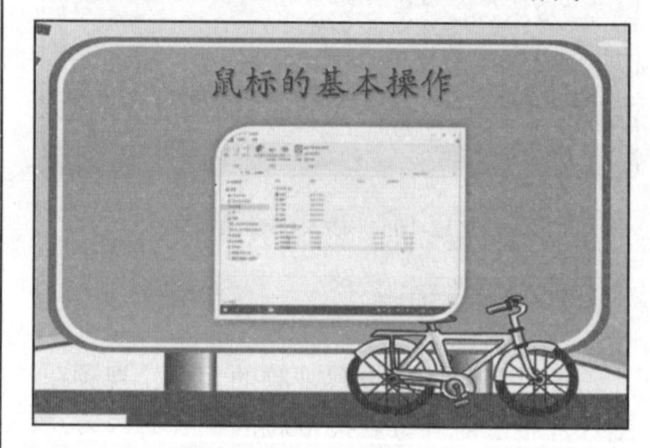

图 12-113　最后效果图

12.7.4　设置视频文件的标牌效果

在演示文稿中设置视频文件的标牌，就是为视频文件插入一个播放前的静态图片，简单来说，标牌的作用相当于视频文件的封面。为视频添加标牌后，在播放视频之前可为观看者提供视频图像。标牌的来源可以是计算机中已保存好的图片，也可以是视频中的某一张画面。

STEP 01：打开原始文件，选中视频，切换到“视频工具-格式”选项卡，单击“调整”选项组中的“标牌框架”按钮，在展开的下拉列表中单击“文件中的图像”选项，如图 12-114 所示。

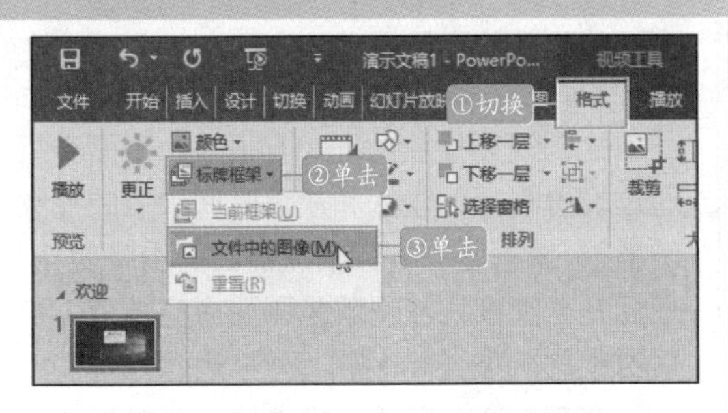

图 12-114 单击“文件中的图像”选项

STEP 02：在弹出的“插入图片”对话框中单击“来自文件”选项，如图 12-115 所示。

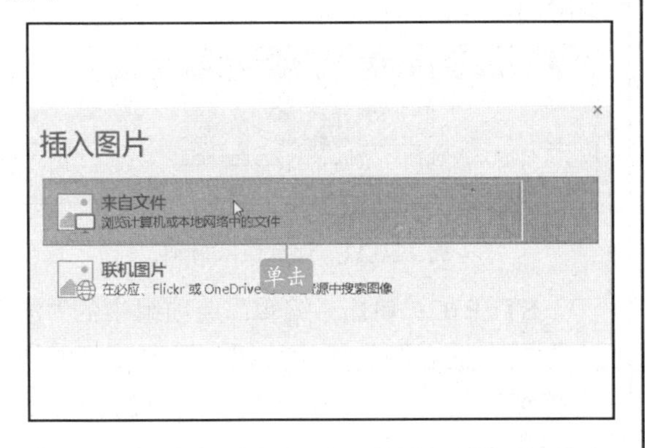

图 12-115 单击“来自文件”选项

STEP 03：弹出“插入图片”对话框，打开文件的保存路径，单击需要插入的图片文件，之后单击“插入”按钮，如图 12-116 所示。

图 12-116 “插入图片”对话框

STEP 04：完成操作之后返回演示文稿，可以看到此时为幻灯片中的视频文件添加了一个标牌框架，当视频还未播放的时候，文件封面以选定的图片显示，如图 12-117 所示。

图 12-117 添加标牌框架效果

12.7.5 编辑剪裁视频

用户可以对插入好的视频文件进行编辑剪裁，具体操作如下。

STEP 01：选中视频文件，切换到“视频工具-播放”选项卡，单击“编辑”选项组中“剪裁视频”按钮，如图 12-118 所示。

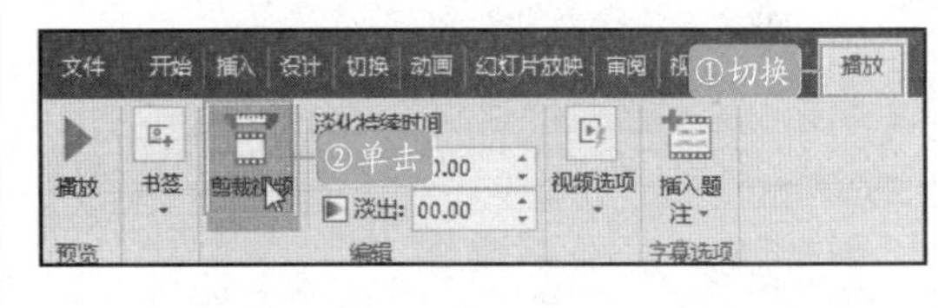

图 12-118 单击“剪裁视频”按钮

STEP 02：在“剪裁视频”对话框中，将光标移至进度条的滑块上，拖动滑块则可对当前视频进行剪裁，如图 12-119 所示。

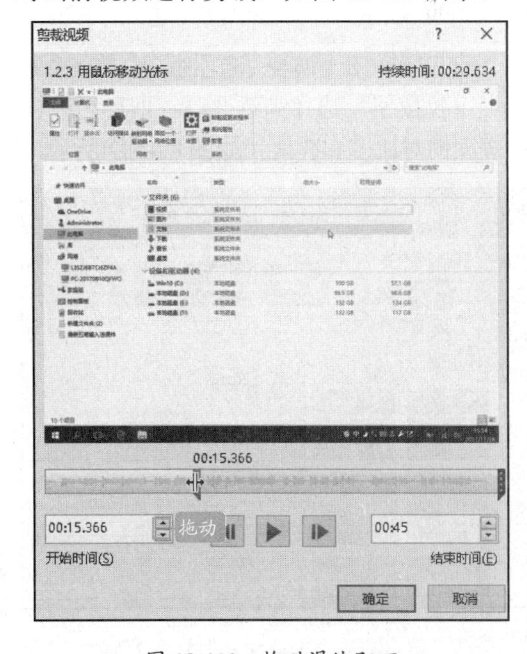

图 12-119 拖动滑块即可

STEP 03：选中视频，在“视频选项”选项组中，用户可以对视频的音量、播放类型、播放方式等选项进行设置，如图 12-120 所示。

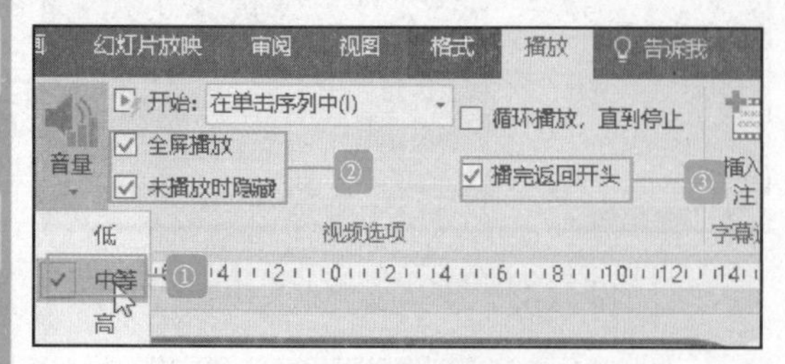

图 12-120　设置视频选项

STEP 04：在“视频样式”选项组中，单击“视频边框”下拉按钮，选择边框颜色，即可更改，如图 12-121 所示。

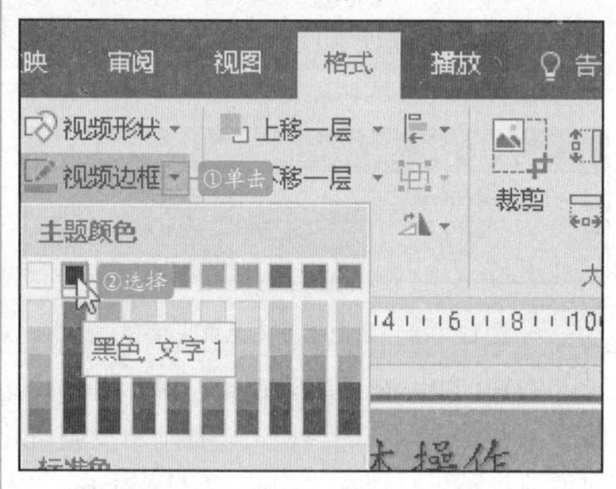

图 12-121　选择边框颜色

STEP 05：在“调整”选项组中，单击“更正”下拉按钮，选择满意选项，即可更改视频画面的对比度和亮度，如图 12-122 所示。

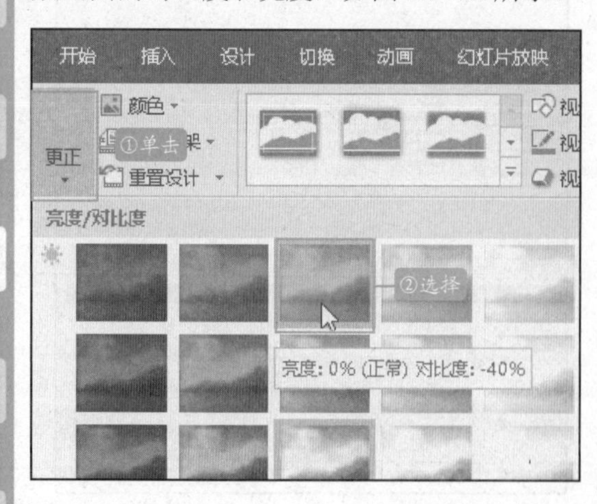

图 12-122　调整亮度和对比度

12.7.6　控制视频的播放

控制视频播放的方式有很多，下面介绍通过设置视频的淡入和淡出时间来控制视频的播放。淡入是在视频播放前画面由暗变亮，最后完全清晰；淡出就是画面由亮转暗，最后消失的效果。

STEP 01：打开原始文件，选中视频，切换到“视频工具-播放”选项卡，单击“编辑”选项组中的“淡入”文本框右侧的微调按钮，设置视频的淡入持续时间为“05:00”，如图 12-123 所示。

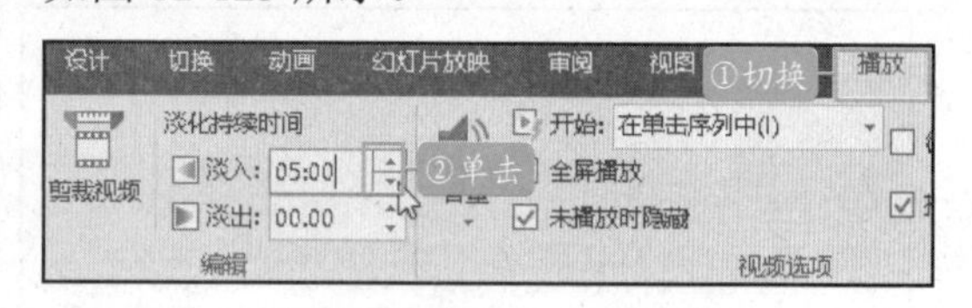

图 12-123　设置淡入时间

STEP 02：单击“编辑”选项组中的“淡出”文本框右侧的微调按钮，设置视频的淡出持续时间为“07:00”，如图 12-124 所示。

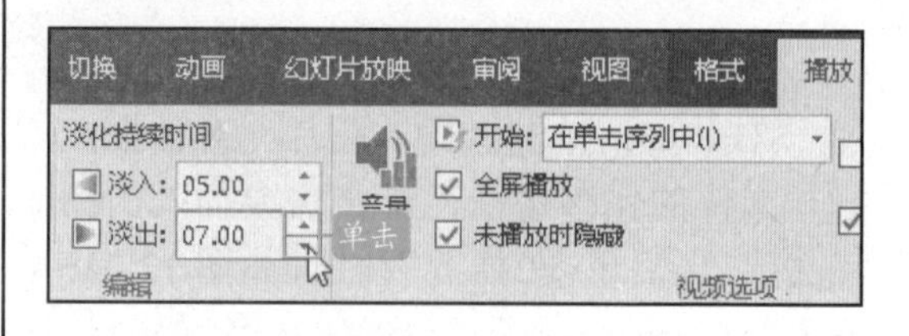

图 12-124　设置淡出时间

STEP 03：在“视频选项”选项组中勾选“循环播放，直到停止”和“播完返回开头”复选框，如图 12-125 所示。

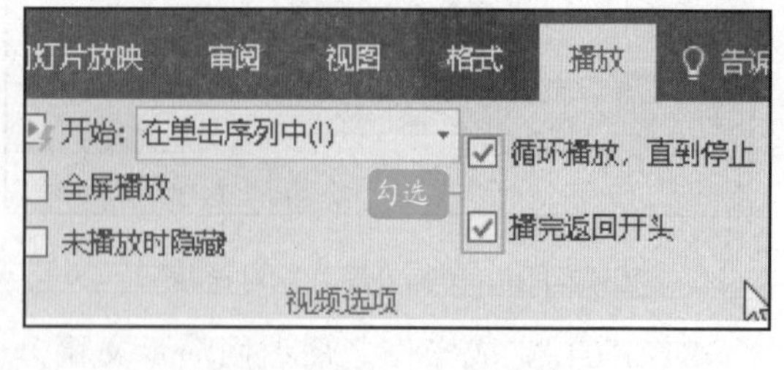

图 12-125　设置视频选项

STEP 04：返回播放视频文件，可以看见文件开始播放时的淡入效果，并且视频会一直循环播放，如图 12-126 所示。

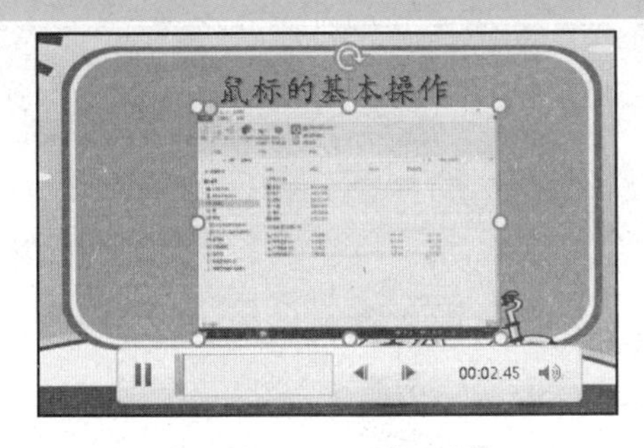

图 12-126 淡入效果

12.8 添加旁白

除了利用音频和视频的功能来让幻灯片更有声有色外，用户还可以在幻灯片中添加旁白来解释幻灯片内容，使观看者更容易理解幻灯片所要表达的内容。

12.8.1 录制旁白

在一些需要人声演讲的部分，可以提前录制好旁白，在放映幻灯片的时候直接播放。

STEP 01：打开需要录制旁白的幻灯片，切换到“幻灯片放映”选项卡，单击“设置”选项组中的“录制幻灯片演示”下拉按钮，选择“从当前幻灯片开始录制”，如图 12-127 所示。

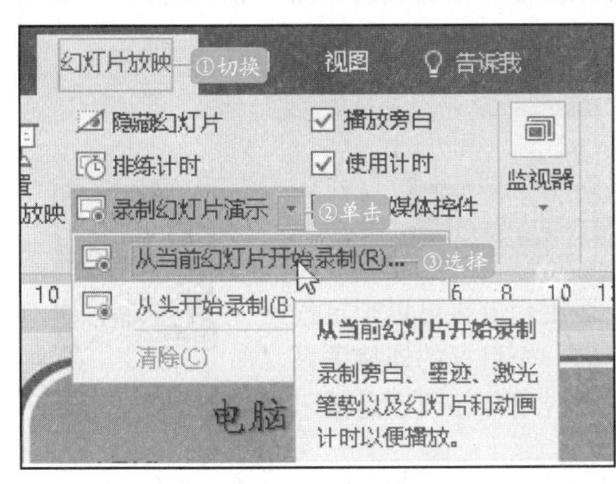

图 12-127 选择“从当前幻灯片开始录制”

STEP 02：弹出“录制幻灯片演示”视图，单击“开始录制”按钮，如图 12-128 所示。

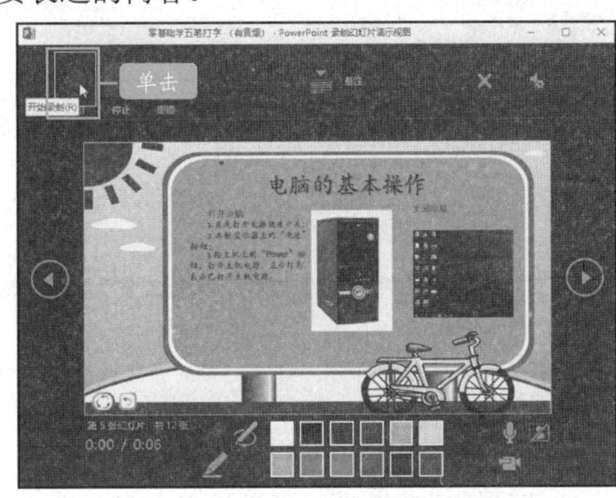

图 12-128 录制幻灯片演示视图

STEP 03：录制完成后单击“暂停”按钮，关闭视图，如图 12-129 所示。

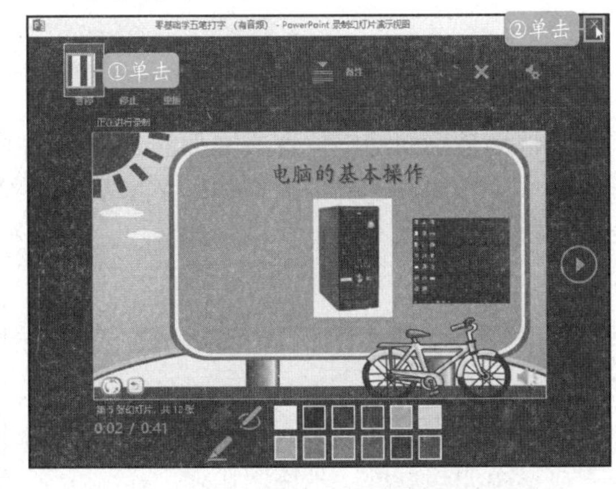

图 12-129 关闭录制幻灯片演示视图

STEP 04：此时录制过旁白的幻灯片右下角出现了一个声音图标，如图 12-130 所示。

图 12-130　出现声音图标

STEP 05：当鼠标碰到声音图标时，会出现如图 12-131 所示，单击“播放”按钮即可。

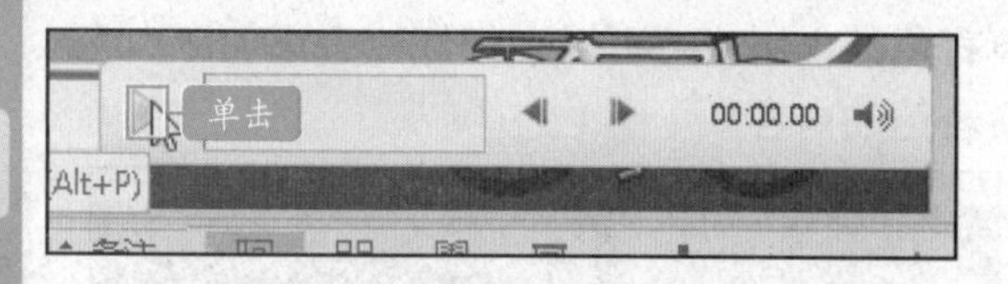

图 12-131　单击“播放”按钮

12.8.2　隐藏和清除旁白

用户如果不需要播放旁白可以将其隐藏或清除，具体操作如下：

1.隐藏旁白

打开文件，切换到“幻灯片放映”选项卡，取消勾选选项组中的“播放旁白”复选框，如图 12-132 所示，在放映幻灯片时，将不播放旁白。

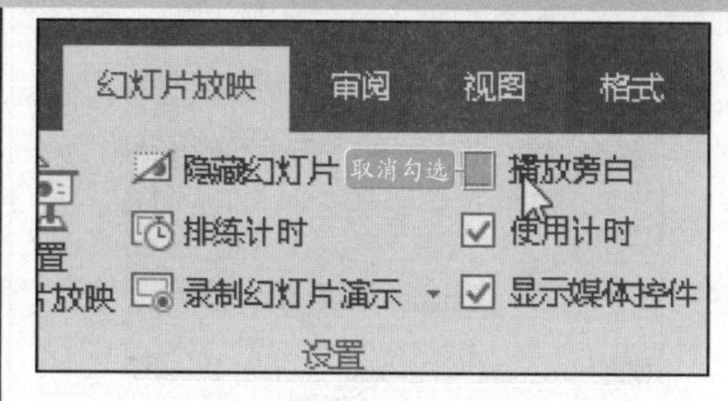

图 12-132　取消勾选

2.清除旁白

切换到“幻灯片放映”选项卡，单击“设置”选项组中的“录制幻灯片演示”下拉按钮，选择“清除”选项，在其下级列表中选择“清除当前幻灯片中的旁白”或是“清除所有幻灯片中的旁白”，如图 12-133 所示。

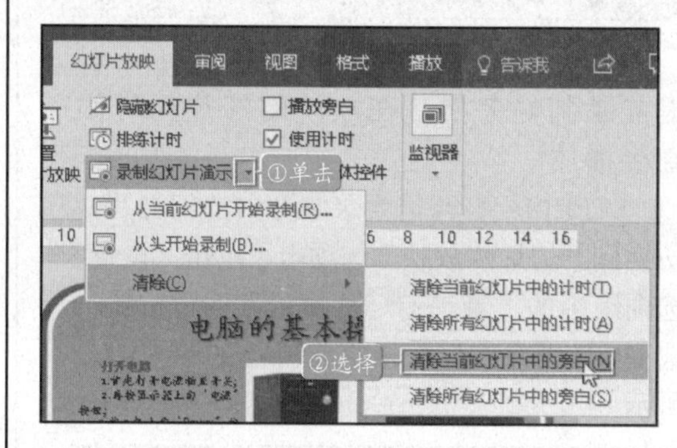

图 12-133　选择清除当前幻灯片旁白

12.9　超链接的使用

扫码观看本节视频

超链接是指向特定位置或文件的一种连接方式，运用超链接可以指定程序的跳转位置。演示文稿中的超链接是指从一个对象指向一个目标的连接关系，这个目标可以是一个网页、一个图片、一个文件、一个应用程序或者是演示文稿中的某一页幻灯片。

12.9.1　添加超链接

用户可以为幻灯片中的文本、图片、图形等对象添加超链接，具体操作如下。

STEP 01：选择一张幻灯片并选中需要添加超链接的文本，切换到“插入”选项卡，单击“链接”选项组中的“链接”按钮，如图 12-134 所示。

图 12-134　单击“链接”按钮

STEP 02：弹出“插入超链接”对话框，在“链接到”列表中选择“本文档中的位置”选项，如图 12-135 所示。

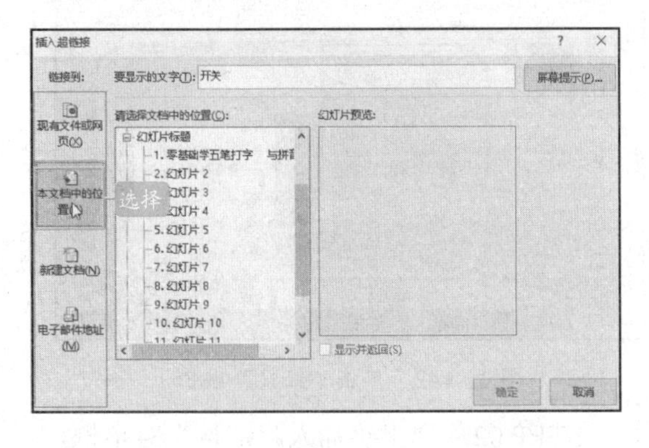

图 12-135 “插入超链接”对话框

STEP 03：在“请选择文档中的位置”列表中选择需要链接到的幻灯片，单击“确定”按钮，如图 12-136 所示。

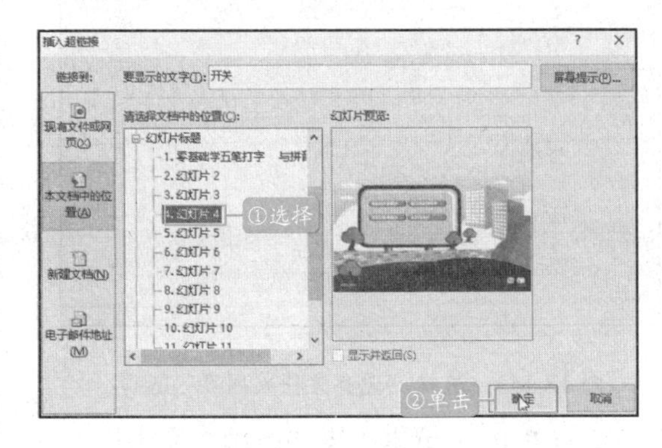

图 12-136 “插入超链接”对话框

STEP 04：此时被选中的文本已经添加了超链接，文本下方出现了一条下划线，颜色也发生了相应的变化，如图 12-137 所示。

图 12-137 添加超链接效果

12.9.2 修改超链接

添加超链接后，若发现超链接的目标有误或其他原因，用户可以对超链接进行编辑修改。

STEP 01：右击超链接文本，在弹出的菜单中选择“编辑链接”选项，如图 12-138 所示。

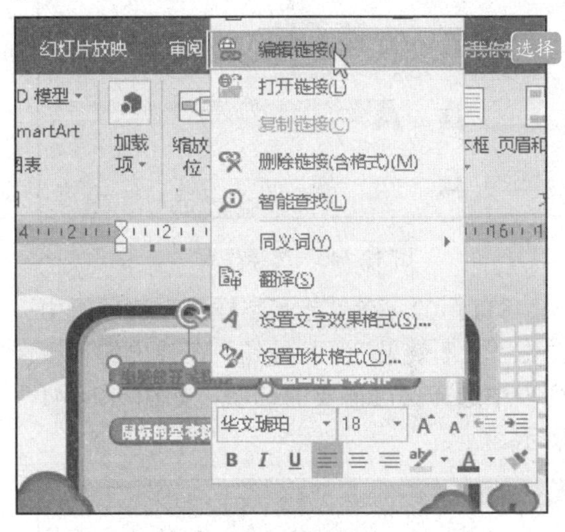

图 12-138 选择“编辑链接”选项

STEP 02：弹出“编辑超链接”对话框，在“请选择文档中的位置”列表中重新选择正确的选项，单击“确定”按钮即可，如图 12-139 所示。

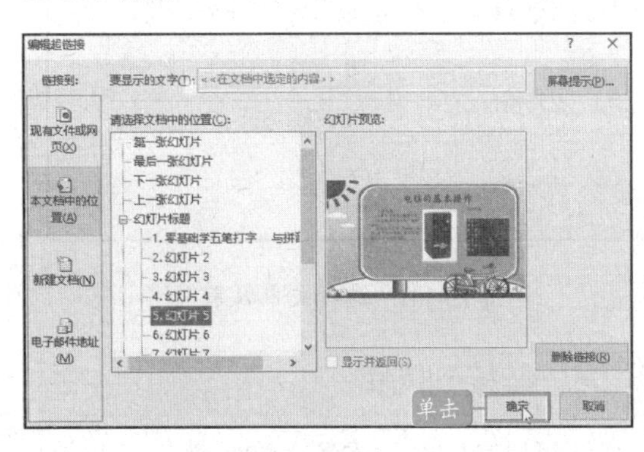

图 12-139 “编辑超链接”对话框

12.9.3 设置超链接格式

在 PowerPoint 2016 中，在为幻灯片设置超链接以后，同样可以为超链接设置格式，以达到美化超链接的目的，具体操作如下：

STEP 01：选中超链接文本，单击“绘图工具-格式”选项卡，单击“艺术字样式”选项组中的快翻按钮，在弹出的下拉列表中选择相应的选项，如图 12-140 所示。

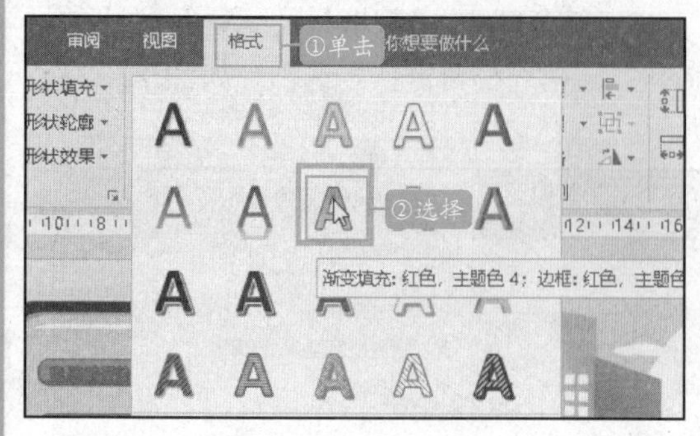

图 12-140 选择样式

STEP 02：在“艺术字样式”选项组中单击“文本效果”下拉按钮，在弹出的下拉列表中选择自己需要的选项，如图 12-141 所示。

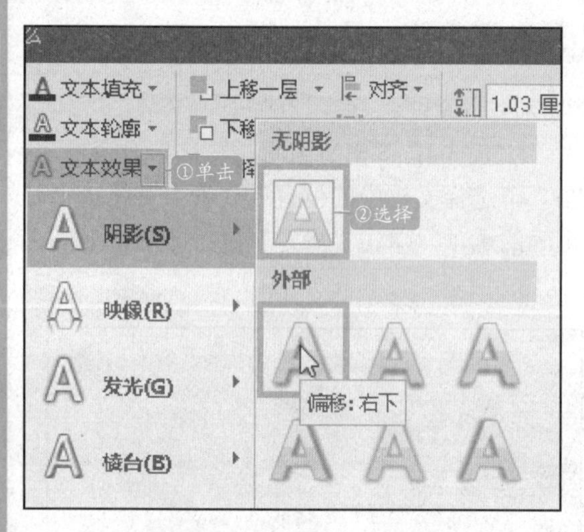

图 12-141 选择文本效果

12.9.4 链接到网页

还可以在幻灯片中插入网页链接，在放映幻灯片时需要引入该网页内容时可以直接由幻灯片中快速打开指定网页。

STEP 01：打开幻灯片，选中下面的网址，切换到“插入”选项卡，单击“链接”选项组中的“链接”按钮，如图 12-142 所示。

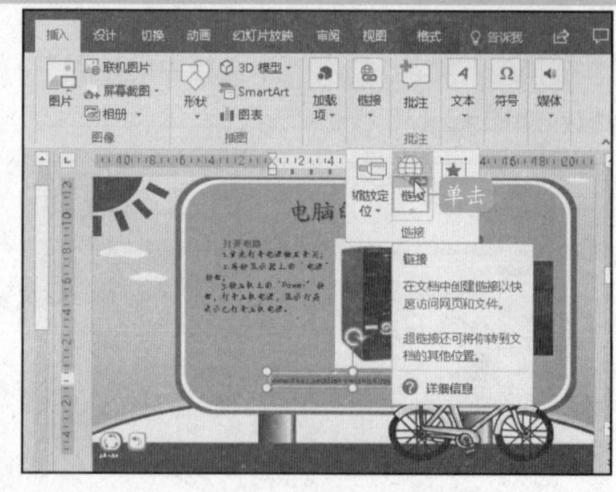

图 12-142 单击“链接”按钮

STEP 02：弹出“插入超链接”对话框，在“链接到”列表中选择“现有文件或网页”选项，如图 12-143 所示。

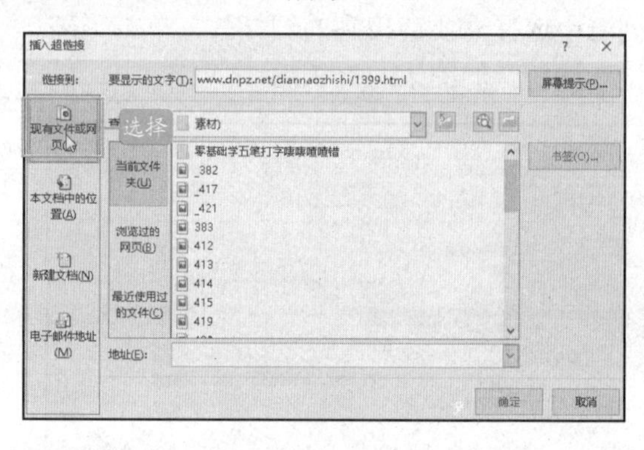

图 12-143 选择“现有文件或网页”选项

STEP 03：单击“查找范围”文本框右侧的“浏览 Web”按钮。打开浏览器后，在浏览器中打开需要链接到的网页，复制网页的地址，如图 12-144 所示。

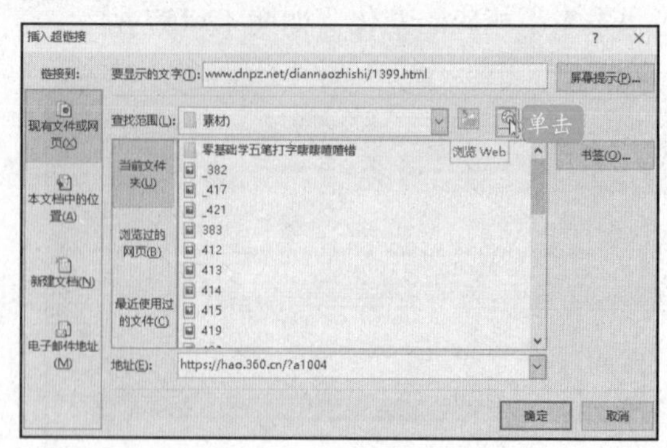

图 12-144 单击“浏览 Web”按钮

STEP 04：将复制的地址粘贴到“地址”

文本框中，单击“确定”按钮，如图 12-145 所示。

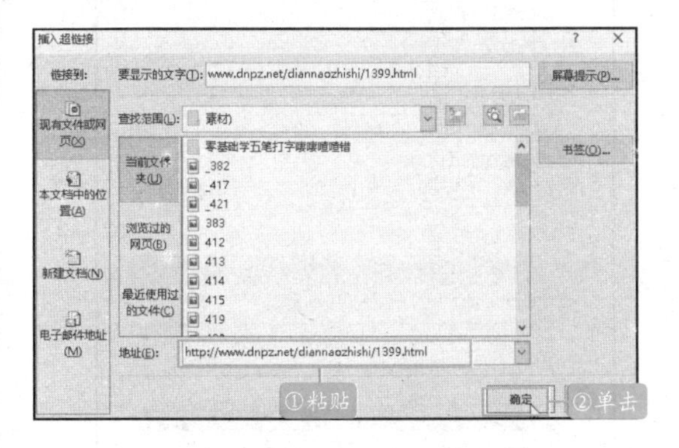

图 12-145 单击“确定”按钮

STEP 05：返回幻灯片，按住【Ctrl】并单击设置了超链接的网址可以直接打开该网页，如图 12-146 所示。

图 12-146 链接到网页效果图

12.9.5 删除超链接

用户如果不需要超链接时可以将其删除，具体操作如下：

STEP 01：选中超链接对象，右击鼠标，在弹出的快捷菜单中单击“取消超链接”命令，则可以删除超链接，如图 12-147 所示。

图 12-147 单击“取消超链接”命令

STEP 02：也可以切换到“插入”选项，单击“链接”选项组中的“链接”按钮，弹出“编辑超链接”对话框，单击“删除链接”按钮，如图 12-148 所示。

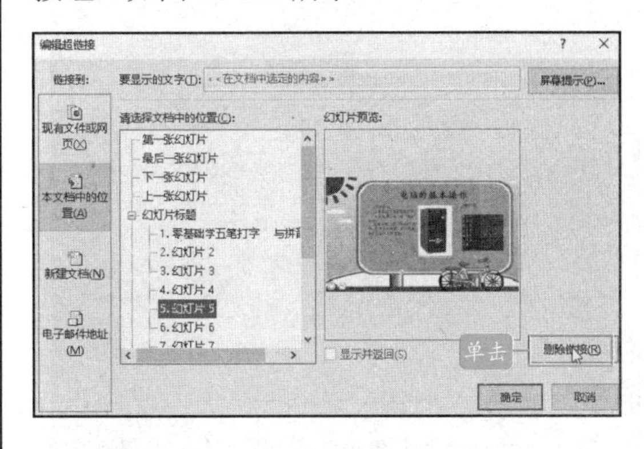

图 12-148 “编辑超链接”对话框

12.9.6 添加动作按钮

用户可以在幻灯片中添加动作按钮，将动作按钮链接到某一个对象上，在放映幻灯片时，单击动作按钮，就可以实现幻灯片的跳转，能够更灵活地控制幻灯片的放映。

STEP 01：选中一张幻灯片，切换到“插入”选项卡，单击“插图”选项组中的“形状”下拉按钮，在下拉列表的“动作按钮”选项区中选择“动作按钮：转到结尾”选项，如图 12-149 所示。

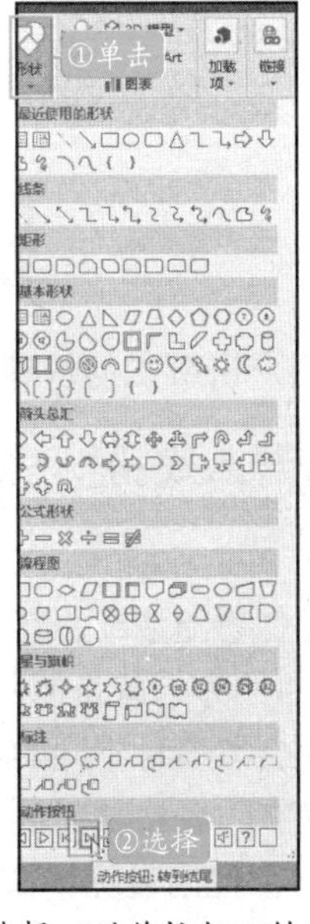

图 12-149 选择“动作按钮：转到结尾”选项

STEP 02：拖动鼠标在幻灯片中绘制动作按钮，如图 12-150 所示。

图 12-150　绘制动作按钮

STEP 03：释放鼠标会自动弹出“操作设置”对话框，在“单击鼠标”选项卡下，默认选中“超链接到”单选按钮，此时链接位置为“最后一张幻灯片”，勾选“播放声音”复选框，设置声音为“单击”，如图 12-151 所示。

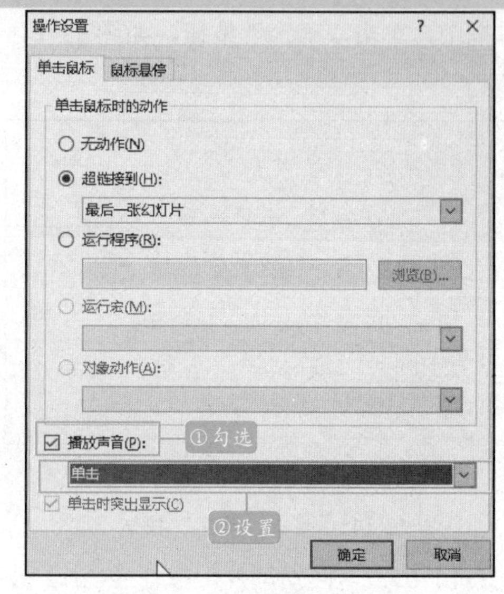

图 12-151　“操作设置”对话框

STEP 04：单击“确定”按钮，进入幻灯片放映状态后，单击所插入的动作按钮，此时可以听到单击鼠标的声音，画面切换至最后一张幻灯片，如图 12-152 所示。

图 12-152　单击动作按钮

12.10　实用技巧

扫码观看本节视频

本节将为用户讲解如何快速导入表格、绘制标准图形和压缩图片的小技巧。

12.10.1　快速导入表格

有时需要在 PPT 中插入一些表格，以方便我们的陈述并使思路清晰。在 PPT 中导入 Excel 表格最常用的方法就是复制粘贴，但是在粘贴的过程中会有多种不同的粘贴方式。

将 Excel 汉字的表格粘贴到 PPT 中的方式主要由 5 种：①使用目标样式；②保留源格式；③嵌入；④图片；⑤只保留文本。

1.使用目标样式

这种粘贴方式会把原始表格转换成 PowerPoint 中所使用的表格，并且自动套用幻灯片主题中的字体和颜色设置。这种粘贴方式是 PowerPoint 中默认的粘贴方式。

2.保留源格式

这种粘贴方式会把原始表格转换成 PowerPoint 中所使用的表格，但同时会保留原始表格在 Excel 中所设置的字体、颜色、线条等格式。

3.嵌入

嵌入式的表格在外观上和保留源格式方式所粘贴的表格没有太大的区别，但是从对象类型上来说，嵌入式的表格完全不同于 PowerPoint 中的表格对象。最显著的区别之一就是双击嵌入式表格时，会进入到内置的 Excel 编辑环境中，可以像在 Excel 中编辑表格那样对表格进行操作，包括使用函数公式等。

4.图片

这种粘贴方式会在幻灯片中生成一张图片，图片所显示的内容与源文件中的表格外观完全一致，但是其中的文字内容无法再进行编辑和修改。如果不希望粘贴到幻灯片中的表格数据发生变更，可以采用这种方式。

5.只保留文本

这种粘贴方式会把原有的表格转换成 PowerPoint 中的段落文本框，不同列之间由占位符间隔，其中的文字格式自动套用幻灯片所使用的主题字体。

提示

使用以上 5 种方式粘贴到幻灯片中的表格，都与原始的 Excel 文档不再存在数据上的关联，需要对数据进行修改和更新时（图片方式无法修改数据），都仅在 PowerPoint 环境下完成。

12.10.2 用【Shift】键绘制标准图形

在使用形状工具绘制图形时，时常会遇到绘制的直线不直，或者圆形不圆、正方形不正的问题，此时【Shift】键可以起到关键作用，解决绘图问题。

例如，单击“形状”按钮，选择“椭圆”工具，按住【Shift】键，进行绘制，即可绘制为标准的圆形，如图 12-153 所示。如果不按【Shift】键，则有可能绘制出椭圆形。

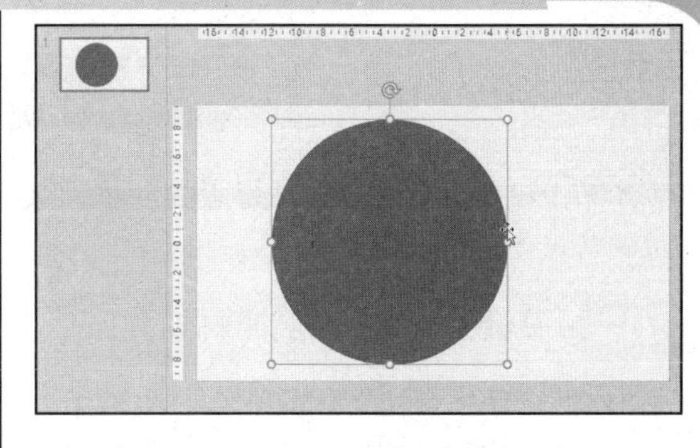

图 12-153 绘制标准圆形

同样，按住【Shift】键绘制标准的正三角形、正方形、正多边形等。

12.10.3 压缩图片为 PPT 瘦身

插入的图片太大，会造成PPT过于臃肿，压缩图片是解决这个问题的有效方法。

STEP 01：选择插入的图片，单击“图片工具/格式”选项卡中“调整”选项组中的“压缩图片”按钮，如图 12-154 所示。

图 12-154 单击“压缩图片”按钮

STEP 02：在弹出的“压缩图片”对话框中，选择合适的分辨率，单击“确定”按钮，压缩图片就完成了，如图 12-155 所示。

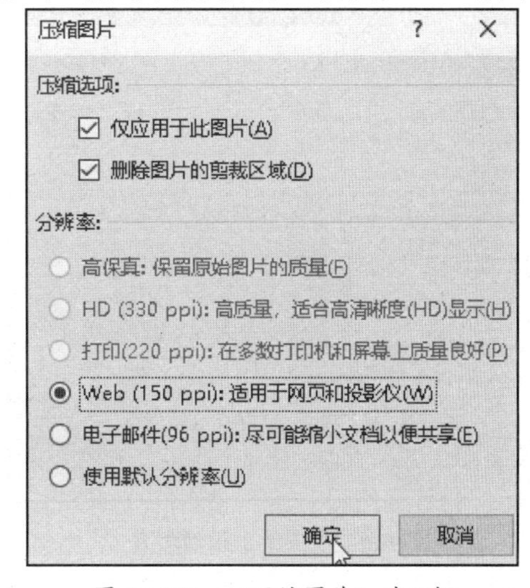

图 12-155 “压缩图片”对话框

12.11 上机实际操作

本节上机实践将对幻灯片母版的创建、背景图的添加与编辑、图表和 SmartArt 图形的插入与编辑等操作进行练习。

12.11.1 设计沟通技巧培训 PPT

21 世纪是一个社交化的社会。生活中的每一天我们都会与别人交流。沟通随时随地都伴随着我们，沟通是我们工作、生活的润滑油。沟通是消除隔膜，达成共同远景、朝着共同目标前进的桥梁和纽带。沟通更是学习、共享的过程，在交流中可以学习彼此的优点和技巧，提高个人修养，不断地完善自我。

第 1 步：设计幻灯片母版

此演示文稿除首页和结束页外，其他所有幻灯片都要在标题处放置一个展现沟通交际的图片，为了版面美观，设置图片四角为弧形，设计该幻灯片母版的步骤如下：

STEP 01：启动 PowerPoint 2016，新建一个空白演示文稿。在“视图”选项卡的“母版视图”中单击“幻灯片母版”按钮，切换到幻灯片母版视图，并在左侧列表中单击第 1 张幻灯片，如图 12-156 所示。

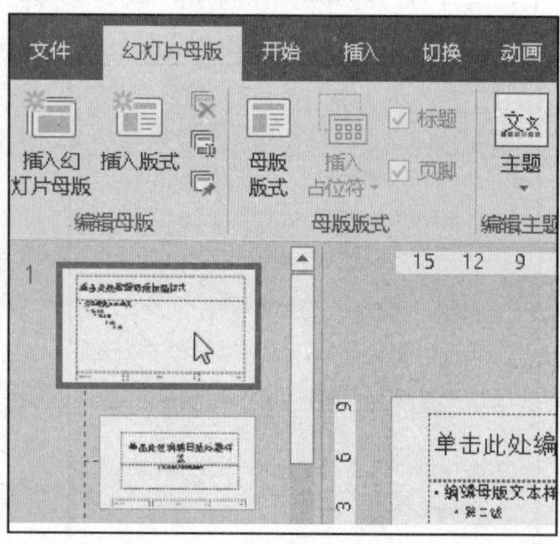

图 12-156　单击第 1 张幻灯片

STEP 02：在“插入”选项卡的“图像”选项组中单击“图片”按钮，在弹出的对话框中选择文件，单击“插入”按钮，如图 12-157 所示。

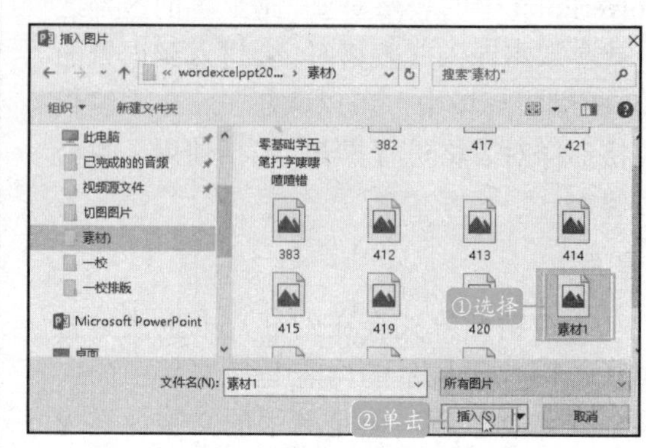

图 12-157　“插入图片”对话框

STEP 03：插入图片并调整图片的位置，然后再复制这张图片移动到下方并调整位置大小，如图 12-158 所示。

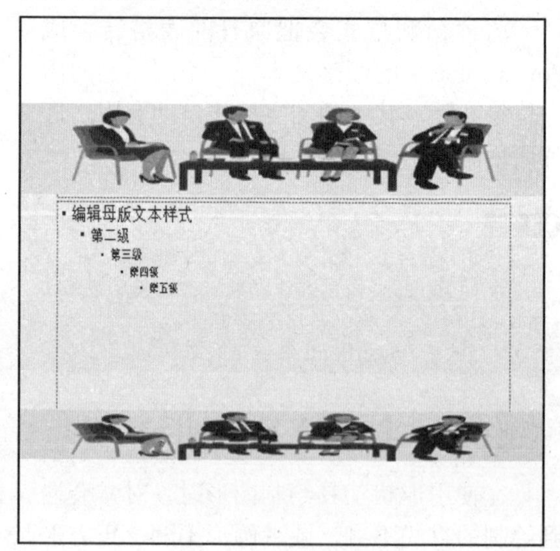

图 12-158　调整图片位置

STEP 04：使用形状工具绘制 1 个圆角矩形，并拖动圆角矩形左上方的黄点、调整圆角角度。设置“形状填充”为“无填充颜色”，设置“形状轮廓”为“白色”、“粗细”为“4.5 磅，如图 12-159 所示。

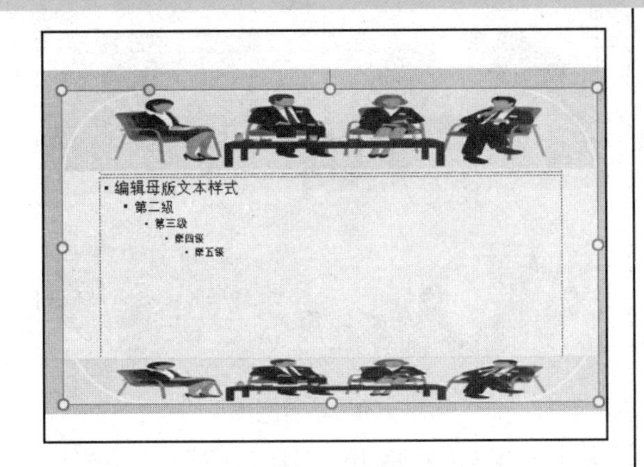

图 12-159 绘制 1 个圆角矩形

STEP 05：在左上角绘制 1 个正方形，设置“形状填充”和“形状轮廓”为“白色”并右击，在弹出的快捷菜单中选择“编辑顶点”选项，删除右下角的顶点，并单击斜边中点左上方拖动，调整为如图 12-160 所示的状态。

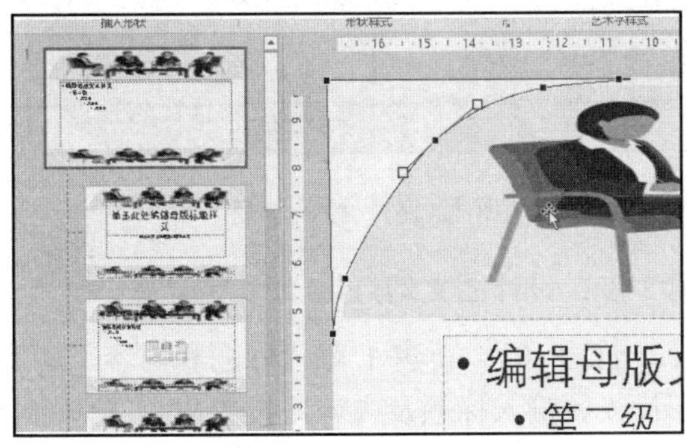

图 12-160 绘制并调整形状

STEP 06：按照上述操作，绘制并调整幻灯片其他角的形状，如图 12-161 所示。

图 12-161 调整完成

STEP 07：将标题框置于顶层，并设置内容字体为“方正琥珀简体”、字号为“48”、颜色为“红色”，如图 12-162 所示。

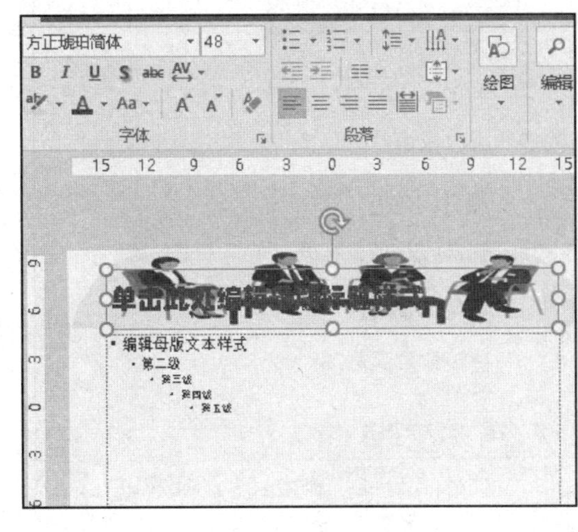

图 12-162 设置标题样式

第 2 步：设计幻灯片首页

首页幻灯片由能够体现主题的背景图和标题组成，在设计首页幻灯片之前，首先应构思首页幻灯片的效果图。

STEP 01：在幻灯片母版视图中选择左侧列表的第 2 张幻灯片，在“幻灯片母版”选项卡的“背景”选项组中单击选中“隐藏背景图形”复选框，如图 12-163 所示。

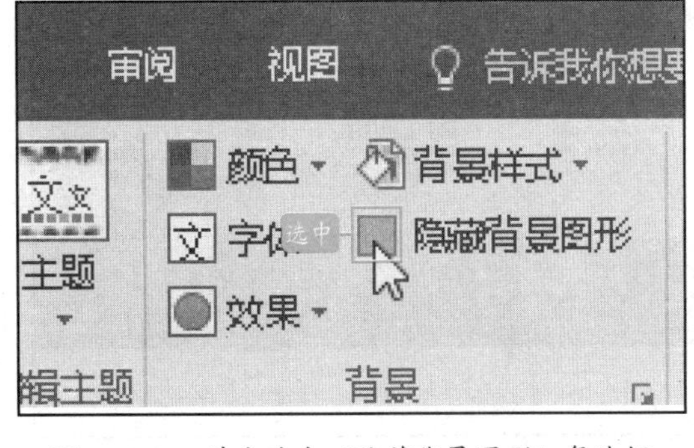

图 12-163 单击选中“隐藏背景图形”复选框

STEP 02：单击“背景”选项组右下角的“设置背景格式”按钮，在弹出的“设置背景格式”窗口“填充”区域中单击选中“文件”按钮，在弹出的对话框中选择文件，如图 12-164 所示。

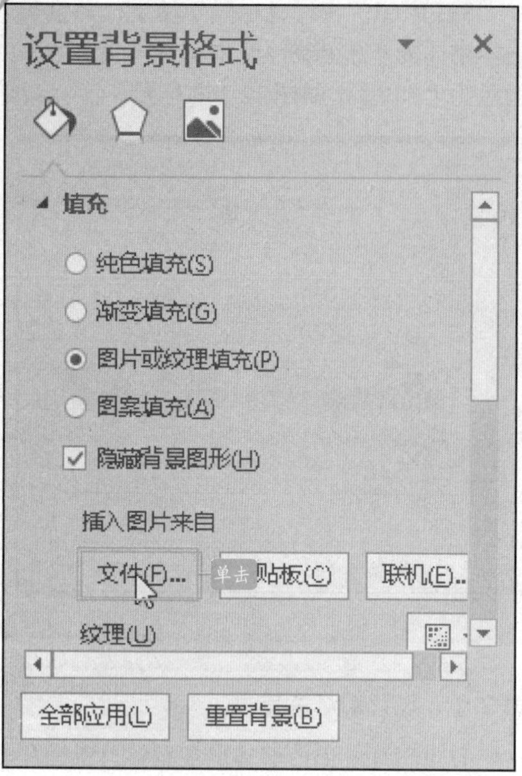

设置背景格式

▲ 填充

○ 纯色填充(S)

○ 渐变填充(G)

◉ 图片或纹理填充(P)

○ 图案填充(A)

☑ 隐藏背景图形(H)

插入图片来自

文件(F)...　单击　剪贴板(C)　联机(E)...

纹理(U)

全部应用(L)　重置背景(B)

图 12-164　“设置背景格式”窗格

STEP 03：设置背景后的幻灯片如图 12-165 所示。

图 12-165　设置背景后效果

STEP 04：按照“第 1 步：设计幻灯片母版”的步骤操作，绘制 1 个小圆角矩形框，在四角绘制 4 个正方形，并调整形状顶点，如图 12-166 所示。

图 12-166　调整四角形状

STEP 05：单击“关闭母版视图”按钮，返回普通视图，并在幻灯片中输入标题，如图 12-167 所示。

图 12-167　输入标题

第 3 步：设计图文幻灯片

STEP 01：新建 1 张“标题和内容”幻灯片，并输入标题及内容，设置内容字体的段落格式，如图 12-168 所示。

图 12-168　新建幻灯片

STEP 02：新建“标题和内容”幻灯片，输入标题，如图 12-169 所示。

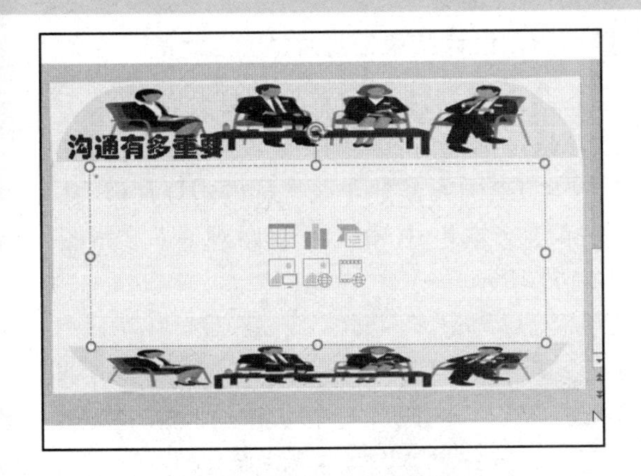

图 12-169　新建幻灯片

STEP 03：单击内容文本框中的“插入图表”按钮，在弹出的“插入图表”对话框中选择“三维饼图”选项，如图 12-170 所示。

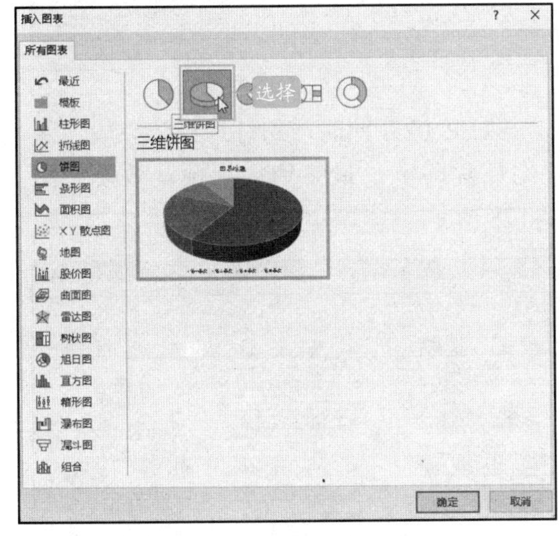

图 12-170　“插入图表”对话框

STEP 04：在打开的 Excel 工作簿中修改数据如图 12-171 所示。

剪贴板　　字体

	A	B
1		成功的因素
2	沟通和人际关系	85
3	专业知识和技术	15
4		
5		
6		

图 12-171　修改数据

STEP 05：保存并关闭 Excel 工作簿即完成图表插入，并可以根据需要美化图表，在图表下方插入一个文本框，如图 12-172 所示。

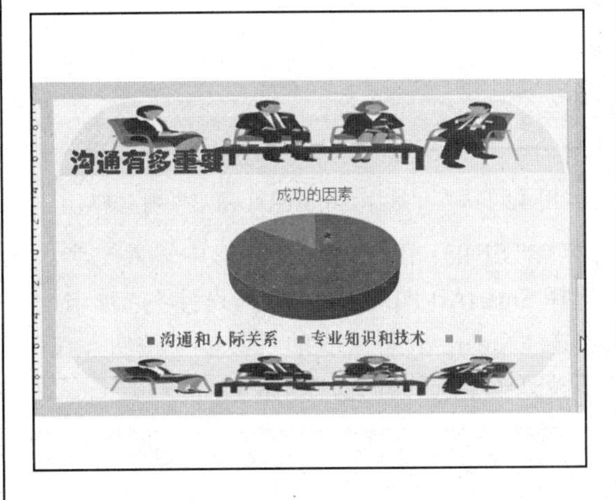

图 12-172　美化图表

第 4 步：设计图形幻灯片

使用形状和 SmartArt 图形来直观地展示沟通的重要原则和实现沟通的步骤。

STEP 01：新建 1 张“仅标题”幻灯片，并输入标题内容，如图 12-173 所示。

图 12-173　新建幻灯片

STEP 02：在“插入”选项卡的“插图”选项组中单击“SmartArt”按钮，在弹出的“选择 SmartArt 图形”对话框中选择“垂直 V 形列表”图形，单击“确定”按钮，如图 12-174 所示。

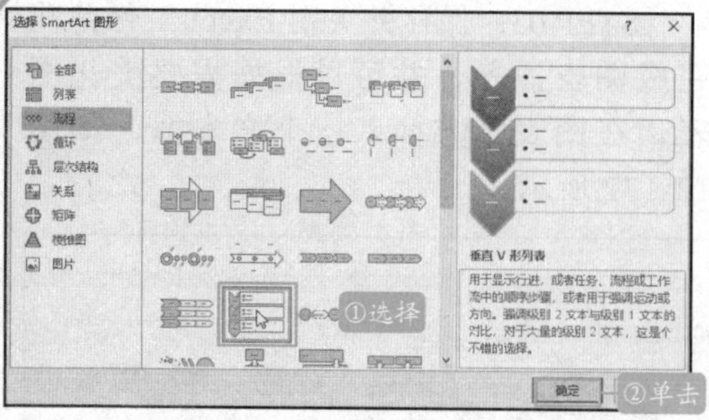

图 12-174　“选择 SmartArt 图形”对话框

STEP 03：在 SmartArt 图形中输入文字，选择 SmartArt 图形，切换到“设计”选项卡，单击“SmartArt 样式”的“其他”按钮，在下拉列表中选择样式，如图 12-175 所示。

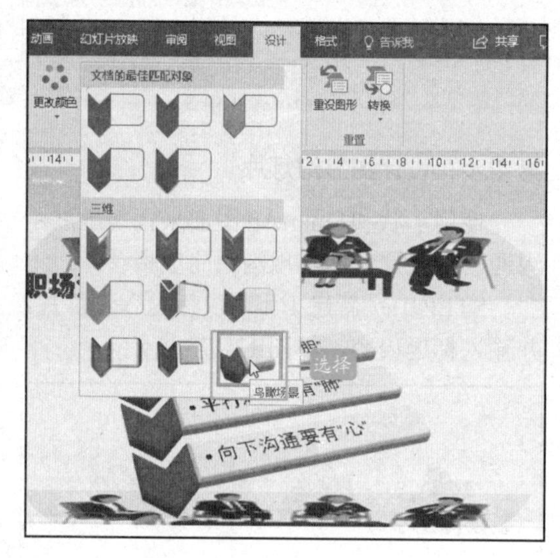

图 12-175　选择样式

STEP 04：新建 1 张“标题和内容”幻灯片，并输入标题和内容，如图 12-176 所示。

图 12-176　新建幻灯片

第 5 步：设计结束幻灯片

结束页幻灯片和首页幻灯片的背景一致，只是标题内容不同。

STEP 01：新建 1 张“标题幻灯片”，并在标题文本框中输入“谢谢观看”，如图 12-177 所示。

图 12-177　结束幻灯片

STEP 02：此时，幻灯片设计完成，保存幻灯片即可，最终幻灯片预览效果如图 12-178 所示。

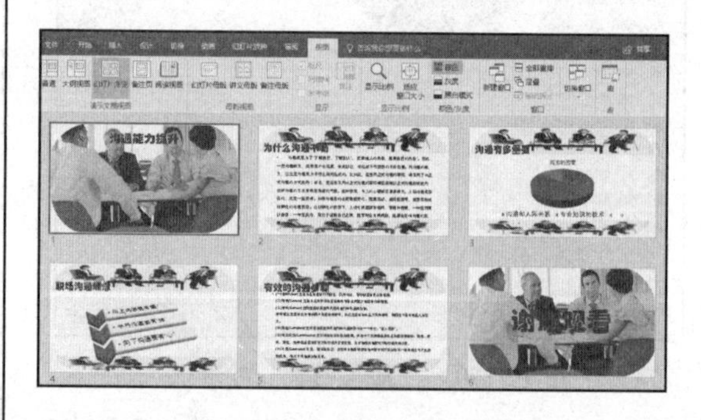

图 12-178　幻灯片预览图

12.11.2　美化幻灯片练习

1.制作“二手商品交易”宣传幻灯片

新建一个“二手商品交易”演示文稿，制作宣传幻灯片，要求如下。

新建幻灯片，设置背景颜色。

绘制形状，并设置渐变色。

输入文本并设置文本格式。

插入图片，并设置图片样式。

2.制作“工程计划书”目录幻灯片

为“工程计划书”演示文稿制作目录幻灯片，要求如下。

在幻灯片中输入文本，设置文本格式。

绘制曲线、圆形、椭圆、三角形和直线，并将一些形状进行组合。

为圆形设置渐变色，制作发光效果。

插入文本框，输入文本并绘制白色的矩形来修饰图形。

3.制作“新产品发布手册”目录幻灯片

在“新产品发布手册”演示文稿中制作目录幻灯片，要求如下。

在目录幻灯片中插入表格，并设置表格的边框和底纹。

编辑表格内容，并在其中输入文本和设置文本格式。

在表格中插入并编辑图片。

笔记本

第 13 章 动画设置与放映发布

PowerPoint 中动画效果繁多，在幻灯片之间设置一些动画效果可使放映过程中幻灯片的过渡和显示都能给观众绚丽多彩的视觉享受。

本章知识要点

- 设置动画效果
- 浏览与放映幻灯片
- 设置幻灯片放映与注释
- 保护与导出演示文稿

13.1 设置幻灯片切换效果

扫码观看本节视频

一般来说，编辑好的幻灯片都是静止的水平效果，用户可以根据自己的需要为幻灯片设置切换效果。为幻灯片添加切换效果，能够使幻灯片之间的切换由普通的过渡变为有样式的过渡。

13.1.1 添加切换效果

切换效果是指在演示期间从一张幻灯片移到下一张幻灯片时（在幻灯片放映）视图中出现的动画效果。幻灯片切换时产生的类似动画效果，可以使幻灯片在放映时更加生动形象。

STEP 01：选中第一张幻灯片，切换到“切换”选项卡，单击“切换到此幻灯片”选项组中的“切换效果”按钮，从弹出的下拉列表中选择“风”选项，如图 13-1 所示。

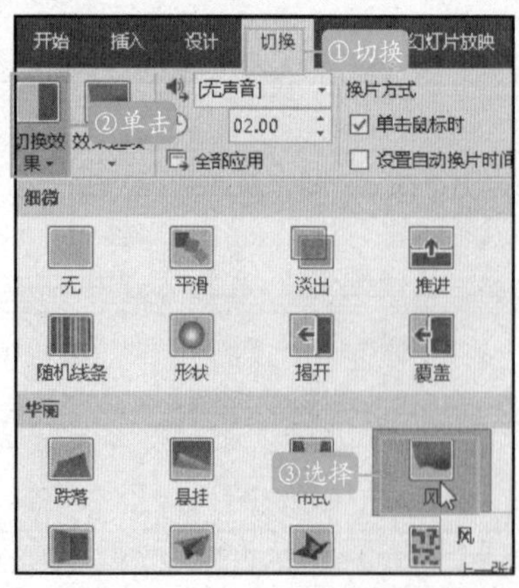

图 13-1　选择切换效果

STEP 02：根据以上操作设置其他幻灯片即可。

13.1.2 设置切换效果的属性

PowerPoint 2016 中的部分切换效果具有可自定义的属性，用户可以对这些属性进行自定义设置。

STEP 01：在普通视图状态下，选择第 1 张幻灯片，如图 13-2 所示。

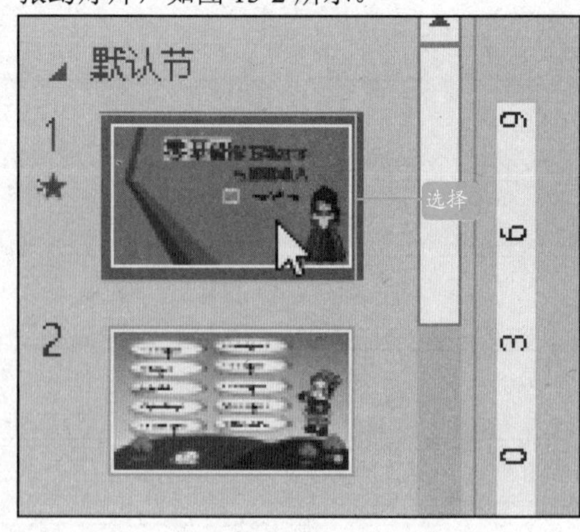

图 13-2　选择幻灯片

STEP 02：单击“切换”选项卡下“切

换到此幻灯片”选项组中的“效果选项”按钮，在弹出的下拉列表中选择其他选项可以更换切换效果的形状，选择“向右”选项即可，如图 13-3 所示。

图 13-3 选择“向右”选项

◆◆提示

幻灯片要添加的切换效果不同，“效果选项”的下拉列表中的选项是不相同的。

13.1.3 为切换效果添加声音

用户还可以为切换效果添加声音，具体操作如下：

选中添加过切换效果的幻灯片，选择“切换”选项卡，单击“计时”选项组中“声音”右侧的下三角按钮，在打开的下拉列表中选择“微风”选项，如图 13-4 所示。

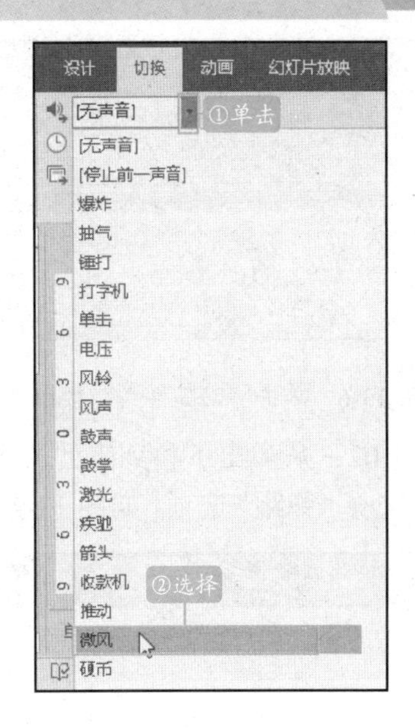

图 13-4 选择“微风”选项

13.1.4 设置切换方式

用户还可以为切换效果设置切换方式，具体操作如下：

选中添加过切换效果的幻灯片，选择“切换”选项卡，在“计时”选项组中的“换片方式”选项区域中，勾选“设置自动换片时间”复选框，设置时间为“00:20.00”，如图 13-5 所示。

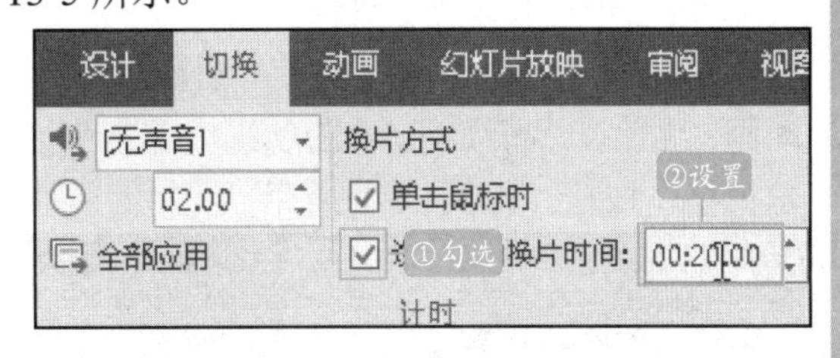

图 13-5 设置自动换片时间

13.2 设置动画效果

PowerPoint 2016 提供的动画效果包括进入、强调、退出、路径等多种形式，为幻灯片添加这些动画效果，可以使 PPT 实现和 Flash 动画一样的炫动效果。

扫码观看本节视频

13.2.1 添加进入动画

进入动画是最基本的自定义动画效果，是对象在幻灯片页面中从无到有，逐渐出现的动画过程，用户可以根据需要对文本、图形、图片等进行设置。

STEP 01：选中第 1 张幻灯片中的标题文本框，切换到“动画”选项卡，单击“动画”选项组中的“动画样式”按钮，如图 13-6 所示。

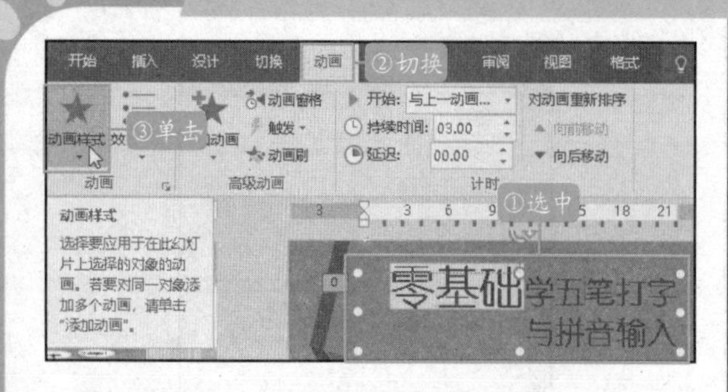

图 13-6　单击“动画样式”按钮

STEP 02：从弹出下拉列表的“进入”选项组中选择“弹跳”选项，如图 13-7 所示。

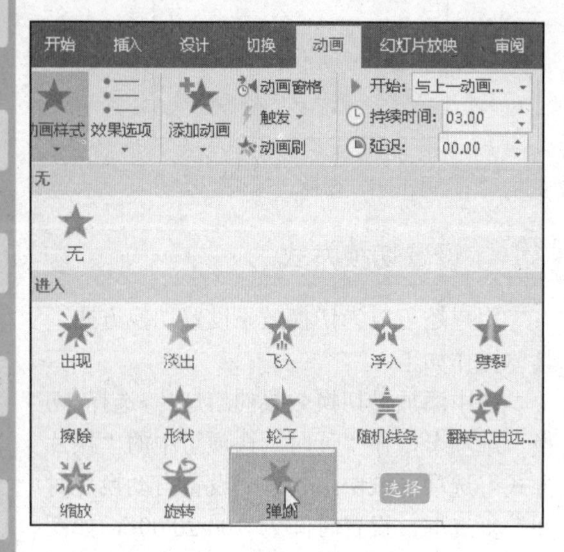

图 13-7　选择“弹跳”选项

STEP 03：即可为标题文本框添加进入动画，继续在“高级动画”选项组中单击“动画窗格”按钮，如图 13-8 所示。

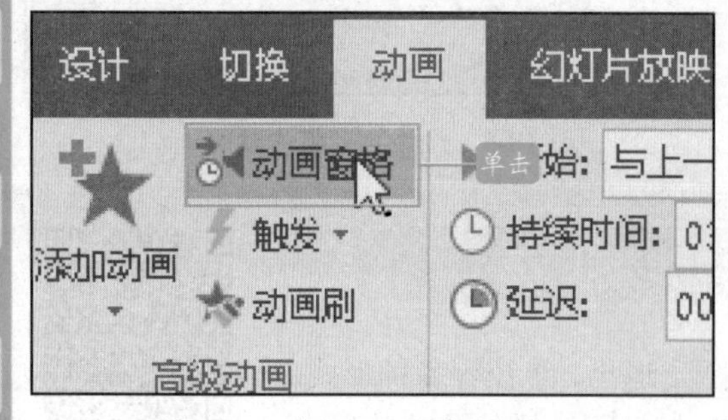

图 13-8　单击“动画窗格”按钮

STEP 04：弹出“动画窗格”任务窗格，选中动画 1，然后单击右键，从弹出的快捷菜单中选择“效果选项”命令，如图 13-9 所示。

图 13-9　选择“效果选项”命令

STEP 05：弹出“弹跳”对话框，切换到“效果”选项卡，在“增强”栏中的“声音”下拉列表中选择“微风”选项，如图 13-10 所示。

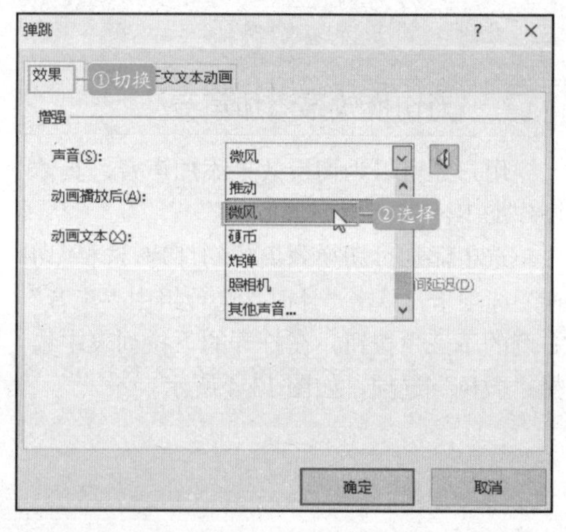

图 13-10　“弹跳”对话框

STEP 06：切换到“计时”选项卡，在“期间”下拉列表中选“快速（1 秒）”选项，单击“确定”按钮，如图 13-11 所示。

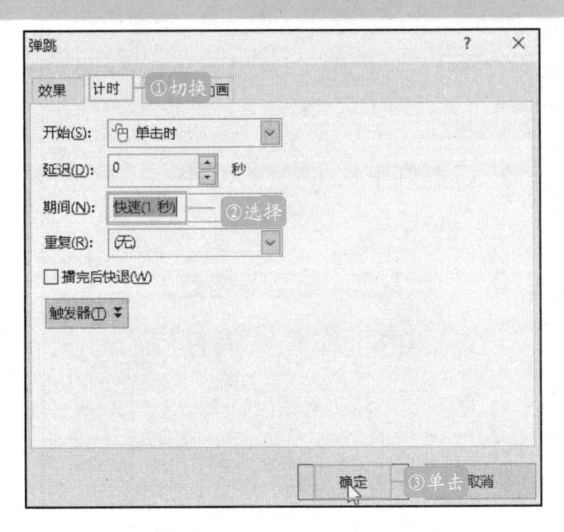

图 13-11 “弹跳”对话框

STEP 07：返回演示文稿，单击“预览”按钮，对所设置的动画效果进行预览，如图 13-12 所示。

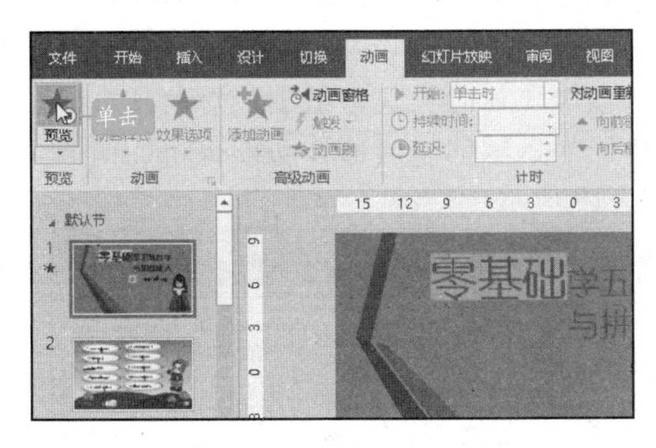

图 13-12 单击“预览”按钮

13.2.2 设置强调动画

强调动画是在放映过程中通过让对象放大、缩小、闪烁以及更改颜色等方式吸引观看者的一种动画，这一功能为一些文本框或对象组合添加强调动画，可以获得意想不到的结果。

STEP 01：选中第 1 张幻灯片中的文本框，切换到“动画”选项卡，单击“高级动画”选项组中的“添加动画”按钮，从弹出下拉列表中选择“强调”选项区中的“波浪形”选项，如图 13-13 所示。

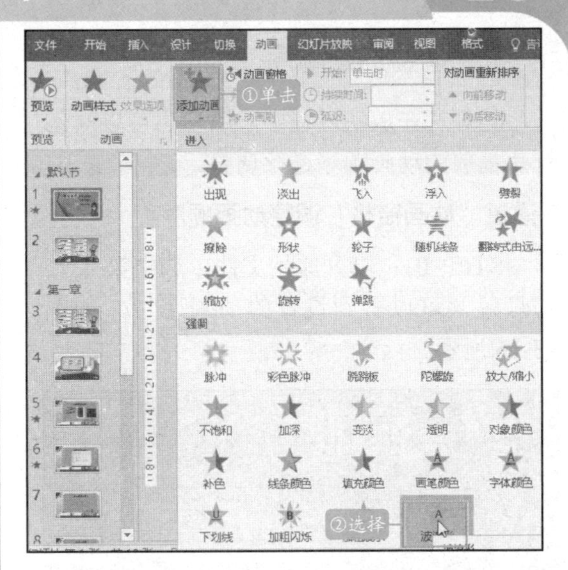

图 13-13 选择“波浪形”

STEP 02：在“高级动画”选项组中单击“动画窗格”按钮，即可弹出“动画窗格”任务窗格，选中动画 5，然后切换到“动画”选项卡，在“计时”选项组中单击“向前移动”按钮，如图 13-14 所示。

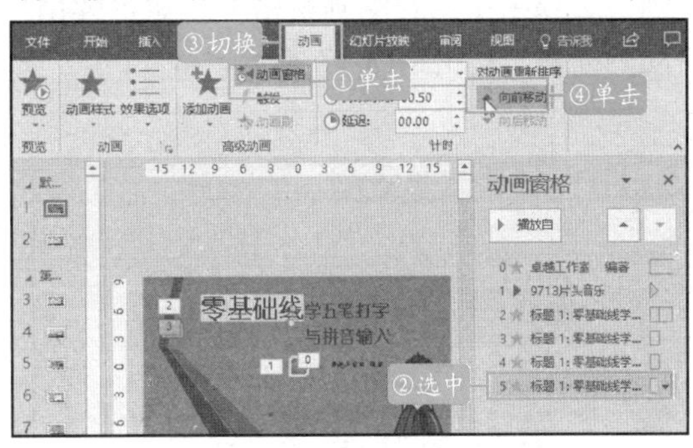

图 13-14 单击“向前移动”按钮

STEP 03：将其移动到合适的位置即可，设置完毕后关闭“动画窗格”任务窗格，然后在“动画”选项卡的“预览”选项组中单击“预览”按钮的上半部分按钮，“波浪形”的强调效果如图 13-15 所示。

图 13-15 预览效果

13.2.3 调整动画顺序

幻灯片在放映过程中，用户也可以对幻灯片播放的动画顺序进行调整。

1.通过“动画窗格”调整动画顺序

STEP 01：打开原始文件，选中第 1 张幻灯片，可以看到设置的动画序号，如图 13-16 所示。

图 13-16　动画序号

STEP 02：单击“动画”选项卡“高级动画”选项组中的“动画窗格”按钮，弹出“动画窗格”，如图 13-17 所示。

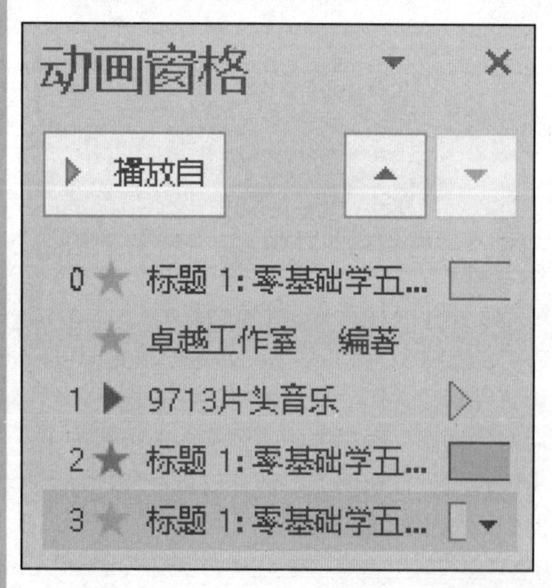

图 13-17　动画窗格

STEP 03：选择“动画窗格”中需要调整顺序的动画，然后单击“动画窗格”下方“播放自”命令左侧或右侧的向上按钮或向下按钮进行调整，如图 13-18 所示。

图 13-18　动画窗格

2.通过“动画”选项卡调整动画顺序

STEP 01：选中动画，单击“动画”选项卡“计时”选项组中“对动画重新排序”区域的“向前移动”按钮，如图 13-19 所示。

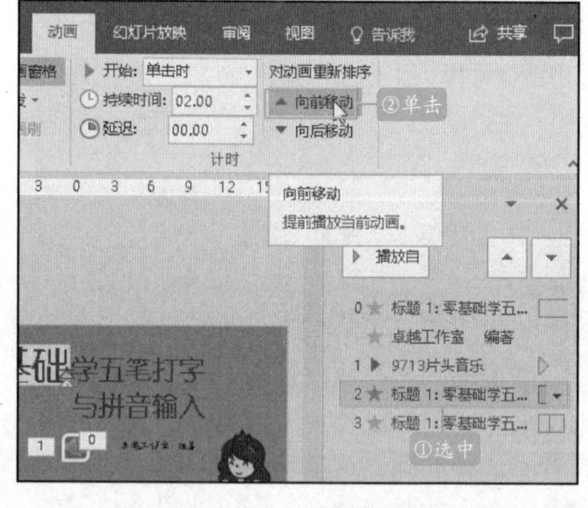

图 13-19　单击“向前移动”按钮

STEP 02：即可将该动画顺序向前移动一个次序，并在“动画窗格”中可以看到该动画前面的编号发生改变，如图 13-20 所示。

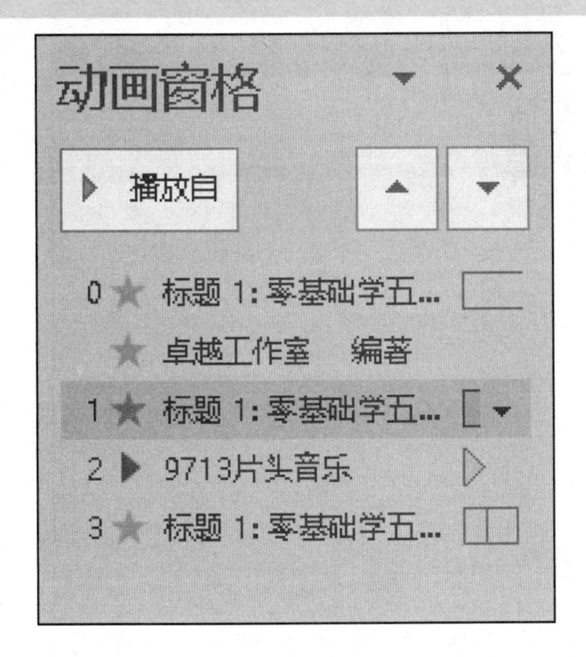

图 13-20 动画窗格

◆◆提示

要调整动画的顺序，也可以先选中要调整顺序的动画，然后按住鼠标左键不放并拖动到适当位置，再释放鼠标即可把动画重新排序。

13.2.4 设置动画计时

要控制动画播放的速度，用户可以在“动画”选项卡上为动画设置开始、持续时间或者延迟计时。

1.设置动画开始时间

在“动画”选项卡下“计时”选项组中单击“开始”菜单右侧的下拉三角按钮，从弹出的下拉列表中选择所需要的计时，如图 13-21 所示。

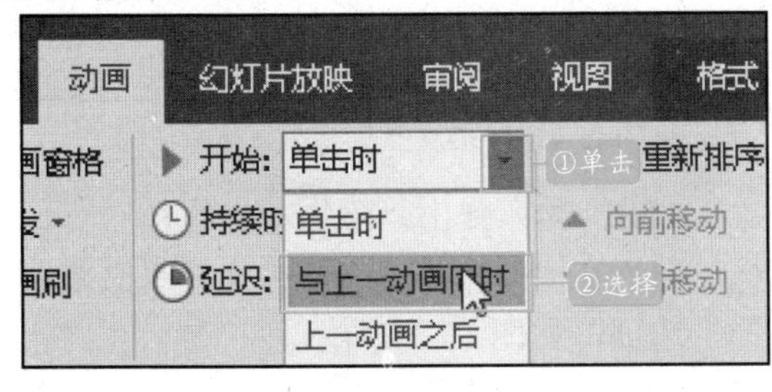

图 13-21 选择计时

2.设置持续时间

在“计时”选项组中的“持续时间”文本框中输入所需要的秒数，也可以单击“持续时间”文本框后面的微调按钮来调整时间，如图 13-22 所示。

图 13-22 调整持续时间

3.设置延迟时间

在“计时”选项组中的“延迟”文本框中输入所需要的秒数或者使用微调按钮来调整，如图 13-23 所示。

图 13-23 调整延迟时间

13.2.5 使用动画刷

动画刷可以将一个对象中的动画复制到另一个对象上，具体操作如下：

STEP 01：选择幻灯片中创建过动画的对象，切换到“动画”选项卡，单击“高级动画”选项组中的“动画刷”按钮，如图 13-24 所示。

图 13-24 单击“动画刷”按钮

STEP 02：此时鼠标呈现刷子形状，单击需要应用此动画的对象，即可复制动画效果到此对象上，如图 13-25 所示。

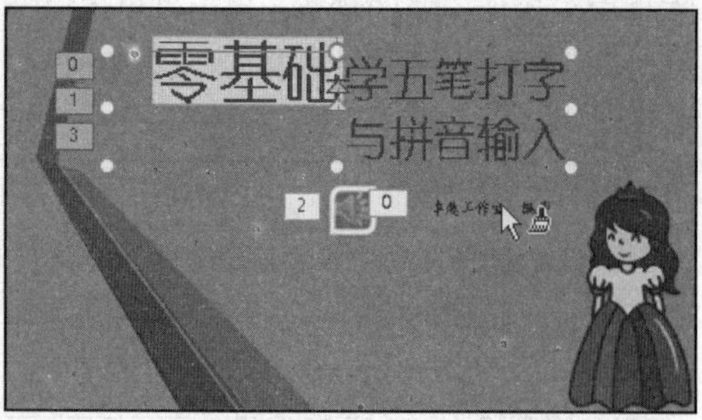

图 13-25　单击需要应用此动画的对象

◆◆提示

双击动画刷，可以将动画重复应用到多个对象上。如果你已经为此对象设置了其他动画，则使用动画刷后，该对象的其他动画都将消失。因此应用时首先使用动画刷，而后在设置其他动画。

13.2.6 设置动作路径

路径动画是让对象按照绘制的路径运动的一种高级动画效果，可以实现 PPT 的千变万化。设置路径动画的具体操作如下。

STEP 01：选中 1 张幻灯片的目录条，然后切换到“动画”选项卡，单击“高级动画”选项组中的“添加动画”按钮，如图 13-26 所示。

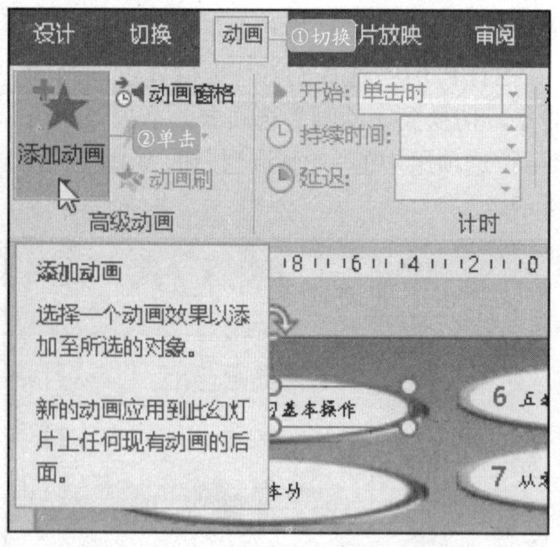

图 13-26　单击“添加动画”按钮

STEP 02：用户可以根据需要从弹出的下拉列表中选择合适的动作路径，如图 13-27 所示。

图 13-27　选择动作路径

STEP 03：用户也可以从弹出的下拉列表中选择“其他动作路径”选项，如图 13-28 所示。

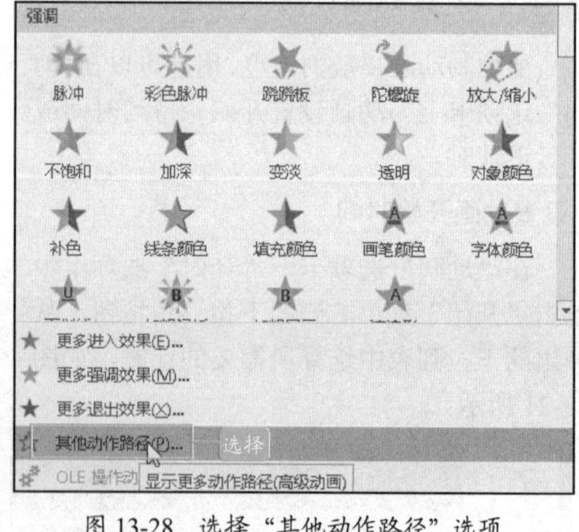

图 13-28　选择“其他动作路径”选项

STEP 04：弹出“添加动作路径”对话框，然后在“基本”组合框中选择“橄榄球形”选项，如图 13-29 所示。

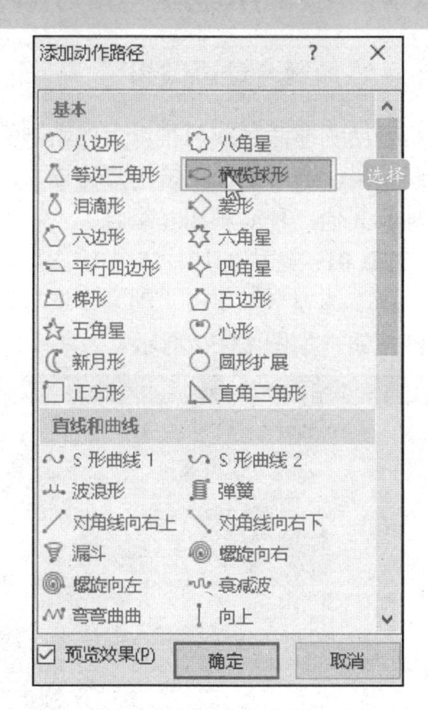

图 13-29 “添加动作路径”对话框

STEP 05：单击“确定”按钮，返回演示文稿，设置路径效果如图 13-30 所示。

图 13-30 设置路径效果

STEP 06：在“预览”选项组中单击“预览”按钮，查看效果，如图 13-31 所示。

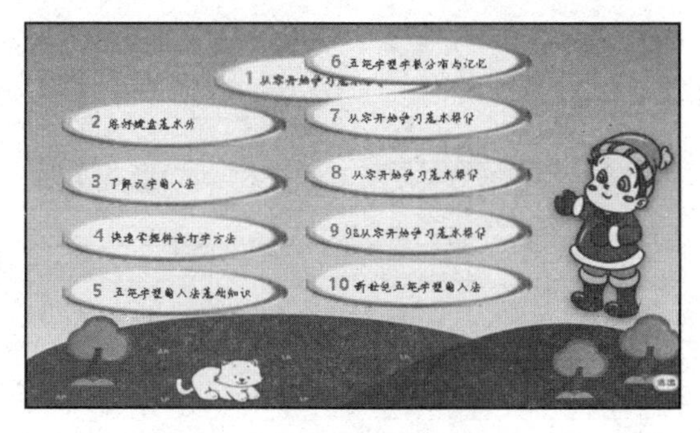

图 13-31 预览效果

13.2.7 设置动画的运动方式

动画的运行方式是可以选择的，如果对象是文本，就可以选择整批出现，或者按单个字出现；如果是图形，就会有细化的运行效果供用户选择。

STEP 01：打开原始文件，选中第 1 张幻灯片中的标题占位符，切换到“动画”选项卡，单击“动画”选项组中的快翻按钮，在展开的下拉列表中单击“轮子”选项，如图 13-32 所示。

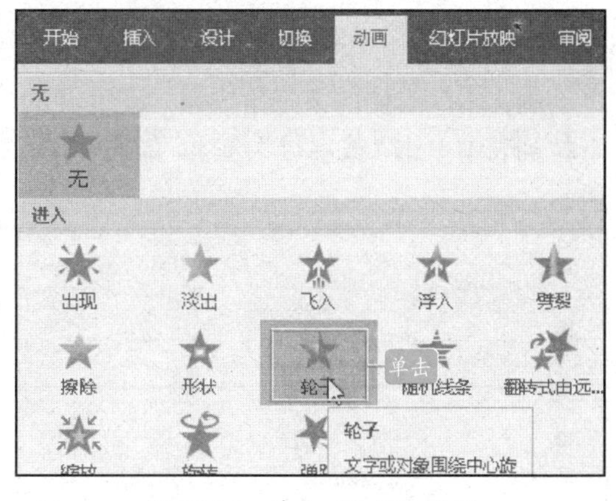

图 13-32 单击“轮子”选项

STEP 02：在“动画”选项卡下单击“高级动画”选项组中的“动画窗格”按钮，如图 13-33 所示。

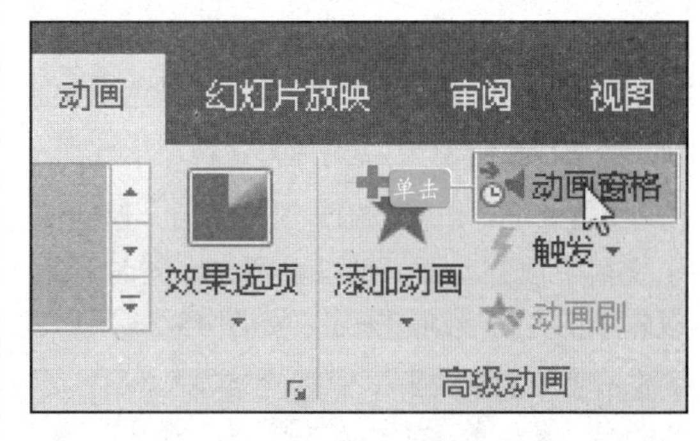

图 13-33 单击 “动画窗格”按钮

STEP 03：在主界面右侧出现“动画窗格”面板，单击动画窗格中的标题对象右侧的下三角按钮，在展开的下拉列表中单击“效果选项”选项，如图 13-34 所示。

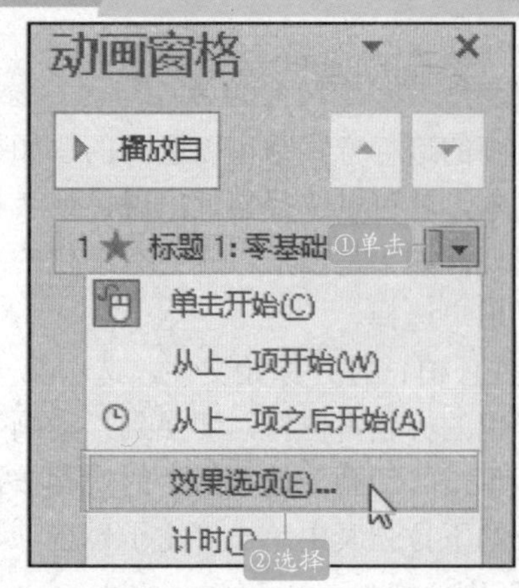

图 13-34　单击“效果选项”选项

STEP 04：弹出“轮子”对话框，单击“动画文本”右侧的下三角按钮，在展开的下拉列表中单击“按字母”选项，如图 13-35 所示。

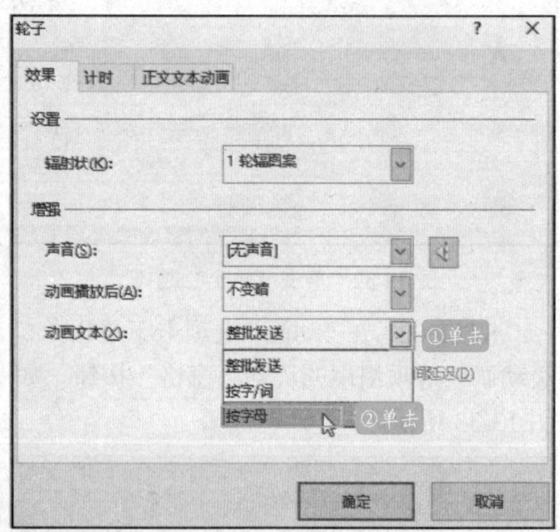

图 13-35　“轮子”对话框

STEP 05：单击“确定”按钮后，返回演示文稿中预览动画，可以看到文字同时开始以轮子的方式运动起来了，如图 13-36 所示。

图 13-36　预览动画

13.2.8 添加组合动画效果

组合动画即两种或两种以上的动画组合出动画效果，通常情况下，用户可以采用强调动画和其他三种动画相互组合。

STEP 01：选中幻灯片 5 中的图片，打开“动画”选项卡，单击“动画”选项组中的快翻按钮，如图 13-37 所示。

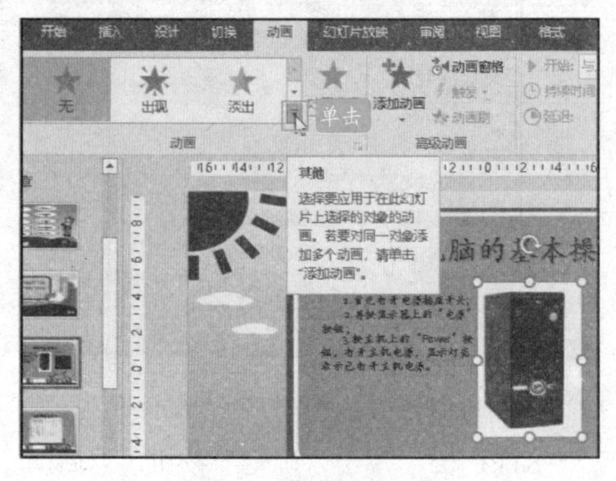

图 13-37　单击快翻按钮

STEP 02：在展开的列表中选择“更多进入效果”选项，如图 13-38 所示。

图 13-38　选择“更多进入效果”选项

STEP 03：弹出“更改进入效果”对话框，选择“回旋”选项，单击“确定”按钮，如图 13-39 所示。

图 13-39 “更改进入效果”对话框

STEP 04：在“计时”选项组中单击“持续时间”微调框按钮，设置动画持续时间为“04.00”秒，如图 13-40 所示。

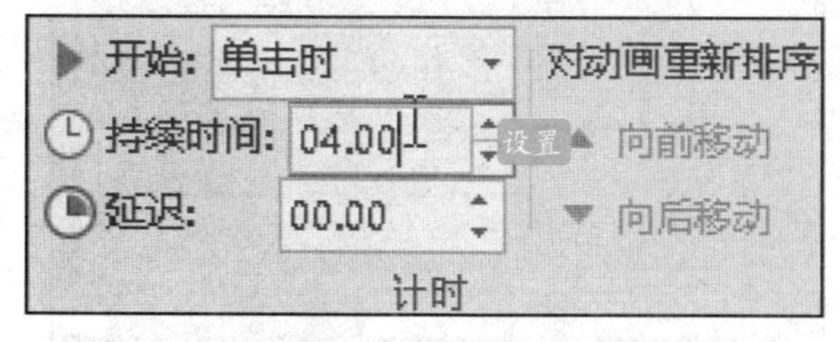

图 13-40 设置动画持续时间

STEP 05：保持图片选中状态，单击“添加动画”下拉按钮，在下拉列表中选择“更多退出效果”选项，如图 13-41 所示。

图 13-41 选择“更多退出效果”选项

STEP 06：弹出“添加退出效果”对话框，选择“伸缩”选项，单击“确定”按钮，如图 13-42 所示。

图 13-42 “添加退出效果”对话框

STEP 07：在“计时”选项组中调整“持续时间”为“02.00”秒，单击“延迟”微调框按钮，设置动画延迟时间为“00.25”秒，如图 13-43 所示。

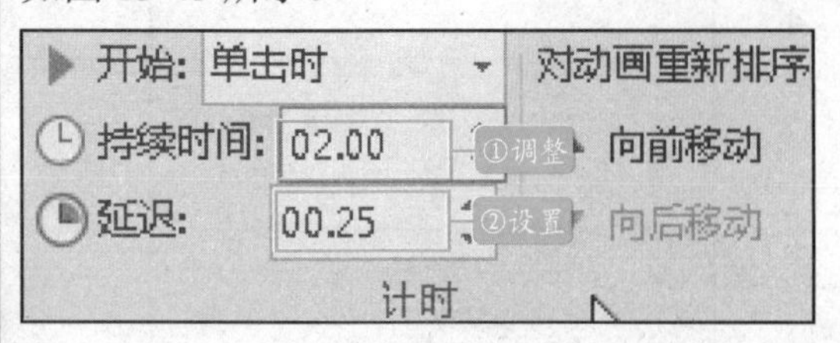

图 13-43　调整计时

STEP 08：在“高级动画”选项组中单击“动画窗格”按钮，打开“动画窗格”窗格，如图 13-44 所示。

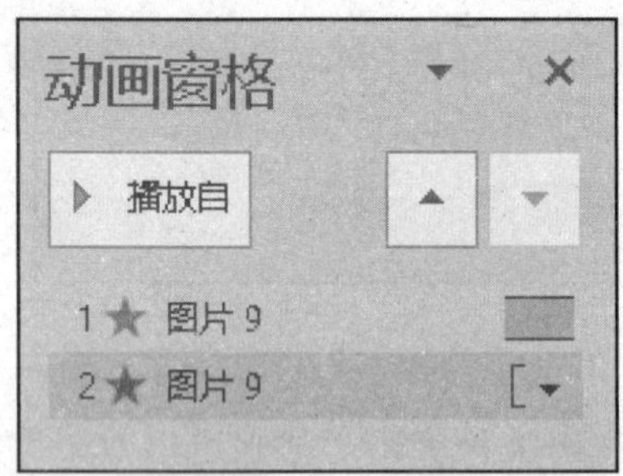

图 13-44　动画窗格

STEP 09：在窗格中选择 1，在“计时”选项组中单击“向后移动”选项，如图 13-45 所示。

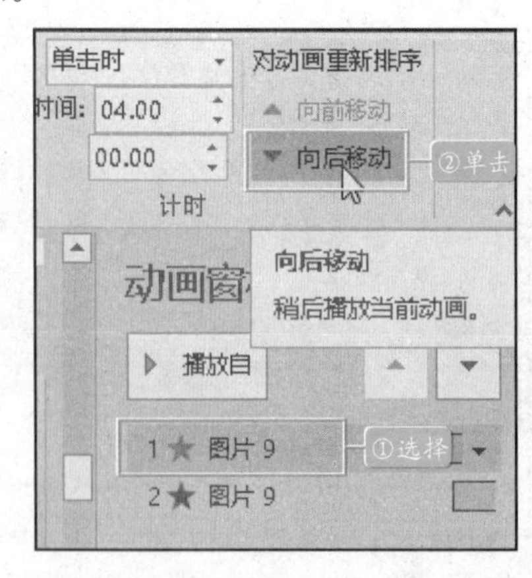

图 13-45　单击“向后移动”选项

STEP 10：选项 1 的位置随即被向后移动，变为了选项 2。动画窗格中的选项排列顺序代表着相应动画的播放顺序，如图 13-46 所示。

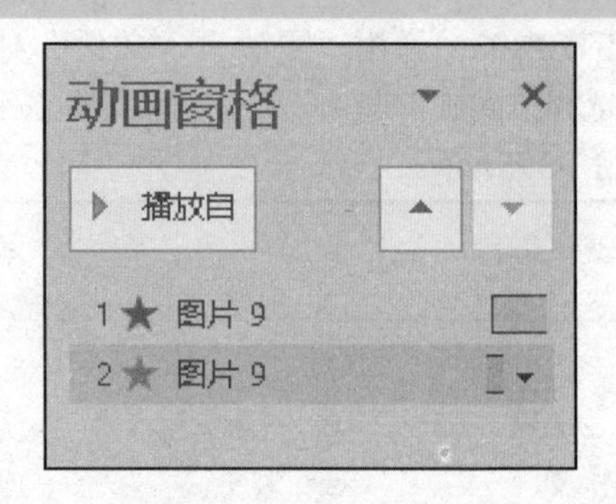

图 13-46　动画窗格

STEP 11：将窗格中的选项全部选中，单击任意选项右侧下拉按钮，在下拉列表中选择“从上一项之后开始”选项，如图 13-47 所示。

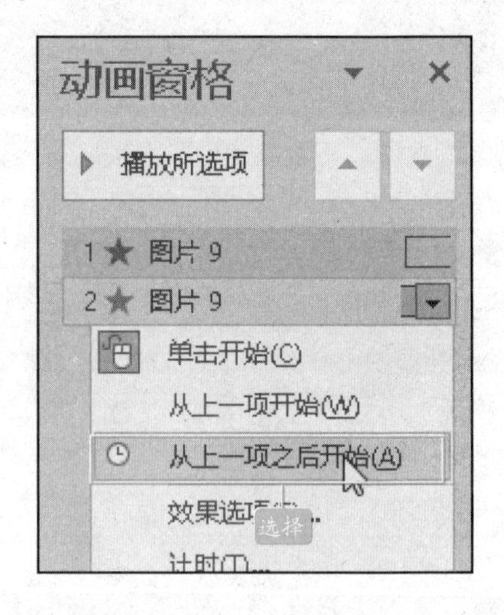

图 13-47　选择“从上一项之后开始”选项

STEP 12：单击“预览”按钮，对组合动画效果进行预览，如图 13-48 所示。

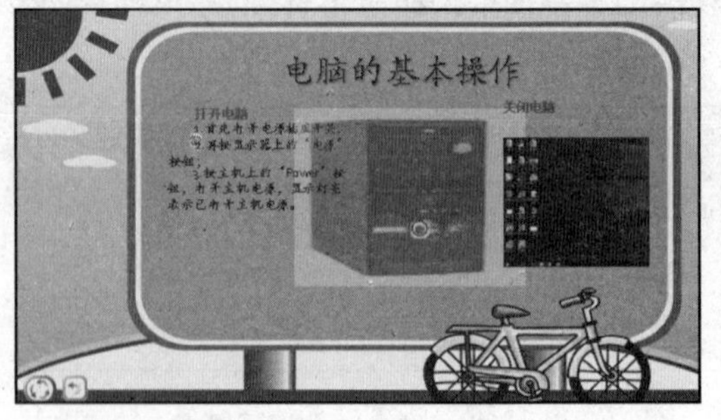

图 13-48　预览效果

13.2.9　添加退出动画效果

退出动画是对象从有到无、逐渐消失的

一种动画效果。实现了画面的连贯过渡，是不可或缺的动画效果，具体操作如下：

STEP 01：在一张幻灯片中选中第一个目录条，然后切换到“动画”选项卡，在“高级动画”选项组中单击“添加动画”按钮，从弹出下拉列表中选择“进入”选项区的“淡出”选项，如图 13-49 所示。

图 13-49 选择“淡出”选项

STEP 02：此时，即可为第 1 个目录条添加“淡出”的退出效果，在“预览”选项组中单击“预览”按钮，如图 13-50 所示。

图 13-50 单击“预览”按钮

STEP 03：“淡出”的退出效果如图 13-51 所示。

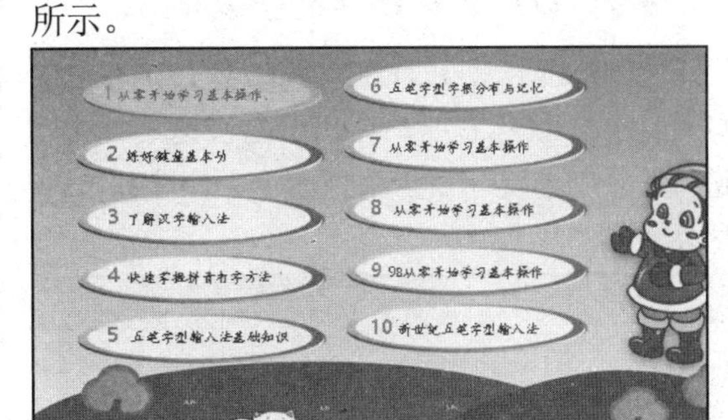

图 13-51 “淡出”效果

13.3 设置幻灯片放映与注释

扫码观看本节视频

放映幻灯片时，默认情况下为普通手动放映，用户可以通过设置放映方式、放映时间等来设置幻灯片放映，在放映幻灯片时，也可以为幻灯片添加注释，为演讲者带来方便。

13.3.1 设置放映方式

通过使用“设置幻灯片放映”功能，用户可以自定义放映类型、换片方式和笔触颜色等参数。设置幻灯片放映方式的具体操作如下：

STEP 01：打开原始文件，单击“幻灯片放映”选项卡下“设置”选项组中的“设置幻灯片放映”按钮，如图 13-52 所示。

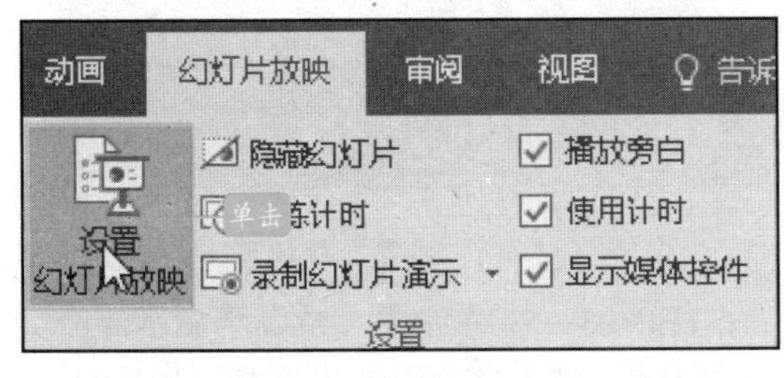

图 13-52 单击“设置幻灯片放映”按钮

STEP 02：弹出“设置放映方式”对话框，设置“放映选项”区域下“绘图笔颜色”为“黄色”，设置“放映幻灯片”区域下的页数为“从 1 到 3”，单击“确定”按钮，关闭“设置放映方式”对话框，如图 13-53 所示。

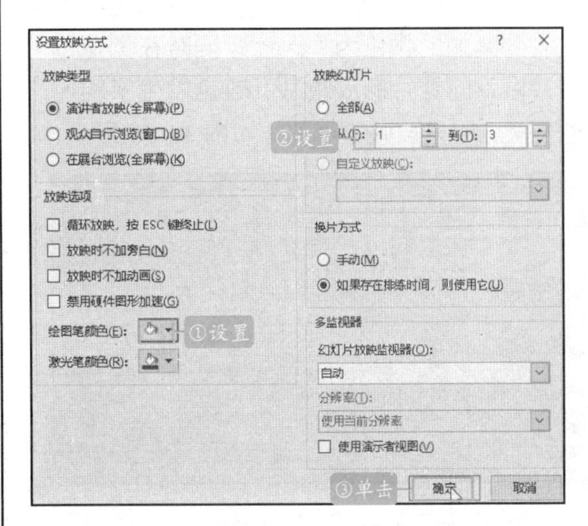

图 13-53 “设置放映方式”对话框

STEP 03：单击“幻灯片放映”选项卡下“开始放映幻灯片”选项组中的“从头开始”按钮，如图13-54所示。

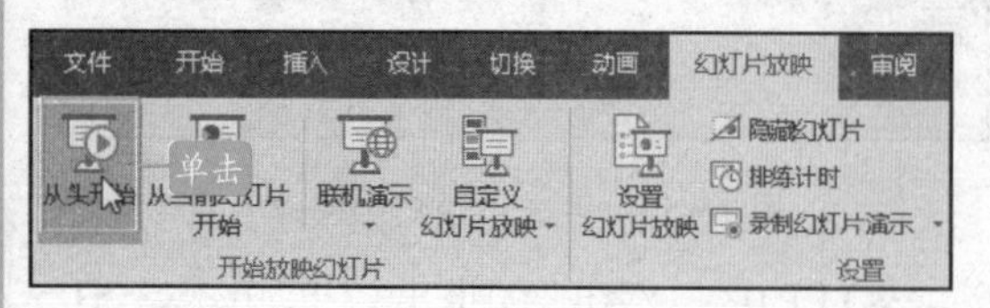

图13-54　单击“从头开始”按钮

STEP 04：幻灯片进入放映模式，在幻灯片中单击鼠标右键，在弹出的快捷菜单中选择“指针选项”|“笔”菜单命令，如图13-55所示。

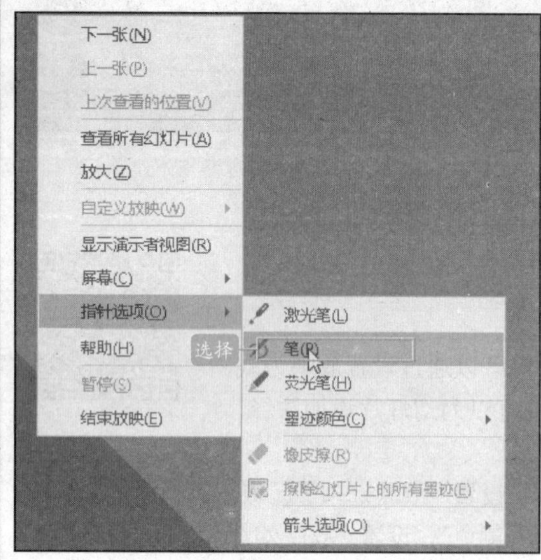

图13-55　选择“指针选项”|“笔”菜单命令

STEP 05：可以在屏幕上书写文字，可以看到笔触的颜色为“黄色”。同时在浏览幻灯片时，幻灯片的放映总页数也发生了相应的变化，即只放映1~3张，如图13-56所示。

图13-56　效果图

◆◆提示

“设置放映方式”对话框中各个参数的具体含义如下：

“放映类型”：用于设置放映的操作对象，包括演讲者放映、观众自行浏览和在展厅放映。

“放映选项”：主要设置是否循环放映、旁白和动画的添加以及笔触的颜色。

“放映幻灯片”：用于设置具体播放的幻灯片，默认情况下，选择“全部”播放。

13.3.2 设置放映时间

作为一名演示文稿的制作者没在公共场合演示时需要掌握好演示的时间，为此需要测定幻灯片放映时的停留时间，具体操作如下：

STEP 01：打开原始文件，切换到“幻灯片放映”选项卡，单击“设置”选项组中的“排练计时”选项，如图13-57所示。

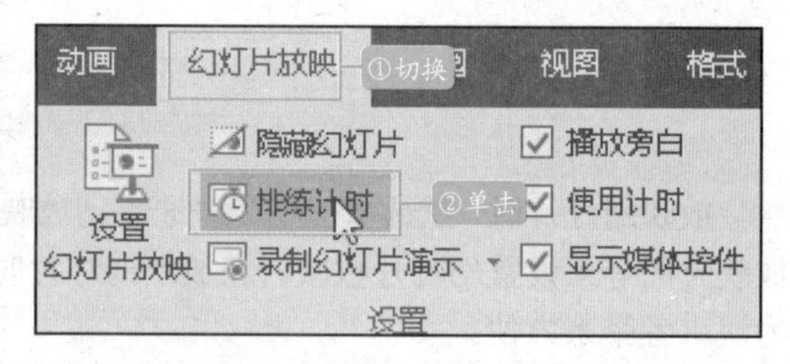

图13-57　单击　“排练计时”选项

STEP 02：系统会自动切换到放映模式，并弹出“录制”对话框，在“录制”对话框中会自动计算出当前幻灯片的排练时间，时间的单位为秒，如图13-58所示。

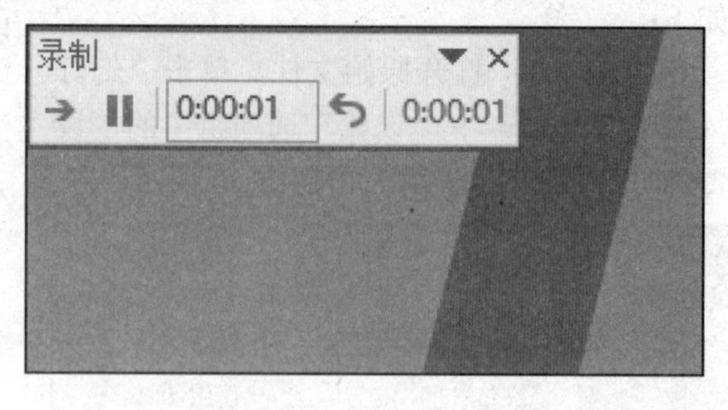

图13-58　“录制”对话框

STEP 03：排练完成，系统会显示一个警告消息框，显示当前幻灯片放映的总时间。单击“是”按钮，即可完成幻灯片的排练计时，如图 13-59 所示。

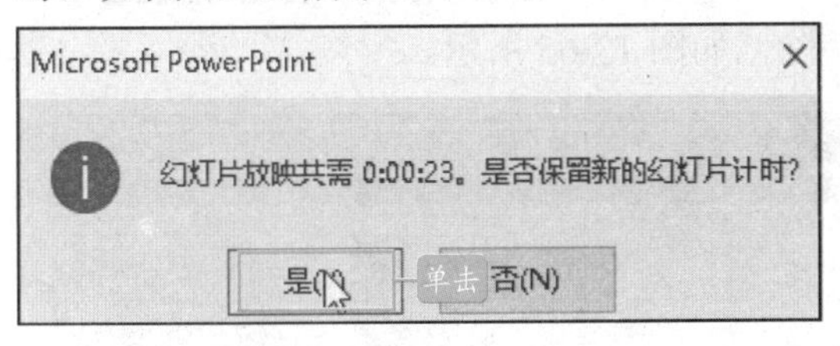

图 13-59 单击“是”按钮

◆◆提示

在放映的过程中，需要临时查看或跳到某一张幻灯片时，用户可通过“录制”对话框中的按钮来实现。

（1）“下一项”按钮：切换到下一张幻灯片。

（2）“暂停”按钮：暂时停止计时后，再次单击会恢复计时。

（3）“重复”按钮：重复排练当前幻灯片。

13.3.3 录制演示文稿与添加注释

在幻灯片放映时，添加注释可以为演讲者带来方便。

STEP 01：打开原始文件，按【F5】键放映幻灯片。单击鼠标右键，在弹出的快捷菜单中选中“指针选项”|“笔”菜单命令，如图 13-60 所示。

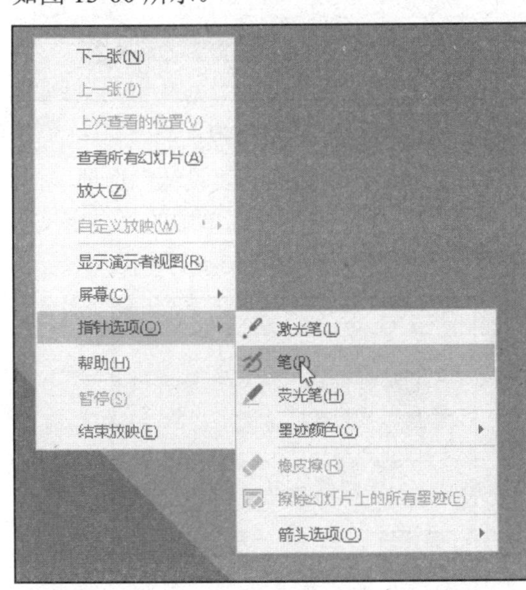

图 13-60 选择“指针选项”|“笔”菜单命令

STEP 02：当鼠标指针变为一个点时，即可在幻灯片中添加标注，如图 13-61 所示。

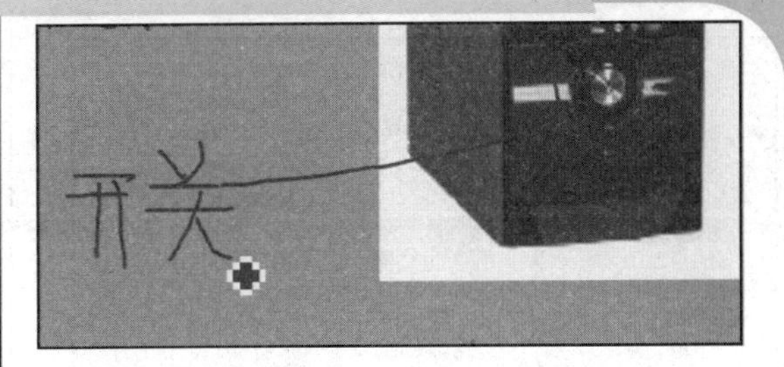

图 13-61 添加标注效果

STEP 03：单击鼠标右键，在弹出的快捷菜单中选择“指针选项”|“荧光笔”菜单命令，当鼠标变为一条短竖线时，可在幻灯片中添加标注，如图 13-62 所示。

图 13-62 添加标注效果

13.3.4 清除注释

在幻灯片中添加注释后，用户可以将不需要的注释使用橡皮擦删除，具体操作如下：

STEP 01：放映幻灯片时，在添加有标注的幻灯片中，单击鼠标右键，在弹出的快捷菜单中选择“指针选项”|“橡皮擦”菜单命令，如图 13-63 所示。

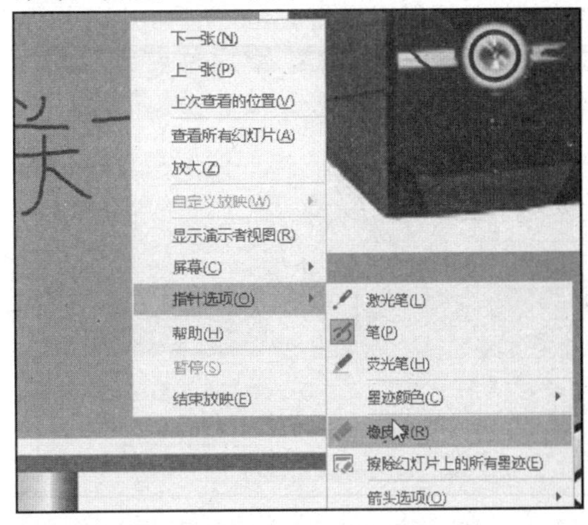

图 13-63 选择“橡皮擦”菜单命令

STEP 02：单击鼠标右键，在弹出的快捷菜单中选择“指针命令”|“擦除幻灯片上的所有墨迹”菜单命令，如图 13-64 所示。

图 13-64　选择菜单命令

STEP 03：此时幻灯片中添加的墨迹已擦除，如图 13-65 所示。

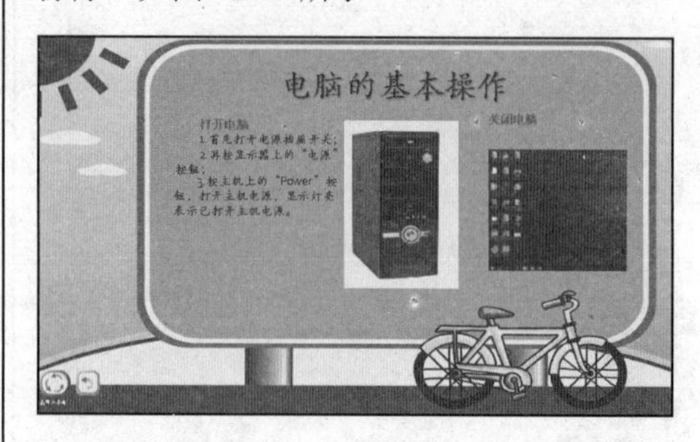

图 13-65　清除注释效果

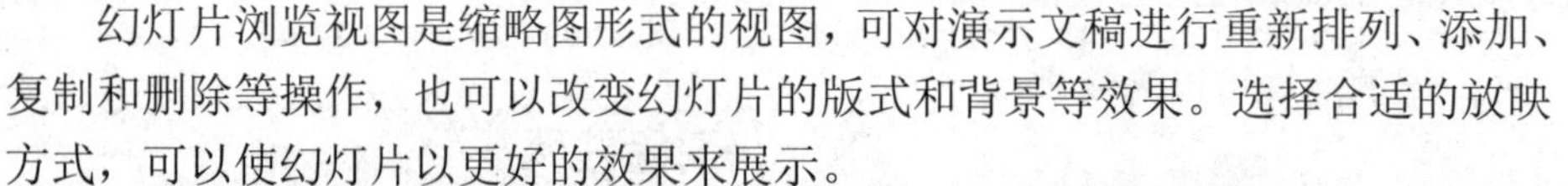

13.4　浏览与放映幻灯片

扫码观看本节视频

幻灯片浏览视图是缩略图形式的视图，可对演示文稿进行重新排列、添加、复制和删除等操作，也可以改变幻灯片的版式和背景等效果。选择合适的放映方式，可以使幻灯片以更好的效果来展示。

13.4.1 浏览幻灯片与设置大小

具体操作如下：

STEP 01：打开原始文件，切换到“视图”选项卡，单击“演示文稿视图”选项组中的“幻灯片浏览”按钮，系统会自动打开浏览幻灯片视图，如图 13-66 所示。

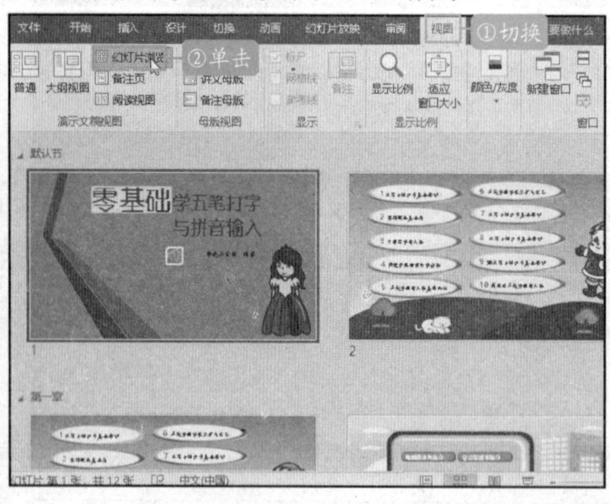

图 13-66　浏览幻灯片视图

STEP 02：选择第 1 个幻灯片缩略图，按住鼠标拖拽，可以改变幻灯片的排列顺序，如图 13-67 所示。

图 13-67　拖动幻灯片

STEP 03：然后切换到“设计”选项卡，单击“幻灯片大小”下拉菜单中的“自定义幻灯片大小”按钮，如图 13-68 所示。

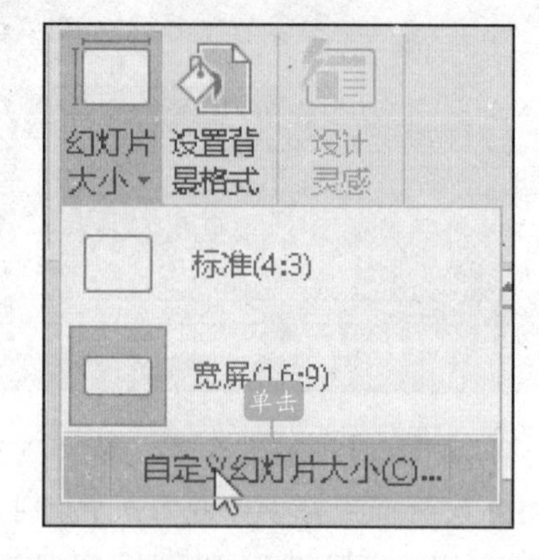

图 13-68　单击“自定义幻灯片大小”按钮

STEP 04：弹出“幻灯片大小”对话框，在“幻灯片大小”选项组中设置幻灯片的宽度为“12 厘米”、高度为“15 厘米”，单击“确定”按钮，如图 13-69 所示。

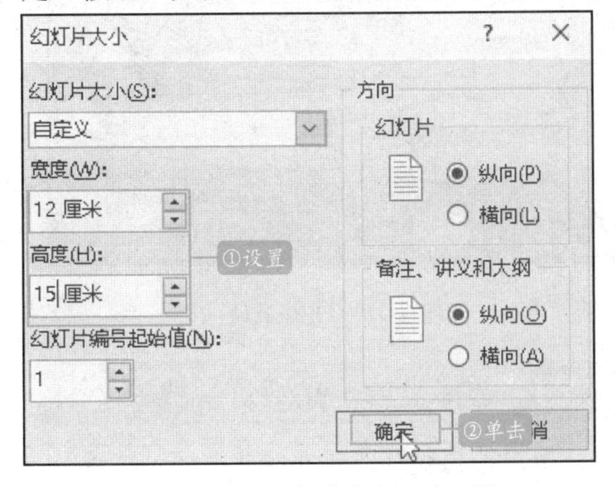

图 13-69 “幻灯片大小”对话框

STEP 05：此时可以看见设置了幻灯片大小后的效果，如图 13-70 所示。

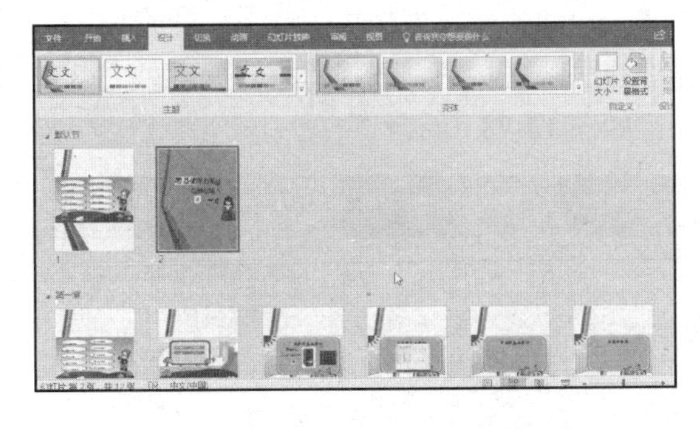

图 13-70 设置幻灯片大小效果

提示

除了可以通过设置幻灯片的宽度和高度来改变幻灯片的大小，还可以在“幻灯片大小”对话框中，单击“幻灯片大小”下三角按钮，在展开的下拉列表中选择需要的尺寸类型。

13.4.2 从头开始放映

“从头开始”放映功能是默认放映方式，启用该功能后系统将自动从首张幻灯片开始放映。

STEP 01：在“幻灯片放映”选项卡的“开始放映幻灯片”选项组中单击“从头开始”按钮，即可启用该功能，如图 13-71 所示。

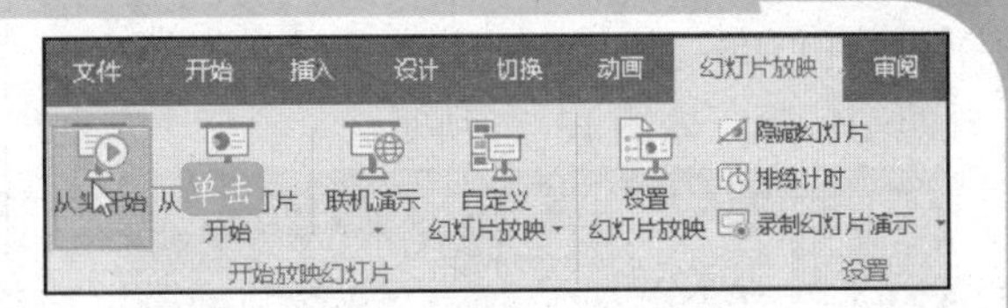

图 13-71 单击“从头开始”按钮

STEP 02：此时系统将转换至幻灯片放映状态，并按照幻灯片顺序，依次放映，如图 13-72 所示。

图 13-72 幻灯片放映状态

STEP 03：在幻灯片放映过程中，若想快速定位某幻灯片，只需单击鼠标右键，在快捷菜单中，选择“查看所有幻灯片”命令，如图 13-73 所示。

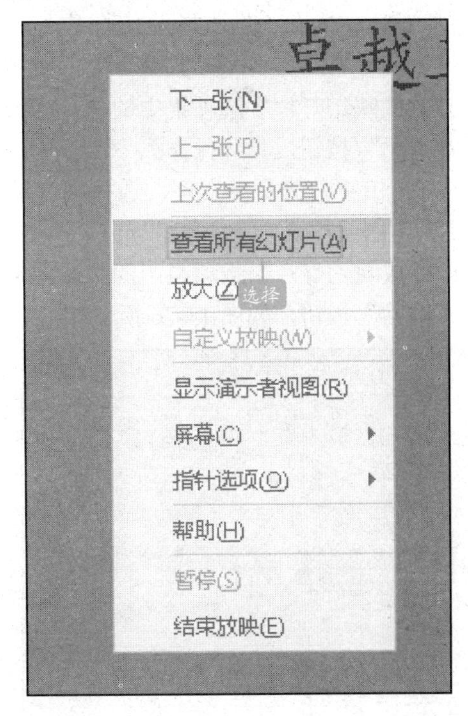

图 13-73 选择“查看所有幻灯片”命令

初识Office
Word 基本操作
文档排版美化
文档图文混排
表格图表使用
文档高级编辑
Excel 基本操作
数据分析处理
公式函数使用
Excel 图表使用
PPT 基本操作
幻灯片的美化
PPT 动画与放映
Office 协同应用

STEP 04：然后出现此画面，选择要查看的幻灯片，如图 13-74 所示。

图 13-74　选择要查看的幻灯片

STEP 05：系统将快速定位至所选幻灯片，如图 16-75 所示。

图 13-75　效果图

13.4.3 从当前幻灯片开始放映

用户若想要从当前选择的幻灯片处开始放映，可以按【Shift+F5】组合键，或单击“开始放映幻灯片”选项组中的“从当前幻灯片开始”按钮，具体操作如下：

STEP 01：打开原始文件，选择第 3 张幻灯片，切换到“幻灯片放映”选项卡，单击“开始放映幻灯片”选项组中的“从当前幻灯片开始”按钮，如图 13-76 所示。

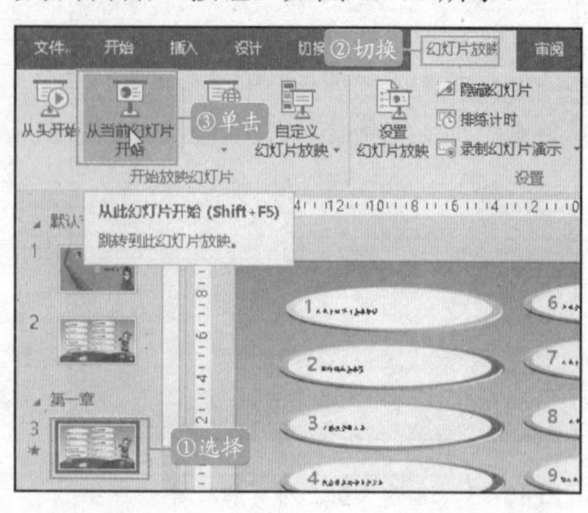

图 13-76　单击“从当前幻灯片开始”按钮

STEP 02：完成操作后，即可从当前幻灯片开始放映，如图 13-77 所示。

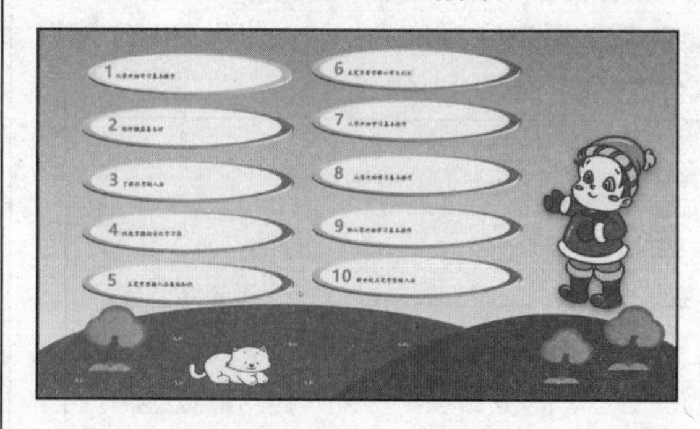

图 13-77　开始放映

13.4.4 选择及自定义幻灯片放映

用户若想要有选择性地放映演示文稿，可使用“自定义幻灯片放映”功能进行操作，具体操作如下：

STEP 01：在“幻灯片放映”选项卡的“开始放映幻灯片”选项组中单击“自定义幻灯片放映”按钮，选择“自定义放映”选项，如图 13-78 所示。

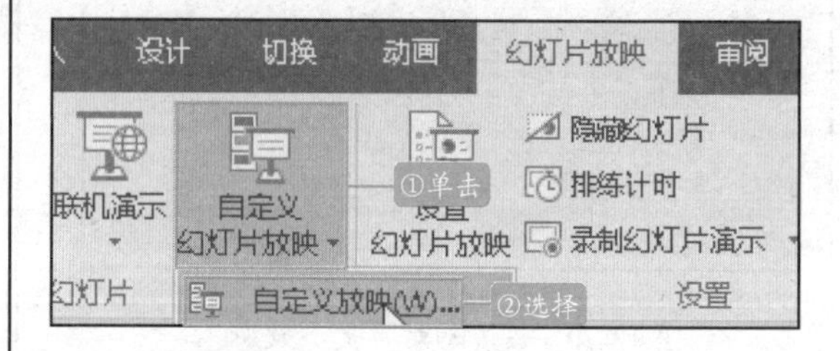

图 13-78　选择“自定义放映”选项

STEP 02：在“自定义放映”对话框中，单击“新建”按钮，如图 13-79 所示。

图 13-79　“自定义放映”对话框

STEP 03：在“幻灯片放映名称”后的文本框中输入名称，如图13-80所示。

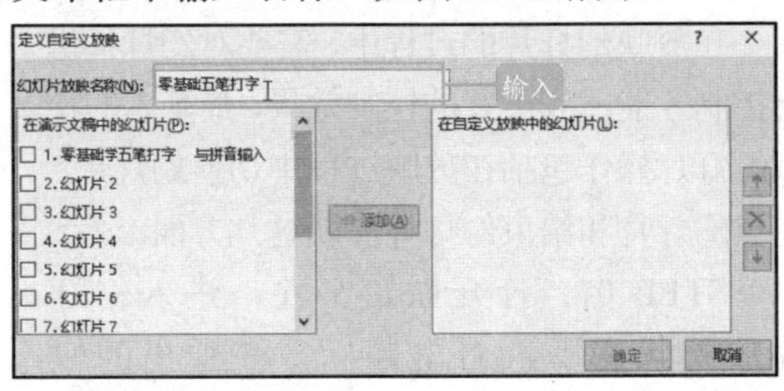

图 13-80 “定义自定义放映”对话框

STEP 04：在“演示文稿中的幻灯片”列表中，选择要放映的幻灯片，其后单击“添加”按钮，此时被选中的幻灯片已经添加到“在自定义放映中的幻灯片”列表中，如图13-81所示。

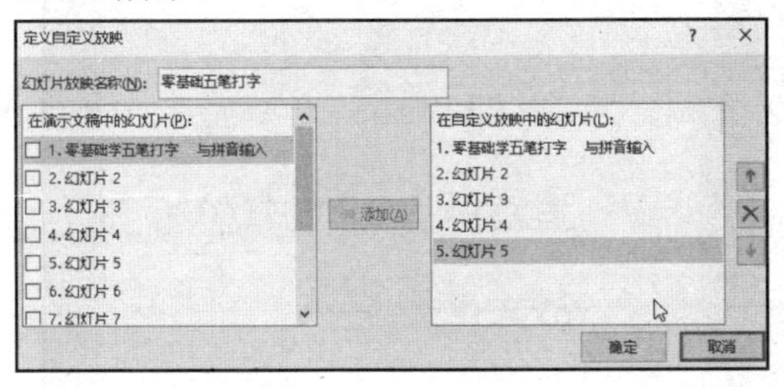

图 13-81 “定义自定义放映”对话框

STEP 05：在“自定义放映中的幻灯片”列表中，选择所需要幻灯片，单击右侧“向上”或“向下”按钮，此时被选中的幻灯片顺序已发生了变化，如图13-82所示。

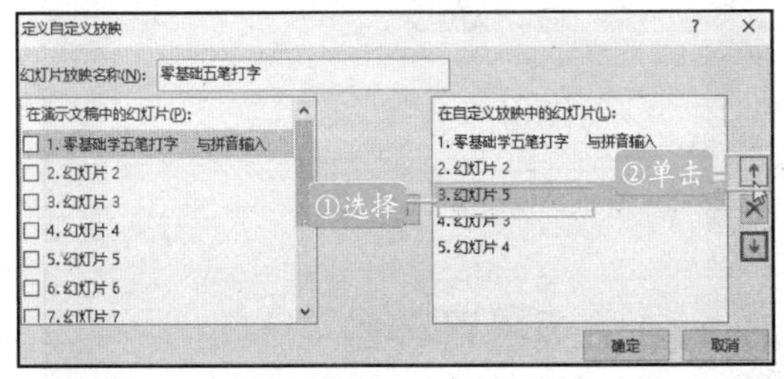

图 13-82 “定义自定义放映”对话框

STEP 06：在“自定义放映中的幻灯片”列表中，选择要删除的幻灯片，单击“删除”按钮，则可从该列表中删除，如图13-83所示。

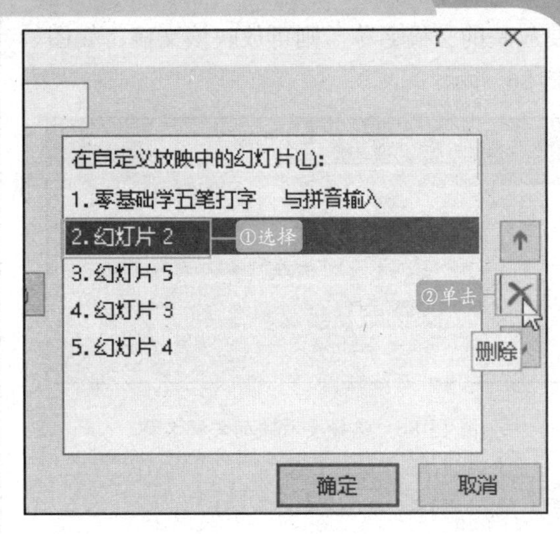

图 13-83 单击“删除”按钮

STEP 07：幻灯片选择完成后，单击“确定”按钮，返回上一层对话框，此时在“自定义放映”列表中，可显示创建的文稿放映名称，如图13-84所示。

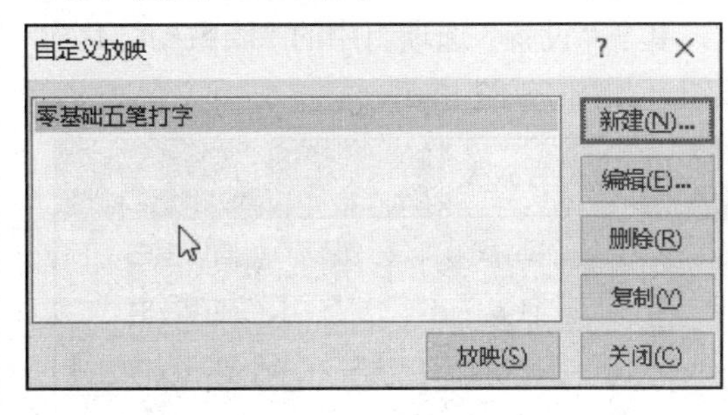

图 13-84 “自定义放映”对话框

STEP 08：在该对话框中，单击“放映”按钮，此时系统将按照定义的放映方式进行放映操作，如图13-85所示。

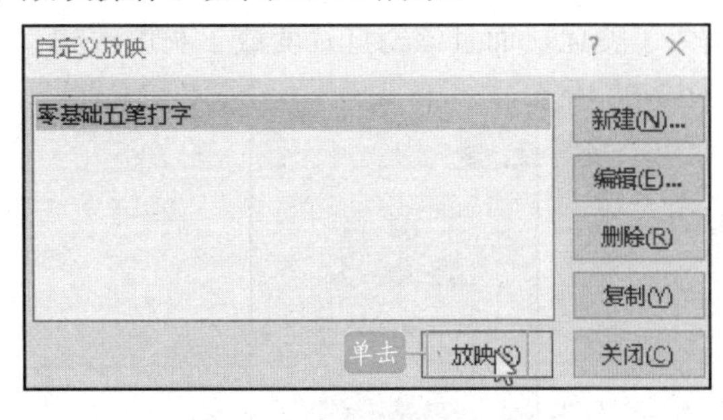

图 13-85 单击“放映”按钮

STEP 09：退出放映操作后，若想查看自定义的放映效果，可在“幻灯片放映”选项卡的“自定义幻灯片放映”列表中，选择要放映的文稿名称，则可放映该文稿，如图 13-86 所示。

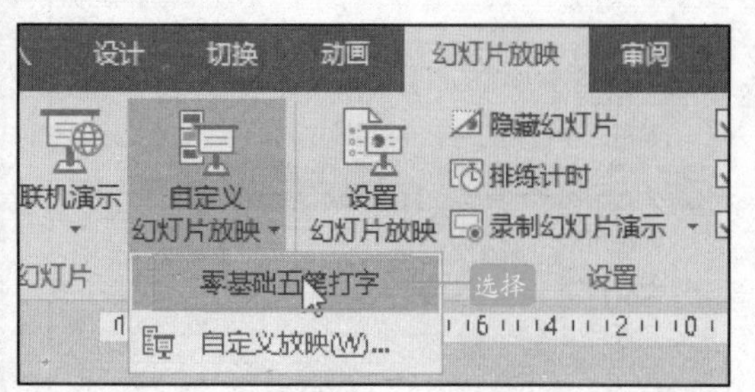

图 13-86　选择要放映的文稿名称

13.4.5　隐藏不放映的幻灯片

在一个演示文稿中，或许会存在一张或多张暂时不需要放映的幻灯片。对于这些幻灯片，用户可以将其设置为隐藏状态。

STEP 01：打开原始文件，选择不需要放映的幻灯片，切换到“幻灯片放映”选项卡，单击“设置”选项组中的“隐藏幻灯片”按钮，如图 13-87 所示。

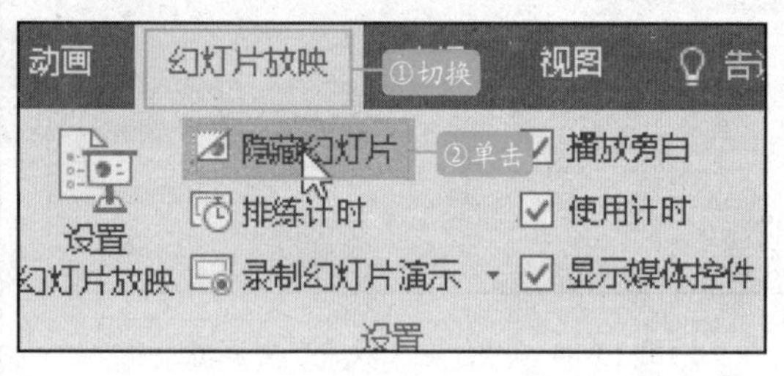

图 13-87　单击“隐藏幻灯片”按钮

STEP 02：此时选中的幻灯片被隐藏了起来，在浏览窗格中可以看到幻灯片的编号发生了变化，而且该幻灯片变成了灰色，如图 13-88 所示。

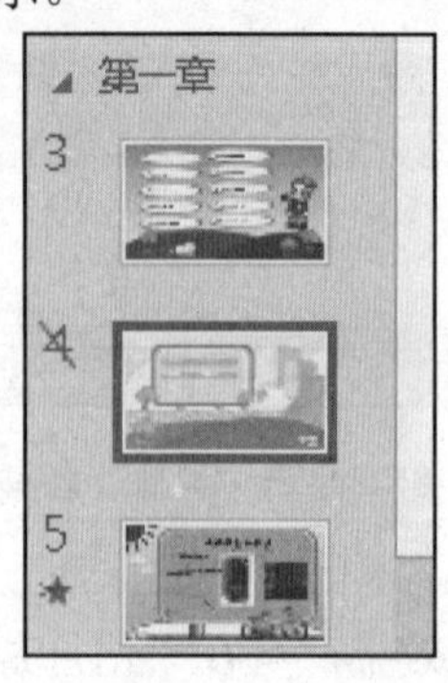

图 13-88　隐藏效果

13.4.6　控制幻灯片放映

在放映幻灯片的过程中，需要对幻灯片进行控制才能达到更好的控制效果，最基本的控制幻灯片操作包括在放映过程中切换幻灯片、定位幻灯片和结束幻灯片放映这几方面。

STEP 01：打开原始文件，进入幻灯片放映状态下，右击鼠标，在弹出的快捷菜单中单击“下一张”命令，如图 13-89 所示。

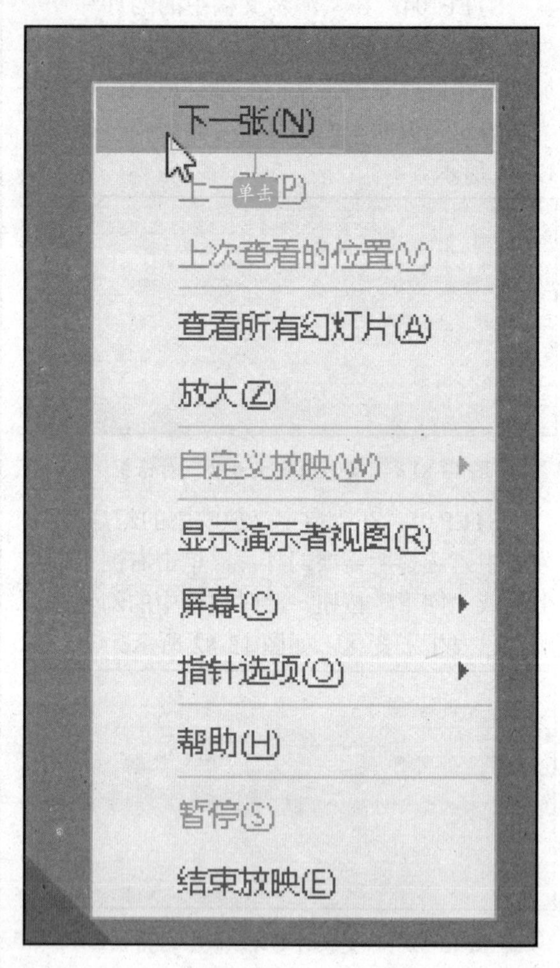

图 13-89　单击“下一张”命令

STEP 02：此时可以切换到下一张幻灯片放映，除此之外，用户还可以直接单击“下一张”控制按钮切换到下一张幻灯片中，如图 13-90 所示。

图 13-90 单击“下一张”控制按钮

STEP 03：当观看了所有的幻灯片后，可以结束放映，右击鼠标，在弹出的快捷菜单中单击“结束放映”命令，如图 13-91 所示。

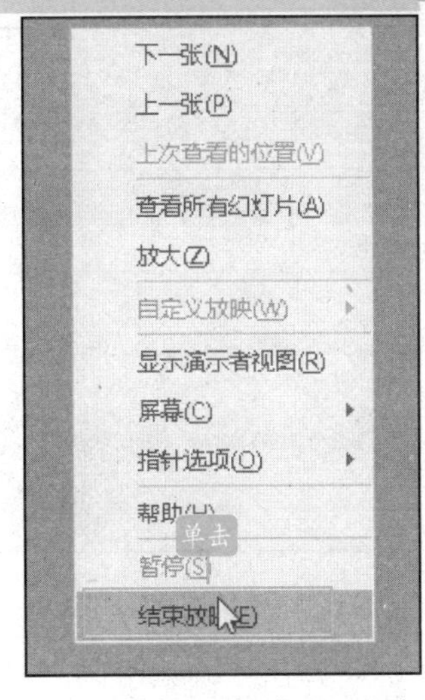

图 13-91 单击“结束放映”命令

13.5 保护与导出演示文稿

扫码观看本节视频

当制作好一个演示文稿后，往往需要给演示文稿加一个“保护层”，不让别人修改文稿或窥视文稿中的保密信息。

13.5.1 对演示文稿进行加密

对演示文稿进行加密，可以防止其他用户随意打开演示文稿或修改演示文稿内容，一般的操作方法就是保存演示文稿的时候设置权限密码。当用户要打开加密保存过的演示文稿时，此时 PowerPoint 将弹出“密码”对话框，只有输入正确的密码才能打开该演示文稿。

STEP 01：打开原始文件，切换到“文件”选项，在左侧列表中单击“另存为”命令，在“另存为”选项区中单击“浏览”按钮，如图 13-92 所示。

图 13-92 单击“浏览”按钮

STEP 02：弹出“另存为”对话框，单击右下角的“工具”下拉按钮，在弹出的下拉列表中选择“常规选项”，如图 13-93 所示。

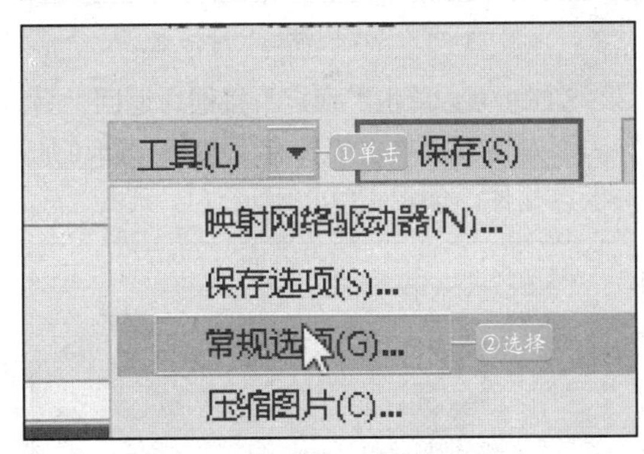

图 13-93 选择“常规选项”

STEP 03：弹出“常规选项”对话框，在“打开权限密码”和“修改权限密码”文本框中分别输入密码，单击“确定”按钮，如图 13-94 所示。

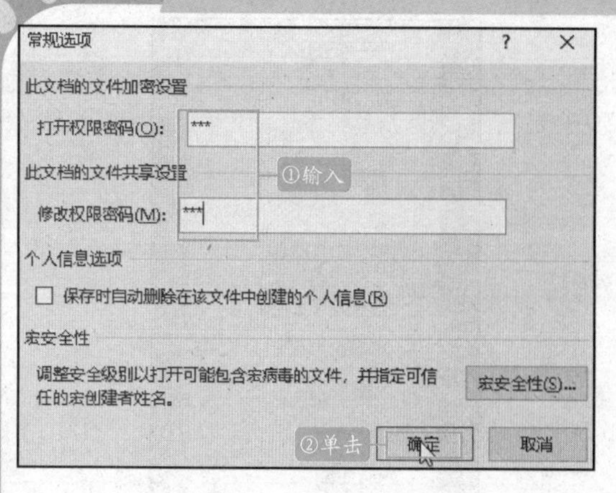

图 13-94　“常规选项”对话框

STEP 04：弹出“确认密码”对话框，重新输入打开权限密码，单击“确定”按钮。再次弹出“确认密码”对话框，再次输入修改权限密码，如图 13-95 所示。

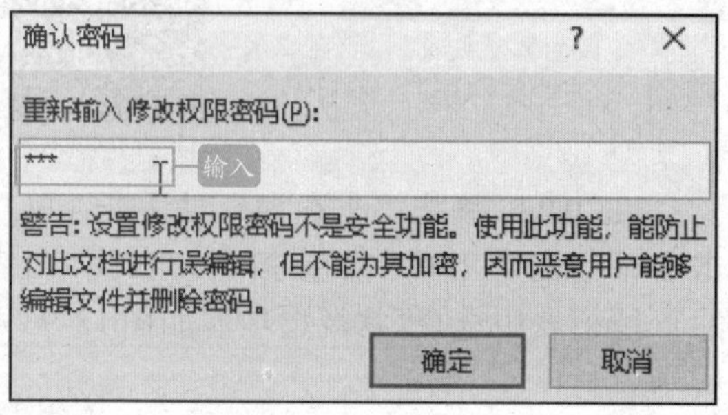

图 13-95　“确认密码”对话框

STEP 05：单击“确定”按钮，返回“另存为”对话框，单击“保存”按钮，即可加密保存文件，如图 13-96 所示。

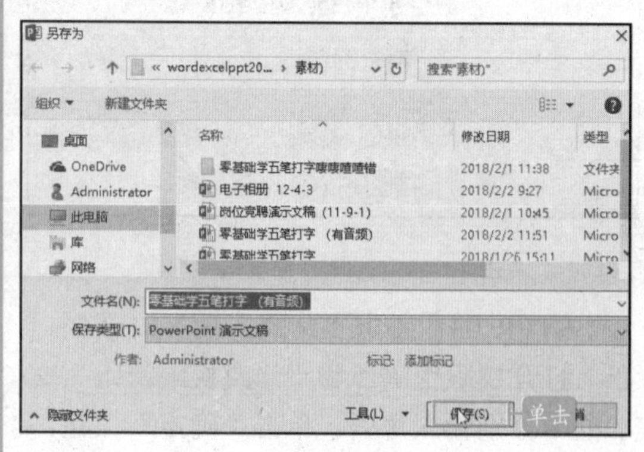

图 13-96　单击“保存”按钮

> **提示**
>
> 对演示文稿进行加密后，如果密码丢失或遗忘，则无法将其恢复，所以建议在设置密码时一定要慎重。“打开权限密码”和“修改权限密码”的功能不同，一个用于修改文档，另一个用于打开文档。这两个密码可以同时设置。在设置时，它们可以设置为相同的密码，也可以设置为不同的密码。

13.5.2　输出为自动放映文件

将演示文件的类型保存为“PowerPoint 放映”，即可实现打开演示文稿自动播放的效果。

STEP 01：打开原始文件，单击“文件”按钮，在弹出的菜单中单击“另存为”命令，在“另存为”选项区中单击“浏览”按钮，如图 13-97 所示。

图 13-97　单击“浏览”按钮

STEP 02：弹出“另存为”对话框，选择保存路径，设置保存类型为“PowerPoint 放映”，单击“保存”按钮，如图 13-98 所示。

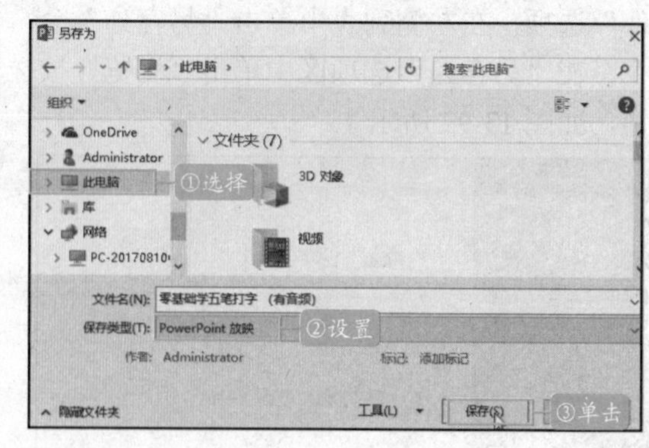

图 13-98　“另存为”对话框

STEP 03：在另存为的位置可以看见自

动放映文件的图标，双击此图标，演示文稿将进行自动放映，如图 13-99 所示。

图 13-99 自动放映文件图标

13.5.3 将演示文稿导出为 PDF 文件

如果想要正确地保存文件中的字体、格式、颜色和图片等，就可以将演示文稿创建为一个 PDF/XPS 文档。使用 PDF/XPS 文档，能让文件轻易地跨越应用程序和系统平台的限制，而且还能有效防止内容的随意更改。而打开 PDF/XPS 文档需要专用的 PDF 阅读器。

STEP 01：打开原始文件，单击“文件”按钮，在弹出的菜单中单击“导出”命令，单击右侧面板中的“创建 PDF/XPS 文档”选项，然后单击“创建 PDF/XPS”按钮，如图 13-100 所示。

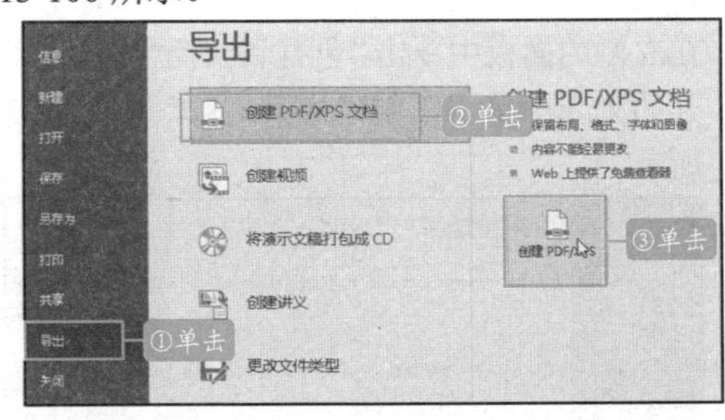

图 13-100 单击“创建 PDF/XPS”按钮

STEP 02：弹出“发布为 PDF 或 XPS”对话框，选择 PDF 的保存路径，在“文件名”文本框中输入 PDF 的名称，单击“选项”按钮，如图 13-101 所示。

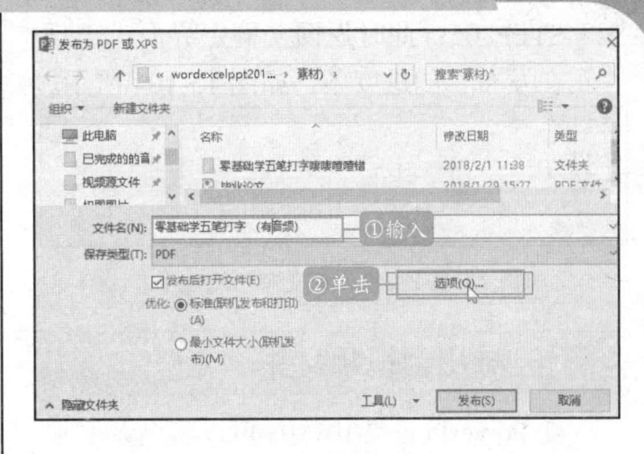

图 13-101 “发布为 PDF 或 XPS”对话框

STEP 03：弹出“选项”对话框，在“范围”选项组中单击选中“全部”单选按钮，在“发布选项”选项组中选择发布内容为“幻灯片”，如图 13-102 所示。

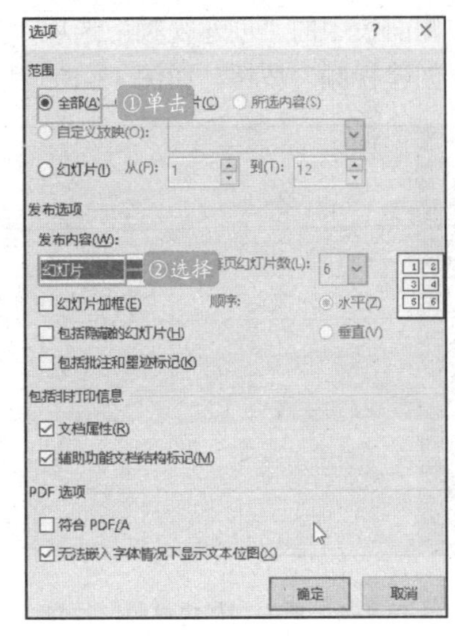

图 13-102 “选项”对话框

STEP 04：单击“确定”按钮后，返回到“发布为 PDF 或 XPS”对话框，单击“发布”按钮，效果如图 13-103 所示。

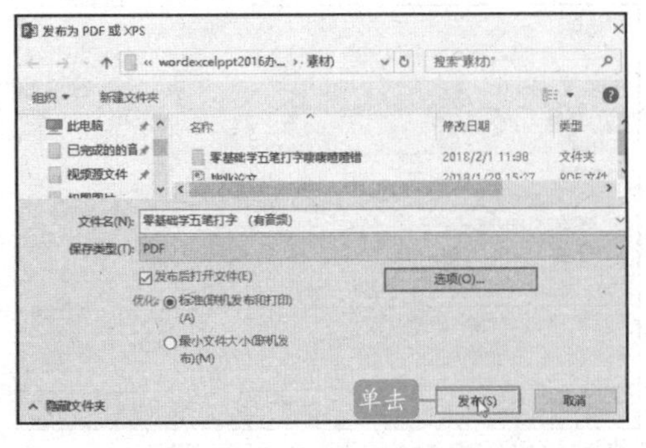

图 13-103 单击“发布”按钮

STEP 05：此时返回文稿主界面，出现“正在发布”的进度条，如图 13-104 所示。

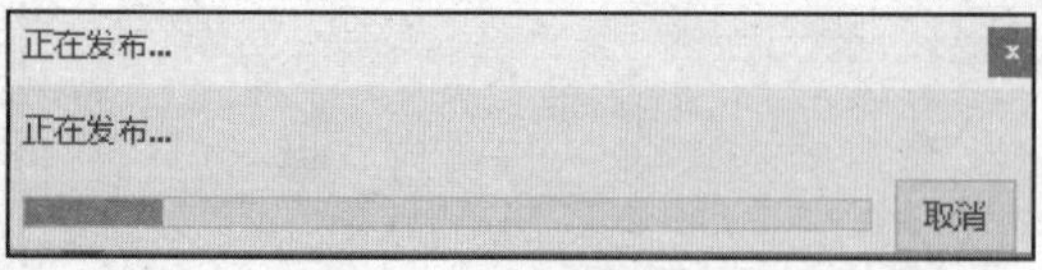

图 13-104 “正在发布”进度条

13.5.4 导出为视频文件

在 PowerPoint 2016 中，可以将演示文稿转换为视频。视频格式的演示文稿不仅不易修改，还能随意在有媒体软件的计算机上播放，在分发给观众时更放心。

STEP 01：打开原始文件，单击“文件”按钮，在弹出的菜单中单击“导出”命令，单击右侧面板中的“创建视频”选项，然后单击“创建视频”按钮，如图 13-105 所示。

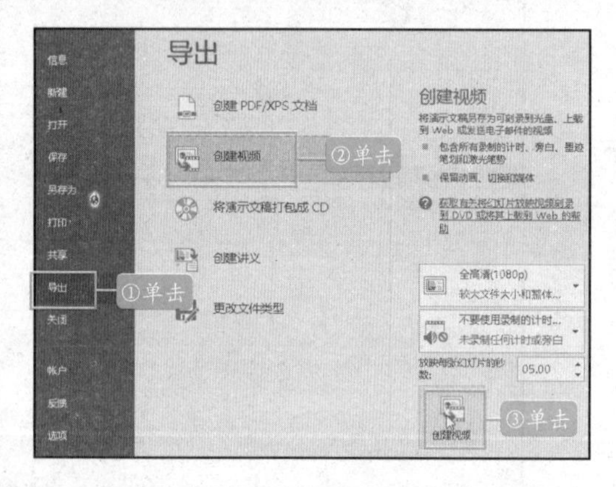

图 13-105 单击“创建视频”按钮

STEP 02：弹出“另存为”对话框，选择视频保存的路径，在“文件名”文本框中输入视频的名称，之后单击“保存”按钮，如图 13-106 所示。

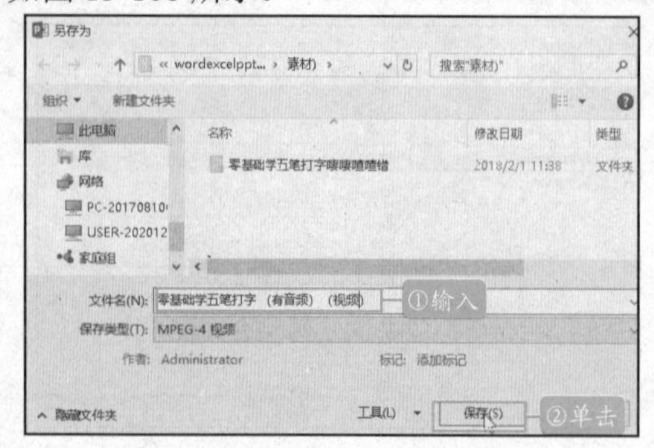

图 13-106 单击“保存”按钮

STEP 03：完成操作之后，返回演示文稿，在底部的状态栏中显示出进度条，如图 13-107 所示。

图 13-107 制作视频进度

STEP 04：完成视频创建后，在保存位置双击视频文件，利用默认的视频播放器可打开创建的视频，播放效果如图 13-108 所示。

图 13-108 播放效果

13.5.5 输出为讲义

讲义就是一个包含了幻灯片和备注的 Word 文档，如果用户设置了粘贴链接，当演示文稿发生改变时，讲义中的幻灯片将自动更新。

STEP 01：打开原始文件，单击“文件”按钮，在弹出的菜单中单击“导出”命令，在右侧的面板中单击“创建讲义”，在右侧展开的列表中单击“创建讲义”，如图 13-109 所示。

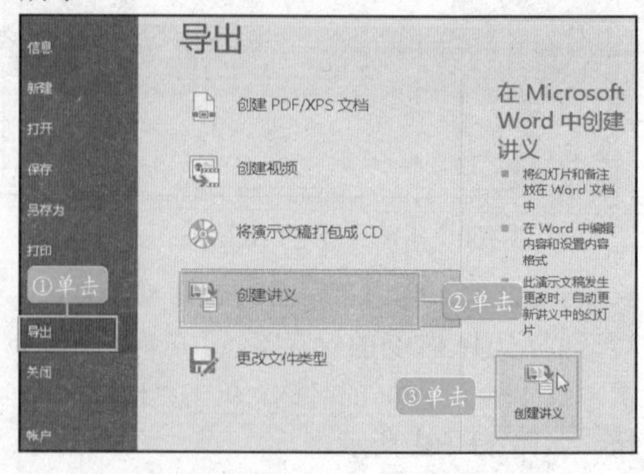

图 13-109 单击“创建讲义”

STEP 02：弹出“发送到 Microsoft Word”对话框，单击选中“备注在幻灯片下”单选按钮，单击“粘贴链接”单选按钮，单击“确定”按钮，如图 13-110 所示。

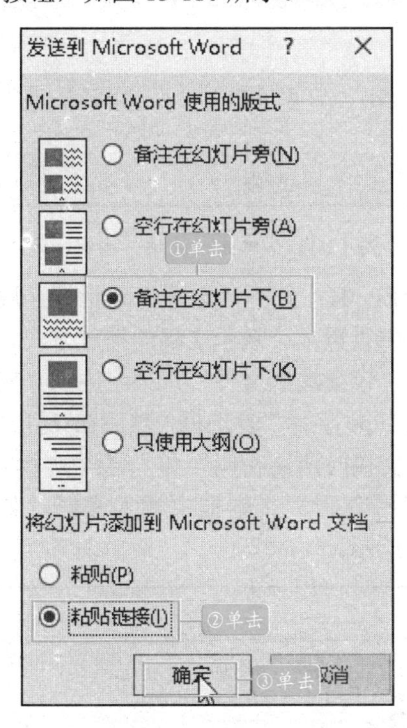

图 13-110 “发送到 Microsoft Word”对话框

STEP 03：此时打开了 Word 文档，创建了一个讲义文件，当双击文件中的图片时，将打开相应的幻灯片，如图 13-111 所示。

图 13-111 Word 讲义文件

13.5.6 将演示文稿直接保存为网页

用户可以利用 PowerPoint 2016 提供的“发布为网页”功能直接将演示文稿保存为 XML 文件，并将其发布为网页文件。

STEP 01：打开原始文件，单击“文件”按钮，从弹出的界面中选择“另存为”选项，然后从弹出的“另存为”界面中，单击“浏览”按钮，如图 13-112 所示。

图 13-112 单击“浏览”按钮

STEP 02：弹出“另存为”对话框，在其中设置文件的保存位置和保存名称，然后从“保存类型”下拉列表中选择“PowerPoint XML 演示文稿”选项，如图 13-113 所示。

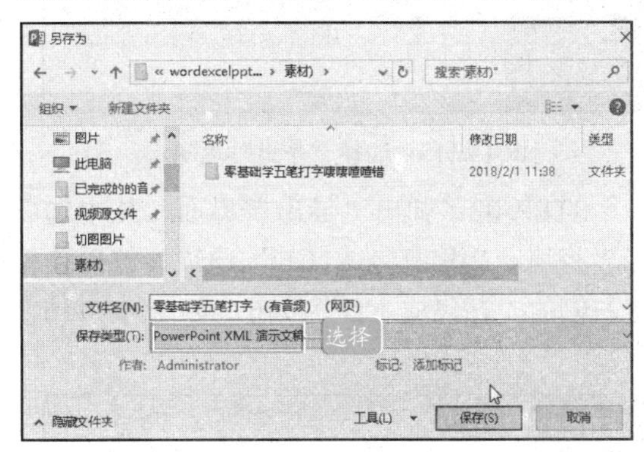

图 13-113 “另存为”对话框

STEP 03：设置完毕，单击“保存”按钮，此时即可在保存位置生成一个后缀名为“.xml”的网页文件，如图 13-114 所示。

零基础学五笔打字...	2018/2/4 11:54	MP4 文件	25,960 KB
零基础学五笔打字...	2018/2/4 14:24	XML 文件	8,716 KB
零基础学五笔打字...	2018/2/4 11:48	PDF 文件	2,747 KB
零基础学五笔打字...	2018/2/4 11:41	Microsoft Power...	6,227 KB
零基础学五笔打字...	2018/2/2 11:51	Microsoft Power...	6,226 KB
零基础学五笔打字	2018/1/26 15:11	Microsoft Power...	4,388 KB

图 13-114 网页文件

STEP 04：双击该文件即可将其打开。

13.5.7 打包演示文稿

在实际工作中，用户可能需要将演示文

稿拿到其他的电脑上去演示。如果演示文稿太大，不容易复制携带，此时最好的方法就是将演示文稿打包。

用户若使用压缩工具对演示文稿进行压缩，则可能会丢失一些链接信息，因此可以使用 PowerPoint 2016 提供的“打包向导”功能将演示文稿和播放器一起打包，然后复制到另一台电脑中，将演示文稿解压缩并进行播放。如果打包之后又对演示文稿做了修改，还可以使用“打包向导”功能重新打包，也可以一次打包多个演示文稿，具体操作如下：

STEP 01：打开要打包的演示文稿，单击“文件”标签，从弹出的界面中选择“导出”选项，如图 13-115 所示。

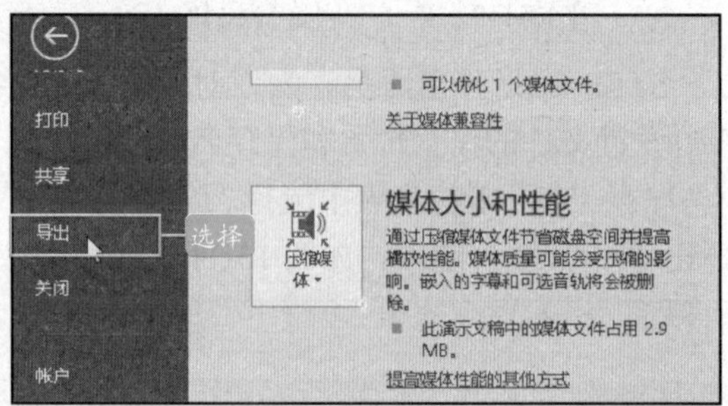

图 13-115　选择“导出”选项

STEP 02：弹出“导出”界面，从中选择“将演示文稿打包成 CD”选项，然后单击右侧的“打包成 CD”按钮，如图 13-116 所示。

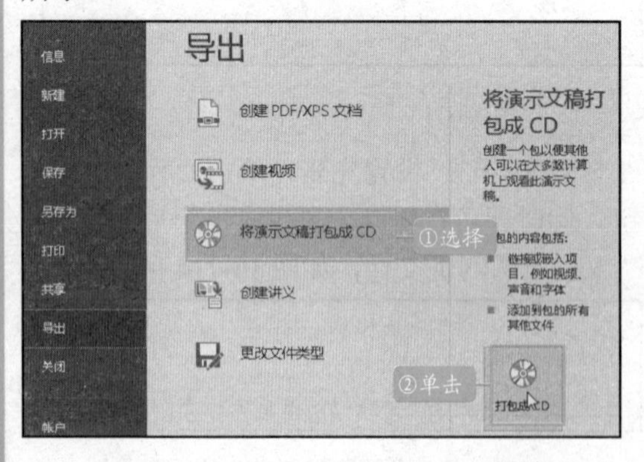

图 13-116　单击“打包成 CD”按钮

STEP 03：弹出“打包成 CD”对话框，然后单击“选项”按钮，如图 13-117 所示。

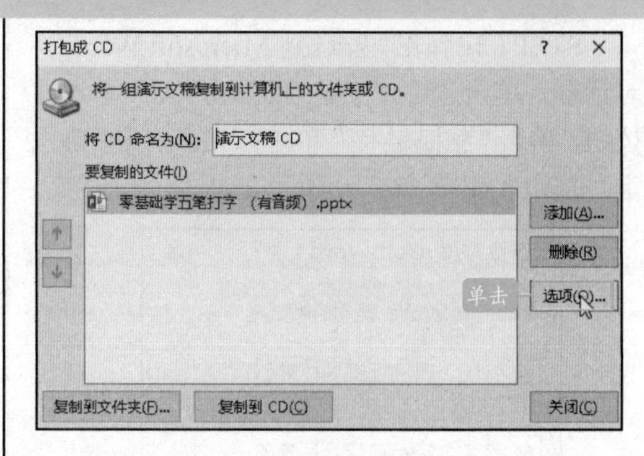

图 13-117　单击“选项”按钮

STEP 04：打开“选项”对话框，用户可以从中设置多个演示文稿的播放方式。这里选中“包含这些文件”选项组中的“嵌入的 TrueType 字体”复选框，然后在“打开每个演示文稿时所用密码”和“修改每个演示文稿所用密码”文本框中输入密码，如图 13-118 所示。

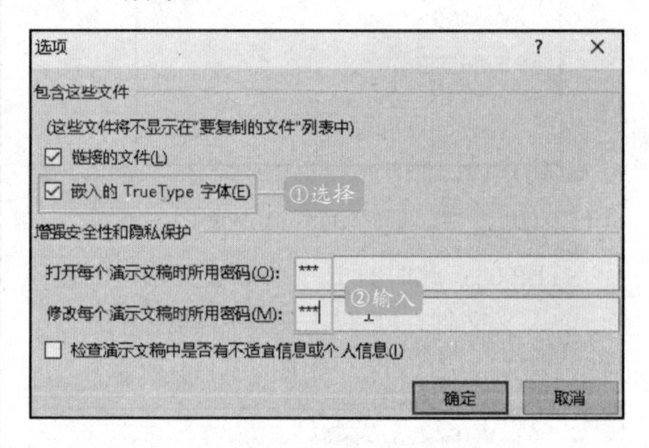

图 13-118　“选项”对话框

STEP 05：单击“确定”按钮，弹出“确认密码”对话框，在“重新输入打开权限密码”文本框中输入密码，如图 13-119 所示。

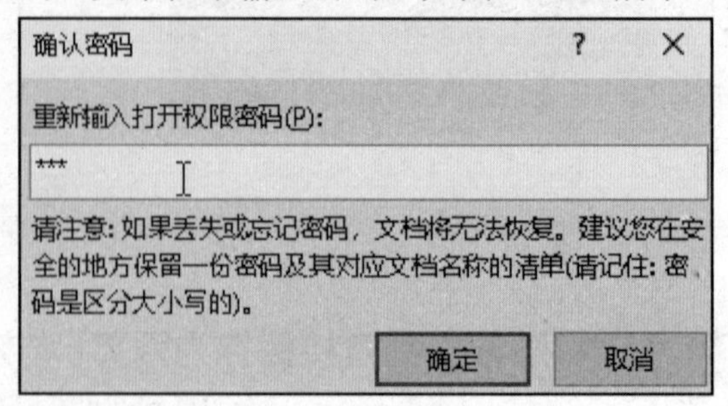

图 13-119　“确认密码”对话框

STEP 06：单击“确定”按钮，再次弹出“确认密码”对话框，在“重新输入修改权限密码”文本框中再次输入密码，如图 13-120 所示。

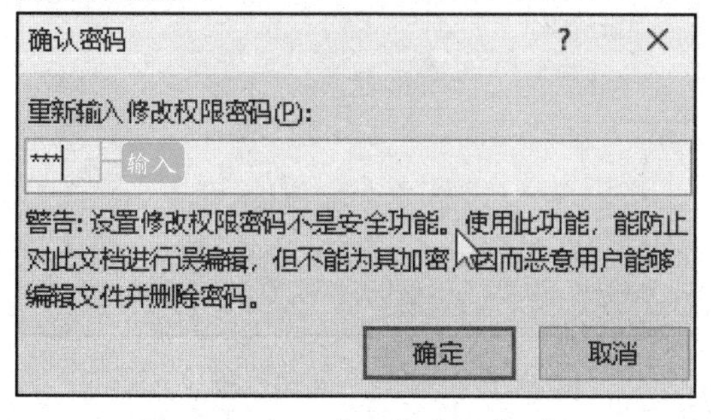

图 13-120　“确认密码”对话框

STEP 07：单击“确定”按钮，返回“打包成 CD”对话框，单击“复制到文件夹”按钮，如图 13-121 所示。

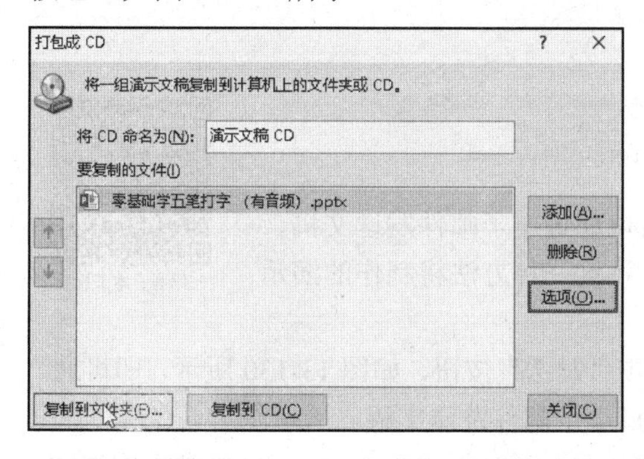

图 13-121　单击“复制到文件夹”按钮

STEP 08：弹出“复制到文件夹”对话框，在“文件夹名称”文本框中输入复制的文件夹名称，然后单击“浏览”按钮，如图 13-122 所示。

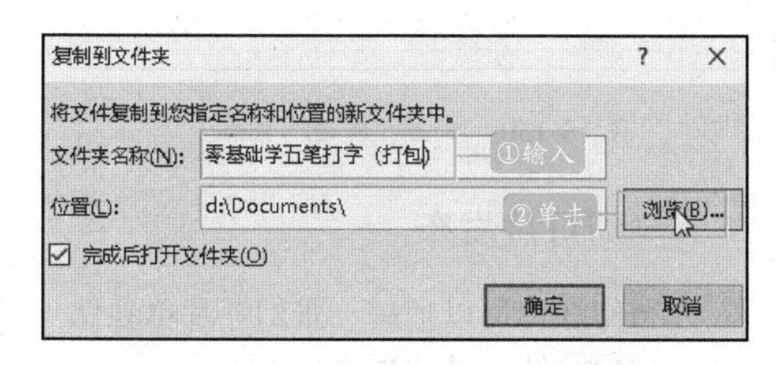

图 13-122　“复制到文件夹”对话框

STEP 09：弹出“选择位置”对话框，选择文件需要保存的位置，然后单击“选择”按钮即可，如图 13-123 所示。

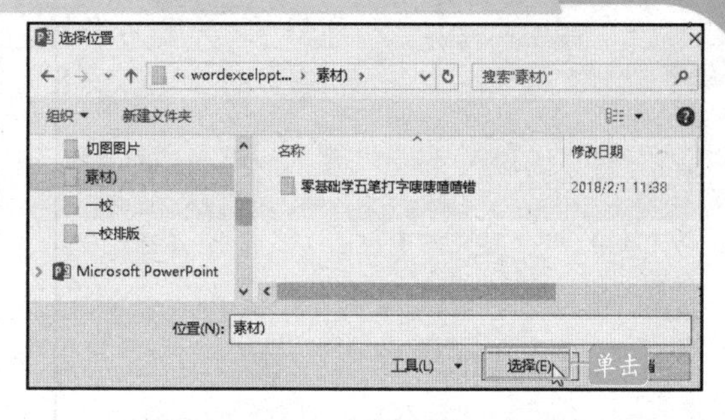

图 13-123　“选择位置”对话框

STEP 10：返回“复制到文件夹”对话框，单击“确定”按钮，如图 13-124 所示。

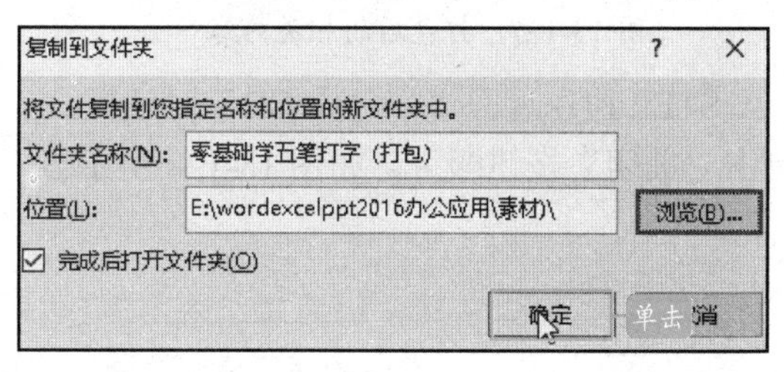

图 13-124　“复制到文件夹”对话框

STEP 11：弹出“Microsoft PowerPoint”提示框，提示用户“是否要在包中包含链接文件？”，单击“是”按钮，表示链接的文件内容会同时被复制，如图 13-125 所示。

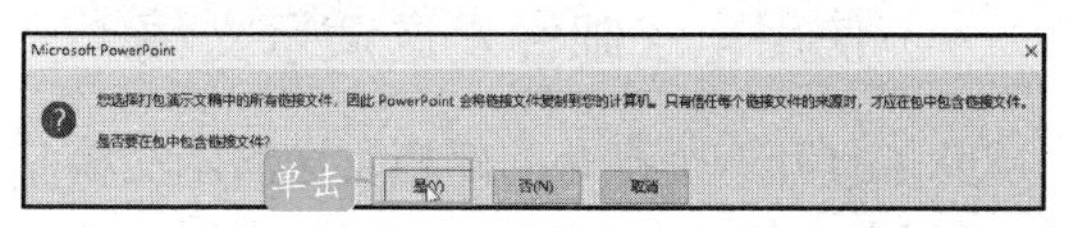

图 13-125　“Microsoft PowerPoint”提示框

STEP 12：此时系统开始复制文件，并弹出“正在将文件复制到文件夹”提示框，提示用户正在复制文件到文件夹中，如图 13-126 所示。

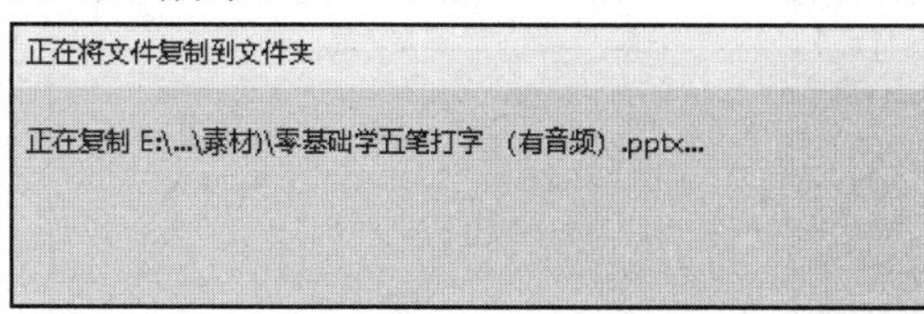

图 13-126　“正在将文件复制到文件夹”提示框

STEP 13：复制完成后，系统自动打开该打包文件的文件夹，可以看到打包后的相关内容，如图 13-127 所示。

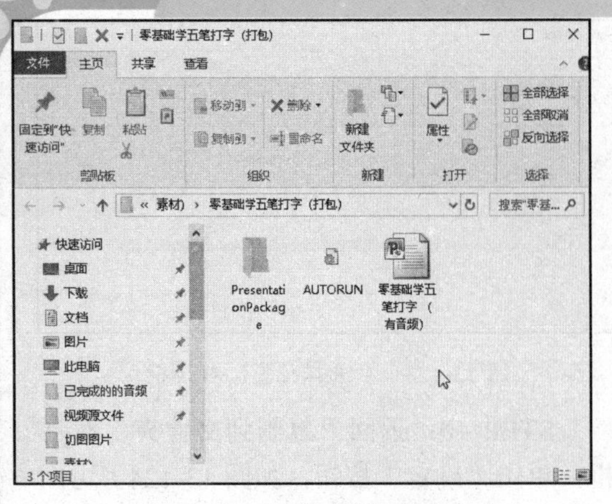

图 13-127　打包后的相关内容

STEP 14：返回“打包成 CD”对话框，单击“关闭”按钮即可，如图 13-128 所示。

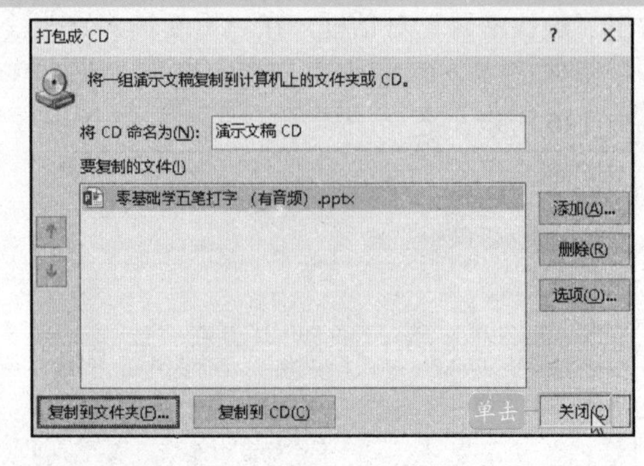

图 13-128　单击“关闭”按钮

◆◆提示

打包文件夹中的文件，不可随意删除。复制整个打包文件夹到其它电脑中，无论该电脑中是否安装 PowerPoint 或需要的字体，幻灯片均可正常播放。

13.6　共享演示文稿

扫码观看本节视频

当用户制作完成了一个精美的演示文稿后，可以通过电子邮件发送文稿、将幻灯片发布到幻灯片库中、邀请他人共享演示文稿这三种方法将制作的演示文稿与他人共享。

13.6.1　使用电子邮件发送演示文稿

除了打开一个已有的邮箱发送演示文稿外，还可以直接在 PowerPoint 2016 中通过特定的功能选项来发送演示文稿。

STEP 01：打开原始文件，在“文件”菜单中单击“共享”命令，在右侧的界面中单击“电子邮件”选项，然后单击右侧的“作为附件发送”按钮，如图 13-129 所示。

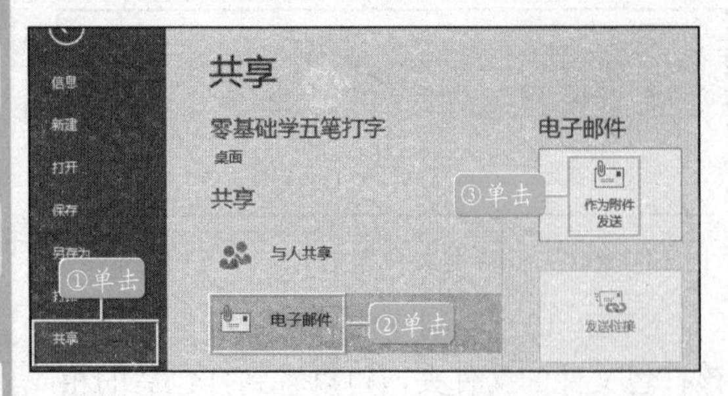

图 13-129　单击“作为附件发送”按钮

STEP 02：打开发送邮件窗口，在“收件人”文本框中输入收件人的邮箱地址，单击“发送”按钮，如图 13-130 所示，即可通过电子邮件发送文稿。

图 13-130　单击“发送”按钮

13.6.2　幻灯片发布

发布幻灯片可以把每一张幻灯片单独保存为独立的文档，具体操作如下。

STEP 01：打开演示文稿，单击“文件”选项，在弹出的界面中选择“共享”选项，在“共享”选项面板中选择“发布幻灯片”选项，如图 13-131 所示。

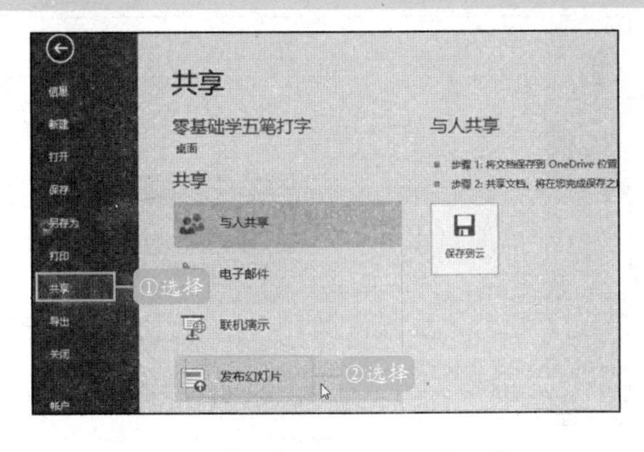

图 13-131 选择“发布幻灯片”选项

STEP 02：在选项面板的最右侧单击“发布幻灯片”按钮，如图 13-132 所示。

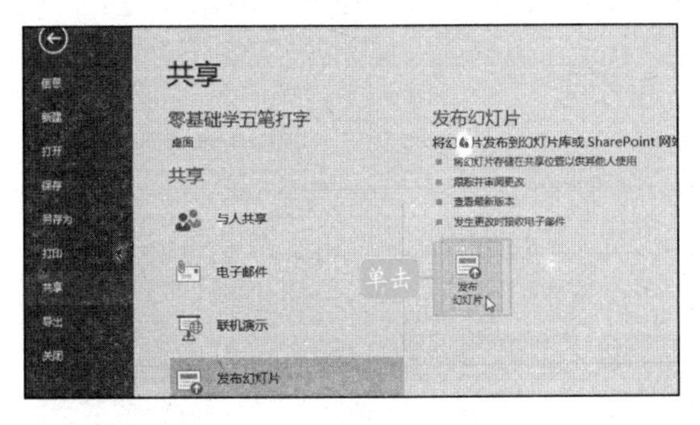

图 13-132 单击“发布幻灯片”按钮

STEP 03：弹出“发布幻灯片”对话框，单击“全选”按钮，如图 13-133 所示。

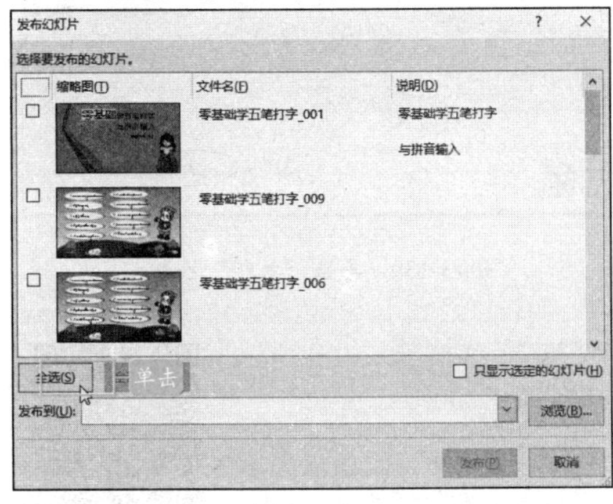

图 13-133 单击“全选”按钮

STEP 04：“选择要发布的幻灯片”列表中的幻灯片全部被选中，单击“浏览”按钮，如图 13-134 所示。

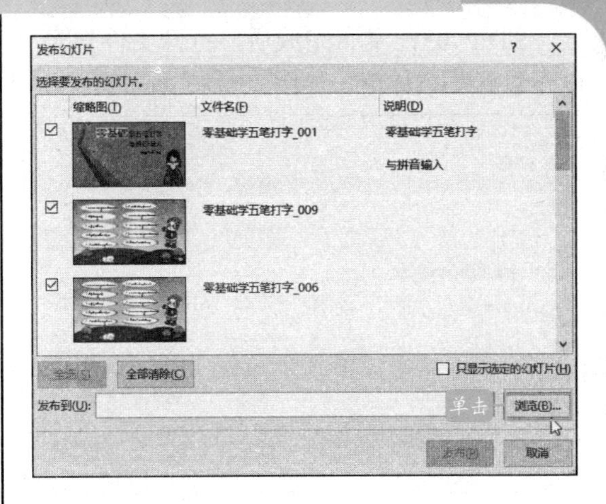

图 13-134 单击“浏览”按钮

STEP 05：弹出“选择幻灯片库”对话框，选择好文档的发布位置，单击“选择”按钮，如图 13-135 所示。

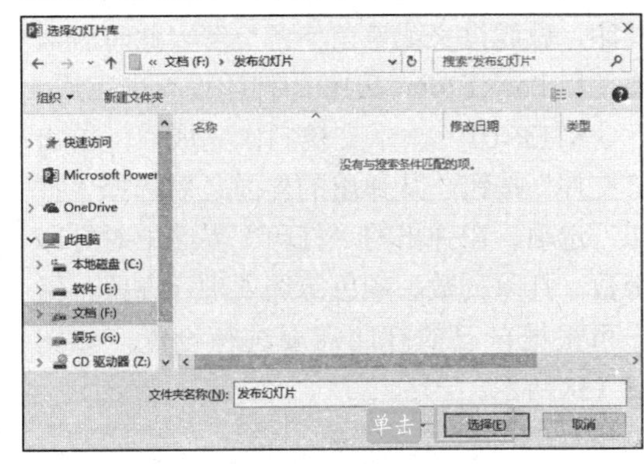

图 13-135 “选择幻灯片库”对话框

STEP 06：返回“发布幻灯片”对话框，单击“发布”按钮，开始发布幻灯片，如图 13-136 所示。

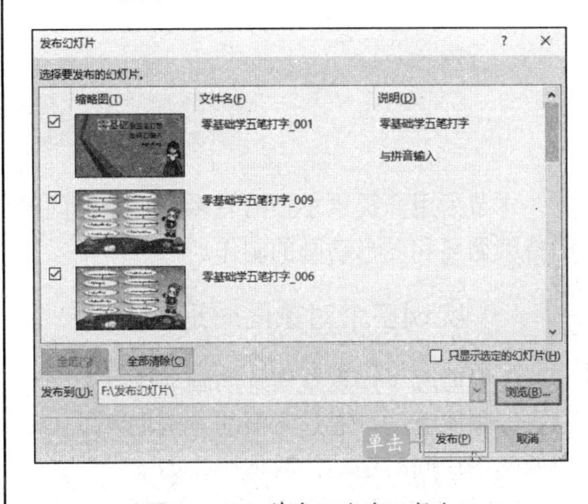

图 13-136 单击“发布”按钮

STEP 07：发布完成后，打开文件夹可以查看到发布详情，如图 13-137 所示。

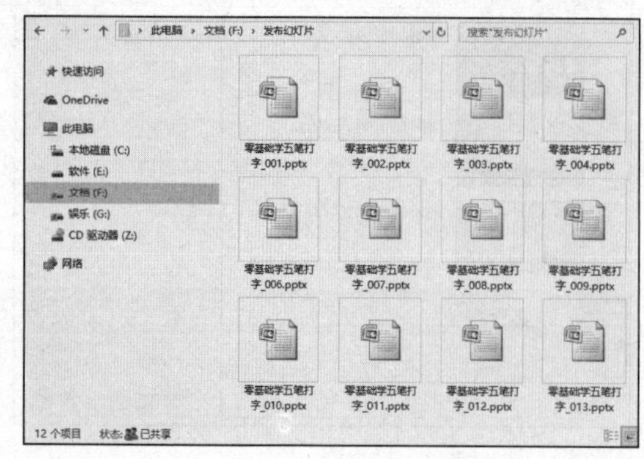

图 13-137　发布完成图

13.6.3　打印演示文稿

演示文稿制作完成后，有时还需要将其打印，做成讲义或者留作备份等，此时就需要使用 PowerPoint 2016 的打印设置来完成。

STEP 01：演示文稿制作完成后，单击“文件”按钮，从弹出的界面之后选择“打印”选项，在弹出的“打印”界面中对打印份数、打印页数、颜色等选项进行设置，用户可根据自己的打印需要进行设置，如图 13-138 所示。

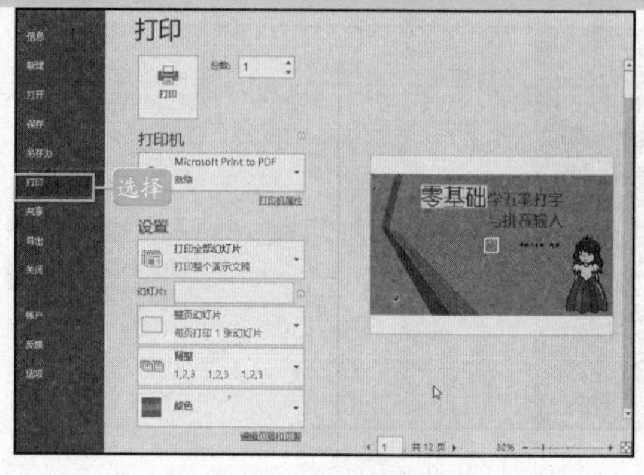

图 13-138　设置打印范围

STEP 02：设置完成后，单击“打印”按钮即可，如图 13-139 所示。

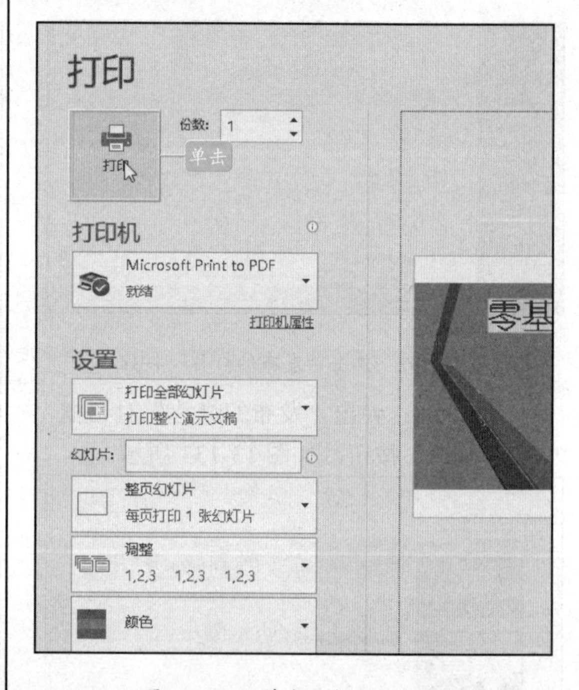

图 13-139　单击“打印”按钮

13.7　实用技巧

扫码观看本节视频

本节为用户提供小技巧有多个对象的同时运动、幻灯片的链接、切换效果的持续循环和图形动画的制作。

13.7.1　实现多个对象同时运动

一般情况下，设置图片动画动作时都是一张一张地运动，通过下面的方法也可以实现两幅图片同时运动，具体操作如下：

STEP 01：打开原始文件，在左侧的幻灯片列表中选中第 2 张幻灯片，在其中按住【Shift】键选中相应的文本框和图片，单击右键，从弹出的快捷菜单中选择“组合”|“组合”命令，如图 13-140 所示。

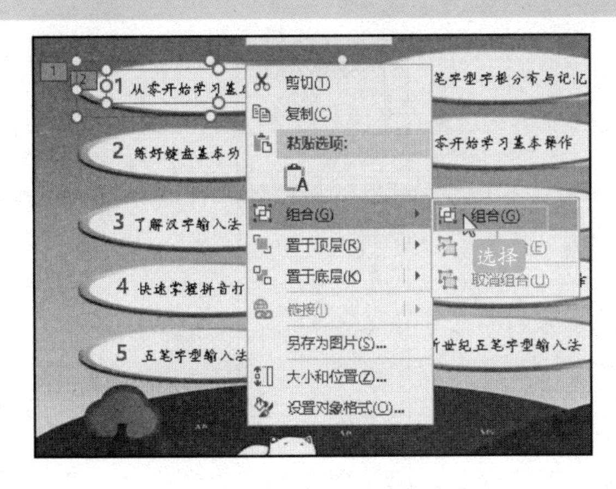

图 13-140 选择“组合”命令

STEP 02：文本框和图片就组合成一个对象了，如果选择组合的对象，对其进行移动会发现文本随着图片一起移动，如图 13-141 所示。

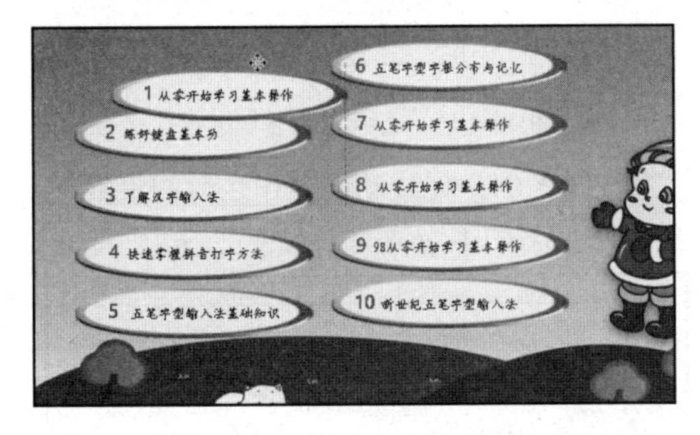

图 13-141 组合效果

13.7.2 切换效果持续循环

用户不但可以设置切换效果的声音，还可以使切换的声音循环播放直至幻灯片放映结束。

STEP 01：选择一张幻灯片，单击“切换”选项卡下“计时”选项组中的“声音”按钮，在弹出的下拉列表中选择声音，如“爆炸”效果，如图 13-142 所示。

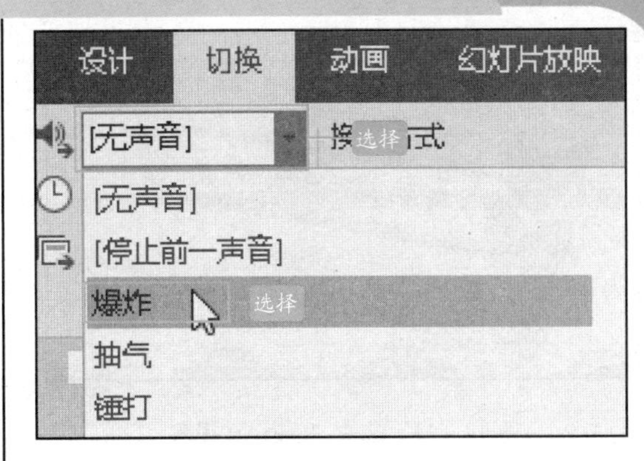

图 13-142 选择声音

STEP 02：再次单击“切换”选项卡下“计时”选项组中的“声音”按钮，在弹出的下拉列表中单击选中“播放下一段声音之前一直循环”复选框即可，如图 13-143 所示。

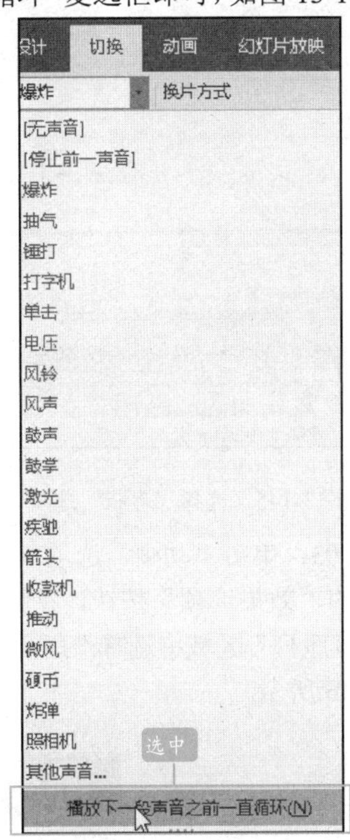

图 13-143 设置持续循环

13.7.3 将 SmartArt 图形制作成动画

可以将添加到演示文稿中的图形制作成动画，具体操作如下：

STEP 01：打开原始文件，并选择幻灯片中的 SmartArt 图形，如图 13-144 所示。

图 13-144　选中 SmartArt 图形

STEP 02：单击“动画”选项卡“动画”选项组中的“其它”按钮，在弹出的下拉列表的“进入”区域中选择“形状”选项，如图 13-145 所示。

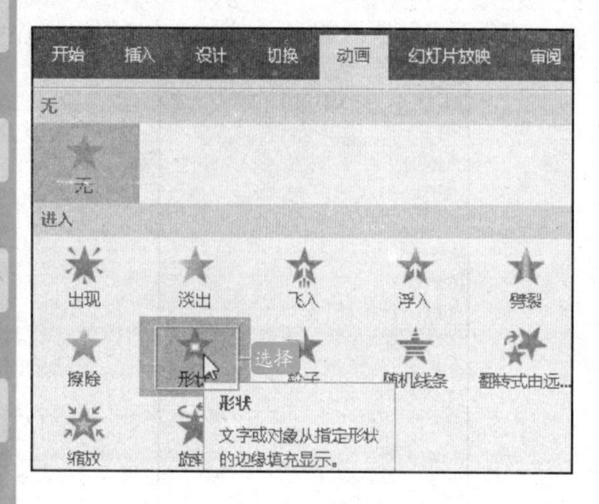

图 13-145　选择“形状”选项

STEP 03：单击“动画”选项卡“动画”选项组中的“效果选项”按钮，在弹出的下拉列表的“序列”区域中选择“逐个”选项，如图 13-146 所示。

图 13-146　选择“逐个”选项

STEP 04：完成动画制作之后的最终效果如图 13-147 所示。

图 13-147　最终效果图

13.8　上机实际操作

本节上机实践将对演示文稿中动画的添加与设置、文档的保护和打包操作进行练习。

13.8.1　为计划方案文稿设置动画效果

前面已经讲了在幻灯片中添加动画的一些基本操作，相信用户已经有了初步的认识，下面通过一个实例来融会贯通这些知识点。

STEP 01：打开原始文件，选中第一张幻灯片中的图片，切换到“动画”选项卡，单击“动画”选项组中的快翻按钮，在展开的动画库中选择“强调”选项组中的“陀螺旋”，如图 13-148 所示。

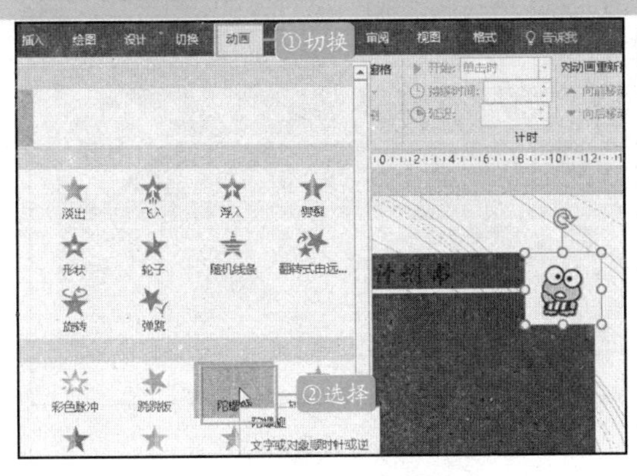

图 13-148 选择动画样式

STEP 02：在“计时”选项组中单击“开始”右侧的下三角按钮，在展开的下拉列表中单击“上一动画之后”选项，如图 13-149 所示。

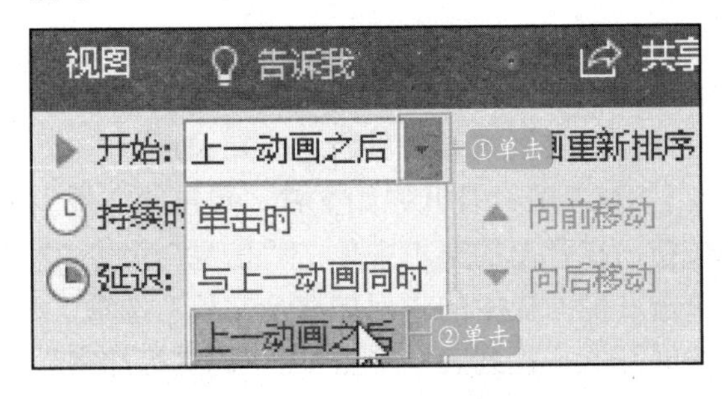

图 13-149 单击“上一动画之后”选项

STEP 03：在“计时”选项组中单击“持续时间”右侧的微调按钮，设置动画效果的持续时间为“04.00”秒，如图 13-150 所示。

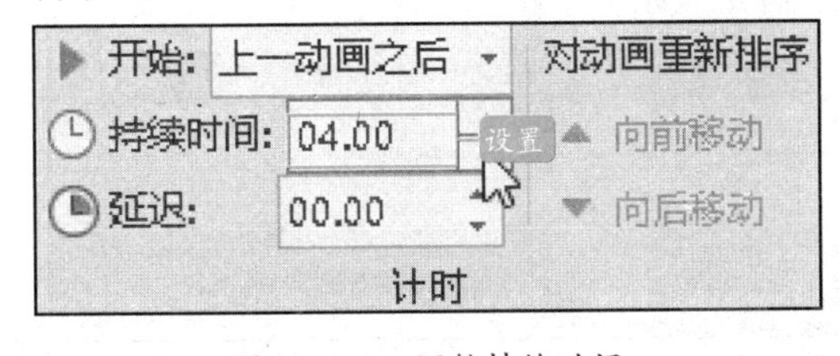

图 13-150 调整持续时间

STEP 04：在“动画”选项组中单击对话框启动器，如图 13-151 所示。

图 13-151 单击对话框启动器

STEP 05：弹出“陀螺旋”对话框，在“效果”选项卡下单击“声音”右侧的下三角按钮，在展开的下拉列表中单击“风铃”选项，如图 13-152 所示。

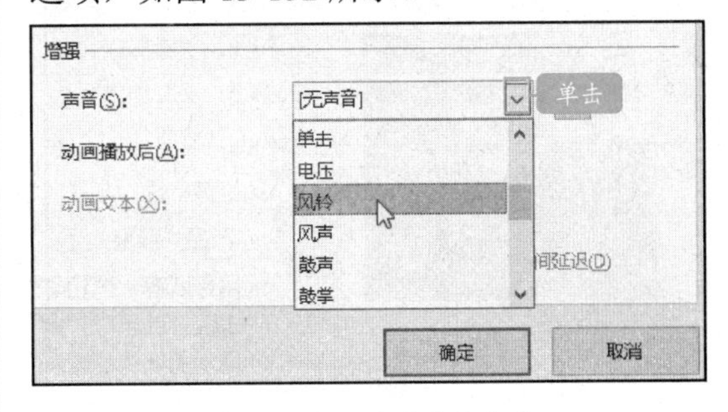

图 13-152 设置动画声音

STEP 06：单击“动画播放后”右侧的下三角按钮，在展开的下拉列表中单击“播放动画后隐藏”选项，如图 13-153 所示。

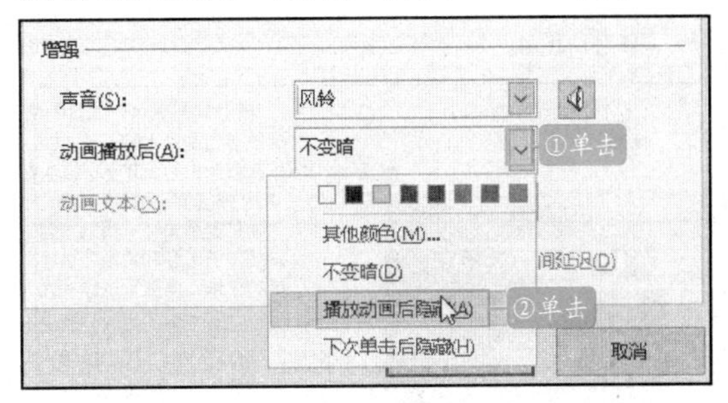

图 13-153 设置动画播放后的效果

STEP 07：单击“确定”按钮后，选中图片，双击“高级动画”选项组中的“动画刷”按钮，如图 13-154 所示。

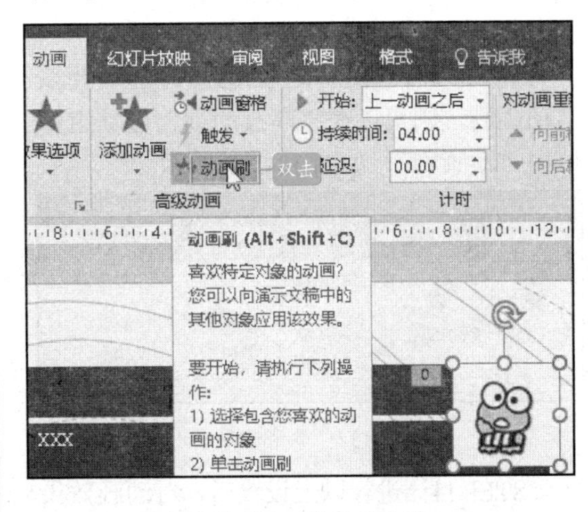

图 13-154 使用动画刷

STEP 08：此时鼠标指针的右上方显示刷

子形状，切换到第二张幻灯片，单击幻灯片中的图片，复制动画效果，如图 13-155 所示。

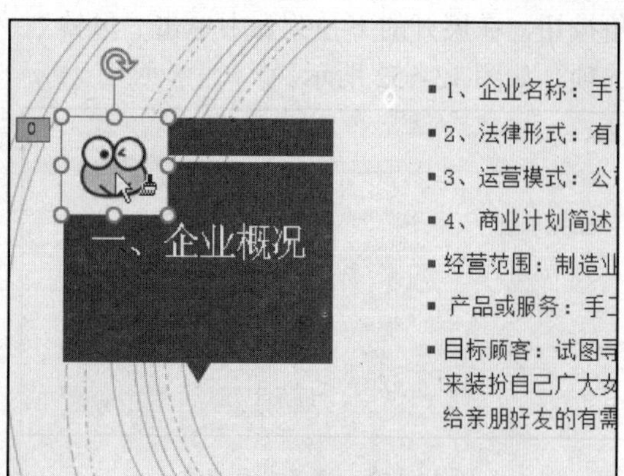

图 13-155　复制动画

STEP 09：切换到第三张幻灯片，单击幻灯片中的图片，继续复制动画效果，如图 13-156 所示。

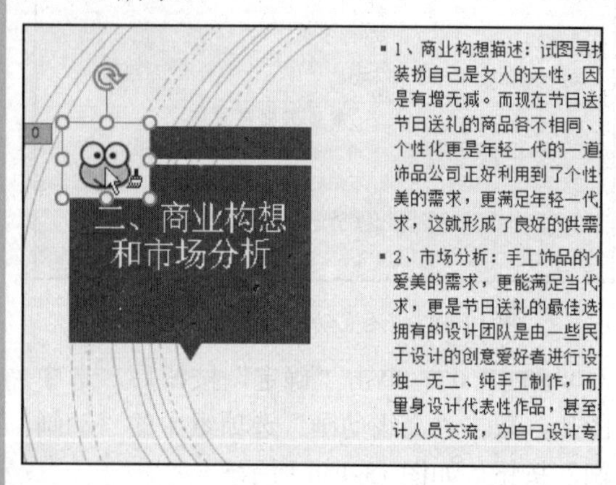

图 13-156　复制动画

STEP 10：复制好后面的幻灯片后要取消动画刷，则可以在“高级动画”选项组中单击“动画刷”，如图 13-157 所示。

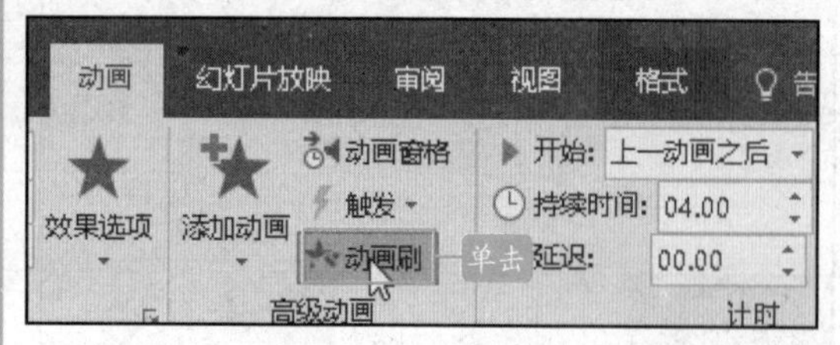

图 13-157　取消动画刷

STEP 11：进行以上设置后，对动画效果进行预览，显示动画效果如图 13-158 所示。

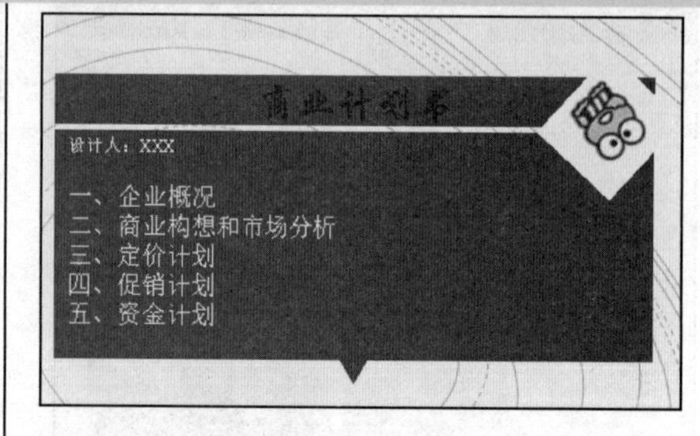

图 13-158　预览动画效果

13.8.2　保护并打包商业计划书

通过以上的学习，相信用户已经对在 PowerPoint 2016 中如何保护演示文稿的设置有了初步的认识，既能够通过为文稿设置密码和限制权限来保护文稿，也能够通过发送电子邮件或邀请的形式来共享文稿，下面通过一个实例来融会贯通这些知识点。

STEP 01：打开原始文件，单击“文件”按钮，在弹出的菜单中单击“信息”命令，单击右侧面板中的“保护演示文稿”选项，在展开的下拉列表中单击“用密码进行加密”选项，如图 13-159 所示。

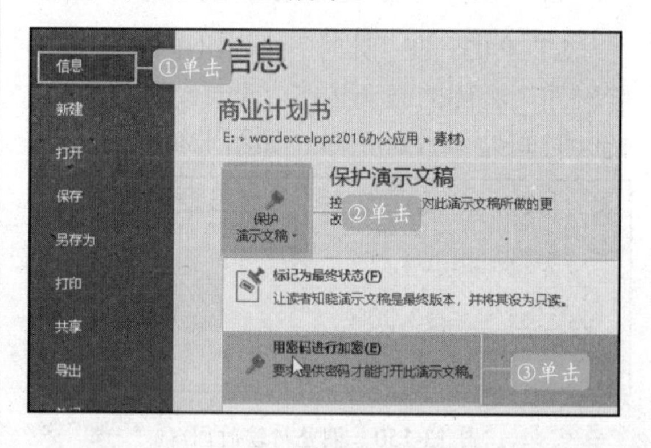

图 13-159　单击“用密码进行加密”选项

STEP 02：弹出“加密文档”对话框，在“密码”文本框中输入密码，单击“确定”按钮，如图 13-160 所示。

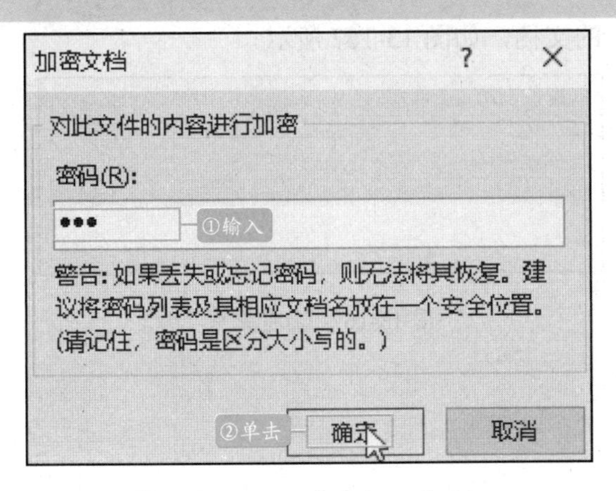

图 13-160 “加密文档”对话框

STEP 03：弹出“确认密码”对话框，在“重新输入密码”文本框中输入密码，单击“确定”按钮，如图 13-161 所示。

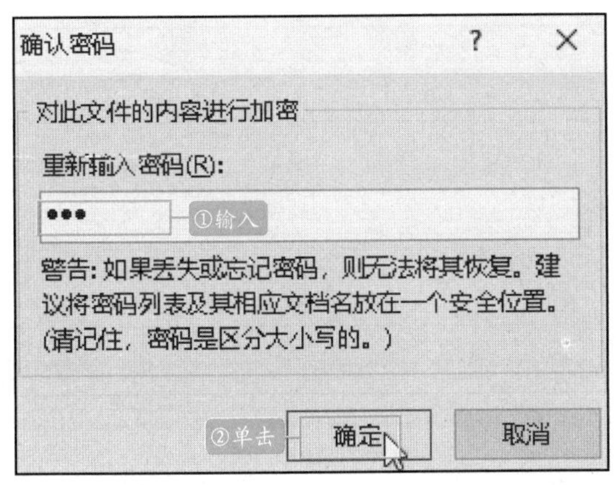

图 13-161 “确认密码”对话框

STEP 04：此时在“保护演示文稿”按钮右侧显示了文档的状态，提示用户打开此文档需要密码，如图 13-162 所示。

图 13-162 打开此文档需要密码

STEP 05：单击“导出”命令，单击右侧面板中的“将演示文稿打包成 CD”选项，然后单击“打包成 CD”按钮，如图 13-163 所示。

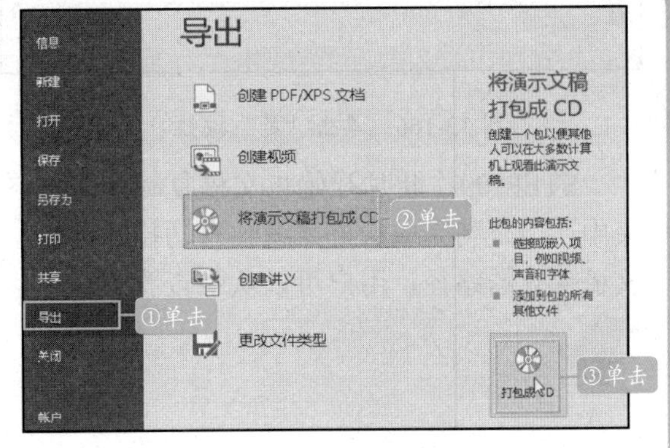

图 13-163 单击“打包成 CD”按钮

STEP 06：弹出“打包成 CD”对话框，在“将 CD 命名为”文本框中输入“商业计划书 CD”，单击“复制到文件夹”按钮，如图 13-164 所示。

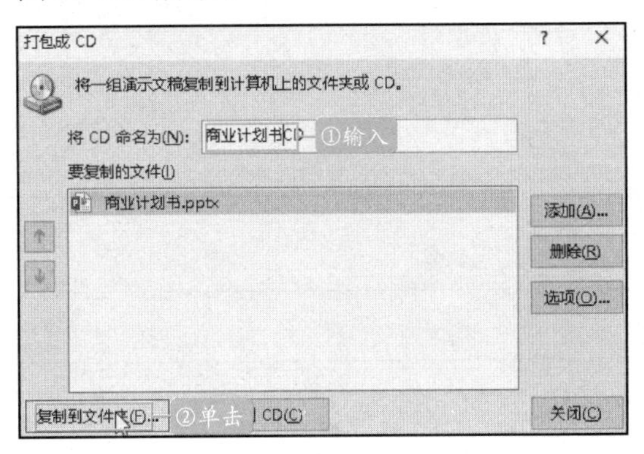

图 13-164 “打包成 CD”对话框

STEP 07：弹出“复制到文件夹”对话框，在“位置”文本框中设置好文件保存的路径，单击“确定”按钮，如图 13-165 所示。

图 13-165 “复制到文件夹”对话框

STEP 08：弹出提示框，提示用户是否要包含链接文件，单击“是”按钮，如图 13-166 所示。

图 13-166　单击“是”按钮

STEP 09：此时开始将文稿复制到文件夹中，当复制完成后，系统会自动打开打包文稿保存的路径，用户可以从中查看到打包的文稿，如图 13-167 所示。

图 13-167　打包完成

笔记本

第 14 章 Office 2016 组件的协同应用

Word、Excel 和 PPT 是 Office 系列中最为常用的三大软件。除了可以单独使用这三款软件进行日常的工作外，Office 还提供了更为方便的协同办公功能。通过数据的转换，使数据可以在这三款软件中自由流通，方便用户规划文档结构，提高工作的效率，取得更好的视觉效果。

本章知识要点

- Word 与其他组件的协同
- Excel 与其他组件的协同
- PowerPoint 与其他组件的协同

14.1 Word 与其他组件的协同

扫码观看本节视频

用户在 Word 中不仅可以创建 Excel 工作表，而且可以调用已有的 PowerPoint 演示文稿，来实现资源的共用，避免在不同软件之前的来回切换，大大减少了工作量。

14.1.1 在 Word 中使用 Excel 数据

当制作的 Word 文档涉及数据报表时，我们可以直接在 Word 中使用 Excel 数据，这样不仅可以使文档的内容更加清晰，表达的意思更加完整，而且可以节约时间，下面介绍几种常用的方法。

1.复制粘贴

STEP 01：打开 Excel 2016，全选表格数据，单击鼠标右键，选择“复制”命令，如图 14-1 所示。

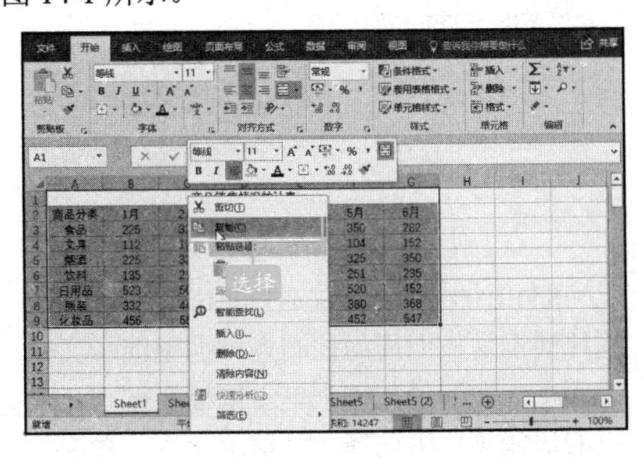

图 14-1 复制表格

STEP 02：打开 Word 文档，指定好插入点，单击鼠标右键，选择“粘贴”选项下的“保留源格式”命令，如图 14-2 所示。

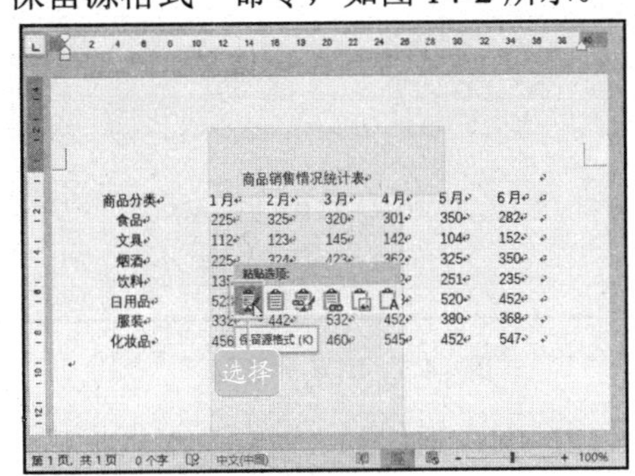

图 14-2 在 Word 中粘贴表格

2.嵌入表格

STEP 01：打开 Word 文档中指定好插入点，在“插入”选项卡下的“文本”选项组中单击“对象”按钮，如图 14-3 所示。

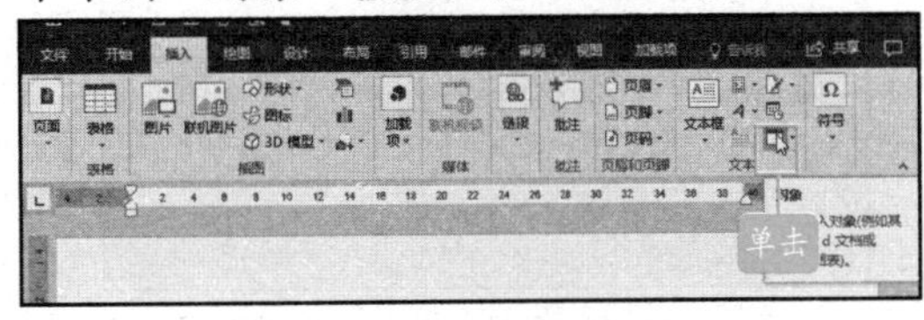

图 14-3 单击“对象”按钮

STEP 02：在“对象”对话框中，选择“由文件创建”选项卡，单击“浏览”按钮，如图14-4所示。

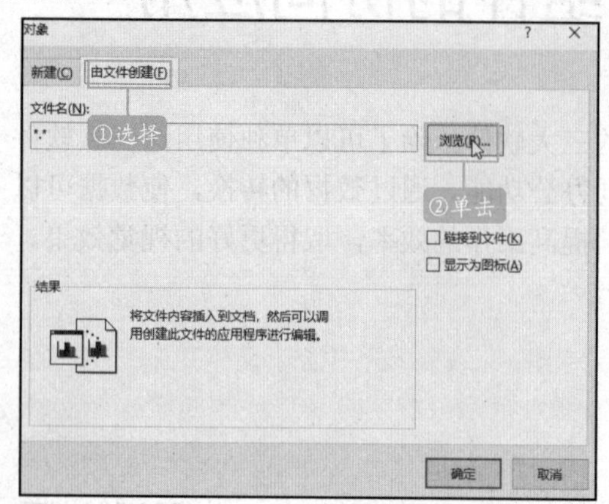

图 14-4　“对象”对话框

STEP 03：在“浏览”对话框中选择需要插入的Excel文件，单击“插入”按钮，如图14-5所示。

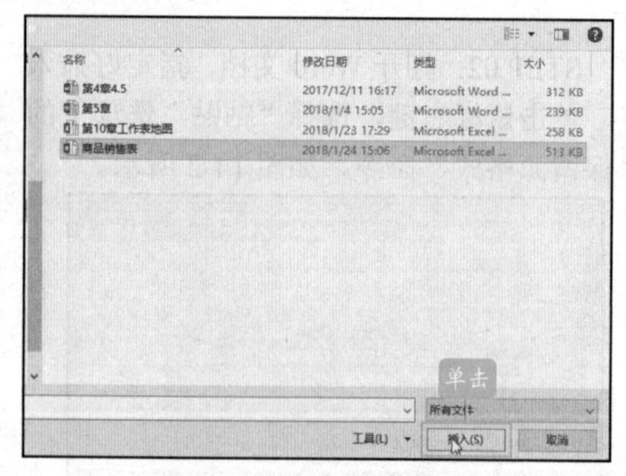

图 14-5　浏览对话框

STEP 04：返回到“对象”对话框后，单击“确定”按钮即可，如图14-6所示。

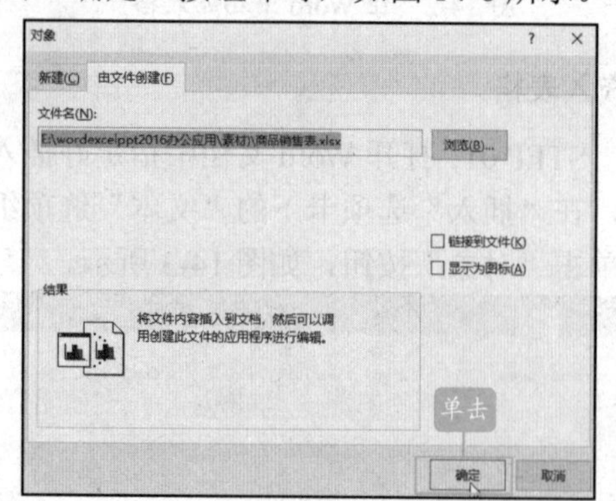

图 14-6　“对象”对话框

14.1.2 在Word中插入PowerPoint演示文稿

Word与PowerPoint演示文稿之间的信息共享不是很常用，但也会因为某种需要而在Word中插入PowerPoint演示文稿，具体操作如下：

STEP 01：打开Word 2016，将鼠标光标定位在要插入演示文稿的位置，单击“插入”选项卡下“文本”选项组中的“对象”按钮，如图14-7所示。

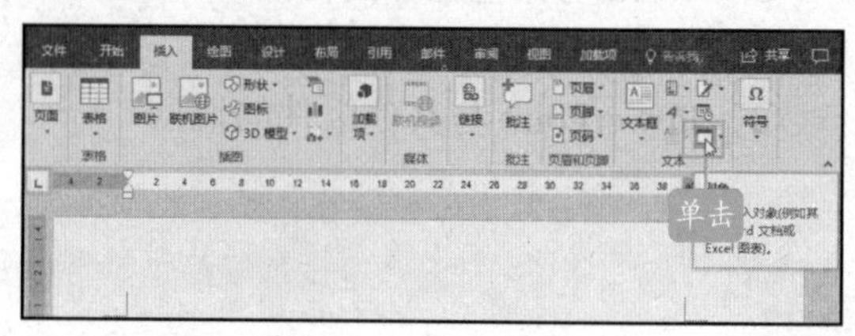

图 14-7　选择“对象”按钮

STEP 02：弹出“对象”对话框，选择“由文件创建”选项卡，单击“浏览”按钮，在打开的“浏览”对话框中选择文件，单击“插入”按钮，返回“对象”对话框，单击“确定”按钮，即可在文档中插入所选的演示文稿，如图14-8所示。

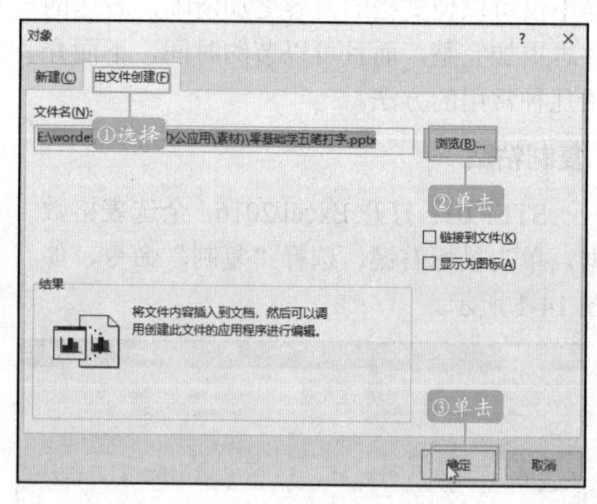

图 14-8　“对象”对话框

STEP 03：插入PowerPoint演示文稿后，拖拽演示文稿四周的控制点可调整演示文稿的大小。在演示文稿中单击鼠标右键，在弹出的快捷菜单中选择“‘演示文稿’对象”下拉菜单中的“显示”选项，如图14-9所示。

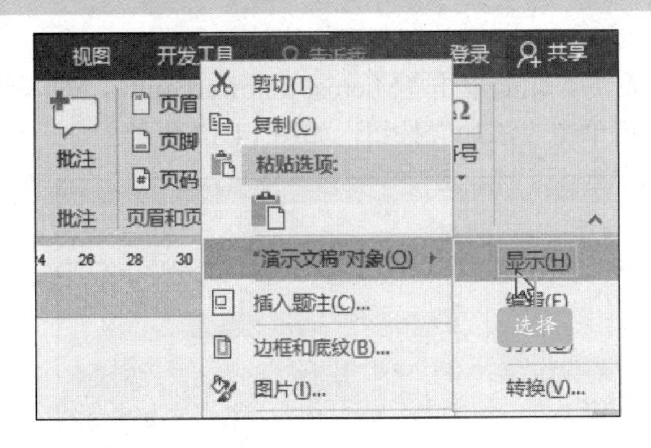

图 14-9　单击"显示"选项

STEP 04：即可播放幻灯片，效果如图14-10所示。

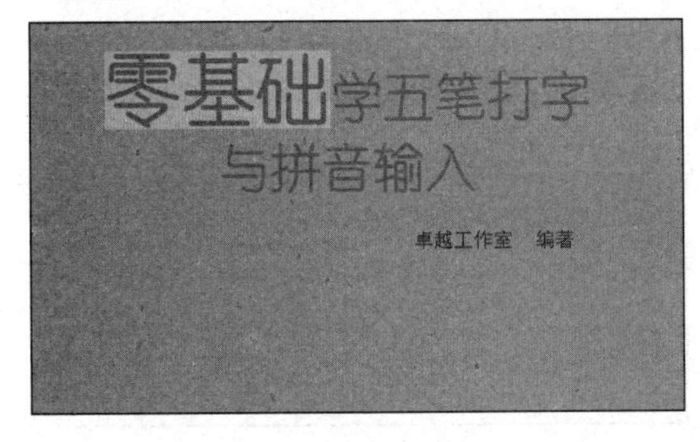

图 14-10　最终效果图

14.1.3 将Word表格及数据复制到Excel中

在Excel、PowerPoint组件中，用户可以将Word表格及数据复制到Excel或演示文稿中，具体操作如下：

STEP 01：打开Word文档，单击表格左上角的"全选"按钮，选中表格，如图14-11所示。

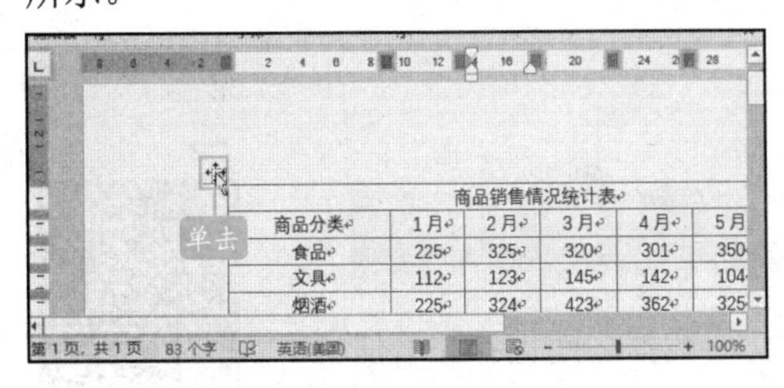

图 14-11　选中表格

STEP 02：切换到"开始"选项卡，在"剪贴板"组中单击"复制"按钮，如图14-12所示。

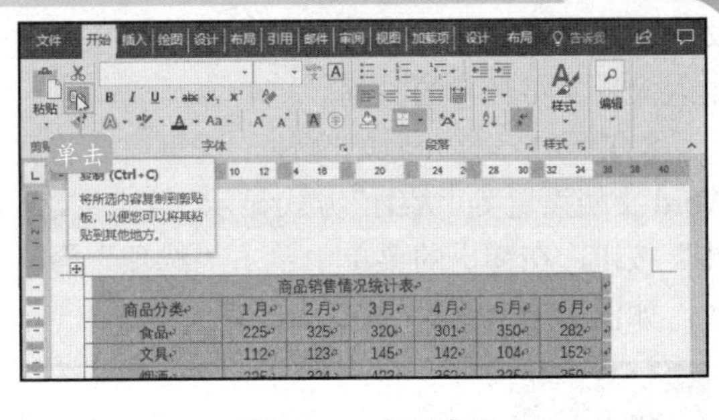

图 14-12　复制表格

STEP 03：打开Excel 2016，新建一个空白工作簿，在其中一张工作表中选中需要粘贴的单元格，切换到"开始"选项卡，在"剪贴板"选项组中单击"粘贴"下三角按钮，在展开的下拉列表中单击"保留源格式"选项，如图14-13所示。

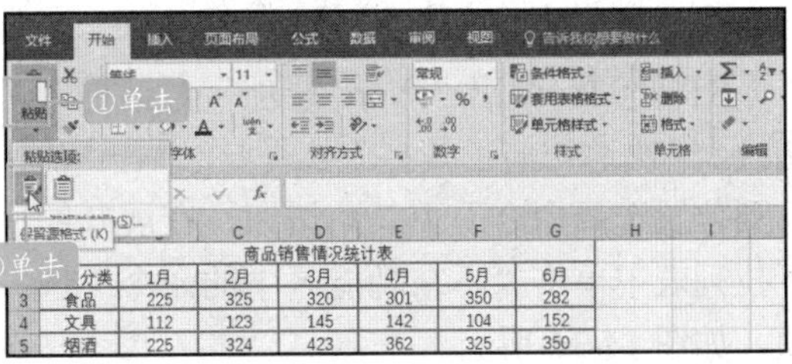

图 14-13　在Excel中粘贴表格

STEP 04：此时，之前在Word文档中的表格被复制到了Excel的指定位置，并且表格保留了在Word中的格式，如图14-14所示。

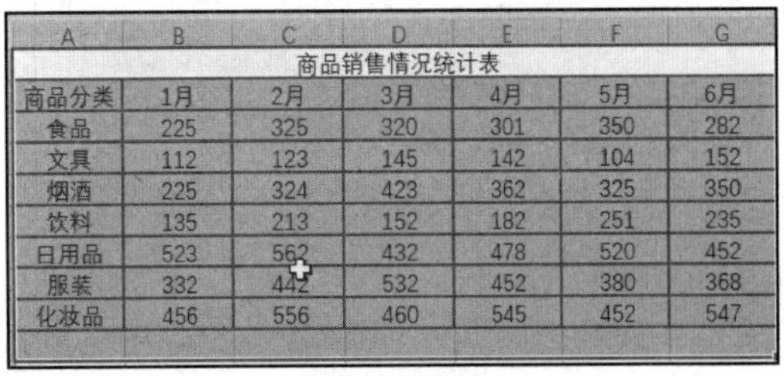

商品销售情况统计表						
商品分类	1月	2月	3月	4月	5月	6月
食品	225	325	320	301	350	282
文具	112	123	145	142	104	152
烟酒	225	324	423	362	325	350
饮料	135	213	152	182	251	235
日用品	523	562	432	478	520	452
服装	332	442	532	452	380	368
化妆品	456	556	460	545	452	547

图 14-14　Excel表格

◆◆提示

在粘贴复制了Word文档后，Excel表格的列宽可能会改变，此时可以拖动列标签的边缘进行调整，让表格数据更加清楚整洁。

14.1.4 将Word文档转换为PPT演示文稿

虽然在PowerPoint演示文稿中制作幻灯片很方便，但是有时也需要将现有的Word

初识Office
Word基本操作
文档排版美化
文档图文混排
表格图表使用
文档高级编辑
Excel基本操作
数据分析处理
分式函数使用
Excel图表使用
PPT基本操作
幻灯片的美化
PPT动画与放映
Office协同应用

文档变成 PowerPoint 演示文稿，以减少重复录入大量文字耗费的时间。

STEP 01：打开原始文件，这里需要将 Word 文档设置为“大纲”方式显示。单击“文件”按钮，在弹出的菜单中单击“选项”命令，如图 14-15 所示。

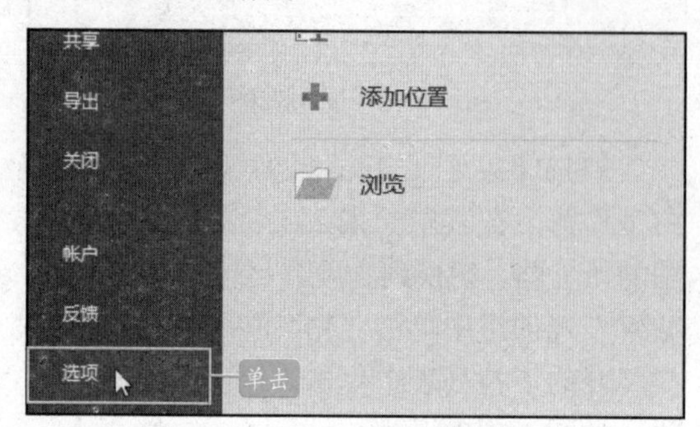

图 14-15　选择“选项”命令

STEP 02：弹出“Word 选项”对话框，切换到“快速访问工具栏”选项卡，单击“从下列位置选择命令”下三角按钮，在展开的下拉列表中单击“不在功能区中的命令”选项，如图 14-16 所示。

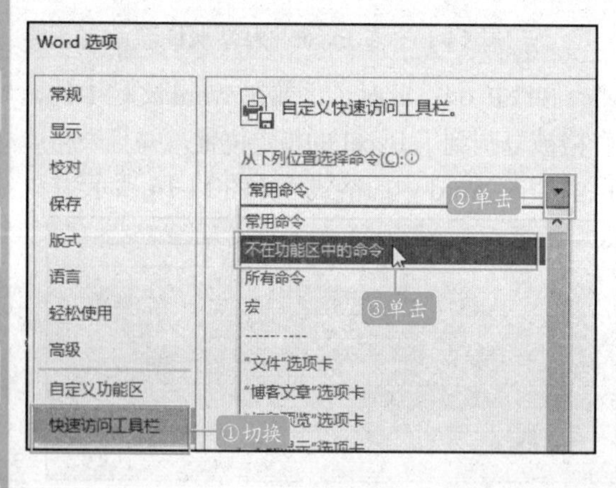

图 14-16　“Word 选项”对话框

STEP 03：在列表框中选择需要添加的命令，此处单击“Microsoft PowerPoint”，然后单击“添加”按钮，如图 14-17 所示。

图 14-17　选择添加到 PPT

STEP 04：添加成功后，单击“确定”按钮，返回 Word 主界面中，此时在快速访问工具栏单击“Microsoft PowerPoint”按钮，如图 14-18 所示。

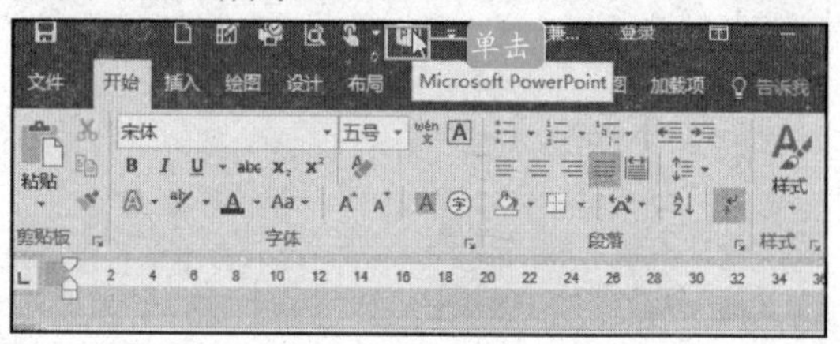

图 14-18　发送到 PPT

STEP 05：系统自动打开 PowerPoint 组件，打开后显示 Word 文档转化为 PowerPoint 演示文稿的操作。

14.2　Excel 与其他组件的协同

扫码观看本节视频

Excel 工作簿与 PowerPoint 演示文稿以及文本文件数据之间也存在着信息的相互调用和共享关系。

14.2.1　在 Excel 中使用 Word 数据

在 Excel 中同样也可以使用 Word 中的数据，具体操作如下：

STEP 01：在 Word 中，选择所需表格数据，单击鼠标右键，选择“复制”命令，如

图 14-19 所示。

商品分类	1月	…	6月
食品	225		282
文具	112		152
烟酒	225		350
饮料	135		235
日用品	523		452

剪切(T)
复制(C)
粘贴选项:
选择

图 14-19　在 Word 中复制表格

STEP 02：在 Excel 文档中，选择任意单元格，然后单击鼠标右键，选择“保留源格式”选项，如图 14-20 所示。

商品销售情况统计表						
商品分类	1月	2月	3月	4月	5月	6月
食品	225	325	320	301	350	282
文具			145	142	104	152
烟酒			423	362	325	350
			152	182	251	235
日用品		562	432	478	520	452
服装		42	532	452	380	368

粘贴选项:
选择
保留源格式 (K)

图 14-20　在 Excel 中粘贴数据

STEP 03：适当调整表格行高和列宽，即可完成插入操作，如图 14-21 所示。

商品销售情况统计表					
1月	2月	3月	4月	5月	6月
225	325	320	301	350	282
112	123	145	142	104	152
225	324	423	362	325	350
135	213	152	182	251	235
523	562	432	478	520	452
332	442	532	452	380	368
456	556	460	545	452	547

图 14-21　调整列宽大小

提示

在进行数据粘贴时，选择“匹配目标格式粘贴”选项，可清除源格式中的各种文本样式。

14.2.2　将 Excel 数据复制到 Word 文档中

直接使用“复制粘贴”功能复制 Excel 数据，与用户在 Word 或 PowerPoint 中创建的数据表没有任何区别。

STEP 01：打开工作表，选中需要复制的单元格，右击鼠标，在弹出的快捷菜单中单击“复制”命令，如图 14-22 所示。

商品分类	1月	2月	…	5月	6月
食品	225	325			282
文具	112	123			152
烟酒	225	324		325	350
饮料	135	213		251	235
日用品	523	562		520	452
服装	332	442		380	368
化妆品	456	556		452	547

剪切(T)
复制(C)
粘贴选项:
选择性粘贴(S)...
智能查找(L)
插入(I)...
单击

图 14-22　复制单元格区域

STEP 02：打开一个空白的 Word 文档，切换到“开始”选项卡，单击“剪贴板”选项组的“粘贴”下三角按钮，在展开的下拉列表中单击“保留源格式”选项，如图 14-23 所示。

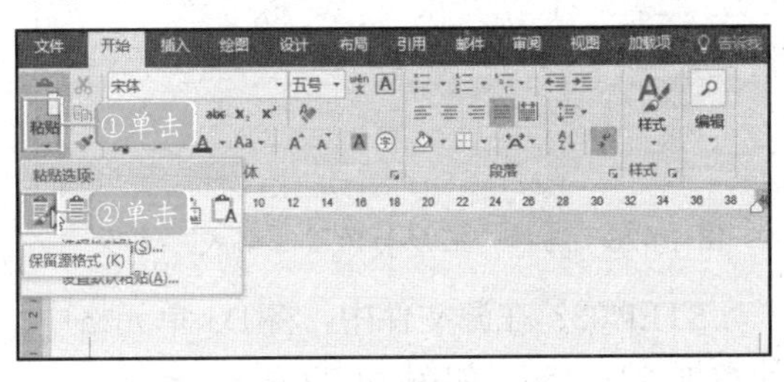

图 14-23　粘贴单元格区域

STEP 03：此时文档中显示了所复制的 Excel 单元格区域，如图 14-24 所示。

商品销售情况统计表						
商品分类	1月	2月	3月	4月	5月	6月
食品	225	325	320	301	350	282
文具	112	123	145	142	104	152
烟酒	225	324	423	362	325	350
饮料	135	213	152	182	251	235
日用品	523	562	432	478	520	452
服装	332	442	532	452	380	368
化妆品	456	556	460	545	452	547

图 14-24　单元格区域

14.2.3　实现 Word 与 Excel 数据同步更新

同步更新数据，是指如果源数据进行了修改，那么引用了该数据的文档也会随之自动更改。

STEP 01：在 Excel 中，选择需要复制的表格数据，单击鼠标右键，选择“复制”命令，如图 14-25 所示。

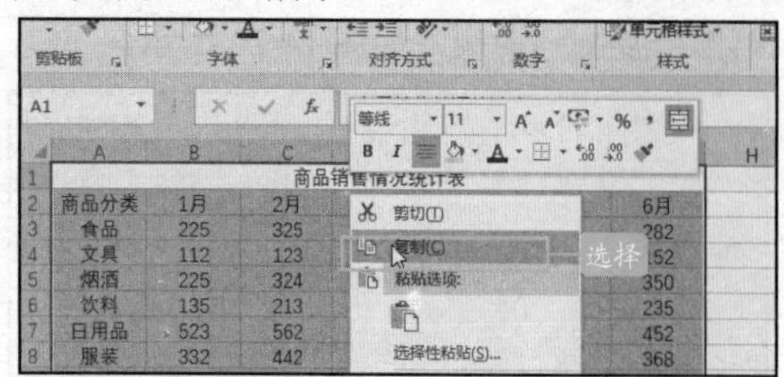

图 14-25　复制表格

STEP 02：在 Word 中单击鼠标右键，选择“链接与保留源格式”选项，如图 14-26 所示。

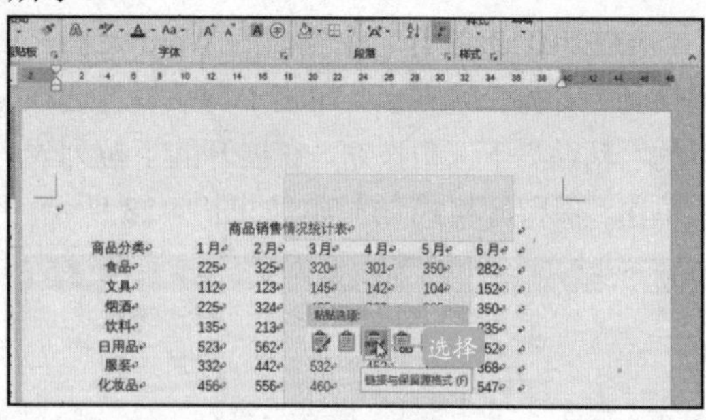

图 14-26　选择“链接与保留源格式”选项

STEP 03：在源文件中，将 D3 单元格中的数据改成 356，如图 14-27 所示。

A	B	C	D	E	F	G
商品销售情况统计表						
商品分类	1月	2月	3月	4月	5月	6月
食品	225	325	356	301	350	282
文具	112	123	145	142	104	152
烟酒	225	324	423	362	325	350
饮料	135	213	152	182	251	235
日用品	523	562	432	478	520	452
服装	332	442	532	452	380	368
化妆品	456	556	460	545	452	547

图 14-27　修改源文件数据

STEP 04：此时在 Word 文档任意空白处，单击鼠标右键，选择“更新链接”命令，如图 14-28 所示。

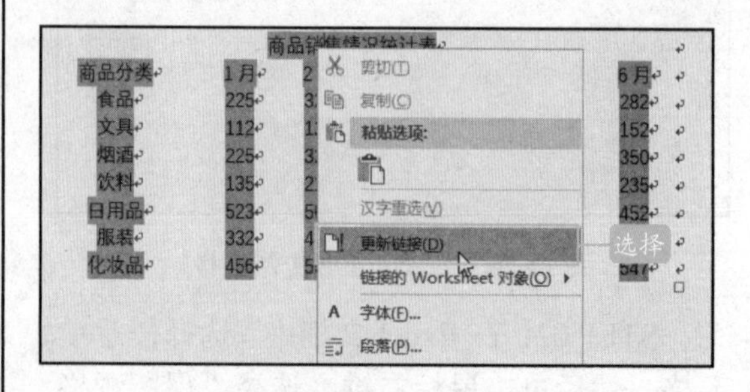

图 14-28　选择“更新链接”命令

STEP 05：完成后，则可查看到对应的单元格数据已经随之变化，如图 14-29 所示。

商品销售情况统计表						
商品分类	1月	2月	3月	4月	5月	6月
食品	225	325	356	301	350	282
文具	112	123	145	142	104	152
烟酒	225	324	423	362	325	350
饮料	135	213	152	182	251	235
日用品	523	562	432	478	520	452
服装	332	442	532	452	380	368
化妆品	456	556	460	545	452	547

图 14-29　表格更新后

◆◆提示

有时，用户对数据进行了更新，在打开应用文档时，系统会提示数据源进行了更新，是否应用更新，此时单击“是”按钮进行更新即可。

14.3　PowerPoint 与其他组件的协同

扫码观看本节视频

PowerPoint 与其他组件的协同应用主要包括调用 Excel 工作表和由 PowerPoint 演示文稿向 Word 文档的转换等。

14.3.1　将 PowerPoint 转换为 Word 文档

用户可以将 PowerPoint 演示文稿中的内容转化到 Word 文档中，以方便阅读、打印和检查，具体操作如下：

STEP 01：打开原始文件，单击“文件”选项，选择“导出”选项，在右侧“导出”区域中选择“创建讲义”选项，然后单击“创建讲义”按钮，如图 14-30 所示。

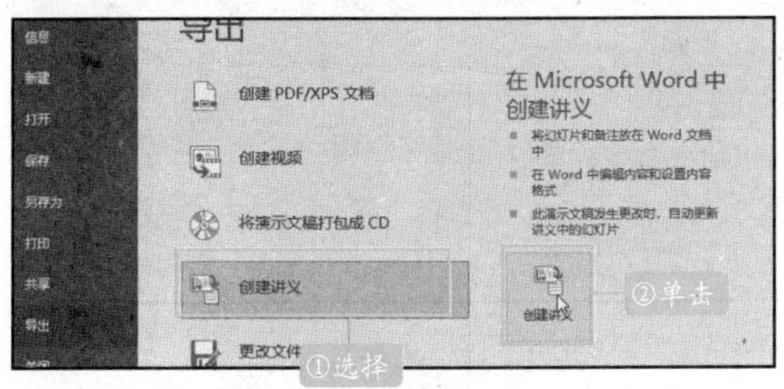

图 14-30 创建讲义

STEP 02：弹出“发送到 Microsoft Word”对话框，单击选中“只使用大纲”单选项，然后单击“确定”按钮，即可将 PowerPoint 演示文稿转换为 Word 文档，如图 14-31 所示。

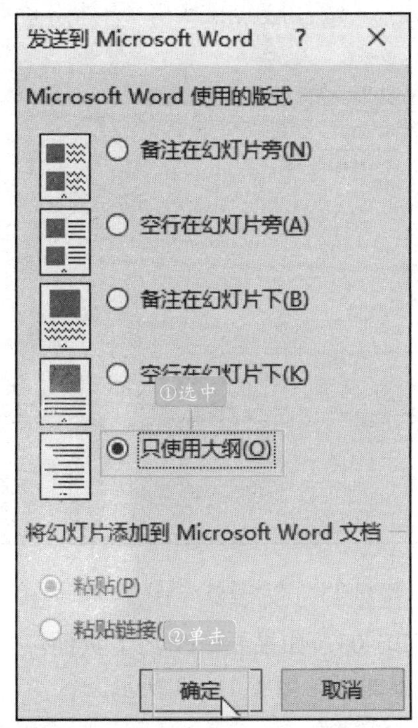

图 14-31 “发送到 Microsoft Word”对话框

14.3.2 在 PowerPoint 中调用 Excel 工作表

用户可以将 Excel 中制作完成的工作表调用到 PowerPoint 演示文稿中进行放映，这样可以为讲解者省去许多麻烦，具体操作如下：

STEP 01：打开原始文件，选择第 2 张幻灯片，然后单击“新建幻灯片”按钮，在弹出的下拉列表中选择“仅标题”选项，如图 14-32 所示。

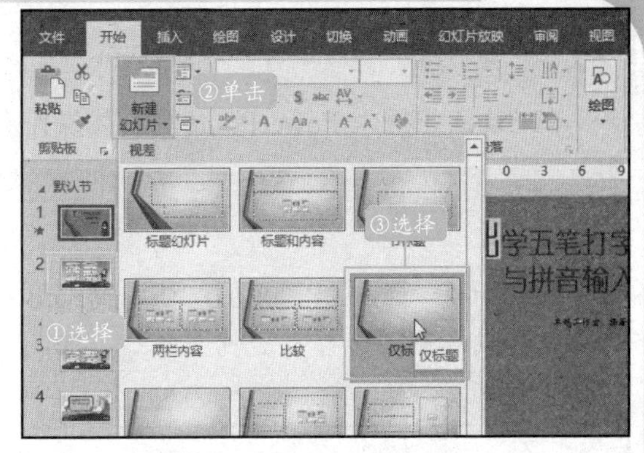

图 14-32 选择“仅标题”

STEP 02：在“单击此处添加标题”文本框中输入名称。单击“插入”选项卡下“文本”选项组中的“对象”按钮，弹出“插入对象”对话框，单击选中“由文件创建”单选项，然后单击“浏览”按钮，在弹出的“浏览”对话框中选择将要插入的 Excel 文件，此处选择“商品销售表”文件，然后单击“确定”按钮，如图 14-33 所示。

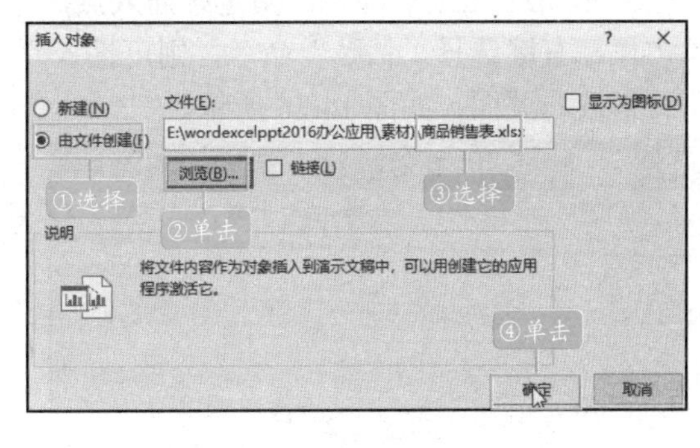

图 14-33 “插入对象”对话框

STEP 03：返回“插入对象”对话框，单击“确定”按钮，即可在文档中插入表格，双击表格，进入 Excel 工作表的编辑状态，调整表格的大小，如图 14-34 所示。

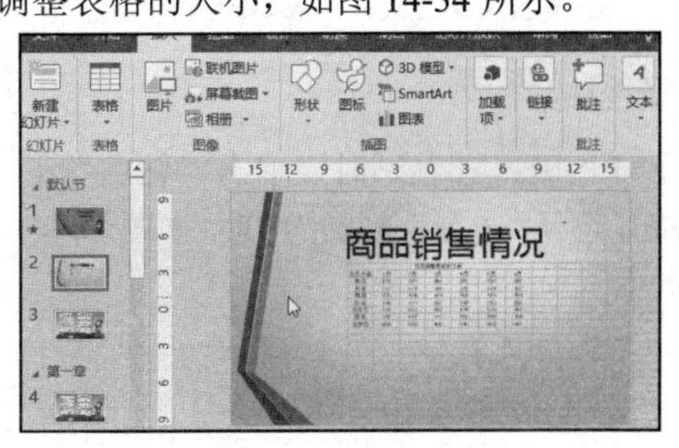

图 14-34 调整表格大小

14.3.3 在 Excel 中插入 PowerPoint

在 Excel 中插入 PowerPoint 的具体操作如下：

1.复制粘贴

STEP 01：打开 PPT 文稿，在所需幻灯片中单击鼠标右键选择“复制”命令，如图 14-35 所示。

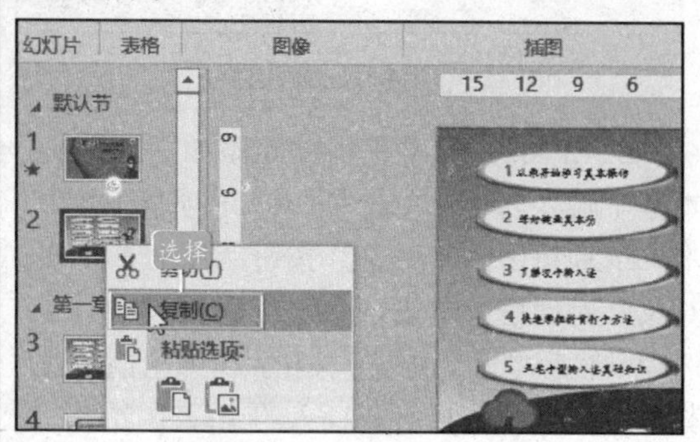

图 14-35　复制幻灯片

STEP 02：在 Excel 中，指定好插入点，单击鼠标右键选择“粘贴”命令，则可插入不可修改的页面，如图 14-36 所示。

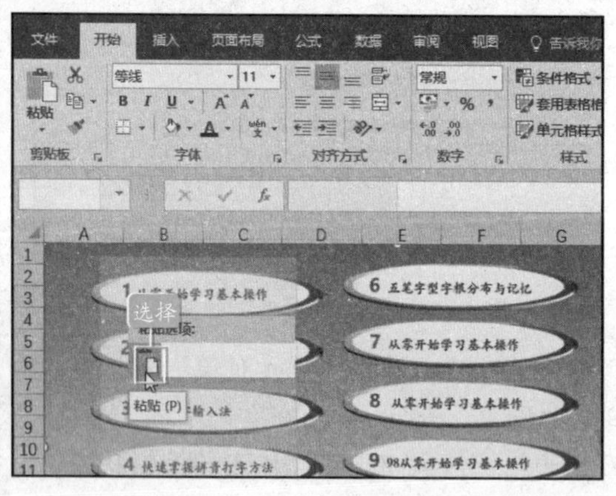

图 14-36　在 Excel 中粘贴幻灯片

2.选择性粘贴

STEP 01：在粘贴时，单击“粘贴”下拉按钮，选择“选择性粘贴”选项，如图 14-37 所示。

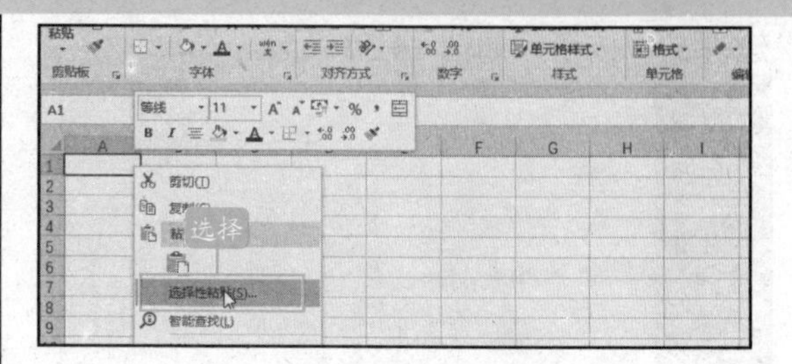

图 14-37　选择性粘贴

STEP 02：在“选择性粘贴”对话框中，选择“Microsoft PowerPoint 幻灯片对象”选项，单击“确定”按钮，如图 14-38 所示，如需同步数据，单击“粘贴链接”单选按钮。

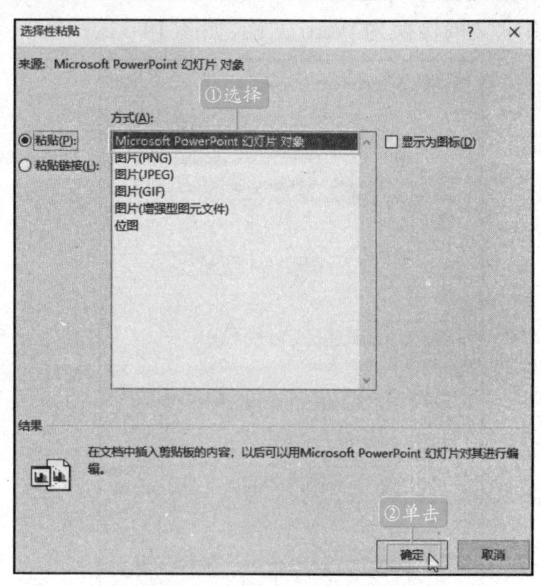

图 14-38　“选择性粘贴”对话框

STEP 03：如果要修改 PPT 页面，双击页面内容即可，如图 14-39 所示。

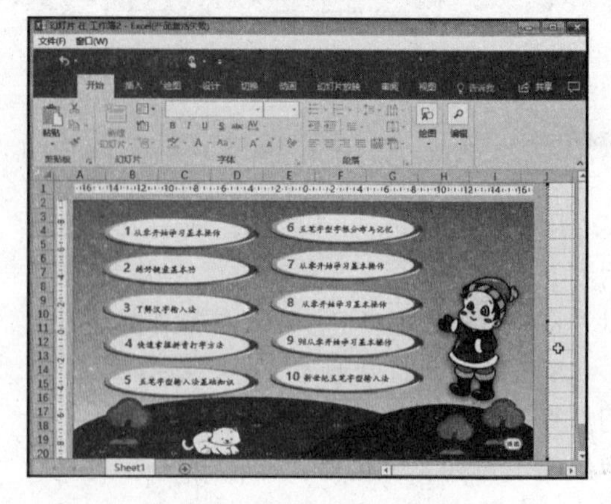

图 14-39　修改页面内容

14.4 实用技巧

扫码观看本节视频

本节为用户提供了融会贯通 Word、Excel、PowerPoint 三大组件时提高工作效率的诀窍。

14.4.1 将 Word 文档转换为幻灯片

当用户需要将已经编辑好的文本做成演示文稿时，不必在 PowerPoint 中重新编辑，此时只需将文档复制到幻灯片中即可。

STEP 01：打开 Word 文档，按【Ctrl+A】组合键选中全部文本，右击鼠标，在弹出的快捷菜单中单击“复制”命令，如图 14-40 所示。

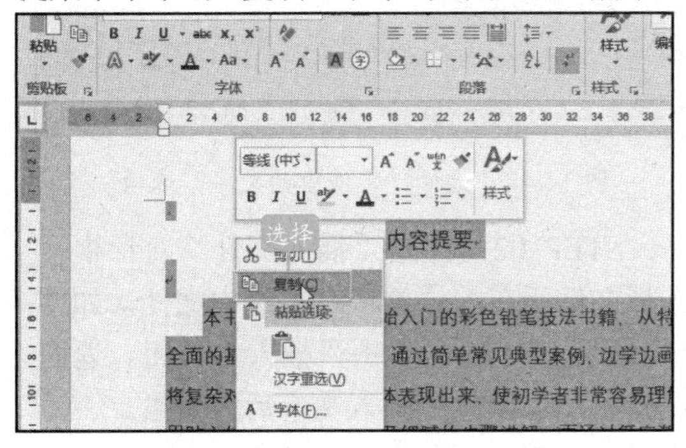

图 14-40 复制文档

STEP 02：启动 PowerPoint 2016，打开空白演示文稿，在“视图”选项卡中切换到“大纲视图”，右击鼠标，在弹出的快捷菜单中单击“粘贴选项”|“保留源格式”命令，如图 14-41 所示。

图 14-41 粘贴文档

STEP 03：此时会在“大纲窗格”中显示所复制的文档，在右侧幻灯片中显示凌乱的文本，如图 14-42 所示。

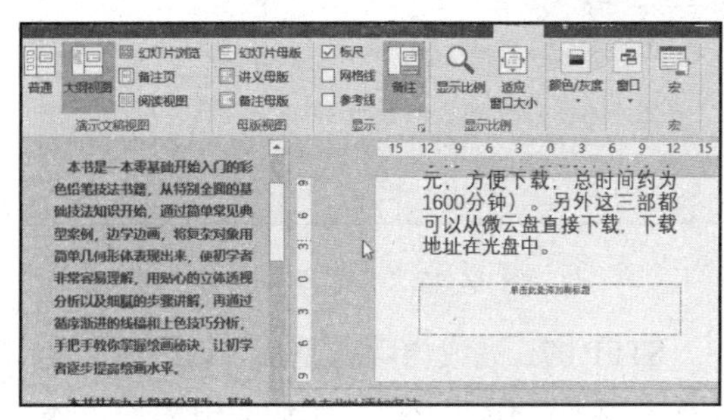

图 14-42 显示所复制文档

STEP 04：将光标定位到大纲窗格中需要切分的文本位置，如图 14-43 所示。

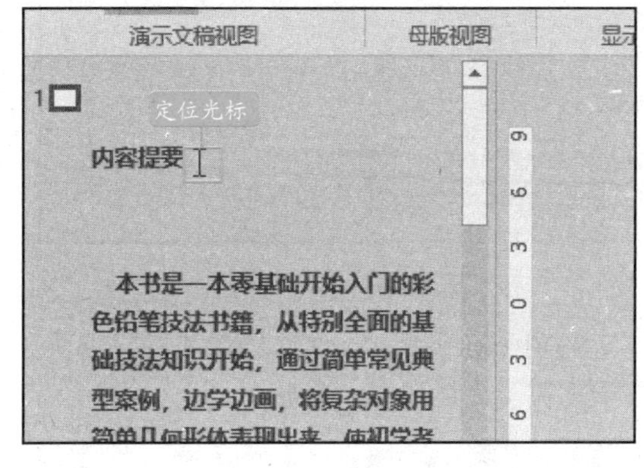

图 14-43 光标定位

STEP 05：按【Enter】键，即将光标后的文本切分为第 2 张幻灯片，按照同样的方法切分其它幻灯片，如图 14-44 所示。

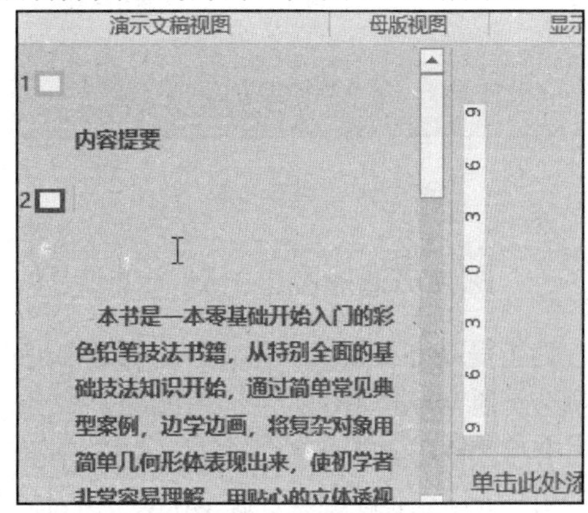

图 14-44 切分幻灯片

STEP 06：切换到“普通视图”中，如果新切分的幻灯片文本内容的位置有异常，用户可进行调整，如图 14-45 所示。

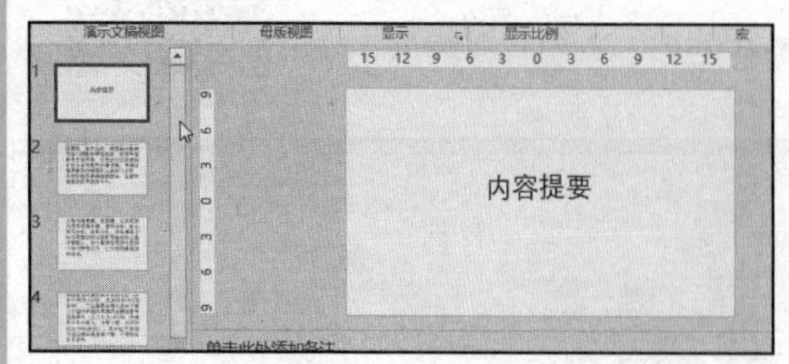

图 14-45　普通视图

STEP 07：完成内容调整后，切换到“设计”选项卡，在“主题”样式库中选择“环保”样式，如图 14-46 所示。

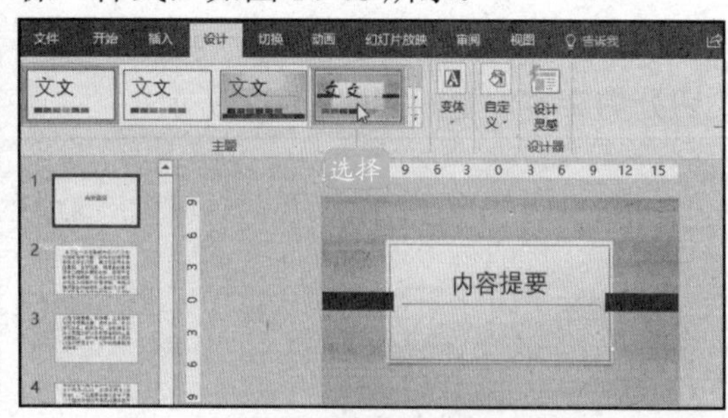

图 14-46　选择样式

STEP 08：此时 Word 文档就成功转换为演示文稿了，如图 14-47 所示。

图 14-47　演示文稿

14.4.2　融会贯通提高办公效率的诀窍

为了提高办公效率，用户一定希望知道在融会贯通 Word、Excel、PowerPoint 三大组件时有哪些技巧能够快速达到目标效果。下面就为用户介绍三种在融会贯通 Word、Excel、PowerPoint 三大组件时提高效率的诀窍。

1.在 Word 中快速插入其他文件的文字

在 Word 2016 中有插入其他文件的文字的功能，在“对象”下拉列表中单击“对象”下三角按钮即可看到。

STEP 01：新建 Word 文档，在“插入”选项卡中单击“文本”选项组的“对象”下三角按钮，在展开的下拉列表中单击“文件中的文字”选项，如图 14-48 所示。

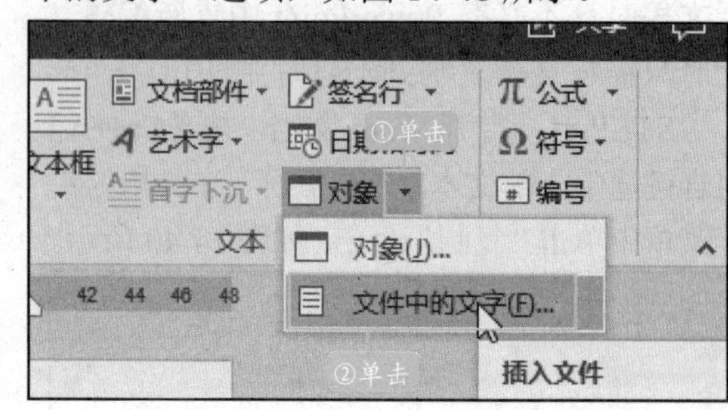

图 14-48　选择“文件中的文字”选项

STEP 02：弹出“插入文件”对话框，选择文件所在的位置，单击选中文件，如图 14-49 所示，最后单击“插入”按钮。返回文档中，可以看到插入文字后的效果。

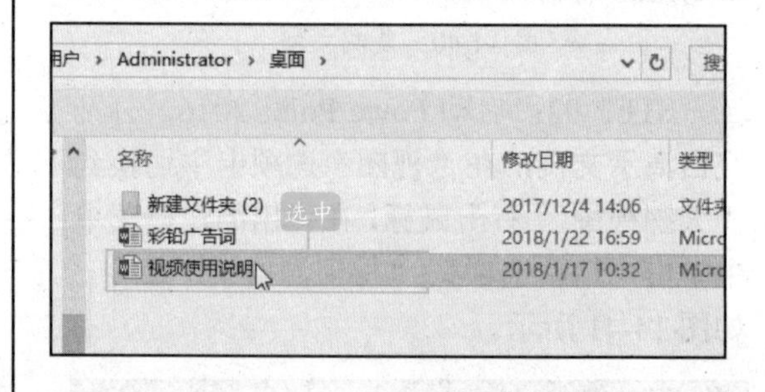

图 14-49　“插入文件”对话框

2.将链接的文件显示为图标形式

在使用“对象”功能插入文件后，可以将文件以图标的形式显示。

在“插入”选项卡下单击“对象”按钮，在弹出的“对象”对话框中选择“由文件创建”选项卡，单击“浏览”按钮选择所需的文件，勾选“显示为图标”复选框，如图 14-50 所示。最后单击“确定”按钮，即可以图标形式显示链接的文件，如图 14-51 所示。

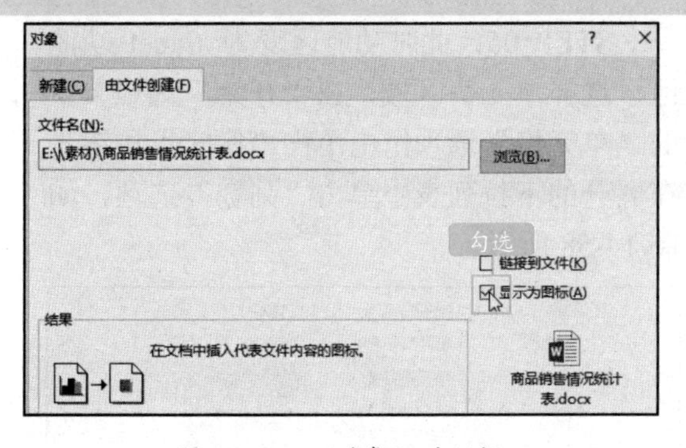

图 14-50 “对象”对话框

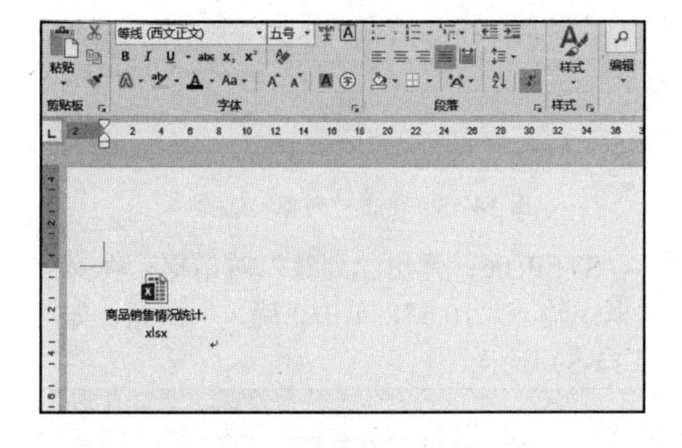

图 14-51 图标显示的文件

3.更改所链接文件的图标

将链接的文件设置为以图标形式显示后，还可以更改所链接文件的图标。在“对象”对话框中，勾选“显示为图标”复选框，单击“更改图标”按钮，如图 14-52 所示。在弹出的“更改图标”对话框中选择需要的图标演示，单击“确定”按钮，如图 14-53 所示，即可更改所链接文件的图标。

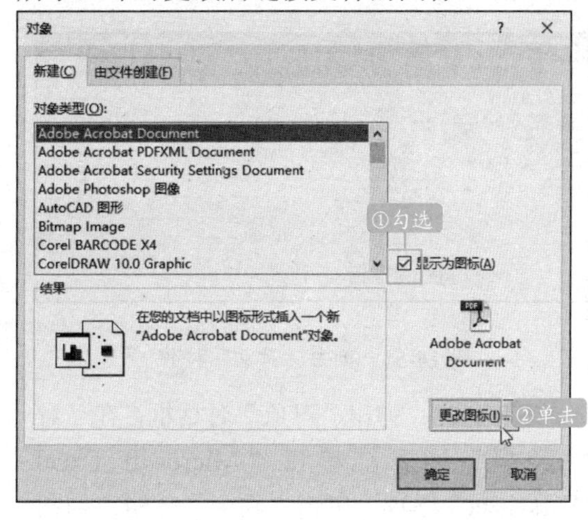

图 14-52 单击“更改图标”按钮

图 14-53 单击“确定”按钮

14.5 上机实际操作

通过本章的学习，相信用户已经对 Word、Excel、PowerPoint 三大组件之间的协作有了初步的认识，能够在这三个组件之间进行协作了，下面通过几个实际操作来练习一下吧。

14.5.1 快速制作团购交易报告

团购就是商家根据薄利多销的原理，给出低于零售价格的团购折扣和单独购买享受不到的优惠在吸引消费者的营销策略。当商家想要指定一个团购销售方案时，可先对市场上畅销商品的类别进行统计，并制作成报告。报告的主体可在 Word 文档下完成，用户可以在其中插入 Excel 表格和图标来分析调查数据。如果需要进行幻灯片放映，也可以直接将文档转换成 PowerPoint 演示文稿。

STEP 01：打开文档，将光标定位至需要插入 Excel 对象的位置，如图 14-54 所示。

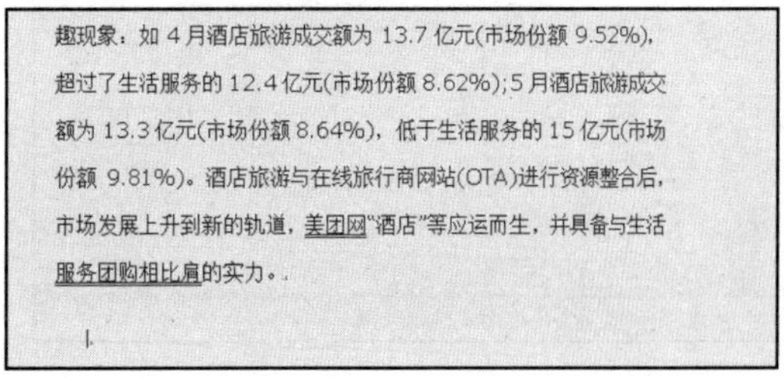

趣现象：如 4 月酒店旅游成交额为 13.7 亿元(市场份额 9.52%)，超过了生活服务的 12.4 亿元(市场份额 8.62%)；5 月酒店旅游成交额为 13.3 亿元(市场份额 8.64%)，低于生活服务的 15 亿元(市场份额 9.81%)。酒店旅游与在线旅行商网站(OTA)进行资源整合后，市场发展上升到新的轨道，美团网“酒店”等应运而生，并具备与生活服务团购相比肩的实力。

图 14-54 定位光标

STEP 02：切换到“插入”选项卡，在“文本”选项组中单击“对象”按钮，如图 14-55 所示。

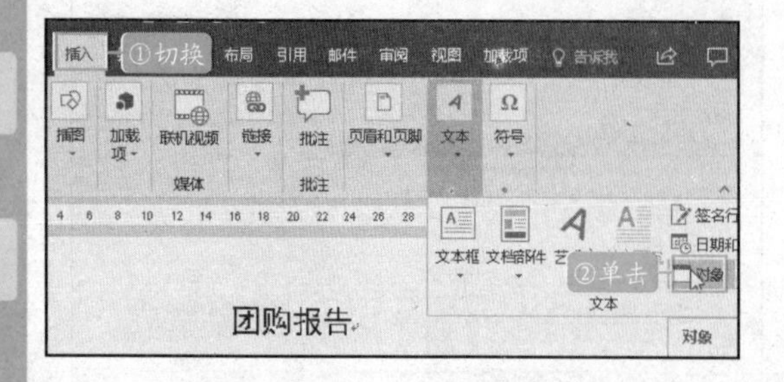

图 14-55　单击“对象”按钮

STEP 03：弹出“对象”对话框，在“对象类型”列表框单击“Microsoft Excel Worksheet”选项，单击“确定”按钮，如图 14-56 所示。

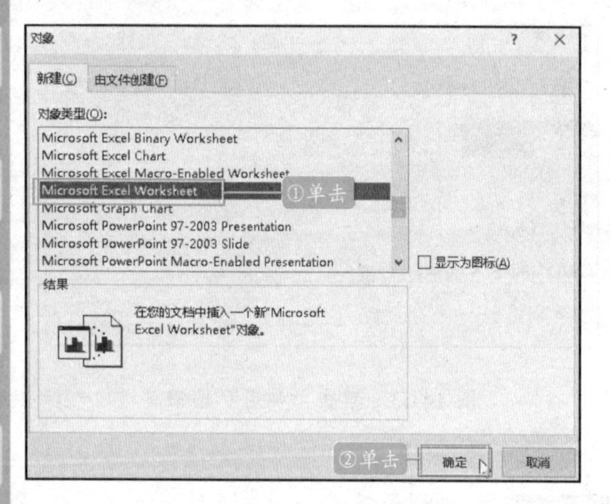

图 14-56　“对象”对话框

STEP 04：此时在文档中插入了 Excel 表格对象，用户可直接在表格中输入数据，如图 14-57 所示。

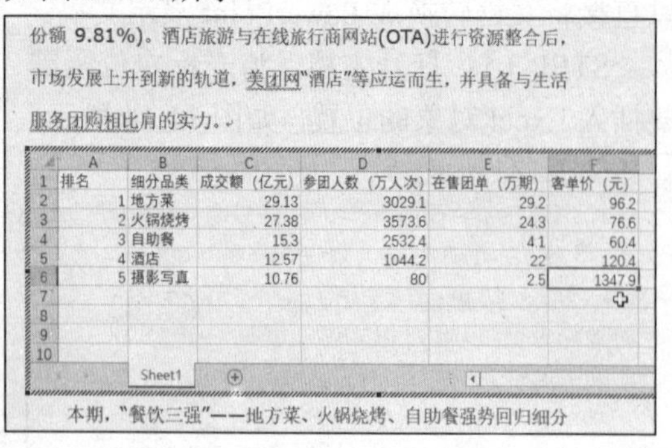
份额 9.81%)。酒店旅游与在线旅行商网站(OTA)进行资源整合后，市场发展上升到新的轨道，美团网"酒店"等应运而生，并具备与生活服务团购相比肩的实力。

排名	细分品类	成交额（亿元）	参团人数（万人次）	在售团单（万期）	客单价（元）
1	地方菜	29.13	3029.1	29.2	96.2
2	火锅烧烤	27.38	3573.6	24.3	76.6
3	自助餐	15.3	2532.4	4.1	60.4
4	酒店	12.57	1044.2	22	120.4
5	摄影写真	10.76	80	2.5	1347.9

本期，"餐饮三强"——地方菜、火锅烧烤、自助餐强势回归细分

图 14-57　输入数据

STEP 05：此时功能区变为 Excel 功能区，选择单元格区域，在“开始”选项卡下的“单元格”选项组中单击“格式”按钮，在展开的下拉列表中单击“列宽”选项，如图 14-58 所示。

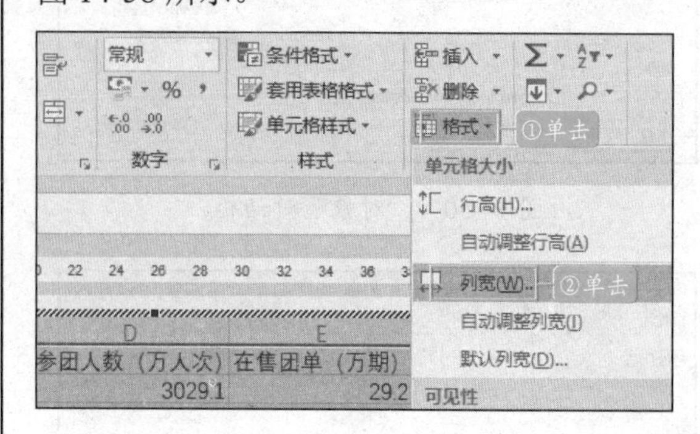

图 14-58　单击“列宽”选项

STEP 06：弹出“列宽”对话框，在文本框中输入“10.5”，单击“确定”按钮，如图 14-59 所示。

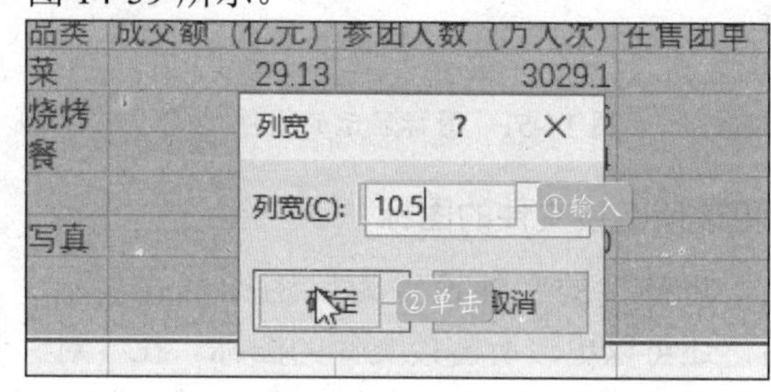

图 14-59　单击　“确定”按钮

STEP 07：设置列宽后，如果还不能完全显示表格的数据，可以在“对齐方式”选项组中单击“自动换行”按钮，如图 14-60 所示。

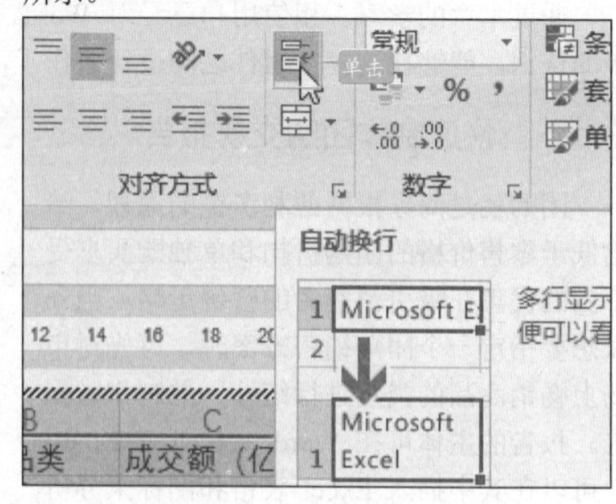

图 14-60　设置自动换行

STEP 08：此时，超出单元格列宽的内容自动换行显示。在“对齐方式”选项组中单击“居中”按钮，在“字体”选项组中设置“字体”为“华文细黑”，如图 14-61 所示。

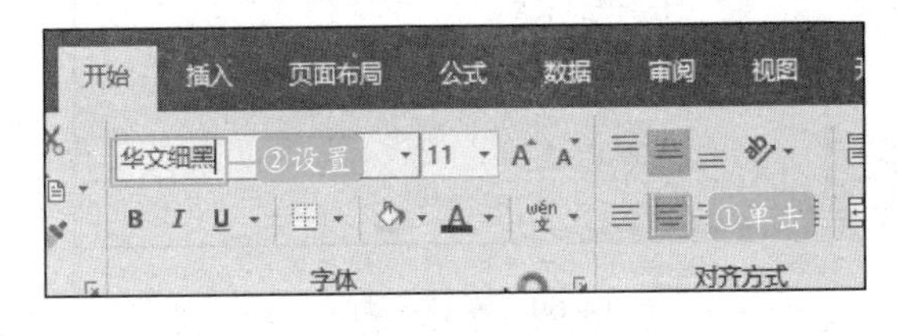

图 14-61 设置字体格式

STEP 09：此时如果表格数据并没有填满整个表格，可以调整 Excel 表格对象的大小。将鼠标放置在表格右下角，待其成双箭头状，按住鼠标左键，拖动至适当位置，如图 14-62 所示。

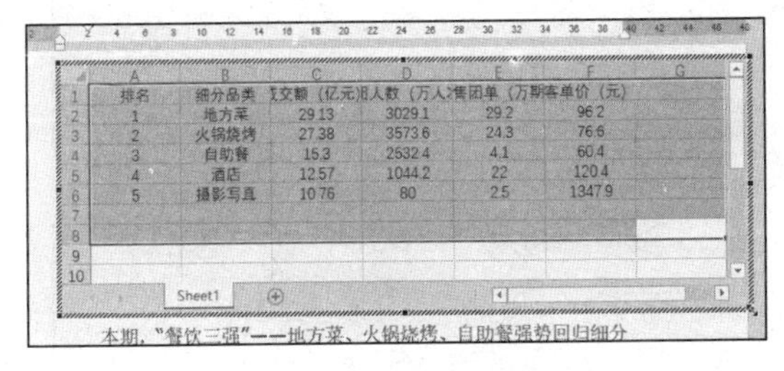

图 14-62 调整表格大小

STEP 10：释放鼠标，完成表格大小的调整操作。在文档中切换到“开始”选项卡，在“段落”选项组中单击“居中”按钮，将表格居中显示，如图 14-63 所示。

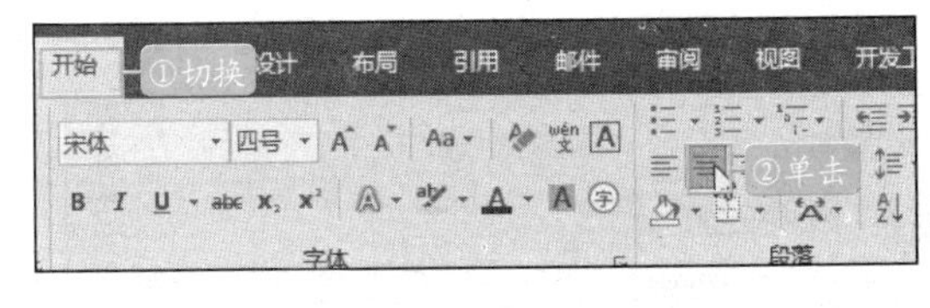

图 14-63 单击“居中”按钮

STEP 11：按【Ctrl+A】组合键，选中文档中的所有内容，右击鼠标，在弹出的快捷菜单中单击“复制”命令，如图 14-64 所示。

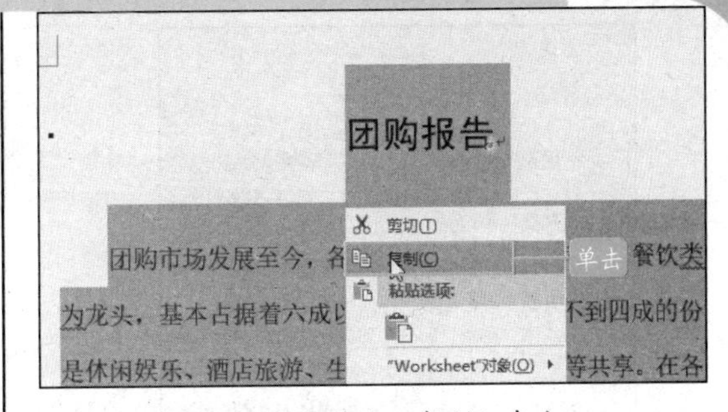

图 14-64 单击“复制”命令

STEP 12：打开空白演示文稿，切换到“视图”选项组，单击“大纲视图”，在“大纲”窗格中选中第一张幻灯片并右击，在弹出的快捷菜单中单击“保留源格式”命令，如图 14-65 所示。

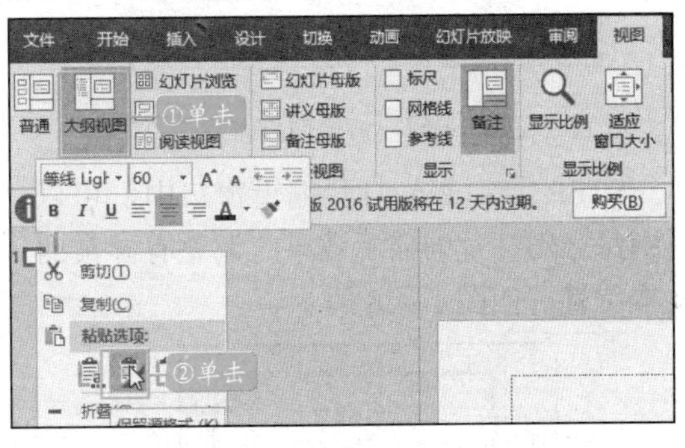

图 14-65 单击“保留源格式”命令

STEP 13：此时会在“大纲”窗格中显示所复制的文档内容，将光标放置到需要切分到其它幻灯片的文本位置，如图 14-66 所示。

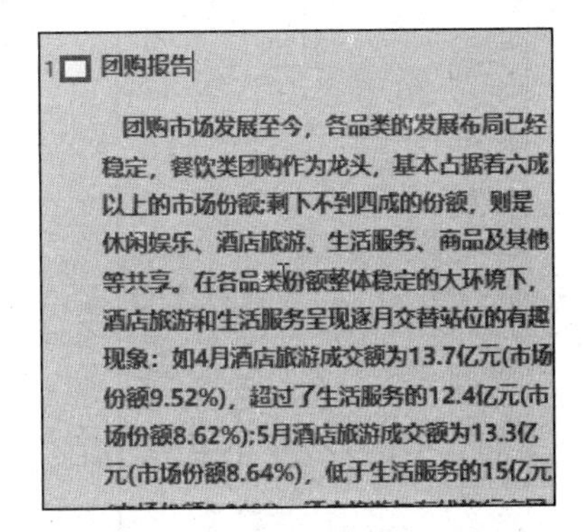

图 14-66 选择切分幻灯片的位置

STEP 14：按【Enter】键，即可将光标后的文本切分到第 2 张幻灯片，按照同样的方法切分其它幻灯片，如图 14-67 所示。

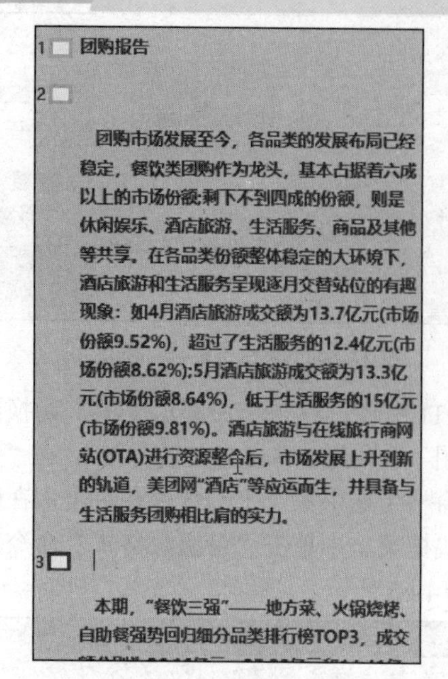

图 14-67　切分幻灯片

STEP 15：在幻灯片编辑窗口中，可以看到每张幻灯片的显示效果，调整有异常的文本位置，如图 14-68 所示。

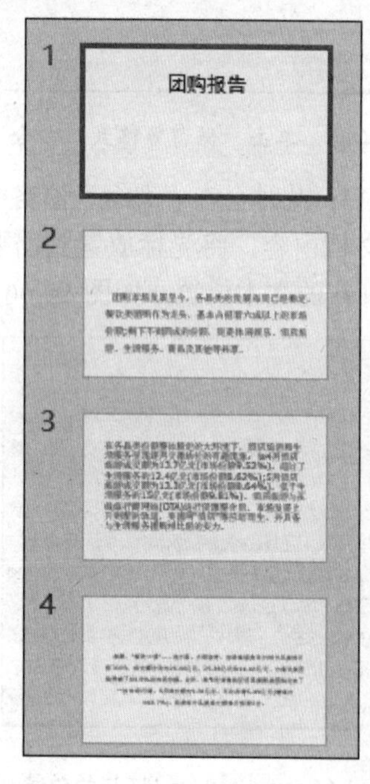

图 14-68　显示每张幻灯片

STEP 16：选中最后一张幻灯片，在"开始"选项卡单击"新建幻灯片"按钮，插入一张空白幻灯片，如图 14-69 所示。

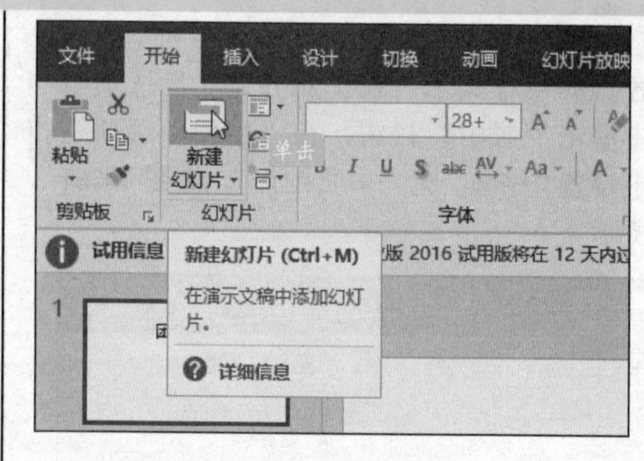

图 14-69　新建幻灯片

STEP 17：切换到"团购报告"Word 文档，选中之前插入的 Excel 表格对象，并右击鼠标，在弹出的快捷菜单中单击"复制"命令，如图 14-70 所示。

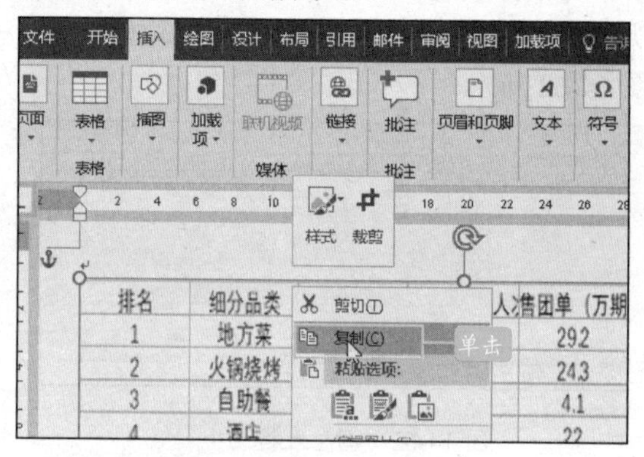

图 14-70　单击"复制"命令

STEP 18：返回 PowerPoint 演示文稿，在新建幻灯片中右击鼠标，在弹出的快捷菜单中单击"粘贴选项：图片"命令，将表格粘贴为图片格式，如图 14-71 所示。

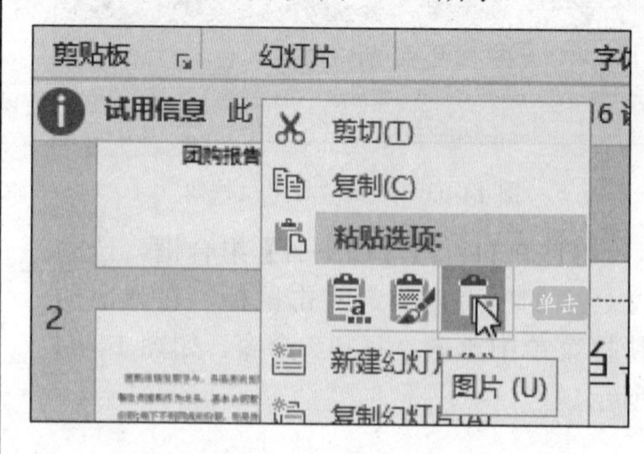

图 14-71　粘贴为图片

STEP 19：调整图片的大小与位置，并切换到“设计”选项卡，在“主题”库中选择主题样式，如图14-72所示。

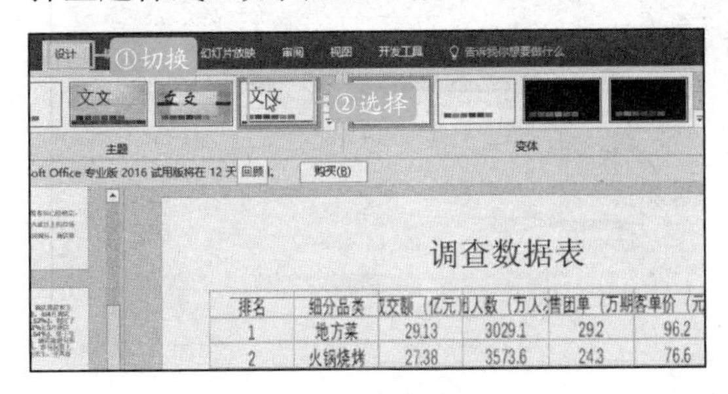

图 14-72 选择主题样式

STEP 20：经过操作后，该演示文稿用了所选的主题效果，如图14-73所示。

图 14-73 应用主题效果

STEP 21：完成创建后，在快速访问工具栏中单击“保存”按钮，如图14-74所示。

图 14-74 保存演示文稿

STEP 22：弹出“另存为”对话框，选择演示文稿的保存路径，输入文件名，完毕后单击“保存”按钮，如图14-75所示，再按照相同的方法保存Word文档。

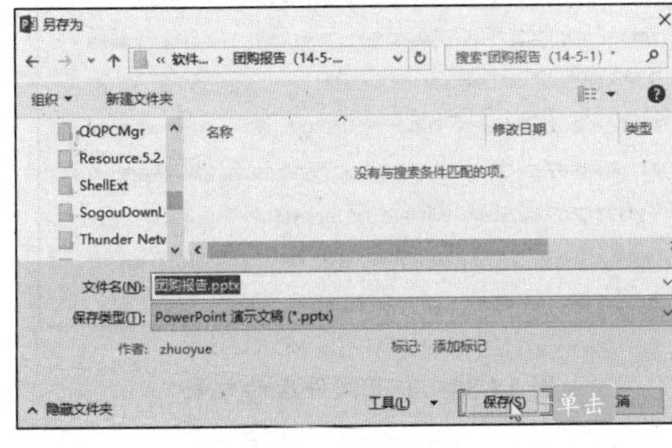

图 14-75 设置保存

14.5.2 为商品销售表插入详细介绍链接

STEP 01：打开原始文件，在“插入”选项卡中单击“文本”选项组中的“对象”按钮，如图14-76所示。

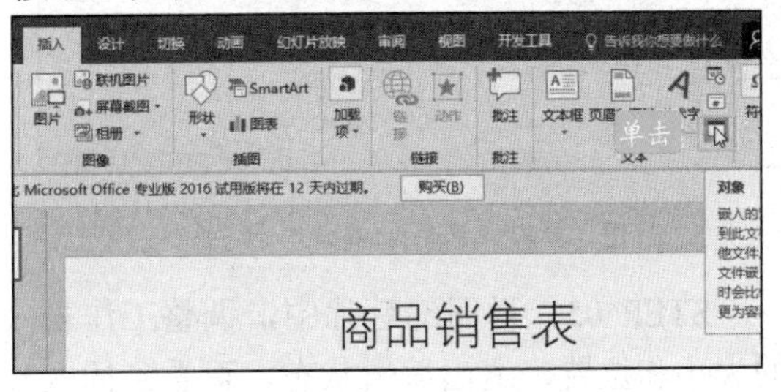

图 14-76 单击“对象”按钮

STEP 02：弹出“插入对象”对话框，单击选中“由文件创建”单选按钮，单击“浏览”按钮，如图14-77所示。

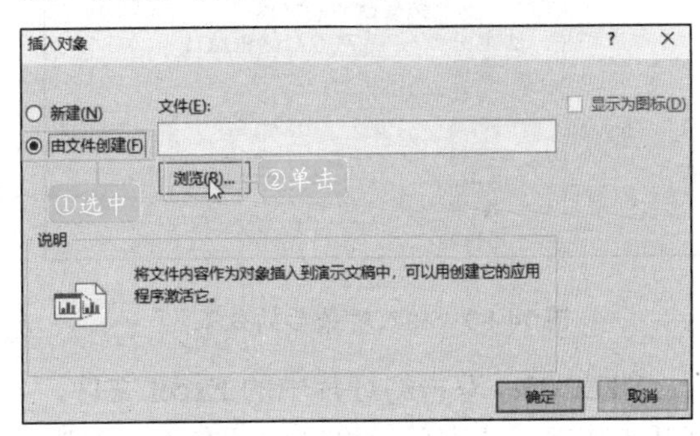

图 14-77 单击“浏览”按钮

STEP 03：弹出“浏览”对话框，选择文件所在的位置，单击选中文件，最后单击“确定”按钮，如图14-78所示。

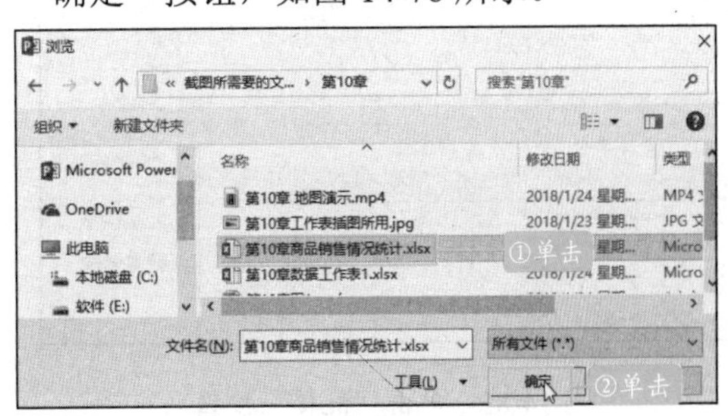

图 14-78 选择文件

STEP 04：返回“插入对象”对话框，勾选“链接”复选框，最后单击“确定”按钮，如图14-79所示。

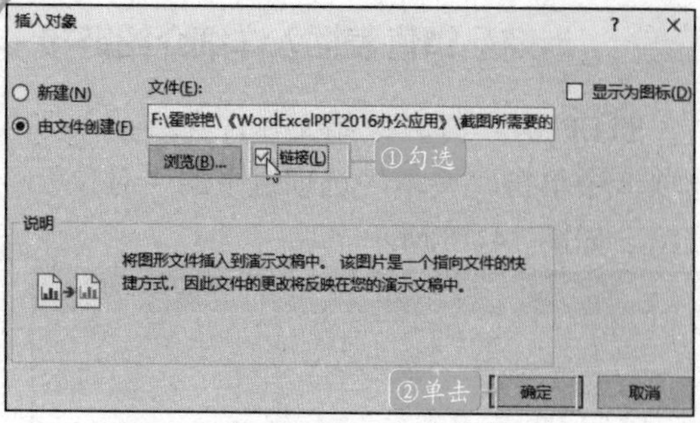

图 14-79　单击“确定”按钮

STEP 05：返回幻灯片中，调整工作表的大小和位置，退出编辑状态，可看到插入工作表后的效果，如图 14-80 所示。

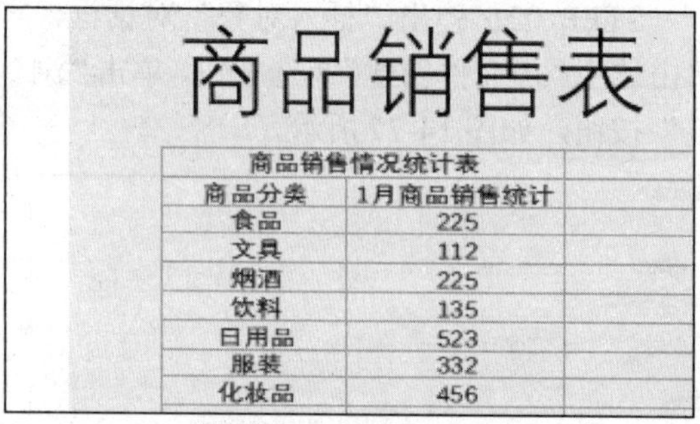

商品销售表

商品销售情况统计表	
商品分类	1月商品销售统计
食品	225
文具	112
烟酒	225
饮料	135
日用品	523
服装	332
化妆品	456

图 14-80　插入对象后的效果

STEP 06：双击幻灯片中的 Excel 文件，打开工作簿，选中单元格区域，在“插入”选项卡单击“链接”选项组中的“链接”按钮，如图 14-81 所示。

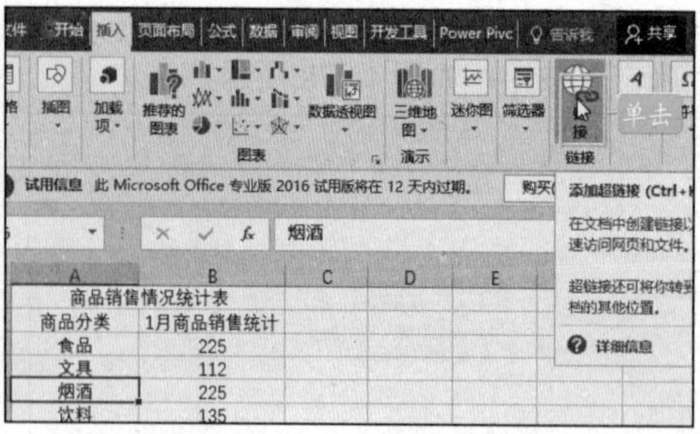

图 14-81　单击“链接”按钮

STEP 07：弹出“插入超链接”对话框，单击“现有文件或网页”选项，选择文件所在的位置，单击选中文件，单击“确定”按钮，如图 14-82 所示。

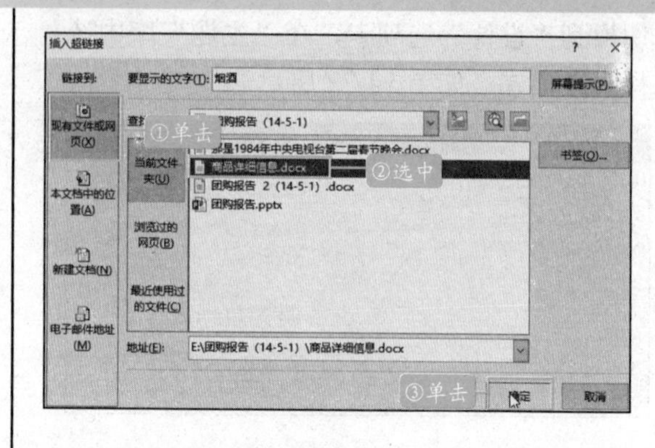

图 14-82　选择要插入的超链接

STEP 08：返回工作表，可以看到插入超链接后的文字，以蓝色下划线显示，将鼠标指针移动到插入超链接的位置，当鼠标指针变成小手形状时单击，如图 14-83 所示。

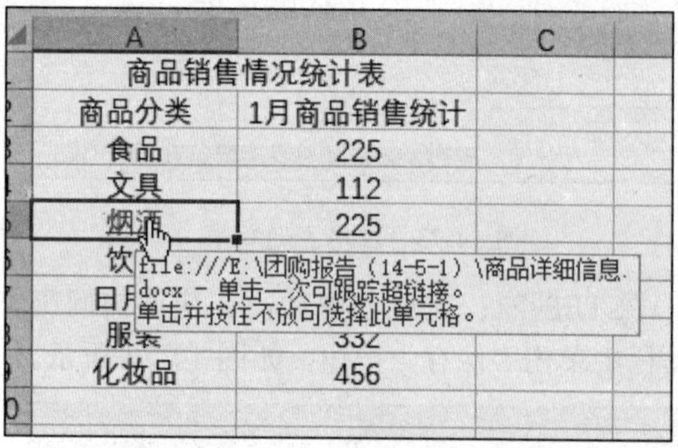

	A	B	C
1	商品销售情况统计表		
2	商品分类	1月商品销售统计	
3	食品	225	
4	文具	112	
5	烟酒	225	
6	饮		
7	日月		
8	服装	332	
9	化妆品	456	
10			

file:///E:\团购报告（14-5-1）\商品详细信息.docx - 单击一次可跟踪超链接。
单击并按住不放可选择此单元格。

图 14-83　单击超链接

STEP 09：随后在 Word 中打开文档，如图 14-84 所示。返回 PowerPoint 文档中，可以看到 Excel 表格中的数据同时更新。

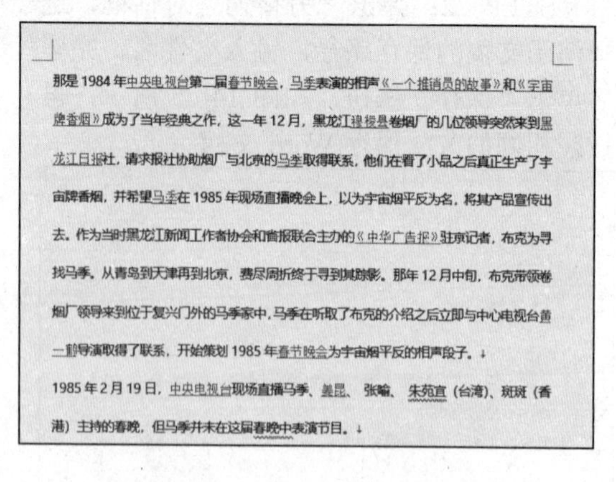

那是 1984 年中央电视台第二届春节晚会，马季表演的相声《一个推销员的故事》和《宇宙牌香烟》成为了当年经典之作，这一年 12 月，黑龙江穆棱县卷烟厂的几位领导突然来到黑龙江日报社，请求报社协助烟厂与北京的马季取得联系，他们在看了小品之后真正生产了宇宙牌香烟，并希望马季在 1985 年现场直播晚会上，以为宇宙烟平反为名，将其产品宣传出去。作为当时黑龙江新闻工作者协会和省报联合主办的《中华广告报》驻京记者，布克为寻找马季，从青岛到天津再到北京，费尽周折终于寻到其踪影。那年 12 月中旬，布克带领卷烟厂领导来到位于复兴门外的马季家中，马季在听取了布克的介绍之后立即与中心电视台黄一鹤导演取得了联系，开始策划 1985 年春节晚会为宇宙烟平反的相声段子。

1985 年 2 月 19 日，中央电视台现场直播马季、姜昆、张喻、朱苑直（台湾）、斑斑（香港）主持的春晚，但马季并未在这届春晚中表演节目。

图 14-84　打开文件后的效果